云南乌蒙山国家级自然保护区管护局昭通市专家工作站
云岭产业技术领军人才专项(2018–2023)　联合资助
云南省重大基础专项生物资源数字化开发应用项目(202002AA100007)

乌蒙山国家级自然保护区综合科学考察研究

王　娟　杨宇明　杨　科　等著

科 学 出 版 社
北　京

内 容 简 介

本书是云南乌蒙山国家级自然保护区首次全面系统的综合科学考察的研究成果，全书分为6个部分，共22章，从综合评述、自然地理环境、植被与植物资源、动物资源、社会经济及管理评价与建设等学科领域，分25个专题进行了研究。第一部分为综合评述；第二部分为自然地理环境，包括地质地貌、气候、土壤等研究；第三部分为植被与植物资源，包括植物物种资源、植物区系特征、资源植物、珍稀濒危保护植物、植被类型及大型真菌等研究；第四部分为动物资源，包括哺乳类、鸟类、两栖爬行类、鱼类和昆虫等动物多样性特征和区系成分；第五部分为社会经济与历史文化，包括社会经济、民族历史文化、社会林业和生态旅游等的分析研究。最后在以上研究成果的基础上，从自然保护区管护与发展的角度对怎样实现保护区生物多样性保护与管理的总体目标做出综合评述。

本书可供从事地理学、生物学、生态学、生物多样性与自然保护以及自然资源管理的科研人员和自然保护区工作人员参考；同时可作为大专院校相关专业学科师生教学、实习的参考书。

图书在版编目(CIP)数据

乌蒙山国家级自然保护区综合科学考察研究 / 王娟等著. —北京：科学出版社，2023.11

ISBN 978-7-03-063929-5

Ⅰ.①乌… Ⅱ.①王… Ⅲ.自然保护区-科学考察-考察报告-西南地区 Ⅳ.①S759.927

中国版本图书馆 CIP 数据核字（2019）第 289180 号

责任编辑：武雯雯 / 责任校对：彭 映
责任印制：罗 科 / 封面设计：墨创文化

科学出版社 出版

北京东黄城根北街16号
邮政编码：100717
http://www.sciencep.com

成都锦瑞印刷有限责任公司印刷

科学出版社发行 各地新华书店经销

*

2023年11月第 一 版 开本：787×1092 1/16
2023年11月第一次印刷 印张：56 3/4
字数：1 346 000

定价：488.00 元

（如有印装质量问题，我社负责调换）

《乌蒙山国家级自然保护区综合科学考察研究》
编撰委员会

科学顾问：张亚平　孙汉董　郝吉明　裴盛基　陈海如　孙航　李德铢　杨永平
高正文　范建华　欧晓昆　彭华　魏天昊　钟明川　徐志辉　牛红卫
吕植　萧今　孙莉莉　张立　黄文斌　王磊　李叶静　李鹏宇

主持单位：西南林业大学
云南乌蒙山国家级自然保护区管护局
昭通市林业和草原局

编委会主任：郭辉军　陈宝昆

副主任：马良　杨科　易祥波　夏峰　马廷光　黄光瑞

委员：王建皓　王剑松　龙素英　成庚　沈茂斌　罗明灿　周华　胡箭
董勤益

主编：王娟　杨宇明　杨科　杜凡　和世钧

副主编：李茂彪　陈永森　林海楠　叶文　周远　周伟　杨斌　田昆
徐正会　王应祥　王映平　陆树刚　孙瑞　韩联宪　蒋学龙　程小放
王四海　周汝良　贝荣塔　刘祥义　覃家理　饶定齐　孙茂盛　易祥波

参编人员：丁莉　马华　马云强　王泾　王奕　王娟　王超　王毅
王四海　王应祥　王昌命　王建皓　王映平　王霞斐　贝荣塔　毛建坤
甘万勇　石明　石翠玉　龙元丽　龙素英　叶文　田昆　付蕾
白冰　冯庆　刘宗杰　刘柏元　刘祥义　刘清江　刘智军　孙瑞
孙大成　孙茂盛　苏文萍　杜凡　李伟　李红英　李凤莲　李茂彪
李昊民　李清玉　杨岚　杨科　杨跃　杨斌　杨宇明　杨祝良
吴兴平　谷中明　宋睿飞　张庆　张大才　张凤良　陆梅　陆树刚
陈剑　陈龙官　陈永森　林苏　林海楠　易祥波　罗勇　罗云云
罗凤晔　罗柏青　和世钧　周伟　周远　周汝良　周彤燊　周昭敏
周雪松　郑元　赵芬　赵峰　段玉青　饶定齐　姜海波　莫景林
徐正会　郭萧　唐正森　黄礼梅　曹安江　董文渊　蒋学龙　蒋家红
韩联宪　覃家理　程小放　蒙秉波　赫尚丽

统校稿：王娟　杜凡　和世钧　李茂彪　杨宇明

摄影：王娟　孙茂盛　杜凡　杨科　杨宇明　张晓燕　陈蕊　陈孝见
易祥波　周雪松　徐正会　徐志辉　符义宏　彭洪　韩奔　韩联宪
熊雄

制图：周汝良　刘智军　李海峰　陈永刚　杨阳

英文翻译：李茂彪　杨宇明　朱林栋

电脑排版：王娟　李茂彪　熊雄

前　言

乌蒙山区处于中国自然地理区域上的一个重要结合部位，东部连接着贵州喀斯特山原，北面与四川盆地相望，南边向滇中高原过渡，西处横断山脉的边缘。由于乌蒙山地处 4 个自然区域特色迥然不同的结合过渡地带，地理位置十分特殊，生态地位极其重要，在生物地理区域上是一个交错过渡的地区，生物多样性丰富而独特，原生亚热带湿性森林生态系统具有乌蒙山地带性植被的典型特征，是长江中上游的重要生态屏障，保护好乌蒙山区天然森林生态系统和物种种质资源具有国家战略意义。乌蒙山区是中国著名的革命老区，中国工农红军二万五千里长征时曾经翻越乌蒙山，毛泽东主席在《七律·长征》中留下了"五岭逶迤腾细浪，乌蒙磅礴走泥丸"的不朽名句。

昭通市所辖各县区位于乌蒙山区的核心区域，是云南历史上重要的门户，是著名的丝绸之路与茶马古道的要塞，是通向中原的唯一要道，在中国经济社会发展几千年的历史中发挥了重要的作用。昭通市在为我国西南经济社会发展作出重要贡献的同时，也过度地消耗了自身的自然资源，对生态环境造成了极大的损害，这在当时的历史条件下是不可避免的。在新的历史时期，如何加强昭通市的生态环境与生物多样性保护，建设生态文明，构建长江中上游的生态屏障，并促进乌蒙山区和长江中下游生态、经济社会的可持续发展是当前备受关注和所面临的重大问题。国家和省市各有关部门十分重视对昭通市生物多样性与生态环境的保护，20 世纪 80 年代以来在云南省林业和草原局(原云南省林业厅)和昭通市林业和草原局(原昭通市林业局)的高度重视下，昭通市建立了 5 个省、市级自然保护区进行抢救性的保护管理，经过努力已取得实效。

为全面掌握乌蒙山地区野生生物资源的种类、数量和分布状况，有效保护乌蒙山地区的生物多样性与生态环境资源，在云南省林业和草原局以及昭通市林业和草原局的关心和支持下，经过多次商讨和实地勘查，昭通市林业局与西南林学院(今西南林业大学)于 2006 年 5 月正式签署了系统、全面开展乌蒙山区的三江口、海子坪、朝天马省级自然保护区以及小岩方、罗汉坝市级自然保护区五个自然保护区科学考察与总体规划协议书，将乌蒙山 5 个保护区调整合并，更名为"乌蒙山省级自然保护区"，为其晋升国家级保护区提供科学考察的本底资料，同时也为保护区管护提供决策依据。考察工作由西南林学院主持，参加的相关院校和科研单位有云南大学、云南师范大学、中国科学院昆明动物研究所、云南省林业调查规划院等。由各学科的专家学者及科技人员组成了近百人的考察团，分为综合评述、地质地貌、水文气候、土壤、种子植物区系、植被、竹类植物、蕨类植物、珍稀濒危保护植物、资源植物、大型真菌、哺乳类、鸟类、两栖爬行动物、鱼类、昆虫、社会经济、民族历史文化、社会林业、生态旅游、生物多样性评价、维管束植物名录、总体规划、制图、摄影摄像等 25 个工作专题组，分别深入自然保护区腹地，开展了为期两年多的全面系统的科学考察。

考察结果表明，昭通市乌蒙山地区虽属于云南全省生态环境破坏较严重的地区，但在已建立的5个自然保护区(分别分布于大关、永善、盐津、彝良和威信5个县内，总面积为 26 186.65 公顷)的区域内仍保护了在云南乃至全国不可多得的丰富的生物多样性和自然生态景观资源，保护了许多珍稀、濒危和特有的物种，有着重要的保护价值。这些资源和生态环境对乌蒙山区和长江中下游的生态安全与经济社会的可持续发展发挥着不可替代的功能和作用。

考察确定了保护区的植被类型可划分为4个植被型、5个植被亚型、19个群系和44个群丛。表现出生境类型多样化和物种组成与结构的丰富性，同时在保护区植被类型中分布着珙桐林、水青树林、水青冈林、十齿花林等十分珍稀的群落，保护树种分布如此集中并形成一定规模的单优种群落，这在我国保护区中也是罕见的。

保护区野生维管束植物丰富，共有2094种，占整个滇东北地区维管束植物总种数的75%，其中种子植物1864种，隶属于159科640属。大型真菌243种，其中中国新记录8种，云南新分布28种，表现出丰富的植物和菌物物种多样性。保护区野生竹类植物也十分丰富，共有9属29种，分别占昭通市竹类植物(13属61种)的69%和47.5%；以中小型的散生竹、混生竹为主，种类最多的是玉山竹属(7种)、刚竹属(7种)、方竹属(5种)、筇竹属(4种)。海子坪片区保存的200多公顷天然毛竹原始林是目前国内保护最好、最古老的原始毛竹林，是我国毛竹分布区的西部边缘地带，对研究毛竹的起源、分化及其分布规律有重要价值。保护区是我国特有属——筇竹属的起源与分布中心，以及野生毛竹的唯一分布区，是我国散生竹类重要的起源地与分布中心之一，在我国竹类区系中有十分重要的地位。保护区是我国天麻的原产地，英国传教士首次在保护区小草坝朝天马片区采到天麻的标本，并送回英国定名发表，使小草坝成为天麻模式标本产地，被认证为我国天麻的原产地，保存了我国4个天麻品种中的3个，“昭通天麻”被列为国家地理标志产品。

保护区珍稀濒危保护植物种类极具特色，有国家重点保护野生植物如珙桐、南方红豆杉、福建柏、连香树、香果树、十齿花、水青树、筇竹和天麻等13种，隶属10科11属。其中属于国家Ⅰ级重点保护的2种，国家Ⅱ级重点保护的11种。云南省级重点保护植物6种，《中国物种红色名录》中有66种保护种，《濒危野生动植物种国际贸易公约》(CITES)附录中有19种。云南新分布植物种类非常丰富，共有74种，隶属于32科58属。这些种类中有61种是中国特有种。证明了该区的温带起源和东亚植物区系特征，这些物种成分在保护区的新发现证明了保护区在我国东亚生物地理区中具有特别重要的意义。

保护区分布有中国特有种共1063种，是保护区区系的主要组成部分，占保护区全部种数的57.03%，特有成分占比之高，显示出保护区的重要性。

保护区野生动物种类十分丰富，考察记录到哺乳动物92种，占中国哺乳动物种数的15.16%，占云南种数的30.07%，在云南乃至全国的自然保护区系统中，哺乳动物多样性较为丰富；鸟类356种，两栖动物39种，爬行动物54种，鱼类47种，脊椎动物种数达589种，同时还有昆虫423种。保护区的动物区系以南中国型为基础。保护区是一个鸟兽种类丰富，分布类型较多，特有属种以南中国分布型鸟兽为主体，又具有西南山地森林动物特色的自然物保护区，动物种群数量在云南亚热带保护区中属于最丰富的保护区之一，对中国中西部地区鸟类和兽类的系统分类与地理分布有很高的科学研究价值。

综合科学考察查清了保护区的生物资源、文化旅游资源、重点保护动植物种类数量和现状。科学考察研究成果完整地反映了保护区自然资源、文化旅游资源的客观情况，为调整合并、晋升保护区提供了科学依据，为保护区的规划、建设管理、科研监测和合理利用提供了坚实可靠的本底资料信息，也为实现保护区的发展管理目标提供了科学的决策依据。因科考时间及成书时间较早，书中植物物种名称鉴定以《云南植物志》及英文版《中国植物志》为主要参考依据，动物物种也以旧版名录为依据，故部分名称及类别与最新名录有少许出入。为方便国外专家及同仁了解乌蒙山国家级自然保护区资源的多样性，本书设附录一为本书综合评述对应的英文部分。

在云南省人民政府的高度重视和关怀下，以及云南省生态环境厅(原云南省环境保护厅)、云南省林业和草原局(原云南省林业厅)的指导和鼎力支持下，乌蒙山自然保护区综合科学考察成果于 2012 年 2 月通过了环境保护部自然保护区评审委员会的评审，保护区成功晋升为国家级自然保护区。根据国家和省级评审专家的意见和建议，对“科考报告”各学科内容进行了深入分析与成果提升，最终形成本书。

乌蒙山国家级自然保护区综合科学考察研究工作得到了云南省林业和草原局、云南省生态环境厅、昭通市委市政府的高度重视和支持，得到了昭通市林业和草原局、云南乌蒙山国家级自然保护区管护局和大关县、彝良县、盐津县、永善县、威信县县委县政府的鼎力支持和倾心配合，同时得到了保护区所涉各县相关部门及管护工作者的通力协作，在此一并深表感谢！

由于著者水平所限，本书不足之处在所难免，诚挚希望各位专家、学者、同仁和读者不吝赐教，深表感谢。

云南乌蒙山国家级自然保护区科学考察团

2020 年 5 月

目　录

第一篇　乌蒙山国家级自然保护区综合评述

第二篇 自然地理环境

第三篇 植被与植物资源

第四篇 动物资源

第五篇 社会经济与历史文化

第六篇 评价与建设

乌蒙山国家级自然保护区综合评述

第1章　概　　述

昭通市所辖各县区位于乌蒙山区的核心区域，又处于长江上游流域地带，地理位置十分特殊，生态地位极其重要。同时，昭通是云南历史上最重要的门户，曾是云南通向四川、贵州两省的重要门户，是中原文化进入云南的要道，是著名的丝绸之路和茶马古道的要塞，在中国经济社会发展几千年的历史进程中发挥了重要的作用。昭通市在为我国西南经济社会发展做出重要贡献的同时，也过多地消耗了自身的资源，损害了生态和环境利益，这在当时的历史条件下是不可避免的。时至今日许多人眼中的昭通乌蒙山地区已是一个生态破坏严重、环境恶化的地区。昭通的森林覆盖率全省最低，人口密度最大，生态退化严重，环境质量较差，正因为这样，在中央提出的建设生态文明，构建环境友好型社会，实现全面、协调和可持续科学发展的目标下，昭通乌蒙山地区的生态恢复与建设、经济与社会发展受到了全社会的关注。如何加强昭通自然环境与生物多样性的保护，建设生态文明的昭通，构建长江上游生态屏障，并促进乌蒙山区和长江中下游生态、经济社会的可持续发展是当前备受关注与所面临的重大问题。

在过去的几十年中，国家和省市各有关部门十分重视昭通生物多样性与自然生态的保护。在云南省林业和草原局的高度重视下，建立了五个省、市级自然保护区进行了抢救性的保护管理，经过努力已取得实效。在前期保护成效的基础上，对已建的省、市级自然保护区进行了全面的综合科学考察和总体规划。考察结果表明，昭通乌蒙山地区虽属于云南省生态环境破坏较严重的地区，但在已建立自然保护区的区域仍保存了在云南乃至全国不可多得的丰富的生物多样性和自然生态景观资源，在保护区内保存了许多珍稀、濒危和特有的物种，有着重要的保护价值。这些资源和生态环境对乌蒙山区及长江中下游的生态安全与经济社会可持续发展起着不可替代的功能和作用。

1.1　概　　况

1.1.1　地理位置

乌蒙山国家级自然保护区位于云南省东北部的昭通市境内，地跨大关、彝良、盐津、永善、威信五个县，地理坐标为E103°51′47″～E104°45′04″， N27°47′35″～N28°17′42″。保护区由三个片区组成，即三江口片区、朝天马片区和海子坪片区，总面积26 186.65hm^2。

乌蒙山国家级自然保护区的朝天马片区位于E104°01′37″～E104°23′06″， N27°47′35″～N27°58′23″，地跨彝良、盐津、大关三县，南靠彝良县小草坝乡，北邻盐津县庙坝、柿子坝两乡，东接彝良县牛街乡和龙海乡，西连大关天星乡的绿南、中心、沿河三村。该片区面积为 15 004.06hm^2，占总面积的 57.30%。

乌蒙山国家级自然保护区的三江口片区位于永善县东北面，东连盐津县对河坪，南与大关县北端的癞子坪接壤，西邻永善县二坪子，北至永善县马金子。地理坐标为 E103°51′47″～E104°01′19″，N28°10′44″～N28°17′42″。该片区面积为 8387.0hm^2，占总面积的 32.03%。

乌蒙山国家级自然保护区的海子坪片区面积 2795.6hm^2，占总面积的 10.68%，位于彝良县境内，北与四川省筠连县接壤，东邻大雪山，南抵灯草湾，西毗角子山。地理坐标为 E104°39′47″～E104°45′04″，N27°51′04″～N27°54′40″。

三个保护片区中两个成立于 20 世纪 80 年代，至今已有近 40 年的历史。其中，三江口保护片区成立于 1984 年，以山地湿性常绿阔叶林生态系统为主要保护对象；海子坪保护片区也于 1984 年成立，以天然毛竹林、水竹林、筇竹林和小熊猫等野生动植物为主要保护对象；朝天马保护片区的前身是成立于 1965 年的小草坝国营林场，于 1998 年建立省级保护区，以天麻原生地，珙桐、水青树、连香树等珍稀濒危和特有物种，以及奇特的地理景观为主要保护对象，林场建立迄今已有近 60 年的历史，其生物资源与生态环境得到了很好的保护。

1.1.2 性质和保护对象

1.保护区性质

乌蒙山国家级自然保护区的三大片区是云南省人民政府依据《中华人民共和国自然保护区条例》和《云南省自然保护区管理条例》批准的自然保护区，是为保护云南亚热带北部十分特殊且珍贵的亚热带山地湿性常绿阔叶林森林生态系统、珍稀濒危和特有物种及其栖息地而依法划定的予以特殊保护和管理的地域，保护管理机构属社会公益性的事业单位，事业经费系地方财政全额拨款，行政上由昭通市人民政府领导，业务上由云南省林业和草原局指导。

2.保护区类型

依据中华人民共和国国家标准《自然保护区类型与级别划分原则》，以及云南乌蒙山保护区主要保护对象及其受保护程度，乌蒙山自然保护区属于“自然生态系统类别”的“森林生态系统类型”的自然保护区，并且是以保护珍稀濒危特有野生动植物种群及其原生栖息地为代表的山地亚热带森林生物多样性及其生境作为主要管理目标的亚热带山地森林生态系统类型的自然保护区。

3.主要保护对象

乌蒙山国家级自然保护区以乌蒙山区目前保存面积较大且完整，类型结构典型，并具有云贵高原代表性的亚热带山地湿性常绿阔叶林森林生态系统，珍稀濒危特有动植物物种及其栖息地为保护对象，旨在保护生物多样性和维护乌蒙山区与金沙江-长江流域生态安全，其主要保护对象为：

1)保护森林生态系统

乌蒙山地区目前保存着面积较大且完整，类型结构典型，并具有云贵高原代表性的亚热带山地湿性常绿阔叶林森林生态系统。由于乌蒙山地区地处长江上游、金沙江下游，而整个昭通市水土流失面积达 8857.88hm^2，占昭通市面积的 39.1%，是长江上游水土流失的重灾区。因此，切实加大保护力度，保护好乌蒙山的森林生态系统，使其充分发挥森林的多种效益，对于保护和改善长江中下游地区的生态环境将起到十分重要的作用。

2)保护珍稀濒危动植物物种及其栖息地

(1)三江口和朝天马片区保护罕见的以珍稀孑遗树种为优势种的珙桐林、水青树林、十齿花林、扇叶槭林等珍贵的森林群落。

(2)朝天马和三江口片区保护以藏酋猴、小熊猫、四川山鹧鸪、红腹锦鸡、大鲵、贵州疣螈、天麻、珙桐、水青树、南方红豆杉、福建柏、连香树、筇竹和桫椤等为代表的国家重点保护的珍稀濒危动植物物种及其栖息地。

(3)海子坪片区保护我国西南保存最好、面积最大的天然分布的毛竹林群落及野生毛竹遗传种质资源；朝天马片区的小草坝是我国优质天麻的原生地，是天麻模式标本产地，这里保存了我国天麻四个品种中的三个。2004 年国家质量监督检验检疫总局批准对昭通天麻实施了原产地保护。

3)保护云贵高原湿地的代表类型

朝天马片区保护云贵高原湿地的代表类型——高山沼泽化草甸湿地生态系统，其是乌蒙山地区独特的植被群落类型和生物地理景观，具有重要的生态服务功能与旅游景观价值。

1.2　自然地理特征

1.2.1　特殊的地理位置

乌蒙山国家级自然保护区处于中国自然地理区域上的一个重要结合部位，东部连接着贵州喀斯特山原，北部与四川盆地相望，南部向滇中高原过渡，西部地处横断山脉的边缘，地处四个自然区域特色迥然不同的结合过渡地带。在世界生物地理分区系统中，处于北半球著名的古北界与印马界的南北过渡区域；在植物地理区系中，处于东亚植物区的中心位置，并在著名的田中线的分界线上，其西部属于中国-喜马拉雅植物区，东部属于中国-日本植物区；在中国生物地理区划系统中，处于华中区与西南区的过渡地区。

因此，乌蒙山国家级自然保护区及其邻近地区在中国生物地理区域上是一个十分特殊而关键的地区，表现出保护区的动植物种类组成丰富、区系成分构成复杂的特殊的生物地理区系特征。

1.2.2 地质地貌特征

1.地层

滇东北是扬子地台盖层发育最完全的地区之一，由于受到各种地质运动的影响，保护区全区有多个地质年代的地层出露。在所有出露的地层当中，以二叠系分布最为广泛。

乌蒙山国家级自然保护区正好位于滇东北地台沉积带内，因此该保护区也出露有多个地质年代的地层。根据科学考察结果，乌蒙山国家级自然保护区内主要出露的地层有寒武系、奥陶系、泥盆系、二叠系、三叠系、侏罗系、古近系、新近系和第四系等地质年代的地层。其中以二叠系出露最为广泛，其次为泥盆系。

2.岩石

乌蒙山国家级自然保护区因分布范围较大，所以区内及其附近地区出露的岩石种类较多。根据考察发现，保护区内岩浆岩、沉积岩和变质岩三大岩类均有出现，并且都有一定的分布范围。在三大类岩石中，岩浆岩和变质岩的分布范围较小，沉积岩的分布面积较大，几乎遍布保护区的所有片区。

3.构造

乌蒙山地区属于扬子准地台，滇黔川鄂台坳中的褶皱断裂地带，经历了三次大的地壳运动，即晋宁运动、加里东运动和喜马拉雅运动，因而形成了复杂的地形和地貌。全区的构造以断裂和褶皱最为发育，断裂有盐津-永善-巧家断裂、大关-昭通-巧家断裂和彝良-昭通-巧家断裂等；褶皱发育有木杆向斜、罗汉坝背斜和彝良复向斜等。受“小江断裂”的影响，整个昭通地区褶皱和断裂均呈大致平行的北东方向，由此导致地貌结构复杂、类型多样化。

4.地貌特征

1）地势向北倾斜，并具有双层结构

乌蒙山国家级自然保护区位于云南高原的北部，处于云南高原向四川盆地和贵州高原的边缘过渡地带，高原斜坡受金沙江及其支流的深切，形成梁状山地与狭长河谷相间的地貌格局，地表十分崎岖，地势倾斜较为特殊，从上层山峰线由西南向东北倾斜，谷底线分两个方向，即向北或东北向倾斜以及向东或东南倾斜，使本区出现上、下两层倾斜方向不一致的状况，具有双层结构的特点。保护区东北面为四川盆地的边缘山地，整个地势由西南向东北面的金沙江河谷倾斜，并向四川盆地过渡，而与云南全省北高南低的大地势相反，以致对植被和物种的分布产生了显著的影响，如一些云南南部的偏热性物种能够出现在本区的北部。

2) 高原边缘型山原地貌

保护区正好处在云南高原北缘，是一片高原向大型盆地过渡的斜坡地带，大部分地面被各级河流切开，形成长形山地与峡谷相间的地表形态。这种地貌结构因在高原边缘地带出现，故被称为原边型山原地貌。

3) 深切割的中山山地

保护区所在地属于五莲峰和乌蒙山的部分山地，平均高度为 2000～2500m，东片仅在 1500m 左右，属于中山范畴。但从相对高度看，它切割较深，不少山地相对高度在 1000m 以上，部分为 500～1000m，属于中等切割到深切割的中山。山地的岩石组成以碎屑岩为主，间有部分岩浆岩和碳酸岩，是一片岩石组成种类较多的中山山地。

4) 河谷以峡谷为主，缺少大型盆地

众多支流流经保护区或其边缘地带，其原边地带又加上河流深切，使得地面异常崎岖，除了深至中切割山地外，地面基本上被纵横的峡谷所连接，除了在一些支流河流上源保留有原高原面上的古河谷属宽谷形平坦地貌形态外，很少有坝子。

5.地貌类型

乌蒙山国家级自然保护区地势高耸，区内有高大山脉分布，河流水系发达，切割颇深，地貌类型复杂多样，是云贵高原的典型区域。保护区范围跨度较大，从大地貌形态看，属高原边缘的中山与峡谷区，但次一级地貌形态的种类仍然较多，主要的地貌有山地、河谷与盆地、喀斯特地貌三种类型。其中山地是保护区内的主要地貌类型，该类型中除深切割中山之外，还包括相对升降所残存的部分高原面残片及原面上和部分宽谷边缘上散布的丘陵地貌。这一带山地海拔均在 1000m 以上，属于低山和中山范畴。

1.2.3 气候特点

乌蒙山国家级自然保护区位于云南东北部边缘，地处云贵川三省接合部，地势北低南高，由四川盆地逐渐向乌蒙山脉抬升。该区山峦交错，河谷纵横，是四川盆地冷空气进入云南的主要通道，易受冷空气影响，常在昆明准静止锋控制下，气候与云南大部分地区不同，而与具有我国东部型季风气候特点的贵州相似，明显形成如下气候特点。

1.四季分明

云南大部分地区四季不分明，如昆明全年无夏，春秋相连长达 9 个月，约有 3 个月的冬季。而保护区所在地和贵阳相近，具有四季分明的特点。当然这里最热月平均气温比我国东部地区低 3℃左右，冬季也较东部地区暖，四季分明不如东部长江中下游地区典型。

2.干雨季分明，但“干季不干”

保护区所在地 5～10 月受热带海洋气团控制，在西南、东南两支暖湿气流影响下，雨量集中，降水量占全年总降水量的 78%～91%，形成雨季；11 月～次年 4 月受热带大陆气团或变性极地大陆气团控制，降水少，仅占全年总降水量的 9%～22%。但干季(11 月～次年 4 月)大于等于 0.1mm 降水日数多，干季各月降水日数多达 15～20 天，日照较少，蒸发较弱，湿度大，干季气候特征不明显，即“干季不干”，以致对植物生长和植被发育产生了深刻的影响，使本保护区成为全省湿性常绿阔叶林发育最典型的地区，并保存了不见于云南其他地区的以峨眉栲、水丝梨、光叶水青冈等为群落标志树种的湿性常绿阔叶林。

3.气温年较差大，日较差小

保护区所在地气温年较差多在 18℃以上，与云南省内大部分地区相比气温年较差大。年平均气温日较差较小，多在 9℃以下，冬春季也不足 10℃，而昆明平均日较差为 11.1℃，冬春季在 11℃以上，3 月达 15.1℃。所以保护区所在地气温年较差大、日较差小，也呈现了我国东部型季风气候区的气候特点。

4.光照少、雨日多、湿度大

云南大多数地区年日照时数在 2000h 以上，日照百分率多在 45%以上。保护区所在地易受冷空气侵袭，常受昆明准静止锋影响，阴雨日数多，年日照时数在 1000h 以下，平均每天不到 3h，为全省日照时数最少的地区，日照百分率多在 30%以下。保护区的盐津、大关等县每月降水日数均在 10～15 天以上，阴雨天之多与贵阳相当，也可谓“天无三日晴”。年相对湿度均为 80%～86%，其中 9 月～次年 2 月达 87%～88%，相对湿度之大也为云南省内最高，为国内所少有。

5.区内气候差异显著

在保护区相同海拔的条件下，气温南部高于北部，降水量北部多于南部。同纬度相比气温为低处高、高处低，降水为高处多、低处少。保护区所在地以“昆明准静止锋”平均位置为界，西南与东北两部分气候表现出极为明显的差异。东北部片区具有光照少、阴雨日数多、湿度大、四季分明、气温年较差大而日较差小等我国东部型季风气候的特征。西南部片区具有干湿季分明、四季不分明、气温年较差小而日较差大的我国西部型季风气候的特点。气候的垂直变化也比较显著，每升高 100m 平均气温降低 0.7℃；年降水量随海拔升高而增加，每升高 100m 南段增加 22mm，北段增加 50mm。

6.不同于云南其他各地的气候与植被特征

保护区处云南最东北角，气候类型表现为既有本地带的基本特征，又有由云南高原向长江流域过渡的明显特点，在不大的区域范围内表现出较大的植被和农业资源差异。大气候主要受东亚季风控制，但最主要的影响源于“昆明准静止锋”活动与多山而复杂的地貌类型相结合，造成锋面两侧的天气差异和锋面逆温现象等，表现为在不同海拔和不同地貌部位气温与天气差异显著，导致区内植被垂直系列明显，河谷内有干热(暖)河谷稀树灌草丛等；往上主要为亚热带湿性常绿阔叶林和暖温性针叶林。

由于本区冬季“昆明准静止锋”的进退活动较频繁，天气多变，多阴冷天气；夏秋北来的冷空气活动也较频繁，气候温凉多雨，少有炎热天气，造成本区具有典型的长江流域气候特征，与云南其他大部地区干湿季分明的普遍规律截然不同的特点，表现出乌蒙山自身独特的气候与植被特征。

乌蒙山国家级自然保护区受特殊的地理环境和大气环流因素的影响，在昆明准静止锋控制下，阴雨天多，气温明显偏低，年平均气温 13～17℃，比云南省内其他同海拔地区低 0.5～1.5℃；年积温在 3956.7～5366.6℃；年太阳总辐射多在 4500MJ/m^2 以下，盐津、威信、大关等地在 4000MJ/m^2 以下，是云南全省太阳总辐射最少的地区。

保护区年降水量为 600～1300mm，永善、大关、彝良不足 1000mm，是云南全省少雨区之一。地区分配不均匀，同海拔的条件下，降水北部多于南部，迎风坡降水多，背风坡降水少。同一地区在海拔 1950m 以下受地形影响显著，年降水量垂直分布规律不明显；海拔 1950m 以上，降水量随着海拔增加而增加，降水递增率为 33.2mm/100m。无霜期在 9～11 个月。

1.2.4　河流水文特征

乌蒙山国家级自然保护区大部分地区处于中、北亚热带，故而降水丰富，境内水系比较发达，各个片区内都有多条河流和溪流。

保护区及其附近地区属于金沙江水系，较大的河流有洛泽河、白水江、黄水河、大关河、木杆河和小河等。这些河流分布于昭通地区的中部和北部，其支流多发源于保护区内。受高原边缘地势条件与区内中部局部隆起的影响，河流流向较复杂，大部分河流由南向北流。其中，白水江向西、西北流动，而红水河向东流，黄水河与高桥河的局部河段向南流，保护区内河流基本上也是多向流动。

(1)洛泽河是横江的一级支流，属于金沙江水系，在保护区周边地区大约有 70km，一级支流 20 余条，河长 120km。洛泽河在保护区及周边地区的流域面积达 4836km^2，河床平均宽 60m，流量约 40.9m^3/s。

(2)横江是金沙江的一级支流，上游称洒渔河，入大关后称大关河，俗称关河，下游称横江，经大关、永善、盐津等县在水富县东北部汇入金沙江，全长 305km，流域面积 14 945km^2，年均流量 302.3m^3/s，最大流量 5080m^3/s，最小流量 66.3m^3/s，主要支流有昭鲁大河、大关河、洛泽河和白水江等。

(3) 白水江是金沙江的二级支流，横江的一级支流，在保护区及周边地区大约有 30km，大小支流有 20 余条，河长 105km。白水江在保护区及周边地区的流域面积也大于 1430km^2，平均河床宽为 80m，平均流量为 79.2m^3/s，最大流量为 2190m^3/s，最小流量为 16.9m^3/s。

以上三条河流是保护区及周边地区最大的三条河流，它们对保护区的影响较大。除这些河流以外，另有一些河流也分布在境内，主要特征如表 1-1 所示。

表 1-1　乌蒙山国家级自然保护区河流概括略表

序号	河名	河长/km	平均流量/(m^3/s)	流域面积/km^2	水系
1	木杆河	20	10.90	224.4	金沙江一级支流
2	小河	47	5.57	678	洛泽河一级支流
3	黄水河	40	5.57	162	洛泽河一级支流
4	大关河	45	61.00	198	金沙江支流
5	高桥河	36	10.90	424	金沙江支流

1.2.5　土壤主要类型与分布规律

乌蒙山国家级自然保护区内的土壤主要是黄棕壤，分布于海拔 1800～2000m 地区；其次为棕壤，分布于海拔 2000m 以上；黄壤和少量的红色石灰土分布于海拔 1850m 以下。土壤质地多为中壤和沙壤土，呈酸性和强酸性，厚度多在 50～80cm。保护区天然植被保存较完整，地表侵蚀小，气温低，湿度大，A_0 层较厚，一般为 5～10cm，土壤有机质较丰富。

1.3　植物多样性特征

1.3.1　植物种类丰富，区系组成复杂

1.维管束植物种类组成丰富

乌蒙山国家级自然保护区维管束植物相当丰富，最新考察结果统计共有 207 科 751 属 2094 种，表现出丰富的植物物种多样性(表 1-2)。其中，分布有野生种子植物 1864 种，隶属于 159 科 640 属，种属比为 2.91；裸子植物 4 科 5 属 5 种，双子叶植物 133 科 504 属 1563 种，单子叶植物 22 科 131 属 296 种；蕨类植物 48 科 111 属 230 种，分别占全国 63 科 231 属 2600 种的 76.19%、48.05%和 8.85%，种类组成也十分丰富，是中国蕨类植物区系的重要组成部分。

表 1-2　乌蒙山国家级自然保护区维管束植物科、属、种统计

类别		科			属			种		
		数量	云南占比/%	全国占比/%	数量	云南占比/%	全国占比/%	数量	云南占比/%	全国占比/%
裸子植物		4	36.36	36.36	5	15.15	12.20	5	5.43	2.11
被子植物	双子叶	133	—	—	504	—	—	1563	—	—
	单子叶	22	—	—	131	—	—	296	—	—
	总数	155	60.51	46.69	635	26.90	20.38	1859	13.23	6.13
蕨类植物		48	—	76.19	111	—	48.05	230	—	8.85
合计		207	60.46	52.82	751	31.27	20.32	2094	17.18	6.17

2.区系组成复杂

1)种子植物科分布区类型的热带性质稍强

乌蒙山国家级自然保护区种子植物159科可分为11种分布区类型(表1-3)。其中，世界广布49科，占该区总科数的30.82%；泛热带分布44科，占总科数的27.67%，是保护区内除世界广布科外最多的类型；其次为含31个科的北温带分布类型，占总科数19.50%；热带亚洲及热带美洲间断分布12科，占总科数的7.55%；东亚分布10科，占总科数的6.29%；东亚及北美间断分布6科，旧世界热带分布2科，热带亚洲至热带大洋洲间断分布2科，而旧世界温带分布类型只有川续断科 Dipsacaceae，热带亚洲(及热带东南亚至印度-马来，太平洋诸岛)分布只有清风藤科 Sabiaceae，乌蒙山国家级自然保护区有中国特有科珙桐科 Davidiaceae 出现。热带分布科61个，占总科数的38.36%，温带分布科49个，占总科数的30.82%。科水平的热带成分与温带成分之比约为1.24∶1，表明保护区在科水平上热带性质稍强。

表1-3 乌蒙山国家级自然保护区种子植物区系科分布区类型

科的分布区类型	科数	占比/%
1. 广布(世界广布)	49	30.82
2. 泛热带(热带广布)分布	44	27.67
3. 热带亚洲及热带美洲间断分布	12	7.55
4. 旧世界热带分布	2	1.26
5. 热带亚洲至热带大洋洲间断分布	2	1.26
7. 热带亚洲(及热带东南亚至印度-马来，太平洋诸岛)分布	1	0.63
热带分布科(2～7)合计	61	38.36
8. 北温带分布	31	19.50
9. 东亚及北美间断分布	6	3.77
10. 旧世界温带分布	1	0.63
14. 东亚分布	10	6.29
15. 中国特有分布	1	0.63
温带分布科(8～15)合计	49	30.82
总计	159	100

2)单型科分布较为集中

乌蒙山国家级自然保护区只含1种的科共有36科，科级多样性十分突出，而系统分类学上真正的单型科只有珙桐科 Davidiaceae、水青树科 Tetracentraceae 和十齿花科 Dipentodontaceae 三个科，均为国家重点保护植物。

珙桐科为中国华中至横断山区特有单型科，是新近纪和古近纪古热带植物区系的孑遗种，属国家一级保护植物。在晚白垩纪、新近纪和古近纪时期珙桐曾广泛分布于世界许多地区，但经第四纪冰川后珙桐在世界绝大多数地区已消失，仅在中国西南地区有分布，在本保护区能够形成其他地区罕见的单优势林分群落，很显然本保护区是我国珙桐的分布中心和主要分布区之一。

水青树科为典型的新近纪和古近纪孑遗植物，被誉为现存被子植物的活化石，该科仅存1属1种，即水青树 *Tetracentron sinense*，为国家Ⅱ级重点保护植物。

十齿花科仅1属1种，即十齿花 *Dipentodon sinicus*，属国家Ⅱ级重点保护植物，是典型的东亚分布型，分布于中国藏东南、滇、黔、桂以及邻近的缅甸、印东北。该种在本保护区分布于海拔 1500～2060m 的林中，并形成纯林，除乌蒙山外在其他分布地区尚未见报道形成纯林的。

这三个科在分类上比较孤立，起源上较为古老，它们在乌蒙山国家级自然保护区较为多见，说明了这一区域在地质历史上的古老性。因这一地区气候等条件适宜，这三科在后来的繁衍中得到了极大的发展，甚至形成单优势的群落，是罕见的，有极高的保护价值，是本保护区重要的保护对象。

3.种子植物属分布区类型特征归属华中植物区系

乌蒙山国家级自然保护区种子植物 640 属可划分为 15 个分布区类型和 22 个变型。其中，世界广布的属有 53 个，北温带分布属为该区分布最多的类型，有 127 个，其次为泛热带分布的属，有 99 个，再次为含 93 属的东亚分布类型及包含 54 属的热带亚洲分布类型。

⑴该地区种子植物640属中，共含有15个分布型和22个分布变型，显示出当地植物区系成分属级水平的高度多样性。

⑵保护区有热带性质的属 243 个，占总属数的 37.97%；温带性质的属有 344 个，占总属数的 53.91%。属级水平的热带成分与温带成分之比为 1∶1.42，显示出相对较强的温带性质，与科级水平的热带成分与温带成分之比(1.24∶1)相比，温带成分明显增加。该地区纬度在云南偏北，属四川盆地的南缘山地，植物区系特征具有由乌蒙山向四川盆地过渡的性质，与华中植物区系有密切的关系，在区系划分上应归于华中植物区系，是云南全省唯一的华中植物区系，在云南植物区系地理组成中具有重要意义。

4.种子植物种级区系特征以温带成分为主，更具华中区的特色

⑴种级水平上的地理成分十分广泛。保护区 1864 种种子植物中 15 个分布类型均有，显示出本保护区在地理区系上的广泛联系。

⑵中国特有成分、东亚成分和热带亚洲成分是构成本区种级区系的主体成分，三者共计 1601 种，占总数的 85.89%，反映了本区种级区系既有广泛性，又有自身的明显特征。

⑶该地共计有热带性质的种 285 种，占全部种数的 15.29%，温带性质的种有 1516 种，占总种数的 81.33%。热带与温带之比为 1∶5.32，温带成分显著多于热带成分，成为当地区系结构的绝对主体部分，即在种一级上本区植物区系的来源以温带性质为主，同时受到热带植物区系的一定影响，具有亚热带过渡到温带并明显体现出温带的区系性质。体现了乌蒙山不同于云南其他的地区，也不同于西南大部地区，明显处于东亚植物

区系的中心地带，更具华中区的特色。

5.区系来源联系广泛，地理成分的多样性突出

乌蒙山国家级自然保护区种子植物区系总体上是北温带成分、东亚成分、热带亚洲成分，它们是构成保护区种子植物区系的三大起源。本保护区植物有明显的温带渊源，热带成分也有较好的发展，属于亚热带向暖温带过渡的性质，温带性质的种占明显优势，充分体现本保护区具有亚热带向暖温带气候的过渡特征，在种类组成上表现出明显的替代性和过渡性，以致形成植物区系组成复杂，联系广泛，地理成分的多样性突出。

6.区系特有现象突出，是保护区重要的保护对象

保护区有中国特有科 1 科，即珙桐科；有东亚特有科 10 科，占全部东亚特有科的 32.26%；属一级的特有现象也很明显，该区有中国特有属 27 属，隶属于 17 科，占该区种子植物总属数的 4.21%，占云南特有属(115 属)的 23.48%，占整个中国特有属的 11.11%；中国特有种 1603 种，占种子植物总种数的 57.03%，其中保护区特有种 28 种，占中国特有种的 2.63%，特有度非常高。与其他地区共有的特有种中，以与四川、贵州两省共有较多，共 296 种，占中国特有种的 18.47%，这些种基本都是以华中为分布中心向外扩散的华中地区特有种，表明该区是东亚中国特有成分，尤其是华中特有成分的重要分布分化地。同时，保护区位于这个起源和分化中心的西侧，包括了一定的华西成分，这些特有成分地理分布狭窄、破坏后极难恢复，是本保护区重要的保护对象。

7.区系地位属于世界性的珍稀濒危或残遗类型，有极其重要的保护价值

保护区有中国特有科珙桐科，该科在本区的存在和广泛发展，证明了该区地质历史和植物植被的古老性与独特性。该区分布的 27 个中国特有属，是该区植物区系特征的又一证明，充分显示了乌蒙山国家级自然保护区在云南和全国植物区系上的重要位置。

保护区分布的东亚特有科有水青树科、十齿花科、连香树科、领春木科、旌节花科、猕猴桃科、桃叶珊瑚科、青荚叶科、鞘柄木科和三尖杉科，表明保护区为东亚植物区的一部分，其地质史与整个东亚的一致性，与东亚植物区系的发生密切相关，它们均属于世界性的珍稀濒危或残遗类型，有极其重要的保护价值。

乌蒙山国家级自然保护区种子植物区系为东亚成分，有东亚分布型 332 种(占总种数的 17.81%)，加上中国特有分布型的 1063 种，共占该区总种数的 74.84%。该区分布众多的特有植物说明了保护区在区系保护上的重要性。

1.3.2　珍稀濒危保护植物种类极为丰富

在乌蒙山国家级保护区分布的维管束植物中珍稀濒危保护植物的种类十分丰富，主要有以下几类。

1.国家重点保护野生植物

依据1999年国务院颁布的《国家重点保护野生植物名录(第一批)》统计，乌蒙山国家级自然保护区共有国家重点保护野生植物13种，隶属10科11属，其中蕨类植物2科3属5种，裸子植物2科2属2种，被子植物6科6属6种，占该名录(253种)的5.14%。按保护级别划分，属于国家Ⅰ级重点保护的2种；属于国家Ⅱ级重点保护的11种(表1-4)；属国家珍稀濒危保护植物的12种(表1-5)。

表1-4 乌蒙山国家级自然保护区国家重点保护野生植物一览表

序号	中文名	拉丁名	保护级别	属分布区	种分布区	分布点
1	珙桐	*Davidia involucrata*	Ⅰ	15	15.4.3	三江口片区，海拔2000m以上
2	南方红豆杉	*Taxus chinensis* var. *mairei*	Ⅰ	8	15.4.2.6	三江口片区、海子坪片区，海拔1500～2000m
3	福建柏	*Fokienia hodginsii*	Ⅱ	7.4	7.4	三江口片区，海拔1520m以上
4	连香树	*Cercidiphyllum japonicum*	Ⅱ	14.2	15.4.3	三江口片区，海拔1810m以上
5	香果树	*Emmenopterys henryi*	Ⅱ	7.3	15.4.3	海子坪片区，海拔1550m以上
6	十齿花	*Dipentodon sinicus*	Ⅱ	14.1	15.4.2.2	海子坪片区、朝天马片区，海拔1500～2060m
7	水青树	*Tetracentron sinense*	Ⅱ	14.1	14.1	三江口片区、朝天马片区，海拔1750～1850m
8	秃叶黄檗	*Phellodendron chinense*	Ⅱ	14.2	15.4.3	三江口片区、朝天马片区，海拔1820～2000m
9	金毛狗	*Cibotium barometz*	Ⅱ	—	—	生山脚沟边及林下阴处酸性土上
10	中华桫椤	*Alsophila costularis*	Ⅱ	—	—	生于沟谷林中，海拔700～2100m
11	桫椤	*Alsophila spinulosa*	Ⅱ	—	—	生于山地溪旁或疏林中，海拔1600～1800m
12	粗齿黑桫椤	*Gymnosphaera denticulata*	Ⅱ	—	—	生于山坡林下
13	卧茎黑桫椤	*Gymnosphaera metteniana*	Ⅱ	—	—	生于山坡林下、溪边或沟边

表1-5 乌蒙山国家级自然保护区国家珍稀濒危保护植物一览表

序号	中文名	拉丁名	保护级别	类别	属分布区	种分布区	分布点
1	*桫椤	*Alsophila spinulosa*	Ⅰ	渐危	—	—	—
2	*珙桐	*Davidia involucrata*	Ⅰ	稀有	15	15.4.3	三江口片区，海拔2000m以上
3	*福建柏	*Fokienia hodginsii*	Ⅱ	稀有	7.4	7.4	三江口片区，海拔1520m以上
4	*连香树	*Cercidiphyllum japonicum*	Ⅱ	稀有	14.2	15.4.3	三江口片区、朝天马片区，海拔1810m以上
5	*香果树	*Emmenopterys henryi*	Ⅱ	稀有	7.3	15.4.3	海子坪片区，海拔1550m以上
6	*十齿花	*Dipentodon sinicus*	Ⅱ	稀有	14.1	15.4.2.2	海子坪片区、朝天马片区，海拔1500～2060m
7	*水青树	*Tetracentron sinense*	Ⅱ	稀有	14.1	14.1	三江口片区、朝天马片区，海拔1750～1850m
8	天麻	*Gastrodia elata*	Ⅲ	渐危	5	14	三江口片区、朝天马片区，海拔1780～2100m
9	南方铁杉	*Tsuga chinensis* var. *tchekiangensis*	Ⅲ	渐危	9	15.4.2.6	朝天马片区，海拔1950m以上
10	筇竹	*Qiongzhuea tumidinoda*	Ⅲ	稀有	15	15.4.1.1	朝天马片区，海拔2045m以上
11	领春木	*Euptelea pleiospermum*	Ⅲ	稀有	14	7.2	三江口片区，海拔1860m以上
12	银鹊树	*Tapiscia sinensis*	Ⅲ	稀有	15	15.4.2.6	三江口片区，海拔1800m以上

2.云南省级重点保护植物

按《云南省第一批省级重点保护野生植物名录》(1989 年)统计，云南乌蒙山国家级自然保护区有云南省级重点保护植物 6 种(表 1-6)，隶属于 6 科 6 属，其中裸子植物 1 科 1 属 1 种；被子植物 5 科 5 属 5 种，全部都是双子叶植物。这 6 种植物占云南省级重点保护植物(218 种)的 2.75%；其中属于省 I 级重点保护的有 1 种，即赛楠，占云南省 I 级重点保护植物(5 种)的 20%；属于省 II 级重点保护植物的有 1 种，占云南省 II 级重点保护植物(55 种)的 1.8%；属于省III级重点保护植物的有 4 种，占云南省III级重点保护植物(158 种)的 2.53%。

表 1-6 乌蒙山国家级自然保护区云南省级重点保护植物一览表

序号	中文名	拉丁名	保护级别	属分布区	种分布区	分布点
1	赛楠	*Nothaphoebe cavaleriei*	I	3	15.4.1.4	三江口片区，海拔 1580m 以上
2	白辛树	*Pterostyrax psilophyllus*	II	14.2	15.4.1.6	三江口片区、海子坪片区，海拔 1600～2070m
3	云南枫杨	*Pterocarya delavayi*	III	11	15.4.1.5	三江口片区，海拔 2039m 以上
4	滇瑞香	*Daphne feddei*	III	8.4	15.4.1.4	朝天马片区，海拔 1960～2030m
5	南方铁杉	*Tsuga chinensis* var. *tchekiangensis*	III	8	15.4.2.6	朝天马片区，海拔 1950m 以上
6	川八角莲	*Dysosma veitchii*	III	14.1	15.4.1.4	朝天马片区，海拔 1900m 以上

3.《中国物种红色名录》中的保护物种

依据《中国物种红色名录》(2004 年)，乌蒙山国家级自然保护区内有 66 种保护植物，它们隶属于 23 科 37 属(表 1-7)。

表 1-7 乌蒙山国家级自然保护区内《中国物种红色名录》保护植物一览表

序号	中文名	拉丁名	保护级别	属分布区	种分布区	分布点
1	阔叶槭	*Acer amplum*	近危	8.4	15.4.1.1	朝天马片区，海拔 1750m 以上
2	青榨槭	*Acer davidii*	无危	8.4	15.4.3	朝天马、三江口、海子坪片区，海拔 1140～1900m
3	毛花槭	*Acer erianthum*	近危	8.4	15.4.3	三江口片区，海拔 1500～1850m
4	扇叶槭	*Acer flabellatum*	无危	8.4	15.4.2.4	三江口、朝天马片区，海拔 1860～2450m
5	房县槭	*Acer franchetii*	无危	8.4	15.4.3	三江口片区，海拔 1850～2300m
6	锐齿槭	*Acer hookeri*	易危	8.4	14.1	三江口、朝天马片区，海拔 2450m 以上
7	疏花槭	*Acer laxiflorum*	无危	8.4	14.1	三江口片区，海拔 1858～1950m
8	大翅色木槭	*Acer mono* var. *macropterum*	无危	8.4	15.4.3	三江口片区，海拔 1947m 以上
9	五裂槭	*Acer oliverianum*	无危	8.4	15.4.2.4	三江口片区，海拔 1580～2040m
10	中华槭	*Acer sinense*	无危	8.4	15.4.2.4	三江口片区，海拔 2200m 以上
11	大花猕猴桃	*Actinidia grandiflora*	极危	14	15.4.1.1	三江口片区，海拔 1850m 以上

续表

序号	中文名	拉丁名	保护级别	属分布区	种分布区	分布点
12	葡萄叶猕猴桃	*Actinidia vitifolia*	易危	14	15.4.1.1	三江口、朝天马片区，海拔1600～1960m
13	四齿无心菜	*Arenaria quadridentata*	易危	8.4	15.4.3	三江口片区，海拔1810m以上
14	鼠叶小檗	*Berberis iteophylla*	濒危	8.5	15.32	三江口片区，海拔1830～1980m
15	短叶虾脊兰	*Calanthe arcuata* var. *brevifolia*	近危	2	15.43	朝天马片区，海拔1960m以上
16	细花虾脊兰	*Calanthe mannii*	易危	2	14.1	三江口片区，海拔2050m以上
17	香花虾脊兰	*Calanthe odora*	近危	2	7	朝天马片区，海拔2040m以上
18	镰萼虾脊兰	*Calanthe puberula*	近危	2	14.1	三江口片区，海拔1700m以上
19	永善方竹	*Chimonobambusa tuberculata*	易危	14	15.4.1.1	朝天马片区，海拔1560～1650m
20	吻兰	*Collabium chinense*	易危	7	7.4	海子坪片区，海拔1405m以上
21	华榛	*Corylus chinensis*	易危	4	15.4.1.1	朝天马片区，海拔1930～2050m
22	珙桐	*Davidia involucrata*	易危	15	15.4.3	三江口片区，海拔2000m以上
23	十齿花	*Dipentodon sinicus*	易危	14.1	15.4.2.2	海子坪、朝天马片区，海拔2060m以上
24	川八角莲	*Dysosma veitchii*	易危	14.1	15.4.1.4	朝天马片区，海拔1900m以上
25	香果树	*Emmenopterys henryi*	近危	7.3	15.4.3	海子坪片区，海拔1550m以上
26	灯笼树	*Enkianthus chinensis*	无危	14	15.4.2.6	三江口、朝天马片区，海拔1360～2450m
27	火烧兰	*Epipactis helleborine*	近危	8.4	7.3	三江口片区，海拔1780～1800m
28	大叶火烧兰	*Epipactis mairei*	近危	8.4	7.3	朝天马片区，海拔1520m以上
29	四川卫矛	*Euonymus szechuanensis*	易危	1	15.4.3	朝天马片区、三江口片区，海拔1927～2300m
30	福建柏	*Fokienia hodginsii*	易危	7.4	7.4	三江口片区，海拔1520m以上
31	毛萼山珊瑚	*Galeola lindleyana*	近危	5	14.1	三江口片区，海拔1800～2020m
32	天麻	*Gastrodia elata*	易危	5	14	三江口、朝天马片区，海拔1780～2100m
33	罗锅底	*Hemsleya macrosperma*	易危	14.1	15.3.3	朝天马片区，海拔1960m以上
34	二褶羊耳蒜	*Liparis cathcartii*	易危	2	14.1	三江口片区，海拔1880m以上
35	短柱对叶兰	*Listera mucronata*	近危	8	14	三江口、海子坪、朝天马片区，海拔1555～2039m
36	峨眉柯	*Lithocarpus oblanceolatus*	易危	9	15.4.1.1	三江口片区，海拔1580m以上
37	湖北海棠	*Malus hupehensis*	无危	8	15(1)	朝天马片区，海拔1820～1990m
38	西蜀海棠	*Malus prattii*	易危	8	15.4.1.1	三江口、朝天马片区，海拔1750～1960m
39	褐毛稠李	*Padus brunnescens*	易危	8.4	15.4.1.1	三江口、朝天马片区，海拔1827～1900m
40	美丽马醉木	*Pieris formosa*	易危	9	14.1	朝天马、三江口片区，海拔1480～1950m
41	独蒜兰	*Pleione bulbocodioides*	易危	7.2	15.4.3	三江口片区，海拔1900m以上
42	革叶报春	*Primula chartacea*	易危	8.4	15.3.3	朝天马、海子坪片区，海拔1552～1950m
43	白辛树	*Pterostyrax psilophyllus*	易危	14.2	15.4.1.6	朝天马、三江口、海子坪片区，海拔1600～2070m
44	筇竹	*Qiongzhuea tumidissinoda*	近危	15	15.4.1.1	朝天马片区，海拔2045m以上
45	木瓜红	*Rehderodendron macrocarpum*	易危	7.3	7.4	海子坪、朝天马、三江口片区，海拔1200～2060m
46	银叶杜鹃	*Rhododendron argyrophyllum*	无危	8.4	15.4.1.4	朝天马片区，海拔1900m以上

续表

序号	中文名	拉丁名	保护级别	属分布区	种分布区	分布点
47	暗绿杜鹃	*Rhododendron atrovirens*	易危	8.4	15(2)	朝天马、三江口片区，海拔 1900～1947m
48	繁花杜鹃	*Rhododendron floribundum*	易危	8.4	15.4.1.1	朝天马、三江口片区，海拔 1850～2050m
49	河边杜鹃	*Rhododendron flumineum*	易危	8.4	15.3.4	朝天马片区，海拔 2048m 以上
50	凉山杜鹃	*Rhododendron huianum*	近危	8.4	15.4.1.4	三江口、朝天马片区，海拔 1900～2300m
51	黄花杜鹃	*Rhododendron lutescens*	无危	8.4	15.4.1.1	三江口、朝天马片区，海拔 1855～1985
52	宝兴杜鹃	*Rhododendron moupinense*	易危	8.4	15.4.1.1	三江口片区，海拔 2450m 以上
53	峨马杜鹃	*Rhododendron ochraceum*	易危	8.4	15.4.1.1	朝天马、三江口片区，海拔 1950～2450m
54	早春杜鹃	*Rhododendron praevernum*	无危	8.4	15.4.3	三江口片区，海拔 2450m 以上
55	长蕊杜鹃	*Rhododendron stamineum*	无危	8.4	15.4.3	朝天马片区，海拔 1340～2040m
56	圆叶杜鹃	*Rhododendron williamsianum*	易危	8.4	15.4.1.4	朝天马片区，海拔 1850m 以上
57	云南杜鹃	*Rhododendron yunnanense*	无危	8.4	14.1	朝天马片区，海拔 2081m 以上
58	亮蛇床	*Selinum cryptotaenium*	易危	10	15.3.2	三江口片区，海拔 1858～1865m
59	梯叶花楸	*Sorbus scalaris*	极危	8	15.4.1.1	三江口片区，海拔 1810m 以上
60	绶草	*Spiranthes sinensis*	无危	8.4	8.1	三江口片区，海拔 1850m 以上
61	带唇兰	*Tainia dunnii*	近危	5	15.4.2.6	朝天马片区，海拔 2000m 以上
62	南方铁杉	*Tsuga chinensis* var. *tchekiangensis*	近危	9	15.4.2.6	朝天马片区，海拔 1950m 以上
63	苍山越桔	*Vaccinium delavayi*	无危	8.4	7.3	朝天马片区，海拔 2400m 以上
64	宝兴越桔	*Vaccinium moupinense*	易危	8.4	15.4.1.1	朝天马片区，海拔 2048m 以上
65	毛萼越桔	*Vaccinium pubicalyx*	无危	8.4	14.1	朝天马、三江口片区，海拔 1741～2081m
66	横脉荚蒾	*Viburnum trabeculosum*	易危	8	15.3.2	三江口、朝天马片区，海拔 1900～2450m

4.《濒危野生动植物种国际贸易公约》中的保护植物

依据《濒危野生动植物种国际贸易公约》(Convention on International Trade in Endangered Species of Wild Fauna and Flora，CITES)(2017 年)的名录，乌蒙山国家级自然保护区内有 19 种保护植物，它们隶属于 5 科 14 属(表 1-8)。

表 1-8　乌蒙山国家级自然保护区 CITES 保护植物一览表

序号	中文名	拉丁名	属分布区	种分布区	分布点
1	大花猕猴桃	*Actinidia grandiflora*	14	15.4.1.1	三江口片区，海拔 1850m 以上
2	钩腺大戟	*Euphorbia sieboldiana*	1	8	朝天马片区，海拔 1820～1840m 以上
3	黄苞大戟	*Euphorbia sikkimensis*	1	14.1	朝天马片区，海拔 1920～1950m 以上
4	水青树	*Tetracentron sinense*	14.1	14.1	三江口片区，海拔 2039m 以上
5	多花茜草	*Rubia wallichiana*	8.4	7	三江口片区，海拔 1750～1850m
6	火烧兰	*Epipactis helleborine*	8.4	7.3	三江口片区，海拔 1780～1800m
7	大叶火烧兰	*Epipactis mairei*	8.4	7.3	朝天马片区，海拔 1520m 以上

续表

序号	中文名	拉丁名	属分布区	种分布区	分布点
8	短叶虾脊兰	*Calanthe arcuata* var. *brevifolia*	2	15.43	朝天马片区，海拔 1960m 以上
9	细花虾脊兰	*Calanthe mannii.*	2	14.1	三江口片区，海拔 2050m 以上
10	香花虾脊兰	*Calanthe odora*	2	7	朝天马片区，海拔 2040m 以上
11	镰萼虾脊兰	*Calanthe puberula*	2	14.1	三江口片区，海拔 1700m 以上
12	吻兰	*Collabium chinense*	7	7.4	海子坪片区，海拔 1405m 以上
13	毛萼山珊瑚	*Galeola lindleyana*	5	14.1	三江口片区，海拔 1800～2020m
14	天麻	*Gastrodia elata*	5	14	三江口、朝天马片区，海拔 1780～2100m
15	二褶羊耳蒜	*Liparis cathcartii*	2	14.1	三江口片区，海拔 1880m 以上
16	短柱对叶兰	*Listera mucronata*	8	14	三江口、海子坪、朝天马片区，海拔 1555～2039m
17	独蒜兰	*Pleione bulbocodioides*	7.2	15.4.3	三江口片区，海拔 1900m 以上
18	绶草	*Spiranthes sinensis*	8.4	8.1	三江口片区，海拔 1850m 以上
19	带唇兰	*Tainia dunnii*	5	15.4.2.6	朝天马片区，海拔 2000m 以上

5.国家和省级重点保护植物单型属和少型属占有很高的比例，是保护区的精华和最主要的保护对象

保护区共有国家级重点保护植物 13 种，国家级和省级共计 19 种(南方铁杉 *Tsuga chinensis* var. *tchekiangensis* 在国家和云南省都属于重点保护种)，在这些重点保护植物中单型属(即只含 1 种的属)有 8 个，分别是珙桐属 *Davidia*、领春木属 *Euptelea*、十齿花属 *Dipentodon*、水青树属 *Tetracentron*、连香树属 *Cercidiphyllum*、福建柏属 *Fokienia*、香果树属 *Emmenopterys*、红豆杉属 *Taxus*，占保护区内国家级和云南省级重点保护植物 17 属的 47%。

少型属有 5 个，它们分别是银鹊树属 *Tapiscia*、黄连属 *Coptis*、天麻属 *Gastrodia*、铁杉属 *Tsuga*、筇竹属 *Qiongzhuea*，占保护区内国家级和云南省级重点保护植物 17 属的 27%。单型属和少型属(含单型科)共有 13 属，合占保护区内国家级和云南省级 17 属的 74%，这一比例是很高的。

由以上统计可以看出乌蒙山国家级自然保护区珍稀濒危保护植物种类极为丰富，分布集中，这在云南同类型的自然保护区中也是罕见的，这些物种在科学研究、维系生态系统稳定、遗传种质资源保护和经济利用等方面都具有极高的价值与多方面的重要意义，是保护区的精华和最主要的保护对象。

1.3.3 特有植物十分丰富，特有类群比例很高

1.中国特有属

乌蒙山国家级自然保护区种子植物属中仅分布于中国境内的属有 27 属，包括 33 种，分别占该区总属数和总种数的 4.22%和 1.77%，占中国特有属(243 属)的 11.11%，比例

非常之高。如筇竹属 *Qiongzhuea*(4)、藤山柳属 *Clematoclethra*(3)、紫菊属 *Notoseris*(2)、珙桐属 *Davidia*(1)、假福王草属 *Paraprenanthes*(1)和瘿椒树属 *Tapiscia*(1)，其中异颖草属 *Anisachne*(1)、同钟花属 *Homocodon*(1)、鸦头梨属 *Melliodendron*(1)和珙桐属等 13 属为单型属。

2.中国特有种

乌蒙山国家级自然保护区分布有中国特有种共 1063 种，是保护区区系的主要组成，占种子植物种数的 57.03%，如此多的特有成分，显示出了保护区的重要性。

3.保护区特有种

乌蒙山国家级保护区特有种类非常丰富，有威信小檗 *Berberis weixinensis*、龙溪紫堇 *Corydalis longkiensis*、大叶梅花草 *Parnassia monochorifolia* 等 28 种，占整个中国特有成分的 2.63%，是云南省特有种最多的自然保护区之一，显示出本区域的独特性。

4.保护区与云南特有的共有种

保护区与云南共有的种为 125 种，占中国特有成分的 11.76%，表明了保护区与云南区系的相关联系。

其中以与滇东北共有的种最多，有 38 种，占中国特有种的 3.57%；其次，与滇西、滇西北共有的种有 28 种，占中国特有种的 2.63%；保护区与滇东南共有 26 种，占中国特有种的 2.45%，显示出保护区与云南这两大生物多样性分化中心的联系。

除中国特有种以外，多数温带性质的种为东亚分布及其变型，其中以中国—喜马拉雅分布最多，一定程度上为保护区属东亚植物区，与中国—喜马拉雅森林植物亚区有较为密切的联系提供了证据。而绝大部分热带性质的种为热带亚洲分布及其变型，显示出该区域区系成分的古老性。

5.区系特有现象十分突出

特有类群的形成反映了一个地区植物区系的特殊性，从时间上看，特有类群往往表现出演化、孑遗或系统分化的状态；从空间上看，特有类群的分析，加上地质历史、古生物资料等，是说明该地区植物区系性质的有力证据。因此，对乌蒙山自然保护区种子植物特有现象进行分析，对了解该地区植物区系的组成、性质和特点，以及发生和演变等方面都是十分重要的。

1)科特有现象

东亚植物区有 31 个东亚特有科。乌蒙山自然保护区有东亚特有科 10 科，占全部东亚特有科的 32.26%，分别是水青树科 Tetracentraceae、十齿花科 Dipentodontaceae、连香树科 Cercidiphyllaceae、领春木科 Eupteleaceae、旌节花科 Stachyuraceae、鞘柄木科 Torricelliaceae、桃叶珊瑚科 Aucubaceae、猕猴桃科 Actinidiaceae、青荚叶科 Helwingiaceae 和三尖杉科 Cephalotaxaceae。较多的东亚特有科表明保护区为东亚植物区的一部分，其地质史与整个东亚是一致的，与东亚植物区系的发生密切相关。特别是单型科水青树科和十齿花科的存在对乌蒙山自然保护区种子植物区系的渊源历史有着重要的指示作用。此外，保护区还有热带亚洲特有科清风藤科，现仅包含 1 属 19～30 种，中国约 16 种。保护区有 7 种，种类非常丰富，说明这一区域受到亚热带一定影响，由亚热带逐渐向暖温带性质过渡。

2)属特有现象

乌蒙山国家级自然保护区中国特有的种子植物属有 27 属，隶属于 17 科，占该区总属数的 4.21%，占云南特有属(115 属)的 23.48%，占整个中国特有属的 11.11%，特有度非常高，多样性十分突出。但乌蒙山国家级自然保护区与广大滇中高原和横断山区的植物区系有很大不同，从特有属角度与云南滇西北和滇东南两个特有中心进行比较，该区与滇西北新特有中心共有 7 属，与滇东南古特有中心共有 9 属，与两地共有 4 属，关系都不紧密，显示出乌蒙山国家级自然保护区植物区系在云南植物区系中的独特性。

3)种特有现象

中国特有种分布类型是乌蒙山国家级自然保护区植物区系中占比最大的一类，共有中国特有种 1603 种，占总种数的 57%。其中乌蒙山国家级自然保护区特有种 28 种，占当地总种数的 1.5%；云南特有种 153 种，占总种数的 8.2%。特有成分中，既保存有大量的古老木本成分，也分化出大量的新生成分，前者如南五味子 *Kadsura longipedunculata*、领春木 *Euptelea pleiospermum*、水青树 *Tetracentron sinense*、连香树 *Cercidiphyllum japonicum*、珙桐 *Davidia involucrata*、红茎猕猴桃 *Actinidia rubricaulis* 等，后者如鄂报春 *Primula obconica*、叶苞过路黄 *Lysimachia hemsleyi*、红缨合耳菊 *Synotis erythropappa* 等草本类型。

乌蒙山国家级自然保护区还是中国蕨类植物区系的多样性中心之一。该区蕨类植物区系在种的地理成分上，具有一组乌蒙山特有种，如峨眉瘤足蕨 *Plagiogyria assurgens*、鹿角蹄盖蕨 *Athyrium araiostegioides*、边果蕨 *Craspedosorus sinensis*、倒鳞鳞毛蕨 *Dryopteris reflexosquamata*、拟流苏耳蕨 *Polystichum subfimbriatum* 等。

乌蒙山自然保护区的科、属、种级特有现象反映了保护区隶属于东亚植物区系及与整个东亚植物区系有共同的自然历史渊源。

6.新近发现的丰富的云南新分布植物在我国东亚生物地理区中具有特别重要的意义

在保护区科学考察中发现保护区的云南新分布植物种类非常丰富，共有 73 种，隶属于 32 科 58 属。这些新分布种一半以上是草本类型，这与其散布能力及适应能力较强密切相关。这些种类中有 61 种是中国特有种，5 种北温带分布，4 种东亚分布及 3 种热带亚洲分布，这一数据几乎就是该区植物区系的一个缩影，证明了该区的温带起源和东亚植物区系特征，其在保护区的新发现证明了乌蒙山国家级自然保护区在我国东亚生物地理区中具有特别重要的意义。

7.竹类植物组成多样性特征突出，是我国毛竹等散生竹类重要的自然分布中心

乌蒙山国家级自然保护区位于昭通地区气候分界线以北，此湿度线以北地区平均年降水量比南部地区高约 300mm，1～4 月旱季的降水量也比南部地区高 2 倍以上。整个冬半年经常阴雨蒙蒙，空气湿度大，尤其是秋后至初春雨量充沛，这种气候特点正好符合散生竹春季发笋时对降水量的要求，成为我国西南地区大中型散生竹及中小型混生竹种类最丰富的地区之一。

1) 种类组成特征

昭通市分布的竹类植物共有 13 属 61 种，其属数占全省属数的 46.4%，占全国属数的 32.5%；种数占全省种数的 29.0%，占全国种数的 15.3%，是我国西南地区竹类植物最丰富的地区之一。保护区面积不大，但野生竹类植物十分丰富，共有 9 属 29 种，分别占昭通市竹类植物(13 属 61 种)的 69%和 47.5%；以中小型的散生竹、混生竹为主，种类最多的是玉山竹属 *Yushania*(7 种)、刚竹属 *Phyllostachys*(7 种)、方竹属 *Chimonobambusa*(5 种)、筇竹属 *Qiongzhuea*(4 种)。而种级区系存在度最大的是筇竹属，占我国筇竹属植物(12 种)的 33.3%，因此，本区是中国特有的筇竹属的分布中心和多度中心，是我国散生竹类重要的自然分布中心。

2) 特有种、地区性特有种比例高

(1) 保护区竹类植物种分布区类型的最大特点是特有度极高。在 29 个竹种中，中国特有种为 28 种，占保护区竹类植物种的 96.6%。其中，西南地区特有种 12 种，占比高达 41.4%，几乎只分布于云、贵、川三省交界的区域；仅见于滇东北的狭域特有种有 6 种，占保护区竹类植物种的 20.7 %。这样，保护区的 29 种竹类植物中，以昭通北部地区为分布中心的种类就有 18 种，占保护区竹种的 62.1%，充分体现了竹类区系高度的狭域特有性。

(2) 乌蒙山国家级自然保护区是我国特有珍稀竹种筇竹的分布中心。筇竹是国家Ⅲ级珍稀濒危重点保护种，是云南、四川两省交界区的特有资源。昭通北部地区的筇竹分布面积占两省共有筇竹面积的 73%，是筇竹的重要分布区。

(3) 我国西南有保存最好、面积最大的野生毛竹的原产地。保护区至今有 200 多公顷野生毛竹林群落被严格保护着，几乎没有人为干扰，生物多样性丰富，其中的各种动植物成分自生自灭，群落的自然生态属性保存极为完好，保存着丰富的野生毛竹遗传多样性。毛竹是我国最主要的竹类资源，广泛分布于我国南方地区(如浙江、江苏、江西、湖南、福建等)，为我国竹产业的重要支柱资源。但是我国现有毛竹林几乎都是人工栽培的竹林，很多是靠无性系培育发展来的纯林，生物多样性贫乏、遗传多样性单一。因此，本保护区的天然毛竹林无疑在毛竹的生物学、生态学、遗传学和系统演化等方面具有重要的科学研究价值，也是毛竹优良品种选育和有性繁殖培育中最重要的遗传种质资源与性状基因源泉，具有极高的保护地位与开发利用价值。

1.3.4 大型真菌多样性特征

1.大型真菌物种多样性丰富

在乌蒙山国家级自然保护区科学考察中共采集大型真菌标本 809 号，共鉴定 744 号标本，给出 731 号标本的定名，其中包含 2 亚门 5 纲 13 目 39 科 104 属 243 种，其中，中国新记录种 8 种，云南新分布种 28 种。区系分析表明，该区大型真菌世界分布种占绝对优势，为 46%，泛热带和北温带分布种所占比例相当大，分别为 18.4%和 23.5%，充分显示了本区真菌丰富的多样性。

2.大型真菌区系多样性突出

1)优势科十分明显，均为北温带广布科

优势科有：多孔菌科 Polyporaceae，共有 53 种，占全部种类的 22%；白蘑科 Tricholomataceae，共有 44 种，占全部种类的 18%；鹅膏菌科 Amanitaceae，共有 18 种，占全部种数的 7.5%；牛肝菌科 Boletaceae，共有 17 种，占全部种数的 7.4%；其他依次为红菇科 Russulaceae 15 种，球盖菇科 Strophariaceae 10 种，丝蘑科 Cortinariaceae 10 种，珊瑚菌科 Clavariaceae 10 种，这 8 个科都是广布全球或者主要分布于北温带地区的科。这些优势科共有种类 177 种，占全部种数的 72.8%；但这 8 个科仅占总科数(39)的 20.5%。

2)含 1 个种的科比例高，显示了极高的科代表性

保护区仅含 1 个种的科有 16 科，占本区总科数的 41%，所含种数占全部种数的 6.6%；含 2～9 种的有 15 科，占总科数的 38.5%，所含种数占所有种数的 20.6%；而优势科有 8 个，所含种数占所有种数的 72.8%。从科的地理分布看，本地区只有灵芝科(Ganodermataceae)为热带-亚热带分布，其余多为世界分布和北温带分布。

3)世界分布型的属、种比例较高

保护区世界分布种类占本次鉴定种类的 46%；泛热带分布种属占本区种类的 18.4%，这显示本区大型真菌具有一定的热区成分；北温带分布种占昭通北部地区所有种类的 23.5%；典型东亚-北美分布种类少，仅占本次鉴定真菌种类的 2%左右；东亚分布占所有种类的 5%左右。

总体上乌蒙山国家级自然保护区大型真菌分布种类丰富，生态类型多样化，有利用价值的种类较多，并有许多种类在生态系统的物质循环和能量流动中发挥着不可替代的功能与作用。

3.大型真菌的生态型多样化，利用价值很高

保护区大型真菌生态类型丰富，包括腐生真菌、寄生真菌、共生真菌和共栖真菌等

多种生态型。但是较多的还是腐生真菌和共生真菌，占本区真菌的 95%以上，这说明本区大型真菌与森林植物关系密切。

除了少数有害真菌外，本区发现的大多数大型真菌是有利用和开发价值的种类，有明确记录可食用的种类就有 90 种之多，占所有种类的 40%左右。这些可食用真菌中不乏口味好、营养价值高的种类，除了食用外，还有较大一部分真菌有药用价值。本次考察采集到的大型真菌就有 51 种之多被记载具有一定药用价值，属药食兼用的真菌种类，占本次考察采集真菌种类的 20%以上。特别值得一提的是本地区最具特色的药材——天麻，就是蜜环菌 *Armillaria mellea* 与天麻共生的结果。保护、研究本地区蜜环菌的种类对促进野生天麻的可持续利用及人工培育与产业发展有十分重要的意义和现实的运用价值。

1.3.5　资源植物的特点

1.资源种类繁多、类别齐全

在乌蒙山国家级自然保护区共有维管植物 207 科 751 属 2094 种，超过 70%是人类现在可以利用的资源植物。通过调查分析发现保护区内的资源植物不仅种类繁多、类别齐全，而且很多种类的蕴藏量非常大，种质资源特别丰富。调查结果和文献资料显示保护区资源植物有 100 多科 800 多种，具有特殊资源利用价值的植物种类繁多，其中有野生可食用植物、药用植物、油脂植物、有毒植物、鞣料植物、蜜源植物、淀粉和糖类植物、木材及纤维植物、观赏植物等，具有巨大的开发利用价值。

1) 食用资源植物种类繁多

保护区内的主要野生可食植物有 22 科 54 种。其中的筇竹笋(又称罗汉竹笋)、方竹笋和水竹笋是除天麻之外闻名全国的野生食用植物，竹笋采集销售也是当地社区居民主要的经济收入之一，特别是筇竹笋，2017 年的产量已达 4000 吨。

在可食用的各种野生水果中，猕猴桃是保护区内最丰富的种类之一。其他还有淀粉和糖类资源植物，在保护区内共有 8 科 16 种，主要为食用和作为饲料。另外还有蛋白质资源植物、可食油脂资源植物、维生素资源植物及饮料、色素、甜味剂资源植物和蜜源资源植物等。

2) 药用资源植物颇具特色

由于保护区内植被类型复杂，也孕育了丰富的药用植物，有 89 科 348 种野生药用植物在保护区内繁衍生息。其中较著名的主要有天麻 *Gastrodia elata*、野生三七 *Panax notoginseng*、射干 *Belamcanda chinensis*、峨眉黄连 *Coptis omeiensis*、五味子属 *Schisandra* 植物等。其他还有化学药品原料资源植物、兽用药资源植物和植物性农药资源植物等。

云南是我国天麻的主产地之一，所产天麻品质特佳，驰名国内外市场，称为“云天麻”。而在昭通，彝良、镇雄、威信等地的天麻质量较好，其中小草坝天麻个大、肥厚、饱满、半透明，质实无空心，品质优良，是昭通天麻的代表，也是云南天麻的代表，素有“云天麻”之称。昭通于2004年8月16日获国家“天麻原产地”称号。19世纪中叶英国传教士来到彝良，对小草坝天麻备感兴趣，在他们所制地图上就特别标注“小草坝”，以示著名天麻的原产地和对小草坝天麻的特别关注。另据记载，早在清乾隆五十年(1785年)，四川宜宾知府就派专人前来彝良小草坝采购天麻，以作为贡品向乾隆皇帝祝寿。1950年，在云南省举办的农产品展销中，彝良小草坝天麻获奖。1973年广州秋季交易会上，“中国小草坝天麻”用丝绒织成宝塔，陈设在土产馆，标价每吨12万元。彝良小草坝“野生天麻酒”“精装野生天麻”于1993年分别获“中国优质农产品及科技成果展鉴会”金奖和银奖，在1995年北京举办的“食品专家鉴定会”上获金奖和银奖。当前彝良小草坝天麻的品牌越来越被人们所认识和熟悉，天麻系列产品销售量在逐年增加。昭通天麻以野生天麻为主，品种有‘竹节乌’‘明天麻’两种，尤以‘竹节乌’品质最好。20世纪50年代，全地区年收购量达30 000kg左右。此后，由于过度采挖，产量呈下降趋势。为满足国内外市场需求，合理开发利用野生资源，从20世纪50年代末就开始了天麻有性繁殖和无性繁殖试验。1978年，人工栽培天麻的科研成果通过鉴定，在11个市、县推广，天麻年收购量又回升至30 000kg左右。昭通市制药厂以本地产天麻为主药，佐以其他本地产药材加工的蜜质“天麻丸”，选料精细，制作精致，临床疗效明显，获“云南省优质产品”称号。

3)蜜源植物优良

在保护区内主要的蜜源植物有椴 *Tilia tuan*、显脉荚蒾 *Viburnum nervosum*、枣 *Ziziphus jujuba* 等，木姜子属、花楸属、蔷薇属、胡颓子属、猕猴桃属、女贞属、香茶菜属、鼠尾草属、柃木属等保护区内资源丰富的属中的许多种类也是优良的蜜源植物。在保护区周边建立养蜂基地是一种很好的利用保护区资源植物且促进植物传粉的方法。蜜蜂可以为保护区的植物传粉，维护生态系统的正常功能；同时，养蜂基地能促进群众增收致富，带动保护区周边社区的经济发展。

4)芳香油资源植物不少

保护区内芳香油含量较高的植物有12科50余种，主要有樟科山胡椒属 *Litsea* 的三股筋香 *Lindera thomsonii*、山鸡椒 *Litsea cubeba*、杨叶木姜子 *Litsea populifolia*、新木姜子 *Neolitsea aurata* 等。其中果实(主要为果皮)一般含有2.5%～3.9%的挥发油，主要成分是柠檬醛a、柠檬醛b(两者占总挥发油的60%～70%)、香茅醛(7.6%)、柠檬烯(11.6%)、莰烯(3.5%)、甲基庚烯酮(3.1%)、橙花醇等。

5)油脂植物开发潜力大

保护区内的油脂植物共有46科76种。目前绝大多数油脂植物得不到很好的利用，甚至不被人们所认识。保护区的黄连木 *Pistacia chinensis* 种子含油率在40%左右，脂肪酸组成和菜籽油非常相似，可作食用油，也是优良的生物柴油原料，有极强的适应性，在温带、亚热带、热带地区均能够正常生长，是重要的荒山、荒滩造林树种和观赏树种，也是优良的油料及用材树种。

6) 有毒植物多为中草药和植物杀虫剂

有毒植物通常是中草药、植物杀虫剂的重要原料资源。在保护区内有毒植物有 37 科 73 种，大多为漆树科、八角枫科、大戟科、芸香科、天南星科、杜鹃花科的植物，其中特别需要提到的是野葛 *Toxicodendron radicans* ssp. *hispidum*，它是一种非常毒的植物，是目前知道的漆树中最毒的一种，大多数人会对其严重过敏。

目前保护区内的有毒植物资源利用率非常低，人们对有毒植物资源认识的不足导致当地的有毒植物得不到很好的利用。除了对一些比较常见的或比较特殊的有毒植物有所了解外，人们对大多数有毒植物了解得很少，有毒植物作为一类特殊的可用于医药或植物杀虫剂的资源植物有着巨大的开发潜力。

7) 鞣料和树脂资源植物丰富

保护区内这类植物主要有盐肤木 *Rhus chinensis*、红麸杨 *Rhus punjabensis* var. *sinica*、云实 *Caesalpinia decapetala* 等 18 科的 26 种，利用鞣料植物应先考虑利用其果实和种子类资源，而对其树皮和树根进行利用对植物的破坏性很大。

树脂植物是指能大量分泌树脂的植物，在保护区主要指油漆植物(漆树属乔木种类)和松属植物。漆树的树脂是中国传统家具大漆的主要原料，也是重要工业原料油漆的来源。昭通是云南天然油漆的主要产区之一，保护区内也有比较丰富的漆树资源，主要割漆种类是漆树 *Toxicodendron vernicifluum*。

8) 纤维植物品质超群

保护区内纤维含量较高的植物主要有哥兰叶 *Celastrus gemmatus*、青榨槭 *Acer davidii*、拂子茅 *Calamagrostis epigeios*、芦苇 *Phragmites australis*、白瑞香 *Daphne papyracea* 等 10 科中的种类，其纤维长度和品质超群。随着社会各行各业的不断发展，对植物纤维的需求量也越来越大了。

9) 经济昆虫寄主植物丰富多彩

保护区内经济昆虫的寄主植物主要有紫胶寄主植物和五倍子蚜虫寄主植物，紫胶寄主主要有多体蕊黄檀 *Dalbergia polyadelpha*，紫胶是重要的工业原料，被广泛应用于化工、军工、冶金、机械、木器、造纸、电子、医药、食品等行业，具有重要的经济价值，在保护区内的分布十分丰富。五倍子蚜虫寄主植物主要有盐肤木 *Rhus chinensis*、红麸杨 *Rhus punjabensis* var. *sinica*、云南漆 *Toxicodendron yunnanense* 等，五倍子是棉蚜科动物五倍子蚜寄生所形成的虫瘿，主要用来生产栲胶。在药用方面，它可用于肺虚久咳、久痢久泻、体虚汗多，以及痔血、便血等症。

2.具有特殊资源价值的植物种类繁多、数量大

保护区内的资源植物不但种类繁多、类别齐全，而且许多有很高的经济价值和特殊

的保护价值。数量特别丰富的如各种竹子，分布广、面积大、种类多，竹材可作建筑用材，并可编织工艺品；大多数种类的竹笋可供食用。珙桐是国家Ⅰ级重点保护植物，在保护区内的拥有量非常大，是上好的用材树种，其果实还含油。天麻是一种极名贵的药材，昭通地区 11 个市、县均有野生天麻生长的最适宜的环境，小草坝更是有中国“野生天麻之乡”的美称，其天麻产量之高、质量之好，在全国各天麻产区中雄居榜首。其他珍稀名贵的种类包括十齿花 *Dipentodon sinicus*、三七 *Panax notoginseng*、木瓜红 *Rehderodendron macrocarpum*、水青树 *Tetracentron sinense*、刺梨 *Rosa roxburghii*、重楼属 *Paris*、百合属 *Lilium*、阳荷 *Zingiber striolatum*、连香树 *Cercidiphyllum japonicum* 等，这些物种的数量在保护区内十分丰富。

1.4 植 被 类 型

1.4.1 森林植被类型丰富，珍稀保护树种群落分布集中

乌蒙山国家级自然保护区的植被类型可以划分为 4 个植被型 5 个植被亚型 19 个群系 44 个群丛(表 1-9)。植被型和植被亚型与云南南部的自然保护区相比并不算丰富，但群系和群丛较为多样化，主要反映了生境类型多样化和物种组成与结构的丰富性。同时在保护区内分布的珙桐林、水青树林、水青冈林、十齿花林等十分珍稀的保护树种群落，保护树种分布集中并形成一定规模的单优群落，这在我国的自然保护区中是罕见的。

表 1-9 乌蒙山国家级自然保护区植被系统表

植被型	植被亚型	群系	群丛
常绿阔叶林	湿性常绿阔叶林	峨眉栲林	峨眉栲－华木荷＋金佛山方竹群落
			峨眉栲－华木荷＋筇竹群落
			峨眉栲－筇竹＋峨眉瘤足蕨群落
			峨眉栲－十齿花＋绥江玉山竹群落
			峨眉栲－水丝梨＋筇竹群落
			多变石栎－峨眉栲＋筇竹群落
		硬斗石栎林	硬斗石栎－华木荷＋绥江玉山竹群落
			水丝梨－硬斗石栎－峨眉栲＋筇竹群落
		华木荷林	华木荷－金佛山方竹群落
			华木荷－峨眉栲＋荆竹群落
			华木荷－水丝梨－峨眉栲＋荆竹群落
			华木荷－西南米槠＋绥江玉山竹群落
			绒毛滇南山矾－华木荷＋筇竹群落
		杂木常绿阔叶林	四川新木姜子－山矾群落

续表

植被型	植被亚型	群系	群丛
常绿、落叶阔叶混交林	山地常绿、落叶阔叶混交林	光叶水青冈林	光叶水青冈－深裂中华槭＋筇竹群落
			光叶水青冈－华木荷＋筇竹群落
			峨眉栲－光叶水青冈＋筇竹群落
			四川新木姜子－光叶水青冈＋筇竹群落
		珙桐林	珙桐＋金佛山方竹群落
			珙桐＋绥江玉山竹群落
			长穗鹅耳枥－珙桐＋筇竹群落
		十齿花林	十齿花＋金佛山方竹群落
			十齿花＋绥江玉山竹群落
			十齿花－峨眉栲＋刺竹子群落
		扇叶槭林	扇叶槭－峨眉栲＋筇竹群落
			木姜叶柯－扇叶槭＋筇竹群落
		水青树林	水青树群落
		常绿落叶阔叶混交林	细梗吴茱五加－华木荷群落
竹林	暖性竹林	毛竹林	毛竹－茶荚蒾＋长蕊万寿竹群落
		筇竹林	筇竹群落
			筇竹－托叶楼梯草群落
			筇竹－水竹群落
		方竹林	刺竹子群落
			刺竹子－绥江玉山竹群落
			金佛山方竹林
		水竹林	水竹＋茅叶荩草群落
			水竹＋大苞鸭趾草群落
草甸	沼泽化草甸	海花沼泽化草甸	海花－庐山藨草群落
			海花－天名精－庐山藨草群落
			海花－白花柳叶箬－假稻群落
			灯心草－海花群落
	典型草甸	多花剪股颖群系	多花剪股颖－星毛繁缕群落
		菜蕨群系	菜蕨－杠板归群落
		蓼草群系	伏毛蓼群落

1.4.2　主要的珍稀保护植物形成了优势群落

本保护区植被类型组成最大的特点之一就是珍稀保护树种形成了优势群落或单优群落，这在其他地区是罕见的，因而具有特别的保护价值。

1.罕见的水青树单优林(Form. *Tetracentron sinense*)

水青树 *Tetracentron sinense* 是水青树科 Tetracentraceae 仅存的物种，也是我国稀有珍贵树种。其木材结构缺乏导管，是被子植物中比较原始的类群之一。对水青树的地理分布及生态生物学特性研究，对于研究被子植物的起源、早期演化及地质变迁都有重要的理论价值，并可为人类更好地利用和保护这一珍稀植物提供理论依据。水青树主要分布于我国中部和西南山地，其现代分布中心位于我国特有属分布中心：川东—鄂西分布中心和川西—滇西北分布中心。但水青树一般不形成纯林，也很少在群落中处于优势地位。然而在本保护区内(朝天马片区的小草坝灰浆岩附近)水青树盖度可达 55%，常呈单优势与珙桐 *Davidia involucrata*、木瓜红 *Rehderodendron macrocarpum*、光叶水青冈 *Fagus lucida*、西南山茶 *Camellia pitardii* 等树种混生，而其他伴生树种在群落中的数量和优势度一般不高，这在整个水青树分布区是极为罕见的。

2.光叶水青冈群落地理分布的南限

中国有 5 种水青冈，其中光叶水青冈 *Fagus lucida* 分布于安徽、浙江、福建、江西、湖北、湖南、广东、广西、贵州及四川，是间断分布于亚热带高海拔山地的主要落叶树种，生于海拔 750～2000m 山地混交林或纯林。本次考察在保护区发现的云南的新分布种是目前该群落分布的南限记录。保护区地处四川和贵州边境，气候条件和地形与四川、贵州相似，该群落属贵州和四川光叶水青冈群落南移的一种新类型，虽然主要优势种为光叶水青冈，但其他的伴生种发生了改变。光叶水青冈在云南范围内的出现具有重要的地理意义。

光叶水青冈为中国特有树种，在保护区光叶水青冈林内珍稀树种和动物较多。该保护区的光叶水青冈林为云南范围内的新分布群落，且为中国光叶水青冈分布的最西边界。水青冈、筇竹群落是该保护区的特有类型，在群落的物种组成和特征方面，不同于四川、贵州等地的水青冈林，其群落的优势种和林下灌木不同，其林下占绝对优势的灌木——筇竹，为国家Ⅲ级重点保护植物；加之中国亚热带中山地区的造林树种并不丰富，研究光叶水青冈林主要优势种的生物生态习性、采种和育苗造林技术有广阔的前景。因此，无论从保护物种的角度，还是从整个群落可持续发展的角度来看，该保护区内的光叶水青冈、筇竹林都应作为国家重点保护的对象。

3.保存了罕见的珙桐原始纯林

珙桐 *Davidia involucrata*(鸽子树)，隶属于珙桐科珙桐属，国家Ⅰ级重点保护植物，为我国特有的单种属植物，是古近纪和新近纪古热带植物区系的孑遗种。在晚白垩纪、古近纪和新近纪时期珙桐曾广布于世界许多地区，我国亚热带及温带地区也有分布，但经第四纪冰川后珙桐在世界绝大多数地区已经绝迹，现仅存于我国湖北、湖南、四川、云南、贵州、陕西、甘肃等地区海拔(800～)1100～2200m(～2600m)的湿润常绿阔叶落叶混交林中。其变种光叶珙桐 *Davidia involucrata* var. *vilmoriniana* 分布于湖北西部、四川、贵州、云南。珙桐在我国的分布是中国植物区系，是世界上最古老的植物区系的特征之一。研究珙桐林为考古学、地质学、历史植物地理学的研究提供了宝贵资料。

珙桐林在本保护区内分布较广，主要分布在永善县三江口、彝良县海子坪和大关县罗汉坝等片区海拔 1750～2050m 湿润的缓坡地段，局部地段可下降到 1530m(大关县罗汉坝)。除散生外，或与其他落叶或常绿阔叶树种混生形成珙桐群落，而在彝良县小草坝、朝天马、雷洞坪等一些地段形成纯林，保留有丰富的种质资源，说明保护区属于珙桐分布较为集中的中心地带。

保护区内的珙桐林绝大部分为未受到过破坏的原始林，群落中存在较多的古老孑遗种，如水青树、鹅耳枥、猕猴桃、南蛇藤、槭树等均是古近纪和新近纪遗留下来的成分。群落中国家级保护物种除珙桐外还有水青树、木瓜红和筇竹等，可见珙桐林具有重要的保护价值。调查中发现的最大珙桐植株位于永善县三江口海拔 1976m 处，胸径达 203cm，实属珍贵罕见，珙桐林内未发现其他人为干扰现象，应继续加大保护力度，切实保护好这一珍贵树种及其群落。

4.国内分布面积最大的十齿花单优势林

十齿花 *Dipentodon sinicus* 属十齿花科 Dipentodontaceae 单科单种属植物，为东亚特有，是我国珍稀物种，属于国家Ⅱ级重点保护植物。十齿花在我国西南各省均有分布，由于面积较少、不易成林。目前还没有学者对十齿花林做过专项的调查和研究。

本次考察首次发现保护区是其分布的最北缘，属于乌蒙山新分布。并且在保护区主要分布在彝良县小草坝、朝天马、水淹坝、环河、分水岭和小沟海拔 1931～2048m 的山体中下部，形成十齿花单优势林，仅在朝天马环河、后河、弯弯河一带集中分布有 725hm^2。在保护区分布面积超过 100hm^2，如此大范围的由珍稀树种形成的单优势群落在其他分布区还未发现，因此本保护区内存在的十齿花林对于研究十齿花有着重要的价值。

5.分布着国内唯一的我国特有树种扇叶槭单优势原生植被类型

扇叶槭为中国特有乔木树种，主要分布于云南东北部和东部，以乌蒙山为分布中心；在江西、湖南西北部、四川、贵州和广西北部也有分布。但通常扇叶槭在各地森林中只是零星分布，以其为优势的森林群落类型未见报道。而本保护区发现的扇叶槭能够在乔木层形成优势群落类型，同时伴生有峨眉栲等常绿乔木树种，灌木层中以珍稀特有的筇竹最为显著。

该群落是在我国扇叶槭分布区发现的唯一单优势原生植被类型。该植被类型在包括《云南植被》在内的有关研究文献中没有记述。本次对保护区该群落的调查，是对我国常绿、落叶阔叶混交林这一亚热带地带性植被类型的重要补充。该群落不但组成物种丰富且多为珍稀濒危保护物种，群落样地中的水青树、木瓜红和筇竹三种国家珍稀濒危保护植物同时出现是极其少见的。筇竹是该群落灌木层的优势物种，其总盖度达 90%以上。该群落类型是这些珍稀濒危保护植物的重要生境，对于研究和保护群落多样性和物种多样性具有重要意义。

1.4.3 特殊的沼泽化草甸的保护价值

乌蒙山国家级自然保护区的沼泽化草甸都以苔藓植物中的藓类植物——海花 *Sphagnum acutifolium* 为优势种和特征，在群落中的盖度常常达到 50%～90%甚至更高，在不同地段再伴生其他的草本植物。海花是当地沼泽中常见的藓类植物，呈片状匍匐生长，高度不超过 10cm，黄绿色，质地松软，具有极强的保水能力，是本区特殊的湿地生态系统类型。

乌蒙山国家级自然保护区的各种沼泽均是以海花为优势的沼泽化草甸，在《云南植被》和《中国植被》中未记载过这种现象。本次考察中发现沼泽化草甸分布的海拔不高，却是当地沼泽生境中典型的群落类型，尽管连片的面积不大，但是分布广泛。这类沼泽化草甸实际上是云南东北部的一类特殊的高原湿地类型。沼泽化草甸除具有保水功能外，对水体有重要的净化和过滤作用，在维护高原生态系统的平衡与稳定中发挥着不可替代的功能。作为本区一个特殊的湿地生态系统，其存在具有很重要的生态意义，而且这类群落作为一种区域性的典型植被，具有重要的研究价值和保护价值。

此外，这些沼泽化草甸与当地社区的生产生活联系密切，被当地称为“草海”“草坝”“干海子”等。采收海花出售是当地老百姓的重要经济来源之一，因此同样具有重要的利用价值。

1.5 动物多样性特征

1.5.1 哺乳动物多样性特征

1.种类组成丰富

乌蒙山国家级自然保护区已记录到哺乳动物 9 目 28 科 70 属 92 种，分别占中国哺乳动物的 57.14%、42.33%、28.51%、15.16%，占云南哺乳动物的 72.72%、89.66%、49.62%、30.07%，在云南乃至全国自然保护区系统中，仍属于哺乳动物多样性较丰富的自然保护区之一。保护区在中国动物地理区划中隶属于东洋界的西南区，在保护区分布的 92 种哺乳类可分为 7 个分布型 33 个分布亚型。保护区哺乳动物区系组成中广布种仅有 3 种，古北界种 12 种，古北界与东洋界共有种 12 种，其余 65 种均为东洋界种。保护区隶属于东洋界，在 65 种东洋界种中，分布于亚洲南部而延伸分布至南中国的哺乳动物(包括仅分布于南中国的特有种)多达 37 种，占保护区哺乳动物总种数的 40.21%，南中国特有种 10 种，其中 6 种为热带类型的华南区种；横断山区—喜马拉雅特有种 22 种，占全区总种数的 23.91%，特有种比例高和重点保护哺乳动物较多是该保护区的一大特色。故乌蒙山地区的哺乳动物区系是以南中国种为基础，以横断山区—喜马拉雅分布型为特色的动物区系组成特征(杨宇明和刘宁，1992)。保护区分布有国家Ⅰ级重点保护动物 3 种，Ⅱ级重点保护动物 16 种；云南省Ⅱ级重点保护动物 1 种；列入 CITES 的哺乳类有 23 种，其中附录Ⅰ有 10 种，附录Ⅱ有 13 种；除 3 种国家Ⅰ级重点保护动物为附录Ⅰ物种外，还有国家Ⅱ级重点保护动物 7 种亦被列入附录Ⅰ物种，另有中国未列入国家重点保护野生动物名单的豹猫和北树鼩也被列入附录Ⅱ物种。

2.珍稀保护种类较多

经调查，乌蒙山国家级自然保护区有中国和 CITES 的重点保护野生哺乳动物 23 种，约占中国重点保护野生哺乳动物总种数(150 种)的 15.33%。国家Ⅰ级重点保护野生哺乳动物有金钱豹、云豹和林麝 3 种；国家Ⅱ级重点保护野生哺乳动物有黑熊、小熊猫、水獭、金猫、中华鬣羚、川西斑羚、穿山甲、水鹿、猕猴、藏酋猴、豺、青鼬、小爪水獭、大灵猫、小灵猫、丛林猫 16 种，其中，黑熊、小熊猫、水獭、金猫 4 种被 CITES 列为附录Ⅰ物种；藏酋猴为中国特有种，仅在乌蒙山保护区被发现，数量特别稀少，接近绝迹；毛冠鹿是云南省Ⅱ级重点保护野生哺乳动物；北树鼩和豹猫未被列入中国重点保护野生动物名单，但它们被 CITES 列入附录Ⅱ物种，豹猫的指名亚种(在中国分布于云贵地区)被列为附录Ⅰ物种。

3.特有类群多

在保护区的保护系统中，除国家重点保护野生动物外，特有类群的多少是显示保护区保护价值高低的重要指标之一。特有类群越多、特有的分类阶元越高，其分布的地区越狭窄、受威胁的程度越大，保护价值和意义也就越大。乌蒙山国家级自然保护区由于面积不大，除这一地区的特有亚种如昭通绒鼠指名亚种 *Eothenomysolitor*、滇绒鼠指名亚种 *Eothenomyseleusis* 和赤腹松鼠昭通新亚种 *Callosciurus erythraeus zhaotongensis* 外，未发现仅分布于这一地区的特有属、种。但从中国哺乳动物分布的较大区域范围来看，中国特有或地区特有通常也是衡量保护对象的保护指标。南中国特有、东喜马拉雅—横断山区特有和横断山区特有均能够被看作本保护区的重要保护对象来衡量保护区的重要价值。这几个类群中，特有的科有小熊猫科(东喜马拉雅-横断山区特有科)，亚科有鼩鼹亚科 Uropsilinae 和长尾针鼹亚科 Scalopinae，此两个亚科均为横断山区特有；特有属有鼩猬属、长吻鼩鼹属、长吻鼹属、白尾鼹属、缺齿鼩鼱属、小熊猫属、毛冠鹿属、岩松鼠属和复齿鼯鼠属 9 属，南中国和喜马拉雅-横断山区的特有种有 32 种，占全区总种数的 34.78%。特有属、种多且比例较高，超过云南南部的许多国家级自然保护区如西双版纳国家级自然保护区、黄连山国家级自然保护区、金平分水岭国家级自然保护区、文山国家级自然保护区等。在云南的自然保护区系统中，本保护区特有属、种多，且比例最高，这是本保护区的另一重要特点。

4.具有明显的过渡性质

由于保护区地理位置处于中国动物地理区划中西南区和华中区的分界地带，是金沙江之尾与长江之头相接的区域，同时夹于四川盆地和云贵高原之间，还是长江南岸森林动物走廊带的瓶颈地带，十分有利于东、西、南、北动物交汇，在形成了明显的过渡性质的同时，也反映出明显的边缘效应，因边缘分布的动物多、动物栖息的适生生境少而表现出脆弱性特征。乌蒙山国家级自然保护区对保护这一地区丰富的哺乳动物物种多样性、分布类型多元化和众多的珍稀、濒危及边缘分布动物和保护我国中部金沙江-长江南岸生物森林走廊带的汇通性、连贯性与延续性有非常重要的价值和意义。

5.哺乳动物分布的边缘效应

乌蒙山国家级自然保护区具有特殊的地理位置和自然环境，它处于西南区的东部边缘地带，其东面是华中区，华中区分布的黑线姬鼠、猪尾鼠、蒙古兔、毛腿鼠耳蝠、绒山蝠等以这一地区为其分布的西界；而西南区的许多特有属、种(如鼩猬、小熊猫、鼩鼹类、长尾鼹、茶褐伏翼、白喉岩松鼠、棕色小鼯鼠、大绒鼠、昭通绒鼠、澜沧江姬鼠、高山姬鼠、川西白腹鼠、锡金小家鼠、云南兔等)均以本地区作为其分布的东限；分布于南部的热带种(如北树鼩、白尾鼹、长尾大麝鼩、小爪水獭、青毛硕鼠、刺毛鼠等)不再跨过金沙江分布到川西；而分布于川西南的藏酋猴、复齿鼯鼠、灰鼯鼠、暗褐竹鼠等也不再向南分布到云贵高原。这一地区成为华中、西南、华南许多哺乳动物交汇和分布的边缘地带(陈永森，1998)。与核心地带相比，边缘分布类群的栖息面积小，环境质量差，数量稀少，边缘效应明显。虽然此地区尚保存有一些较好的原始林，边缘分布的哺乳动物也较多，但生境的破碎化和边缘分布动物的脆弱性是这一地区哺乳动物生活与适应的一大障碍。生境若再稍加破坏，就难以恢复，特别是小种群极易灭绝。

1.5.2 鸟类多样性特征

1.鸟类组成特征

乌蒙山国家级自然保护区鸟类种数十分丰富，共记录了 356 种，隶属于 18 目 66 科。并且在各生境类型中都有分布，以常绿阔叶林记录的种数为最多，有 197 种，占记录总种数的 55.34%；针阔混交林 187 种，占 52.53%；干热河谷 180 种，农田耕作地 175 种，湿地 93 种，松林生境类型相对较少，有 80 种，占 22.47%，反映了鸟类分布的生境多样性特征。居留情况以留鸟的种数占绝对优势，有 195 种，占记录总种数的 54.78%，夏候鸟 50 种，占 14.04%；冬候鸟 64 种，占 17.98%；旅鸟 47 种，占 13.20%。在该区鸟类分布类型也十分丰富，总体上以东洋型种类占优势，占所记录种数的 31.18%，其中又以热带—温带、热带—北亚热带和热带—中亚热带的繁殖鸟种类为多；其次是喜马拉雅—横断山区型，占 16.29%，其中又以横断山区—喜马拉雅和横断山区的繁殖种类为多；古北型的种类占 14.04%，泛古北型占 10.11%，东北型占 9.55%，全北型占 7.30%，南中国型占 7.02%，季风型占 1.12%。该区鸟类分布类型与区系组成均表现出该区处于东洋界向古北界过渡的区域特征。

乌蒙山国家级保护区保护鸟类种数较多，有国家Ⅰ级重点保护鸟类 4 种，国家Ⅱ级重点保护鸟类 30 种。该自然保护区的建立，为滇东北、川西南山地特有种、我国重点保护鸟类，以及四川山鹧鸪、白鹇峨眉亚种、黑颈鹤、黑鹳等国际珍稀濒危物种及西南山地亚区、川西南滇东北山地小区的区系成分，提供了良好的栖息地，并对长江上游水源林保护具有特殊意义。

2.乌蒙山国家级自然保护区鸟类的重要地位与保护价值

(1) 保护区分布有中国特有且十分珍稀的鸟类，如黑颈鹤、四川山鹧鸪、灰胸薮鹛等，它们的分布区十分狭窄，也是保护区重要的保护对象之一。保护区为这些珍稀特有鸟类提供了主要的栖息地。

(2) 保护区分布有乌蒙山特有的区系成分，其不见于乌蒙山以外的其他地区，在我国西南地区的鸟类区系成分研究中具有特殊价值与保护地位。

(3) 滇东北乌蒙山地区的高原湿地是我国特有鸟类以及世界珍稀濒危物种黑颈鹤、黑鹳等鸟类的重要迁徙停歇地和越冬栖息地，但生境十分脆弱，破坏后几乎不可能恢复。

1.5.3　两栖爬行动物多样性特征

1.种类丰富，区系组成复杂

乌蒙山区包含特殊的喀斯特地貌，地下水资源丰富，溶洞多，水系纵横。森林资源和湿地环境良好，保存有丰富的两栖爬行动物。

(1) 物种丰富。保护区共有 93 个种，包括 39 种两栖动物和 54 种爬行动物，物种数量在云南的保护区中属于比较多的。

(2) 区系组成具综合性和复杂性。既有云南高原的物种成分，又有贵州高原的成分，还有四川西部的物种成分，尤其是四川西部的物种成分在地理分布上与金沙江南岸形成了孤立的区系，与四川西部的相应物种之间相互隔离而成为不同的地理居群。在区系组成上，主要是西南区的物种，其次是西南区、华南区和华中区共有物种成分。

(3) 不同分布型的物种聚集。与区系的综合性类似，该地区具有多种分布型的物种，共分布有 5 个大分布型 22 种小分布型的物种，包括季风型、喜马拉雅-横断山型、喜马拉雅东南部-横断山交汇型、横断山及东喜马拉雅山南翼型、南中国型、东洋型和云贵高原型，形成以东洋型、喜马拉雅型和南中国型三大分布型为主的分布集群。

(4) 乌蒙山特有物种多。主要代表种有峨眉髭蟾、沙坪无耳蟾、峨眉树蛙、黑点树蛙、四川龙蜥、中国小头蛇、原矛头蝮等物种，原先只知道其分布在四川西部等地，原先也只知道利川齿蟾、红点齿蟾和平鳞钝头蛇等物种分布在贵州、湖北等地，但 2006 年科学考察时在保护区发现它们的分布，是云南分布的新记录，而且这些物种在云南东北部形成了特殊孤立群体。这些物种在云南的发现，说明云南东北部在这些物种的地理分布和演化上具有非常重要的地位。

2.两栖爬行动物有很高的保护价值

乌蒙山国家级自然保护区已知有 93 种两栖爬行动物物种，其中一些物种是云南的新发现，并且与原记录的产地之间有一定的地理隔离，形成特殊的居群，目前的地理分布十分狭窄，破坏后极难恢复，具有很高的保护价值。该流域还具有不少珍稀、濒危和重点保护两栖爬行动物的种类，其中包括 2 种国家Ⅱ级重点保护动物，即大鲵和贵州疣螈；3 种云南省保护物种，即舟山眼镜蛇、孟加拉眼镜蛇和眼镜王蛇；5 种云南省有经济价值的物种，即平胸龟、鳖、王锦蛇、黑眉锦蛇和乌梢蛇；3 种列入 CITES 附录Ⅱ的物种，即平胸龟、眼镜蛇和眼镜王蛇，它们属于典型的热带成分，该区是该类群分布的最北限，在生物地理上具有特别重要的意义。

1.5.4 鱼类多样性特征

1.类群结构多样化

乌蒙山国家级自然保护区金沙江水系共记载有鱼类 47 种，分别隶属于 3 目 9 科 39 属。其中，鲤形目 Cypriniformes 胭脂鱼科(亚口鱼科)Catostomidae 1 属 1 种，鲤科 Cyprinidae 20 属 23 种，鳅科 Cobitidae 7 属 7 种，平鳍鳅科 Homalopteridae 3 属 4 种；鲇形目 Siluriformes 鲇科 Siluridae 1 属 1 种，鲿科 Bagridae 3 属 6 种，钝头鮠科 Amblycipitidae 1 属 1 种，鮡科 Sisoridae 2 属 3 种；合鳃鱼目 Synbranchiformes 仅 1 科 1 属 1 种。以鲤形目种数最多，共 35 种，占本区总种数的 74.5%；鲇形目次之，共 11 种，占总数的 23.4%；合鳃鱼目仅 1 种，占总数的 2.1%。本区鱼类区系组成以鲤形目占绝对优势，而鲇形目相对较少；在科的水平上，鲤科所占比例最高，其次为鳅科。表明了本区不仅种类组成丰富，而且属级和科级组成也较多样化。

2.区系成分组成较复杂并具有明显的过渡性特征

2006 年科学考察得到保护区的鱼类名录，华西区成分有 10 种，华东区成分有 4 种，华南区成分有 2 种，华西区和华东区共有的物种有 4 种，北方区和华东区共有的鱼类仅 1 种，华东区和华南区共有的物种有 7 种，华西区、华东区和华南区共有的物种有 7 种，广布种鱼类共有 11 种。表明本区鱼类区系成分复杂，同时在流域江段组成上既有金沙江上游种类，也有长江中上游鱼类，种类较金沙江上游江段更为丰富，兼有金沙江上游和长江中上游两区鱼类组成的特点，属于两江段的过渡区域，也明显反映出区系组成的交汇性和过渡性特征。

3.生态类型多样化

(1)敞水性种类较多。适应于江河上游山溪急流生活的鱼类共计 17 种，包括鲇形目鮡科以及鲤形目鳅科、平鳍鳅科和鲤科中的野鲮亚科，占本次调查鱼类总种数的 36.2%；而适应于江河中下游生活的敞水性鱼类有 28 种，包括鲇形目鲇科、鲿科以及鲤形目鲤科大部分的种类，占本次调查鱼类总种数的 59.6%。本区鱼类的特点是适应于江河中下游生活的敞水性鱼类种类占多数，但适应于山溪急流生活的鱼类成分也不低。

(2)凶猛性和洄游性鱼类。本区凶猛性鱼类仅有金沙鲈鲤、长薄鳅和大口鲇 3 种，且金沙鲈鲤虽追食小型鱼类，但也食取大型甲壳动物、水生昆虫及其幼虫等，并不是唯一以小型鱼类为食的凶猛性鱼类。昭通市绥江县有长江大型洄游性鱼类达氏鲟的分布记录，但由于水电站建设已多年未见了。

4.经济鱼类多

经济鱼类在保护区及其周边有一定产量，个体较大的主要经济鱼类有 30 种，占总种数的 63.8%，分别为胭脂鱼、马口鱼、宽鳍鱲、花䱻、长鳍吻鮈、中华倒刺鲃、金沙鲈鲤、云南光唇鱼、白甲鱼、泉水鱼、缺须墨头鱼、四川裂腹鱼、昆明裂腹鱼、短须裂腹鱼、鲤、鲫、横纹南鳅、红尾副鳅、长薄鳅、泥鳅、大口鲇、瓦氏黄颡鱼、长吻鮠、粗唇鮠、短尾拟鲿、乌苏拟鲿、切尾拟鲿、前臀鮡、壮体鮡和黄鳝。

5.鱼类的保护研究价值极高

1)具有金沙江流域的代表性

昭通北部地区的鱼类区系组成在金沙江鱼类区系中具有典型的代表性。金沙江水系共记载土著鱼类 86 种，分属 6 目 11 科 57 属。昭通北部地区小流域共有鱼类 47 种，分别隶属于 3 目 9 科 39 属，而保护区仅属金沙江下游江段的支流小部分地区，并不包括昭通市水富、绥江等县干流地区，但物种数占金沙江整个流域总种数的 54.7%。可见，保护区的鱼类区系虽由支流区系组成，但种类丰富、区系复杂，是云南金沙江水系鱼类区系中具有代表性的地区。同时可看出，分类阶元越高的片区与金沙江水系之间共有的种类越多，反之，分类阶元越低，则共有的种类越少。近期由于水电站的修建，原来连续的河流生态系统被分割成不连续的环境单元，形成洄游障碍，使鱼类的生长、繁殖、摄食等正常活动受到阻碍，一些生境无法作为许多种类的最适生境，导致这些种类的种群数量降低，甚至消失。因此，自然保护区的建立，不仅有效保护了森林生态系统和陆生动植物类群，而且对保护乌蒙山地区金沙江水系的鱼类种群数量和物种多样性具有重要意义。

2)稀有及特有性很高

在昭通北部地区的 47 种鱼类中，胭脂鱼被列为国家Ⅱ级重点保护动物和易危(vulnerable，VU)物种，白缘䱀被列为濒危(endangered，EN)鱼类，这两种占本区总种数的 4.3%。

许多物种是仅分布于长江上游的特有种，如金沙鲈鲤、短身金沙鳅、中华金沙鳅、西昌华吸鳅、峨眉后平鳅、白缘䱀、短尾拟鲿、壮体鮡等。而金沙鳅属 *Jinshaia* 是长江上游的特有属。对这些特有物种(属)的保护，其意义一方面表现在对种质资源进行保护；另一方面则对研究鱼类物种的起源、进化，以及研究长江水系的地质历史变迁有着难以估计的科学价值。

乌蒙山国家级自然保护区位于云贵高原和四川盆地的过渡地带，地形复杂，河网密度大。鱼类的分布既受水系的限制，又受海拔的影响。水系的形成与该地的地形、地貌有关。复杂的地形对昭通北部金沙江流域地区的水系结构格局有明显的影响，从而构成了复杂多样的水系网络，并为各种不同的鱼类在金沙江水域栖息繁衍创造了多样化的生活环境。因此，乌蒙山国家级自然保护区鱼类既有金沙江上游的成分，又有长江中上游的成分，鱼类区系具有明显的过渡性特点。这一特殊的地理位置说明乌蒙山金沙江地区起着承上启下的作用。同时，保护区地形条件复杂，不同河段的生境差异极大，不同种类的鱼都是相对比较集中地栖息在一定江河段，因生境相似的河段都不长，同一种鱼类的种群数量都不大，有的种类个体数量极少。因此，对该片区实施针对性保护措施，将对金沙江中上游和长江中下游的鱼类物种多样性保护产生积极的作用。

3）在科学上有重要的研究价值

保护区分布的裂腹鱼类隶属于裂腹鱼属，其位于青藏高原隆升的最低一级台阶，保护这些物种可为研究该类群的起源、分布及其与青藏高原隆升的关系提供基础科学佐证。鲇形目鮡科与鲤科的野鲮亚科和鲃亚科鱼类的这种分布格局与青藏高原的隆升有着密不可分的关系，长江成为其分布北缘，标志着它们的起源和形成是伴随着青藏高原的隆升发生的。对该片区的鱼类资源实施保护，对于研究物种的起源、进化以及研究长江水系的地质历史变迁及该水系对全国鱼类分布的影响有着重要的意义。

乌蒙山国家级自然保护区的主要经济鱼类有 30 种，占总种数的 63.8%，如此丰富的鱼类资源有利于发展当地的渔业产业。

1.5.5 昆虫多样性特征

云南乌蒙山国家级自然保护区内记载了昆虫纲 Insecta 8 目 71 科 323 属 423 种。其中记载直翅目 Orthoptera 3 科 9 属 10 种，半翅目 Hemiptera 6 科 26 属 30 种，同翅目 Homoptera 5 科 7 属 11 种，脉翅目 Neuroptera 1 科 1 属 1 种，鞘翅目 Coleoptera 17 科 68 属 82 种，鳞翅目 Lepidoptera 32 科 181 属 242 种，双翅目 Diptera 1 科 1 属 2 种，膜翅目 Hymenoptera 6 科 30 属 45 种。保护区昆虫种类十分丰富，分布集中，除云南省南部几个热带保护区之外，其为昆虫种类最多、资源昆虫最丰富、类群多样化最突出的保护区。

1.具有科学价值的新发现

2005～2007 年的科学考察共发现新种 6 个，分别为：直翅目 Orthoptera 露螽科 Phaneropteridae 素木螽属 *Shirakisotima*——素木螽 *Shirakisotima* spp.（2 新种）；膜翅目 Hymenoptera 蚁科 Formicidae 隐猛蚁属 *Cryptopone*——隐猛蚁 *Cryptopone* sp.（1 新种），扁胸蚁属 *Vollenhovia*——扁胸蚁 *Vollenhovia* sp.（1 新种），盘腹蚁属 *Aphaenogaster*——盘腹蚁 *Aphaenogaster* sp.（1 新种），酸臭蚁属 *Tapinoma*——酸臭蚁 *Tapinoma* sp.（1 新种）。

科学考察的新发现提升了乌蒙山国家级自然保护区的科学地位与保护价值，并丰富了中国和世界昆虫区系。

2.区系成分具过渡性特征，特有种丰富

乌蒙山国家级自然保护区已知的昆虫（423 种）划分为 11 个分布类型，其中以东洋界

—古北界的跨界分布种最丰富，有 218 种，占全部物种的 51.54%，超过一半；东洋界分布种次之，有 183 种，占全部物种的 43.26%；其余 9 个分布型只占很小比例，均不足 10 种。说明该区具有由东洋界向古北界过渡的性质。

(1) 东洋界—古北界分布种。合计 218 种，占全部物种的 51.54%。又可进一步划分为 3 个分布类型，在这 3 个分布型之中，东洋界—古北界广布种占据最大份额，达到 99 种，说明昭通北部地区的昆虫区系兼有明显的东洋界和古北界的共同特征。其次，东亚分布种占有较大比例，达到 64 种，说明该地区昆虫区系具有明显的东亚属性。

(2) 中国特有分布种。目前已知仅分布于中国，在地理区划上跨越东洋界、古北界两大地理区域的物种，合计 55 种，占全部物种的 13.00%。

(3) 云南特有种。合计 18 种，占全部物种的 4.26%。

(4) 乌蒙山区特有分布种。合计 15 种，占全部物种的 3.55%。

3.资源昆虫特色明显

1)倍蚜类昆虫是乌蒙山区最重要的资源昆虫

乌蒙山区降水丰沛，盐肤木 *Rhus chinensis*、红麸杨 *Rhus punjabensis* var. *sinica*、藓类等寄主植物分布普遍，十分适宜倍蚜类资源昆虫的生长繁衍，是我国五倍子主产区之一。保护区共记载倍蚜类资源昆虫 5 种：角倍蚜 *Schlechtendalia chinensis* 在盐肤木上致瘿，形成角倍，其产量最大；倍蛋蚜 *Melaphispaitan tsaiat* 也在盐肤木上致瘿，形成倍蛋，其产量次之；倍花蚜 *Nurudea shiraii* 同样在盐肤木上致瘿，形成倍花，其产量第三；枣铁倍蚜 *Kaburagia ensigallis* 在红麸杨上致瘿，形成枣铁倍，其产量第四；蛋铁倍蚜 *Kaburagia ovogallis* 也在红麸杨上致瘿，形成蛋铁倍，其产量第五。上述角倍、倍蛋、倍花、枣铁倍、蛋铁倍等由蚜虫在寄主植物上致瘿形成的瘿瘤统称五倍子，其中富含五倍子单宁，是很有乌蒙山特色的高品质生物质化工原料。乌蒙山区的蚜类资源昆虫及其产生的五倍子在我国南方有极高的声誉，是乌蒙山国家级自然保护区最具经济价值的昆虫种质资源，有重要的保护意义和开发利用的巨大潜力与市场前景。

2)传粉昆虫多样化

以蜜蜂科 Apidae 种类最有代表性和生态经济价值，合计有 4 种，黑足熊蜂 *Bombus atripes*、红光熊蜂 *Bombus ignitus*、喜马排蜂 *Megapis laboriosa* 和长木蜂 *Xylocopa attenuata*，这些物种在亚热带山地植物授粉中效率极高，在虫媒植物繁衍中起着重要的生态功能和作用；其次是蝶类昆虫，合计 122 种，在有花植物授粉中扮演了极其重要的角色；第三是蛾类昆虫，合计 120 种，其成虫大多数喜欢吸食花蜜，因而也是重要的传粉昆虫；第四是食蚜蝇，合计 2 种，其成虫类似蜜蜂，喜欢在花间取食，也是很有用的传粉昆虫。这些传粉昆虫在整个自然界的生物进化与繁衍中起着不可替代的生态服务功能，同时所生产的蜂蜜具有较高的经济价值，是维系当地生态系统稳定和促进经济社会可持续发展的主要部分。

3)观赏昆虫资源十分丰富

观赏昆虫中以蝶类最为知名，乌蒙山国家级自然保护区已知蝶类 122 种，种质资源十分丰富。大型的蝶类有凤蝶、环蝶、绢蝶，中型的有粉蝶、蛱蝶、斑蝶、眼蝶，小型的有灰蝶、蚬蝶、弄蝶等，是保护区开展生态旅游的宝贵特色资源。此外，大蚕蛾科 Saturniidae、凤蛾科 Epicopeiidae、箩纹蛾科 Brahmaeidae、斑蛾科 Zygaenidae、虎蛾科 Agaristidae 种类也因为大型的个体、鲜艳的色彩和优美的体态而具有很高的观赏价值。

4)新发现著名的天敌昆虫

乌蒙山国家级自然保护区记载了膜翅目 Hymenoptera 的 4 科，并新发现了 7 种著名的天敌昆虫；其他有步甲科 Carabidae 和虎甲科 Cicindelidae，均为著名的捕食性昆虫，分别记载 3 种和 6 种；瓢虫科 Coccinellidae 的绝大部分种类是知名的天敌昆虫，已记载 3 种，其中 2 种为捕食性昆虫；食蚜蝇科 Syrphidae 也是有用的天敌昆虫，已记载 2 种；草蛉科 Chrysopidae 能够捕食蚜虫等害虫，已记载 1 种；猎蝽科 Reduviidae 均为肉食性昆虫，已记载 2 种。天敌昆虫在控制害虫虫口数量、防止虫害发生方面具有显著作用，是生态系统中不可缺少的重要类群，保护好天敌昆虫在很大意义上就是保护好森林资源及其生态系统。

5)药用和食用昆虫

保护区记载了鞘翅目 Coleoptera 芫菁科 Meloidae 2 种药用昆虫，其体内含有斑蝥素，具有利尿、消炎和排毒等功效，是重要的中药资源。食用昆虫有胡蜂科 Vespidae 的一些喜在树上筑大型蜂巢的种类，巢中个体数量众多，是保护区居民喜爱的美味食物。

乌蒙山国家级自然保护区处于生物地理区系的过渡位置，其生境多样化，植被类型丰富，气候温湿，昆虫种类资源丰富，区系成分复杂，特有类群比例高，有利用价值的昆虫资源十分丰富，是保护区生物多样性的一大特色，有着重要的保护地位与利用价值。

1.6 旅游资源评述

乌蒙山国家级自然保护区旅游资源较为丰富，类型多样化，但目前还没有规划和开发，在今后的建设管理中有巨大的被开发的潜力。主要的景观类型有山地景观、水域景观、生物景观和人文景观，可以在保护区的实验区及其周边地区科学规划、适度发展生态旅游，适宜开展生态旅游的重点景区有小草坝、罗汉坝和三江口片区。

1.6.1　景观类型多样化且观赏价值高

1.山地景观

乌蒙山国家级自然保护区地处云贵高原北部边缘斜坡地带，主要为海拔 1300m 以上的中山山地，山地经河流深切形成陡峭的谷地，相对高度较大，多形成奇峰、断崖峡谷。有些山地形成断层、褶皱景观，有些山形奇特壮观。三江口片区为海拔 2000～2500m 的中山，该区中部山体缓和，四周地势下降，山势陡峭，西部地段形成连续陡崖绝壁；罗汉坝片区四周为 2000m 左右的山地，中部为开阔坝区，现筑坝建成罗汉坝水库，整个地形类似碗状，边沿高，周围和中部地势低；小草坝片区为 2000m 左右的山地，地形多变，山体景观丰富；海子坪与大雪山相毗邻，为 1500m 的中山地区。

2.水域景观

乌蒙山保护区属于金沙江流域，全年降水 1200mm 左右，河网发育密布，保护区内或附近主要河流有白水江、洛泽河、大关河等，河谷深切，地势险峻，水流湍急。保护区内为河流上游，多小型河流或溪，水质清澈，景观优美。在地势落差较大处形成瀑和潭，仅朝天马片区就有常年流水瀑布 30 余处，其中落差大于 20m 的有 7 处，有些落差达百余米。罗汉坝水库面积大约 150hm^2，周围植被茂密，是很好的水域景观。

3.生物景观

保护区主要植被类型为亚热带山地湿性常绿阔叶林、落叶阔叶林、原始珙桐林、水青树和多种类型的天然竹林，在云南乃至全国都稀有分布，是乌蒙山地区最大的原始植被保存地，具有重要的景观价值和发展高端专业化生态旅游的开发潜力。

4.人文景观

昭通市在历史上是云南与内地进行交流的重要关口，是南方少数民族文化和汉文化交汇区，在该区有众多历史遗迹，如七星营遗址、盐津豆沙关、五尺道等。昭通市居住的主要少数民族有苗族和彝族，这些少数民族的村寨、传统节庆日、饮食、服饰等都是良好的旅游资源。

乌蒙山国家级自然保护区的三个片区在地质地貌、气候、水文、生物、人文等方面总体差异不大，片区之间旅游资源具有同质性，以及潜在的相互竞争性，这给片区之间的资源开发带来一定难度。但不同片区又有自身的特点和优势，可以适当地错位开发。

从云南全省范围看昭通北部旅游资源竞争优势较低，高品位、有影响力的旅游资源缺乏，但是从滇东、滇东北范围看，其资源具有区域性优势，与四川宜宾市和黔西北地区在旅游资源上有互补性。再者，这一区域大交通的改善更有利于旅游资源的开发和区域联动。

1.6.2 可开展生态旅游的主要景区

1.小草坝景区

小草坝景区位于彝良县小草坝乡，距县城 35km，以小草坝天麻原产地、瀑布群和原始森林为主要资源特色。规划性质定为以著名的小草坝天麻、瀑布群景观为支撑，以原始森林为基础，以生态观光为主，兼森林体验、休闲疗养、户外探险等。

2.罗汉坝景区

罗汉坝景区位于大关县，距县城 90km，距小草坝景区 60km，保护区北部为原始森林，中部为水库，南部和周边为次生林或人工林。以高原山地景观、水库及周围湿地景观、人工针叶林、竹林及原始阔叶林为主。目前没有做任何旅游开发，只有极少量游客周末到此休闲体验。此处旅游开发的潜力有以下几方面：①奇特地貌、原始森林和水域景观类型丰富，组合性较好，适宜休闲体验、户外运动、观光和度假；②在海拔 1500～2300m 的区域范围，冬无严寒，夏无酷暑，气候条件优越，是休闲养生的好去处；③南部地势较为平坦，植被为人工林，适宜基础设施的建设和某些户外运动项目的开展；④保护区内和周边无村寨与农户，位置较为独立，周围环境受干扰程度较小。

3.三江口景区

三江口景区位于永善县与大关县北部的交界地带，距大关县 89km，原 213 国道从保护区中部穿过，因属非主要交通干线，道路常年失修，通行能力较差。资源主要特色为原始湿性常绿阔叶林，丰富的筇竹林、方竹林及水竹林；河流深切的中山地貌，林间溪瀑发育，生态旅游资源的禀赋相对较好。保护区内目前尚未做任何旅游开发，仅在保护区外的盐津县豆沙关景区、溪落渡电站景区形成滇东北较著名的人文旅游景点。

1.7 综合评价

乌蒙山在地理位置方面处于云贵高原的核心地带，在流域上是长江与金沙江交汇处；在气候区方面位于我国东亚季风最西部同时受西部季风影响的地区，既不同于东部季风区，也不是典型的西部季风区，而形成乌蒙山区独特的气候类型，以至于本区生物多样性呈特殊性；在世界生物地理区划方面属于著名的古北界与东洋界和我国西南区与华中地区的交汇过渡地带，表现出复杂的区系组成与多样化的分布类型。因此，乌蒙山在我国西南地区处于关键的地理位置和具有十分独特的生物多样性地位，是我国西南山地生物地理区具有特别重要意义的地区。

1.7.1 自然属性典型而特殊，有极高的保护价值

1.中国亚热带山地湿性常绿阔叶林的典型代表类型

乌蒙山国家级自然保护区分布的亚热带湿性常绿阔叶林是长江中下游流域在东亚季风气候下形成的主要地带性植被，由于长江中下游属我国经济发达地区，在本区以东的华中至华东地区绝大部分原生湿性常绿阔叶林植被已次生化或被人工植被所替代，原始的湿性常绿阔叶林仅在我国南方不多的几个自然保护区内可看到。乌蒙山国家级自然保护区分布的湿性常绿阔叶林是保护区最主要的森林植被类型，目前在保护区内保存完好，是我国华中至华东生物地理区亚热带湿性常绿阔叶林原始群落的典型代表类型，其群落物种组成丰富多样，区系成分复杂，群落结构完整，特征典型，是该类型分布的最西限，也是目前云南和华中长江中下游地区保存最好的湿性常绿阔叶林代表类型。

2.边缘性与深切割山地导致生态的脆弱性

乌蒙山国家级自然保护区处于乌蒙山区腹地，属云贵高原的核心地带，地势高耸，并有高大山脉分布，同时地处长江上游与金沙江下游的交汇处，有众多大小支流形成的深切河谷，山高坡陡，地质构造复杂，全区地貌明显受北—北东向的皱褶和断裂带的控制，地形十分破碎，生态稳定性极差。本区在生物地理区上处于华中区向西南区过渡的位置，是华中区长江流域区系成分向西分布的边缘，同时是西南区喜马拉雅-横断山成分扩散分布的东限。因此生物地理区的边缘效应突出，不同区系成分在此区的出现均属边缘类群，已不是它们的最适分布区域。目前乌蒙山地区不同地理区系和分布型的物种均保存在保护区，虽然物种丰富而多样，但其边缘性决定了每种的种群数量都很少，分布范围狭窄，仅保存在一些狭窄的生境中，对任何干预都十分敏感，一旦遭到破坏极难恢复，并极易导致边缘物种在乌蒙山地区的消失。另外，由于保护区外围为中山深切割山地，生态稳定性差，并且在长期人为因素的影响下，周边环境大多已被开发，生态环境极其脆弱，导致保护区物种失去了向四周扩散的机会，而乌蒙山国家级自然保护区成了这些物种最后的生存孤岛。这种物种多样性汇集在“孤岛”上，有不少种类分化为狭域特有种，如著名的国家Ⅱ级重点保护植物筇竹、野生天麻和毛竹野生群落等，在长期失去扩散和迁徙的条件下变得十分敏感与脆弱。因此，边缘效应与孤岛效应的叠加，增加了保护区的脆弱性与敏感性，加大了保护的必要性和紧迫性。保护了这一地区的生物多样性就等于保护了来自不同生物地理区和区系的生物类群，以及不同产地物种种群的遗传资源。

3.特殊的地理区位与过渡性孕育了丰富的生物多样性

1) 物种多样性极其丰富

乌蒙山地处四个自然特色迥然不同区域的结合过渡地带，其处于古北界与东洋界的过渡区域和田中线的分界线上，以及华中区与西南区的过渡地区。因此，乌蒙山国家级

自然保护区及其邻近地区在中国生物地理区划系统中是一个十分独特的地区，表现出保护区的动植物种类组成丰富，区系成分构成相当复杂。

乌蒙山国家级自然保护区维管植物相当丰富，最新考察结果统计共有 207 科 751 属 2094 种，表现出丰富的植物物种多样性，占整个滇东北地区维管植物总种数的 75%。其中，分布有野生种子植物 1864 种，隶属于 159 科 640 属，种属比为 2.91；裸子植物 4 科 5 属 5 种，双子叶植物 133 科 504 属 1563 种，单子叶植物 22 科 131 属 296 种；蕨类植物 48 科 111 属 230 种，分别占全国(63 科 231 属 2600 种)的 76.19%、48.05%和 8.85%，种类组成也十分丰富，是中国蕨类植物区系的重要组成部分。已记载大型真菌 243 种，隶属于 2 亚门 5 纲 13 目 39 科 104 属，其中中国新记录种 8 种，云南新分布种 28 种。

保护区已记录哺乳动物 92 种，占中国哺乳动物的 15.16%，占云南哺乳动物的 30.07%，在全国属于哺乳动物多样性较为丰富的保护区。保护区鸟类种数十分丰富，共记录了 356 种，占云南全省鸟类总数的 43.95%；保护区共记载了 39 种两栖动物和 54 种爬行动物，分别占云南全省总种数的 32.5%和 31.76%，在我国属于两栖爬行动物较丰富的保护区之一，其中有些物种是云南的新发现，并形成特殊的居群，分布区十分狭窄，破坏后极难恢复，具有很高的保护价值。保护区共记录了鱼类 47 种，分别隶属于 3 目 9 科 39 属，表明了本区鱼类不仅种类组成丰富，而且在属级和科级组成上也较多样化；保护区脊椎动物总种数达到 589 种。此外保护区内昆虫种类也十分丰富，记载了昆虫 9 目 71 科 322 属 423 种，是云南省(除南部几个热带保护区之外)种类多、资源昆虫丰富、类群多样化突出的保护区。保护区动植物在种级水平上表现出了丰富的多样性。

2)森林生态系统类型丰富，珍稀树种群落分布集中

乌蒙山国家级自然保护区的植被类型可以划分为 4 个植被型 5 个植被亚型 19 个群系 44 个群丛，植被型和植被亚型与云南南部的自然保护区相比并不算丰富，但群系和群丛较为多样化，主要反映了生境类型多样化和物种组成与结构丰富性。同时在保护区植被类型中分布有珙桐林、水青树林、水青冈林、十齿花林和扇叶槭林等十分珍稀的保护树种群落，并形成一定规模的单优势群落。而且保护物种分布集中，在黄水河的一个湿性常绿阔叶林群落中同时分布了木瓜红、连香树、水青树、珙桐、十齿花、筇竹和天麻等七种国家级重点保护植物；在朝天马片区陡口子丫口 2km^2 内分布有 6 种国家级重点保护物种。群落类型和珍稀保护物种多样性如此集中在我国自然保护区中也是罕见的。

4.交会过渡区域在表现出多样性的同时具有高度的敏感性

乌蒙山国家级自然保护区处于自然地理和生物地理区系的交汇过渡区域。在植物地理区划方面的交会地带，在东西向上正好处在“田中线”的东侧边缘，是东亚东西向两大森林植物区系(中国-喜马拉雅和中国-日本)的交错过渡地区；在动物地理区划方面是亚热带华中区和西南区喜马拉雅-横断山脉的交会过渡地带，使这里成为许多不同区系生物类群的中间过渡区域，同时是东西南北不同区域或分布型的一些物种向外围扩散或分布的边缘。边缘地带对于许多生物类群，特别是森林动物而言，相对它们分布的中心区域，已经不是栖息繁衍的最佳环境，它们抵御外界干扰和环境变化的能力较弱，一旦保

护区遭受干扰和破坏，这些边缘物种的敏感性很强，其退缩或消失的速度较其他物种快得多。

5.珍稀动植物分布集中且稀有性突出

乌蒙山国家级自然保护区珍稀植物分布较为集中的有珙桐、水青树、十齿花、木瓜红、连香树、筇竹和天麻等，均为国家级重点保护植物，仅在中国西南地区有分布，本保护区是我国珙桐的主要分布区之一。

乌蒙山国家级自然保护区内有国家级重点保护野生植物 13 种，云南省级重点保护植物 6 种，《中国物种红色名录》保护物种 66 种，CITES 附录有 19 种。

保护区分布有哺乳类国家级重点保护和 CITES 附录Ⅰ、附录Ⅱ保护物种 23 种，占中国国家级重点保护野生哺乳动物总种数(150 种)的 15.33%。其中，国家Ⅰ级重点保护动物 3 种(金钱豹、云豹和林麝)，国家Ⅱ级重点保护动物 16 种，云南省Ⅱ级重点保护动物 1 种。

鸟类有国家Ⅰ级重点保护动物 4 种(黑鹳、四川山鹧鸪、白冠长尾雉、黑颈鹤)，Ⅱ级重点保护动物 30 种。

两栖爬行动物中有国家Ⅱ级重点保护动物 2 种(大鲵和贵州疣螈)；云南省级重点保护动物 3 种(舟山眼镜蛇、孟加拉眼镜蛇和眼镜王蛇，这三种眼镜蛇属典型的热带爬行类，过去只见于云南南部热带地区，2006 年在本保护区考察发现其新的分布，反映了乌蒙山与滇南地区的联系与过渡性特征)；云南省级重点保护、有经济价值的物种 5 种(平胸龟、鳖、王锦蛇、黑眉锦蛇和乌梢蛇)；列入 CITES 附录Ⅱ的物种 3 种。

鱼类中胭脂鱼被列为国家Ⅱ级重点保护动物和易危物种，白缘鉠被列为濒危鱼类。以上保护物种有极高的保护价值，是本保护区重要的珍稀保护对象。

6.生物地理区域上的独特性导致本区生物类群丰富的特有性

在全球自然保护区体系的保护对象中，除国家级重点保护的珍稀濒危野生动物物种外，特有类群的多少是显示保护区保护价值和高低的重要指标之一。特有类群越多，特有的分类阶元就越高，其分布的地区越狭窄，受威胁的程度越大，保护地位越高，保护的价值和意义也就越大。

乌蒙山国家级自然保护区处于云贵高原十分特殊的自然地理的交错过渡区域，气候条件既不同于邻近的四川盆地和贵州喀斯特山原，也不同于云南高原及其他地区，加之地形条件复杂，生境多样化，分化了不少稀有或特有类群，乌蒙山保护区的狭域特有植物种类非常丰富，有威信小檗 *Berberis weixinensis*、龙溪紫堇 *Corydalis longkiensis* 和大叶梅花草 *Parnassia monochorifolia* 等 28 种之多，占整个中国特有种的 2.63%，是云南省特有种最多的自然保护区之一，显示出本区域的独特性。乌蒙山国家级自然保护区分布有中国特有种共 1063 种，是保护区区系的主要组成部分，占种数的 57.03%，如此多的特有成分，显示出了乌蒙山国家级自然保护区的重要性。

对特有现象分析表明，乌蒙山国家级自然保护区的种子植物特有类群相当丰富，不同分类阶元都具有明显的特点：科级特有均为单型科，属于国家级重点保护的珍稀濒危植物；属级特有包括了各种分布区类型，多样性十分突出；种级特有的数量很大，比例相当高，成为本保护区种子植物区系组成的主体。如中国特有种 1603 种，占总种数的 57.03%。其中有云南特有种 153 种，占总种数的 8.2%；保护区特有种 28 种，占当地总种数的 1.5%，占整个中国特有成分的 2.63%，是我国自然保护区中特有种分布最多的自然保护区之一，显示出乌蒙山地区的独特性。

乌蒙山国家级自然保护区是我国除滇西北、滇东南-桂西和鄂西南-川东北三大植物特有中心外(陈灵芝，1993)罕见的另一个特有分布中心，亦是我国现有保护区中特有种比例最高的保护区之一，而且其特有类群的数量和比例均不亚于我国三大特有中心，可以视为我国第四个种子植物特有分布中心，充分反映了乌蒙山在我国乃至世界生物地理上的特殊性与重要性。

乌蒙山地区处于横断山区最东部的边缘，东喜马拉雅-横断山区特有和横断山区特有类群较为丰富，哺乳动物除乌蒙山特有的亚种即昭通绒鼠指名亚种、滇绒鼠指名亚种和本团队 2006 年发表的赤腹松鼠昭通新亚种 *Callosciurus erythraeus zhaotongensis*(Li and Wang，2006)外，中国特有或乌蒙山地区特有类群在保护区也相当丰富。东喜马拉雅-横断山区特有科有小熊猫科；特有亚科有鼩鼹亚科(Uropsilinae)和长尾鼹亚科(Scalopinae)；特有属有鼩猬属、长吻鼩鼹属、长吻鼹属、白尾鼹属、缺齿鼩鼱属、小熊猫属、毛冠鹿属、岩松鼠属和复齿鼯鼠属 9 属；南中国区和喜马拉雅-横断山区特有种有 32 种，占全区总种数的 34.78%，这些特有类群是本保护区重要的保护对象，也是衡量保护区重要价值的关键指标。本保护区特有属、种多，且比例较高，超过如西双版纳国家级自然保护区、黄连山国家级自然保护区、金平分水岭国家级自然保护区、文山国家级自然保护区等云南南部的许多国家级自然保护区，在中国的自然保护区系统中属于特有属、种多且比例最高的保护区之一，是乌蒙山国家级自然保护区的另一个重要特征。

7.相对乌蒙山的其他地区，保护区保持了最好的自然性

历史上乌蒙山地区的人口密度就很大，许多地带已过度开发，植被与生态系统已受到很大程度的破坏，并造成了许多生态灾害，为此当地政府和群众已经充分认识到自然生态保护的极端重要性与重大意义，高度重视自然生态与生物多样性保护工作，在最近十几年来，加大了对天然植被和重要生态系统的保护力度，特别是对自然保护区天然植被实施了重点保护。目前已建立的保护区区域地处边远地区，多年来实施保护工作，建立了较完备的管理体系和与社区共管机制，保护成效显著，虽然乌蒙山国家级自然保护区片区较分散，但原生性保持良好，自然特征明显，天然森林覆盖率达 94.20%，野生植物物种分布密度达 8 种/km^2。保护区内的自然植被保存完好，是我国西南山地长江中上游至华中生物地理区具有代表性的自然性保持最好的天然森林植被类型。

8.保存了生物地理区系起源的古老性

生物地理区系的古老性与特有性和保护区特殊的地质历史演变紧密相关，乌蒙山国家级自然保护区自新生代古近纪以来，古地理环境一直相对稳定，特别是新近纪中新世新构造运动对这里也没有产生大的冲击，也没有受特提斯海消退、洋盆闭合后气候变干

的直接影响，更没有被第四纪更新世冰盖所波及，因而源于中生代的植物区系在进入新生代后没有发生较大的动荡，一些起源于中生代白垩纪及其以前的古热带和东亚亚热带古老的植物区系成分在这里得以长期保存繁衍下来。另一些在中生代晚二叠纪至中三叠纪印支运动后，由滨太平洋地区成陆的中南半岛向北延伸的石灰岩山地古老植物可以得到长期特化发展。新生代从古近纪中新世开始到第四纪全新世随青藏高原的抬升，加剧了印度洋孟加拉湾西南季风、太平洋北部湾东南热带季风和东亚亚热带季风环流形势，使乌蒙山地区深受三大季风暖湿气流的惠泽，虽纬度相对云南其他地区偏高，热量条件有所下降，但四季湿度都很大，不同于云南绝大部分地区干湿季分明的气候特征。这种终年高湿多雾、夏暖冬凉的气候使得乌蒙山地区目前仍保存着相当多的自中生代石炭纪的桫椤到新生代新近纪残遗的水青树、珙桐和十齿花等许多孑遗古老植物科属，而且这些古老类群在保护区单位面积的个体分布数量及其分布密度远高于其他分布地点。乌蒙山国家级自然保护区数量较多的单型科、少型科、少型属、单种属更加充分地显示了其生物地理区系起源的古老性。

乌蒙山国家级自然保护区生物地理区系与森林植被的古老性，为物种的演化提供了特有的栖息环境和食源条件，借此而栖息繁衍形成了以森林为依存的较古老的森林动物：两栖类的如大鲵和贵州疣螈、峨眉髭蟾、黑点树蛙和红点齿蟾等，爬行类的如四川龙蜥、中国小头蛇、平鳞钝头蛇、原矛头蝮等蜥蜴类和蛇，以及兽类中的藏酋猴、小熊猫、北树鼩和鼯鼠类等树栖性动物。保护区动物组成以森林动物和树栖性动物为主，也反映了其古老性特征。如此多种属、高比例的生物特有性，在动植物区系起源研究和生物地理区划中有着重要的意义与不可替代的科学地位。

1.7.2　科学价值与社会经济价值极为突出

1.科学价值极高而不可替代

1) 处于自然地理和生物地理区系的交汇过渡区域，有较高的科学研究价值

乌蒙山南北向正好处在古北界与东洋界的过渡带上；东西向正好处在著名的“田中线”的东侧边缘，是东亚东西向两大森林植物区系(中国-喜马拉雅和中国-日本)的交错过渡地区。在中国植物地理区划上是亚热带北部湿性常绿阔叶林区域和东亚亚热带植物区系的交汇地带，在动物地理区划上是亚热带华中区与喜马拉雅-横断山脉的西南区交汇过渡地带。生物地理上的这种边缘性和过渡性使保护区汇集了丰富的生物类群与复杂的区系成分及分布类型，以及丰富的中生代石炭纪至新生代古近纪残遗的古老植物科属和许多孑遗植物种类，数量较多的单型科，少型科、少型属和单种属的珍稀特有植物，保护好这个生物生存的大环境及其丰富的生物物种和珍稀特有类群，对研究生物进化及种子植物起源有着重要的理论意义与极高的科学价值。

2) 动植物种类丰富，珍稀保护物种分布集中

保护区维管植物相当丰富，共有 2094 种，占整个滇东北地区维管植物总种数的

75%，同时有大型真菌 243 种，其中中国新记录种 8 种，云南新分布种 28 种，表现出了丰富的植物物种多样性。

保护区有哺乳动物 92 种，占中国哺乳动物种数的 15.16%，占云南种数的 30.07%，在云南乃至全国自然保护区系统中，哺乳动物多样性较为丰富；鸟类共记录了 356 种；保护区共有两栖类 39 种和爬行类 54 种，鱼类 47 种，脊椎动物 589 种，还有昆虫 423 种。保护区动物种数在云南北部的亚热带保护区中属于最丰富的。

乌蒙山国家级自然保护区珍稀植物分布较为集中，有珙桐、水青树、十齿花、木瓜红、连香树、筇竹和天麻等，其中国家级重点保护野生植物 13 种，云南省级重点保护植物 6 种；列入《中国物种红色名录》66 种，CITES 附录 19 种。

保护区分布有国家Ⅰ级重点保护动物 3 种(金钱豹、云豹和林麝)，国家Ⅱ级重点保护动物 16 种，云南省Ⅱ级重点保护动物 1 种；哺乳类国家重点保护和 CITES 附录Ⅰ、附录Ⅱ保护物种 23 种，约占国家级重点保护野生哺乳动物总种数(150 种)的 15.33%；鸟类有国家Ⅰ级重点保护动物 4 种，Ⅱ级重点保护动物 30 种；两栖爬行动物中国家Ⅱ级重点保护动物 2 种，云南省重点保护物种 3 种(3 种列入 CITES 附录Ⅱ)；鱼类中胭脂鱼被列为国家Ⅱ级重点保护动物和易危物种，白缘鉠被列为濒危鱼类。

乌蒙山国家级自然保护区不仅物种多样性十分丰富，而且珍稀保护物种分布集中，在我国自然保护区中属于比较突出的。这些珍稀保护物种有极高的科学研究价值，是本保护区重要的保护对象。

3)高比例、多种属的生物特有性，在动植物区系起源研究和生物地理区划中有着重要意义与不可替代的地位

保护区特有类群相当丰富，特别是种级特有的数量很大，比例相当高，成为本保护区种子植物区系组成的主体，如中国特有种占总种数的 57.03%。其中有云南特有种 153 种，占总种数的 8.2%；保护区特有种 28 种，是云南省和我国特有种最多的自然保护区之一，可以视为云南的第三个种子植物特有中心。如此多的特有成分，充分显示了本区在生物地理上的特殊性与重要性，对研究植物区系的起源和演化具有十分重要的学术价值。

4)古老物种分布集中，是研究乌蒙山植物区系起源和演化的重要地区

乌蒙山地区目前仍保存着相当多的自中生代石炭纪的桫椤到新生代古近纪残遗的水青树、珙桐和十齿花等许多孑遗古老植物科属，而且这些古老类群在保护区单位面积的个体分布数量远高于它们的其他分布地点，充分显示了乌蒙山国家级自然保护区生物地理区系起源的古老性与科学研究价值。

5)是研究我国亚热带山地湿性常绿阔叶林的理想地

乌蒙山国家级自然保护区分布的湿性常绿阔叶林是保护区最主要的森林植被类型，目前在保护区内保存完好，是我国华中至华东生物地理区湿性常绿阔叶林原始群落的典型代表类型，其群落物种组成丰富多样，区系成分复杂，群落结构完整，特征典型，是该类型分布的最西限，也是目前云南和华中长江中下游地区保存最好的亚热带山地湿性

常绿阔叶林的典型性代表类型，对于研究长江流域亚热带湿性常绿阔叶林的结构组成和生态功能有重要的科学价值。

6) 森林植被类型丰富，珍稀保护树种群落分布集中

乌蒙山国家级自然保护区的植被类型较为丰富和多样化，有 4 个植被型 5 个植被亚型 19 个群系 44 个群丛，群系和群丛较为多样化。同时在保护区植被类型中分布着珙桐林、水青树林、水青冈林、木瓜红林、十齿花林等十分珍稀的保护树种群落，保护树种分布集中并形成一定规模的单优势群落，这在我国保护区中也是罕见的，有极高的科学研究和保护价值。

7) 是我国西南保存最好、面积最大的野生毛竹原产地和筇竹分布中心

乌蒙山国家级自然保护区的海子坪片区至今有 200hm^2 野生毛竹林被严格保护着，保存着丰富的野生毛竹遗传多样性。该保护区的天然毛竹林，无疑在毛竹的生物学、生态学、遗传学等方面具有重要的科学研究价值，是毛竹优良品种培育中重要的遗传种质资源，因而具有极高的保护价值。同时，乌蒙山国家级自然保护区还是我国特有珍稀竹种筇竹的分布中心。

8) 是天麻等重要药用和经济植物的原产地

20 世纪 30 年代，英国传教士第一次在保护区朝天马片区的小草坝采到天麻的标本，并送到英国定名发表，使小草坝成为天麻模式标本产地。2004 年 8 月 16 日，国家质量监督检验检疫总局在昆明通过了昭通天麻原产地域产品保护申请的审查，并以国家质检总局第 148 号公告批准对昭通天麻实施原产地域保护。保存了天麻 4 个品种中的 3 个，使乌蒙山原产地保护的昭通天麻不仅有了国家标准和专用标志，还实施了建立以彝良小草坝为中心的野生天麻小保护区等七大保护措施。

乌蒙山国家级自然保护区的小草坝生长的天麻个大、肥厚、饱满、半透明，质实无空心，品质优良，是昭通天麻的代表，也是云南乌蒙山天麻的代表，素有“云天麻”之称。而且，其天麻素含量均高于其他产地天麻。检测表明：小草坝天麻的天麻素平均含量为 1.13%，是陕西汉中天麻的 2.1 倍，是湖北恩施天麻的 4.1 倍，是广州清平天麻片的 4.3 倍。对于与人的生命相关的微量元素锌、锰、铜无机元素，小草坝天麻每克中锌的含量为 28.96μg，锰的含量为 37.17μg，铜的含量为 10.54μg；而湖北恩施天麻每克中锌的含量为 12.27μg，锰的含量为 22.6μg，铜的含量仅为 3.49μg；陕西汉中天麻每克中锌的含量为 24.15μg，锰的含量为 13.11μg，铜的含量仅为 4.13μg。

小草坝的天麻早在清乾隆五十年（1785 年）就作为向乾隆皇帝祝寿的贡品。今天，这一品牌越来越被人们所认识，天麻系列产品备受青睐，销售量逐年增加。

9) 哺乳类和鸟类有较高的研究与保护价值

乌蒙山国家级自然保护区是一个哺乳动物种类丰富、分布类型较多、特有属种多，以南中国哺乳动物为主体，又具有西南山地哺乳动物特色的森林哺乳动物保护区，在研

究中国中西部地区的鸟兽分类与分布方面有很高的价值。

保护区为许多哺乳动物分布的边缘地带，由于边缘效应产生的物种脆弱性和对生境的敏感性很高，对研究动物与环境的关系有很高的价值。同时这一地区是我国动物地理区划中西南区和华中区的分野地带，又是长江南北哺乳动物的汇集地带之一，多数边缘分布的种类数量极少，极易绝灭，是物种保护研究中十分难得的区域。

乌蒙山国家级自然保护区范围内的湿地是世界唯一在高原繁殖和越冬的珍稀濒危鹤类(黑颈鹤和黑鹳等)的重要迁徙停歇地和越冬栖息地，自然保护区的建立为研究这些珍稀濒危鸟类的保护措施提供了有利条件。

保护区丰富和特有的区系成分及在动物地理区划上的过渡性使得该区在研究中西部地区的动物地理区系领域中具有特殊的科学价值和保护地位。

2.社会经济价值十分显著

1)保护区对乌蒙山区发挥着不可替代的生态功能

乌蒙山国家级自然保护区内森林茂密，母质以玄武岩、砂页岩、石灰岩和变质岩为主，但周边以石灰岩为主，石灰岩占全市总面积的 40%左右，而在保护区周边的山地中下部多是农田、村庄，无论是生产和生活用水都来源于保护区内蓊郁的森林的水源涵养，乌蒙山区人民生活和农业生产用水全靠保护区涵养。目前乌蒙山地区保护区以外的天然植被破坏较为严重，石漠化还在加剧，保护区保存良好的森林植被和自然生态系统显得尤其重要，它不仅保护着丰富的生物多样性，还调节着当地的气候，净化着空气，涵养着水源，维护着整个乌蒙山地区的生态安全，为乌蒙山区各族人民提供了一个经济、社会可持续发展必不可少的资源基础与环境条件，足可见乌蒙山国家级自然保护区的自然资源与生态环境有着极其重要的社会价值和生态价值，以及不可替代的生态功能，其意义十分重大。特别是在保护区以外(滇东北地区)的生态环境破坏严重的形势下，保护区发挥的生态服务功能远远高于其他地区，提高保护地位、加强保护力度显得尤为重要。

2)保护区是长江流域重要的生态屏障

乌蒙山国家级自然保护区处于金沙江下游，属长江的中上游，其一、二级支流木杆河、横江、洛泽河、高桥河和白水江等共 60 余条，多发源和流经保护区内，河流总长 718km，流域面积达 22 897km^2，在保护区及其周边形成密布的河网水系，这些河流水系最后都汇集到金沙江。保护区的森林植被和生态系统的结构完整性与生态服务功能在金沙江下游乃至整个长江流域的水文气象及生态安全方面发挥着重要的生态屏障功能，国家和云南省根据昭通市所处的长江中上游重要的地理位置，在全国和云南省的生态功能区划时将昭通-乌蒙山地区列为长江流域重要的生态屏障区，而能够发挥主要生态服务功能的生态系统主要分布在乌蒙山国家级自然保护区内，保护区的建设管理是构建长江流域生态屏障的重要组成部分。因此，乌蒙山国家级自然保护区不仅对保护我国典型的亚热带湿性常绿阔叶林生态系统及其珍稀濒危特有物种有着重要意义，同时在维护长江流域的生态安全和促进区域经济社会可持续发展方面具有不可替代的功能与地位。

3)保护区丰富的资源植物是周边社区地方经济发展的重要基础

乌蒙山国家级自然保护区保存了乌蒙山区 80%的天然森林生物资源，其是保护区的主要保护对象，也是当地社区经济发展的重要资源基础。保护区资源植物种类繁多，类别齐全，共有 207 科 751 属 2094 种维管植物，其中超过 70%是人类现在可以利用的资源植物。通过分析发现保护区内的资源植物不仅种类繁多、类别齐全，而且很多种类的蕴藏量非常大，种质资源特别丰富。调查结果和文献资料显示，保护区资源植物有 100 余科 800 多种，具有特殊资源利用价值的植物种类繁多，其中有野生可食用植物、药用植物、油脂植物、有毒植物、鞣料植物、蜜源植物、淀粉和糖类植物、木材及纤维植物、观赏植物等。《生物多样性公约》明确指出“资源有效保护的途径包括对保护对象的可持续利用”。在保护区实验区内分布有丰富的高价值经济植物资源，在保护的前提下积极开展引种培育与开发利用，最具代表性的就是有十分丰富的被称为“维 C 之王”的野生猕猴桃、刺梨等水果资源，它们都是十分重要的野生高价值水果和人类必需的维生素和微量元素类资源，具有很高的开发利用价值。保护并合理利用这些高价值资源都是为了人类的利益，目的在于科学开发对人类有用的资源以服务人类，保护则是为了更长久和更有效地利用这些高价值野生植物资源。

4)保护区优美的自然景观是发展生态旅游、实现社区参与共管的资源基础

乌蒙山国家级自然保护区旅游资源较为丰富，类型多样化，主要的景观类型有山地景观、水域景观、生物景观和人文景观，但目前还没有规划和开发，在保护好的前提下，可以在实验区适度规划发展生态旅游，并强调社区参与，在今后的保护区与社区参与共建共管模式中，是以资源非消耗性利用的方式发展社区经济的主要途径之一，对促进社区与保护区和谐共赢有十分积极的意义，并具有拉动地方经济发展的巨大潜力。

5)保护区丰富的生物多样性是保持民族传统文化的重要条件

在云南多民族的山地，民族文化的多元性源于当地环境与生物的多样性，乌蒙山区多样化的民族传统文化与保护区丰富的生物多样性有着密不可分的联系，彼此之间相互依存而不可分割，当地居民生活生产的传统文化得以保持与保护区生物多样性丰富及对生物资源的利用有着紧密联系，在被主流文化不断冲击的当今，要保护好优秀的传统文化必须首先保护好当地生物的多样性，在保护好生物多样性的同时也必须保护好优秀的传统文化和可持续利用管理生物资源的传统知识，保护好生物多样性是保护好民族传统文化的重要条件，保护好优秀的传统文化是有效保护生物多样性的重要途径，因此，二者的保护都具有同等重要的意义。

1.7.3 保护基础好，管理模式较先进

乌蒙山国家级自然保护区所在地的各级政府已认识到森林资源及其生物多样性的保护管理与可持续利用对山区经济社会综合发展有十分重要的意义，一直把保护生物多样性和寻求改善保护区内及周围社区村民生活水平的途径作为历届政府的任期目标，对保护区的保护给予了高度重视。在保护区建立后，全面启动了自然保护区及周边社区综合管理计划，调动山区群众积极参与，并使他们能够真正从保护区的管理、保护和开发利用中获得利益，大大缓解了保护区与周围社区间的矛盾，使保护区生物多样性得到了真正的保护。

1.制定相关法规，加强执法力度

根据保护区及周边社区集体山林管理的需要和实际，制定了场社、场群联防制度，同时决定给予参加联防的村民各种定额补贴，并制定出台了相应的管护规定：①凡收回集体管护的山林，必须以自然村为单位制定村规民约，采取工程造林或封山育林等方式，恢复植被；②凡需造林的地块，由县林业局提供种苗、技术，村民投工、投劳，分年度造林，限期绿化达标；③农户在“两山”上种植的树木，实施抚育间伐或主伐时，必须优先安排原“两山”户，采收林副产品一律减征育林基金和农林特产税 30%；④对于集体收归的农户“两山”及集体山林，县政府将统一制定林业发展计划并给予专项资金投入，其产品所有权归村社所有；⑤制定了巡山护林职责，主要内容包括：a.宣传贯彻和执行林业各项政策、法律法规及村规民约；b.协助相关村(社)搞好责任区内的人工造林、封山育林和森林防火；c. 巡山护林，制止破坏森林的行为；d. 发现毁林事件及时向有关部门报告，并协同依法查处；e. 巡山护林的时间必须满勤；f. 监守自盗、包庇违法人员者，停发补贴并按规定给予经济处罚和解除联防协议处理。

2.加强生态环境意识教育，增进对乌蒙山国家级自然保护区保护的认识

自 1999 年以来，保护区所在地的各县政府联合保护、林业、文化、新闻媒体等多部门采用拍电视专题、张贴标语、发传单和宣传册、举办专题报告等形式在县城、相关乡镇以及保护区周围社区进行生物多样性与自然保护的宣传活动，让社区百姓充分认识到生物多样性保护的重要性。同时，努力通过各种宣传活动，让全社会都来关心、支持、参与保护区的治理和管护，增强全民的环保意识和可持续发展观。

3.完善自然保护区管理的规章制度

自社区参与保护区管理项目正式启动后，在市、县、乡(镇)各级政府和林业、环保等部门的督促下，保护区管理局辖区内的各片区和管理站及社区村民一道先后制定或完善了一系列与保护区及周围社区森林资源管理、保护及利用有关的规定和制度，建立了保护区管理人员的定期检查、巡护及走访制度；建立和健全了基层护林员的护山登记制度、有关林政处罚和奖惩制度，并调整了保护区管理系统内部的职能及分工，转变了保

护区管理人员的观念，加强了巡山护山、监督执法等保护区的日常管理和对野生动植物的保护，注重加强社区发展的指导与服务工作，推动周边社区的可持续发展。

4.开展生态恢复与重建项目，减轻保护区特有珍稀濒危物种的“孤岛效应”

保护区的三江口、朝天马片区的主要管理目标是保护以水青树、珙桐、十齿花等古老特有珍稀濒危植物为代表的保护对象。但在保护区的外围，特别是东部边缘，石灰岩分布广泛，各类喀斯特地貌甚为发育，土地资源十分有限，长期的农业利用使得原生植被多已不存在；加之人类过度垦殖，次生植被也较稀少；由于石灰岩上的土层较薄，植被被破坏后，水土流失加剧，且剥蚀后土层难以恢复，常呈光山秃岭或矮灌丛分布，导致了较严重的石漠化。这种外围生境的恶化，使保护区成为“孤岛”，加剧了保护区生物多样性的敏感性和脆弱性。为了消除生态退化对保护区生物多样性的威胁，昭通市把大关县木杆镇作为“滇东北贫困山地石漠化综合治理”的试验示范点，以恢复这一典型地区恶化的生境，减轻对保护区特有珍稀濒危物种的“孤岛效应”，并通过这些项目的开展，促进保护区周边群众致富，减缓保护区的压力。

保护区由于许多物种的高度特有性和边缘地带生物的敏感性与脆弱性，加之珙桐、水青树、筇竹和野生毛竹群落等珍稀植物分布中心的地位引起了国际植物学界的特别关注，一些国际机构和国内研究单位正计划对这一代表性地段投入研究，以切实保护其特有珍稀物种。

5.发展周边社区经济，减缓自然保护区保护与利用的矛盾

自 1997 年以来，针对乌蒙山国家级自然保护区各片区森林保护的需要和社区村民的生产生活实际，各县、乡(镇)政府在保护区周边地区制定并实施了一系列的“山、水、林、田、电、路、村”综合治理规划，在实验区调整土地结构，科学用地，合理发展经济作物，增加当地群众收入，满足其生活需要，提高其生活水平。在实行两山收归集体管护之后，为了缓解砍伐薪柴对森林产生的压力，解决老百姓的烧柴问题，加强自然保护区周边农村的能源建设，政府为保护区周边村寨提供基本建设基金和技术，帮助村民大力发展沼气池和节能灶。同时，在紧靠保护区居住的自然村，由政府统一规划，实施易地搬迁，使社区与保护区分离，减缓对保护区的干扰或破坏。

自然地理环境

第2章　地 质 地 貌

乌蒙山国家级自然保护区位于昭通市的北部，包括三江口、朝天马和海子坪三个片区，总面积达 26 186.65hm^2。三个片区分别分布于大关县、永善县、盐津县和彝良县四个县内，但主要分布于大关县和彝良县内。

2.1　地　　质

2.1.1　地层

滇东北是扬子地台盖层发育最完全的地区之一，受到各种地质运动的影响，全区有多个地质年代的地层出露。在所有出露的地层当中，以二叠系分布最为广泛。

保护区正好位于滇东北地台沉积带内，因此也出露有多个地质年代的地层。根据考察的结果，保护区内主要出露有寒武系、奥陶系、泥盆系、二叠系、三叠系、侏罗系、古近系—新近系和第四系等地层。其中以二叠系出露最为广泛，其次为泥盆系。

1.寒武系(Є)

寒武系主要出露于保护区的罗汉坝片区及其附近地区，呈假整合接触，分布范围较小，出露的地层也较薄，厚度为 120～180m，岩性为泥灰岩、砂岩等。

2.奥陶系(O)

奥陶系不仅出露少，而且是零星分布，在保护区内主要出露于罗汉坝片区及其附近的河谷地带。其下部表现为紫红色砂岩、页岩；中部表现为灰—深灰色厚层状灰岩，上部表现为灰—灰黑色中厚层状泥灰岩。

3.泥盆系(D)

在昭通境内，泥盆系出露的范围比较广泛，并且呈整合接触，可以分为上泥盆统、中泥盆统和下泥盆统。

相对于寒武系、奥陶系而言，保护区内泥盆系出露的范围更广泛。在整个保护区内，泥盆系主要分布于小草坝和罗汉坝两大片区内。其中，朝天马片区出露的是中泥盆统，具体为箐门组，是浅海-滨海相沉积，厚度近百米，岩性为灰黑色页岩、砂岩和泥灰岩。罗汉坝片区出露的主要是下泥盆统，为陆相-滨海相碎屑沉积，厚度约 60m，该片区及周边地区均为陆相沉积，岩性为石英砂岩、泥岩和灰岩。

4.二叠系(P)

二叠系是保护区内出露最为广泛的地层，并且下二叠统和上二叠统均有出露，该地层主要出露于三江口、小草坝和海子坪三个片区。

下二叠统主要出露于三江口片区和朝天马片区，其中三江口片区的地层是茅口组，为浅海相沉积，岩性以石灰岩为主。朝天马片区的地层则是矿山组，并与下部地层呈假整合接触，厚度约 50m，岩性为灰绿—灰紫、杂色细砂岩、页岩和泥灰岩。

上二叠统主要分布于三江口片区和海子坪片区，其中最引人注目的是三江口片区的地层。它是保护区内唯一出露玄武岩的地区，属于峨眉山玄武岩组，并且厚度变化大，出露面积较小，呈假整合接触，岩性为灰绿色致密玄武岩和斑状玄武岩等。海子坪片区出露的上二叠统是龙潭组，为海陆相交替沉积，厚度为 200～500m，岩性为页岩、泥岩和粉砂岩。

5.三叠系(T)

三叠系在昭通境内出露比较广泛，并且可以分为上、中、下三统。就保护区而言，主要出露的地层是下三叠统，该地层在境内出露得比较分散，在三江口片区和海子坪片区的多个地点均有出露，为浅海相砂泥岩和碳酸盐沉积，岩性为粉砂岩、泥岩和泥灰岩等。

6.侏罗系(J)

侏罗系为河湖相砂质沉积，主要分布于保护区的三江口片区和海子坪片区。其中，三江口片区出露的地层主要是下侏罗统，为香溪组，厚度超过 200m，岩性为紫色砂岩、泥岩和泥灰岩。海子坪片区则出露中侏罗统，厚度超过 500m，岩性为紫色泥岩、粉砂岩等。

7.古近系—新近系(E—N)

古近系—新近系在昭通境内出露的范围较小，就保护区而言，主要出露于三江口片区，其分布面积也很小，沉积物为黏土泥岩、灰岩和砂质泥岩等。

8.第四系(Q)

第四系在保护区内分布比较广泛，以残积层和冲积层为主，另有崩积层和洪积层，主要分布于保护区内地势平缓处和河谷较宽的两岸。该地层是陆相沉积，主要组成物质是松散的堆积物，其中残积层分布于山间盆地，冲积层则分布于河床之中。

2.1.2　岩石

保护区因分布范围较大，所以内部及其附近地区所出露的岩石种类较多。考察发现，保护区内三大岩类均有出现，并且都有一定的分布范围。在三大类岩石中，岩浆岩和变质岩的分布范围较小，沉积岩的分布面积较大，几乎遍布保护区所有片区。

1.岩浆岩

昭通地区岩浆活动较弱，因而岩浆岩的分布面积较小。对于保护区而言，岩浆岩主要分布于三江口片区，出露的面积较小，对保护区的环境影响不大。

该地区的岩浆岩以玄武质熔岩为主，并且受上下地层反复褶皱的影响，各处岩层厚度不一，从十余米到上千米的岩层都有分布，岩性为致密玄武岩、杏仁状玄武岩和斑状玄武岩。

2.沉积岩

沉积岩的分布最广，在保护区的每一个片区均有出露，岩石的种类也较多，包括碎屑岩和化学岩两大类。

沉积岩中的砂岩、页岩在所有的片区都有分布，并以小草坝和海子坪两地的分布最为广泛。泥岩主要分布于三江口片区和海子坪片区，并且在海子坪片区分布最为广泛。石灰岩的分布也很广泛，集中于三江口和朝天马(小草坝、罗汉坝)片区，岩层较厚。另外，黏土和凝灰岩也有一定的分布，但面积较小。

3.变质岩

与上述两类岩石相比，保护区内的变质岩较少，主要分布于罗汉坝片区及其附近地区。该类岩石主要是在接触变质或区域变质的条件下形成，因而出露面积较小，岩性以石英砂岩为主。

2.1.3 构造

昭通地区属于扬子准地台，滇黔川鄂台坳中的褶皱断裂地带，经历了三次大的地壳运动(即晋宁运动、加里东运动和喜马拉雅运动)，因而形成了复杂的地形和地貌。全区的构造以断裂和褶皱最为发育，如断裂有盐津-永善-巧家断裂、大关-昭通-巧家断裂和彝良-昭通-巧家断裂等，褶皱发育有木杆新街向斜、罗汉坝背斜和彝良复向斜等。受“小江断裂”的影响，整个昭通地区褶皱和断裂均呈大致平行的北东方向。

就保护区及其周边地区而言，其构造是发育于大构造基础上的次一级小构造。保护区的三江口片区及其附近地区位于川滇经向构造带的北段，区内以褶皱和断裂构造为主，形成的方向是东西方向。由于该地区正好位于盐津-永善断裂带上，因而受大断裂的影响较大，使区内所产生的次一级断裂不够突出，规模较小，分布较零散。根据实地考察，区内的断裂以压扭性断裂为主，褶皱发育主要表现为木杆向斜。另外，离三江口片区较近的是罗汉坝片区，它位于盐津-鲁甸构造中段，构造方向是北东方向。

保护区的朝天马片区和海子坪片区的地质构造是相对稳定的，区内岩浆活动较弱，也是以褶皱和断裂较发育为主。海子坪片区位于洛旺复向斜上，与其他背斜和向斜一起构成了北东向的“S”形复向斜。保护区内的断裂主要形成于加里东旋回期，受东西断裂(柿子坝断裂和龙海断裂)的影响较大，同时也受南北断裂中的火烧坝-龙海断裂的影响。

总之，由于昭通境内地质构造复杂，褶皱和断裂较发育，而保护区分布较分散，不同片区位于不同的大构造上，因此保护区内的地质构造也十分复杂，尤其以小断裂和褶皱最为发育。在这种构造条件下，保护区形成了复杂的地貌，有利于物种的保护。

2.2 地　貌

2.2.1 地貌特征

1.地表崎岖不平，地势倾斜具有双层结构

保护区所在的昭通地区位于云南高原的北部，处于向四川盆地和贵州高原的边缘过渡地带，高原斜坡受金沙江及其支流的深切，形成梁状山地与狭长河谷相间的地貌格局，地表十分崎岖。本区地势倾斜较为特殊，从上层山峰线与古准平原看，地势是由西向东或由西南向东北倾斜，但因后期中部有一近东西向隆起，使境内河流局部地段发生流向改变，但总体看，谷底线大体分两个方向，一为向北或东北向倾斜，一为向东或东南向倾斜，使本区出现上、下两层的倾斜方向不一致的状况，具有双层结构的特点。若以几片保护区而论，因它们均在中部隆起的北部，故下层倾斜仍然是主体部分向北倾斜。

2.原边型(高原边缘型)山原地貌

保护区在昭通市北部，正好处在云南高原北缘，是一片高原向大型盆地过渡的斜坡地带。高原顶部到盆地边缘的距离不长，但高差较大，主要是经河流强烈侵蚀后的结果。保护区内大部分地面均被各级河流切开，形成长形山地与峡谷相间的地表形态。另外，由于地壳抬升的间歇性与不均衡性，在整个斜坡上还保留有一些残余的高原准平原面，最高级的保留在山顶成为山顶面，次级的分别错落在不同海拔的斜坡上，形成局部平缓地带，如三江口、罗汉坝，小草坝等地。河谷在此以宽谷状或小型坝子状态存在。以上这种地貌结构，因在高原边缘地带出现，故称为原边型山原地貌。

3.深至中等切割的中山山地

保护区所在地属于五莲峰和乌蒙山的部分山地，从云南省内情况看，保护区的三个片区附近山地绝对高度不算高，西片、中片的平均高度为 2000～2500m，东片仅为 1500m 左右，属于中山范畴。但从相对高度情况看，切割较深，不少山地相对高差为 1000m 以上，部分为 500～1000m，属于中等切割到深切割的中山。山地组成的岩石以碎屑岩为主，间有部分岩浆岩和碳酸岩，是一片岩石组成种类较多的中山山地。

4.河谷以峡谷为主，缺少大型盆地

横江、洛泽河、白水江及其众多支流流经保护区或其边缘地带，原边地带再加上河流深切，使得地面异常崎岖，这一带地区除了深至中切割山地外，基本上被纵横的峡谷所连接，除了在一些支流河流上源保留的原高原面上的古河谷属宽谷形平坦地貌形态外，很少有坝子。尤其是面积稍大的坝子几乎没有出现，石灰岩区内也没有大型溶蚀盆地，侵蚀溶蚀性河谷(如金竹坝、小草坝等)的面积也没有超过 5km^2。

2.2.2　地貌类型

保护区的三个片区比较分散，跨度较大，从大地貌形态看，保护区属原边中山与峡谷区，但从次一级地貌形态看，种类仍然较多，主要的地貌有以下几种类型。

1.山地

山地是这一地区的主要地貌类型，该类型中除深切割中山之外，还包括有相对升降所残存的部分高原面残片及原面上和部分宽谷边缘上散布的丘陵地貌。这一带山地海拔均在 1000m 以上，属于低山和中山范畴。

三江口片区位于整个保护区的最北部和最西部，区内山脉属于乌蒙山，因而整个片区内山峰林立，海拔为 1800～2200m，相对高差低于 500m，是典型的中山山地。该片区的边缘部分地势陡峭，中间部分稍缓和，顶部还保留有高原面残留部分，上部高起的丘状或梁状山峰较多(表 2-1)。

表 2-1　三江口片区及其附近地区山峰略表

编号	位置	山峰名	海拔/m
1	马楠乡兴隆村南部	老君山	2104
2	元亨村西北	斗篷山	2035
3	漂坝村西北	大雪槽	2263
4	漂坝村西北	九龙坡	2075
5	漂坝村东北	滑匠山	2035
6	漂坝村东北	大佛山	2000
7	漂坝村东南	大宝顶	2087

朝天马片区的罗汉坝位于保护区的中部，也属中山山地，平均海拔 1850m，境内地势较为平坦，但边缘地区的地势十分陡峻，保护区内最高点与邻近的河谷相差 1000 余米(境内最高点为老鸦山梁子，海拔高达 2147m)。该片区内的山峰有 10 余座(表 2-2)，这些山峰改变了境内平缓的地势，有利于保护区的发展。

表 2-2 罗汉坝片区及其附近地区山峰略表

编号	位置	山峰名	海拔/m
1	绿南村东北	天星场梁子	1973
2	绿南村东北	黑龙潭梁子	2161
3	绿南村东北	老碗厂梁子	2134
4	中心村北	芹菜塘梁子	2097
5	中心村东北	中心梁子	2095
6	中心村东北	黄连沟梁子	2090
7	沿河村东南	癞巴石梁子	2006

朝天马片区的小草坝也位于保护区的中部，但其地势与罗汉坝有较大的差别，除边缘区以外，境内几乎没有平坝，大部分地区地势陡峻，与周边地区保持一致。全区的海拔在 2000m 左右，主要山峰有 10 余座，最高点为朝天马，海拔为 2200 余米。

2.河谷与盆地

处于云南高原北部原边地带的片区是金沙江及其支流穿过地区，由于坡度较大，过境河流比降大而水流湍急，河流下切能力特强，河流切开了这一带的向北或向东倾斜的地表，形成山川相间、高差巨大的地貌结构。除了河源还保存有原面上的古河谷外，保护区内无大型或中型坝子，仅有面积较小的溶蚀坝或溶蚀河谷，面积均在 $10km^2$ 以下，保护区及附近的小坝子中面积较大的有罗汉坝($8.6km^2$)、漂坝($3.5km^2$)、金竹坝($2.32km^2$)、小草坝($6.3km^2$)、怀来坝($2.5km^2$)、小河坝($3.1km^2$)，其他如三江口、木杆坝、麻窝坝、柿子坝等面积均小于 $2km^2$，但在当地为较珍贵的坝子。

3.喀斯特地貌

昭通市各县均有碳酸岩分布，但碳酸岩多分布在中央高地以南及以东，保护区内分布面积略小，但每个片区内也有一定面积的碳酸岩分布，碳酸岩经地下水和地表水的溶蚀与侵蚀可以形成喀斯特微地貌，较典型的有溶蚀洼地、小型漏斗、溶蚀河谷、峰林、峰丛、地下河和地下溶洞等。从地域分布情况看，东部的小草坝、海子坪片区附近分布广，也较典型，罗汉坝与三江口也有分布。

第3章 气　　候

3.1 气候特点

乌蒙山国家级自然保护区位于云南东北部边缘，地处云、贵、川三省接合部，地势北低南高，处于由四川盆地逐渐向乌蒙山脉抬升的区域。保护区内山峦交错，河谷纵横，是四川盆地进入云南冷空气的主要通道，易受冷空气影响，常在昆明准静止锋控制下，气候与云南大部分地区不同，而与具有我国东部型季风气候特点的贵州相似。

3.1.1 干雨季分明，但“干季不干”

保护区所在地 5～10 月受热带海洋气团控制，在西南、东南两支暖湿气流影响下，雨量集中，降水量占全年总降水量的 78%～91%，形成雨季；11 月～次年 4 月受热带大陆气团或变性极地大陆气团控制，降水少，仅占全年总降水量的 9%～22%，尤其是 12 月～次年 2 月仅占全年总降水量的 1%～7%。所以按降水量季节分配而论，和省内大部分地区一样，干雨季是分明的。不同的是干季(11 月～次年 4 月)大于等于 0.1mm 降水日数多，如盐津、威信干季各月降水日数多达 15～20 天，日照较少，蒸发较弱，湿度大，干季气候特征不明显，即“干季不干”(表 3-1)。

表 3-1　代表点干季气候特征比较表

代表点	降水量/mm	占全年比例/%	≥0.1mm 降水日数/天	日照时数/小时	相对湿度/%
永善	82.7	13	35	530	70
盐津	214.3	17	104	337	81
威信	232.4	22	117	360	86
大关	117.6	12	74	422	78
彝良	70.2	9	49	611	68
贵阳	558.0	45	—	524	77
昆明	121.6	12	31	1435	68

3.1.2 四季分明

按张宝堃先生提出的划分四季的标准(即平均气温小于 10℃为冬，10～22℃为春秋，大于 22℃为夏)，云南大部分地区四季不分明，如昆明全年无夏，春秋相连，长达 9 个月，约有 3 个月的冬季。而保护区所在地和贵阳相近，具有四季分明的特点(图 3-1)。当然这里冬季较暖，最热月平均气温比我国东部地区低 3℃左右，四季分明不如东部长江中下游地区典型。

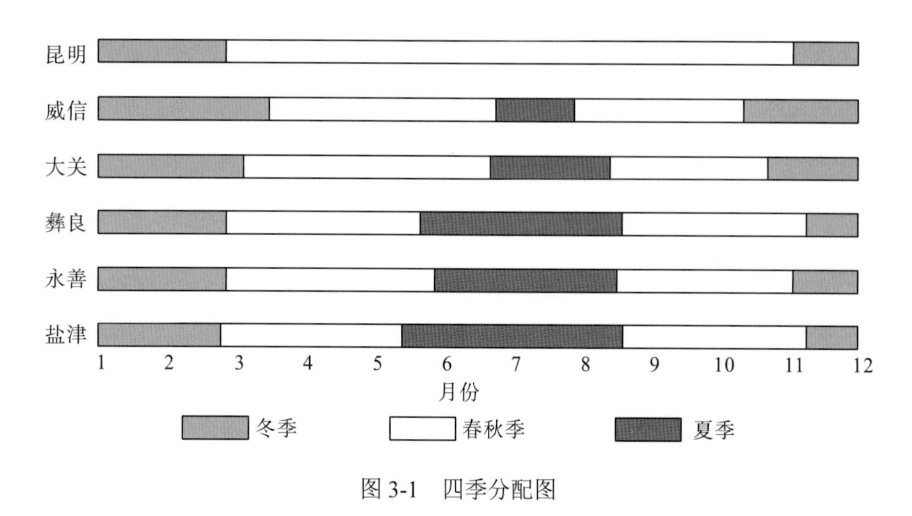

图 3-1 四季分配图

随着海拔的升高，夏季长度逐渐缩短，冬季长度逐渐增加，在海拔 1500m 以上四季就不再分明了。

3.1.3 气温年较差大、日较差小

气温年较差是一年中最热月平均气温与最冷月平均气温之差，保护区所在地气温年较差多在 18℃以上，如威信年较差为 19.6℃，盐津为 19.2℃，与云南省内大部分地区相比气温年较差大。年平均气温日较差却较小，多在 9℃以下，如威信平均日较差为 7.4℃，盐津为 7.8℃，冬春季也不足 10℃，而昆明平均日较差 11.1℃，冬春季在 11℃以上，3 月达 15.1℃。所以保护区所在地气温年较差大、日较差小，也呈现了我国东部型季风气候区的气候特点(表 3-2)。

表 3-2 保护区代表站与邻近地区气温年日较差比较 (单位：℃)

项目	永善	盐津	威信	大关	彝良	昆明	贵阳
纬度(N)	28°14′	28°04′	27°51′	27°46′	27°38′	25°01′	26°35′
年较差	18.8	19.2	19.6	19.1	18.6	12.2	19.1
日较差	7.6	7.8	7.4	7.8	8.8	11.1	8.0

3.1.4 光照少、雨日多、湿度大

云南大多数地区年日照时数都在 2000 小时以上，日照百分率多在 45%以上，保护区所在地易受冷空气侵袭，常受昆明准静止锋影响，阴雨日数多，年日照时数在 1000 小时

以下，平均每天不到 3 小时，盐津年日照时数仅 961.8 小时，1974 年甚至仅 652 小时，为云南全省日照时数最少的地区，保护区日照百分率多在 30%以下，盐津仅 21%。

保护区所在地威信、盐津、大关等县每月降水日数均在 10～15 天甚至以上，阴雨天之多与贵阳相当，也可谓“天无三日晴”。威信、盐津、大关等县年相对湿度均在 80%以上，威信平均高达 86%，而且各月相对湿度均为 82%～88%，其中 9 月～次年 2 月达 87%～88%，相对湿度之大也为国内少有(表 3-3)。

表 3-3 各月相对湿度(%)

地名	1 月	2 月	3 月	4 月	5 月	6 月	7 月	8 月	9 月	10 月	11 月	12 月	年平均
永善	69	69	67	68	71	77	79	80	81	81	75	72	74
盐津	82	81	78	76	78	79	81	81	85	87	84	83	81
威信	88	87	85	82	84	84	83	85	87	88	87	88	86
大关	80	78	74	73	78	80	80	82	85	86	83	81	80
彝良	68	68	65	66	69	76	77	80	79	78	73	70	73
贵阳	78	77	75	74	77	78	77	78	76	78	78	79	77
昆明	69	64	59	60	67	79	84	85	84	82	78	74	74

3.1.5 地区差异显著

在相同海拔的条件下，气温南部高于北部，降水量北部多于南部。同纬度相比，气温是低处高、高处低，降水量则是高处多、低处少。

保护区所在地以昆明准静止锋平均位置为界，西南与东北两部分气候表现出极为明显的差异。东北部包括威信、盐津、大关全部，以及永善和彝良大部分地区，具有光照少、阴雨日数多、湿度大、四季分明、气温年较差大且日较差小等我国东部型季风气候的特点。西南部包括永善和彝良一部分地区，具有干雨季分明、四季不分明、气温年较差小且日较差大的我国西部型季风气候的特点。

气候的垂直变化也比较显著，据《昭通地区金沙江右岸农业气候资源考察报告》，大致在考察范围内(南段 1800m，北段 1500m)海拔每升高 100m 平均气温降低 0.7℃；年降水量随海拔升高而增加，每升高 100m 南段增加 22mm，北段增加 50mm 左右。

3.2 气候形成因素

3.2.1 地理环境

保护区所在地(永善、威信、盐津、大关、彝良)地处 N27°16′～N28°31′，在云南省内是纬度比较高的地区。从地貌上看，其西南连接滇东高原，东南连接贵州西北高原，西北接川西南山地，东北接四川盆地的西南部，在大地貌上正处于它们之间的过渡部位，总的地势由西南向东北倾斜，东北部地区是一个向东北开口的马蹄形地势。永善五莲峰、昭通凉风台、彝良大黑山这一线的山地海拔大多在 2200m 以上，主要山峰都在 3000m 左右，基本上都超出了东亚冬季风的冷空气层在这一带的通常厚度(通常厚度为 2000m 左右)，成为北方冷空气南下的屏障。

3.2.2 大气环流

1.干季环流与气候

干季(11 月～次年 4 月)，源于蒙古(西伯利亚)高压的冷空气—极地大陆气团频频南侵，由于受青藏高原大地形的阻挡，常不能越过高原，便沿高原绕流，经河西走廊，翻过秦岭，进入四川盆地南下，然后沿大凉山东侧上爬至云南高原东北部和贵州高原。由于受云贵高原上一系列山脉的层层阻挡，冷空气渐渐地静止下来，即由冷锋转变为准静止锋，这就是著名的昆明准静止锋，此外西南低涡东移，涡后冷平流加强也可形成昆明准静止锋，又因平均位置在昆明和贵阳之间，也称“云贵准静止锋”(图 3-2)，锋上暖空气控制了冬半年。云南大部分地区受西方干暖气流的影响，因此时全球行星风系南移，高空西风带也随之南移，当这支气流从西向东到达青藏高原西侧时，其距地面 3～4km 以下部分的气流就在高原地形的迫使下分为南、北两支，南支西风气流沿高原南缘东流，因这支气流来自伊朗、巴基斯坦、印度半岛北部等热带沙漠或内陆地区，秉性干暖，所以称为“西方干暖气流”，属热带大陆气团。

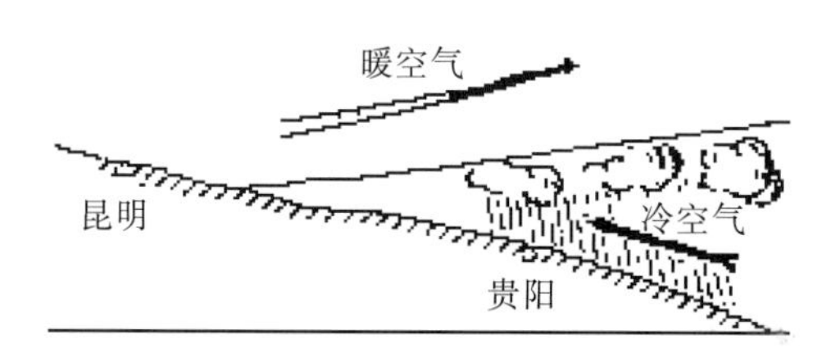

图 3-2 昆明准静止锋示意图

昆明准静止锋是极地变性大陆气团与热带大陆气团之间形成的界面，锋面坡度很小，一般在 1/250 以下，覆盖面较广，锋面两侧的气温、日照、风、相对湿度等气象要素都存在着明显的不连续性，天气特点也迥然不同。处于锋面西南侧的云南大部分地区因受单一暖气流控制，碧空万里，阳光灿烂，气温较高，如昆明 1 月平均气温 7.7℃，冬无严寒，锋下的四川凉山州东北部、云南东北部和贵州大部分地区因位于冷空气一侧，风向偏北，气温低。如贵阳 1 月平均气温 5.0℃，阴雨连绵；每月大于等于 0.1mm 降水日数均在 10～15 天甚至以上，有“天无三日晴”之谚。

昆明准静止锋是一种气候锋，具有常定位置，有 85%以上是在昆明与贵阳之间，就保护区所在地而言，昆明准静止锋的平均位置约在永善五莲峰、昭通凉风台、彝良大黑山这一线，所以除永善、彝良南部外，保护区大部分均在锋下冷空气一侧，气候特点与贵阳相似。

当然昆明准静止锋并非“静止”，而是常在某一位置附近摆动，当冷空气势力强，锋面位于昆明以西时，云南东部地区均处在静止锋面以下，气温骤降，天气变阴或有小雨，故在云南还有“四季无寒暑，一雨便成冬”的说法。昆明准静止锋的活动有明显的季节特征。其主要出现在每年的 11 月～次年 4 月，常可连续维持 10～15 天。其中 12 月～次年 2 月，约有一半以上天数出现；4 月、5 月、10 月和 11 月出现次数稍少，每月为 10～12 天。夏季 7～8 月冷空气势力大为减弱，活动位置也偏北，云贵地区受赤道气团和热带气团控制，因而极少出现，仅 3 天左右。全年中 1 月活动频数最高，4 月次之，10 月较少，7 月基本上不存在。

2.雨季环流与气候

雨季(5～10 月)主要盛行东南暖湿气流和西南暖湿气流，这两支气流来自广阔的热带洋面，水汽含量较丰富，给保护区带来丰富的降水，形成雨季。

3.3 气候资源

3.3.1 光能资源

1.日照时数和日照百分率

日照时数是表征保护区太阳光照时间长短的特征值，表示太阳能可被利用时间的多少。日照百分率则是太阳实照时数占可照时数的百分比。

保护区所在地由于常在昆明准静止锋控制下，阴雨天多，年日照时数在 1000 小时以下，平均每天不到 3 小时，为全省年日照时数最少的地区。年日照百分率彝良为 32%，永善为 28%，大关、威信为 23%，盐津仅为 21%，也是全省日照百分率最低的地区。

保护区日照时数的季节变化如表 3-4 所示，最大值出现在夏季，占全年的 35%以上，最小值出现在冬季，仅占 19%，呈现“夏大冬小”。而省内大部分地区属春大夏小型。

表 3-4 保护区代表站各季日照时数及百分比

站名	春季		夏季		秋季		冬季		雨季		干季	
	日照时数	百分比/%	日照时数	百分比/%	日照时数	百分比/%	日照时数	百分比/%	日照时数	百分比/%	日照时数	百分比/%
永善	363	29	457	36	240	19	201	16	731	58	530	42
盐津	264	27	424	44	160	17	114	12	625	65	337	35
威信	278	27	434	42	205	20	124	12	680	65	360	35
大关	307	29	401	38	187	18	151	14	623	60	422	40
彝良	424	30	490	34	283	20	232	16	818	57	611	43
贵阳	359	26	508	37	323	24	179	13	847	62	524	38
昆明	783	32	469	19	502	20	695	28	1014	41	1435	59

从干雨季来看，保护区所在地也与云南省大部分地区不同，日照时数雨季(5～10 月)多于干季(11～4 月)，如盐津雨季日照时数 625 小时，占全年的 65%，干季 337 小时，占全年的 35%。而云南省大部分地区日照时数干季明显多于雨季，如昆明干季占全年的 59%。保护区各地日照时数的年变化曲线见图 3-3，最大值出现在 8 月，最小值出现在 2 月，约 35～70 小时，而云南省内大部分地区最大值出现在 3～4 月，最小值出现在夏秋季节。

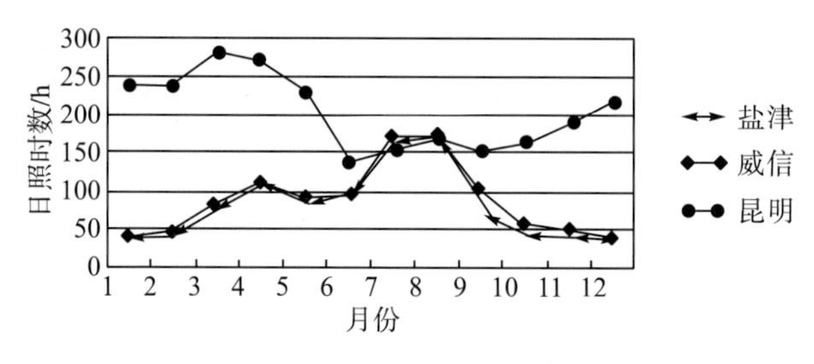

图 3-3 日照时数年变化曲线

2.太阳总辐射与光合有效辐射

太阳辐射是地面气候系统的能源，是大气中一切物理过程与物理现象的基本动力。保护区年太阳总辐射多在 4500MJ/m^2 以下，盐津、威信、大关等地在 4000MJ/m^2 以下，是云南全省太阳总辐射最少的地区。总辐射量的季节变化与昆明等省内大部分地区不同，雨季多于干季。最大值出现在夏季，占全年的 34%～38%；最小值出现在冬季，总辐射不足 650MJ/m^2，占全年的 13%～15%(表 3-5)。

表 3-5 保护区代表站各季总辐射及百分比

站名	春季		夏季		秋季		冬季		雨季		干季	
	总辐射/MJ/m^2	百分比/%	总辐射/MJ/m^2	百分比/%	总辐射/MJ/m^2	百分比/%	总辐射/MJ/m^2	百分比/%	总辐射/MJ/m^2	百分比/%	总辐射/MJ/m^2	百分比/%
永善	1183	29	1439	36	828	20	601	15	2467	61	1583	39
盐津	1024	28	1386	38	723	20	482	13	2318	64	1297	36
威信	1054	28	1397	37	789	21	504	13	2395	64	1349	36
大关	1094	29	1359	36	757	20	538	14	2313	62	1435	38
彝良	1284	30	1482	34	892	21	641	15	2596	60	1703	40
昆明	1703	33	1241	24	1026	20	1191	23	2475	48	2686	52

月总辐射的最大值出现在 7 月，最小值出现在 12 月。

光合有效辐射即生理辐射，是指能被植物叶绿素吸收利用的可见光部分，约等于太阳总辐射量的 47%±3%。

3.3.2 热能资源

热能资源是气候资源的主要表征，植被的类型和分布很大程度上都是由热能条件决定的。下面从气温、界限温度和积温、无霜期三方面叙述。

1.气温

保护区所在地年平均气温 13～17℃，因常受冷空气影响，阴雨多，气温明显偏低，年平均气温比云南省内中、西部同海拔处低 0.5～1.5℃。气温分布大致南高北低，西高东低，但因地形复杂，等温线大致沿河谷呈锯齿状分布。同一山体同一海拔，迎风坡比背风坡低 1.2～1.6℃。由于高差，气温的垂直变化也很显著。

气温年变化比云南省内大多数地区大，最热月出现在 7 月，最冷月出现在 1 月，气温年较差多大于 18℃，威信达 19.6℃，为云南全省最大值。月平均气温年变化曲线呈单峰型(图 3-4)。

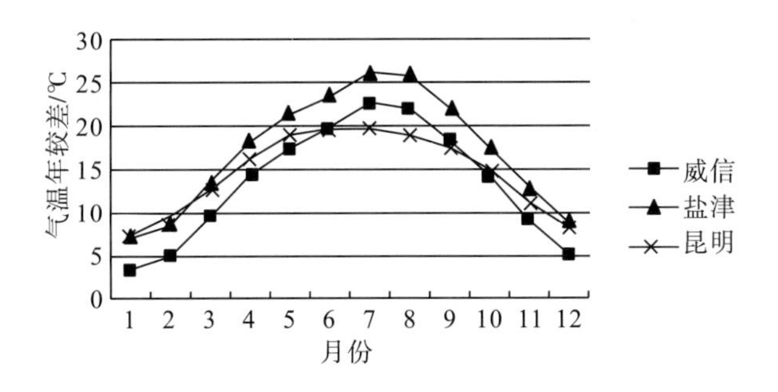

图 3-4 代表点气温年变化曲线图

代表点温度状况见表 3-6。

表 3-6 代表点温度状况

地名	纬度	海拔/m	年平均气温/℃	最热月均温/℃	最冷月均温/℃	极端最高气温/℃	极端最低气温/℃	平均极低气温/℃
永善	28°14′	877.2	16.5	25.4	6.6	38.8	−3.6	−1.3
盐津	28°04′	595.8	17.0	26.2	7.0	41.8	−2.5	0.3
威信	27°51′	1172.5	13.3	22.7	3.1	36.0	−9.6	−4.3
大关	27°46′	1065.5	15.0	24.1	5.0	38.5	−6.4	−2.6
彝良	27°38′	880.4	17.0	25.6	7.0	40.5	−3.7	−1.4
贵阳	26°35′	1071.2	15.3	24.0	4.9	37.5	−7.8	−4.6
昆明	25°01′	1891.5	14.5	19.7	7.5	31.5	−5.4	−3.0

保护区气温日变化小(如年平均气温日较差多在 9℃以下)，为云南省内气温日较差较小的地区之一。日较差的季节变化呈夏大冬小型，因冬季阴雨天多，白天太阳辐射常被云层阻挡，到达地面的辐射相对减少，入夜后，地面辐射又因云层覆盖，不易散失到太空，所以日较差小。月平均日较差最小值多出现在 12 月，最大值盐津、威信出现在 7～8 月，其他地区出现在 4 月。保护区 7～8 月平均气温日较差为云南全省最大，大部分在 9℃以上。各月平均气温日较差如表 3-7 所示。

表 3-7 各月平均气温日较差 （单位：℃）

地名	1月	2月	3月	4月	5月	6月	7月	8月	9月	10月	11月	12月
永善	5.7	6.6	8.7	10.0	8.5	8.2	9.3	9.4	7.7	6.1	6.1	5.6
盐津	5.9	6.4	8.4	9.6	9.0	9.1	10.1	9.6	7.8	6.2	6.0	5.4
威信	5.2	5.8	7.8	8.9	7.8	8.0	9.5	9.7	8.1	6.2	5.8	5.1
大关	5.8	6.7	8.9	10.2	8.8	8.5	9.9	9.7	7.7	5.8	6.0	5.6
彝良	6.5	7.7	9.8	11.1	9.4	9.2	10.8	10.7	9.0	7.1	7.0	6.4
贵阳	6.9	7.5	9.0	9.3	8.1	7.8	8.0	8.7	8.5	7.5	7.3	7.2
昆明	13.9	14.3	15.1	14.8	11.1	7.7	7.2	8.0	8.5	8.8	10.9	12.6

2.界限温度和积温

界限温度是热量资源的一种表达方式，它在农林业生产中，对植物生长发育有着十分重要的意义。它是具有特定意义的数个日平均温度，如 0℃、5℃、10℃……35℃等。其中，由于当日平均气温持续、稳定地通过 10℃时，大多数植物能活跃生长，因此，它成了最重要的热量衡量指标。我们把大于或等于 10℃持续期内的日平均气温累加，所得之和，称为活动积温或积温。保护区各地界限温度持续日数和积温，详见表 3-8。

表 3-8 各界限温度持续日数和积温表

地名	初日	终日	持续日数/天	积温/℃
永善	12/3	24/11	257.7	5164.7
盐津	9/3	26/11	262.1	5370.1
威信	2/4	4/11	217.0	3956.7
大关	22/3	15/11	239.4	4604.5
彝良	8/3	26/11	264.0	5366.6
贵阳	23/3	13/11	235.0	4549.0
昆明	3/3	19/11	262.7	4490.3

3.无霜期

保护区无霜期在 9～11 个月(表 3-9)。霜日少，平均不足 10 天。

表 3-9 代表站无霜期

地名	盐津	永善	彝良	大关	威信
海拔/m	595.8	877.2	880.4	1065.5	1172.5
无霜期/天	328	320	295	310	289

3.3.3 水分资源

1.年降水量及季节变化

保护区年降水量为 600～1300mm，永善、大关、彝良不足 1000mm，是云南全省少雨区之一。年降水量地区分配不均匀，同海拔的条件下，降水北部多于南部，迎风坡降水多，背风坡降水少。在同一地区海拔 1950m 以下，受地形影响显著，年降水量垂直分布规律较差。在海拔 1950m 以上，降水量随着海拔增加而增加，降水递增率为 33.2mm/100m。

降水量季节分配不均匀，11 月～次年 4 月，各地降水量仅占年降水量的 9%～22%，西南暖湿气流和东南暖湿气流控制的时期降水量占全年的 78%～91%，即使在雨季各月分配也不均匀，6～8 月就占年降水量的 50%～62%。四季降水量分配见表 3-10。

表 3-10　各季降水量比较表

地名	春季		夏季		秋季		冬季		雨季		干季	
	降水量/mm	百分比/%	降水量/mm	百分比/%	降水量/mm	百分比/%	降水量/mm	百分比/%	降水量/mm	百分比/%	降水量/mm	百分比/%
永善	126	19	374	57	146	22	12	2	576	87	83	13
盐津	197	16	707	57	259	21	67	5	1015	83	214	17
威信	227	21	533	50	231	22	76	7	835	78	232	22
大关	152	15	595	60	221	22	27	3	877	88	118	12
彝良	111	14	485	62	171	22	11	1	707	91	70	9
贵阳	338	29	530	45	244	21	63	5	914	78	260	22
昆明	137	13	611	59	249	24	38	4	914	88	122	12

保护区大于等于 0.1mm 的降水日数多在 120～231 天，威信最多，为 231 天，是云南全省年降水日数最多的地方。年内分配的特点是：除威信干雨季相当外，其他地区雨季多于干季，但和昆明等云南省内其他地区相比，干季降水日数明显偏多，也是云南省内干季降水日数最多的地方，各月降水日数见表 3-11。一日最大降水量永善为 91.8mm，盐津为 199.2mm，其他地区介于两者之间。

表 3-11　各月降水日数表　（单位：天）

地名	1 月	2 月	3 月	4 月	5 月	6 月	7 月	8 月	9 月	10 月	11 月	12 月
永善	3.3	4.6	6.3	10.9	13.7	16.6	15.7	15.4	15.6	14.0	6.5	3.1
盐津	16.5	16.6	17.6	17.3	19.8	20.0	18.3	17.9	20.1	22.2	18.3	17.8
威信	20.1	19.0	18.0	19.0	20.7	20.6	16.4	17.4	18.4	20.3	19.3	20.6
大关	10.4	10.9	11.2	14.0	18.1	20.0	19.2	19.8	19.3	20.4	15.1	11.9
彝良	3.2	3.7	4.5	8.3	13.0	17.8	17.4	18.3	16.5	13.2	6.2	2.5
昆明	4.3	4.1	4.9	5.9	12.1	18.9	21.2	21.2	15.6	14.6	7.5	4.3

2.干湿状况

干燥度是表征一地干湿状况的指标，其为蒸发量与降水量之比。按照云南省水分资源区划指标体系(干燥度小于等于 1.0 为湿润，1.0～1.49 为半湿润，1.5～3.5 为半干旱)，保护区所在地盐津、威信、大关属湿润区，其他为半干旱区。各月干燥度变化情况见表 3-12，可知夏季干燥度小，冬季大。

表 3-12 各月干燥度变化情况表

地名	1月	2月	3月	4月	5月	6月	7月	8月	9月	10月	11月	12月
永善	12.4	9.0	7.0	2.4	1.6	1.0	1.2	1.0	1.0	1.4	3.1	9.9
盐津	1.4	1.5	1.8	1.4	1.1	0.6	0.6	0.6	0.6	0.7	0.8	1.3
威信	0.9	1.1	1.4	1.2	0.8	0.7	0.7	0.6	0.7	0.7	0.7	0.9
大关	3.6	4.3	4.4	2.0	1.2	0.8	0.7	0.5	0.7	0.8	1.4	3.4
彝良	14.1	18.1	9.8	3.6	2.1	0.9	0.9	0.8	0.9	1.6	3.9	12.6
昆明	4.6	6.9	8.0	5.4	1.5	0.6	0.5	0.5	0.7	1.0	1.3	3.7

3.3.4 气候小结

1.气候南(西)北(东)差异明显

综上所述，昆明准静止锋的平均位置是我国东、西部季风气候的分界线，具体到保护区所在的永善、盐津、威信、大关、彝良五县，大致以永善五莲峰、昭通凉风台、彝良大黑山一线为界，东北与西南两部分气候明显不同：西南部包括永善和彝良一部分地区，具有干雨季分明、四季不分明、气温年较差小且日较差大的我国西部型季风气候的特点。东北部包括威信、盐津、大关全部，永善和彝良大部分地区，具有东部型季风气候区的特点；保护区多分布在此部分，气候特点是光照少、阴雨日数多、湿度大、四季分明、气温年较差大且日较差小，干雨季分明，但干季不干等。

2.气候垂直变化显著

由于特殊的地理环境和大气环流因素的影响，保护区常在昆明准静止锋控制下，阴雨天多，气温明显偏低，年平均气温比云南省内其他同海拔地区低 0.5～1.5℃，大于等于 10℃的年活动积温 200～600℃，按云南省气候区划指标，同一类型的气候带所处的海拔比云南省内其他同海拔地区低 800～1000m。现以昆明准静止锋的东北部为例说明山地垂直气候类型。

(1) 中亚热带。大致分布在保护区海拔 400～900m，大于等于 10℃的年活动积温 5000～6000℃，年平均气温 16.0～18.0℃，最热月(7 月)平均气温 24.0～27.0℃，最冷月(1 月)平均气温 6.0～8.0℃，极端最低气温多年平均值-2～0℃，春秋季一般各 3 个月，夏季 3～4 个月，冬季 2～3 个月，四季分明。无霜期 290～340 天。年日照时数 960～1400 小时，年太阳总辐射 3700～4060MJ/m^2。

(2) 北亚热带。大致分布在保护区海拔 900～1100m，大于等于 10℃的年活动积温 4200～5000℃，年平均气温 14.0～16.0℃，最热月(7 月)平均气温 22.0～25.0℃，最冷月(1 月)平均气温 4.0～6.0℃，极端最低气温多年平均值-4.0～-2.0℃，四季分明，春秋季一般各 3～4 个月，夏季 2 个月左右，冬季 3～4 个月。无霜期 300 天左右。年日照时数约 1000 小时，年太阳总辐射 4000MJ/m^2 以下。

(3) 暖温带气候。分布于保护区海拔 1100～1500m，大于等于 10℃的年活动积温

3200～4200℃，年平均气温 11～14℃，最冷月平均气温 3～5℃，最热月平均气温 20～24℃，四季分明。春秋季一般各 3～4 个月，夏季 1 个多月，冬季 4～5 个月，一年中无霜期不足 290 天，全年霜期 3～4 个月。

(4) 中温带气候。大致分布于海拔 1500m 以上地区，大于等于 10℃的年活动积温不足 3200℃，年平均气温小于 11℃，最冷月平均气温小于 3℃，最热月平均气温小于 20℃，气候温凉。无霜期短。

1995 年，有关部门曾在保护区内彝良县牛角岩（E104°17′20″，N27°50′30″，海拔 1730m）进行了为期一年的气象观测，气象观测资料显示的保护区气候特点是：温凉寡照，高湿多雾，气温年较差大、日较差小，终年无夏，春秋相连，冬季长达半年之久，多雪凌，年平均气温 10.1℃，最热月(8 月)19.8℃，最冷月(1 月)-0.6℃，年较差大于 20.4℃，极端最高气温 33.5℃，极端最低气温-6.1℃，年降水量 1323mm，其中年降雨量 1076mm，年降雪量 247mm，全年雾日 145 天，年日照时数 639 小时，日照百分率仅 14%，年平均相对湿度 90%，主要气象要素情况见表 3-13。

表 3-13　主要气象要素值

项目	1 月	2 月	3 月	4 月	5 月	6 月	7 月	8 月	9 月	10 月	11 月	12 月
平均气温/℃	-0.6	-0.1	4.7	9.1	16.3	17.3	19.5	19.8	13.8	9.6	9.1	2.3
极端最高温/℃	10.0	7.3	13.8	19.5	26.4	25.0	28.0	30.0	33.5	14.5	15.5	9.0
极端最低温/℃	-6.1	-3.6	-3.5	3.5	6.0	12.0	11.0	12.5	8.5	2.4	2.5	-3.0
降水量/mm	59	162	61	119	131	87	211	113	58	141	91	90
降雨量/mm	0	0	51	119	131	87	211	113	58	141	85	80
降雪量/mm	59	162	10	0	0	0	0	0	0	0	6	10
相对湿度/%	96	100	93	78	67	90	90	85	82	91	95	97
雾日/天	15	23	13	8	8	14	4	3	3	17	17	20
日照时数/小时	42	6	41	49	133	44	115	122	52	14	19	2
地温 5cm/℃	1.8	1.7	5.7	10.2	16.4	18.0	20.3	20.9	18.5	12.3	10.8	5.6
地温 10cm/℃	2.6	2.2	5.3	9.9	16.0	17.7	19.2	20.2	15.8	12.6	10.7	5.9
地温 15cm/℃	2.8	2.1	5.3	9.6	16.1	18.4	19.4	20.4	19.0	12.8	10.6	6.1

3.4　水　　文

3.4.1　河流

保护区由于片区较多，分布范围广，且大部分地区处于中、北亚热带，故降水量丰富，境内水系比较发达，各个片区内都有多条河流和溪流。

保护区及其附近地区属于金沙江水系，较大的河流有洛泽河、白水江、黄水河、大关河、木杆河和小河等。这些河流分布于昭通地区的中部和北部，其支流多发源于保护区内。受高原边缘的地势条件与区内中部局部隆起的影响，河流流向较复杂，大部分河流由南向北流。其中，白水江向西、西北流动，红水河向东流，黄水河与高桥河的局部河段向南流，保护区内河流基本上也是多向流动。

1.洛泽河

洛泽河是横江的一级支流，属于金沙江水系，它发源于贵州省威宁县草海，在龙街乡长炉村热河右岸进入云南，该河流的流向是由南到北，流经龙街、毛坪乡、洛泽河镇、大河、龙安等地区，最终在大关县汇入关河。

洛泽河在保护区周边地区有 70 余千米，一级支流 20 余条，如龙潭河、巴爪河、小河、熊家河等，河长 120km。洛泽河在保护区及周边地区的流域面积达 4836km^2，河床平均宽 60m，流量约 40.9m^3/s。

2.白水江

白水江是金沙江的二级支流，横江的一级支流，发源于贵州省赫章县毛姑，由东南向西北流经洛旺、柳溪、牛街后，进入盐津县，在柿子坝注入横江。

白水江在保护区及周边地区有 30 余千米，大小支流有 20 余条，如小干溪、中厂河、苏家溪、麻园河、黑流溪等，河长 105km。白水江在保护区及周边地区的流域面积也大于 1430km^2，平均河床宽为 80m，平均流量为 79.2m^3/s，最大流量为 2190m^3/s，最小流量为 16.9 m^3/s。

3.横江

横江是金沙江的一级支流，上游称洒渔河，入大关后称大关河，俗称关河，下游称横江，源于鲁甸县西的大海子山地，支流大关河发源于昭通的钻沟，由西南向东北流入大关县境内，最终经过玉碗、翠华到黄葛汇入洒渔河。经大关、永善、盐津等县在水富市东北部汇入金沙江，全长 305km，流域面积 14 945km^2，年均流量 302.3m^3/s，最大流量 5080m^3/s，最小流量 66.3m^3/s，主要支流有昭鲁大河、大关河、洛泽河和白水江等。

以上三条河流是保护区及周边地区最大的三条河流，它们对保护区的影响较大。除这些河流以外，另有一些河流也分布在境内，具体情况如表 3-14 所示。

表 3-14 保护区河流概括略表

序号	河名	河长/km	平均流量/(m^3/s)	流域面积/km^2	水系
1	木杆河	20	10.90	224.4	金沙江一级支流
2	小河	47	5.57	678.0	洛泽河一级支流
3	黄水河	40	5.57	162.0	洛泽河一级支流
4	大关河	45	61.00	198.0	金沙江支流
5	高桥河	36	10.90	424.0	金沙江支流

3.4.2　地下水

昭通地区地下水比较丰富，所出露的泉水露头也较多，尤其是石灰岩出露区，很多地下河的出口都形成大型喀斯特泉，较大的龙潭水多在保护区南部，区内多小型泉，但少大型的高温温泉。

3.5　自然环境对保护区的影响

保护区的面积较大，分布范围较广，自然环境变化多样，有利于各种生物的保护，同时，在保护区内建立实验区也有利于对保护区的开发。从总体上来看，整个保护区的开发与保护工作做得比较好，有利于保护区向着良性方向发展。

自然环境是一个地区物种演化的基础，决定着物种演化的方向和分布的范围。在自然环境的诸多要素当中，地貌、气候和水文三个要素对物种的影响最大，决定着生物的数量和分布范围。

3.5.1　地貌对保护区的影响

地貌的类型决定着生物的具体分布，因为其决定着某一地点的水热组合条件，从而影响到物种的分布。保护区位于中山地貌的范围内，且保护区内部差异较大，垂直分异明显，为各种生物的生存提供了适合的基础条件。

根据考察的结果，保护区内陆生植物、动物和水生动植物都十分丰富，且数量较多，某些生物是特有种或珍稀物种。对于物种的保护，地貌因素一直发挥着重要的作用。

3.5.2　气候对保护区的影响

气候的变化对生物的影响非常大。首先，气候类型决定着植物种类的分布，进而影响到动物的分布。保护区属于中、北亚热带，表明了保护区内水热条件较好，有利于多种生物的生存与繁衍。另外，保护区内山川高差巨大，气候的垂直变化显著，立体气候也引起土壤和生物尤其是植被的垂直分布变化。

3.5.3　水文对保护区的影响

水是生物生存不可缺少的条件。保护区内水系比较发达，各种湿地较多，且有一定的湖泊和人工修建的水库，它们起着调节保护区及其周边地区水热条件的作用，有利于各种物种的生存和发展。因此，水文条件为保护区内生物多样性的繁衍奠定了基础。

根据考察的结果，保护区内有着丰富的动物和植物，它们的存在与水系发达和水分充足有着重要的关系。

总之，自然环境在保护区内扮演着十分重要的角色，它为所有生物提供了多种栖息地，决定着生物的分布范围和数量。

3.6 对保护区开发和保护的建议

对于整个保护区而言，主要是要处理好保护与开发的辩证关系。保护是为了促进各种物种的发展和繁衍，增加生物资源的数量和提高质量，等待时机成熟则可以进行合理的利用和开发。开发则是为了更好处理保护区的人-地关系，从而促进对保护区内各种物种的保护。每一个保护区都被划分为实验区、缓冲区和核心区三大地带，保护区的开发主要集中于前两个地带内，对它们的开发可以缓解保护区内的人-地矛盾，改变当地人民的生产与生活方式，促进对生物多样性的保护。

保护区内的重点保护对象仍然是生物多样性，即保护境内的各种动物、植物和微生物。保护区的各个片区均有核心区，它们是重点保护的地方，在任何情况下都应当是以保护为主。

保护区的开发主要是针对实验区和缓冲区。目前，在保护区内周边形成一定规模的产业有三江口片区的筇竹笋以及朝天马片区的天麻，罗汉坝与海子坪片区尚未形成较好的产业。在维护好这两个产业的基础上，重点要以保护区周边的特色产业为主要内容进行开发。

第4章 土 壤

4.1 土壤形成条件

土壤的形成受多种因素的影响，包括自然因素和人为因素。对于山地土壤来说，主要是自然因素，即母质、地形、生物、气候和时间。这些自然因素在一定地域范围内相互联系、相互促进、相互制约，共同作用形成土壤。

4.1.1 地形和母质

保护区位于云南省东北部。就地形而言，处于云贵高原的北部，并向四川盆地的边缘地带过渡，呈斜坡型，而斜坡由于金沙江及其支流的不断切割，形成狭长形河谷相嵌地貌，地表崎岖不平。总体上，乌蒙山区地势切割程度深，但属保护区范围内的地形地势还是比较平缓的，坡度大多在 20° 左右，有不少地段为坡度只有几度的山间平坦地。海拔大多在 1500～2200m。本区属金沙江水系，较大的河流有白水江、洛泽河、黄水河、大关河、木杆河和小河等。这些河流大多发源于乌蒙山保护区内，且河流的流向多变，综合起来看，以北流为主。

保护区内岩石的类型以岩浆岩、沉积岩分布最广，也有少量变质岩分布，主要有致密状玄武岩、杏仁状玄武岩、斑状玄武岩、紫色砂岩、页岩、石灰岩、凝灰岩等。区内以残积母质和坡积母质分布最多。

4.1.2 生物和气候条件

保护区从纬度（N27°00′～N28°20′）来看，应属于中亚热带气候，但由于本区高差较大，气温有较明显的垂直梯度变化，降水量的差异也比较大，因此立体气候较为突出。从水热条件看，乌蒙山保护区主要包含中亚热带、北亚热带两个热量带，少部分属南亚热带。年均温为 11～18℃，大于等于 10℃的年活动积温为 3000～6000℃。从降水状况来看，年降水量为 600～1300mm，有的区域年降水量不足 1000mm，甚至不足 700mm。降水量地区分配不均匀，北部多于南部，迎风坡多于背风坡。区内日照时数大约为 1000 小时，年日照率约为 25%，由此可见，保护区雨雪天、阴天、雾日在全年中占有很高的比例。正因如此，保护区年降水量虽有不足，但以气候阴湿多雾为特征的黄壤得以充分的发育，在地带性土壤中占有主要地位。

保护区的植被类型：①在海拔 1200～2000m 地带分布着暖湿常绿阔叶林，常见植物有峨眉栲、包石栎、漆树、筇竹、华山松、云南松、油杉、麻栎等；②在海拔 2000～2500m 地带分布着温凉湿润常绿落叶阔叶林，常见植物有滇青冈、包石栎、高山栎、麻栎、华山松、杜鹃等。总体来看，保护区内植被保护比较完好，在人为活动较频繁的区域，植被受到一定的破坏，这主要集中在外围实验区。天然林保护完好的地段，枯枝落叶的归还量大，维持了土壤中丰富的养分资源，土壤微生物活动旺盛。

4.2 土壤发生特征和分布规律

4.2.1 土壤发生特征

1.土层厚度

保护区涉及的县、乡多，且在空间分布上不连续，因此土层厚度的差异很大。在海拔 2200m 以下区域，随海拔的变化无明显变化；在海拔 2200m 以上的区域，土层厚度有逐渐变薄的趋势，越接近山脊部位土层越薄，这可能是山体上部多为残积母质且气候偏冷的缘故。从土类来说，黄壤土层最厚，沼泽土和黄棕壤次之，紫色土再次之。总体上，森林植被保护完好的天然林地，枯枝落叶层比较厚，尤其在阴坡干冷的区域表现更为明显；此区域土壤微生物的活动受到一定的限制，林下枯落物丰富，有机质层厚实。保护区大部分土壤都为中-厚层土，厚度为 50～70cm，天然土壤条件好。紫色砂页岩发育的土类有两种类型：一是地带性土壤——黄壤，土层深厚；另一类是非地带性土壤——紫色土，属幼年土，土层较薄。从土层厚度这一指标来看，保护区成土的自然条件非常优越，区内水土流失不甚严重，土壤本身水土流失是否严重，在很大程度上取决于土地利用方式及人为活动情况，靠近居民点或公路有比较严重的土壤侵蚀现象。

2.土壤颜色

由于海拔的不同、生物气候条件发生变化，以及成土母岩的影响，土壤的成土条件和成土过程就会有变化。从低海拔到高海拔，保护区土壤类型由我国南方土壤类型过渡为北方土壤类型，也就是由铁铝土纲土壤过渡到淋溶土纲土壤。因此，土壤的表土层和心土层的颜色也不断发生变化，表土层颜色过渡为灰→浅褐→灰黑→暗棕→黑；心土层颜色过渡为红→红黄→土黄→淡黄棕→黄棕。这说明随着海拔的升高，气温降低，水分增加，土壤脱硅富铝化作用减弱，有机质分解速度变慢，使土壤颜色发生变化。但土壤颜色(尤其是表土层颜色)也是土壤肥力状况的综合表现，如土壤有机质丰富，则以褐色、黑色调为主；土壤热量条件高、降水量少，则以红色调为主；土壤热量条件高、降水量丰富、湿度大，则以黄色调为主；土壤有机质丰富、气温偏冷、降水丰富，则以黄棕色调为主。总的来看，土壤上层有机质积累丰富，土壤颜色深；下层为淀积层，表现为红、黄、棕等各色。但是，受紫色砂页岩的影响，本区以紫色调为主的紫色土分布也很广。

3.土壤水分和物理性质

土壤含水量的多少与小区域年降水量的多少、降水频度、蒸发量的大小、雾日的多少以及土壤本身的保水性能有关。保护区由于降水丰富，大气湿度大，基本上没有典型的红壤发育；最多降水带集中在海拔 1800～2300m，即集中于黄壤、黄棕壤土壤带上，因此，在这一地带土壤总体上比较潮湿，并有不同程度的滞水、黄化现象。黄壤多发育为重壤土、轻黏土，少数为中壤土，土壤通透性稍差；黄棕壤质地较轻，多发育为轻壤土，土壤通透性良好；紫色土多发育为重壤土、中壤土，少数为轻壤土；沼泽土分布范围小，含水量高，质地以轻壤、中壤为主。

4.化学性质

一般地，森林土壤养分主要来源于土壤有机质经微生物分解转化后贮于土壤中的各种养分元素，其次来源于岩石的风化、溶解、分解等矿质元素的释放。因此，森林土壤养分的高低主要取决于有机质分解的速度、有机质的组分和数量以及养分淋失的状况。保护区降水较丰富、热量条件也较好，土壤微生物的活动比较旺盛，森林植被保护普遍较好，这有利于表层土壤有机质的积累与分解保持适度的水平。总的来看，本区土壤表土层厚大多在 20cm 以上，可见有机质含量大多都很高。但在接近居民点区域，由于人为造成不同程度的破坏，表土层有机质含量相对较低，淀积层有机质含量低。土壤中全量养分含量高，速效养分中的水解性氮、速效钾含量较高，而速效磷含量低。土壤 pH 多为 4～5，呈酸性、强酸性反应，少部分土壤 pH 低于 4，盐基高度不饱和。大体上，乌蒙山保护区的土壤保水保肥能力较强，阳离子交换量中等，土壤具有较高肥力水平。

4.2.2　土壤分类

土壤分类是按照一定的标准把土壤划分或组合为不同的类别。土壤分类有不同的学派，大体上有发生学分类、诊断学分类、形态发生学分类，此外还有其他一些土壤分类方法。我国目前沿用的土壤分类基本上以发生学分类为代表，尤其是森林土壤几乎都套用发生学分类法。我国土壤分类为多级分类制，共分六级，即土纲、土类、亚类、土属、土种和变种。乌蒙山保护区土壤分类采用发生学分类方法，将其划分为 4 个土纲 4 个土类 5 个亚类，详见表 4-1。

表 4-1　乌蒙山国家级自然保护区土壤分类表

土纲	土类	亚类
淋溶土	黄棕壤	山地黄棕壤
铁铝土	黄壤	黄壤
初育土	紫色土	酸性紫色土
		石灰性紫色土
水成土	沼泽土	草甸沼泽土

4.2.3 土壤分布规律

乌蒙山保护区内的土壤主要是黄棕壤，分布于海拔 1800～2000m 地区；其次为棕壤，分布于海拔 2000m 以上；黄壤和少量的红色石灰土分布于海拔 1850m 以下。

保护区面积大，分散不连成片，涉及昭通市的大关县、盐津县、永善县、彝良县、威信县共五个县，所跨的经纬度很大。但高差并不大，垂直高差大约 1500m。土壤类型垂直地带性分布主要有黄壤和黄棕壤，以黄壤为主，黄棕壤只见于少数海拔较高山体的上部。黄壤与黄棕壤的分界线可确定为海拔 1800m，黄壤分布于 1850m 以下，黄棕壤分布于 1800～2000m。同时，保护区中紫色土分布较为普遍，如三江口片区的小岩坊等均有大量分布，其垂直分布范围难以确定，各海拔段都有，如低处为洛旺乡(保护区界外)附近，海拔仅为 600m 左右，高处可在 2000m 以上(三江口麻风湾附近)。此外，本区还有少量沼泽土(罗汉坝)分布。保护区土壤类型垂直分布见表 4-2。

表 4-2 乌蒙山国家级自然保护区土壤类型垂直分布

土壤名称	海拔/m	植被群落类型
黄棕壤	1800～2000	以高山栎、华山松、滇青冈等为主的温凉湿润常绿、落叶阔叶林
黄壤	1500～1850	以华山松、云南松、筇竹等为主的暖湿常绿阔叶林
紫色土	600～2000	湿热常绿阔叶林、半湿润常绿阔叶林、暖湿常绿阔叶林
沼泽土	1700～2000	沼泽草甸

4.3 土壤类型及其特点

4.3.1 黄棕壤

1.形成条件及分布

黄棕壤是南北过渡的土壤类型，在纬度方向上主要分布于北亚热带，在垂直带上位于黄壤之上，而又在棕壤之下。在保护区，黄棕壤的分布范围大致为海拔 1800～2000m。年均温 12～15℃，年降水量 800～1300mm，终年温凉，大于等于 10℃的年积温为 3500～4500℃，年相对湿度在 70%以上。本土类的主要植被为以滇青冈、包石栎、高山栎、麻栎、华山松等为主的温凉湿润常绿、落叶阔叶林。乌蒙山保护区黄棕壤的母质类型主要为玄武岩、砂岩等发育而成的坡积、残积物。

2.形成特点

黄棕壤的形成过程中既有大量的有机质积累、盐基淋溶作用，又受硅铝化和铁铝化的影响。乌蒙山保护区黄棕壤带植被保护完好，降水量大，林内潮湿，全剖面以黄棕色为主，表土层呈棕褐色，为腐殖质层，心土具铁硅铝特性，黏土矿物主要有水云母、高岭石，黏粒硅铝率大于 2.4，黏粒阳离子交换量大于 40me/100g。呈酸性反应，盐基不饱和。

3.基本理化性状

保护区的黄棕壤只有一个亚类，即山地黄棕壤亚类。黄棕壤的土体构型一般为 A_0-A_1-B-C 型，母岩多为玄武岩、砂岩等。林内温凉，湿度较大，未腐烂的凋落物丰富，表土层薄，整个土层在 50cm 以下，由于生长较多的竹类植物，故土壤中植物根系丰富。土壤潮湿。现以三江口黄棕壤剖面(编号 1-10；E103°54′22″，N28°14′10″)为例，描述如下：A_0 层厚约 4cm，由林木凋落物构成，多呈未腐状态；A_1 层厚约 11cm，棕黑色，轻壤土，团粒结构，土壤潮湿、疏松，根量多；B 层厚约 22cm，黄棕色，轻壤土，核状结构，土壤潮湿、稍紧，根量多。

从表 4-3、表 4-4 可见，保护区黄棕壤质地轻，土层薄，呈强酸性反应。土壤全剖面有机质含量、全氮量、全磷量、水解性氮量、速效钾含量都很高，这说明黄棕壤林地环境好，植被保护完好。土壤剖面的速效磷含量也很高，这与土壤有机质含量高有内在的关系。另外，土壤速效钾量属丰富水平。总之，本区黄棕壤的养分丰富且全面，土壤肥力高。与高黎贡山自然保护区的黄棕壤相比，本区黄棕壤(平均值)土壤有机质含量、全氮量都高出许多，而速效养分(氮、磷、钾)也明显高于高黎贡山自然保护区黄棕壤的速效养分。

表 4-3　山地黄棕壤理化性状统计表

采样地点(海拔 2314m)	采样深度/cm	质地	pH	有机质/%	全氮/%	全磷/%	水解氮/(mg/kg)	速效磷/(mg/kg)	速效钾/(mg/kg)
E103°54′22″	$A_1$4～15	轻壤	4.01	19.42	0.60	2.39	1900.5	3.176	624.11
N28°14′10″	B15～37	轻壤	4.36	13.25	0.58	3.15	1160.4	0.593	303.60
平均值	A_1	轻壤	4.34	35.68	0.35	2.35	1368.1	3.117	538.69
	B	轻壤	4.45	20.60	0.44	2.63	896.0	0.420	268.09

表 4-4　山地黄棕壤化学性质

采样地点	采样深度/cm	质地	pH	有机质/%	全氮/%	水解氮/(mg/kg)	速效磷/(mg/kg)	速效钾/(mg/kg)
高黎贡山自然保护区	6～24	沙粉	4.9	13.32	0.646	390.0	痕迹	82.1
	24～42	粉壤	5.0	6.72	0.271	223.8	痕迹	39.5
	42～80	粉壤	4.8	5.72	0.236	191.5	痕迹	28.8
	80～100	粉壤	5.0	1.32	0.052	51.9	痕迹	28.0

注：资料来源于高黎贡山国家级自然保护区。

4.3.2 黄壤

1.形成条件及分布

保护区的黄壤分布在海拔 1500～1850m 地带。该区域气候温热，年均温 13～16℃，年降水量在 1000～1300mm，此带雾日多，潮湿。以峨眉栲、包石栎、漆树、筇竹等为主的暖湿常绿阔叶林下经过铁铝化过程发育形成的土壤，具有明显的黄化现象。土壤表层有较薄的腐殖质层，全剖面呈黄色。保护区黄壤的母质类型主要有砂岩、玄武岩、石灰岩等发育而成的坡积、残积物。这一区域植被保护完好，雨量充沛，林内潮湿，土层深厚。

2.形成特点

黄壤的形成特点主要表现为成土过程具有明显的铁铝化作用，但黄壤的形成还需具备较多的降水量和雾日，全年相对湿度高，这有利于氧化铁水化和土壤潜育化过程。保护区的黄壤发育典型，土壤剖面包括腐殖质表层和具铁铝特性的心土层，全剖面以黄色调为主。质地大都比较黏重，黏土矿物以高岭石、含水氧化物为主，黏粒硅铝率为 1.8～2.2，黏粒阳离子交换量为 16～24me/100g。强酸性土壤，盐基不饱和。

3.基本理化性状

保护区的黄壤只有一个亚类，即黄壤亚类。黄壤的土体构型一般为 A_0-A_1-B-C 型。林内凋落物丰富，表土层和整个土层都较深厚，但局部地段土层薄，土壤湿度大。现以三江口片区的麻风湾后山土壤剖面(编号 1-2；E103°56′44″，N28°14′02″)为例，描述如下：A_0 层厚约 3cm，由林木凋落物及残体构成，多呈半腐状态；A_1 层厚约 5cm，褐色，中壤土，团粒结构，土壤潮湿、稍紧，根量多；B 层厚超过 50cm，黄色，中壤土，块状结构，土壤潮湿、稍紧，根量较少。

黄壤的主要理化性状见表 4-5、表 4-6。从所列数据可见，黄壤呈强酸性反应，淀积层土壤黏重，表层土壤有机质、全氮、全磷、水解性氮含量都很高，这说明黄壤氮素储备量大；速效磷、速效钾含量中等偏下。土壤淀积层中仍含有较高的养分，如有机质含量、水解性氮含量较高。若以本区黄壤(平均值)与高黎贡山自然保护区的黄壤相比，本保护区黄壤的酸性更强，这可能与本区土壤湿度有更大的关系。与高黎贡山自然保护区的黄壤相比，本保护区黄壤土表层的有机质、全氮、速效磷、速效钾含量均低了许多；本区土壤水解性氮含量则比高黎贡山自然保护区的黄壤高 3～4 倍。

表 4-5 黄壤理化性状统计表

采样地点(海拔 1945m)	采样深度	质地	pH	有机质/%	全氮/%	全磷/%	水解性氮/(mg/kg)	速效磷/(mg/kg)	速效钾/(mg/kg)
E103°56′44″	$A_1$2～7	中壤	3.81	10.55	0.22	0.10	890.7	1.295	261.37
N28°14′02″	B7～60	中壤	4.25	8.73	0.19	0.81	416.0	1.554	94.22
平均值	A_1	中壤	4.13	17.39	0.24	0.95	929.0	0.914	275.72
	B	重壤	4.44	5.70	0.12	0.70	299.4	1.028	119.63

表 4-6 黄壤化学性质

采样地点	采样深度/cm	质地	pH	有机质/%	全氮/%	水解性氮/(mg/kg)	速效磷/(mg/kg)	速效钾/(mg/kg)
高黎贡山自然保护区	2～10	粉壤	5.7	20.62	0.762	274.0	1.4	460.0
	10～30	粉壤	5.5	8.77	0.282	149.1	1.6	162.0
	30～100	粉壤	5.5	2.33	0.095	50.0	1.6	78.0

注：资料来源于高黎贡山国家级自然保护区。

4.3.3 紫色土

1.形成条件及分布

保护区紫色土的分布范围大，但比较分散。主要分布于三江口、小岩坊和海子坪片区。紫色土属初育土纲(岩成土纲)，主要受紫色砂、页岩的影响。其母岩多为石灰性紫红色砂、页岩，含有较多碳酸钙等盐类，风化物在降雨后碳酸盐类虽有淋失，但由于紫色砂岩岩性疏松，吸热性强，易热胀冷缩而崩解，在高温季节更为强烈，成土母质不断更新与堆积，因此土体中一直保留着相当数量的碳酸钙，阻碍盐基淋溶作用，延缓其成土过程，使土壤发育处于相对幼年阶段。从海拔上看，其分布范围宽，在 600～2000m 不等，因此本区紫色土也跨过几个热量带，本区降水量为 800～1100mm。本土类形成的生物条件包括湿热常绿阔叶林、半湿润常绿阔叶林、暖湿常绿阔叶林。

2.形成特点

由于紫色土是初育土，即幼年土壤，其性质主要受紫色母岩及频繁的侵蚀和堆积的影响，因此其形成过程具有如下特点：①物理风化强烈，表现为岩石吸热性强，易产生热胀冷缩，从而崩解、破碎为碎屑物；②化学风化微弱，不具典型的脱硅富铝化作用，土壤中石英、长石等粗骨成分多，黏粒部分以云母或蒙脱石为主，黏粒硅铝率多低于 2，即化学风化不彻底；③碳酸钙不断淋溶，由于紫色土含有大量的碳酸钙，当岩石裸露地表，碳酸钙淋溶加剧，成土母质不断更新或堆积，使土壤发育处于相对幼年阶段。

3.基本理化性状

紫色土的土体构型一般为 A_0-A_1-B-C，土壤中石砾含量多，土层较薄，全剖面紫色或紫红色，部分土壤剖面层次不明显，质地多为中壤或重壤土。现以海子坪片区土壤剖面(编号 5-1；E104°43′36″，N27°53′36″)为例，描述如下：A_0 层厚约 2cm，由矮灌丛凋落物及草本残体构成，多呈未腐状态；A_1 层厚约 12cm，黑褐色，重壤土，团粒结构，土壤湿润、疏松，根量多；B 层厚约 40cm，紫色，轻壤土，核状结构，土壤潮湿、稍紧，根量一般。

本区紫色土有两个亚类，即酸性紫色土和石灰性紫色土。在保护区内主要是酸性紫色土，而石灰性紫色土仅见低海拔(614m)的洛旺乡，此地已属保护区界外。由表 4-7、

表 4-8 可见，本区紫色土酸性强，土层仍十分深厚，表层有机质含量、全氮量、全磷量都很高，水解性氮、速效磷、速效钾含量也不低；两个亚类相比较而言，其理化特性具有相似之处，即养分含量都比较高，石灰性紫色土的速效钾含量较低，由于此处靠近居民点，且为干热河谷地形，蒸发量大，故 pH 较高。若与四川大竹紫色土相比较，乌蒙山保护区紫色土有机质含量、全氮量、全磷量都远高于彼处，这也说明土壤的理化状况好坏主要取决于地表的植被及其保护程度，即土壤养分归还量。

表 4-7 紫色土理化性状统计表

采样地点（海拔 1264m）		采样深度	质地	pH	有机质/%	全氮/%	全磷/%	水解性氮/(mg/kg)	速效磷/(mg/kg)	速效钾/(mg/kg)
酸性紫色土	E104°43′36″	$A_1$3～15cm	重壤	3.87	10.54	0.14	0.74	397.5	0.392	46.15
	N27°53′36″	B15～68cm	轻壤	4.11	5.15	0.07	0.63	273.6	1.082	23.49
	平均值	A_1	中壤	4.27	12.95	0.20	1.00	567.6	0.703	199.69
		B	中壤	4.53	6.57	0.14	0.72	303.1	0.690	132.03
石灰性紫色土		B	重壤	7.68	5.74	0.12	0.65	251.1	0.505	45.94

表 4-8 紫色土理化性状特征

采样地点	采样深度/cm	pH	有机质/%	全氮/%	全磷/%	全钾/%
四川大竹	0～15	7.8	1.18	—	0.118	2.53
	15～38	8.2	0.76	0.05	0.130	2.14
	38～53	8.1	0.73	0.06	0.123	2.34

注：资料来源于东北林学院主编《土壤学》（下册）。

4.3.4 沼泽土

1.形成条件及分布

沼泽土属水成土纲。水成土的特性是在成土过程中长期或季节性受到水分浸润或饱和，土体中物质还原作用强，在一定部位呈蓝色或灰色，有的可见锈斑锈纹等。保护区虽然降水量并不十分大，但部分地段湿度大、雾日多，长期滞水，尤其冬季降雪成冰而滞留地表，极易造成土壤排水不畅，在山地形成有机质含量丰富的沼泽土。沼泽土的地上植被主要有蕨类、莎草、苔藓等喜湿性植物，一年或多年生，死亡后就地归还，同时由于土壤终年湿度大，枯落物不易分解，因此未腐熟的土壤有机质含量高。沼泽土在保护区的分布面积不大，只是零星分布，主要集中于罗汉坝、小草坝等地。

2.形成特点

水成土的主要成土过程包括有机质的积累过程、潜育化过程、氧化-还原过程。而沼泽土的形成过程主要包括泥炭化或腐殖质化和潜育化两个基本过程。在不同自然条件下有不同沼泽化趋势：一种是在自然状态下草甸沼泽化；另一种是森林沼泽化。保护区的沼泽土多为草甸沼泽土，即高原湿地长期滞水的结果。

3.基本理化性状

沼泽土的土体构型一般为 A_0-A_1-B-BC，土壤中石砾含量少，滞水，土层厚薄不一，以薄层为主，全剖面黑褐色或灰黑色，质地多为沙壤或轻壤土，但也有些沼泽土质地较重。现以小草坝钟鸣林区土壤剖面(编号：4-1；E104°05′13″，N27°50′45″)为例，描述如下：A_0 层厚约 2cm，由草本残体构成，多呈未腐或半腐状态；A_1 层厚约 7cm，黑褐色，砂壤土，块状结构，土壤潮湿、稍紧，根量多；B 层厚约 10cm，灰黑色，轻壤土，块状结构，土壤潮湿、稍紧，根量少。

由表 4-9 可见，本区沼泽土呈强酸性反应，全剖面有机质含量高，全氮、全磷、水解性氮、速效磷都十分丰富，但速效钾含量比较低。

表 4-9　沼泽土理化性状统计表

采样地点(海拔 1803m)	采样深度	质地	pH	有机质/%	全氮/%	全磷/%	水解氮/(mg/kg)	速效磷/(mg/kg)	速效钾/(mg/kg)
E104°05′13″ N27°50′45″	$A_1$2～9cm	砂壤	4.17	10.36	0.14	0.24	231.7	19.257	39.14
	B9～18cm	轻壤	4.34	7.27	0.09	0.15	138.7	13.154	6.69

4.4　土壤小结

4.4.1　成土因素及土壤形成过程的漫长性

土壤的形成与发生发育取决于多种因素，其中包括自然因素和人为因素。俄罗斯土壤学家道库恰耶夫是发生土壤学的奠基人，他经过长期研究发现了土壤形成的自然规律，认识到土壤是一种历史自然体，并总结出母质、气候、生物、地形及时间是土壤形成过程中具有重要作用的 5 种自然因素。

1.自然因素

(1) 母质。母质对土壤形成产生的作用有两方面，一方面它是构成土壤的基本材料，另一方面它是植物矿质养料的重要来源。所以，母质是成土作用的直接参与者。首先，母质的矿物组成和化学组成影响着土壤的化学成分及化学性质。其次，母质影响土壤的物理性能，如母质的孔隙性、导热性、导温性、胀缩性不同，所形成土壤的通气性、透水性、保水性和保肥性等也不同。所以母质与土壤形成过程和土壤理化性质有十分密切的关系。

(2) 气候。气候是土壤形成中最重要的环境因子，包括太阳辐射、大气环流、降水量、湿度等。其中，太阳辐射、空气温度和湿度对成土作用的影响最为重要。地面太阳辐射不同，大气温度也不同，这样直接影响土壤中的物理作用、化学作用。如在寒冷地带，矿物质及有机质的化学分解作用微弱，植物生长缓慢，有机质年增长量小，微生物的活动弱，有机质分解困难，因而土壤中养分的转化就比较缓慢。反之，在热带地区，土壤矿物岩石除石英、长石这些难分解的矿物外大部分被彻底分解，矿质养分释放快，植物生长迅速。有机质年增长量大，同时微生物活动旺盛，土壤中养分的转化也快。湿度的影响也很明显，在干旱的气候条件下，母质中的盐分不易被淋失而逐渐在表层积累，使土壤形成过程中发生盐渍化及碱土化作用；在湿润条件下，由于降水量大，母质中的盐基成分遭受强烈的淋溶作用，使土壤呈盐基不饱和状态，母质风化彻底，土壤多呈酸性至强酸性反应。由此可见，气候条件的差异对土壤理化性质的影响具有决定意义。

(3)生物。光有母质是不能形成土壤的，因为单就母质而言，只可无限地进行地质大循环，且此时矿质养分处于高度分散流失状态，无法形成具有肥力的真正意义上的土壤。只有在母质上出现了生命有机体后，真正的土壤才能形成。在自然界中，不论动物还是植物都直接参与土壤形成过程，并在其中起极重要的作用。绿色植物不但通过合成的有机质和转化为贮藏形式的太阳能使土壤的肥力发生改变，其根部还经常分泌二氧化碳和某些有机酸类，直接在土壤中引起一系列的生物化学作用和物理化学作用；其根系还能调节土壤微生物区系的组成和数量，也促进或抑制某些生物化学过程；同时其根系在土壤中伸展穿插的机械力量也是促进土壤结构形成的活力之一。在一定的气候条件下，植物与微生物的特定组合决定土壤肥力发展速度和方向。某些动物也参与土壤的形成，并引起土壤化学成分的改变。所以，在土壤形成过程中，生物是极其重要的自然因素。

(4)地形。地形对土壤形成的影响是多方面的，但也是间接的。首先，不同地形能影响区域的热量及水分的重新分配。大地形的分布和排列能够影响当地气候和生物带的分布。例如，我国主要山脉的排列方向是呈西南至东北的走向，这样就阻碍了海洋气流到达内陆，致使我国气候从东南的海洋性气候逐渐过渡到西北的大陆性气候，导致我国生物带的排列从东南的常绿阔叶林带和落叶阔叶林带逐步过渡到西北的灌木草原带，再往西部则过渡到荒漠带。这就是大地形的影响。中小地形主要是影响土壤分布的局部变异。在同一地形的各个部位上，如在分水岭、斜坡或谷地，土壤的水分与养分状况可以有很大差异，土层厚薄、机械组成也不一致。由于水分及其夹带的养分以及土壤细粒经常以地表径流的方式向下坡及低地移动，这样就引起分水岭、斜坡与谷地或平地的土壤有所不同，分水岭或斜坡的土壤经常保持良好的排水状况，并且持水量较少，土层较薄，机械组成较粗，养分较少。而在谷地及平地的土壤，因水分集中，持水量较大，甚至经常处于过度潮湿状态，具有较高的地下水位，土层较厚，机械组成较细，养分较多，但易滞水。同样，地形中的坡度坡向也影响水热条件，在北半球，北坡光照时间短，为阴坡，土壤湿度较大，温度较低，而南坡相反，引起南北坡植物生长状况不同，故土壤状况也有差异，如土壤含水状况、肥力状况，甚至有可能引起土壤种类的变化。

(5)时间。时间是一切事物运动变化的必要条件。土壤的形成和发展与其他事物运动变化形式一样，是在时间基础上进行的，也就是说土壤在其他成土因素综合作用影响下，随着时间的进展而不断地运动和变化，时间越长，土壤性质及肥力的变化越大。当然这种变化可能有两种后果：一是土层不断加厚，养分不断丰富；二是随着时间的推移，土壤会不断地退化、流失，汇入地质大循环的历史进程中。

2.人为因素

自有人类参与自然活动以来，人类有意无意间直接或间接地影响着土壤的形成，或使土壤变性，或加速土壤退化、流失。而且，随着人类社会不断进步，人类对土壤干扰的力度也越来越大。如早期将山地土壤改变为农业土壤，到如今的大规模兴修水利、坡改梯工程，等等。总之，在人类的参与下，土壤的形成或退化都大大加快了。

上文叙述的影响土壤形成的五大自然因素和人为因素，再加上土壤内部的地质大循环和生物小循环，即构成了土壤形成的外因和内因。

4.4.2　土壤资源现状及其地位

目前而言，保护区的土壤保护还是十分及时和有效的。长期从事土壤研究的工作者都很清楚，要保护和管理好保护区，就必须花大力气保护土壤和植被。也可以这么说，没有土壤就没有森林植被，更无所谓的森林保护区的问题，可见土壤在保护区中具有其特殊的地位。乌蒙山保护区的土壤主要包括黄壤、黄棕壤、紫色土、沼泽土等，土壤类型比较简单，但各类土壤的理化特性都很好，大多数土层深厚，湿度大，土壤环境良好，十分适合森林植被的世代繁衍，这是保护区十分宝贵的自然资源。但是，也有部分地段发生一定程度的水土流失，导致土壤生产力下降，对此必须高度重视，及时采取措施。

4.4.3　土壤保护的主要途径

导致土壤流失的两个主要因子是风和水，就乌蒙山保护区而言，水是引起土壤流失的关键因子，而水对土壤产生冲蚀能力的大小，取决于地表径流的流速及流量。土壤对水的抗蚀作用在于其吸水性及抗冲蚀性。水土保持措施技术要求是：①减少地表径流的流量，使降水尽量含蓄于地表及渗入地下；②降低地表径流的速度；③增加土体的抗分散性，改善土壤结构；④改善地表状况，多吸水分；⑤改善水分作用的途径，减少无益的蒸发，增加用于植物制造有机物质的蒸腾。

保护好土壤的途径主要有两条：①加强领导，加强水土保持的宣传力度，提高民众保持水土的意识，尤其要加强水土保持科技教育，提高水土保持工作人员的技术素质；②发挥森林在水土保持中的作用，森林能大量吸收、调节地表径流和涵养水源，固持、改良土壤，改善小气候。林冠能截留降水，枯枝落叶及活地被物均能吸收或透过大量的水分，同时，林地土壤侵蚀模数小。因此，要保护土壤，从根本上要保护好现有的森林植被，严禁在保护区内砍伐，并且要不断扩大造林面积，绿化局部荒地，加强保护区周边退耕还林还草还湖，使保护区始终维持在良性循环的状态。

4.4.4 对保护区土壤管理的建议

(1)尽快做好保护区的规划工作，明确保护区的核心区、缓冲区、实验区，实行分类管理，严格执行国家和政府相关法律法规。

(2)掌握保护区的保护与开发利用两统筹的原则。在做好科学管理与保护的前提下，进行适度的土壤经营与利用，兼顾保护区群众的生产生活问题。

(3)重视保护区的局部荒地绿化工作。因为土壤是“不可再生”的自然资源，在岩石表层又极易流失，如果地面上无植被覆盖，数年后森林土壤环境将不复存在。所以，即便不是保护区的核心地带，仍然需要重视绿化工作。

(4)禁止对林下枯枝落叶的人为破坏。由于森林土壤养分依靠的是森林本身的养分自然归还这一途径，因此保证枯枝落叶的归还，也就保证了土壤肥力，保护了保护区及其生物多样性。

(5)适当的人口管理。由于历史原因，昭通市人口密度大，农业人口多，这对保护区产生不小的压力。

植被与植物资源

第5章　种子植物区系

5.1　植物区系的调查与研究方法

5.1.1　野外调查方法

植物植被组于 2006 年 7～8 月对保护区的彝良、大关、永善和盐津四县的片区进行植物植被调查。调查线路的安排如下：①对每个片区进行调查；②在每个片区对其主要的路线、阳坡和阴坡、主要的植被类型、主要的生境类型，包括每个片区的最高海拔和最低海拔范围进行调查。

植物标本的采集主要来自线路调查和样地调查。现场可以确定到种的常见植物未采标本仅做记录，其他植物通常都采集标本。对线路调查中采集到的植物标本进行系统编号并挂系统标签，同时记录野外采集标签。系统标签内容包括：系统号(如 ZT01 指昭通 1 号标本，ZT918 指昭通 918 号标本)、采集地、海拔、采集日期、采集人等。一个多月外业工作共采集植物系统标本 2500 余号；样方调查中的标本未全部编入系统号，以样地采集号记录，因此，本次外业共采集标本 4500 号左右。

5.1.2　标本鉴定与内业分析

(1) 标本鉴定。主要依据《云南植物志》《四川植物志》《中国植物志》《贵州植物志》《云南树木图志》《中国树木志》《中国被子植物科属综论》等专著对科、属、种的描述和界定进行标本的鉴定；同时，部分种类参照以往的文献记载。

(2) 分布区类型划分。在植物区系分布区类型划定中，科级分布区类型按照吴征镒院士等的《世界种子植物科的分布区类型系统》及其修订界定；属级分布区类型按照吴征镒院士等 2003 年的《中国种子植物科属综论》，同时参照吴征镒院士 1991 年和 1993 年的《中国种子植物属的分布区类型》及其增订和勘误等文献界定；种级分布区类型也按照吴征镒院士属级分布区类型的分布范围，依每个种的现代地理分布格局进行划定，对于大量的中国特有种还进一步划分其分布区亚型，书中中国特有的范畴是指有资料记载的只分布于中国的类型。

(3) 种子植物名录数据库建立。根据以上标本鉴定和分布区类型划分结果建立保护区种子植物名录数据库，记录条目有科号、科中文名、科拉丁名、属中文名、属拉丁名、种中文名(含变种、亚种)、种拉丁名、种生活型、用途、海拔、采集地、省内分布区、国内分布区、国外分布区、采集号、样地号、科级分布区类型、属级分布区类型和种级分布区类型等。

(4)存在度(value of floristic presence，VFP)分析。种子植物科属存在度分析依据彭华和吴征镒的《无量山种子植物区系科属的两种不同排序》中原理，计算方法为

$$某一分类群在某地的区系存在度(VFP)=\frac{某地出现的次级分类群数目}{次级分类群总数}\times 100\%$$

按照上述研究方法，对保护区种子植物区系进行分析研究。

5.2 种子植物区系组成与特征

5.2.1 种子植物区系组成

保护区有野生种子植物1864种(含亚种、变种等种下等级)，隶属于159科640属，种属比为2.91。其中，裸子植物4科5属5种，双子叶植物133科504属1563种，单子叶植物22科131属296种。这些数据不包括不见于野外的人工种植的农作物和经济植物(如油桐、咖啡等)，但包括部分已经野生化(逸野)的外来植物(具体见第1章表1-2)。

5.2.2 科的组成与区系分析

1.科分布区类型分析

按吴征镒等对种子植物科分布区类型的划分，保护区种子植物159科分为11种类型(具体见第1章表1-3)。其中，世界广布49科，占总科数30.82%；泛热带分布44科，占总科数27.67%；其次为含31个科的北温带分布类型，占总科数19.5%；热带亚洲及热带美洲间断分布12科，占总科数7.55%；东亚分布10科，占总科数6.29%；东亚及北美间断分布6科，旧世界热带分布2科，热带亚洲至热带大洋洲间断分布2科，而旧世界温带分布类型只有川续断科 Dipsacaceae，热带亚洲(及热带东南亚至印度—马来，太平洋诸岛)分布只有清风藤科 Sabiaceae，保护区有中国特有科珙桐科 Davidiaceae 出现。综上所述，热带分布科61个，占总科数的38.36%；温带分布科49个，占总科数的30.82%。科水平的热带成分与温带成分之比约为1.25∶1，表明保护区在科水平上热带性质稍强。

1)世界广布

指遍布世界各大洲而没有特殊分布中心的科，或虽有一个或数个分布中心而包含世界分布的科。在保护区种子植物中，世界广布科有49科，占该保护区159科的30.82%。有毛茛科 Ranunculaceae、金鱼藻科 Ceratophyllaceae、十字花科 Cruciferae、堇菜科 Violaceae、远志科 Polygalaceae、景天科 Crassulaceae、虎耳草科 Saxifragaceae、石

竹科 Caryophyllaceae、蓼科 Polygonaceae、苋科 Amaranthaceae、酢浆草科 Oxalidaceae、柳叶菜科 Onagraceae、小二仙草科 Haloragaceae、水马齿科 Callitrichaceae、瑞香科 Thymelaeaceae、茶藨子科 Grossulariaceae、蔷薇科 Rosaceae、蝶形花科 Papilionaceae、杨梅科 Myricaceae、榆科 Ulmaceae、桑科 Moraceae、鼠李科 Rhamnaceae、伞形科 Umbelliferae、木樨科 Oleaceae、茜草科 Rubiaceae、接骨木科 Sambucaceae、败酱科 Valerianaceae、菊科 Compositae、龙胆科 Gentianaceae、睡菜科 Menyanthaceae、报春花科 Primulaceae、车前科 Plantaginaceae、桔梗科 Campanulaceae、半边莲科 Lobeliaceae、紫草科 Boraginaceae、茄科 Solanaceae、旋花科 Convolvulaceae、菟丝子科 Cuscutaceae、玄参科 Scrophulariaceae、唇形科 Labiatae、水鳖科 Hydrocharitaceae、泽泻科 Alismataceae、眼子菜科 Potamogetonaceae、假叶树科 Ruscaceae、浮萍科 Lemnaceae、香蒲科 Typhaceae、兰科 Orchidaceae、莎草科 Cyperaceae 和禾本科 Gramineae。本类型中囊括了所有世界性大科和一些较大科，绝大多数是温带和热带、亚热带山区的代表科，而且大多数是早就被认识和普遍使用的自然科。另外，这一类型几乎包括绝大部分水生和沼生植物科，如前述的金鱼藻科、泽泻科、水鳖科、眼子菜科、浮萍科、睡菜科、水马齿科、香蒲科等，大都是小科或单属甚至单型科。这些科有的物种非常古老(如金鱼藻，它们或许在植物由海登陆时就已萌芽)，也由于水生环境较为一致和稳定，它们的演化历程极为缓慢。鉴于这些科反映的古老性特征等，采用吴征镒院士最新观点(即本类型不能像 R. Good 所建议的，在属的区系分析中将本类型排除，然后计算百分比)，本研究将该类型计入区系分析的计算。

2)泛热带分布及其变型

指普遍分布于东、西两半球热带，以及在全世界热带范围内有一个或数个分布中心，但在其他地区也有一些种类分布的热带科，有不少科广布于热带、亚热带甚至温带。保护区有泛热带分布及其变型 44 科，占保护区总科数的 27.67%。这些科包括商陆科 Phytolaccaceae、山龙眼科 Proteaceae、桑寄生科 Loranthaceae、石蒜科 Amaryllidaceae、樟科 Lauraceae、防己科 Menispermaceae、马兜铃科 Aristolochiaceae、胡椒科 Piperaceae、金粟兰科 Chloranthaceae、凤仙花科 Balsaminaceae、大风子科 Flacourtiaceae、葫芦科 Cucurbitaceae、秋海棠科 Begoniaceae、茶科 Theaceae、野牡丹科 Melastomataceae、大戟科 Euphorbiaceae、含羞草科 Mimosaceae、荨麻科 Urticaceae、卫矛科 Celastraceae、檀香科 Santalaceae、蛇菰科 Balanophoraceae、葡萄科 Vitaceae、芸香科 Rutaceae、苦木科 Simaroubaceae、楝科 Meliaceae、漆树科 Anacardiaceae、柿树科 Ebenaceae、紫金牛科 Myrsinaceae、夹竹桃科 Apocynaceae、萝藦科 Asclepiadaceae、紫葳科 Bignoniaceae、爵床科 Acanthaceae、鸭跖草科 Commelinaceae、谷精草科 Eriocaulaceae、雨久花科 Pontederiaceae、菝葜科 Smilacaceae、天南星科 Araceae、薯蓣科 Dioscoreaceae、仙茅科 Hypoxidaceae 和马钱科 Loganiaceae 等。如此多泛热带成分的出现显示出保护区植物区系与泛热带各地区在历史上的渊源，也表明该区区系在科级水平上的古老性。

此外，泛热带分布类型在该区还包括两个变型：一是热带亚洲、大洋洲和南美洲(或墨西哥)间断分布，有山矾科 Symplocaceae，山矾科系一中型科(50：250＝中国种数：世界种数，下同)，虽单属，但是热带、亚热带常绿阔叶林下常见和标志性成分；二是热带亚洲、非洲和南美洲间断分布，含 3 科，分别是椴树科 Tiliaceae、苏木科 Caesalpiniaceae 和鸢尾科 Iridaceae。苏木科(153：2175＝总属数：总种数，下同)中，其原始属如肥皂荚 *Gymnocladus* 和紫荆 *Cercis* 均属 9 型，推论应为古北大陆东部早期物种，该科存在显示出该区植物区系与古北大陆的渊源；鸢尾科[(82～88)：(1100～1800)]广布，直到温带，但以南非，东地中海，中、南美为几个分布中心，说明了该区域与这些地区的相关性；而相对原始的椴树科[(46～53)：(450～680)]的存在，无疑在一定程度上表明了该区区系的原始性。

3)热带亚洲及热带美洲间断分布

指间断分布于美洲和亚洲温暖地区的热带科，在东半球从亚洲可能延伸至澳大利亚东北部或西南太平洋岛屿，但它们的分布中心都局限于亚洲和美洲热带地区。保护区属于该类型的有 12 科，占该区总科数的 7.55%。分别为木通科 Lardizabalaceae、水东哥科 Saurauiaceae、杜英科 Elaeocarpaceae、冬青科 Aquifoliaceae、七叶树科 Hippocastanaceae、泡花树科 Meliosmaceae、省沽油科 Staphyleaceae、五加科 Araliaceae、野茉莉科 Styracaceae、苦苣苔科 Gesneriaceae、马鞭草科 Verbenaceae 和瘿椒树科 Tapisciaceae。这些科所含的种多是乔木和灌木，为该区域常绿阔叶林组成的重要成分之一。杜英科的环太平洋分布格局，水东哥科的古北大陆东部起源，省沽油科、瘿椒树科和七叶树科的古北大陆起源和古南大陆的现代分布中心等事实，为该区植物区系与南美洲植物区系曾有过共同的渊源提供了一定的证据。

4)旧世界热带分布

指分布于亚洲、非洲和大洋洲热带地区及其邻近岛屿的科。保护区属于此类型的仅有 2 科，占总科数的 1.26%，即海桐科 Pittosporaceae 和八角枫科 Alangiaceae。按照吴征镒院士的观点，该类型的发源最早可能在古北大陆东部，但发展和近代分布则在古南大陆的东部至中部。该区分布的海桐科[(9～11)：(200～240)]虽较广布于旧世界的热带至暖温带，但以澳大利亚为主。八角枫科是一单属含 19～21 种的小科，广布于热带非洲、马达加斯加、科摩罗岛，在热带亚洲从印度-马来群岛和太平洋群岛(东达新几内亚、新喀里多尼亚和斐济)、中南半岛至东亚(东达朝、韩、日)，也达澳大利亚(昆士兰至新南威尔士)。这两个科的现代地理分布无疑证明了吴征镒院士观点的正确性，也说明了保护区与古南大陆植物区系的联系。

5)热带亚洲至热带大洋洲间断分布

指分布于旧世界热带的东翼，其西端有时可达马达加斯加，但一般不到非洲大陆的科。这一分布型在该区仅有 2 科，占总科数的 1.26%，分别是虎皮楠科 Daphniphyllaceae 和姜科 Zingiberaceae。按照吴征镒院士的见解，姜科[(47～52)：(1100～1350)]早期为古北大陆东部土著，而后扩散到古南大陆东部；虎皮楠科[1：(9～10)]分布从热带澳大利亚东北到达俄罗斯远东，向西渐狭至东喜马拉雅的大三角中，明显是在西太平洋至印度洋的海底扩张过程中形成的。这一类型的科在该区虽少，但仍反映了该区植物区系与热带大洋洲的联系。

6)热带亚洲(及热带东南亚至印度—马来，太平洋诸岛)分布及其变型

热带亚洲是旧世界热带的中心部分，这一类型分布区的范围包括印度、斯里兰卡、中南半岛、印度尼西亚、加里曼丹、菲律宾及新几内亚等，东面可到斐济等南太平洋岛屿，但不到澳大利亚大陆，其分布区的北缘到我国西南、华南及台湾，甚至更北地区。该分布类型在保护区仅有 1 科，占总科数的 0.63%，即清风藤科 Sabiaceae。该科 3 属 150 种，我国 2 属 54 种，是其分化和分布中心，且从形态和分布看，该科是太平洋海洋扩张以后起源于东亚的科。

7)北温带分布及其变型

指分布于欧洲、亚洲和北美洲温带地区的科，由于地理和历史原因，有些属沿山脉向南延伸至热带山区，甚至远达南半球温带，但其原始类型或分布中心仍在北温带。该分布类型及其变型在保护区有 31 科，占总科数的 19.50%。包括芍药科 Paeoniaceae、金丝桃科 Hypericaceae、杜鹃花科 Ericaceae、越桔科、忍冬科 Caprifoliaceae、列当科 Orobanchaceae、百合科 Liliaceae、延龄草科 Trilliaceae 和松科 Pinaceae。其中松科，尤其是松属 *Pinus* 是白垩纪—古近纪以来，温带各区系的标志和植被主要建群树种。其他科如百合科、金丝桃科、延龄草科等也多起源和分化于古北大陆，证明了这一区域的古北大陆起源大背景。

此外，这一分布型在保护区还有 4 个变型。一是北极-高山分布，即在环北极及较高纬度的高山分布，甚至达亚热带和热带高山区，包括岩梅科 Diapensiaceae 1 科。二是北温带和南温带间断分布，是科数最多的一类，有 19 科，分别是罂粟科 Papaveraceae、紫堇科 Fumariaceae、亚麻科 Linaceae、牻牛儿苗科 Geraniaceae、绣球花科 Hydrangeaceae、金缕梅科 Hamamelidaceae、黄杨科 Buxaceae、杨柳科 Salicaceae、桦木科 Betulaceae、榛科 Corylaceae、壳斗科 Fagaceae、胡颓子科 Elaeagnaceae、槭树科 Aceraceae、胡桃科 Juglandaceae、山茱萸科 Cornaceae、鹿蹄草科 Pyrolaceae、灯心草科 Juncaceae、柏科 Cupressaceae 和红豆杉科 Taxaceae。其中柏科分布广泛，但有较多的单种属和寡种属，反映出它在起源上的古老性；此外，红豆杉科[5∶(15～16)]我国有 4 属 12 种，占总属数的 80%和总种数的 3/4，体现了中国植物区系中裸子植物多样化的重要方面，也为中国是现代裸子植物发源地(至少是保存中心)提供了重要证据；这两个古老科的存在说明了该保护区植物区系的古老性。这一变型的其他科绝大多数是从古北大陆(尤其东部)起源，分布区都具有明显的温带性质，说明了保护区植物区系明显的温带性质，与该区处于华中区系西南边缘，并处在由四川盆地过渡到云南高原的自然地理位置相吻合。三是欧亚和南美洲温带间断分布，仅有小檗科 Berberidaceae 1 科。四是地中海、东亚、新西兰和墨西哥-智利间断分布，仅有马桑科 Coriariaceae 1 科，为单属科，起源于较早的第一次泛古大陆。

8) 东亚及北美间断分布

指间断分布于东亚和北美洲温带及亚热带地区的科。保护区有该类型 6 科，占该区总科数 3.37%。包括木兰科 Magnoliaceae、八角科 Illiciaceae、五味子科 Schisandraceae、三白草科 Saururaceae、鼠刺科 Iteaceae 和紫树科 Nyssaceae。上述科的存在证明该区植物区系与北美植物区系的联系。因为这些科起源于早期古北大陆东部，并且在太平洋洋底大扩张以前就已经广泛分布于欧亚大陆和北美两大板块，它们在欧洲和北美西部(落基山以西)的消亡与在北美东部(大西洋西岸)的贫瘠化都是由古近纪落基山造山运动及第四纪冰期大冰盖导致的。这一类型的科虽然在数量上不占优势，但都是原始类群或较进化类群中的原始科或起始科，在区系和群落研究上具有重要意义。

9) 旧世界温带分布

指广泛分布于欧洲、亚洲中高纬度的温带和寒温带，或最多有个别延伸至北非及亚洲-非洲热带山地或澳大利亚的科。该区仅分布有欧亚及南非(有时到澳大利亚)间断分布变型的川续断科 Dipsacaceae，占总科数的 0.63%，该科[(11～14)：290]在第一次至第二次泛古大陆时已经扩散到旧世界的南北温带，但并未扩展到新世界，说明了该区与南非植物区系的联系。

10) 东亚分布及其变型

指从东喜马拉雅一直分布到日本的科。该类型分布区向东北一般不超过俄罗斯境内的阿穆尔州，并从日本北部至萨哈林岛，向西南不超过越南北部和喜马拉雅东部，向南最远达菲律宾、苏门答腊和爪哇，向西北一般以中国各类森林边界为界。保护区内属于此类型及其变型的有 9 科，占总科数的 5.66%，分别是领春木科 Eupteleaceae、猕猴桃科 Actinidiaceae、旌节花科 Stachyuraceae、青荚叶科 Helwingiaceae、三尖杉科 Cephalotaxaceae 和桃叶珊瑚科 Aucubaceae。三尖杉科为裸子植物单属科，含 9 种，以华西南为分布和分化中心，也大体是该区所在位置；领春木科单属 2 种，分别为中国-喜马拉雅和中国-日本二变型分布，说明它们在东亚区系早期形成过程之前就已在古北大陆东部发生，形态上非常孤立，与连香树科 Cercidiphyllaceae 相对近缘；旌节花科起源同领春木科，也是古老孑遗科；从水东哥科演化而来的猕猴桃科，中国 2 属 58 种俱全，且藤山柳属 *Clematoclethra* 为华中特有的单种 4 亚种，成多种复合体而为中生性混交林的标志成分，其古老和独特演化是无疑的；此外还有青荚叶科和桃叶珊瑚科，两者虽都是小科，但也是中国至喜马拉雅和日本的典型亚热带山区中生混交林林下标志性的灌木、藤本成分。总之这一类型的 5 个被子植物科是古老的、与古老残遗的植被类型同在的常绿至落叶的区系成分。

此类型还有 2 个变型，其中中国-喜马拉雅分布变型有 3 科，分别是水青树科 Tetracentraceae、十齿花科 Dipentodontaceae 和鞘柄木科 Torricelliaceae。这 3 科在起源、扩散、生态和群落特征上都很相似，都是古北大陆东部起源，是在太平洋扩张前后就出现的类群，从华中分布到喜马拉雅而不见于华东和日本，且是落叶性的。中国-日本分布变型有连香树科 Cercidiphyllaceae，为单属 2 种的小科，也起源于古北大陆东部，之后在原地残遗，在日本可形成单优种群，在我国最北可达华北太行山南段，向西南到滇东北，即该区是该科分布的西南边缘。这些古老特有科的存在，说明了该区植物区系的古老性和独特性，充分证明了该区植物区系研究的重要价值。

11) 中国特有分布

指仅分布于我国境内的、以自然植物区为中心而分布界限不越出国境很远的科，仅有珙桐科 1 科，占该区总科数的 0.63%，该科作为独立单型科起源于早期古北大陆东部，至今是孑遗状态。该区特有科数占中国特有科(6 科)总数的 16.67%，这个比例虽不算高，但仍能证明该区植物区系的古老性和独特性。

2.科的两种不同排序

1) 按所含种的绝对数目排列

按照每科所含种数的绝对数排列，是目前种子植物区系研究中较常用的方法。如种数相等，则以属数多寡依次排列，如两者均相当，则原则上按系统科号之顺序决定其前后(本文以 Hutchinson 系统为准)。依此方法，将保护区 159 科排序，见表 5-1，较完整地反映了保护区种子植物的区系组成，也初步揭示了该区的优势科。

表 5-1　保护区种子植物科的大小排序

种数(科数)	科名(种数/属数)
大于 100 种 (3 科)	菊科 Compositae (153/57)、蔷薇科 Rosaceae (133/25)、禾本科 Gramineae (127/63)
30～100 种 (10 科)	毛茛科 Ranunculaceae (42/12)、杜鹃花科 Ericaceae (42/5)、唇形科 Labiatae (41/19)、伞形科 Umbelliferae (41/15)、忍冬科 Caprifoliaceae (38/5)、百合科 Liliaceae (37/18)、樟科 Lauraceae (36/10)、壳斗科 Fagaceae (35/6)、五加科 Araliaceae (32/11)、报春花科 Primulaceae (31/3)
20～29 种 (13 科)	茜草科 Rubiaceae (29/13)、茶科 Theaceae (29/7)、玄参科 Scrophulariaceae (28/10)、荨麻科 Urticaceae (27/9)、菝葜科 Smilacaceae (27/2)、莎草科 Cyperaceae (24/9)、蓼科 Polygonaceae (24/6)、蝶形花科 Papilionaceae (22/14)、虎耳草科 Saxifragaceae (22/8)、小檗科 Berberidaceae (22/6)、冬青科 Aquifoliaceae (22/1)、芸香科 Rutaceae (21/9)、凤仙花科 Balsaminaceae (21/1)
10～19 种 (27 科)	卫矛科 Celastraceae (19/4)、猕猴桃科 Actinidiaceae (19/2)、山矾科 Symplocaceae (19/1)、大戟科 Euphorbiaceae (18/10)、石竹科 Caryophyllaceae (18/6)、绣球花科 Hydrangeaceae (18/4)、山茱萸科 Cornaceae (18/3)、鼠李科 Rhamnaceae (16/8)、桑科 Moraceae (16/4)、苦苣苔科 Gesneriaceae (15/10)、葡萄科 Vitaceae (15/6)、龙胆科 Gentianaceae (15/5)、柳叶菜科 Onagraceae (15/4)、杨柳科 Salicaceae (15/2)、兰科 Orchidaceae (14/10)、木犀科 Oleaceae (14/4)、槭树科 Aceraceae (14/1)、野茉莉科 Styracaceae (13/4)、木兰科 Magnoliaceae (12/5)、葫芦科 Cucurbitaceae (12/4)、堇菜科 Violaceae (12/1)、漆树科 Anacardiaceae (11/3)、泡花树科 Meliosmaceae (11/1)、野牡丹科 Melastomataceae (10/6)、十字花科 Cruciferae (10/5)、紫金牛科 Myrsinaceae (10/4)、茶藨子科 Grossulariaceae (10/1)
5～9 种 (35 科)	马鞭草科 Verbenaceae (9/4)、榛科 Corylaceae (9/3)、越桔科 (9/1)、苏木科 Caesalpiniaceae (8/4)、鸭跖草科 Commelinaceae (8/4)、天南星科 Araceae (8/3)、紫堇科 Fumariaceae (8/2)、桦木科 Betulaceae (8/2)、金丝桃科 Hypericaceae (8/1)、延龄草科 Trilliaceae (8/1)、爵床科 Acanthaceae (7/4)、马兜铃科 Aristolochiaceae (7/2)、景天科 Crassulaceae (7/2)、半边莲科 Lobeliaceae (7/2)、清风藤科 Sabiaceae (7/1)、薯蓣科 Dioscoreaceae (7/1)、灯心草科 Juncaceae (7/1)、木通科 Lardizabalaceae (6/5)、桔梗科 Campanulaceae (6/5)、胡桃科 Juglandaceae (6/4)、紫草科 Boraginaceae (6/3)、石蒜科 Amaryllidaceae (6/2)、桃叶珊瑚科 Aucubaceae (6/1)、海桐科 Pittosporaceae (6/1)、秋海棠科 Begoniaceae (6/1)、旌节花科 Stachyuraceae (6/1)、胡颓子科 Elaeagnaceae (6/1)、萝藦科 Asclepiadaceae (6/1)、苋科 Amaranthaceae (5/4)、茄科 Solanaceae (5/4)、五味子科 Schisandraceae (5/2)、杜英科 Elaeocarpaceae (5/2)、金缕梅科 Hamamelidaceae (5/2)、败酱科 Valerianaceae (5/2)、牻牛儿苗科 Geraniaceae (5/1)

续表

种数(科数)	科名(种数/属数)
2～4 种 (35 科)	防己科 Menispermaceae(4/3)、旋花科 Convolvulaceae(4/3)、鸢尾科 Iridaceae(4/3)、酢浆草科 Oxalidaceae(4/2)、椴树科 Tiliaceae(4/2)、马钱科 Loganiaceae(4/2)、瑞香科 Thymelaeaceae(4/1)、蛇菰科 Balanophoraceae(4/1)、青荚叶科 Helwingiaceae(4/1)、车前科 Plantaginaceae(4/1)、川续断科 Dipsacaceae(3/3)、水鳖科 Hydrocharitaceae(3/3)、罂粟科 Papaveraceae(3/2)、榆科 Ulmaceae(3/2)、浮萍科 Lemnaceae(3/2)、远志科 Polygalaceae(3/1)、八角枫科 Alangiaceae(3/1)、柿树科 Ebenaceae(3/1)、接骨木科 Sambucaceae(3/1)、假叶树科 Ruscaceae(3/1)、金粟兰科 Chloranthaceae(2/2)、小二仙草科 Haloragaceae(2/2)、大风子科 Flacourtiaceae(2/2)、含羞草科 Mimosaceae(2/2)、黄杨科 Buxaceae(2/2)、檀香科 Santalaceae(2/2)、苦木科 Simaroubaceae(2/2)、楝科 Meliaceae(2/2)、紫葳科 Bignoniaceae(2/2)、姜科 Zingiberaceae(2/2)、松科 Pinaceae(2/2)、八角科 Illiciaceae(2/1)、金鱼藻科 Ceratophyllaceae(2/1)、眼子菜科 Potamogetonaceae(2/1)、雨久花科 Pontederiaceae(2/1)
只含 1 种 (36 科)	领春木科 Eupteleaceae(1/1)、水青树科 Tetracentraceae(1/1)、连香树科 Cercidiphyllaceae(1/1)、芍药科 Paeoniaceae(1/1)、胡椒科 Piperaceae(1/1)、三白草科 Saururaceae(1/1)、商陆科 Phytolaccaceae(1/1)、亚麻科 Linaceae(1/1)、水马齿科 Callitrichaceae(1/1)、山龙眼科 Proteaceae(1/1)、马桑科 Coriariaceae(1/1)、水东哥科 Saurauiaceae(1/1)、虎皮楠科 Daphniphyllaceae(1/1)、鼠刺科 Iteaceae(1/1)、杨梅科 Myricaceae(1/1)、十齿花科 Dipentodontaceae(1/1)、桑寄生科 Loranthaceae(1/1)、七叶树科 Hippocastanaceae(1/1)、省沽油科 Staphyleaceae(1/1)、瘿椒树科 Tapisciaceae(1/1)、鞘柄木科 Torricelliaceae(1/1)、紫树科 Nyssaceae(1/1)、珙桐科 Davidiaceae(1/1)、鹿蹄草科 Pyrolaceae(1/1)、岩梅科 Diapensiaceae(1/1)、夹竹桃科 Apocynaceae(1/1)、睡菜科 Menyanthaceae(1/1)、菟丝子科 Cuscutaceae(1/1)、列当科 Orobanchaceae(1/1)、泽泻科 Alismataceae(1/1)、谷精草科 Eriocaulaceae(1/1)、香蒲科 Typhaceae(1/1)、仙茅科 Hypoxidaceae(1/1)、柏科 Cupressaceae(1/1)、三尖杉科 Cephalotaxaceae(1/1)、红豆杉科 Taxaceae(1/1)

保护区种子植物中，含 100 种以上的科有 3 科，即菊科 Compositae(57/153，即 57 属 153 种，下同)、蔷薇科 Rosaceae(25/133)、禾本科 Gramineae(63/127)。3 科共计 413 种，占保护区种数(1864 种)的 22.16%。它们都是世界性分布的大科，其中菊科和禾本科种类超过万种，同样在保护区得到了很大的发展，蔷薇科世界广布，尤以北温带至亚热带为主，我国有 56 属约 950 种，保护区蔷薇科有 25 属 133 种，占全国属和种的比例分别为 44.64%和 14.00%。

含 30～100 种的有 10 科，依次是毛茛科 Ranunculaceae(12/42)、杜鹃花科 Ericaceae(5/42)、伞形科 Umbelliferae(15/41)、唇形科 Labiatae(19/41)、忍冬科 Caprifoliaceae(5/38)、百合科 Liliaceae(18/37)、樟科 Lauraceae(10/36)、壳斗科 Fagaceae(6/35)、五加科 Araliaceae(11/32)、报春花科 Primulaceae(3/31)，共计 375 种，占保护区种数(1864 种)的 20.12%。这 10 科中，毛茛科、伞形科、唇形科和报春花科为世界广布，杜鹃花科、忍冬科、百合科和壳斗科为北温带分布，樟科是泛热带分布，五加科为热带亚洲及热带美洲间断分布。这些科是保护区植物区系和植被中的重要科。

含 20～29 种有 13 科，即茶科 Theaceae(7/29)、茜草科 Rubiaceae(13/29)、玄参科 Scrophulariaceae(10/28)、荨麻科 Urticaceae(9/27)、菝葜科 Smilacaceae(2/27)、蓼科 Polygonaceae(6/24)、莎草科 Cyperaceae(9/24)、小檗科 Berberidaceae(6/22)、虎耳草科 Saxifragaceae(8/22)、蝶形花科 Papilionaceae(14/22)、冬青科 Aquifoliaceae(1/22)、凤仙花科 Balsaminaceae(1/21)和芸香科 Rutaceae(9/21)，共计 318 种，占该地区种数的 17.05%。这些科中，有 6 个世界广布科，5 个泛热带分布科，另有小檗科是温带分布科，冬青科为热带亚洲及热带美洲间断分布科，它们也是该区植物区系和植被的重要组成科。

此外，有 27 科含 10～19 种，有 35 科含 5～9 种，另有 35 科含 2～4 种，有 36 科只含 1 种。

2）按每科所含次级分类群的相对频率排列

按存在度（VFP）对保护区 159 科进行排序，如存在度相等，则参考属、种数多少排列，其结果如表 5-2 所示。排序结果表明，前文所列举的含有 30 种及以上的 13 个大科和较大科，仅有壳斗科和忍冬科的 VFP 可达 0.3 以上。这两个科都是北温带分布类型，再结合保护区的亚热带和暖温带共存的典型高原立体气候及地形上从云贵高原向四川盆地过渡倾斜，可以解释其 VFP 较大的原因。

表 5-2　保护区种子植物区系存在度较大（大于 0.3）的科

科排序	拉丁名	当地属数/总属数	属的存在度	当地种数/总种数	种的存在度
水青树科	Tetracentraceae	1/1	1	1/1	1
十齿花科	Dipentodontaceae	1/1	1	1/1	1
鞘柄木科	Torricelliaceae	1/1	1	1/2	0.5
珙桐科	Davidiaceae	1/1	1	1/1	1
旌节花科	Stachyuraceae	1/1	1	6/6	1
清风藤科	Sabiaceae	1/1	1	7/19	0.37
虎皮楠科	Daphniphyllaceae	1/1	1	1/12	0.08
青荚叶科	Helwingiaceae	1/1	1	4/5	0.8
三尖杉科	Cephalotaxaceae	1/1	1	1/9	0.11
香蒲科	Typhaceae	1/1	1	1/15	0.07
八角科	Illiciaceae	1/1	1	2/42	0.05
马桑科	Coriariaceae	1/1	1	1/5	0.2
桃叶珊瑚科	Aucubaceae	1/1	1	6/11	0.5
领春木科	Eupteleaceae	1/1	1	1/2	0.5
连香树科	Cercidiphyllaceae	1/1	1	1/2	0.5
芍药科	Paeoniaceae	1/1	1	1/30	0.03
金鱼藻科	Ceratophyllaceae	1/1	1	2/6	0.33
八角枫科	Alangiaceae	1/1	1	3/20	0.15
茶藨子科	Grossulariaceae	1/1	1	10/160	0.06
七叶树科	Hippocastanaceae	1/1	1	1/30	0.03
山矾科	Symplocaceae	1/1	1	19/250	0.08
接骨木科	Sambucaceae	1/1	1	3/20	0.15
水马齿科	Callitrichaceae	1/1	1	1/17	0.06
菟丝子科	Cuscutaceae	1/1	1	1/170	0.006
水东哥科	Saurauiaceae	1/1	1	1/300	0.003
猕猴桃科	Actinidiaceae	2/2	1	19/55	0.3
五味子科	Schisandraceae	2/2	1	5/50	0.1
杨柳科	Salicaceae	2/2	1	15/620	0.02
桦木科	Betulaceae	2/2	1	8/100	0.08
壳斗科	Fagaceae	6/7	0.86	35/900	0.04

续表

科排序	拉丁名	当地属数/总属数	属的存在度	当地种数/总种数	种的存在度
榛科	Corylaceae	3/4	0.75	9/70	0.13
菝葜科	Smilacaceae	2/3	0.67	27/370	0.07
木通科	Lardizabalaceae	5/9	0.56	6/50	0.12
胡桃科	Juglandaceae	4/8	0.5	7/60	0.12
紫树科	Nyssaceae	1/2	0.5	1/10	0.1
鼠刺科	Iteaceae	1/2	0.5	1/20	0.05
槭树科	Aceraceae	1/2	0.5	14/200	0.07
瘿椒树科	Tapisciaceae	1/2	0.5	1/6	0.17
泡花树科	Meliosmaceae	1/2	0.5	11/60	0.18
凤仙花科	Balsaminaceae	1/2	0.5	21/900	0.02
冬青科	Aquifoliaceae	1/2	0.5	22/500	0.04
眼子菜科	Potamogetonaceae	1/2	0.5	2/100	0.02
金粟兰科	Chloranthaceae	2/4	0.5	2/70	0.03
浮萍科	Lemnaceae	2/4	0.5	3/35	0.09
忍冬科	Caprifoliaceae	5/13	0.38	38/290	0.13
山茱萸科	Cornaceae	3/8	0.36	18/60	0.3
葡萄科	Vitaceae	6/16	0.38	15/700	0.02
野茉莉科	Styracaceae	4/11	0.36	13/180	0.07
小檗科	Berberidaceae	6/17	0.35	22/650	0.03
木兰科	Magnoliaceae	5/15	0.33	12/300	0.04
胡颓子科	Elaeagnaceae	1/3	0.33	6/80	0.08
省沽油科	Staphyleaceae	1/3	0.33	1/22	0.05
延龄草科	Trilliaceae	1/3	0.33	8/70	0.11
柿树科	Ebenaceae	1/3	0.33	3/500	0.06
车前科	Plantaginaceae	1/3	0.33	4/275	0.01
杨梅科	Myricaceae	1/3	0.33	1/70	0.01
黄杨科	Buxaceae	2/6	0.33	2/100	0.02
小二仙草科	Haloragaceae	2/6	0.33	2/120	0.02

含 20～29 种的 13 个大科或较大科中，仅有菝葜科、小檗科、冬青科和凤仙花科的 VFP 达 0.3 以上，这些科多因是少属多种科，故存在度出现在前列。保护区中含种数较多的科多是世界性分布的大科或较大科，出现于该保护区的次级分类群(属)并不是很多，属一级的分类群数目也就不高，就难以将它们作为科一级来反映保护区植物区系的特征。相反，除去一些世界范围的单型科，另一些次级分类群(属)的数目也不是很多，但较局限地分布于东亚及邻近地区或以东亚分布为主的科，其存在度就相对大得多，能较好地代表保护区的主要特点，如猕猴桃科、五味子科、杨柳科、桦木科、壳斗科、榛科、菝葜科、凤仙花科、冬青科、泡花树科、槭树科和山茱萸科等。

3.优势科分析

保护区森林植被类型以湿性常绿阔叶林为主，保存有较原始的湿性常绿阔叶林森林生态系统，壳斗科、樟科、木兰科、山茶科、杜鹃花科、冬青科等是构成该区各种森林群落的主要成分，在该区域区系组成上有重要意义。

壳斗科 Fagaceae 是亚热带植物区系的典型科，也是中国植物区系的一大特点，为中国亚热带常绿阔叶林的重要组成成分，在中国的分布优势居全世界首位。该科有 7 属 900 余种，以北半球分布最为广泛，中国有 7 属近 294 种，保护区有 6 属 35 种。该科的种类是构成该区常绿阔叶林乔木上层的主要和重要成分，如石栎属 *Lithocarpus* 的峨眉包果柯 *Lithocarpus cleistocarpus* var. *omeiensis*、硬斗石栎 *Lithocarpus hancei*、峨眉柯 *Lithocarpus oblanceolatus*，青冈属 *Cyclobalanopsis* 的窄叶青冈 *Cyclobalanopsis augustinii*、曼青冈 *Cyclobalanopsis oxyodon*，栲属 *Castanopsis* 的峨眉栲 *Castanopsis platyacantha*、短刺米槠 *Castanopsis carlesii* var. *spinulosa*，水青冈属 *Fagus* 的米心水青冈 *Fagus engleriana*、水青冈 *Fagus longipetiolata*、光叶水青冈 *Fagus lucida*，栎属 *Quercus* 的巴东栎 *Quercus engleriana* 等。

樟科 Lauraceae 为泛热带分布大科，是热带和亚热带常绿阔叶林主要成分之一，共有 45 属 2000～2500 种。中国有 22 属 419 种，多集中在长江以南各省，只有少数落叶成分分布可达秦岭至淮河一线。保护区有 10 属 36 种，如山胡椒属 *Lindera* 的香叶树 *Lindera communis*、绒毛钓樟 *Lindera floribunda*、三股筋香 *Lindera thomsonii*、川钓樟 *Lindera pulcherrima* var. *hemsleyana*，木姜子属 *Litsea* 的石木姜子 *Litsea elongata* var. *faberi*、毛叶木姜子 *Litsea mollis*、宝兴木姜子 *Litsea moupinensis*、杨叶木姜子 *Litsea populifolia*，新木姜子属 *Neolitsea* 的新木姜子 *Neolitsea aurata*、毛柄新木姜子 *Neolitsea ovatifolia* var. *puberula*、四川新木姜子 *Neolitsea sutchuanensis*，琼楠属 *Beilschmiedia* 的贵州琼楠 *Beilschmiedia kweichowensis* 等。

木兰科 Magnoliaceae 是被子植物中较原始的类群，共有 15 属 300 种，分布于北美、南美南回归线以北和亚洲东南部、南部热带、亚热带及温带地区，集中分布在亚洲的东南部。中国共计 11 属约 107 种，保护区有 3 属 10 种，种类不多，但它们往往是本区常绿阔叶林的重要成分，如四川木莲 *Manglietia szechuanica* 在海拔 1400m 左右的林内为常见乔木上层物种，凹叶玉兰 *Yulania sargentiana*（海拔 1500～1900m）、武当玉兰 *Yulania sprengeri*（海拔 1850～2070m）亦多见于常绿阔叶林乔木层中。因其起源的古老性，木兰科中许多种类为国家级或省级重点保护植物。

山茶科 Theaceae 共有 25 属 610 种，广泛分布于热带和亚热带，主产于东亚。中国有 13 属 300 余种，分布于长江流域及南部各省的常绿林中，保护区有 7 属 29 种，其中木荷属 *Schima* 是本区常绿阔叶林乔木上层的主要成分之一，如银木荷 *Schima argentea*、华木荷 *Schima sinensis*、柃木属 *Eurya*、紫茎属 *Stewartia*、茶属 *Camellia* 和厚皮香属 *Ternstroemia* 是常绿阔叶林乔木下层和灌木层的主要成分。

杜鹃花科 Ericaceae 约有 54 属 1700 种，主产南、北半球温带及北半球亚寒带地区。中国产 15 属 550 种，南北均产，以西南山区种类最为丰富。杜鹃属 *Rhododendron*

共有 850 种，广泛分布于北温带，主产东亚及东南亚；中国产 470 种，集中分布在横断山区。保护区有 5 属 42 种，其中杜鹃属有 35 种，它们是该区常绿阔叶林的主要优势树种或伴生树种，在山顶及近山顶构成成片的杜鹃林，以美容杜鹃 *Rhododendron calophytum*、繁花杜鹃 *Rhododendron floribundum*、不凡杜鹃 *Rhododendron insigne* 等为常见种类。

冬青科 Aquifoliaceae 有 2 属 500 余种，主要分布于东、西两半球的热带和温带。中国仅有冬青属 *Ilex*，有 200 余种，广布于长江以南至台湾地区，云南有 142 种(含种下等级)，保护区出现 22 种，属和种的存在度均较高。该保护区出现的种均以小乔木和大灌木为主，如刺叶冬青 *Ilex bioritsensis*、毛薄叶冬青 *Ilex fragilis*、微香冬青 *Ilex subodorata* 等，是构成常绿阔叶林乔木下层和灌木层的重要成分之一。

这些特征科中杜鹃花科是世界性分布的科，余下的除壳斗科是温带性质外，其他 4 个科为热带性质，这一数据与该保护区在科级水平上的热带性稍强相吻合，印证了该保护区从亚热带向暖温带过渡的性质。此外，禾本科的竹亚科在保护区常绿阔叶林下成片存在，种类多、数量多，是该类群落重要组成部分。该保护区内有竹亚科植物 8 属 29 种，包括镰序竹属 *Drepanostachyum*、悬竹属 *Ampelocalamus*、玉山竹属 *Yushania*、方竹属 *Chimonobambusa*、刚竹属 *Phyllostachys*、箬竹属 *Indocalamus*、筇竹属 *Qiongzhuea*、箭竹属 *Fargesia* 等。

4.单型科分析

保护区只含 1 种的 36 科中(表 5-3)，真正的单型科有珙桐科 Davidiaceae、水青树科 Tetracentraceae 和十齿花科 Dipentodontaceae。

珙桐科为中国华中至横断山区特有单型科，是古近纪古热带植物区系的孑遗种，当地亦称之为水梨子或鸽子树，有着十分原始的木材结构和多心皮特点，属国家 I 级重点保护植物。相关研究发现，在白垩纪晚期和古近纪时期珙桐开始发育起来，其分布可达 N37° ～ N38° 的黄河流域，到新近纪时珙桐在全世界都有分布，但经第四纪冰川后珙桐在世界绝大多数地区已消失，仅在中国西南地区因地形复杂而残存。

珙桐 *Davidia involucrata* 分布区多为凉湿型气候，具有潮湿、多雨多雾、夏凉和冬季寒冷期长的特点，相对湿度在 80%以上，年降水量在 1400mm 以上，日照时间只有 800h 或更低。珙桐天然分布区较广，达 7 省 40 县，以四川盆地西部、大小梁山和武陵山区面积较大；其次是云南西北部的高黎贡山，以贡山和维西为中心。一些学者研究了气候变化对珙桐地理分布的影响，并根据全球气候模型(general circulation model，GCM)预测了 2030 年珙桐适宜分布区将发生改变，其中适宜分布区的东界向西移 0°18′ ～1°18′，西界东南段向东移动 0°18′ ～1°54′，北界和南界变化不大，2030 年适宜珙桐分布的面积比现在约减少 20%。

该科在保护区的存在和广泛发展，证明了保护区地质历史和植物植被的古老性和独特性。

水青树科为典型的古近纪时期孑遗植物，被誉为被子植物的活化石，具有原始的木质部和蓇葖果等原始特征。该科仅有 1 属 1 种，即水青树 *Tetracentron sinense*，为国家

Ⅱ级重点保护植物。分布的西界在尼泊尔，东界在中国湖南西部和湖北西部，北界在中国陕西南部和甘肃南部，南界达中国贵州和云南西南部，在中国的甘肃、陕西、湖北、湖南、河南、四川、重庆、云南、贵州等地均有分布。水青树分布范围为 N24° ～ N34.5°， E98° ～ E111.5°，为亚热带和暖温带区域，在我国植物区系分区中属泛北极植物区、中国-日本森林植物亚区的华中地区和中国-喜马拉雅森林植物亚区的横断山地区。在划定的三个特有属分布中心，水青树出现在川东-鄂西分布中心和川西-滇西北分布中心，处在水杉植物区系(*Metasequoia flora*)范围。可见，长期相对稳定的温和湿润环境有利于古老植物的保存。位于川东-鄂西分布中的大巴山及相邻的秦岭可能是水青树的现代分布中心，自此沿着四川盆地周围的山脉向西延伸。保护区地处滇川黔接壤处，是云贵高原向四川盆地过渡的地带，属四川盆地的南缘山地，总体处于水青树分布区的西南方。

十齿花科仅 1 属 1 种，即十齿花属(十萼花属)*Dipentodon*，是典型的东亚分布，十齿花 *Dipentodon sinicus* 属国家Ⅱ级重点保护植物，分布于中国藏东南、滇、黔、桂以及邻近的上缅甸至印度东北。十齿花科在本区分布于海拔 1500～2060m 的林中，并可形成纯林。它的出现在一定程度上说明了该区植物区系由亚热带向温带过渡的性质。

根据吴征镒院士的观点，十齿花科系热带印度至华南分布，确切地说是东亚南部界面分布。但据本次考察所见，十齿花在保护区能成片分布，形成很好的森林群落，比在滇南(最南端位于滇中南的元江县)的分布更具优势，且在滇中南至滇西南，十齿花主要分布于海拔较高的山地，故作者认为该科的温带性质比之热带性质稍强。所以在科分布区类型划定时，本书将其归入东亚分布型，而不像《世界种子植物科的分布区类型系统》及其修订，以及《种子植物分布区类型及其起源和分化》文献中划归为热带亚洲分布型之热带印度至华南(尤其云南南部)分布变型。此外，在以往相关文献中十齿花科及属的分布型划分也存在一定矛盾，该科既是单型科，则科与属的分布型应一致，然而科划归为热带亚洲分布之热带印度至华南分布变型，而属定义为东亚分布之中国-喜马拉雅分布变型，让人疑惑。

珙桐科、水青科和十齿花科在分类上比较孤立，或者在起源上较为古老，它们的存在说明了这一区域在地质历史上的古老性。就数量和分布来看，这三科在保护区较为多见，甚至形成较为优势的群落，显然它们在这一地区得到了极大的发展。

5.2.3　属的区系分析

1.属分布区类型分析

根据吴征镒院士对属分布区类型的划分，保护区种子植物 640 属可划分为 15 个类型和 21 个变型(表 5-3)。其中，世界分布类型属有 53 属；北温带分布类型及其变型为该区属数最多的类型，有 127 属；其次为泛热带分布类型及其变型，有 99 属；再次为含 93 属的东亚分布类型及其变型；最后为包含 54 属的热带亚洲分布类型及其变型。

表 5-3 保护区属的分布区类型

属分布区类型及变型	属数	占总属数比例/%
1.世界分布	53	8.28
2.泛热带分布	87	13.59
2-1 热带亚洲、大洋洲和南美洲(或墨西哥)间断分布	7	1.09
2-2 热带亚洲、非洲和南美洲间断分布	5	0.78
3.热带亚洲、热带美洲间断分布	17	2.66
4.旧世界热带分布	27	4.22
4-1 热带亚洲、热带非洲和大洋洲间断分布	2	0.31
5.热带亚洲至热带大洋洲分布	24	3.75
6.热带亚洲至热带非洲分布	19	2.97
6-1 热带亚洲和东非间断分布	1	0.16
7.热带亚洲分布	33	5.16
7-1 爪哇、中国喜马拉雅和华南、西南分布	7	1.09
7-2 热带印度至华南分布	4	0.63
7-3 缅甸、泰国至华南分布	3	0.47
7-4 越南(或中南半岛)至华南(或西南)分布	7	1.09
热带属(2～7)合计	243	37.97
8.北温带分布	58	9.06
8-1 环北极分布	1	0.16
8-2 北极-高山分布	2	0.31
8-4 北温带和南温带(全温带)间断分布	57	8.91
8-5 欧亚和南美温带间断分布	8	1.25
8-6 地中海、东亚、新西兰和墨西哥-智利间断分布	1	0.16
9.东亚、北美分布	44	6.88
9-1 东亚和墨西哥智利间断分布	3	0.47
10.旧世界温带分布	27	4.22
10-1 地中海、西亚、东亚间断分布	5	0.78
10-2 地中海区和喜马拉雅间断分布	3	0.47
10-3 欧亚和南非洲(有时大洋洲)间断分布	4	0.63
11.温带亚洲分布	6	0.94
12.地中海区、西亚至中亚分布	1	0.16
12-1 地中海区至中亚和墨西哥至美国南部间断分布	1	0.16
12-2 地中海区至温带、热带亚洲，大洋洲和南美洲间断分布	2	0.31
13.中亚分布及其变型	1	0.16
14.东亚分布	43	6.72
14-1 中国-喜马拉雅分布	29	4.53
14-2 中国-日本分布	21	3.28
15.中国特有分布	27	4.22
温带属(8～15)合计	344	53.78
合计	640	100.00

1) 世界分布

保护区有世界分布类型属 53 属，包含 281 种，分别占总属数和总种数的 8.28%和 15.08%，它们主要是草本类的属，在全国广为分布，如珍珠菜属 *Lysimachia*(20)、老鹳草属 *Geranium*(5)、毛茛属 *Ranunculus*(6)、龙胆属 *Gentiana*(5)、银莲花属 *Anemone*(3)、蓼属 *Polygonum*(18)、铁线莲属 *Clematis*(11)、繁缕属 *Stellaria*(9)、鼠尾草属 *Salvia*(8)、早熟禾属 *Poa*(6)、黄芩属 *Scutellaria*(6)、拉拉藤属 *Galium*(6)、千里光属 *Senecio*(5) 和剪股颖属 *Agrostis*(4) 等。其中有很多种类几乎只见于路边、荒坡和草地，在森林中出现的种类不多，具有显著的次生性质。

水生植物与沼生植物在本类型中相对丰富，如狐尾藻属 *Myriophyllum*(1)、眼子菜属 *Potamogeton*(2)、金鱼藻属 *Ceratophyllum*(2)、浮萍属 *Lemna*(2)、藨草属 *Scirpus*(2)、紫萍属 *Spirodela*(1) 和香蒲属 *Typha*(1) 等，它们广布于保护区内各种水域环境中，是主要的水生植物资源。

本类型中仅有少数属是木本属，如悬钩子属 *Rubus*(32)、鼠李属 *Rhamnus*(4) 和卫矛属 *Euonymus*(8) 等，多为灌木和小乔木，为该区林下灌木层和灌丛的主要组成物种。

2) 泛热带分布类型及其变型

泛热带分布类型及其变型有 99 属，含 289 种，分别占总属数和总种数的 15.47%和 15.50%，是该区除北温带分布外属数最多的类型，显示出其在该地区种子植物区系中的地位，这是由该区处于亚热带向北温带过渡的地理位置所决定的。典型的泛热带分布属中，含 4 属以上的科有禾本科(21)、大戟科(5)、蝶形花科(5)、莎草科(4)、菊科(4)，其余亦大多属于泛热带分布型的科，如荨麻科、马鞭草科、苏木科、含羞草科、马钱科、秋海棠科、菝葜科和芸香科等。

该类型中草本属居多，分布在山地林下或山坡草被中，常见的如画眉草属 *Eragrostis*(6)、鹅绒藤属 *Cynanchum*(6)、狗尾草属 *Setaria*(5)、三芒草属 *Aristida*(1)、孔颖草属 *Bothriochloa*(2)、狗牙根属 *Cynodon*(1)、牵牛属 *Pharbitis*(2)、菟丝子属 *Cuscuta*(1) 和母草属 *Lindernia*(2) 等；木本属较少，有乌桕属 *Sapium*(1)、朴属 *Celtis*(2)、榕属 *Ficus*(9)、枣属 *Ziziphus*(1)、柿属 *Diospyros*(3) 和海州常山属 *Clerodendrum*(4) 等；藤本植物有南蛇藤属 *Celastrus*(9)。

此外，泛热带分布类型在该区还包括两个变型，一是热带亚洲、大洋洲和南美洲(或墨西哥)间断分布，有 7 属，分别是冬青属 *Ilex*(22)、山矾属 *Symplocos*(19)、琼楠属 *Beilschmiedia*(2)、石积属 *Osteomeles*(1)、五叶参属 *Pentapanax*(1)、铜锤玉带属 *Pratia*(1) 和兰花参属 *Wahlenbergia*(1)；二是热带亚洲、非洲和南美洲间断分布，含 5 属，分别是凤仙花属 *Impatiens*(21)、冷水花属 *Pilea*(8)、雾水葛属 *Pouzolzia*(2)、桂樱属 *Laurocerasus*(2) 和厚皮香属 *Ternstroemia*(1)。

这一类型中菝葜属、榕属、秋海棠属、山矾属、冬青属和凤仙花属等是在中国含有 100 种以上的大属，这些属再加之琼楠属、柿属、朴属、厚皮香属、算盘子属 *Glochidion*(2)、花椒属 *Zanthoxylum*(7)、醉鱼草属 *Buddleja*(2)、紫珠属 *Callicarpa*(3) 等木本属，是在保护区植被群落构成中占重要地位的属。

泛热带分布类型成分主要起源于古南大陆，其现代分布中心都在热带范围内，而且许多属的分布中心在南半球。保护区有如此多样的泛热带属出现，在很大程度上表明了该地区植物区系与泛热带各地区在历史上的广泛联系。

3）热带亚洲、热带美洲间断分布

热带亚洲、热带美洲间断分布有 17 属，包含 68 种，分别占该区总属数和总种数的 2.66%和 3.65%。如泡花树属 *Meliosma*（11）、柃木属 *Eurya*（11）、木姜子属 *Litsea*（9）、楠属 *Phoebe*（6）、樟属 *Cinnamomum*（4）、白珠树属 *Gaultheria*（3）、猴欢喜属 *Sloanea*（2）、雀梅藤属 *Sageretia*（1）、假卫矛属 *Microtropis*（1）、水东哥属 *Saurauia*（1）和赛楠属 *Nothaphoebe*（1）等，这些属中有的构成该区森林群落的主要上层乔木成分，多为乔木和灌木类型。保护区与热带美洲共有的属不多，这是由于热带美洲或南美洲本来位于古南大陆西部，最早于侏罗纪末期就和非洲开始分裂，至白垩纪末期则和非洲完全分离，表明在古近纪前南美洲的植物区系与非洲、热带亚洲的区系曾有过共同渊源。

4）旧世界热带分布及其变型

旧世界热带分布及其变型有 29 属，包含 61 种，分别占总属数和总种数的 4.53%和 3.27%，这些属中木本属较少，仅有海桐属 *Pittosporum*（6）、八角枫属 *Alangium*（3）、野桐属 *Mallotus*（2）、楝属 *Melia*（1）、酸藤子属 *Embelia*（3）、杜茎山属 *Maesa*（1）等，八角枫属是旧大陆热带森林及次生林中普通而古老的成分。较典型的草本属有楼梯草属 *Elatostema*（9）、天门冬属 *Asparagus*（3）、乌蔹莓属 *Cayratia*（3）、细柄草属 *Capillipedium*（2）、千斤藤属 *Stephania*（2）、水蔗草属 *Apluda*（1）、金茅属 *Eulalia*（1）和水竹叶属 *Murdannia*（1）等，其中水蔗草属为单型属。这些草本属因为易于传播而成为亚洲热带、亚热带地区的杂草植物，同时是当地沟谷、草坡的建群种。

旧世界热带分布还有一个变型，即热带亚洲、热带非洲和热带大洋洲间断分布，仅有 2 属，即黄皮属 *Clausena*（1）和艾纳香属 *Blumea*（1）。

该类型起源于古南大陆，分布于保护区的 29 属说明了该区区系与古南大陆起源的植物区系的相关性。

5）热带亚洲至热带大洋洲分布

热带亚洲至热带大洋洲分布有 24 属，包含 44 种，分别占总属数和总种数的 3.75%和 2.36%，如女贞属 *Ligustrum*（8）、蛇菰属 *Balanophora*（4）、新耳草属 *Neanotis*（3）、新木姜子属 *Neolitsea*（3）、杜英属 *Elaeocarpus*（3）、梁王茶属 *Nothopanax*（2）、通泉草属 *Mazus*（2）、崖爬藤属 *Tetrastigma*（2）、栝楼属 *Trichosanthes*（2）、淡竹叶属 *Lophatherum*（1）、天麻属 *Gastrodia*（1）、猫乳属 *Rhamnella*（1）、崖豆藤属 *Callerya*（1）、山龙眼属 *Helicia*（1）和小二仙草属 *Haloragis*（1）等，其中天麻属为著名中药。该类型是一个古老的洲际分布类型，亚洲和大洋洲有属的存在，通常标志着两大洲在地质史上曾有过陆块的连接，使两地的物种得以交流。

6) 热带亚洲至热带非洲分布及其变型

热带亚洲至热带非洲分布及其变型有 20 属，包含 26 种，分别占总属数和总种数的 3.13%和 1.39%，其中有芒属 *Miscanthus*(3)、赤瓟属 *Thladiantha*(3)、香茶菜属 *Rabdosia*(2)、六棱菊属 *Laggera*(2)、紫雀花属 *Parochetus*(1)、兔儿一支箭属 *Piloselloides*(1)、铁仔属 *Myrsine*(1)、白接骨属 *Asystasiella*(1)、飞龙掌血属 *Toddalia*(1)、雄黄兰属 *Crocosmia*(1)、假楼梯草属 *Lecanthus*(1)、长蒴苣苔属 *Didymocarpus*(1)、海角苣苔属 *Streptocarpus*(1)和桑寄生属 *Taxillus*(1)等，这些种类分布的海拔都相对较低，或出现于路边、荒坡和草地等非林地的次生地带。其中，飞龙掌血属和紫雀花属为两个单型属。

此分布类型还有一个变型即热带亚洲和东非间断分布，仅有杨桐属 *Adinandra*(1)。

本分布类型起源于古南大陆。飞龙掌血属分布于热带非洲至南非，马达加斯加、印度、斯里兰卡、中南半岛至西马来，东仅达菲律宾；中国秦岭、长江以南和台湾广布。紫雀花属分布于热带非洲、斯里兰卡、缅甸、印度西北部(西姆拉)至东北部(阿萨姆)、不丹、中国西藏南部和云南大部分地区至中南半岛、马来半岛及爪哇。这两个属的分布格局为该类型起源于古南大陆提供了一定佐证。

7) 热带亚洲分布及其变型

热带亚洲分布及其变型有 54 属，包含 113 种，分别占总属数和总种数的 8.44%和 6.06%，在保护区大面积的亚热带常绿阔叶林中，是具有显著群落学意义的代表。木本类型有山茶属 *Camellia*(11)、青冈属 *Cyclobalanopsis*(8)、玉山竹属 *Yushania*(7)、清风藤属 *Sabia*(7)、含笑属 *Michelia*(5)、润楠属 *Machilus*(3)、木莲属 *Manglietia*(3)、柏纳参属 *Brassaiopsis*(2)、水丝梨属 *Sycopsis*(2)、黄肉楠属 *Actinodaphne*(1)、山桂花属 *Bennettiodendron*(1)、虎皮楠属 *Daphniphyllum*(1)和黄杞属 *Engelhardtia*(1)等；草本类型有蛇根草属 *Ophiorrhiza*(2)、微柱麻属 *Chamabainia*(1)、金发草属 *Pogonatherum*(1)和沟稃草属 *Aniselytron*(1)等；层间植物有肖菝葜属 *Heterosmilax*(4)、粗毛藤属 *Cnesmone*(1)、轮环藤属 *Cyclea*(1)、南五味子属 *Kadsura*(1)和绞股蓝属 *Gynostemma*(3)等。

该类型有 4 个分布变型，一是爪哇、中国喜马拉雅和华南、西南分布变型，共有 7 属，即木荷属 *Schima*(2)、石椒草属 *Boenninghausenia*(2)、锦香草属 *Phyllagathis*(2)、草珊瑚属 *Sarcandra*(1)、石蝴蝶属 *Petrocosmea*(1)、清香桂属 *Sarcococca*(1)和冠唇花属 *Microtoena*(1)；二是热带印度至华南分布，共有 4 属，即肉穗草属 *Sarcopyramis*(2)、悬竹属 *Ampelocalamus*(2)、镰序竹属 *Drepanostachyum*(1)和独蒜兰属 *Pleione*(1)；三是缅甸、泰国至华南分布，有 3 属，即香果树属 *Emmenopterys*(1)、偏瓣花属 *Plagiopetalum*(1)、木瓜红属 *Rehderodendron*(1)；四是越南(或中南半岛)至华南(或西南)分布，有 7 属，即小苦荬属 *Ixeridium*(3)、竹叶吉祥草属 *Spatholirion*(2)、毛药苣苔属 *Dasydesmus*(1)、福建柏属 *Fokienia*(1)、苞叶木属 *Chaydaia*(1)、竹根七属 *Disporopsis*(1)和异药花属 *Fordiophyton*(1)，其中福建柏属、苞叶木属、吉祥草属为单型属。

8) 北温带分布及其变型

北温带分布及其变型共有 127 属，包含 505 种，分别占总属数和总种数的 19.84%和 27.09%，也是该区分布属数最多的类型，如荚蒾属 *Viburnum*(23)、花楸属 *Sorbus*(18)、蔷薇属 *Rosa*(12)、樱属 *Cerasus*(10)、忍冬属 *Lonicera*(10)、绣线菊属 *Spiraea*(7)、紫堇属 *Corydalis*(7)、马先蒿属 *Pedicularis*(7)、天南星属 *Arisaema*(6)、杨属 *Populus*(5)、桦木属 *Betula*(5)、鹅耳枥属 *Carpinus*(4)、水青冈属 *Fagus*(3)和松属 *Pinus*(1)等。

此外，该分布型有 5 个分布变型，一是环北极分布，仅 1 属，即睡菜属 *Menyanthes*(1)，该属亦为单型属，为北半球酸性沼泽中的典型植物，常成小片群落；二是北极-高山分布，有 2 属，即山蓼属 *Oxyria*(1)和红景天属 *Rhodiola*(1)；三是北温带和南温带(全温带)间断分布，共有 57 属，如杜鹃属 *Rhododendron*(35)、槭属 *Acer*(14)、栎属 *Quercus*(11)、茶藨子属 *Ribes*(10)、报春花属 *Primula*(10)、柳属 *Salix*(10)、越桔属 *Vaccinium*(9)、山茱萸属 *Cornus*(8)、茜草属 *Rubia*(8)、稠李属 *Padus*(8)、柳叶菜属 *Epilobium*(8)、胡颓子属 *Elaeagnus*(6)、委陵菜属 *Potentilla*(6)、婆婆纳属 *Veronica*(6)、景天属 *Sedum*(6)、紫菀属 *Aster*(6)、金腰属 *Chrysosplenium*(5)和茴芹属 *Pimpinella*(5)等，其中的杜鹃属是该区种数最多的属，而该属也是中国种子植物第一大属，一方面体现了该区和中国区系的一致性，表明了中国区系及保护区植物区系的东亚分布，特别是以中国-喜马拉雅为主的属性，另一方面印证了中国云南是杜鹃花科的分布和分化中心；四是欧亚和南美温带间断分布，有 8 属，即小檗属 *Berberis*(9)、虎耳草属 *Saxifraga*(4)、蒲公英属 *Taraxacum*(3)、缬草属 *Valeriana*(3)、火绒草属 *Leontopodium*(2)、岩菖蒲属 *Tofieldia*(1)、看麦娘属 *Alopecurus*(1)和点地梅属 *Androsace*(1)；五是地中海、东亚、新西兰和墨西哥到智利间断分布，仅有马桑属 *Coriaria*(1) 1 属。

综上所述，本类型特点如下：①包含 10 种以上的中等属较多，如杜鹃属、荚蒾属、花楸属、蔷薇属、小檗属、忍冬属等；②木本属比较丰富，几乎包括了北温带分布所有的典型乔木和灌木属，如松属、杨属、柳属、槭属、胡颓子属、樱属、红豆杉属 *Taxus*(1)、椴属 *Tilia*(3)和榆属 *Ulmus*(1)等，它们中的乔灌木种类往往是保护区常绿阔叶林的重要组成部分；③草本属丰富多样。该类型是保护区属数最多的一类，这可由该区地理位置和气候条件总体的过渡性质得到解释，地理位置上从云贵高原向四川盆地过渡，气候类型则是亚热带和暖温带共存，结合北温带分布类型在该区的显著优势，充分表明了该区在属级上的温带性质。

9) 东亚和北美洲间断分布及其变型

东亚和北美洲间断分布及其变型有 47 属，包含 120 种，分别占总属数和总种数的 7.34%和 6.44%。该类型中许多属为孑遗或相对古老的植物，如较常见和重要的属有绣球属 *Hydrangea*(10)、楤木属 *Aralia*(9)、十大功劳属 *Mahonia*(8)、八角属 *Illicium*(2)、五味子属 *Schisandra*(4)、栲属 *Castanopsis*(4)、石楠属 *Photinia*(4)、石栎属 *Lithocarpus*(7)、勾儿茶属 *Berchemia*(6)、漆属 *Toxicodendron*(6)、山胡椒属

Lindera(6)、落新妇属 *Astilbe*(4)、木樨属 *Osmanthus*(3)、大头茶属 *Gordonia*(2)、人参属 *Panax*(2)、玉兰属 *Yulania*(2)、马醉木属 *Pieris*(1)和铁杉属 *Tsuga*(1)等，它们为当地常绿阔叶林中的重要树种和林下草本，具有比较重要的群落学意义，同时反映了该区森林和北美洲的密切关系。

该分布类型还有 1 个变型，即东亚和墨西哥智利间断分布，共有 3 属，分别是溲疏属 *Deutzia*(3)、大丁草属 *Leibnitzia*(1)和六道木属 *Abelia*(1)。

10)旧世界温带分布及其变型

旧世界温带分布及其变型有 39 属，包括 75 种，分别占总属数和总种数的 6.09%和 4.02%，主要有栒子属 *Cotoneaster*(9)、重楼属 *Paris*(8)、橐吾属 *Ligularia*(7)、蟹甲草属 *Parasenecio*(3)、败酱属 *Patrinia*(2)、香薷属 *Elsholtzia*(2)、附地菜属 *Trigonotis*(2)、绿绒蒿属 *Meconopsis*(2)、风毛菊属 *Saussurea*(2)、亮蛇床属 *Selinum*(1)、牛蒡属 *Arctium*(1)、鸭茅属 *Dactylis*(1)、活血丹属 *Glechoma*(1)、萝卜属 *Raphanus*(1)和川续断属 *Dipsacus*(1)等。这一类型的属基本上是该区的草本属，尤其见于旷野和草坡生境。

该类型有三个变型，一是地中海、西亚、东亚间断分布，有 5 属，即火棘属 *Pyracantha*(2)、马甲子属 *Paliurus*(1)、芦竹属 *Arundo*(1)、窃衣属 *Torilis*(1)和丁香属 *Syringa*(1)；二是地中海区和喜马拉雅间断分布，有茄参属 *Mandragora*(1)、淫羊藿属 *Epimedium*(1)、滇紫草属 *Onosma*(1)3 属；三是欧亚和南非洲(有时大洋洲)间断分布，有天名精属 *Carpesium*(8)、黑藻属 *Hydrilla*(1)、筋骨草属 *Ajuga*(1)和前胡属 *Peucedanum*(1)4 属。

这一类型有丰富的草本属，具有北温带区系的一般特色，这些草本属是保护区林下、山地草甸和灌草丛的重要组成部分。该分布型的属还有许多主要分布于地中海区、西亚至中亚的属，或以此为分布中心，如川续断属、荆芥属 *Nepeta*(1)等。因而本分布类型兼具地中海和中亚植物区系特色，说明旧大陆温带区系和地中海-中亚植物区系可能有共同起源及与古南大陆有密切联系。

11)温带亚洲分布

温带亚洲分布只有 6 属，包括 11 种，分别占该区总属数和总种数的 0.94%和 0.59%，它们是黄鹌菜属 *Youngia*(4)、马兰属 *Kalimeris*(2)、枫杨属 *Pterocarya*(2)、岩白菜属 *Bergenia*(1)、虎杖属 *Reynoutria*(1)和亚菊属 *Ajania*(1)，均为草本属。该类型大多起源于古北大陆，在保护区较少，且均为草本类型。

12)地中海区、西亚至中亚分布及其变型

地中海区、西亚至中亚分布及其变型只有 4 属，包括 5 种，分别占总属数和总种数的 0.63%和 0.27%，有假小喙菊属 *Paramicrorhynchus*(1)，以及属于地中海区至中亚和墨西哥至美国南部间断这一分布变型的黄连木属 *Pistacia*(2)，另有地中海区至温带、热带亚洲，大洋洲和南美洲间断分布变型 2 属，即常春藤属 *Hedera*(1)和沙针属 *Osyris*(1)。由此可推断保护区和地中海地区的联系十分微弱。

13）中亚分布类型及其变型

中亚分布类型中仅有中亚至喜马拉雅分布变型一种，仅有 1 属，即角蒿属 *Incarvillea*（1），1 种，分别占总属数和总种数的 0.16%和 0.05%。

14）东亚分布及其变型

东亚分布及其变型有 93 属，包括 229 种，占总属数和总种数的 14.53%和 12.29%，包括猕猴桃属 *Actinidia*（16）、兔儿风属 *Ainsliaea*（10）、四照花属 *Dendrobenthamia*（9）、囊瓣芹属 *Pternopetalum*（9）、五加属 *Acanthopanax*（9）、刚竹属 *Phyllostachys*（8）、桃叶珊瑚属 *Aucuba*（6）、旌节花属 *Stachyurus*（6）、沿阶草属 *Ophiopogon*（6）、方竹属 *Chimonobambusa*（5）、吴茱萸属 *Evodia*（5）、青荚叶属 *Helwingia*（4）、绣线梅属 *Neillia*（3）、人字果属 *Dichocarpum*（3）、茵芋属 *Skimmia*（2）、翅果菊属 *Pterocypsella*（2）、吊钟花属 *Enkianthus*（2）、蓬莱葛属 *Gardneria*（2）、泥胡菜属 *Hemistepta*（1）、领春木属 *Euptelea*（1）、大百合属 *Cardiocrinum*（1）、虎刺属 *Damnacanthus*（1）、松蒿属 *Phtheirospermum*（1）和三尖杉属 *Cephalotaxus*（1）等，其中泥胡菜属、袋果草属 *Peracarpa*（1）和南天竹属 *Nandina*（1）为单型属。

另外，该分布类型的两个变型也包含较多的属，一是中国-喜马拉雅分布，包含 29 属，如合耳菊属 *Synotis*（11）、马蓝属 *Pteracanthus*（4）、雪胆属 *Hemsleya*（4）、鬼风吹箫属 *Leycesteria*（3）、腹水草属 *Veronicastrum*（3）、星果草属 *Asteropyrum*（2）、筒冠花属 *Siphocranion*（2）、鬼臼属 *Dysosma*（2）、鸡爪枫属（八月瓜属）*Holboellia*（2）、毛鳞菊属 *Chaetoseris*（2）、粗筒苣苔属 *Briggsia*（2）、扁核木属 *Prinsepia*（1）、铁破锣属 *Beesia*（1）、鞘柄木属 *Torricellia*（1）、双参属 *Triplostegia*（1）、刺续断属 *Acanthocalyx*（1）、丫蕊花属 *Ypsilandra*（1）等，其中有云木香属 *Aucklandia*（1）、猫儿屎属 *Decaisnea*（1）、十齿花属 *Dipentodon*（1）、鞭打绣球属 *Hemiphragma*（1）、水青树属 *Tetracentron*（1）等多个单型属；二是中国-日本分布，共有 21 属，如蒲儿根属 *Sinosenecio*（4）、白辛树属 *Pterostyrax*（2）、棣棠花属 *Kerria*（1）、连香树属 *Cercidiphyllum*（1）、化香树属 *Platycarya*（1）、野鸦椿属 *Euscaphis*（1）、木通属 *Akebia*（1）、香简草属 *Keiskea*（1）、羽叶菊属 *Nemosenecio*（1）、玉簪属 *Hosta*（1）和半蒴苣苔属 *Hemiboea*（1）等，其中有刺楸属 *Kalopanax*（1）、臭常山属 *Orixa*（1）、吉祥草属 *Reineckia*（1）、风龙属 *Sinomenium*（1）和山桐子属 *Idesia*（1）等单型属。

该类型中有许多重要的木本属如猕猴桃属、四照花属、桃叶珊瑚属、旌节花属、青荚叶属、茵芋属、吊钟花属、领春木属、十齿花属等，均为该区常绿阔叶林的重要组成部分，其中的十齿花属和水青树属是比较古老的木本属，表明了保护区区系的古老性。此外，该类型的另一特点是包含许多的单种属和单型属，计有 51 属。吴征镒院士等认为东亚成分和它的两个变型含有许多的古老科属代表，单种属、二种属和少种属所占的比例相当高，而且大多数分布于 N20°～N40°的温暖地区，有的属可延伸至中南半岛或爪哇，足以证明它们古近纪古热带的共同起源。

这一类型在数据上稍逊色于北温带分布和泛热带分布，但其包含的属对该区区系特色的反映意义重大，肯定了东亚分布及其变型在该区的重要性。

15) 中国特有分布

保护区种子植物属中仅分布于中国境内的属有 27 属，包括 33 种，分别占该区总属数和总种数的 4.22%和 1.77%，占中国特有属 243 属的 11.11%，比例非常之高。如筇竹属 *Qiongzhuea*(4)、藤山柳属 *Clematoclethra*(3)、紫菊属 *Notoseris*(2)、珙桐属 *Davidia*(1)、假福王草属 *Paraprenanthes*(1) 和瘿椒树属 *Tapiscia*(1)，其中异颖草属 *Anisachne*(1)、同钟花属 *Homocodon*(1)、陀螺果属 *Melliodendron*(1) 和珙桐属等 13 属为单型属。

综上所述，从属的统计和分析可得出以下结论。

(1) 该地区种子植物的 640 属，共分为 15 个分布型和 22 个分布变型，显示出当地植物区系成分属水平的高度多样性。

(2) 保护区有热带性质的属(分布区代号 2～7) 243 属，占总属数的 37.97%；温带性质的属(分布区代号 8～15) 344 属，占总属数的 53.91%。属级水平的热带成分与温带成分之比为 1∶1.42，显示出相对较强的温带性质，与科级水平的热带成分与温带成分之比(1.25∶1) 相比，温带成分明显增加。这是因为该地区纬度偏北，属四川盆地的南缘山地，气候类型总体上或大部分处于亚热带的北缘，植物区系性质由亚热带逐渐过渡到温带，与华中植物区系有密切的关系。也表明在漫长的历史长河中，有一定比例的热带成分被淘汰，同时由来自华中、华西的温带成分替代了它们，从而在总的区系上应归于华中植物区系。这两组数据的差异，反映了科级和属级水平上一个植物区系性质的不完全一致性，故在区系分析时有必要分别进行科、属区系分析以进行对比，分析其原因，从而进行一地植物区系的准确定位。

(3) 各分布型中，前 6 位的类型依次是：北温带分布，有 127 属，占属总数的 19.84%；泛热带分布，有 99 属，占属总数的 15.47%；东亚分布，有 93 属，占属总数的 14.53%；热带亚洲分布，有 54 属，占属总数的 8.44%；世界分布，有 53 属，占属总数的 8.28%；东亚和北美洲间断分布，有 47 属，占属总数的 7.34%；其他分布类型均不超过 7%。

2.属的两种不同排序

(1) 按属所含种的绝对数目排列。保护区 640 属种子植物，含 20 种以上的属有 7 属，占总属数的 1.09%(表 5-4)，其中种数最多的是杜鹃属 *Rhododendron*，共 35 种。其他依次是悬钩子属 *Rubus*，共 32 种；菝葜属 *Smilax*，共 23 种；荚蒾属 *Viburnum*，共 23 种；冬青属 *Ilex*，共 22 种；凤仙花属 *Impatiens*，共 21 种；珍珠菜属 *Lysimachia*，共 20 种。这些属共计 176 种，占总种数的 9.44%。含 6～20 种的属有 87 属，占该区 640 属的 13.59%，共有 747 种。只含 2～4 种的属有 216 属，占该区 640 属的 33.75%，共有 608 种。只含一个种的属有 330 属，占该区 640 属的 51.56%。

表 5-4 保护区种子植物区系属的数量结构分析

类型	属数	占总属数比例/%	所含种数	占总种数比例/%
单型属(1 种)	330	51.56	330	17.70
少种属(2～4 种)	216	33.75	608	32.62
中等属(6～20 种)	87	13.59	747	40.08
多种属(>20 种)	7	1.09	176	9.46
合计	640	100.00	1861*	99.86

注：*其中有 3 种待定种不记在该表总种数内。

此外，含 10 种以上的大属和较大属共 29 属(表 5-5)，占保护区总属数(640 属)的 4.53%。这些属共有种类 451 种，占保护区总种数的 24.20%。这些大属和较大属中，北温带分布有 12 属，占据优势，也说明了保护区较强的温带性质。其次为世界分布(6)、泛热带分布(4)和东亚分布(3)。

表 5-5 保护区种子植物含 10 种以上的较大属一览表

序号	中文名	拉丁名	所含种数			分布区类型
			保护区	中国	世界	
1	杜鹃属	*Rhododendron*	35	542	850	8
2	悬钩子属	*Rubus*	32	280	600	1
3	菝葜属	*Smilax*	23	61	300	2
4	荚蒾属	*Viburnum*	23	74	216	8
5	冬青属	*Ilex*	22	118	400	2
6	凤仙花属	*Impatiens*	21	190	600	2
7	珍珠菜属	*Lysimachia*	20	138	190	1
8	山矾属	*Symplocos*	19	125	350	2
9	蓼属	*Polygonum*	18	120	300	1
10	花楸属	*Sorbus*	18	60	90	8
11	蒿属	*Artemisia*	17	170	350	8
12	猕猴桃属	*Actinidia*	16	52	54	14
13	槭属	*Acer*	14	150	200	8
14	薹草属	*Carex*	13	400	2000	1
15	蔷薇属	*Rosa*	12	82	150	8
16	堇菜属	*Viola*	12	111	450	1
17	山茶属	*Camellia*	11	190	220	7
18	铁线莲属	*Clematis*	11	140	295	1
19	柃木属	*Eurya*	11	80	130	3
20	泡花树属	*Meliosma*	11	29	55	3
21	栎属	*Quercus*	11	110	450	8

续表

序号	中文名	拉丁名	所含种数			分布区类型
			保护区	中国	世界	
22	合耳菊属	*Synotis*	11	36	50	14-1
23	兔儿风属	*Ainsliaea*	10	45	70	14
24	樱属	*Cerasus*	10	68	140	8
25	绣球属	*Hydrangea*	10	45	80	9
26	忍冬属	*Lonicera*	10	95	190	8
27	报春花属	*Primula*	10	300	500	8
28	茶藨子属	*Ribes*	10	45	150	8
29	柳属	*Salix*	10	200	500	8
	合计		451			

(2) 按区系存在度排序。应用前面的区系存在度概念，对保护区种子植物 640 属重新进行排序评价，则整个顺序与上面的结果大为不同，利用区系存在度的概念所得到的 VFP 大于 0.5 的属见表 5-6。

表 5-6　保护区种子植物区系存在度较大(大于 0.5)的属

中文名	拉丁名	当地种数	世界种数	区系存在度(VFP)	分布区类型
类芦属	*Neyraudia*	1	2	0.50	4
淡竹叶属	*Lophatherum*	1	2	0.50	5
紫雀花属	*Parochetus*	1	1	1.00	6
飞龙掌血属	*Toddalia*	1	1	1.00	6
兔儿一支箭属	*Piloselloides*	1	2	0.50	6
微柱麻属	*Chamabainia*	1	2	0.50	7
金发草属	*Pogonatherum*	1	2	0.50	7
香果树属	*Emmenopterys*	1	1	1.00	7-3
偏瓣花属	*Plagiopetalum*	1	2	0.50	7-3
毛药苣苔属	*Dasydesmus*	1	1	1.00	7-4
福建柏属	*Fokienia*	1	1	1.00	7-4
竹叶吉祥草属	*Spatholirion*	2	3	0.67	7-4
苞叶木属	*Chaydaia*	1	2	0.50	7-4
石椒草属	*Boenninghausenia*	2	2	1.00	7-1
水蔗草属	*Apluda*	1	1	1.00	4
构属	*Broussonetia*	3	5	0.60	7
狗筋蔓属	*Cucubalus*	1	1	1.00	8
舞鹤草属	*Maianthemum*	3	4	0.75	8
菵草属	*Beckmannia*	1	2	0.50	8
睡菜属	*Menyanthes*	1	1	1.00	8-1

续表

中文名	拉丁名	当地种数	世界种数	区系存在度(VFP)	分布区类型
山蓼属	*Oxyria*	1	2	0.50	8-2
红果树属	*Stranvaesia*	3	5	0.60	9
红毛七属	*Caulophyllum*	1	2	0.50	9
鸡眼草属	*Kummerowia*	1	2	0.50	9
黑藻属	*Hydrilla*	1	1	1.00	10-3
假小喙菊属	*Paramicrorhynchus*	1	1	1.00	12
青荚叶属	*Helwingia*	4	4	1.00	14
泥胡菜属	*Hemistepta*	1	1	1.00	14
蕺菜属	*Houttuynia*	1	1	1.00	14
南天竹属	*Nandina*	1	1	1.00	14
桃叶珊瑚属	*Aucuba*	6	7	0.86	14
四照花属	*Dendrobenthamia*	9	12	0.75	14
旌节花属	*Stachyurus*	6	10	0.60	14
射干属	*Belamcanda*	1	2	0.50	14
领春木属	*Euptelea*	1	2	0.50	14
袋果草属	*Peracarpa*	1	2	0.50	14
秋分草属	*Rhynchospermum*	1	2	0.50	14
鬼灯檠属	*Rodgersia*	3	6	0.50	14
钻地风属	*Schizophragma*	4	8	0.50	14
星果草属	*Asteropyrum*	2	2	1.00	14-1
云木香属	*Aucklandia*	1	1	1.00	14-1
猫儿屎属	*Decaisnea*	1	1	1.00	14-1
十齿花属	*Dipentodon*	1	1	1.00	14-1
鞭打绣球属	*Hemiphragma*	1	1	1.00	14-1
扁核木属	*Prinsepia*	1	1	1.00	14-1
筒冠花属	*Siphocranion*	2	2	1.00	14-1
水青树属	*Tetracentron*	1	1	1.00	14-1
铁破锣属	*Beesia*	1	2	0.50	14-1
旋花豆属	*Cochlianthus*	1	2	0.50	14-1
风吹箫属	*Leycesteria*	3	6	0.50	14-1
石海椒属	*Reinwardtia*	1	2	0.50	14-1
鞘柄木属	*Torricellia*	1	2	0.50	14-1
双参属	*Triplostegia*	1	2	0.50	14-1
棣棠花属	*Kerria*	1	1	1.00	14-2
连香树属	*Cercidiphyllum*	1	1	1.00	14-2
山桐子属	*Idesia*	1	1	1.00	14-2
刺楸属	*Kalopanax*	1	1	1.00	14-2

续表

中文名	拉丁名	当地种数	世界种数	区系存在度(VFP)	分布区类型
臭常山属	*Orixa*	1	1	1.00	14-2
吉祥草属	*Reineckia*	1	1	1.00	14-2
汉防己属	*Sinomenium*	1	1	1.00	14-2
化香树属	*Platycarya*	1	2	0.50	14-2
龙珠属	*Tubocapsicum*	1	2	0.50	14-2
异颖草属	*Anisachne*	1	1	1.00	15
天蓬子属	*Atropanthe*	1	1	1.00	15
岩匙属	*Berneuxia*	1	1	1.00	15
珙桐属	*Davidia*	1	1	1.00	15
牛筋条属	*Dichotomanthus*	1	1	1.00	15
马蹄芹属	*Dickinsia*	1	1	1.00	15
血水草属	*Eomecon*	1	1	1.00	15
异野芝麻属	*Heterolamium*	1	1	1.00	15
同钟花属	*Homocodon*	1	1	1.00	15
匙叶草属	*Latouchea*	1	1	1.00	15
紫伞芹属	*Melanosciadium*	1	1	1.00	15
虾须草属	*Sheareria*	1	1	1.00	15
串果藤属	*Sinofranchetia*	1	1	1.00	15
藤山柳属	*Clematoclethra*	3	5	0.60	15
南一笼鸡属	*Paragutzlaffia*	1	2	0.50	15
瘿椒树属	*Tapiscia*	1	2	0.50	15

从这样的排序来看，前面以绝对种数排在前 29 位的属中，没有一属的 VFP 达到 0.5，即表明这些大属在保护区的相对存在频率不高，在植物区系多样性的建成中作用就相对小得多。

从这 80 个 VFP 大于 0.5 的属来看，东亚分布及其变型的属最多，有 37 属，占 46.25%；中国特有分布的属次之，有 16 属，占 20%；热带亚洲分布及其变型有 11 属，占 13.75%。所有其他类型仅有 16 属，占 20%。所以，VFP 大于 0.5 的属中，以东亚、中国特有和热带亚洲分布属为主，三者占总数的 80%。因此，在保护区这三个分布类型的属无疑是具有标志性特点的重要类群。

3.单种属和单型属

保护区 330 个单种属中，有 37 个属本身就是单型属(表 5-7)，这些单型属以中国特有成分和东亚成分为主，说明保护区的植物区系具有明显的中国特有性和东亚植物区系的特征。另外的属虽然不是单型属，但中国仅产 1 种的属有 31 属；中国有 2 种而保护区有 1 种的属有 43 属；中国有 10 种以上而保护区仅有 1 种的属有 106 属。

表 5-7 保护区种子植物单型属及其分布区类型

序号	中文名	拉丁名	分布区类型	序号	中文名	拉丁名	分布区类型
1	同钟花属	*Homocodon*	15	20	鞭打绣球属	*Hemiphragma*	14-1
2	匙叶草属	*Latouchea*	15	21	猫儿屎属	*Decaisnea*	14-1
3	紫伞芹属	*Melanosciadium*	15	22	水青树属	*Tetracentron*	14-1
4	牛筋条属	*Dichotomanthus*	15	23	十齿花属	*Dipentodon*	14-1
5	血水草属	*Eomecon*	15	24	蕺菜属	*Houttuynia*	14
6	串果藤属	*Sinofranchetia*	15	25	泥胡菜属	*Hemistepta*	14
7	天蓬子属	*Atropanthe*	15	26	袋果草属	*Peracarpa*	14
8	异野芝麻属	*Heterolamium*	15	27	吉祥草属	*Reineckia*	14
9	马蹄芹属	*Dickinsia*	15	28	狗筋蔓属	*Cucubalus*	10
10	虾须草属	*Sheareria*	15	29	鸭茅属	*Dactylis*	8
11	异颖草属	*Anisachne*	15	30	睡菜属	*Menyanthes*	8
12	岩匙属	*Berneuxia*	15	31	陀螺果属	*Melliodendron*	7-4
13	珙桐属	*Davidia*	15	32	福建柏属	*Fokienia*	7-4
14	臭常山属	*Orixa*	14-2	33	苞叶木属	*Chaydaia*	7-4
15	山桐子属	*Idesia*	14-2	34	飞龙掌血属	*Toddalia*	6
16	刺楸属	*Kalopanax*	14-2	35	紫雀花属	*Parochetus*	6
17	南天竹属	*Nandina*	14-2	36	黑藻属	*Hydrilla*	5
18	汉防己属	*Sinomenium*	14-2	37	水蔗草属	*Apluda*	4
19	云木香属	*Aucklandia*	14-1				

5.2.4 种的区系分析

1.种分布区类型分析

植物区系地理学的基本研究对象是具体区系，归根到底是以植物种作为研究对象的。科的统计分析可以初步明确区系性质和与古老区系的联系，属的分析可以论证各大区域或大陆块间的地史联系，并可推断这些高级种系的起源轮廓均具有不同层次的不可替代的意义。然而，通过种的分布区类型研究，可以进一步确定一个具体植物区系的地带性质和地理起源。保护区共有野生种子植物 1864 种，根据每个种的现代地理分布，参照吴征镒属的分布区划分方法，将其划分为 16 个不同的类型(表 5-8)。

表 5-8 保护区种子植物种的分布区类型

分布区类型及变型	种数	占比/%
1.世界分布	17	0.91
2.泛热带分布	27	1.45
3.热带亚洲、热带美洲间断分布	2	0.11
4.旧世界热带分布	12	0.64

续表

分布区类型及变型	种数	占比/%
5.热带亚洲至热带大洋洲分布	21	1.13
6.热带亚洲至热带非洲分布	17	0.91
7.热带亚洲分布	206	11.05
热带种(2～7)合计	285	15.29
8.北温带分布	98	5.26
9.东亚、北美分布	4	0.21
10.旧世界温带分布	9	0.48
11.温带亚洲分布	4	0.21
12.地中海区、西亚至中亚分布	1	0.05
13.中亚分布	5	0.27
14.东亚分布	332	17.81
15.中国特有分布	1063	57.03
温带种(8～15)合计	1516	81.33
16.存疑种及待定种	46	2.47
共计	1864	100

(1)世界分布。保护区内世界分布的种有 17 种，占总种数的 0.91%，如狗尾草 *Setaria viridis*、阿拉伯婆婆纳 *Veronica persica*、丝草 *Potamogeton pusillus*、水马齿 *Callitriche stagnalis*、繁缕 *Stellaria media* 等。这些种均为草本，在保护区内一般都分布于林缘、路边等人为活动频繁的地方，有明显的次生性。

(2)泛热带分布。泛热带分布的种在保护区内有荔枝草 *Salvia plebeia*、白喙刺子莞 *Rhynchospora brownii*、升马唐 *Digitaria ciliaris*、飞扬草 *Euphorbia hirta*、通奶草 *Euphorbia hypericifolia*、牛筋草 *Eleusine indica*、马蹄金 *Dichondra repens*、狗牙根 *Cynodon dactylon*、辣子草 *Galinsoga parviflora* 和铜锤玉带草 *Pratia nummularia* 等 27 种，占总种数的 1.45%。这一类型多数是小型草本植物，具有很强的散布能力，与人为活动也有密切关系。与属相比，比例明显降低。

(3)热带亚洲、热带美洲间断分布。本类型在保护区内有紫马唐 *Digitaria violascens* 和白花鬼针草 *Bidens pilosa* var. *minor* 2 种，占总种数的 0.11%，分别为禾本科和菊科草本植物，它们的散布往往与人和动物的活动息息相关，在保护区内多分布于林缘、路边。

(4)旧世界热带分布。保护区内这一类型有 12 种，占总种数的 0.64%，如细柄草 *Capillipedium parviflorum*、竹叶茅 *Microstegium nudum*、稀脉浮萍 *Lemna perpusilla*、金色狗尾草 *Setaria pumila*、光孔颖草 *Bothriochloa glabra*、圆果雀稗 *Paspalum orbiculare* 和荩草 *Arthraxon hispidus* 等，保护区内该类型也是一些草本植物，对森林群落建成的影响不大。

(5)热带亚洲至热带大洋洲分布。保护区内该类型有 21 种，占总种数的 1.13%，有糙毛蓼 *Polygonum strigosum*、糯米团 *Memorialis hirta*、细叶金丝桃 *Hypericum gramineum*、滇黔楼梯草 *Elatostema backeri*、茎根红丝线 *Lycianthes lysimachioides* var. *caulorrhiza*、葛 *Pueraria lobata* var. *lobata*、水蔗草 *Apluda mutica* 和长叶雀稗 *Paspalum longifolium* 等，它们绝大多数是草本植物。

(6) 热带亚洲至热带非洲分布。保护区内这一类型有 17 种，占总种数的 0.91%，如牛膝 *Achyranthes bidentata*、八角枫 *Alangium chinensis*、鱼眼草 *Dichrocephala auriculata*、一点红 *Emilia sonchifolia*、六棱菊 *Laggera alata*、小花倒提壶 *Cynoglossum lanceolatum* ssp. *eulanceolatum*、茅叶荩草 *Arthraxon prionodes*、小鹿藿 *Rhynchosia minima*、齿翼臭灵丹 *Laggera pterodonta* 和白花柳叶箬 *Isachne albens* 等，除八角枫外均是一些阳性的草本植物，在路边、林缘草地中常见。

(7) 热带亚洲分布。保护区内有此类型 206 种，占总种数的 11.05%，是本区域区系的重要组成类型之一，有乔木层的木瓜红 *Rehderodendron macrocarpum*、珍珠花 *Lyonia ovalifolia*、领春木 *Euptelea pleiospermum*、贡山猴欢喜 *Sloanea sterculiacea*、泸水泡花树 *Meliosma mannii*、珂楠树 *Meliosma alba*、薄叶山矾 *Symplocos anomala*、油葫芦 *Pyrularia edulis*、滇鹅耳枥 *Carpinus pubescens* 等；有灌木层的康定冬青 *Ilex franchetiana*、毛梗细果冬青 *Ilex micrococca*、油茶 *Camellia oleifera*、尖叶菝葜 *Smilax arisanensis*、少果南蛇藤 *Celastrus rosthornianus* 等；有草本层的小头风毛菊 *Saussurea crispa*、宽叶楼梯草 *Elatostema platyphyllum*、密花合耳菊 *Synotis cappa* 和类芦 *Neyraudia reynaudiana* 等。这一类型是本区域森林群落的重要成分，贯穿于森林植被的各个层次，在属级水平上也有较高的比例，表明地处热带亚洲北缘的保护区深受热带亚洲区系的影响，与之有着十分密切的联系。

(8) 北温带分布。保护区内这一类型有 98 种，占总种数的 5.26%，如看麦娘 *Alopecurus aequalis*、华北剪股颖 *Agrostis clavata*、鸭茅 *Dactylis glomerata*、普通剪股颖 *Agrostis canina*、大羊茅 *Festuca gigantea*、路边青 *Geum aleppicum*、短柄草 *Brachypodium sylvaticum*、南方露珠草 *Circaea mollis*、六叶葎 *Galium asperuloides* ssp. *hoffmeisteri*、庐山藨草 *Scirpus lushanensis*、小花风毛菊 *Saussurea parviflora*、求米草 *Oplismenus undulatifolius* 和大画眉草 *Eragrostis cilianensis* 等，多为阳性草本植物，缺乏温带特征强的木本植物，从侧面反映了本区域的从亚热带到温带的过渡性质。此类型种级水平的数量比属级有所减少。

(9) 东亚和北美分布。保护区内此类型的种很少，仅有 4 种，占总种数的 0.21%，分别是鸡眼草 *Kummerowia striata*、甜茅 *Glyceria acutiflora*、鸭跖草 *Commelina communis* 和钻叶紫菀 *Aster subulatus*。这一类型在该区物种较少，表明在种级上保护区与北美植物区系联系稍弱。东亚和北美的物种交流主要是通过白令海峡地区，王荷生(1989)认为，冰川时期，西伯利亚大陆冰川的规模比北美小，植物区系迁移的方向主要是由东亚迁向北美洲。

(10) 旧世界温带分布。这一类型在保护区有 9 种，占总种数的 0.48%，有小窃衣 *Torilis japonica*、接骨木 *Sambucus williamsii*、杯萼忍冬 *Lonicera inconspicua*、烟管头草 *Carpesium cernuum* 和柳叶菜 *Epilobium hirsutum* 等，与北温带分布一样，此类型在保护区内出现的种也是一些从保护区向南延伸的草本种类，反映了本区域的亚热带过渡性质。

(11) 温带亚洲分布。这一类型在保护区内有堇菜 *Viola verecunda*、大叶碎米荠 *Cardamine macrophylla*、毛蕊铁线莲 *Clematis lasiandra* 和西南卫矛 *Euonymus hamiltonianus* 4 种，占总种数的 0.21%，除西南卫矛外均是草本植物。

(12) 地中海区、西亚至中亚分布。这一类型在保护区内仅有假小喙菊 *Paramicrorhynchus procumbens* 1 种，占总种数的 0.05%，是种数最少的一类，这与属级情况一致，说明该区与地中海、西亚至中亚区系的微弱联系。

(13) 中亚分布。保护区有这一类型 5 种，占总种数的 0.27%，有云木香 *Aucklandia costus*、短腺小米草 *Euphrasia regelii*、锥花繁缕 *Stellaria monosperma* var. *paniculata*、穗花荆芥 *Nepeta laevigata* 和尼泊尔酸模 *Rumex nepalensis*，全部为草本类型，说明保护区与中亚联系得不紧密。

(14) 东亚分布。东亚分布的种是保护区植物区系的主要组成成分，共有 332 种，占总种数的 17.81%，如白檀 *Symplocos paniculata*、野茉莉 *Styrax japonicus*、坚木山矾 *Symplocos dryophila*、毛萼越桔 *Vaccinium pubicalyx*、云南杜鹃 *Rhododendron yunnanense*、茶叶山矾 *Symplocos theaefolia*、柔毛润楠 *Machilus villosa*、尼泊尔野桐 *Mallotus nepalensis*、鼠李叶花楸 *Sorbus rhamnoides*、乔木茵芋 *Skimmia laureola* ssp. *arborescens*、灰叶稠李 *Padus grayana*、圆锥绣球 *Hydrangea paniculata*、青荚叶 *Helwingia japonica*、马甲菝葜 *Smilax lanceifolia*、楮头红 *Sarcopyramis napalensis*、类叶升麻 *Actaea asiatica* 和鸭儿芹 *Cryptotaenia japonica* 等，许多种为本区常绿阔叶林的重要组成成分。这一类型种数所占的比例较属级水平有所提高，且这 332 种中有 166 种属于中国-喜马拉雅变型，占该分布型的 1/2，表明了本区与喜马拉雅地区区系的联系较为紧密，为该区域隶属东亚植物区系提供了有力的证据。

(15) 中国特有分布。中国特有种是保护区植物区系的最主要成分，共 1063 种，占种数的 57.03%。根据其现代分布格局，按照彭华(1997)对无量山种子植物区系中中国特有种的划分原则，对保护区 1063 种中国特有种进行了分布亚型的划分(表 5-9)。

表 5-9　保护区种子植物区系中国特有种的分布区亚型

分布区亚型	种数	占中国特有种比例/%
15(1) 保护区特有	28	2.63
15(2) 保护区与云南各地共有	125	11.76
a.保护区与滇东北共有	38	3.57
b.滇西及滇西北区至保护区分布	28	2.63
c.滇东南区至保护区分布	26	2.45
d.滇中高原至保护区分布	13	1.22
e.滇南及滇西南区至保护区分布	14	1.32
f.云南大部分布	6	0.56
15(3) 保护区与中国其他地区共有	910	85.61
a 西南片区分布	376	35.37
a-1 川分布	181	17.03

续表

分布区亚型	种数	占中国特有种比例/%
a-2 黔	21	1.98
a-3 藏	6	0.56
a-4 川、黔	94	8.84
a-5 川、鄂	16	1.51
a-6 川、黔、鄂	26	2.45
a-7 川、藏	32	3.01
b 南方片区分布	(291)	(27.38)
b-1 华中分布	50	4.70
b-2 华南	48	4.52
b-3 西南、华中、华东	8	0.75
b-4 西南、华中、华南	100	9.41
b-5 西南、华南、华东	2	0.19
b-6 西南、华中、华东、华南	83	7.81
c 南北方均有片区	243	22.81
总计	1063	100.00

15(1)保护区特有的种类非常丰富，达 28 种，占整个中国特有成分的 2.63%，有威信小檗 *Berberis weixinensis*、龙溪紫堇 *Corydalis longkiensis*、大叶梅花草 *Parnassia monochorifolia*、毛边金腰 *Chrysosplenium lanuginosum* var. *pilosomarginatum*、大关凤仙花 *Impatiens daguanensis*、平卧长轴杜鹃 *Rhododendron longistylum* ssp. *decumbens*、少花爆杖花 *Rhododendron spinuliferum* var. *glabrescens*、毛序红花越桔 *Vaccinium urceolatum* var. *pubescens*、棱纹玉山竹 *Yushania grammata*、裸箨海竹 *Yushania qiaojiaensis* var. nuda、泡滑竹 *Yushania mitis* 和黄壳竹 *Yushania straminea* 等，显示出本区域的独特性。

15(2)保护区与云南共有的种为 125 种，占中国特有种的 11.76%，表明了保护区与云南区系的相关联系。

其中以保护区与滇东北共有的种最多，有 38 种，占中国特有种的 3.57%，如秋海棠科昭通秋海棠 *Begonia gagnepainiana*，猕猴桃科全毛猕猴桃 *Actinidia holotricha*、薄叶猕猴桃 *Actinidia leptophylla*，野牡丹科云南野海棠 *Bredia yunnanensis*，杜鹃花科暗绿杜鹃 *Rhododendron atrovirens*，野茉莉科具苞野茉莉 *Styrax bracteolata*，报春花科薄叶长柄报春 *Primula leptophylla*，桔梗科长萼野烟 *Lobelia seguinii* f. *brevisepala*，苦苣苔科异叶吊石苣苔 *Lysionotus heterophyllus*、东川粗筒苣苔 *Briggsia mairei*、喜荫唇柱苣苔 *Chirita umbrophila*，禾本科荆竹 *Qiongzhuea montigena* 和海竹 *Yushania qiaojiaensis* 等。

其次，保护区滇西及滇西北区至保护区分布 28 种，占中国特有种的 2.63%，如金丝桃科碟花金丝桃 *Hypericum addingtonii*，绣球花科银针绣球 *Hydrangea dumicola*，蔷薇科散毛樱桃 *Cerasus patentipila*，冬青科微香冬青 *Ilex subodorata*，芸香科石椒草 *Boenninghausenia sessilicarpa*，清风藤科清风藤 *Sabia purpurea*、五腺清风藤 *Sabia pentadenia*，五加科粉绿吴茱萸叶五加 *Acanthopanax evodiifolius* var. *glaucus*，杜鹃花科红粗毛杜鹃 *Rhododendron rude* 等；保护区与滇东南区共有 26 种，占中国特有种的 2.45%，如海桐科长果海桐 *Pittosporum longicarpum*，茶科披针叶毛柃 *Eurya henryi*，猕猴桃科红毛猕猴桃 *Actinidia rufotricha*、红茎猕猴桃 *Actinidia rubricaulis*，野牡丹科小肉穗草 *Sarcopyramis bodinieri*，壳斗科麻栗坡栎 *Quercus marlipoensis*，冬青科毛叶川冬青 *Ilex szechwanensis* var. *mollissima*，桃叶珊瑚科软叶桃叶珊瑚 *Aucuba mollifolia* 和绿花桃叶珊瑚 *Aucuba chlorascens* 等，显示出保护区与云南这两大生物多样性分化中心的联系。

此外，保护区与滇南及滇西南共有 14 种，与滇中高原共有 13 种，相关性不强。因总体上该区纬度更偏北 27°～28°，具有亚热带和暖温带气候共存的特点，与滇南、滇西南区的气候差异已经非常明显；与滇中高原亦如此，该区具有滇中高原向四川盆地过渡的性质，区系特征更偏向四川等华西、华中成分，故与云南这两个地理区域的联系不紧密。

15(3)保护区与中国其他地区共有种有 910 种，占中国特有种的 85.61%。为保护区中国特有分布中最大的一类。该类型又可分为西南片区、南方片区和南北方均有三种类型。

保护区与西南片区共有 376 种，占中国特有种的 35.37%。该类型又可分为 7 类，其中以(a-1)即保护区与四川共有的种类最多，计有 181 种，占中国特有种总数的 17.03%，这个数据明显高于云南其他地区，说明保护区与四川植物区系特别是四川南部的联系密切。代表种有四川木莲 *Manglietia szechuanica*、川滇木莲 *Manglietia duclouxii*、凹叶玉兰 *Yulania sargentiana*、宝兴木姜子 *Litsea moupinensis*、四川润楠 *Machilus sichuanensis*、川边秋海棠 *Begonia duclouxii*、丽江柃 *Eurya handel-mazzettii*、葡萄叶猕猴桃 *Actinidia vitifolia* 和黑藤山柳 *Clematoclethra faberi* 等。其次，保护区与四川、贵州共有 94 种，占中国特有种总数的 8.84%，如石木姜子 *Litsea elongata* var. *faberi*、四川新木姜子 *Neolitsea sutchuanensis*、毛果黄肉楠 *Actinodaphne trichocarpa*、贵州铁线莲 *Clematis kweichowensis*、川八角莲 *Dysosma veitchii*、不凡杜鹃 *Rhododendron insigne*、凉山杜鹃 *Rhododendron huanum*、梁王茶 *Nothopanax delavayi*、峨眉包果柯 *Lithocarpus cleistocarpus* var. *omeiensis* 和麻子壳柯 *Lithocarpus variolosus* 等。与川、黔有如此丰富的共有种类，是因为保护区所处的地理区域北部及西北部接四川，东部及东南部与贵州接壤，植物区系的对比结果，为保护区与四川、贵州植物区系性质的相似性提供了证据，也表明保护区区系在种级水平上起源于我国西南地区的川、滇、黔接壤地带，与云南相比更接近于四川，其次是贵州。

保护区与南方片区共有 291 种，占中国特有种的 27.38%。其中以(b-4)即保护区与西南、华中、华南共有种类最多，有 100 种，占中国特有种的 9.41%，显示出保护区与这三个区域的相关性。代表种有华木荷 *Schima sinensis*、秤花藤 *Actinidia callosa*、澜沧杜英 *Elaeocarpus japonicus* var. *lantsangensis*、四川溲疏 *Deutzia setchuenensis*、光叶水青冈 *Fagus lucida*、峨眉栲 *Castanopsis platyacantha*、五裂槭 *Acer oliverianum* 和扇叶槭 *Acer flabellatum* 等。

保护区与南北方均有片区共有 243 种，占中国特有种的 22.81%，有武当玉兰

Yulania sprengeri、华中五味子 *Schisandra sphenanthera*、连香树 *Cercidiphyllum japonicum*、绒毛钓樟 *Lindera floribunda*、刚毛藤山柳 *Clematoclethra scandens*、微毛樱桃 *Cerasus clarofolia*、峨眉蔷薇 *Rosa omeiensis*、红桦 *Betula utilis* var. *sinensis*、桤木 *Alnus cremastogyne*、藏刺榛 *Corylus thibetica*、米心水青冈 *Fagus engleriana*、红麸杨 *Rhus punjabensis* var. *sinsica*、华西枫杨 *Pterocarya insignis*、灰叶梾木 *Cornus poliophylla*、山茱萸 *Macrocarpium chinense*、倒心叶桃叶珊瑚 *Aucuba obcordata*、珙桐 *Davidia involucrata* 等，表明了保护区区系联系的广泛性。

除中国特有种以外，多数温带性质的种为东亚分布及其变型，其中以中国-喜马拉雅分布最多，一定程度上为保护区属东亚植物区、与中国-喜马拉雅森林植物亚区有较为密切的联系提供了证据。而绝大部分热带性质的种为热带亚洲分布及其变型，显示出该区域区系成分的古老性。

从保护区种子植物种一级的统计分析可得出以下结论。

(1)保护区 1864 种种子植物 15 个分布类型均有，显示出该地种级水平上的地理成分十分广泛。

(2)该区种级区系组成以中国特有成分(1063/57.03%)、东亚成分(332/17.81%)、热带亚洲成分(206/11.05%)为主体，三者共计 1601 种，占总数的 85.89%，三者共同构成了当地区系的主体。

(3)该地共计有热带性质的种(2～7 分布型)285 种，占全部种数的 15.29%，温带性质的种(8～15)1516 种，占总种数的 81.33%。热带与温带成分之比为 1∶5.32，温带成分显著多于热带成分，成为当地区系结构的绝对主体部分，即在种一级上，该区热带成分逐渐退出，而大量温带的种类得以形成和迁入，表明本区植物区系的来源以温带性为主，同时受到热带植物区系的一定影响，具有亚热带过渡到温带并明显体现出温带的区系性质。

(4)本区共有东亚分布类型的种 332 种，其中中国-喜马拉雅分布亚型 166 种，是该型最多的种类，为该区总体上处于东亚植物区系，并与中国-喜马拉雅森林植物亚区有紧密联系提供了事实。

(5)该区特有现象十分丰富，共有中国特有种 1063 种，是保护区植物区系的主体，这是该地区植物区系的重要特征。特有种中与云南省(共有 125 种)其他地方的联系不甚紧密，反而与中国其他地区(共有 910 种)，特别是西南片区(共有 376 种)的四川(共有 181 种)及四川、贵州(共有 94 种)共有种更多，说明相较于云南，该区区系特征更接近于四川及贵州，区系地位总体已经属于华中植物区系，也包括华西成分。此外，与南方片区(共有 291 种)的西南、华中、华南(共有 100 种)联系也较为紧密，充分证明这一区域由亚热带向暖温带地理成分过渡的性质。

5.2.5 区系特有现象分析

特有类群的形成反映了一个地区植物区系的特殊性，从时间上看，特有类群往往表现出演化、孑遗或系统分化的状态；从空间上看，特有类群的分析，加上地质历史、古生物资料等，是说明该地区植物区系性质的有力证据。因此，对保护区种子植物特有现象进行分析，对了解该地区植物区系的组成、性质和特点，以及发生和演变等方面都是十分重要的。

1.科的特有现象分析

保护区有中国特有科珙桐科 Davidiaceae 1 科，前已述及，不再赘述。

根据吴征镒等(2003)对东亚种子植物区系的研究，东亚植物区有 31 个东亚特有科。保护区有东亚特有科 10 科，占全部东亚特有科的 32.26%，分别是水青树科(前已述及，下不赘述)、十齿花科(下不赘述)、连香树科 Cercidiphyllaceae、领春木科 Eupteleaceae、旌节花科 Stachyuraceae、猕猴桃科 Actinidiaceae、青荚叶科 Helwingiaceae、桃叶珊瑚科 Aucubaceae、鞘柄木科 Torricelliaceae 和三尖杉科 Cephalotaxaceae。较多的东亚特有科表明保护区为东亚植物区的一部分，其地质史与整个东亚是一致的，与东亚植物区系的发生密切相关。特别是单型科水青树科和十齿花科的存在对保护区种子植物区系的渊源历史有着重要的指示作用。

连香树科含 1 属 2 种，属国家Ⅱ级重点保护植物，分布限于东亚东部(14SJ 型)，属于孑遗科。虽说其和昆兰树目 Trochodendrales 尤其是水青树科是“近亲”，但和它们在许多特征上(如两型叶、极端密集的花序等)区别很明显。吴征镒同意该科应列为独立目。连香树 *Cercidiphyllum japonicum* 为中日共有，日本有成林的老树，是日本最高大的树，在中国见于南太行、中条山，至秦岭以南的华东、华中，并达峨眉和滇东北。本次考察在昭通永善县小岩方河坝场沟谷林中发现该种。

领春木科是一个极其孤立的单属小科，仅有 2 种，其中 1 种产自中国及印度，另 1 种产自日本。落叶乔木系古近纪孑遗植物，又是典型的东亚植物区系成分的特征种，对于研究古植物区系和古代地理气候有重要的学术价值。该树木材质淡黄色，为建筑用材，树皮可提取栲胶，果实含淀粉，可酿酒，花果能观赏，为优良绿化观赏树种。领春木在世界许多地方已灭绝，在我国种群数量也很少，已处于濒危的境地。在中国分布于亚热带和暖温带山地，星散见于河南、河北(武安)、山西(阳城)、陕西(秦岭)、甘肃、浙江(天目山)、四川、贵州、云南及西藏。保护区分布的领春木 *Euptelea pleiospermum* 主要见于海拔 1860m 左右的山谷、山坡溪边阔叶林中。

旌节花科是单属科，是严格的东亚特有科，约 15 种。其系统位置一直存在比较大的争议，最先放在茶科中，但 Engler 各子系统将其放在刺篱木科 Flacourtiaceae，吴征镒同意 Takhtajan 对该科位置的处理，认为该科正是联系刺篱木目和茶目的纽带，特征为既两目兼备，又略偏于茶目，且东亚正是刺篱木科和茶科起源与分化的中心区域。该科可能起源于曾是古南大陆的滇西-掸邦-马来西亚板块，即当今的独龙江-南塔迈河流域。保护区分布有旌节花 *Stachyurus chinensis*、西域旌节花 *Stachyurus himalaicus* var. *himalaicus*、倒卵叶旌节花 *Stachyurus obovatus*、凹叶旌节花 *Stachyurus retusus*、柳叶旌节花 *Stachyurus salicifolius* var. *salicifolius*、披针叶旌节花 *Stachyurus salicifolius* var. *lancifolius* 6 种。

猕猴桃科是一个不大的含 2 属 55 种的限于东亚分布的小科，该科与水东哥科

Saurauiaceae 关系密切，很多分析把水东哥属 *Saurauia* 当作猕猴桃属 *Actinidia* 和藤山柳属 *Clematoclethra* 的外类群，Cronquist 把水东哥属置于广义的猕猴桃科中。本科是一个多样性较大的东亚特有科，绝大多数产于中国，保护区猕猴桃属和藤山柳属 2 属均产，共有 19 种，如革叶猕猴桃 *Actinidia coriacea*、大花猕猴桃 *Actinidia grandiflora*、全毛猕猴桃 *Actinidia holotricha*、薄叶猕猴桃 *Actinidia leptophylla*、红茎猕猴桃、*Actinidia rubricaulis*、酸枣子藤 *Actinidia venosa*、葡萄叶猕猴桃 *Actinidia vitifolia*、猕猴桃藤山柳 *Clematoclethra actinidioides* var. *actinidiodes*、黑藤山柳 *Clematoclethra faberi* 和刚毛藤山柳 *Clematoclethra scandens* 等。

青荚叶科系单属科，含 3～5 种，分布于喜马拉雅东部向东经印度东北部、缅甸北部、中国大陆南部、越南北部，并经中国台湾至琉球群岛，是典型的东亚分布科。本科系统位置一直有争议，通常被包含于山茱萸科中，但本科与后者有许多不同之处，如具托叶、单叶系、花序生叶上等，更近于五加科，特别是在花的形态解剖方面，因此 Thorne 把它独立成科，置五加目 Araliales 中。Takhtajan 以本科成立一单科目。青荚叶属基本上只有 3 个种，西域青英叶 *Helwingia himalaica*、中华青英叶 *Helwingia chenensis* 和青英叶 *Helwingia japonica*，从喜马拉雅东部至日本呈替代现象。这些种中国全有，每个种变异很大，种下有不少亚种和变种，其间不乏有人把一些变异类型提升为种，故保护区考察中发现中华青荚叶 *Helwingia chinensis*、须弥青荚叶 *Helwingia himalaica*、青荚叶 *Helwingia japonica* 和峨眉青荚叶 *Helwingia omeiensis* 4 种也可理解。

桃叶珊瑚科为典型的东亚特有科，系单属科，有(6)7～11 种，分布于喜马拉雅、缅甸北部、秦岭以南地区至日本。该科在 1997 年以前各系统(包括 Takhtajan)多位于山茱萸科中，虽然 Agardh 于 1858 年已经建科，但直到 1997 年才由 Takhtajan 予以承认，并在其基础上建立独立目，紧接在山茱萸目 Cornales 和 Garrysles 后面。保护区考察中发现 6 种：绿花桃叶珊瑚 *Aucuba chlorascens*、倒心叶桃叶珊瑚 *Aucuba obcordata*、云南桃叶珊瑚 *Aucuba yunnanensis*、狭叶桃叶珊瑚 *Aucuba chinensis* var. *angustifolia*、须弥桃叶珊瑚 *Aucuba himalaica*、软叶桃叶珊瑚 *Aucuba mollifolia*。彭华根据分布到无量山的类型及部分染色体研究结果，推断景东无量山区域是该科的分布中心(出现 5 种)。对于保护区出现 6 种该科植物，是否能说明该区也可能是桃叶珊瑚科分布的中心区域有待进一步考察研究。

鞘柄木科(烂泥树科)单属 2 种 1 变种，中国均有。和桃叶珊瑚科分布规律相似，但范围更小，仅在东喜马拉雅至中国华中。早期和比较保守的观点一直放在山茱萸科中，后一些学者主张独立成科，并放在五加目 Araliales(Thorne)或山茱萸目(Dahlgren)。Takhtajan 和 Reveal 为该科成立了独立目，鞘柄木目 Toricelliales 置于山茱萸超目 Cornanae 中的最后一目和五加超目 Aralianae 之间。吴征镒将该科放在山茱萸亚纲山茱萸目的最后，作为联系山茱萸目和五加目的纽带，但在山茱萸目内，并认为云贵高原似为本科分化中心。本区分布有该科的有齿鞘柄木 *Toricellia angulata* var. *intermedia* 这一变种，其分布北达秦岭西端，南达滇、黔、桂，在海拔 440～1800m 灌丛中尤为常见。

三尖杉科有 1 属 9 种，分布于亚洲东部至南亚次大陆，中国为分布中心，有 8 种，云南产 6 种，分布于秦岭至山东鲁山以南和台湾等地区。三尖杉 *Cephalotaxus fortunei* 分布于该区域海拔 2000～2900m 的针阔叶混交林中，是生产抗白血病药物三尖杉酯碱(harringtonine)和高三尖杉酯碱(homoharringtonine)的主要原料。

此外，保护区还有热带亚洲特有科清风藤科，现仅包含1属，19～30种，中国约16种。保护区有 7 种，它们是宽叶清风藤 *Sabia latifolia*、峨眉清风藤 *Sabia latifolia* var. *omeiensis*、柠檬清风藤 *Sabia limoniacea*、五腺清风藤 *Sabia pentadenia*、丛林清风藤 *Sabia purpurea*、四川清风藤 *Sabia schumanniana* 和云南清风藤 *Sabia yunnanensis*，种类非常丰富，说明这一区域受到亚热带一定影响，由亚热带逐渐向暖温带性质过渡。

2.属的特有现象分析

属作为联系科和种的纽带，在分析特有现象中有更重要的意义，它反映了较大地区的相对久远的地质历史。由于中国幅员辽阔，被子植物物种在空间分布方面表现出极大的多样性，在植物区系方面特有现象十分明显，按照《中国种子植物特有属》的划分，中国被子植物特有属有 243 属，结合《中国被子植物科属综论》的最新界定，保护区中国特有分布的种子植物属有 27 属，隶属于 17 科，占该区总属数的 4.21%，占云南特有属(115 属)的 23.48%，占整个中国特有属的 11.11%，特有性非常高，分别是异颖草属 *Anisachne*、南一笼鸡属 *Paragutzlaffia*、匙叶草属 *Latouchea*、虾须草属 *Sheareria*、岩匙属 *Berneuxia*、马蹄芹属 *Dickinsia*、紫伞芹属 *Melanosciadium*、珙桐属 *Davidia*、牛筋条属 *Dichotomanthes*、血水草属 *Eomecon*、串果藤属 *Sinofranchetia*、天蓬子属 *Atropanthe*、鸦头梨属 *Melliodendron*、动蕊花属 *Kinostemon*、斜萼草属 *Loxocalyx*、瘿椒树属 Tapiscia、华蟹甲草属 *Sinacalia*、花佩菊属 *Faberia*、同钟花属 *Homocodon*、异野芝麻属 *Heterolamium*、箬竹属 *Indocalamus*、假福王草属 *Paraprenanthes*、四轮香属 *Hanceola*、双盾木属 *Dipelta*、紫菊属 *Notoseris*、藤山柳属 *Clematoclethra* 和筇竹属 *Qiongzhuea* 等。

串果藤属 *Sinofranchetia*，木通科，单型属，仅串果藤 *Sinofranchetia chinensis* 1 种，在中国华中地区广布，在保护区三江口分水岭海拔 1900m 左右的阔叶林林缘出现。

血水草属 *Eomecon*，罂粟科，单型属，仅有血水草 *Eomecon chionantha* 1 种，为长江以南、南岭以北的华中、华东特有，最西分布到滇东北和滇东南，在该区出现于海子坪海拔 1600m 的常绿阔叶林下溪边。

藤山柳属 *Clematoclethra*，猕猴桃科，有 1 种 4 变种，为华中区特有，主要分布于云南、四川、重庆、贵州、陕西、甘肃，在云南主要分布于东北地区。在该区分布有猕猴桃藤山柳 *Clematoclethra actinidioides* var. *actinidiodes*、黑藤山柳 *Clematoclethra faberi*、刚毛藤山柳 *Clematoclethra scandens* 3 种，主要见于该区麻风湾、小草坝、罗汉坝海拔 1810～2130m 的常绿阔叶林林中及林缘。

牛筋条属 *Dichotomanthes*，蔷薇科，单型属，仅牛筋条 *Dichotomanthes tristaniaecarpa* 一种，主要分布于云南和四川海拔 900～3000m 的杂木林、林缘等，根据其分布图及在云南的分布情况可知云南是这一属的分布中心。

瘿椒树属 *Tapiscia*，瘿椒树科，有 2 种，分布于中国的华东、华中(北达伏牛山)及滇、黔、桂，稍延伸至越南最北部。保护区分布有银鹊树 *Tapiscia sinensis*，在该区小岩方扎口石海拔1800m左右的林中分布。

珙桐属 *Davidia*，珙桐科，单型属，为中国华中至横断山区特有的古老孑遗科，它的存在证明该区植物区系是世界上最古老的植物区系之一。珙桐 *Davidia involucrata* 在该区分布较为广泛，并形成纯林。

马蹄芹属 *Dickinsia*，伞形科，为我国华中特有的单型属，主要分布在云南、四川、重庆、湖北、湖南和贵州。马蹄芹 *Dickinsia hydrocotyloides* 在云南仅分布于东北，在该区见于大雪山土霍和麻风湾等地海拔1400m的阴湿林下及水沟边。

紫伞芹属 *Melanosciadium*，伞形科，单型属，仅有紫伞芹 *Melanosciadium pimpinelloideum* 一种，为华中的川东和黔西北间断分布，在云南仅分布于东北的大关、绥江等地，在该区长槽海拔1860m的阴湿林下及林缘、草地分布。

岩匙属 *Berneuxia*，岩梅科，单型属，仅有岩匙 *Berneuxia thibetica* 1种，分布于中国华中的西南及滇东北(延至黔西)，为云南高原和横断山区南段特有，分布于云南、四川、贵州、西藏，见于1700～4000m的林中石上。

双盾木属 *Dipelta*，忍冬科，约4种，分布于云南、四川、重庆、贵州、陕西、甘肃、湖南等地。保护区分布有云南双盾木 *Dipelta yunnanensis* 1种，见于海拔1700～3000m的山坡疏林和灌丛中。

鸦头梨属 *Melliodendron*，野茉莉科，单型属，由滇东南、川南、黔南沿南岭山脉分布。此单型属为白垩—古近纪古热带孑遗属。在该区见于海子坪海拔1200m左右的混交林中。

虾须草属 *Sheareria*，菊科，单型属，仅有虾须草 *Sheareria nana* 1种，为华东、华中特有属，该种在保护区的彝良县海拔450m河边、湿地分布。

华蟹甲草属 *Sinacalia*，菊科，有4种，分布由华中至横断山区东缘，南达云南巧家和华西北部，西达川、甘、青交界地区。保护区分布有双花华蟹甲 *Sinacalia davidii*，为陕南、川、滇广布，在该区见于三江口、麻风湾海拔1810～1900m的草坡、林缘和路旁。

紫菊属 *Notoseris*，菊科，12种，分布于中国秦岭、长江以南包括台湾在内的东南地区和西南大部分地区，不见于西藏。保护区有该属2种，分别是多裂紫菊 *Notoseris henryi* 和云南紫菊 *Notoseris yunnanensis*，分布于该区三江口麻风湾、小草坝罗汉林海拔1900～2046m的林下、山坡、路边草丛中。

假福王草属 *Paraprenanthes*，菊科，包括15种，分布于中国秦岭、长江以南包括台湾在内的东南地区和西南大部分地区，而不见于西藏地区。在该区分布有假福王草 *Paraprenanthes sororia*，见于小岩方和小草坝乌贡山等地海拔1850m的常绿阔叶林、林缘、草坡。

匙叶草属 *Latouchea*，龙胆科，为南岭特有单型属，仅有匙叶草 *Latouchea fokienensis*，分布于滇、川、黔、湘、桂、闽、粤等省份，在保护区记录于威信大雪山海拔1400～1700m的阴湿林下。

花佩菊属 *Faberia*，菊科，含7种，主产于西南横断山地区。保护区分布1种，花佩菊 *Faberia sinensis*，分布区仅记录有昆明、滇东北及四川，在该区分布于小岩方及小岩方火烧岩海拔1520～1850m的山谷溪边等。

同钟花属 *Homocodon*，桔梗科，单型属，有同钟花 *Homocodon brevipes* 十种，仅分布于云南高原(自然界线包括川西南和黔西)，在该区见于永善小岩方河坝场海拔 1880m 左右的沟边、林下。

天蓬子属 *Atropanthe*，茄科，单型属，有天蓬子 *Atropanthe sinensis* 十种，为青藏高原延至邻近的川、甘沙地或砾石冲积地干草原特有，该区记录于彝良海拔 1380～2000m 杂木林下阴湿处或沟边。

南一笼鸡属 *Paragutzlaffia*，爵床科，含 2 种，为中国华中和云南高原、横断山区特有，分布在滇、川、渝、桂、湘、黔等省份，本保护区记录 1 种，异蕊一笼鸡 *Paragutzlaffia lyi*。

动蕊花属 *Kinostemon*，唇形科，含 2 种，为华中区系的代表之一，分布于滇、陕、鄂、桂、黔、川、渝等省份，本保护区记录的动蕊花 *Kinostemon ornatum* 见于大关。

斜萼草属 *Loxocalyx*，唇形科，含 2 种，为华中、华东间断分布，分布于滇、湘、鄂、甘、陕、川、渝、冀、豫等省份，昭通产斜萼草 *Loxocalyx urticifolius* 1 种，见于三江口辣子坪、长槽、麻风湾海拔 1860～2300m 的林下阴湿处。

异野芝麻属 *Heterolamium*，唇形科，单型属(1 种 1 变种)，华中特有，分布于滇、川、渝、陕、豫、鄂、湘等省份，昭通记录的细齿异野芝麻 *Heterolamium debile* var. *cardiophyllum* 分布于永善。

四轮香属 *Hanceola*，唇形科，约 68 种，星散分布于我国亚热带山地至喜马拉雅，见于滇、川、渝、湘、赣、浙、桂等省份，保护区有四轮香 *Hanceola sinensis* 1 种，产于麻风湾、小草坝雷洞坪、三江口范家屋基、小草坝大佛殿、三江口倒流水、大雪山龙潭、小草坝分水岭海拔 1552～2040m 的常绿阔叶林和混交林中。

异颖草属 *Anisachne*，禾本科，单型属，有异颖草 *Anisachne gracilis* 种，产于滇、黔，在该区见于麻风湾海拔 1800～1820m 的灌丛及杂木林中。

箬竹属 *Indocalamus*，禾本科，含 15 种，分布于长江以南各省份，保护区仅有阔叶箬竹 *Indocalamus latifolius* 1 种，见于海子坪海拔 1300m 的疏林下。

筇竹属 *Qiongzhuea*，禾本科，约 12 种，分布于滇、鄂、川、黔等省份，保护区有 4 种，分别是平竹 *Qiongzhuea communis*、细杆筇竹 *Qiongzhuea intermedia*、荆竹 *Qiongzhuea montigena*、筇竹 *Qiongzhuea tumidissinoda*，见于罗汉坝坡头山、小草坝、小草坝红纸厂、罗汉坝畜牧场、罗汉坝水库边、黑龙潭沟、五道河、小草坝罗汉林等地海拔 1850～2080m 的阔叶林下。

中国种子植物特有属在云南有两大生物多样性中心，即滇西北特有中心和滇东南特有中心，这两个中心的成因有很大的差异，前者是以生态成因为主的新特有中心，后者是以历史成因为主的古特有中心。位于滇东北的保护区与广大滇中高原和横断山区的植物区系有很大不同，但本书仍尝试从特有属角度将其与云南两个生物多样性中心进行比较(表 5-10)，以反映该区的中国特有属在云南范围的地理分布上的联系和独特性。通过比较可以看出，该区与滇西北新特有中心共有 7 属，与滇东南特有中心共有 9 属，与两地共有 4 属。这些数据与保护区拥有 27 个中国种子植物特有属相对比，可说明保护区与这两个特有中心的关系都不紧密，从而显示出保护区植物区系在云南植物区系中的独特性。而根据这些特有属的具体分布，发现它们几乎都是与华中共有的，充分证明了保护区的华中植物区系性质。出现这种现象是因为保护区总体上属于中国-日本植物亚区中华中区系的一个部分，还包括华西成分。

表 5-10 保护区中国种子植物特有属与云南两大特有中心比较

序号	属名(该区种数/总种数)	滇西北中心	滇东南中心	分布
1	异颖草属 *Anisachne*(1/1)	−	−	滇、黔
2	匙叶草属 *Latouchea*(1/1)	−	−	滇、川、黔、湘、粤、桂、闽
3	虾须草属 *Sheareria*(1/1)	−	−	滇、苏、皖、浙、赣、鄂、湘、粤、陕、黔
4	马蹄芹属 *Dickinsia*(1/1)	−	−	滇、湘、鄂、黔、川、渝
5	紫伞芹属 *Melanosciadium*(1/1)	−	−	滇、川、渝、黔、鄂、湘
6	珙桐属 *Davidia*(1/1)	−	−	滇、鄂、川、渝、黔、东北及西北
7	血水草属 *Eomecon*(1/1)	−	+	滇、川、渝、黔、桂、粤、湘、鄂、闽、赣、皖
8	串果藤属 *Sinofranchetia*(1/1)	−	−	滇、鄂、湘、粤、川、渝、甘、陕
9	天蓬子属 *Atropanthe*(1/1)	−	−	滇、川、渝、黔、鄂、桂、台
10	鸦头梨属 *Melliodendron*(1/1)	−	+	滇、川、黔、桂、粤、湘、赣、闽
11	动蕊花属 *Kinostemon*(1/2)	−	−	滇、陕、鄂、桂、黔、川、渝
12	斜萼草属 *Loxocalyx*(1/2)	−	−	滇、湘、鄂、冀、甘、川、渝、豫、陕
13	瘿椒树属 *Tapiscia*(1/2)	−	+	滇、川、渝、黔、湘、鄂、赣、浙、豫、闽、桂
14	华蟹甲草属 *Sinacalia*(1/4)	−	−	滇、藏、川、渝、陕、鄂、陕、甘、宁
15	花佩菊属 *Faberia*(1/7)	−	−	西南
16	异野芝麻属 *Heterolamium*(1/2)	−	−	滇、川、渝、鄂、陕、豫、湘
17	箬竹属 *Indocalamus*(1/15)	−	+	长江以南各省份
18	四轮香属 *Hanceola*(1/8)	−	+	滇、川、渝、湘、赣、浙、桂、港、澳
19	藤山柳属 *Clematoclethra*(3/5)	−	−	滇、黔、川、渝、陕、甘
20	筇竹属 *Qiongzhuea*(4/12)	−	−	滇、鄂、川、黔
21	南一笼鸡属 *Paragutzlaffia*(1/1)	+	+	滇、桂、湘、川、渝、黔
22	岩匙属 *Berneuxia*(1/1)	+	−	滇、川、黔、藏
23	牛筋条属 *Dichotomanthes*(1/1)	+	+	滇、川
24	同钟花属 *Homocodon*(1/1)	+	−	滇、川、黔
25	假福王草属 *Paraprenanthes*(1/15)	+	+	秦岭、长江以南的大部分省份
26	双盾木属 *Dipelta*(1/4)	+	+	滇、川、渝、黔、陕、甘、湘
27	紫菊属 *Notoseris*(2/12)	+	−	滇、黔、湘、赣、川、渝、桂、粤、台

−. 表示无分布

+. 表示有分布.

3.特有种分析

中国特有分布类型是保护区植物区系中占比最大的一类，在种分析中已做详细分析，共有中国特有种 1603 种，占总种数的 57%。其中保护区特有种 28 种，占当地总种数的 1.5%；云南特有种 153 种，占总种数的 8.2%。特有种中有大量的古老木本成分，如南五味子 *Kadsura longipedunculata*、领春木 *Euptelea pleiospermum*、水青树 *Tetracentron sinense*、连香树 *Cercidiphyllum japonicum*、珙桐 *Davidia involucrata*、红茎猕猴桃 *Actinidia rubricaulis* 等；也分化出大量的新生成分，如鄂报春 *Primula obconica*、叶苞过路黄 *Lysimachia hemsleyi*、红缨合耳菊 *Synotis erythropappa*、萎软香青 *Anaphalis flaccida*、马兰 *Kalimeris indica*、紫伞芹 *Melanosciadium pimpinelloideum*、囊瓣芹 *Pternopetalum davidii*、峨眉当归 *Angelica omeiensis* 和马蹄芹 *Dickinsia hydrocotyloides* 等草本类型。

保护区科、属、种级特有现象反映了保护区隶属于东亚植物区系及其与整个东亚植物区系有共同自然历史渊源。

5.2.6　考察中发现的云南新分布

考察中发现的云南新分布植物种类非常丰富，共有 74 种(表 5-11)，表明保护区在云南省乃至我国的植物多样性研究和保护中具有重要价值。

在该区发现的 73 种新分布种隶属于 32 科 58 属，其中含种类较多的科是蔷薇科(8 种)、壳斗科(6 种)、伞形科(5 种)、菊科(5 种)、唇形科(4 种)、樟科(3 种)、毛茛科(3 种)、虎耳草科(3 种)、芸香科(3 种)、山茱萸科(3 种)，其他 22 科均 2 种以下。这些科多是一些世界性大科或较大科，多为世界性分布及泛热带分布科，仅有猕猴桃科为东亚分布科。在新分布种中，种类最多的属是悬钩子属 *Rubus*(4 种)、豆菜属 *Sanicula*(3 种)，其他属多含 1～2 种。这些新分布种一半以上是草本类型，与木本类型的乔灌木相比，它们的散布能力及适应性更强，分布也更广。

对 73 种新分布种的分布区类型进一步统计得出，有 61 种是中国特有种，在新分布种总数中占绝对比例(83.56%)，另有 5 种为北温带分布、4 种为东亚分布、3 种为热带亚洲分布。这一数据与保护区种级的数据相比较，似乎是这一区域植物区系的一个缩影，其中中国特有成分明显占优势，温带及东亚成分居后，并有一定热带亚洲成分。在中国特有种中，中国南北大部分省份有分布的种类最多，有 20 种，说明保护区与全国各地有广泛联系；其次为仅产于四川的种类，有 15 种，显示出保护区与四川植物区系关系密切；再次为分布于西南、华中、华南的种类，有 8 种，与保护区总体的地理位置居于我国西南片区，气候由亚热带逐渐过渡到暖温带，区系特征向华中、华南逐渐靠拢，表现出明显的过渡性及温带性质有关。

表 5-11 保护区新分布种一览表

中文科名	中文种名	拉丁名	性状	国内外分布地	保护区分布	分布区类型
樟科	贵州琼楠	*Beilschmiedia kweichowensis*	乔木	广西、贵州、四川	海子坪尖山子、大雪山管护站对面、大雪山猪背河坝	15
樟科	四川润楠	*Machilus sichuanensis*	乔木	四川(都江堰市等地)	海子坪尖山子	15
樟科	光枝楠	*Phoebe neuranthoides*	灌木至小乔木	陕西南部，四川北部、东部及东南部，重庆，湖北西南部，贵州东北部至南部，湖南西部	小岩方火烧岩、小岩方骑驾马	15
毛茛科	南川升麻	*Cimicifuga nanchuenensis*	草本	重庆南川	河坝场	15
毛茛科	尖叶唐松草	*Thalictrum acutifolium*	草本	四川东南部、贵州、广西、广东、湖南、江西、福建、浙江、安徽南部	小沟、朝天马陡口子、乌贡山	15
毛茛科	峨眉唐松草	*Thalictrum omeiense*	草本	四川	小草坝、乌贡山、河坝场、小草坝燕子洞	15
小檗科	异长穗小檗	*Berberis feddeana*	灌木	四川、陕西、湖北、甘肃	朝天马林场	15
虎耳草科	大落新妇	*Astilbe grandis*	草本	黑龙江、吉林、辽宁、山西、山东、安徽、浙江、江西、福建、广东、广西、四川、贵州等省份；朝鲜	小岩方、麻风湾	14.2
虎耳草科	多花落新妇	*Astilbe rivularis* var. *myriantha*	草本	陕西、甘肃东南部、河南西部、湖北、四川和贵州	罗汉坝	15
虎耳草科	中华金腰	*Chrysosplenium sinicum*	草本	黑龙江、吉林、辽宁、河北、山西、陕西、甘肃、青海、安徽、江西、河南、湖北、重庆、四川等省份；朝鲜、俄罗斯、蒙古国	倒流水	8
石竹科	四齿无心菜	*Arenaria quadridentata*	草本	甘肃、四川	三江口麻风湾田家湾	15
石竹科	中国繁缕	*Stellaria chinensis*	草本	北京、河北、河南、山东、江苏、福建、江西、湖北、湖南、广西、四川、重庆	麻风湾	15
凤仙花科	柳叶菜状凤仙花	*Impatiens epilobioides*	草本	四川西南部	小草坝后河、小草坝、小沟、罗汉坝	15
秋海棠科	长柄秋海棠	*Begonia smithiana*	草本	贵州、湖北、湖南	小岩方	15
茶科	杨桐	*Adinandra japonica* var. *japonica*	灌木或小乔木	华东、华南和西南；日本	小岩方火烧岩、小岩方、海子坪尖山子	14.2

续表

中文科名	中文种名	拉丁名	性状	国内外分布地	保护区分布	分布区类型
猕猴桃科	大花猕猴桃	*Actinidia grandiflora*	攀缘灌木	四川天全	麻风湾	15
猕猴桃科	猕猴桃藤山柳	*Clematoclethra actinidioides* var. *actinidiodes*	攀缘灌木	四川、甘肃、陕西	麻风湾田家弯、麻风湾潭光阳	15
蔷薇科	尾叶樱桃	*Cerasus dielsiana* var. *dielsiana*	乔木	江西、安徽、湖南、四川、广东、广西	小岩方、大雪山土霍	15
蔷薇科	多毛樱桃	*Cerasus polytricha*	乔木或灌木	陕西、甘肃、四川、湖北	辣子坪、小岩方扎口石、小草坝花苞树垭口、小草坝罗汉林	15
蔷薇科	刺叶桂樱	*Laurocerasus spinulosa*	常绿乔木	江西、湖北、湖南、安徽、江苏、浙江、福建、广东、广西、四川、贵州、云南(据载云南有分布，但未见标本)；日本、菲律宾	海子坪黑湾、大雪山猪背河坝	8
蔷薇科	褐毛稠李	*Padus brunnescens*	落叶小乔木	四川宝兴、天全、冕宁、洪溪、雷坡、峨边	麻风湾、麻风湾分水岭、河坝场	15
蔷薇科	尾叶悬钩子	*Rubus caudifolius*	攀缘灌木	湖北、湖南、广西、贵州	麻风湾、小岩方、上青山、五岔河	15
蔷薇科	湖南悬钩子	*Rubus hunanensis*	攀缘小灌木	江西、浙江、湖北、湖南、广东、广西、福建、台湾、四川、贵州	海子坪黑湾、海子坪双塘子、大雪山猪背河坝、大雪山管护站	15
蔷薇科	梳齿悬钩子	*Rubus pectinaris*	匍匐草本	四川峨眉山	三江口去三角点途中	15
蔷薇科	菰帽悬钩子	*Rubus pileatus*	攀缘灌木	河南、陕西、甘肃、四川	小岩方	15
蝶形花科	短柄旋花豆	*Cochlianthus gracilis* var. *brevipes*	草质藤本	四川宝兴	三江口分水岭	15
蝶形花科	藤黄檀	*Dalbergia hancei*	藤本	贵州、四川、广东、广西、福建、江西、浙江、安徽	小岩方扎口石、大雪山猪背河坝	15
金缕梅科	蜡瓣花	*Corylopsis sinensis*	灌木或小乔木	贵州、湖北、湖南、广西、广东、江西、福建、安徽、浙江；不丹、印度北部、缅甸北部	老长坡、罗汉坝	14.1
壳斗科	云山青冈	*Cyclobalanopsis sessilifolia*	常绿乔木	江苏、浙江、江西、福建、台湾、湖北、湖南、广东、广西、四川、贵州(凯里、雷山、榕江)等省份；日本	海子坪尖子山	14.2
壳斗科	褐叶青冈	*Cyclobalanopsis stewardiana* var. *stewardinan*	常绿乔木	浙江、江西、湖北、湖南、广东、广西、四川、贵州等省份	罗汉坝五道河、罗汉坝坡头山、小沟上场林子、小草坝菜种基地乌贡山、小草坝天竹园对面山上、麻风湾田家湾	15

续表

中文科名	中文种名	拉丁名	性状	国内外分布地	保护区分布	分布区类型
壳斗科	光叶水青冈	*Fagus lucida*	乔木	贵州(毕节)、重庆、四川南部、湖北西部及西南部、广西北部等	麻风湾、海子坪、大雪山韭菜坝、大雪山趁巴山、大雪山龙潭坎、小草坝天竹园对面山上、罗汉坝大树子、小沟下水塘迷人窝、麻风湾田家湾	15
壳斗科	峨眉柯	*Lithocarpus oblanceolatus*	乔木	四川西部(峨眉山)	小岩方	15
壳斗科	南川柯	*Lithocarpus rosthornii*	乔木	广东中部至西南部、广西南部及西南部、贵州东北部、四川	海子坪尖子山	15
壳斗科	尖叶栎	*Quercus oxyphylla*	常绿乔木	陕西、甘肃、安徽、浙江、福建，南至广西，西南至四川、贵州	罗汉坝	15
芸香科	四川吴萸	*Euodia sutchuenensis*	乔木	四川美姑、天全、宝兴、峨边、洪雅、峨眉山，重庆南川和城口、贵州、湖北	大雪山龙潭坎	15
芸香科	野花椒	*Zanthoxylum simulans*	灌木或小乔木	青海、甘肃、河南、山东、安徽、江苏、浙江、湖南、江西、台湾、福建、海南及贵州	长槽、小草坝燕子洞	15
芸香科	狭叶花椒	*Zanthoxylum stenophyllum*	小乔木或灌木	陕西、甘肃、四川、重庆、湖北西部	小草坝分水岭	15
泡花树科	山青木	*Meliosma kirkii*	落叶乔木	四川中南部及西南部	小草坝灰浆岩、分水岭	15
泡花树科	柔毛泡花树	*Meliosma myriantha* var. *pilosa*	落叶乔木	江苏、浙江、福建、江西、湖南、湖北、陕西西南部、四川南部、贵州东北部	罗汉坝坡头山	15
山茱萸科	沙梾	*Cornus bretschneideri* var. *bretschneideri*	小乔木或灌木	四川、内蒙古、河北、山西、宁夏、河南、陕西、甘肃、青海、湖北等省份	小草坝	15
山茱萸科	白毛四照花	*Dendrobenthamia japonica* var. *leucotricha*	落叶小乔木	四川青川、重庆城口等县，陕西西南部	麻风湾	15
山茱萸科	缙云四照花	*Dendrobenthamia jinyunensis*	常绿小乔木	重庆北碚缙云山、贵州	小草坝、小沟下水塘迷人窝	15
五加科	短毛五加	*Acanthopanax gracilistylus* var. *pubescens*	灌木	贵州、四川、湖北、湖南、陕西	麻风湾	15
五加科	短梗大参	*Macropanax rosthornii*	灌木	甘肃、四川、贵州、广西、湖南、湖北、江西、广东、福建等大部地区	大雪山土霍	15

续表

中文科名	中文种名	拉丁名	性状	国内外分布地	保护区分布	分布区类型
伞形科	金山当归	*Angelica valida*	草本	四川西南部	朝天马林场	15
伞形科	破铜钱	*Hydrocotyle sibthorpioides* var. *batrachium*	草本	安徽、浙江、江西、湖南、湖北、台湾、福建、广东、广西、四川；越南	麻风湾	7.4
伞形科	变豆菜	*Sanicula chinensis*	草本	东北、华北、中南、西北和西南广布；日本、朝鲜、俄罗斯、西伯利亚东部	麻风湾、海子坪	8
伞形科	短刺变豆菜	*Sanicula orthacantha* var. *brevispina*	草本	四川	乌贡山	15
伞形科	皱叶变豆菜	*Sanicula rugulosa*	草本	四川、西藏	河坝场、麻风湾	15
杜鹃花科	粉白杜鹃	*Rhododendron hypoglaucum*	常绿灌木	陕西南部、湖北西部、四川东部	山顶三角点	15
紫金牛科	疏花酸藤子	*Embelia pauciflora*	藤本	四川、贵州；越南	海子坪徐大友屋基	7.4
山矾科	银色山矾	*Symplocos subconnata*	乔木	浙江、福建、江西、湖北、湖南、广东北部、广西北部、贵州、四川	三江口麻风湾潭光阳	15
木樨科	秦岭梣	*Fraxinus paxiana*	落叶乔木	四川、甘肃、陕西、湖北、湖南	三江口	15
茜草科	小叶臭味新耳草	*Neanotis ingrata* f. *parvifolia*	草本	四川(宝兴)、重庆(綦江)	麻风湾	15
菊科	纤枝兔儿风	*Ainsliaea gracilis*	草本	贵州、四川、湖北、湖南、广西、广东、江西	长槽	15
菊科	三裂叶白头婆	*Eupatorium japonicum* var. *tripartitum*	草本	安徽、四川	沿途	15
菊科	小苦荬	*Ixeridium dentatum*	草本	浙江、福建、安徽、江西、湖北、广东；俄罗斯远东地区、日本、朝鲜	三江口麻风湾沼泽、三江口麻风湾	8
菊科	兔儿风蟹甲草	*Parasenecio ainsliiflorus*	草本	湖北、四川、湖南、贵州	三江口麻风湾、小岩方扎口石	15
菊科	华合耳菊	*Synotis sinica*	草本	四川南部、贵州	小草坝、小草坝雷洞坪	15
报春花科	点腺过路黄	*Lysimachia hemsleyana*	草本	陕西南部、四川东部、河南南部、湖北、湖南、江西、安徽、江苏、浙江、福建	杉木坪	15

续表

中文科名	中文种名	拉丁名	性状	国内外分布地	保护区分布	分布区类型
报春花科	疏头过路黄	*Lysimachia pseudo-henryi*	草本	陕西南部、四川、湖北、江西、安徽、浙江、湖南、广东	小草坝、小岩方	15
苦苣苔科	纤细半蒴苣苔	*Hemiboea gracilis*	草本	江西、湖北、湖南、重庆、四川、贵州、广西	罗汉坝	15
唇形科	峨眉风轮菜	*Clinopodium omeiense*	草本	四川	小草坝沼泽	15
唇形科	南川鼠尾草	*Salvia nanchuanensis*	草本	四川南部、湖北西部	长槽	15
唇形科	尾叶黄芩	*Scutellaria caudifolia* var. *caudifolia*	草本	四川(筠连)、贵州	三江口辣子坪、麻风湾	15
唇形科	长唇筒冠花	*Siphocranion macranthum* var. *prainianum*	草本	贵州	三江口老韩家、三江口范家屋基、麻风湾、长槽、杉木坪、罗汉坝坡头山、小草坝大窝场	15
百合科	玉竹	*Polygonatum odoratum*	草本	安徽、湖南、湖北、河南、山东、青海、甘肃、内蒙古、山西、河北、辽宁、吉林、黑龙江；欧洲和亚洲国家的温带地区广布	小草坝灰浆岩、罗汉坝	8
菝葜科	尖叶牛尾菜	*Smilax nipponica* var. *acuminata*	草本	四川、湖北、广西	大雪山龙潭坎、大雪山黄角湾	15
菝葜科	武当菝葜	*Smilax outanscianensis*	攀缘灌木	四川、湖北、江西	小草坝乌贡山	15
兰科	短叶虾脊兰	*Calanthe arcuata* var. *brevifolia*	草本	陕西、甘肃南部、湖北西南部、四川西北部	朝天马林场	15
兰科	带唇兰	*Tainia dunnii*	草本	湖南、浙江、江西、福建、台湾、广东、香港、广西北部、四川、贵州中部	杉木坪	15
莎草科	类头状花序藨草	*Scirpus subcapitatus*	草本	浙江、安徽、福建、江西、湖南、台湾、广东、广西、贵州、四川东部；日本、菲律宾、马来半岛、加里曼丹岛	小草坝	7
禾本科	细杆筇竹	*Qiongzhuea intermedia*	灌木	四川雷波	小草坝红纸厂	15

5.3　与其他地区区系分布式样比较

为了进一步认识保护区种子植物区系的性质，以及它和其他毗邻地区植物区系之间的关系，选择湖南南岳衡山、贵州梵净山、四川九寨沟与保护区做属分布区类型比较(表 5-12)。比较结果为：保护区植物区系与梵净山国家级自然保护区最接近，均以温带性质的属占优势(53.75%、49.92%)(原始数据来自左家哺等)，区系来源以温带成分为主，同时深受亚热带成分的影响(37.98%、41.74%)；梵净山国家级自然保护区位于贵州省东北部的江口、松桃、印江三县交界处，地理坐标 N21°49′50″～N28°1′30″，E108°45′55″～E108°48′30″，与保护区的地理区位 N27°3.5′～N28°15′、E103°54′～E104°53′接近，但它正处于我国亚热带中心，具有更典型的中亚热带季风山地湿润气候。逐项对比这两地的成分组成，数据都很接近，无疑证明保护区在区系位置上与梵净山相近，归属于华中植物区系；该区与九寨沟植物区系有较大差异，因为九寨沟的地理坐标(N32°51′～N33°1′，E103°46′～E104°4′)更偏北，海拔也较高(2000～3000m)，位于四川省西北部阿坝州九寨沟县境内，地处青藏高原东南边缘的尕尔纳山峰北麓，因此温带成分(72.01%)占绝对优势也属当然；南岳衡山国家级自然保护区(N27°12′10″～N27°19′40″，E112°34′28″～E112°45′36″)纬度虽与保护区差异不大，但位置偏东南，海拔低(最低海拔 80m，最高海拔即主峰祝融峰 1289.8m)，在大地构造上属于华南地台的扬子陆台的东南部，为湘东新华夏系构造的一部分，种子植物区系具有典型的“华东-华中”过渡色彩，在区系归属上归于华东植物区系。

表 5-12　保护区种子植物与邻近地区属的分布区类型比较(%)

分布区类型及变型	昭通	梵净山	南岳	九寨沟
1.世界分布	8.28	8.35	10.52	9.27
2.泛热带分布	15.47	17.38	20.65	9.44
3.热带亚洲、热带美洲间断分布	2.66	1.7	2.29	1.16
4.旧世界热带分布	4.53	5.79	5.35	2.65
5.热带亚洲至热带大洋洲分布	3.75	4.26	4.4	1.16
6.热带亚洲至热带非洲分布	3.13	3.92	2.87	2.15
7.热带亚洲分布	8.44	8.69	7.84	2.15
热带种(2～7)合计	37.98	41.74	43.4	18.71
8.北温带分布	19.84	18.4	17.21	33.77
9.东亚、北美分布	7.34	7.5	8.22	6.62
10.旧世界温带分布	6.09	4.94	5.74	10.76
11.温带亚洲分布	0.94	0.85	0.57	2.81
12.地中海区、西亚至中亚	0.63	0.17	—	1.16

续表

分布区类型及变型	昭通	梵净山	南岳	九寨沟
13.中亚分布	0.16	—	—	0.66
14.东亚分布	14.53	14.14	13.58	12.42
15.中国特有	4.22	3.92	0.76	3.81
温带种(8～15)合计	53.75	49.92	46.08	72.01
共计	100.00	100.00	100.00	100.00

5.4 结　论

5.4.1 区系组成

调查表明，保护区种子植物种类十分丰富，共有野生种子植物 159 科 640 属 1864 种，占全国种子植物总科数的 52.82%、总属数的 20.32%和总种数的 6.17%。其中裸子植物 4 科 5 属 5 种，被子植物 155 科 635 属 1859 种，这些数据足以反映保护区在云南乃至全国植物多样性方面的重要性。

5.4.2 区系性质

通过科、属、种水平的分析可知，保护区种子植物区系具有亚热带向暖温带过渡的性质。种子植物区系地理成分复杂，联系广泛。本区 159 个科可划分为 11 个分布区类型，640 个属可划分为 15 个类型和 22 个变型，1864 个种可划分为 15 个类型，其中 1603 个中国特有种可划分为 3 个亚型和 20 个变型。

科级水平上，热带性质的科有 61 个，占总科数的 38.36%；温带分布的科有 49 个，占总科数的 30.82%。科水平的热带成分与温带成分之比为 1.25∶1，说明在科水平上该区热带性质稍强。

属级水平上，热带性质的属有 243 属，占总属数的 37.97%；温带性质的属有 344 属，占总属数的 53.91%；热带成分与温带成分的比为 1∶1.42，热带性质比科级水平有很大的消退。

种级水平上，热带性质的种有 285 种，占总种数 15.29%；温带性质的种有 1516 种，占总种数 81.33%；热带成分与温带成分的比为 1∶5.32，温带性质的种占绝对优势，说明热带的成分大量退去，取而代之的是大量的温带成分，充分证明该保护区因亚热带与暖温带气候的影响，在种类组成上有明显的替代性和过渡性。

综上所述，保护区种子植物区系总体上有明显的温带渊源，热带成分也有较好的发展，表现出由亚热带向温带过渡，并归属于温带区系。

5.4.3　区系来源

根据对保护区种子植物区系的分析，可以得出目前保护区的区系主体是北温带成分、东亚成分、热带亚洲成分，它们是保护区种子植物区系的三大起源。

保护区内北温带分布及其变型有 127 属，占总属数的 19.84%。这一类型的种有 98 种，所占比例不大，仅为 5.26%。这是因为在种一级，中国特有成分占绝对优势，而它们多数为温带分布的中国特有种。故可得出北温带成分是该区植物区系的主要来源之一。

保护区内东亚分布及其变型有 93 属，占总属数 14.53%，这一类型的种有 332 种，占总种数的 17.81%，显示出东亚成分是保护区种子植物区系的重要来源之一。

保护区内热带亚洲分布及其变型有 54 属，占总属数的 8.44%，这一分布类型的种有 206 种，占总种数的 11.05%，表明热带亚洲成分也是本区种子植物区系的重要来源之一。

此外，泛热带分布及其变型虽有 99 属，但多是一些次生性成分，不能很好代表保护区植物区系特点。当然这么多的泛热带成分在一定程度上反映了该区区系联系的广泛性。

中国特有成分是保护区种子植物区系构成中数量较大的一种类型。保护区内有中国特有属 27 属，占总属数 4.22%；有中国特有种 1603 种，占总种数 57.03%。它们的分布中心绝大多数位于北回归线以北，属于温带的性质，由此进一步证明保护区区系的温带渊源。

5.4.4　区系特有现象

该区有中国特有科 1 科，即珙桐科；有东亚特有科 10 科，占全部东亚特有科的 32.26%；属一级的特有现象也很明显，该区有中国特有属 27 属，隶属于 17 科，占该区总属数的 4.21%，占云南特有属(115 属)的 23.48%，占整个中国特有属的 11.11%；中国特有种 1603 种，占总种数的 57.03%，其中保护区特有种 28 种，占中国特有种的 2.63%。特有度非常高，表明了该区植物区系的温带性质及其历史发展的古老性。

5.4.5　区系地位

根据以上对保护区种子植物区系的统计和分析，可以确定其区系的相应地位。从科的统计分析可知，保护区有中国特有科珙桐科，该科在本区的存在和广泛发展，证明了该区地质历史和植物植被的古老性与独特性。该区分布的 27 个中国特有属，是该区植物区系特有性的又一证明，充分显示了保护区在云南和全国植物区系研究中的重要位置。

保护区分布的东亚特有科如水青树科、十齿花科、连香树科、领春木科、旌节花科、猕猴桃科、桃叶珊瑚科、青荚叶科、鞘柄木科和三尖杉科，表明保护区为东亚植物区的一部分，其地质史与整个东亚是一致的，与东亚植物区系的发生密切相关。

通过前面的分析可知，保护区种子植物区系具有一定数量东亚成分。东亚分布有332种，占总种数的17.81%，加上中国特有分布的1063种(归根结底也是东亚成分，占57.03%)，则东亚成分共占该区总种数的74.84%。该区分布众多的特有种说明了保护区在区系保护上的重要性。与其他地区共有的特有种中，以与四川、贵州两省共有较多，共296种，占中国特有成分的18.47%，这些种基本都是以华中为分布中心向外扩散的华中特有种，表明该区是东亚中国特有成分(尤其是华中特有成分)的重要分布与分化地。同时，保护区位于这个分布和分化中心的西侧，包括了一定的华西成分。此外，本区与毗邻的西南、华南、华东、华中等都有一定的区系联系。

另外，研究表明属水平上保护区与地处华中植物区系的梵净山关系最近，这也为保护区属于东亚植物区之华中区系提供了有力的证据。

5.4.6 保护区新分布

考察中发现的云南新分布植物种类非常丰富，共有74种，隶属于32科58属。这些新分布植物中一半以上是草本类型，这与它们的散布能力及适应能力较强密切相关。这些种类中有61种是中国特有种，5种为北温带分布，4种为东亚分布，3种为热带亚洲分布，这一数据几乎就是该区植物区系的一个缩影，证明了该区的温带起源和东亚植物区系特征。

第6章 植　　被

6.1 研 究 背 景

滇东北的乌蒙山和五莲峰形成一道天然屏障，阻挡和滞留南来北往的大气环流，成为昭通市的气候分界线，是冬季北方冷空气进入滇中高原的第一道屏障。此分界线将昭通市从地理上分为南北两个部分。其北称为昭通北部，包括盐津、绥江、威信、镇雄等县全境，以及彝良、大关、昭阳、永善等县（区）的大部分，地理位置为N27°20′～N28°40′，E103°35′～E105°15′，地形南高北低，向北部的四川盆地倾斜。乌蒙山国家级自然保护区即位于此区域。该气候分界线南北两侧的天气系统差异极大，南干北湿，尤以冬季最为明显。表6-1是昭通市北部及南部地区有关县城气象站所在地30年来平均降水量的数据，可以看出，北部地区平均年降水量比南部地区高约300mm，1～4月旱季的降水量也高1倍以上。本地带的年温差达19～20℃，远大于滇中高原各地。虽然本地带内冬春季的绝对降水量并非十分丰富，但此时云量多、日照少、蒸发弱、湿度大，不显干燥，全年无明显干湿季而终年湿润。因而，不难理解昭通北部的植被类型和特征与云南省其他地区有显著的差异，是一个特殊的区域。

表6-1　30年来昭通市湿度分界线南北边降水量对比表

区域	县（区）名	海拔/m	降水量/mm												
			1月	2月	3月	4月	5月	6月	7月	8月	9月	10月	11月	12月	年合计
昭通北部	盐津	596	20.6	26.1	35.9	66.9	91.0	179.8	227.3	276.0	129.5	81.9	39.6	22.9	1197.5
	威信	1173	26.7	28.9	41.6	71.9	113.6	149.3	178.0	185.0	117.8	74.0	45.0	24.9	1056.7
	镇雄	1667	16.0	19.9	22.8	58.4	102.1	156.8	172.3	150.1	115.1	61.1	29.3	16.0	919.9
昭通南部	彝良	880	3.5	4.2	10.2	36.5	63.2	142.7	179.7	167.1	112.7	45.3	12.0	3.3	780.4
	昭阳	1950	6.0	6.8	11.1	31.3	73.3	144.9	159.1	122.8	98.8	56.9	18.9	5.9	735.8

在《云南植被》中，昭通北部被区划为“东部中亚热带湿润常绿阔叶林地带”，属于我国东部（湿润）常绿阔叶林亚区域（ⅡB）。本植被区域在云南省内的面积不大，但是其自然环境条件和植被地理特点独具一格。本区的地带性植被主要是栲类-木荷林，森林上层树种以栲属和木荷属占优势，其次是石栎属和青冈属。这种特征与云南高原的半湿润常绿阔叶林显著不同，所以，保护区尽管面积不大，但是在云南植被区划中，作为一个植被地带有较高的系统地位。保护区所在的地区属于本地带两个亚区中的一个亚区，

即“滇东北边缘中山河谷峨眉栲林、包石栎林区”（《云南植被》）。

然而迄今为止，包括保护区在内的昭通北部地区的植被调查和研究基本是空白，无论是《中国植被》《云南植被》还是其他文献资料，几乎都没有关于保护区植被类型的具体记载和论述。通过综合科学考察，保护区植被的神秘面纱终于得以揭开。

6.2 调查研究方法

6.2.1 植被调查方法

1.线路调查

对保护区各片区沿海拔自下而上进行线路调查，采集相应的标本，确定沿途所见的植被类型，将其位置和范围勾绘在 1∶50 000 的地形图上，并记录其 GPS 坐标，以掌握沿途植被水平分布和垂直分布的规律，为植被制图提供数据。

2.样地调查

在线路调查的基础上，根据地形、海拔、坡向、坡位、土壤及植物群落的类型，采取典型选样的方式设置方形样地，进行样地调查，调查不同群落类型的物种组成、结构等，并据此确定保护区植被的群系或群丛等基本类型(单位)。

依据不同群落类型植物种类的复杂程度，样地面积有所差异，森林类型的样地投影面积为 $500m^2$(20m×25m)，灌木林的样地投影面积为 $225m^2$(15m×15m)或 $100m^2$(10m×10m)，草甸群落的投影面积为 $25m^2$(5m×5m)或 $4m^2$(2m×2m)。

森林类型的每块样地均再被划分为 20 个 5m×5m 的样方，将小样方编号，对其中胸径大于 5cm 的所有乔木植株进行每木调查，记录内容包括调查顺序号、小样方号、种名、胸径、高度、枝下高、冠幅、在样地中的坐标、生活力、物候等因子。每个标准地内设 6 个面积为 5m×5m 的样方，即分别在其 4 个角各设 1 个，在中心设 2 个，记录样方内胸径小于等于 5cm，高度大于 1m 植株的种名、株(丛)数、高度、基径、冠幅等。每个标准地内再设 2m×2m 的草本样方 5 个，分别在中心和 4 个角各设 1 个，调查高度小于 1m 的植株，记录因子与灌木样方的一致。此外，对样地中藤本和附生维管植物的种类及附生高度也做详细记录。样地调查时，对现地不能准确确定到种的植株，均采集标本，系上完备的采集标签，以备日后鉴定。

6.2.2 样地资料整理

1.平均胸径和平均树高的计算

按照《云南省森林调查常用数表》中“南亚热带阔叶树二元材积表”，计算出样地中胸径大于等于 5cm 的每株树种的材积，再分别按树种进行材积累加，得出每个树种在该样地中的材积，用平方根法分别计算出每个树种的平均胸径，再分别由每个树种的材积、株数和平均胸径反推出每个树种的平均树高。某株树的材积即

$$V=0.000052764291D\times1.8821611H\times1.0093166 \tag{6-1}$$

式中，V 为材积；D 为胸径；H 为树高。

某个树种的平均胸径为

$$D_{平均}=[(D_{12}+D_{22}+\cdots+D_{n2})/n]0.5 \tag{6-2}$$

式中，n 为某个树种的株数。

某个树种的材积为

$$V_{总}=V_1+V_2+\cdots+V_n \tag{6-3}$$

某个树种的平均材积为

$$V_{平均}=V_{总}/n \tag{6-4}$$

某个树种的平均树高为

$$1.0093166\lg H_{平均}=\lg V_{平均}-\lg 0.000052764291-1.8821611\lg D_{平均} \tag{6-5}$$

2.重要值计算

重要值是用于反映某种植物在群落中的地位和作用的综合数量指标。由于乔木层、灌木层和草本层的调查因子不一致，故应该分别计算乔木的重要值、灌木的重要值和草本的重要值。层间植物常常附生或攀缘到乔木的树冠上，难以准确调查其盖度，一般不进行重要值计算。

1)乔木的重要值计算

重要值=(相对株数+相对显著度+相对频度)/300　(6-6)

式中，相对株数为样地总乔木株数除某个树种的株数；相对显著度为样地各乔木植株胸高断面积之和除某个树种的胸高断面积之和；相对频度为群落的样地数除某个树种出现的样地数。

2)灌木、草本、层间植物的重要值计算

重要值=(相对密度+相对频度+相对盖度)/300　(6-7)

3.多样性的测定

1)丰富度指数

由于群落中物种的总数与样本含量有关，所以这类指数为可比较的。生态学上用过的丰富度指数很多，现举几例。

(1) Gleason 指数。

$$D=S/\ln A \tag{6-8}$$

式中，A 为单位面积；S 为群落中的物种数目。

(2) Margalef 指数。

$$D=(S-1)/\ln N \tag{6-9}$$

式中，S 为群落中的总种数；N 为观察到的个体总数(随样本大小而增减)。

2) 多样性指数

多样性指数是反映丰富度和均匀度的综合指标。具低丰富度和高均匀度的群落与具高丰富度与低均匀度的群落，可能得到相同的多样性指数。下面是两个最著名的计算公式。

(1) 辛普森多样性指数(Simpson' s diversity index)。

辛普森多样性指数=随机取样的两个个体属于不同种的概率

=1−随机取样的两个个体属于同种的概率

设种 i 的个体数占群落中总个体数的比例为 P_i，那么，随机取种 i 两个个体的联合概率就为 P_i^2。如果将群落中全部种的概率合起来，就可得到辛普森指数 D，即

$$D=1-\sum_{i=1}^{s}P_i^2 \tag{6-10}$$

式中，S 为物种数目。

当全部个体均属于一个种的时候，辛普森多样性指数取得最低值 0；当每个个体分别属于不同种的时候，该指数取得最高值(1−1/S)。

(2) 香农-维纳指数(Shannon-Weiner index)。

信息论中熵的公式原来是表示信息的紊乱和不确定程度的，借以描述种的个体出现的紊乱和不确定性，信息量越大，不确定性也越大，多样性也就越高。其计算公式为

$$H=-\sum_{i=1}^{s}P_i\log_2 P_i \tag{6-11}$$

式中，S 为物种数目；P_i 为属于种 i 的个体在全部个体中的比例；H 为物种的多样性指数。式中对数的底可取 2、e 和 10，但单位不同，分别为 nit、bit 和 dit。

香农-维纳指数包含两个因素：其一是种类数目，即丰富度；其二是种类中个体分配上的均匀性。种类数目越多，多样性越大；同样，种类之间个体分配的均匀性增加也会使多样性提高。

6.3 植被类型的划分

6.3.1 植被分类的原则

按照《云南植被》和《中国植被》关于植被分类的原则和系统，根据调查结果，对保护区现有的各种植被群落进行分类。其植被型和植被亚型按照生态外貌的原则确定，植被亚型以下的单位按照群落主要组成成分及其优势度(重要值或盖度等数量特征)确定。

6.3.2 植物群落的命名

1)群系(群系组)的命名

采用群落中主要层次的优势种、建群种或优势种的属名进行命名，不考虑构成群落的次要层次的物种，如峨眉栲林(Form. *Castanopsis platyacantha*)、水青树-珙桐林(Form. *Tetracentron sinense-Davidia involucrata*)等。

2)群丛的命名

用各层优势种的中文名及其拉丁学名表示，如峨眉栲-华木荷+筇竹+峨眉瘤足蕨群落(Ass. *Castanopsis platyacantha-Schima sinensis+Qiongzhuea tumidissinoda+Plagiogyria assurgens*)。层次顺序为乔木层、灌木层和草本层，不同层次之间用“+”连接，同一层次的两个主要种之间用“-”连接。当某个层次(如灌木层或草本层)的盖度很低，没有显著的优势种时，该层次的种类可以空缺。

6.3.3 自然保护区的植被类型

按照上述植被划分的原则和方法，保护区的植被类型可以划分为 4 个植被型、5 个植被亚型、18 个群系和 44 个群丛。植被分类系统如表 6-2 表示。

表 6-2 保护区植被系统表

植被型	植被亚型	群系	群丛
常绿阔叶林	典型常绿阔叶林	峨眉栲林	峨眉栲-华木荷+金佛山方竹群落
			峨眉栲-华木荷+筇竹群落
			峨眉栲-筇竹+峨眉瘤足蕨群落
			峨眉栲-十齿花+绥江玉山竹群落
			峨眉栲-水丝梨+筇竹群落
			多变石栎-峨眉栲+筇竹群落
		硬斗石栎林	硬斗石栎-华木荷+绥江玉山竹群落
			水丝梨-硬斗石栎-峨眉栲+筇竹群落
		华木荷林	华木荷-金佛山方竹群落
			华木荷-峨眉栲+荆竹林群落
			华木荷-水丝梨-峨眉栲+荆竹群落
			华木荷-西南米槠+绥江玉山竹群落
			绒毛滇南山矾-华木荷+筇竹群落
		四川新木姜子林	四川新木姜子-山矾群落

续表

植被型	植被亚型	群系	群丛
常绿落叶阔叶混交林	山地常绿落叶阔叶混交林	光叶水青冈林	光叶水青冈-深裂中华槭+筇竹群落
			光叶水青冈-华木荷+筇竹群落
			峨眉栲-光叶水青冈+筇竹群落
			四川新木姜子-光叶水青冈+筇竹群落
		珙桐林	珙桐+金佛山方竹群落
			珙桐+绥江玉山竹群落
			长穗鹅耳枥-珙桐+筇竹群落
		十齿花林	十齿花+金佛山方竹群落
			十齿花+绥江玉山竹群落
			十齿花-峨眉栲+刺竹子群落
		扇叶槭林	扇叶槭-峨眉栲+筇竹群落
			木姜叶柯-扇叶槭+筇竹林
		水青树林	水青树林
		杂木常绿落叶阔叶混交林	细梗吴茱萸叶五加-华木荷林群落
竹林	暖性竹林	毛竹林	毛竹-茶荚蒾+长蕊万寿竹群落
		筇竹林	筇竹群落
			筇竹-托叶楼梯草群落
			筇竹-水竹群落
		方竹林	刺竹子群落
			刺竹子-绥江玉山竹群落
			金佛山方竹林
		水竹林	水竹+茅叶荩草群落
			水竹+大苞鸭跖草群落
草甸	沼泽化草甸	海花沼泽化草甸	海花-庐山藨草群落
			海花-天名精-庐山藨草群落
			海花-白花柳叶箬-假稻群落
			灯心草-海花群落
	典型草甸	多花剪股颖群系	多花剪股颖-星毛繁缕群落
		蕨菜群系	蕨菜-杠板归群落
		蓼草群系	伏毛蓼群落

6.4　植被类型分论

6.4.1　常绿阔叶林

常绿阔叶林是指在亚热带湿润气候条件下形成的以双子叶植物常绿乔木树种为主的森林植被，它是我国长江以南地区分布范围最广的植被类型。我国常绿阔叶林主要以壳斗科的常绿乔木树种为优势种和建群种，其次是茶科、樟科和木兰科。按照《中国植被》的分类系统，我国的常绿阔叶林进一步划分为典型常绿阔叶林、季风常绿阔叶林、山地常绿阔叶林和山顶苔藓矮曲林 4 个植被亚型。按照《云南植被》的分类系统，云南的常绿阔叶林之下分为季风常绿阔叶林、苔藓常绿阔叶林、半湿润常绿阔叶林、中山湿性常绿阔叶林和山顶苔藓矮林共计 5 个植被亚型，没有划分典型常绿阔叶林。

乌蒙山国家级自然保护区的常绿阔叶林，属于《中国植被》中所界定的典型常绿阔叶林。

在《云南植被》中，没有明确划分出典型常绿阔叶林，也未记载昭通北部的这种植被类型，只是在第 23 章“云南植被区划”对此类植被有极为简单的说明。

据《中国植被》记载，典型常绿阔叶林大致分布于 N23°40′～N32°00′，E99°35′～E123°00′的中亚热带地区，主要见于我国长江以南至福建、广东、广西、云南北部及西藏南部山地，分布的海拔在西部为 1500～2800m，在东部为 2000m 以下。

昭通北部地区是云南省唯一分布典型常绿阔叶林的地区，是联系云南植被与我国东部地区植被的桥梁。乌蒙山国家级自然保护区的典型常绿阔叶林是整个昭通北部地区的典型常绿阔叶林保存最为完好的地区。根据实地考察，保护区的典型常绿阔叶林可以分为峨眉栲林、华木荷林、硬斗石栎林、四川新木姜子林 4 个群系。每个群系之下再可划分为若干群落(群丛)类型。

1.峨眉栲林(Form. *Castanopsis platyacantha*)

峨眉栲分布于云南、四川和贵州，是中国西南地区的特有树种。云南的峨眉栲林主要分布于滇东北，其东南与贵州相连，北部及西部与四川接壤。约跨 N27°20′～N28°38′，E103°35′～E105°20′，包括绥江、盐津、威信、镇雄、大关，以及永善、彝良北部(《云南森林》)。

本群系均以峨眉栲为乔木上层优势或标志，与云南高原的亚热带常绿阔叶林有较大差异，而与四川盆地的中亚热带常绿阔叶林的山地森林植被类型接近。它分布于滇东北永善、大关、彝良、镇雄一线以北中山山地，海拔 1500～2300m(《中国森林》)。峨眉栲林在川渝地区主要分布于四川盆地西缘和南缘山地，包括二郎山东坡海拔 1200～1600m，峨眉山、大凉山东坡海拔 1500～2000m，金佛山和七曜山西南端等地，为中山常绿阔叶林主要类型之一(《中国植被》)。峨眉栲在贵州星散分布，不形成优势，因而一般不形成林分(《贵州植被》)。也就是说，峨眉栲林主要分布于四川南部、重庆南部和云南东北部。

群落的种类组成具有我国东部常绿阔叶林的特点。其外貌全年常绿，呈暗绿色而稍微闪烁反光，上层树冠浑圆而林冠呈波状起伏。由于混生一定数量的落叶阔叶树，因此季相变化较明显。

乔木层以栲属 *Castanopsis*、木荷属 *Schima*、柃属 *Eurya*、冬青属 *Ilex*、新木姜子属 *Neolitsea*、山矾属 *Symplocos*、山胡椒属 *Lindera*、木姜子属 *Litsea* 的种类为常见。海拔偏高之处，也有柯属 *Lithocarpus* 的种类出现。灌木层中，以筇竹 *Qiongzhuea tumidinoda* 最为突出。草本层以瘤足蕨属 *Plagiogyria*、短肠蕨属 *Allantodia* 等蕨类为特征，肉质耐阴的秋海棠属 *Begonia*、凤仙花属 *Impatiens*、冷水花属 *Pilea* 也有所见。

根据野外调查资料，保护区的峨眉栲林可以进一步分为 6 种类型，即①峨眉栲-华木荷+金佛山方竹群落；②峨眉栲-华木荷+筇竹群落；③峨眉栲-筇竹+峨眉瘤足蕨群落；④峨眉栲-十齿花+绥江玉山竹群落；⑤峨眉栲-水丝梨+筇竹群落；⑥多变石栎-峨眉栲+筇竹群落。以下逐一对其加以说明。

1）峨眉栲-华木荷+金佛山方竹群落（Ass. *Castanopsis platyacantha-Schima sinensis+Chimonobambusa utilis*）

群落分布在彝良县海子坪片区，海拔 1800～2000m 的中上坡。枯枝落叶层厚达 5～7cm。外貌苍绿，林冠平整。

乔木层分层不明显，盖度达 70%，高度为 2.5～13m，树冠连续，有 28 种植物。其优势种为峨眉栲，次优势种为华木荷。其他还有深裂中华槭、硬斗石栎、细梗吴茱萸叶五加、石灰花楸、木瓜红等。乔木层中，常绿树种约 15 种 94 株，重要值达到 60；落叶树种约 13 种 47 株，重要值约 40。

灌木层盖度较大，达 85%，高度为 0.05～2.2m，以金佛山方竹占绝对优势，其单种盖度为 60%，重要值达到 73.5；其余大多数是乔木幼树，较常见的有硬斗石栎、钝叶木姜子等。

由于乔灌木盖度过大，草本层植物种类较少，常见者不超过 10 种，个体数量也少，层盖度仅 3%～5%，高度为 8～50cm，以卵穗薹草、间型沿阶草等较常见。

层间植物也较少，仅调查到 5 种，为扶芳藤、冠盖绣球、五风藤、西南菝葜、喜阴悬钩子。每种的个体数量也不多。具体见表 6-3。

表 6-3 峨眉栲-华木荷+金佛山方竹群落样地调查表

样地号 面积 时间	样地 50 500m^2（20m×25m） 2006 年 8 月 2 日
调查人	覃家理、杨科、石翠玉、苏文萍、丁莉、黄礼梅、赫尚丽、罗柏青、甘万勇、宋睿飞、杨跃、罗勇、刘宗杰、毛建坤、罗凤晔等
地点	彝良县海子坪燕子洞
GPS 点	N27°49′49.6″，E104°20′51.7″
海拔 坡向 坡位 坡度*	1969m SW225° 中上坡 5°
生境地形特点	中间凹
母岩 土壤特点地表特征	黄壤 枯枝落叶厚 5～7cm
特别记载 人为影响	天然原始林，少有人为影响
乔木层盖度 70% 灌木层盖度 85% 草本层盖度 3%～5%	

注：*本书中“坡度”指坡面与水平面的夹角的度数。

续表

乔木层								
中文名	拉丁名	株数	高度/m		胸径/cm		重要值	性状
			最高	平均	最粗	平均		
峨眉栲	*Castanopsis platyacantha*	13	12	8.7	43.5	19.1	11.2	常绿
华木荷	*Schima sinensis*	18	11	6.5	21.0	11.8	9.4	常绿
深裂中华槭	*Acer sinense* var. *longilobum*	11	13	10.6	21.5	16.6	8.2	落叶
硬斗石栎	*Lithocarpus hancei*	12	12	9.2	23.0	13.4	7.4	常绿
樟一种	*Cinnanmomum* sp.	15	8	5.9	15.0	9.3	6.1	常绿
细梗吴茱萸叶五加	*Acanthopanax evodiaefolius* var. *gracilis*	6	13	11.7	23.0	19.1	5.8	落叶
水丝梨	*Sycopsis sinensis*	8	11	8.1	25.5	13.0	5.6	常绿
毛薄叶冬青	*Ilex fragilis* f. *kingii*	10	13	10.1	19.5	11.7	5.1	落叶
钝叶木姜子	*Litsea veitchiana*	5	12	10.6	15.5	14.5	4.1	落叶
楠木一种	*Phoebe* sp.	9	8	5.7	8.0	6.5	3.4	常绿
灯台树	*Cornus controversa*	2	12	12.0	21.0	20.5	3.1	落叶
不凡杜鹃	*Rhododendron insigne*	3	8	5.7	11.0	9.3	2.7	常绿
四川山矾	*Symplocos setchuensis*	2	9	7.0	16.0	14.5	2.6	常绿
灯笼树	*Enkianthus chinensis*	3	6	5.0	8.0	7.0	2.5	落叶
红粗毛杜鹃	*Rhododendron rude*	2	3.5	3.0	9.0	7.0	2.2	常绿
野八角	*Illicium simonsii*	4	10	7.3	12.0	9.3	2.2	常绿
光叶水青冈	*Fagus lucida*	1	5	5.0	13.5	13.5	2.1	落叶
多变石栎	*Lithocarpus variolosus*	4	7	6.5	10.0	7.5	2.1	常绿
四照花	*Dendrobenthamia japonica* var. *chinensis*	4	7	4.9	8.0	7.1	2.0	落叶
柔毛润楠	*Machilus villosa*	1	5	5.0	8.0	8.0	1.9	常绿
石灰花楸	*Sorbus folgneri*	1	13	13.0	20.0	20.0	1.6	落叶
木瓜红	*Rehderodendron macrocarpum*	1	13	13.0	19.5	19.5	1.5	落叶
宝兴木姜子	*Litsea moupinensis*	1	11	11.0	13.0	13.0	1.3	落叶
细齿稠李	*Padus obtusata*	1	10	10.0	13.0	13.0	1.3	落叶
杨叶木姜子	*Litsea populifolia*	1	10	10.0	11.0	11.0	1.2	落叶
薄叶山矾	*Symplocos anomala*	1	7.5	7.5	9.0	9.0	1.2	常绿
新木姜子	*Neolitsea aurata*	1	2.5	2.5	8.0	8.0	1.1	常绿
野花椒	*Zanthoxylum simulans*	1	6	6	6.5	6.5	1.1	常绿

灌木层							
中文名	拉丁名	株数	高度/m		盖度/%	重要值	性状
			最高	平均			
真正的灌木							
金佛山方竹	*Chimonobambusa utilis*	149	2.2	1.96	60	73.5	灌木
更新层							
硬斗石栎	*Lithocarpus hancei*	6	2.8	1.6	10	6.2	常绿

续表

中文名	拉丁名	株数	高度/m		盖度/%	重要值	性状
			最高	平均			
钝叶木姜子	*Litsea veitchiana*	4	2.1	1.5	5	3.2	落叶
不凡杜鹃	*Rhododendron insigne*	3	1.7	1.3	5	3.0	常绿
宝兴木姜子	*Litsea moupinensis*	3	1.2	0.2	3	2.8	落叶
灯笼树	*Enkianthus chinensis*	2	2.4	1.3	3	2.6	落叶
野八角	*Illicium simonsii*	2	2.2	1.2	3	2.6	常绿
深裂中华槭	*Acer sinense* var. *longilobum*	2	2.1	1.1	3	2.6	落叶
未知幼苗(羽状脉，有齿，对生叶)		5	0.05	0.05	3	3.4	常绿

草本层

中文名	拉丁名	株数	高度/m		盖度/%	重要值	性状
			最高	平均			
卵穗薹草	*Carex ovatispiculata*	26	0.5	0.2	2.1	42.4	直立草本
间型沿阶草	*Ophiopogon intermedius*	9	0.4	0.13	0.5	15.0	直立草本
蕨一种		6	0.3	0.12	0.3	15.0	直立草本
筒冠花	*Siphocranion macranthum*	2	0.4	0.15	0.3	7.5	直立草本
毛药苣苔	*Dasydesmus bodinieri*	5	0.3	0.2	0.2	7.2	直立草本
峨眉唐松草	*Thalictrum omeiense*	1	0.3	0.3	0.2	4.8	直立草本
长柱鹿药	*Maianthemum oleraceum*	1	0.3	0.25	0.1	4.4	直立草本
大叶贯众	*Cyrtomium macrophyllum*	1	0.3	0.2	0.1	3.7	直立草本

层间植物

中文名	拉丁名	高度/m		盖度/%	性状
		最高	平均		
五风藤	*Holboellia latifolia*	1.3	0.3	0.48	木质藤本
西南菝葜	*Smilax bockii*	0.9	0.55	0.30	藤状灌木
喜阴悬钩子	*Rubus mesogaeus*	1.0	0.3	0.06	藤状灌木
扶芳藤	*Euonymus fortunei*	1.1	0.15	0.04	附生藤本
冠盖绣球	*Hydrangea anomala*	1.2	1.0	0.01	附生藤本

2) 峨眉栲-华木荷+筇竹群落 (Ass. *Castanopsis platyacantha-Schima sinensis +Qiongzhuea tumidissinoda*)

本群落分布在三江口麻风湾谭光阳家附近，海拔 1800～1900m。土壤为黄壤，枯枝落叶厚 3～5cm。本群落 30 年前被采伐过，目前恢复良好。

乔木层的种类通常不超过 10 种，共有胸径大于 5cm 的乔木植株 59 株，最高达 22m，盖度 75%。以峨眉栲 *Castanopsis platyacantha* 为优势，计 38 株，重要值 63。其他常绿乔木还有华木荷 *Schima sinensis*、四川新木姜子 *Neolitsea sutchuanensis*、柔毛润楠 *Machilus villosa* 和薄叶山矾 *Symplocos anomala* 等。落叶乔木有深裂中华槭 *Acer sinense* var. *longilobum*、云南樱桃 *Cerasus yunnanensis*、珙桐 *Davidia involucrata* 等。乔木层中，常绿树种 5 种 48 株，重要值 81.7；落叶树种 3 种 11 株，重要值 18.3。

灌木层的种类较多，超过 30 种，盖度 65%。真正的灌木以筇竹 *Qiongzhuea tumidissinoda* 为优势，其盖度达 34.2%，重要值达 40.4。其他有西南绣球 *Hydrangea davidii*、云南桃叶珊瑚 *Aucuba yunnanensis*、繁花杜鹃 *Rhododendron floribundum*、合轴荚蒾 *Viburnum sympodiale*、西南山茶 *Camellia pitardii*、峨眉青荚叶 *Helwingia omeiensis*。乔木幼树的种类多，计 30 种。有近尾叶樟 *Cinnamomum* aff. *caudiferum*、新木姜子 *Neolitsea aurata*、宝兴木姜子 *Litsea moupinensis*、银色山矾 *Symplocos subconnata*、石木姜子 *Litsea elongata* var. *faberi*、深裂中华槭 *Acer sinense* var. *longilobum*、叶萼山矾 *Symplocos phyllocalyx*、江南冬青 *Ilex wilsonii*、硬斗石栎 *Lithocarpus hancei*、柔毛润楠 *Machilus villosa*、四川新木姜子 *Neolitsea sutchuanensis*、峨眉栲 *Castanopsis platyacantha*、坛果山矾 *Symplocos urceolaris*、粗梗稠李 *Padus napaulensis*、云南樱桃 *Cerasus yunnanensis*、细梗吴茱萸叶五加 *Acanthopanax evodiaefolius* var. *gracilis*、微香冬青 *Ilex subodorata*、多变石栎 *Lithocarpus variolosus*、华木荷 *Schima sinensis* 等。

草本层的种类约 15 种，盖度为 15%～20%，以江南短肠蕨 *Allantodia metteniana* 为优势，其重要值达到 42.9，其他常见光脚金星蕨 *Parathelypteris japonica*、碗蕨 *Dennstaedtia scabra*、倒鳞鳞毛蕨 *Dryopteris reflexosquamata*、钝叶楼梯草 *Elatostema obtusum*、长江蹄盖蕨 *Athyrium iseanum*、近川西鳞毛蕨 *Dryopteris neorosthornii*、阔萼堇菜 *Viola grandisepala*、盾萼凤仙花 *Impatiens scutisepala*、托叶楼梯草 *Elatostema nasutum*、川八角莲 *Dysosma veitchii*、袋果草 *Peracarpa carnosa*、吉祥草 *Reineckia carnea*、窄瓣鹿药 *Maianthemum tatsienense* 等。

层间植物的种类达 10 种以上，包括木质藤本薄叶南蛇藤 *Celastrus hypoleucoides*、扶芳藤 *Euonymus fortunei*、猕猴桃藤山柳 *Clematoclethra actinidioides*、五月瓜藤 *Holboellia fargesii*、昭通猕猴桃 *Actinidia rubus* 等，藤状灌木多蕊肖菝葜 *Heterosmilax polyandra*、叉蕊薯蓣 *Dioscorea collettii*、防己叶菝葜 *Smilax menispermoidea*、近棠叶悬钩子 *Rubus* aff. *malifolius*、网纹悬钩子 *Rubus cinclidodictyus* 等；以及草质藤本的异叶爬山虎 *Parthenocissus heterophylla* 和附生草本石韦 *Pyrrosia lingua*。具体见表 6-4。

表 6-4 峨眉栲-华木荷+筇竹林样地调查表

样地号 面积 时间	样地 2 500m^2 2006 年 7 月 19 日
调查人	杜凡、王娟、杨科、石翠玉、苏文萍、丁莉、黄礼梅、赫尚丽、罗柏青、甘万勇、宋睿飞、杨跃、罗勇、刘宗杰、毛建坤、罗凤晔等
地点	大关县麻风湾潭光阳
GPS 点	N28°12′50.4″，E103°56′12.9″
海拔 坡向 坡位 坡度	1852m SW24° 中上坡 28°
生境地形特点	山头 样地下有一条小路经过 中间凸起
母岩 土壤特点地表特征	黄壤 枯枝落叶厚 3～5cm 苔藓较少
特别记载 人为影响	采伐迹地，至今恢复了 30 年
乔木层盖度 75% 灌木层盖度 65% 草本层盖度 15%～20%	

续表

乔木层

中文名	拉丁名	株数	高度/m		胸径/cm		重要值	性状
			最高	平均	最粗	平均		
峨眉栲	*Castanopsis platyacantha*	38	22	15.9	42	21.3	63.0	常绿
华木荷	*Schima sinensis*	6	20	15.2	47	20.7	12.2	常绿
深裂中华槭	*Acer sinense* var. *longilobum*	7	18	15.0	20	12.4	10.7	落叶
云南樱桃	*Cerasus yunnanensis*	3	18	15.7	20	17.6	6.0	落叶
四川新木姜子	*Neolitsea sutchuanensis*	2	9	7.0	10.5	7.8	3.3	常绿
柔毛润楠	*Machilus villosa*	1	8	8.0	9.4	9.4	1.7	常绿
珙桐	*Davidia involucrata*	1	4.5	4.5	5.5	5.5	1.6	落叶
薄叶山矾	*Symplocos anomala*	1	3	3.0	5	5.0	1.5	常绿

灌木层

中文名	拉丁名	株数	高度/m		盖度/%	重要值	性状
			最高	平均			
真正的灌木							
筇竹	*Qiongzhuea tumidissinoda*	239	2	1.67	34.2	40.4	灌木
西南绣球	*Hydrangea davidii*	16	1.8	0.8	1.2	3.9	灌木
云南桃叶珊瑚	*Aucuba yunnanensis*	8	0.8	0.33	0.1	2.0	灌木
繁花杜鹃	*Rhododendron floribundum*	2	1.2	1.2	0.3	1.2	灌木
野茉莉	*Styrax japonicus*	4	0.8	0.8	0.1	0.8	灌木
合轴荚蒾	*Viburnum sympodiale*	1	2.8	2.8	0.7	0.7	灌木
西南山茶	*Camellia pitardii*	1	0.9	0.9	0.7	0.7	灌木
蝶形花科一种		2	2.5	1.3	0.1	0.7	灌木
峨眉青荚叶	*Helwingia omeiensis*	1	0.2	0.2	0.1	0.6	灌木
牛矢果	*Osmanthus matsumuranus*	1	0.4	0.4	0.05	0.5	灌木
未知 1		2	0.1	0.1	0.1	0.6	灌木
未知 2		1	1	1.0	0.2	0.6	灌木
更新层							
银色山矾	*Symplocos subconnata*	25	3	1.5	5.5	7.1	常绿
近尾叶樟	*Cinnamomum* aff. *candiferum*	8	3	2.26	3.9	4.6	常绿
新木姜子	*Neolitsea aurata*	27	2	0.98	2.9	4.6	常绿
宝兴木姜子	*Litsea moupinensis*	20	1.5	0.36	1.0	3.6	落叶
石木姜子	*Litsea elongata* var. *faberi*	14	2	0.77	2.5	3.7	常绿
坛果山矾	*Symplocos urceolaris*	8	1.75	1.3	1.9	2.6	常绿
深裂中华槭	*Acer sinense* var. *longilobum*	11	1.8	0.68	1.4	2.3	落叶
叶萼山矾	*Symplocos phyllocalyx*	6	4	1.75	2.9	2.3	常绿
江南冬青	*Ilex wilsonii*	8	0.5	0.5	0.4	2.1	常绿

续表

中文名	拉丁名	株数	高度/m		盖度/%	重要值	性状
			最高	平均			
硬斗石栎	*Lithocarpus hancei*	6	1.8	1.38	0.7	2.0	常绿
柔毛润楠	*Machilus villosa*	3	2	2	1.6	1.7	常绿
四川新木姜子	*Neolitsea sutchuanensis*	3	1.65	0.87	1.0	1.5	常绿
峨眉栲	*Castanopsis platyacantha*	2	1.6	1.5	1.1	1.4	常绿
云南冬青	*Ilex yunnanensis*	13	2	1.23	0.8	1.7	灌木
薄叶山矾	*Symplocos anomala*	5	2.5	1.1	0.4	1.0	常绿
粗梗稠李	*Padus napaulensis*	2	0.5	0.5	0.2	0.7	落叶
坚木山矾	*Symplocos dryophila*	2	0.7	0.35	0.2	0.7	常绿
钝叶木姜子	*Litsea veitchiana*	2	0.5	0.4	0.2	0.7	落叶
云南樱桃	*Cerasus yunnanensis*	2	0.45	0.27	0.1	0.6	落叶
细梗吴茱萸叶五加	*Acanthopanax evodiaefolius* var. *gracilis*	1	0.5	0.5	0.2	0.5	落叶
微香冬青	*Ilex subodorata*	1	1.2	1.2	0.2	0.5	常绿
多变石栎	*Lithocarpus variolosus*	1	1	1.0	0.2	0.5	常绿
华木荷	*Schima sinensis*	1	1	1.0	0.2	0.5	常绿
毛叶川冬青	*Ilex szechwanensis* var. *mollissima*	1	0.3	0.3	0.05	0.4	常绿

草本层

中文名	拉丁名	株数	高度/m		盖度/%	重要值	性状
			最高	平均			
江南短肠蕨	*Allantodia metteniana*	247	0.6	0.3	11.5	42.9	草本
光脚金星蕨	*Parathelypteris japonica*	104	0.3	0.2	3.0	17.5	草本
碗蕨	*Dennstaedtia scabra*	72	0.3	0.1	1.5	9.0	草本
倒鳞鳞毛蕨	*Dryopteris reflexosquamata*	38	0.3	0.3	1.0	5.2	草本
钝叶楼梯草	*Elatostema obtusum*	26	0.5	0.3	0.5	4.8	草本
长江蹄盖蕨	*Athyrium iseanum*	19	0.8	0.6	0.3	4.1	草本
近川西鳞毛蕨	*Dryopteris neorosthornii*	16	0.7	0.4	0.8	3.2	草本
阔萼堇菜	*Viola grandisepala*	4	0.4	0.3	0.2	3.1	草本
盾萼凤仙花	*Impatiens scutisepala*	9	0.3	0.3	0.3	2.3	草本
托叶楼梯草	*Elatostema nasutum*	7	0.1	0.1	0.04	1.8	草本
川八角莲	*Dysosma veitchii*	4	0.1	0.1	0.06	1.6	草本
袋果草	*Peracarpa carnosa*	4	0.1	0.1	0.05	1.6	草本
吉祥草	*Reineckia carnea*	1	0.2	0.2	0.03	1.4	草本
窄瓣鹿药	*Maianthemum tatsienense*	1	0.3	0.3	0.02	1.4	草本

层间植物

中文名	拉丁名	高度/m		盖度/%	性状
		最高	平均		
五月瓜藤	*Holboellia fargesii*	3	0.8	2.40	木质藤本

续表

中文名	拉丁名	高度/m		盖度/%	性状
		最高	平均		
异叶爬山虎	*Parthenocissus heterophylla*	0.6	0.5	1.47	草质藤本
网纹悬钩子	*Rubus cinclidodictyus*	2	0.4	1.07	藤状灌木
猕猴桃藤山柳	*Clematoclethra actinidioides*	3	3.0	0.67	木质藤本
扶芳藤	*Euonymus fortunei*	2	0.2	0.42	木质藤本
防己叶菝葜	*Smilax menispermoidea*	1.5	0.05	0.40	藤状灌木
昭通猕猴桃	*Actinidia rubus*	0.3	0.3	0.20	木质藤本
近棠叶悬钩子	*Rubus* aff. *malifolius*	1	1.0	0.08	藤状灌木
石韦	*Pyrrosia lingua*	0.2	0.2	0.03	附生草本
多蕊肖菝葜	*Heterosmilax polyandra*	0.4	0.4	0.02	藤状灌木
薄叶南蛇藤	*Celastrus hypoleucoides*	0.7	0.6	0.01	木质藤本
叉蕊薯蓣	*Dioscorea collettii*	3	3	0.01	草质藤本

3）峨眉栲+筇竹+峨眉瘤足蕨群落（Ass. *Castanopsis platyacantha+Qiongzhuea communis+Plagiogyria assurgens*）

本群落分布于坡头山梁子山，土壤为黄壤，地表落叶层厚5～7cm，苔藓层厚2cm。群落是被砍伐40年后恢复起来的天然次生林。

乔木层盖度为82%，高17～18m，树冠相互连接，以常绿树种峨眉栲*Castanopsis platyacantha*为优势，样地中具13株，重要值为21.9；其他常绿乔木有华木荷*Schima sinensis*、坛果山矾*Symplocos urceolaris*、柔毛润楠*Machilus villosa*、褐叶青冈*Cyclobalanopsis stewardiana*、硬斗石栎*Lithocarpus hancei*等。落叶树种也较常见，以细梗吴茱萸叶五加*Acanthopanax evodiaefolius* var. *gracilis*的株数较多，约16株，重要值为15.9；其他落叶乔木有滇刺榛*Corylus ferox*、光叶水青冈*Fagus lucida*、深裂中华槭*Acer sinense* var. *longilobum*、毛薄叶冬青*Ilex fragilis* f. *kingii*、晚绣花楸*Sorbus sargentiana*和云南樱桃*Cerasus yunnanensis*等。乔木层中，常绿树种有8种41株，重要值为59.1；落叶树种有7种26株，重要值为40.9。

灌木层的种类较多，不少于20种，盖度为25%。真正的灌木以筇竹*Qiongzhuea tumidissionoda*最突出，盖度约10%，重要值为31.5；其他有细齿叶柃*Eurya nitida*和野茉莉*Styrax japonicus*等。灌木层中更多的种类是乔木的幼苗幼树，主要是深裂中华槭*Acer sinense* var. *longilobum*、硬斗石栎*Lithocarpus hancei*、柔毛润楠*Machilus villosa*、光叶山矾*Symplocos lancifolia*、坛果山矾*Symplocos urceolaris*、新木姜子*Neolitsea aurata*、细梗吴茱萸叶五加*Acanthopanax evodiaefolius* var. *gracilis*、毛薄叶冬青*Ilex fragilis* f. *kingii*、薄叶山矾*Symplocos anomala*、野八角*Illicium simonsii*、毛叶川冬青*Ilex szechwanensis* var. *mollissima*、华木荷*Schima sinensis*、石灰花楸*Sorbus folgneri*等。

草本层的种类也较多，有 10 余种，盖度为 65%。以峨眉瘤足蕨 *Plagiogyria assurgens* 为优势，单种盖度 25.3%，重要值为 44.1；其他常见楮头红 *Sarcopyramis nepalensis*、东亚柄盖蕨 *Peranema cyatheoides* var. *luzonicum*、小肉穗草 *Sarcopyramis bodinieri*、异花兔儿风 *Ainsliaea heterantha*、长柱鹿药 *Maianthemum oleraceum*，以及禾本科、莎草科、唇形科的少数种类，见表 6-5。

表 6-5 峨眉栲+筇竹+峨眉瘤足蕨样地调查表

样地号 面积 时间	样地 62 500m^2 2006 年 8 月 6 日
调查人	覃家理、杨科、石翠玉、苏文萍、丁莉、黄礼梅、赫尚丽、罗柏青、甘万勇、宋睿飞、杨跃、罗勇、刘宗杰、毛建坤、罗凤晔等
地点	坡头山梁子山
海拔 坡向 坡位 坡度	1850m 东坡 上坡 10°
生境地形特点	平缓
母岩 土壤特点地表特征	黄壤 枯枝落叶层厚 5～7cm 苔藓厚 2cm，仅在树根基部
特别记载 人为影响	天然林，40 年前林下均被砍伐
	乔木层盖度 82% 灌木层盖度 25% 草本层盖度 65%

乔木层

中文名	拉丁名	株数	高度/m		胸径/cm		重要值	性状
			最高	平均	最粗	平均		
峨眉栲	*Castanopsis platyacantha*	13	17	9.0	75	21.5	21.9	常绿
细梗吴茱萸叶五加	*Acanthopanax evodiaefolius* var. *gracilis*	16	16	10.6	32	14.4	15.9	落叶
坛果山矾	*Symplocos urceolaris*	14	9	5.8	12	8.9	11.7	常绿
华木荷	*Schima sinensis*	5	14	10.2	56	24.6	10.6	常绿
滇刺榛	*Corylus ferox*	3	14	12.0	63	32.3	9.9	落叶
柔毛润楠	*Machilus villosa*	3	13	11.3	28	23.0	5.0	常绿
深裂中华槭	*Acer sinense* var. *longilobum*	1	18	18.0	44	44.0	4.3	落叶
褐叶青冈	*Cyclobalanopsis stewardiana*	3	7	5.8	7	5.7	3.3	常绿
光叶水青冈	*Fagus lucida*	1	11	11.0	30	30.0	3.2	落叶
毛薄叶冬青	*Ilex fragilis* f. *kingii*	2	11	10.5	17	14.5	3.2	落叶
新木姜子	*Neolitsea aurata*	1	7	7.0	8	8.0	2.2	常绿
硬斗石栎	*Lithocarpus hancei*	1	4.5	4.5	8	8.0	2.2	常绿
红粗毛杜鹃	*Rhododendron rude*	1	4.5	4.5	7	7.0	2.2	常绿
晚绣花楸	*Sorbus sargentiana*	1			7	7.0	2.2	落叶
云南樱桃	*Cerasus yunnanensis*	1	5	5.0	5	5.0	2.2	落叶

灌木层

中文名	拉丁名	株数	高度/m		盖度/%	重要值	性状
			最高	平均			
真正的灌木							
筇竹	*Qiongzhuea tumidissinoda*	63	1.2	0.6	10.0	31.5	灌木

续表

中文名	拉丁名	株数	高度/m		盖度/%	重要值	性状
			最高	平均			
细齿叶柃	*Eurya nitida*	2	0.3	0.3	0.5	2.2	灌木
荚蒾一种	*Viburnum* sp.	2	0.8	0.8	0.5	1.4	灌木
野茉莉	*Styrax japonicus*	1	0.6	0.6	0.1	1.2	灌木
更新层							
深裂中华槭	*Acer sinense* var. *longilobum*	24	0.4	0.1	0.5	10.6	落叶
硬斗石栎	*Lithocarpus hancei*	8	3.5	1.2	3.2	8.7	常绿
柔毛润楠	*Machilus villosa*	8	2.0	0.8	3.1	6.2	常绿
光叶山矾	*Symplocos lancifolia*	1	1.5	1.5	2.2	6.1	常绿
坛果山矾	*Symplocos urceolaris*	10	0.4	0.2	1.4	4.7	常绿
新木姜子	*Neolitsea aurata*	4	1.1	0.4	1.0	4.3	常绿
细梗吴茱萸叶五加	*Acanthopanax evodiaefolius* var. *gracilis*	6	0.4	0.3	1.0	4.1	落叶
毛薄叶冬青	*Ilex fragilis* f. *kingii*	3	0.9	0.8	0.9	3.8	落叶
樟科一种		2	1.2	0.7	0.4	2.9	常绿
薄叶山矾	*Symplocos anomala*	2	1.5	0.9	0.9	2.7	常绿
野八角	*Illicium simonsii*	2	2.5	1.9	0.1	2.3	常绿
毛叶川冬青	*Ilex szechwanensis* var. *mollissima*	1	0.6	0.6	0.2	1.5	常绿
华木荷	*Schima sinensis*	2	0.3	0.3	0.1	1.4	常绿
石灰花楸	*Sorbus folgneri*	1	0.2	0.2	0.1	1.1	落叶
小羽叶花楸 4	*Sorbus* sp. 4	1	0.5	0.5	0.1	1.1	落叶
未知 1		1	0.1	0.1	0.1	1.1	
未知 2		1	0.3	0.3	0.1	1.1	

草本层

中文名	拉丁名	株数	高度/m		盖度/%	重要值	性状
			最高	平均			
峨眉瘤足蕨	*Plagiogyria assurgens*	27	0.5	0.3	25.3	44.1	直立草本
楮头红	*Sarcopyramis nepalensis*	16	0.4	0.3	8.6	11.1	肉质草本
东亚柄盖蕨	*Peranema cyatheoides* var. *luzonicum*	10	0.3	0.3	8.4	10.7	直立草本
异花兔儿风	*Ainsliaea heterantha*	6	0.4	0.4	5.1	6.9	直立草本
小肉穗草	*Sarcopyramis bodinieri*	18	0.1	0.1	5.1	7.5	肉质草本
禾本科一种		11	0.2	0.2	5.2	6.8	直立草本
散淤草(紫背)	*Ajuga pantantha*	3	0.3	0.2	3.5	3.3	直立草本
薹草属	*Carex* sp.	3	0.2	0.2	3.0	3.3	直立草本
唇形科一种		3	0.3	0.3	3.0	3.3	直立草本
长柱鹿药	*Maianthemum oleraceum*	2	0.2	0.2	3.0	2.9	直立草本

层间植物

中文名	拉丁名	株数	高度/m		盖度/%	性状
			最大	平均		
双蝴蝶	*Tripterospermum chinense*	5	0.8	0.6	8.0	草质藤本

续表

中文名	拉丁名	株数	高度/m		盖度/%	性状
			最大	平均		
网纹悬钩子	*Rubus cinclidodictyus*	3	0.6	0.4	6.0	藤状灌木
防己叶菝葜	*Smilax menispermoidea*	5	1.3	0.8	5.0	藤状灌木
野葛	*Toxicodendron radicans* ssp. *hispidum*	6	2	1.5	3.0	木质藤本
华中五味子	*Schisandra sphenanthera*	2	0.9	0.5	2.0	木质藤本

层间植物种类不多，约 5 种，常见双蝴蝶 *Tripterospermum chinense*、网纹悬钩子 *Rubus cinclidodictyus*、防己叶菝葜 *Smilax menispermoidea*、野葛 *Toxicodendron radicans* ssp. *hispidum*、华中五味子 *Schisandra sphenanthera*。

4) 峨眉栲-十齿花+绥江玉山竹群落（Ass. *Castanopsis platyacantha-Dipentodon sinicus+Yushania suijiangensis*）

本群落分布于后河岩洞厂，海拔 1985m 左右的山坡。土壤为黄壤，落叶层厚 6～9cm。覆盖地面 95%以上，群落有一定的人为影响，具有伐桩等被砍伐过的痕迹。

乔木层的物种约 15 种，盖度为 85%，高度为 6～16m，以峨眉栲占优势，共 22 株，居群落最高层，达到 16m，胸径最粗 29cm，重要值为 25.6；其次以十齿花、硬斗石栎和华木荷等较常见。乔木层中，常绿树种约 7 种 57 株，重要值为 60；落叶树种约 8 种 49 株，重要值为 40。

灌木层物种也较少，盖度约 80%，高度达 2.3m，真正的灌木有绥江玉山竹和滇瑞香等，并以绥江玉山竹占绝对优势，盖度为 55%，重要值达到 63.8。乔木幼树约 8 种，以宝兴木姜子、十齿花、硬斗石栎等的幼树较常见，但是数量不多。

草本层物种仅有 4 种，盖度约 40%，高度达 4～45cm，以庐山蕨草占绝对优势。

层间植物计 6 种，个体数量较少，高度在 0.5m 左右，未见粗壮的木质藤本。主要有西南菝葜 *Smilax bockii*、双蝴蝶 *Tripterospermum chinense*、多蕊肖菝葜 *Heterosmilax polyandra*、防己叶菝葜 *Smilax menispermoidea* 等，见表 6-6。

表 6-6 峨眉栲-十齿花+绥江玉山竹林样地调查表

样地号 面积 时间	样地 47 500m^2 2006 年 8 月 3 日
调查人	覃家理、杨科、石翠玉、苏文萍、丁莉、黄礼梅、赫尚丽、罗柏青、甘万勇、宋睿飞、杨跃、罗勇、刘宗杰、毛建坤、罗凤晔等
地点	后河岩洞厂
GPS 点	N27°49′02.2″，E104°18′12.8″
海拔 坡向 坡位 坡度	1985m W265° 中上坡 3°
生境地形特点	均质
母岩 土壤特点地表特征	黄土壤 枯枝落叶层厚 6～9cm 苔藓较少
特别记载 人为影响	天然林被盗伐过
	乔木层盖度 85% 灌木层盖度 80% 草本层盖度 40%

续表

乔木层

中文名	拉丁名	株数	高度/m		胸径/cm		重要值	性状
			最高	平均	最粗	平均		
峨眉栲	*Castanopsis platyacantha*	22	16	11.7	29	18.6	25.6	常绿
十齿花	*Dipentodon sinicus*	33	12	9.7	15	9.8	20.3	落叶
硬斗石栎	*Lithocarpus hancei*	18	12	9.7	15	10.0	13.7	常绿
华木荷	*Schima sinensis*	9	14	10.2	20	13.6	10.8	常绿
细梗吴茱萸叶五加	*Acanthopanax evodiaefolius* var. *gracilis*	6	15	14.7	22.5	17.8	6.3	落叶
多变石栎	*Lithocarpus variolosus*	4	10	6.3	17.5	10.5	4.5	常绿
木瓜红	*Rehderodendron macrocarpum*	3	13	12.7	20.5	16.3	3.6	落叶
石灰花楸	*Sorbus folgneri*	3	12	10.7	18	14.1	3.2	落叶
云南冬青	*Ilex yunnanensis*	2	9	8.5	7	6.8	2.0	常绿
未鉴定一种		1	11	11.0	13	13.0	1.8	常绿
巴东栎	*Quercus engleriana*	1	11	11.0	12.5	12.5	1.8	落叶
小羽叶花楸 2	*Sorbus* sp. 2	1	12	12.0	8	8.0	1.6	落叶
宝兴木姜子	*Litsea moupinensis*	1	10	10.0	7	7.0	1.6	落叶
华榛	*Corylus chinensis*	1	7	7.0	6	6.0	1.6	落叶
水丝梨	*Sycopsis sinensis*	1	8	8.0	5	5.0	1.6	常绿

灌木层

中文名	拉丁名	株数	高度/m		盖度/%	重要值	性状
			最高	平均			
真正的灌木							
绥江玉山竹	*Yushania suijiangensis*	254	1.1	0.3	55	63.8	灌木
绥江玉山竹(枯死)		16					灌木
滇瑞香	*Daphne feddei*	1	0.4	0.4	1.1	1.7	灌木
花楸一种	*Sorbus* sp. 1	1	0.1	0.1	1.0	1.5	灌木
更新层							
宝兴木姜子	*Litsea moupinensis*	18	2.3	0.3	5.5	9.9	落叶
十齿花	*Dipentodon sinicus*	4	1.0	0.3	5.7	7.1	落叶
硬斗石栎	*Lithocarpus hancei*	3	1.2	1.2	2.6	4.9	常绿
细梗吴茱萸叶五加	*Acanthopanax evodiaefolius* var. *gracilis*	2	15	7.7	2.9	3.4	落叶
小羽叶花楸 2	*Sorbus* sp. 2	4	0.1	0.1	2.0	2.8	落叶
毛叶木姜子	*Litsea mollis*	1	1.9	1.9	1.0	1.9	落叶
石灰花楸	*Sorbus folgneri*	1	0.4	0.4	2.2	1.5	落叶
未知 2		1	0.2	0.2	1.1	1.5	

草本层

中文名	拉丁名	株数	高度/m		盖度/%	重要值	性状
			最高	平均			
庐山藨草	*Scirpus lushanensis*	182	0.4	0.18	22.0	71.2	直立草本

续表

中文名	拉丁名	株数	高度/m		盖度/%	重要值	性状
			最高	平均			
莎草科一种	*Carex* sp.	154	0.4	0.20	15.3	11.3	直立草本
唇形科一种		48	0.45	0.35	3.0	9.0	直立草本
泡鳞轴鳞蕨	*Dryopsis mariformis*	40	0.35	0.05	5.0	8.5	直立草本

层间植物

中文名	拉丁名	株数	高度/m		盖度/%	性状
			最高	平均		
双蝴蝶	*Tripterospermum chinense*	4	0.66	0.25	4	草质藤本
多蕊肖菝葜	*Heterosmilax polyandra*	3	0.5	0.2	4	藤状灌木
防己叶菝葜	*Smilax menispermoidea*	2	0.3	0.1	3	藤状灌木
西南菝葜	*Smilax bockii*	5	0.41	0.2	2.3	藤状灌木
丛林清风藤	*Sabia purpurea*	3	0.35	0.1	2	藤状灌木
毛枝吊石苣苔	*Lysionotus* aff. *wardii*	1	0.1	0.1	1	附生灌木

5) 峨眉栲-水丝梨+筇竹群落（Ass. *Castanopsis platyacantha*-*Sycopsis sinensis*+*Qiongzhuea tumidissinoda*）

本群落分布于彝良县罗汉坝罗汉林，海拔 2000～2050m 的山坡。枯枝落叶厚 6～8cm。

乔木层物种有 16 种，高 3～16m，盖度约 75%，以峨眉栲占绝对优势，单种株数为 19 株，重要值为 23.3。其他常绿乔木有水丝梨、硬斗石栎等；落叶乔木主要是武当玉兰、多毛樱桃等。乔木层中，常绿树种 7 种 45 株，重要值为 56.6；落叶树种 9 种 33 株，重要值为 43.4。群落中见较多伐桩。

灌木层较发达，盖度高达 90%，高度在 2m 左右。真正的灌木种类不多，以筇竹占优势，其次为绥江玉山竹，两者盖度超过 40%，重要值为 61.7。其他灌木有灰绒绣球 *Hydrangea mandarinorum* 和宜昌胡颓子 *Elaeagnus henryi* 等。乔木幼树突出，如云南冬青 *Ilex yunnanensis*、薄叶山矾 *Symplocos anomala*、深裂中华槭 *Acer sinense* var. *longilobum*、十齿花 *Dipentodon sinicus*、水丝梨 *Sycopsis sinensis*、宝兴木姜子 *Litsea moupinensis*、泡花树 *Meliosma cuneifolia* 等。

由于灌木过于茂密，草本层物种虽然较多达 15 种，但是数量少，盖度仅 7%，生长不良，高度不超过 0.5m。以托叶楼梯草、山酢浆草、泡鳞轴鳞蕨、克拉莎、微柱麻、阔萼堇菜等较常见。

层间植物较发达，有木质藤本刚毛藤山柳 *Clematoclethra scandens*、冠盖绣球 *Hydrangea anomala*、柔毛钻地风 *Schizophragma molle*；有藤状灌木防己叶菝葜 *Smilax menispermoidea*、丛林清风藤 *Sabia purpurea*、网纹悬钩子 *Rubus cinclidodictyus*；还有草质藤本金线草 *Rubia membranacea* 等。其中木质藤本的高度可以达到 7m，见表 6-7。

表 6-7 峨眉栲-水丝梨+筇竹林样地调查表

样地号 面积 时间	样地 48 500m² 2006 年 8 月 3 日
调查人	覃家理、杨科、石翠玉、苏文萍、丁莉、黄礼梅、赫尚丽、罗柏青、甘万勇、宋睿飞、杨跃、罗勇、刘宗杰、毛建坤、罗凤晔等
地点	罗汉林
GPS 点	N27°48′27.5″， E104°17′48.4″
海拔 坡向 坡位 坡度	2041m 正 N 中上坡 10°
生境地形特点	样地下方有一条沟
母岩 土壤特点地表特征	枯枝落叶厚 6～8cm
特别记载 人为影响	原始林 但存在盗伐现象，伐桩较多
	乔木层盖度 75% 灌木层盖度 90% 草本层盖度 7%

乔木层

中文名	拉丁名	株数	高度/m		胸径/cm		重要值	性状
			最高	平均	最粗	平均		
峨眉栲	*Castanopsis platyacantha*	19	12	7.5	43	16.6	23.3	常绿
水丝梨	*Sycopsis sinensis*	12	11	8.4	16	8.9	10.4	常绿
硬斗石栎	*Lithocarpus hancei*	5	14	8.6	41	20.1	9.9	常绿
武当玉兰	*Yulania sprengeri*	9	10	6.9	23	11.3	9.6	落叶
多毛樱桃	*Cerasus polytricha*	6	13	8.6	28	17.8	8.9	落叶
尖叶四照花	*Dendrobenthamia angustata*	6	11	9.5	22	15.9	6.5	落叶
杨叶木姜子	*Litsea populifolia*	3	12	10.3	18	15.1	4.7	落叶
三花假卫矛	*Microtropis triflora*	3	13	9.2	15.5	10.8	4.3	常绿
野花椒	*Zanthoxylum simulans*	3	16	10.3	21	19.0	4.2	常绿
石灰花楸	*Sorbus folgneri*	3	11	10.3	15	13.5	3.3	落叶
大花漆	*Toxicodendron grandiflorum*	1	13	13.0	30	30.0	3.1	落叶
红粗毛杜鹃	*Rhododendron rude*	2	6	4.3	18	16.5	2.9	常绿
灯笼树	*Enkianthus chinensis*	3	7	6.0	7	6.0	2.6	落叶
深裂中华槭	*Acer sinense* var. *longilobum*	1	11	11.0	25	25.0	2.6	落叶
五加	*Acanthopanax gracilistylus*	1	11	11.0	18.5	18.5	2.1	落叶
云南冬青	*Ilex yunnanensis*	1	5	5.0	6.5	6.5	1.6	常绿

灌木层

中文名	拉丁名	株数	高度/m		盖度/%	重要值	性状
			最高	平均			
真正的灌木层							
筇竹	*Qiongzhuea tumidissinoda*	128	1.3	0.8	32.6	34.7	灌木
绥江玉山竹	*Yushania suijiangensis*	91	1.2	0.7	25.4	27.0	灌木
灰绒绣球	*Hydrangea mandarinorum*	2	1	0.5	1.4	1.7	灌木
宜昌胡颓子	*Elaeagnus henryi*	1	1.35	1.35	1.28	1.5	灌木
花楸一种(幼苗)	*Sorbus* sp.1	2	0.15	0.15	1.2	1.5	灌木

续表

中文名	拉丁名	株数	高度/m		盖度/%	重要值	性状
			最高	平均			
更新层							
云南冬青	*Ilex yunnanensis*	5	1.8	1.3	6.36	7.4	常绿
薄叶山矾	*Symplocos anomala*	1	2	2	9	7.2	常绿
深裂中华槭	*Acer sinense* var. *longilobum*	3	1.45	0.9	2.0	5.1	落叶
新木姜子	*Neolitsea aurata*	2	1.8	1.2	2.0	2.7	常绿
十齿花	*Dipentodon sinicus*	2	1.1	1.1	2.0	2.5	落叶
水丝梨	*Sycopsis sinensis*	4	1.0	0.6	2.1	2.4	常绿
灯笼树	*Enkianthus chinensis*	2	0.7	0.4	2.0	2.0	落叶
宝兴木姜子	*Litsea moupinensis*	2	0.5	0.2	1.5	1.5	落叶
泡花树	*Meliosma cuneifolia*	1	0.2	0.2	1.0	1.4	落叶
泸水泡花树	*Meliosma mannii*	1	0.1	0.1	1.0	1.4	落叶

草本层

中文名	拉丁名	株数	高度/m		盖度/%	重要值	性状
			最高	平均			
托叶楼梯草	*Elatostema nasutum*	81	0.4	0.3	2.0	21.1	直立草本
泡鳞轴鳞蕨	*Dryopsis mariformis*	27	0.3	0.2	2.0	18.5	直立草本
克拉莎	*Cladium jamaicense*	26	0.3	0.2	1.5	14.1	直立草本
山酢浆草	*Oxalis griffithii*	60	0.1	0.1	0.4	11.6	匍匐草本
黄水枝	*Tiarella polyphylla*	24	0.5	0.2	0.3	6.8	直立草本
阔萼堇菜	*Viola grandisepala*	27	0.1	0.1	0.6	6.5	匍匐草本
微柱麻	*Chamabainia cuspidata*	36	0.2	0.2	0.4	5.4	亚灌木
倒鳞鳞毛蕨	*Dryopteris reflexosquamata*	9	0.4	0.2	0.5	5.0	直立草本
普通凤丫蕨	*Coniogramme intermedia*	3	0.5	0.4	0.1	2.3	直立草本
沟稃草	*Aniselytron treutleri*	10	0.3	0.2	0.1	2.3	直立草本
铁线蕨叶人字果	*Dichocarpum adiantifolium*	2	0.2	0.2	0.3	1.5	直立草本
长穗兔儿风	*Ainsliaea henryi*	3	0.2	0.1	0.1	1.3	直立草本
革叶报春	*Primula chartacea*	3	0.1	0.1	0.1	1.3	直立草本
多裂紫菊	*Notoseris henryi*	2	0.3	0.2	0.1	1.3	直立草本
星毛繁缕	*Stellaria vestita*	3	0.1	0.1	0.1	1.0	匍匐草本

层间植物

中文名	拉丁名	株数	高度/m		盖度/%	性状
			最高	平均		
刚毛藤山柳	*Clematoclethra scandens*	10	7	0.4	4	木质藤本
丛林清风藤	*Sabia purpurea*	2	2.5	1.5	3	藤状灌木
冠盖绣球	*Hydrangea anomala*	4	2	0.9	2	附生藤本

续表

中文名	拉丁名	株数	高度/m		盖度/%	性状
			最高	平均		
柔毛钻地风	*Schizophragma molle*	2	1.8	1.5	2	附生藤本
防己叶菝葜	*Smilax menispermoidea*	2	0.7	0.5	2	藤状灌木
网纹悬钩子	*Rubus cinclidodictyus*	2	0.8	0.6	1	藤状灌木
金线草	*Rubia membranacea*	5	0.3	0.2	1	草质藤本

6）多变石栎-峨眉栲+筇竹群落（Ass. *Lithocarpus variolosus-Castanopsis platyacantha+Qiongzhuea tumidissinoda*）

本群落分布在上青山，海拔 1900～1941m 的山坡上。枯枝落叶厚 5～8cm，苔藓厚 1～3cm。

乔木层的种类约 15 种 41 株，盖度为 65%～70%。以常绿乔木多变石栎 *Lithocarpus variolosus* 为优势，虽然株数不多，但是胸径达到 166cm，重要值为 35.6。其他的常绿乔木有峨眉栲 *Castanopsis platyacantha*、华木荷 *Schima sinensis*、美容杜鹃 *Rhododendron calophytum*、光叶山矾 *Symplocos lancifolia*、坛果山矾 *Symplocos urceolaris* 等。落叶乔木有深裂中华槭 *Acer sinense* var. *longilobum*、石灰花楸 *Sorbus folgneri*、光皮桦 *Betula luminifera*、木瓜红 *Rehderodendron macrocarpum*、云南樱桃 *Cerasus yunnanensis* 等。乔木层中，常绿树种 8 种 24 株，重要值为 68.9；落叶树种 7 种 17 株，重要值为 31.1。

灌木层的种类为 27 种，盖度为 80%。以筇竹 *Qiongzhuea tumidissinoda* 的盖度最大，为 28.9%，重要值高达 59.6。其他灌木有云南冬青 *Ilex yunnanensis*、鹤庆十大功劳 *Mahonia bracteolata*、西南山茶 *Camellia pitardii*、暗绿杜鹃 *Rhododendron atrovirens* 等。乔木幼树的种类近 19 种，但是盖度及重要值明显低，常见的有深裂中华槭 *Acer sinense* var. *longilobum*、宝兴木姜子 *Litsea moupinensis*、木瓜红 *Rehderodendron macrocarpum*、灯笼树 *Enkianthus chinensis*、光叶山矾 *Symplocos lancifolia*、薄叶山矾 *Symplocos anomala*、水丝梨 *Sycopsis sinensis*、细梗吴茱萸叶五加 *Acanthopanax evodiaefolius* var. *gracilis*、坛果山矾 *Symplocos urceolaris*、峨眉栲 *Castanopsis platyacantha*、石木姜子 *Litsea elongata* var. *faberi*、合轴荚蒾 *Viburnum sympodiale*、茶条果 *Symplocos ernestii*、花楸 *Sorbus* sp.、云南樱桃 *Cerasus yunnanensis*、华木荷 *Schima sinensis* 等。

草本层的种类不少，为 19 种，但是盖度不大，约 10%。以泡鳞轴鳞蕨 *Dryopsis mariformis* 和间型沿阶草 *Ophiopogon intermedius* 的盖度较大，重要值达到 51.3。其他还有吉祥草 *Reineckia carnea*、山酢浆草 *Oxalis griffithii*、鳞果星蕨 *Lepidomicrosorum buergerianum*、钝叶楼梯草 *Elatostema obtusum*、碗蕨 *Dennstaedtia scabra*、窄瓣鹿药 *Maianthemum tatsienense*、盾萼凤仙花 *Impatiens scutisepala*、散斑竹根七 *Disporopsis aspera*、黄水枝 *Tiarella polyphylla*、早熟禾一种 *Poa* sp.、翅茎冷水花 *Pilea subcoriacea*、六叶葎 *Galium asperuloides* ssp. *hoffmeisteri*、长柱鹿药 *Maianthemum oleraceum*、异花兔儿风 *Ainsliaea heterantha*、卵叶重楼 *Paris delavayi* var. *petiolata* 等。

层间植物的种类和数量不多，主要有草质藤本双蝴蝶 *Tripterospermum chinense*，木质藤本野葛 *Toxicodendron radicans* ssp. *hispidum* 和猕猴桃藤山柳 *Clematoclethra actinidioides*，藤状灌木网纹悬钩子 *Rubus cinclidodictyus* 和防己叶菝葜 *Smilax menispermoidea*，附生藤本柔毛钻地风 *Schizophragma molle*，见表 6-8。

表 6-8　多变石栎-峨眉栲+筇竹林样地调查表

样地号　面积　时间	样地 12　1000m^2　2006 年 7 月 24 日
调查人	杜凡、杨科、石翠玉、苏文萍、丁莉、黄礼梅、赫尚丽、罗柏青、甘万勇、宋睿飞、杨跃、罗勇、刘宗杰、毛建坤、罗凤晔等
地点	上青山
GPS 点	N28°14′30.8″，E103°57′57.7″
海拔　坡向　坡位　坡度	1941m　SE153°　中上 20°
生境地形特点	
母岩　土壤特点地表特征	枯枝落叶层 5～8cm　苔藓厚 1～3cm，较少
特别记载　人为影响	原生植被，人为影响极小
	乔木层盖度 65%～70%　灌木层盖度 80%　草本层盖度 10%

乔木层

中文名	拉丁名	株数	胸径/cm		高度/m		重要值	性状
			最粗	平均	最高	平均		
多变石栎	*Lithocarpus variolosus*	2	166	68.1	20	18.5	35.6	常绿
峨眉栲	*Castanopsis platyacantha*	7	30	10.5	17	13.7	11.5	常绿
深裂中华槭	*Acer sinense* var. *longilobum*	5	38	12.8	21	15.4	9.2	落叶
美容杜鹃	*Rhododendron calophytum*	6	21.5	7.9	12	7.1	8.8	常绿
石灰花楸	*Sorbus folgneri*	4	13	5.9	13	8.8	5.5	落叶
光皮桦	*Betula luminifera*	2	50	20.3	14	13.0	4.6	落叶
华木荷	*Schima sinensis*	3	35	12.1	13	11.3	5.3	常绿
木瓜红	*Rehderodendron macrocarpum*	2	43.5	18.8	19	14.5	5	落叶
云南樱桃	*Cerasus yunnanensis*	2	30	15.0	20	18.5	4.1	落叶
光叶山矾	*Symplocos lancifolia*	2	8	7.8	8	8.0	2.6	常绿
坛果山矾	*Symplocos urceolaris*	2	6	6.0	7	6.5	2.4	常绿
宝兴木姜子	*Litsea moupinensis*	1	15	15.0	6	6.0	1.5	落叶
云南桂花	*Osmanthus yunnanensis*	1	12	12.0	7	7.0	1.4	常绿
薄叶山矾	*Symplocos anomala*	1	7.5	7.5	16	16.0	1.3	常绿
花楸一种	*Sorbus* sp.	1	8	8.0	12	12.0	1.2	落叶
	合计	41					100.0	

灌木层

中文名	拉丁名	株数	高度/m		盖度/%	重要值	性状
			最高	平均			
真正的灌木							
筇竹	*Qiongzhuea tumidissinoda*	651	2.5	1.5	28.9	59.6	灌木

续表

中文名	拉丁名	株数	高度/m		盖度/%	重要值	性状
			最高	平均			
云南冬青	*Ilex yunnanensis*	5	0.8	0.55	3.0	1.4	灌木
鹤庆十大功劳	*Mahonia bracteolata*	3	0.3	0.3	2.0	0.8	灌木
西南山茶	*Camellia pitardii*	3	0.1	0.1	1.0	0.8	灌木
绣球一种	*Hydrangea* sp.	1	0.2	0.2	1.5	0.7	灌木
暗绿杜鹃	*Rhododendron atrovirens*	1	0.15	0.15	1.5	0.7	灌木
野八角	*Illicium simonsii*	1	0.1	0.1	1.0	0.7	灌木
野茉莉	*Styrax japonicus*	1	0.5	0.5	1.0	0.7	灌木
更新层							
深裂中华槭	*Acer sinense* var. *longilobum*	121	0.4	0.15	9.6	9.5	落叶
宝兴木姜子	*Litsea moupinensis*	13	1.5	0.37	5.1	3.3	落叶
木瓜红	*Rehderodendron macrocarpum*	4	1.5	0.7	4.5	2.8	落叶
灯笼树	*Enkianthus chinensis*	23	1.4	1.4	4.3	2.6	落叶
光叶山矾	*Symplocos lancifolia*	8	0.4	0.4	3.1	1.7	常绿
薄叶山矾	*Symplocos anomala*	5	1.2	0.65	3.0	1.6	常绿
水丝梨	*Sycopsis sinensis*	5	0.2	0.17	1.0	1.5	常绿
细梗吴茱萸叶五加	*Acanthopanax evodiaefolius* var. *gracilis*	3	0.5	0.35	2.5	1.4	落叶
坛果山矾	*Symplocos urceolaris*	3	0.2	0.1	1.5	1.4	常绿
峨眉栲	*Castanopsis platyacantha*	3	0.3	0.15	1.5	1.4	常绿
石木姜子	*Litsea elongata* var. *faberi*	2	0.3	0.15	1.5	1.3	常绿
合轴荚蒾	*Viburnum sympodiale*	2	2.5	2.5	2.2	1.0	落叶
茶条果	*Symplocos ernestii*	1	2.5	2.5	2.2	0.9	落叶
少花荚蒾	*Viburnum oliganthum*	2	0.4	0.4	1.0	0.7	落叶
花楸 4	*Sorbus* sp. 4	2	0.2	0.2	1.0	0.7	落叶
云南樱桃	*Cerasus yunnanensis*	1	0.8	0.8	1.0	0.7	落叶
华木荷	*Schima sinensis*	1	0.1	0.1	1.0	0.7	常绿
毛梗细果冬青	*Ilex micrococca* f. *pilosa*	1	0.5	0.5	1.0	0.7	落叶
花楸 3	*Sorbus* sp. 3	1	0.4	0.4	1.0	0.7	落叶

草本层

中文名	拉丁名	株数	高度/m		盖度/%	重要值	性状
			最高	平均			
泡鳞轴鳞蕨	*Dryopsis mariformis*	194	0.3	0.21	4.3	31.2	草本
间型沿阶草	*Ophiopogon intermedius*	144	0.25	0.15	2.5	20.1	草本
吉祥草	*Reineckia carnea*	126	0.15	0.12	1.5	13.5	草本
山酢浆草	*Oxalis griffithii*	47	0.2	0.09	0.5	7.4	草本
鳞果星蕨	*Lepidomicrosorum buergerianum*	44	0.15	0.11	0.1	5.2	草本
钝叶楼梯草	*Elatostema obtusum*	8	0.4	0.25	0.5	3.9	草本

续表

中文名	拉丁名	株数	高度/m		盖度/%	重要值	性状
			最高	平均			
碗蕨	*Dennstaedtia scabra*	5	0.3	0.23	0.2	3.4	草本
窄瓣鹿药	*Maianthemum tatsienense*	7	0.3	0.2	0.6	2.9	草本
盾萼凤仙花	*Impatiens scutisepala*	5	0.15	0.12	0.5	1.8	草本
散斑竹根七	*Disporopsis aspera*	15	0.05	0.05	0.5	1.6	草本
黄水枝	*Tiarella polyphylla*	7	0.1	0.1	0.1	1.5	草本
早熟禾一种	*Poa* sp.	1	0.1	0.1	0.1	1.2	草本
珍珠菜属一种	*Lysimachia* sp.	4	0.2	0.1	0.5	1.0	草本
唇形科一种		3	0.5	0.3	0.5	1.0	草本
翅茎冷水花	*Pilea subcoriacea*	2	0.15	0.15	0.5	0.9	草本
六叶葎	*Galium asperuloides* ssp. *hoffmeisteri*	2	0.2	0.2	0.2	0.9	草本
长柱鹿药	*Maianthemum oleraceum*	1	0.4	0.4	0.1	0.9	草本
异花兔儿风	*Ainsliaea heterantha*	1	0.4	0.4	0.1	0.8	草本
卵叶重楼	*Paris delavayi* var. *petiolata*	1	0.4	0.4	0.1	0.8	草本

层间植物

中文名	拉丁名	高度/m		重要值	性状
		最高	均高		
双蝴蝶	*Tripterospermum chinense*	0.6	0.2	48.5	草质藤本
野葛	*Toxicodendron radicans* ssp. *hispidum*	2	0.6	30.3	木质藤本
网纹悬钩子	*Rubus cinclidodictyus*	0.4	0.1	8.1	藤状灌木
柔毛钻地风	*Schizophragma molle*	0.5	0.5	5.0	附生藤本
猕猴桃藤山柳	*Clematoclethra actinidioides*	1.2	1.0	4.1	木质藤本
防己叶菝葜	*Smilax menispermoidea*	0.5	0.5	4.0	藤状灌木

7) 峨眉栲群落多样性分析

峨眉栲林是保护区最主要的地带性森林群落类型。就本次考察所调查的 6 块 500m^2 的样地资料看，每块样地的物种数(物种丰富度)为 31～61 种，样地平均物种数为 47.8 种。乔木型的种类平均每个样地为 16.2 种，灌木种类平均为 20 种，草本种类平均为 11.7 种，可见灌木层种类多于乔木层和草本层的种类。

6 块样地的群落平均 Simpson 指数为 0.85，变动在 0.78～0.93。其中，乔木的平均 Simpson 指数为 0.80，变动在 0.57～0.94；灌木的平均 Simpson 指数为 0.51，变动在 0.28～0.71；草本的平均 Simpson 指数为 0.77，变动在 0.66～0.86。从表 6-9 可以看出，峨眉栲林不同样地之间生物多样性指数的变动幅度以灌木层最大，其次为乔木层，以草本层变动幅度最小。这表明灌木层最不稳定，易受乔木层及坡度、坡向、样地水分状况等环境因素影响。

表 6-9 峨眉栲群落多样性指数

群落(样地)类型	群落层次	物种数	Simpson 指数	Shannon-Wiener 指数	Pielou 均匀度指数
峨眉栲-华木荷+金佛山方竹群落(样地 50)	乔木层	28	0.94	2.91	0.87
	灌木层	9	0.28	0.73	0.33
	草本层	8	0.70	1.49	0.72
	群落	45	0.82	2.67	0.70
峨眉栲-十齿花+绥江玉山竹群落(样地 47)	乔木层	15	0.82	2.03	0.75
	灌木层	12	0.31	0.76	0.32
	草本层	4	0.66	1.20	0.87
	群落	31	0.82	2.12	0.62
峨眉栲-水丝梨+筇竹群落(样地 48)	乔木层	16	0.89	2.40	0.86
	灌木层	15	0.60	1.23	0.06
	草本层	15	0.86	2.19	0.81
	群落	46	0.90	2.82	0.74
峨眉栲+筇竹+峨眉瘤足蕨群落(样地 62)	乔木层	15	0.68	2.16	0.80
	灌木层	21	0.77	2.07	0.68
	草本层	10	0.85	2.00	0.87
	群落	46	0.93	3.12	0.81
峨眉栲-华木荷+筇竹群落(样地 2)	乔木层	8	0.57	1.24	0.60
	灌木层	36	0.71	2.11	0.59
	草本层	14	0.74	1.74	0.66
	群落	58	0.88	2.73	0.67
多变石栎-峨眉栲+筇竹群落(样地 12)	乔木层	15	0.93	2.50	0.92
	灌木层	27	0.42	1.03	0.31
	草本层	19	0.79	1.88	0.64
	群落	61	0.78	2.20	0.53
6 块样地的平均值及范围	乔木层	16.2 (8～28)	0.80 (0.57～0.94)	2.21 (1.24～2.45)	0.80 (0.60～0.92)
	灌木层	20 (9～27)	0.51 (0.28～0.71)	1.32 (0.63～2.11)	0.45 (0.31～0.68)
	草本层	11.7 (4～19)	0.77 (0.66～0.86)	1.75 (1.20～2.19)	0.76 (0.64～0.87)
	群落	47.8 (31～61)	0.85 (0.78～0.93)	2.61 (2.12～3.12)	0.68 (0.53～0.81)

2.华木荷林(Form. *Schima sinensis*)

华木荷 *Schima sinensis* 是我国特有树种，主要分布于云南、四川、重庆、贵州、湖南和湖北，而且常常形成林分。华木荷在云南集中分布于昭通地区的永善、盐津、大关、彝良和镇雄，在海拔 1400～2200m 的山地形成华木荷林。

我国的华木荷林主要有扁刺栲-华木荷群丛(潘开文，2002)，峨眉栲-华木荷群丛(杨一川和庄平，1994)等类型。根据此次考察，保护区的桦木荷林可划分为以下群落(群丛)：①华木荷+金佛山方竹群落，②华木荷-水丝梨-峨眉栲+荆竹群落，③华木荷-峨眉栲+

荆竹林群落，④华木荷-西南米槠+绥江玉山竹群落，⑤绒毛滇南山矾-华木荷+筇竹群落。

群落具有以下特征：①乔木组成以常绿阔叶树为主，落叶成分少，如钝叶木姜子 *Litsea veitchiana*、毛薄叶冬青 *Ilex fragilis* f. *kingii*、细梗吴茱萸叶五加 *Acanthopanax evodiaefolius* var. *gracilis* 等落叶树种；②林下具有明显的竹子层片，以筇竹、玉山竹为主；③草本层以蕨类植物和耐阴草本为主，如倒鳞鳞毛蕨、江南短肠蕨等；④生境湿润，具有一定数量的附生植物和苔藓植物。

1) 华木荷+金佛山方竹群落(Ass. *Schima sinensis*+*Lithocarpus hancei*)

群落分布于彝良小草坝乌贡山、骑驾山等地，海拔 1980m 以上的山顶或近山顶地段。气候温凉、空气湿度较大，地表枯枝落叶层较厚。

调查的 3 块样地，群落林相对整齐，外貌呈绿色，林冠起伏不平，盖度为 80%。群落分为乔木层、灌木层、草本层、层间植物。其中乔木层又分为两层：乔木 I 层平均高为 12.7m，平均胸径为 10.5cm，以华木荷 *Schima sinensis*、硬斗石栎 *thocarpus hancei* 为优势，华木荷重要值为 23.0，硬斗石栎重要值为 14.0。此外，混生有峨眉栲 *Castanopsis platyacantha*、水丝梨 *Sycopsis sinensis* 等树种。优势种华木荷平均高达 10.12m，平均胸径达 14.5cm。乔木 II 层平均高为 6.4m，平均胸径 6.5cm，以柔毛润楠和山矾属 *Symplocos* 植物为优势，其重要值为 10.8。此外混生有不凡杜鹃 *Rhododendron insigne*、繁花杜鹃 *Rhododendron floribundum*、晚绣花楸 *Sorbus sargentiana* 等树种。乔木层中，常绿树种的种类约 23 种，重要值达到约 77.1，落叶树种的种类约 15 种，重要值约 22.9，所以群落属于常绿阔叶林，但是具有一定的落叶成分。

灌木层高 0.8～2.0m，层盖度为 75%。3 块样地中共有 32 个物种，532 株，以金佛山方竹 *Chimonobambusa utilis* 和绥江玉山竹 *Yushania suijiangensis* 为优势。金佛山方竹有 214 株，重要值为 27.2，绥江玉山竹有 143 株，重要值为 16.5，筇竹有 75 株，重要值为 9.5。此外混生有滇瑞香 *Daphne feddei*、杨叶梾木 *Cornus monbeigii* ssp. *populifolia*、毛梗细果冬青 *Ilex micrococca* f. *pilosa*、毛牛纠吴萸 *Evodia trichotoma* var. *pubescens*、珊瑚冬青 *Ilex corallina*、合轴荚蒾 *Viburnum sympodiale*。此外还有大量的乔木幼树，如宝兴木姜子 *Litsea moupinensis*、江南冬青 *Ilex wilsonii*、硬斗石栎 *Lithocarpus hancei*、美容杜鹃 *Rhododendron calophytum*、西南米槠 *Castanopsis carlesii* var. *spinulosa*、木瓜红 *Rehderodendron macrocarpum*、华木荷 *Ilex wilsonii* 等。

草本层高 0.1～0.5cm，盖度为 35%，分布较均匀。共有 17 个物种，以蕨类植物占优势。例如，倒鳞鳞毛蕨 *Dryopteris reflexosquamata*，其重要值为 25.5；泡鳞轴鳞蕨 *Dryopsis mariformis*，重要值为 19.3 等。此外，还有窄瓣鹿药 *Maianthemum tatsienense*、蕨状薹草 *Carex filicina*、卵穗薹草 *Carex ovatispiculata*、宽叶楼梯草 *Elatostema platyphyllum*、筒冠花 *Siphocranion macranthum*、叶头过路黄 *Lysimachia phyllocephala* 等。

层间植物较丰富，共有 8 种。木质藤本有防己叶菝葜 *Smilax menispermoidea*、野葛 *Toxicodendron radicans* ssp. *hispidum*、扶芳藤 *Euonymus fortunei*、三叶崖爬藤 *Tetrastigma hemsleyanum*、苦皮藤 *Celastrus angulatus*。草质藤本有双蝴蝶 *Tripterospermum chinense* 等。附生植物较少，说明其生境潮湿，但是热量不足(表 6-10)。

表 6-10　华木荷+金佛山方竹群落样地调查表

样地号　面积　时间	样地 49　500m^2 2006 年 8 月 2 日	样地 13　500m^2 2006 年 7 月 25 日	样地 28　500m^2 2006 年 7 月 30 日
调查人	杜凡、王娟、覃家理、杨科、石翠玉、苏文萍、丁莉、黄礼梅、赫尚丽、罗柏青、甘万勇、宋睿飞、杨跃、罗勇、刘宗杰、毛建坤、罗凤晔等		
地点	窄马石	骑驾山	小草坝乌贡山
GPS 点	N27°48′41.1″ E104°21′16.8″	N28°15′6.8″ E103°57′57.3″	N27°50′04.1″ E104°16′50.6″
海拔　坡向　坡位　坡度	1947m　正 N　中下坡　13°	1981m　南坡　山顶　10°	1964m　NE28°　上坡　凹地
生境地形特点	有起伏，样地内有一条小沟	平缓，中凸	中间凹
母岩　土壤特点地表特征	黄壤	黄壤	黄壤
特别记载/人为影响	枯枝落叶厚 1～2cm，恢复 20 年	枯枝落叶厚，砍伐更新后 10 年	枯枝落叶厚，原生
乔木层盖度，优势种盖度	80%	80%	75%
灌木层盖度，优势种盖度	75%	60%	80%
草本层盖度，优势种盖度	35%	＜5%	15%

乔木层

中文名	样地 49　17 种　85 株					样地 13　15 种　88 株					样地 28　21 种　99 株					重要值	性状
	株数/丛数	高度/m		胸径/cm		株数/丛数	高度/m		胸径/cm		株数/丛数	高度/m		胸径/cm			
		最高	平均	最粗	平均		最高	平均	最粗	平均		最高	平均	最粗	平均		
华木荷	20	13	8.5	26	15.0	22	18	12.0	30	16.0	20	15	10.0	28	15.0	23.0	常绿
硬斗石栎	8	14	8.9	29	14.0	15	16	10.0	23	12.0	15	22	9.4	40	14.0	14.0	常绿
峨眉栲	5	11	10.0	27	21.0	6	16	9.5	33	17.0	9	18	8.3	29	16.0	6.6	常绿
冠萼花楸	1	11	11.0	25	25.0						5	17	11.0	35	19.0	4.9	落叶
柔毛润楠	6	8	5.2	11	7.1						6	11	7.8	17	11.0	3.9	常绿
不凡杜鹃	5	9	4.7	18	11.0						3	10	8.0	19	14.0	3.7	常绿
细梗吴茱萸叶五加	1	14	14.0	24	24.0						3	23	13.0	29	21.0	3.6	落叶
美容杜鹃	4	7	5.5	16	11.0	2	7	6.5	8	7.5						3.4	常绿
水丝梨	7	12	8.6	18	13.0						9	12	7.5	19	11.0	3.3	常绿
交让木						10	16	12.0	22	16.0						3.2	常绿
绒毛滇南山矾	3	7.5	6.8	9.5	8.2	4	10	8.1	15	12.0						3.2	常绿
灰叶稠李						11	16	9.1	30	11.0						3.1	落叶
海桐山矾	3	5.5	5.3	5.5	5.2											1.8	常绿
藏刺榛	6	12	8.2	19	11.0											1.7	落叶
云南冬青						6	10	6.8	12	8.8						1.7	常绿
晚绣花楸	7	9	8.7	13	9.4											1.5	落叶
毛萼越桔											8	8	6.0	14	8.1	1.5	常绿
光枝楠						5	10	7.6	14	10.0						1.4	常绿
木瓜红						2	8	7.0	12	9.3	2	16	14.0	14	11.0	1.4	落叶
稠李一种											2	12	12.0	23	21.0	1.2	落叶
微毛樱桃	4	10	5.9	15	7.8											1.1	落叶
叶萼山矾											4	10	6.5	9	8.0	1.0	常绿

续表

中文名	样地 49　17 种　85 株					样地 13　15 种　88 株					样地 28　21 种　99 株					重要值	性状
	株数/丛数	高度/m		胸径/cm		株数/丛数	高度/m		胸径/cm		株数/丛数	高度/m		胸径/cm			
		最高	平均	最粗	平均		最高	平均	最粗	平均		最高	平均	最粗	平均		
五裂槭						1	13	13.0	25	25.0						1.0	落叶
光皮桦						1	14	14.0	25	25.0						1.0	落叶
薄叶山矾											3	6	5.0	7	6.3	0.9	常绿
红粗毛杜鹃	3	4	3.7	8	6.5											0.8	常绿
毛叶木姜子	1	11	11.0	17	17.0						1	6	6.0	7.5	7.5	0.8	落叶
繁花杜鹃	1	7	7.0	17	17.0											0.8	常绿
褐叶青冈											1	13	13.0	23	23.0	0.7	常绿
疏花槭											1	11	11.0	18	18.0	0.5	落叶
毛薄叶冬青											2	11	11.0	13	12.0	0.5	落叶
江南冬青											2	4.5	4.3	6.7	6.1	0.5	常绿
峨眉包果柯											1	10	10.0	17	17.0	0.5	常绿
云南桂花						1	8	8.0	12	12.0						0.5	常绿
新木姜子						1	10	10.0	12	12.0						0.4	常绿
粉花野茉莉						1	5.5	5.5	9	9.0						0.4	落叶
康定冬青											1	4.5	4.5	8	8.0	0.3	常绿
石灰花楸											1	7	7.0	6	6.0	0.2	落叶
合计	85					88					99					100.0	

灌木层

中文名	样地 49　15 种　258 株			样地 13　7 种　89 株			样地 28　18 种　185 株			重要值	性状
	株数	高度/m		株数	高度/m		株数	高度/m			
		最高	平均		最高	平均		最高	平均		
真正的灌木层											
金佛山方竹	214	2.0	1.6							27.2	常绿
绥江玉山竹							143	2	1.24	16.5	常绿
筇竹				75	2.2	1.9				9.5	常绿
滇瑞香				1	0.6	0.6				3.1	常绿
合轴荚蒾				1	0.3	0.3				2.0	落叶
杨叶梾木							4	0.4	0.2	1.2	常绿
毛梗细果冬青	2	0.5	0.5							1.5	落叶
未知幼苗	5	0.1	0.08							0.8	常绿
毛牛纠吴萸	1	0.6	0.6							0.8	落叶
珊瑚冬青							1	0.5	0.5	0.5	常绿
更新层											
宝兴木姜子				9	0.5	0.2	1	0.2	0.2	4.1	落叶
江南冬青							3	0.4	0.2	4.0	常绿
硬斗石栎							10	4	1.5	3.7	常绿

续表

中文名	样地 49　15 种　258 株			样地 13　7 种　89 株			样地 28　18 种　185 株			重要值	性状
	株数	高度/m		株数	高度/m		株数	高度/m			
		最高	平均		最高	平均		最高	平均		
美容杜鹃				1	0.2	0.2				3.8	常绿
西南米槠							1	5.6	5.6	2.9	常绿
木瓜红	2	0.2	0.2	1	0.4	0.4				2.2	落叶
华木荷				1	0.6	0.6	2	0.3	0.3	2.1	常绿
峨眉栲							7	1.5	1.1	2.0	常绿
光叶山矾	10	0.3	0.1				2	3.8	2.2	1.8	常绿
毛叶木姜子	7	18	9.2				2	0.4	0.4	1.2	落叶
褐叶青冈							2	0.2	0.1	1.1	常绿
华榛	3	0.2	0.2							0.9	落叶
花楸 2	2	0.2	0.2							0.8	落叶
水丝梨	3	0.3	0.3				1	0.5	0.5	0.7	常绿
柔毛润楠	2	0.3	0.3				2	0.2	0.2	0.7	常绿
长蕊杜鹃	1	0.1	0.1							0.7	常绿
灯笼树	1	0.5	0.5							0.7	落叶
海桐山矾							1	0.4	0.4	0.5	常绿
稠李一种							1	0.1	0.1	0.5	落叶
四川新木姜子							1	0.2	0.2	0.5	常绿
细梗吴茱萸叶五加	3	0.1	0.1				1	0.1	0.1	0.7	落叶
毛叶川冬青	2	0.2	0.1							1.4	常绿

草本层

中文名	样地 49　11 种　147 株			样地 13　2 种　16 株			样地 28　4 种　61 株			重要值	性状
	株数	高度/m		株数	高度/m		株数	高度/m			
		最高	平均		最高	平均		最高	平均		
倒鳞鳞毛蕨				14	0.2	0.2				25.5	直立草本
糙毛囊薹草	73	0.2	0.1							19.5	直立草本
泡鳞轴鳞蕨							22	0.3	0.2	19.3	直立草本
卵穗薹草							10	0.2	0.2	5.9	直立草本
蕨状薹草							20	0.2	0.2	5.2	直立草本
窄瓣鹿药				2	0.5	0.3				4.6	直立草本
齿头鳞毛蕨							9	0.2	0.2	4.5	直立草本
筒冠花	20	0.2	0.1							3.3	直立草本
心叶堇菜	28	0.1	0.1							3.2	直立草本
未知	1	0.5	0.5							3.1	直立草本
宽叶楼梯草	8	0.1	0.1							1.3	直立草本
叶头过路黄	2	0.1	0.1							1.1	直立草本
蕨 1	1	0.2	0.2							1.0	直立草本
黄鹌菜一种	2	0.1	0.1							0.9	直立草本

续表

中文名	样地 49 11 种 147 株			样地 13 2 种 16 株			样地 28 4 种 61 株			重要值	性状
	株数	高度/m		株数	高度/m		株数	高度/m			
		最高	平均		最高	平均		最高	平均		
华东瘤足蕨	1	0.1	0.1							0.8	直立草本
长蕊万寿竹	2	0.2	0.2							0.8	直立草本
蕨 2	9	0.3	0.2							0.01	直立草本
合计	147			16			61			100.0	直立草本

层间植物

中文名	样地 49 5 种 43 株			样地 13 3 种 6 株			样地 28 2 种 21 株			性状
	株数/丛数	高度/m		株数/丛数	高度/m		株数/丛数	高度/m		
		最高	平均		最高	平均		最高	平均	
防己叶菝葜	8	0.5	0.3	1	0.1	0.1	19	0.4	0.2	藤状灌木
扶芳藤	1	0.2	0.2							附生藤本
光脚金星蕨	17	0.4	0.3							附生草本
三叶崖爬藤	15	2.0	0.9							木质藤本
苦皮藤				3	0.5	0.3				木质藤本
野葛				2	0.4	0.2				木质藤本
双蝴蝶							2	0.9	0.8	草质藤本
短梗天门冬	2	0.2	0.2							草质藤本

注：华木荷 *Schima sinensis*、硬斗石栎 *Lithocarpus hancei*、峨眉栲 *Castanopsis platyacantha*、冠萼花楸 *Sorbus coronata*、柔毛润楠 *Machilus villosa*、不凡杜鹃 *Rhododendron insigne*、细梗吴茱萸叶五加 *Acanthopanax evodiaefolius* var. *gracilis*、美容杜鹃 *Rhododendron calophytum*、水丝梨 *Sycopsis sinensis*、交让木 *Daphniphyllum macropodum*、绒毛滇南山矾 *Symplocos hookeri* var. *tomentosa*、灰叶稠李 *Padus grayana*、海桐山矾 *Symplocos heishanensis*、藏刺榛 *Corylus thibetica*、云南冬青 *Ilex yunnanensis*、晚绣花楸 *Sorbus sargentiana*、毛萼越桔 *Vaccinium pubicalyx*、光枝楠 *Phoebe neuranthoides*、木瓜红 *Rehderodendron macrocarpum*、微毛樱桃 *Cerasus clarofolia*、叶萼山矾 *Symplocos phyllocalyx*、五裂槭 *Acer oliverianum*、光皮桦 *Betula luminifera*、薄叶山矾 *Symplocos anomala*、红粗毛杜鹃 *Rhododendron rude*、毛叶木姜子 *Litsea mollis*、繁花杜鹃 *Rhododendron floribundum*、褐叶青冈 *Cyclobalanopsis stewardiana*、疏花槭 *Acer laxiflorum*、毛薄叶冬青 *Ilex fragilis* f. *kingii*、江南冬青 *Ilex wilsonii*、峨眉包果柯 *Lithocarpus cleistocarpus* var. *omeiensis*、云南桂花 *Osmanthus yunnanensis*、新木姜子 *Neolitsea aurata*、粉花野茉莉 *Styrax roseus*、康定冬青 *Ilex franchetiana*、石灰花楸 *Sorbus folgneri*、金佛山方竹 *Chimonobambusa utilis*、绥江玉山竹 *Yushania suijiangensis*、筇竹 *Qiongzhuea tumidissinoda*、滇瑞香 *Daphne feddei*、合轴荚蒾 *Viburnum sympodiale*、杨叶梾木 *Cornus monbeigii* ssp. *populifolia*、毛梗细果冬青 *Ilex micrococca* f. *pilosa*、毛牛纠吴萸 *Evodia trichotoma* var. *pubescens*、珊瑚冬青 *Ilex corallina*、宝兴木姜子 *Litsea moupinensis*、美容杜鹃 *Rhododendron calophytum*、西南米槠 *Castanopsis carlesii* var. *spinulosa*、光叶山矾 *Symplocos lancifolia*、褐叶青冈 *Cyclobalanopsis stewardiana*、华榛 *Corylus chinensis*、柔毛润楠 *Machilus villosa*、长蕊杜鹃 *Rhododendron stamineum*、灯笼树 *Enkianthus chinensis*、四川新木姜子 *Neolitsea sutchuanensis*、细梗吴茱萸叶五加 *Acanthopanax evodiaefolius* var. *gracilis*、毛叶川冬青 *Ilex szechwanensis* var. *mollissima*、倒鳞鳞毛蕨 *Dryopteris reflexosquamata*、糙毛囊薹草 *Carex hirtiutriculata*、泡鳞轴鳞蕨 *Dryopsis mariformis*、卵穗薹草 *Carex ovatispiculata*、蕨状薹草 *Carex filicina*、窄瓣鹿药 *Maianthemum tatsienense*、齿头鳞毛蕨 *Dryopteris labordei*、筒冠花 *Siphocranion macranthum*、心叶堇菜 *Viola concordifolia*、宽叶楼梯草 *Elatostema platyphyllum*、叶头过路黄 *Lysimachia phyllocephala*、黄鹌菜一种 *Youngia* sp.、华东瘤足蕨 *Plagiogyria japonica*、长蕊万寿竹 *Disporum longistylum*、防己叶菝葜 *Smilax menispermoidea*、扶芳藤 *Euonymus fortunei*、光脚金星蕨 *Parathelypteris japonica*、三叶崖爬藤 *Tetrastigma hemsleyanum*、苦皮藤 *Celastrus angulatus*、野葛 *Toxicodendron radicans* ssp. *hispidum*、双蝴蝶 *Tripterospermum chinense*、短梗天门冬 *Asparagus lycopodineus*。

在 1500m^2 的样地内，共出现 62 株华木荷，株数最多的植株出现在胸径 10～15cm，有 33 株，由大量的小径级树组成，为正金字塔形，表明种群能长期保持其稳定性；在高度与株数图中，株数最大值出现在树高 5～8m 处。此后，随着高度增加，株数逐渐减少。硬斗石栎和峨眉栲的高度与株数、胸径与株数都为正金字塔形，能保持稳定性。在更新层中，三者的幼苗所占比例较大，后备资源较足。因此，群落是稳定的，见图 6-1、图 6-2。

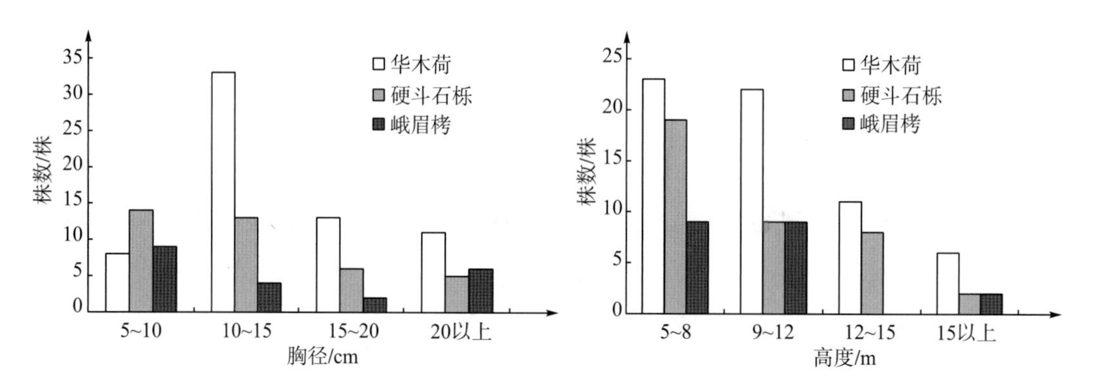

图 6-1 华木荷、硬斗石栎、峨眉栲径阶结构　　图 6-2 华木荷、硬斗石栎、峨眉栲高度结构

2) 华木荷-水丝梨-峨眉栲+荆竹群落 (Ass. *Schima sinensis-Sycopsis sinensis-Castanopsis platyacantha+Qiongzhuea montigena*)

群落分布于彝良县罗汉坝海拔 2048～2081m 的山顶或近山顶地段。气候温凉，空气湿度较大。土壤为黄壤。

以调查的两块样地为例，群落外貌呈绿色，林冠起伏不平。林分平均高为 8.1m，平均胸径 13.2cm，盖度为 70%。林相组成以华木荷、水丝梨为优势；林下以荆竹、绥江玉山竹为优势。

乔木层物种较丰富，有 27 个物种，以水丝梨 *Sycopsis sinensis* 和华木荷 *Schima sinensis* 占优势，重要值分别为 13.6 和 11.9。此外，混生有多变石栎 *Lithocarpus variolosus*、美容杜鹃 *Rhododendron calophytum*、峨眉栲 *Castanopsis platyacantha*、细梗吴茱萸叶五加 *Acanthopanax evodiaefolius* var. *gracilis*、薄叶山矾 *Symplocos anomala*、巴东栎 *Quercus engleriana*、柔毛润楠 *Machilus villosa* 等多个物种。生长状况较好。乔木层中，常绿树种约 17 种，重要值为 79.9，落叶树种约 10 种，重要值为 20.1。

灌木层高集中在 0.2～1.6m，盖度为 60%。物种较丰富，有 37 个物种，以荆竹 *Qiongzhuea montigena* 和绥江玉山竹 *Yushania suijiangensis* 占绝对优势，其重要值分别为 24.2 和 21.3。真正的灌木有 8 种：荆竹、绥江玉山竹、毛梗细果冬青 *Ilex micrococca* f. *pilosa*、景东十大功劳 *Mahonia paucijuga*、三股筋香 *Lindera thomsonii*、茶条果 *Symplocos ernestii*、长序茶藨子 *Ribes longiracemosum* var. *longiracemosum* 和西南绣球 *Hydrangea davidii*。其他均为乔木树种幼苗，如华木荷 *Schima sinensis*、河边杜鹃 *Rhododendron flumineum*、硬斗石栎 *Lithocarpus hancei*、光叶山矾 *Symplocos lancifolia*、

峨眉栲 *Castanopsis platyacantha* 等，丰富的乔木树种幼苗，说明群落复层结构较丰富。

草本层高 0.1～0.3m，盖度为 35%。物种较简单，只有 11 种，以蕨类占绝对优势，主要的种类有华东瘤足蕨 *Plagiogyria japonica*(重要值 27.3)、泡鳞轴鳞蕨 *Dryopsis mariformis*(重要值 12.1)、峨眉瘤足蕨 *Plagiogyria assurgens*(重要值 12.0)、金平蹄盖蕨 *Athyrium adpressum* 等(重要值 4.4)。此外，混生有轮叶黄精 *Polygonatum verticillatum*、卷叶黄精 *Polygonatum cirrhifolium*、长柄熊巴掌 *Phyllagathis cavaleriei* var. *wilsoniana*、大叶冷水花 *Pilea martinii* 等，分布较均匀。

层间植物也比较简单，只有 5 种，其中木质藤本有 3 种，即丛林清风藤 *Sabia purpurea*、防己叶菝葜 *Smilax menispermoidea*、掌叶悬钩子 *Rubus pentagonus* var. *spentagonus*；草质藤本有两种，即异叶爬山虎 *Parthenocissus heterophylla* 和双蝴蝶 *Tripterospermum chinense*，见表 6-11。

表 6-11 华木荷-水丝梨-峨眉栲+荆竹群落样地调查表

样地号 面积 时间	样地 54、55，2×500m^2，2006 年 8 月 7 日
调查人	覃家理、杨科、石翠玉、苏文萍、丁莉、黄礼梅、赫尚丽、罗柏青、甘万勇、宋睿飞、杨跃、罗勇、刘宗杰、毛建坤、罗凤晔等
地点	罗汉坝
GPS 点	样地 54：N27°54.295′ E104°06.227′ 样地 55：N27°54.140′ E104°05.996′
海拔 坡向 坡位 坡度	2081m 正东 中上坡 2048m 东 上坡
生境地形特点	同质、均匀
母岩 土壤特点地表特征	黄壤
特别记载/人为影响	样地 54 为次生林，人工恢复 40 年，样地 55 为天然林
	乔木层盖度 70% 灌木层盖度 60% 草本层盖度 35%

乔木层

中文名	样地 54 22 种 217 株					样地 55 12 种 76 株					重要值	性质
	丛/株	高度/m		胸径/cm		丛/株	高度/m		胸径/cm			
		最高	平均	最粗	平均		最高	平均	最粗	平均		
水丝梨	14	11	9.1	69	12.7	16	13	13.6	45	22.5	13.6	常绿
华木荷	35	12	8.5	13	9.51	11	12	6.6	47	18.5	11.9	常绿
峨眉栲	11	10	8.3	18	11.7	8	12.5	8.7	57	28.1	10.2	常绿
多变石栎	2	8	8.0	12	11.0	4	11	9.8	70	51.3	8.8	常绿
薄叶山矾						6	10	7	46	24.2	6.1	常绿
细梗吴茱萸叶五加	19	15	11.8	19	14.9	3	12	11.7	42	35.7	5.5	落叶
巴东栎	17	14	9.8	16.5	11.5						5.3	落叶
美容杜鹃						16	9	4.4	18.5	8.2	3.0	常绿
柔毛润楠	21	10	7.8	17.5	8.2						2.7	常绿
硬斗石栎	12	11	9.7	16.5	12	4	7	5.8	11	8.5	2.6	常绿
灯笼树	11	10	7.5	8.5	6.4	3	6.5	5.5	8	7.7	1.9	落叶
野八角	13	11	7.5	9.5	6.6						1.6	常绿
圆锥绣球	10	10	8.5	18	8.6						1.3	落叶

续表

中文名	样地 54 22 种 217 株					样地 55 12 种 76 株					重要值	性质
	丛/株	高度/m		胸径/cm		丛/株	高度/m		胸径/cm			
		最高	平均	最粗	平均			最高	平均	最粗		
晚绣花楸	6	12	9.5	17	13.6						1.3	落叶
香叶树	9	12	10.7	13	9.0						1.1	常绿
小羽叶花楸						1	11	11.0	38	38.0	0.9	落叶
褐叶青冈						2	4	4.0	8	7.0	0.8	常绿
坚木山矾						2	3.5	2.8	9	7.0	6.4	常绿
云南杜鹃	7	9	8.7	10	7.0						5.7	常绿
长尾青冈	4	10	9.5	14	12.3						2.3	常绿
青榨槭	2	11	10.5	19	16.0						2.1	落叶
川冬青	3	8	7.0	12	7.7						1.8	常绿
毛叶木姜子	2	10	8.0	12	12.0						1.1	落叶
三股筋香	3	7	6.3	8	6.8						0.9	常绿
云南野茉莉	3	7	6.0	7	6.2						0.5	落叶
毛叶川冬青	2	11	8.0	12	9.0						0.4	常绿
云南樱桃	11	13	8.6	22	10.2						0.2	落叶
合计	217					76					100.0	

灌木层

中文名	拉丁名	样地 54 23 种			样地 55 23 种			重要值	性状
		株数	高度/m		株数	高度/m			
			最高	平均		最高	平均		
真正的灌木层									
荆竹	*Qiongzhuea montigena*	256	1.1	0.7				24.2	灌木
绥江玉山竹	*Yushania suijiangensis*				273	1.6	0.8	21.3	灌木
毛梗细果冬青	*Ilex micrococca* f. *pilosa*				4	0.3	0.1	2.6	灌木
景东十大功劳	*Mahonia paucijuga*				2	0.4	0.4	1.3	灌木
三股筋香	*Lindera thomsonii*	16	0.1	0.05				1.2	灌木
茶条果	*Symplocos ernestii*				1	0.1	0.1	1.1	灌木
长序茶藨子	*Ribes longiracemosum* var.*longiracemosum*				4	0.05	0.05	1.0	灌木
西南绣球	*Hydrangea davidii*	4	0.2	0.1	3	0.1	0.1	0.5	灌木
更新层									
河边杜鹃	*Rhododendron flumineum*				13	0.2	0.1	8.4	幼树
钝叶木姜子	*Litsea veitchiana*				9	0.2	0.2	5.7	幼树
华木荷	*Schima sinensis*	23	0.2	0.2	23	2.0	1.8	2.6	幼树
光叶山矾	*Symplocos lancifolia*				9	0.5	0.4	2.5	幼树
硬斗石栎	*Lithocarpus hancei*	6	0.2	0.2				2.3	幼树
川冬青	*Ilex szechwanensis*	8	0.2	0.1				2.3	幼树
灯笼树	*Enkianthus chinensis*	19	0.4	0.1	14	0.1	0.1	1.8	幼树
细梗吴茱萸叶五加	*Acanthopanax evodiaefolius* var. *gracilis*	81	0.2	0.1	26	0.1	0.1	1.7	幼树
云南杜鹃	*Rhododendron yunnanense*	38	0.2	0.1				1.6	幼树

续表

中文名	拉丁名	样地 54　23 种			样地 55　23 种			重要值	性状
		株数	高度/m		株数	高度/m			
			最高	平均		最高	平均		
小羽叶花楸	*Sorbus* sp.				4	0.1	0.1	1.6	幼树
野八角	*Illicium simonsii*	14	0.3	0.1	8	0.1	0.1	1.6	幼树
香叶树	*Lindera communis*	5	0.2	.02				1.3	幼树
长尾青冈	*Cyclobalanopsis stewardiana* var. *longicaudata*	6	0.1	0.1				1.2	幼树
小羽叶花楸 5	*Sorbus* sp.5	5	0.08	0.08				1.0	幼树
宝兴木姜子	*Litsea moupinensis*	4	0.1	0.1				1.0	幼树
峨眉栲	*Castanopsis platyacantha*				3	0.2	0.1	1.0	幼树
柔毛润楠	*Machilus villosa*	5	0.2	0.1	2	0.1	0.1	0.9	幼树
深裂中华槭	*Acer sinense* var. *longilobum*	1	0.4	0.4				0.9	幼树
晚绣花楸	*Sorbus sargentiana*	2	0.3	0.2				0.9	幼树
毛萼越桔	*Vaccinium pubicalyx*				2	0.2	0.2	0.9	幼树
云南冬青	*Ilex yunnanensis*	3	0.5	0.3	4	0.2	0.1	0.9	幼树
薄叶山矾	*Symplocos anomala*				2	0.2	0.2	0.8	幼树
毛叶川冬青	*Ilex szechwanensis* var. *mollissima*	3	0.3	0.2				0.8	幼树
石灰花楸	*Sorbus folgneri*	1	0.2	0.2				0.5	幼树
多毛樱桃	*Cerasus polytricha*				2	0.3	0.2	0.8	幼树
水丝梨	*Sycopsis sinensis*				1	0.1	0.1	0.4	幼树
花楸一种	*Sorbus* sp.	1	0.1	0.1				0.3	幼树
毛叶木姜子	*Litsea mollis*	1	0.5	0.5	2	0.7	0.5	0.6	幼树
褐叶青冈	*Cyclobalanopsis stewardiana*	1	0.3	0.3	2	0.2	0.1	0.5	幼树
	合计	503			413			100.0	

草本层

中文名	拉丁名	样地 54　5 种　24 株			样地 55　7 种　57 株			重要值	性状
		株数	高度/m		株数	高度/m			
			最高	平均		最高	平均		
华东瘤足蕨	*Plagiogyria japonica*				16	0.5	0.2	27.3	直立草本
泡鳞轴鳞蕨	*Dryopsis mariformis*	6	0.1	0.1	10	0.2	0.2	12.3	直立草本
峨眉瘤足蕨	*Plagiogyria assurgens*	4	0.2	0.2				12.0	直立草本
轮叶黄精	*Polygonatum verticillatum*	5	0.3	0.2				10.3	直立草本
庐山藨草	*Scirpus lushanensis*				9	0.1	0.1	8.4	直立草本
异花兔儿风	*Ainsliaea heterantha*	7	0.2	0.2				8.2	直立草本
莎草科一种	*Carex* sp.	2	0.2	0.2				6.7	直立草本
长柄熊巴掌	*Phyllagathis cavaleriei* var. *wilsoniana*				11	0.3	0.2	5.4	直立草本
金平蹄盖蕨	*Athyrium adpressum*				2	0.3	0.1	4.4	直立草本
卷叶黄精	*Polygonatum cirrhifolium*				5	0.1	0.1	2.6	直立草本
大叶冷水花	*Pilea martinii*				4	0.3	0.1	2.4	肉质草本
合计		24			57			100.0	

续表

层间植物								
中文名	拉丁名	样地 54　3 种　7 株			样地 55　4 种　11 株			性状
		株数/从数	高度/m		株数/从数	高度/m		
			最高	平均		最高	平均	
防己叶菝葜	*Smilax menispermoidea*	3	1.8	1.7	2	2.1	2	藤状灌木
双蝴蝶	*Tripterospermum chinense*	2	0.9	0.8				草质藤本
丛林清风藤	*Sabia purpurea*	2	1.1	1.1	2	1.2	1.2	木质藤本
异叶爬山虎	*Parthenocissus heterophylla*				1	1.4	1.4	草质藤本
掌叶悬钩子	*Rubus pentagonus* var. *pentagonus*				6	1.3	1.6	藤状灌木

注：水丝梨 *Sycopsis sinensis*、华木荷 *Schima sinensis*、峨眉栲 *Castanopsis platyacantha*、多变石栎 *Lithocarpus variolosus*、硬斗石栎 *L. hancei*、薄叶山矾 *Symplocos anomala*、坚木山矾 *S. dryophila*、细梗吴茱萸叶五加 *Acanthopanax evodiaefolius* var. *gracilis*、巴东栎 *Quercus engleriana*、美容杜鹃 *Rhododendron calophytum*、柔毛润楠 *Machilus villosa*、灯笼树 *Enkianthus chinensis*、野八角 *Illicium simonsii*、圆锥绣球 *Hydrangea paniculata*、晚绣花楸 *Sorbus sargentiana*、香叶树 *Lindera communis*、小羽叶花楸 *Sorbus* sp.、褐叶青冈 *Cyclobalanopsis stewardiana*、长尾青冈 *C. stewardiana* var. *longicaudata*、云南杜鹃 *Rhododendron yunnanense*、青榨槭 *Acer davidii*、川冬青 *Ilex szechwanensis*、三股筋香 *Lindera thomsonii*、云南野茉莉 *Styrax hookeri* var. *yunnanensis*、毛叶川冬青 *Ilex szechwanensis* var. *mollissima*、云南樱桃 *Cerasus yunnanensis*、多毛樱桃 *C. polytricha*、毛叶木姜子 *Litsea mollis*、钝叶木姜子 *L. veitchiana*。

群落动态分析如下：样地 54 和样地 55 中，共有华木荷 46 株，最大值出现在胸径 10～13cm，有 35 株，此后，呈现随着胸径增大，株数逐渐呈减少的趋势，其生长为正金字塔形(图 6-3)；而高度与株数百分比图表(图 6-4)中，也呈现同样的趋势；所以，种群是稳定的。水丝梨、峨眉栲的胸径、高度与株数百分比图表中，也呈现同样的趋势，是稳定的。在更新层中华木荷、水丝梨、峨眉栲幼苗所占比例也较大，后备资源较充足。因此，群落是稳定的群落。

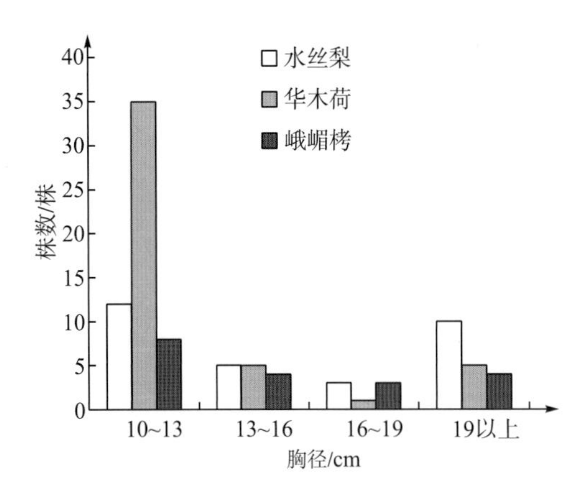

图 6-3　水丝梨-华木荷-峨眉栲径阶结构

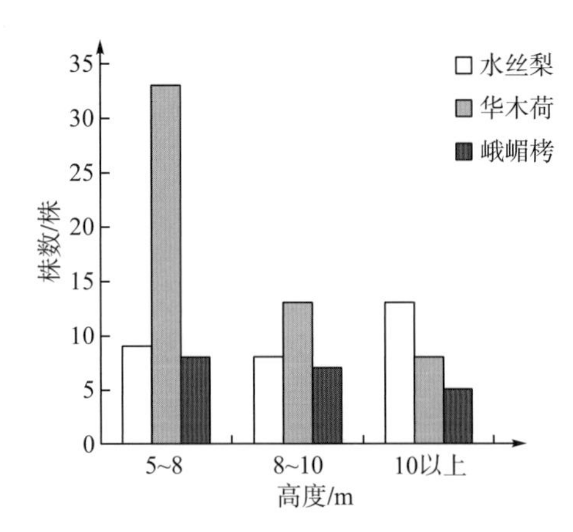

图 6-4　水丝梨-华木荷-峨眉栲高度结构

3) 华木荷-峨眉栲+荆竹群落（Ass. *Schima sinensis-Castanopsisplatyacantha+Qiongzhuea montigena*）

群落分布于镇雄县花苞树垭口海拔 2110m 的山顶或近山顶地段，生境较潮湿，土壤为黄壤。枯枝落叶层较厚。

森林外貌呈绿色，林分平均高 8.9m，平均胸径 13.0cm，盖度为 85%。群落垂直结构较明显，可明显分为乔木层、灌木层、草本层和层间植物。乔木层的分层情况不是很明显，以华木荷 *Schima sinensis*、峨眉栲 *Castanopsis platyacantha* 为优势。此外混生有晚绣花楸 *Sorbus sargentiana*、多毛樱桃 *Cerasus polytricha*、钝叶木姜子 *Litsea veitchiana*、康定五加 *Acanthopanax lasiogyne*、柔毛润楠 *Machilus villosa*、毛叶川冬青 *Ilex szechwanensis* var. *mollissima*、水丝梨 *Sycopsis sinensis*、细梗吴茱萸叶五加 *Acanthopanax evodiaefolius* var. *gracilis*、叶萼山矾 *Symplocos phyllocalyx*、硬斗石栎 *Lithocarpus hancei*、稠李一种 *Padus* sp.，其优势种华木荷平均高为 8.7m，平均胸径为 13.3cm，重要值为 27.6；峨眉栲平均高为 9.7m，平均胸径 21.3cm，重要值为 24.8。两者相差不是很大。

乔木层中，常绿树种的种类约 7 种，重要值约 65.5，落叶树种的种类约 6 种，重要值约 34.5，所以群落属于常绿阔叶林，但是具有一定的落叶成分。

灌木层高 0.2～2m，盖度为 40%。共有 18 个植物物种。其优势种荆竹有 43 株，重要值为 35.8。真正的灌木只有 3 种，即荆竹 *Qiongzhuea montigena*、细齿叶柃 *Eurya nitida*、金银忍冬 *Lonicera maackii*。另外有大量的乔木树幼苗，如华木荷 *Schima sinensis*、峨眉栲 *Castanopsis platyacantha*、钝叶木姜子 *Litsea veitchiana*、多毛樱桃 *Cerasus polytricha*、晚绣花楸 *Sorbus sargentiana* 等。

草本层高 0.1～0.5m，盖度为 70%。约有 10 个物种，以蕨状薹草占绝对优势，其重要值为 73.2。其他还有卷叶黄精 *Polygonatum cirrhifolium*、长穗兔儿风 *Ainsliaea henryi*、长柱鹿药 *Maianthemum oleraceum*、臭味新耳草 *Neanotis ingrata*、头花龙胆 *Gentiana cephalantha*、唇形科一种等。重要值相差不大，分布较均匀，见表 6-12。

表 6-12　华木荷-峨眉栲+荆竹落样地调查表

样地号　面积　时间	样地 51，500m^2，2006 年 8 月 4 日
调查人	覃家理、杨科、石翠玉、苏文萍、丁莉、黄礼梅、赫尚丽、罗柏青、甘万勇、宋睿飞、杨跃、罗勇、刘宗杰、毛建坤、罗凤晔等
地点	花苞树垭口
GPS 点	N27°49′28″　E104°15′39″
海拔　坡向　坡位　坡度	2110m　西北坡　上坡　0°
生境地形特点	均匀、同质
母岩　土壤特点地表特征	黄壤
特别记载/人为影响	枯枝落叶厚 3～5cm，原生、天然，但存在盗伐现象
乔木层盖度 85%　灌木层盖度 40%　草本层盖度 70%	

续表

乔木层									
中文名	拉丁名	株数/丛数	高度/m		胸径/cm		频度	重要值	性状
			最高	平均	最粗	平均			
华木荷	*Schima sinensis*	42	12	8.7	25	13.3	1	27.6	常绿
峨眉栲	*Castanopsis platyacantha*	22	13	9.7	53	21.3	1	24.8	常绿
晚绣花楸	*Sorbus sargentiana*	10	12	10.3	42	14.0	1	9.8	落叶
多毛樱桃	*Cerasus polytricha*	7	13	10.3	12	9.7	1	6.3	落叶
稠李一种	*Padus* sp.	4	15	10.3	30	14.5	1	6.0	落叶
康定五加	*Acanthopanax lasiogyne*	4	11	10.0	18	15.3	1	5.7	落叶
细梗吴茱萸叶五加	*Acanthopanax evodiaefolius* var. *gracilis*	3	14	11.0	33	17.3	0.5	4.1	落叶
硬斗石栎	*Lithocarpus hancei*	3	9	8.0	19	13.0	0.5	3.3	常绿
柔毛润楠	*Machilus villosa*	2	10	9.0	14	11.5	0.5	2.6	常绿
水丝梨	*Sycopsis sinensis*	2	13	10.5	14	10.8	0.5	2.6	常绿
钝叶木姜子	*Litsea veitchiana*	2	2.5	9.0	12	10.3	0.5	2.6	落叶
叶萼山矾	*Symplocos phyllocalyx*	2	9	2.8	9	8.5	0.5	2.5	常绿
毛叶川冬青	*Ilex szechwanensis* var. *mollissima*	1	7	7.0	10	10.0	0.5	2.1	常绿
	合计	104						100.0	

灌木层						
中文名	拉丁名	株数	高度/m		重要值	性状
			最高	平均		
真正的灌木层						
荆竹	*Qiongzhuea montigena*	43	2.0	0.6	35.8	灌木
细齿叶柃	*Eurya nitida*	2	0.2	0.2	1.7	灌木
金银忍冬	*Lonicera maackii*	1	0.6	0.6	1.4	灌木
更新层						
细梗吴茱萸叶五加	*Acanthopanax evodiaefolius* var. *gracilis*	65	0.3	0.1	16.8	幼树
多变石栎	*Lithocarpus variolosus*	5	0.4	0.1	7.8	幼树
钝叶木姜子	*Litsea veitchiana*	12	0.6	0.1	7.7	幼树
石木姜子	*Litsea elongata* var. *faberi*	4	0.2	0.2	5.7	幼树
晚绣花楸	*Sorbus sargentiana*	3	0.2	0.1	4.1	幼树
柔毛润楠	*Machilus villosa*	6	0.6	0.6	3.6	幼树
杨叶木姜子	*Litsea populifolia*	2	0.2	0.1	2.7	幼树
海桐山矾	*Symplocos heishanensis*	1	0.8	0.8	2.1	幼树
毛薄叶冬青	*Ilex fragilis* f. *kingii*	1	0.2	0.2	2.1	幼树
峨眉栲	*Castanopsis platyacantha*	1	0.5	0.5	1.7	幼树
硬斗石栎	*Lithocarpus hancei*	1	0.5	0.5	1.5	幼树
华木荷	*Schima sinensis*	1	0.3	0.3	1.4	幼树

续表

中文名	拉丁名	株数	高度/m		重要值	性状
			最高	平均		
多毛樱桃	*Cerasus polytricha*	1	0.1	0.1	1.3	幼树
毛叶川冬青	*Ilex szechwanensis* var. *mollissima*	1	0.4	0.4	1.3	幼树
叶萼山矾	*Symplocos phyllocalyx*	1	0.2	0.2	1.3	幼树
	合计	151			100.0	

草本层

中文名	拉丁名	株数	高度/m		重要值
			最高	平均	
蕨状薹草	*Carex filicina*	218	0.2	0.1	73.2
卷叶黄精	*Polygonatum cirrhifolium*	4	0.1	0.1	7.3
头花龙胆	*Gentiana cephalantha*	3	0.1	0.1	3.6
臭味新耳草	*Neanotis ingrata*	3	0.2	0.2	2.6
长穗兔儿风	*Ainsliaea henryi*	1	0.08	0.08	2.3
未知苗		1	0.1	0.1	2.2
唇形科 1		1	0.05	0.05	2.2
长柱鹿药	*Maianthemum oleraceum*	1	0.5	0.5	2.2
唇形科 2		1	0.3	0.3	2.2
唇形科 3		1	0.1	0.1	2.2
	合计	234			100.0

层间植物

中文名	拉丁名	株数/丛数	高度/m		性状
			最高	平均	
白木通	*Akebia trifoliata* var. *australis*	2	0.8	0.7	木质藤本
野葛	*Toxicodendron radicans* ssp. *hispidum*	1	0.6	0.6	木质藤本
光脚金星蕨	*Parathelypteris japonica*	4	0.5	0.4	附生草本
防己叶菝葜	*Smilax menispermoidea*	4	2.4	2.2	藤状灌木
三叶地锦	*Parthenocissus semicordata*	2	0.6	0.5	草质藤本
网纹悬钩子	*Rubus cinclidodictyus*	2	0.7	0.7	藤状灌木
双蝴蝶	*Tripterospermum chinense*	2	0.3	0.2	草质藤本
西南菝葜	*Smilax bockii*	1	2.5	2.5	藤状灌木

层间植物较丰富，约有 8 种。木质藤本有白木通 *Akebia trifoliata* var. *australis*、网纹悬钩子 *Rubus cinclidodictyus*、西南菝葜 *Smilax bockii*、防己叶菝葜 *Smilax menispermoidea*、野葛 *Toxicodendron radicans* ssp. *hispidum*。草质藤本有三叶地锦 *Parthenocissus semicordata*、双蝴蝶 *Tripterospermum chinense*。除少数蕨类植物外，缺乏附生植物。

在 500m^2 的样地内，共出现 38 株华木荷，最大值出现在树高 8～12m，有 22 株，由大量的中径级树组成(图 6-5)；又由华木荷胸径与株数比可以看出(图 6-6)，其生长为正金字塔形，种群能长期保持其稳定性。而峨眉栲、晚绣花楸生长为衰退型，不能保持其稳定性。在更新层中，华木荷、峨眉栲的幼苗所占比例太小，后备资源不足。因此，群落为不稳定群落。

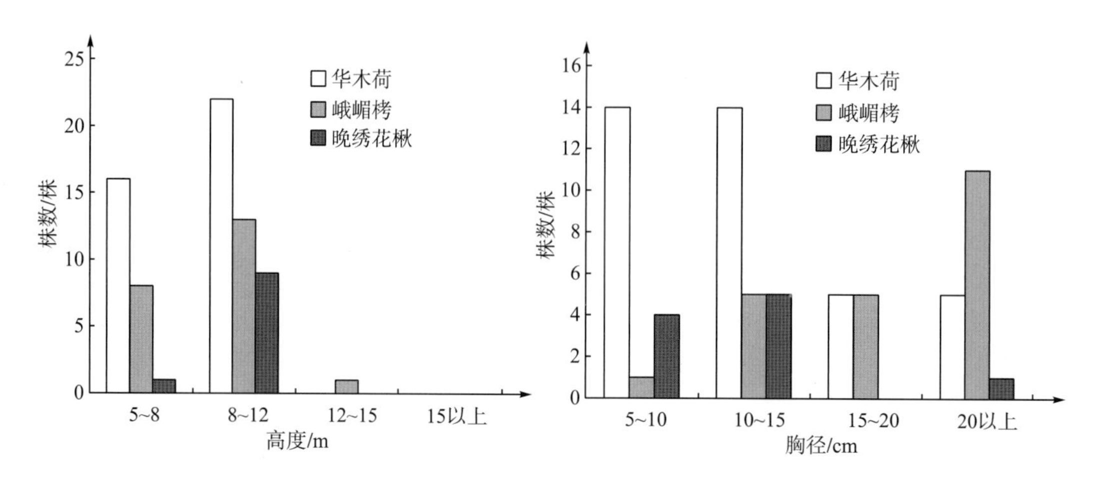

图 6-5　华木荷、峨眉栲、晚绣花楸高度结构　　图 6-6　华木荷、峨眉栲、晚绣花楸径阶结构

4）华木荷-西南米槠+绥江玉山竹群落（Ass. *Schima sinensis-Castanopsis carlesii* var. *spinulosa+Yushania suijiangensis*）

群落分布于彝良县小草坝大佛殿海拔 1950m 的近山顶沟凹地段。气候温凉，土壤为黄壤，枯枝落叶层较厚。

群落外貌呈绿色，高为 5.6m，平均胸径 8.4cm，盖度为 90%。林分组成以华木荷、西南米槠为优势，林下以绥江玉山竹为优势。群落垂直分层较明显，分为乔木层、灌木层、草本层和层间植物。

乔木层分层不明显。以华木荷 *Schima sinensis* 和西南米槠 *Castanopsis carlesii* var. *spinulosa* 为优势，两者均有 25 株，约占总株数 155 株的 1/3，重要值分别为 17.9、14.5。其他的有钝叶木姜子 *Litsea veitchiana*、野茉莉 *Styrax japonicus*、灯笼树 *Enkianthus chinensis*、微毛樱桃 *Cerasus clarofolia*、宝兴木姜子 *Litsea moupinensis*、晚绣花楸 *Sorbus sargentiana*、野八角 *Illicium simonsii*、鼠李叶花楸 *Sorbus rhamnoides*、杨叶木姜子 *Litsea populifolia*、水丝梨 *Sycopsis sinensis* 等 19 个物种，重要值合计为 67.6。群落中树种间高度和胸径相差不大，高度集中在 6～9m，最矮的杜鹃属一种 2.5m；华木荷零星植株胸径最粗为 34.0cm，其余的与其他树种差异不大，平均胸径 11.2～6.5cm，最细的鼠李叶花楸平均胸径仅 6.1cm。说明该林分较年轻，为更新林。

乔木层中，常绿树种的种类约 11 种，重要值达到约 52.2，落叶树种的种类约 10 种，重要值约 47.8。

灌木层高 0.4～2.0m，盖度为 80%。共有 15 个植物物种，以绥江玉山竹为优势种构成，其重要值为 64.0。真正的灌木种只有 4 种，即绥江玉山竹 *Yushania suijiangensis*、散花紫金牛 *Ardisia conspersa*、乔木茵芋 *Skimmia laureola*、云南桃叶珊瑚 *Aucuba yunnanensis* 等。其他的为乔木树种幼苗，如宝兴木姜子 *Litsea moupinensis*、水丝梨 *Sycopsis sinensis*、柔毛润楠 *Machilus villosa*、灯笼树 *Enkianthus chinensis*、野八角 *Illicium simonsii*、云南冬青 *Ilex yunnanensis* 等。

草本层平均高为 0.2m，盖度为 10%。有 14 个物种，以蕨类植物占绝对优势，如泡鳞轴鳞蕨 *Dryopsis mariformis*、倒鳞鳞毛蕨 *Dryopteris reflexosquamata*、长江蹄盖蕨 *Athyrium iseanum*、鱼鳞蕨 *Acrophorus stipellatus*，重要值最大的是泡鳞轴鳞蕨 *Dryopsis mariformis*(42.2)。其他种有楮头红 *Sarcopyramis nepalensis*、卷叶黄精 *Polygonatum cirrhifolium*、长柱鹿药 *Maianthemum oleraceum*、丫蕊花 *Ypsilandra thibetica*、三七 *Panax notoginseng*、万寿竹 *Disporum cantoniense*、四轮香 *Hanceola sinensis*、革叶报春 *Primula chartacea*、大理薹草 *Carex rubrobrunnea* var. *taliensis*。其重要值相差不大，分布较均匀。

层间植物比较单一，只有 2 种，即草质藤本为柔毛钻地风 *Schizophragma molle*，木质藤本为西南菝葜 *Smilax bockii*。如此单一的层间植物说明其生境不是很潮湿，见表 6-13。

表 6-13 华木荷-西南米槠+绥江玉山竹群落样地调查表

样地号 面积 时间	样地 31，500m^2，2006 年 7 月 29 日
调查人	杜凡、杨科、石翠玉、苏文萍、丁莉、黄礼梅、赫尚丽、罗柏青、甘万勇、宋睿飞、杨跃、罗勇、刘宗杰、毛建坤、罗凤晔等
地点	大佛殿
GPS 点	N27°50′904″ E104°18′234″
海拔 坡向 坡位 坡度	1949m 南坡 上部沟凹处 5°
生境地形特点	样地内有三条小沟经过
母岩 土壤特点地表特征	黄壤
特别记载/人为影响	枯枝落叶层厚 2～5cm，次生林 25 年
乔木层盖度 90% 灌木层盖度 80% 草本层盖度 10%	

乔木层

中文名	拉丁名	株数/丛数	高度/m		胸径/cm		重要值	性状
			最高	平均	最粗	平均		
华木荷	*Schima sinensis*	25	9	6.5	34	11.2	17.9	常绿
西南米槠	*Castanopsis carlesii* var. *spinulosa*	25	7	5.3	17	9.4	14.5	常绿
钝叶木姜子	*Litsea veitchiana*	10	9	5.7	16	10.9	7.7	落叶
野茉莉	*Styrax japonicus*	12	7	5.4	10	7.2	6.7	落叶
灯笼树	*Enkianthus chinensis*	13	6	5.6	13	7.5	6.3	落叶
宝兴木姜子	*Litsea moupinensis*	8	6.5	4.8	9	7.5	5.4	落叶
微毛樱桃	*Cerasus clarofolia*	6	8	7.6	18	12.3	5.4	落叶
晚绣花楸	*Sorbus sargentiana*	8	8	5.8	13	8.1	4.8	落叶
野八角	*Illicium simonsii*	6	7	5.4	18	9.5	4.6	常绿
鼠李叶花楸	*Sorbus rhamnoides*	7	7	6.4	13	6.1	3.9	落叶
杨叶木姜子	*Litsea populifolia*	8	7	7.0	9	7.8	3.7	落叶
峨眉栲	*Castanopsis platyacantha*	4	6	6.0	11	8.8	2.5	常绿
水丝梨	*Sycopsis sinensis*	3	7	5.7	15	11.2	2.5	常绿

续表

中文名	拉丁名	株数/丛数	高度/m		胸径/cm		重要值	性状
			最高	平均	最粗	平均		
毛薄叶冬青	*Ilex fragilis* f. *kingii*	3	7.5	6.8	12.5	11.5	2.4	落叶
柔毛润楠	*Machilus villosa*	4	5	4.6	9	7.5	2.3	常绿
硬斗石栎	*Lithocarpus hancei*	4	7	6.4	9	7.0	2.2	常绿
海桐山矾	*Symplocos heishanensis*	3	5	5.0	8	6.7	1.8	常绿
圆锥绣球	*Hydrangea paniculata*	2	6	5.3	8	6.8	1.5	落叶
多变石栎	*Lithocarpus variolosus*	2	5	5.0	6.5	6.3	1.5	常绿
杜鹃一种	*Rhododendron* sp.	1	2.5	2.5	7	7.0	1.2	常绿
三脉水丝梨	*Sycopsis triplinervia*	1	7	5.7	15	6.5	1.2	常绿
	总计	155					100.0	

灌木层

中文名	拉丁名	株数	高度/m		重要值	性状
			最高	平均		
	真正的灌木层					
绥江玉山竹	*Yushania suijiangensis*	513	0.2	0.1	64.0	灌木
散花紫金牛	*Ardisia conspersa*	7	0.3	0.2	4.4	灌木
乔木茵芋	*Skimmia laureola*	2	0.3	0.3	1.4	灌木
云南桃叶珊瑚	*Aucuba yunnanensis*	1	0.4	0.4	1.3	灌木
	更新层					
宝兴木姜子	*Litsea moupinensis*	22	0.1	0.08	7.5	幼树
钝叶木姜子	*Litsea veitchiana*	20	0.1	0.1	5.7	幼树
水丝梨	*Sycopsis sinensis*	4	0.6	0.6	2.8	幼树
云南冬青	*Ilex yunnanensis*	12	0.3	0.2	2.5	幼树
鼠李叶花楸	*Sorbus rhamnoides*	1	2.5	2.5	2.0	幼树
柔毛润楠	*Machilus villosa*	2	0.2	0.2	1.5	幼树
灯笼树	*Enkianthus chinensis*	1	0.3	0.3	1.4	幼树
细梗吴茱萸叶五加	*Acanthopanax evodiaefolius* var. *gracilis*	1	0.1	0.1	1.4	幼树
野茉莉	*Styrax japonicus*	1	0.3	0.3	1.4	幼树
圆锥绣球	*Hydrangea paniculata*	1	0.7	0.7	1.4	灌木
野八角	*Illicium simonsii*	1	1.7	1.7	1.3	幼树
	合计	589			100.0	

草本层

中文名	拉丁名	株数	高度/m		重要值	性状
			最高	平均		
泡鳞轴鳞蕨	*Dryopsis mariformis*	27	0.2	0.1	42.2	直立草本
倒鳞鳞毛蕨	*Dryopteris reflexosquamata*	3	0.3	0.3	13.8	直立草本
卷叶黄精	*Polygonatum cirrhifolium*	6	0.1	0.06	10.6	直立草本
楮头红	*Sarcopyramis nepalensis*	7	0.2	0.2	6.5	直立草本
长江蹄盖蕨	*Athyrium iseanum*	6	0.1	0.1	5.1	直立草本

续表

中文名	拉丁名	株数	高度/m		重要值	性状
			最高	平均		
蕨 4		3	0.3	0.3	3.2	直立草本
鱼鳞蕨	*Acrophorus stipellatus*	1	0.2	0.2	2.8	直立草本
万寿竹	*Disporum cantoniense*	3	0.2	0.2	2.4	匍匐草本
丫蕊花	*Ypsilandra thibetica*	2	0.08	0.08	2.3	直立草本
长柱鹿药	*Maianthemum oleraceum*	1	0.2	0.2	2.3	直立草本
大理薹草	*Carex rubrobrunnea* var. *taliensis*	1	0.05	0.05	2.2	直立草本
革叶报春	*Primula chartacea*	1	0.03	0.03	2.2	直立草本
三七	*Panax notoginseng*	1	0.1	0.1	2.2	直立草本
四轮香	*Hanceola sinensis*	1	0.1	0.1	2.2	直立草本
	合计	63			100	

层间植物

中文名	拉丁名	株数/丛数	高度/m		性状
			最高	平均	
柔毛钻地风	*Schizophragma molle*	1	0.6	0.6	草质
西南菝葜	*Smilax bockii*	2	2.1	2	木质

群落稳定性很大程度上取决于乔木层的稳定性。华木荷群落是以华木荷为优势种的群落，因此群落稳定性主要决定于华木荷的稳定性。

样地 31 有华木荷 25 株。最大值出现在胸径 5～12cm，有 18 株，群落由大量的小径级树组成，为正金字塔形(图 6-7)；高度与株数百分比图表(图 6-8)中，最大值出现在 4～6m，其生长为正金字塔形，能长期保持其稳定性。西南米槠、钝叶木姜子均由大量小径级树组成，能保持其稳定性。在更新层中，三者的幼苗所占比例较大。因此，群落是稳定群落。

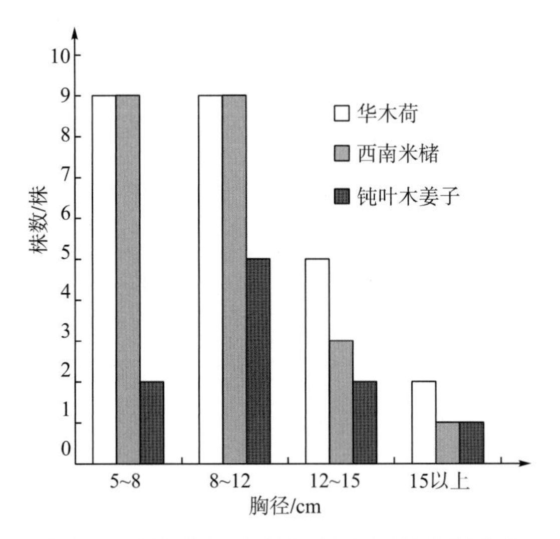

图 6-7　华木荷-西南米槠+钝叶木姜子径阶结构

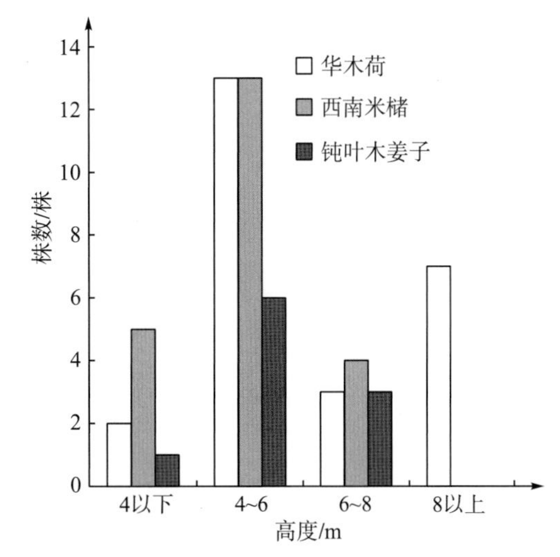

图 6-8　华木荷-西南米槠+钝叶木姜子高度结构

5）绒毛滇南山矾-华木荷+筇竹群落（Ass. *Symplocos hookeri* var. *tomentosa-Schima sinensis* +*Qiongzhuea tumidissinoda*）

群落分布于威信县海拔 1560m 的山麓地段。气候温凉，土壤为黄壤。为次生林，恢复时间为 9 年。

森林外貌呈绿色。盖度为 70%。林相整齐，高 8～11m。乔木层由 16 种树种组成，以绒毛滇南山矾 *Symplocos hookeri* var. *tomentosa* 占绝对优势，有 40 株，重要值为 36.9；其次是华木荷 *Schima sinensis*，有 9 株，重要值为 14.2。其他有云南樱桃 *Cerasus yunnanensis*、新木姜子 *Neolitsea aurata*、美容杜鹃 *Rhododendron calophytum*、吴茱萸 *Evodia rutaecarpa*、峨眉栲 *Castanopsis platyacantha*、白桦 *Betula platyphylla* 等 14 种树种，重要值合计 48.9。群落中绒毛滇南山矾、华木荷和吴茱萸 *Evodia rutaecarpa* 3 种树种占据林冠上层，高达 11.0m；最矮的西南山茶 *Camellia pitardii* 仅 3.8m 高。群落中树种的胸径集中在 10～22cm，其中华木荷和云南樱桃 *Cerasus yunnanensis* 胸径最粗，分别达 32cm 和 24cm，但平均不超过 16.6cm；最细的西南山茶胸径仅 7cm。说明林分具有旺盛的更新能力。乔木层中常绿树种和落叶树种均为 8 种，但重要值合计分别为 71.0 和 29.0。

灌木层高 2m，盖度为 90%，由 10 个物种组成。其中茶叶山矾 *Symplocos theaefolia* 和筇竹 *Qiongzhuea tumidissinoda* 为优势物种，重要值分别为 37.4 和 19.5。真正的灌木只有筇竹、西南山茶 *Camellia pitardii* 和三花假卫矛 *Microtropis triflora* 3 种，重要值合计 24；其他以乔木树种的幼树和幼苗为主，如茶叶山矾 *Symplocos theaefolia*、宝兴木姜子 *Litsea moupinensis*、坛果山矾 *Symplocos urceolaris*、五裂槭 *Acer oliverianum*、新木姜子 *Neolitsea aurata*、西南绣球 *Hydrangea davidii* 和微香冬青 *Ilex subodorata* 7 种，重要值合计 76，因此，灌木层主要由乔木幼树组成。

草本层平均高为 0.06m，盖度为 2%，由 9 个物种组成。其中以江南短肠蕨 *Allantodia metteniana* 和托叶楼梯草 *Elatostema nasutum* 占优势，重要值分别为 36.1 和 31.7；此外，还有平车前 *Plantago depressa*、四轮香 *Hanceola sinensis*、革叶报春 *Primula chartacea*、委陵菜一种 *Potentilla* sp.、紫萁 *Osmunda japonica*、扁竹兰 *Iris confusa* 和散花紫金牛 *Ardisia conspersa* 7 个物种，它们的重要值差异不大。

层间植物比较单一，只有 3 种，草质藤本为鳞果星蕨 *Lepidomicrosorium buergerianum*，木质藤本为尖叶牛尾菜 *Smilax nipponica* var. *acuminata* 和尼泊尔双蝴蝶 *Tripterospermum volubile* 2 种，说明其生境较干燥（表 6-14）。

表 6-14 绒毛滇南山矾-华木荷+筇竹群落样地调查表

样地号 面积 时间	样地 87，500m^2，2006 年 8 月 14 日
调查人：覃家理、杨科、石翠玉、苏文萍、丁莉、黄礼梅、赫尚丽、罗柏青、甘万勇、宋睿飞、杨跃、罗勇、刘宗杰、毛建坤、罗凤晔等	
地点	黄角湾
海拔 坡位	1560m 下坡
生境地形特点	同质、均匀

续表

样地号　面积　时间	样地 87，500m²，2006 年 8 月 14 日
特别记载/人为影响	次生林，恢复时间为 9 年
	乔木层盖度 70%　灌木层盖度 90%　草本层盖度 2%

乔木层

中文名	拉丁名	株数/丛数	高度/m		胸径/cm		重要值	性状
			最高	平均	最粗	平均		
绒毛滇南山矾	*Symplocos hookeri* var. *tomentosa*	40	11	4.6	18	10.6	36.9	常绿
华木荷	*Schima sinensis*	9	11	7.8	32	16.6	14.2	常绿
云南樱桃	*Cerasus yunnanensis*	9	10	7.8	24	16.5	13.4	落叶
新木姜子	*Neolitsea aurata*	9	7.5	6.1	15	9.2	7.4	常绿
美容杜鹃	*Rhododendron calophytum*	6	6	5.3	12	9.8	5.1	常绿
吴茱萸	*Evodia rutaecarpa*	3	11	11.0	22	18.0	4.9	落叶
五裂槭	*Acer oliverianum*	3	10	9.0	22	14.3	3.7	落叶
峨眉栲	*Castanopsis platyacantha*	2	8.5	7.8	20	19.0	3.4	常绿
西南绣球	*Hydrangea davidii*	2	7	5.5	16	11.5	2.1	落叶
西南山茶	*Camellia pitardii*	3	4.5	3.8	7	6.2	2.0	常绿
宝兴木姜子	*Litsea moupinensis*	2	8	5.3	8	7.3	1.4	落叶
木瓜红	*Rehderodendron macrocarpum*	1	10	10.0	16	16.0	1.4	落叶
算盘子	*Glochidion puberum*	1	6.5	6.5	15	15.0	1.3	常绿
白桦	*Betula platyphylla*	1	7	7.0	14	14.0	1.2	落叶
暖木	*Meliosma veitchiorum*	1	8	8.0	10	10.0	0.9	落叶
短柱柃	*Eurya brevistyla*	1	4	4.0	8	8.0	0.7	常绿
合计		93					100.0	

灌木层

中文名	拉丁名	株数	高度/m		重要值	性状
			最高	平均		
真正的灌木层						
筇竹	*Qiongzhuea tumidissinoda*	133	2	2	19.5	灌木
西南山茶	*Camellia pitardii*	1	0.5	0.5	1.3	灌木
三花假卫矛	*Microtropis triflora*	4	0.07	0.07	3.2	灌木
更新层						
茶叶山矾	*Symplocos theaefolia*	201	2	1.7	37.4	幼树
宝兴木姜子	*Litsea moupinensis*	90	4.8	2.6	11.1	幼树
坛果山矾	*Symplocos urceolaris*	5	3.5	1.6	7.3	幼树
五裂槭	*Acer oliverianum*	37	5	4.3	6.2	幼树
西南绣球	*Hydrangea davidii*	20	0.2	0.2	5.3	幼树
新木姜子	*Neolitsea aurata*	32	0.3	0.2	4.7	幼树
微香冬青	*Ilex subodorata*	5	0.2	0.1	4.0	幼树
合计		528			100.0	

续表

草本层						
中文名	拉丁名	株数	高度/m		重要值	性状
			最高	平均		
江南短肠蕨	*Allantodia metteniana*	15	0.5	0.4	36.1	直立草本
托叶楼梯草	*Elatostema nasutum*	41	0.05	0.02	31.7	直立草本
平车前	*Plantago depressa*	6	0.07	0.04	8.7	直立草本
四轮香	*Hanceola sinensis*	14	0.07	0.07	7.2	直立草本
革叶报春	*Primula chartacea*	6	0.06	0.06	5.4	直立草本
扁竹兰	*Iris confusa*	5	0.2	0.1	4.5	直立草本
委陵菜一种	*Potentilla* sp.	3	0.02	0.02	2.8	匍匐草本
紫萁	*Osmunda japonica*	1	0.2	0.2	2.1	直立草本
散花紫金牛	*Ardisia conspersa*	2	0.05	0.05	1.5	直立草本
合计		93			100.0	直立草本

层间植物					
中文名	拉丁名	株数/丛数	高度/m		性状
			最高	平均	
鳞果星蕨	*Lepidomicrosorium buergerianum*	3	0.5	0.4	附生草本
尖叶牛尾菜	*Smilax nipponica* var. *acuminata*	1	1.8	1.8	木质藤本
尼泊尔双蝴蝶	*Tripterospermum volubile*	1	0.8	0.8	草质藤本

样地 87 的乔木层中，有 40 株绒毛滇南山矾，其重要值最大；有 9 株华木荷，重要值排第二；由绒毛滇南山矾、华木荷和云南樱桃的胸径、高度与株数的百分比可以看出(图 6-9 和图 6-10)，它们种群结构基本为正金字塔形；而且在更新层中，华木荷、绒毛滇南山矾、云南樱桃的幼苗所占的比例较大。因此，从群落结构上看，群落是稳定的群落。

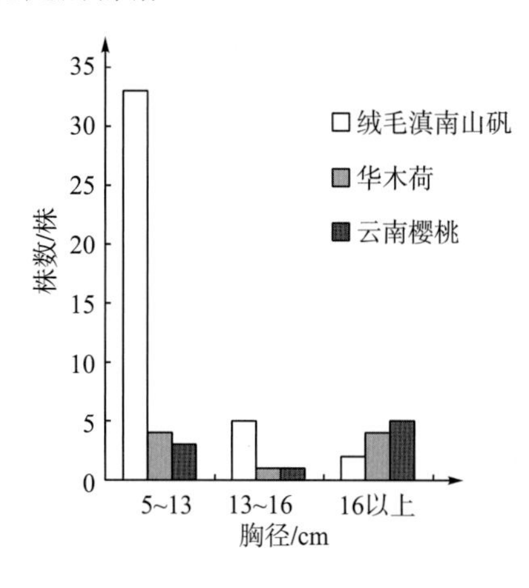

图 6-9 绒毛滇南山矾-华木荷+云南樱桃胸径与株数比

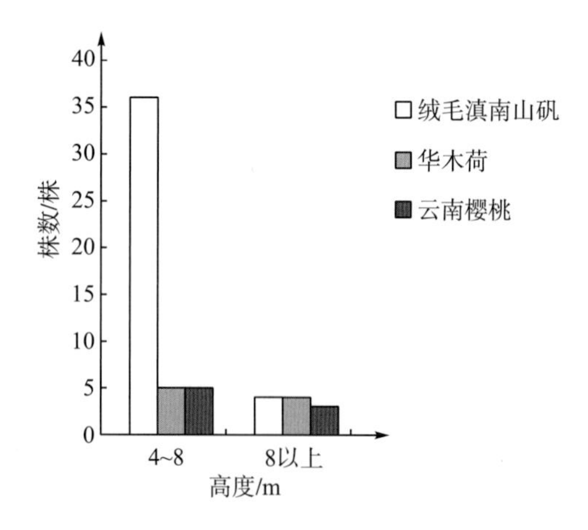

图 6-10 绒毛滇南山矾-华木荷+云南樱桃高与株数比

6) 华木荷林物种多样性

华木荷+金佛山方竹群落调查了 3 块样地。其中，样地 49 共有 48 种物种，乔木层 17 种，灌木层 15 种(真正灌木 4 种)，草本层 11 种，层间植物 5 种。物种丰富度最高的是乔木层，由于乔木层各物种分布较均匀，所以各项指标均最高。灌木层由于受优势种金佛山方竹的影响，各项指标均有所下降。草本层，由于种类较少，且分布不均匀，所以各项指标均最低。层间植物种类最少，只有 5 种。因此，群落的乔木层具有物种丰富、分布均匀的特点；灌木层、草本层、层间植物具有物种简单、分布不均匀的特点。样地 13 共有 27 种物种，乔木层 15 种，灌木层 7 种(真正灌木 2 种)，草本层 2 种，层间植物 3 种。物种多样性最高的是乔木层，而灌木、草本、层间植物物种单一，因此各项指标均较低。样地 28 共有 45 种物种，乔木层 21 种，灌木层 18 种(真正灌木 3 种)，草本层 4 种，层间植物 2 种。乔木层物种较多，而且分布较均匀，因此各项指标均较高，灌木层由于有单优势种绥江玉山竹的存在，使得各项指标均有所降低，草本层、层间植物由于物种较少，所以指标均较低。

华木荷-水丝梨-峨眉栲+荆竹群落调查了 2 块样地。样地 54 有 53 种物种，乔木层 22 种，灌木层 23 种，草本层 5 种，层间植物 3 种。乔木层物种丰富度最高，是由于其物种较多且分布较均匀。灌木层虽然物种较多，且有大量的乔木树幼苗，但由于优势种荆竹的存在，各项指标下降。草本层和层间植物物种单一，物种丰富度最低。样地 55 有 46 种物种，乔木层 12 种，灌木层 23 种(真正灌木 5 种)，草本层 7 种，层间植物 4 种。乔木层物种虽不及灌木层多，但其分布较均匀，因此各项指标均最高。灌木层虽然物种较多，但存在占绝对优势的绥江玉山竹，所以各项指标均有所下降。草本层、层间植物物种较单一，且分布不均匀，因此各项指标较低。

华木荷-峨眉栲+荆竹群落的样地 51 有 49 种物种，乔木层 13 种，灌木层 18 种，草本层 10 种，层间植物 8 种。乔木层由于物种分布较均匀，因此各项指标均最高，而灌木层、草本层层间植物物种都较多，且分布较均匀，因此各项指标都相差不大。

华木荷-西南米槠绥江玉山竹的样地 31 有 52 种物种，乔木层 21 种，灌木层 15 种，草本层 14 种，层间植物 2 种。乔木层物种较丰富，且分布较均匀，所以各项指标最高，物种丰富度最高。灌木层物种较多，而且有大量的乔木树幼苗，增加其丰富度，但由于绥江玉山竹占绝对优势，所以各项指标均有所下降。草本层物种较多，且分布较均匀，因此各项指标均较高。层间植物物种单一。

绒毛滇南山矾-华木荷+筇竹群落的样地 87 有 38 种物种，乔木层 16 种，灌木层 10 种，草本层 9 种，层间植物 3 种。乔木层物种较多，分布较均匀，因此物种丰富度最高。灌木层物种较少，且有优势种筇竹的存在，因此各项指标均有所下降。草本层、层间植物物种较少，分布不均匀，所以各项指标均较低。

综上所述，华木荷林的不同群落中，物种丰富度从高到低依次是样地 54(53 种)、样地 31(52 种)、样地 51(49 种)和样地 49(48 种)、样地 55(46 种)、样地 28(45 种)、样地 87(38 种)，最少的是样地 13，仅 27 种。群落物种丰富度与其生境有关，样地 87 曾被伐过，恢复时间为 9 年；样地 13 被伐后，恢复时间为 10 年，因此，物种丰富度较低(表 6-15)。

表 6-15 群落物种多样性

群落	样地及海拔	层次	物种数	Simpson 指数	Shannon-Wiener 指数	Pielou 均匀度指数
华木荷+金佛山方竹	样地 49（1947m）	乔木层	17	0.91	2.53	0.89
		灌木层	15	0.31	0.86	0.32
		草本层	11	0.70	1.54	0.64
		层间植物	5			
		群落	48	0.78	2.36	0.63
	样地 13（1981m）	乔木层	15	0.87	2.25	0.83
		灌木层	7	0.28	0.63	0.32
		草本层	2	0.23	0.38	0.54
		层间植物	3			
		群落	27	0.82	2.27	0.71
	样地 28（1964m）	乔木层	21	0.91	2.61	0.86
		灌木层	18	0.40	1.10	0.38
		草本层	4	0.73	1.31	0.95
		层间植物	2			
		群落	45	0.81	2.57	0.68
华木荷-峨眉栲+荆竹群落	样地 51（2110m）	乔木层	13	0.78	1.91	0.74
		灌木层	18	0.73	1.75	0.61
		草本层	10	0.13	0.39	0.17
		层间植物	8			
		群落	49	0.77	2.18	0.59
华木荷-西南米槠群落	样地 31（1949m）	乔木层	21	0.92	2.73	0.90
		灌木层	15	0.24	0.64	0.24
		草本层	14	0.79	1.99	0.76
		层间植物	2			
		群落	52	0.59	1.90	0.48
绒毛滇南山矾-华木荷+筇竹群落	样地 87（1560m）	乔木层	16	0.79	2.04	0.74
		灌木层	10	0.75	1.63	0.71
		草本层	9	0.75	1.69	0.77
		层间植物	3			
		群落	38	0.86	2.45	0.69
华木荷-水丝梨-峨眉栲+荆竹群落	样地 54（2048m）	乔木层	22	0.93	2.80	0.91
		灌木层	23	0.70	1.84	0.59

续表

群落	样地及海拔	层次	物种数	Simpson 指数	Shannon-Wiener 指数	Pielou 均匀度指数
华木荷-水丝梨群落	样地 54（2048m）	草本层	5	0.81	1.54	0.96
		层间植物	3			
		群落	53	0.86	2.84	0.73
	样地 55（2081m）	乔木层	12	0.87	2.19	0.88
		灌木层	23	0.55	1.54	0.49
		草本层	7	0.83	1.79	0.92
		层间植物	4			
		群落	46	0.74	2.37	0.4

3.硬斗石栎林（Form. *Lithocarpus hancei*）

硬斗石栎 *Lithocarpus hancei* 分布于云南、浙江、江西、湖南、广东、广西、贵州、四川、台湾等地，是组成我国常绿阔叶林的重要物种之一。云南的硬斗石栎分布于腾冲、贡山、双江、临沧、耿马、景东、元江、金平、西畴、富宁、广南等海拔 1000～2600m 的山地，形成多种类型的硬斗石栎林。

在保护区，硬斗石栎林主要分布于大关县的小岩方、小草坝海拔 1800～2000m 的山体上部湿润的阴坡和半阴坡，分布范围较小。群落具有以下特征：①乔木组成以硬斗石栎为优势，并以常绿阔叶树为主。但是也有落叶成分，如细梗吴茱萸叶五加 *Acanthopanax evodiaefolius* var. *gracilis*、钝叶木姜子 *Litsea veitchiana*、毛梗细果冬青 *Ilex micrococca* f. *pilosa*、毛薄叶冬青 *Ilex fragilis* f. *kingii* 和阔叶槭 *Acer amplum* 等落叶树种，因此它是一种含有落叶成分的常绿阔叶林。②群落具有典型的常绿阔叶林的科属组成，但远不如滇西的硬斗石栎绿阔叶林丰富；樟科、蔷薇科、冬青科、山矾科、壳斗科和菝葜科是本群落主要组成科。③林下有明显的竹子层片，以当地特有种筇竹 *Qiongzhuea tumidissinoda* 和绥江玉山竹 *Yushania suijiangensis* 为主。④草本层中多见蕨类植物和一些耐阴草本，如江南短肠蕨 *Allantodia metteniana*、倒鳞鳞毛蕨 *Dryopteris reflexosquamata*、峨眉瘤足蕨 *Plagiogyria assurgens*、蕨状薹草 *Carex filicina*、山酢浆草 *Oxalis griffithii* 等。⑤由于生境潮湿，具有一定数量的苔藓植物和附生植物。

在所调查的硬斗石栎林 3 个 500m^2 样地中，记录有维管植物 38 科 52 属 83 种，包括蕨类植物 5 科 6 属 6 种和种子植物 33 科 46 属 77 种。其中樟科（4 属 9 种）、蔷薇花科（2 属 8 种）、冬青科（1 属 7 种）、山矾科（1 属 7 种）、壳斗科（4 属 6 种）和菝葜科（2 属 4 种）种类较多，成为本群落主要组成科。其中样地 14 有维管植物 24 科 31 属 37 种，样地 27 有维管植物 24 科 33 属 43 种，样地 29 有维管植物 24 科 31 属 44 种。从物种组成上，样地 27、样地 29 的物种数量较丰富，其中蕨类植物的科、属、种的数量也明显高于样地 14（表 6-16），反映了样地 27、样地 29 生境中的水湿条件较好。

表 6-16 各样地科属种情况表

分类群	样地号	科		属		种	
		科数	占总数比例/%	属数	占总数比例/%	种数	占总数比例/%
蕨类植物	群落	5		6		6	
	样地 14	2	40.00	2	33.33	2	33.33
	样地 27	4	80.00	4	66.67	4	66.67
	样地 29	3	60.00	3	50.00	3	50.00
种子植物	群落	33		46		77	
	样地 14	22	66.67	29	63.04	35	45.45
	样地 27	20	60.61	29	63.04	39	50.65
	样地 29	21	63.64	28	60.87	41	53.25

根据调查结果，保护区内的硬斗石栎林可划分为硬斗石栎-华木荷+绥江玉山竹群落和硬斗石栎-水丝梨-峨眉栲+筇竹群落两个群落类型。

1) 硬斗石栎-华木荷+绥江玉山竹群落(Ass. *Lithocarpus hancei-Schima sinensis+Yushania suijiangensis*)

本群落主要分布于彝良县小草坝海拔 1800～2000m 较平缓的山脊顶部，森林外貌呈绿色，林冠起伏不平，林分组成树种以硬斗石栎、华木荷、褐叶青冈占优势，林下有以绥江玉山竹为优势的竹子片层。生境常为浓雾笼罩，水湿条件较好，林内荫湿，土壤为黄壤，地表枯枝落叶层较厚(表 6-17)。

表 6-17 硬斗石栎-华木荷+绥江玉山竹群落样地调查表

样地号 面积 时间	样地 29 500m^2 2006 年 7 月 31 日	样地 27 500m^2 2006 年 7 月 30 日
调查人	石翠玉、丁莉、黄礼梅等	赫尚丽、苏文萍、罗柏青等
地点	彝良县小草坝	彝良县小草坝天竹园对面山上
GPS 点	N27°50′03.5″； E104°16′47.8″	N27°50′04.2″； E104°17′07.7″
海拔 坡向 坡位	1984m 北偏西 327° 上坡	1841m 北偏西 304° 上坡
生境地形特点	均匀	均匀、同质
母岩 土壤特点地表特征	黄壤，枯枝落叶层厚度为 2～3cm	黄壤，枯枝落叶层厚为 4～6cm
特别记载/人为影响	原生林	不详
乔木层盖度，优势种盖度	80%，硬斗石栎 40%，华木荷 20%，褐叶青冈 20%	70%，硬斗石栎 30%，褐叶青冈 18%，华木荷 15%
灌木层盖度，优势种盖度	60%，绥江玉山竹 30%	45%，绥江玉竹 15%
草本层盖度，优势种盖度	35%～40%，蕨状薹草 30%	3%～5%，蕨状薹草 3%

续表

乔木层												
中文名	样地 29　种数 17　株数 140					样地 27　种数 20　株数 194					重要值	性质
	丛/株	高度/m		胸径/cm		丛/株	高度/m		胸径/cm			
		最高	平均	最粗	平均		最高	平均	最粗	平均		
硬斗石栎	48	14	13.3	26	9.8	63	11	6.3	20.5	8.9	19.8	常绿
华木荷	17	13	14.3	20	10.2	13	13	6.9	20.3	12.5	8.6	常绿
褐叶青冈	11	13	12.7	18	8.9	20	12	7.1	36.0	10.9	8.3	常绿
灯笼树	19	12	11.2	17	7.5	11	9.5	6.9	21.0	12.7	7.1	落叶
细梗吴茱萸叶五加	4	16	22.1	26	14.0	1	7.5	7.5	12.5	12.5	5.7	落叶
峨眉栲	5	13	14.5	26.5	9.2	3	7.5	6.7	12.5	8.2	5.0	常绿
珍珠花						31	9.5	6.1	20.0	9.1	4.1	常绿
柔毛润楠	3	10	9.2	15	9.3	10	7.5	6.0	10.5	7.0	4.0	常绿
三脉水丝梨	20	12	8.5	17	8.5						3.8	常绿
云南冬青	1	13	11.5	11.5	13.0	2	5	5.0	12.0	9.3	3.4	常绿
毛萼越桔	2	7	6.5	7	5.5	6	7	5.8	11.5	9.8	3.2	常绿
薄叶山矾	1	6	5.0	5	6.0	5	8.5	5.9	11.0	7.3	2.9	常绿
石灰花楸	2	13	20.0	20	13.0						2.9	落叶
野八角	1	5	7.0	7	5.0	1	3	3.0	5.0	5.0	2.4	常绿
新木姜子	3	12	9.0	11	10.0						2.2	常绿
绒毛钓樟						10	8	6.5	16.0	8.7	2.1	常绿
石木姜子	1	11	9.0	9	11.0						2.0	常绿
钝叶木姜子	1	10	11.0	11	10.0						1.9	落叶
水丝梨						5	7	4.9	15.7	9.2	1.6	常绿
小羽叶花楸 4	1	7	8.0	8	7.0						1.6	落叶
毛梗细果冬青						6	7	6.3	8.0	6.8	1.5	落叶
光叶水青冈						1	14	14.0	20.0	20.0	1.4	落叶
毛薄叶冬青						3	6.5	5.7	14.5	11.7	1.5	落叶
多变石栎						1	4	4.0	6.7	6.7	1.0	常绿
晚绣花楸						1	7	7.0	6.5	6.5	1.0	落叶
毛叶木姜子						1	5	5.0	5.5	5.5	1.0	落叶
合计	140					194					100.0	

灌木层									
中文名	拉丁名	样地 29　28 种　711 株			样地 27　25 种　613 株			重要值	性状
		高度/m		株数	高度/m		株数		
		最高	平均		最高	平均			
真正的灌木层									
绥江玉山竹	*Yushania suijiangensis*	1.4	1.1	350	1.4	0.9	84	19.3	常绿
金银忍冬	*Lonicera maackii*	0.2	0.02	4	2.0	1.5	2	1.4	落叶
合轴荚蒾	*Viburnum sympodiale*	0.5	0.5	1	0.6	0.3	3	1.4	落叶

续表

中文名	拉丁名	样地29 28种 711株			样地27 25种 613株			重要值	性状
		高度/m		株数	高度/m		株数		
		最高	平均		最高	平均			
柘一种	*Cudrania* sp.				2.2	2.2	1	0.7	常绿
更新层									
硬斗石栎	*Lithocarpus hancei*	1.7	1.0	27	5.0	1.0	25	11.3	常绿
新木姜子	*Neolitsea aurata*	2.0	0.9	76	4.2	0.8	63	8.1	常绿
毛叶川冬青	*Ilex szechwanensis* var. *mollissima*	0.1	0.1	7	5.0	0.2	107	7.5	常绿
褐叶青冈	*Cyclobalanopsis stewardiana*	0.1	0.1	6	5.0	0.5	124	5.5	常绿
毛叶木姜子	*Litsea mollis*				5.0	1.2	61	4.7	落叶
石木姜子	*Litsea elongata* var. *faberi*	0.7	0.7	55	5.0	2.6	2	3.6	常绿
薄叶山矾	*Symplocos anomala*	2.5	0.9	22	7.5	2.6	9	3.2	常绿
柔毛润楠	*Machilus villosa*	1.7	0.9	11	4.0	1.9	8	2.8	常绿
叶萼山矾	*Symplocos phyllocalyx*				2.5	0.2	50	2.4	常绿
峨眉栲	*Castanopsis platyacantha*	1.3	1.1	9	0.3	0.02	21	2.1	常绿
华木荷	*Schima sinensis*	1.0	0.6	14	0.3	0.2	10	2.1	常绿
云南冬青	*Ilex yunnanensis*	0.5	0.3	13	1.0	0.4	11	2.1	常绿
钝叶木姜子	*Litsea veitchiana*	2.2	0.4	40				1.9	落叶
绒毛钓樟	*Lindera floribunda*				2.5	1.4	17	1.9	常绿
野八角	*Illicium simonsii*	1.0	0.7	6	1.8	0.9	3	1.8	常绿
水丝梨	*Sycopsis sinensis*	1.5	0.8	3	4.0	4.0	1	1.6	常绿
细梗吴茱萸叶五加	*Acanthopanax evodiaefolius* var. *gracilis*	1.5	0.5	10				1.5	落叶
光叶山矾	*Symplocos lancifolia*	0.3	0.3	3	0.8	0.8	4	1.5	常绿
灯笼树	*Enkianthus chinensis*	0.4	0.2	3	0.5	0.5	2	1.4	落叶
总状山矾	*Symplocos botryantha*	0.8	0.3	16				1.2	常绿
宝兴木姜子	*Litsea moupinensis*	1.4	0.5	13				1.1	落叶
石灰花楸	*Sorbus folgneri*	0.5	0.2	12				0.9	落叶
三脉水丝梨	*Sycopsis triplinervia*	0.3	0.2	5				0.8	常绿
毛梗细果冬青	*Ilex micrococca* f. *pilosa*				7.0	7.0	1	0.7	落叶
多变石栎	*Lithocarpus variolosus*				4.0	2.2	2	0.7	常绿
十齿花	*Dipentodon sinicus*	0.6	0.1	1				0.7	常绿
毛萼越桔	*Vaccinium pubicalyx*				2.0	2.0	1	0.7	常绿
木瓜红	*Rehderodendron macrocarpum*	2.5	0.3	1				0.7	常绿
珊瑚冬青	*Ilex corallina*	1.8	0.2	1				0.7	常绿
珍珠花	*Lyonia ovalifolia*				5.0	5.0	1	0.7	落叶
海桐山矾	*Symplocos heishanensis*	0.3	0.03	1	1.4	1.4		0.7	常绿
小羽叶花楸	*Sorbus* sp.5	0.1	0.1	1	2.0	2.0		0.6	落叶
合计				711			613	100.0	

续表

草本层									
中文名	拉丁名	样地 29 6 种 1115 株			样地 27 8 种 95 株			重要值	性状
		高度/cm		株数	高度/cm		株数		
		最高	平均		最高	平均			
峨眉瘤足蕨	*Plagiogyria assurgens*	0.5	0.4	17	0.4	0.4	2	6.9	直立草本
光脚金星蕨	*Parathelypteris japonica*	0.2	0.2	5	0.2	0.2	7	5.5	直立草本
金线重楼	*Paris delavayi*	0.3	0.2	3				2.5	直立草本
蕨状薹草	*Carex filicina*	0.3	0.2	1071	0.3	0.3	48	65.5	直立草本
泡鳞轴鳞蕨	*Dryopsis mariformis*	0.2	0.2	3	0.2	0.1	7	5.3	直立草本
四回毛枝蕨	*Leptorumohra quadripinnata*				0.2	0.2	3	2.6	直立草本
筒冠花	*Siphocranion macranthum*	0.2	0.2	16				3.4	直立草本
丫蕊花	*Ypsilandra thibetica*				0.2	0.2	1	2.4	直立草本
燕子薹草	*Carex cremostachys*				0.4	0.2	25	3.5	直立草本
异花兔儿风	*Ainsliaea heterantha*				0.1	0.1	2	2.4	直立草本
合计				1115			95	100.0	

层间植物								
中文名	拉丁名	样地 29			样地 27			性状
		株数	最高/m	均高/m	株数	最高/m	均高/m	
藤五加	*Acanthopanax leucorrhizus*	48	4.8	1.2				藤状灌木
多蕊肖菝葜	*Heterosmilax polyandra*				5	0.25	0.2	草质藤本
五风藤	*Holboellia latifolia*				1	1.7	1.7	木质藤本
网纹悬钩子	*Rubus cinclidodictyus*	4	0.45	0.2				藤状灌木
长圆悬钩子	*Rubus oblongus*	12	0.65	0.35	3	1.0	0.8	藤状灌木
丛林清风藤	*Sabia purpurea*	1	0.1	0.1				木质藤本
西南菝葜	*Smilax bockii*	100	0.65	0.3				藤状灌木
马甲菝葜	*Smilax lanceifolia*	9	0.8	0.4	20	3.5	1.5	藤状灌木
防己叶菝葜	*Smilax menispermoidea*	16	2.5	1	27	0.55	0.15	藤状灌木
双蝴蝶	*Tripterospermum chinense*	3	0.9	0.6				草质藤本

注：硬斗石栎 *Lithocarpus hancei*、华木荷 *Schima sinensis*、褐叶青冈 *Cyclobalanopsis stewardiana*、灯笼树 *Enkianthus chinensis*、细梗吴茱萸叶五加 *Acanthopanax evodiaefolius* var. *gracilis*、峨眉栲 *Castanopsis platyacantha*、珍珠花 *Lyonia ovalifolia*、柔毛润楠 *Machilus villosa*、三脉水丝梨 *Sycopsis triplinervia*、云南冬青 *Ilex yunnanensis*、毛萼越桔 *Vaccinium pubicalyx*、薄叶山矾 *Symplocos anomala*、石灰花楸 *Sorbus folgneri*、野八角 *Illicium simonsii*、新木姜子 *Neolitsea aurata*、绒毛钓樟 *Lindera floribunda*、石木姜子 *Litsea elongata* var. *faberi*、钝叶木姜子 *Litsea veitchiana*、水丝梨 *Sycopsis sinensis*、小羽叶花楸 *Sorbus* sp.5、毛梗细果冬青 *Ilex micrococca* f. *pilosa*、光叶水青冈 *Fagus lucida*、毛薄叶冬青 *Ilex fragilis* f. *kingii*、多变石栎 *Lithocarpus variolosus*、晚绣花楸 *Sorbus sargentiana*、毛叶木姜子 *Litsea mollis*。

两块 500m^2 样地记录有维管植物 30 科 40 属 60 种，其中蕨类植物 4 科 4 属 4 种，单子叶植物 7 科 9 属 12 种，双子叶植物 19 科 27 属 44 种。

本群落垂直结构明显，可分为乔木层、灌木层、草本层和层间植物。其中乔木层高 6～16m，层盖度为 70%～80%，以硬斗石栎、华木荷和褐叶青冈为优势种；灌木层高 0.03～2.5m，层盖度为 45%～60%，以绥江玉山竹为单优势种；草本层高 0.15～0.45m，层盖度为3%～40%，以蕨状薹草为优势种。

乔木层可分为两层，以硬斗石栎为优势，伴生有华木荷、褐叶青冈、灯笼树、细梗吴茱萸叶五加、峨眉栲等树种占据上层，林层高11～14m，胸径最粗可达26cm，其胸径大多在10cm以上；II林层组成的树种仍以组成占据林冠上层的树种的幼树为主，但林层高不超过8m，乔木层共有26种，树种334株，其中硬斗石栎株数最多达株，占总株数的1/3，最粗胸径可达26cm。

乔木层中，常绿树种约16种，重要值达到74.5，落叶树种约10种，重要值约25.5。

灌木层计36种物种，1324株植株组成，层盖度约50%。以绥江玉山竹占优势，盖度为30%，高1.4m，共有434株，其重要值最大为19.3。此外还有大量上层乔木树种，如硬斗石栎、新木姜子、毛叶川冬青、褐叶青冈、华木荷等的幼树幼苗，真正的灌木物种有绥江玉山竹、金银忍冬、合轴荚迷、柘属4种。

草本层物种较少，仅10种，层盖度为20%，以蕨状薹草占绝对优势，重要值为65.5，其他物种有峨眉瘤足蕨、光脚金星蕨、泡鳞轴鳞蕨、燕子薹草、筒冠花等，它们的重要值基本一致。

林内层间植物丰富，共有10个物种，包括长圆悬钩子 *Rubus oblongus*、丛林清风藤 *Sabia purpurea*、多蕊肖菝葜 *Heterosmilax polyandra*、防已叶菝葜 *Smilax menispermoidea*、马甲菝葜 *Smilax lanceifolia*、双蝴蝶 *Tripterospermum chinense*、藤五加 *Acanthopanax leucorrhizus*、网纹悬钩子 *Rubus cinclidodictyus*、西南菝葜 *Smilax bockii*、五风藤 *Holboellia latifolia*，较多的层间植物说明了群落生境较潮湿。

在1000m^{2}的样地中，共出现163株硬斗石栎，其中更新层的小苗52株，在乔木层中胸径在5～10cm的60株，因此，胸径小于10cm的幼树幼苗共有112株，占总株数的68.71%，硬斗石栎群落由大量的小径级树组成，种群结构呈正金字塔形，能长期保稳定；株数最多的硬斗石栎的高度为5～8m，此后出现随着高度增加株数减少的趋势，为正金字塔形，说明种群外貌能保持其稳定。华木荷、褐叶青冈和灯笼树胸径、高度与株数的百分比也都为正金字塔形，种群能长期保持稳定(图6-11和图6-12)。因此，群落为稳定性群落。

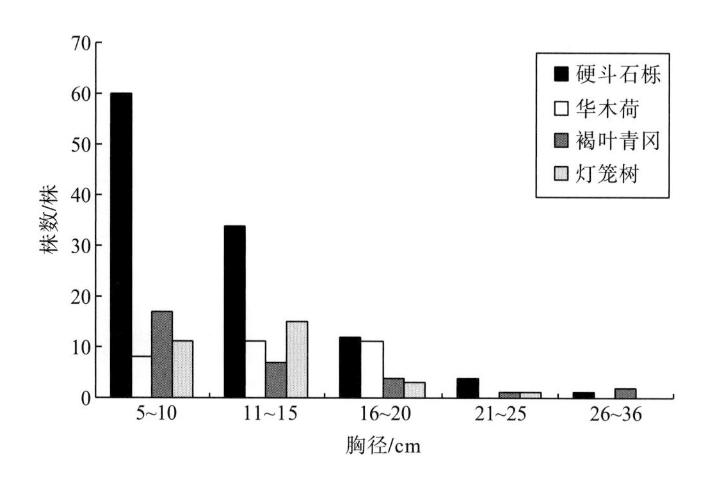

图6-11 硬斗石栎、华木荷、褐叶青冈和灯笼树胸径与株数比

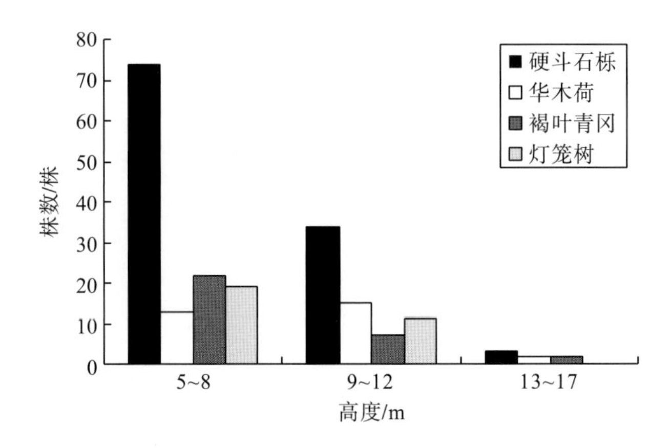

图 6-12　硬斗石栎-华木荷-褐叶青冈和灯笼树树高与株数比

2) 硬斗石栎-水丝梨-峨眉栲+筇竹群落(Ass. *Lithocarpus hancei-Sycopsis sinensis-Castanopsis platyacantha+Qiongzhuea tumidissinoda*)

本群落分布于大关县小岩方海拔 1900～2000m 的山体上部，生境较潮湿，土壤为黄壤。由于群落曾经遭到砍伐，乔木树种组成相对偏少，但有大径级的乔木零星分布。群落林相整齐，垂直结构完整，由乔木层、灌木层、草本层和层间植物组成。乔木层高 8～20m，盖度为 70%，由 10 个物种 86 株树木组成，以水丝梨、硬斗石栎和峨眉栲为优势种，群落中硬斗石栎数量最多，有 22 株，占组成乔木层树种总株数的 1/4；灌木层高 0.1～5m，盖度为 60%，以筇竹占优势；草本层高 0.1～0.7m，层盖度小于 5%，以江南短肠蕨为优势种(表 6-18)。

表 6-18　硬斗石栎-水丝梨-峨眉栲+筇竹群落样地调查表

样地号　面积　时间	样地 14　500m²　2006 年 7 月 25 日
调查人	杜凡、杨科、石翠玉、苏文萍、丁莉、黄礼梅、赫尚丽、罗柏青、甘万勇、宋睿飞、杨跃、罗勇、刘宗杰、毛建坤、罗凤晔等
地点	大关县小岩方
GPS 点	N28°15′06.9″；E103°58′03.0″
海拔　坡向　坡位　坡度	1958m　北偏东　坡中部　12°
生境地形特点	缓坡
母岩　土壤特点地表特征	黄壤、枯枝落叶层厚 2～3cm
特别记载/人为影响	砍伐后更新 10 年
乔木层盖度 70%，水丝梨 20%，硬斗石栎 23%，灌木层盖度 60%，筇竹 48%，草本层盖度小于 5%，江南短肠蕨 3%	

乔木层

中文名	拉丁名	株数	高度/m		胸径/cm		重要值	性质
			最高	平均	最粗	平均		
水丝梨	*Sycopsis sinensis*	9	20	10.4	91	18.9	24.1	常绿
硬斗石栎	*Lithocarpus hancei*	22	20	9.1	25	10.8	21.3	常绿
峨眉栲	*Castanopsis platyacantha*	19	19	8.9	26	9.4	15.7	常绿

续表

中文名	拉丁名	株数	高度/m		胸径/cm		重要值	性质
			最高	平均	最粗	平均		
华木荷	*Schima sinensis*	11	16	8.6	49	15.0	14.9	常绿
微香冬青	*Ilex subodorata*	8	15	9.9	26	10.8	7.2	常绿
新木姜子	*Neolitsea aurata*	6	16	8.5	24	12.0	5.7	常绿
花楸一种	*Holboellia latifolia*	3	20	11.8	22	16.7	3.6	落叶
野八角	*Illicium simonsii*	4	16	9.3	17	10.1	3.3	常绿
黄花杜鹃	*Rhododendron lutescens*	3	8	2.0	16	9.5	2.3	常绿
阔叶槭	*Acer amplum*	1	18	18.0	25	25.0	1.9	落叶
合计		86					100.0	

灌木层

中文名	拉丁名	株数	高度/m		重要值	性状
			最高	平均		
真正的灌木						
筇竹	*Qiongzhuea tumidissinoda*	371	2.5	1.1	73.9	灌木
西南绣球	*Hydrangea davidii*	25	0.4	0.3	2.7	落叶
无刺掌叶悬钩子	*Rubus pentagonus*	3	0.6	0.4	0.4	蔓生
刺叶冬青	*Ilex bioritsensis*	1	1.5	1.5	0.2	常绿
鹤庆十大功劳	*Mahonia bracteolata*	1	0.6	0.6	0.2	常绿
更新层						
水丝梨	*Sycopsis sinensis*	15	3.5	1.0	6.8	常绿
三股筋香	*Lindera thormsonii*	12	1.5	0.3	5.0	常绿
新木姜子	*Neolitsea aurata*	21	2.2	0.6	2.5	常绿
木姜叶柯	*Lithocarpus litseifolius*	4	4.0	3.3	2.2	常绿
峨眉栲	*Castanopsis platyacantha*	8	2.5	0.7	1.4	常绿
单花木姜子	*Dodecadenia grandiflora*	9	1.8	0.8	1.3	常绿
黄花杜鹃	*Rhododendron lutescens*	9	1.5	0.4	1.0	常绿
华木荷	*Schima sinensis*	5	5.0	1.3	0.7	常绿
乔木茵芋	*Skimmia laureola*	4	3.5	2.1	0.4	常绿
薄叶山矾	*Symplocos anomala*	2	1.8	1.8	0.3	常绿
木瓜红	*Rehderodendron macrocarpum*	2	0.8	0.5	0.2	落叶
无毛长叶女贞	*Ligustrum compactum*	1	0.7	0.7	0.1	常绿
硬斗石栎	*Lithocarpus hancei*	1	0.4	0.4	0.1	常绿
茶条果	*Symplocos ernestii*	1	0.3	0.3	0.1	常绿
茶叶山矾	*Symplocos theaefolia*	1	0.2	0.2	0.1	常绿
花楸一种	*Sorbus* sp.	1	0.1	0.1	0.1	落叶
三脉水丝梨	*Sycopsis triplinervia*	1	0.1	0.1	0.1	常绿
毛叶川冬青	*Ilex szechwanensis var. mollissima*	1	0.1	0.1	0.1	常绿
阔叶槭	*Acer amplum*	1	0.3	0.3	0.1	落叶
合计		500			100.0	

续表

草本层						
中文名	拉丁名	株数	高度/m		重要值	性状
			最高	均高		
江南短肠蕨	*Allantodia metteniana*	63	0.7	0.4	61.9	直立草本
倒鳞鳞毛蕨	*Dryopteris reflexosquamata*	25	0.2	0.2	25.5	直立草本
卵穗薹草	*Carex ovatispiculata*	3	0.3	0.2	8.2	直立草本
叶苞过路黄	*Lysimachia hemsleyi*	5	0.1	0.1	2.6	匍匐草本
山酢浆草	*Oxalis griffithii*	2	0.1	0.1	1.8	匍匐草本
	合计	98			100.0	

层间植物					
中文名	拉丁名	株数	最高/m	均高/m	性状
三叶地锦	*Parthenocissus semicordata*	91	2.5	0.8	草质藤本
多蕊肖菝葜	*Heterosmilax polyandra*	5	1.8	0.5	藤状灌木
五风藤	*Holboellia latifolia*	2	4.0	3.5	木质藤本
大叶蛇葡萄	*Ampelopsis megalophylla*	2	0.4	0.2	草质藤本
网纹悬钩子	*Rubus cinclidodictyus*	1	0.2	0.2	藤状灌木
无刺掌叶悬钩子	*Rubus pentagonus* var. *modestus*	3	0.6	0.4	藤状灌木
棕红悬钩了	*Rubus rufus*	2	0.5	0.5	藤状灌木

乔木层明显分为两层，第Ⅰ亚层高 16～20m，以硬斗石栎 *Lithocarpus hancei*、水丝梨 *Sycopsis sinensis* 和峨眉栲 *Castanopsis platyacantha* 等为优势树种；第Ⅱ亚层高 8～12m，由乔木上层优势树种的幼树和华木荷 *Schima sinensis*、微香冬青 *Ilex subodorata* 和新木姜子 *Neolitsea aurata* 等树种构成。水丝梨和硬斗石栎占据乔木的上层，作为最优势的两个物种，重要值分别为 24.1 和 21.3，水丝梨最粗胸径达 91cm；硬斗石栎由大量的小径级植株组成，最粗胸径仅 25cm，平均胸径为 10.8cm。乔木层中，常绿树种 8 种 82 株，重要值达 94.5，落叶树种 2 种 4 株，重要值仅 5.5。

灌木层由胸径小于 5cm，树高不及 5m 的乔木幼树幼苗、灌木等物种所组成，共 24 种，层盖度约 60%。其中乔木幼树幼苗 19 种，有水丝梨、硬斗石栎、峨眉栲和木姜子柯 *Lithocarpus litseifolius* 等，真正的灌木只包括筇竹 *Qiongzhuea tumidissinoda*、西南绣球 *Hydrangea davidii*、无刺掌叶悬钩子 *Rubus pentagonus*、刺叶冬青 *Ilex bioritsensis* 和鹤庆十大功劳 *Mahonia bracteolate* 5 种。较多的乔木幼树幼苗说明了群落复层结构丰富，较稳定。筇竹为灌木层单优势种，重要值为 73.9，盖度为 48%。

草本层植物种类较少，仅 5 种，层盖度小于 5%。以江南短肠蕨 *Allantodia metteniana* 占相对优势，重要值为 61.9，此外还有倒鳞鳞毛蕨 *Dryopteris reflexosquamata*、卵穗薹草 *Carex ovatispiculata*、叶苞过路黄 *Lysimachia hemsleyi* 和山酢浆草 *Oxalis griffithii*，重要值分别为 25.5、8.2、2.6 和 1.8，从重要值来看，草本层具有物种种类少，以蕨类物种占绝对优势，分布不均匀的特点。

林内层间植物记录有三叶地锦 *Parthenocissus semicordata*、大叶蛇葡萄 *Ampelopsis megalophylla*、多蕊肖菝葜 *Heterosmilax polyandra*、网纹悬钩子 *Rubus cinclidodictyus*、五风藤 *Holboellia latifolia*、无刺掌叶悬钩子 *Rubus Pentagonus* var. *modestus* 和棕红悬钩子 *Rubus rufus* 7 种，其中数量最多的是三叶地锦。

群落物种组成中水丝梨和硬斗石栎重要值最大(图 6-13 和图 6-14)。其中硬斗石栎胸径大于 5cm 的共 22 株，株数最多的是高度 5～8m 和胸径 5～10cm 的植株，因此，硬斗石栎植株胸径结构呈金字塔形，说明种群结构稳定。乔木层中出现 9 株水丝梨，胸径最大的有 91cm，其他植株胸径集中在 5～10cm，说明群落中水丝梨以小径级植株为主，缺乏中径级；而硬斗石栎基本上由中、小径级植株组成。因此，可推断随着时间的推移，硬斗石栎成为群落最主要的优势物种。此外，乔木层的峨眉栲和华木荷也是以胸径 5～10m、树高 5～8m 的植株最多，分别达 15 株和 6 株，因此，其植株的径级结构均为金字塔增长型，显示了其群落结构较稳定，反映了该群落类型是与该地自然条件形成较和谐的复层混交林结构，是有效利用空间、光热、水和营养的结果。

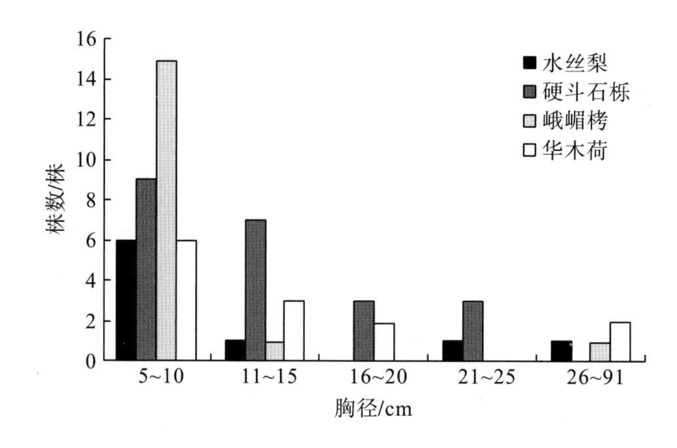

图 6-13 水丝梨-硬斗石栎-峨眉栲和华木荷的胸径与株数百分比

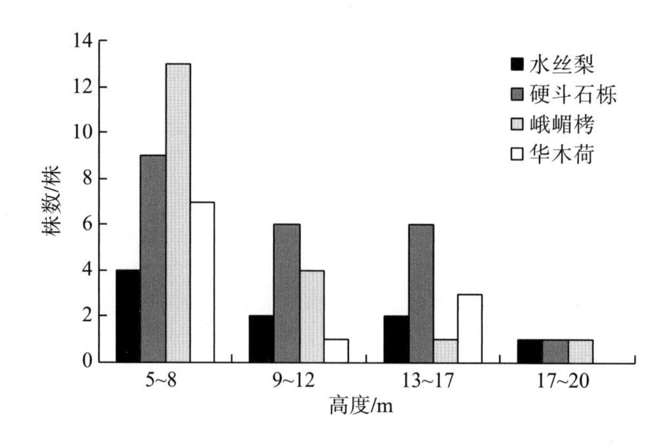

图 6-14 水丝梨-硬斗石栎-峨眉栲和华木荷的树高与株数百分比

3) 硬斗石栎林的物种多样性

硬斗石栎-华木荷-褐叶青冈+绥江玉山竹群落(样地 27)，共有物种 43 种，乔木层 20 种，灌木层(包括乔幼树幼苗)25 种(真正灌木 4 种)，草本层 8 种，层间植物 6 种，物种多样性最高的为乔木层，草本层与层间层中由于单优势种群的存在(蕨状薹草、防己叶菝葜)，其各项指标降低。

硬斗石栎-华木荷-褐叶青冈+绥江玉山竹群落(样地 29)，共有物种 44 种，乔木层 17 种，灌木层 26 种(真正灌木 4 种)，草本层 6 种、层间层 9 种，物种多样性最丰富的为乔木层。从 Simpson、Shannon-Wiener 和 Pielou 指数来看，乔木层各项指标均最高，这是由于乔木层各物种分布均匀所形成的。草本层中由于蕨状薹草为单优势种群，层盖度达 30%，影响了其他物种的分布，因此该层均匀度指数最低，见表 6-19。

表 6-19 群落物种多样性

层次	*S*			Simpson 指数			Shannon-Wiener 指数			Pielou 指数		
	样地 14	样地 27	样地 29	样地 14	样地 27	样地 29	样地 14	样地 27	样地 29	样地 14	样地 27	样地 29
群落	37	43	44	0.75	0.93	0.72	2.16	2.98	2.09	0.60	0.79	0.55
乔木层	10	20	17	0.85	0.85	0.82	2.02	2.28	2.09	0.88	0.76	0.74
灌木层	24	25	26	0.44	0.88	0.74	1.23	2.38	1.95	0.39	0.74	0.61
草本层	5	8	6	0.52	0.67	0.08	0.97	1.40	0.22	0.60	0.67	0.12
层间层	7	6	9	0.23	0.63	0.69	0.56	1.15	1.50	0.31	0.64	0.68

水丝梨-硬斗石栎-峨眉栲+筇竹群落(样地 14)，共有 37 种物种，乔木层 10 种，灌木 24 种(真正灌木 5 种)，草本层 5 种，层间植物 7 种，物种丰富度最高的为乔木层，乔木层中各物种分布较均匀，因此各项指标均最高。灌木层由于林下大量的乔木幼树幼苗的加入，增加了该层的物种丰富度，但由于单优势种筇竹的影响，使得均匀度指数有所较低。层间植物由于各物种数量少，分布不均匀，各项指标均最低。因此，群落乔木层具有物种丰富、分布均匀的特点；灌木层、草本层和层间层具有物种简单、分布不均匀的特点。

从群落物种丰富度来看，丰富度最高的为硬斗石栎-华木荷-褐叶青冈+绥江玉山竹群落(样地 29 和样地 27)分别有 44 种和 43 种；群落的物种丰富度与群落所在的生境有关，水丝梨-硬斗石栎-峨眉栲+筇竹群落(样地 14)曾经被间伐过，自然恢复约 10 年，因此它的物种丰富度低于硬斗石栎-华木荷-褐叶青冈+绥江玉山竹群落。

4) 群落相似性分析

根据各个样地所拥有的物种以及样地与样地之间的共有种建立表 6-20。样地 14 有 37 种物种，与样地 27 有共有种 10 种，与样地 29 有共有种 14 种；样地 27 有 43 种物种，与样地 29 有共有种 27 种；样地 29 有 44 种物种；三块样地有共有种 9 种，它们多为乔木层树种，如硬斗石栎、华木荷、野八角、峨眉栲、水丝梨等物种。

表 6-20 各样地物种数、样地与样地之间的共有种数

	样地 14	样地 27	样地 29
样地 14	37	10	14
样地 27	10	43	27
样地 29	14	27	44

通过公式 $ISj=a/(B+C-a)$ 计算样地间 Jaccard 相似性系数，其中 B 和 C 分别表示第一个样地和第二个样地所具有的总种数，a 为两块样地共有种数(宋永昌，2001)。结果显示，样地 14 与样地 27 的相似性系数为 14.29%，样地 14 与样地 29 的相似性系数为 20.90%，样地 27 与样地 29 的相似性系数最高为 45%，它们位于同一区域，生境相似，群落建群种相同，即乔木层以硬斗石栎、华木荷、褐叶青冈为优势种，灌木层以绥江玉山竹为优势种，草本层以蕨状薹草为优势种。较高的相似性系数也说明了群丛划分的合理性。

5)硬斗石栎林的保护生物学意义

硬斗石栎林为一些重要的保护植物营造了适宜的生境。数据显示，保护区硬斗石栎林中分布有数量丰富、优势度高的珍稀特有竹类筇竹，以及国家二级保护植物十齿花和木瓜红。因此，一旦这类群落遭受到破坏或不复存在，将直接影响到这些珍稀特有物种的分布与生存（表 6-21）。以往文献未记载昭通地区具有硬斗石栎或硬斗石栎林分布。因此，本次考察所发现的保护区的硬斗石栎林，不但是我国硬斗石栎林的新分布区，而且林下以当地特有的筇竹、绥江玉山竹组等为特征，与其他地区的硬斗石栎林是不同的，是本区的独特类型。这对于研究我国硬斗石栎林的立地分布、群落演变及生物多样性保护具有重要的意义。

表 6-21 硬斗石栎林中国家保护植物

中文名	拉丁名	保护级别	生活型	数量程度
筇竹	*Qiongzhuea tumidissinoda*	II	灌木	常见，在林下常常成为优势层片
十齿花	*Dipentodon sinicus*	II	乔木	零星分布
木瓜红	*Rehderodendron macrocarpum*	II	乔木	零星分布

4.四川新木姜子林(Form. *Neolisea sutchuanensis*)

本群落乔木层的优势成分不以当地常见的壳斗科、山茶科、蔷薇科等种类为优势，而是以通常优势度较小的其他乔木树种四川新木姜子为优势，本书将其称为四川新木姜子林。这类群落的面积不大，但是群落的种类组成上却具有昭通北部的特色，而且它们的存在增加了当地森林群落的多样性水平。记载有一种群丛类型。

1)四川新木姜子-山矾群落(Ass. *Neolitsea sutchuanensis*-*Symplocos* spp.)

本群落位于海子坪片区黑湾海拔 1300m 的开阔缓坡上，坡度仅 8°，基质为棕黄壤。

据当地护林员介绍，该片区原有大面积的水竹 *Phyllostachys heteroclada* 纯林，4～5 年前水竹大面积开花死亡。目前仍可见水竹陈年枯竿，应为原水竹枯死后天然恢复起来的次生林。群落乔木层平均高 8m，平均胸径约 9.5cm，四川新木姜子 *Neolitsea sutchuanensis* 在乔木层和灌木层中均占优势，为四川新木姜子单优势群落。在 500m^2 样地中，共记录维管植物约 37 种，已鉴别的有 21 科 26 属 31 种，其中蕨类 3 科 3 属 3 种，被子植物 18 科 23 属 28 种(双子叶植物 17 科 22 属 27 种，单子叶植物仅 1 科 1 属 1 种)。

乔木层盖度约 65%，高度为 4～13m，无明显分层。胸径超过 5cm 的植株共 11 种 101 株。其中常绿树种约 8 种 91 株，重要值合计 88.0；落叶树种 3 种 10 株，重要值为 12.0。群落以四川新木姜子 *Neolitsea sutchuanensis* 为单优势种，计 44 株，最高达 10m，最粗胸径 16cm，平均胸径 8.9cm，重要值达 42.5；具优势的还有滇南山矾 *Symplocos hookeri* 和坛果山矾 *Symplocos urceolaris*，重要值分别为 14.2 和 12.9；此外，算盘子 *Glochidion puberum*、白毛算盘子 *G. arborescens*、满大青 *Clerodendrum mandarinorum*、深裂中华槭 *Acer sinense* var. *longilobum*、绿叶冠毛榕 *Ficus gasparriniana* var. *viridescens* 和川滇连蕊茶 *Camellia synaptica* 等物种也共同组成乔木层，每种 2～6 株，其重要值合计仅 30.4。

灌木层种类较丰富，约 18 种，盖度 85%，以乔木层的幼树幼苗及灌木物种组成。组成的物种中仍以四川新木姜子 *Neolitsea sutchuanensis* 幼树为优势，共计 18 株，最高 4.5m，平均高度约 1.6m，重要值达 23.1；此外还有坛果山矾 *Symplocos urceolaris*、铜绿山矾 *Symplocos aenea*、滇南山矾 *Symplocos hookeri*、刺叶桂樱 *Laurocerasus spinulosa*、深裂中华槭 *Acer sinense* var. *longilobum*、石木姜子 *Litsea elongata* var. *faberi*、峨眉栲 *Castanopsis platyacantha* 和川滇连蕊茶 *Camellia synaptica* 等幼苗幼树。

真正的灌木种类 8 种，有薄叶山矾 *Symplocos anomala*、山莓 *Rubus corchorifolius*、水竹 *Phyllostachys heteroclada*、西南绣球 *Hydrangea davidii*、细齿叶柃 *Eurya nitida*、三花假卫矛 *Microtropis triflora*、野茉莉 *Styrax japonicus* 和未知种。其中薄叶山矾和山莓稍占优势，重要值分别为 16.3 和 11.6，其他种类均低于 10。原先的优势种水竹已不再占优势地位，但其重要值仍达 8.8。

草本层盖度约 3%，种类较少，仅有约 5 种蕨类植物，有江南短肠蕨 *Allantodia metteniana*、齿头鳞毛蕨 *Dryopteris labordei*、未知蕨 1、未知蕨 2 和未知蕨 3。据该区域水竹群落调查资料显示，其草本层种类均较少。据此推断，原水竹群落林下草本层种类不丰富，该样地处于片区核心部位，故更新期内少有新的外来草本层物种进入，因此造成了群落草本层物种稀少。同时，灌草层小样方取样地面积不足够大，也是造成群落草本层物种不丰的原因之一。

层间植物种类较丰富，约 8 种。其中附生蕨类 1 种，为光脚金星蕨 *Parathelypteris japonica*。无高大木质藤本，多为攀缘灌木，攀附高度最高为 2.5m，常见种类有湖南悬钩子 *Rubus hunanensis*、华肖菝葜 *Heterosmilax chinensis*、灰毛崖豆藤 *Callerya cinerea*、马甲菝葜 *Smilax lanceifolia*、三叶崖爬藤 *Tetrastigma hemsleyanum*、弯梗菝葜 *Smilax aberrans*、野葛 *Toxicodendron radicans* ssp. *hispidum* 等。群落位于湿润的低海拔水竹分布区域，水分条件较好，因此层间物种也较丰富，见表 6-22。

表 6-22 四川新木姜子群落样地调查表

样地号：71A 面积：20m×25m 时间：2006 年 8 月 10 日 调查人：石翠玉、苏文苹、杨跃、罗凤晔、甘万勇等

地点：海子坪片区黑湾 海拔：1300m^2 坡度：8° 地表特征：枯枝落叶层厚 1～2cm

土壤类型：黄壤 其他：天然次生林，四五年前水竹开花枯死后演替形成；有一定人为干扰，有道路穿过

乔木层盖度 65%，四川新木姜子 40% 灌木层盖度 85%，四川新木姜子 10%

草本层盖度 3%，无明显优势种 附生情况(高度、厚度)：附生苔藓较少

乔木层

中文名	拉丁名	株数	高度/m		胸径/cm		重要值	性状
			最高	平均	最粗	平均		
四川新木姜子	*Neolitsea sutchuanensis*	44	10	6.9	16	8.9	42.5	常绿
滇南山矾	*Symplocos hookeri*	15	10	7.6	14	8.6	14.2	常绿
坛果山矾	*Symplocos urceolaris*	13	10	8.1	13	9.4	12.9	常绿
算盘子	*Glochidion puberum*	6	11	8.5	14	9.7	6.3	常绿
白毛算盘子	*Glochidion arborescens*	7	9	7.3	10	8.0	6.0	常绿
满大青	*Clerodendrum mandarinorum*	4	8	7.5	13	10.3	4.4	落叶
深裂中华槭	*Acer sinense* var. *longilobum*	3	10	8.7	16	12.7	4.2	落叶
未知 2		3	12	10.0	14	10.2	3.4	落叶
绿叶冠毛榕	*Ficus gasparriniana* var. *viridescens*	3	10	6.8	12	8.5	2.8	常绿
川滇连蕊茶	*Camellia synaptica*	2	13	12.0	13	11.0	2.4	常绿
未知 1		1	7	7.0	9	9.0	0.9	常绿

灌木层

中文名	拉丁名	高度/m		株数	重要值	性状
		最高	平均			
真正的灌木层						
薄叶山矾	*Symplocos anomala*	3.0	1.4	7	16.3	常绿灌木
山莓	*Rubus corchorifolius*	0.3	0.2	25	11.6	落叶灌木
水竹	*Phyllostachys heteroclada*	4.2	2.3	17	8.8	常绿灌木
西南绣球	*Hydrangea davidii*	1.1	0.5	9	6.9	常绿灌木
细齿叶柃	*Eurya nitida*	3.8	3.8	2	5.8	常绿灌木
三花假卫矛	*Microtropis triflora*	0.2	0.1	8	5.7	常绿灌木
野茉莉	*Styrax japonicus*	2.0	2.0	1	2.1	落叶灌木
未知		1.2	1.2	1	1.4	
更新层						
四川新木姜子	*Neolitsea sutchuanensis*	4.5	1.6	18	23.1	常绿小乔木
坛果山矾	*Symplocos urceolaris*	0.2	0.2	9	3.8	常绿乔木幼树
铜绿山矾	*Symplocos aenea*	2.0	1.7	6	3.3	常绿乔木幼树
滇南山矾	*Symplocos hookeri*	3.5	3.5	2	1.8	常绿乔木幼树
川滇连蕊茶	*Camellia synaptica*	0.6	0.6	3	2.0	常绿乔木幼树
刺叶桂樱	*Laurocerasus spinulosa*	0.1	0.1	2	1.7	常绿乔木幼树
深裂中华槭	*Acer sinense* var. *longilobum*	0.5	0.5	1	1.5	落叶乔木幼树

续表

中文名	拉丁名	高度/m		株数	重要值	性状
		最高	平均			
更新层						
石木姜子	*Litsea elongata* var. *faberi*	0.3	0.3	1	1.4	常绿乔木幼树
峨眉栲	*Castanopsis platyacantha*	0.9	0.9	1	1.4	常绿乔木幼树
油葫芦	*Pyrularia edulis*	0.2	0.2	1	1.4	落叶小乔木

草本层

中文名	拉丁名	高度/m		株丛数	性状
		最高	平均		
齿头鳞毛蕨	*Dryopteris labordei*	0.3	0.2	3	多年生草本
未知蕨 2		0.6	0.6	2	多年生草本
江南短肠蕨	*Allantodia metteniana*	0.4	0.4	2	多年生草本
未知蕨 3		1.5	1.5	1	多年生草本
未知蕨 1		0.4	0.4	1	多年生草本

层间植物

中文名	拉丁名	攀附高度/m		株数	性状
		最高	平均		
湖南悬钩子	*Rubus hunanensis*	0.3	0.3	18	攀缘灌木
三叶崖爬藤	*Tetrastigma hemsleyanum*	4.0	2.1	13	草质藤本
弯梗菝葜	*Smilax aberrans*	0.3	0.3	8	攀缘灌木
光脚金星蕨	*Parathelypteris japonica*	0.3	0.3	7	附生草本
华肖菝葜	*Heterosmilax chinensis*	2.1	1.2	7	攀缘灌木
马甲菝葜	*Smilax lanceifolia*	4.0	2.8	6	攀缘灌木
灰毛崖豆藤	*Callerya cinerea*	2.5	1.4	5	木质藤本
野葛	*Toxicodendron radicans* ssp. *hispidum*	0.1	0.1	1	攀缘灌木

2)群落演替的动态分析

群落更新层种类丰富，由四川新木姜子 *Neolitsea sutchuanensis*、坛果山矾 *Symplocos urceolaris*、铜绿山矾 *Symplocos aenea*、滇南山矾 *Symplocos hookeri*、刺叶桂樱 *Laurocerasus spinulosa*、深裂中华槭 *Acer sinense* var. *longilobum*、石木姜子 *Litsea elongata* var. *faberi*、峨眉栲 *Castanopsis platyacantha* 和川滇连蕊茶 *Camellia synaptica* 和油葫芦 *Pyrularia deulis* 等 10 种组成，这是群落的次生性起源造成的，且其次生起源的发生时间仅 4～5 年，还很难形成稳定的群落结构。另外，群落的优势种四川新木姜子，并非高大乔木树种，且未见报道过以该种为优势的群落类型，将为更新层内其他树种，如深裂中华槭、石木姜子、峨眉栲等高大乔木树种所取代。

原水竹群落开花距今已有 4～5 年，且未见正开花的植株，因此，群落内未见水竹种子萌发幼苗。此外，水竹 *Phyllostachys heteroclada* 为单轴散生竹种，一般高 3～6m，茎粗 3cm，具有很强的萌蘖再生力和自然更新力，一旦形成优势群落便具有较高的郁闭度，其下的阔叶树种很难进行更新演替。考察中发现，海子坪片区部分缺乏阔叶树更新物种的原水竹地域已恢复水竹单优势群落。群落内水竹虽不占有优势地位，但其重要值达 8.76%，将有可能进一步增大。

3)群落物种多样性

群落为次生群落，物种较丰富，群落的 Simpson 指数和 Shannon-Wiener 指数均高于各层。在 500m^2 样地中记录有维管植物 37 种，其中乔木层 11 种，灌木层 18 种，草本层 5 种，层间植物 8 种。群落乔木层物种丰富度、Simpson 指数、Shannon-Wiener 指数、Pielou 均匀度指数均略低于灌木层，这是由于群落为四川新木姜子单优势群落，乔木层种类偏少，而处于旺盛更新期的灌木层，除大量灌木种类外，还有许多乔木幼树和幼苗，因此物种多样性较高。因群落郁闭度较高，草本层仅有喜阴湿的几种蕨类植物，故物种丰富度、Shannon-Wiener 指数均低于乔木层和灌木层(表 6-23)。

表 6-23 群落分层物种多样性

分层	物种丰富度(*S*)	Simpson 指数	Shannon-Wiener 指数	Pielou 均匀度指数
乔木层	11	0.77	1.83	0.76
灌木层	18	0.89	2.38	0.82
草本层	5	0.86	1.52	0.95
层间植物	8			
样地	37	0.92	3.01	0.83

4)保护价值

群落是原水竹群落开花死亡后，在原有物种基础上，自然更新演替形成的新的群落，且处于演替的初级阶段，对于研究水竹群落的自然更新演替及亚热带常绿阔叶林更新演替动态有重要科研价值。

6.4.2 常绿落叶阔叶混交林

常绿落叶阔叶混交林是落叶阔叶林与常绿阔叶林之间的过渡类型，在我国亚热带地区分布广泛，是亚热带的地带性植被类型之一。群落外貌因有落叶阔叶树的存在，林冠参差不齐，多呈波状起伏，有较明显的季相变化。群落种类组成复杂，色彩丰富多样。

群落垂直结构通常可分为乔木、灌木及草本三个层次，还有苔藓地被层和层间植物。乔木层可分为 2～3 个亚层，最高一层在北亚热带地区往往均由落叶树种组成，一般二亚层内有常绿乔木树种；在中亚热带地区，常常是两类树种均等混合组成，第二亚层和第三亚层以常绿落叶树为主。常绿树种总是在落叶树种之下。

群落的主要建群种为壳斗科，其中落叶的是栎属 *Quercus* 和水青冈属 *Fagus*，常绿的是青冈属 *Cyclobalanopsis*、栲属 *Castanopsis* 和石栎属 *Lithocarpus*。此外，落叶种类还

有槭树科的槭属 *Acer*，桦木科的桦木属 *Betula*、鹅耳枥属 *Carpinus*，漆树科的漆属 *Toxicodendron*，樟科的山胡椒属 *Lindera*、山鸡椒属 *Litsea*，安息香科的安息香属 *Styrax*，清风藤科的泡花树属 *Meliosma*，山茱萸科的灯台树属 *Conus* 等。常见的常绿种类还有樟科的樟属 *Cinnamomum*、润楠属 *Machilus*、楠木属 *Phoebe*、新木姜子属 *Neolitsea* 及山胡椒属 *Lindera* 和木姜子属 *Litsea* 的常绿种类，山茶科的木荷属 *Schima*、山茶属 *Camellia* 和柃属 *Eurya*，山矾科、冬青科、杜鹃花科、山茱萸科和五加科等的常绿种类。

关于山地常绿落叶阔叶混交林，《云南植被》未记载该植被类型在云南的分布。《中国植被》将该植被型分为 3 个植被亚型，即落叶常绿混交林、山地常绿落叶混交林和石灰岩常绿落叶阔叶混交林。保护区的常绿落叶阔叶混交林属山地常绿落叶阔叶混交林亚型。该类型是西南地区山地垂直带谱中的主要类型，一般位于常绿阔叶林带之上。此外，在原常绿阔叶林遭到破坏后，因常绿阔叶树萌蘖能力和自然更新力均比落叶阔叶树差，落叶树种迅速侵入常绿林中，因而形成次生性的混交林。

乌蒙山自然保护区的常绿落叶阔叶混交林分为 6 个群系——光叶水青冈林、珙桐林、十齿花林、扇叶槭林、水青树林、杂木常绿落叶阔叶混交林，每个群系之下又再划分为若干群丛，如表 6-24 所示。

表 6-24　保护区山地常绿落叶阔叶混交林植被体系

群系	群丛
光叶水青冈林	光叶水青冈-深裂中华槭+筇竹群落
	光叶水青冈-华木荷+筇竹群落
	峨眉栲-光叶水青冈+筇竹群落
	四川新木姜子-光叶水青冈+筇竹群落
珙桐林	珙桐+金佛山方竹群落
	珙桐+绥江玉山竹群落
	长穗鹅耳枥-珙桐+筇竹群落
十齿花林	十齿花+金佛山方竹群落
	十齿花+绥江玉山竹群落
	十齿花-峨眉栲+刺竹子群落
扇叶槭林	扇叶槭-峨眉栲+筇竹群落
	木姜叶柯-扇叶槭+筇竹群落
水青树林	水青树群落
杂木常绿落叶阔叶混交林	细梗吴茱五加-华木荷林群落

1.光叶水青冈林(Form. *Fagus lucida*)

光叶水青冈 *Fagus lucida* 是我国特有的壳斗科落叶乔木树种。据以往文献中记载，光叶水青冈仅分布于贵州(毕节)、四川南部、湖北西部及西南部、广西北部等，而未记载分布于云南。此次考察在乌蒙山国家级自然保护区发现光叶水青冈林，既是光叶水青冈在云南分布的新记录，也为云南省增加了一类新的森林群落类型，同时扩大了光叶水青冈林在我国的分布范围。

光叶水青冈林主要分布于永善县三江口片区的麻风湾和彝良县海子坪片区的大雪山。在大雪山分布于海拔 1400～1600m，麻风湾为 1800m 左右。光叶水青冈群系中乔木层由落叶和常绿树种组成，一般以落叶树种占优势，生长季节为绿色，入秋时渐变为黄色，并间杂深绿色、褐色和红色斑块。秋末上层林木大部分落叶，季相变化明显。有时也会以常绿树种为主。一般林冠较整齐，但有的林分因受人为活动的影响，林木分布不均，树高参差，林冠不整齐。

保护区的光叶水青冈林包括光叶水青冈-深裂中华槭+筇竹群落、光叶水青冈-华木荷+筇竹群落、峨眉栲-光叶水青冈+筇竹群落、四川新木姜子-光叶水青冈+筇竹群落 4 个群丛。

1) 光叶水青冈-深裂中华槭+筇竹群落(Ass. *Fagus lucida-Acer sinense* var. *longilobum+Qiongzhuea tumidissinoda*)

样地位于威信县大雪山海拔 1552m 的山脊和山坡上部，地表枯落物厚 2cm，坡度较大为 35°，以落叶树种光叶水青冈和深裂中华槭为优势(表 6-25)。苔藓直至树冠，厚 2cm，说明林内空气湿度大，但群落内筇竹较多，苔藓偏少。从群落的物种组成上看，落叶树种占优势，在组成乔木层的 17 种植物的 77 株植株中，落叶植物 9 种 49 株，重要值为 76.6，常绿植物 8 种 28 株，重要值仅为 23.4。因此，群落季相变化明显。

表 6-25　光叶水青冈-深裂中华槭+筇竹群落样地调查表

样地号　面积　时间	样地 90，500m^2，2006 年 8 月 14 日
调查人	石翠玉、赫尚丽、罗柏青、刘宗杰、罗勇、甘万勇等
地点	威信县大雪山
GPS 点	E104°44′44.8″，N27°53′39.1″
海拔　坡向　坡位　坡度	1552m　上部　35°
生境地形特点	山脊
母岩　土壤特点　地表特征	枯落物 2cm
特别记载/人为影响	苔藓直至树冠 2cm，有竹苔藓少量
乔木层盖度 80%　灌木层盖度 90%　草本层盖度 20%	

乔木层

中文名	拉丁名	株数	高度/m		胸径/cm		重要值	性状
			最高	平均	最粗	平均		
光叶水青冈	*Fagus lucida*	20	17	10.1	70	31.9	38.1	落叶
深裂中华槭	*Acer sinense* var. *longilobum*	10	12	9.2	60	30.9	19.3	落叶
毛萼红果树	*Stranvaesia amphidoxa*	13	8	5.6	12	8.3	9.2	常绿
细梗吴茱萸叶五加	*Acanthopanax evodiaefolius* var. *gracilis*	5	13	10.6	29	22.8	5.8	落叶
四川新木姜子	*Neolitsea sutchuanensis*	6	10	6.8	32	14.3	5.5	常绿
珙桐	*Davidia involucrata*	5	9	5.4	34	11.1	4.4	落叶

续表

中文名	拉丁名	株数	高度/m		胸径/cm		重要值	性状
			最高	平均	最粗	平均		
四川吴茱萸	*Evodia sutchuenensis*	3	10	8.7	32	20	3.3	落叶
小羽叶花楸	*Sorbus* sp.	3	5	4.2	5	5	2	落叶
未知 4		1	8	8	33	33	1.7	常绿
四川山矾	*Symplocos setchuensis*	2	5	4.8	15	11.5	1.6	常绿
景东冬青	*Ilex gintungensis*	2	8	6.5	12	11	1.7	常绿
君迁子	*Diospyros lotus*	1	14	14	30	30	1.5	落叶
柔毛润楠	*Machilus villosa*	2	4	3.5	11	8	1.6	常绿
锈毛稠李	*Prunus rufomicans*	1	10	10	27	27	1.4	落叶
峨眉栲	*Castanopsis platyacantha*	1	8	8	21	21	1.2	常绿
平伐含笑	*Michelia cavaleriei*	1	3	3	16	16	0.9	常绿
木瓜红	*Rehderodendron macrocarpum*	1	6	6	14	14	0.8	落叶

灌木层

中文名	拉丁名	高度/m		盖度/%	频度/%	重要值	性状
		最高	平均				
真正的灌木							
筇竹	*Qiongzhuea tumidissinoda*	2.0	1.8	33.0	67	26.7	常绿
西南绣球	*Hydrangea davidii*	1.2	0.7	1.3	50	3.7	落叶
显脉荚蒾	*Viburnum nervosum*	3.0	3.0	12.0	17	2.9	落叶
异叶天仙果	*Ficus heteromorpha*	0.3	0.30	<1	10	1.4	常绿
更新层							
四川新木姜子	*Neolitsea sutchuanensis*	1.5	0.9	43.9	67	13.6	常绿
深裂中华槭	*Acer sinense* var. *longilobum*	5.0	2.0	22.7	83	12.1	落叶
华木荷	*Schima sinensis*	1.4	1.4	45.0	17	8.2	落叶
绒毛滇南山矾	*Symplocos hookeri* var. *tomentosa*	1.1	1.0	11.4	33	5.3	常绿
宝兴木姜子	*Litsea moupinensis*	1.9	1.9	12.0	17	3.3	落叶
毛萼红果树	*Stranvaesia amphidoxa*	2.2	1.8	3.2	33	2.9	常绿
楤木	*Aralia chinensis*	3.0	3.0	12.0	17	2.7	常绿
柔毛润楠	*Machilus villosa*	1.2	1.2	9.0	17	2.3	常绿
坛果山矾	*Symplocos urceolaris*	1.2	1.1	7.2	17	2.1	常绿
西南山茶	*Camellia pitardii*	3.0	3.0	6.0	17	1.8	常绿
细梗吴茱萸叶五加	*Acanthopanax evodiaefolius* var. *gracilis*	1.5	1.5	4.0	17	1.7	落叶
未知 2		0.6	0.5	0.4	17	1.4	落叶
平伐含笑	*Michelia cavaleriei*	1.4	1.4	2.0	17	1.5	常绿
毛叶木姜子	*Litsea mollis*	0.8	0.8	0.5	17	1.4	落叶
石木姜子	*Litsea elongata* var. *faberi*	0.5	0.5	1.2	17	1.3	常绿
光叶水青冈	*Fagus lucida*	0.6	0.6	0.8	17	1.3	落叶
云南桃叶珊瑚	*Aucuba yunnanensis*	0.8	0.8	0.4	17	1.2	常绿
未知 5		0.3	0.3	0.2	17	1.2	落叶

续表

草本层							
中文名	拉丁名	高度/m		盖度/%	频度/%	重要值	性状
		最高	平均				
疣果楼梯草	*Elatostema trichocarpum*	0.1	0.07	6.66	80	25.3	直立草本
平车前	*Plantago depressa*	0.2	0.08	4.29	60	15.8	直立草本
盾萼凤仙花	*Impatiens scutisepala*	0.3	0.21	1.50	60	8.9	肉质草本
薹草一种	*Carex* sp.	0.2	0.11	2.20	40	8.3	直立草本
江南短肠蕨	*Allantodia metteniana*	0.2	0.14	2.26	60	8.6	直立草本
革叶报春	*Primula chartacea*	0.4	0.12	2.01	40	7.5	直立草本
栗柄鳞毛蕨	*Dryopteris yoroii*	0.2	0.12	1.70	20	5.2	直立草本
紫萁	*Osmunda japonica*	0.4	0.34	1.48	40	5.2	直立草本
长蕊万寿竹	*Disporum longistylum*	0.1	0.08	0.40	20	3.0	直立草本
四轮香	*Hanceola sinensis*	0.3	0.23	0.20	40	2.8	直立草本
长柱鹿药	*Maianthemum oleraceum*	0.3	0.16	0.05	40	2.6	直立草本
中华秋海棠	*Begonia grandis* ssp. *sinensis*	0.8	0.80	0.20	20	2.5	肉质草本
茅叶荩草	*Arthraxon prionodes*	0.1	0.08	0.20	20	2.2	直立草本
长江蹄盖蕨	*Athyrium iseanum*	0.3	0.25	0.50	20	2.1	直立草本

层间植物					
中文名	拉丁名	（附生）高度/m		盖度/%	性状
		最高	平均		
苍白菝葜	*Smilax aberrans* var. *retroflexa*	0.2	0.20	<1	藤状灌木
粉背菝葜	*Smilax hypoglauca*	1.0	0.20	<1	藤状灌木
尖叶牛尾菜	*Smilax nipponica* var. *acuminata*	0.1	0.05	<1	藤状灌木
湖南悬钩子	*Rubus hunanensis*	0.2	0.15	<1	藤状灌木
鳞果星蕨	*Lepidomicrosorium buergerianum*	0.1	0.02	<1	附生草本
三叶地锦	*Parthenocissus semicordata*	0.3	0.11	<1	草质藤本

乔木层盖度为 80%，有 2 层，乔木上层种类较少，高 10～17m，其中光叶水青冈 *Fagus lucida* 占绝对优势，在 500m^2 样地内有 20 株，重要值为 38.1，最粗胸径达 70cm，平均胸径为 31.9cm，最高 17m，因此，光叶水青冈占据林冠上层。其他主要树种有深裂中华槭 *Acer sinense* var. *longilobum*、细梗吴茱萸叶五加 *Acanthopanax evodiaefolius* var. *gracilis*、四川新木姜子 *Neolitsea sutchuanensis* 和君迁子 *Diospyros lotus* 等。乔木下层高 3～9m，常见毛萼红果树 *Stranvaesia amphidoxa*、珙桐 *Davidia involucrata*、峨眉栲 *Castanopsis platyacantha* 和木瓜红 *Rehderodendron macrocarpum* 等。

灌木层种类多达 22 种，以箣竹为优势种，重要值达 26.7。其他多为乔木幼苗，常见四川新木姜子 *Neolitsea sutchuanensis*、深裂中华槭 *Acer sinense* var. *longilobum*、华木荷

Schima sinensis、绒毛滇南山矾 *Symplocos hookeri* var. *tomentosa* 等。

草本层一般高在 40cm 以下，层盖度为 20%，常见疣果楼梯草 *Elatostema trichocarpum*、平车前 *Plantago depressa*、盾萼凤仙花 *Impatiens scutisepala*、长蕊万寿竹 *Disporum longistylum*、紫萁 *Osmunda japonica* 和江南短肠蕨 *Allantodia metteniana* 等。

层间植物有附生的鳞果星蕨 *Lepidomicrosorium buergerianum*、三叶地锦 *Parthenocissus semicordata*、攀缘小灌木苍白菝葜 *Smilax aberrans* var. *retroflexa* 和粉背菝葜 *S. hypoglauca* 2 种，以及湖南悬钩子 *Rubus hunanensis* 等。

另外，在海子坪片区木梗坡梁子，海拔 1690m，也有类似的群落(样地 80#)，只是由于坡度较大无法做标准样地，只进行了简单记录。乔木层和灌木层盖度较大，达 80%以上，草本层盖度小于 5%。群落上层主要为光叶水青冈 *Fagus lucida*(6 株大树)和深裂中华槭 *Acer sinense* var. *longilobum* 等落叶树种，因此群落的季相明显。群落内其他常见树种有硬斗石栎 *Lithocarpus hancei*、木姜叶柯 *Lithocarpus litseifolius*、木瓜红 *Rehderodendron macrocarpum*、灯笼树 *Enkianthus chinensis*。灌木层中筇竹占绝对的优势，其他常见种有野茉莉 *Styrax japonicus*、绥江玉山竹 *Yushania suijiangensis*、异叶天仙果 *Ficus heteromorpha*、毛叶木姜子 *Litsea mollis* 等。林下草本较少，主要有燕子薹草 *Carex cremostachys*、托叶楼梯草 *Elatostema nasutum*、长柱鹿药 *Maianthemum oleraceum*、四回毛枝蕨 *Leptorumohra quadripinnata* 等。

2) 光叶水青冈-华木荷+筇竹群落(Ass. *Fagus lucida-Schima sinensis+Qiongzhuea tumidissinoda*)

群落分布于彝良县海子坪片区的大雪山，海拔 1555m，北坡中部，坡度较大，一般为 30°左右，土壤为棕壤，落叶层厚 3cm，属次生林，地表有少量苔藓且不高于 1.5cm。在群落的树种组成上，落叶树种的优势并不明显，但群落季相变化明显。从群落的物种组成看，组成乔木层的 32 种 128 株植株植物中，落叶植物 6 种 57 株，重要值为 44.3，常绿植物 16 种 71 株，重要值为 55.7。

乔木层盖度为 90%，有 2 层，乔木上层种类较少，高 10～17m。其中光叶水青冈 *Fagus lucida* 占绝对优势，生长良好，在 500m^2 样地内有 30 株，重要值为 21.6，胸径最大 29.0cm，平均胸径 12.6cm，最高可达 15m，平均高 8.1m。因此，光叶水青冈占据林冠上层，也说明群落中光叶水青冈尚属中幼林。乔木上层其他有华木荷 *Schima sinensis*、深裂中华槭 *Acer sinense* var. *longilobum* 和木瓜红 *Rehderodendron macrocarpum*。乔木下层多为常绿树种，林冠较整齐，彼此相接紧密，常见四川新木姜子 *Neolitsea sutchuanensis*、铜绿山矾 *Symplocos aenea*、短柱柃 *Eurya brevistyla*、柔毛润楠 *Machilus villosa* 等。

灌木层高 0.4～3.0m，盖度为 30%，以筇竹为主，重要值达 24.5。其他种类多为乔木幼苗，有深裂中华槭 *Acer sinense* var. *longilobum*、四川新木姜子 *Neolitsea sutchuanensis*、西南绣球 *Hydrangea davidii*、短柱柃 *Eurya brevistyla* 等。说明群落的更新情况良好。

草本层生长较稀疏，高矮不一。高度一般在 50cm 以下，层覆盖度仅为 5%左右，主要物种为长柱鹿药 *Maianthemum oleraceum*，重要值为 28.2。其他常见种类有疣果楼梯草

Elatostema trichocarpum、华东瘤足蕨 *Plagiogyria japonica*、江南短肠蕨 *Allantodia metteniana*、长江蹄盖蕨 *Athyrium iseanum* 等，多为蕨类植物。层间植物丰富，常见种有苍白菝葜 *Smilax aberrans* var. *retroflexa*、扶芳藤 *Euonymus fortunei*、湖南悬钩子 *Rubus hunanensis*、五风藤 *Holboellia latifolia* 等，见表 6-26。

表 6-26 光叶水青冈-华木荷+筇竹群落样地调查表

样地号 面积 时间	样地 88，500m^2，2006 年 8 月 15 日
调查人	覃家里、杨科、刘宗杰、罗凤晔、毛建坤、罗勇、杨跃、甘万勇
地点	威信县大雪山谷护站对面
GPS 点	E104°46′58.2″， N27°52′43.0″
海拔 坡向 坡位 坡度	1555m 北 中部 30°
生境地形特点	中坡、匀质
母岩 土壤特点 地表特征	褐壤、落叶层厚 3cm、有少量苔藓 1.8cm
特别记载/人为影响	次生
乔木层盖度 90% 灌木层盖度 30% 草本层盖度 5%	

乔木层

中文名	拉丁名	株数	高度/m		胸径/cm		频度/%	重要值	性状
			最高	平均	最粗	平均			
光叶水青冈	*Fagus lucida*	30	15.0	8.1	29.0	12.6	100	21.6	落叶
华木荷	*Schima sinensis*	14	13.0	11.0	29.0	12.8	50	10.1	常绿
深裂中华槭	*Acer sinense* var. *longilobum*	10	13.0	9.0	16.0	10.0	100	7.4	落叶
四川新木姜子	*Neolitsea sutchuanensis*	7	11.0	8.6	25.0	14.9	50	6.8	常绿
铜绿山矾	*Symplocos aenea*	9	7.0	4.7	10.0	7.3	100	6.1	常绿
木瓜红	*Rehderodendron macrocarpum*	5	13.0	10.0	28.0	13.7	75	6.0	落叶
短柱柃	*Eurya brevistyla*	9	7.0	4.6	8.5	5.9	100	5.8	常绿
柔毛润楠	*Machilus villosa*	8	8.5	6.3	13.0	9.1	75	5.5	常绿
小羽叶花楸	*Sorbus* sp.	8	13.0	9.4	16.0	9.6	50	5.0	落叶
西南山茶	*Camellia pitardii*	4	6.0	5.6	8.0	6.3	75	3.7	常绿
杨叶木姜子	*Litsea populifolia*	3	9.0	8.7	16.0	12.3	50	3.3	落叶
硬斗石栎	*Lithocarpus hancei*	3	6.5	5.3	8.0	6.8	50	2.8	常绿
未知 3		2	7.0	6.3	11.0	11.0	50	2.5	
川滇连蕊茶	*Camellia synaptica*	4	5.0	5.0	10.0	8.5	25	2.3	常绿
贵州琼楠	*Beilschmiedia kweichowensis*	3	10.0	8.7	14.0	9.7	25	2.1	常绿
楤木	*Aralia chinensis*	1	13.0	13.0	23.0	23.0	25	1.9	常绿
算盘子	*Glochidion puberum*	3	6.5	5.3	8.0	6.7	25	1.7	常绿
峨眉栲	*Castanopsis platyacantha*	1	8.0	8.0	10.0	10.0	25	1.1	常绿
团花山矾	*Symplocos glomerata*	1	6.0	6.0	9.0	9.0	25	1.1	常绿

续表

中文名	拉丁名	株数	高度/m		胸径/cm		频度/%	重要值	性状
			最高	平均	最粗	平均			
景东冬青	*Ilex gintungensis*	1	5.0	5.0	8.0	8.0	25	1.1	常绿
未知 2		1	6.5	2.5	8.0	8.0	25	1.1	
树参	*Dendropanax dentigerus*	1	8.0	8.0	6.0	6.0	25	1.0	落叶

灌木层

中文名	拉丁名	高度/m		盖度/%	频度/%	重要值	性状
		最高	平均				
真正的灌木							
筇竹	*Qiongzhuea tumidissinoda*	2.5	0.7	7.8	80	24.5	常绿
西南绣球	*Hydrangea davidii*	0.6	0.3	1.3	80	8.2	落叶
吕宋荚蒾	*Viburnum luzonicum*	1.0	0.7	0.2	40	3.2	落叶
散花紫金牛	*Ardisia conspersa*	0.1	0.1	0.0	20	1.8	常绿
更新层							
榛叶荚蒾	*Viburnum corylifolium*	0.2	0.2	0.0	20	1.6	落叶
深裂中华槭	*Acer sinense* var. *longilobum*	0.1	0.1	0.2	60	12.3	落叶
四川新木姜子	*Neolitsea sutchuanensis*	0.6	0.4	5.8	40	12.2	常绿
短柱柃	*Eurya brevistyla kobuski*	3.0	2.0	4.4	40	7.7	常绿
四川木莲	*Manglietia szechuanica*	1.3	1.3	6.0	20	7.5	常绿
硬斗石栎	*Lithocarpus hancei*	0.5	0.4	1.9	40	6.6	常绿
树参	*Dendropanax dentigerus*	1.5	1.5	4.0	20	5.5	落叶
铜绿山矾	*Symplocos aenea*	4.0	4.0	0.6	20	3.0	常绿
微香冬青	*Ilex subodorata*	1.0	1.0	1.0	20	2.5	常绿
杨叶木姜子	*Litsea populifolia*	0.2	0.2	0.1	20	1.9	落叶
光叶水青冈	*Fagus lucida*	4.0	4.0	0.0	20	1.5	落叶

草本层

中文名	拉丁名	高度/m		盖度/%	频度/%	重要值	性状
		最高	平均				
长柱鹿药	*Maianthemum oleraceum*	0.5	0.16	0.83	60	28.2	直立草本
疣果楼梯草	*Elatostema trichocarpum*	0.1	0.10	0.41	60	14.5	直立草本
江南短肠蕨	*Allantodia metteniana*	0.3	0.25	0.66	20	12.7	直立草本
华东瘤足蕨	*Plagiogyria japonica*	0.1	0.10	0.35	40	11.8	直立草本
鳞毛蕨一种	*Dryopteris* sp.	0.2	0.18	0.34	40	9.4	直立草本
唇形 sp		0.2	0.15	0.31	20	9.3	直立草本
长江蹄盖蕨	*Athyrium iseanum*	0.3	0.20	0.18	40	8.0	直立草本
中华秋海棠	*Begonia grandis* ssp. *sinensis*	0.1	0.08	0.02	20	3.3	肉质草本
阳荷	*Zingiber striolatum*	0.2	0.20	0.04	20	2.8	直立草本

续表

层间植物					
中文名	拉丁名	(附生)高度/m		盖度/%	性状
		最高	平均		
白木通	*Akebia trifoliata* var. *australis*	0.1	0.1	<1	木质藤本
苍白菝葜	*Smilax aberrans* var. *retroflexa*	0.4	0.2	<1	藤状灌木
扶芳藤	*Euonymus fortunei*	0.2	0.2	<1	附生藤本
湖南悬钩子	*Rubus hunanensis*	1.3	0.5	<1	藤状灌木
鳞果星蕨	*Lepidomicrosorium buergerianum*	0.1	0.1	<1	附生草本
五风藤	*Holboellia latifolia*	3.0	3.0	<1	木质藤本

3)峨眉栲-光叶水青冈+筇竹群落(Ass. *Castanopsis platyacantha-Fagus lucida+Qiongzhuea tumidissinoda*)

群落分布于永善县三江口片区的麻风湾，海拔 1810m，东坡中下部，坡度15°，土壤为较湿润的黄壤，具较厚枯枝落叶层 3～5cm，该样地的历史起源是火烧迹地，曾经在林地中补种过杉木，抚育 30 年，恢复较好。群落内苔藓较少，群落的树种组成上，常绿树种有 10 种 27 株，重要值为 52.3，落叶树种有 9 种 34 株，重要值为 47.7，群落外貌深绿。

乔木层盖度为 80%，在 500m^2 的样地内有乔木树种 19 种 61 株，其中光叶水青冈 *Fagus lucida* 数量最多，共 13 株，但其胸径不大，最粗胸径仅 27.8cm，平均胸径为 14.0cm，因此，重要值仅 17.1，低于峨眉栲 21.1，排第二。峨眉栲共 8 株，最大胸径为 45.5cm，平均胸径为 26.4cm，其重要值最大。由于光叶水青冈株数最多且二者重要值相差不大，从群落的演替角度来看光叶水青冈将成为群落的未来优势种。此外，云南樱桃 *Cerasus yunnanensis*、硬斗石栎 *Lithocarpus hancei* 也较常见。乔木层明显可分为两个层次，乔木上层高 10～23m，主要有峨眉栲 *Castanopsis platyacantha*、光叶水青冈 *Fagus lucida*、华木荷 *Schima sinensis*、贡山猴欢喜 *Sloanea sterculiacea* 等，其中贡山猴欢喜最高为 23m，平均高为 22.5m，无论是单株高度还是平均高都为群落的最高物种。乔木下层高 4～10m，主要物种有柔毛润楠 *Machilus villosa*、梯叶花楸 *Sorbus scalaris*，国家一级保护植物珙桐 *Davidia involucrata* 散生其中。

灌木层盖度为 70%，筇竹占显著优势，单种重要值最大为 44.4，盖度达 35.1%；其次是坛果山矾，重要值为 22.3，盖度为 32.8%，说明坛果山矾在群落中更新良好，有可能成为未来群落的优势种。群落的灌木树种除筇竹以外还有毛叶川冬青 *Ilex szechwanensis* var. *mollissima*、西南绣球 *Hydrangea davidii* 等少数几种且株数不多。而新木姜子 *Neolitsea aurata*、光叶水青冈 *Fagus lucida*、峨眉栲 *Castanopsis platyacantha* 等为乔木幼苗。

林下草本，主要物种有钝叶楼梯草 *Elatostema obtusum*、间型沿阶草 *Ophiopogon intermedius*、新川西鳞毛蕨 *Dryopteris neorosthornii*、吉祥草 *Reineckia carnea* 等，其中钝叶楼梯草重要值为 33.1，在草本层中占绝对优势。群落中出现大型木质藤本昭通猕猴桃 *Actinidia rubus* 和华中五味子 *Schisandra sphenanthera*，此外，攀缘灌木菝葜 2 种 *Smilax menispermoidea*、*S. nigrescens*、网纹悬钩子 *Rubus cinclidodictyus*、野葛 *Toxicodendron radicans* ssp. *hispidum* 等，见表 6-27。

表 6-27　峨眉栲-光叶水青冈+筇竹群落样地调查表

样地号　面积　时间	样地 1，500m²，2006 年 7 月 19 日
调查人	杜凡、王娟、杨科、石翠玉、苏文苹、黄礼梅、丁莉、罗柏青、赫尚丽、罗勇、甘万勇、宋睿飞、杨跃、罗凤晔、毛建坤
地点	永善县麻风湾田家湾
GPS 点	E103°6′27″，N28°12′49.6″
海拔　坡向　坡位　坡度	1810m　东　中下部　15°
生境地形特点	均匀同质，有一条小河
母岩　土壤特点　地表特征	土层较厚，植落物厚 3～5cm
特别记载/人为影响	火烧迹地曾经种过杉木，抚育 30 年
乔木层盖度 80%　灌木层盖度 70%　草本层盖度 5%～10%	

乔木层

中文名	拉丁名	株数	高度/m		胸径/cm		频度/%	重要值	性状
			最高	平均	最粗	平均			
峨眉栲	*Castanopsis platyacantha*	8	23.0	15.6	45.5	26.4	25	21.1	常绿
光叶水青冈	*Fagus lucida*	13	18.0	13.1	27.8	14.0	25	17.1	落叶
云南樱桃	*Cerasus yunnanensis*	8	17.0	13.3	17.2	12.6	25	11.0	落叶
硬斗石栎	*Lithocarpus hancei*	6	16.0	11.8	19.0	12.3	25	9.2	常绿
凹叶玉兰	*Yulania sargentiana*	3	17.0	16.2	22.3	15.7	10	4.8	落叶
华木荷	*Schima sinensis*	2	18.0	15.5	18.0	17.4	10	3.9	常绿
灯台树	*Cornus controversa*	2	15.0	14.5	18.3	15.3	10	3.6	落叶
绒毛滇南山矾	*Symplocos hookeri* var. *tomentosa*	2	17.0	15.5	16.9	14.0	10	3.5	常绿
柔毛润楠	*Machilus villosa*	2	10.0	7.2	12.5	10.8	10	3.2	常绿
贡山猴欢喜	*Sloanea sterculiacea*	2	23.0	22.5	19.6	17.9	5	3.1	常绿
梯叶花楸	*Sorbus scalaris*	3	8.0	8.0	11.2	10.6	5	3.1	落叶
香叶树	*Lindera communis*	2	9.0	8.0	6.5	6.0	10	2.9	常绿
巴东栎	*Quercus engleriana*	2	17.0	14.5	15.4	12.3	5	2.5	落叶
毛萼红果树	*Stranvaesia amphidoxa*	1	18.0	18.0	23.2	23.2	5	2.3	常绿
深裂中华槭	*Acer sinense* var. *longilobum*	1	17.5	17.5	20.0	20.0	5	2.0	落叶
华西枫杨	*Pterocarya insignis*	1	16.0	16.0	19.3	19.3	5	2.0	落叶
褐叶青冈	*Cyclobalanopsis stewardiana*	1	8.0	8.0	12.6	12.6	5	1.7	常绿
珙桐	*Davidia involucrata*	1	10.0	10.0	12.3	12.3	5	1.6	落叶
毛叶川冬青	*Ilex szechwanensis* var. *mollissima*	1	4.0	4.0	5.5	5.5	5	1.4	常绿

灌木层

	中文名	拉丁名	高度/m		盖度/%	频度/%	重要值	性状
			最高	平均				
真正的灌木	筇竹	*Qiongzhuea tumidissinoda*	1.80	1.85	35.1	100	44.4	常绿灌木
	西南绣球	*Hydrangea davidii*	1.30	0.65	0.2	83	3.8	落叶灌木
	少花荚蒾	*Viburnum oliganthum*	1.00	1.00	0.0	100	1.2	落叶灌木
	峨眉青荚叶	*Helwingia omeiensis*	0.08	0.08	0.0	67	0.8	常绿灌木

续表

	中文名	拉丁名	高度/m		盖度/%	频度/%	重要值	性状
			最高	平均				
更新层	坛果山矾	*Symplocos urceolaris*	3.00	1.32	32.8	50	22.3	常绿乔木幼树
	新木姜子	*Neolitsea aurata*	1.80	0.86	2.3	50	6.6	常绿乔木幼树
	毛萼红果树	*Stranvaesia amphidoxa*	2.50	1.08	1.1	33	3.5	常绿乔木幼树
	毛叶川冬青	*Ilex szechwanensis* var. *mollissima*	0.80	0.24	0.8	33	3.0	常绿乔木幼苗
	宝兴木姜子	*Litsea moupinensis*	0.20	0.17	0.2	33	2.5	落叶乔木幼苗
	云南樱桃	*Cerasus yunnanensis*	0.20	0.11	0.2	33	2.5	落叶乔木幼苗
	石木姜子	*Litsea elongata* var. *faberi*	0.30	0.15	0.1	17	1.8	常绿乔木幼苗
	硬斗石栎	*Lithocarpus hancei*	0.30	0.20	0.2	17	1.7	常绿乔木幼树
	光叶水青冈	*Fagus lucida*	3.50	3.50	1.5	17	2.0	落叶乔木幼树
	三股筋香	*Lindera thomsonii*	0.15	0.15	0.1	17	0.9	常绿乔木幼苗
	薄叶山矾	*Symplocos anomala*	0.70	0.70	0.2	17	0.9	常绿乔木幼树
	西南山茶	*Camellia pitardii*	0.80	0.80	0.1	17	0.9	常绿乔木幼树
	柔毛润楠	*Machilus villosa*	0.60	0.60	0.1	17	0.8	常绿乔木幼树
	叶萼山矾	*Symplocos phyllocalyx*	0.30	0.30	0.0	17	0.8	常绿乔木幼树
	峨眉栲	*Castanopsis platyacantha*	0.80	0.80	0.0	17	0.8	常绿乔木幼树
	*杉木	*Cunninghamia lanceolata*	2.00	2.00	0.0	17	0.8	常绿乔木幼树

草本层

中文名	拉丁名	高度/m		盖度/%	频度/%	重要值	性状
		最高	平均				
钝叶楼梯草	*Elatostema obtusum*	0.1	0.08	2.0	0.8	33.1	直立草本
间型沿阶草	*Ophiopogon intermedius*	0.6	0.03	2.1	0.5	18.8	直立草本
新川西鳞毛蕨	*Dryopteris neorosthornii*	0.3	0.21	1.0	1.0	12.0	直立草本
吉祥草	*Reineckia carnea*	0.3	0.13	0.4	0.8	7.2	匍匐草本
托叶楼梯草	*Elatostema nasutum*	0.8	0.08	0.3	0.2	4.7	直立草本
尼泊尔双蝴蝶	*Tripterospermum volubile*	0.1	0.02	0.1	0.5	4.5	直立草本
阔萼堇菜	*Viola grandisepala*	0.1	0.05	0.2	0.5	4.2	匍匐草本
未知		0.1	0.06	0.0	0.3	3.7	直立草本
粗齿冷水花	*Pilea sinofasciata*	0.2	0.15	0.0	0.3	1.9	肉质草本
卵穗薹草	*Carex ovatispiculata*	0.3	0.18	0.0	0.3	1.9	直立草本
求米草	*Oplismenus undulatifolius*	0.1	0.05	0.2	0.2	1.7	直立草本
六叶葎	*Galium asperuloides* ssp. *hoffmeisteri*	0.2	0.13	0.0	0.3	1.7	直立草本
长江蹄盖蕨	*Athyrium iseanum*	0.2	0.15	0.0	0.2	1.1	直立草本
散斑竹根七	*Disporopsis aspera*	0.1	0.10	0.0	0.2	0.9	直立草本
一把伞南星	*Arisaema erubescens*	0.2	0.20	0.0	0.2	0.9	直立草本

续表

中文名	拉丁名	高度/m		盖度/%	频度/%	重要值	性状
		最高	平均				
天南星一种	*Arisaema* sp.	0.4	0.40	0.0	0.2	0.9	直立草本
袋果草	*Peracarpa carnosa*	0.1	0.05	0.0	0.2	0.8	直立草本

层间植物

中文名	拉丁名	(附生)高度/m		盖度/%	性状
		最高	平均		
防己叶菝葜	*Smilax menispermoidea*	0.5	0.5	<1	藤状灌木
黑叶菝葜	*Smilax nigrescens*	0.2	0.2	<1	藤状灌木
华中五味子	*Schisandra sphenanthera*	1.5	1.0	<1	木质藤本
猕猴桃藤山柳	*Clematoclethra actinidioides*	1.6	1.6	<1	木质藤本
网纹悬钩子	*Rubus cinclidodictyus*	1.2	0.7	<1	藤状灌木
野葛	*Toxicodendron radicans* ssp. *hispidum*	0.2	0.1	<1	木质藤本
昭通猕猴桃	*Actinidia rubus*	0.2	0.2	<1	木质藤本
金线草	*Rubia membranacea*	0.6	0.4	0.1	草质藤本

4) 四川新木姜子-光叶水青冈+筇竹群落(Ass. *Neolitsea sutchuanensis-Fagus lucida+Qiongzhuea tumidissinoda*)

群落分布于彝良县海子坪片区的大雪山东坡中上部，土壤为黄壤，枯枝落叶层厚5～6cm，地表苔藓较少，群落常绿和落叶树种混交比为7∶3，群落外貌偏绿。

乔木层林冠整齐，盖度达 80%，光叶水青冈 *Fagus lucida* 和四川新木姜子 *Neolitsea sutchuanensis* 为群落的优势种，其二者的重要值、平均高接近，光叶水青冈的平均粗稍大于四川新木姜子，群落外貌相比之下更葱绿。此外，常见乔木树种有八角枫 *Alangium chinense*、柔毛润楠 *Machilus villosa*、毛薄叶冬青 *Ilex fragilis* f. *kingii*、硬斗石栎 *Lithocarpus hancei* 等。

灌木层发达，盖度约 80%，高度在 3.5m 以下，组成种类为 17 种左右，该样地出现水竹 *Phyllostachys heteroclada*，但筇竹 *Qiongzhuea tumidissinoda* 还是明显占绝对优势，重要值达 51.7，株数多，平均高可达 1.9m。其他伴生灌木主要为乔木幼苗，有四川新木姜子 *Neolitsea sutchuanensis*、坛果山矾 *Symplocos urceolaris*、毛叶木姜子 *Litsea mollis*、柔毛润楠 *Machilus villosa*、贵州琼楠 *Beilschmiedia kweichowensis* 等。

草本层由于处在密集的灌木层下，不但种类少，而且数量不大，比较常见的有偏瓣花 *Plagiopetalum esquirolii*、西南沿阶草 *Ophiopogon mairei*、蕨 3 种、小肉穗草 *Sarcopyramis bodinieri*、中华秋海棠 *Begonia grandis* var. *sinensis* 等。层间植物较丰富，以菝葜为主，有防己叶菝葜 *Smilax menispermoidea*、马甲菝葜 *Smilax lanceifolia*、西南菝葜 *Smilax bockii*、三叶地锦 *Parthenocissus semicordata*、黄泡 *Rubus pectinellus*、藤黄檀 *Dalbergia hancei* 等，见表 6-28。

表 6-28 四川新木姜子-光叶水青冈+筇竹群落样地调查表

样地号 面积 时间	样地 78，500m^2，2006 年 8 月 13 日
调查人	石翠玉、苏文苹、宋睿飞、罗勇等
地点	威信县大雪山猪背河坝
GPS 点	E104°47′39″， N27°54′08.7″
海拔 坡向 坡位 坡度	1409m 东 中上部 30°
母岩 土壤特点 地表特征	黄壤、枯枝落叶层厚 5～6cm
特别记载/人为影响	苔藓较少
乔木层盖度 80% 灌木层盖度 80% 草本层盖度 25%	

乔木层

中文名	拉丁名	丛数/株数	高度/m		胸径/cm		重要值	性状
			最高	平均	最粗	平均		
四川新木姜子	*Neolitsea sutchuanensis*	13	13	10.8	46	19.6	32.3	常绿
光叶水青冈	*Fagus lucida*	13	13	10.6	33	19.8	28.1	落叶
八角枫	*Alangium chinense*	11	11	7.9	14	8.7	13.4	落叶
柔毛润楠	*Machilus villosa*	12	12	10.6	31	24.0	4.3	常绿
毛薄叶冬青	*Ilex fragilis* f. *kingii*	8	8	6.8	13	9.8	3.5	落叶
硬斗石栎	*Lithocarpus hancei*	8	8	7.0	12	9.3	3.4	常绿
贵州琼楠	*Beilschmiedia kweichowensis*	14	14	8.7	18	11.0	2.9	常绿
毛叶木姜子	*Litsea mollis*	6	6	5.2	13	10.0	2.6	落叶
三花假卫矛	*Microtropis triflora*	7	7	6.0	8	7.7	2.4	常绿
未知		6	6	4.7	7	6.3	2.2	
水丝梨	*Sycopsis sinensis*	11	11	9.0	13	11.5	1.9	常绿
大果花楸	*Sorbus megalocarpa*	9	9	8.5	10	8.5	1.6	落叶
坛果山矾	*Symplocos urceolaris*	6	6	5.5	6	5.5	1.4	常绿

灌木层

中文名	拉丁名	高度/m		盖度/%	频度/%	重要值	性状
		最高	平均				
真正的灌木							
筇竹	*Qiongzhuea tumidissinoda*	3.5	1.9	32.91	100	51.7	常绿
散花紫金牛	*Ardisia conspersa*	0.4	0.2	0.02	60	4.0	常绿
水竹	*Phyllostachys heteroclada*	1.7	1.7	1.40	20	2.9	常绿
针齿铁子	*Myrsine semiserrata*	0.2	0.1	0.04	40	2.9	常绿
西南绣球	*Hydrangea davidii*	0.5	0.3	0.33	40	2.8	落叶
更新层							
四川新木姜子	*Neolitsea sutchuanensis*	1.2	0.4	3.4	100	12.0	常绿
坛果山矾	*Symplocos urceolaris*	0.4	0.4	2.43	60	5.1	常绿

续表

中文名	拉丁名	高度/m		盖度/%	频度/%	重要值	性状
		最高	平均				
八角枫	*Alangium chinense*	1.3	0.5	0.33	40	3.0	落叶
景东冬青	*Ilex gintungensis*	0.0	0.0	0.06	20	2.8	常绿
毛叶木姜子	*Litsea mollis*	0.1	0.1	0.01	20	2.2	落叶
三花假卫矛	*Microtropis triflora*	0.3	0.3	0.03	20	2.0	常绿
未知 1		0.6	0.6	0.18	20	1.6	
柔毛润楠	*Machilus villosa*	0.5	0.5	0.18	20	1.6	常绿
贵州琼楠	*Beilschmiedia kweichowensis*	2.5	2.5	0.12	20	1.4	常绿
刺叶桂樱	*Laurocerasus spinulosa*	0.1	0.08	0.01	20	1.3	常绿
未知 2		0.3	0.3	0.02	20	1.3	
未知 3		0.1	0.1	0.01	20	1.3	

草本层　$25m^2$

中文名	拉丁名	高度/m		盖度/%	频度/%	重要值	性状
		最高	平均				
偏瓣花	*Plagiopetalum esquirolii*	0.2	0.09	1.03	20	21.0	直立草本
西南沿阶草	*Ophiopogon mairei*	0.2	0.11	0.96	40	17.7	直立草本
四回毛枝蕨	*Leptorumohra quadripinnata*	0.4	0.35	1.40	20	16.1	直立草本
镰羽瘤足蕨	*Plagiogyria rankanensis*	0.2	0.21	0.91	20	12.6	直立草本
小肉穗草	*Sarcopyramis bodinieri*	0.0	0.02	0.06	20	11.3	直立草本
丫蕊花	*Ypsilandra thibetica*	0.1	0.07	0.12	20	4.5	直立草本
江南短肠蕨	*Allantodia metteniana*	0.1	0.10	0.16	20	4.1	直立草本
疣果楼梯草	*Elatostema trichocarpum*	0.1	0.08	0.01	20	3.7	直立草本
长蕊万寿竹	*Disporum longistylum*	0.2	0.15	0.02	20	3.1	直立草本
中华秋海棠	*Begonia grandis* var. *sinensis*	0.2	0.20	0.01	20	3.0	肉质草本
吻兰	*Collabium chinense*	0.1	0.06	0.00	20	2.9	直立草本

层间植物

中文名	拉丁名	样地 78 $25m^2$		
		(附生)高度/m		盖度/%
		最高	平均	
防己叶菝葜	*Smilax menispermoidea*	0.8	0.2	<1
黄泡	*Rubus pectinellus*	0.2	0.2	<1
鳞果星蕨	*Lepidomicrosorium buergerianum*	0.9	0.5	<1
马甲菝葜	*Smilax lanceifolia*	8.0	6.3	<1
三叶地锦	*Parthenocissus semicordata*	0.4	0.2	<1
藤黄檀	*Dalbergia hancei*	4.8	4.6	<1
西南菝葜	*Smilax bockii*	0.9	0.5	2

5）群落多样性指数及更新动态

4 个群落种的地形及海拔、温度、水分不同，群落之间多样性有差异。从它们的多样性指数沿海拔的变化图来看，其海拔对群落多样性的影响程度并不大。

光叶水青冈+华木荷-筇竹群落的多样性指数最大，Simpson 指数为 0.94、Shannon-Wiener 指数为 3.08、Pielou 均匀度指数为 0.84（图 6-15），而群落种类不是最多，说明群落受人为活动影响较小，原生物种保存较好，乔木层的多样性指数也较高，表明群落内物种的更新良好。

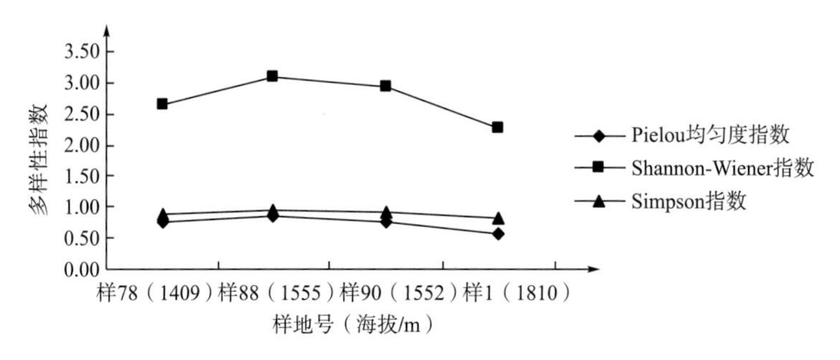

图 6-15 保护区光叶水青冈群落多样性指数沿海拔的变化

峨眉栲-光叶水青冈+筇竹群落和四川新木姜子-光叶水青冈+筇竹群落的物种多样性指数相当且偏低，但在多样性指数上又呈现出不同的规律。峨眉栲-光叶水青冈+筇竹群落 Simpson 指数为 0.81，Shannon-Wiener 指数为 2.28，Pielou 均匀度指数为 0.58（图 6-15）。调查资料显示群落受人为破坏严重，同时有外来物种进入，且地表土壤相对湿润，因此林内无论是群落的总物种数还是乔木层的物种数都是最多的，优势种的更新情况差且有一定的脆弱性。

4 个群落中乔木层的种数多样性指数较高。灌木层和草本层物种多样性指数的变化与上述整个群落的变化规律是一致的。说明光叶水青冈和其他乔木幼苗幼树的更新依赖于其林下筇竹和林分上层乔木的衰老死亡，见表 6-29。

表 6-29 物种多样性指数

群丛类型		物种数	Simpson 指数	Shannon-Wiener 指数	Pielou 均匀度指数
光叶水青冈-华木荷+筇竹群落	乔木层	22	0.91	2.67	0.85
	灌木层	15	0.79	1.93	0.71
	草本层	9	0.79	1.83	0.83
	层间植物	6			
	群落	52	0.94	3.08	0.84
四川新木姜子-光叶水青冈+筇竹群落	乔木层	13	0.86	2.16	0.84
	灌木层	17	0.62	1.57	0.56
	草本层	11	0.81	1.89	0.76
	群落	34	0.87	2.66	0.75
	层间植物	24			

续表

群丛类型		物种数	Simpson 指数	Shannon-Wiener 指数	Pielou 均匀度指数
峨眉栲-光叶水青冈+箣竹群落	乔木层	19	0.91	2.58	0.87
	灌木层	20	0.45	1.14	0.38
	草本层	17	0.65	1.60	0.55
	群落	64	0.81	2.28	0.58
	层间植物	8			
光叶水青冈-深裂中华槭+箣竹群丛落	乔木层	17	0.88	2.38	0.82
	灌木层	22	0.68	1.78	0.59
	草本层	14	0.83	2.11	0.78
	群落	59	0.91	2.94	0.76
	层间植物	6			

光叶水青冈在自然情况下主要依靠种子繁衍后代。成年树木结实量大，结实周期短，为 2～3 年，保证其种子更新有牢靠的基础。调查材料显示，在 2000m^2 的样地内共出现光叶水青冈 83 株，其中除 3 株幼树外，其余 80 株胸径都大于 5cm，最大达 70cm，因此，光叶水青冈的天然更新幼苗、幼树较少。从光叶水青冈径级结构图(图 6-16)看，该群系正处于中幼林时期；从群落的演替的角度来看，在亚热带中山地区光叶水青冈林是一个稳定的森林类型。

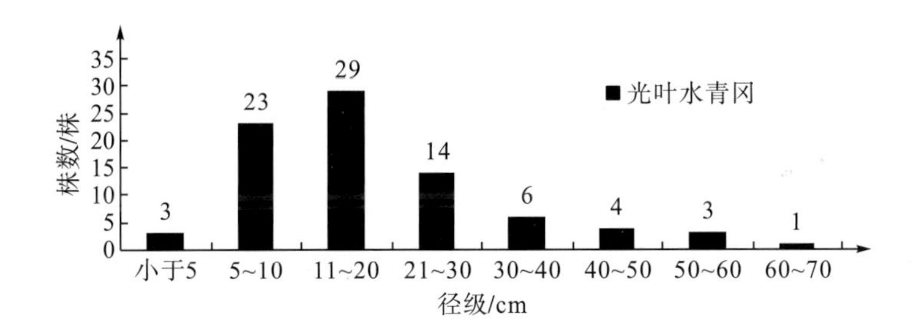

图 6-16　光叶水青冈径级结构图

6) 与中国同类群落的比较

光叶水青冈 *Fagus lucida* 具有喜冷湿、耐贫瘠等特点，分布海拔在 750～2000m，常常在山顶及坡中上部形成优势群落，构成亚热带落叶常绿阔叶混交林的典型林分。光叶水青冈生态适应幅度较广，大体分布于北纬 24°～北纬 30°，在长江以北则局限地分布于北纬 32.5° 以南的湖北省、重庆市交界的狭长地区。在贵州省海拔 1000m 以上大部分地区均有分布，而集中连片的光叶水青冈林主要见于绥阳县宽阔水自然保护区和梵净山自然保护区等地。不同的地理位置、气候条件及复杂的地形形成不同的水青冈群落。贵州的光叶水青冈林的优势种除光叶水青冈外多为粗穗石栎、多脉水青冈、贵州青冈等壳斗科植物；林下优势灌木为大箭竹。在重庆市境内的光叶水青冈林，主要伴生树种有水青冈、包石栎、元宝槭；林下主要有箣竹、木竹、川鄂箭竹。而在乌蒙山国家级自然保护区内则出现深裂中华槭、四川新木姜子、华木荷、峨眉栲等不同科的优势种，且在群落的某一演替时期内会出现其他树种占优势地位的现象。林下优势灌木为筇竹，相比之下保护区的光叶水青冈群落与四川的光叶水青冈群落更相似，见表 6-30。

表 6-30　光叶水青冈群落比较

分布区	海拔/m	坡度	乔木层优势种	林下灌木优势种
云南	1400～1850	15° ～ 35°	光叶水青冈、华木荷、峨眉栲、深裂中华槭、四川新木姜子	筇竹
重庆	1350～2300	未记录	光叶水青冈、水青冈、包石栎、元宝槭	木竹、筇竹、川鄂箭竹
贵州	1400～2000	20° ～ 40°	光叶水青冈、粗穗石栎、多脉水青冈、贵州青冈	大箭竹

7）地理分布特点

中国有 5 种水青冈。其中光叶水青冈 *Fagus lucida* 分布于安徽、浙江、福建、江西、湖北、湖南、广东、广西、贵州、四川及重庆，是间断分布于亚热带高海拔山地的主要落叶树种，生于海拔 750～2000m 的山地混交林或纯林。垂直分布上有自北向南、自西向东逐渐升高的趋势。分布区的气候条件具有温度略低、湿度较大、冬季寒冷而不干燥、夏季温凉而多暴雨、雨量充沛、冬有积雪、终年多云雾、日照少等山地气候特点。光叶水青冈林分布区多为地势起伏大、切割较深、相对高差大、坡度陡峭的中山地貌，是云南的新分布种。昭通保护区地处四川和贵州边境，气候条件和地形与四川、贵州相似，群落属贵州和四川光叶水青冈群落南移的一种新类型，虽然主要优势种为光叶水青冈，但其他的伴生种发生了改变。光叶水青冈在云南范围内的出现具有重要的地理意义。

8）结论和评价

乌蒙山国家级自然保护区的光叶水青冈林具有其独特性：群落的伴生种与四川、重庆及贵州相比明显多，林下灌木层以筇竹占绝对优势，成为光叶水青冈+筇竹林，是保护区的特有类型；从群落外貌和物种组成上看，保护区的光叶水青冈林属山地常绿落叶阔叶混交林，其物种较丰富，在 2000m^2 的样地内出现种子植物 113 种，蕨类植物 9 种。乌蒙山国家级自然保护区光叶水青林可进一步划分为峨眉栲-光叶水青冈+筇竹群落、光叶水青冈-华木荷群落、四川新木姜子-光叶水青冈群落。这 3 种群落类型为本区特有，也是本区分布范围较广的群落类型。

光叶水青冈林多分布在中山山地，由于山势陡峭加之夏季多暴雨，水土流失的危害性极大。保护区的光叶水青冈林受人为影响程度小，其种类组合、群落结构与生物环境气候相协调，具有较好的生态效应，特别是光叶水青冈林有丰富的凋落物，土壤富含有机质，保水性良好，能最大限度地减少地表径流，是涵养水源、保持水土的优良防护林。

水青冈属植物是冰川时期延续至今的古老植物，中国中部山地是其现代分布中心，也为云南范围内的新分布群落，保护区是中国光叶水青冈分布的最西界。古老的水青冈林在研究物种演化、古地理、古生态等方面有极大科学价值。

2.珙桐林(From. *Davidia involucrate*)

珙桐(水梨子、鸽子树)*Davidia involucrata*，隶属于珙桐科珙桐属，国家一级保护植物，为我国特有的单种属植物。在晚白垩纪珙桐曾广布于世界许多地区，但经第四纪冰川后珙桐在世界绝大多数地区已经绝迹，现仅存于我国湖北、湖南、四川、云南、贵州、陕西、甘肃地区海拔(800)1100～2200(2600)m 的湿润常绿阔叶落叶混交林中。面积最大的是四川大小凉山和卧龙自然保护区。珙桐在我国的分布证实了中国植物区系是世界上最古老的植物区系的特征之一。研究珙桐林，可以为考古学、地质学、历史植物地理学的研究提供宝贵资料(中国森林编辑委员会，1999)。

珙桐林在乌蒙山国家级自然保护区内分布较广，主要在永善县三江口、彝良县小草坝、彝良县海子坪和大关县罗汉坝等片区海拔 1750～2050m 湿润的缓坡地段，局部地段可下降到 1530m(大关县罗汉坝)。散生或与其他落叶或常绿阔叶树种混生形成珙桐林，或在局部地段形成小片纯林，保留有丰富的种质资源，显示了其分布较集中的四川、贵州珙桐林的紧密联系。

在本次考察的 9 块总面积 4500m^2 的珙桐样地中，乔木树种计 54 种，其中落叶树种 33 种，占 61.1%，主要为珙桐、长穗鹅耳枥 *Carpinus fangiana*、灯笼树 *Enkianthus chinensis*、水青树 *Tetracentron sinense*、光叶水青冈 *Fagus lucida*、木瓜红 *Rehderodendron macrocarpum* 和五裂槭 *Acer oliverianum* 等；常绿树种 21 种，占 38.9%，主要为三脉水丝梨 *Sycopsis triplinervia*、峨眉栲 *Castanopsis platyacantha*、西南山茶 *Camellia pitardii* 和华木荷 *Schima sinensis* 等，且这一比例在稍后论述的 3 个群落中都相当稳定，变幅不超过 1%。珙桐林的季相明显：春末珙桐花开，其白色苞片在林中分外耀眼；夏季各树种枝叶繁茂，群落外貌葱郁整齐；秋冬季落叶树种树叶纷纷脱落，林下较空旷。

依据珙桐林乔木层优势种及灌木层中优势竹种的不同，保护区内的珙桐林可划分为以下 3 个群落，即珙桐+绥江玉山竹群落、珙桐+金佛山方竹群落，及长穗鹅耳枥-珙桐+筇竹群落。

1)珙桐+绥江玉山竹群落(Ass. *Davidia involucrata*+*Yushania suijiangensis*)

珙桐+绥江玉山竹群落分布于彝良县小草坝雷洞坪海拔约 1855m 的缓坡地段。群落分层明显。乔木层盖度为 45%～70%，高度不一。珙桐在数量上占绝对优势，高 5～11m，冠幅为 5m×6m，有些个体可高至 16m。五裂槭、水青树、三脉水丝梨也能进入乔木上层。灌木层盖度为 40%～80%，主要为绥江玉山竹，高 1～1.4m，地径 0.4～1.0cm。草本层盖度为 50%～70%，其中沟稃草较高，为 0.6～1m，其他草本种类高在 0.6m 以下。层间植物较发达，种类较多。

本群落设两块样地，总面积为 1000m^2。乔木层树种计 18 种，其中落叶 11 种，占 61.1%，重要值为 72.9；常绿 7 种，占 38.9%，重要值为 27.1。比较分析表明，虽然两块样地乔木层均以珙桐为优势，灌木层均以绥江玉山竹为优势，但在不同生境下，乔木层伴生树种差异较大。在土壤条件较好的地段，珙桐生长更良好，接近纯林，样地中仅珙桐就有 45 株，而其他树种仅扇叶槭、水青树、峨眉栲 3 种计 14 株。珙桐树最高达

16.0m，最粗胸径为 46.5cm。在岩石出露较多、土壤较瘠薄的地段，乔木层伴生物种较多，除珙桐仍占优势外，灯笼树、木瓜红、三脉水丝梨也有一定数量。此时乔木层可分为两层。乔木上层高 10～17m，主要由五裂槭、珙桐、三脉水丝梨、华木荷等树种组成，乔木下层高 4～10m 主要为木瓜红、灯笼树、细梗吴茱萸叶五加 *Acanthopanax evodiaefolius* var. *gracilis* 等。

灌木层除绥江玉山竹外，其他物种组成因生境不同，与乔木层呈现出相同的差异。在土壤条件较好的地段，层盖度可以达到 80%，但物种组成相对简单，以绥江玉山竹为主，盖度可达 30%，样地调查中灌木树种只有雷五加和云南冬青两种，乔木幼树、幼苗也较少。而在岩石出露较多的地段，虽然灌木层盖度降至约 40%，但物种组成却更加丰富，且由于乔木层物种种类增加，灌木层中的乔木幼树、幼苗数量也有相应增加。

草本层物种组成状况与乔木、灌木层相反。在土壤条件较好的地段，草本层种类相对较多，盖度约 70%。在面积为 150m^2 的样地 25 内，计草本植物 24 种，以沟稃草最占优势，其次为盾萼凤仙花、四轮香、吉祥草、宽叶楼梯草。而在岩石出露较多的地段，草本层盖度降至 50%，以线鳞耳蕨最占优势，其次为长柄熊巴掌和吉祥草。

层间植物主要为异叶爬山虎、野葛、多种菝葜，也有小果南蛇藤等大型藤本出现。样地中记录到的最大一株小果南蛇藤胸径为 7cm，攀缘高度为 17m，见表 6-31。

表 6-31 珙桐+绥江玉山竹林样地调查表

样地号 面积 时间	样地 25，500m^2，2006 年 7 月 29 日	样地 26，500m^2，2006 年 7 月 29 日
调查人	杜凡、石翠玉、杨科、丁莉、苏文萍、黄礼梅、赫尚丽、罗柏青、罗勇、甘万勇、罗凤晔、宋睿飞、刘宗杰、毛建坤等	
地点	彝良县小草坝雷洞坪	彝良县小草坝雷洞坪
GPS 点	N27°50′57.7″， E104°18′19.8″	N27°50′59.0″， E104°18′23.8″
海拔 坡向 坡位 坡度	1858m 北 中坡 20°	1855m 北 中坡 12°
生境地形特点	缓坡	缓坡
母岩 土壤特点 地表特征	岩石出露 1%	岩石出露 70%
特别记载/人为影响	轻微影响	轻微影响
乔木层盖度	45%，珙桐 30%	70%，珙桐 35%
灌木层盖度，优势种盖度	80%，绥江玉山竹 30%	40%，绥江玉山竹 27%
草本层盖度，优势种盖度	70%，沟稃草 30%，盾萼凤仙花 15%	50%，线叶耳蕨 20%，长柄熊巴掌 6%，吉祥草 3%

乔木层

中文名	样地 25 4 种 59 株					样地 26 16 种 79 株					重要值	性状
	株数	高度/m		胸径/cm		株数	高度/m		胸径/cm			
		最高	平均	最粗	平均		最高	平均	最粗	平均		
珙桐	45	16.0	8.4	46.5	12.1	24	15.0	7.4	46.5	11.9	34.4	落叶
三脉水丝梨						5	14.0	7.4	50.5	22.3	6.8	常绿

续表

中文名	样地 25　4 种　59 株					样地 26　16 种　79 株					重要值	性状
	株数	高度/m		胸径/cm		株数	高度/m		胸径/cm			
		最高	平均	最粗	平均		最高	平均	最粗	平均		
灯笼树						12	9.0	6.1	41.0	10.1	6.8	落叶
峨眉栲	4	7.5	6.5	26.5	14.3	4	4.0	3.4	12.0	10.8	6.8	常绿
水青树	3	15.0	8.5	63.0	25.7						6.2	落叶
五裂槭						4	17.0	8.8	48.0	21.0	5.2	落叶
木瓜红						10	10.0	5.1	17.0	8.0	4.8	落叶
华木荷						4	12.0	8.4	35.0	19.5	4.4	常绿
扇叶槭	7	9.0	6.4	13.0	10.1						4.1	落叶
柔毛润楠						4	7.0	5.6	10.0	7.8	2.9	常绿
石灰花楸						1	12.0	12.0	30.0	30.0	2.7	落叶
细梗吴茱萸叶五加						3	8.0	6.5	12.0	8.4	2.6	落叶
硬斗石栎						2	6.0	5.5	8.0	6.5	2.3	常绿
微毛樱桃						2	4.5	4.3	5.5	5.3	2.2	落叶
钝叶木姜子						1	8.0	8.0	10.0	10.0	2.0	落叶
西南米槠						1	4.0	4.0	8.0	8.0	2.0	常绿
野八角						1	2.2	2.2	6.0	6.0	1.9	常绿
毛叶木姜子						1	2.5	2.5	5.0	5.0	1.9	落叶

灌木层

中文名	拉丁名	样地 25　150m²			样地 26　150m²			重要值	性状
		高度/m		盖度/%	高度/m		盖度/%		
		最高	平均		最高	平均			
真正的灌木									
绥江玉山竹	*Yushania suijiangensis*	1.3	1.3	26.7	1.4	1.0	21.7	54.4	灌木
云南冬青	*Ilex yunnanensis*	0.4	0.4	0.2	1.6	0.8	0.7	4.0	常绿
柳叶紫金牛	*Ardisia hypargyrea*				0.2	0.1	0.3	2.5	常绿
雷五加	*Acanthopanax simonii*	0.4	0.4	1.2				2.2	常绿
更新层									
珙桐	*Davidia involucrata*	0.5	0.5	0.1	2.5	2.0	3.0	4.6	落叶
石灰花楸	*Sorbus folgneri*				3.5	2.0	5.0	4.0	落叶
木瓜红	*Rehderodendron macrocarpum*				4.0	1.7	3.8	3.4	落叶
扇叶槭	*Acer flabellatum*	2.0	1.1	2.5				2.9	落叶
灯笼树	*Enkianthus chinensis*				3.2	2.1	2.5	2.8	落叶
五裂槭	*Acer oliverianum*				0.6	0.4	0.9	2.6	落叶
西南米槠	*Castanopsis carlesii* var. *spinulosa*				2.1	2.1	1.2	2.1	常绿
华木荷	*Schima sinensis*				2.0	1.2	1.0	2.0	常绿

续表

中文名	拉丁名	样地25 150m² 高度/m 最高	样地25 平均	样地25 盖度/%	样地26 150m² 高度/m 最高	样地26 平均	样地26 盖度/%	重要值	性状
柔毛润楠	*Machilus villosa*				1.6	0.8	0.8	2.0	常绿
毛叶木姜子	*Litsea mollis*				1.8	0.6	0.4	1.9	落叶
野八角	*Illicium simonsii*				2.5	1.5	0.5	1.8	常绿
钝叶木姜子	*Litsea veitchiana*				0.8	0.4	0.2	1.8	落叶
细梗吴茱萸叶五加	*Acanthopanax evodiaefolius* var. *gracilis*				1.3	1.3	0.3	1.7	落叶
疏花槭	*Acer laxiflorum*	0.3	0.3	0.2				1.7	落叶
宝兴木姜子	*Litsea moupinensis*	0.3	0.3	0				1.6	落叶

草本层

中文名	拉丁名	样地25 150m² 高度/m 最高	样地25 平均	样地25 盖度/%	样地26 150m² 高度/m 最高	样地26 平均	样地26 盖度/%	重要值	性状
线鳞耳蕨	*Polystichum longipaleatum*	0.6	0.2	0.4	0.4	0.2	17.1	12.6	直立草本
长柄熊巴掌	*Phyllagathis cavaleriei* var. *wilsoniana*	0.5	0.1	4.5	0.5	0.2	6.2	5.6	直立草本
吉祥草	*Reineckia carnea*	0.4	0.3	2.8	0.6	0.1	2.8	3.4	匍匐草本
盾萼凤仙花	*Impatiens scutisepala*	0.6	0.4	15.7	1.2	0.2	2.4	3.1	直立草本
翅轴蹄盖蕨	*Athyrium delavayi*	0.6	0.5	0.4	0.6	0.4	1.8	2.7	直立草本
四轮香	*Hanceola sinensis*	0.7	0.4	3.6	0.4	0.2	1.3	2.4	直立草本
支柱蓼	*Polygonum suffultum*	0.3	0.2	0.8	0.2	0.1	0.5	1.9	直立草本
山酢浆草	*Oxalis griffithii*	0.1	0.1	1.2	0.1	0.1	0.1	1.7	匍匐草本
沟稃草	*Aniselytron treutleri*	1.0	0.6	27.5	0.7	0.7	0.0	1.6	直立草本
克拉莎	*Cladium jamaicense*	0.3	0.3	0.1	0.2	0.2	0.0	1.6	直立草本
窄瓣鹿药	*Maianthemum tatsienense*				0.3	0.1	1.0	1.5	直立草本
粗齿冷水花	*Pilea sinofasciata*				0.3	0.2	1.0	1.4	肉质草本
筒冠花	*Siphocranion macranthum*				0.4	0.3	0.5	1.1	直立草本
星果草	*Asteropyrum peltatum*				0.3	0.3	0.4	1.0	直立草本
钝叶沿阶草	*Ophiopogon amblyphyllus*				0.1	0.0	0.2	0.9	直立草本
合耳菊一种	*Synotis* sp.				0.1	0.1	0.2	0.9	直立草本
革叶报春	*Primula chartacea*				0.1	0.0	0.0	0.8	直立草本
无毛粉条儿菜	*Aletris glabra*				0.1	0.1	0.0	0.8	直立草本
长江蹄盖蕨	*Athyrium iseanum*	0.6	0.4	0.2				0.8	直立草本
长柱鹿药	*Maianthemum oleraceum*	0.3	0.3	0.0				0.8	直立草本
楮头红	*Sarcopyramis nepalensis*	0.4	0.3	0.7				0.8	直立草本
大叶冷水花	*Pilea martinii*	0.5	0.4	4.2				0.8	肉质草本
华合耳菊	*Synotis sinica*	0.4	0.4	0.0				0.8	直立草本
黄水枝	*Tiarella polyphylla*	0.1	0.1	1.0				0.8	直立草本

续表

中文名	拉丁名	样地 25　150m²			样地 26　150m²			重要值	性状
		高度/m		盖度/%	高度/m		盖度/%		
		最高	平均		最高	平均			
戟叶蓼	*Polygonum thunbergii*	0.5	0.5	0.2				0.8	直立草本
尖羽贯众	*Cyrtomium hookerianum*	0.6	0.6	0.0				0.8	直立草本
蕨一种		0.3	0.3	0.0				0.8	直立草本
宽叶楼梯草	*Elatostema platyphyllum*	0.5	0.3	2.5				0.8	直立草本
亮蛇床	*Selinum cryptotaenium*	0.6	0.6	0.3				0.8	直立草本
泡鳞轴鳞蕨	*Dryopsis mariformis*	0.5	0.3	0.9				0.8	直立草本
丫蕊花	*Ypsilandra thibetica*	0.1	0.1	0.0				0.8	直立草本
鱼鳞蕨	*Acrophorus stipellatus*	0.5	0.3	1.3				0.8	直立草本

层间植物

中文名	拉丁名	样地 25　150m²			样地 26　150m²			性状
		(附生)高度/m		盖度/%	(附生)高度/m		盖度/%	
		最高	平均		最高	平均		
扶芳藤	*Euonymus fortunei*			<1	0.30	0.30	<1	附生藤本
冠盖绣球	*Hydrangea anomala*	0.20	0.11	<1				附生藤本
红毛猕猴桃	*Actinidia rufotricha*			<1	0.08	0.08	<1	木质藤本
无刺掌叶悬钩子	*Rubus pentagonus* var. *modestus*			<1	0.06	0.06	<1	藤状灌木
五风藤	*Holboellia latifolia*			<1	0.30	0.10	1	木质藤本
西南菝葜	*Smilax bockii*			<1	0.20	0.17	<1	藤状灌木
小果南蛇藤	*Celastrus homaliifolius*	0.40	0.40	<1	17.00	13.00	3	木质藤本
肖菝葜	*Heterosmilax japonica*	2.00	0.92	3	0.30	0.21	<1	藤状灌木
野葛	*Toxicodendron radicans* ssp. *hispidum*	0.08	0.08	<1	0.30	0.12	1	木质藤本
异叶爬山虎	*Parthenocissus heterophylla*	0.20	0.20	5	0.80	0.18	6	附生藤本

注：珙桐 *Davidia involucrata*、三脉水丝梨 *Sycopsis triplinervia*、灯笼树 *Enkianthus chinensis*、峨眉栲 *Castanopsis platyacantha*、水青树 *Tetracentron sinense*、五裂槭 *Acer oliverianum*、木瓜红 *Rehderodendron macrocarpum*、华木荷 *Schima sinensis*、扇叶槭 *Acer flabellatum*、柔毛润楠 *Machilus villosa*、石灰花楸 *Sorbus folgneri*、细梗吴茱萸叶五加 *Acanthopanax evodiaefolius* var. *gracilis*、硬斗石栎 *Lithocarpus hancei*、微毛樱桃 *Cerasus clarofolia*、钝叶木姜子 *Litsea veitchiana*、西南米槠 *Castanopsis carlesii* var. *spinulosa*、野八角 *Illicium simonsii*、毛叶木姜子 *Litsea mollis*。

2) 珙桐+金佛山方竹群落(Ass. *Davidia involucrate+Chimonobambusa utilis*)

珙桐+金佛山方竹群落分布于彝良县小草坝大窝场海拔 1757m 左右、坡度稍大(约 30°)、较湿润的地段。从《四川植被》及《贵州柏箐喀斯特台原区珙桐林特征研究》中对当地珙桐林的描述来看，以上两地的珙桐林中也存在着同样的群落类型，但均未见到有关这一群落类型的单独描述。

群落分层明显。乔木层高 5～14m，但由于珙桐在数量上占绝对优势，平均高 9.7m，单株冠幅一般为 5m×6m，最大可达 9m×9m，因此群落外貌仍较整齐一致。除珙桐外，其他树种常零星分散分布于群落中，均位于珙桐林冠之下。灌木层金佛山方竹生长良好，但盖度不大，平均高度为 1.3m，地径在 0.5～1.5cm，林下较空旷。草本层物种较丰富，盖度较大，高度一般为 0.2～0.4m。层间植物不发达。

乔木层盖度约 75%，在 500m^2 的样地内共记录乔木树种 13 种 53 株。其中落叶 8 种，常绿 5 种，分别占 80.2%和 19.8%。乔木层中珙桐共有 28 株，最高 13.0m，最粗胸径 37cm，在乔木层中优势明显，占据乔木上层。其次为花楸和其他树种如西南山茶、白背叶楤木等数量均较少。除珙桐和偶见的细梗吴茱萸叶五加外，其他乔木树种高度均未超过 10m，占据乔木下层。

灌木层盖度不大，约 10%。物种组成单一，主要为金佛山方竹，最高达 1.8m，平均高 1.3m，单种盖度约 5%。其他树种如坛果山矾、西南山茶、微香冬青等均只有零星分布，因此林下较空旷。

构成草本层的种类较多，约 20 种，盖度约 80%，以宽叶楼梯草最为常见，盾萼凤仙花、楮头红、翅轴蹄盖蕨、山酢浆草也有较多数量。

层间植物仅见防己叶菝葜、网纹悬钩子和短梗天门冬等，数量不多，缺乏大型藤本，见表 6-32。

表 6-32　珙桐+金佛山方竹林样地调查表

样地号　面积　时间	样地 35，500m^2，2006 年 7 月 31 日
调查人	杨科、黄礼梅、赫尚丽、刘宗杰、罗凤晔
地点	彝良县小草坝大窝场
GPS 点	N27°52′54″，E104°17′47″
海拔　坡向　坡位　坡度	1757m　东　下坡　30°
生境地形特点	水沟边
乔木层盖度	75%，珙桐 50%
灌木层盖度，优势种盖度	10%，玉山竹 5%
草本层盖度，优势种盖度	80%，宽叶楼梯草 20%，盾萼凤仙花 15%，翅轴蹄盖蕨 8%

乔木层

中文名	拉丁名	样地 35　13 种　53 株					重要值	性状
		株数/丛数	高度/m		胸径/cm			
			最高	平均	最粗	平均		
珙桐	*Davidia involucrata*	28	13.0	9.7	37.0	19.3	48.7	落叶
花楸一种	*Sorbus* sp.	10/3	8.2	7.3	16.0	10.7	11.3	落叶
西南山茶	*Camellia pitardii*	3	4.0	4.0	7.5	6.3	6.6	常绿
白背叶楤木	*Aralia chinensis* var. *nuda*	2	8.0	7.0	13.5	10.5	4.0	落叶
尖叶四照花	*Dendrobenthamia angustata*	2	5.0	5.0	11.0	9.0	3.9	常绿
细梗吴茱萸叶五加	*Acanthopanax evodiaefolius* var. *gracilis*	1	14.0	14.0	20.0	20.0	3.7	落叶

续表

中文名	拉丁名	样地 35 13 种 53 株					重要值	性状
		株数/丛数	高度/m		胸径/cm			
			最高	平均	最高	平均		
木瓜红	*Rehderodendron macrocarpum*	1	7.0	7.0	15.0	15.0	3.4	落叶
香港四照花	*Dendrobenthamia hongkongensis*	1	8.0	8.0	14.0	14.0	3.3	常绿
微毛樱桃	*Cerasus clarofolia*	1	2.0	2.0	13.0	13.0	3.2	落叶
峨眉栲	*Castanopsis platyacantha*	1	2.5	2.5	10.0	10.0	3.1	常绿
纤细风吹箫	*Leycesteria gracilis*	1	5.0	5.0	9.5	9.5	3.0	落叶
粗梗稠李	*Padus napaulensis*	1	2.0	2.0	5.5	5.5	2.9	落叶
三股筋香	*Lindera thormsonii*	1	3.0	3.0	5.5	5.5	2.9	常绿

灌木层

中文名	拉丁名	样地 35 25m^2			重要值	性状
		高度/m		盖度/%		
		最高	平均			
真正的灌木						
金佛山方竹	*Chimonobambusa utilis*	1.8	1.3	3.9	66.2	灌木
三颗针	*Berberis* sp.	0.6	0.6	0.2	4.1	灌木
更新层						
坛果山矾	*Symplocos urceolaris*	0.7	0.6	1.8	17.6	常绿乔木幼树
西南山茶	*Camellia pitardii*	1.4	1.4	1	9.5	常绿乔木幼树
微香冬青	*Ilex subodorata*	2	2	0	2.5	常绿乔木幼树

草本层

中文名	拉丁名	样地 35 25m^2			重要值	性状
		高度/m		盖度/%		
		最高	平均			
宽叶楼梯草	*Elatostema platyphyllum*	0.3	0.2	20.1	28.5	肉质草本
盾萼凤仙花	*Impatiens scutisepala*	0.4	0.4	13.0	16.3	肉质草本
楮头红	*Sarcopyramis nepalensis*	0.2	0.2	4.0	11.0	直立草本
翅轴蹄盖蕨	*Athyrium delavayi*	0.3	0.2	7.4	9.6	直立草本
山酢浆草	*Oxalis griffithii*	0.1	0.1	1.3	5.8	匍匐草本
江南短肠蕨	*Allantodia metteniana*	0.3	0.2	2.7	4.6	直立草本
吉祥草	*Reineckia carnea*	0.2	0.1	0.6	4.0	匍匐草本
长唇筒冠花	*Siphocranion macranthum* var. *prainianum*	0.2	0.1	1.1	2.9	直立草本
克拉莎	*Cladium jamaicense*	0.2	0.1	0.2	2.7	直立草本
未知草本		0.2	0.2	0.3	1.7	直立草本

续表

中文名	拉丁名	样地35 25m²			重要值	性状
		高度/m		盖度/%		
		最高	平均			
牛膝	*Achyranthes bidentata*	0.4	0.4	0.7	1.6	直立草本
光叶堇菜	*Viola hossei*	0.1	0.1	0.4	1.2	直立草本
支柱蓼	*Polygonum suffultum*	0.4	0.4	0.4	1.1	直立草本
短柱对叶兰	*Listera mucronata*	0.1	0.1	0.2	1.0	直立草本
西南毛茛	*Ranunculus ficariifolius*	0.5	0.5	0.4	1.0	直立草本
黄水枝	*Tiarella polyphylla*	0.2	0.2	0.1	0.9	直立草本
大叶冷水花	*Pilea martinii*	0.2	0.2	0.1	0.8	肉质草本
革叶报春	*Primula chartacea*	0.1	0.1	0.1	0.8	直立草本
短梗天门冬	*Asparagus lycopodineus*	0.7	0.7	0.1	0.8	直立草本
蕨叶人字果	*Dichocarpum dalzielii*	0.2	0.2	0.1	0.7	直立草本

层间植物

中文名	拉丁名	样地35 25m²			性状
		（附生）高度/m		盖度/%	
		最高	平均		
防己叶菝葜	*Smilax menispermoidea*	0.25	0.18	<1	藤状灌木
网纹悬钩子	*Rubus cinclidodictyus*	0.25	0.25	<1	藤状灌木
短梗天门冬	*Asparagus lycopodineus*	0.7	0.7	0.1	草质藤本

3）长穗鹅耳枥-珙桐+筇竹群落（Ass. *Carpinus fangiana-Davidia involucrate+Qiongzhuea tumidissinoda*）

长穗鹅耳枥-珙桐+筇竹群落在永善县三江口（1930～2040m）、彝良县海子坪（1850m）、大关县罗汉坝（1530m）坡度较平缓的地段均有分布，是保护区内珙桐林中分布范围最广、物种组成最为复杂的类型。群落分层明显，外貌较整齐。乔木层高达 25m，盖度为 60%～85%，可分为上下两层。灌木层盖度为 60%～90%，以筇竹为主，高 1～3m，地径大多为 1～3cm。草本层盖度为 3%～85%，高度在 0.4m 以下。层间植物发达，种类丰富。这一群落共设立样地 6 块，总面积为 3000m^2。样地中共计出现乔木树种 40 种，其中落叶树种 24 种，占 60%，常绿树种 16 种，占 40%。

乔木层盖度为 45%～85%，可分为上下两层。乔木上层高 10～25m，主要树种为珙桐、长穗鹅耳枥、峨眉栲等。乔木下层高 4～10m，主要树种为西南山茶、坛果山矾和四川山矾等。乔木层中珙桐的株数最多，超过长穗鹅耳枥近一倍，但由于长穗鹅耳枥胸径大（如调查中发现的最大一株长穗鹅耳枥高 25m、胸径 117cm），因此其重要值排在第一位，珙桐排在第二位。但长穗鹅耳枥在群落中的分布范围不及珙桐广，多在局部地区优势较明显，而珙桐在整个群落的各个区域内都是较优势的树种。乔木层中，常绿树种 16 种，重要值为 37.2，落叶树种 24 种，重要值为 62.8。

灌木层盖度为 60%～93%，以筇竹占绝对优势，单种的盖度平均可达 44%，生长良好，高 1～3m。此外，坛果山矾、深裂中华槭及多种稠李的幼树、幼苗也较常见，显示了这些树种更新良好。灌木树种中，西南绣球 *Hydrangea davidii* 数量较多，其他灌木树种数量很少。

草本层盖度为 5%～85%。当乔木层、灌木层盖度均较大时，草本尤为稀少，以托叶楼梯草最占优势，其他常见物种有盾萼凤仙花、多种短肠蕨和长江蹄盖蕨等。

层间植物中，除猕猴桃藤山柳、五风藤、冠盖绣球等大型木质藤本外，扶芳藤、三叶地锦、菝葜等也较常见。附生植物主要是鳞果星蕨。苔藓较少，厚 1～2cm，仅覆盖树干基部，见表 6-33。

4) 珙桐林内群丛的划分

目前，对以珙桐占优势的群落的记录和描述以及珙桐林群丛的划分在各省植被和各省森林专著中并不多见，且描述均较简单，主要有：《湖南森林》中描述了珙桐林；《贵州植被》中描述了珙桐群系；《四川植被》中描述了包石栎、峨眉栲、珙桐、香桦林；《中国植被》中记录的包石栎、峨眉栲、珙桐、香桦林，与《四川植被》的描述基本一致；此外，《中国森林》中对我国珙桐林的分布与生境、组成和结构、生长发育、更新演替及利用等方面进行了介绍。这些专著中均将珙桐林作为一个整体描述，没有在珙桐林内再进行不同群丛的划分。

目前对于珙桐林不同群丛划分的文章也不多见。李轩等按数量分类的方法将湖南省的珙桐林划分成了 6 个类型：①珙桐、银鹊树、白辛树、天师栗群落；②珙桐、银鹊树、水青树、天师栗群落；③珙桐、香果树、多脉青冈群落；④珙桐、多脉青冈、天师栗、灯台树群落；⑤珙桐、毛红椿、天师栗群落；⑥水青树、珙桐、伯乐树群落。沈泽昊等按群落中各物种的重要值排序将四川都江堰龙池地区珙桐林划分成了 3 个类型，即柳杉(人工种植)珙桐林、大叶椴珙桐林和珙桐林。此外，未见到其他有关珙桐林群丛划分的相关研究。

与保护区的珙桐群丛相比，虽然上述群落中也存在较多与保护区珙桐林共有的物种，但保护区的珙桐群丛类型与湖南、四川的划分均不同。这既体现了保护区的珙桐林与湖南、四川珙桐林的密切联系，也体现了其差异性，说明保护区的珙桐林在物种组成上具有一定的独特性，因此具有重要的保护意义。

5) 保护区珙桐林与四川珙桐林的比较

保护区珙桐林物种组成情况以本次科考中设立的 9 块共 4500m^2 的样地调查数据为依据。四川珙桐林物种组成情况依据《四川植被》中对包石栎、峨眉栲、珙桐、香桦林的描述，调查面积不详。由于两区域面积不同，无法运用相似性系数进行定量分析，仅能对两地共有科属种进行统计(表 6-34)，作为评价两地珙桐林相似性的参考。

表 6-33 长穗鹅耳枥-珙桐+筇竹林样地调查表

样地号 面积 时间	样地3，500m^2，2006年7月20日	样地4，500m^2，2006年7月20日	样地5，500m^2，2006年7月20日	样地6，500m^2，2006年7月20日	样地46，500m^2，2006年8月6日	样地70A，500m^2，2006年8月10日
调查人	杜凡、王娟、杨科等	杜凡、王娟、杨科等	杜凡、王娟、杨科等	杜凡、王娟、杨科等	杨科、石翠玉、黄礼梅等	石翠玉、苏文苹、宋睿飞等
地点	永善县三江口老韩家	永善县三江口范家屋基	永善县三江口范家屋基	永善县三江口倒流水	大关县罗汉坝大树子	彝良县海子坪烂凹子
GPS点	N28°14′007″，E103°56′42.5″	N28°14′0.008″，E103°56′42.6″	N28°14′00.1″，E103°56′36.4″	N28°14′03.8″，E103°56′27″	N27°50′57.7″，E104°18′19.8″	N27°50′59.0″，E104°18′23.8″
海拔 坡向 坡位 坡度	1966m 南坡 下坡 10°	1947m 西坡 中上坡 10°	1930m 东坡 中坡 12°	2039m 西坡 上坡 10°	1849m 西坡 中坡 10°	1530m 北坡 中上位 15°
生境地形特点	均匀同质，7m处有一条小路经过	样地附近靠近正山脊处有小沟		中间凹两边凸	缓坡有起伏	
母岩 土壤特点 地表特征	黄壤，枯枝落叶层厚2～3cm			黄壤，枯枝落叶层厚2～3cm	枯枝落叶层厚3～8cm	黄壤，枯枝落叶层厚1.5～2.5cm
特别记载/人为影响	40年前砍过，自然恢复			原生植被	原始林，有小路穿过样地	天然林
乔木层盖度	60%，珙桐40%	45%，珙桐15%	50%，长穗鹅耳枥20%，珙桐7%	60%，珙桐10%，峨眉栲10%	85%，光叶水青冈25%，珙桐20%	82%，长穗鹅耳枥60%，珙桐10%
灌木层盖度，优势种盖度	85%，筇竹70%	80%，筇竹45%	60%，筇竹50%	80%，筇竹70%	65%，筇竹30%，峨眉栲20%	93%，筇竹90%
草本层盖度，优势种盖度	15%，莎草5%，盾萼凤仙花3%	45%，托叶楼梯草25%，鳞柄短肠蕨6%	75%，托叶楼梯草50%，鳞柄短肠蕨15%	85%，托叶楼梯草20%，长江蹄盖蕨10%	85%，江南短肠蕨50%，长江蹄盖蕨10%	5%，托叶楼梯草3%，鳞柄短肠蕨1%

乔木层

中文名	样地3 9种 25株					样地4 10种 28株					样地5 12种 29株					样地6 17种 45株					样地46 16种 60株					样地70A 8种 33株					频度/%	重要值	性状
	丛数/株数	高度/m		胸径/cm		丛数/株数	高度/m		胸径/cm		丛数/株数	高度/m		胸径/cm		丛数/株数	高度/m		胸径/cm		丛数/株数	高度/m		胸径/cm		丛数/株数	高度/m		胸径/cm				
		最高	平均	最粗	平均		最高	平均	最粗	平均		最高	平均	最粗	平均		最高	平均	最粗	平均		最高	平均	最粗	平均		最高	平均	最粗	平均			
长穗鹅耳枥											4/2	25.0	14.3	117.0	49.8	2/1	11.0	10.5	16.0	13.5						18	19.0	12.9	88.0	49.4	0.5	17.6	落叶
珙桐	9/6	18.0	16.8	55.5	28.4	6	17.0	9.8	36.0	17.5	5	20.0	12.0	36.0	18.2	5/3	16.0	11.0	28.0	14.4	13/12	13.0	8.7	31.0	16.7	7	9.0	6.1	22.0	12.2	1.0	13.5	落叶
峨眉栲						4	6.0	4.8	10.5	8.5	2	22.0	19.5	59.0	54.5	4	21.0	19.0	57.0	50.6	5	12.0	6.5	55.0	28.0						0.7	8.3	常绿

续表

中文名	样地3 9种 25株					样地4 10种 28株					样地5 12种 29株					样地6 17种 45株					样地46 16种 60株					样地70A 8种 33株					频度/%	重要值	性状
	丛数/株数	高度/m		胸径/cm		丛数/株数	高度/m		胸径/cm		丛数/株数	高度/m		胸径/cm		丛数/株数	高度/m		胸径/cm		丛数/株数	高度/m		胸径/cm		丛数/株数	高度/m		胸径/cm				
		最高	平均	最粗	平均		最高	平均	最粗	平均		最高	平均	最粗	平均		最高	平均	最粗	平均		最高	平均	最粗	平均		最高	平均	最粗	平均			
西南山茶						1	6.0	6.0	6.0	6.0	4	9.0	5.8	13.0	8.4	4	14.0	9.8	18.5	13.5	11/7	6.0	4.4	14.0	8.1						0.7	5.3	常绿
华木荷						5	18.0	15.2	63.0	38.4	1	15.0	15.0	30.0	30.0	1	15.0	15.0	30.0	30.0											0.5	4.3	常绿
坛果山矾	1	3.0	3.0	5.5	5.5	4	6.5	5.4	11.0	9.0											6	7.0	4.8	11.0	9.2	1	3.0	3.0	8.0	8.0	0.7	3.9	常绿
光叶水青冈																					4	15.0	10.3	101.0	42.3						0.2	3.3	落叶
多变石栎						2	15.0	14.0	28.5	24.3						3	14.0	9.4	35.0	20.0	3	9.0	6.7	22.0	16.0						0.5	3.3	常绿
野核桃	3	15.0	12.0	33.5	20.8						1	17.0	17.0	60.0	60.0						1	6.0	6.0	8.0	8.0						0.5	3.1	落叶
绢毛稠李	3	18.0	13.7	43.0	27.2						1	24.0	24.0	53.5	53.5																0.3	2.6	落叶
四川山矾											2	9.0	7.0	13.0	9.0	2	8.0	6.5	17.5	13.0	2	6.0	4.8	9.0	8.5						0.5	2.4	常绿
钝叶木姜子																4	22.0	13.5	40.0	21.8	1	4.5	4.5	5.0	5.0						0.3	2.2	落叶
灯台树																2	20.0	17.5	40.0	34.8	3	9.0	6.8	15.0	10.3						0.3	2.2	落叶
五裂槭						1	5.5	5.5	14.5	14.5						4	13.0	10.5	24.0	19.0											0.3	2.0	落叶
粗梗稠李						2	8.0	5.5	17.0	11.8						2	15.0	13.0	25.0	25.0											0.3	1.8	落叶
水青树	1	9.0	9.0	11.0	11.0											2	19.0	19.0	29.0	23.0											0.3	1.6	落叶
木瓜红											1	19.0	19.0	29.0	29.0											1	10.0	10.0	18.0	18.0	0.3	1.4	落叶
三股筋香											4	20.0	9.1	33.0	15.4																0.2	1.3	常绿
野茉莉	1	5.0	5.0	9.5	9.5	1	4.5	4.5	5.0	5.0																					0.3	1.3	常绿
灰叶稠李																					2	13.0	11.0	48.0	32.5						0.2	1.2	落叶
短梗稠李											2	16.0	15.5	39.0	29.5																0.2	1.2	落叶
猫儿屎	4	7.0	5.3	8.0	7.0																										0.2	1.1	落叶
多穗石栎											2	14.0	11.5	35.0	29.3																0.2	1.1	常绿
微香冬青																3	13.0	9.7	21.0	13.8											0.2	1.0	常绿
水丝梨																3	9.0	7.7	13.0	10.0											0.2	1.0	常绿

续表

中文名	样地3 9种 25株					样地4 10种 28株					样地5 12种 29株					样地6 17种 45株					样地46 16种 60株					样地70A 8种 33株					频度/%	重要值	性状
	丛数/株数	高度/m		胸径/cm		丛数/株数	高度/m		胸径/cm		丛数/株数	高度/m		胸径/cm		丛数/株数	高度/m		胸径/cm		丛数/株数	高度/m		胸径/cm		丛数/株数	高度/m		胸径/cm				
		最高	平均	最粗	平均		最高	平均	最粗	平均		最高	平均	最粗	平均		最高	平均	最粗	平均		最高	平均	最粗	平均		最高	平均	最粗	平均			
云南枫杨																1	22.0	22.0	43.0	43.0											0.2	1.0	落叶
深裂中华槭																										2	10.0	8.5	30.0	19.0	0.2	0.9	落叶
大翅色木槭						2	15.0	12.0	29.0	19.8																					0.2	0.9	落叶
硬斗石栎																1	22.0	22.0	40.0	40.0											0.2	0.9	常绿
吴茱萸																					2	13.0	10.5	21.0	16.5						0.2	0.9	落叶
川滇连蕊茶																										2	6.5	6.0	19.0	16.5	0.2	0.9	常绿
细齿稠李																2	8.0	8.0	16.0	14.0											0.2	0.8	落叶
武当玉兰	2	13.0	9.0	16.5	13.5																										0.2	0.8	落叶
楤木																					2	2.5	2.4	9.0	8.5						0.2	0.8	落叶
绒毛滇南山矾																					2	6.0	5.5	6.0	5.5						0.2	0.8	常绿
四川新木姜子																										1	9.0	9.0	28.0	28.0	0.2	0.8	常绿
杨叶木姜子																					1	8.0	8.0	23.0	23.0						0.2	0.7	落叶
毛薄叶冬青																					1	8.0	8.0	7.0	7.0						0.2	0.6	落叶
珂楠树	1	6.0	6.0	6.0	6.0																										0.2	0.6	落叶
柔毛润楠																										1	2.5	2.5	6.0	6.0	0.2	0.6	常绿

灌木层

中文名	样地3 $25m^2$			样地4 $25m^2$			样地5 $25m^2$			样地6 $25m^2$			样地46 $25m^2$			样地70A $25m^2$			频度/%	重要值	性状
	高度/m		盖度/%	高度/m		盖度/%	高度/m		盖度/%	高度/m		盖度/%	高度/m		盖度/%	高度/m		盖度/%			
	最高	平均		最高	平均		最高	平均		最高	平均		最高	平均		最高	平均				
筇竹	1.7	1.32	42.6	3	2.06	50	2.5	1.99	27.5	3	3	29.8	1.7	1.62	32.3	2.12	1.76	72	1	56.9	灌木
西南绣球	1.5	0.42	0.6	2	0.91	5.6							2	1.27	7.3	0.35	0.35	0.2	0.7	5	常绿

续表

中文名	样地 3 25m^2			样地 4 25m^2			样地 5 25m^2			样地 6 25m^2			样地 46 25m^2			样地 70A 25m^2			频度/%	重要值	性状
	高度/m		盖度/%	高度/m		盖度/%	高度/m		盖度/%	高度/m		盖度/%	高度/m		盖度/%	高度/m		盖度/%			
	最高	平均		最高	平均		最高	平均		最高	平均		最高	平均		最高	平均				
云南桃叶珊瑚				0.5	0.29	0.2	0.6	0.34	0										0.3	1.5	常绿
散花紫金牛																0.1	0.07	0.1	0.2	1.2	常绿
异叶吊石苣苔				0.08	0.08	0													0.2	0.8	常绿
刺叶冬青										0.5	0.5	0							0.2	0.7	常绿
雷五加	0.1	0.1	0																0.2	0.7	常绿
坛果山矾	0.2	0.2	0	1.2	0.66	26	0.25	0.25	0.1				0.6	0.55	3.9	0.6	0.6	0.1	0.8	7	常绿
深裂中华槭	0.15	0.15	0							0.6	0.33	0.3	0.2	0.2	0.1	0.1	0.04	0.2	0.7	4	落叶
峨眉栲													1.8	1.67	18.6				0.2	2.6	常绿
粗梗稠李				0.7	0.43	0.6	0.2	0.2	0	2	1.88	0.4							0.5	2.6	落叶
绢毛稠李	0.8	0.21	3.2																0.2	2.1	落叶
多变石栎				1.75	1.73	6.4													0.2	1.4	常绿
短梗稠李				1	0.46	1.1													0.2	1	落叶
白檀													1	1	2.4				0.2	1	常绿
珙桐													0.03	0.03	0				0.2	0.9	落叶
薄叶山矾	0.1	0.1	0																0.2	0.8	常绿
钝叶木姜子	0.16	0.16	0																0.2	0.8	常绿
水丝梨										0.35	0.15	0.5							0.2	0.8	常绿
尾叶樟													1.1	1.1	0.5				0.2	0.8	常绿
四川新木姜子																0.2	0.15	0.1	0.2	0.8	常绿
毛牛斜吴萸	0.15	0.13	0																0.2	0.8	落叶
未知幼苗 2	0.05	0.05	0																0.2	0.8	
西南山茶										2	2	0							0.2	0.7	常绿

续表

中文名	样地 3 25m^2			样地 4 25m^2			样地 5 25m^2			样地 6 25m^2			样地 46 25m^2			样地 70A 25m^2			频度/%	重要值	性状
	高度/m		盖度/%	高度/m		盖度/%	高度/m		盖度/%	高度/m		盖度/%	高度/m		盖度/%	高度/m		盖度/%			
	最高	平均		最高	平均		最高	平均		最高	平均		最高	平均		最高	平均				
野茉莉	0.3	0.3	0																0.2	0.7	常绿
宝兴木姜子	0.15	0.15	0																0.2	0.7	常绿
三股筋香				0.05	0.05	0													0.2	0.7	常绿
未知 3																0.08	0.08	0	0.2	0.7	
吴茱萸一种													0.03	0.03	0				0.2	0.7	落叶

草本层

中文名	样地 3 25m^2			样地 4 25m^2			样地 5 25m^2			样地 6 25m^2			样地 46 25m^2			样地 70A 25m^2			频度/%	重要值
	高度/m		盖度/%	高度/m		盖度/%	高度/m		盖度/%	高度/m		盖度/%	高度/m		盖度/%	高度/m		盖度/%		
	最高	平均		最高	平均		最高	平均		最高	平均		最高	平均		最高	平均			
托叶楼梯草	0.25	0.21	0.3	0.25	0.19	27.6	0.25	0.21	28.0	0.20	0.15	6.4	0.10	0.10	0.4	0.15	0.09	3.5	1.0	26.8
江南短肠蕨	0.20	0.20	0.9				0.25	0.25	0.0	0.35	0.33	1.3	0.30	0.21	26.6				0.7	8.1
盾萼凤仙花	0.20	0.15	2.6	0.20	0.12	3.3	0.40	0.21	0.9	0.25	0.15	0.8	0.20	0.15	0.6	0.11	0.11	0.1	1.0	6.2
鳞柄短肠蕨				0.25	0.20	6.0	0.30	0.25	11.0	0.30	0.30	1.0				0.30	0.13	1.2	0.7	6.0
长江蹄盖蕨	0.25	0.20	1.7	0.40	0.25	2.5				0.20	0.19	3.2	0.30	0.17	4.6				0.7	5.3
山酢浆草	0.10	0.10	0.2	0.10	0.09	1.3	0.06	0.06	0.0	0.20	0.12	0.0							0.7	3.0
绵毛金腰				0.05	0.05	0.0	0.08	0.07	0.0	0.65	0.22	2.6							0.5	2.9
走茎龙头草	0.10	0.10	0.9				0.50	0.28	0.3	0.20	0.09	0.4							0.5	2.5
粗齿冷水花	0.20	0.20	0.2	0.25	0.20	0.3	0.40	0.20	0.7				0.30	0.28	1.4				0.7	2.4
六叶葎	0.20	0.08	0.1	0.20	0.12	0.0	0.20	0.11	0.0	0.65	0.28	0.1							0.7	1.9
桫椤鳞毛蕨				0.25	0.19	4.4													0.2	1.5

续表

中文名	样地3　25m²			样地4　25m²			样地5　25m²			样地6　25m²			样地46　25m²			样地70A　25m²			频度/%	重要值
	高度/m		盖度/%	高度/m		盖度/%	高度/m		盖度/%	高度/m		盖度/%	高度/m		盖度/%	高度/m		盖度/%		
	最高	平均		最高	平均		最高	平均		最高	平均		最高	平均		最高	平均			
假耳羽短肠蕨							0.20	0.20	0.2										0.2	1.4
长唇筒冠花	0.20	0.06	0.3	0.10	0.10	0.0				0.12	0.12	0.0							0.5	1.5
黑鳞短肠蕨				0.15	0.15	1.9	0.15	0.15	0.0	0.20	0.18	0.1							0.5	1.5
莎草科一种	0.20	0.20	3.4																0.2	1.3
光叶堇菜	0.05	0.05	0.2				0.05	0.05	0.0				0.10	0.10	0.1				0.5	1.3
袋果草	0.05	0.05	0.2				0.06	0.06	0.0	0.05	0.05	0.0							0.5	1.3
求米草	0.20	0.20	0.5										0.30	0.30	0.3				0.3	1.2
单花红丝线	0.30	0.30	0.1	0.05	0.04	0.1				0.30	0.20	0.6							0.5	1.1
翅茎冷水花										0.20	0.18	2.7							0.2	1.1
黄水枝							0.10	0.10	0.0	0.20	0.18	1.0							0.3	1.1
路边青													0.30	0.30	3.1				0.2	1.1
吉祥草				0.10	0.10	0.0	0.15	0.15	0.0	0.10	0.09	0.0							0.5	1.1
膜蕨囊瓣芹										0.20	0.14	2.8							0.2	1.0
尼泊尔双蝴蝶				0.80	0.29	0.1							0.15	0.15	0.1				0.3	0.9
短尾细辛										0.08	0.08	0.0	0.10	0.10	0.2				0.3	0.8
黑鳞耳蕨										0.30	0.20	0.4	0.30	0.30	0.2				0.3	0.8
新川西鳞毛蕨							0.05	0.05	0.0				0.15	0.15	0.7				0.3	0.8
龙眼独活										0.12	0.12	0.1				0.05	0.05	0.1	0.3	0.7
豆瓣菜										0.25	0.25	0.8							0.2	0.7
假楼梯草				0.20	0.20	0.3				0.05	0.05	0.0							0.3	0.7

续表

中文名	样地 3 25m²			样地 4 25m²			样地 5 25m²			样地 6 25m²			样地 46 25m²			样地 70A 25m²			频度/%	重要值
	高度/m		盖度/%	高度/m		盖度/%	高度/m		盖度/%	高度/m		盖度/%	高度/m		盖度/%	高度/m		盖度/%		
	最高	平均		最高	平均		最高	平均		最高	平均		最高	平均		最高	平均			
血满草													1.90	0.62	1.2				0.2	0.7
川八角莲	0.20	0.20	0.0							0.20	0.20	0.1							0.3	0.6
楮头红																0.09	0.05	0.2	0.2	0.6
细柄凤仙花										0.25	0.17	0.9							0.2	0.6
支柱蓼	0.15	0.11	0.2																0.2	0.5
大叶金腰				0.10	0.10	0.5													0.2	0.4
线鳞耳蕨										0.20	0.18	0.6							0.2	0.4
林猪殃殃										0.25	0.25	0.0							0.2	0.4
碗蕨										0.25	0.23	0.3							0.2	0.4
类叶升麻													0.25	0.25	0.4				0.2	0.4
鹿药													0.20	0.15	0.2				0.2	0.4
隆脉冷水花													0.40	0.40	0.1				0.2	0.3
山珠半夏													2.00	2.00	0.1				0.2	0.3
裂叶星果草										0.10	0.10	0.0							0.2	0.3
过路黄				0.10	0.08	0.1													0.2	0.3
金钱重楼				0.10	0.10	0.1													0.2	0.3
四轮香				0.20	0.20	0.1													0.2	0.3
深圆齿堇菜													0.05	0.05	0.0				0.2	0.3
沟稃草							0.20	0.20	0.0										0.2	0.3
报春花科一种	0.20	0.20	0.0																0.2	0.3

续表

中文名	样地 3　25m^2			样地 4　25m^2			样地 5　25m^2			样地 6　25m^2			样地 46　25m^2			样地 70A　25m^2			频度/%	重要值
	高度/m		盖度/%	高度/m		盖度/%	高度/m		盖度/%	高度/m		盖度/%	高度/m		盖度/%	高度/m		盖度/%		
	最高	平均		最高	平均		最高	平均		最高	平均		最高	平均		最高	平均			
短柱对叶兰										0.25	0.25	0.0							0.2	0.3
疏叶卷柏													0.10	0.10	0.0				0.2	0.3
南方露珠草	0.15	0.15	0.0																0.2	0.3
万寿竹				0.05	0.05	0.0													0.2	0.3
云南婆婆纳													0.05	0.05	0.0				0.2	0.3
一把伞南星										0.08	0.08	0.0							0.2	0.3
巫山繁缕										0.10	0.10	0.0							0.2	0.3
长柱鹿药							0.15	0.15	0.0										0.2	0.3
水毛花										0.01	0.01	0.0							0.2	0.3
大叶茜草													0.15	0.15	0.0				0.2	0.3
鹿衔草										0.05	0.05	0.0							0.2	0.3
双蝴蝶																2.10	2.10	0.0	0.2	0.3
伏毛蓼				0.05	0.05	0.0													0.2	0.3

层间植物

中文名	样地 3　25m^2			样地 4　25m^2			样地 5　25m^2			样地 6　25m^2			样地 46　25m^2			样地 70A　25m^2		
	高度/m		盖度/%	高度/m		盖度/%	高度/m		盖度/%	高度/m		盖度/%	高度/m		盖度/%	高度/m		盖度/%
	最高	平均		最高	平均		最高	平均		最高	平均		最高	平均		最高	平均	
鳞果星蕨							0.10	0.10	＜1				0.10	0.10	＜1	0.15	0.14	＜1
冠盖绣球							0.22	0.22	1	0.60	0.51	＜1	0.10	0.10	＜1			
扶芳藤							0.20	0.20	1	0.50	0.50	＜1	0.10	0.10	＜1			
猕猴桃藤山柳	15.0	15.00	3	0.14	0.12	10	0.16	0.16	3	0.19	0.14	25						

续表

中文名	样地 3 25m²			样地 4 25m²			样地 5 25m²			样地 6 25m²			样地 46 25m²			样地 70A 25m²		
	高度/m		盖度/%	高度/m		盖度/%	高度/m		盖度/%	高度/m		盖度/%	高度/m		盖度/%	高度/m		盖度/%
	最高	平均		最高	平均		最高	平均		最高	平均		最高	平均		最高	平均	
三叶地锦																0.60	0.23	5
金线草										0.60	0.53	<1	0.15	0.14	<1			
西南绣球							1.50	0.58	<1									
乌蔹莓										0.30	0.30	<1	1.50	1.25	<1			
五风藤							0.15	0.15	1	1.50	0.46	2	6.00	6.00	5			
未知藤	0.15	0.15	<1															
苍白菝葜																0.31	0.17	<1
曲柄铁线莲										0.80	0.36	<1						
光滑悬钩子	0.20	0.12	<1				0.03	0.03	<1									
防己叶菝葜	0.15	0.12	<1										0.05	0.05	<1			
网纹悬钩子										0.15	0.15	<1	2.20	1.85	<1			
绞股蓝										0.50	0.35	<1						
多花茜草										0.15	0.15	<1						
西南菝葜							0.08	0.08	<1									
野葛	0.40	0.30	<1															
异叶爬山虎													0.80	0.80	<1			
长梗罗锅底				0.50	0.50	<1												
多蕊肖菝葜										0.10	0.10	<1						
贵州铁线莲										0.80	0.80	<1						
黑叶菝葜										0.15	0.15	<1						
红毛猕猴桃													10.00	10.00	3			
棉花藤													2.50	2.50	<1			
小果南蛇藤													5.00	5.00	1			
昭通猕猴桃	0.20	0.20	<1															

续表

中文名	样地3 25m²			样地4 25m²			样地5 25m²			样地6 25m²			样地46 25m²			样地70A 25m²		
	高度/m		盖度/%	高度/m		盖度/%	高度/m		盖度/%	高度/m		盖度/%	高度/m		盖度/%	高度/m		盖度/%
	最高	平均		最高	平均		最高	平均		最高	平均		最高	平均		最高	平均	
丛林青风藤													0.05	0.05	<1			

注：表格中各物种拉丁名为长穗鹅耳枥 *Carpinus fangiana*、珙桐 *Davidia involucrate*、峨眉栲 *Castanopsis platyacantha*、西南山茶 *Camellia pitardii*、华木荷 *Schima sinensis*、坛果山矾 *Symplocos urceolaris*、光叶水青冈 *Fagus lucida*、多变石栎 *Lithocarpus variolosus*、野核桃 *Juglans regia*、绢毛稠李 *Prunus rufomicans*、四川山矾 *Symplocos setchuensis*、钝叶木姜子 *Litsea veitchiana*、灯台树 *Cornus controversa*、五裂槭 *Acer oliverianum*、粗梗稠李 *Padus napaulensis*、水青树 *Tetracentron sinense*、木瓜红 *Rehderodendron macrocarpum*、三股筋香 *Lindera thormsonii*、野茉莉 *Styrax japonicus*、灰叶稠李 *Padus grayana*、短梗稠李 *Padus brachypoda*、猫儿屎 *Decoysnea fargesii*、多穗石栎 *Lithocarpus litseifolius*、微香冬青 *Ilex subodorata*、水丝梨 *Sycopsis sinensis*、云南枫杨 *Pterocarya delavayi*、深裂中华槭 *Acer sinense* var. *longilobum*、大翅色木槭 *Acer mono* var. *macropterum*、硬斗石栎 *Lithocarpus hancei*、吴茱萸 *Evodia rutaecarpa*、川滇连蕊茶 *Camellia synaptica*、细齿稠李 *Padus obtusata*、武当玉兰 *Yulania sprengeri*、楤木 *Aralia chinensis*、绒毛滇南山矾 *Symplocos hookeri* var. *tomentosa*、四川新木姜子 *Neolitsea sutchuanensis*、杨叶木姜子 *Litsea populifolia*、毛薄叶冬青 *Ilex fragilis* f. *kingii*、珂楠树 *Meliosma alba*、柔毛润楠 *Machilus villosa*。筇竹 *Qiongzhuea tumidinoda*、西南绣球 *Hydrangea davidii*、云南桃叶珊瑚 *Aucuba yunnanensis*、散花紫金牛 *Ardisia conspersa*、异叶吊石苣苔 *Lysionotus heterophyllus*、刺叶冬青 *Ilex bioritsensis*、雷五加 *Acanthopanax simonii*、坛果山矾 *Symplocos urceolaris*、深裂中华槭 *Acer sinense* var. *longilobum*、峨眉栲 *Castanopsis platyacantha*、粗梗稠李 *Padus napaulensis*、绢毛稠李 *Prunus rufomicans*、多变石栎 *Lithocarpus variolosus*、短梗稠李 *Padus brachypoda*、白檀 *Symplocos paniculata*、珙桐 *Davidia involucrata*、薄叶山矾 *Symplocos anomala*、钝叶木姜子 *Litsea veitchiana*、水丝梨 *Sycopsis sinensis*、尾叶樟 *Cinnamomum* aff. *candiferum*、四川新木姜子 *Neolitsea sutchuanensis*、毛牛斜吴萸 *Evodia trichotoma* var. *pubescens*、西南山茶 *Camellia pitardii*、野茉莉 *Styrax japonicus*、宝兴木姜子 *Litsea moupinensis*、三股筋香 *Lindera thormsonii*、吴茱萸一种 *Evodia* sp.。托叶楼梯草 *Elatostema nasutum*、江南短肠蕨 *Allantodia metteniana*、盾萼凤仙花 *Impatiens scutisepala*、鳞柄短肠蕨 *Allantodia squamigera*、长江蹄盖蕨 *Athyrium iseanum*、山酢浆草 *Oxalis griffithii*、绵毛金腰 *Chrysosplenium lanuginosum*、走茎龙头草 *Meehania fargesii* var. *radicans*、粗齿冷水花 *Pilea sinofasciata*、六叶葎 *Galium asperuloides* ssp. *hoffmeisteri*、桫椤鳞毛蕨 *Dryopteris cycadina*、假耳羽短肠蕨 *Allantodia okudaerei*、长唇筒冠花 *Siphocranion macranthum* var. *prainianum*、黑鳞短肠蕨 *Allantodia crenata*、莎草科一种 *Carex* sp.、光叶堇菜 *Viola hossei*、袋果草 *Peracarpa carnosa*、求米草 *Oplismenus undulatifolius*、单花红丝线 *Lycianthes lysimachioides*、翅茎冷水花 *Pilea subcoriacea*、黄水枝 *Tiarella polyphylla*、路边青 *Geum aleppicum*、吉祥草 *Reineckia carnea*、膜蕨囊瓣芹 *Pternopetalum trichomanifolium*、尼泊尔双蝴蝶 *Tripterospermum volubile*、短尾细辛 *Asarum caudigerellum*、黑鳞耳蕨 *Polystichum makinoi*、新川西鳞毛蕨 *Dryopteris neorosthornii*、龙眼独活 *Aralia fargesii*、豆瓣菜 *Nasturtium officinale*、假楼梯草 *Lecanthus peduncularis*、血满草 *Sambucus adnata*、川八角莲 *Dysosma veitchii*、楮头红 *Sarcopyramis nepalensis*、细柄凤仙花 *Impatiens leptocaulon*、支柱蓼 *Polygonum suffultum*、大叶金腰 *Chrysosplenium macrophyllum*、线鳞耳蕨 *Polystichum longipaleatum*、林猪殃殃 *Galium paradoxum*、碗蕨 *Dennstaedtia scabra*、类叶升麻 *Actaea asiatica*、鹿药 *Smilacina japonica*、隆脉冷水花 *Pilea lomatogramma*、山珠半夏 *Arisaema yunnanense*、裂叶星果草 *Asteropyrum cavaleriei*、过路黄 *Lysimachia christinae*、金钱重楼 *Paris delavayi*、四轮香 *Hanceola sinensis*、深圆齿堇菜 *Viola davidii*、沟稃草 *Aniselytron treutlleri*、报春花科一种 *Lysimachia* sp.2、短柱对叶兰 *Listera mucronata*、疏叶卷柏 *Selaginella remotifolia*、南方露珠草 *Circaea mollis*、万寿竹 *Disporum cantoniense*、云南婆婆纳 *Veronica yunnanensis*、一把伞南星 *Arisaema erubescens*、巫山繁缕 *Stellaria wushanensis*、长柱鹿药 *Maianthemum oleraceum*、水毛花 *Schoenoplectus mucronatus*、大叶茜草 *Rubia schumanniana*、鹿衔草 *Pyrola decorata*、双蝴蝶 *Tripterospermum chinense*、伏毛蓼 *Polygonum pubescens*。鳞果星蕨 *Lepidomicrosorum buergerianum*、冠盖绣球 *Hydrangea anomala*、扶芳藤 *Euonymus fortunei*、猕猴桃藤山柳 *Clematoclethra actinidioides*、三叶地锦 *Parthenocissus semicordata*、金线草 *Rubia membranacea*、西南绣球 *Hydrangea davidii*、乌蔹莓 *Cayratia japonica*、五风藤 *Holboellia latifolia*、苍白菝葜 *Smilax aberrans* var. *retroflexa*、曲柄铁线莲 *Clematis repens*、光滑悬钩子 *Rubus tsangii*、防己叶菝葜 *Smilax menispermoidea*、网纹悬钩子 *Rubus cinclidodictyus*、绞股蓝 *Gynostemma pentaphyllum*、多花茜草 *Rubia wallichiana*、西南菝葜 *Smilax bockii*、野葛 *Toxicodendron radicans* ssp. *hispidum*、异叶爬山虎 *Parthenocissus heterophylla*、长梗罗锅底 *Gynostemma longipes*、多蕊肖菝葜 *Heterosmilax polyandra*、贵州铁线莲 *Clematis kweichowensis*、黑叶菝葜 *Smilax nigrescens*、红毛猕猴桃 *Actinidia rufotricha*、棉花藤 *Celastrus vaniotii*、小果南蛇藤 *Celastrus homaliifolius*、昭通猕猴桃 *Actinidia rubus*、丛林青风藤 *Sabia purpurea*。

保护区珙桐林与四川珙桐林的联系较紧密。虽然保护区珙桐林分布海拔比四川珙桐林分布海拔低 100～300m(四川分布海拔 1800～2400m)，但两地珙桐林科的组成十分接近。在保护区珙桐林记录种子植物 63 科，与四川共有 44 科，占 69.8%。在属级水平上，保护区有 111 属，其中 35 种与四川共有，占 31.5%。在种级水平上，保护区有 197 种，与四川共有 16 种，占 8.1%。在各层中，以乔木层共有比例最高，其共有属及共有种的比例分别为 47.1%和 16.7%。

分析表明，保护区珙桐林乔木层中有近一半的属与四川共有，两地乔木层组成在种级水平上差异增大，但均存在较多的古老孑遗种，说明两地珙桐林在起源上的紧密联系。两地群落内各层共有种、属具体表现如下。

(1)乔木层共有种较多，共 16 科 16 属 9 种。除珙桐外，还有水青树、扇叶槭、大穗鹅耳枥、青榨槭、四川山矾、云南冬青、西南山茶、华木荷等。不同的是四川珙桐林以包石栎 *Lithocarpus cleistocarpus*、峨眉栲占优势，而保护区珙桐林以珙桐占优势。

(2)灌木层物种组成与四川共有种只有 5 科 4 属 2 种，但均以竹子占优势，其他灌木树种较少。四川珙桐林中林下竹类主要为箭竹 *Fargesia spathacea*、罗汉竹 *Indosasa angustifolia* 和金佛山方竹 *Chimonobambusa utilis*。金佛山方竹为两地共有。若要再划分群丛似乎也可将其分为珙桐+箭竹群落、珙桐+罗汉竹群落和珙桐+金佛山方竹群落，与保护区的群丛类型更为接近，只是《四川植被》中并未再分。

(3)草本层两地共有 16 科 10 属 2 种，如凤仙花属、沿阶草属 *Ophiopogon*、冷水花属 *Pilea*、山酢浆草 *Oxalis griffithii*、川八角莲 *Dysosma veitchii* 等。由于记录较简单，无法进一步比较属内共有种的数量。

(4)层间植物两地共有 9 科 6 属 3 种，分别占保护区珙桐林层间植物总数的 81.8%、40%和 9.4%，共有比例也较高。主要有猕猴桃属 *Actinidia*、南蛇藤属 *Celastrus*、菝葜属 *Smilax*、肖菝葜属 *Heterosmilax*、铁线莲属 *Clematis*、冠盖绣球 *Hydrangea anomala*。

(5)两地共有的珙桐、水青树、鹅耳枥、猕猴桃、槭树等均为古近纪遗留下来的植物，体现了两地珙桐林的共同起源，见表 6-34。

表 6-34　保护区与四川珙桐林记录物种及共有物种科属种统计

	保护区种数	四川种数*	共有种	保护区属数	四川属数*	共有属	保护区科数	四川科数*	共有科
乔木层	54	43	9	34	28	16	21	20	16
灌木层	48	23	2	32	16	4	21	11	5
草本层	89	24	2	56	24	10	36	20	16
层间植物	32	21	3	15	14	6	11	13	9
种子植物	197	111	16	111	77	35	63	54	44
蕨类	17	4	0	9	4	1	7	4	2

*根据《四川植被》。

6)保护区珙桐林与贵州珙桐林的比较

依据《贵州植被》中对珙桐群系的描述与保护区珙桐林进行比较。贵州珙桐林分布于黔东北的梵净山及黔北宽阔水地区海拔 1100～1400m 的山地，分布上限海拔 1800m。与保护区内的珙桐林相比，其分布海拔低 600m，物种组成差异较大。保护区与贵州珙桐林共有种子植物 29 科 20 属 4 种，分别占保护区珙桐林种子植物总数的 46.0%、18.0%和 2.0%。可见不及四川与保护区的群落种子植物共有比例高。乔木、灌木、草本及层间植物各层次物种组成在科级水平尚有一定程度的相似，分别占各层物种总数的 33.3%、38.1%、27.8%和 54.5%，但在属级及种级水平上差异较大，共有比例有明显下降，甚至在种级水平上出现没有共有种的情况。由此判断，保护区内的珙桐林与贵州珙桐林的联系较少，见表 6-35。

表 6-35　保护区与贵州珙桐林记录物种及共有种科属种统计

	保护区记录种数	贵州记录种数*	共有种	保护区记录属数	贵州记录属数*	共有属	保护区记录科数	贵州记录科数*	共有科
乔木层	54	16	2	34	15	5	21	12	7
灌木层	48	18	0	32	16	7	21	12	8
草本层	89	16	2	56	15	8	36	12	10
层间植物	32	10	0	15	8	1	11	8	6
种子植物	197	57	4	111	51	20	63	36	29
蕨类	17	3	0	9	3	1	7	3	2

*根据《贵州植被》。

以上三地的珙桐林中均含有类似的古近纪孑遗成分，显示出三地珙桐林具有共同的起源。保护区珙桐林分布的海拔范围刚好位于四川与贵州珙桐林分布海拔之间，与两地珙桐林在物种组成上都有相似之处，但由于与四川珙桐林分布海拔更为接近，因而形成了与其物种组成更为接近的群落类型，而与贵州珙桐林在物种组成上差异较大。

7)珙桐林物种多样性沿海拔的变化

由于采取典型样地法调查保护区的珙桐林，即在有珙桐分布的地段选择具有典型代表性的群落进行调查，因此样地设置并不是严格按照海拔段进行，在珙桐分布较集中的地段所设样地较多，而在珙桐分布较少的地段样地也较少。综合分析样地调查的数据，可以大致反映珙桐林物种多样性沿海拔的变化情况。

除物种数外，选取目前研究中应用最多的 Simpson 指数、Shannon-Wiener 指数和 Pielou 均匀度指数研究保护区珙桐林物种多样性变化。由沿海拔排列的各样地乔木层物种数及各多样性指数(图 6-17 和图 6-18)可以看出，乔木层物种数与多样性指数的变化情况基本一致，即在海拔处于中间位置的样地 25(海拔 1858m)出现最小值，在海拔与其邻近的样地 26(海拔 1855m)或样地 46(海拔 1849m)和样地 5(海拔 1930m)出现两个峰值，而最大值出现在海拔最高的样地 6(海拔 2039m)，整体呈现出“双峰型”。

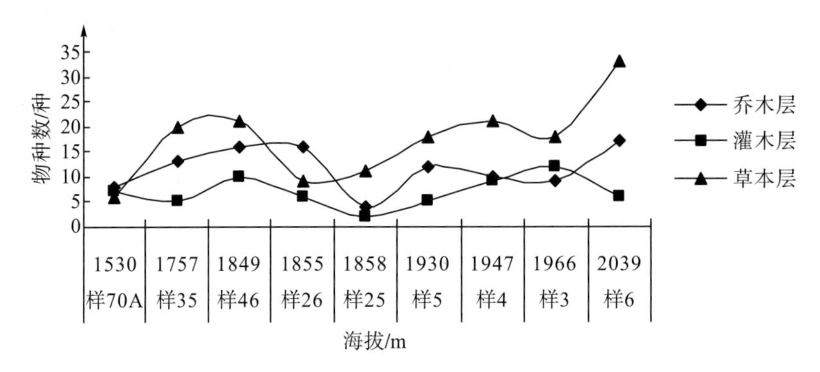

图 6-17 保护区珙桐林各层物种数沿海拔的变化

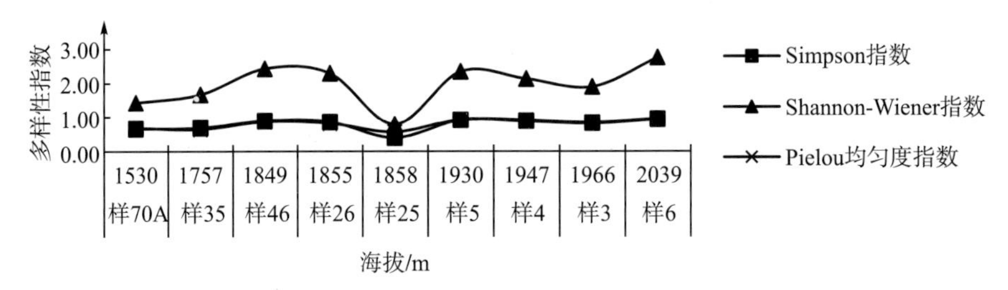

图 6-18 保护区珙桐林乔木层多样性指数沿海拔的变化

样地 25 物种数及多样性指数均较小，其几乎为珙桐纯林，乔木层除珙桐外只有扇叶槭、水青树、峨眉栲 3 种。说明该样地所在生境是最适合珙桐生长的生境，也是珙桐分布最集中的地段。样地 6(海拔 2039m)出现物种数和多样性指数的最大值是由于样地 6 所处海拔接近珙桐林在保护区分布的上限，近山靠顶，处于珙桐林向山顶植物群落过渡的地段，因此物种数明显增加，多样性指数也相应增加。此时，珙桐在样地中的重要值已经明显下降(仅排在第 6 位)，峨眉栲代替珙桐成为乔木层中最优势的树种。样地 70A(海拔 1530m)出现物种数的最小值是由于该样地位于彝良县海子坪靠近山顶的位置上，也已到达珙桐在这一片区分布的上限。样地中以长穗鹅耳枥占显著优势，共 18 株，重要值为 73.74。珙桐虽然在重要值上排在第二，但只有 7 株，重要值 11.72，与长穗鹅耳枥相差悬殊。长穗鹅耳枥在该样地中的绝对优势是造成该样地物种数及多样性指数较小的主要原因，见表 6-36。

表 6-36 珙桐林各群落多样性指数表

长穗鹅耳枥-珙桐+筇竹群落多样性指数					
样地号	层次	物种数	Simpson 指数	Shannon-Wiener 指数	Pielou 均匀度指数
样地 3	乔木层	9	0.84	1.89	0.86
	灌木层	12	0.28	0.65	0.26
	草本层	18	0.91	2.50	0.86
	样地	39	0.79	2.40	0.64
样地 4	乔木层	10	0.89	2.12	0.92
	灌木层	9	0.41	1.00	0.46

续表

长穗鹅耳枥-珙桐+箣竹群落多样性指数					
样地号	层次	物种数	Simpson 指数	Shannon-Wiener 指数	Pielou 均匀度指数
样地 4	草本层	21	0.75	1.91	0.63
	样地	40	0.84	2.40	0.66
样地 5	乔木层	12	0.92	2.32	0.94
	灌木层	4	0.18	0.44	0.27
	草本层	18	0.72	1.74	0.60
	样地	34	0.82	2.32	0.62
样地 6	乔木层	17	0.95	2.73	0.96
	灌木层	6	0.33	0.69	0.38
	草本层	33	0.80	2.33	0.67
	样地	56	0.88	2.92	0.70
样地 46	乔木层	16	0.89	2.41	0.87
	灌木层	9	0.60	1.35	0.59
	草本层	21	0.89	2.42	0.80
	样地	46	0.94	3.24	0.80
样地 70A	乔木层	8	0.67	1.42	0.68
	灌木层	7	0.25	0.57	0.29
	草本层	6	0.52	1.06	0.59
	样地	21	0.71	1.85	0.61
珙桐箣竹群落	乔木层	40	0.92	3.08	0.83
	灌木层	29	0.32	0.94	0.27
	草本层	65	0.85	2.74	0.66
	群落	121	0.89	3.16	0.63

珙桐+绥江玉山竹群落多样性指数					
样地号	层次	物种数	Simpson 指数	Shannon-Wiener 指数	Pielou 均匀度指数
样地 25	乔木层	4	0.40	0.79	0.57
	灌木层	7	0.07	0.22	0.11
	草本层	24	0.82	2.12	0.67
	样地	35	0.85	2.37	0.65
样地 26	乔木层	16	0.86	2.28	0.82
	灌木层	15	0.45	1.18	0.44
	草本层	18	0.87	2.31	0.80
	样地	49	0.91	2.89	0.75
珙桐+绥江玉山竹群落	乔木层	18	0.73	1.96	0.68
	灌木层	19	0.22	0.67	0.23
	草本层	32	0.88	2.54	0.73
	群落	66	0.90	2.85	0.68

续表

珙桐+金佛山方竹群落多样性指数					
样地号	层次	物种数	Simpson 指数	Shannon-Wiener 指数	Pielou 均匀度指数
样地 35	乔木层	13	0.69	1.66	0.65
	灌木层	5	0.42	0.87	0.54
	草本层	20	0.77	1.92	0.64
	群落	38	0.81	2.28	0.62

由于灌木层中包含乔木树种的幼树、幼苗，其物种数及多样性指数的大小与乔木层物种的丰富程度有一定的相关关系。因此灌木层物种数的最小值也出现在样地 25(海拔 1858m)。样地 46(海拔 1849m)和样地 3(海拔 1966m)出现的物种数较大值也与其中含有较多数量的乔木幼树有关。灌木层多样性指数随海拔的变化趋势与灌木层物种数的变化趋势一致(图 6-19)。

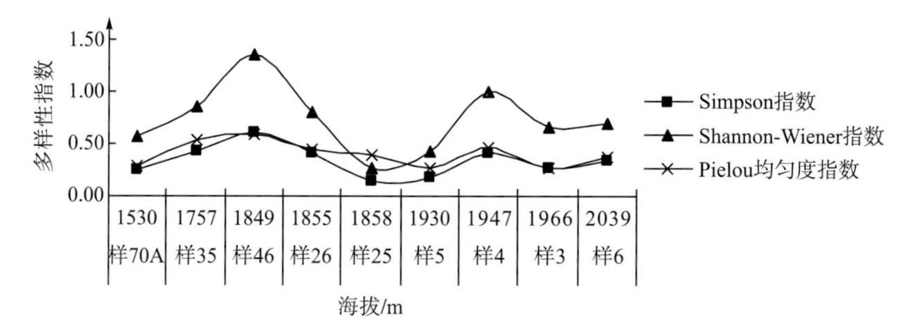

图 6-19 保护区珙桐林灌木层多样性指数沿海拔的变化

草本层物种数及多样性指数沿海拔梯度的变化不大。样地 26(海拔 1855m)和样地 3(海拔 1966m)的物种数最少，可能是因为该样地岩石出露较多，达到 70%，土层较薄，影响了草本植物生长。而在样地 6(海拔 2039m)出现最大值，主要是由于该样地坡度不大，小地形中间凹两边凸，较湿润，枯枝落叶层较厚为 2～3cm，且样地海拔较高，人为干扰较少，因此草本植物丰富。Shannon-Wiener 指数取值为 1.06～2.42，沿海拔变化稍大，变化趋势与草本层物种数沿海拔变化趋势一致。Simpson 指数取值为 0.52～0.91，Pielou 均匀度指数取值为 0.59～0.86，变幅不大，基本稳定(图 6-20)。

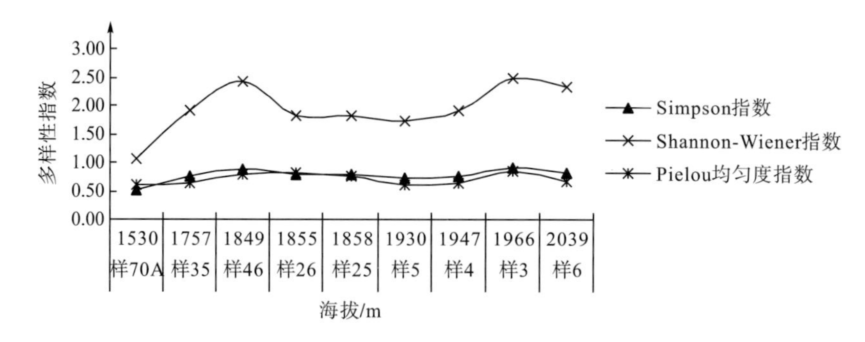

图 6-20 保护区珙桐林草本层多样性指数沿海拔的变化

8) 珙桐径级及龄级分布

在 4500m^2 的样地中，有珙桐 160 株(包括幼苗、幼树)。由于调查中将胸径 5cm 以上的立木计入乔木层，因此以 5cm 为一个径级划分为 11 个径级(表 6-37)。由径级结构图(图 6-21)可以看到，保护区珙桐以胸径 5～10cm 的个体最多，共 52 株，占 32.5%。按《湖南森林》和《贵州森林》中对珙桐胸径及树高生长过程的记载推算，胸径 5～10cm 的珙桐年龄应在 20～35 年。这与 1995 年在调查中在彝良、威信、昭通、永善各市县均发现较多的实生苗一致。此外，胸径 10～15cm 的珙桐数量也较多，共 33 株，占 20.6%。之后，随着径级增大，株数减少，胸径 30cm 以上及年龄在百年以上的珙桐共 17 株，占 10.6%，最大一株珙桐胸径达 55.5cm。整体上看，胸径 5cm 以上的珙桐径级分布呈现出明显的金字塔形。按这一趋势分析，林下应有数量充足的珙桐幼苗、幼树。但在实际调查中，胸径 5cm 以下的幼苗、幼树数量并不多，共调查到 19 株，占 11.9%。反映出天然状况下珙桐种子萌发有一定困难，也说明珙桐除利用种子繁殖外，还有萌条更新方式。调查中也发现了较多数量的萌枝，共 143 株，伐桩或枯立木上也常可见到若干萌枝。综合考虑幼苗、幼树及萌枝的数量，珙桐种群更新良好，能够在较长时间内维持稳定增长型种群。现在乔木层中数量较多的长穗鹅耳枥、峨眉栲、坛果山矾、灯笼树、木瓜红等树种可能成为乔木层中的优势种，现有幼树、幼苗数量较多的五裂槭、深裂中华槭、稠李等落叶树种也可能取代珙桐成为未来群落乔木层的优势种。若受到砍伐破坏，也可能形成竹林。因此应及时采取措施加以保护，适当控制其他树种的数量，加强人工栽培和繁殖。

表 6-37 保护区珙桐径级结构

径级/cm	＜5	5～10	10～15	15～20	20～25	25～30	30～35	35～40	40～45	45～50	＞50
推算年龄/年	＜20	20～35	35～50	50～70	70～85	85～100	＞100				
株数/株	19	52	33	19	13	7	5	8	1	2	1
占总株数的比例/%	11.9	32.5	20.6	11.9	8.1	4.4	3.1	5.0	0.6	1.3	0.6

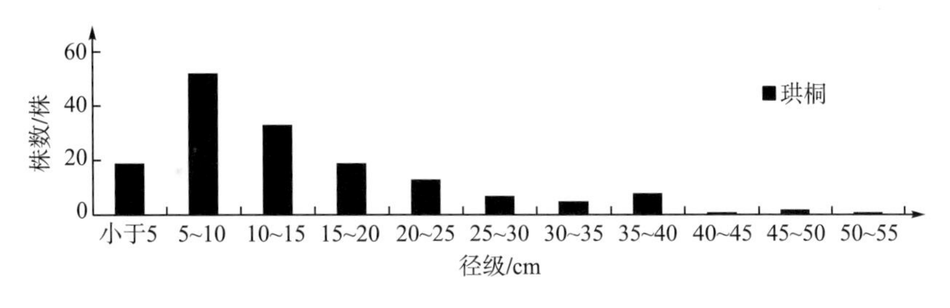

图 6-21 保护区珙桐径级结构图

9) 长穗鹅耳枥径级分布

本群落中重要值排第一的长穗鹅耳枥径级分布如图 6-22 所示。以胸径 20～40cm 的长穗鹅耳枥数量最多，其次为胸径 40～60cm，调查中未见到胸径 5cm 以下的幼树、幼苗。可见，长穗鹅耳枥的更新情况不及珙桐，虽然从径级分布图上看，该种群可以在一定时间内维持稳定增长，且由于其胸径较大，很可能继续保持重要值第一的位置。但长期来看，由于更新良好，珙桐可能会在一段时间以后替代长穗鹅耳枥成为群落中最占优势的树种。

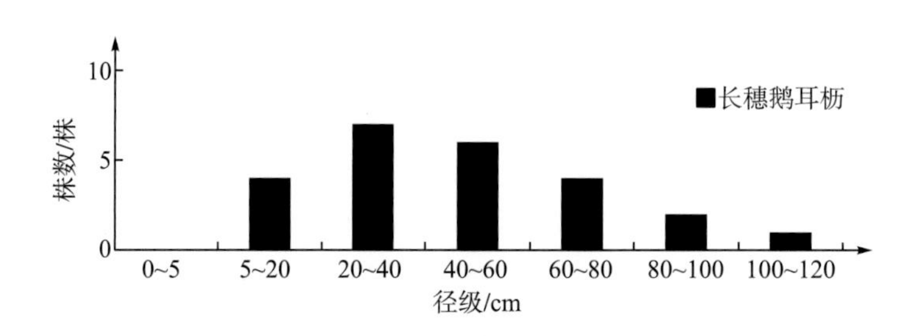

图 6-22 保护区长穗鹅耳枥径级结构图

珙桐+绥江玉山竹群落与珙桐+金佛山方竹群落中，珙桐的优势地位明显，重要值比其他树种高，且更新良好，应该能够长期维持现有的群落结构不变，而其他树种很难与其竞争。

珙桐是古近纪孑遗植物，在当时曾有广泛分布，目前仅残存于我国西南局部地区，为古特有种。但从以上分析来看，保护区的珙桐种群仍可在相当长的一段时间内维持稳定增长，这是十分难得的，更应注意对这一古老种群的保护，使其保持稳定增长，减缓衰退趋势。

10）小结

乌蒙山国家级自然保护区的珙桐林分布范围较广，永善、彝良、威信和大关等县均有分布。从群落外貌和物种组成上看，其属于典型的常绿落叶阔叶混交林。在 4500m^2 的样地面积内共出现种子植物 63 科 111 属 197 种，蕨类植物 7 科 9 属 17 种。长穗鹅耳枥-珙桐+筇竹群落，珙桐+绥江玉山竹群落为本区特有，也是在本区分布范围较广的群丛类型。珙桐+金佛山方竹群落与四川、贵州共有。从与四川及贵州珙桐林共有科属种的数量统计来看，三地珙桐林具有共同的起源。本区珙桐林尤与四川的联系更为紧密，共有比例高。乌蒙山国家级自然保护区位于云南、四川、贵州三省交界处，且本区珙桐林的分布海拔刚好位于四川与贵州珙桐分布海拔之间，是两区珙桐林在地理上的重要联系和桥梁。因此，保护好这一地区的珙桐林对维持四川与贵州珙桐林的基因传递和信息交流具有重要的通道作用。如果这一地区的珙桐林消失，将使四川与贵州的珙桐林产生地理上的隔离，势必加速四川与贵州珙桐林的衰退和消亡。物种多样性沿海拔梯度的变化分析表明，保护区珙桐最适海拔在 1850～1950m，在局部适生地段甚至可形成小片纯林，应是保护珙桐这一珍稀濒危物种的重点地段。而分布于群落过渡交错地带的珙桐林中物种多样性更高，是保护当地物种多样性的重点地段。珙桐及群落主要优势种更新及动态分析表明，珙桐通过种子繁殖和萌枝繁殖两种方式进行更新，且更新情况良好，可长期维持群落优势种地位，但仍需保护，以防止人为干扰对群落稳定性的影响。从物种组成上看珙桐林中存在较多的古老孑遗种，如水青树、鹅耳枥、猕猴桃、南蛇藤、槭树等均是古近纪遗留下来的成分。群落中国家级保护物种除珙桐外还有水青树(国家 2 级)、木瓜红(国家 2 级)、筇竹(珍稀濒危 3 级)，可见珙桐林具有重要的保护价值。调查中发现的最大珙桐植株位于永善县三江口海拔 1976m 处，胸径达 203cm，实属珍贵罕见。

保护区内的珙桐林绝大部分为未受到过破坏的原始林，调查中仅分布在永善县三江口麻风湾海拔 1966m 处的珙桐林在 40 年前曾遭砍伐，目前也已经自然恢复，群落物种组成与原始珙桐林差别不大。保护区多数地段珙桐林保护较好，珙桐生长和更新状况良好。样地调查中仅在彝良县小草坝大窝场海拔 1757m 处发现 5 株珙桐伐桩，在小草坝雷洞坪海拔 1855m 处发现 1 株珙桐砍桩，三江口麻风湾海拔 1947m 处珙桐林下每年有采收筇竹笋的情况。此外，在珙桐林内未发现其他人为干扰现象，应继续加大保护力度，切实保护好这一珍贵树种及其群落。

3.十齿花林(Form. *Dipentodon sinicus*)

十齿花 *Dipentodon sinicus* 属于十齿花科 Dipentodontaceae，是东亚特有的单科单种属植物，主要分布于云南西部、西北部、东南部；云南省外见于西藏墨脱，广西凌云、融水等地，贵州都匀、凯里、惠水、雷山、黎平、榕江、从江、安龙、织金、纳雍，国外印度、缅甸也有分布。分布区地跨中亚热带、南亚热带、北热带及南热带 4 个地带，最北为西藏墨脱，地理位置达到北纬 29.9°，最东为贵州黎平及广西融水一线，约东经 109.3°，最西和最南在印度、缅甸境内。垂直分布海拔为 1200～1600m，在广西可分布至海拔 800m 的低山，在滇西北和西藏分布至海拔 2400m。

十齿花多集中在海拔较高的山地，其分布区的气候具有湿润亚热带季风气候的特点，一般冬季无严寒，夏季凉爽，年平均气温均高于 15℃，年平均降水量高于 1200mm。十齿花为阳性树种，多分布于稀疏林地或山地灌丛中，在火烧迹地上也分布很多。生境的土壤条件变化较大，以板岩、砂页岩上发育的酸性黄壤、黄棕壤较常见，土体中等深厚，潮湿，pH 为 5～5.5，常含较多石砾。伴生树种以水青冈 *Fagus longipetiolata*、檫木 *Sassafras tzumu*、山桐子 *Idesia polycarpa*、盐肤木 *Rhus chinensis*、虎皮楠 *Daphniphyllum glaucescens*、青榨槭 *Acer davidii* 等较常见，林木多较稀疏。

十齿花虽在我国西南各省均有分布，但由于其面积较少、不易成林等多种原因，目前还没有学者对十齿花林做过专项的调查和研究。

在保护区，十齿花林主要分布在昭通市彝良县小草坝和小沟自然保护区海拔 1931～2048m 的山体中下部，分布范围较小，群落具有以下特征：①乔木层以落叶树种为主，也有部分常绿树种，如峨眉栲 *Castanopsis platyacantha*、水丝梨 *Sycopsis sinensis*、灯笼树 *Enkianthus chinensis* 等常绿树种，即十齿花林是一种有常绿成分的落叶阔叶林。②林下有明显的竹子层片，以金佛山方竹 *Chimonobambusa utilis*、刺竹子 *Ch. pachystachy*、绥江玉山竹 *Yushania suijiangensis* 为主。③草本层多见蕨类植物和一些耐阴种类，如泡鳞轴鳞蕨 *Dryopsis mariformis*、鳞柄短肠蕨 *Allantodia squamigera*、江南短肠蕨 *Allantodia metteniana*、大理薹草 *Carex rubrobrunnea* var. *taliensis*、山酢浆草 *Oxalis griffithii* 等。④虽然分布海拔高，但样地内苔藓较少。⑤每块样地有 6～7 种层间植物，

主要为冠盖绣球 *Hydrangea anomala*、黑叶菝葜 *Smilax nigrescens*、网纹悬钩子 *Rubus cinclidodictyus*、西南菝葜 *Smilax bockii* 等。

组成十齿花林的植物，根据 4 块面积为 2000m^2 的样地资料统计，共有 46 科 131 种。其中，蕨类植物 7 种。含种类较多是蔷薇科(15 种)，其次为樟科(9 种)、冬青科(6 种)、壳斗科(5 种)、山矾科(5 种)。

组成十齿花林的 131 种植物中乔木层的树种有 61 种；除乔木层的幼小个体外，灌木树种有 12 种，主要是金佛山方竹、绥江玉山竹和刺竹子；草本层主要是由蕨类植物和一些耐阴草本构成。

十齿花林的种类组成较丰富，但优势种较明显。据统计，十齿花在林中占不同程度的优势或绝对优势。从重要值的分配中可以看出，3 块样地中各主要构成树种的重要值的平均值依次排列如下：十齿花 *Dipentodon sinicus*(25.15)，水丝梨 *Sycopsis sinensis*(9.54)，峨眉栲 *Castanopsis platyacantha*(8.36)，细梗吴茱萸叶五加 *Acanthopanax evodiaefolius* var. *gracilis*(5.55)，木瓜红 *Rehderodendron macrocarpum*(5.53)。

此类样地共调查了 4 块样地：3 块网格样地(样地 30、样地 33、样地 34)，1 块只做了物种记录(样地 44)。其中样地 30 位于彝良县的小沟，样地 33、样地 34 都位于彝良县的小草坝。根据乔木层优势种、亚优势种和灌木层优势种作为群从名称的，可把十齿花林划分为十齿花+金佛山方竹群丛、十齿花+绥江玉山竹群丛和十齿花+峨眉栲+刺竹子群丛 3 个群丛。

1) 十齿花+金佛山方竹群丛(Ass. *Dipentodon sinicus*+*Chimonobambusa utilis*)(样地 30)

群落主要分布于彝良县的小沟海拔 2048m 左右的中山上部。林内荫湿，水湿条件较好，土壤为黄壤，枯枝落叶层较厚。群落组成树种以十齿花、光叶水青冈占优势，林下为以金佛山方竹为优势的竹子片层。草本层主要是蕨类植物，以鳞柄短肠蕨、江南短肠蕨为代表。

群落为落叶阔叶树占优势的混交林，林冠起伏，林冠深浅绿色斑块镶嵌，林内灌木层较稀疏，树干上有悬垂的藤枝。以样地资料为例，群落共有 61 种植物。群落平均高约 7m，最高为 16m(光叶水青冈)，平均胸径约 16cm，最大胸径为 85cm(光叶水青冈)。盖度为 40%～50%。群落分为乔木层、灌木层、草本层和层间植物 4 个层次。

乔木层由 24 种树种组成，共 85 株，层盖度为 45%～50%，以十齿花占优势，亚优势种为光叶水青冈、木瓜红。Ⅰ层主要由光叶水青冈、茶叶山矾、木瓜红、三脉水丝梨、细梗吴茱萸叶五加、峨眉栲等树种组成，其中，常绿树种有峨眉栲和茶叶山矾。群落中，落叶树种木瓜红的株数最多，有 15 株。Ⅱ层主要是十齿花、西南山茶、鼠李叶花楸等树种，其中十齿花、鼠李叶花楸是落叶树种，西南山茶是常绿树种。所以，Ⅰ林层主要是落叶树种，Ⅱ林层是落叶和常绿树种共同组成的混交层。以样地为例，群落中常绿树种有 10 种 24 株，重要值为 29.1，落叶树种有 14 种 61 株，重要值为 70.9。

灌木层由 22 种植物构成，共 1327 株，其中包括多种乔木幼树，而真正的灌木树种只有 4 种。层盖度为 85%～90%，平均高 2.1m，最高 8m(峨眉栲)。灌木层以金佛山方竹占优势，共 1198 株，单种盖度为 80%，重要值达到 61.1，平均高 2.4m。乔木幼树有灯笼树、硬斗石栎、细梗吴茱萸叶五加等树种。大量幼树、幼苗的存在表明群落在长期的演替过程中能保持很好的稳定性。

草本层物种较少，有 11 种。层盖度为 3%～4%，以鳞柄短肠蕨、江南短肠蕨占优势。其他物种还有黄水枝 *Tiarella polyphylla*、深圆齿堇菜 *Viola davidii*、伞形科一种、盾萼凤仙花 *Impatiens scutisepala* 等，它们的重要值很低，基本相等。

层间植物较多，如西南菝葜 *Smilax bockii*、长毛赤瓟 *Thladiantha villosula*、齿叶赤瓟 *Th. dentata*、冠盖绣球 *Hydrangea anomala*、毛背酸枣子藤 *Actinidia venosa* f. *pubescens*、网纹悬钩子 *Rubus cinclidodictyus*、五腺清风藤 *Sabia pentadenia*。较多的层间植物说明群落内水湿条件较好，见表 6-38。

表 6-38 十齿花+金佛山方竹群丛表

样地号 面积 时间	样地 30 500m^2 2006 年 7 月 27 日
调查人	杜凡、杨科、石翠玉、苏文萍、丁莉、黄礼梅、赫尚莉、罗柏青、甘万勇、罗勇、杨跃、刘宗杰、宋睿飞、罗风晔、毛建坤等
地点	彝良县的小沟(下水塘、迷人窝)
GPS 点	N27°41′09.6″，E104°17′46.6″
海拔 坡位 坡度	2048m 37° 中山上部
母岩 土壤特点地表特征	黄壤，枯枝落叶层厚度 5～6cm
特别记载/人为影响	原生植被、有盗伐现象
乔木层盖度，优势种盖度	45%～50%，十齿花 30%
灌木层盖度，优势种盖度	85%～90%，金佛山方竹 80%
草木层盖度，优势种盖度	3%～4%，鳞柄短肠蕨 1%、江南短肠蕨 1%

乔木层 24 种 85 株

中文名	拉丁名	丛/株	高度/m		胸径/cm		频度	重要值	性状
			最高	平均	最粗	平均			
十齿花	*Dipentodon sinicus*	18	7	4.6	20	9.6	0.45	15.0	落叶
光叶水青冈	*Fagus lucida*	4	16	8.9	85	29	0.4	13.7	落叶
木瓜红	*Rehderodendron macrocarpum*	15	10	7.7	20	11.9	0.3	12.6	落叶
峨眉栲	*Castanopsis platyacanthas*	9	11	7.3	23	15.7	0.2	6.3	常绿
细梗吴茱萸叶五加	*Acanthopanax evodiaefolius* var. *gracilis*	4	12	8.5	35	19	0.2	6.3	落叶
三脉水丝梨	*Sycopsis triplinervia*	1	15	15	61	61	0.15	6.0	常绿
西南山茶	*Camellia pitardii*	5	5	3.2	8	6.1	0.15	4.6	常绿
麻栗坡栎	*Quercus marlipoensis*	1	10	10	50	50	0.15	4.3	落叶
深裂中华槭	*Acer sinense* var. *longilobum*	3	9	7	20	15.3	0.05	3.9	落叶
茶叶山矾	*Symplocos theaefolia*	2	10	9	35	20.5	0.1	3.7	常绿
硬斗石栎	*Lithocarpus hancei*	3	7	7	13	10	0.1	3.4	落叶
鼠李叶花楸	*Sorbus rhamnoides*	4	9	8.8	9.5	8	0.05	2.9	落叶

续表

中文名	拉丁名	丛/株	高度/m		胸径/cm		频度	重要值	性状
			最高	平均	最粗	平均			
野茉莉	*Styrax japonicus*	3	5	4.3	12	8.3	0.1	2.5	落叶
四照花	*Dendrobenthamia japonica* var. *chinensis*	1	5	5	32	32	0.05	2.1	常绿
坚木山矾	*Symplocos dryophila*	3	6	6	7	6	0.05	1.8	常绿
华木荷	*Schima sinensis*	1	10	10	22	22	0.05	1.6	落叶
粗梗稠李	*Padus napaulensis*	1	8	8	20	20	0.05	1.3	落叶
红粗毛杜鹃	*Rhododendron rude*	1	4	4	13	13	0.05	1.2	落叶
华榛	*Corylus chinensis*	1	8	8	9	9	0.05	1.2	常绿
微香冬青	*Ilex subodorata*	1	5	5	9	9	0.05	1.2	常绿
细齿稠李	*Padus obtusata*	1	5	5	8	8	0.05	1.1	落叶
尖果荚蒾	*Viburnum brachybotr*	1	3	3	5	5	0.05	1.1	落叶
全腺润楠	*Machilus holadena*	1	3	3	5	5	0.05	1.1	常绿
水丝梨	*Sycopsis sinensis*	1	2.5	2.5	5	5	0.05	1.1	常绿
	合计	85						100.0	

灌木层 22 种 1327 株

中文名	拉丁名	高度/m		株数	频度	重要值
		最高	平均			
真正的灌木层						
金佛山方竹	*Chimonobambusa utilis*	2.8	2.4	1198	1	61.1
矩叶卫矛	*Euonymus oblongifolius*	5.0	2.6	3	0.17	6.6
散花紫金牛	*Ardisia conspersa*	0.8	0.8	10	0.17	1.8
细齿叶柃	*Eurya nitida*	5.0	5.0	1	0.17	1.3
更新层						
西南绣球	*Hydrangea davidii*	1.0	0.3	31	0.67	4.3
灯笼树	*Enkianthus chinensis*	5.0	1.7	42	0.50	3.6
钝叶木姜子	*Litsea veitchiana*	5.0	1.7	6	0.50	2.7
毛叶木姜子	*Litsea mollis*	4.0	2.1	4	0.33	2.7
峨眉栲	*Castanopsis platyacantha.*	8.0	4.8	2	0.33	2.5
硬斗石栎	*Lithocarpus hancei*	0.3	0.1	4	0.33	2.0
细梗吴茱萸叶五加	*Acanthopanax evodiaefolius* var. *gracilis*	3.0	1.8	3	0.33	1.8
繁花杜鹃	*Rhododendron floribundum*	1.7	1.7	1	0.17	1.1
茶叶山矾	*Symplocos theaefolia*	0.5	0.4	4	0.17	1.0
宝兴木姜子	*Litsea moupinensis*	6.0	6.0	4	0.17	1.0
乔木茵芋	*Skimmia laureola* ssp. *arborescens*	1.2	1.2	3	0.17	1.0
刺叶冬青	*Ilex bioritsensis*	0.2	0.2	3	0.17	0.9
海桐山矾	*Symplocos heishanensis*	1.6	1.6	1	0.17	0.9
细齿稠李	*Padus obtusata*	5.0	5.0	2	0.17	0.9

续表

中文名	拉丁名	高度/m		株数	频度	重要值
		最高	平均			
更新层						
红粗毛杜鹃	*Rhododendron rude*	1.0	1.0	1	0.17	0.8
四照花	*Dendrobenthamia japonica* var. *chinensis*	8.0	8.0	1	0.17	0.8
深裂中华槭	*Acer sinense* var. *longilobum*	0.5	0.5	1	0.17	0.8
薄叶山矾	*Symplocos anomala*	0.1	0.1	2	0.17	0.6
合计				1327	3.19	100.0

草本层　11 种　188 株

中文名	拉丁名	高度/m		株数	频度	重要值	性状
		最高	平均				
鳞柄短肠蕨	*Allantodia squamigera*	0.20	0.20	32	0.50	33.8	直立草本
江南短肠蕨	*Allantodia metteniana*	0.20	0.13	47	0.67	22.7	直立草本
黄水枝	*Tiarella polyphylla*	0.05	0.05	7	0.33	6.5	直立草本
深圆齿堇菜	*Viola davidii*	0.07	0.07	20	0.17	5.9	匍匐草本
伞形科一种	*Umbelliferae* sp.	0.06	0.05	12	0.50	5.8	直立草本
盾萼凤仙花	*Impatiens scutisepala*	0.25	0.19	25	0.33	5.8	肉质草本
托叶楼梯草	*Elatostema nasutum*	0.12	0.12	24	0.17	5.8	直立草本
翅茎冷水花	*Pilea subcoriacea*	0.13	0.10	11	0.17	3.9	肉质草本
线鳞耳蕨	*Polystichum longipaleatum*	0.15	0.15	6	0.17	3.7	直立草本
大理薹草	*Carex rubrobrunnea* var. *taliensis*	0.15	0.15	3	0.17	3.2	直立草本
万寿竹	*Disporum cantoniense*	0.20	0.20	1	0.17	2.9	直立草本
	合计			188	3.35	100.0	

层间植物

中文名	拉丁名	(附生)高度/m		盖度/%	性状
		最高	平均		
冠盖绣球	*Hydrangea anomala*	0.5	0.29	3	附生藤本
齿叶赤爬	*Thladiantha dentata*	5	2.5	2	草质藤本
西域旌节花	*Stachyurus himalaicus*	4.5	3.8	2	藤状灌木
网纹悬钩子	*Rubus cinclidodictyus*	1.6	1.2	2	藤状灌木
长毛赤爬	*Thladiantha villosula*	0.1	0.1	0.5	草质藤本
五腺清风藤	*Sabia pentadenia*	0.05	0.06	0.2	草质藤本
毛背酸枣子藤	*Actinidia venosa* f. *pubescens*	8	4.14	0.1	草质藤本
西南菝葜	*Smilax bockii*	0.1	0.1	0.1	藤状灌木
丛林清风藤	*Sabia purpurea*	0.5	0.5	0.1	木质藤本
绞股蓝	*Gynostemma pentaphyllum*	2.0	2.0	0.1	草质藤本
双蝴蝶	*Tripterospermum chinense*	1.0	1.0	0.1	草质藤本

群落的稳定性主要取决于构成乔木层树种的稳定性，特别是乔木优势种的稳定性。十齿花林的优势种是十齿花。在 500cm^2 的样地中，总共出现了 18 株十齿花，在 5～10cm 径阶共有 14 株，占到了总体的 78%；而随着胸径的增大，株数呈现减少的趋势，为正金字塔形，表明群丛外貌能保持其稳定(图 6-23)。峨眉栲、木瓜红和光叶水青冈株数与胸径、高度也成反比的关系(图 6-23 和图 6-24)，种群能长期保持稳定。综合上述两个方面，群落为稳定群落。

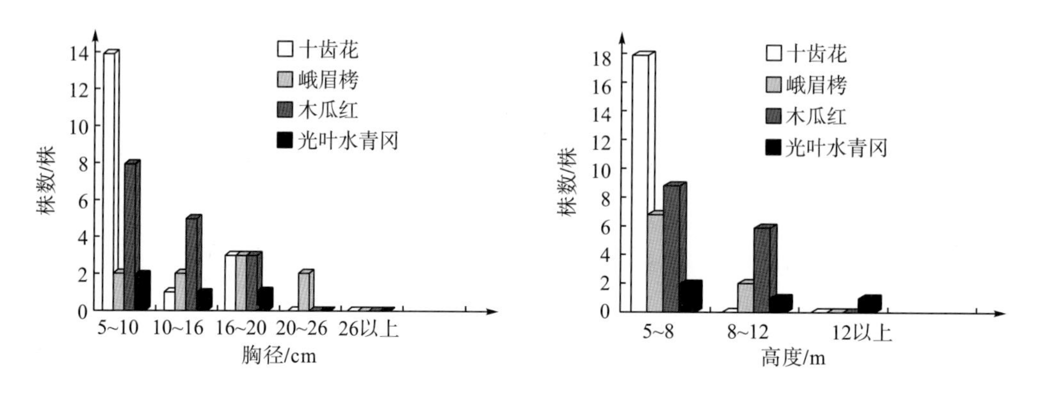

图 6-23 十齿花、峨眉栲、木瓜红和光叶水青冈的胸径与株数的关系

图 6-24 十齿花、峨眉栲、木瓜红和光叶水青冈的高度与株数的关系

2) 十齿花+绥江玉山竹群丛(Ass. *Dipentodon sinicus*+*Yushania suijiangensis*)

该类型为次生林，分布于彝良县的小草坝分水岭海拔 1900～1960m 的山体下部。生境为林内荫湿，水湿条件较好，土壤为黄壤，枯枝落叶层较厚。

群落为落叶阔叶树占优势的混交林，林相整齐，层次分化欠明显，秋季林冠镶嵌着深浅不同的黄色、红色及绿色斑块。群落约有 60 种植物。群落高度为 14m，平均胸径约为 9.5cm，最大胸径为 87cm(水丝梨)，盖度为 85%～90%。群落分为乔木层、灌木层、草本层和层间植物 4 个层次。

乔木层没有明显分层。乔木层由 28 种植物组成，以十齿花、水丝梨占优势，它们的重要值为 30.9、12.3。盖度为 85%～90%，平均树高为 7.8m，平均胸径为 10.3cm，其中有一株水丝梨的胸径达 87cm。其他有灯笼树、华木荷等物种。组成物种以落叶物种为主，兼含常绿树种。常绿树种有 12 种，重要值为 33.8，落叶树种有 16 种，重要值为 66.2。

灌木层的盖度为 30%～40%，都是以绥江玉山竹为单优势种，两块样地中绥江玉山竹的重要值为 43.6。但样地 34 的物种丰富度要比样地 33 高得多，样地 34 有物种 33 种，而样地 33 只有 16 种。平均高度为 1.20m。两块样地中真正的灌木种类不多，有很多乔木幼树，说明群落在长期的演替过程中能保持很好的稳定性。

草本层都是以蕨类植物和莎草科植物为优势种，样地 33 蕨状薹草的重要值为 32.07，泡鳞轴鳞蕨的重要值为 15.01，样地 34 泡鳞轴鳞蕨的重要值为 18.68，大理薹草的重要值为 15.62。物种丰富度方面和灌木层相似，样地 33 有 14 种植物，样地 34 有 13 种。

层间植物主要有西南菝葜、网纹悬钩子、冠盖绣球，其他还有红毛猕猴桃 *Actinidia rufotricha*、长叶酸藤子 *Embelia longifolia*、长圆悬钩子 *Rubus oblongus*、扶芳藤 *Euonymus fortunei* 等，两块样地都比较阴湿，水分条件较好，见表 6-39。

表 6-39　十齿花+绥江玉山竹群丛表

样地号　面积　时间	样地 33　20m×25m　2006 年 7 月 31 日	样地 34　20m×25m　2006 年 7 月 31 日
调查人	杨科、石翠玉、苏文萍、丁莉、黄礼梅、赫尚莉、罗柏青、甘万勇、罗勇、杨跃、刘宗杰、宋睿飞、罗风晔、毛建坤	
地点	小草坝分水岭	小草坝分水岭
GPS 点	N27°48′57.3″，E104°17′07.2″	N27°58′56.7″，E104°17′06.7″
海拔　坡向　坡位　坡度	1931m　NE30°　下坡　16°	1950m　NE25°　下坡　12°
生境地形特点	枯枝落叶层 3～5cm　苔藓较少	苔藓较少
母岩　土壤特点地表特征	黄壤	黄壤
特别记载/人为影响	样地旁有一条公路经过；已经恢复 25 年	样地边有一条公路经过
乔木层盖度，优势种盖度	85%，十齿花 60%	90%，十齿花 70%
灌木层盖度，优势种盖度	30%，绥江玉山竹 25%	40%，绥江玉山竹 30%
草木层盖度，优势种盖度	40%	60%

乔木层

中文名	拉丁名	样 33　22 种　167 株					样 34　19 种　198 株					重要值	性状
		丛/株	最高/m	均高/m	最粗/cm	均粗/cm	丛/株	最高/m	均高/m	最粗/cm	均粗/cm		
十齿花	*Dipentodon sinicus*	56	12	7.9	24.5	10.3	89	10	7.0	19	10.0	30.9	落叶
水丝梨	*Sycopsis sinensis*	19	12	7.6	87	12.0	12	12	7.1	18	10.6	12.2	常绿
峨眉栲	*Castanopsis platyacantha*	22	12	6.3	21	9.7	6	8	6.7	17	10.3	7.3	常绿
灯笼树	*Enkianthus chinensis*	8	14	8.4	18	9.9	20	8	6.2	11	8.0	7.0	落叶
细梗吴茱萸叶五加	*Acanthopanax evodiaefolius* var. *gracilis*	13	14	10.4	15	10.5	8	12	10.0	12	9.8	5.7	落叶
花楸一种	*Sorbus* sp.1	9	11	8.1	23.5	11.0	9	11	7.0	21	10.9	5.7	落叶
华木荷	*Schima sinensis*	1	8	8.0	9	9.0	11	7	5.6	12	8.0	3.9	常绿
深裂中华槭	*Acer sinense* var. *longilobum*	3	14	11.3	24.5	15.0	2	11	9.0	19	12.0	2.9	落叶
木瓜红	*Rehderodendron macrocarpum*	2	8	6.5	9	8.5	6	9	7.7	12	8.1	2.6	落叶
硬斗石栎	*Lithocarpus hancei*	3	9	4.5	11	7.1	6	5	4.1	9.5	6.5	2.6	常绿
钝叶木姜子	*Litsea veitchiana*	2	8	6.5	10.5	7.8	7	11	9.3	14	10.4	2.3	落叶
小羽叶花楸 2	*Sorbus* sp.2	9	10	7.9	11	8.8						2.2	落叶
柔毛润楠	*Machilus villosa*	2	6	5.3	10	8.0	4	7	5.5	7.5	6.2	2.0	常绿
待定一种（钻耳木）							6	9	7.8	11	7.8	1.5	落叶

续表

中文名	拉丁名	样33 22种 167株					样34 19种 198株					重要值	性状
		丛/株	最高/m	均高/m	最粗/cm	均粗/cm	丛/株	最高/m	均高/m	最粗/cm	均粗/cm		
武当玉兰	*Yulania sprengeri*	2	12	11.0	14	13.5						1.2	落叶
毛薄叶冬青	*Ilex fragilis* f. *kingii*	4	8	8.0	18	12.0						1.2	落叶
晚绣花楸	*Sorbus sargentiana*	4	10	9.0	11.5	10.5						1.1	落叶
新木姜子	*Neolitsea aurata*						4	11	10.0	12	8.8	1.1	常绿
多变石栎	*Lithocarpus variolosus*	2	5	5.0	6	5.5						1.1	常绿
红粗毛杜鹃	*Rhododendron rude*						3	7	6.0	8	7.0	0.8	常绿
西南米槠	*Castanopsis carlesii* var. *spinulosa*						2	5	4.0	11	8.0	0.7	常绿
峨眉青荚叶	*Helwingia omeiensis*	2	9	7.5	5.5	12.0						0.7	常绿
珊瑚冬青	*Ilex corallina*	1	10	10.0	12	12.0						0.6	常绿
珙桐	*Davidia involucrata*	1	5	5.0	8	8.0						0.6	落叶
华榛	*Corylus chinensis*	1	7	7.0	7	7.0						0.6	落叶
石木姜子	*Litsea elongata* var. *faberi*	1	6	6.0	5.5	5.5	1	6	6.0	7	7.0	0.8	常绿
野茉莉	*Styrax japonicus*						1	7	7.0	7	6.0	0.3	落叶
圆锥绣球	*Hydrangea paniculata*						1	5	5.0	5	6.0	0.3	落叶
合计		167					198					100.0	

灌木层

中文名	拉丁名	样地33 16种 249株			样地34 33种 748株			重要值	性状
		株数	最高/m	均高/m	株数	最高/m	均高/m		
真正的灌木层									
绥江玉山竹	*Yushania suijiangensis*	156	0.85	0.45	381	1.35	1.2	43.6	灌木
西南绣球	*Hydrangea davidii*				36	1.8	1.8	1.1	灌木
野八角	*Illicium simonsii*				10	1.3	0.5	1.0	灌木
滇瑞香	*Daphne feddei*	1	0.15	0.15				0.8	灌木
微柱麻	*Chamabainia cuspidata*				14	0.8	0.8	0.5	亚灌木
西南山茶	*Camellia pitardii*				36	3.8	3.8	0.4	灌木
近三叶柱序悬钩子	*Rubus* aff. *subcoreanus*				3	1.8	1.8	0.3	灌木
更新层									
水丝梨	*Sycopsis sinensis*				14	5	3	5.3	常绿
宝兴木姜子	*Litsea moupinensis.*	44	7	6	11	2.5	1.25	5.0	常绿
深裂中华槭	*Acer sinense* var. *longilobum*	15	7	5	19	8.5	1.79	4.4	落叶
十齿花	*Dipentodon sinicus*	3	0.06	0.06	42	9	2.28	3.1	落叶
海桐山矾	*Symplocos heishanensis*	3	1.2	0.6	1	2.2	2.2	3.0	常绿
新木姜子	*Neolitsea aurata*	2	1	1	14	3	1.15	2.9	常绿

续表

中文名	拉丁名	样地 33 16 种　249 株			样地 34 33 种　748 株			重要值	性状
		株数	最高/m	均高/m	株数	最高/m	均高/m		
钝叶木姜子	*Litsea veitchiana*	1	0.8	0.8	15	4	1.33	2.8	落叶
石木姜子	*Litsea elongata* var. *faberi*	3	2.5	1.5	29	5.6	0.46	3.7	常绿
灯笼树	*Enkianthus chinensis*				21	3	0.62	2.7	落叶
花楸一种	*Sorbus* sp.1	1	0.1	0.1	24	1.6	0.32	2.3	落叶
西南米槠	*Castanopsis carlesii* var. *spinulosa*				4	3.5	1.75	2.1	常绿
毛叶川冬青	*Ilex szechwanensis* var. *mollissima*	3	3	2.5	14	2.6	1.57	1.9	常绿
硬斗石栎	*Lithocarpus hancei*				5	3.2	0.94	1.8	常绿
小羽叶花楸	*Sorbus* sp.2	3	0.1	0.1	4	1.5	0.5	1.6	落叶
金银忍冬	*Lonicera maackii*	1	0.5	0.5	14	1	1	1.5	落叶
狭叶花椒	*Zanthoxylum stenophyllum*	4	1	0.8				1.1	常绿
毛叶木姜子	*Litsea mollis*	6	5	5				0.9	落叶
稠李一种	*Padus* sp.	3	0.04	0.04				0.9	落叶
柔毛润楠	*Machilus villosa*				5	1	0.52	0.8	常绿
云南冬青	*Ilex yunnanensis*				2	1.5	0.85	0.7	常绿
木瓜红	*Rehderodendron macrocarpum*				12	2.2	1.1	0.6	落叶
细梗吴茱萸叶五加	*Acanthopanax evodiaefolius* var. *gracilis*				4	0.05	0.05	0.5	落叶
红粗毛杜鹃	*Rhododendron rude*				4	1.9	0.96	0.5	常绿
华木荷	*Schima sinensis*				3	2.5	1.76	0.5	常绿
薄叶山矾	*Symplocos anomala*				1	2.5	2.5	0.5	常绿
乔木茵芋	*Skimmia laureola* ssp. *arborescens*				2	0.6	0.4	0.3	常绿
峨边冬青	*Ilex chieniana*				1	1	1	0.3	常绿
峨眉栲	*Castanopsis platyacantha*				1	0.3	0.3	0.2	常绿
野茉莉	*Styrax japonicus.*				1	0.5	0.5	0.2	落叶
叶萼山矾	*Symplocos phyllocalyx*				1	0.2	0.2	0.2	常绿

草本层

中文名	拉丁名	样地 33 14 种　291 株			样地 34 13 种　917 株			重要值	性状
		株数	最高/m	均高/m	株数	最高/m	均高/m		
泡鳞轴鳞蕨	*Dryopsis mariformis*	95	0.3	0.26	373	0.35	0.12	21.3	直立草本
蕨状薹草	*Carex filicina*	81	0.15	0.13				19.9	直立草本
大理薹草	*Carex rubrobrunnea* var. *taliensis*	58	0.21	0.21	262	0.15	0.04	15.1	直立草本
碗蕨	*Dennstaedtia scabra*	4	0.28	0.24				5.0	直立草本
盾萼凤仙花	*Impatiens scutisepala.*				71	0.4	0.28	4.6	肉质草本
长柱鹿药	*Maianthemum oleraceum*	12	0.33	0.23	5	0.36	0.13	4.3	直立草本

续表

中文名	拉丁名	样地 33 14 种　291 株			样地 34 13 种　917 株			重要值	性状
		株数	最高/ m	均高/ m	株数	最高/ m	均高/ m		
倒鳞鳞毛蕨	*Dryopteris reflexosquamata*				14	0.2	0.06	4.0	直立草本
山酢浆草	*Oxalis griffithii*	5	0.15	0.13	29	0.095	0.04	3.5	匍匐草本
钝叶楼梯草	*Elatostema obtusum*	4	0.08	0.08	42	0.09	0.05	3.1	直立草本
筒冠花	*Siphocranion macranthum*				77	0.2	0.13	2.8	直立草本
四轮香	*Hanceola sinensis*	9	0.2	0.1				2.1	直立草本
阔萼堇菜	*Viola grandisepala*	7	0.08	0.06				1.9	匍匐草本
金剑草	*Rubia alata*				1	0.3	0.30	1.9	直立草本
黄毛草莓	*Fragaria nilgerrensis*				1	0.14	0.14	1.9	直立草本
捧果马蓝	*Pteracanthus claviculatus*	4	0.11	0.11				1.5	直立草本
假楼梯草	*Lecanthus peduncularis*	8	0.1	0.1				1.3	直立草本
伏毛蓼	*Polygonum pubescens*				22	0.21	0.11	1.0	直立草本
尾萼开口箭	*Tupistra urotepala*	1	0.15	0.15				0.9	直立草本
尖萼车前	*Plantago cavaleriei*				16	0.1	0.08	0.9	直立草本
沟稃草	*Aniselytron treutleri*	2	0.15	0.15				0.8	直立草本
鳞果变豆菜	*Sanicula hacquetioides*	1	0.1	0.1				0.8	直立草本
尼泊尔蓼	*Polygonum nepalense*				4	0.1	0.05	0.8	匍匐草本

层间植物

中文名	拉丁名	样地 33　7 种　$25m^2$			样地 34　8 种　$25m^2$			性状
		(附生)高度/m		盖度/ %	(附生)高度/m		盖度/ %	
		最高	平均		最高	平均		
冠盖绣球	*Hydrangea anomala*	1.50	1.50	<1	1.80	4.55	4	附生藤本
黑叶菝葜	*Smilax nigrescens*	2.00	2.00	0.5				藤状灌木
红毛猕猴桃	*Actinidia rufotricha*	1.20	1.20	1				木质藤本
网纹悬钩子	*Rubus cinclidodictyus*	0.30	0.30	1	0.15	0.15	<1	木质藤本
五风藤(八月瓜)	*Holboellia latifolia*	8.00	3.60	2	4.00	2.15	3	木质藤本
西南菝葜	*Smilax bockii*	1.00	1.00	1	1.40	0.70	1	藤状灌木
长叶酸藤子	*Embelia longifolia*	0.05	0.05	1				木质藤本
长圆悬钩子	*Rubus oblongus*				9.60	2.50	2	藤状灌木
防己叶菝葜	*Smilax menispermoidea*				0.30	0.20	<1	藤状灌木
扶芳藤	*Euonymus fortunei*				0.15	0.15	1	附生藤本
尼泊尔双蝴蝶	*Tripterospermum volubile*				0.50	0.15	2	草质藤本

群落的稳定性很大程度上取决于乔木种的稳定性，十齿花群落是以十齿花为优势种的群落，因此群落的稳定性主要取决于十齿花的稳定性，见图6-25和图6-26。

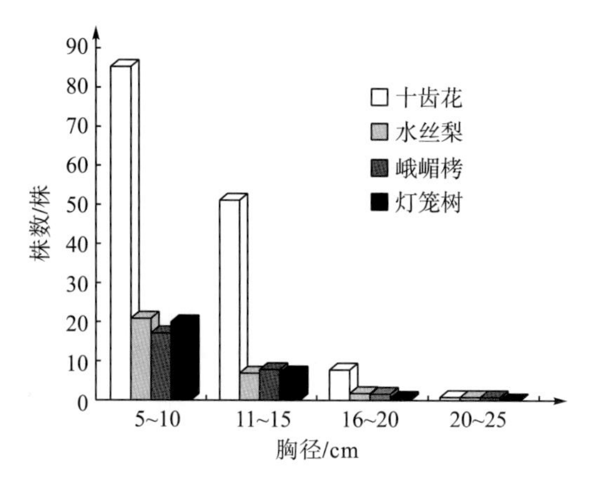

图6-25　十齿花、水丝梨、峨眉栲、灯笼树的株数和胸径的关系

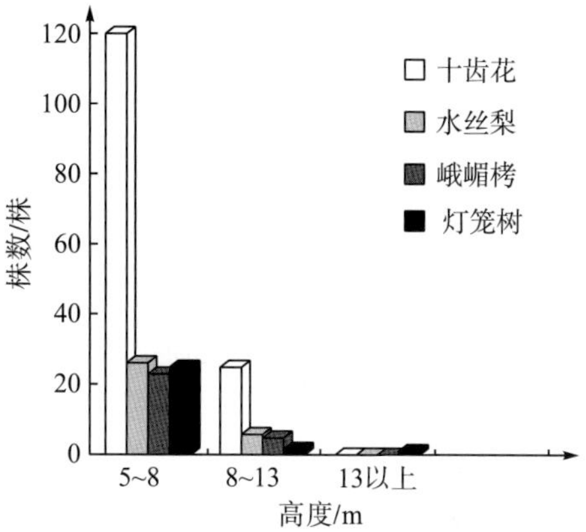

图6-26　十齿花、水丝梨、峨眉栲、灯笼树的株数和高度的关系

群落中重要值最大的是十齿花(30.9)，其次为水丝梨(12.3)、峨眉栲(7.3)和灯笼树(7.0)等。根据乔木层中优势种的株数与胸径树高的关系进行分析，预测群落的动态变化。

3) 十齿花-峨眉栲+刺竹子群丛(Ass. *Dipentodon sinicus-Castanopsis platyacantha+Chimonobambusa pachystachys*)

该群丛主要分布在彝良县的小草坝后河，群落生境阴湿，有一定的枯枝落叶层，土壤为黄壤。群落外貌为落叶阔叶树占优势的混交林，林冠无明显起伏。群落盖度为95%，乔木层盖度为85%，灌木层盖度为90%，草本层盖度为15%。林分以十齿花、峨眉栲占优势，十齿花的盖度为65%，峨眉栲盖度为10%，林下刺竹子 *Chimonobambusa pachystachys* 为单优势种，盖度为85%，草本层以蕨类植物占优势，主要物种有泡鳞轴鳞蕨 *Dryopsis mariformis*、倒鳞鳞毛蕨 *Dryopteris reflexosquamata*、光脚金星蕨 *Parathelypteris japonica*、钝叶楼梯草 *Elatostema obtusum*。

群落物种计44种，乔木树种有14种，其中落叶树种有10种，包括十齿花、灯台树、晚绣花楸、毛牛纠吴萸等，常绿树种有峨眉栲、水丝梨、褐叶青冈等。

真正的灌木有刺竹子、绥江玉山竹、猫儿屎 *Decaisnea fargesii*、粉花绣线菊渐尖叶变种 *Spiraea japonica* var. *acuminata* 等。草本植物有21种，以蕨类植物和一些耐阴草本占优势。层间层植物比较缺乏，共有5种，主要是西南菝葜、齿叶赤爬、南五味子 *Kadsura longipedunculata* 等，见表6-40。

表 6-40 十齿花-峨眉栲+刺竹子群丛表

样地号 时间	样地 44 2006 年 8 月 3 日		
调查人	覃家理、杨科、石翠玉、苏文萍、丁莉、黄礼梅、赫尚莉、罗柏青、甘万勇、罗勇、杨跃、刘宗杰、宋睿飞、罗风晔、毛建坤		
地点	小草坝—后河		
经纬度	N27°48′22.2″ E104°18′08.7″		
海拔 坡度	1980m 8°		
母岩 土壤特点 地表特征	黄壤		
乔木层盖度	85%，十齿花 65%、峨眉栲 10%		
灌木层盖度，优势种盖度	90%，刺竹子 85%		
草本层盖度，优势种盖度	15%		
植物种类	拉丁名	盖度/%	性状
	乔木层		
十齿花	*Dipentodon sinicus*	65	落叶
峨眉栲	*Castanopsis platyacantha*	10	常绿
灯台树	*Cornus controversa*	3	落叶
晚绣花楸	*Sorbus sargentiana*	2	落叶
扇叶槭	*Acer flabellatum*	2	落叶
水丝梨	*Sycopsis sinensis*	2	常绿
泸水泡花树	*Meliosma mannii*	1	落叶
硬斗石栎	*Lithocarpus hancei*	1	常绿
毛牛斜吴萸	*Evodia trichotoma* var. *pubescens*	1	落叶
灯笼树	*Enkianthus chinensis*	1	落叶
白背叶楤木	*Aralia chinensis* var. *nuda*	1	落叶
褐叶青冈	*Cyclobalanopsis stewardiana*	1	常绿
毛叶山桐子	*Idesia polycarpa* var. *vestita.*	1	落叶
杨叶木姜子	*Litsea populifolia*	1	落叶
	灌木层		
刺竹子	*Chimonobambusa pachystachys*	85	灌木
绥江玉山竹	*Yushania suijiangensis*	5	灌木
猫儿屎	*Decaisnea fargesii*	1	灌木
粉花绣线菊渐尖叶变种	*Spiraea japonica* var. *acuminata*	1	灌木
	草本层		
头花龙胆	*Gentiana cephalantha*	1	直立草本
过路黄	*Lysimachia christinae*	1	匍匐草本
钝叶楼梯草	*Elatostema obtusum*	1	肉质草本
柳叶菜状凤仙花	*Impatiens epilobioides*	1	肉质草本
阔萼堇菜	*Viola grandisepala*	1	直立草本
庐山藨草	*Scirpus lushanensis*	1	直立草本
早熟禾	*Poa annua*	1	直立草本

续表

植物种类	拉丁名	盖度/%	性状
	草本层		
黄毛草莓	*Fragaria nilgerrensis*	1	匍匐草本
大叶冷水花	*Pilea martini*	1	肉质草本
倒鳞鳞毛蕨	*Dryopteris reflexosquamata*	1	直立草本
毛萼山梗菜	*Lobelia pleotricha*	1	直立草本
茅叶荩草	*Arthraxon prionodes*	1	直立草本
鳞果星蕨	*Lepidomicrosorium buergerianum*	1	直立草本
间型沿阶草	*Ophiopogon intermedius*	1	直立草本
泡鳞轴鳞蕨	*Dryopsis mariformise*	1	直立草本
光脚金星蕨	*Parathelypteris japonica*	1	直立草本
牛膝	*Achyranthes bidentata*	1	直立草本
支柱蓼	*Polygonum suffultum*	1	直立草本
绵毛金腰	*Chrysosplenium lanuginosum*	1	直立草本
长柱鹿药	*Maianthemum oleraceum*	1	直立草本
竹叶吉祥草	*Spatholirion longifolium*	1	匍匐草本
	层间植物		
西南菝葜	*Smilax bockii*	1	藤状灌木
齿叶赤瓟	*Thladiantha dentata*	1	草质藤本
南五味子	*Kadsura longipedunculata*	1	木质藤本
乌蔹莓	*Cayratia japonica*	1	草质藤本
绞股蓝	*Gynostemma pentaphyllum*	1	草质藤本

4) 十齿花群落的物种多样性

十齿花+金佛山方竹群丛(样地 30)，共有 60 种物种，乔木层 24 种，灌木 22 种(真正灌木 5 种)，草本层 11 种，层间植物 11 种，物种丰富度最高的为乔木层，由于乔木层中各物种分布较均匀，因此各项指标均最高。灌木层由于林下大量的乔木幼树幼苗的加入，增加了该层的物种丰富度，但由于单优势种金佛山方竹的影响，均匀度指数有所较低。草本层也有较高的物种丰富度，物种分布均匀。层间植物由于各物种数量少，分布不均匀，各项指标均最低。因此，群落乔木层具有物种丰富、分布均匀的特点；灌木层、草本层和层间植物具有物种简单、分布不均匀的特点。

十齿花+绥江玉山竹群丛(样地 33)，共有 72 种物种，乔木层 22 种，灌木层 16 种(真正灌木层 2 种)，草本层 14 种，层间植物 7 种。物种丰富度最高的是乔木层和草本层，灌木层由于单优势种的存在，绥江玉山竹的重要值接近 55，严重影响了其他灌木树种和乔木树种的生长，所以灌木层的多样性指数偏低。因此，群落乔木和草本具有物种丰富、分配均匀的特点，灌木层和层间层具有物种单一、分配不均匀的特点。

十齿花+绥江玉山竹群丛(样地 34)，共有 56 种物种，乔木层 19 种，灌木层 33 种(真正灌木层 7 种)，草本层 13 种，层间植物 8 种。Simpson 指数最大的是草本层，

Shannon-Wiener 指数最大的也是草本层，而 Pielou 均匀度指数最大的是乔木层。表明灌木层、草本层物种丰富度大，但是由于优势种(绥江玉山竹、泡鳞轴鳞蕨、大理薹草)的存在，导致分配不均匀。

十齿花-峨眉栲+刺竹子群丛(样地 44)，简单物种记录样地。共有乔木树种 14 种，灌木物种 4 种，草本植物 21 种，层间植物 5 种。乔木层、灌木层、层间层的物种都不丰富，而且乔木层中优势种十齿花、峨眉栲的盖度分别为 65%、10%，刺竹子的盖度 85%，物种分配不均匀；草本层物种较丰富，分配均匀。

3 块样地物种最丰富的是样地 30，共 61 种，其次是样地 34、样地 33，分别是 56 种和 55 种，见表 6-41。

表 6-41 群落物种多样性表

层次	物种数			Simpson 指数			Shannon-Wiener 指数			Pielou 均匀度指数		
	样地 30	样地 33	样地 34	样地 30	样地 33	样地 34	样地 30	样地 33	样地 34	样地 30	样地 33	样地 34
群落	61	55	56	0.47	0.917	0.97	1.52	3.03	1.97	0.37	0.76	0.46
乔木层	24	22	19	0.92	0.85	0.78	2.79	2.33	2.13	0.86	0.76	0.71
灌木层	22	16	33	0.19	0.58	0.71	0.55	1.41	2.11	0.18	0.50	0.60
草本层	11	14	13	0.86	0.86	0.83	2.13	2.23	2.34	0.83	0.80	0.67
层间植物	11	7	8	0.86	0.65	0.67	1.83	1.38	1.15	0.94	0.71	0.55

5) 十齿花群落相似性分析

根据各样地所具有的物种以及样地与样地之间的共有种建立表 6-42。样地 30 共有物种数 61 种，与样地 33 有共有种 4 种，与 34 种共有种 7 种；样地 33 有物种数 55 种，与样地 34 有共有种 21 种；样地 34 有物种数 56 种；三块样地有共有种 14 种，它们多为乔木层树种，如十齿花、华木荷、硬斗石栎、峨眉栲、水丝梨、木瓜红等物种，见表 6-42。

表 6-42 各样地物种数、样地与样地之间的共有种数

	样地 30	样地 33	样地 34
样地 30	61	4	7
样地 33	4	55	21
样地 34	7	21	56

根据表 6-42 中数据计算 Jaccard 相似性系数，计算公式为 $ISj=a/(B+C-a)$，其中 B 和 C 分别表示第一个样地和第二个样地所具有的总种数，a 为两块样地共有和种数。

计算结果为：样地 30 和样地 33 的相似性系数为 3.6%；样地 30 与样地 34 的相似性系数为 5.4%；样地 33 与样地 34 的相似性系数为 19.1%。相似性系数最高的为样地 33 和样地 34，是由于两块样地属于同一群丛，且分布于同一区域，因此有大量的相同物种的出现。由于样地 30 和样地 33，样地 30 与样地 34 属于不同的群丛，因此它们的相似性系数较低。各相似性系数也证明了关于群丛划分方法的正确性。

6) 十齿花林的保护生物学意义

十齿花是我国珍稀保护种，II 级重点保护植物。十齿花系统发育上较孤立，目前分类上的意见尚未完全统一。另外，十齿花林在昭通是其分布的最北缘，属于新分布。所以保护区内存在的十齿花林对于研究十齿花有着重要的价值。

迄今尚未见到针对十齿花林的群落学或生态学研究。保护区内存在的十齿花林将会为以后对十齿花的分布和区系特征研究提供依据和场所。

十齿花林也是一些重要的保护植物立身的场所，在 4 块所调查的样地中已发现许多保护植物种类。因此，一旦样地的植被类型遭受到破坏或不复存在，将在一定程度上影响这些物种的分布范围，它们的生境将会变得更为狭小，因此保护好十齿花林具有重要的意义，见表 6-43。

表 6-43　十齿花林中国家保护植物

中文名	拉丁名	科名	保护级别	生活型	海拔/m
珙桐	*Davidia involucrata*	珙桐科	I	乔木	1100～2200
华榛	*Corylus chinensis*	榛科	III	乔木	900～3500
木瓜红	*Rehderodendron macrocarpum*	野茉莉科	II	乔木	1200～2060

十齿花木材白色，质轻软，纹理细致，是优质的细木工材。十齿花入秋后叶变为红色，为优美的观叶风景树，而十齿花林正分布在彝良小草坝的森林公园内，更增加了其保护价值。

十齿花林属于典型落叶阔叶林，林下较厚的枯枝落叶层在涵养水源、保持水土方面具有较好的生态效益。

4.扇叶槭林(Form. *Acer flabellatum*)

扇叶槭为中国特有乔木树种，分布于云南东北部和东部，如镇雄、彝良、文山、新平、屏边等地；云南省外见于江西、湖南西北部、四川、贵州和广西北部。通常，扇叶槭在各地森林中只是零星分布，以其为优势的森林群落类型未见报道。而乌蒙山国家级自然保护区的扇叶槭在群落中的优势度较大，能够形成以其为优势或特征的群落类型。其主要特点是群落的乔木层以扇叶槭为优势或特征，落叶成分的重要值略大于常绿成分的重要值，灌木层中以当地特有的筇竹最为显著，草本层的种类和数量变化较大。根据乔木层的组成特点，将乌蒙山国家级自然保护区的扇叶槭林划分为 2 个群落类型，即扇叶槭-峨眉栲+筇竹群落和木姜叶柯-扇叶槭+筇竹群落。

1) 扇叶槭-峨眉栲+筇竹群落(Ass. *Acer flabellatum-Castanopsis platyacantha+Qiongzhuea tumidissinoda*)

本群落分布于永善县小岩方方家湾。海拔约 2000m，土壤为黄壤，母岩为石灰岩。群落分为乔木层、灌木层、草本层和层间植物。本群落为原生群落，但有打笋等人为影响。

乔木层有 10 种植物，盖度为 65%，高度为 5～15m，优势种为扇叶槭，次优势种为峨眉栲。此外秃华椴、细齿稠李、粗梗稠李也较常见。乔木层中，常绿树种约 3 种 9 株，重要值约 30；落叶树种约 7 种 26 株，重要值约 70。

灌木层物种相对较多，有 17 种，盖度为 90%，高度为 0.05～3.5m，优势种为筇竹，此外茶条果、防己叶菝葜也较常见。

草本层物种更为丰富，有 30 种，盖度为 70%，以鳞柄短肠蕨、骤尖楼梯草、翅茎冷水花、羊齿天门冬较常见，见表 6-44。

表 6-44　扇叶槭-峨眉栲+筇竹林样地调查表

样地号　面积　时间	样 15　500m² 2006 年 7 月 25 日
调查人	保护区科学考察团
地点	小岩方方家湾
GPS 点	N28.15933°，E104.00355°
海拔　坡向　坡位　坡度	2010m　SW10　上坡　近顶
生境地形特点	中山上部　基本匀质，少时石灰岩突出，有小路穿过
母岩　土壤特点　地表特征	石灰岩，黄壤，有少量苔藓
特别记载　人为影响	原生，有人为干扰，打笋
乔木层盖度 65%　灌木层盖度 90%　草本层盖度 70%	

乔木层

中文名	拉丁名	株数	高度/m		胸径/cm		重要值	性状
			最高	平均	最粗	平均		
扇叶槭	*Acer flabellatum*	8	13	10.6	43	31.8	23.7	落叶
峨眉栲	*Castanopsis platyacantha*	6	15	9.0	80	36.2	22.1	常绿
秃华椴	*Tilia chinensis* var. *investita*	5	15	14.0	55	29.4	12.5	落叶
细齿稠李	*Padus obtusata*	4	12	8.5	43	26.0	9.9	落叶
粗梗稠李	*Padus napaulensis*	2	13	12.0	41	40.0	7.6	落叶
武当玉兰	*Yulania sprengeri*	2	13	12.0	49	43.5	6.7	落叶
野茉莉	*Styrax japonicus*	3	5	4.3	8	7.3	5.9	落叶
西南山茶	*Camellia pitardii*	2	6	5.5	16	14.5	5.2	常绿
珙桐	*Davidia involucrata*	2	9	7.5	20	12.5	3.7	落叶
美容杜鹃	*Rhododendron calophytum*	1	7	7.0	18	18.0	2.7	常绿

灌木层

中文名	拉丁名	株数	高度/m		盖度/%	重要值	性状
			最高	平均			
真正的灌木层							
筇竹	*Qiongzhuea tumidissinoda*	620	3.0	2.7	80.00	60.0	灌木
防己叶菝葜	*Smilax menispermoidea*	10	0.5	0.4	0.38	3.3	灌木
西南山茶	*Camellia pitardii*	3	2.0	2.0	4.50	2.2	灌木

续表

中文名	拉丁名	株数	高度/m		盖度/%	重要值	性状
			最高	平均			
无刺掌叶悬钩子	*Rubus pentagonus* var. *modestus*	2	0.4	0.3	0.05	1.9	灌木
粉花野茉莉	*Styrax roseus*	1	3.0	3.0	3.00	1.7	灌木
野茉莉	*Styrax japonicus*	1	3.5	3.5	1.50	1.3	灌木
长序茶藨子	*Ribes longiracemosum*	3	0.6	0.6	0.14	1.1	灌木
百齿卫矛	*Euonymus centidens*	2	0.2	0.2	0.04	1.0	灌木
云南冬青	*Ilex yunnanensis*	1	0.3	0.3	0.06	1.0	灌木
少花荚蒾	*Viburnum oliganthum*	1	0.4	0.4	0.02	1.0	灌木
花楸幼苗	*Sorbus* sp.1	1	0.5	0.5	0.00	1.0	灌木
更新层							
茶条果	*Symplocos ernestii*	18	1.9	1.1	4.97	4.8	常绿
峨眉栲	*Castanopsis platyacantha*	3	3.0	2.8	3.20	2.7	常绿
扇叶槭	*Acer flabellatum*	3	0.8	0.6	0.01	2.0	落叶
珙桐	*Davidia involucrata*	1	0.1	0.1	0.00	1.0	落叶
未知 1		5	0.2	0.1	0.01	1.1	
未知 2		2	0.1	0.1	0.11	1.0	

草本层

中文名	拉丁名	株数	高度/m		盖度/%	重要值	性状
			最高	平均			
骤尖楼梯草	*Elatostema cuspidatum*	58	0.7	0.4	4.3	11.5	直立草本
鳞柄短肠蕨	*Allantodia squamigera*	79	0.2	0.1	1.3	8.1	直立草本
长江蹄盖蕨	*Athyrium iseanum*	35	0.3	0.2	2.2	7.1	直立草本
绵毛金腰	*Chrysosplenium lanuginosum*	14	0.1	0.1	3.8	7.0	肉质草本
翅茎冷水花	*Pilea subcoriacea*	65	0.3	0.1	0.5	4.8	肉质草本
吉祥草	*Reineckia carnea*	8	0.2	0.2	2.5	4.5	匍匐草本
羊齿天门冬	*Asparagus filicinus*	53	1	1.0	0.8	4.3	直立草本
唇形科一种		50	0.4	0.1	0.9	4.2	直立草本
山酢浆草	*Oxalis griffithii*	28	0.2	0.1	0.2	4.0	匍匐草本
四川沿阶草	*Ophiopogon szechuanensis*	14	0.3	0.2	2.0	4.0	直立草本
钝叶沿阶草	*Ophiopogon amblyphyllus*	34	0.2	0.2	1.0	3.7	直立草本
阔萼堇菜	*Viola grandisepala*	36	0.1	0.1	0.5	3.6	直立草本
短尾细辛	*Asarum caudigerellum*	42	0.3	0.2	0.4	3.3	直立草本
蕨状薹草	*Carex filicina*	25	0.2	0.1	0.4	3.1	直立草本
线鳞耳蕨	*Polystichum longipaleatum*	29	0.2	0.1	0.5	2.9	直立草本
四轮香	*Hanceola sinensis*	31	0.2	0.1	0.3	2.7	直立草本
盾萼凤仙花	*Impatiens scutisepala*	25	0.3	0.2	0.1	2.6	肉质草本
鹿药	*Smilacina japonica*	31	0.3	0.2	0.1	2.3	直立草本

续表

中文名	拉丁名	株数	高度/m		盖度/%	重要值	性状
			最高	平均			
粗齿天名精	*Carpesium trachelifolium*	32	0.6	1.0	0.2	2.0	直立草本
宽叶亲族薹草	*Carex gentilis* var. *intermedia*	19	0.2	0.1	0.2	2.0	直立草本
腋花扭柄花	*Streptopus simplex*	21	0.1	0.0	0.1	1.9	直立草本
尖叶五匹青	*Pternopetalum vulgare* var. *acuminatum*	26	0.4	0.4	0.2	1.8	直立草本
长柄熊巴掌	*Phyllagathis cavaleriei* var. *wilsoniana*	18	0.3	0.2	0.4	1.7	直立草本
石竹科一种		20	0.2	0.2	0.2	1.6	直立草本
支柱蓼	*Polygonum suffultum*	20	0.8	0.5	0.1	1.4	直立草本
走茎龙头草	*Meehania fargesii* var. *radicans*	12	0.7	0.5	0.1	1.1	直立草本
大叶贯众	*Cyrtomium macrophyllum*	13	0.2	2.0	0.05	1.0	直立草本
大理薹草	*Carex rubrobrunnea* var. *taliensis*	6	0.3	2.0	0.1	0.9	直立草本
斜萼草	*Loxocalyx urticifolius*	5	0.5	0.5	0.1	0.8	直立草本
大叶马蓝	*Pteracanthus grandissimus*	1	1.1	1.10	0.05	0.65	直立草本

层间植物

中文名	拉丁名	高度/m		盖度/%	性状
		最大	平均		
长梗罗锅底	*Gynostemma longipes*	2.5	0.5	0.07	草质藤本
滇边南蛇藤	*Celastrus hookeri*	10	10	0.90	木质藤本
冠盖绣球	*Hydrangea anomala*	0.25	0.05	0.13	木质藤本
双蝴蝶	*Tripterospermum chinense*	1	0.4	0.60	草质藤本
五风藤	*Holboellia latifolia*	4	4	0.05	木质藤本
昭通猕猴桃	*Actinidia rubus*	8	0.12	0.39	木质藤本
藤一种		1.0	1.00	15.00	木质藤本
五风藤	*Holboellia latifolia*	2.0	1.10	0.20	木质藤本
宽叶清风藤	*Sabia latifolia*	0.2	0.20	0.04	木质藤本
丛林清风藤	*Sabia purpurea*			0.20	木质藤本

2) 木姜叶柯-扇叶槭+筇竹群落(Ass. *Lithocarpus litseifolius-Acer flabellatum +Qiongzhuea tumidissinoda*)

本群落位于大关县三江口片区辣子坪保护点附近海拔 2300m 的半阴坡面，位于中山中部，坡角约 40°，砂质石砾达 40%。群落发育在砂岩母质上的棕红壤上，土层不厚。

群落的显著特点是灌木层筇竹占绝对优势，其盖度达 90%以上，重要值达 62.8。群落林冠郁茂，树冠球形，层次分明，参差不齐。种类组成复杂，秋冬季外貌色彩丰富。在 500m^2 样地中，共记录维管植物 31 科 40 属 44 种，其中蕨类植物 3 科 3 属 3 种，被子植物 28 科 37 属 41 种(含双子叶植物 26 科 35 属 42 种，单子叶植物 2 科 2 属 2 种)，见表 6-45。

群落乔木层盖度约 80%，树高 4～18m，胸径超过 5cm 的乔木有 15 种 46 株，其中胸径超过 50cm 的有 5 株。整个乔木层中落叶树种有 8 种 28 株，总重要值占 51.3；常绿树种有 7 种 18 株。落叶树种在数量上稍占优势。

乔木层明显可分为两层。乔木上层高为 10～18m，约 7 种共 22 株。常绿树种 2 种，即木姜叶柯 *Lithocarpus litseifolius* 和尖叶四照花 *Dendrobenthamia angustata*，共 10 株，约占乔木最上层的 45%，落叶树种 5 种 12 株，约占 55%，常绿树种和落叶树种所占比例差别不大。其中以常绿的木姜叶柯稍占优势，平均高度为 15.0m，平均胸径为 43.3cm，重要值为 24.4；其次为落叶的扇叶槭 *Acer flabellatum* 和常绿的尖叶四照花 *Dendrobenthamia angustata*，两者在群落中的总重要值分别为 16.6 和 15.5；其他还有水青树 *Tetracentron sinense*、短梗稠李 *Padus brachypoda*、倒卵叶花楸 *Sorbus* sp.和钝叶木姜子 *Litsea veitchiana* 等，均为落叶树种，每种 1～3 株，重要值均低于 10。

乔木下层高为 4～8m，除上层树种幼树外，主要是不凡杜鹃 *Rhododendron insigne*、凉山杜鹃 *R. huianum*、西南山茶 *Camellia pitardii*、木瓜红 *Rehderodendron macrocarpum*、紫药荚蒾 *Viburnum prattii*、多毛樱桃 *Cerasus polytricha*、香港四照花 *Dendrobenthamia hongkongensis* 和刺叶冬青 *Ilex bioritsensis* 8 种，株数均不多，重要值也不大，常绿树种相对于乔木上层较多。

灌木层高一般在 5m 以下，胸径小于 5cm，层盖度达 95%以上。真正的灌木种类有筇竹 *Qiongzhuea tumidissinoda*、景东十大功劳 *Mahonia paucijuga*、光叶泡花树 *Meliosma cuneifolia* var. *glabriuscula*、灰绒绣球 *Hydrangea mandarinorum*、四川卫矛 *Euonymus szechuanensis*、合轴荚蒾 *Viburnum sympodiale* 和长序茶藨子 *Ribes longiracemosum* 7 种，其中筇竹占绝对优势，为该层优势种，盖度达 90%以上，重要值达 62.8；其他物种重要值均低于 10。

更新层中乔木幼树或幼苗有扇叶槭 *Acer flabellatum*、峨眉栲 *Castanopsis platyacantha*、倒卵叶花楸 *Sorbus* sp.和刺叶冬青 *Ilex bioritsensis* 4 种，其重要值均为 2.5 左右，数量仅为 1～3 株，且均幼小。其中扇叶槭和倒卵叶花楸为乔木上层树种，且扇叶槭为群落优势树种之一；峨眉栲幼苗 3 株，未在乔木层中出现；刺叶冬青实为灌木层种类，但在群落中长为小乔木。

草本层种类较丰富，约 16 种，层盖度仅约 3%。其中以耐阴植物斜萼草 *Loxocalyx urticifolius*、盾萼凤仙花 *Impatiens scutisepala* 为优势，总重要值分别为 21.4 和 18.1；其他常见种类有深圆齿堇菜 *Viola davidii*、唇形科一种、泡鳞轴鳞蕨 *Dryopsis mariformis*、戟叶堇菜 *Viola betonicifolia*、粗齿冷水花 *Pilea sinofasciata*、鳞柄短肠蕨 *Allantodia squamigera*、黑鳞耳蕨 *Polystichum makinoi* 和绵毛金腰 *Chrysosplenium lanuginosum* 等。由于群落郁闭度高，因而部分种类数量少，分布稀疏，如短毛金线草 *Antenoron filiforme* var. *neofiliforme*、走茎龙头草 *Meehania fargesii* var. *radicans*、窄瓣鹿药 *Maianthemum tatsienense*、黄水枝 *Tiarella polyphylla*、过路黄 *Lysimachia christinae* 和山酢浆草 *Oxalis griffithii* 等。

层间植物较少，约 5 种，无附生种类，数量不多，且分布零星。其中苦皮藤 *Celastrus angulatus* 和粉绿钻地风 *Schizophragma integrifolium* var. *glaucescens* 的攀附高度达 15m，到达乔木上层树冠，茎粗约 6cm。另有薄叶猕猴桃 *Actinidia leptophylla* 和五腺清风藤 *Sabia pentadenia*，均较幼小或为幼苗，见表 6-45。

表 6-45 木姜叶柯-扇叶槭+筇竹林样地调查表

样地号 面积 时间	11 20m×25m 2006 年 7 月 21 日
调查人	杜凡、王娟、杨科、石翠玉、苏文苹、黄礼梅、丁莉、罗柏青、赫尚丽、罗勇、甘万勇、宋睿飞、杨跃、凤晔、毛建坤
地点	三江口片区辣子坪保护点
GPS 点	N28°13′53.3″，E103°54′14.8″
海拔 坡向 坡位 坡度	2300m NE45° 中部 40°
地形特点	中山 地形同质 均匀
地质母岩 土壤特点 地表特征	砂岩 棕色壤 土层不厚，多石砾
其他	人为干扰较少，为原生植被
乔木层盖度 80%，木姜叶柯 25% 灌木层盖度 95%，筇竹 90% 草本层盖度 3%，斜萼草 1%	

乔木层

中文名	拉丁名	各层株数		高度/m		胸径/cm		重要值	性状
		>10m	>4m	最高	平均	最粗	平均		
木姜叶柯	*Lithocarpus litseifolius*	6		17	15.0	60	43.3	24.4	常绿
扇叶槭	*Acer flabellatum*	4	3	18	10.9	48	25.1	16.6	落叶
尖叶四照花	*Dendrobenthamia angustata*	4	1	17	12.8	58	33.6	15.5	常绿
水青树	*Tetracentron sinense*	2		17	15.0	50	46.0	8.4	落叶
倒卵叶花楸	*Sorbus* sp.	1	4	11	7.0	32	15.0	7.7	落叶
短梗稠李	*Padus brachypoda*	2	3	13	10.6	25	15.8	7.5	落叶
钝叶木姜子	*Litsea veitchiana*	3	1	10	9.3	25	10.3	5.4	落叶
紫药荚蒾	*Viburnum prattii*		3	5	5.0	9	6.3	3.5	落叶
不凡杜鹃	*Rhododendron insigne*		2	8	8.0	16	14.5	2.8	常绿
香港四照花	*Dendrobenthamia hongkongensis*		2	4	4.0	8	6.5	2.3	常绿
凉山杜鹃	*Rhododendron huianum*		1	6	6.0	15	15.0	1.4	常绿
西南山茶	*Camellia pitardii*		1	6	6.0	8	8.0	1.2	常绿
木瓜红	*Rehderodendron macrocarpum*		1	5.5	5.5	6	6.0	1.1	落叶
多毛樱桃	*Cerasus polytricha*		1	4	4.0	6	6.0	1.1	落叶
刺叶冬青	*Ilex bioritsensis*		1	4	4.0	5	5.0	1.1	常绿
合计		22	24					100.0	

灌木层

层次	中文名	拉丁名	高度/m		株数	重要值	生活型
			最高	平均			
真正的灌木层	筇竹	*Qiongzhuea tumidissinoda*	3.5	2.4	238	62.8	常绿灌木状
	景东十大功劳	*Mahonia paucijuga*	0.8	0.4	12	8.4	常绿灌木
	光叶泡花树	*Meliosma cuneifolia* var. *glabriuscula*	2.5	1.8	3	6.5	落叶灌木
	灰绒绣球	*Hydrangea mandarinorum*	0.1	0.1	4	6.2	落叶灌木
	四川卫矛	*Euonymus szechuanensis*	2.3	2.3	3	4.8	落叶灌木

续表

层次	中文名	拉丁名	高度/m		株数	重要值	生活型
			最高	平均			
真正的灌木层	合轴荚蒾	*Viburnum sympodiale*	0.4	0.4	2	2.1	落叶灌木
	长序茶藨子	*Ribes longiracemosum*	3.5	3.5	1		落叶灌木
更新层	扇叶槭	*Acer flabellatum*	2.2	2.2	1	2.6	落叶乔木幼树
	峨眉栲	*Castanopsis platyacantha*	0.1	0.1	3	2.4	常绿乔木幼树
	刺叶冬青	*Ilex bioritsensis*	1.5	1.5	1	2.2	常绿灌木
	倒卵叶花楸	*Sorbus* sp.	0.1	0.1	1	2.0	落叶乔木幼树

草本层

中文名	拉丁名	高度/cm		株/丛数	重要值	生活型
		最高	平均			
斜萼草	*Loxocalyx urticifolius*	17.5	13.1	50	21.4	多年生草本
盾萼凤仙花	*Impatiens scutisepala*	30.0	19.5	45	18.1	一年生草本
深圆齿堇菜	*Viola davidii*	8.0	6.0	51	9.4	匍匐草本
唇形科一种		20.0	20.0	36	8.3	多年生草本
泡鳞轴鳞蕨	*Dryopsis mariformis*	25.0	15.5	19	8.1	多年生草本
戟叶堇菜	*Viola betonicifolia*	40.0	21.0	11	6.5	多年生草本
粗齿冷水花	*Pilea sinofasciata*	50.0	30.0	18	5.9	多年生草本
鳞柄短肠蕨	*Allantodia squamigera*	15.0	9.3	18	5.0	多年生草本
黑鳞耳蕨	*Polystichum makinoi*	40.0	23.3	5	4.3	多年生草本
绵毛金腰	*Chrysosplenium lanuginosum*	5.0	5.0	7	3.6	匍匐草本
短毛金线草	*Antenoron filiforme* var. *neofiliforme*	30.0	30.0	2	2.3	多年生草本
走茎龙头草	*Meehania fargesii* var. *radicans*	15.0	15.0	2	2.3	多年生草本
窄瓣鹿药	*Maianthemum tatsienense*	10.0	10.0	2	1.5	多年生草本
黄水枝	*Tiarella polyphylla*	10.0	10.0	2	1.2	多年生草本
过路黄	*Lysimachia christinae*	10.0	10.0	1	1.0	匍匐草本
山酢浆草	*Oxalis griffithii*	10.0	10.0	1	1.0	匍匐草本

层间植物

中文名	拉丁名	基干粗/cm	攀附高度/m	株数	生活型
薄叶猕猴桃	*Actinidia leptophylla*	3	0.3	4	木质藤本
五腺清风藤	*Sabia pentadenia*	4	8	1	攀缘灌木
苦皮藤	*Celastrus angulatus*	2～6	5～15	4	木质藤本
拉拉藤	*Galium aparine* var. *echinospermum*	10.0	10.0	3	草质藤本
粉绿钻地风	*Schizophragma integrifolium* var. *glaucescens*	5	15	1	木质藤本

3）扇叶槭林群落演替的动态分析

群落更新层中乔木幼树或幼苗仅有扇叶槭 *Acer flabellatum*、峨眉栲 *Castanopsis platyacantha*、倒卵叶花楸 *Sorbus* sp.和刺叶冬青 *Ilex bioritsensis* 4 种，种类和数量均较少。除峨眉栲外，其余 3 种均在乔木层中出现。群落灌木层盖度达 95%以上，更新树种在如此高的郁闭度下很难正常萌芽和生长，这是造成群落更新层物种种数和数量贫乏的主要原因。

乔木层中高度在 10m 以上的有 22 株，4～10m 的有 24 株，乔木下层有数量稳定的更新幼龄树。群落优势树种木姜叶柯近 6 株，胸径均在 26cm 以上，且在乔木下层和更新层中未出现，其优势地位将被具有一定数量小径级和中下层幼龄树的次优势树种扇叶槭和花楸所替代。在群落演替过程中，该区域的常见优势树种峨眉栲在群落中虽已出现幼苗，但仅 3 株，即便达到乔木上层，其优势度也不会很高，将不会对群落结构造成大的影响。

4）扇叶槭群落生物多样性分析

群落植物种类丰富，科属种组成复杂，在 500m^2 样地中，共记录维管植物 31 科 41 属 44 种，其中乔木层有 15 种，灌木层有 11 种，草本层有 16 种，层间植物有 5 种。群落物种多样性指数详见表 6-46，乔木层和草本层的 Simpson 指数、Shannon-Wiener 指数、Pielou 均匀度指数均远大于灌木层，这是由于灌木层为筇竹单优势层，虽然组成灌木层的种类仅比乔木层少 4 种，但筇竹的重要值达 62.79，造成了灌木层物种多样性较低。同时，由于灌木层盖度达 95%以上，也造成了草本层大部分种类数量少，分布稀疏，因而其物种丰富度虽略高于乔木层，但其他指数均低于乔木层。根据计算结果，群落物种多样性垂直结构特点为：乔木层略大于草本层，但差异不显著，而灌木层显著低于乔木层和草本层，见表 6-46。

表 6-46 群落分层物种多样性

分层	物种丰富度（*S*）	Simpson 指数	Shannon-Wiener 指数	Pielou 均匀度指数
乔木层	15	0.92	2.49	0.92
灌木层	11	0.22	0.60	0.25
草本层	16	0.87	2.26	0.80
层间植物	5			
样地	44	0.82	2.48	0.66

5）扇叶槭保护价值评价

群落位于三江口片区，是经 20 世纪五六十年代大面积人工采伐后，该区域残留的为数不多的原生植被之一。该植被类型在《云南植被》中没有记述，对群落的调查是对省内常绿落叶阔叶混交林这一亚热带地带性植被类型的有益补充。另该植被类型未见文献记载过，且在整个综合科考区域仅于此处可见，群落总面积不大，对于该地区的群落多样性和物种多样性保护具有重要意义。

群落样地中有水青树 *Tetracentron sinense*（国家Ⅱ级）、木瓜红 *Rehderodendron macrocarpum*（国家Ⅱ级）和筇竹 *Qiongzhuea tumidissinoda*（国家Ⅲ级）三种国家珍稀濒危保护植物。在一群落中同时出现三种保护植物是极其少见的。在保护区内，水青树常生长在阴湿的沟谷林中，一般不高，且径级不大，而该样地内的两株水青树胸径分别为 42cm 和 50cm，树高 13m 和 17m，在整个保护区十分少见。样地内木瓜红仅有一株幼树，胸径为 6cm，树高 5.5m。筇竹是群落灌木层的优势物种，其盖度达 90%以上，是筇竹重要的生长群落之一。群落类型是这些珍稀濒危保护植物的重要栖息地之一，对于它们的保护具有重要价值。

在乌蒙山国家级自然保护区所处的中亚热带山地混交林中，有许多珍稀濒危树种，如珙桐 *Davidia involucrata*、连香树 *Cercidiphyllum japonicum*、水青树 *Tetracentron sinense*、天师栗 *Aesculus wilsonii*、领春木 *Euptelea pleiospermum*、木瓜红 *Rehderodendron macrocarpum* 等。此外，还有天麻 *Gastrodia elata*、峨眉黄连 *Coptis omeiensis* 等珍贵中药材。

筇竹在群落中具有极其重要的作用。无论是群落垂直结构和物种多样性，还是群落的更新演替，筇竹都起着重要作用。由此，假如群落中的筇竹遭到严重破坏或出现大面积开花而死亡，群落类型也必将消失。在调查过程中，发现群落筇竹受每年人为采笋的严重干扰而生长细密，且采笋强度有增加趋势，如不加以节制，势必对整个群落结构造成影响。因此，对群落类型的保护重点应放在筇竹上，加强保护区管理，合理控制每年采笋量。

5.水青树林（Form. *Tetracentuon sinensis*）

水青树 *Tetracentron sinense* 是水青树科 Tetracentraceae 仅存的珍贵树种。其木材结构缺乏导管，是较原始的植物类群之一。对其地理分布及生态生物学特性的研究，对研究被子植物起源、早期演化及地质变迁都有重要的价值，并可为更好地利用和保护这一珍稀植物提供理论依据。

水青树主要分布于我国中部和西南山地，尼泊尔、缅甸北部和越南也有分布，是东亚特有种。其现代分布中心位于我国特有属分布中心：川东-鄂西分布中心和川西-滇西北分布中心。水青树分布区域较广，但通常只生长在自然植被较完整、气候阴湿、土壤肥沃、土层较厚的山谷或山坡下部，土壤为酸性或中性的山地黄棕壤，山坡上部或山脊处生长较少。

水青树一般不形成纯林，也很少在群落中达到优势地位。在保护区内水青树常与珙桐 *Davidia involucrata*、木瓜红 *Rehderodendron macrocarpum*、光叶水青冈 *Fagus lucida*、西南山茶 *Camellia pitardii* 及七叶树属 *Aesculus* 和槭属 *Acer* 等树种混生，其在群落中的数量和优势度一般不高。然而在彝良县朝天马片区灰浆岩附近的水青树群落，其水青树盖度达 55%，这在整个保护区是极为罕见的。根据调查资料，保护区的水青树林只有一种群落类型，即水青树+宽叶楼梯草群丛（Ass. *Tetracentron sinense*+*Elatostema platyphyllum*）。

以彝良县朝天马片区灰浆岩附近的群落为例，海拔约 1756m，背阴坡面，坡度约 15°。该片区为典型的丹霞地貌，基质母岩为石灰岩，土壤为棕黄壤，土层不厚，因而群落高度仅达 13m。群落面积不大，处于一狭长林带中，林带上方和下方均为陡峭的山崖，人迹罕至，群落保存较完好。

群落外貌郁密苍绿，林冠整齐，树冠较大，连绵成片。群落植物种类较丰富，500m^{2}样地中共记录维管植物约38科48属50种，其中蕨类植物3科4属4种，被子植物35科44属46种(含双子叶植物30科36属38种，单子叶植物5科8属8种)。其中国家和云南省的珍稀濒危保护植物有两种，即水青树 *Tetracentron sinense*、木瓜红 *Rehderodendron macrocarpum*。

乔木层盖度为95%，胸径为7～22cm，高度为6～13m。胸径大于5cm的乔木树种约13种31株；其中落叶树种约7种21株，总重要值约65.8，而且居于上层；常绿树种约6种10株，重要值合计约34.2(表6-47)。

表6-47　水青树林样地调查表

样地号　面积　时间	45　20m×25m　2006年8月4日
调查人	覃家理、赫尚丽、罗柏青、刘宗杰、毛建坤等
地点	朝天马片区灰浆岩
GPS点	N27°50′9.6″，E104°17′3.8″
海拔　坡向　坡位　坡度	1756m　北偏东　中部　15°
地形特点	中山缓坡
地质母岩　土壤特点	石灰岩　棕黄壤
地表特征	土层不厚
其他	人为干扰较少，为原生植被
乔木层盖度95%，水青树55%　灌木层盖度20%，无明显优势种　草本层盖度70%，宽叶楼梯草50%	

乔木层

植物名称	拉丁名	株数	胸径/cm		高度/m		重要值	性状
			最大	平均	最大	平均		
水青树	*Tetracentron sinense*	11	22	12.1	13	10.1	37.1	落叶
峨眉栲	*Castanopsis platyacantha*	3	16	13.7	10	9.0	10.8	常绿
深裂中华槭	*Acer sinense* var. *longilobum*	2	19	17.0	13	12.0	9.4	落叶
毛牛纠吴萸	*Evodia trichotoma* var. *pubescens*	2	17	16.0	11	10.5	8.6	常绿
木瓜红	*Rehderodendron macrocarpum*	3	9	8.7	10	8.3	7.2	落叶
硬斗石栎	*Lithocarpus hancei*	2	14	12.5	10	8.5	6.5	常绿
杨叶木姜子	*Litsea populifolia*	2	9	8.8	8	7.5	4.8	落叶
长毛樟	*Phoebe forrestii*	1	12	12.0	10	10.0	3.1	常绿
曼青冈	*Cyclobalanopsis oxyodon*	1	11	11.0	9	9.0	2.9	常绿
山様叶泡花树	*Meliosma thorelii*	1	9	9.0	6	6.0	2.5	落叶
阔叶槭	*Acer amplum*	1	9	9.0	7	7.0	2.5	落叶
团花山矾	*Symplocos glomerata*	1	8	8.0	6	6.0	2.3	常绿
天师栗	*Aesculus wilsonii*	1	8	8.0	9	9.0	2.3	落叶

灌木层

中文名	拉丁名	平均高度/m	德氏多度	性状
绥江玉山竹	*Yushania suijiangensis*	1.0	cop1	常绿灌木
灯笼树	*Enkianthus chinensis*	4.0	sp	落叶灌木

续表

中文名	拉丁名	平均高度/m	德氏多度	性状
西南山茶	*Camellia pitardii*	3.0	sp	常绿灌木
偏瓣花	*Plagiopetalum esquirolii*	0.6	sp	常绿灌木
白背叶楤木	*Aralia chinensis* var. *nuda*	4.0	un	落叶灌木
水青树	*Tetracentron sinense*	3.5	un	落叶乔木幼树

草本层

中文名	拉丁名	平均高度/m	德氏多度	性状
宽叶楼梯草	*Elatostema platyphyllum*	0.8	cop2	多年生草本
长江蹄盖蕨	*Athyrium iseanum*	0.5	cop1	多年生草本
柳叶菜状凤仙花	*Impatiens epilobioides*	0.4	cop1	一年生草本
画眉草一种	*Eragrostis* sp.	0.3	cop1	多年生草本
牛膝	*Achyranthes bidentata*	0.7	sp	多年生草本
支柱蓼	*Polygonum suffultum*	0.7	sp	多年生草本
戟叶蓼	*Polygonum thunbergii*	0.6	sp	一年生草本
薹草一种	*Carex* sp.	0.5	sp	多年生草本
黄水枝	*Tiarella polyphylla*	0.4	sp	多年生草本
竹叶吉祥草	*Spatholirion longifolium*	0.3	sp	多年生草本
橙色鼠尾草	*Salvia aerea*	0.3	sp	多年生草本
玉竹	*Polygonatum odoratum*	0.3	sp	多年生草本
间型沿阶草	*Ophiopogon intermedius*	0.2	sp	多年生草本
短尾细辛	*Asarum caudigerellum*	0.2	sp	多年生草本
光叶堇菜	*Viola hossei*	0.1	sp	多年生草本
绵毛金腰	*Chrysosplenium lanuginosum*	0.1	sp	多年生草本
鳞柄短肠蕨	*Allantodia squamigera*	0.6	un	多年生草本
无毛粉条儿菜	*Aletris glabra*	0.3	un	多年生草本

层间植物

中文名	拉丁名	攀附高度/m	德氏多度	性状
绞股蓝	*Gynostemma pentaphyllum*	1.0	sp	草质藤本
菝葜一种	*Smilax* sp.	0.9	sp	攀缘灌木
宜昌悬钩子	*Rubus ichangensis*	0.7	sp	攀缘灌木
常春藤	*Hedera nepalensis* var. *sinensis*	0.5	sp	草质藤本
光脚金星蕨	*Parathelypteris japonica*	0.3	sp	附生草本
野葛	*Toxicodendron radicans* ssp. *hispidum*	0.3	sp	攀缘灌木
鳞果星蕨	*Lepidomicrosorium buergerianum*	0.2	sp	附生草本
南五味子	*Kadsura longipedunculata*	10.0	un	木质藤本
葡萄叶猕猴桃	*Actinidia vitifolia*	9.0	un	木质藤本
汉防己	*Sinomenium acutum*	7.0	un	木质藤本
五风藤	*Holboellia latifolia*	4.0	un	攀缘灌木
齿叶赤瓟	*Thladiantha dentata*	3.0	un	草质藤本

续表

中文名	拉丁名	攀附高度/m	德氏多度	性状
柔毛钻地风	*Schizophragma molle*	2.0	un	木质藤本
乌蔹莓	*Cayratia japonica*	1.5	un	草质藤本

乔木层无明显分层，水青树 *Tetracentron sinense* 为群落的优势树种，约 11 株，平均胸径约 12.1cm，平均高度为 10.1m，其重要值达 37.1。主要伴生峨眉栲 *Castanopsis platyacantha*、深裂中华槭 *Acer sinense* var. *longilobum* 和毛牛纠吴萸 *Evodia trichotoma* var. *pubescens*，每种 2～3 株，高 8～13m，重要值分别为 10.8、9.4 和 8.6。其他零星分布的还有木瓜红 *Rehderodendron macrocarpum*、硬斗石栎 *Lithocarpus hancei*、长毛樟 *Phoebe forrestii*、曼青冈 *Cyclobalanopsis oxyodon*、山樣叶泡花树 *Meliosma thorelii*、杨叶木姜子 *Litsea populifolia*、阔叶槭 *Acer amplum*、天师栗 *Aesculus wilsonii* 和团花山矾 *Symplocos glomerata* 等，每种仅有 1～3 株，重要值均小于 8。

林下透光度较高，灌木层不是很发达，盖度约 20%，种类和数量均不多，没有突出的优势种。真正的灌木种类有绥江玉山竹 *Yushania suijiangensis*、偏瓣花 *Plagiopetalum esquirolii*、西南山茶 *Camellia pitardii*、灯笼树 *Enkianthus chinensis* 和白背叶楤木 *Aralia chinensis* var. *nuda* 5 种。其中绥江玉山竹稍占优势，盖度约 5%，但生活力不是很好，高度一般在 1m 以下，地径约 0.5cm；其次为偏瓣花、西南山茶、灯笼树，但数量均不多；白背叶楤木仅见 1 株。乔木幼树在样地内仅有水青树幼树 1 株，高度约 3.5m，胸径约 4cm。

草本层种类较丰富，约 18 种，盖度达 70%。以阴生植物宽叶楼梯草 *Elatostema platyphyllum* 为优势，其盖度达 50%，生长高度达 80cm，为调查中所见林下长势最好的楼梯草种群。其他常见种类还有长江蹄盖蕨 *Athyrium iseanum*、画眉草一种 *Eragrostis* sp.、柳叶菜状凤仙花 *Impatiens epilobioides*、短尾细辛 *Asarum caudigerellum*、戟叶蓼 *Polygonum thunbergii*、黄水枝 *Tiarella polyphylla*、光叶堇菜 *Viola hossei*、无毛粉条儿菜 *Aletris glabra*、薹草一种 *Carex* sp.、橙色鼠尾草 *Salvia aerea*、间型沿阶草 *Ophiopogon intermedius* 等(表 6-47)。

群落位于湿润阴坡，层间植物种类较丰富，约 14 种。其中附生草本有 2 种，即鳞果星蕨 *Lepidomicrosorium buergerianum* 和光脚金星蕨 *Parathelypteris japonica*。其中高大木质藤本有汉防己 *Sinomenium acutum*、葡萄叶猕猴桃 *Actinidia vitifolia* 和南五味子 *Kadsura longipedunculata*，攀附高度达 7～10m，至林冠，基茎粗约 5cm。此外还有菝葜一种 *Smilax* sp.、宜昌悬钩子 *Rubus ichangensis*、野葛 *Toxicodendron radicans* ssp. *hispidum*、常春藤 *Hedera nepalensis* var. *sinensis* 和绞股蓝 *Gynostemma pentaphyllum* 等 9 种(表 6-47)。

群落优势种水青树 *Tetracentron sinense* 的盖度达 55%，共 12 株，其中胸径 10cm 以下的有 6 株，10～20cm 的 5 株，20cm 以上的 1 株，小径级树数量较多，为正金字塔形，种群结构能长期保持稳定。群落高度由于受土层厚度的影响，整个群落高差不大，高度在 10～13m 的共有 14 株，10m 以下有 17 株，因此群落外貌能保持稳定。同时，群落内除水青树外，各树种数量均较少，仅 1～3 株，且更新层内未出现更新树种，因此群落结构能保持稳定。

6.杂木常绿落叶阔叶混交林

此类混交林的优势树种不是普遍常见的种类，其面积也不大，是一些局部生境中的小群落。调查区间见到的主要是以下的细梗吴茱萸叶五加-华木荷群落（Ass. *Schima sinensis*、*Acanthopanax evodiaefolius* var. *gracilis*）（样地 61，表 6-48）。

表 6-48 细梗吴茱萸叶五加-华木荷群落样地调查表

样地号 面积 时间	样地 61，500m^2，2006 年 8 月 6 日
调查人	覃家理、杨科、石翠玉、苏文萍、丁莉、黄礼梅、赫尚丽、罗柏青、甘万勇、宋睿飞、杨跃、罗勇、刘宗杰、毛建坤、罗凤晔等
地点	坡头山
GPS 点	N27°55′56.9″，E104°03′11.9″
海拔 坡向 坡位	1741m，NW313°，下坡
生境地形特点	岩石坡地
母岩 土壤特点地表特征	黄壤
特别记载/人为影响	天然林
乔木层盖度 80% 灌木层盖度 60% 草本层盖度 80%	

乔木层

中文名	拉丁名	株/丛数	高度/m		胸径/cm		重要值	性状
			最高	平均	最粗	平均		
细梗吴茱萸叶五加	*Acanthopanax evodiaefolius* var. *gracilis*	15	22	18.3	68	26.5	40.4	落叶
华木荷	*Schima sinensis*	12	20	13.6	32	21.4	22.4	常绿
五裂槭	*Acer oliverianum*	3	15	14.0	25	22.7	5.8	落叶
毛萼越桔	*Meliosma myriantha* var. *pilosa*	4	5	3.8	9	7.3	4.3	常绿
柔毛泡花树	*Vaccinium pubicalyx*	1	19	19.0	42	42.0	4.3	常绿
美容杜鹃	*Rhododendron calophytum*	3	7	6.2	14	12.7	3.8	常绿
微毛樱桃	*Cerasus clarofolia*	3	9	5.5	15	12.7	3.8	落叶
石木姜子	*Litsea elongata* var. *faberi*	3	10	9.7	13	12.0	3.7	常绿
深裂中华槭	*Acer sinense* var. *longilobum*	1	16	16.0	30	30.0	2.6	落叶
峨眉栲	*Castanopsis platyacantha*	2	5	4.0	12	9.8	2.3	常绿
微香冬青	*Ilex subodorata*	1	12	12.0	25	25.0	2.1	常绿
硬斗石栎	*Lithocarpus hancei*	1	7	5.5	16	12.0	1.3	常绿
红粗毛杜鹃	*Rhododendron rude*	1	4.5	4.5	10	10.0	1.2	常绿
珙桐	*Davidia involucrata*	1	4	4.0	5	5.0	1.0	落叶
山矾	*Symplocos sumuntia*	1	5	5.0	5	5.0	1.0	常绿
合计		52					100.0	

续表

灌木层						
中文名	拉丁名	株数	高度/m		重要值	性状
			最高	平均		
真正的灌木层						
长小叶十大功劳	*Mahonia lomariifolia*	4	0.3	0.3	4.2	灌木
筇竹	*Qiongzhuea tumidissinoda*	3	1.4	1.4	2.5	灌木
毛梗细果冬青	*Ilex micrococca* f. *pilosa*	2	0.3	0.3	1.9	灌木
花楸一种	*Sorbus* sp.1	1	0.1	0.1	1.4	灌木
百齿卫矛	*Euonymus centidens*	1	0.5	0.5	2.0	灌木
更新层						
五裂槭	*Acer oliverianum*	14	0.6	0.3	9.2	落叶
粗梗稠李	*Padus napaulensis*	3	0.7	0.7	8.6	落叶
灯笼树	*Enkianthus chinensis*	3	2	1.3	7.9	落叶
野八角	*Illicium simonsii*	6	1.9	1.6	6.6	常绿
美容杜鹃	*Rhododendron calophytum*	1	0.2	0.2	6.4	常绿
木瓜红	*Rehderodendron macrocarpum*	13	0.05	0.05	6.4	落叶
峨眉栲	*Castanopsis platyacantha*	6	0.7	0.3	6.2	常绿
微香冬青	*Ilex subodorata*	3	1.7	1.5	5.7	常绿
云南冬青	*Ilex yunnanensis*	4	0.2	0.2	3.6	常绿
新木姜子	*Neolitsea aurata*	1	2.3	2.3	3.4	常绿
冬青一种	*Ilex* sp.	1	1.7	1.7	2.7	落叶
四川新木姜子	*Neolitsea sutchuanensis*	1	0.5	0.5	1.8	常绿
细梗吴茱萸叶五加	*Acanthopanax evodiaefolius* var. *gracilis*	1	0.6	0.6	1.7	落叶
华木荷	*Schima sinensis*	1	0.4	0.4	1.4	常绿
硬斗石栎	*Lithocarpus hancei*	1	0.2	0.2	1.4	常绿
长蕊杜鹃	*Rhododendron stamineum*	1	0.2	0.2	1.4	常绿
小羽叶花楸 4	*Sorbus* sp.3	1	0.2	0.2	1.4	落叶
合计		72			100.0	

草本层						
中文名	拉丁名	株数	高度/m		重要值	性状
			最高	平均		
吉祥草	*Reineckia carnea*	177	0.3	0.2	22.9	匍匐草本
钝叶沿阶草	*Ophiopogon amblyphyllus*	190	0.2	0.1	22.8	直立草本
大叶冷水花	*Pilea martinii*	75	0.2	0.1	11.8	肉质草本
稀子蕨	*Monachosorum henryi*	38	0.3	0.1	11.4	直立草本
楮头红	*Sarcopyramis nepalensis*	47	0.1	0.1	8.7	直立草本
托叶楼梯草	*Elatostema nasutum*	1	0.2	0.2	8.3	肉质草本

续表

中文名	拉丁名	株数	高度/m		重要值	性状
			最高	平均		
百两金	*Ardisia crispa*	8	0.6	0.3	6.3	直立草本
筒冠花	*Siphocranion macranthum*	9	0.2	0.1	4.2	直立草本
紫金牛	*Ardisia japonica*	3	0.2	0.2	3.2	直立草本
鱼鳞蕨	*Acrophorus stipellatus*	5	0.2	0.1	2.4	直立草本
山酢浆草	*Oxalis griffithii*	5	0.1	0.1	2.3	匍匐草本
长柱鹿药	*Maianthemum oleraceum*	3	0.1	.0.1	2.3	直立草本
深圆齿堇菜	*Viola davidii*	8	0.05	0.05	1.8	匍匐草本
石韦	*Pyrrosia lingua*	7	0.1	0.1	1.4	匍匐草本
黄水枝	*Tiarella polyphylla*	5	0.1	0.1	1.4	直立草本
长唇筒冠花	*Siphocranion macranthum* var. *prainianum*	1	0.2	0.2	1.3	直立草本
异花兔儿风	*Ainsliaea heterantha*	4	0.04	0.04	1.2	直立草本
合计		586			100.0	直立草本

层间植物

中文名	拉丁名	株数	最高/m	平均/cm	性状
防己叶菝葜	*Smilax menispermoidea*	1	1.8	1.8	藤状灌木
粉绿钻地风	*Schizophragma integrifolium* var. *glaucescens*	3	0.9	0.8	木质藤本
鳞果星蕨	*Lepidomicrosorium buergerianum*	5	0.7	0.5	附生草质
五风藤	*Holboellia latifolia*	2	1.5	1.4	木质藤本
野葛	*Toxicodendron radicans* ssp. *hispidum*	2	0.7	0.7	木质藤本
异叶爬山虎	*Parthenocissus heterophylla*	5	1.2	1.1	草质藤本
尼泊尔双蝴蝶	*Tripterospermum volubile*	5	0.1	0.1	草质藤本

该群丛分布于坡头山海拔 1741m 的山麓地段。气候温凉，土壤为黄壤。生境地形为岩石坡地。群落外貌呈绿色，高 22m，盖度为 80%。该类森林林相比整齐，为复层混交林，分为乔木层、灌木层、草本层和层间植物。

乔木层由 15 种 52 株植物组成。可分为两层，Ⅰ层平均高 15.8m，平均胸径为 28.2cm，以细梗吴茱萸叶五加 *Acanthopanax evodiaefolius* var. *gracilis* 和华木荷 *Schima sinensis* 为优势，重要值分别为 40.4 和 22.4，细梗吴茱萸叶五加最高达 22m，平均胸径为 26.5cm；华木荷最高达 20m，平均胸径为 21.4cm。此外，还有柔毛泡花树 *Vaccinium pubicalyx*、深裂中华槭 *Acer sinense* var. *longilobum*、微香冬青 *Ilex subodorata*、五裂槭 *Acer oliverianum*、石木姜子 *Litsea elongata* var. *faberi*。Ⅱ层平均高 4.8m，平均胸径 8.6cm，以毛萼越桔为优势，其重要值为 4.3。此外，有美容杜鹃 *Rhododendron calophytum*、微毛樱桃 *Cerasus clarofolia*、硬斗石栎 *Lithocarpus hancei*、红粗毛杜鹃 *Rhododendron rude*、山矾 *Symplocos sumuntia* 等，生长良好。乔木层中，常绿树种 10 种，重要值约 46.4，落叶树种 5 种，重要值约 53.6。

灌木层高 0.3～2m，盖度为 60%。物种丰富，有 22 种，以乔木五裂槭幼苗为优势，重要值为 9.2。真正的灌木只有 5 种：长小叶十大功劳 *Mahonia lomariifolia*、筇竹 *Qiongzhuea tumidissinoda*、毛梗细果冬青 *Ilex micrococca* f. *pilosa*、花楸一种 *Sorbus* sp.和百齿卫矛 *Euonymus centidens*。此外是大量的乔木树种幼苗，如五裂槭 *Acer oliverianum*、粗梗稠李 *Padus napaulensis*、灯笼树 *Enkianthus chinensis*、木瓜红 *Rehderodendron macrocarpum*、峨眉栲 *Castanopsis platyacantha* 等 17 个物种。如此多的乔木树种幼苗，说明群落复层结构丰富。

草本层高 0.2～0.6m，盖度为 80%。物种也很丰富，有 17 种，以吉祥草、钝叶沿阶草为优势，重要值分别为 22.9 和 22.8。此外，有大叶冷水花 *Pilea martinii*、稀子蕨 *Monachosorum henryi*、楮头红 *Sarcopyramis nepalensis*、托叶楼梯草 *Elatostema nasutum*、筒冠花 *Siphocranion macranthum*、鱼鳞蕨 *Acrophorus stipellatus* 等，分布较均匀。

层间植物也比较丰富，调查所见约 7 种，其中木质藤本有野葛 *Toxicodendron radicans* ssp. *hispidum*、五风藤 *Holboellia latifolia*、粉绿钻地风 *Schizophragma integrifolium* var. *glaucescens*；藤状灌木有防己叶菝葜 *Smilax menispermoidea*；草质藤本有异叶爬山虎 *Parthenocissus heterophylla*、尼泊尔双蝴蝶 *Tripterospermum volubile*；附生蕨类有鳞果星蕨 *Lepidomicrosorium buergerianum*。此外，地表苔藓较厚，为 2～3cm。丰富的层间植物和地表植物说明了群落生境温凉潮湿，云雾多。

样地 61，共有 66 种物种，乔木层 15 种，灌木层 22 种(真正灌木 5 种)，草本层 17 种，层间植物 7 种。乔木层物种较多，分布较均匀，物种丰富度较高。灌木层物种最多，而且有大量的乔木树幼苗，分布也均匀，因此各项指标最高，物种丰富度最高。草本层物种也较多，优势种突出，其各项指标均有所下降。层间植物物种也较多，见表 6-48。

其中，有华木荷 12 株，最大值出现在胸径 10～20cm，有 7 株，由大量的中径级树组成，可见，随着时间的推移，会出现衰退的趋势，种群不能长期保持其稳定性；细梗吴茱萸叶五加、五裂槭也呈现相同的趋势，不能保持其稳定性，见图 6-27 和图 6-28。在更新层中，虽然五裂槭所占比例较大，但是华木荷、细梗吴茱萸叶五加所占比例太小，后备资源不足。因此，群落是不稳定的群落，见表 6-49。

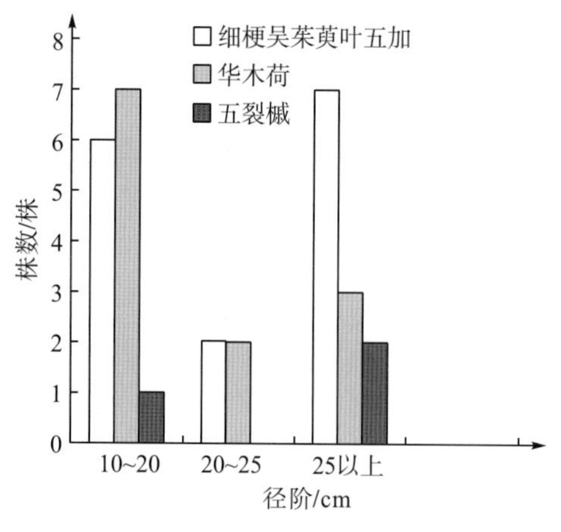

图 6-27　细梗吴茱萸叶五加、华木荷、五裂槭径阶结构

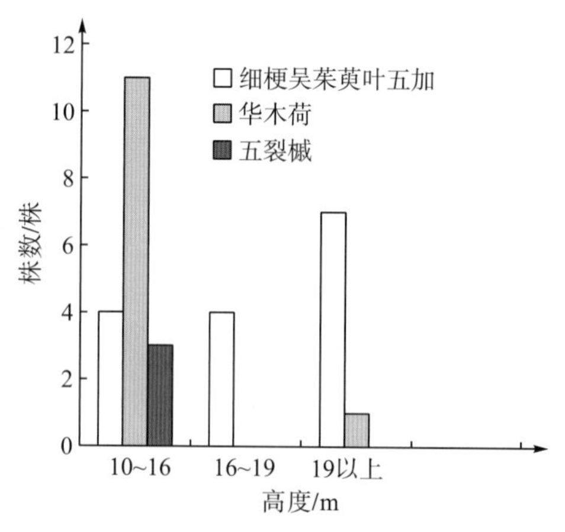

图 6-28　细梗吴茱萸叶五加、华木荷、五裂槭高度结构

表 6-49　细梗吴茱萸叶五加-华木荷群丛物种多样性表

样号地	分层	物种丰富度(S)	Simpson 指数	Shannon-Wiener 指数	Pielou 均匀度指数
61(1741m)	乔木层	15	0.93	2.21	0.82
	灌木层	22	0.94	2.76	0.87
	草本层	17	0.28	1.80	0.64
	层间植物	7			
	群落	55	0.95	2.55	0.64

6.4.3　竹林

竹林是以竹类植物为优势层片的森林或灌丛群落，主要分布于亚洲、南美洲、非洲湿润的热带、亚热带地区。《中国植被》将竹林作为植被型，将我国的竹林按照其分布的气候类型划分为 3 个植被亚型，即温性竹林、暖性竹林和热性竹林。

乌蒙山国家级自然保护区位于昭通北部，气候温凉湿润，适宜于筇竹属、方竹属、刚竹属和玉山竹属为主的中小型竹类植物生长，其竹类植物资源极为丰富。保护区的许多竹类植物主要分布于各种森林植被之下，构成森林植被灌木层的重要成分。从植被类型的划分上看，这类处于森林下层的竹类植物，并不构成竹林。但是有些群落缺乏乔木层片，其群落以竹类植物为主要成分，这样的群落，形成严格意义上的竹林。乌蒙山国家级自然保护区的竹林有毛竹林、筇竹林、方竹林和水竹林 4 种群系，它们属于暖性竹林植被亚型。

对保护区内竹林采用两种调查方法：其一是针对毛竹林的调查，毛竹是大型散生竹，高达 15m，胸径能生长到 14cm。其样地面积与其他森林类型的一致，也设为 20m×25m，并又将样地分成 5m×5m 的 20 个网格样方。调查时依小样方顺序从左下角沿 S 形对其中的竹子和乔木植株进行每木检尺，记录编号、胸径、高度、枝下高、冠幅、坐标等信息，并记录枯桩枯笋的数目，同时进行灌木、草本和层间植物的逐层调查。其二是针对筇竹、水竹、方竹等灌木状竹林，采用 2m×2.5m 的小样地进行调查，分别记录各种竹林的组成物种、株数、盖度及土壤的物理性质的测定。

1.毛竹林(Form. *Phyllostachys edulis*)

毛竹 *Phyllostachys edulis* 隶属刚竹属，是我国竹类植物中分布最广，栽培最多的竹种。我国毛竹林面积为 262 万公顷，占全国竹林面积的 47%。毛竹已成为森林资源的重要组成部分，在国民经济建设和人民生活中发挥着重要的作用。

毛竹的分布范围为北纬 23°30′～北纬 32°20′，东经 102°～东经 122°，其最南界线为广东罗浮山和广西的大瑶山，北界止于大别山北坡和桐柏山北坡，经陕西省东南角的丹江上游支流的赵川河，顺大巴山往西，到嘉陵江上游河谷，东至浙江、福建，西起云贵高原上游至巫山山脉的东坡。

保护区的毛竹林属于其分布区的西部类型，主要分布在彝良罗汉坝、海子坪，生于海拔 1310～1340m 的黄壤地上，面积超过 200hm^2。根据调查资料，只有以下一种类型。

1) 毛竹-茶荚蒾+长蕊万寿竹群丛(Ass. *Phyllostachys edulis*-*Viburnum setigerum*+*Disporum longistylum*)

群落分为乔木层、灌木层、草本层和层间植物 4 个层次。以所调查的两个面积累积为 1000m^2 样地为例，乔木层以毛竹最多，共有 500 株，盖度达 60%以上，重要值为 33.2，毛竹最高高度达 14m，最粗胸径为 12cm。此外还有 19 种伴生植物。在灌木层中以茶荚蒾 *Viburnum setigerum* 为优势种，而在草本层中以长蕊万寿竹为优势种。其林下竹叶及腐殖质层厚 5cm，枝秆基部还有苔藓附生。详细资料见表 6-50。

表 6-50　毛竹-茶荚蒾+长蕊万寿竹群落样地调查表

样地号　面积　时间	样地 58　500m^2　2006 年 8 月 10 日	样地 59　500m^2　2006 年 8 月 10 日
调查人	覃家理、杨科、石翠玉、苏文苹、黄礼梅、丁莉、赫尚丽、罗柏青、毛建昆、甘万勇、罗勇、宋睿飞、刘宗杰、罗凤晔、杨跃等	
地点	海子坪徐大有屋基	海子坪尖山子
GPS 点	N27°54′6.9″，N27°54′6.9″	N27°54′15.6″，E104°44′38.1″
海拔　坡向　坡位　坡度	1310m　北偏西 342°　中坡　5°	1341m　南偏东 221°　山顶　5°
母岩　土壤特点　地表特征	黄壤，竹叶厚 2～3cm、腐殖质层厚 5cm	黄壤，竹叶及腐殖质层厚 5cm
乔木层盖度	85%，毛竹盖度 76%	80%，毛竹盖度 60%
灌木层盖度，优势种盖度	35%	15%
大地形	平缓	凹凸起伏
小地形	匀质	匀质
草本层盖度，优势种盖度	35%	30%
附生情况(高度、厚度)	枝秆基部有苔藓	

乔木层

中文名	拉丁名	样地 58					样地 59					重要值	性状
		株数	高度/m		胸径/cm		株数	高度/m		胸径/cm			
			最高	平均	最粗	平均		最高	平均	最粗	平均		
毛竹	*Phyllostachys edulis*	295	13	11.2	12	9.2	205	14	11.3	12	8.2	33.2	常绿
胆八树	*Elaeocarpus japonicus* var. *lantsangensis*						1	11	11.0	42	42.0	7.4	常绿
油葫芦	*Pyrularia edulis*	6	7	6.7	18	10.3	3	14	11.3	32	22.7	6.7	落叶
水丝梨	*Sycopsis sinensis*						1	8	8.0	28	28.0	5.5	常绿
深裂中华槭	*Acer sinense* var. *longilobum*	3	7	5.5	6	5.5	7	12	7.6	10	7.4	4.7	落叶
杨桐	*Adinandra japonica*						1	10	10.0	20	20.0	4.3	落叶
贵州琼楠	*Beilschmiedia kweichowensis*						12	11	6.6	16	8.9	3.6	常绿
南川柯	*L. rosthornii*						5	9	7.6	21	11.8	3.5	常绿
硬斗石栎	*Lithocarpus hancei*						1	9	9.0	11	11.0	3.1	常绿
牛矢果	*Osmanthus matsumuranus*						4	10	7.3	11	8.8	3.0	常绿

续表

中文名	拉丁名	样地 58					样地 59					重要值	性状
		株数	高度/m		胸径/cm		株数	高度/m		胸径/cm			
			最高	平均	最粗	平均		最高	平均	最粗	平均		
木瓜红	*Rehderodendron macrocarpum*						1	8	8.0	10	10.0	2.9	落叶
滇南山矾	*S. hookeri*	1	5	5.0	10	10.0						2.9	常绿
坛果山矾	*S. urceolaris*	4	6	4.8	9	7.5						2.8	常绿
三花假卫矛	*Microtropis triflora*	1	8	8.0	8	8.0						2.7	常绿
白毛算盘子	*Glochidion arborescens*						1	7	7.0	7	7.0	2.5	常绿
全腺润楠	*Machilus holadena*						1	6	6.0	7	7.0	2.5	常绿
贡山猴欢喜	*Sloanea sterculiacea*	1	2.5	2.5	6	6.0						2.4	常绿
四川木莲	*Manglietia szechuanica*						1	3.5	3.5	5	5.0	2.2	常绿
铜绿山矾	*Symplocos aenea*						1	7	7.0	5	5.0	2.2	常绿
云山青冈	*Cyclobalanopsis sessilifolia*						1	10	10.0	3.5	3.5	2.0	常绿

灌木层

中文名	拉丁名	样地 58				样地 59				重要值	性状
		株数	高度/m		地径/cm	株数	高度/m		地径/cm		
			最高	平均			最高	平均			
真正的灌木											
茶荚蒾	*V. setigerum*	2	0.8	0.75	0.15					4.6	灌木
永善方竹	*Chimonobambusa tuberculata*	25	0.8	0.80	0.30					4.0	灌木
绿叶冠毛榕	*Ficus gasparriniana* var. *viridescens*	10	0.9	0.40	0.53	8	2.5	1.29	1.42	3.2	灌木
吕宋荚蒾	*Viburnum luzonicum*	3	1.0	0.60	0.27					2.8	灌木
柳叶虎刺	*Damnacanthus labordei*					4	0.3	0.23	0.1	2.3	灌木
毛柄新木姜子	*N. ovatifolia* var. *puberula*					2	2.5	1.65	3.00	1.9	灌木
筇竹	*Qiongzhuea tumidissinoda*					3	1.5	1.50	1.00	1.2	灌木
九管血	*Ardisia brevicaulis*					1	0.6	0.60	0.10	1.4	灌木
小檗						2	0.5	0.50	0.67	1.4	灌木
红毛泡	*Rubus* aff. *malifolius*	3	0.2	0.20	0.15					1.2	灌木
异叶天仙果	*Ficus heteromorpha*	3	1.5	0.80	1.25					1.2	灌木
小檗一种						1	0.5	0.50	0.10	1.0	灌木
野柿	*Diospyros kaki* var. *silvestris*					2	2.2	2.20	3.00	1.1	灌木
长果大头茶	*Gordonia longicarpa*					1	4.0	4.00	5.00	1.0	灌木
油茶	*Camellia oleifera*					1	1.2	1.20	2.00	0.9	灌木
更新层											
深裂中华槭	*Acer sinense* var. *longilobum*	3	0.6	0.45	0.80	40	7.0	0.89	0.53	13.5	落叶
四川新木姜子	*Neolitsea sutchuanensis*	10	1.5	0.80	1.23	27	1.4	0.60	0.28	13.0	常绿

续表

中文名	拉丁名	样地58				样地59				重要值	性状
		株数	高度/m 最高	高度/m 平均	地径/cm	株数	高度/m 最高	高度/m 平均	地径/cm		
野八角	*Illicium simonsii*					2	0.3	0.25	0.20	10.2	常绿
坛果山矾	*S. urceolaris*	13	0.8	0.55	0.76	22	2	0.55	0.27	8.3	常绿
油葫芦	*Pyrularia edulis*	10	3.0	1.00	1.59	5	2.0	1.18	0.90	6.2	落叶
三花假卫矛	*Microtropis triflora*	6	0.8	0.65	0.28	3	0.5	0.38	0.33	4.8	常绿
树参	*Dendropanax dentiger*					8	2.2	1.39	1.76	2.8	落叶
川钓樟	*Lindera pulcherrirma* var. *hemsleyana*					6	3	1.20	1.21	2.6	常绿
华木荷	*Schima sinensis*					10	0.3	0.30	0.80	2.0	常绿
云南漆	*Toxicodendron yunnanense*					2	0.5	0.45	0.10	1.8	落叶
铜绿山矾	*Symplocos aenea*	3	0.7	0.50	0.37					1.8	常绿
四川润楠	*Machilus sichuanensis*					1	0.5	0.50	0.50	1.7	常绿
贵州琼楠	*Beilschmiedia kweichowensis*					6	1.2	0.65	0.87	1.6	常绿
石木姜子	*Litseae elongata* var. *faberi*	4	0.5	0.40	0.20					1.5	常绿
牛矢果	*Osmanthus matsumuranus*					2	3	2.35	0.35	1.1	常绿
西南山茶	*C. pitardii*					4	0.6	0.47	0.90	1.0	常绿
柔毛润楠	*M. villosa*					1	0.8	0.80	1.00	1.0	常绿
毛枝桂樱	*Laurocerasus phaeosticta* f. *puberula*					1	0.8	0.80	0.80	1.0	常绿
硬斗石栎	*Lithocarpus hancei*					1	0.6	0.60	0.10	0.9	常绿

草本层

中文名	拉丁名	样地58				样地59				重要值	性状
		株数	高度/m 最高	高度/m 平均	盖度/%	株数	高度/m 最高	高度/m 平均	盖度/%		
长蕊万寿竹	*Disporum longistylum*	310	0.4	0.22	1	131	0.2	0.10	20	24.9	匍匐草本
淡竹叶	*Lophatherum gracile*	23	0.5	0.33	1	40	0.4	0.30	5	12.3	直立草本
鳞果星蕨	*Lepidomicrosorium buergerianum*	42	0.1	0.08	1	80	0.3	0.10	7	8.2	直立草本
假楼梯草	*Lecanthus peduncularis*	100	0.2	0.12	1					8.1	直立草本
假耳羽短肠蕨	*Allantodia okudaerei*					11	0.6	0.40	1	6.7	直立草本
茅叶荩草	*Arthraxon prionodes*	26	0.4	0.19	1	20	0.2	0.10	1	6.1	直立草本
亮毛蕨	*Acystopteris japonica*	52	0.5	0.33	1					5.3	直立草本
华东瘤足蕨	*Plagiogyria japonica*					16	0.4	0.40	1	4.7	直立草本
华中瘤足蕨	*Plagiogyria euphlebia*	13	0.3	0.23	1	7	0.3	0.10	1	3.4	直立草本
四回毛枝蕨	*Leptorumohra quadripinnata*	2	0.3	0.25	1				1	3.4	直立草本
红盖鳞毛蕨	*Dryopteris erythrosora*	19	0.5	0.40	1				1	3.3	直立草本
齿头鳞毛蕨	*Dryopteris labordei*					15	0.4	0.30	1	2.0	直立草本

一年生株比二年生株、三年生株、多年生株都少，见图 6-29 和图 6-30。一年生竹的盖度约为 10%，二年生以上竹子盖度是一年生竹子的 2 倍以上。毛竹林呈现老龄化。毛竹更新有一定的困难。应及时采取措施加以保护，适当控制竹林的密度和其他树种的数量，加强人工间伐、修整管理。

表 6-52　毛竹林秆龄调查

样地号	数据	一年生	二年生	三年生	多年生	枯桩数	枯笋数
58	株数	51	70	101	63	204	37
	平均高/m	13.1	11.0	11.0	10.0		
	平均胸径/cm	11.0	9.5	9.0	9.0		
	盖度/%	15	25	40	20		
59	株数	23	60	64	59	30	9
	平均高/m	13.0	12.0	12.0	10.0		
	平均胸径/cm	12.0	10.0	9.0	9.0		
	盖度/%	10	25	30	25		

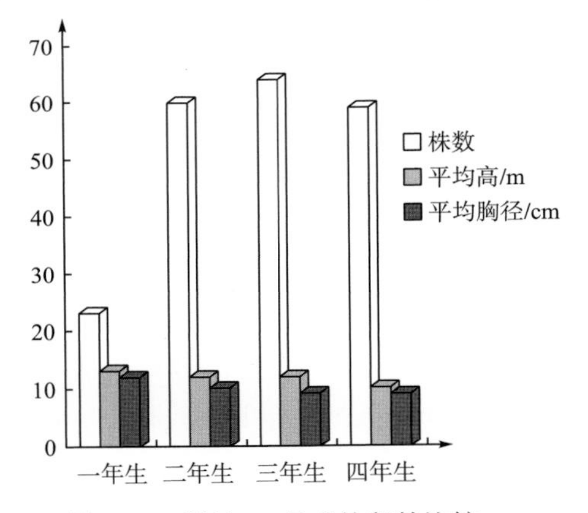

图 6-29　样地 58 号毛竹秆龄比较

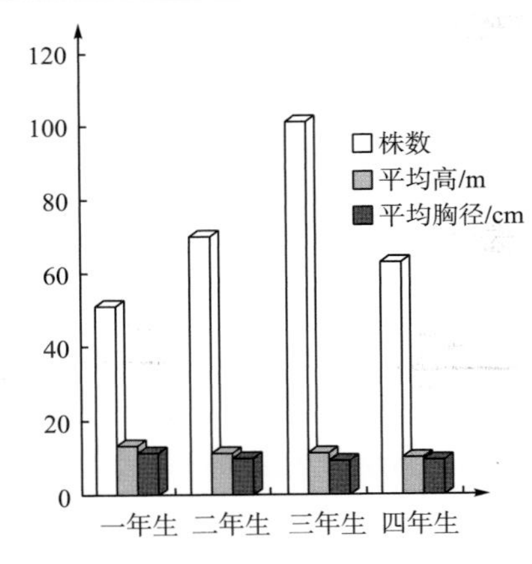

图 6-30　样地 59 号毛竹秆龄比较

2.筇竹林(Form. *Qiongzhuea tumidinoda*)

调查表明，云南昭通北部地区及乌蒙山国家级自然保护区分布 4 种筇竹属植物，即筇竹 *Qiongzhuea tumidissinoda*、荆竹 *Q. montigena*、细秆筇竹 *Q.intermedia* 和平竹 *Q. communis*。本区是筇竹属植物的多度中心。其中以筇竹分布的面积和优势度最大，能够形成筇竹林，其他同属的种类多为零星分布，不形成林分。

筇竹又称罗汉竹，属中小型混生竹类，秆高 1.5～4.0m，胸径为 1.0～2.5cm。分布于海拔 1400～2500m。喜生于温凉潮湿的气候，土壤以黄壤、黄棕壤为主。筇竹仅分布于四川宜宾和滇东北。据最新统计，云南昭通市筇竹面积 26262hm^2，占全国筇竹面积的 73%。在云南大关、永善、彝良、镇雄、盐津、威信、绥江、水富等北部县及昭阳区均有成片分布。其中大关县筇竹面积位居全市第一位。

筇竹是我国珍贵的特有竹种，其秆节膨大，形态奇特，工艺和观赏价值很高。早在晋代戴凯的《竹谱》中就有记载，筇竹早在汉朝就已被制成手杖远销西域。筇竹是我国最早的外销经济竹种，其笋味鲜美，可供鲜食或制成笋干。

筇竹在当地分布广，但绝大多数情况下其只是阔叶林下的伴生种，从植被划分的角度，不能被称为“筇竹林”。真正的筇竹林应该是林中乔木成分稀少，筇竹基本暴露，成为绝对的优势成分。这种情况其实是次生现象，是群落中的乔木成分被不断砍伐、稀疏之后演变而成的，被丢在荒地上也能暂时形成筇竹林。

根据样地调查，保护区的筇竹林可以分为筇竹群丛、筇竹-托叶楼梯草群丛和筇竹-水竹群丛三种群丛类型。

1) 筇竹群落(Ass. *Qiongzhuea tumidissinoda*)

此类群落中，乔木、灌木和草本植物的种类和数量均很少，主要是在丢荒地上形成的次生群落，各地都可见到，但是面积很小，零星分布。群落位于永善县小岩方老场坪和威信县大雪山的普家沟，海拔 1560～1910m。林下枯枝落叶层厚 5～7cm，苔藓较少。群落中筇竹的盖度在 90%以上。筇竹的地径为 1～2.5cm，高度达 3.5m，平均高 1.6～2m。由于不断砍伐，乔木层的数量下降，树冠不相互连接，盖度通常很低，为 10%～40%。常见的残留植株以峨眉栲、深裂中华槭 *Acer sinense* var. *longilobum*、八角枫、细梗吴茱萸叶五加 *Acanthopanax evodiaefolius* var. *gracilis* 等为主。其高度为 5～10m。由于筇竹密度太大，抑制了草本植物的生长，草本层的种类和盖度都很低，种类不超过 10 种，盖度为 2%～10%，有时林下几乎难以见到草本植物。常见的草本植物如托叶楼梯草 *Elatostema nasutum*、江南短肠蕨 *Allantodia metteniana*、盾萼凤仙花 *Impatiens scutisepala*、双蝴蝶 *Tripterospermum chinense* 等；林下也偶见乔木幼树或灌木种类，如坛果山矾 *Symplocos urceolaris*、江南冬青 *Ilex wilsonii*、西南山茶 *Camellia pitardii*、西南绣球 *Hydrangea davidii*、肖菝葜 *Heterosmilax japonica*、异叶海桐 *Pittosporum heterophyllum* 等，但是数量非常少，而且生长不良。

筇竹的更新不好。在 6 个 5m^2 样地内，一年生的竹子平均活立竹为 15 株，二年生 17 株，三年生以上 39 株，死亡竹 31 株；一年生和二年生竹的盖度相近，约 26%，三年以上生长的盖度在 47%，几乎占了所有竹子盖度的一半。一年生到三年生竹的高度和地径接近(表 6-53，图 6-31)。

表 6-53　筇竹群丛样地调查表

样地号　面积　时间	样地 16～19、32　5m^2　2006 年 7 月 25 日	样地 79　5m^2　2006 年 8 月 14 日
调查人	杜凡、覃家理、杨科、石翠玉、苏文苹、黄礼梅、丁莉、赫尚丽、罗柏青、毛建昆、甘万勇、罗勇、宋睿飞、刘宗杰、罗凤晔、杨跃等	
地点	小岩方老场坪	普家沟(大雪山)
GPS 点	N28°15′，E103°59.69′	N27°53′00.3″，E104°46′06.6″
海拔　坡位　坡度	1910m　坡中部沟谷　15°	1560m　下坡　3°
地表特征	枯枝落叶层厚 1-3cm	枯枝落叶层厚 5～7cm

续表

样地号　面积　时间	样地 16～19、32　5m² 　2006 年 7 月 25 日	样地 79　5m² 　2006 年 8 月 14 日
乔木层盖度		82%
灌木层盖度，优势种盖度		25%
大地形	中坡沟谷	
小地形	沟谷	
草本层盖度，优势种盖度		65%
附生情况(高度、厚度)		苔藓较少

筇竹龄级结构

样地号	数据	一年生	二年生	筇竹三年以上生	枯死
16	株数	5	11	29	25
	高度/m	2.3	2.3	2.3	
	地径/cm	2.5	2.5	1.5	
	盖度/%	20	30%	45%	
17	株数	14	16	41	20
	高度/m	3.5	3.0	2.5	
	地径/cm	1.5	1.5	1.5	
	盖度/%	25	30	45	
18	株数	16	9	41	23
	高度/m	3.0	3.0	2.5	
	地径/cm	1.5	1.5	1.5	
	盖度/%	30	20	45	
19	株数	10	20	48	52
	高度/m	3.5	3.0	3.5	
	地径/cm	2.0	2.0	1.5	
	盖度/%	20	30	50	
32	株数	10	16	29	29
	高度/m	3.0	3.5	3.0	
	地径/cm	2.0	2.0	2.0	
	盖度/%	20	25	45	
79	株数	35	35	44	36
	高度/m	1.8	1.7	1.6	
	地径/cm	1.2	1.0	1.0	
	盖度/%	40	20	50	
合计	株数	15	18	39	
	高度/m	2.9	2.8	2.6	
	地径/cm	1.8	1.8	1.5	
	盖度/%	26	26	47	

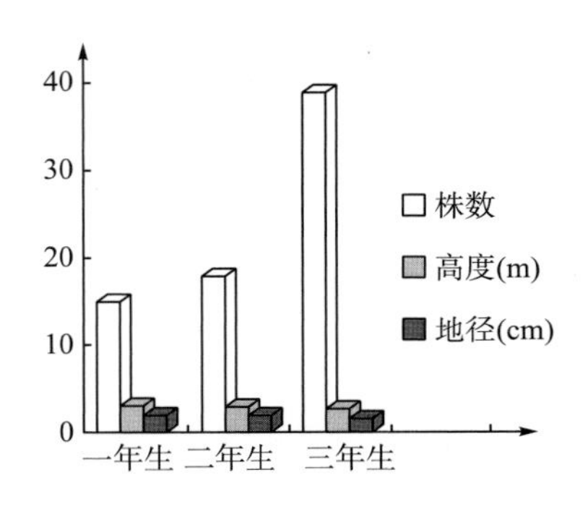

图 6-31　筇竹竹秆龄比较

调查表明，筇竹的更新比较困难。这与竹笋的过度采伐有相当大的关系。每年到长笋的季节，当地人就大量采伐竹笋，并砍伐上层林木用以烘烤，破坏极大，导致一年生竹子比二年生和三年生比例小。

2) 筇竹+托叶楼梯草群丛(Ass. *Qiongzhuea tumidissinoda*+*Elatostema nasutum*)

筇竹+托叶楼梯草群丛主要分布在普家沟海拔 1560m 的靠下坡处。群落分为灌木层、草本和层间植物 3 个层次，林下枯枝落叶层厚 6cm。

灌木层盖度为 95%，以筇竹 *Qiongzhuea tumidissinoda* 占绝对优势，单种盖度达 80%，生长良好。此外还有江南冬青 *Ilex wilsonii*、坛果山矾 *Symplocos urceolaris*、西南山茶 *Camellia pitardii*、西南绣球 *Hydrangea davidii*、异叶海桐 *Pittosporum heterophyllum* 5 种植物。灌木层中除筇竹外，以江南冬青、坛果山矾数量较多，其他植物较少。

草本层盖度不大，当灌木层盖度较大时，草本尤为稀少。以托叶楼梯草 *Elatostema nasutum* 最占优势，其他常见的物种还有江南短肠蕨 *Allantodia metteniana*、盾萼凤仙花 *Impatiens scutisepala* 等。

样地中层间植物不多，苔藓很少见，仅有肖菝葜 *Heterosmilax japonica*、双蝴蝶 *Tripterospermum chinense*、菝葜 *Smilax* sp.种，见表 6-54。

表 6-54　筇竹+托叶楼梯草群丛样地调查表

样地号　面积　时间	样地 85　$5m^2$　2006 年 8 月 14 日
调查人	覃家理、杨科、石翠玉、苏文苹、黄礼梅、丁莉、赫尚丽、罗柏青、毛建昆、甘万勇、罗勇、宋睿飞、刘宗杰、罗凤晔、杨跃等
地点	普家沟
经纬度	N27°53′00.3″，E104°46′06.6″
海拔　坡向　坡位　坡角	1560m　E　下坡　3°
母岩　土壤特点　地表特征	枯枝落叶层厚 6cm
乔木层盖度	3%
灌木层盖度，优势种盖度	95%
草本层盖度，优势种盖度	2%
附生情况(高度、厚度)	稀少

续表

灌木层								
中文名	拉丁名	株数	高度/m		地径/cm		盖度/%	重要值
			最高	平均	最粗	平均		
筇竹	*Qiongzhuea tumidissinoda*	660	2.0	1.80	2.1	2.00	80	66.2
江南冬青	*Ilex wilsonii*	1	0.5	0.50	0.2	0.20	1	5.6
坛果山矾	*Symplocos urceolaris*	1	0.6	0.60	0.3	0.30	1	5.6
西南山茶	*Camellia pitardii*	1	0.4	0.40	0.3	0.25	1	5.6
西南绣球	*Hydrangea davidii*	2	0.5	0.40	0.4	0.30	2	11.3
异叶海桐	*Pittosporum heterophyllum*	1	0.6	0.60	0.3	0.30	1	5.6
	合计	666						100.0

草本层								
中文名	拉丁名	株数	高度/m		地径/cm		盖度/%	重要值
			最高	平均	最粗	平均		
托叶楼梯草	*Elatostema nasutum*	5	0.4	0.25	0.2	0.15	5	33.3
江南短肠蕨	*Allantodia metteniana*	5	0.3	0.25	0.2	0.10	5	33.3
盾萼凤仙花	*Impatiens scutisepala*	5	0.3	0.20	0.2	0.10	5	33.3
	合计	15						100.0

层间植物							
中文名	拉丁名	株数	高度/m		地径/cm		盖度/%
			最高	平均高	最粗	平均	
肖菝葜	*Heterosmilax japonica*	5	0.8	0.60	0.2	0.15	1
双蝴蝶	*Tripterospermum chinense*	6	0.6	0.30	0.2	0.10	1
菝葜	*Smilax* sp.	1	0.6	0.60	0.2	0.20	1

3) 筇竹-水竹群落(Ass. *Qiongzhuea tumidissinoda-Phyllostachys heteroclada*)

样地海拔 1408～1448m，土壤类型为黄壤，枯枝落叶层厚 5～6cm，灌木层的盖度较大。群落分为灌木层、草本层和层间植物三个部分。

在群落中零星可见深裂中华槭 *Acer sinense* var. *longilobum*，盖度仅 5%，未见其他物种也不能形成乔木层片结构。

灌木层盖度为 80%，以筇竹 *Qiongzhuea tumidissinoda* 和水竹 *Phyllostachys heteroclada* 为优势。筇竹一年生 21 株、二年生 12 株、多年生 13 株，盖度为 47.5%。水竹一年生 10 株、二年生 6 株、多年生 7 株，盖度为 30%。除水竹和筇竹外，还有四川新木姜子 *Neolitsea sutchuanensis*、三股筋香 *Lindera thomsonii*、四川木莲 *Manglietia szechuanica*、坛果山矾 *Symplocos urceolaris*、花楸一种 *Sorbus* sp.等出现，其他植物较少。

由于乔木层和灌木层盖度较大，草本层植物稀少，盖度为 25%。以鱼鳞蕨 *Acrophorus stipellatus* 和长蕊万寿竹 *Disporum longistylum* 为优势，另外还有鳞果星蕨 *Lepidomicrosorium buergerianum*、江南短肠蕨 *Allantodia metteniana*、疣果楼梯草

Elatostema trichocarpum 等。

层间植物有三叶崖爬藤 *Tetrastigma hemsleyanum* 1 株、西南菝葜 *Smilax bocki* 6 株、苍白菝葜 *Smilax aberrans* var. *retroflexa* 5 株、防已叶菝葜 *Smilax menispermoidea* 3 株共 4 种植物，物种不多。此外苔藓较少。

总体来看，群落中筇竹和水竹占了很大的比例。其中筇竹的比重比水竹大，属于混交林中的优势竹种。从龄级来分析，筇竹和水竹一样，都是一年生的竹子较多，多年生的竹子所占总数的比重不是很大，竹林更新很快。且在两块样地的草本层中都出现了鳞果星蕨和长蕊万寿竹，所占比例都很大。其他还生长了三股筋香、四川木莲 *Manglietia szechuanica*、四川新木姜子 *Neolitsea sutchuanensis*、花楸一类植物。在层间植物中西南菝葜 *Smilax bockii*、苍白菝葜 *Smilax aberrans* var. *retroflexa*、防已叶菝葜 *Smilax menispermoidea*、三叶崖爬藤 *Tetrastigma hemsleyanum* 等植物物种组成还算丰富，见表 6-55。

表 6-55　水竹-筇竹群丛样地调查表

样地号　面积　时间	样地 80　5m^2　2006 年 8 月 13 日	样地 81　5m^2　2006 年 8 月 13 日
调查人	覃家理、杨科、石翠玉、苏文苹、黄礼梅、丁莉、赫尚丽、罗柏青、毛建昆、甘万勇、罗勇、宋睿飞、刘宗杰、罗凤晔、杨跃等	
地点	大雪山猪背河坝	大雪山猪背河坝
GPS 点	N27°54′08.7″，E104°47′39″	N27°54′08.7″，E104°47′39″
海拔　坡位　坡度	1409m　中上坡　20°	1448m　下坡　15°
地表特征	黄壤，枯枝落叶层厚 5～6cm	黄壤，枯枝落叶层厚 5～6cm
乔木层盖度	70%	80%
灌木层盖度，优势种盖度	80%	80%
草本层盖度，优势种盖度	25%	25%
附生情况（高度、厚度）	苔藓较少	苔藓较少

灌木层

中文名	拉丁名	频度	竹秆龄	株数	高度/m		盖度/%	重要值	枯死数
					最高	均高			
筇竹	*Qiongzhuea tumidissinoda*	100	I	21	2.5	2	17.5	23.9	11
			II	12	2	1.5	12.5	15.2	
			>III	13	2	1.5	17.5	19.2	
水竹	*Phyllostachys heteroclada*	100	I	10	3.5	3	10	12.0	24
			II	6	3.5	2.5	10	9.9	
			>III	7	3	2.5	10	10.5	
四川新木姜子	*Neolitsea sutchuanensis*	50		3	0.1	1.1	1	2.5	
三股筋香	*Lindera thomsonii*	50		3	0.1	0.1	1	2.2	
坛果山矾	*Symplocos urceolaris*	50		2	0.7	1.6	1	1.9	
花楸一种（幼苗）	*Sorbus* sp.	50		2	0.2	0.15	1	1.6	
四川木莲	*Manglietia szechuanica*	50		1	1.8	1.8	1	1.2	

续表

草本层											
中文名	拉丁名	样地 80				样地 81				重要值
		株数	高度/m		盖度/%	株数	高度/m		盖度/%	
			最高	平均			最高	平均		
鱼鳞蕨	*Acrophorus stipellatus*	13	0.2	0.10	2					30.9
长蕊万寿竹	*Disporum longistylum*	5	0.2	0.15	1	7	0.15	0.10	1	24.6
鳞果星蕨	*Lepidomicrosorium buergerianum*	4	0.1	0.10	1	2	0.1	0.10	1	23.4
江南短肠蕨	*Allantodia metteniana*	4	0.1	0.10	1					14.9
疣果楼梯草	*Elatostema trichocarpum*	1	0.1	0.08	1					6.2

层间植物								
样地	中文名	拉丁名	株数	高度/m		地径/cm	盖度/%	生活力
				最高	平均			
80	西南菝葜	*Smilax bockii*	6	0.5	0.40	0.50	2	中
	苍白菝葜	*Smilax aberrans* var. *retroflexa*	5	0.3	0.25	0.40	1	中
	防己叶菝葜	*Smilax menispermoidea*	3	0.1	0.10	0.30	1	中
81	三叶崖爬藤	*Tetrastigma hemsleyanum*	1	0.2	0.20	0.15	1	优

3.方竹林(Form. *Chimonobambusa* spp.)

在保护区内，方竹分布的广度、优势度及资源数量上仅次于筇竹，排列第二。保护区方竹属的种类有刺竹子、金佛山方竹、川滇方竹和方竹 4 种。与筇竹一样，自然状态下，方竹均是当地阔叶林下的灌木成分，尽管多数情况下在林下灌木层中的比重非常大，其盖度甚至达到 90%，但是它只是林下的成分，不能作为竹林看待。只有在乔木层遭到砍伐、破坏而逐渐减少之后，才会形成以方竹为主的群落。所以从起源上看，方竹林也都是次生性质的林分。保护区内的方竹林包括刺竹子群丛、刺竹子-绥江玉山竹群丛和金佛山方竹群丛。

1)刺竹子群丛(Ass. *Chimonobambusa pachystachys*)

刺竹子 *Chimonobambusa pachystachys* 分布于四川、云南。在保护区的观山平、小草坝-陡口子丫口，海拔在 1750～1780m 处分布较多，生境多为缓坡。灌木层盖度高达 100%，基本没有其他物种生长。其中一年生到三年生竹子数量相差不大，而且枯死竹子也占了相当大的一部分(表 6-56)。一年生到三年生竹子的盖度也在某种程度上增大。该竹林按这一趋势正向老化发展(图 6-32 和图 6-33)。

表 6-56　刺竹子群丛样地调查表

样地号　面积　时间	样地 36～39　5m^2 2006 年 7 月 31 日	样地 41　5m^2 2006 年 8 月 2 日	样地 42　5m^2, 2006 年 8 月 2 日
调查人	杜凡、覃家理、杨科、石翠玉、苏文苹、黄礼梅、丁莉、赫尚丽、罗柏青、毛建昆、甘万勇、罗勇、宋睿飞、刘宗杰、罗凤晔、杨跃等		

续表

样地号　面积　时间	样地 36～39　5m² 2006 年 7 月 31 日	样地 41　5m² 2006 年 8 月 2 日	样地 42　5m²，2006 年 8 月 2 日
地点	观山平	陡口子丫口	小草坝-陡口子丫口
GPS 点	N27°52′7″ E104°17′23″	N27°49′44″ E104°20′24″	N27°49′44″ E104°20′25″
海拔　坡向　坡位　坡度	1752m　平坡　1°～2°	1972m　东坡　下坡　4°	1972m　东坡　下坡　10°
灌木层盖度，优势种盖度	90%	100%	95%
大地形	平地	缓坡	缓坡

刺竹子龄级结构

样地号	数据	一年生	二年生	三年生及以上	枯死数
36	株数	16	23	32	11
	高度/m	2.5	1.6	1.5	
	地径/cm	1.5	1.8	0.5	
	盖度/%	20	25	50	
	生活力	优	优	优	
37	株数	25	18	21	38
	高度/m	2.1	1.8	1.7	
	地径/cm	0.5	0.5	0.4	
	盖度/%	50	30	40	
	生活力	优	优	优	
38	株数	18	30	22	9
	高度/m	2.5	1.5	1.5	
	地径/cm	1	0.6	0.5	
	盖度/%	25	40	30	
	生活力	优	优	优	
39	株数	20	14	22	21
	高度/m	2.5	1.9	1.7	
	地径/cm	0.6	0.5	0.3	
	盖度/%	45	25	30	
	生活力	优	优	优	
41	株数	20	30	31	45
	高度/m	2.0	1.8	1.4	
	地径/cm	0.8	0.6	0.3	
	盖度/%	25	30	35	
	生活力	优	优	中	

续表

样地号	数据	一年生	二年生	三年生及以上	枯死数
42	株数	17	13	52	31
	高度/m	2.1	2.0	1.9	
	地径/cm	0.6	0.5	0.4	
	盖度/%	30	25	60	
	生活力	优	优	优	
$5m^2$ 样地中刺竹子特征	株数	16～25	13～30	22～52	
	高度/m	2.0～2.5	1.5～2.0	1.4～1.9	
	地径/cm	0.5～1.5	0.5～1.8	0.4～0.5	
	盖度/%	20～50	25～40	30～60	

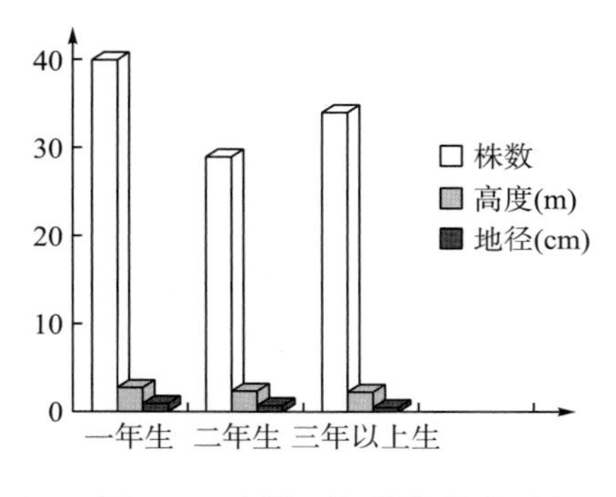

图 6-32　刺竹子秆龄比较(混交)

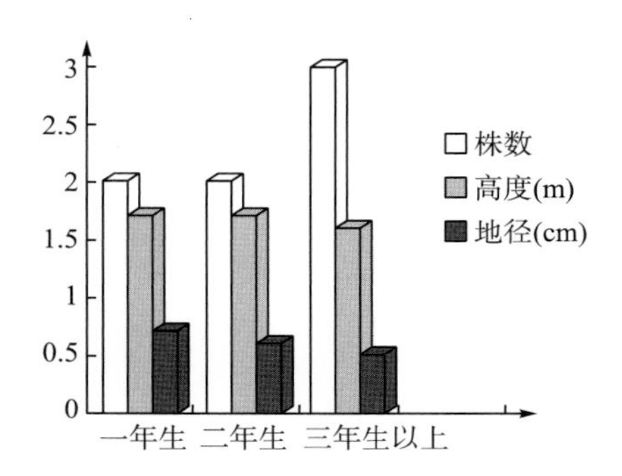

图 6-33　绥江玉山竹秆龄比较(混交)

2) 刺竹子-绥江玉山竹群丛(Ass. *Chimonobambusa pachystachys*-*Yushania suijiangensis*)

刺竹子-绥江玉山竹群丛分布在保护区中的陡口子丫口，海拔 1972m 东坡山脊。林下基本没有其他植物生长。但是在刺竹子中间有少量绥江玉山竹，形成特殊类型。刺竹子的比重很大，在 $5m^2$ 样地内一年生竹秆数量最多，有 38～43 株，盖度约 60%，生长良好，二年生和三年生(包括零星的多年生竹秆)株数分别为 24～33 株和约 34 株，盖度分别为 35%和 38%。而绥江玉山竹株数较少，盖度不大(表 6-57)。按这一数据分析，该竹群呈健康方向发展。但是在刺竹子的样地中，物种组成单一，林分的丰富度和均匀度都不高。

表 6-57　刺竹子-绥江玉山竹群丛样地调查表

样地号 面积 时间	样地 40　$5m^2$　2006 年 8 月 2 日	
调查人	覃家理、杨科、石翠玉、苏文苹、黄礼梅、丁莉、赫尚丽、罗柏青、毛建昆、甘万勇、罗勇、宋睿飞、刘宗杰、罗凤晔、杨跃等	
地点	陡口子丫口	陡口子丫口
GPS 点	N27°49′44″，E104°20′24″	N27°49′44″，E104°20′25″
海拔　坡向　坡位　坡度	1972m　东坡　下坡丫口　3°	1972m　东坡　下坡丫口　3°
灌木层盖度	95%	95%

续表

样地号 面积 时间	样地 40 5m² 2006 年 8 月 2 日	
大地形	缓坡	缓坡
小地形	山脊	山脊

刺竹子-绥江玉山竹龄级结构

样地号	中文名称	数据	一年生	二年生	三年以上	枯死数
40	刺竹子	株数	43	24	33	
		高度/m	2.5	2.3	2.0	
		地径/cm	0.6	0.5	0.4	53
		盖度/%	55	35	35	
		生活力	优	优	优	
	绥江玉山竹	株数	1	1	1	1
		高度/m	1.9	1.8	1.7	
		地径/cm	1	1	0.5	
		盖度/%	1	1	1	1
		生活力	差	差	差	
43	刺竹子	株数	38	33	35	
		高度/m	2.6	2.0	2.1	
		地径/cm	0.6	0.4	0.4	47
		盖度/%	60	35	40	
		生活力	优	优	优	
	绥江玉山竹	株数	3	3	5	
		高度/m	1.6	1.5	1.5	
		地径/cm	0.5	0.5	0.4	1
		盖度/%	2	2	3	
		生活力	差	差	差	
	样地内刺竹子特征	株数	38～43	24～33	34	
		高度/m	2.5～2.6	2.0～2.3	2.0	
		地径/cm	0.6	0.4～0.5	0.4	
		盖度/%	55～60	35	38	
	样地内绥江玉山竹特征	株数	1～3	1～3	1～5	
		高度/m	1.6～1.9	1.5～1.8	1.5～1.7	
		地径/cm	0.5～1.0	0.5～1.0	0.4～0.5	
		盖度/%	1～2	1～2	1～3	

3)金佛山方竹群丛(Ass. *Chimonobambusa utilis*)

金佛山方竹 *Chimonobambusa utilis* 喜温凉湿润的环境，在出笋期及幼竹成长阶段，需要较高的湿度及适当遮阴。此种特产于云南、四川、贵州，总面积约 3.3 万 hm^2。其竹笋肉质肥厚，味美鲜嫩，既可鲜食，也可制作笋干和罐头笋。其秆作一般材用。

金佛山方竹在保护区的小沟、陡口子丫口一带分布较多。生长在海拔 1880～1900m，北坡和北偏西的坡上，优势种盖度达 90%，草本层盖度不大。

灌木层盖度为 90%～95%，以金佛山方竹占绝对优势，单种盖度可达 84.8%。群落中有少量乔木幼树，如十齿花 *Dipentodon sinicus*、野八角 *Illicium simonsii*、总状山矾 *Symplocos botryantha* 等；也可以见到一些灌木成分，如西南山茶 *Camellia pitardii*、西南绣球 *Hydrangea davidii*、毛叶楤木 *Aralia dasyphylla*、粉花绣线菊渐尖叶变种 *Spiraea japonica* var. *acuminata* 等。

由于方竹的盖度大，草本植物稀少，盖度为 5%～20%。以卵叶水芹 *Oenanthe rosthornii* 占优势，其他常见物种有亮蛇床 *Selinum cryptotaenium*、四轮香 *Hanceola sinensis* 和蕨类植物长根金星蕨 *Parathelypteris beddomei* 等。

层间植物以小花五味子 *Schisandra micrantha* 较多，此外还有三叶地锦 *Parthenocissus semicordata* 和川莓 *Rubus setchuenensis* 等，其他植物较少见，见表 6-58。

表 6-58 金佛山方竹群丛样地调查表

样地号 面积 时间	样地 21 5m² 2006 年 7 月 27 日	样地 22 5m² 2006 年 7 月 27 日	样地 23 5m² 2006 年 7 月 27 日	样地 24 5m² 2006 年 7 月 27 日
调查人	杜凡、杨科、石翠玉、苏文苹、黄礼梅、丁莉、赫尚丽、罗柏青、毛建昆、甘万勇、罗勇、宋睿飞、刘宗杰、罗凤晔、杨跃等			
地点	小沟保护栏	小沟	小沟	小沟
GPS 点	N27°42′06.2″ E104°17′41.5″	N27°42′05.7″ E104°17′38.5″	N27°42′05.8″ E104°17′37.0″	N27°42′08.3″ E104°17′41.8″
海拔 坡向 坡位 坡度	1865m 北偏西 329° 上坡 20°	1890m 北偏西 330° 下坡 18°	1902m 北坡 下坡 15°	1882m 北偏西 312° 中坡 30°
灌木层盖度	95%	95%	90%	90%
草本层盖度	20%	10%	＜5%	＜5%

灌木层

中文名	拉丁名	频度	竹秆龄	株数	高度/m 最高	高度/m 平均	盖度/%	重要值	枯死数
金佛山方竹	*Chimonobambusa utilis*	100	Ⅰ	63	2.8	2.2	26.4	29.5	28
			Ⅱ	66	2.5	2	28.4	31.4	
			＞Ⅲ	72	2.5	1.9	30.0	33.6	
西南绣球	*Hydrangea davidii*	50		3	1	0.8	2.0	1.0	
粉花绣线菊渐尖叶变种	*Spiraea japonica* var. *acuminata*	25		2	0.3	0.25	1.0	0.6	

续表

中文名	拉丁名	频度	竹秆龄	株数	高度/m		盖度/%	重要值	枯死数
					最高	平均			
毛叶楤木	*Aralia dasyphylla*	25		1	1.2	1.2	1.3	1.0	
十齿花	*Dipentodon sinicus*	25		1	0.6	0.6	1.0	0.4	
西南山茶	*Camellia pitardii*	25		1	0.4	0.4	1.0	0.4	
野八角	*Illicium simonsii*	25		1	0.5	0.4	1.0	0.4	
总状山矾	*Symplocos botryantha*	25		6	0.2	0.15	1.0	1.7	

草本层

中文名	拉丁名	频度	株数	高度/m		盖度/%	地径/cm	重要值
				最高	均高			
卵叶水芹	*Oenanthe rosthornii*	25	9	0.2	0.18	6	0.4	48.85
亮蛇床	*Selinum cryptotaenium*	25	2	0.7	0.40	1	0.2	26.25
长根金星蕨	*Parathelypteris beddomei*	25	12	0.2	0.15	1	0.3	15.90
四轮香	*Hanceola sinensis*	25	6	0.2	0.15	1	0.2	9.00

层间植物

中文名	拉丁名	频度	株数	高度/m		地径/cm		盖度/%	生活力
				最高	均高	最粗	平均		
小花五味子	*Schisandra micrantha*	25	6	1.7	1.4	0.8	0.5	17	优
三叶地锦	*Parthenocissus semicordata*	50	6	1.6	1.5	1.2	0.8	9	优
川莓	*Rubus setchuenensis*	25	3	2.7	2.2	3.0	1.8	7	优

4.水竹林(Form. *Phyllostachys heteroclada*)

在保护区内的罗汉坝、海子坪双塘子、猪背河坝一带，海拔 1273～1375m，水竹分布较多，形成的群落较典型。考察中调查了 5 块样水竹林样地。根据样地资料，乌蒙山国家级自然保护区的水竹林可以划分为水竹-茅叶荩草群丛和水竹-大苞鸭跖草群丛两种类型。

1)水竹-茅叶荩草群丛(Ass. *Phyllostachys heteroclada-Arthraxon prionodes*)

水竹-茅叶荩草群丛主要分布在彝良海子坪双塘子一带，海拔 1273m 的凹地上。该竹林开花后只恢复五六年，灌木层盖度达 98%，草本层盖度仅为 1%(表 6-59)。

表 6-59 水竹-茅叶荩草群丛样地调查表

样地号 面积 时间	样地 60、74、75、76 各 5m² 2006 年 8 月 10 日
调查人	覃家理、杨科、石翠玉、苏文苹、黄礼梅、丁莉、赫尚丽、罗柏青、毛建昆、甘万勇、罗勇、宋睿飞、刘宗杰、罗凤晔、杨跃等
地点	海子坪双塘子
大地形	凹地

续表

样地号 面积 时间	样地 60、74、75、76 各 $5m^2$ 2006 年 8 月 10 日
GPS 点	N27°54′04.7″，E104°44′15.7″
海拔 坡向 坡位 坡度	1273m
起源、历史及影响因素	天然实生，开花后恢复五六年
灌木层盖度，优势种盖度	98%

灌木层

中文名	拉丁名	频度	竹杆龄	株数	高度/m		盖度/%	重要值合计	枯死数
					最高	均高			
水竹	*Phyllostachys heteroclada*	100	Ⅰ	60	4.5	4	33	93.6	99
			Ⅱ	99	3	3	48		
			>Ⅲ	24	3	2.5	19		
三股筋香	*Lindera thomsonii*	50		6	1.8	1.5	2	3.6	
臭荚蒾	*Viburnum foetidum*	25		1	2.5	2.5	1	2.8	

草本层

中文名	拉丁名	频度	株数	高度/m		盖度/%	重要值
				最高	均高		
茅叶荩草	*Arthraxon prionodes*	75	17	0.2	0.15	5	39.3
红盖鳞毛蕨	*Dryopteris erythrosora*	50	11	0.2	0.1	4	16.2
淡竹叶	*Lophatherum gracile*	25	4	0.2	0.1	1	8.4
托叶楼梯草	*Elatostema nasutum*	25	6	0.1	0.05	2	8.0
盾萼凤仙花	*Impatiens scutisepala*	25	5	0.2	0.2	1	7.0
昆明香茶菜	*Rabdosia kunmingensis*	25	5	0.1	0.05	1	7.0
盾萼凤仙花	*Impatiens scutisepala*	25	2	0.2	0.15	1	6.5
昭通秋海棠	*Begonia gagnepainiana*	25	2	0.1	0.05	1	4.2
蕺菜	*Houttuynia cordata*	25	1	0.1	0.1	1	3.3

层间植物

中文名	拉丁名	频度	株数	高度/m		地径/cm	盖度/%	生活力
				最高	平均			
马甲菝葜	*Smilax lanceifolia*	25	1	0.2	0.1	0.1	1	中
异叶爬山虎	*Parthenocissus heterophylla*	50	4	0.3	0.25	0.2	2	优
湖南悬钩子	*Rubus hunanensis*	50	7	0.2	0.15	0.2	3	优

灌木层以水竹 *Phyllostachys heteroclada* 为绝对优势，其高度达到 4.5m，生长良好。其中一年生竹子有 60 株，重要值为 33.3；二年生竹子有 99 株，重要值为 40.7；三年生竹子有 19 株，重要值为 19.6。占林份内比例很大。另外还有三股筋香 *Lindera thomsonii* 等植物。

草本层盖度 1%，以茅叶荩草 *Arthraxon prionodes*、红盖鳞毛蕨 *Dryopteris erythrosora*、盾萼凤仙花 *Impatiens scutisepala* 三种植物出现较多。另外还出现淡竹叶 *Lophatherum gracile*、蕺菜 *Houttuynia cordata*、昭通秋海棠 *Begonia gagnepainiana*、托叶楼梯草 *Elatostema nasutum*、昆明香茶菜 *Rabdosia kunmingensis* 等。

层间植物以湖南悬钩子 *Rubus hunanensis* 为优势物种，此外还有异叶爬山虎 *Parthenocissus heterophylla* 4 株、马甲菝葜 *Smilax lanceifolia* 1 株，物种及株数都比较少，见表 6-59。

2) 水竹-大苞鸭跖草群丛(Ass. *Phyllostachys heteroclada-Commelina paludosa*)

水竹-大苞鸭跖草群丛分布于罗汉坝猪背河，海拔 1375m 的湿地。群落分为灌木层、草本层和层间植物三个层次。灌木层盖度为 95%，只有水竹一种，高度达 2m。其中，一年生竹秆 22 株，重要值为 51.2，比例最大；二年生竹秆 5 株，重要值为 11.6；多年生竹秆 16 株，重要值为 37.2。

由于灌木层中植物生长较密，草本层物种较稀少，盖度仅为 1%。以大苞鸭跖草 *Commelina paludosa* 为优势。此外还有蕨菜 *Pteridium aquilinum* var. *latiusculum* 等少数种类。

层间植物少，只有湖南悬钩子 *Rubus hunanensis*，株数不多，盖度不大，见表 6-60。

表 6-60 水竹-大苞鸭跖草群丛样地调查表

样地号 面积 时间	样地 82 5m² 2006 年 8 月 13 日
调查人	覃家理、杨科、石翠玉、苏文苹、黄礼梅、丁莉、赫尚丽、罗柏青、毛建昆、甘万勇、罗勇、宋睿飞、刘宗杰、罗凤晔、杨跃等
地点	猪背河坝
海拔 GPS 点	1375m N27°54′05.2″ E104°47′34.9″
灌木层盖度，优势种盖度	95%
草本层盖度，优势种盖度	1%

灌木层

中文名	拉丁名	竹秆龄	株数	高度/m		盖度/%	重要值	枯死数
				最高	平均			
水竹	*Phyllostachys heteroclada*	I	22	2.0	1.00	45	51.2	6
		II	5	3.0	1.50	20	11.6	
		>III	16	3.5	2.00	35	37.2	

草本层

中文名	拉丁名	株数	高度/m		盖度/%	重要值
			最高	平均		
大苞鸭跖草	*Commelina paludosa*	5	0.2	0.10	1	59.9
蕨菜	*Pteridium aquilinum* var. *latiusculum*	2	0.2	0.15	1	40.1

层间植物

中文名	拉丁名	株数	高度/m		地径/cm	盖度/%	生活力
			最高	平均			
湖南悬钩子	*Rubus hunanensis*	2	0.2	0.10	0.15	1	优

5.总结

毛竹林、方竹混交林、筇竹和水竹的混交林三种林份的群落结构较丰富和全面。而毛竹林又是所有竹林中物种丰富度和均匀度均较高的群落。水竹和方竹纯林竹类植物的盖度相当大，林下几乎没有光照，植物得不到生长所必需的条件，生长不良，是典型的纯竹林群落。当地竹子的利用未发挥其丰富资源的作用，保护区的管理也不完善，使得保护区遭到破坏，竹子不能很好地更新和发展。

6.4.4　草甸

草甸是以多年生的中生草本植物为建群种所形成的植被类型。草甸群落以中生草本植物为主，虽然常常混生少量低矮的灌木或亚灌木，却基本没有乔木成分。在《中国植被》和《云南植被》中，草甸都被作为植被型看待。但是，草甸是一类非地带性植被。在我国，草甸主要分布于青藏高原东部、北方温带地区的山地、平原和滨海。云南的草甸则主要见于滇西、滇西北和滇东北山地，分布的区域广阔，但是连片的面积较小。

根据分布地的地形因子、气候条件、水分条件及草甸自身的特征，在《云南植被》中，云南的草甸植被被分为 4 个植被亚型，即寒温草甸、沼泽化草甸、高寒草甸和流石滩疏生草甸。

保护区的草甸，分布地的海拔不高，为 1700～2400m，而且分布零星、面积不大，非常稳定。从生境、形成的原因和植被外貌来看，本区的草甸有明显不同的两种类型。其一是分布于宽平、河谷、河滨低凹生境条件下的草甸，其地形的坡度平缓，通常小于10°，排水不畅，地下水位较高，地面甚至集水，因而地面松软，当地通常称其为“草坝”“草海”“海子”。外貌上，这类草甸最大的特征是地表有显著的苔藓植物泥炭藓 *Sphagnum acutifolium*（当地称“海花”）覆盖。其二是分布于山坡地条件下的草甸，其地形的坡度较大，地下水位低，土壤中的水分较少，是原来的森林植被破坏之后，在长期火烧和放牧等条件下形成的次生类型。构成这类草甸的草本植物以禾本科、莎草科、蝶形花科、蔷薇科的种类为主，最大的特点是没有泥炭藓“海花”层片。

保护区的第一类草甸，显然属于《中国植被》和《云南植被》中的“沼泽化草甸”的范畴；但是上述的第二类草甸，从生境上不完全符合《云南植被》中的“寒温草甸”(因为云南寒温草甸的海拔通常高于 3000m)，也不符合其他三种植被亚型，而是更为接近《中国植被》中的“典型草甸”。所以，本书将保护区的草甸划分为“沼泽化草甸”和“典型草甸”两种植被亚型。乌蒙山国家级自然保护区内的沼泽草甸的比例比较大，总的来看，区内的草甸多属于常绿阔叶林或落叶阔叶林的林间草甸成分。按照《中国植被》一书中的植被分类系统，可将乌蒙山国家级自然保护区的草甸进行如下分类。

- 沼泽化草甸(植被亚型)——海花沼泽化草甸(群系)
  - 海花-庐山藨草群丛
  - 海花-天名精-庐山藨草群丛
  - 海花-白花柳叶箬-假稻群丛
  - 灯心草-海花群丛
- 典型草甸
  - 多花剪股颖群系——多花剪股颖-星毛繁缕群丛
  - 蕨菜群系——蕨菜-杠板归群丛
  - 蓼草群系——伏毛蓼群丛

1.沼泽化草甸

保护区的沼泽化草甸以苔藓植物中的藓类植物——海花 *Sphagnum acutifolium* 为优势和特征，在群落中的盖度常常达到 50%～90%或更高。海花是当地沼泽中常见的藓类植物，成片状匍匐生长，高度不超过 10cm，黄绿色，质地松软，具有极强的保水能力。因此，本区的沼泽化草甸只划分为一种群系，即海花沼泽化草甸，其下根据次优势种再划分为 4 个群丛。

1)海花-庐山藨草群丛(Ass. *Sphagnum acutifolium-Scirpus lushanensis*)

本群落分布在罗汉坝木疆林和老眺望台，地形较平坦，海拔为 2000～2100m，周围为森林群落，受风力影响较小，因而近地面大气湿润，部分是在 10 年前在火烧迹地上发育起来的草甸。土壤为黑色泥藻土，含水量较大。群落以草本为主，盖度为 70%～100%，高度平均在 20cm，最高不超过 80cm。有部分灌木及乔木的幼树零星散生。

群落由近 30 种植物构成，绝大多数为多年生喜湿草本植物，并以海花 *Sphagnum acutifolium* 占绝对优势。在本群落中，海花的盖度为 10%～80%。除海花外，庐山藨草 *Scirpus lushanensis* 的平均盖度也达到 20%。其他种类数量较少，以禾本科植物和莎草科植物为多，如莎草科的密花薹草 *Carex confertiflora*、水毛花 *Schoenoplectus mucronatus*、白喙刺子莞 *Rhynchospora brownii*，禾本科的野青茅 *Deyeuxia arundinacea*、阿里山剪股颖 *Agrostis arisanmontana*、散穗野青茅 *Deyeuxia diffusa*、拂子茅 *Calamagrostis epigeios*，伞形科、唇形科、菊科、报春花科、堇菜科、龙胆科及蔷薇科的个别种，数量较少，还有少量的蕨类植物。除草本植物外，群落中还有少量的木本植物，如杨柳科的川柳、金丝桃科的小灌木北栽秧花 *Hypericum pseudohenryi*、忍冬科的金银忍冬和蔷薇科峨眉蔷薇 *Rosa omeiensis* 等，但是数量都不多，仅仅见到零星的个别植株，盖度均不足 1%，通常其高度也不超过 1m(表 6-61)。

表 6-61 海花-庐山藨草群落样地调查表

样地号 面积 时间	样地 69 2m×2m 2006 年 8 月 7 日	样地 70 2m×2m 2006 年 8 月 7 日
地点 海拔	罗汉坝老眺望台 2062m	罗汉坝木疆林 2043m
GPS 点	N27°53′27.5″，E104°03′05.1″	N27°53′46.7″，E104°03′18.8″
调查人	覃家理、黄礼梅、丁丽、赫尚丽、罗柏青、毛建昆、甘万勇、宋睿飞、刘宗杰、杨跃等	
群落盖度	70%	100%

中文名	拉丁名	样地 69			样地 70			综合盖度/%	性状	物候
		株数/丛数	高度/m	盖度/%	株数/丛数	高度/m	盖度/%			
海花	*Sphagnum acutifolium*		0.05～0.1	10		0.05～0.1	80	45.0	匍匐草本	
庐山藨草	*Scirpus lushanensis*		0.5	<1		0.2～0.6	42	21.0	直立草本	花果
阿里山剪股颖	*Agrostis arisanmontana*		0.4	15		0.4	5	10.0	直立草本	花果

续表

中文名	拉丁名	样地 69			样地 70			综合盖度/%	性状	物候
		株数/丛数	高度/m	盖度/%	株数/丛数	高度/m	盖度/%			
白喙刺子莞	*Rhynchospora brownii*		0.3	15		0.3	5	10.0	直立草本	花果
水毛花	*Schoenoplectus mucronatus*		0.3	20				10.0	直立草本	
蛇床	*Cnidium monnieri*					0.3	10	5.0	直立草本	
野青茅	*Deyeuxia arundinacea*				2	0.35	6	3.0	直立草本	
拂子茅	*Calamagrostis epigeios*		0.12	5		0.8	1	3.0	直立草本	
蕨类						0.15	5	2.5	直立草本	
密花薹草	*Carex confertiflora*					0.3	5	2.5	直立草本	花果
散穗野青茅	*Deyeuxia diffusa*		0.1	1		0.1～0.4	3	2.0	直立草本	果
堇菜	*Viola verecunda*		0.08	<5				2.0	匍匐草本	
头花龙胆	*Gentiana cephalantha*		0.1	2				1.0	直立草本	
未知					12	0.4	1.2	0.6	直立草本	
挺茎金丝桃	*Hypericum elodeoides*				2	0.4	<1	0.5	直立草本	花黄
阔瓣珍珠菜	*Lysimachia platypetala*					0.4	1	0.5	直立草本	
萎软香青	*Anaphalis flaccida*					0.2	1	0.5	直立草本	
展毛韧黄芩	*Scutellaria tenax* var. *patentipilosa*					0.2	1	0.5	直立草本	
耳叶紫菀	*Aster auriculatus*	1	0.6	<1				0.5	直立草本	
过路黄	*Lysimachia christinae*		0.1	1				0.5	匍匐草本	
萎软香青	*Anaphalis flaccida*	5	0.25	<1				0.5	直立草本	
蕨		1	0.18	<1				0.5	直立草本	
北栽秧花	*Hypericum pseudohenryi*		0.5	20		0.5	<1	10.0	小灌木	
峨眉蔷薇	*Rosa omeiensis*	1	0.02	<1				0.5	灌木	
无刺掌叶悬钩子	*Rubus pentagonus* var. *modestus*				3	0.2	<1	0.5	小灌木	
川柳	*Salix hylonoma*				1	0.5	5	2.5	乔木幼苗	
金银忍冬	*Lonicera maackii*		0.05	10				5.0	落叶灌木	

2) 海花-天名精-庐山藨草群落(Ass. *Sphagnum acutifolium-Carpesium abrotanoides-Scirpus lushanensis*)

群落分布于罗汉坝蕨场湾子一带，海拔 1920～1930m，地势平坦，植被盖度为 100%，无裸露土壤，土层含水量大。构成群落的植物种类约 20 种，多数为多年生喜湿草本植物，个别为木本植物。群落中高度最高的是莎草科的拂子茅 *Calamagrostis epigeios*，达到 1.2m，其盖度为 10%，因而十分显著。其他植物的高度通常不超过 80cm。就盖度而言，泥炭藓类植物海花依然占有绝对优势，平均盖度为 50%，在很多生境中几乎可以全部覆盖地表。此外，菊科的天名精 *Carpesium abrotanoides* 和莎草科的庐山藨草 *Scirpus lushanensis* 的数量也十分突出。天名精的高度只有 15cm 左右，分布不均匀，平均盖度 35.5%，局部地段达到 70%左右。庐山藨草高度在 60cm 左右，最高可达 80cm，分布较均匀，盖度为 30%～40%，长势较好。此外，常见的还有莎草科白喙刺子莞 *Rhynchospora brownii*、密花薹草 *Carex confertiflora*，禾本科有拂子茅 *Calamagrostis epigeios*、散穗野青茅 *Deyeuxia diffusa*、野青茅 *Deyeuxia arundinacea*、阿里山剪股颖 *Agrostis arisanmontana*，伞形科蛇床 *Cnidium monnieri*、龙胆科的头花龙胆 *Gentiana cephalantha*、獐牙菜 *Swertia bimaculata* 等。

群落中零星分布少量的木本植物，如蔷薇科的落叶乔木幼树云南樱桃 *Cerasus yunnanensis* 和金丝桃科的小灌木北栽秧花 *Hypericum pseudohenryi* 等，它们的高度通常不超过草本层的高度。前者的盖度小于 1%，生长不良；后者在局部地段上的盖度可以达到 70%，生长良好。

此外，罗汉坝水库中央还形成一些演替阶段的小层片，如天名精—庐山藨草群落演替阶段。在考察期间，水库水位较低，蓄水量不大，该层片是在水库中央由于水位降低而露出的滩地上，土壤湿度相当大，只适合于耐湿植物生存，加之植被形成时间短，处于植被类型剧烈变化的阶段，其物种结构简单，仅由菊科的天名精 *Carpesium abrotanoides* 和莎草科的庐山藨草 *Scirpus lushanensis* 组成，而天名精几乎完全覆盖，盖度在 90%左右，高度约 15cm；天名精之间夹生庐山藨草，高度 10cm 左右，盖度约 40%。因而不能将其作为一个群落，只能看作是群落演变的一个阶段，见表 6-62。

表 6-62　海花-天名精-庐山藨草群落样地调查表

样地号　样地面积　调查时间	样地 71　2m×2m　2006 年 8 月 7 日	样地 72　2m×2m　2006 年 8 月 7 日
地点　海拔	罗汉坝蕨扬湾子　1924m	罗汉坝蕨坝弯子　1922m
GPS 点	N27°53′43.9″，E104°04′07.0″	N27°53′46.1″，E104°04′10.1″
调查人	覃家理、黄礼梅、丁丽、赫尚丽、罗柏青、毛建昆、甘万勇、宋睿飞、刘宗杰、杨跃等	
群落盖度	100%	100%

中文名	拉丁名	样地 70			样地 71			综合盖度/%	性状
		株数/从数	高度/m	盖度/%	株数/从数	高度/m	盖度/%		
海花	*Sphagnum acutifolium*		0.05～0.1	90		0.05～0.1	10	50	匍匐草本
天名精	*Carpesium abrotanoides*		0.25	1		0.15	70	35.5	直立草本
庐山藨草	*Scirpus lushanensis*		0.2～0.8	30		0.6	40	35	直立草本
拂子茅	*Calamagrostis epigeios*		0.3～1.2	20				10	直立草本
白喙刺子莞	*Rhynchospora brownii*		0.25	20				10	直立草本
水毛花	*Schoenoplectus mucronatus*					0.4	10	5	直立草本

续表

中文名	拉丁名	样地 70			样地 71			综合盖度/%	性状
		株数/丛数	高度/m	盖度/%	株数/丛数	高度/m	盖度/%		
散穗野青茅	*Deyeuxia diffusa*		0.1	5		0.3	5	5	直立草本
蛇床	*Cnidium monnieri*		0.2	5				2.5	直立草本
密花薹草	*Carex confertiflora*		0.5	5				2.5	直立草本
蕨类			0.6	3.4				1.7	直立草本
野青茅	*Deyeuxia arundinacea*	1	0.4	3	1	0.2	<1	1.5	直立草本
头花龙胆	*Gentiana cephalanth*		0.1	2				1	匍匐草本
阿里山剪股颖	*Agrostis arisan-montana*		0.5	2				1	直立草本
獐牙菜	*Swertia bimaculata*	3	0.3	<1				0.5	直立草本
挺茎金丝桃	*Hypericum elodeoides*				8	0.3	1	0.5	直立草本
杠板归	*Polygonum perfoliatum*				5	0.3	<1	0.5	直立草本
北栽秧花	*Hypericum pseudohenryi*		0.7	70				35	灌木
云南樱桃	*Cerasus yunnanensis*	1	0.5	<1				0.5	灌木

3) 海花-白花柳叶箬-假稻群落(Ass. *Sphagnum acutifolium-Isachne albens-Leersia hexandra*)

群落分布于大雪山猪背河坝，与前面几个样地相比较，此地海拔低得多，只有1375m，气温相对较高。土壤含水量高。组成群落的物种较少，仅 10 余种，但覆盖率大，超过 90%，植物高度不超过 80cm，平均高在 20cm。群落仍然以海花 *Sphagnum acutifolium* 为绝对优势，其盖度为 50%～95%。禾本科植物白花柳叶箬 *Isachne albens* 和假稻 *Leersia hexandra* 在不同的地段也较突出，局部生境中，它们的盖度可以达到 80%以上，称为次优势种。群落中零星分布的草本植物还有蓼科植物小蓼花 *Polygonum muricatum*、莎草科庐山藨草 *Scirpus lushanensis*、禾本科紫马唐 *Digitaria violascens*、茅叶荩草 *Arthraxon prionodes*、芒 *Miscanthus sinensis*、蓼科糙毛蓼 *Polygonum strigosum* 等。调查中未见木本植物。见表 6-63。

表 6-63　海花-白花柳叶箬-假稻群落样地调查表

样地号　样地面积　调查时间	样地 83　2m×2m　2006 年 8 月 13 日	样地 84　2m×2m　2006 年 8 月 13 日
地点　海拔	大雪山猪背河坝　1375m	大雪山猪背河坝　1375m
GPS 点	N27°54′05.2″，E104°47′34.9″	N27°54′05.2″，E104°47′34.9″
调查人	覃家理、黄礼梅、丁丽、罗柏青、毛建昆、甘万勇、宋睿飞、刘宗杰、杨跃等	
群落盖度	100%	90%

中文名	拉丁名	样地 83			样地 84			综合盖度/%	性状
		株数/丛数	高度/m	盖度/%	株数/丛数	高度/m	盖度/%		
海花	*Sphagnum acutifolium*		0.05～0.1	95		0.1	50	72.5	匍匐草本

续表

中文名	拉丁名	样地 83			样地 84			综合盖度/%	性状
		株数/丛数	高度/m	盖度/%	株数/丛数	高度/m	盖度/%		
白花柳叶箬	*Isachne albens*					0.3	90	45	直立草本
假稻	*Leersia hexandra*		0.2	85				42.5	直立草本
紫马唐	*Digitaria violascens*		0.5	25				12.5	直立草本
糙毛蓼	*Polygonum strigosum*		0.2	15				7.5	直立草本
小蓼花	*Polygonum muricatum*					0.15	<5	2.5	直立草本
茅叶荩草	*Arthraxon prionodes*		0.1	5				2.5	直立草本
蛇床	*Cnidium monnieri*	1	0.2	<1				0.5	直立草本
芒	*Miscanthus sinensis*					0.8	<1	0.5	直立草本
庐山藨草	*Scirpus lushanensis*		0.5	20		0.5	<1	0.5	直立草本
高山谷精草	*Eriocaulon alpestre.*					0.3	<1	0.5	直立草本

4）灯心草-海花群落（Ass. *Juncus effuse-Sphagnum acutifolium*）

群落分布于朝天马片区，海拔 1905m，地势平坦，其间有一条小溪流过，是一块面积大约为 200m×200m 的沼泽地，土壤持水量大，适合于沼泽植物生长，群落的物种比较丰富。植被盖度为 100%，几乎无土壤裸露，植物高度多在 20cm 左右，不超过 40cm。

调查了两块样地。群落优势种为灯心草科植物灯心草 *Juncus effusus* 和泥炭藓类植物海花 *Sphagnum acutifolium*，其盖度分别达到 85%和 50%。包括样地四周有 40 余种植物种类，菊科的种类最多，有 6 种，其他涉及莎草科、伞形科、茜草科、龙胆科、蔷薇科、禾本科、蓼科、车前科 Plantaginaceae、堇菜科、毛莨科、十字花科、虎耳草科、金丝桃科、忍冬科、半边莲科、唇形科、蝶形花科、木犀科和菝葜科等 20 余科的植物。本群落，由于不断放牧，群落低矮，高度基本不超过 30cm。尽管放牧强度较大，但是由于土壤湿润、养分丰富，草本的盖度仍然很大，见表 6-64。

表 6-64 灯心草-海花群落样地调查表

样地号：样地 52、53　样地类型：沼泽地　样地面积：5m×5m　调查时间：2006 年 8 月 3 日　地点：小草坝

调查人：杨科、石翠芋、苏文苹、黄礼梅、丁丽、赫尚丽、罗勇、罗凤晔等

海拔：1905m　GPS 点：N27°48.7′08″，E104°15.8′45″　盖度 100%

中文名	拉丁名	样地 52				样地 53			
		株数/丛数	高度/cm	盖度/%	生活力	株数/丛数	高度/cm	盖度/%	生活力
灯心草	*Juncus effusus.*		0.21	75	优		0.25	85	优
海花	*Sphagnum acutifolium*		0.05	45	优		0.05	50	优
蕨状薹草	*Carex filicina*	43	0.21	5	优		0.3	5	优
扬子小连翘	*Hypericum faberi*	26	0.26	5	优		0.4	20	优

续表

中文名	拉丁名	样地 52				样地 53			
		株数/丛数	高度/cm	盖度/%	生活力	株数/丛数	高度/cm	盖度/%	生活力
金银忍冬	*Lonicera maackii*	10	0.31	3	优				
蛇床	*Cnidium monnieri*	10	0.15	1	优				
峨眉蔷薇	*Rosa omeiensis*	4	0.1	<1	优				
未知			0.05	<1	优				
多花剪股颖	*Agrostis myriantha*		0.2	<1	优				
金佛山方竹	*Chimonobambusa utilis*		0.18	<1	优				
鳞毛蕨一种	*Dryopteris* sp.					2	0.2	<5	优
头花龙胆	*Gentiana cephalantha*					8	0.1	<1	优

其他还有菊状千里光 *Senecio laetus*、接近褐毛橐吾 *Ligularia* aff. *purdomii*、水蓼 *Polygonum hydropiper*、峨眉风轮菜 *Clinopodium omeiense*、獐牙菜 *Swertia bimaculata*、毛萼山梗菜 *Lobelia pleotricha*、尖萼车前 *Plantago cavaleriei*、戟叶蓼 *Polygonum thunbergii*、水朝阳旋覆花 *Inula helianthusaquatica*、二色香青 *Anaphalis bicolor*、头花龙胆 *Gentiana cephalantha*、西南委陵菜 *Potentilla fulgens*、鸡眼草 *Kummerowia striata*、堇菜 *Viola verecunda*、糙毛蓼 *Polygonum strigosum*、爪盔膝瓣乌头 *Aconitum geniculatum* var. *unguiculatum*、粘冠草 *Myriactis wightii*、小头风毛菊 *Saussurea crispa*、臭味新耳草 *Neanotis ingrata*、三叶委陵菜 *Potentilla freyniana*、防己叶菝葜 *Smilax menispermoidea*、龙芽菜 *Agrimonia pilosa*、类叶升麻 *Actaea asiatica*、山芥菜 *Cardamine griffithii*、鸡眼梅花草 *Parnassia wightiana*、粉花绣线菊渐尖叶变种 *Spiraea japonica* var. *acuminata*、紫药女贞 *Ligustrum delavayanum*。它们的数量都不多，零星分布。

2.典型草甸

保护区的典型草甸分布在各地，面积不如沼泽化草甸大，但是由于地形条件更复杂和多样，这类草甸的分布更为零星，各地的组成种类也更为复杂，优势种的差异更显著。因此，本区的典型草甸植被亚型之下，划分了 3 个群系。各群系的面积不大，每个群系之下只划分了一个群丛。从生境和物种组成上看，本区典型草甸的形成与当地森林的关系密切，是当地的阔叶林被不断砍伐、火烧、放牧、耕作之后逐渐形成的，通常以“林间空地”的方式存在，具有明显的次生性质。每个地段的“林间空地”的面积，小的只有 0.2～0.33hm^2，大的通常也不超过 5hm^2。虽然保护区已经建立了 10～20 年，但是放牧的现象并未减少。由于牲畜和人的频繁践踏、啃食和活动，土壤板结，物种组成已经形成特定的结构——以喜氮的阳性、中生到旱生的草本植物为主，具有一些伴人的、喜氮的乃至外来的草本成分。这类群落在人为干扰因素存在的情况下，总体上是稳定的。

1）多花剪股颖群落（Form. *Agrostis myriantha*）

本群系以多种禾本科的多年生草本植物为主，尤其以多花剪股颖、早熟禾更加常见，在乌蒙山国家级自然保护区的面积不大，只划分一个群丛：多花剪股颖-星毛繁缕群丛（Ass. *Agrostis myriantha-Stellaria vestita*）。

群丛分布于大关县麻风湾，海拔 2250m 的林间空地，坡度为10°，东坡下坡位，未建立保护区前种植过洋芋，如今被牲口践踏而土壤板结。调查了两个面积 2m×2m 的样地。组成群落的种类超过 20 种，盖度为 100%，由于牲畜啃食，高度常常低于 50cm。其成分以禾本科多花剪股颖 *Agrostis myriantha* 最多，单种盖度在 80%以上；石竹科星毛繁缕 *Stellaria vestita* 也比较多，盖度为 20%～30%。其他植物零星分布，几乎为草本植物。禾本科有 6 种，蔷薇科 5 种，唇形科 4 种，其余的较少（表 6-65）。

表 6-65 多花剪股颖-星毛繁缕群丛样地调查表

样地号：样地 9、10 样地类型：草甸 样地面积：2m×2m 调查时间：2006 年 7 月 21 日 地点：麻风湾 海拔：2250m

调查人：杜凡、王娟、石翠玉、苏文苹、黄礼梅、丁丽、赫尚丽、罗柏青、罗勇、罗凤晔、毛建昆、甘万勇、宋睿飞、刘宗杰、杨跃等

GPS 点： N28°13′53.5″， E103°54′17.8″ 盖度：100%

中文名	拉丁名	样地 9		样地 10		综合盖度/%	性状
		高度/m	盖度/%	高度/m	盖度/%		
多花剪股颖	*Agrostis myriantha*	0.15	95	0.2	<5	50	直立草本
星毛繁缕	*Stellaria vestita*	0.2	30	0.1	10	20	直立草本
黄毛草莓	*Fragaria nilgerrensis*	0.2	3	0.1	20	11.5	匍匐草本
过路黄	*Lysimachia christinae*	0.2	1	0.15	15	8	匍匐草本
蛇莓	*Duchesnea indica*	0.15	<1	0.1	15	7.5	匍匐草本
尼泊尔蓼	*Polygonum nepalense*	0.2	4	0.1	10	7	直立草本
早熟禾 1	*Poa* sp.1	0.2	<1	0.1	10	5	直立草本
白顶早熟禾	*Poa acroleuca*	0.15	3	0.15	<5	3	直立草本
车前	*Plantago asiatica*	0.1	1	0.2	5	3	直立草本
西南毛茛	*Ranunculus ficariifolius*			0.15	<5	2	直立草本
剪股颖	*Agrostis clavata*			0.15	<5	2	直立草本
六叶葎	*Galium asperuloides.* ssp. *hoffmeisteri*	0.15	<1	0.1	<5	2	直立草本
匍匐风轮菜	*Clinopodium repens*	0.1	<1	0.15	<5	2	直立草本
路边青	*Geum aleppicum*	0.15	<1	0.1	<5	2	直立草本
早熟禾	*Poa annua*	0.15	2			1	直立草本
蛇含委陵菜	*Potentilla kleiniana*	0.15	2			1	直立草本
粘冠草	*Myriactis wightii*	0.15	1			0.5	直立草本
疏花婆婆纳	*Veronica laxa*	0.1	1			0.5	直立草本

续表

中文名	拉丁名	样地 9		样地 10		综合盖度/%	性状
		高度/m	盖度/%	高度/m	盖度/%		
细风轮菜	*Clinopodium gracile*	0.2	1			0.5	直立草本
四裂花黄芩	*Scutellaria quadrilobulata*	0.2	1			0.5	直立草本
尼泊尔酸模	*Rumex nepalensis*	0.15	1			0.5	直立草本
早熟禾 2	*Poa* sp.2	0.2	＜1			0.3	直立草本
走茎龙头草	*Meehania fargesii* var. *radicans*	0.15	＜1			0.3	直立草本

群落中的多花剪股颖 *Agrostis myriantha*、星毛繁缕 *Stellaria vestita*、尼泊尔蓼 *Polygonum nepalense*、车前 *Plantago asiatica*、蛇含委陵菜 *Potentilla kleiniana*、粘冠草 *Myriactis wightii*、尼泊尔酸模 *Rumex nepalensis*、蛇莓 *Duchesnea indica*、路边青 *Geum aleppicum* 等都是伴人的喜氮植物，俗称“杂草”，反映了群落的次生性质。

2) 蕨菜群系(Form. *Pteridium aquilinum* var. *latiusculum*)

蕨菜是世界性广布种，在云南各地山区，弃耕地上往往形成以蕨菜为优势的次生植被。乌蒙山国家级自然保护区的蕨菜群落也是在丢荒地上形成，面积不大，比较稳定，将其作为一个群系处理，而且只划分为一个群丛：蕨菜-杠板归群丛(Ass. *Pteridium aquilinum* var. *latiusculum-Polygonum perfoliatum*)

该群丛位于海拔 1375m 的大雪山猪背河坝的林间空地，与前面同一地方的沼泽化草甸群落不同的是，该地坡度较大，土层含水量少，均为板结土壤，群落中没有海花 *Sphagnum acutifolium* 分布，而是以较耐旱的蕨菜 *Pteridium aquilinum* var. *latiusculum* 为优势，因此是典型草甸类型。组成群落的物种较丰富，接近 40 种，群落盖度在 80%左右，群落的高度一般不超过 50cm。其中蕨菜的盖度最大，达到 60%。次优势种是蓼科的杠板归 *Polygonum perfoliatum*，为 50%。禾本科植物种类最多，为 9 种，其次是蓼科 4 种，其他科分布的种少于 4 种(表 6-66)。

表 6-66　蕨菜-杠板归群丛样地调查表

样地号：样地 77　　样地类型：草甸　　样地面积：记录样地　　地点：大雪山猪背河坝　　海拔：1375m

调查人：覃家理、石翠玉、苏文苹、黄礼梅、罗柏青、毛建昆、甘万勇、宋睿飞、刘宗杰、杨跃等

调查时间：2006 年 8 月 13 日　　GPS 点：N27°54′05.2″，E104°47′34.9″　　盖度：80%

人为影响：放牧，土壤板结

中文名	拉丁名	高度/m	盖度/%	性状
蕨菜	*Pteridium aquilinum* var. *latiusculum*	0.2	60	直立草本
杠板归	*Polygonum perfoliatum*	0.3	50	直立草本
雀稗	*Paspalum thunbergii*	0.4	＜1	直立草本
多花剪股颖	*Agrostis myriantha*	0.3	＜1	直立草本

续表

中文名	拉丁名	高度/m	盖度/%	性状
野灯心草	*Juncus setchuensis.*	0.4	＜1	直立草本
水蓼	*Polygonum hydropiper*	0.2	＜1	直立草本
紫马唐	*Digitaria violascens*	0.3	＜1	直立草本
尼泊尔蓼	*Polygonum nepalense*	0.2	＜1	直立草本
大花韭	*Allium macranthum*	0.3	＜1	直立草本
茅叶荩草	*Arthraxon prionodes*	0.3	＜1	直立草本
蛇床	*Cnidium monnieri*	0.2	＜1	直立草本
扬子小连翘	*Hypericum faberi*	0.3	＜1	直立草本
毛萼山梗菜	*Lobelia pleotricha*	0.2	＜1	直立草本
小蓼花	*Polygonum muricatum*	0.1	＜1	直立草本
野灯心草	*Juncus setchuensis*	0.2	＜1	直立草本
臭味新耳草	*Neanotis ingrata*	0.1	＜1	直立草本
庐山藨草	*Scirpus lushanensis*	0.5	＜1	直立草本
根茎水竹叶	*Murdannia hookeri*	0.3	＜1	直立草本
苏门白酒草	*Conyza sumatrensis*	0.3	＜1	直立草本
芒	*Miscanthus sinensis*	0.8	＜1	直立草本
辽东蒿	*Artemisia verbenacea*	0.4	＜1	直立草本
升马唐	*Digitaria ciliaris*	0.4	＜1	直立草本
摺叶萱草	*Hemerocallis plicata*	0.3	＜1	直立草本
菊状千里光	*Senecio laetus*	0.4	＜1	直立草本
糯米团	*Memorialis hirta*	0.5	＜1	直立草本
狗尾草	*Setaria viridis*	0.3	＜1	直立草本
白花柳叶箬	*Isachne albens*	0.2	＜1	直立草本
普通剪股颖	*Agrostis canina*	0.2	＜1	直立草本
齿叶赤瓟	*Thladiantha dentata.*	0.2	＜1	草质藤本
蕺菜	*Houttuynia cordata*	0.1	＜1	匍匐草本
匍匐茎飘拂草	*Fimbristylis stolonifera*	0.2	＜1	匍匐草本
大苞鸭跖草	*Commelina paludosa.*	0.1	＜1	匍匐草本
星毛繁缕	*Stellaria vestita*	0.1	＜1	匍匐草本
过路黄	*Lysimachia christinae*	0.1	＜1	匍匐草本
细齿樱桃	*Cerasus serrula*	0.3	＜1	灌木
团花山矾	*Symplocos glomerata*	0.3	＜1	灌木
湖南悬钩子	*Rubus hunanensis*	0.4	＜1	灌木

群落中的蕨菜 *Pteridium aquilinum* var.*latiusculum*、杠板归 *Polygonum perfoliatum*、雀稗 *Paspalum thunbergii*、水蓼 *Polygonum hydropiper*、尼泊尔蓼 *P. nepalense*、小蓼花 *P. muricatum*、扬子小连翘 *Hypericum faberi*、星毛繁缕 *Stellaria vestita*、苏门白酒草 *Conyza sumatrensis*、辽东蒿 *Artemisia verbenacea*、糯米团 *Memorialis hirta*、狗尾草 *Setaria viridis*、湖南悬钩子 *Rubus hunanensis* 等，是次生阳性物种，它们的大量存在表明群落的次生性质。

3) 蓼草群系(Form. *Polygonum* spp.)

保护区以蓼科蓼属 *Polygonum* 植物为优势的群落，通常见于人为干扰强度较大的次生生境，如沟边、河边湿润处或者季节性集水的坑塘、凹地，多数情况下，还与牲畜活动频繁而使土壤含氮量增加有关。其面积一般不大，只划分为一种群丛类型：伏毛蓼群丛(Ass. *Polygonum pubescens*)。

群丛位于海拔 1560m 的大雪山普家沟，样地较平坦，夏季多集水，旱季十分干燥，由于人畜活动频繁，土壤较板结。群落由 10 余种植物构成，总体盖度约 85%，高度约 0.3m。盖度最大的 4 种植物为蓼科蓼属 *Polygonum* 植物和蔷薇科植物，依次为伏毛蓼 *P. pubescens*、戟叶蓼 *P. thunbergii*、尼泊尔蓼 *P. nepalense* 和三叶委陵菜 *Potentilla freyniana*。其他的植物种类和数量均少。灌木有湖南悬钩子 *Rubus hunanensis*、槭树一种 *Acer* sp.和川莓 *R. setchuenensis* 3 种，其盖度为 7%(表 6-67)。

表 6-67　蓼群丛样地调查表

样地号：样地 86	样地类型：草甸	样地面积：2m×2m	调查时间：2006 年 8 月 14 日	地点：大雪山普家沟
调查人：覃家理、石翠玉、苏文苹、黄礼梅、罗柏青、毛建昆、甘万勇、宋睿飞、刘宗杰、杨跃等				
海拔：1560m	GPS 点：N27°53′00.9″，E104°46′06.6″	盖度：85%		
中文名	拉丁名	高度/m	盖度/%	性状
伏毛蓼	*Polygonum pubescens*	0.3	30	直立草本
戟叶蓼	*Polygonum thunbergii*	0.2	20	直立草本
尼泊尔蓼	*Polygonum nepalense*	0.2	15	匍匐草本
三叶委陵菜	*Potentilla freyniana*	0.2	15	匍匐草本
野灯心草	*Juncus setchuensis*	0.3	5	直立草本
扬子小连翘	*Hypericum faberi*	0.2	<1	直立草本
白花柳叶箬	*Isachne albens*	0.3	<1	直立草本
蛇床	*Cnidium monnieri*	0.3	<1	直立草本
短叶水蜈蚣	*Kyllinga brevifolia*	0.2	<1	直立草本
湖南悬钩子	*Rubus hunanensis*	0.4	6	灌木
臭牡丹	*Clerodendrum bungei*	0.2	<1	灌木
槭树一种	*Acer* sp.	0.1	<1	灌木
川莓	*Rubus setchuenensis*	0.4	<1	灌木

本群落中的 3 种蓼属植物及三叶委陵菜(*Potentilla freyniana*)、湖南悬钩子(*Rubus hunanensis*)、臭牡丹(*Clerodendrum bungei*)等都是次生、广布的喜氮植物，同样表明了群落显著的次生性质。

4)小结

保护区的各种沼泽均是以泥炭藓为优势的沼泽化草甸，在《云南植被》和《中国植被》中未记载过这种类型。它们分布的海拔不高，却是当地沼泽生境中典型的群落类型，尽管连片的面积不大，但是分布广泛。这类沼泽化草甸实际上是云南东北部的一类特殊的湿地类型，作为生态系统的一个组成成分，它的存在具有很大的生态意义。而且这类群落作为一种区域性的典型植被，具有重要的研究价值和保护价值。

此外，这些沼泽化草甸，与当地社区的生产生活联系密切，被当地称为“草海”“草坝”“干海子”等。采收海花出售是当地老百姓的重要经济来源之一。海花的保湿功能和深绿色泽受到兰花种植爱好者的青睐，成为种植兰花的必备品。尤其在日本种植兰花相当普及，需要进口大量的海花以满足兰花种植需求。每年的 3～6 月、11～12 月是海花的采收时节，此时，大批农民进山采收海花，再销往云南省内外、日本等地。目前，当地海花的价格为 30 元/kg，由于价格不菲，当地农民采收海花的热情高涨。就眼前来看，这种做法确实可以获得一定的经济收入，但从长远来看，长时间大量采集海花必然造成草甸生态系统的退化。

6.5 植被的分布规律

一个地区植被的分布规律可以从水平分布规律和垂直分布规律两方面来认识。

6.5.1 植被的水平分布特点

(1)具有南干北湿的特点。乌蒙山国家级自然保护区范围跨度较大，位于 N27°20′～N28°40′，南北跨度达 1°。南部热量水平高于北部，而降雨量水平小于北部，因此南部比北部干燥。表现在植被类型上的突出特点是，北部森林林下主要分布筇竹，而南部森林林下主要分布方竹。

(2)天然毛竹林仅出现于彝良县海子坪，面积超过 200hm^2。

(3)国家Ⅱ级保护植物十齿花林出现于彝良县小草坝、小沟等地的局部山头生境。

(4)国家Ⅰ级保护植物珙桐林在乌蒙山国家级自然保护区内分布较广，主要分布在永善县三江口、彝良县小草坝、彝良县海子坪和大关县罗汉坝等片区海拔 1750～2050m 湿润的缓坡地段，局部可下降到 1530m(大关县罗汉坝)。

6.5.2　植被的垂直分布特点

乌蒙山国家级自然保护区海拔为 1200～2450m，高差约 1250m。植被的垂直分布现象不十分突出。总的来看，大致以海拔 2000m 为界，可以分为两个植被垂直带。见图 6-34。

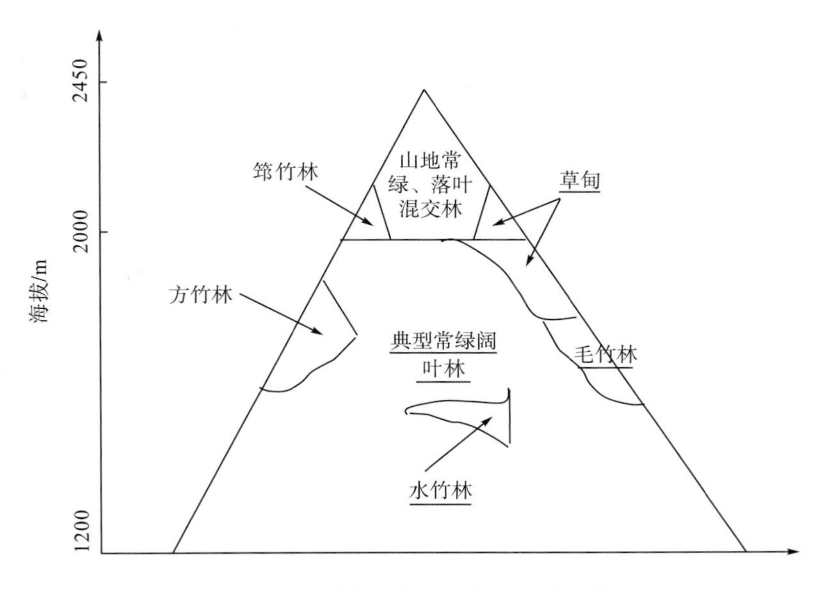

图 6-34　保护区植被垂直分布示意图

海拔 1200～2000m 以典型常绿阔叶林为主，分布多种典型常绿阔叶林，如峨眉栲林、硬斗石栎林、华木荷林等。局部地段分布天然毛竹林。

海拔 2000m 以上，群落中落叶成分的种类和数量增多，成为山地常绿落叶阔叶混交林。具体的群系有光叶水青冈林、珙桐林、十齿花林、扇叶槭林、水青树林等。

本区的竹林，除天然毛竹林外，其他的竹林群落如筇竹林、方竹林和水竹林，都有一定的次生性质，多数是当地的阔叶林遭到破坏之后形成的次生植被，它们可以出现在上述两个海拔范围内。

本区的草甸面积不大，但是分布广，它们也是当地的常绿阔叶林遭到更加严重的、反复破坏之后，在不断火烧、农耕、放牧等条件下形成的次生群落，在上述两个海拔范围内也都会出现。

6.5.3　群落演替规律

本区的地带性植被是典型常绿阔叶林。当典型常绿阔叶林遭到一定程度的破坏之后，首先是群落中增加阳性的一些落叶树种，演替成为常绿落叶阔叶混交林。如果继续遭到破坏，上层乔木成分不断减少，则可以演替为竹林。在一些地段，尤其是地下水位比较高的地段，破坏较严重的情况下形成草甸。其植被的演替关系基本如图 6-35 所示。

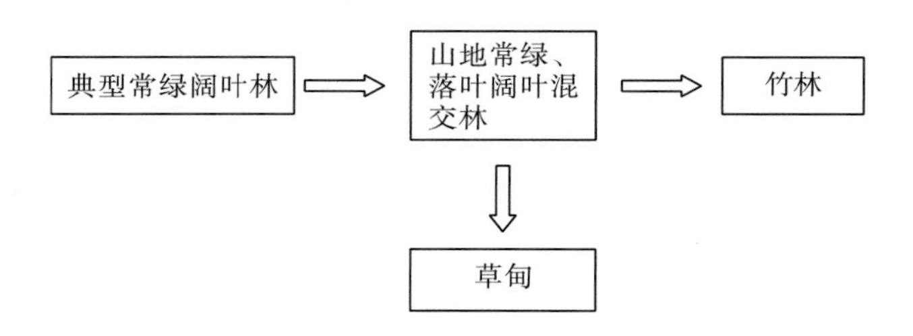

图 6-35　保护区植被演替示意图

6.5.4　植被的特点

乌蒙山国家级自然保护区的植被类型具有以下特点。

(1) 保护区的典型常绿阔叶林和山地常绿落叶阔叶混交林在云南省是独特的植被亚型。它们仅分布于以保护区为核心的昭通北部地区，具有我国东部常绿阔叶林的基本特征，又有区域性的显著特色，如其林下分布有大量的筇竹和绥江玉山竹等狭域特有的特征种类。因此，保护区的植被类型在云南乃至我国的植被研究、保护和利用方面均具有重要的价值。

(2) 保护区的植被是滇东北至今保存最完好的植被类型，拥有丰富的物种资源，为当地的珍稀特有植物和动物提供极为良好的栖息环境，成为当地最重要的生态屏障。

(3) 保护区的十齿花群落是至今唯一发现的十齿花林。十齿花是我国珍稀保护种，属于国家 II 级保护植物。十齿花在当地被称为麻子柴，主要作为薪柴被利用。当地的十齿花林不但群落的面积较大、分布较广，而且优势度大，在群落中十齿花的优势度可以达到 50%以上，具有重要的研究价值和保护价值。

(4) 保护区具有珍贵的天然毛竹群落。毛竹是我国最重要的竹类植物资源，分布于长江以南地区甚至长江以北地区。尽管毛竹在我国的分布范围十分广泛，但是至今没有确切记载野生毛竹的产地。调查表明，保护区的毛竹林是野生分布的类型，自生自灭，因而保护区是极为重要的毛竹资源的物种基因库，在毛竹的种质资源利用方面和遗传育种方面具有重要的价值。

(5) 保护区具有珍稀而典型的珙桐林。珙桐是国家 I 级保护植物，为我国特有的单种属物种，是古近纪古热带植物区系的孑遗种。珙桐在我国的分布证实了中国植物区系是世界上最古老的植物区系。研究珙桐林可以为考古学、地质学、历史植物地理学的研究提供宝贵资料。珙桐林在保护区内分布较广，主要在永善县三江口、彝良县小草坝、彝良县海子坪和大关县罗汉坝等片区海拔 1750～2050m 湿润的缓坡地段，局部地段可下降到 1530m(大关县罗汉坝)。保护区珙桐林的典型性在于其优势度很高，在局部地段甚至形成珙桐纯林，保留有丰富的种质资源，具有极为重要的保护和研究价值。

(6) 保护区具有珍稀的大面积的筇竹林。筇竹是我国珍贵的特有竹种，国家 II 级保护植物，其秆节膨大，形态奇特，具有重要的工艺和观赏价值。筇竹仅分布于我国四川宜宾地区和滇东北昭通北部。昭通市筇竹面积达 26 262hm^2，占全国筇竹面积的 73%，但是由于过度利用，保护区外的筇竹资源已经遭到很严重的破坏。乌蒙山国家级自然保护区是昭通地区筇竹资源分布最集中而且受到较好保护的地区，在今后筇竹的保护、研究和利用中具有重要的地位。

(7) 保护区沼泽的特点是均以泥炭藓为优势的沼泽化草甸，在《云南植被》和《中国植被》中未记载过这种类型。它们分布的海拔不高，却是当地沼泽生境中典型的群落类型，尽管连片的面积不大，但是分布广泛，是云南东北部的一类特殊的湿地类型，作为生态系统的一个组成成分，它的存在具有很大的生态意义。而且作为一种区域性的典型植被，其具有重要的研究价值和保护价值。

(8) 光叶水青冈林是我国的特有的森林类型。以往的分类学文献记录光叶水青冈分布于贵州(毕节)、四川南部、湖北西部及西南部、广西北部等，而未记载分布于云南。此次考察在乌蒙山国家级自然保护区发现光叶水青冈林，既是光叶水青冈在云南分布的新记录，也为云南省增加了一类新的森林群落类型，同时扩大了光叶水青冈林在我国的分布范围。

第7章 竹类植物

竹类植物隶属于单子叶植物禾本科 Gramineae，自成为一个亚科，即竹亚科 Bambusoideae，全世界约 70 属 1000 余种。竹子是单子叶的浅根系常绿木本植物，其生态学特性决定了它们只能生长在湿润、温热的气候条件下。其所分布的属种以亚洲最多(约 44 属 600 余种)，其次是南美洲(约 21 属 400 余种)、非洲(约 16 属 100 余种)、大洋洲(1 属 3 种)和北美(1 属 1 种)；欧洲没有自然分布的竹子。我国是竹类植物最丰富的国家，素有“竹子王国”之称，《中国植物志》(竹亚科分册)已经记载的竹子种类有 32 属 400 余种。在我国，除新疆、内蒙古、青海等省份外，其他各省份都有天然分布的竹类植物。其中，以云南的竹类资源最丰富，有 26 属近 200 种，很多是特有和珍稀濒危的珍贵种类，因而云南是竹类植物的起源地和现代分布中心之一。

如前所述，保护区位于昭通地区气候分界线以北，此湿度线以北地区平均年降雨量比南部地区高约 300mm，1～4 月旱季的降雨量也高 2 倍以上，整个冬半年经常阴雨蒙蒙，空气湿度大，尤其是秋后至初春雨量充沛，这种气候特点正好符合散生竹春季发笋时对降雨量的要求。

昭通市分布的竹类植物共有 13 属 61 种，其属数占云南全省属数的 50.0%，占全国属数的 40.6%；种数占全省种数的 30.5%，占全国种数的 15.3%，是我国西南地区竹类植物最丰富的地区之一。乌蒙山国家级自然保护区分布有野生竹类植物 9 属 29 种，占昭通市竹类植物种数的 47.5%。

7.1 竹类植物种类组成

乌蒙山国家级自然保护区由于其得天独厚的地理位置和气候条件，成为我国西南地区散生竹及混生竹种类最丰富的地区之一。本次保护区考察共调查和记录到野生竹类植物 9 属 29 种，另有 2 属 3 种为栽培种类。其中有 7 种未采得标本，但据文献记载，分布于该保护区范围之内。

7.1.1 竹种名录

1.悬竹属 *Ampelocalamus* S. L. Chen, Wen et G. Y.Sheng

(1) 羊竹子 *Ampelocalamus saxatilis* (Hsueh et Yi) Hsueh et Yi

(2) 永善悬竹 *Ampelocalamus yongshanensis* Hsueh et D. Z. Li

2.青篱竹属 *Arundinaria Michaux*

(3)苦竹 *Arundinaria amara* Keng

3.方竹属 *Chimonobambusa Makino*

(4)滇川方竹 *Chimonobambusa ningnanica* Hsueh et L. Z. Gao

(5)刺竹子 *Chimonobambusa pachystachys* Hsueh et Yi

(6)方竹 *Chimonobambusa quadrangularis* (Fenzi) Makino

(7)永善方竹 *Chimonobambusa tuberculata* Hsueh et L. Z. Gao

(8)金佛山方竹 *Chimonobambusa utilis* (Keng) Keng f.

4.镰序竹属 *Drepanostachyum* Keng f.

(9)扫把竹 *Drepanostachyum fractiflexum* (Yi) D. Z. Li

5.箭竹属 *Fargesia Franch.*

(10)少花箭竹 *Fargesia pauciflora* (Keng) Yi

6.箬竹属 *Indocalamus Nakai*

(11)阔叶箬竹 *Indocalamus latifolius* (Keng) McClure

7.刚竹属 *Phyllostachys* Sieb. et Zucc.

(12)石绿竹 *Phyllostachys arcana* McClure

(13)桂竹 *Phyllostachys bambusoides* Sieb. et Zucc.

(14)毛竹 *Phyllostachys edulis* (Carr.) H. de Lehaie

(15)淡竹 *Phyllostachys glauca* McClure

(16)水竹 *Phyllostachys heteroclada* Oliver

(17)篌竹 *Phyllostachys nidularia* Munro

(18)※紫竹 *Phyllostachys nigra* (Lodd. ex Lindl.) Munro var. *nigra*

(19)灰金竹 *Phyllostachys nigra* (Lodd. ex Lindl.) Munro var. *henonis* (Mitford) Stapf ex Rendle

8.筇竹属 *Qiongzhuea* (Wen et Ohrnberger) Hsueh et Yi

(20)平竹 *Qiongzhuea communis* Hsueh et Yi

(21)细秆筇竹 *Qiongzhuea intermedia* Hsueh et D. Z. Li

(22)荆竹 *Qiongzhuea montigena* (Ohrnberger) Yi

(23)筇竹 *Qiongzhuea tumidissinoda* (Hsueh et Yi ex Ohrnberger) Hsueh et Yi

9.玉山竹属 *Yushania* Keng f.

(24)鄂西玉山竹 *Yushania confusa* (McClure) Z. P. Wang et G. H. Ye

(25)棱纹玉山竹 *Yushania grammata* Yi

(26)泡滑竹 *Yushania mitis* Yi

(27)海竹 *Yushania qiaojiaensis* Hsueh et Yi

(28)裸箨海竹 *Yushania qiaojiaensis* Hsueh et Yi f. *nuda* Yi

(29)黄壳竹 *Yushania straminea* Yi

※：为栽培种

(30) 绥江玉山竹 *Yushania suijiangensis* Yi

10.刺竹属 *Bambusa Schreb*. nom. cons.

(31) ※慈竹 *Bambusa emeiensis* Chia et H. L. Fung

(32) ※车筒竹 *Bambusa sinospinosa* McClure

7.1.2 属种介绍

1.悬竹属 *Ampelocalamus* S. L. Chen, Wen et G. Y. Sheng

悬竹属为中国特有的中小型藤本状竹类植物。主要分布于云南、四川、贵州、广西和海南，个别种类分布于东喜马拉雅地区。全属约 8 种，云南约 3 种。在乌蒙山国家级自然保护区的外围地区分布有 2 种。

(1) 羊竹子 *Ampelocalamus saxatilis* (Hsueh et Yi) Hsueh et Yi

羊竹子为中小型藤本竹类，茎粗约 1cm，秆高 1.5～3m；文献记录分布于威信海拔 600～1450m，玄武岩、花岗岩或石灰岩所风化的山地；四川南部(峨山、汉源、叙永)也有；西南特有。

(2) 永善悬竹 *Ampelocalamus yongshanensis* Hsueh et D. Z. Li

永善悬竹为中小型藤本竹类，茎粗约 1.5cm，秆高 1.5～4m；文献记录分布于永善海拔 660m 的石灰岩山坡；四川西南部也有；西南特有。

2.青篱竹属 *Arundinaria* Michaux

本属为中小型散生竹类，秆直立，通常具 3 分枝。全属约 50 种，主要分布于中国和日本，还有 1 种分布于北美，是北美唯一的竹类植物。我国约产 30 种，分布于亚热带及暖温带地区。云南产 5 种。保护区仅见到 1 种。

(3) 苦竹 *Arundinaria amara* Keng

苦竹为中型竹类，茎粗 2～3cm，秆高 3～6m。分布于海拔 1320m 的疏林和荒坡，保护区内见于海子坪。产昆明、玉溪地区，四川、贵州、湖南、湖北、安徽、浙江、江苏、福建等也有；华中特有。

本种的分类学地位有不同处理，曾被置于广义青篱竹属 *Arundinaria* 或苦竹属 *Pleioblastus* 中，本书依从《云南植物志》第 9 卷禾本科，置于广义青篱竹属 *Arundinaria* 中。

苦竹笋是市场上最受欢迎的竹笋之一，但其分布范围窄，仅云南威信、水富、绥江、盐津及四川筠连、兴文、叙永、珙县等有分布。苦竹笋口感好，且具清热、益气、化痰、解酒毒之功效，市场价格较高，发展前景较好。

3.方竹属 *Chimonobambusa* Makino

方竹属系东亚特有的复轴型中小型竹类植物，全属 20 余种，主要分布于我国南方，仅一种即方竹 *Chimonobambusa quadrangularis* (Fenzi) Makino 的分布延伸到日本。方竹属植物竹秆上的每个节部都均匀环状分布着由气生根变态而成的刺，刺长 3～5mm，十分坚硬，因而在各地产区都以“刺竹”或“小刺竹”相称。本属植物多在秋季发笋，其竹笋可以鲜食，也可以制成笋干，是优良笋用竹。云南有 10 余种。乌蒙山国家级自然保护区内发现 5 种。保护区内方竹属植物的分布十分广泛，资源数量仅次于筇竹属，在彝良的小沟片区和大关的朝天马片区的分布尤为突出，是林下灌木层中的优势种，还常常形成纯的方竹林。

(4) 滇川方竹 *Chimonobambusa ningnanica* Hsueh et L. Z. Gao

滇川方竹为中小型竹类，茎粗 1～2cm，秆高 2～4m。优良笋用竹，文献记录分布于海拔 1600～2200m 的阔叶林下。保护区内见于威信大雪山。产盈江、芒市、保山、昌宁、腾冲、凤庆、勐海、绿春、元阳、屏边、个旧、广南、新平、丘北，四川西南部也有；西南特有。

(5) 刺竹子 *Chimonobambusa pachystachys* Hsueh et Yi

刺竹子为中小型竹类，茎粗 1～2cm，秆高 2～4m。分布于海拔 1580～1880m 的常绿阔叶林下。保护区内见于罗汉坝、朝天马陡口子垭口、小草坝，云南彝良、富民及四川(古兰、叙永、长宁、峨眉山、乐山、雷波)和贵州(绥阳、沿河)也有；西南特有。

(6) 方竹 *Chimonobambusa quadrangularis* (Fenzi) Makino

方竹在当地称为叉口笋。中小型竹类，茎粗 1～2cm，秆高 2～4m，笋可食。分布于海拔 1920～1920m 的山地沟谷林下，或可形成纯林。保护区内见于小草坝，四川(都江堰、崇州、峨眉山)、江苏、安徽、浙江、福建、江西、湖南、贵州、广西也有，日本亦产，俄罗斯有栽培，中国—日本分布。

(7) 永善方竹 *Chimonobambusa tuberculata* Hsueh et L. Z. Gao

永善方竹在当地称为毛竹、刺竹，中小型竹类，茎粗 1～2cm，秆高 2～4m。分布于海拔 1560～1650m 的山地常绿阔叶林中，保护区内见于罗汉坝，云南永善、盐津、威信等县及四川也有；西南特有。

(8) 金佛山方竹 *Chimonobambusa utilis* (Keng) Keng f.

金佛山方竹为中小型竹类，茎粗 1～3cm，秆高 2～5m。分布于海拔 1947～1969m 的阔叶林下，也可形成纯林。保护区内见于彝良小沟、小草坝，四川、贵州也有；西南特有。

4.镰序竹属 *Drepanostachyum* Keng f.

镰序竹属为中小型合轴丛生竹类植物，通常竹秆具有攀缘习性，其形态上与悬竹属的种类易于混淆。全属约 15 种，分布于我国西南地区；不丹、印度、尼泊尔也有分布。据《云南植物志》第 9 卷禾本科鉴定，乌蒙山国家级自然保护区有 1 种。

(9) 扫把竹 *Drepanostachyum fractiflexum* (Yi) D. Z. Li

扫把竹为中小型竹类，茎粗约 1cm，秆高 2～4m，秆供作扫把或编织竹器。文献记录分布于海拔 1380～3200m 的荒坡、陡岩或针阔叶混交林下。产云南东北部至西北部，四川西南部也有，我国西南特有。本种的秆直立，最初放置于箭竹属中，其拉丁学名为 *Fargesia fractiflexa* Yi，1985，《云南植物志》(竹亚科，2003 年)中组合到镰序竹属中。本书依从《云南植物志》的处理。

5.箭竹属 *Fargesia* Franch.

箭竹属为中小型合轴丛生竹类，秆直立，70 余种，主产喜马拉雅和横断山区。云南是箭竹属植物的集中分布区，在海拔 2200～4000m 的各种山地森林下常常成片分布，是云南省重要的竹类资源。乌蒙山国家级自然保护区只记录到少花箭竹。

(10)少花箭竹 *Fargesia pauciflora*(Keng) Yi

少花箭竹在当地称为长节箭竹、谷罗竹，中小型竹类，茎粗 1～2cm，秆高 2～5m，笋可食，编织用材。文献记录分布于海拔 1400～2000m 的山地灌丛中或林下，产永善，四川西南部也有；西南特有。

6.箬竹属 *Indocalamus* Nakai

箬竹属为小型复轴型散生竹类，秆直立。通常叶片很大而竹秆很细，且只有 1 个分枝，易于识别。全属约 20 种，分布于我国长江以南各省份，是我国华中地区的特有类群。

(11)阔叶箬竹+*Indocalamus latifolius*(Keng) McClure

阔叶箬竹为小型竹类，生于海拔 1300m 的山地疏林下，保护区内见于彝良海子坪，还分布于西畴，四川、贵州、广西、广东、湖南、湖北、江西、福建、江苏、安徽、浙江、山东等地也有；华中特有。

7.刚竹属 *Phyllostachys* Sieb. et Zucc.

中小型至大型散生竹类，地下茎具有竹鞭。秆直立，因每节具有一大一小的两个分枝，在竹亚科植物中甚为特殊而易与其他竹类植物的属相区别。本属 70 余种，我国均有分布，其中的少数种类自我国分布到日本、朝鲜、越南、印度。我国华东、华中地区是本属植物的分布中心。云南约有 15 种(含栽培种)。保护区有 7 种，这里是云南省刚竹属竹种分布最集中的地区。刚竹属竹种，因材质好，可笋材两用，而且适应性强，易栽培，被广为引种栽培，在我国的栽培和分布十分广泛，是利用价值和利用程度最大、最高的类群。

(12)石绿竹 *Phyllostachys arcana* McClure

石绿竹当地称为金竹，中小型竹类，茎粗约 1cm，秆高 2～4m。分布于海拔 1960m 的林缘，保护区内见于罗汉坝观音岩，呈贡、寻甸、蒙自、马关乃至黄河流域至长江流域各地均有分布。华中特有。

(13)桂竹 *Phyllostachys bambusoides* Sieb. et Zucc.

桂竹当地称为刚竹、金竹，茎粗 2～5cm，秆高 10～15m，笋可食，是建筑、造纸用材。文献记录产永善、昭通、大关、昆明、个旧等地，黄河流域及其以南各地、从武夷山脉向西经五岭山脉至西南各省份均有自然分布；华中特有。

(14)毛竹 *Phyllostachys edulis*(Carr.) H. de Lehaie

毛竹当地称为楠竹，是大型散生竹类，茎粗 6～12cm，秆高达 20m。分布于海拔 1400～1900m 的湿润常绿阔叶林中。保护区内见于海子坪，彝良、威信、昭通也有分布，自秦岭、汉水流域至长江流域以南，台湾地区、黄河流域也有多处栽培；华中特有。

毛竹是我国经济价值最大、分布面积最广的竹种，占全国人工竹林的 70%。毛竹是较好的笋材两用竹种。其竹笋可制成各种笋罐头、笋干和玉兰片，味道鲜美。毛竹竹材的韧性强，篾性好，纹理通直，坚硬光滑，可以加工劈蔑，制作各种农具、文具、家具、乐器以及工艺美术品和日常生活用品，如竹席、竹罩、扇子、竹编、窗帘、竹尺等。毛竹竹材的纤维含量高达 30%～35%，纤维长度达 2～3mm，是造纸的好原料。

保护区内海子坪片区现存的 200 余公顷毛竹原始林，是目前国内保护最好、最古老的原始毛竹林，是我国毛竹分布区的西部边缘地带，对研究毛竹的发生发展及分布规律有重要价值。

(15) 淡竹 *Phyllostachys glauca* McClure

淡竹当地称为花斑竹，中小型竹类，茎粗 2～4cm，秆高 5～12m，编织用材，生产生活用材，笋可食，分布于海拔 1400m 的林中及林缘。保护区内见于罗汉坝，昆明、玉溪及黄河流域至长江流域各地均有分布。华中特有。

(16) 水竹 *Phyllostachys heteroclada* Oliver

水竹为中小型竹类，茎粗 2～5cm，秆高 4～10m。用于编织各种生产、生活用具，笋可食。分布于海拔 1273～1905m 的多处河流两岸及山谷中。保护区内见于小草坝、海子坪、大雪山，勐海及黄河流域及其以南各地均有分布。华中特有。

近几年来水竹大面积开花，水竹林已接近全部毁灭，同时也有其他竹种如苦竹、斑竹等部分开花，这类竹林已无生产能力，面积约占 17%，属于需更新的竹林。

(17) 篌竹 *Phyllostachys nidularia* Munro

篌竹当地称为白夹斑竹、白夹竹，中小型竹类，茎粗 1～3cm，秆高 2～7m，编织用材，笋可食。分布于海拔 1400m 的林中及林缘，保护区内见于罗汉坝，永善及长江流域及其以南各地也有；华中特有。

(18) 灰金竹 *Phyllostachys nigra* (Lodd. ex Lindl.) Munro var. *henonis* (Mitford) Stapf ex Rendle

灰金竹当地称为铁斑竹、金竹、淡竹、毛金竹，中小型竹类，茎粗 2～6cm，秆高 4～11m；笋可食，编织建筑用材，中药之“竹茹”“竹沥”一般取自本种。分布于约海拔 1420m 的地带，保护区内见于罗汉坝，全省大部、黄河流域以南各地均有分布；华中特有。

8.筇竹属 *Qiongzhuea* (Wen et Obrnberger) Hsueh et Yi

筇竹属是中小型复轴混生型竹类植物，秆直立，在地面呈散生的小丛状，具 3 分枝。本属约 12 种，均特产于我国，分布于云南、四川、贵州和湖北。云南的筇竹属植物在乌蒙山国家级自然保护区有 4 种，是筇竹属的分布中心。筇竹在乌蒙山国家级自然保护区中是分布最广，资源数量最大的竹种，胜过方竹属。筇竹和方竹在形态习性和生态特性方面比较相近，总的来说，筇竹属植物对生境的要求较方竹属更为湿润，在分布的过渡区，两者会出现在同一个林分下。

(19) 平竹 *Qiongzhuea communis* Hsueh et Yi

平竹当地称为冷竹、油竹，中小型竹类，茎粗 1～2cm，秆高 2～5m，笋可食，编织造纸用材。分布于海拔 1850～1920m 的中山地带，保护区内见于罗汉坝、小草坝，滇东北、四川(丰都、彭水、南川)、贵州(息烽、湄潭)、湖北西北也有；西南特有。

(20) 细秆筇竹 *Qiongzhuea intermedia* Hsueh et D. Z. Li

细秆筇竹当地称为冷竹、冷水竹，中小型竹类，茎粗 1～2cm，秆高 2～4m，笋可食。分布于海拔 1900～2200m 的阔叶林下，保护区内见于彝良小草坝，为云南彝良新分布，四川雷波也有；西南特有。

(21) 荆竹 *Qiongzhuea montigena* (Ohrnberger) Yi

荆竹当地称为黄皮竹，中小型竹类，茎粗 1～2cm，秆高 2～4m，笋可食，编织造纸用材。分布于海拔 1900～2081m 的山地阔叶林中，保护区内见于罗汉坝，昭通；滇东北特有。

(22) 筇竹 *Qiongzhuea tumidissinoda* (Hsueh et Yi ex Ohrnberger) Hsueh et Yi

筇竹当地称为罗汉竹，属中型混生竹种，茎粗 1～3cm，秆高 2～4m。筇竹在保护区分布于各地，如麻风湾、倒流水、小岩方、小草坝、罗汉林、罗汉坝水库边、大雪山、海子坪；生境海拔 1300～2100m，尤其以麻风湾、小岩方、大雪山的分布最为集中。筇竹通常是阔叶林下的优势灌木成分，在阔叶林受到破坏之后，可以形成筇竹林；四川宜宾地区也有。

筇竹是云南—四川特有种，国家III级珍稀濒危保护，是食用笋、制作手杖和庭院绿化之佳品。筇竹笋质地细腻、味道鲜美、营养丰富，而且春季发笋，是最先上市的竹笋。其笋干、盐渍笋、清水笋长期畅销日本等地区，是昭通市传统的出口创汇大宗商品。筇竹节部极度隆起，独具特色，姿态秀丽，有极高的工艺价值和观赏价值。筇竹是我国最具有文化内涵的竹种之一。早在西汉年代，昭通筇竹杖就通过南方丝绸之路销往印度，享誉海内外。筇竹亦可种植于庭院、公园、旅游景点、山坡等地，尤其适宜在半荫蔽的乔木园地或水沟、池塘边种植，具有极高的景观价值。

昭通是我国筇竹面积最大、最集中的原生产地，有筇竹林 2000 余公顷，约占全国同类竹面积的 73%。开发利用筇竹笋及其竹秆制品一直是当地山区群众主要的经济来源。

此次调查表明，在阔叶林下的筇竹生长良好，高达 4m，直径可以达到 3cm。阔叶林遭到破坏，乔木层的郁闭度减少到 30%以下，筇竹被暴露于直射阳光之下，生境的湿度降低，生长不良，高度下降到 2m 或更低，粗度下降到 1.5cm 以下。

长期以来，大面积的阔叶林遭到破坏，筇竹的生态环境发生很大变化；同时，掠夺式翻挖竹笋加剧了筇竹资源的衰退，应给予重点保护。

9.玉山竹属 *Yushania* Keng f.

玉山竹属为小型的合轴散生型竹类，地下茎具有假鞭，竹秆直立。本属 60 余种，主要分布于亚洲东南部(尤其是我国西南地区)，在非洲也有分布。玉山竹属的生态习性和分布环境与箭竹属十分接近。我国有本属植物近 60 种，云南有 30 种。乌蒙山国家级自然保护区有 7 种。

(23) 鄂西玉山竹 *Yushania confusa* (McClure) Z. P. Wang et G. H. Ye

鄂西玉山竹当地称为滑竹，小型竹类，茎粗约 0.5cm，秆高 0.5～1m，秆枝作扫帚。分布于海拔 1500m 左右的山地林下或林中空地，保护区内见于小岩方火烧岩，滇东北，陕西南部、湖北西部、湖南西部、四川东部(筠连、叙永、古兰、屏山等)、贵州北部、安徽西部也有，华中特有。

(24) 棱纹玉山竹 *Yushania grammata* Yi

棱纹玉山竹当地称为箭竹，小型竹类，茎粗 0.5～1cm，秆高 1.5～3m，秆枝作扫帚。文献记录分布于海拔 1270m 的石灰岩山坡地，产威信，模式标本采自威信江西湾，滇东北特有。

(25) 泡滑竹 *Yushania mitis* Yi

泡滑竹为小型竹类，茎粗 0.5～1cm，秆高 1.5～3m，秆为编织造纸用材，涵养水源、水土保持。分布于海拔 1910～2500m 的坡地，形成纯林或与灌木成块混交；保护区内见于罗汉坝龙潭沟、小草坝，永善，滇东北特有。

(26) 海竹 *Yushania qiaojiaensis* Hsueh et Yi

海竹为小型竹类，茎粗 0.5～1cm，秆高 1.5～3m。分布于海拔 1980m 左右的草甸；保护区内见于小草坝后河，巧家，滇东北特有。

(27) 裸箨海竹 *Yushania qiaojiaensis* Hsueh et Yi f. *nuda* Yi

裸箨海竹为小型竹类，茎粗 0.5～1cm，秆高 1.5～3m，笋可食，编织用材。文献记录分布于海拔 2050m 的沼泽草甸，产永善，模式标本采自永善蒿枝坝，滇东北特有。

(28) 黄壳竹 *Yushania straminea* Yi

黄壳竹为小型竹类，茎粗 0.5～1cm，秆高 1.5～3m，分布于海拔 2400m 的山坡灌丛中。保护区内见于三江口，永善，滇东北特有。

(29) 绥江玉山竹+*Yushania suijiangensis* Yi

绥江玉山竹当地称为毛毛竹，小型竹类，茎粗 0.5～1cm，秆高 1.5～3m，分布于海拔 1300～1500m 的山地常绿阔叶林中。保护区内见于小草坝、朝天马林区分布极广，绥江及贵州(望谟)也有；西南特有。

另外，保护区外围低海拔河谷还有以下 3 种常见栽培竹种。

(30) 紫竹 *Phyllostachys nigra* (Lodd. ex Lindl.) Munro

紫竹当地称为黑竹，中小型竹类，茎粗 1～3cm，秆高 2～5m，具有较高的观赏价值，也用于制作工艺品。紫竹在我国南方乃至北方(室内)普遍有栽培，在昭通市和乌蒙山国家级自然保护区周边村寨也常见栽培，国外也广泛引种和园林应用。

10.刺竹属 *Bambusa Schreb*. nom. cons.

(31) 慈竹 *Bambusa emeiensis* Chia et H. L. Fung

慈竹在当地称为钓鱼竹，中型竹类，茎粗 3～6cm，秆高 5～10m，民间主要用于编织竹器和土建用竹筋。保护区内村边栽培，滇东北、滇西、滇中以及思茅、红河和文山地区及我国西南地区、广西、湖南和陕西等也有栽培。

(32) 车筒竹 *Bambusa sinospinosa* McClure

车筒竹当地称为刺竹，大型竹类，茎粗 8～12cm，秆高 8～13m，建茅屋或做水车盛水桶。栽培于昭通、德宏、西双版纳、红河、文山等地低海拔地区及我国华南和西南地区。

7.1.3 竹类植物的形态结构多样性

竹类植物的形态有多种类型。从花序上，可以分为两大类，即续次发生的假花序和一次发生的真花序。地下茎类型可以分为三类，即合轴型、单轴型和复轴型，其中包括无假鞭或有假鞭，以及假鞭长或短、无真鞭或有真鞭等类型。竹秆的形态又可以划分为攀缘、直立，以及丛生、散生等类型。这些性状可以在竹类植物的不同属中交叉出现，所以，其形态结构是多种多样的。

保护区的 9 属 29 种天然分布的竹类植物，除缺少假花序、合轴型的类群之外，包括了我国所有竹类植物的形态类型(表 7-1)。假花序、合轴型的竹类植物，通常是热带性较强的大型丛生竹，乌蒙山国家级自然保护区由于纬度相对偏高，缺少自然分布的大型丛生竹，但是在保护区外围海拔较低的河谷地带有人工种植的大型丛生竹。

表 7-1 保护区竹类植物的形态结构多样性

花序类型	地下茎类型	竹鞭类型	秆型	竹属及在保护区的种数
假花序	复轴型	有真鞭	直立，散生	方竹属(5 种)、筇竹属(4 种)
	单轴型	有真鞭	直立，散生	刚竹属(7 种)
真花序	合轴型	无假鞭	攀缘，丛生	悬竹属(2 种)、镰序竹属(1 种)
		有极短的假鞭	直立，丛生	箭竹属(1 种)
		有延长的假鞭	直立，散生	玉山竹属(7 种)
	复轴型	有真鞭	直立，散生	青篱竹属(1 种)、箬竹属(1 种)

一般认为，在竹类植物的演化方面，假花序、合轴型的类型是最原始的类型；其次是假花序、复轴型和假花序、单轴型的类型，也比较原始；真花序的类型较进化。保护区假花序的类型有 3 属 16 种，但是缺少最原始的假花序、合轴型类型，而真花序的类型有 6 属 13 种。因此，从形态特征上看，本区的竹类植物以较进化的类群为主。

7.2 竹类植物的区系成分

7.2.1 属的分布区类型

保护区具有野生竹类植物 9 属，参照吴征镒院士关于种子植物属的分布区类型划分的原则，可以分为以下四种地理成分类型。

(1)热带性质的属只有玉山竹 1 属。属的分布区类型是热带亚洲—热带非洲间断分布。实际上，本属绝大多数种类分布于我国亚热带山地，只有个别种类分布到热带的高海拔地区。在吴征镒院士近年出版的《种子植物分布区类型及其起源和分化》专著中，也认为本属或许是中国—喜马拉雅分布的类型[14(SH)]，也就是说，非洲是否有本属竹类分布还有疑问。

(2)东亚及北美间断分布有青篱竹属 1 属(仅苦竹 1 种)。如果按照早期出版的《中国植物志》竹亚科的分类系统，苦竹隶属于苦竹属 *Pleioblastus*，而苦竹属应该是东亚分布类型中的中国—日本分布变型。后出的《云南植物志》禾本科分册，取消了苦竹属，将其归并到青篱竹属中。

(3)东亚分布及其变型有 5 属，包括东亚分布正型的方竹属、刚竹属及中国—喜马拉雅分布变型的箭竹属、悬竹属和镰序竹属。此类成分是本区竹类植物属的区系成分的骨干类型。

(4) 中国特有分布有筇竹属和箬竹属 2 属。其中筇竹属的分布以西南地区，尤其是四川南部和乌蒙山国家级自然保护区所在的昭通北部为分布中心，少数种类分布到贵州和湖北。

可见，保护区竹类植物属的地理成分有几个特点：①具有明显的温带性质，温带属达 8 属之多，只有玉山竹属被暂时作为热带山地成分，实际上具有亚热带性质。也就是说保护区温带属的比例不低于 88.9%。这体现了保护区位于中亚热带山地的地理特征。②在温带属中，又以东亚分布及其变型占多数，达到保护区竹类属数的 55.5%。如果将玉山竹和苦竹作为东亚成分，则保护区东亚分布区类型的比例高达 77.8%。体现了保护区与东亚植物区系的密切联系。③中国特有属有 2 属，占保护区竹类植物属的 22.2%。该比例也远远高于我国种子植物特有属在国内种子植物属中的比例(约 8%)。表明保护区的竹类植物属于东亚植物区系的核心部分，而且具有较高的中国特有性。

7.2.2　种的分布区类型

依分布区范围由小到大，保护区的竹类植物种的区系成分可以分为滇东北特有(昭通特有)、西南(云、贵、川)特有和华中特有等类型。其中滇东北特有的种类有 6 种，占保护区竹种的 20.69%；西南特有的种类有 12 种，占 41.38%；仅方竹 *Chimonobambusa quadrangularis* 为中国—日本分布(表 7-2)。

表 7-2　保护区竹类植物属、种的区系地理成分

分布区类型	属的分布区类型及属数	种的分布区类型及种数
6.热带亚洲至热带非洲	1 属[玉山竹属或 14(SH)]	
9.东亚及北美间断	1 属(青篱竹属)	
14.东亚	2 属(方竹属，刚竹属或 15)	
14(SJ)中国—日本		1 种(方竹)
14(SH)中国—喜马拉雅	3 属(悬竹属或 7—2、镰序竹属或 7—2、箭竹属)	
15.中国特有	2 属(筇竹属、箬竹属)	28 种(包括以下种类)
(1)滇东北特有		6 种(荆竹、棱纹玉山竹、泡滑竹、海竹、裸箨海竹、黄壳竹)
(2)西南特有种		12 种(包括以下种类)
①云南—贵州—四川特有		3 种(刺竹子、金佛山方竹、平竹)
②云南—四川特有		8 种(筇竹、滇川方竹、细秆筇竹、扫把竹、羊竹子、永善悬竹、永善方竹、少花箭竹)
③云南—贵州特有		1 种(绥江玉山竹)
(3)华中特有		10 种(阔叶箬竹、苦竹、石绿竹、桂竹、毛竹、淡竹、水竹、篌竹、灰金竹、鄂西玉山竹)
总计	9	29

1) 滇东北特有种

保护区内滇东北特有(即昭通特有)的竹类植物有 6 种，包括筇竹属 1 种和玉山竹属 5 种，即荆竹 *Qiongzhuea montigena*、棱纹玉山竹 *Yushania grammata*、泡滑竹 *Yushania mitis*、海竹 *Yushania qiaojiaensis*、裸箨海竹 *Yushania qiaojiaensis* f. *nuda*、黄壳竹 *Yushania straminea*。

2) 西南特有种

保护区内有西南特有竹类 12 种，可细分为以下 3 类。

云南—四川分布 8 种，分别是滇川方竹 *Chimonobambusa ningnanica*、扫把竹 *Drepanostachyum fractiflexum*、羊竹子 *Ampelocalamus saxatilis*、永善悬竹 *Ampelocalamus yongshanensis*、永善方竹 *Chimonobambusa tuberculata*、少花箭竹 *Fargesia pauciflora*、细秆筇竹 *Qiongzhuea intermedia*、筇竹 *Qiongzhuea tumidissinoda*。其中仅分布于滇东北至川南的有 6 种，即除滇川方竹和扫把竹之外的 6 种。这反映了乌蒙山国家级自然保护区竹类植物的地理区域特征。

云南—贵州—四川分布 3 种，即刺竹子 *Chimonobambusa pachystachys*、金佛山方竹 *Chimonobambusa utilis* 和平竹 *Qiongzhuea communis*。这 3 种实际上只分布于云南、贵州、四川三省交界的区域。

云南—贵州分布 1 种，即绥江玉山竹 *Yushania suijiangensis*。本种也只分布于云南、贵州交界的区域。

3) 华中特有种

保护区内自然分布的华中特有竹类植物有 10 种，包括刚竹属 7 种、箬竹属 1 种、苦竹属 1 种和玉山竹属 1 种，即毛竹 *Phyllostachys edulis*、石绿竹 *Ph. arcana*、桂竹 *Ph. bambusoides*、淡竹 *Ph. glauca*、水竹 *Ph. heteroclada*、篌竹 *Ph. nidularia*、灰金竹 *Ph. nigra* var. *henonis*、阔叶箬竹 *Indocalamus latifolius*、苦竹 *Arundinaria amara* 和鄂西玉山竹 *Yushania confusa*。

4) 中国—日本分布

保护区内东亚分布的种只有中国—日本分布变型，仅 1 种，即方竹 *Chimonobambusa quadrangularis*。

保护区竹类植物种的分布区类型的最大特点是特有程度极高。在 29 个竹种中，中国特有种为 28 种，占保护区竹类植物种的 96.6%。其中，仅见于滇东北的狭域特有种有 6 种，占保护区竹类植物种的 20.7%。西南地区特有种 12 种，比例高达 41.4%，它们几乎只分布于云南、贵州、四川三省交界的区域，几乎可以看作滇东北的准特有种。这样，保护区的 29 种竹类植物中，以保护区为分布中心的种类就有 18 种，占保护区竹种的 62.1%，充分体现了竹类区系高度的狭域特有性。此外，华中特有种的比例也高达 34.5%。只有方竹 1 种自我国西南地区分布到日本，该种的分布中心显然在我国南方，实际上也是中国准特有种。

7.3 竹 林 类 型

保护区天然分布的竹林有毛竹林、筇竹林、方竹林和水竹林等 4 种类型，它们属于暖性竹林植被亚型。

毛竹林是乔木状竹林，保护区的毛竹林呈野生状态，连片面积约 200hm^2，是我国保存最好的野生毛竹资源，也是我国毛竹林分布的最西部的类型，是野生毛竹的重要遗传资源，具有重要的研究、保护和利用价值。

筇竹林、方竹林和水竹林是灌木状竹林。筇竹林和方竹林的面积与资源量最大。筇竹是云南、四川两省交界区的特有资源，是国家Ⅲ级珍稀濒危保护种，而保护区的筇竹分布面积占两省共有筇竹面积的 73%。可见，本区是筇竹的重点分布区。

7.4 竹类资源的主要特点

综上所述，保护区竹类植物资源有以下特点。

(1) 种类多、区系存在度大，是我国散生竹类的重要分布中心。保护区面积不大，却有野生竹类植物 9 属 29 种，占中国竹属 32 属的 28.1%，占中国竹种(400 余种)的 7.3%，占云南省竹属(26 属)的 25%，占云南竹种(近 200 种)的 14.5%，占昭通竹属(13 属)的 69%，占昭通竹种(61 种)的 47.5%；以中小型的散生竹、混生竹为主。种类最多的是玉山竹属(7 种)、刚竹属(7 种)、方竹属(5 种)、筇竹属(4 种)。而种的区系存在度最大的是筇竹属，占我国筇竹属植物(12 种)的 33.3%，因此，本区是中国特有属——筇竹属的分布中心和多度中心。

(2) 分布广、优势度大。保护区气候温凉湿润，与昭通南部地区及云南其他地区的气候类型不同，保护区所在的昭通北部终年湿润，没有明显的春旱现象，是中小型散生竹春季发笋的适宜生境。所以竹类植物在保护区内的分布极为广泛，无处不在，而且是各种森林群落的优势灌木层片，其盖度往往超过 50%，常常高达 90%以上。

(3) 特有种、地区性特有种比例高。如前文的分析，保护区的 29 种竹类植物中，以保护区为分布中心的种类就有 18 种，占保护区竹种的 62.1%，充分体现了本区竹类区系高度的狭域特有性。此外，华中特有种的比例也高达 34.5%。所以本区的竹类植物就种来说，是绝对的中国特有成分，并以狭域的地区性特有种为其特色。

(4) 保护区是我国现代保存最好的野生毛竹的原产地。保护区至今有 200hm^2 野生毛竹林被严格保护着，几乎没有人为干扰，生物多样性丰富，其中的各种动植物成分自生自灭，群落的自然生态属性保存极为完好。由于是天然竹林，其毛竹的遗传多样性是非常丰富的。而毛竹是我国主要的竹类资源，广泛分布于我国南方地区，是浙江、福建、湖南、江苏等省林业产业的重要支柱。但是我国现有毛竹林却几乎都是人工栽培的竹林，很多是靠无性系培育发展起来的纯林，生物多样性贫乏、遗传多样性单一。因此，保护区的天然毛竹林，无疑在毛竹的生物学、生态学、遗传学等方面具有重要的研究价值，也是毛竹资源培育中重要的遗传种质资源，具有极高的保护价值。

第8章 蕨类植物

本书报道了保护区蕨类植物的区系组成，分析了保护区蕨类植物区系的地理成分，最后得出保护区蕨类植物的区系特征：①该蕨类植物区系是中国蕨类植物区系的重要组成部分，由48科111属230种组成；②该蕨类植物区系是东亚植物区系的主体部分，具有南北交错、东西汇合的区系特点；③该蕨类植物区系在种的地理成分上，与华中、华东直至日本有明显的地理亲缘关系密切，属于共同的地理单元，共有种多；④该蕨类植物区系是中国蕨类植物区系的多样性中心之一。

8.1 蕨类植物的区系组成

保护区的蕨类植物区系是中国蕨类植物区系的重要组成部分。据野外考察记录及《云南植物志》(二十卷，二十一卷)记载，保护区蕨类植物区系共有47科111属230种，分别占全国63科231属2600种的74.6%、48.1%和8.8%。其中，含10种以上的科有6个科，最大的科为鳞毛蕨科 Dryopteridaceae 和蹄盖蕨科 Athyriaceae，金星蕨科 Thelypteridaceae 和水龙骨科 Polypodiaceae 次之，铁角蕨科 Aspleniaceae 和凤尾蕨科 Pteridaceae 再次之。这6个科的种类共137种，占总种数230种的59.6%。该蕨类植物区系中，含9种及以上的属有6个属，最大属为鳞毛蕨属 *Dryopteris*，铁角蕨属 *Asplenium*、凤尾蕨属 *Pteris*、蹄盖蕨属 *Athyrium* 次之，短肠蕨属 *Allantodia* 和耳蕨属 *Polystichum* 再次之，这6个属的种类共达69种，占总种数230种的30.0%(表8-1)。

表8-1 保护区蕨类植物的较大科、属表

较大科	拉丁名	种	较大属	拉丁名	种
蹄盖蕨科	Athyriaceae	35	鳞毛蕨属	*Dryopteris*	18
鳞毛蕨科	Dryopteridaceae	35	铁角蕨属	*Asplenium*	13
金星蕨科	Thelypteridaceae	24	凤尾蕨属	*Pteris*	10
水龙骨科	Polypodiaceae	19	蹄盖蕨属	*Athyrium*	10
铁角蕨科	Aspleniaceae	13	短肠蕨属	*Allantodia*	9
凤尾蕨科	Pteridaceae	11	耳蕨属	*Polystichum*	9
总计		137	总计		69

8.2 蕨类植物的地理成分

保护区的蕨类植物区系属的地理成分可以划分为11种类型(表8-2)。

表8-2 乌蒙山国家级自然保护区蕨类植物属的分布区类型

分布区类型	属数	占总属数比例/%
一、世界分布	24	—
二、泛热带分布	28	32.2
三、旧大陆热带分布	7	8.0
四、热带亚洲和热带美洲分布	2	2.3
五、热带亚洲至热带大洋洲分布	4	4.6
六、热带亚洲至热带非洲分布	7	8.0
七、热带亚洲分布	8	9.2
八、北温带分布	6	6.9
九、东亚和北美间断分布	2	2.3
十、旧大陆温带分布	0	0
十一、温带亚洲分布	1	1.1
十二、东亚分布	(21)	(24.1)
12-1.东亚广布	8	9.2
12-2.中国—喜马拉雅分布	10	11.5
12-3.中国—日本分布	3	3.4
十三、中国特有分布	1	1.1
合计	111	

世界分布的分布区类型是指亚洲、欧洲、非洲、大洋洲和美洲均有分布的属，该分布区类型无特殊的分布中心或有一个或数个分布中心。乌蒙山国家级自然保护区蕨类植物区系中属于该分布区类型的属有石杉属 *Huperzia*、扁枝石松属 *Diphasiastrum*、石松属 *Lycopodium*、卷柏属 *Selaginella*、木贼属 *Hippochaete*、假阴地蕨属 *Botrypus*、瓶尔小草属 *Ophioglossum*、膜蕨属 *Hymenophyllum*、蕨属 *Pteridium*、粉背蕨属 *Aleuritopteris*、铁线蕨属 *Adiantum*、蹄盖蕨属 *Athyrium*、铁角蕨属 *Asplenium*、狗脊蕨属 *Woodwardia*、荚囊蕨属 *Struthiopteris*、鳞毛蕨属 *Dryopteris*、耳蕨属 *Polystichum*、舌蕨属 *Elaphoglossum*、骨碎补属 *Davallia*、石韦属 *Pyrrosia*、剑蕨属 *Loxogramme*、属 *Marsilea*、槐叶属 *Salvinia* 和满江红属 *Azolla*。

泛热带分布的分布区类型是指亚洲、非洲、大洋洲和美洲的热带、亚热带均有分布的属，该分布区类型通常有一个或数个分布中心，尽管个别种类可分布到温带，但属的分布中心仍在热带和亚热带地区。乌蒙山国家级自然保护区蕨类植物区系属于该分布区类型的属有垂穗石松 *Palhinhaea*、瘤足蕨属 *Plagiogyria*、里白属 *Diplopteriygium*、海金沙属 *Lygodium*、蕗蕨属 *Mecodium*、瓶蕨属 *Trichomanes*、木桫椤属 *Alsophila*、碗蕨属 *Dennstaedtia*、鳞始蕨属 *Lindsaea*、乌蕨属 *Stenoloma*、姬蕨属 *Hypolepis*、凤尾蕨属 *Pteris*、栗蕨属 *Histiopteris*、金粉蕨属 *Onychium*、凤了蕨属 *Coniogramme*、书带蕨属 *Vittaria*、短肠蕨属 *Allantodia*、金星蕨属 *Parathelypteris*、假毛蕨属 *Pseudocyclosorus*、毛蕨属 *Cyclosorus*、溪边蕨属 *Stegnogramma*、乌毛蕨属 *Blechnum*、鳞盖蕨属 *Microlepia*、复叶耳蕨属 *Arachniodes*、肋毛蕨属 *Ctenitis*、实蕨属 *Bolbitis*、肾蕨属 *Nephrolepis* 和条蕨属 *Oleandra*。

旧大陆热带分布的分布区类型是指仅分布于亚洲、非洲和大洋洲的热带、亚热带地区的属，该分布区类型在美洲大陆无分布，但可分布到太平洋岛屿。乌蒙山国家级自然保护区蕨类植物区系属于该分布区类型的属有带状瓶尔小草属 *Ophioderma*、观音座莲属 *Angiopteris*、芒箕属 *Dicranopteris*、介蕨属 *Dryoathyrium*、星毛蕨属 *Ampelopteris*、阴石蕨属 *Humata* 和线蕨属 *Colysis*。

热带亚洲和热带美洲分布的分布区类型是指仅分布于亚洲和美洲的热带、亚热带地区的属。乌蒙山国家级自然保护区蕨类植物区系属于该分布区类型的属有金毛狗属 *Dicksonia* 和双盖蕨属 *Diplazium*。

热带亚洲至热带大洋洲分布的分布区类型是指仅分布于亚洲和大洋洲的热带、亚热带地区的属。乌蒙山国家级自然保护区蕨类植物区系属于该分布区类型的属有莱蕨属 *Callipteris*、针毛蕨属 *Macrothelypteris*、拟水龙骨属 *Polypodiastrum* 和槲蕨属 *Drynaria*。

热带亚洲至热带非洲分布的分布区类型是指仅分布于亚洲和非洲的热带、亚热带地区的属。乌蒙山国家级自然保护区蕨类植物区系属于该分布区类型的属有车前蕨属 *Antrophyum*、肿足蕨属 *Hypodematium*、贯众属 *Cyrtomium*、肉刺蕨属 *Nothoperanema*、轴脉蕨属 *Ctenitopsis*、瓦韦属 *Lepisorus* 和星蕨属 *Microsorum*。

热带亚洲分布的分布区类型是指仅分布于亚洲的热带和亚热带地区的属。乌蒙山国家级自然保护区蕨类植物区系属于该分布区类型的属有藤石松属 *Lycopodiastrum*、黑桫椤属 *Gymnosphaera*、肠蕨属 *Diplaziopsis*、新月蕨属 *Pronephrium*、刺蕨属 *Egenolfia*、大膜盖蕨属 *Leucostegia*、双扇蕨属 *Dipteris* 和似薄唇蕨属 *Paraleptochilus*。

北温带分布的分布区类型是指仅分布于亚洲、欧洲和北美洲的温带地区的属。乌蒙山国家级自然保护区蕨类植物区系属于该分布区类型的属有问荆属 *Equisetum*、阴地蕨属 *Scepteridium*、紫萁属 *Osmunda*、卵果蕨属 *Phegopteris*、荚果蕨属 *Matteuccia* 和岩蕨属 *Woodsia*。

东亚和北美间断分布的分布区类型是指仅分布于东亚和北美的亚热带、温带地区的属。乌蒙山国家级自然保护区蕨类植物区系属于该分布区类型的属有绒紫萁属 *Osmundastrum* 和蛾眉蕨属 *Lunathyrium*。

温带亚洲分布的分布区类型是指仅分布于亚洲亚热带高山和温带地区的属。乌蒙山国家级自然保护区蕨类植物区系属于该分布区类型的属有假冷蕨属 *Pseudocystopteris*。

东亚分布包括东亚广布、中国—喜马拉雅分布、中国—日本分布三种类型。乌蒙山国家级自然保护区蕨类植物区系属于东亚广布的属有稀子蕨属 *Monachosorum*、假蹄盖蕨

属 *Athyriopsis*、亮毛蕨属 *Acystopteris*、紫柄蕨属 *Pseudophegopteris*、钩毛蕨属 *Cyclogramma*、水龙骨属 *Polypodiodes*、伏石蕨属 *Lemmaphyllum* 和假瘤蕨属 *Phymatopteris*。乌蒙山国家级自然保护区蕨类植物区系属于中国—喜马拉雅分布的属有拟鳞毛蕨属 *Kuniwatsukia*、红腺蕨属 *Diacalpe*、方秆蕨属 *Glaphyropteridopsis*、柄盖蕨属 *Peranema*、鱼鳞蕨属 *Acrophorus*、轴鳞蕨属 *Dryopsis*、小膜盖蕨属 *Araiostegia*、雨蕨属 *Gymnogrammitis*、节肢蕨属 *Arthromeris* 和骨牌蕨属 *Lepidogrammitis* 等。乌蒙山国家级自然保护区蕨类植物区系属于中国—日本分布的属有岩穴蕨属 *Ptilopteris*、毛枝蕨属 *Leptorumohra* 和鳞果星蕨属 *Lepidomicrosorium* 等。

中国特有分布是指仅分布于中国国内的属。乌蒙山国家级自然保护区蕨类植物区系属于该分布区类型的属有边果蕨属 *Craspedosorus*。

从表 8-2 可以看出，保护区蕨类植物属的地理成分以泛热带分布最多，世界分布次之，东亚分布再次之，其他地理成分均无明显优势。由此可见，该蕨类植物区系是东亚植物区系的主体部分，具有南北交错、东西汇合的区系特点。

保护区蕨类植物区系在种的地理成分上与华中、华东直至日本有明显的地理亲缘关系，属于共同的地理单元，共有种多，如福建观音座莲 *Angiopteris fokiensis*、华中瘤足蕨 *Plagiogyria euphlebia*、华东瘤足蕨 *Plagiogyria japonica*、耳形瘤足蕨 *Plagiogyria stenoptera*、里白 *Diplopterygium glaucum*、粗齿黑桫椤 *Gymnosphaera denticulata*、卧茎黑桫椤 *Gymnosphaera metteniana*、岩穴蕨 *Ptilopteris maximowiczii*、井栏边草 *Pteris multifida*、亮毛蕨 *Acystopteris japonica*、江南短肠蕨 *Allantodia metteniana*、假耳羽短肠蕨 *Allantodia okudairai*、长江蹄盖蕨 *Athyrium iseanum*、金星蕨 *Parathelypteris glanduligera*、光脚金星蕨 *Parathelypteris japonica*、荚果蕨 *Matteuccia struthiopteris*、边生鳞毛蕨 *Dryopteris handeliana*、红盖鳞毛蕨 *Dryopteris erythrosora*、平行鳞毛蕨 *Dryopteris indusiata*、鞭叶耳蕨 *Polystichum craspedosorum*、鳞果星蕨 *Lepidomicrosorium buergerianum*、川拟水龙骨 *Polypodiastrum dielsanum* 等。

保护区蕨类植物区系在种的地理成分上具有一组特有种，如峨眉瘤足蕨 *Plagiogyria assurgens*、鹿角蹄盖蕨 *Athyrium araiostegioides*、边果蕨 *Craspedosorus sinensis*、贯众叶溪边蕨 *Stegnogramma cyrtomioides*、倒鳞鳞毛蕨 *Dryopteris reflexosquamata*、拟流苏耳蕨 *Polystichum subfimbriatum* 等。由此可见，保护区蕨类植物区系是中国蕨类植物区系的多样性中心之一。

8.3 蕨类植物的区系特征

综上所述，保护区蕨类植物区系具有如下区系特征。

(1) 保护区的蕨类植物区系是中国蕨类植物区系的重要组成部分。该蕨类植物区系共有 48 科 111 属 230 种，分别占全国 63 科 231 属 2600 种的 76.2%、48.1%和 8.8%。

(2) 保护区蕨类植物区系是东亚植物区系的主体部分，具有南北交错、东西汇合的区系特点。该蕨类植物区系属的地理成分以泛热带分布最多，世界分布次之，东亚分布再次之，其他地理成分均无明显优势。

(3) 保护区蕨类植物区系在种的地理成分上，与华中、华东直至日本有明显的地理亲缘关系，属于共同的地理单元，共有种多，如耳形瘤足蕨 *Plagiogyria stenoptera*、粗齿黑桫椤 *Gymnosphaera denticulata*、卧茎黑桫椤 *Gymnosphaea metteniana*、岩穴蕨 *Ptilopteris maximowiczii*、井栏边草 *Pteris multifida*、亮毛蕨 *Acystopteris japonica*、长江蹄盖蕨 *Athyrium iseanum*、金星蕨 *Parathelypteris glanduligera*、鞭叶耳蕨 *Polystichum craspedosorum* 等。

(4) 保护区蕨类植物区系是中国蕨类植物区系的多样性中心之一。

附录保护区的蕨类植物按秦仁昌 (1978) 系统排列，共 47 科 111 属 230 种，分列如下。

1.石杉科 Huperziaceae

峨眉石杉 *Huperzia emeiensis* Ching et H. S. Kung　我国特有种，产湖北、四川、重庆、贵州和云南。生于林下湿地、山谷河滩灌丛中、山坡沟边石上或树干，海拔 800～2800m。

蛇足石杉 *Huperzia serrata* (Thunb. ex Murray) Trevis.　全国除西北地区部分省份、华北地区外均有分布；亚洲其他国家、太平洋地区、俄罗斯、大洋洲、中美洲有分布。生于海拔 1300～2200m 的林下、灌丛下或路旁。

2.石松科 Lycopodiaceae

扁枝石松 *Diphasiastrum complanatum* (L.) Holub　产东北、华中、华南及西南大部分省份；广布于全球温带及亚热带。生于海拔 700～2400m 的林下、灌丛下或山坡草地。

藤石松 *Lycopodiastrum casuarinoides* (Spring) Holub ex Dixit　产华东、华南、华中及西南大部分省份；亚洲其他亚热带地区也有分布。生于海拔 100～2100m 的林下、林缘、灌丛下或沟边。

石松 *Lycopodium japonicum* Thunb. ex Murray.　产全国除江北、华北以外的其他各省份；日本、印度、缅甸、不丹、尼泊尔、越南、老挝、柬埔寨及南亚诸国有分布。生于海拔 100～3300m 的林下、灌丛下、草坡、路边或岩石上。

笔直石松 *Lycopodium obscurum* L. var. *strictum* (Milde) Nakai et Hara.　产华东、华中、西南、秦岭、台湾；日本也有分布。海拔 1500～2500m。

垂穗石松 *Palhinhaea cernua* (L.) Vasc. et Franco　产浙江、江西、福建、台湾、湖南、广东、香港、广西、海南、四川、重庆、贵州、云南；亚洲其他热带及亚热带地区、大洋洲、中南美洲也有分布。生于林下、林缘及灌丛下阴处或岩石上，海拔 500～1800m。

3.卷柏科 Selaginellaceae

大叶卷柏 *Selaginella bodinieri* Hieron.　产湖南、重庆、广西、贵州、湖北、四川和云南。生于林下或岩石上，海拔 700～1800m。

薄叶卷柏 *Selaginella delicatula*(Desv.) Alston　分布于长江以南各省份；越南、缅甸也有。生于林下或路边，海拔300～1500m。

深绿卷柏 *Selaginella doederleinii* Hieron.　分布于浙江、台湾、云南、福建、广东、广西、贵州、江西、湖南和四川；越南、日本也有分布。

兖州卷柏 *Selaginella involvens*(Sw.) Spring.　分布于福建、广东、广西、云南、西藏、四川、江西、湖北和陕西；越南、缅甸、尼泊尔也有分布。生于疏林下石岩上，海拔200～3500m。

江南卷柏 *Selaginella moellendorffii* Hieron.　产云南、安徽、重庆、福建、甘肃、广东、广西、贵州、海南、湖北、河南、江苏、江西、陕西、四川、香港、浙江；越南、柬埔寨、菲律宾也有分布。生于岩石缝中，海拔500～1500m。

疏叶卷柏 *Selaginella remotifolia* Spring　产重庆、福建、广东、广西、贵州、湖南、江苏、江西、四川、台湾、云南和浙江；也分布于日本、尼泊尔、印度、菲律宾和印度尼西亚。林下土生，海拔600～2400m。

4.木贼科 Equisetaceae

笔管草 *Hippochaete debilis*(Roxb. ex Vauch.) Ching　产云南、陕西、甘肃、山东、上海、安徽、浙江、江西、福建、台湾、河南、湖北、湖南、广东、香港、广西、海南、四川、重庆、贵州、西藏；日本、印度、尼泊尔、缅甸、中南半岛、泰国、菲律宾、马来西亚、印度尼西亚、新几内亚岛、瓦努阿图、新喀里多尼亚、斐济等也有分布。生于林下、沟边、路旁，海拔1500～2200m。

披散问荆 *Equisetum diffusum* Don.　产云南、甘肃、上海、湖南、广西、四川、重庆、贵州、西藏；日本、印度、不丹、缅甸、越南也有分布。生于林下、沟边、路旁，海拔1500～2400m。

5.阴地蕨科 Botrychiaceae

绒毛假阴地蕨 *Botrypus lanuginosus*(Wall. ex Hook. et Grev.) Holub　产云南、贵州南部、广西西北部、台湾；也分布于喜马拉雅、越南、泰国、苏门答腊。生于山地常绿杂木林下，海拔1800～2600m。

薄叶阴地蕨 *Sceptridium daucifolium*(Wall. ex Hook. et Grev.) Lyon.　产云南、贵州、广西、广东；喜马拉雅、越南、斯里兰卡、苏门答腊都有分布。生于林下或林缘，海拔1200～1800m。

阴地蕨 *Sceptridium ternatum*(Thunb.) Lyon.　产浙江、江苏、安徽、江西、福建、湖南、湖北、贵州、四川、台湾、云南；日本、朝鲜、越南、喜马拉雅也有分布。生于林下或灌丛中阴处，海拔400～1800m。

6.瓶尔小草科 Ophioglossaceae

狭叶瓶尔小草 *Ophioglossum thermale* Komarov　分布于东北、河北、陕西、湖北、江苏、台湾、江西、四川、云南；朝鲜、日本也有分布。

7.观音座莲科 Angiopteridaceae

福建观音座莲 *Angiopteris fokiensis* Hieron.　分布于云南、湖北、湖南、贵州、广西、广东和福建；日本南部也有。生于林下溪边。

8.紫萁科 Osmundaceae

紫萁 *Osmunda japonica* Thunb.　为我国暖温带、亚热带常见的一种蕨类，北起山东，南达两广，东自海边，西迄云南贵州、四川西部，向北至秦岭南坡；也广泛分布于日本、朝鲜、印度北部。生于林下或溪边酸性土上，海拔1000～2200m。

9.瘤足蕨科 Plagiogyriaceae

峨眉瘤足蕨 *Plagiogyria assurgens* Christ　分布于云南东北部和四川。生于林下，海拔1500～2000m。

华中瘤足蕨 *Plagiogyria euphlebia* Mett.　广布于长江以南各省份，向西到四川；日本也有分布。生于山地林下，海拔500～1200m。

华东瘤足蕨 *Plagiogyria japonica* Nakai　广布于长江流域各省份，南达台湾和两广；日本也有分布。生于山地林下，海拔500～1200m。

镰叶瘤足蕨 *Plagiogyria rankanensis* Hayata　产华东、华中、华南、西南、台湾；日本、印度、缅甸也有分布。生于林下或林缘，海拔1000～1500m。

耳形瘤足蕨 *Plagiogyria stenoptera*(Hance) Diels　分布于台湾、广西、贵州、云南、四川和湖南；日本也有分布。生于林下，海拔3000m。

10.里白科 Gleicheniaceae

铁芒萁 *Dicranopteris linearis*(Burm.) Underw.　产云南、广东、海南；日本、越南、泰国等也有分布。生于强酸性土的荒坡或林缘，海拔1000～1800m。

芒萁 *Dicranopteris pedata*(Houtt.) Nakaike　产江苏、浙江、江西、安徽、湖北、湖南、贵州、四川、福建、台湾、广东、香港、广西、云南；日本、印度、越南也有分布。生于强酸性土的荒坡或林缘，海拔1000～1800m。

里白 *Diplopterygium glaucum*(Thunb. Ex Houtt.) NaKai　广布长江以南各省份；朝鲜南部、日本也有分布。生于林下或沟边，海拔达1500m。

光里白 *Diplopterygium laevissimum*(Christ) Nakai　广布长江以南各省份，向西达云南；日本也有分布。生于山谷阴湿处，海拔500～2500m。

11.海金沙科 Lygodiaceae

海金沙 *Lygodium japonicum*(Thunb.) Sw.　产江苏、浙江、安徽、福建、台湾、广东、香港、广西、湖南、贵州、四川、云南、陕西；日本、斯里兰卡、印度尼西亚、菲律宾、印度、热带大洋洲都有分布。生于林下或林缘，海拔1000～1500m。

12.膜蕨科 Hymenophyllaceae

华东膜蕨 *Hymenophyllum barbatum*(v. d. B.) Bak. 产安徽、浙江、江西、湖南、福建、台湾、广东；日本、朝鲜、老挝、越南及印度也有分布。生于林下阴暗岩石上或树干上，海拔800～2400m。

蕗蕨 *Mecodium badium*(Hook. et Grev.) Copel. 分布于湖北、江西、福建、台湾、广东、广西、贵州和云南；日本南部也有分布。生于溪边阴湿岩石上，海拔600～1600m。

波纹蕗蕨 *Mecodium crispatum*(Wall.) Cop. 产广西、云南；印度、斯里兰卡、马来西亚、尼泊尔、菲律宾也有分布。生于林下潮湿的岩石上或树干上，海拔1200～2400m。

圆锥蕗蕨 *Mecodium paniculiflorum*(Presl) Cop. 产广西、云南；印度、斯里兰卡、马来西亚、尼泊尔、菲律宾也有分布。生于林下潮湿的岩石上或树干上，海拔1200～2400m。

瓶蕨 *Trichomanes auriculatum* Bl. 产浙江、台湾、江西、广东、海南、广西、四川、重庆、贵州、云南；印度、日本、越南、老挝、马来西亚、印度尼西亚、菲律宾、加里曼丹岛至新几内亚也有分布。生于林下或溪边树上或岩石上，海拔1500～2000m。

13.蚌壳蕨科 Dicksoniaceae

金毛狗 *Cibatium barometz*(L.) J. Sm. 分布于浙江、江西、湖南、福建、台湾、广东、广西、贵州、四川及云南南部；亚洲热带其他地区也有分布。生于山脚沟边及林下阴处酸性土上。

14.桫椤科 Cyatheaceae

中华桫椤 *Alsophila costularis* Bak. 产广西、云南和西藏；不丹、印度、越南、缅甸和孟加拉国也有分布。生于沟谷林中，海拔700～2100m。

桫椤 *Alsophila spinulosa*(Wall ex Hook) R. M. Tryon. 产福建、台湾、广东、海南、香港、广西、云南、重庆、四川；也分布于日本、越南、柬埔寨、泰国北部、缅甸、孟加拉国、不丹、尼泊尔和印度。生于山地溪旁或疏林中，海拔1600～1800m。

粗齿黑桫椤 *Gymnosphaera denticulata* Baker 产云南、台湾、福建、浙江、江西、湖南、广东、贵州、四川、重庆；日本也有分布。生于山坡林下。

卧茎黑桫椤 *Gymnosphaera metteniana*(Hance) Tagawa 产台湾、福建、广东、贵州、四川、重庆和江西；日本也有分布。生于山坡林下、溪边或沟边。

15.稀子蕨科 Monachosoraceae

稀子蕨 *Monachosorum henryi* Christ 产台湾、广东、广西、贵州、云南；日本及越南也有分布。生于林下，海拔1500～2400m。

岩穴蕨 *Ptilopteris maximowiczii*(Bak.) Hance 广布于云南、安徽、江西、湖南、贵州、湖北和台湾；日本也有分布。生于密林下阴湿石缝中，海拔800～1600m。

16.碗蕨科 Dennstaedtiaceae

碗蕨 *Dennstaedtia scabra*(Wall.) Moore　产台湾、广西、贵州、云南、四川、湖南、江西、浙江；日本、朝鲜、越南、老挝、印度、菲律宾、马来西亚、斯里兰卡也广泛分布。生于林下或溪边，海拔 1000～2400m。

虎克鳞盖蕨 *Microlepia hookeriana*(Wall.) Presl　产台湾、福建、广东、海南、广西、云南；印度尼西亚、马来西亚、越南、印度及尼泊尔也有分布。生于溪边林中或阴湿地，海拔 800～1600m。

17.鳞始蕨科 Lindsaeaceae

鳞始蕨 *Lindsaea odorata* Roxb.　产台湾、江西、湖南、广东、广西、贵州、四川、重庆、云南；也分布于日本、越南、印度、缅甸、热带亚洲其他各地、马达加斯加及大洋洲。生于林下或树干上，海拔 1000～1700m。

乌蕨 *Sphenomeris chinensis*(L.) Maxon.　产浙江、福建、台湾、安徽、江西、广东、海南、香港、广西、湖南、湖北、四川、贵州、云南；日本、菲律宾、波利尼西亚、马达加斯加也有分布。生于林下或灌丛中阴湿地，海拔 1200～1700m。

18.姬蕨科 Hypolepidaceae

姬蕨 *Hypolepis punctata*(Thunb.) Mett.　产福建、台湾、广东、贵州、云南、四川、江西、浙江、安徽；也分布于日本、印度、菲律宾、马来西亚、澳大利亚、新西兰、夏威夷群岛及热带美洲。生于林下或溪边阴湿处，海拔 1500～2300m。

19.蕨科 Pteridiaceae

光蕨菜 *Pteridium aquilinum*(L.) Kukh var. *latiusculum*(Desv.) Underw ex Heller.　产全国各地；也广泛分布于世界其他热带及温带地区。模式标本采自加拿大纽芬兰。生于山地阳坡及林缘，海拔 1200～2300m。

毛轴蕨 *Pteridium revolutum*(Bl.) Nakai　产台湾、江西、广东、广西、湖南、湖北、陕西、甘肃、四川、贵州、云南、西藏；广泛分布于亚洲热带和亚热带地区。生于阳坡或林缘，海拔 1500～2200m。

20.凤尾蕨科 Pteridaceae

栗蕨 *Histiopteris incisa*(Thunb.) J. Sm.　产台湾、广东、海南、广西、云南；也分布于其他泛热带地区，向南达马达加斯加，日本也有分布。生于林下，海拔 1500～1900m。

狭眼凤尾蕨 *Pteris biaurita* L.　产台湾、湖南、广东、广西、云南；也分布于中南半岛、印度、斯里兰卡、马来西亚、印度尼西亚、菲律宾、大洋洲、马达加斯加、牙买加、巴西等热带地区。生于林下或山坡，稍干燥的疏阴之地，海拔 1450～1600m。

剑叶凤尾蕨 *Pteris ensiformis* Burm.　产浙江、江西、台湾、福建、广东、广西、贵州、四川、重庆、云南；也分布于日本、越南、老挝、柬埔寨、缅甸、印度、斯里兰卡、马来西亚、波利尼西亚、斐济群岛及澳大利亚。生于林下或溪边的酸性土上，海拔450～1000m。

溪边凤尾蕨 *Pteris excelsa* Gaud. 产台湾、江西、湖北、湖南、广东、广西、贵州、四川、云南、西藏；也分布于日本、菲律宾、夏威夷群岛、斐济群岛、马来西亚、老挝、越南、印度北部及西北部、尼泊尔。生于溪边疏林下或灌丛中，海拔600～2300m。

傅氏凤尾蕨 *Pteris fauriei* Hieron. 产台湾、浙江、福建、江西、湖南、广东、广西、云南；越南北部及日本也有分布。生于林下沟边的酸性土壤上，海拔1450～2300m。

井栏边草 *Pteris multifida* Poir. 分布于云南、河北、山东、安徽、江苏、浙江、湖南、湖北、江西、福建、台湾、广东、广西、贵州和四川；朝鲜南部、日本也有分布。生于墙缝、井边和石灰岩上，海拔达850m。

凤尾蕨 *Pteris nervosa* Thunb. 产河南、陕西、湖北、江西、福建、浙江、湖南、广东、广西、贵州、四川、重庆、云南、西藏；也广布于日本、菲律宾、越南、老挝、柬埔寨、印度、尼泊尔、斯里兰卡、斐济群岛、夏威夷群岛。生于石灰岩上或灌丛中，海拔1400～2200m。

半边旗 *Pteris semipinnata* L. 分布于江西、福建、台湾、广东、广西和西南地区；亚洲热带其他地区也有分布。生于林下或石上，海拔达850m。

蜈蚣蕨 *Pteris vittata* L.广泛分布于我国热带、亚热带，以秦岭南坡为我国分布的北界，北起陕西、甘肃东南部及河南西南部，东自浙江经福建、江西、安徽、湖北、湖南、西达四川、贵州、云南及西藏，南到广西及台湾；旧大陆其他热带及亚热带地区也有分布。生于钙质土或石灰岩上，海拔达2000m。

西南凤尾蕨 *Pteris wallichiana* Agardh 产台湾、广东、海南、广西、贵州、四川、云南、西藏；也分布于日本、菲律宾、中南半岛、印度、不丹、尼泊尔、马来西亚、印度尼西亚。生于林下或沟边，海拔1800～2300m。

21.中国蕨科 Sinopteridaceae

粉背蕨 *Aleuritopteris pseudofarinosa* Ching et S. K. Wu 产云南、贵州、广东、广西、福建、江西、湖南。生于林缘石缝中或岩石上，海拔400～2200m。

棕毛粉背蕨 *Aleuritopteris rufa*(Don)Ching 产云南、贵州、广东；尼泊尔、不丹、印度北部及西北部、泰国、缅甸北部、菲律宾也有分布。生于干旱的石灰岩隙，海拔1400～2200m。

野雉尾金粉蕨 *Onychium japonicum*(Thunb.)Kze. 广布于长江以南各省份，向北到河北西部(新乐)、河南南部和秦岭南坡；朝鲜南部、日本也有分布。生于林下沟边或灌丛阴处，海拔250～1900m。

栗柄金粉蕨 *Onychium lucidum*(D. Don)Spreng. 广泛分布于华东、华中、东南及西南，向北达陕西(秦岭)、河南、河北；也分布于日本、菲律宾、印度尼西亚及波利尼西亚。生于林下、路旁、沟边、旷地，海拔1500～2200m。

22.铁线蕨科 Adiantaceae

铁线蕨 *Adiantum capillus-veneris* L. 广布种，我国广泛分布于台湾、福建、广东、广西、湖南、湖北、江西、贵州、云南、四川、重庆、甘肃、陕西、山西、河南、河北、北京；也广泛分布于非洲、美洲、欧洲、大洋洲及亚洲其他温暖地区。生于流水旁石灰岩上或石灰岩洞底和滴水岩上，为钙质土的指示植物，海拔 600～1800m。

鞭叶铁线蕨 *Adiantum caudatum* L. 产台湾、福建、广东、海南、广西、贵州、云南；也广布于亚洲其他热带及亚热带地区。生于林下或山谷石上及石缝中，海拔 400～1200m。

普通铁线蕨 *Adiantum edgeworthii* Hooker 产北京、河北、台湾、海南、山东、河南、甘肃、四川、云南、西藏；也分布于越南、缅甸北部、印度西北部、尼泊尔、日本、菲律宾。生于林下阴湿地或岩石上，海拔 700～2500m。

假鞭叶铁线蕨 *Adiantum malesianum* Ghatak 分布于浙江、江西、福建、台湾、广东、广西、云南、贵州、四川、湖北；亚洲其他地区也有。生于林下或山谷石缝，海拔 100～1200m。

23.裸子蕨科 Hemionitidaceae

普通凤丫蕨 *Coniogramme intermedia* Hieron 产东北、华北、西北、西南；朝鲜、日本及印度也有分布。生于湿润林下或沟边，海拔 1350～2200m。

24.书带蕨科 Vittariaceae

书带蕨 *Vittaria flexuosa* Fée. 分布于江苏、安徽、浙江、江西、福建、台湾、湖北、湖南、广东、广西、海南、四川、贵州、云南、西藏；也分布于越南、老挝、柬埔寨、泰国、缅甸、印度、不丹、尼泊尔、日本、朝鲜半岛。附生于林中树干上或岩石上，海拔 1900～2100m。

25.蹄盖蕨科 Athyriaceae

亮毛蕨 *Acystopteris japonica*(Luerss.) Nakai 分布于台湾、福建、四川、云南和贵州；日本也有分布。生于林下沟中，海拔 1100～1640m。

禾秆亮毛蕨 *Acystopteris tenuisecta*(Bl.) Tagawa 产台湾、广西、四川、云南、西藏；日本、越南、缅甸、印度、马来西亚、新加坡、印度尼西亚、菲律宾等亚洲热带地区及新西兰也有分布。生于林下或沟边阴湿处，海拔 1650～2300m。

膨大短肠蕨 *Allantodia dilatata*(Bl.) Ching 主要生长于热带山地阴湿阔叶林下，分布颇广，西起云南，北达四川，向东经贵州南部至广西、海南、广东、香港、福建、浙江和台湾；尼泊尔、印度、缅甸、泰国、老挝、越南、日本南部、印度尼西亚、马来西亚、菲律宾及热带澳大利亚也有分布。海拔 100～1900m。

光脚短肠蕨 *Allantodia doederleinii*(Luerss.) Ching 分布于浙江、福建、台湾、湖南、广东、香港、广西、四川、贵州和云南。生于阴湿山谷阔叶林下，海拔 500～2300m。

褐色短肠蕨 *Allantodia himalayensis* Ching 产广西、四川、贵州、云南、西藏；印度西北部及东北部大吉岭有分布。生于山箐常绿阔叶林下，海拔 1800～2400m。

鳞轴短肠蕨 *Allantodia hirtipes* (Christ) Ching 分布于湖北、湖南、广西、四川、重庆、贵州和云南；越南也有分布。生于山谷密林下阴湿沟边，海拔 900～2700m。

江南短肠蕨 *Allantodia metteniana* (Miq.) Ching 分布于福建、台湾、广东、广西、云南、贵州、四川、江西和湖南；越南北部、日本也有分布。生于山谷林下，海拔 600～1400m。

假耳羽短肠蕨 *Allantodia okudaerai* (Makino) Ching 分布于江西、湖南、四川、重庆、贵州和云南；也分布于日本及韩国。生于阔叶林下或阴湿处石上，海拔 400～1950m。

假镰羽短肠蕨 *Allantodia petri* (Tard.-Blot) Ching 分布于浙江、台湾、海南、广西、贵州和云南；越南北部、菲律宾及日本南部也有分布。生于热带、亚热带山地常绿阔叶林下，海拔 1000～1750m。

鳞柄短肠蕨 *Allantodia squamigera* (Mett.) Ching 分布于山西、河南、陕西、甘肃、江苏、安徽、浙江、江西、福建、台湾、湖北、广西、四川、重庆、贵州和云南；日本、朝鲜、印度西北部、克什米尔地区也有分布。生于山地阔叶林下，海拔 800～3000m。

深绿短肠蕨 *Allantodia viridissima* (Christ) Ching 产台湾、广东、海南、广西、四川、贵州、云南、西藏；越南、菲律宾、缅甸、尼泊尔、印度东北部至西北部喜马拉雅山区也有分布。生于林下及林缘溪边，海拔 1400～2200m。

斜升假蹄盖蕨 *Athyriopsis dickasonii* (M. Kato) W. M. Chu 分布于湖南、贵州和云南。生于山谷阔叶林下阴湿处，海拔 1400～2300m。

毛轴假蹄盖蕨 *Athyriopsis petersenii* (Kunze) Ching 产河南、陕西、甘肃、江苏、安徽、浙江、江西、福建、台湾、湖南、香港、广西、四川、重庆、贵州、云南、西藏；也分布于日本、韩国、东南亚、南亚、大洋洲。生长于海拔 2500m 以下的常绿阔叶林中的溪边。

金平蹄盖蕨 *Athyrium adpressum* Ching et W. M. Chu 特产于云南东南部。生于苔藓林下，海拔 1700～2600m。

鹿角蹄盖蕨 *Athyrium araiostegioides* Ching 分布于四川西南部和云南东北部。生于落叶阔叶和常绿阔叶混交林下，海拔 1700～2600m。

芽胞蹄盖蕨 *Athyrium clarkei* Bedd. 产贵州、云南；缅甸、尼泊尔和印度也有分布。生于山谷林下阴湿处或水边，海拔 1500～2300m。

翅轴蹄盖蕨 *Athyrium delavayi* Christ 分布于云南、四川、贵州和广西。生于林下，海拔 600～1800m。

轴果蹄盖蕨 *Athyrium epirachis* (Christ) Ching 分布于福建、台湾、湖北西南部、湖南、广东南部、广西、四川、重庆、贵州和云南；日本也有分布。生于常绿阔叶林或竹林下，海拔 800～1800m。

红足蹄盖蕨 *Athyrium erythrocaulon* Ching 分布于福建、台湾、湖北西南部、湖南、

广东南部、广西、四川、重庆、贵州和云南；日本也有分布。生于常绿阔叶林或竹林下，海拔 800～1800m。

长江蹄盖蕨 *Athyrium iseanum* Rosenst.　分布于浙江、福建、广东、广西、贵州、云南、四川、湖南和江苏；日本也有分布。生于林下湿地或石上，海拔 70～2000m。

红苞蹄盖蕨 *Athyrium nakanoi* Makino　产台湾、云南、西藏；日本、不丹、尼泊尔、印度也有分布。生于林下及灌丛中、岩石上或山谷溪边，海拔 1350～2400m。

华东蹄盖蕨 *Athyrium niponicum* (Mett.) Hance　产辽宁、北京、河北、山西、江苏、安徽、台湾、浙江、江西、河南、广东、广西、四川、重庆、贵州、云南；日本、朝鲜半岛、越南、缅甸、尼泊尔也有分布。生于林下、溪边、阴湿山坡、灌丛或草坡上，海拔 1100～2000m。

林下蹄盖蕨 *Athyrium silvicola* Tagawa　分布于台湾、广西、四川和云南；日本和印度北部也有分布。生于山谷常绿阔叶林下、山地雨林下或灌丛疏阴处，海拔 500～2600m。

菜蕨 *Callipteris esculenta* (Retze) J. Sm.　分布于浙江、福建、台湾、广东、广西、云南、贵州、江西和安徽；亚洲热带其他地区也有分布。生于山谷林下湿地，海拔 100～1200m。

双盖蕨 *Diplazium donianum* (Mett.) Tard.-Blot.　分布于安徽、福建、台湾、广东、香港、海南、广西和云南东南部；尼泊尔、不丹、印度北部及西北部、缅甸、越南及日本南部也有分布。生于常绿阔叶林下溪边，海拔 350～1600m。

单叶双盖蕨 *Diplazium subsinuatum* (Wall. ex Hook. et Grev.) Tagawa　分布于长江以南各省份；日本、中南半岛、印度、尼泊尔也有分布。生于溪边或林下酸性土或石上，海拔 200～1600m。

阔羽肠蕨 *Diplaziopsis brunoniana* (Wall.) W. M. Chu　分布于云南东南部及南部、海南、台湾；印度、菲律宾、越南北部也有分布。

华中介蕨 *Dryoathyrium okuboanum* (Makino) Ching　分布于华东、中南、四川和云南；日本也有分布。生于密林下沟中，海拔 500～1800m。

峨眉介蕨 *Dryoathyrium unifurcatum* (Bak.) Ching　分布于陕西、浙江、台湾、湖北、湖南、四川、重庆、贵州和云南；日本也有分布。生于山地林下、沟边阴湿处，海拔 250～2800m。

羽节蕨 *Gymnocarpium jessoense* (Koidz.) Koidz.　分布于黑龙江、辽宁、内蒙古、北京、河北、山西、河南、陕西、宁夏、青海、新疆、四川和云南；也分布于阿富汗、印度、尼泊尔、朝鲜、日本、俄罗斯和北美洲。生于林下阴湿处或山坡，海拔 450～3975m。

东亚羽节蕨 *Gymnocarpium oyamense* (Bak.) Ching　分布于陕西、甘肃、安徽、浙江、江西、台湾、河南、湖北、湖南、四川、重庆、贵州和云南；尼泊尔、日本、菲律宾和新几内亚也有分布。生于林下湿地或石上苔藓中，海拔 300—2900m。

拟鳞毛蕨 *Kuniwatsukia cuspidata* (Bedd.) Pic. Serm.　产广西、贵州、云南、西藏；尼泊尔、不丹、印度、缅甸、泰国、斯里兰卡也有分布。生于常绿林下或灌丛阴湿处，海拔 700～1700m。

昆明蛾眉蕨 *Lunathyrium dolosum*(Christ) Ching 产四川、云南。生于山沟杂林下阴湿处，海拔 1900～2500m。

峨山蛾眉蕨 *Lunathyrium wilsonii*(Christ) Ching 分布于东北、河北、河南、陕西、四川和云南西北部；俄罗斯远东地区和北美洲也有分布。生于山谷林下或灌丛中，海拔 1400～2500m。

大叶假冷蕨 *Pseudocystopteris atkinsonii*(Bedd.) Ching 分布于台湾、河南、山西、陕西、四川、江西、贵州、云南和西藏；印度、尼泊尔、日本也有分布。生于草坡或疏林下，海拔 1210～4000m。

26.肿足蕨科 Hypodematiaceae

肿足蕨 *Hypodematium crenatum*(Forssk.) Kuhn 产云南、甘肃、河南、安徽、台湾、广东、广西、四川、贵州；广泛分布于亚洲亚热带和非洲。生于干旱的石灰岩岩缝，海拔 350～1800m。

27.金星蕨科 Thelypteridaceae

星毛蕨 *Ampelopteris prolifera*(Retz.) Cop. 分布于福建、台湾、广东、广西、贵州、云南和四川；亚洲热带其他地区、大洋洲和非洲也有分布。生于阳光充足的溪边河滩湿地，海拔 100～950m。

边果蕨 *Craspedosorus sinensis* Ching et W. M. Chu 主要分布于亚洲热带和亚热带地区，东至太平洋群岛，西达非洲西部。生于沟边林下，海拔 1400—1500m。

滇东钩毛蕨 *Cyclogramma neoauriculata*(Ching) Tagawa 特产于云南东南部。生于山坡疏林下，海拔 1800m。

干旱毛蕨 *Cyclosorus aridus*(Don) Tagawa 产台湾、浙江、福建、安徽、广东、江西、广西、四川、云南、西藏；也分布于尼泊尔、印度、越南、菲律宾、印度尼西亚、马来西亚、澳大利亚及南太平洋岛屿。生于沟边林下或河边湿地，往往成群丛，海拔 1500～1800m。

齿牙毛蕨 *Cyclosorus dentatus*(Forssk.) Ching 产福建、台湾、广东、海南、云南、江西、广西；印度、缅甸、越南、泰国、印度尼西亚、马达加斯加、阿拉伯、热带非洲、大西洋沿岸岛屿及热带美洲均有分布。生于山谷林下或路旁水池边，海拔 1250～2450m。

华南毛蕨 *Cyclosorus parasiticus*(L.) Farwell. 产浙江、福建、台湾、广东、海南、湖南、江西、重庆、广西、云南；日本、韩国、尼泊尔、缅甸、印度、斯里兰卡、越南、泰国、印度尼西亚、菲律宾也有分布。生于山谷林下或溪边湿地，海拔 690～1900m。

截裂毛蕨 *Cyclosorus truncatus*(Poir.) Farwell. 产台湾、福建、广东、海南、广西和云南；也分布于日本、缅甸、印度、中南半岛、斯里兰卡、马来西亚、菲律宾和澳大利亚。生于溪边林下或山谷湿地，海拔 130～650m。

方秆蕨 *Glaphylopteridopsis erubescens*(Wall. ex Hook.) Ching 产台湾、四川、贵

州、云南；也产于越南、缅甸、不丹、尼泊尔、印度、菲律宾和日本南部。生于沟丛林下，海拔 1800～2200m。

粉红方秆蕨 *Glaphylopteridopsis rufostraminea* (Christ) Ching　分布于云南、贵州、四川和湖北。生于林缘及路旁，海拔 1300～1500m。

普通针毛蕨 *Macrothelypteris toressiana* (Gaud.) Ching　广布于长江以南各省份；亚洲热带其他地区和大洋洲也有分布。生于山谷湿处，从海岸起到海拔 1000m。

薄叶凸轴蕨 *Metathelypteris flaccida* (Bl.) Ching　产贵州中南部、云南南部和西部；也分布于越南、印度、斯里兰卡、泰国、马来西亚和菲律宾。生于沟边林下，海拔 700～1800m。

长根金星蕨 *Parathelypteris beddomei* (Bak.) Ching　产浙江、台湾、云南；也分布于日本南部、印度、马来西亚、菲律宾和印度尼西亚。生于山地草甸、溪边或湿地，海拔 1650～2500m。

金星蕨 *Parathelypteris glanduligera* (Kunze) Ching　分布于长江以南各省份，向西南到云南；朝鲜、日本、印度也有分布。生于疏林下，海拔 50～1500m。

光脚金星蕨 *Parathelypteris japonica* (Bak.) Ching　产江苏北部、江西、福建北部、台湾、贵州中部和北部、四川西部和云南；日本和韩国南部也有分布。生于林下阴处，海拔达 1000m。

长毛金星蕨 *Parathelypteris petelotii* (Ching) Ching　产广西南部；越南也有分布。生于常绿林下，海拔 1500m。

延羽卵果蕨 *Phegopteris decursive-pinnata* (H. C. Hall) Fée.　广布于我国亚热带地区，北达河南南部及陕西秦岭，东至台湾平原地区，向西达四川、贵州和云南东北部及东部；日本、韩国南部和越南北部也产。生于路边林下，海拔 850～2000m。

红色新月蕨 *Pronephrium lakhimpurense* (Rosenst.) Holtt.　产福建、江西、广东、广西、四川、重庆、云南；也产印度北部、越南和泰国北部。生于山谷或林沟边，海拔 1300～1550m。

披针新月蕨 *Pronephrium penangianum* (Hook.) Holtt.　产河南、湖北、江西、浙江、广东、广西、湖南、四川、贵州、云南；印度、尼泊尔也有分布。生于群生林下或阴湿处水沟边，海拔 900～2600m。

单叶新月蕨 *Pronephrium simplex* (Hook.) Holtt.　分布于台湾、广东、广西和云南。生于溪边林下，海拔 20～1500m。

西南假毛蕨 *Pseudocyclosorus esquirolii* (Christ) Ching　产台湾、福建、广西、湖南、四川、重庆、云南、贵州，在西南各省极为常见；缅甸、东喜马拉雅也有分布。生于山谷溪边或箐沟边，海拔 1450～2400m。

假毛蕨 *Pseudocyclosorus tylodes* (Kze.) Holtt.　产海南、广东、广西、四川、贵州、云南、西藏东南部；也广泛分布于印度、斯里兰卡、缅甸和中南半岛。生于溪边林下或岩石上，海拔 1200～2000m。

密毛紫柄蕨 *Pseudophegopteris pyrrhorachis* (Kunze) Ching var. *hirtirachis* (C. Chr.) Ching　广布于长江以南各省份，西南达云南，西北到甘肃南部，向北到河南；不丹、尼

泊尔、印度、缅甸、越南和斯里兰卡也有分布。生于溪边林下，海拔 800～2400m。

云贵紫柄蕨 *Pseudophegopteris yunkweiensis*(Ching) Ching　产贵州西南部和云南东南部；越南北部也有分布。生于沟边林下。

贯众叶溪边蕨 *Stegnogramma cyrtomioides*(C. Chr.) Ching　产云南东北部、四川西部(大相岭)、贵州。生于灌丛中，海拔达 1500m。

28.铁角蕨科 Aspleniaceae

齿果铁角蕨 *Asplenium cheilosorum* Kunze ex Mett.　分布于福建、台湾、广东、广西、云南和西藏；亚洲热带其他地区也有分布。生于密林下或溪旁石岩上。

剑叶铁角蕨 *Asplenium ensiforme* Wall. ex Hook. et Grev.　广布于台湾、江西、湖南、广东、广西、四川、贵州、云南、西藏；印度北部及西北部、尼泊尔、不丹、斯里兰卡、缅甸、泰国、越南、日本南部均有分布。生于密林下岩石上或树干上，海拔 1800～2200m。

切边铁角蕨 *Asplenium excisum* Presl　产台湾、广东、海南、广西、贵州、云南、西藏；印度北部、缅甸、泰国、越南、马来西亚及菲律宾也有分布。生于密林下阴湿处或溪边岩石上，或附生树干上，海拔 1300～1700m。

网脉铁角蕨 *Asplenium finlaysonianum* Wall. ex Hook.　产海南、广西和云南南部；印度、越南、马来西亚和印度尼西亚也有分布。生于密林下潮湿岩石上或树干上，海拔 700～1100m。

倒挂铁角蕨 *Asplenium normale* Don　产江苏、浙江、江西、福建、台湾、湖南、广东、广西、四川、贵州、云南、西藏；也广泛分布于尼泊尔、印度、斯里兰卡、缅甸、越南、马来西亚、菲律宾、日本、澳大利亚、马达加斯加及夏威夷等太平洋岛屿。生于密林下或溪边石上，海拔 1600～2500m。

膜叶铁角蕨 *Asplenium obliguissinum*(Hayata) Sugimoto.　产江西、台湾、湖北、湖南、广东、海南、广西、四川、贵州、云南；也广布于日本、菲律宾、印度尼西亚、马来西亚、越南、缅甸、印度、斯里兰卡及马达加斯加等地。生于林下或溪边石上，海拔 2000～2200m。

长生铁角蕨 *Asplenium prolongatum* Hook.　产甘肃、浙江、江西、福建、台湾、湖北、湖南、广东、广西、四川、贵州、云南；印度、斯里兰卡、缅甸、中南半岛、日本、韩国南部、斐济群岛也有分布。附生树干上或潮湿的岩石上，海拔 850～1800m。

细裂铁角蕨 *Asplenium tenuifolium* D. Don　产台湾、海南、广西、贵州、四川、云南、西藏；印度、斯里兰卡、不丹、尼泊尔、缅甸、越南、马来西亚、印度尼西亚、菲律宾也有分布。生于杂木林下潮湿岩石上或附生树上，海拔 1200～2400m。

半边铁角蕨 *Asplenium unilaterale* Lam.　产江西、台湾、湖北、湖南、广东、海南、广西、四川、贵州、云南；也广布于日本、菲律宾、印度尼西亚、马来西亚、越南、缅甸、印度、斯里兰卡及马达加斯加等地。生于林下或溪边石上，海拔 2000～2200m。

变异铁角蕨 *Asplenium varians* Wall. ex Hook. et Grev.　产陕西、四川、云南、西藏；尼泊尔、不丹、印度、斯里兰卡、中南半岛、夏威夷群岛和非洲南部也有分布。生于杂木林下潮湿岩石上或岩壁上或附生树干上，海拔 1650～2500m。

扁柄铁角蕨 *Asplenium yoshinogae* Makino. 产江西、台湾、湖北、湖南、广东、海南、广西、四川、贵州、云南；也广布于日本、菲律宾、印度尼西亚、马来西亚、越南、缅甸、印度、斯里兰卡及马达加斯加等地。生于林下或溪边石上，海拔 2000～2200m。

云南铁角蕨 *Asplenium yunnanense* Franch. 产河北、河南、广西、四川、贵州、西藏和云南；印度、缅甸、越南均有分布。生于林下岩石缝隙中，海拔 1100～3300m。

29.球子蕨科 Onocleaceae

中华荚果蕨 *Matteuccia intermedia* C. Chr. 产河北、山西、陕西、甘肃、四川和云南。生于高山林下，海拔 900～3200m。

东方乌毛蕨 *Blechnum orientale* L. 产广东、广西、海南、台湾、福建、西藏、四川、重庆、云南、贵州、湖南、江西、浙江；也分布于印度、斯里兰卡、东南亚、日本至波利尼西亚。生于阴湿的水沟边及坑穴边缘，也生长于山坡灌丛中或疏林下，海拔 400～1500m。

荚果蕨 *Matteuccia struthiopteris*(L.) Todaro 产黑龙江、吉林、辽宁、内蒙古、河北、山西、河南、湖北、陕西、甘肃、四川、新疆和西藏、云南；也广布于日本、朝鲜、俄罗斯、北美洲和欧洲。生于山谷林下或河岸湿地，海拔 80～3000m。

30.乌毛蕨科 Blechnaceae

东方乌毛蕨 *Blechnum orientale* L. 分布于福建、台湾、广东、广西、贵州、云南、四川和江西；亚洲热带其他地区也有分布。生于灌丛中或溪边，海拔 100～1300m。

荚囊蕨 *Struthiopteris eburnea*(Christ) Ching 分布于四川、贵州、广西和湖南。丛生于干旱石灰岩壁上，海拔 500～1800m。

狗脊蕨 *Woodwardia japonica*(L. F.) Sm. 广布于长江以南各省份，向西南到云南；日本也有分布。生于疏林下，为酸性土指示植物。

单芽狗脊 *Woodwardia unigemmata*(Makino) Nakai 广布于陕西、甘肃、四川、西藏、云南、贵州、湖南、江西、福建、广东、广西及台湾；日本、菲律宾、越南北部、缅甸、不丹、尼泊尔及印度北部均有分布。生于疏林下或路边灌丛中，喜钙质土，海拔 1450～2200m。

31.岩蕨科 Woodsiaceae

蜘蛛岩蕨 *Woodsia andersonii*(Bedd.) Christ 分布于云南、四川、陕西、甘肃和青海。生于石缝中，海拔 2500～4100m。

栗柄岩蕨 *Woodsia cycloloba* Hand.-Mazz. 产云南、四川、陕西和西藏。生于林下石缝中或岩壁上，海拔 2900～4600m。

耳羽岩蕨 *Woodsia polystichoides* Eaton 分布于东北、华北、西北、西南、华中及华东；朝鲜、日本也有分布。生于石缝中，海拔 250～2700m。

密毛岩蕨 *Woodsia rosthorniana* Diels　分布于云南、四川、陕西、河北、辽宁，生林下石上或灌丛中，海拔 1000～3000m。

32.球盖蕨科 Peranemaceae

鱼鳞蕨 *Acrophorus stipellatus*(Wall.) Moore　产西藏、云南、四川、贵州、广西、广东、湖南、江西、福建、台湾；也广泛分布于印度、不丹、尼泊尔、越南、菲律宾及日本。生于林下溪边，海拔 1500～2300m。

红腺蕨 *Diacalpe aspidioides* Bl.　产云南、海南、台湾；也广泛分布于尼泊尔、不丹、印度、斯里兰卡、越南、泰国、缅甸、马来西亚、菲律宾。生于密林下溪边，海拔 1200～2300m。

东亚柄盖蕨 *Peranema cyatheoides* Don var. *luzonicum*(Cop.) Ching et S. H. Wu　产云南、四川、湖北、广西、台湾；也分布于菲律宾。生于常绿阔叶林下，海拔 2200～2400m。

33.鳞毛蕨科 Dryopteridaceae

华西复叶耳蕨 *Arachniodes simulans*(Ching) Ching　产甘肃、江西、湖北、湖南、四川、贵州、云南；越南、不丹也有分布。生于山谷林下，海拔 1000～2400m。

斜方复叶耳蕨 *Arachniodes rhomboidea*(Wall. ex Mett.) Ching　广布于长江以南各省份；日本、缅甸、印度、尼泊尔也有分布。生于林下或溪边，海拔 80～1200m。

刺齿贯众 *Cyrtomium caryotideum*(Wall. ex Hook. et Grev.) Presl　产陕西、甘肃、江西、台湾、湖北、湖南、广东、四川、贵州、云南、西藏；也分布于日本、菲律宾、越南、尼泊尔、不丹、印度、巴基斯坦。生于林下，海拔 1600～2300m。

贯众 *Cyrtomium fortunei* J. Sm.　产河北、山西、陕西、山东、江苏、安徽、浙江、江西、福建、台湾、河南、湖北、湖南、广东、广西、四川、贵州、云南；也分布于日本、朝鲜、越南、泰国。生于空旷石灰岩缝或林下，海拔 1500～2400m。

尖羽贯众 *Cyrtomium hookerianum*(Presl) C. Chr.　产四川、西藏、广西、贵州、云南、湖南、台湾；越南、印度、不丹、尼泊尔、日本也有分布。生于常绿阔叶林下，海拔 1300～2100m。

大叶贯众 *Cyrtomium macrophyllum*(Makino) Tagawa　产江西、台湾、陕西、甘肃、湖北、湖南、四川、贵州、云南、西藏；也分布于日本、不丹、尼泊尔、印度、巴基斯坦。生于林下，海拔 1750～2400m。

暗鳞鳞毛蕨 *Dryopteris atrata*(Kunze) Ching　产长江以南各省份，东到台湾，北到甘肃，西南达西藏；印度、斯里兰卡、不丹、尼泊尔、缅甸、泰国、中南半岛也有分布。生于常绿阔叶林下，海拔 1500～2000m。

大羽鳞毛蕨 *Dryopteris wallichiana*(Christ) C. Chr.　产湖南、四川、贵州和云南。生于常绿阔叶林下，海拔 1000～1800m。

阔鳞鳞毛蕨 *Dryopteris championii*(Benth.) C. Chr.　分布于山东、江苏、浙江、江西、福建、河南、湖南、广东、香港、广西、四川、贵州、云南、西藏；日本也有分布。生于疏林下或灌丛中，海拔 300～1500m。

金冠鳞毛蕨 *Dryopteris chrysocoma* (Christ) C. Chr.　产四川、贵州、云南、西藏；印度、不丹、尼泊尔、缅甸也有分布。生于灌丛中或常绿阔叶林缘，海拔 2400～3000m。

边生鳞毛蕨 *Dryopteris handeliana* (Franch. et Sav.) C. Chr.　产安徽、江西、福建、台湾、湖北、广西、四川、贵州、云南和西藏；日本、印度也有分布。生于常绿阔叶林下，海拔 700～2080m。

红盖鳞毛蕨 *Dryopteris erythrosora* (Eaton) O. Ktze.　产江苏、安徽、浙江、江西、福建、湖南、湖北、广东、广西、四川、贵州和云南；日本、朝鲜也有分布。生于林下。

粗齿鳞毛蕨 *Dryopteris juxtaposita* Christ　产甘肃、四川、贵州、云南、西藏；分布于印度、不丹、尼泊尔、缅甸。生于山谷、河边，海拔 1500～2500m。

平行鳞毛蕨 *Dryopteris indusiata* (Makino) Yamam. ex Yamam.　产浙江、江西、福建、湖南、广西、四川、贵州和云南；日本也有分布。生长于亚热带常绿阔叶林中。

边果鳞毛蕨 *Dryopteris marginata* (C. B. Clarke) Christ　产台湾、广西、四川、贵州、云南；印度、尼泊尔、缅甸、泰国、越南也有分布。生于沟边林下，海拔 1100～2300m。

近川西鳞毛蕨 *Dryopteris neorosthornii* Ching　产四川、云南和西藏；印度、尼泊尔、不丹也有分布。生于林下，海拔 1500～3100m。

假稀羽鳞毛蕨 *Dryopteris pseudosparsa* Ching　产广西、四川、贵州和云南。生于林下。

倒鳞鳞毛蕨 *Dryopteris reflexosquamata* Hayata.　产台湾、湖南、四川、贵州和云南。生于林下溪沟边，海拔 1400～2800m。

无盖鳞毛蕨 *Dryopteris scottii* (Bedd.) Ching ex C. Chr.　产江苏、安徽、浙江、江西、福建、台湾、广东、广西、海南、四川、贵州、云南；印度、不丹、泰国、缅甸、越南、日本也有分布。生于林下，海拔 1500～2200m。

稀羽鳞毛蕨 *Dryopteris sparsa* (Buch.-Ham. ex D. Don) O. Ktze.　产陕西、安徽、浙江、江西、福建、台湾、广东、海南、香港、广西、四川、贵州、云南、西藏；印度、不丹、尼泊尔、缅甸、泰国、越南、印度尼西亚、日本也有分布。生于林下溪边，海拔 1500～2000m。

狭鳞鳞毛蕨 *Dryopteris stenolepis* (Bak.) C. Chr.　产甘肃、广西、四川、云南、西藏；印度、不丹也有分布。生于溪边林下，海拔 1700～2200m。

变异鳞毛蕨 *Dryopteris varia* (L.) O. Ktze.　产陕西、河南、江苏、安徽、浙江、江西、福建、台湾、湖南、湖北、广东、广西、四川、贵州和云南；日本、朝鲜、菲律宾和印度等国也有分布。

大羽鳞毛蕨 *Dryopteris wallichiana* (Spreng.) Hyland.　产陕西、江西、福建、台湾、四川、贵州、云南、西藏；马来西亚、尼泊尔、缅甸、印度、日本也有分布。生于林下，海拔 1500～2400m。

栗柄鳞毛蕨 *Dryopteris yoroii* Serizawa　产台湾、广西、四川、贵州、云南和西藏；印度、尼泊尔、不丹和缅甸也有分布。生于林下溪边，海拔 500～2000m。

四回毛枝蕨 *Leptorumohra quadripinnata*(Hayata)H. Ito　产台湾、广西、四川、贵州、云南；日本也有分布。生于山谷林下，海拔 2000～2300m。

有盖肉刺蕨 *Nothoperanema hendersonii*(Bedd.)Ching　产台湾、贵州、云南；日本、尼泊尔、印度、泰国、缅甸也有分布。生于林下或灌丛中，海拔 1060～2500m。

鞭叶耳蕨 *Polystichum craspedosorum*(Maxim.)Diels　分布于东北、华北、西北、湖北、湖南、四川、贵州、浙江和山东；朝鲜、日本也有分布。生于阴湿石岩上。

无盖耳蕨 *Polystichum gymnocarpium* Ching ex W. M. Chu et Z. R. He　产台湾、广西、贵州、云南；日本也有分布。生于林下，海拔 1500～2300m。

芒齿耳蕨 *Polystichum hecatopteron* Diels　分布于云南、广西、贵州、四川、湖北和湖南。生于林下岩石上，海拔 1500～2500m。

长鳞耳蕨 *Polystichum longipaleatum* Christ　分布于云南、贵州、广西、四川、湖南和西藏。生于林下，海拔 700～2300m。

黑鳞耳蕨 *Polystichum makinoi*(Tagawa)Tagawa　产河北、陕西、甘肃、江苏、安徽、浙江、江西、福建、河南、湖北、湖南、广西、四川、贵州、云南、西藏；尼泊尔、不丹、日本也有分布。生于林下湿地、岩石上，海拔 1600～2300m。

革叶耳蕨 *Polystichum neolobatum* Nakai　分布于云南、四川、陕西、甘肃和浙江(天目山)；日本也有分布。生于林下，海拔 1400～2200m。

半育耳蕨 *Polystichum semifertile*(Clarke)Ching　产四川、云南、西藏；印度、尼泊尔、缅甸、泰国、越南也有分布。生于山坡、河谷、箐沟的阔叶林、混交林、苔藓林下湿地，海拔 1000～3000m。

拟流苏耳蕨 *Polystichum subfimbriatum* W. M. Chu et Z. R. He　产云南东北部(宜良、镇雄)。

34.三叉蕨科 Aspidiaceae

虹鳞肋毛蕨 *Ctenitis rhodolepis*(Clarke)Ching　分布于云南、广西、贵州、四川、湖北和台湾；亚洲热带其他地区也有分布。生于林下湿石缝中，海拔 500～3600m。

棕毛轴脉蕨 *Ctenitopsis setulosa*(Bak.)C. Chr. ex Tard.-Blot. et C. Chr.　产云南、广西、广东；越南、印度也有分布。生于山地密林下，海拔 500～1700m。

顶囊轴鳞蕨 *Dryopsis apiciflora*(Wall. ex Mett.)Holttum et P. J. Edwards　产台湾、四川、广西、云南、西藏；缅甸、印度北部及西北部、不丹及尼泊尔也有分布。生于山地密林下，海拔 2000～2300m。

膜边轴鳞蕨 *Dryopsis clarkei*(Bak.)Holttum et P. J. Edwards　产云南、四川、贵州、广西、西藏；缅甸、印度、不丹、尼泊尔也有分布。生于山地密林下，海拔 1500～2500m。

异鳞轴鳞蕨 *Dryopsis heterolaena*(C. Chr.)Holttum et P. J. Edwards　产云南、四川、贵州、广西、西藏。生于山地密林下，海拔 1500～2200m。

泡鳞轴鳞蕨 *Dryopsis mariformis*(Rosenst.)Holttum et P. J. Edwards　产云南、广西、四川、重庆、贵州、福建、湖南、江西、浙江。生于林下，海拔 1500～2500m。

35.实蕨科 Bolbitidaceae

长叶实蕨 *Bolbitis heteroclita*(Presl) Ching 产台湾、福建、海南、广西、四川、重庆、贵州、云南；印度、尼泊尔、孟加拉国、越南、泰国、缅甸、马来西亚、菲律宾、印度尼西亚、美拉尼西亚群岛也有分布。生于林下树干基部或岩石上，海拔 500～1500m。

刺蕨 *Egenolfia appendiculata*(Walld.) J. Sm. 分布于台湾、广东、广西、云南；亚洲热带其他地区也有分布。生于山谷林下或溪边湿石上，海拔 50～1200m。

36.舌蕨科 Elaphoglossaceae

褐斑舌蕨 *Elaphoglossum conforme*(Sw.) Schott 产台湾、广西、贵州、四川、云南、西藏；印度也有分布。生于杂木林中，附生于树干上或岩石上，海拔 1480～2300m。

37.条蕨科 Oleandraceae

高山条蕨 *Oleandra wallichii*(Hook.) Presl 产台湾、广西、四川、云南、西藏；印度、尼泊尔、缅甸、泰国、越南也有分布。附生于树上或林中，海拔 1750～2300m。

38.肾蕨科 Nephrolepidaceae

肾蕨 *Nephrolepis auriculata*(L.) Trimen 产福建、台湾、广东、海南、广西、贵州、云南、浙江、湖南、西藏；分布于全世界热带及亚热带，日本也产。生于溪边林下或附生树上，海拔 630～1900m。

39.骨碎补科 Davalliaceae

鳞轴小膜盖蕨 *Araiostegia perdurans*(Christ) Cop. 产四川、贵州、西藏、广西、浙江、江西、福建、台湾、云南。生于林下树干上或岩石上，海拔 1900～2400m。

阴石蕨 *Humata repens*(L. f.) Diels 分布于福建、台湾、广东、广西、四川(峨眉山)、贵州和云南；亚洲热带其他地区也有分布。附生于溪边树上或石上，海拔 500～1900m。

大膜盖蕨 *Leucostegia immersa*(Wall. ex Hook.) Presl 产台湾、广西、云南、西藏；越南、泰国、印度、尼泊尔、菲律宾、马来西亚及波利尼西亚也有分布。生于林下或灌丛中，海拔 1000～2300m。

40.雨蕨科 Gymnogrammitidaceae

雨蕨 *Gymnogrammitis dareiformis*(Hook.) Ching ex Tard.-Blot. et C. Chr. 产海南、广东、广西、湖南、贵州、云南、西藏；印度北部及西北部、尼泊尔、不丹、缅甸、泰国、老挝、柬埔寨及越南也有分布。生于山地林下，常附生于树干上，叶于雨季生长，旱季干枯，海拔 1300～2400m。

41.双扇蕨科 Dipteridaceae

中华双扇蕨 *Dipteris chinensis* Christ 分布于西藏、云南、贵州和广西；中南半岛、缅甸北部也有分布。生于灌丛中，海拔 800～2100m。

42.水龙骨科 Polypodiaceae

节肢蕨 *Arthromeris lehmannii*(Mett.) Ching 产云南、西藏、四川、广西、广东、海南、湖北、江西、浙江、台湾；不丹、尼泊尔、印度、缅甸、泰国、菲律宾也有分布。附生于树干上或石上，海拔 1000～2300m。

线蕨 *Colysis elliptica*(Thunb.) Ching 分布于长江以南各省份；越南、日本也有分布。生于林下，海拔 70～1300m。

滇线蕨 *Colysis pentaphylla*(Baker) Ching 产广东、海南、广西、云南、贵州、西藏；老挝、缅甸、泰国也有分布。生于林下，海拔 1500～2300m。

伏石蕨 *Lemmaphyllum microphyllum* Presl 分布于福建、台湾、广东、广西、云南、湖北、湖南和江西；越南、朝鲜、日本也有分布。附生于树干上或岩石上，海拔 500～1500m。

骨牌蕨 *Lepidogrammitis rostrata*(Bedd.) Ching 产浙江、湖南、广东、海南、广西、四川、贵州、云南；也分布于越南、老挝、缅甸、泰国、印度、不丹、尼泊尔。附生于林下树干上或岩石上，海拔 1400～1700m。

二色瓦韦 *Lepisorus bicolor*(Takeda) Ching 产四川、贵州、云南、西藏；也产尼泊尔、印度。生于林下沟边、山坡路旁岩石缝，或林下树干上，海拔 1800～2300m。

大瓦韦 *Lepisorus macrosphaerus*(Bak.) Ching 产四川、贵州、西藏、甘肃、云南；尼泊尔、印度也有分布。附生于树干上或岩石上，海拔 1340～2400m。

棕鳞瓦韦 *Lepisorus scolopendrium*(Ham. ex D. Don) Mehra et Bir 产海南、四川、西藏、云南、贵州、台湾；缅甸、泰国、尼泊尔、印度也有分布。附生于林下树干上或岩石上，海拔 1500～2400m。

褐叶星蕨 *Microsorum superficiale*(Bl.) Ching 产安徽、浙江、江西、福建、台湾、湖北、湖南、广东、广西、四川、贵州、云南和西藏；日本和越南也有分布。攀缘于林中树干上或附生于岩石上，海拔 200～2000m。

似薄唇蕨 *paraleptochilus decurrens*(Bl.) Copel 产台湾、海南、广西、贵州和云南；中南半岛、印度和波利尼西亚也有分布。生于密林下阴湿的溪边岩石上或小乔木的树干基部。

大果假瘤蕨 *Phymatopteris griffithiana*(Hook.) Pic. Serm. 产云南、西藏、四川、贵州、安徽、湖南；越南、泰国、缅甸、印度、尼泊尔、不丹也有分布。附生于树上或石上，海拔 1300～2200m。

尖裂假瘤蕨 *Phymatopteris oxyloba*(Wall. ex Kunze) Pic. Serm. 产云南、四川、广西、广东；越南、缅甸、泰国、印度、尼泊尔也有分布。土生或附生于树干基部和林缘石上，海拔 1600～2300m。

喙叶假瘤蕨 *Phymatopteris rhynchophylla*(Hook.) Pic. Serm.　产云南、四川、贵州、广西、广东、湖南、湖北、江西、福建、台湾；越南、老挝、柬埔寨、印度尼西亚、缅甸、泰国、印度、不丹、尼泊尔、菲律宾也有分布。附生于树干上或岩石上，海拔1800～2400m。

川拟水龙骨 *Polypodiastrum dielseanum*(C. Chr.) Ching　产云南和四川；印度东北部也有分布。附生于树干上或岩石上，海拔 1600～1800m。

蒙自拟水龙骨 *Polypodiastrum mengtzeense*(Christ) Ching　产云南、广西、广东、台湾；越南、老挝、泰国、菲律宾、印度、尼泊尔、日本也有分布。附生于树干上或石上，海拔 1500～2500m。

友水龙骨 *Polypodiodes amoena*(Wall. ex Mett.) Ching　产云南、西藏、四川、贵州、广西、广东、湖南、湖北、江西、浙江、安徽、台湾、山西；越南、老挝、泰国、缅甸、印度、尼泊尔、不丹也有分布。附生于石上或大树干上，海拔 1800～2400m。

石韦 *Pyrrosia lingua*(Thunb.) Farwell　产长江以南各省份，北至甘肃、西到西藏、东到台湾；印度、越南、朝鲜、日本也有分布。附生于树干上或岩石上，海拔 1500～2000m。

43.槲蕨科 Drynariaceae

槲蕨 *Drynaria fortunei*(Kunze ex Mett.) J. Sm.　分布于浙江、福建、台湾、广东、广西、贵州、云南、四川、江西、湖南和湖北；越南、老挝也有分布。附生于树干或石上，海拔 270～1800m。

石莲姜槲蕨 *Drynaria propinqua*(Wall. ex Mett.) J. Sm. ex Bedd.　产广西、四川、贵州、云南、西藏；越南、泰国、缅甸、老挝、印度、尼泊尔、不丹也有分布。附生于树干上，海拔 1500～2200m。

44.剑蕨科 Loxogrammaceae

中华剑蕨 *Loxogramme chinensis* Ching　产浙江、安徽、江西、福建、台湾、广东、广西、四川、贵州、云南、西藏；尼泊尔、不丹、印度、缅甸、越南、泰国也有分布。生于林下石上或树干上，海拔 1300～2400m。

褐柄剑蕨 *Loxogramme duclouxii* Christ　产台湾、浙江、安徽、河南、江西、湖北、湖南、广西、四川、贵州、云南、甘肃和陕西；也分布于日本、韩国、印度和越南。附生于常绿阔叶林下岩石上或树干上，海拔 800～2500m。

匙叶剑蕨 *Loxogramme grammitoides*(Bak.) C. Chr.　分布于福建、台湾、安徽、西南和华中；日本也有分布。附生于石上苔藓植物群中，海拔 600～2000m。

45.蘋科 Marsileaceae

田字蘋 *Marsilea quadrifolia* L.　广布于长江以南各省份，北达华北和辽宁；世界温热两带其他地区也有分布。生于水田或池塘中。

46.槐叶蘋科 Salviniaceae

槐叶蘋 *Salvinia natans*(L.) All. 广布于长江以南及华北和东北；越南、印度、日本、欧洲也有分布。生于水田、池塘和静水溪河内。

47.满江红科 Azollaceae

满江红 *Azolla imbricata*(Roxb.) Nakai 广布于长江以南各省份；朝鲜、日本也有分布。生于水田或池塘中。

第9章 珍稀濒危保护植物

9.1 珍稀濒危保护植物背景

由于人类对自然资源的过度利用，以及由此造成的自然环境恶化，地球上很多物种正在受到严重的生存威胁。据世界自然保护联盟(International Union for Conservation of Nature，IUCN)的估计，全球已知的25万种高等植物中已有2万～2.5万种即约10%的种类生存环境受到严重威胁。而中国高等植物处在濒危或临近濒危的种类4000～5000种，占我国高等植物种数的15%～20%(《中国生物多样性保护行动计划》，1994年)，这一比例已超过世界平均水平。

珍稀濒危动植物及生物多样性的保护多年来一直得到国际上和国家政府的重视。中国是签署《生物多样性公约》和《濒危野生动植物种国际贸易公约》的最早缔约国之一，承担着保护生物多样性和濒危野生动植物的法律义务。1984年9月20日，中国政府颁布了《中华人民共和国森林法》，1988年11月8日会议通过了《中华人民共和国野生动物保护法》，1996年9月30日又发布了《中华人民共和国野生植物保护条例》，这些法律法规的出台，意味着正式将森林资源及野生动植物保护纳入法治轨道中。

珍稀濒危野生植物等级划分和濒危程度的评价可以从三个方面来认识：①中华人民共和国公布的保护级别，体现了国家对珍稀濒危重点保护植物实行分级管理的原则。1999年8月国务院公布的国家重点保护野生植物名录(第一批)分为两级，“Ⅰ级”管理权属于国家，“Ⅱ级”由省级进行管理。②濒危等级划分，将生存受威胁的植物划分为“稀有”“濒危”和“渐危”三个级别，这是1980年由世界自然保护联盟(IUCN)、联合国环境规划署(United Nations Environment Programme，UNEP)和世界野生生物基金会(World Wildlife Fund International，WWF)联合在《世界自然资源保护大纲》中公布的级别。③世界自然保护联盟(IUCN)以“红皮书”形式公布世界不同等级受威胁的植物名单，几经讨论后，于1994年在瑞士格朗德召开的理事会第40次会议上通过了《世界物种红色名录濒危等级》(IUCN Red List Categories)，将受威胁的物种划分为灭绝(extinct)、野外灭绝(extinct in the wild)、极危(critically endangered)、濒危(endangered)、易危(vulnerable)、低危(lower risk)、数据缺乏(data deficient)和未评估(not evaluated)8个等级，其中低危级又划分为依赖保护、接近威胁、安全3个亚级，并列出受威胁等级的定量化指标。

从保护植物濒危等级的划分上，所采用的濒危种、渐危种(易为种)和稀有种3个等级，其含义是有明显差异的。濒危种是指已经面临灭绝的危险，如果致危因素继续存在，它们就不可能生存。包括那些由于生殖能力很弱和生殖受阻，种群数量减少到临界水平以下，或是栖息地面积急剧缩小或被急剧破坏，有可能随时灭绝的种类。渐危种是指如果致危因素继续存在，将很快成为濒危种的类群。包括那些被过度开发和栖息地被严重破坏或环境被其他因素干扰等，使大部分或全部类群的数量继续下降的种类。同时还包括那些尽管种群较丰富但它们的分布范围都处于严重威胁之中的种类。稀有种是指虽然在全球范围内数量很少，但目前尚不处于濒危状态的种类。这些种类常常较专一地分布在有限的地理区域或栖息地，或者是稀疏地分布在较广的范围内，种群数量都很少。

从保护的重要等级上，Ⅰ级重点保护植物是指具有极为重要的科研、经济和文化价值的稀有、濒危的种类；Ⅱ级重点保护植物是指在科研或经济上有重要意义的稀有或濒危的种类；Ⅲ级重点保护植物是指在科研或经济上有一定意义的渐危或稀有的种类。

1984 年 7～10 月，国务院环境保护委员会向各省、自治区、直辖市人民政府及国务院有关部委发出通知并在《中国环境报》上公布了我国第一批《珍稀濒危保护植物名录》，共计 354 种。1987 年，国家环境保护局和中国科学院植物研究所共同撰写的《中国珍稀濒危保护植物名录》(第一册)也采用了这一体系划分级别，它在《珍稀濒危保护植物名录》354 种的基础上增加了 35 种，共计 389 种，包括蕨类植物 13 种，裸子植物 71 种和被子植物 305 种；其中列为Ⅰ级重点保护的 8 种，Ⅱ级重点保护的 159 种，Ⅲ级重点保护的 222 种；定为濒危的种类 121 种，渐危的种类 158 种，稀有的种类 110 种。

1999 年 8 月，国家颁布了《国家重点保护野生植物名录(第一批)》，包括Ⅰ级重点保护植物 51 种(属或科)，Ⅱ级重点保护植物 202 种(属或科)。

云南省政府也于 1989 年 2 月(云政发〔1989〕110 号文)公布了《云南省第一批省级重点保护野生植物名录》，共计 218 种。其中，定为云南省Ⅰ级重点保护的植物 5 种，云南省Ⅱ级重点保护的植物 55 种，云南省Ⅲ级重点保护的植物 158 种。1995 年 9 月 27 日，云南省人大常委会公告(第 42 号)公布了《云南省珍贵树种保护条例》，并同时公布了“分布于云南省内的国家珍贵树种名录(第一批)”59 种；同年，云南省林业和草原局经省政府批准，以“云南省林业厅保护字(1995)581 号文”公布了“云南省珍贵树种名录(第一批)”，含 20 种及所有苏铁属种。这些工作表明云南省对野生植物的保护十分重视。

本章中的国家级珍稀濒危保护植物和云南省级重点保护植物分别依据《中国珍稀濒危保护植物名录》第一册(1987 年)，《国家重点保护野生植物名录(第一批)》(1999 年)和《云南省第一批省级重点保护野生植物名录》确定。

9.2 珍稀濒危保护植物的基本情况

1.国家重点保护野生植物

按 1999 年国家颁布的《国家重点保护野生植物名录(第一批)》统计，保护区共有国家重点保护野生植物 13 种，隶属 10 科 11 属，其中蕨类植物 2 科 3 属 5 种，裸子植物 2 科 2 属 2 种，被子植物 6 科 6 属 6 种。

13 种国家重点保护野生植物，占该名录 253 种的 5.14%。按保护级别划分，属于国家Ⅰ级重点保护的 2 种，属于国家Ⅱ级重点保护的 11 种，见表 9-1。

表 9-1　保护区国家重点保护野生植物一览表

序号	中文名	拉丁名	保护级别	属分布区	种分布区	分布点
1	珙桐	*Davidia involucrata*	Ⅰ	15	15.4.3	三江口片区，海拔 2000m
2	南方红豆杉	*Taxus chinensis* var. *mairei*	Ⅰ	8	15.4.2.6	三江口片区、海子坪片区，海拔 1500～2000m
3	福建柏	*Fokienia hodginsii*	Ⅱ	7.4	7.4	三江口片区，海拔 1520m
4	连香树	*Cercidiphyllum japonicum*	Ⅱ	14.2	15.4.3	三江口片区，海拔 1810m
5	香果树	*Emmenopterys henryi*	Ⅱ	7.3	15.4.3	海子坪片区，海拔 1550m
6	十齿花	*Dipentodon sinicus*	Ⅱ	14.1	15.4.2.2	海子坪片区、朝天马片区，海拔 1500～2060m
7	水青树	*Tetracentron sinense*	Ⅱ	14.1	14.1	三江口片区、朝天马片区，海拔 1750～1850m
8	川黄檗	*Phellodendron chinense*	Ⅱ	14.2	15.4.3	三江口片区、朝天马片区，海拔 1820～2000m
9	金毛狗	*Cibotium barometz*	Ⅱ			生于山脚沟边及林下阴处酸性土上
10	中华桫椤	*Alsophila costularis*	Ⅱ			生于沟谷林中，海拔 700～2100m
11	桫椤	*Alsophila spinulosa*	Ⅱ			生于山地溪旁或疏林中，海拔 1600～1800m
12	粗齿黑桫椤	*Gymnosphaera denticulata*	Ⅱ			生于山坡林下
13	卧茎黑桫椤	*Gymnosphaera metteniana*	Ⅱ			生于山坡林下、溪边或沟边

1) 珙桐 *Davidia involucrata* Baill.

珙桐科，珙桐属，稀有，国家Ⅰ级珍稀濒危保护植物。为中国特有的单种属植物，是古近纪和新近纪古热带植物区系的孑遗种。在晚白垩世、古近纪和新近纪时期珙桐曾广布于世界许多地区，中国亚热带及温带地区也有分布，但经第四纪冰川后珙桐在世界绝大多数地区已经绝迹，现仅存于中国湖北、湖南、四川、云南、贵州、陕西、甘肃 7 省海拔(800～) 1100～2200m (～2600m) 的湿润常绿阔叶落叶混交林中。

落叶乔木，高可达 20 余米，胸径 70cm，树皮深灰褐色，呈不规则长圆形，小扁薄片开裂；冬芽大，有 4～5 个覆瓦状排列的鳞片。单叶互生无托叶，有 4～5cm 长叶柄，叶先端尾状突渐尖，基部深心形；花为一顶生的圆头状花序，径约 2cm，紫红色，下承以白色，大而显著、不等大，无柄的叶苞片 2～3 枚，头状花序由一朵两性花和无数大雄花组成或由雄性花组成；核果单生，椭圆形或长圆状卵形，种子常 3～5 个，具有肉质胚乳。珙桐在保护区内分布较广，主要分布于永善县三江口、彝良县小草坝、彝良县海子坪和大关县罗汉坝等片区海拔 1750～2050m 湿润的缓坡地段，局部地段可下降到 1530m (大关县罗汉坝)。除散生外，或与其他落叶或常绿阔叶树种混生形成珙桐群落，或在局部地段形成小片纯林，保留有丰富的种质资源。

2）南方红豆杉 *Taxus chinensis*（Pilger）Rehd. var. *mairei*（Lemee et Levl.）Cheng et L. K. Fu

红豆杉科，红豆杉属，国家Ⅰ级重点保护野生植物。

常绿乔木或灌木，树皮裂成窄长薄片或鳞片脱落；叶较宽长，常呈镰刀状，叶螺旋状排列；种子通常较大，微扁，多呈卵圆形，上部较宽，细长圆形，长 7～8mm，种脐常呈椭圆形。在保护区内分布范围小、出现的频率低，本次考察只见到了很少的几株，在乌蒙山国家级自然保护区见于三江口片区的河场坝倒流水、小岩方五岔河、海子坪片区的洞子里，海拔 1500～2000m。在云南还分布于德钦、贡山、香格里拉、维西、丽江、云龙、昭通、镇雄、东川等地；其他如安徽南部、浙江、台湾、福建、江西、广东北部、广西北部及东北部、湖南、湖北西部、河南西部、陕西南部、甘肃南部、四川、贵州等也有分布。

3）福建柏 *Fokienia hodginsii*（Dunn）Henry et Thomas

柏科，福建柏属，稀有，国家Ⅱ级珍稀濒危保护植物。

乔木，高达 25m；树皮紫褐色，平滑。球果成熟后褐色，径 2～2.5cm，种鳞顶部多角形，表面皱缩有凹陷，中央有一凸起的小尖头；种子长约 4mm，具 3～4 棱，种翅一大一小，大翅近卵形，长约 5mm，小翅窄小，长约 1.5mm。在保护区内分布范围小、出现频率低。本次考察在三江口片区的小岩方火烧岩悬崖边上见到三四株，海拔约 1520m，树高 5～12m，胸径 6～15cm，生长状况中等；林下未见更新幼树。永善县以往未见记载过有福建柏分布，属于此次考察的新发现。福建柏在云南省内分布于安宁、马关、威信、屏边、河口、镇雄、文山、西畴、金平；在云南省外见于江西、福建、湖南、广东、广西、浙江、贵州、四川。

4）连香树 *Cercidiphyllum japonicum* Sieb. et Zucc.

连香树科，连香树属，稀有，国家Ⅱ级珍稀保护植物。

落叶乔木，具长、短枝。单叶，在长枝上对生，在断枝上单一，具短柄；花单性或雌雄异株，种子扁，一端或两端有翅。在保护区内分布范围小、出现频率低，本次考察只见到两株，其中分布于三江口片区的河坝场 1 株，由于人为砍伐，成了断头树，海拔为 1810m。胸径达到 1m。连香树还分布于云南镇雄、甘肃、陕西、湖北、河南、浙江、安徽、四川、江西。

5）香果树 *Emmenopterys henryi* Oliv.

茜草科，香果树属，稀有，国家Ⅱ级珍稀濒危保护植物。

落叶大乔木，高达 30m；树皮灰褐色，鳞片状；叶纸质或革质，阔椭圆形或阔卵形、卵状椭圆形，长 6～30cm，宽 3.5～14.5cm，顶端短尖或骤然渐尖，稀钝，基部短尖或阔楔形，全缘，叶面无毛或疏被糙伏毛；叶柄长 2～8cm，无毛或有柔毛；圆锥状的聚伞形花序顶生。在保护区内分布范围小、出现频率低、数量少，在保护区内见于海子坪片区的仙家沟，海拔 1550m；也分布于云南镇雄、彝良、安宁、楚雄、武定、峨山、玉溪、河口，以及四川、贵州、广西、湖南、湖北、河南、江西、福建、浙江、江苏、安徽、甘肃、陕西。

6) 十齿花 *Dipentodon sinicus* Dunn

十齿花科，十齿花属，稀有，国家Ⅱ级珍稀濒危保护植物。

小乔木，高达 11m，叶片革质，长椭圆形或卵形披针形，长 7～16cm，宽 2～9cm，先端长尾状尖，上面平或微凹，下面十分凸起，网脉在下面十分明显，上面无毛，下面沿脉被长柔毛；叶柄长 1～1.5cm；蒴果革质，被灰棕色长柔毛，椭圆形，先端有细长缩存花柱。在保护区内分布较多，特别在朝天马片区有许多十齿花为主的十齿花林，在保护区内分布广、出现频率高、数量多，见于海子坪片区、朝天马片区的小沟、朝天马片区的分水岭、朝天马片区采种基地乌贡山、朝天马片区的罗汉林，海拔 1500～2060m；也分布于福贡、泸水、云龙、马关、龙陵、绿春、彝良、昭通、腾冲，以及贵州、广西。

7) 水青树 *Tetracentron sinense* Oliv.

水青树科，水青树属，稀有，国家Ⅱ级珍稀濒危保护植物。

落叶乔木，高可达 30m，全株无毛，树皮褐色或灰棕色而略带红色，片状脱落；叶片卵状心形，长 7～15cm，宽 4～11cm，顶端渐尖，基部心形，边缘细锯齿，两面无毛，背面被白霜；花小，呈穗状花序，长圆形，长 3～5mm，棕色。在保护区分布范围广、出现频率低、数量少，在保护区见于三江口片区的麻风湾、麻风湾水沟边、朝天马片区的灰浆岩，海拔 1750～1850m；也分布于滇西北、滇东北、龙陵、凤庆、景东、文山、金平，以及甘肃、陕西、湖北、湖南、四川、贵州。

8) 秃叶黄檗 *Phellodendron chinense* Schneid. var. *glabriusculum* Schneid.

芸香科，黄檗属，国家Ⅱ级珍稀濒危保护植物。

落叶乔木，树皮内层黄色，有时具有发达的木栓，表皮具有皮孔，奇数羽状复叶，小叶对生或近对生，具有短叶柄，叶片广卵形或狭披针形，全缘或具有锯齿；花单性异株黄绿色；果近圆球形，坚果状核果。在保护区内分布范围小、出现频率低、数量少，在保护区见于朝天马片区的小沟、三江口片区的麻风湾，海拔 1820～2000m；云南镇雄、大关、彝良、绥江，以及湖北、四川、陕西南部也有分布。

9) 金毛狗 *Cibotium barometz* (L.) J. Sm.

蚌壳蕨科，金毛狗属，国家Ⅱ级珍稀濒危保护植物。

本次考察没见到。据文献记载在保护区范围有分布，叶高达 3m；根状茎粗大，密被金黄色长茸毛，形如金毛狗。叶丛生于顶部，叶片三回羽裂。孢子囊群生于小脉顶端。中国南部至东部及亚洲热带地区也有分布。根状茎称金毛狗脊，供药用，能补肝肾、除风湿、利尿通淋，并含淀粉约 30%。

10）中华桫椤 *Alsophila costularis* Bak.

桫椤科，桫椤科属，国家Ⅱ级珍稀濒危保护植物。

本次考察没见到。据文献记载在保护区范围有分布，高约 15m。大型三回羽状复叶集生于茎秆顶部；叶柄红棕色，具有刺手的硬皮刺；孢子囊群球形紧靠裂片中肋着生；也分布于云南南部至东南部，国外见于尼泊尔、不丹、印度、缅甸、老挝、越南。

11）桫椤 *Alsophila spinulosa*（Wall ex Hook）R. M. Tryon.

桫椤科，桫椤属，渐危，国家Ⅱ级珍稀濒危保护植物。

本次考察没见到，据文献记载在保护区范围有分布，桫椤是世界上最古老、幸存至今的少数乔木状蕨类之一，高达 6m 以上，茎干不分枝，大型三回羽状复叶集生于茎干顶部；叶柄两侧具刺；孢子囊群近中肋着生。分布于台湾、广东、广西、四川、贵州，但是各地的数量都很少，而且一旦它所生存的森林环境被破坏，桫椤将很难继续繁衍后代。

2.国家珍稀濒危保护植物

依据《中国珍稀濒危保护植物名录》（1985 年），保护区具有国家级珍稀濒危保护植物 12 种，隶属于 12 科 12 属，其中裸子植物 2 科 2 属 2 种，蕨类有 1 科 1 属 1 种，被子植物 9 科 9 属 9 种；被子植物中，双子叶植物 7 科 7 属 7 种，单子叶植物 2 科 2 属 2 种。这 12 种国家级珍稀濒危保护植物中，Ⅰ级保护植物有 2 种，即珙桐 *Davidia involucrata*、桫椤 *Alsophila spinulosa*，占国家 8 种Ⅰ级保护植物的 25%，占云南省 4 种国家Ⅰ级保护植物的 50%；Ⅱ级保护植物有 5 种，占国家 159 种Ⅱ级保护植物的 3.14%，占云南省 61 种国家Ⅱ级保护植物种的 8.20%；Ⅲ级保护植物有 5 种，占国家 222 种Ⅲ级保护植物的 2.25%，占云南省 91 种国家Ⅲ级保护植物的 5.49%。

表 9-2 中带*的种类是与《国家重点保护野生植物名录(第一批)》（1999 年）中相重复的种类，共有 7 种。

表 9-2 保护区国家珍稀濒危保护植物一览表

序号	中文名	拉丁名	保护级别	类别	属分布区	种分布区	分布点
1	*桫椤	*Alsophila spinulosa*	Ⅰ	渐危			
2	*珙桐	*Davidia involucrata*	Ⅰ	稀有	15	15.4.3	三江口片区，海拔 2000m
3	*福建柏	*Fokienia hodginsii*	Ⅱ	稀有	7.4	7.4	三江口片区，海拔 1520m
4	*连香树	*Cercidiphyllum japonicum*	Ⅱ	稀有	14.2	15.4.3	三江口片区，海拔 1810m
5	*香果树	*Emmenopterys henryi*	Ⅱ	稀有	7.3	15.4.3	海子坪片区，海拔 1550m
6	*十齿花	*Dipentodon sinicus*	Ⅱ	稀有	14.1	15.4.2.2	海子坪片区、朝天马片区，海拔 1500～2060m
7	*水青树	*Tetracentron sinense*	Ⅱ	稀有	14.1	14.1	三江口片区、朝天马片区，海拔 1750～1850m

续表

序号	中文名	拉丁名	保护级别	类别	属分布区	种分布区	分布点
8	天麻	*Gastrodia elata*	III	渐危	5	14	三江口片区、朝天马片区，海拔 1780～2100m
9	南方铁杉	*Tsuga chinensis* var. *tchekiangensis*	III	渐危	9	15.4.2.6	朝天马片区，海拔 1950m 以上
10	筇竹	*Qiongzhuea tumidissinoda*	III	稀有	15	15.4.1.1	三江口片区、朝天马片区，海拔 2045m 以上
11	领春木	*Euptelea pleiospermum*	III	稀有	14	7.2	三江口片区，海拔 1860m 以上
12	银鹊树	*Tapiscia sinensis*	III	稀有	15	15.4.2.6	三江口片区，海拔 1800m 以上

按濒危、稀有、渐危三种状况划分，12 种国家级珍稀濒危保护植物可以分为：稀有植物 9 种、渐危植物 2 种、濒危植物 1 种；中国濒危、稀有、渐危三种状况的保护植物种类分别为濒危保护植物 121 种、稀有保护植物 110 种和渐危保护植物 158 种；云南省的情况分别是濒危保护植物 38 种、稀有保护植物 48 种、渐危保护植物 70 种。

将两个国家级保护植物名录中的种类加起来，保护区具有国家级保护植物 18 种。

1) 天麻 *Gastrodia elata* Blume

兰科，天麻属，渐危，国家III级珍稀濒危保护植物。

腐生草本，植株高 30～100cm，有时可达 2m，根状茎肥厚，块茎状，椭圆形至哑铃形，肉质，长 8～12cm；茎直立，红色、橙黄色、黄色，无绿叶。总状花序长 5～30cm，通常具有 30～50 朵，有时具有 100 朵以上，花苞片长圆状披针形，长 1～1.5cm，膜质；蕊柱长 5～7mm；蒴果倒卵状椭圆形，长 1.4～1.8cm，粗 8～9mm。在保护区分布范围广、出现频率低、数量少，在保护区内见于三江口片区的麻风湾沿途、小草坝，海拔 1780～2100m，朝天马片区本来是野生天麻的重要分布地，但是由于过度的开采，在考察的过程中基本上见不到野生天麻；也分布于云南贡山(独龙江)、兰坪、维西、香格里拉、丽江、下关、洱源、彝良、会泽、大关；我国其他省份如西藏、贵州、四川、湖南、湖北、河南、台湾、江西、浙江、安徽、江苏、甘肃、陕西、山西、河北、内蒙古、辽宁、吉林等也有分布；国外还分布于尼泊尔、不丹、印度、日本、朝鲜半岛、俄罗斯西伯利亚。

2) 南方铁杉 *Tsuga chinensis* (Franch.) Pritz. var. *tchekiangensis* (Flous) Cheng et L. K. Fu

松科，铁杉属，濒危，国家III级珍稀濒危保护植物。

乔木，高达 50m；树皮暗深灰色，叶条形，排成两列，长 1.2～2.7cm，宽 2～3mm，先端钝圆，有凹缺，上面亮绿色，下面中脉隆起无凹槽，有粉白色气孔带，边全缘；苞鳞倒三角状楔形或斜方形，上部边缘有细缺齿，先端二裂；种子连翅长 7～9mm，表面有油点。在保护区分布范围小、出现频率低、数量少，仅见于朝天马片区的罗汉坝，海拔 1950m 以上；也分布于浙江、安徽、福建、江西、湖南、广西、广东。

3) 筇竹 *Qiongzhuea tumidissinoda* (Hsueh et Yi ex Ohrnberger) Hsueh et Yi

禾本科，筇竹属，稀有，国家III级珍稀濒危保护植物。

中小型竹类，秆高 2.5～6m，直径 1～3cm，基部常有 5 节位于地表以下，节间圆筒形，长 15～25cm，秆下部不分枝的节间常具有极狭沟槽，且各节间的沟槽都位于秆同一侧面，秆每节通常具有三枝，小枝具有 2～4 片叶子；叶柄长 1～2mm，平滑无毛；叶片长披针形，长 5～14cm，宽 6～12mm，两侧边缘具有斜向上的小锯齿，上表面绿色，下表面灰绿色，两面无毛。在保护区分布范围广、出现频率高、数量多，在保护区内三江口片区、朝天马片区分布较广，海拔 2045m 以上，但人为过度采笋和砍伐利用，影响其更新；也分布于云南大关、绥江、威信、彝良，以及四川宜宾地区。

4) 领春木 *Euptelea pleiospermum* Hook. f. et Thoms.

领春木科，领春木属，稀有，国家III级珍稀濒危保护植物。

落叶乔木或灌木，单叶互生，羽状脉，边缘有锯齿；叶柄较长，无托叶；花两性，无花被，单生于苞片腋间，有花 6～12 朵，似簇生，先叶开放，有明显的花梗；翅果，长倒卵形，常具有一侧翅，有果梗。在保护区分布范围小、出现频率低、数量少，在保护区内见于三江口片区的小岩方、扎口石一带，海拔 1860m 以上；其分布在云南除滇中、西双版纳外几乎遍布全省，在甘肃、陕西、山西、浙江、湖北、四川、贵州、西藏等省份也有分布。

5) 瘿椒树 *Tapiscia sinensis* Oliv.

省沽油科，瘿椒树属，稀有，国家III级珍稀濒危保护植物。

落叶乔木，叶互生，奇数羽状复叶，无托叶，小叶常 3～10 对，具有短柄，有锯齿。花极小，黄色，两性或雌雄异株，辐射对称，为腋生的圆锥花序，雄花序由长而细弱的总状花序组成；果实不开裂，为核果状浆果或浆果。在保护区分布范围小、出现频率低、数量少，在保护区内见于三江口片区的小岩方、扎口石一带，海拔 1800m 以上；在湖北、湖南、安徽、浙江、广东、广西、四川等省份也有分布。

3.分布于保护区内的国家珍贵树种

依据“分布于云南省内的国家珍贵树种名录(第一批)”(1995 年)，保护区内有 5 种珍贵植物，它们隶属于 5 科 5 属 5 种(表 9-3)。

表 9-3 保护区内的国家珍贵树种

序号	中文名	拉丁名	保护级别	属分布区	种分布区	分布点
1	珙桐	*Davidia involucrata*	I	15	15.4.3	三江口片区，海拔 2000m 以上
2	刺楸	*Kalopanax septemlobus*	II	14.2	8.1	朝天马片区，海拔 1900m 以上
3	水青树	*Tetracentron sinense*	II	14.1	14.1	三江口片区、朝天马片区，海拔 1750～1850m
4	香果树	*Emmenopterys henryi*	I	7.3	15.4.3	海子坪片区，海拔约 1550m
5	福建柏	*Fokienia hodginsii*	II	7.4	7.4	三江口片区，海拔约 1520m

4.云南省级重点保护植物

按《云南省第一批省级重点保护野生植物名录》(1989 年)统计，保护区有云南省级重点保护植物 6 种(表 9-4)，它们隶属于 6 科 6 属 6 种，其中裸子植物有 1 科 1 属 1 种；被子植物有 5 科 5 属 5 种，全部都是双子叶植物。这 6 种植物占云南省级重点保护植物 218 种的 2.75%；其中属于省Ⅰ级重点保护的有 1 种，即赛楠，占云南省Ⅰ级保护植物 5 种的 20%；属于省Ⅱ级重点保护植物的有 1 种，占云南省Ⅱ级重点保护植物 55 种的 1.8%；属于云南省Ⅲ级重点保护植物的有 4 种，占云南省Ⅲ级重点保护植物 158 种的 2.53%。

表 9-4　保护区内云南省级保护植物一览表

序号	中文名	拉丁名	保护级别	属分布区	种分布区	分布点
1	赛楠	*Nothaphoebe cavaleriei*	Ⅰ	3	15.4.1.4	三江口片区，海拔 1580m 以上
2	白辛树	*Pterostyrax psilophyllus*	Ⅱ	14.2	15.4.1.6	三江口片区、海子坪片区，海拔 1600～2070m
3	云南枫杨	*Pterocarya delavayi*	Ⅲ	11	15.4.1.5	三江口片区，海拔 2039m 以上
4	滇瑞香	*Daphne feddei*	Ⅲ	8.4	15.4.1.4	朝天马片区，海拔 1960～2030m
5	南方铁杉	*Tsuga chinensis* var. *tchekiangensis*	Ⅲ	8	15.4.2.6	朝天马片区，海拔 1950m 以上
6	川八角莲	*Dysosma veitchii*	Ⅲ	14.1	15.4.1.4	朝天马片区，三江口片区，海拔 1900m 以上

1) 赛楠 *Nothaphoebe cavaleriei* (Lévl.) Yang

樟科，赛楠属，云南省Ⅰ级重点保护野生植物。

灌木或乔木，叶互生，具有叶柄，羽状脉。花序为聚伞形圆锥花序，腋生或顶生；小苞片微小；果为浆果状核果，椭圆形或球形。在保护区分布范围小、出现频率低、数量少，在保护区内见于三江口片区的小岩方；云南东北部、四川及贵州等地也有分布。

2) 白辛树 *Pterostyrax psilophyllus* Diels ex Perk.

野茉莉科，白辛树属，云南省Ⅱ级重点保护野生植物。

落叶乔木或灌木；小枝圆柱形，幼枝被褐色星状毛后变无毛；叶纸质，阔椭圆形或倒卵状椭圆形或长圆形；核果长圆柱状，两端渐狭，无翅，外面密被黄色硬毛。在保护区分布范围广、出现频率低、数量少，在保护区内见于三江口片区的河坝场、麻风湾和海子坪片区；也分布于云南东北部(镇雄、彝良)、四川、贵州、湖北。

3) 云南枫杨 *Pterocarya delavayi* Franch.

胡桃科，枫杨属，云南省Ⅲ级重点保护野生植物。

乔木，枝黄褐色，老时黑褐色，具浅色皮孔；奇数羽状复叶；花单性，雌性同株；

果序长 50～60cm，果序轴被柔毛；在保护区分布范围小、出现频率低、数量少，在保护区内见于三江口片区的倒流水；也分布于云南维西、德钦、贡山、丽江、漾濞、鹤庆及四川、湖北等地。

4) 滇瑞香 *Daphne feddei* Lévl.

瑞香科，瑞香属，云南省III级重点保护野生植物。

常绿灌木，枝黄灰色，幼时无毛或近无毛；叶互生，叶片狭披针形或倒披针形；花芳香；果橙红色，圆球形。在保护区分布广、出现频率高、数量多，在乌蒙山国家级自然保护区见于朝天马片区的后河、分水岭、罗汉林；也分布于滇中、滇西北、滇东北及四川、贵州。

5) 南方铁杉 *Tsuga chinensis* (Franch.) Pritz. var. *tchekiangensis* (Flous) Cheng et L. K. Fu

松科，铁杉属，云南省III级重点保护野生植物。

乔木，高达 50m；树皮暗深灰色，叶条形，排成两列，长 1.2～2.7cm，宽 2～3mm，先端钝圆，有凹缺，上面光绿色，下面中脉隆起无凹槽，有粉白色气孔带，边全缘；苞鳞倒三角状楔形或斜方形，上部边缘有细缺齿，先端二裂；种子连翅长 7～9mm，表面有油点。在保护区分布范围小、出现频率低、数量少，在保护区内见于朝天马片区的罗汉坝，海拔 1950m 以上；也分布于浙江、安徽、福建、江西、湖南、广西、广东等地。

6) 川八角莲 *Dysosma veitchii* (Hemsl. et Wils) Fu ex Ying

小檗科，八角莲属，云南省III级保护野生植物。

多年生草本，茎生叶两枚，纸质，盾状，具有长叶柄。伞形花序有花 2～6 朵，着生于叶柄交叉处；浆果卵形，红色，顶端有短花柱。在保护区分布范围小、出现频率低、数量少，在保护区见于朝天马片区和三江口片区；也分布于云南嵩明、彝良、大关、镇雄、文山、维西，以及四川、贵州等地。

5.《中国物种红色名录》(2004 年) 中的保护物种

依据《中国物种红色名录》(2004 年)，保护区内有 66 种保护种，它们隶属于 23 科 37 属 (表 9-5)。

表 9-5 保护区内《中国物种红色名录》的保护种

序号	中文名	拉丁名	保护级别	属分布区	种分布区	分布点
1	阔叶槭	*Acer amplum*	近危	8.4	15.4.1.1	朝天马片区，海拔 1750m 以上
2	青榨槭	*Acer davidii*	无危	8.4	15.4.3	小草坝、三江口、海子坪等片区，海拔 1140～1900m
3	毛花槭	*Acer erianthum*	近危	8.4	15.4.3	三江口片区，海拔 1500～1850m

续表

序号	中文名	拉丁名	保护级别	属分布区	种分布区	分布点
4	扇叶槭	*Acer flabellatum*	无危	8.4	15.4.2.4	三江口、小草坝等片区，海拔 1860～2450m
5	房县槭	*Acer franchetii*	无危	8.4	15.4.3	三江口片区，海拔 1850～2300m
6	锐齿槭	*Acer hookeri*	易危	8.4	14.1	三江口、小草坝等片区，海拔 2450m 以上
7	疏花槭	*Acer laxiflorum*	无危	8.4	14.1	三江口片区，海拔 1858～1950m
8	大翅色木槭	*Acer mono* var. *macropterum*	无危	8.4	15.4.3	三江口片区，海拔 1947m 以上
9	五裂槭	*Acer oliverianum*	无危	8.4	15.4.2.4	三江口片区，海拔 1580～2040m
10	中华槭	*Acer sinense*	无危	8.4	15.4.2.4	三江口片区，海拔 2200m 以上
11	大花猕猴桃	*Actinidia grandiflora*	极危	14	15.4.1.1	三江口片区，海拔 1850m 以上
12	葡萄叶猕猴桃	*Actinidia vitifolia*	易危	14	15.4.1.1	三江口、小草坝等片区，海拔 1600～1960m
13	四齿无心菜	*Arenaria quadridentata*	易危	8.4	15.4.3	三江口片区，海拔 1810m 以上
14	鼠叶小檗	*Berberis iteophylla*	濒危	8.5	15.32	三江口片区，海拔 1830～1980m
15	短叶虾脊兰	*Calanthe arcuata* var. *brevifolia*	近危	2	15.43	朝天马片区，海拔 1960m 以上
16	细花虾脊兰	*Calanthe mannii*	易危	2	14.1	三江口片区，海拔 2050m 以上
17	香花虾脊兰	*Calanthe odora*	近危	2	7	朝天马片区，海拔 2040m 以上
18	镰萼虾脊兰	*Calanthe puberula*	近危	2	14.1	三江口片区，海拔 1700m 以上
19	永善方竹	*Chimonobambusa tuberculata*	易危	14	15.4.1.1	朝天马片区，海拔 1560～1650m
20	吻兰	*Collabium chinense*	易危	7	7.4	海子坪片区，海拔 1405m 以上
21	华榛	*Corylus chinensis*	易危	4	15.4.1.1	朝天马片区，海拔 1930～2050m
22	珙桐	*Davidia involucrata*	易危	15	15.4.3	三江口片区，海拔 2000m 以上
23	十齿花	*Dipentodon sinicus*	易危	14.1	15.4.2.2	海子坪、朝天马等片区，海拔 1500～2060m
24	川八角莲	*Dysosma veitchii*	易危	14.1	15.4.1.4	朝天马片区，海拔 1900m 以上
25	香果树	*Emenopterys henryi*	近危	7.3	15.4.3	海子坪片区，海拔 1550m
26	灯笼树	*Enkianthus chinensis*	无危	14	15.4.2.6	三江口、小草坝等片区，海拔 11360～2450m
27	火烧兰	*Epipactis helleborine*	近危	8.4	7.3	三江口片区，海拔 1780～1800m
28	大叶火烧兰	*Epipactis mairei*	近危	8.4	7.3	朝天马片区，海拔 1520m 以上
29	四川卫矛	*Euonymus szechuanensis*	易危	1	15.4.3	朝天马片区、三江口片区，海拔 1927～2300m
30	福建柏	*Fokienia hodginsii*	易危	7.4	7.4	三江口片区，海拔约 1520m
31	毛萼山珊瑚	*Galeola lindleyana*	近危	5	14.1	三江口片区，海拔 1800～2020m
32	天麻	*Gastrodia elata*	渐危	5	14	三江口、朝天马片区，海拔 1780～2100m
33	罗锅底	*Hemsleya macrosperma*	易危	14.1	15.3.3	朝天马片区，海拔 1960m 以上

续表

序号	中文名	拉丁名	保护级别	属分布区	种分布区	分布点
34	二褶羊耳蒜	*Liparis cathcartii*	易危	2	14.1	三江口片区，海拔 1880m 以上
35	短柱对叶兰	*Listera mucronata*	近危	8	14	三江口、海子坪、小草坝等片区，海拔 1555～2039m
36	峨眉栲	*Lithocarpus oblanceolatus*	易危	9	15.4.1.1	三江口片区，海拔 1580m 以上
37	小果湖北海棠	*Malus hupehensis*	无危	8	15(1)	朝天马片区，海拔 1820～1990m
38	西蜀海棠	*Malus prattii*	易危	8	15.4.1.1	三江口、小草坝等片区，海拔 1750～1960m
39	褐毛稠李	*Padus brunnescens*	易危	8.4	15.4.1.1	三江口、小草坝等片区，海拔 1827～1900m
40	美丽马醉木	*Pieris formosa*	易危	9	14.1	小草坝、三江口等片区，海拔 1480～1950m
41	独蒜兰	*Pleione bulbocodioides*	易危	7.2	15.4.3	三江口片区，海拔 1900m 以上
42	革叶报春	*Primula chartacea*	易危	8.4	15.3.3	小草坝、海子坪等片区，海拔 1552～1950m
43	白辛树	*Pterostyrax psilophyllus*	易危	14.2	15.4.1.6	小草坝、三江口、海子坪等片区，海拔 1600～2070m
44	筇竹	*Qiongzhuea tumidissinoda*	稀有	15	15.4.1.1	三江口片区、朝天马片区，海拔 2045m 以上
45	木瓜红	*Rehderodendron macrocarpum*	易危	7.3	7.4	海子坪、小草坝、三江口等片区，海拔 1200～2060m
46	银叶杜鹃	*Rhododendron argyrophyllum*	无危	8.4	15.4.1.4	朝天马片区，海拔 1900m 以上
47	暗绿杜鹃	*Rhododendron atrovirens*	易危	8.4	15(2)	小草坝、三江口等片区，海拔 1900～1947m
48	繁花杜鹃	*Rhododendron floribundum*	易危	8.4	15.4.1.1	小草坝、三江口等片区，海拔 1850～2050m
49	河边杜鹃	*Rhododendron flumineum*	易危	8.4	15.3.4	朝天马片区，海拔 2048m 以上
50	凉山杜鹃	*Rhododendron huianum*	近危	8.4	15.4.1.4	三江口、小草坝等片区，海拔 1900～2300m
51	黄花杜鹃	*Rhododendron lutescens*	无危	8.4	15.4.1.1	三江口、小草坝等片区，海拔 1855～1985m
52	宝兴杜鹃	*Rhododendron moupinense*	易危	8.4	15.4.1.1	三江口片区，海拔 2450m 以上
53	峨马杜鹃	*Rhododendron ochraceum*	易危	8.4	15.4.1.1	小草坝、三江口等片区，海拔 1950～2450m
54	早春杜鹃	*Rhododendron praevernum*	无危	8.4	15.4.3	三江口片区，海拔 2450m 以上
55	长蕊杜鹃	*Rhododendron stamineum*	无危	8.4	15.4.3	朝天马片区，海拔 1340～2040m
56	圆叶杜鹃	*Rhododendron williamsianum*	易危	8.4	15.4.1.4	朝天马片区，海拔 1850m 以上
57	云南杜鹃	*Rhododendron yunnanense*	无危	8.4	14.1	朝天马片区，海拔 2081m 以上
58	亮蛇床	*Selinum cryptotaenium*	易危	10	15.3.2	三江口片区，海拔 1858～1865m
59	梯叶花楸	*Sorbus scalaris*	极危	8	15.4.1.1	三江口片区，海拔 1810m 以上
60	绶草	*Spiranthes sinensis*	无危	8.4	8.1	三江口片区，海拔 1850m 以上

续表

序号	中文名	拉丁名	保护级别	属分布区	种分布区	分布点
61	带唇兰	*Tainia dunnii*	近危	5	15.4.2.6	朝天马片区，海拔 2000m 以上
62	南方铁杉	*Tsuga chinensis* var. *tchekiangensis*	渐危	9	15.4.2.6	朝天马片区，海拔 1950m 以上
63	苍山越桔	*Vaccinium delavayi*	无危	8.4	7.3	朝天马片区，海拔 2400m 以上
64	宝兴越桔	*Vaccinium moupinense*	易危	8.4	15.4.1.1	朝天马片区，海拔 2048m 以上
65	毛萼越桔	*Vaccinium pubicalyx*	无危	8.4	14.1	小草坝、三江口等片区，海拔 1741～2081m
66	横脉荚蒾	*Viburnum trabeculosum*	易危	8	15.3.2	三江口、小草坝等片区，海拔 1900～2450m

6.CITES 中的保护植物

依据《濒危野生动植物种国际贸易公约》(Convention on International Trade in Endangered Species of Wild Fauna and Flora，CITES)(2003 年)的名录，保护区内有 19 种 CITES 公约中的保护植物，它们隶属于 5 科 14 属 19 种(表 9-6)。

表 9-6 保护区内 CITES 公约的保护种

序号	中文名	拉丁名	属分布区	种分布区	分布点
1	大花猕猴桃	*Actinidia grandiflora*	14	15.4.1.1	三江口片区，海拔 1850m 以上
2	钩腺大戟	*Euphorbia sieboldiana*	1	8	朝天马片区，海拔 1820～1840m
3	黄苞大戟	*Euphorbia sikkimensis*	1	14.1	朝天马片区，海拔 1920～1950m
4	水青树	*Tetracentron sinense*	14.1	14.1	三江口片区、朝天马片区，海拔 1750～1850m
5	多花茜草	*Rubia wallichiana*	8.4	7	三江口、小草等坝片区，海拔 1750～1850m
6	火烧兰	*Epipactis helleborine*	8.4	7.3	三江口片区，海拔 1780～1800m
7	大叶火烧兰	*Epipactis mairei*	8.4	7.3	朝天马片区，海拔 1520m 以上
8	短叶虾脊兰	*Calanthe arcuata* var. *brevifolia*	2	15.43	朝天马片区，海拔 1960m 以上
9	细花虾脊兰	*Calanthe mannii*	2	14.1	三江口片区，海拔 2050m 以上
10	香花虾脊兰	*Calanthe odora*	2	7	朝天马片区，海拔 2040m 以上
11	镰萼虾脊兰	*Calanthe puberula*	2	14.1	三江口片区，海拔 1700m 以上
12	吻兰	*Collabium chinense*	7	7.4	海子坪片区，海拔 1405m 以上
13	毛萼山珊瑚	*Galeola lindleyana*	5	14.1	三江口片区，海拔 1800～2020m
14	天麻	*Gastrodia elata*	5	14	三江口、朝天马片区，海拔 1780～2100m
15	二褶羊耳蒜	*Liparis cathcartii*	2	14.1	三江口片区，海拔 1880m 以上
16	短柱对叶兰	*Listera mucronata*	8	14	三江口、海子坪、小草坝等片区，海拔 1555～2039m
17	独蒜兰	*Pleione bulbocodioides*	7.2	15.4.3	三江口片区，海拔 1900m 以上
18	绶草	*Spiranthes sinensis*	8.4	8.1	三江口片区，海拔 1850m 以上
19	带唇兰	*Tainia dunnii*	5	15.4.2.6	朝天马片区，海拔 2000m 以上

9.3 珍稀濒危保护植物的特点及其分布

9.3.1 国家级和云南省级保护植物科、属、种情况

保护区有国家级保护植物 14 种，国家级和省级共计 21 种(南方铁杉 *Tsuga chinensis* var. *tchekiangensis* 在国家和云南省都属于保护种)，在这些保护植物中单型属(即只含 1 种的属)有 8 个，分别是珙桐属 *Davidia*、领春木属 *Euptelea*、十齿花属 *Dipentodon*、水青树属 *Tetracentron*、连香树属 *Cercidiphyllum*、福建柏属 *Fokienia*、香果树属 *Emmenopterys*、红豆杉属 *Taxus*，占保护区内国家级和云南省级保护植物 20 属的 40%。

少型属(即只含有 2～5 种的属)有 5 个，它们分别是瘿椒树属 *Tapiscia*、黄连属 *Coptis*、天麻属 *Gastrodia*、铁杉属 *Tsuga*、筇竹属 *Qiongzhuea*，占保护区内国家级和云南省级保护植物 20 属的 25%。单型属和少型属(含单型科)有 13 属，占保护区内国家级和云南省级 20 属的 65%，这一比例是很高的。

9.3.2 珍稀濒危保护植物的垂直分布特点

保护区地处云南省东北部，临近四川、贵州，最低海拔 1100m，最高海拔 2450m。

在保护区海拔 1100～1400m 有 1 种国家级保护植物，即中华桫椤；海拔 1400～1700m 有国家级保护植物 6 种，即福建柏、香果树、南方红豆杉、十齿花、桫椤、中华桫椤；海拔 1700～2000m 有国家级保护植物 13 种，即珙桐、南方红豆杉、十齿花、桫椤、中华桫椤、天麻、连香树、领春木、南方铁杉、银鹊树、水青树、秃叶黄檗、筇竹；海拔在 2000～2300m 有国家级保护植物 4 种，即筇竹、十齿花、天麻、中华桫椤(图 9-1)。

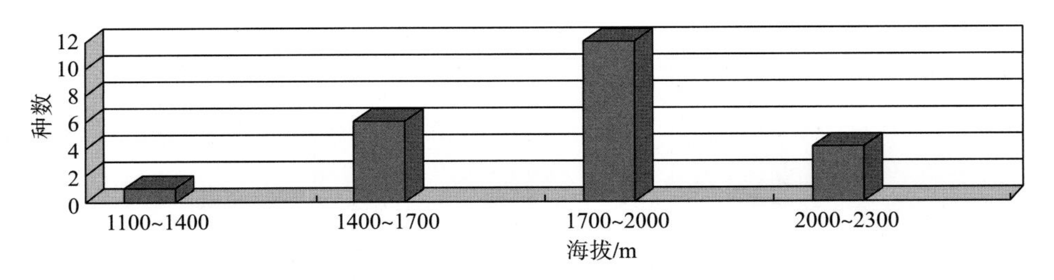

图 9-1 保护区国家级保护植物的垂直分布图

第10章　资源植物

由于乌蒙山国家级自然保护区所处的地理位置特殊、气温偏高、雨量充沛、地形复杂多变、植被茂密、植物种类相当丰富，这些种类中绝大多数都可以供人们利用于生产或生活中。实地调查和文献记录的保护区内的1800多种植物中，有超过70%都是人类现在可以利用的资源植物。通过分析发现，保护区内的资源植物不仅种类繁多、类别齐全，而且很多种类的蕴藏量非常大，种质资源特别丰富。

10.1　资源植物的概念、研究的意义及分类

资源植物是指一切有用的植物总和。随着社会的发展、科学技术的提高，越来越多的植物可以被人们所利用，许多以前没被利用的植物现在已经被开发出来成为人们利用的重要资源。随着研究的深入和社会经济的发展，这些植物的利用范围也将更加广泛和有效。

每种植物有不同的形态结构并具有不同的化学成分，这些成分可以为人类提供各种产品，比如糖、淀粉、纤维、油脂、蛋白质、维生素等。一种植物是否是资源植物是由它所含的化学物质和其形态结构所决定的。资源植物根据其用途和性质上的不同，可以分为以下四大类(王宗训，1989)。

1) 食用资源植物

可分为淀粉糖料资源植物，蛋白质资源植物，可食油脂资源植物，维生素资源植物，饮料、色素、甜味剂资源植物，蜜源资源植物。

2) 药用资源植物

可分为中、草药资源植物，化学药品原料资源植物，兽用药资源植物，植物性农药资源植物。

3) 工业用植物资源

可分为木材资源植物，纤维资源植物，鞣料资源植物，芳香油资源植物，工业用油脂资源植物，经济昆虫的寄主植物。

4) 防护、改造环境资源植物

可分为防风固沙、水土保持、改良环境及固氮增肥的资源植物，绿化美化环境和观赏资源植物。

10.2 主要资源植物类型的现状及前景

10.2.1 野生可食植物

野生可食植物天然美味、营养丰富、无污染、富含人体必需的各种维生素，对许多慢性老年疾病有很好的预防和治疗效果。野生可食植物蛋白质丰富，虽然有的蛋白质含量不高但是种类齐全，还含有人体必需的许多微量元素，能维持人体的正常代谢，促进有毒物质的排泄，增强人体的免疫力。随着生活水平的不断提高，人们逐渐开始追求安全、营养、保健的绿色食品，保护区众多的野生可食植物正好可以满足这一需求。

保护区内野生可食植物资源十分丰富，也是保护区内利用率最高的资源之一。野生可食植物资源加工、利用方便，但是因为交通不便和科技落后，保护区内的许多需要保鲜的野生可食植物不能向外打开市场，只能当地自产自销，没有形成产业。

保护区内的主要野生可食植物有 22 科 54 种(表 10-1)。其中，火棘 *Pyracantha fortuneana* 在红军长征时曾充当过红军的主要食物，有“救军粮”的美称，其果实可以酿酒，种子磨粉可代粮，根皮含有鞣质，是提取栲胶的原料。野生竹笋是现代餐桌上的山珍，昭通竹笋是除天麻之外闻名全国的植物；竹笋产业也是昭通地区主要的经济支柱产业之一，特别是筇竹笋，其 2004 年的产量已达 3700t。

表 10-1 野生可食植物名录

科名	种名	拉丁名	利用部分	采集地/生境(海拔/m)
含羞草科	合欢	*Albizia julibrissin*	叶	林缘、灌丛
漆树科	黄连木	*Pistacia chinensis*	种子	山坡林中(972～2400)
越桔科	乌鸦果	*Vaccinium fragile*	果	云南松林、次生灌丛或草坡(1100～3400)
山茱萸科	黑毛四照花	*Dendrobenthamia melanotricha*	果	路边、山谷阔叶林中(1450)
桦木科	滇榛	*Corylus yunnanensis*	果	山坡灌丛中(1700～3700)
茶藨子科	细枝茶藨子	*Ribes tenue*	果	林下、灌丛中或山坡路旁
木通科	猫儿屎	*Decaisnea fargesii*	果	麻风湾沟谷、阴坡杂木林下
蔷薇科	高盆樱桃	*Cerasus cerasoides*	果	大雪山保护站对面林下(2015)
蔷薇科	火棘	*Pyracantha fortuneana*	果	麻风湾灌丛草地及河边路旁(2030)
蔷薇科	窄叶火棘	*Pyracantha angustifolia*	果	小沟灌丛中或路边(1820)
蔷薇科	单瓣缫丝花	*Rosa roxburghii*	果	沟谷、阴坡杂木林下(500～2500)
檀香科	油葫芦	*Pyrularia edulis*	果	海子坪林中(1180～1340)
木通科	羊瓜藤	*Stauntonia duclouxii*	果	林缘
蔷薇科	川莓	*Rubus setchuenensis*	果	三江口、小沟、大雪山、罗汉坝水库沼泽的山坡、路旁、林缘、灌丛(1560～1980)
紫金牛科	九管血	*Ardisia brevicaulis*	果	大雪山土霍、海子坪尖山子林下(1300～1340)
大戟科	余甘子	*Phyllanthus emblica*	果	山地疏林、灌丛、荒地或山沟阳处(1000～1100)

续表

科名	种名	拉丁名	利用部分	采集地/生境(海拔/m)
胡颓子科	牛奶子	*Elaeagnus umbellata*	果	小草坝、罗汉坝的林缘和灌丛(1500～2040)
紫金牛科	长叶酸藤子	*Embelia longifolia*	果	小草坝林下(1950)
蝶形花科	粉葛	*Pueraria lobata* var. *thomsonii*	全株	小岩方林下(1600)
姜科	阳荷	*Zingiber striolatum*	全株	大雪山林下(1555)
石蒜科	大花韭	*Allium macranthum*	全株	山沟湿地、草甸、高山流石滩(1375)
石蒜科	宽叶韭	*Allium hookeri*	全株	小草坝、朝天马林下(1900～1960)
蔷薇科	缫丝花	*Rosa roxburghii*	全株	洞子里、花楸坪(1500～1550)
蔷薇科	宜昌悬钩子	*Rubus ichangensis*	全株	小草坝、山谷林中、灌丛中(1750)
鼠李科	枣	*Ziziphus jujuba*	全株	罗汉坝(2013)
十字花科	多叶碎米荠	*Cardamine macrophylla* var. *polyphylla*	全株	沟边碎石间或草丛中(900～1700)
荨麻科	假楼梯草	*Lecanthus peduncularis*	全株	海子坪、分水岭、三江口、麻风湾、小草坝林下或灌丛沟边及阴湿处(1310～2040)
蔷薇科	白叶莓	*Rubus innominatus*	果	小沟山坡疏林、灌丛中(1820)
三白草科	蕺菜	*Houttuynia cordata*	全株	麻风湾路边(1790)
禾本科	金佛山方竹	*Chimonobambusa utilis*	笋	小草坝(1950)
禾本科	灰金竹	*Phyllostachys nigra* var. *henonis*	笋	罗汉坝林下(1426)
禾本科	裸箨海竹	*Yüshania qiaojiaensis*	笋	沼泽地之草甸上(2050)
禾本科	少花箭竹	*Fargesia pauciflora*	笋	罗汉坝、小草坝(1850～1920)
禾本科	荆竹	*Qiongzhuea montigena*	笋	罗汉坝(1900～2081)
禾本科	平竹	*Qiongzhuea communis*	笋	小草坝、罗汉坝等的林下(1520～2045)
禾本科	泡滑竹	*Yüshania mitis*	笋	罗汉坝、小草坝与灌木成块混交(1910)
禾本科	方竹	*Chimonobambusa quadrangularis*	笋	小草坝林下(1920)
禾本科	桂竹	*Phyllostachys bambusoides*	笋	林缘(900～1700)
禾本科	筇竹	*Qiongzhuea tumidissinoda*	笋	小草坝、罗汉坝(2045)
木通科	五月瓜藤	*Holboellia fargesii*	果	麻风湾林下(1852)
猕猴桃科	猕猴桃	*Actinidia chinensis*	全株	海子坪的林中(1180)
胡桃科	泡核桃	*Juglans sifillata*	种仁	沟谷林中(1300～1700)
猕猴桃科	葡萄叶猕猴桃	*Actinidia vitifolia*	果	小草坝、林缘(1930)
猕猴桃科	红毛猕猴桃	*Actinidia rufotricha*	果	三江口、小岩方山坡林中(1810～1966)
猕猴桃科	昭通猕猴桃	*Actinidia rubus*	果	朝天马林场(1900)
猕猴桃科	红茎猕猴桃	*Actinidia rubricaulis*	果	三江口的灌丛中(1400～3600)
猕猴桃科	紫果猕猴桃	*Actinidia purpurea*	果	小岩方(1650～1750)
猕猴桃科	葛枣猕猴桃	*Actinidia polygama*	果	麻风湾(1850～2100)
猕猴桃科	薄叶猕猴桃	*Actinidia leptophylla*	果	小岩方林中(1520)
猕猴桃科	全毛猕猴桃	*Actinidia holotricha*	果	麻风湾林中(1850)
猕猴桃科	大花猕猴桃	*Actinidia grandiflora*	果	沟边或灌丛中(700～1500)
猕猴桃科	革叶猕猴桃	*Actinidia coriacea*	果	海子坪林中(1180)
猕猴桃科	硬齿猕猴桃	*Actinidia callosa* var. *callosa*	果	老长坡林中(1400)
胡桃科	越南山核桃	*Carya tonkinensis*	种子	麻风湾林中(1900)

在可食用的各种野生水果中，猕猴桃是保护区内最丰富的种类之一。猕猴桃除含有较丰富的蛋白质、糖、脂肪和钙、磷、铁等矿物质外，最引人注意的是它的维生素 C 含量。据分析，猕猴桃每百克果肉含维生素 C 100～420mg，在水果中居于前列；此外还含有多种氨基酸。研究表明，猕猴桃鲜果及果汁制品可防止致癌物亚硝胺在人体内的形成，还可降低血中的胆固醇及甘油三酯水平，对高血压、心血管疾病、麻风病也有明显疗效。保护区内丰富的野生猕猴桃资源可以成为未来一个重要的支柱产业。保护区内富含维生素、资源拥有量十分丰富的是蔷薇属植物，如刺梨、峨眉蔷薇等；猫儿屎、花楸、胡颓子、茶藨子、悬钩子、五味子等可食野生果的资源也十分丰富。在可食植物的果实中，除丰富的维生素外，有的还含有天然甜味物质，是现代甜味剂生产的主要来源，广泛用于调节各种食物的味道或作饮料。

野生可食植物除野果外，还有许多叶、花或根茎可以使用的种类，如紫萁(紫薇菜)、蕨菜、野生韭菜、百合、阳荷、鱼腥草等。

食用资源植物是目前保护区内最容易利用、见效最快的资源植物。但需要加强管理上的指导，实现根据年时按时按量采收，加强采收过程的科学性，严禁非采收期采收。这样可以保证收成，不至于破坏资源，不影响植物下一年度的产量，实现年年收。像余甘子等这些优质高产，营养丰富，含有大量维生素 C、碳水化合物、有机酸、果胶、蛋白质、脂肪等成分的植物，可以制成蜜饯、罐头、饮料等产品。对野生可食植物的开发和利用不仅可以改善人们的膳食结构，还可以提高当地群众的经济收入。

10.2.2 蜜源植物

蜜源植物是可以为蜜蜂提供花蜜、花粉的植物，也可以泛指能为蜜蜂提供各种采集物的植物。其中能提供花粉的植物称粉源植物，提供制胶的植物称胶植物，提供蜜露(由昆虫采食植物后分泌)的植物称蜜露植物等；在养蜂生产上能采到大量商品蜜的称主要蜜源植物。保护区内主要的蜜源植物有椴 *Tilla tuan* var. *tuan*(生长于山地阔叶林中，海拔为 1700～2200m)、显脉荚蒾 *Viburnum nervosum*(生长于大雪山龙潭坎山坡林内、灌丛中，海拔为 1552m)、枣 *Ziziphus jujuba*(生长于林中或林缘，海拔为 1900m)等，木姜子属、花楸属、蔷薇属、胡颓子属、猕猴桃属、女贞属、香茶菜属、鼠尾草属、柃木属等保护区内资源丰富的属中的许多种类也是优良的蜜源植物。

但需要注意的是保护区内有一些有毒植物可以产生有毒蜜粉，被称为有毒蜜粉植物；它们的花粉和花蜜被蜜蜂采集后酿造的蜂蜜具有一定的毒性，在利用时需要加以注意。有毒植物品种不同，中毒反应也不同，主要有恶心、呕吐、腹痛、腹泻、乏力、四肢麻木，或有血尿、血便、肝肾损伤，甚至循环、呼吸衰竭等。服用蜂蜜时应注意有无不良反应，若有不适需及时停用和救治。入口有苦、麻、涩等异常味道的蜂蜜不可服用。这类植物保护区内主要有苦皮藤 *Celastrus angulatus* 等。

保护区周边建立养蜂场是利用保护区资源植物而又不破坏生态环境的好方法，同时，蜜蜂可以为保护区的植物传粉，维护生态系统的正常功能；而且建立养蜂场投资少，需要的人力也少。

10.2.3　芳香油植物

芳香油植物是植株某个部分含芳香油的植物类，大多数种类通常兼有药用和香料两个属性。芳香植物除了药用价值，还含有香气成分，这种成分可以作为精油被提取出来用于医药、食品加工、化妆品等各个行业中。

保护区内含芳香油较高的主要为樟科木姜子属 *Litsea* 的山鸡椒 *Litsea cubeba*、杨叶木姜子 *Litsea populifolia*、新木姜子 *Neolitsea aurata* 等的果实(主要在果皮)。一般含有2.5%～3.9%的挥发油，其中主要成分是柠檬醛 a 和柠檬醛 b[两者占总挥发油的 60%～70%(视品种不同而异)]、香茅醛(7.6%)、柠檬烯(11.6%)、莰烯(3.5%)、甲基庚烯酮(3.1%)、橙花醇等。

木姜子果干核还含有 40%的左右的脂肪油，主要成分为月桂酸等，熔点为 32℃左右。鲜叶中挥发性油含量约 0.44%，主要成分 1,3,3-三甲基-2-氧杂双环[2.2.2]辛烷(59.96%)、1,8-桉油醇(8.96%)、2-甲基-5-(1-甲基乙烯基)环己酮(4.34%)和橙花酯(3.19%)；其果、根、茎枝和叶都有药用价值。其他的芳香油植物包括阳荷 *Zingiber striolatum* 等。

初步统计，保护区内这类植物有 20 科 51 种(表 10-2)。

表 10-2　芳香油植物名录

科名	种名	拉丁名	采集地/生境(海拔/m)
桦木科	香桦	*Betula insignis*	麻风湾山坡阔叶林中(1800)
蔷薇科	悬钩子蔷薇	*Rosa rubus*	林下或路边(500～3400)
蔷薇科	峨眉蔷薇	*R. omeiensis* f. *meiensis*	麻风湾
蔷薇科	扁刺峨眉蔷薇	*R. omeiensis* f. *pteracantha*	罗汉坝
蔷薇科	小果蔷薇	*R. cymosa*	山坡灌木中或路旁；保护区内常见(200～1800)
蔷薇科	缫丝花	*R. roxburghii* f. *roxburghii*	洞子里、花楸坪
蔷薇科	单瓣缫丝花	*R. roxburghii* f. *normalis*	山坡灌木丛中；保护区内常见(500～2500)
菊科	云木香	*Aucklandia costus*	路边、林缘、灌丛
菊科	野菊	*Dendranthema indicum*	灌丛中、山坡草地或路边溪旁(1000～3150)
菊科	鼠麴草	*Gnaphalium affine*	山坡、荒地、路边、田边(1500～2700)
菊科	六棱菊	*Laggera alata*	林下、林缘、灌丛下、草坡或田边路边(330～2800)
菊科	齿翼臭灵丹	*Laggera pterodonta*	荒地、山坡草地、村边、路旁和田头地角(250～2400)
樟科	毛果黄肉楠	*Actinodaphne trichocarpa*	小岩方山坡灌木中(1900)
樟科	猴樟	*Cinnamomum bodinieri*	路旁、沟边、疏林或灌丛中(1000～1500)
樟科	香叶树	*Lindera communis*	麻风湾林中(1850～2100)
樟科	三股筋香	*Lindera thormsonii*	小草坝、小岩方等的林下(1740～1960)
樟科	山鸡椒	*Litsea cubeba*	海子坪、大雪山(1250～2010)
樟科	新木姜子	*Neolitsea aurata*	小草坝林中(1810～2050)

续表

科名	种名	拉丁名	采集地/生境(海拔/m)
樟科	檫木	*Sassafras tzumu*	罗汉坝林中(1950)
木兰科	含笑属一种	*Michelia* sp.	大雪山、三江口等(800～2000)
八角科	野八角	*Illicium simonsii*	大雪山、小草坝雷洞坪、小草坝(2100～2600)
八角科	小花八角	*Illicium micranthum*	山地沟谷、溪边、山坡湿润林中；保护区内常见(500～2600)
金粟兰科	草珊瑚	*Sarcandra glabra*	常绿阔叶林下；保护区内常见(1100)
马兜铃科	川滇细辛	*Asarum delavayi*	灌丛林下、石栎坡上；保护区内常见(800～1600)
胡椒科	山蒟	*Piper hancei*	沟谷密林或溪涧、疏林、石灰岩丛林，附生于树干上或石上；保护区内常见(620～2000)
蝶形花科	香槐	*Cladrastris wilsonii*	小岩方(1600)
芸香科	松风草	*Boenninghausenia albiflora*	小岩方、小草坝(1840～1860)
芸香科	四川吴茱萸	*Evodia sutchuenensis*	大雪山(1552)
芸香科	花椒	*Zanthoxylum bungeanum*	三江口麻风湾、三江口分水岭(1780～1980)
漆树科	野漆	*Toxicodendron succedaneum*	平地、山地疏林或密林下；保护区内、小草坝(1860～1970)
芸香科	宜昌橙	*Citrus ichangensis*	三江口分水岭(1600)
野茉莉科	云南野茉莉	*Styrax hookeri* var. *yunnanensis*	罗汉坝五道河、三江口麻风湾(2081)
野茉莉科	野茉莉	*Styrax japonicus*	三江口、小岩方至方家湾、小草坝、上青山、罗汉坝、海子坪(1300～2010)
野茉莉科	粉花野茉莉	*Styrax roseus*	海子坪、小岩方(1690～2450)
野茉莉科	瓦山安息香	*Styrax perkinsiae*	小沟、罗汉坝(1820～1900)
野茉莉科	栓叶安息香	*Styrax suberifolius* var. *suberifolius*	扎口石(1800)
杜鹃花科	地檀香	*Gaultheria forrestii*	林中或灌丛中；保护区内常见(1500～3000)
杜鹃花科	滇白珠树	*Gaultheria yunnanensis*	麻风湾(1900)
马钱科	紫花醉鱼草	*Buddleja macrostachya* var. *yunnanensis*	小草坝后河、麻风湾(1800～2000)
木犀科	野桂花	*Osmanthus yunnanensis*	小岩方、上青山(1940～1980)
木犀科	小叶女贞	*Ligustrum quihoui*	三江口辣子坪(220～2450)
木犀科	小蜡树	*Ligustrum sinense*	山地疏林或路旁、沟边；保护区内常见(960～1800)
木犀科	粗壮女贞	*Ligustrum robustum*	大雪山(1500)
姜科	阳荷	*Zingiber striolatum*	大雪山(1555)
香蒲科	香蒲	*Typha orientalis*	罗汉坝(1950)
石蒜科	忽地笑	*Lycoris aurea*	箐沟杂木林、河边灌丛、草坡、石缝(400～2000)
石蒜科	宽叶韭	*Allium hookeri*	小草坝、朝天马林场(1900～1960)
石蒜科	木里韭	*Allium hookeri* var. *muliense*	小草坝、小岩方(1900)
石蒜科	太白韭	*Allium pratti*	麻风湾(2000)
石蒜科	滇韭	*Allium mairei*	杂木林、草坡、石坝、石灰岩山石缝、草地(1200～4200)
鸢尾科	射干	*Belamcanda chinensis*	林缘和山坡草地；保护区内常见(1500～2200)

10.2.4　油脂植物

油脂植物是指植物的种子、果实等部位中含有大量油脂的植物，根据用途的不同可以分为食用油脂和工业用油脂。植物油脂在世界油脂工业中占有重要的地位，食用油脂中植物油脂比例高达 70%。作物食用油脂，植物油脂远远优于动物油脂。许多植物种类油脂的主要成分都含有很高的不饱和脂肪酸甘油酯，对心血管疾病有预防作用，甚至可以起到一定的治疗作用。

另外，植物油脂可以成为生物能源。在现代工业使用的能源中，石油仍然占有不可动摇的地位；但石油是不可再生资源，其对环境的污染也是令全世界人都头痛的事情。植物油脂是一种可再生资源，只要我们合理开发，它就可以源源不断地给我们的生产生活提供“动力”。

黄连木 *Pistacia chinensis* 种子含油率在 40%左右，脂肪酸组成和菜籽油非常相似，可作食用油，也是优良的生物柴油原料，它有极强的适应性，在温带、亚热带、热带地区均能够正常生长，是重要的荒山、荒滩造林树种和观赏树种，是优良的油料及用材树种。乌桕 *Sapium sebiferum* 树皮中的油脂中含有约 14%的甘油，是制造硝化甘油、环氧树脂、玻璃钢和炸药的重要原料。用种仁榨得的青油(梓油或桕油)，可以制造高级喷漆，桕蜡是肥皂、胶片、塑料薄膜、蜡纸、护肤脂、防锈涂剂、固体酒精和高级香料的主要原料。保护区内的油脂植物共有 41 科 75 种(表 10-3)。目前绝大多数油脂植物都未得到很好的利用，基本上处在自然状态中，甚至不被人们所认识。

在工业油脂技术不断发展、石油不断减少并且对环境的污染日益加深的今天，植物油脂必将取代石油在现代工业中的地位，我们现在能做的就是保护好我们的资源，让它在不久的将来成为我们的优势。

表 10-3　油脂植物名录

科名	种名	拉丁名	含油部分	含油量/%	碘值	皂化值	采集地/生境(海拔/m)
漆树科	盐肤木	*Rhus chinensis*	果实	23.2	83.6	190.9	大雪山(1500)
	黄连木	*Pistacia chinensis*	果实 种子	21.8 12.7	99.4 137.0	187.8 200.6	山坡林中(2400)
	清香木	*Pistacia weinmannifolia*	果实	11.8	78.3		山坡、峡谷的疏林或灌丛中(2700)
	红麸杨	*Rhus punjabensis*	果实	19.7	86.3	185.1	三江口灌丛中(1900)
	大花漆	*Toxicodendron grandiflorum*	种子	18.0	116.0	184.6	小草坝罗汉林中(2041)
	野漆	*Toxicodendron succedaneum*	果实	18.5		204.6	罗汉坝沟边(1900)
	漆	*Toxicodendron vernicifluum*	果实 种子 果肉	29.4 11.9 35.2	105.4 115.1 14.0	194.9 190.3 207.8	常绿阔叶林或云南松林下
卫矛科	苦皮藤	*Celastrus angulatus*	种子	42.3	102.4	280.6	辣子坪林缘(2300)
	哥兰叶	*Celastrus gemmatus*	种子	19.7	97.3	210.2	大雪山(1400)
	扶芳藤	*Euonymus fortunei*	种子	41.5	75.8	244.7	海子坪、小草坝、罗汉坝(1555～2039)
	西南卫矛	*Euonymus hamiltonianus*	种子	52.6	79.3	247.8	林地(2000～3000)

续表

科名	种名	拉丁名	含油部分	含油量/%	碘值	皂化值	采集地/生境(海拔/m)
蔷薇科	龙芽草	*Agrimonia pilosa*	种子	11.9	171.9	189.2	小草坝、麻风湾(1750～1905)
	路边青	*Geum aleppicum*	种子	13.3	112.7	195.6	麻风湾(1800～1930)
	小果湖北海棠	*Malus hupehensis* var. *microcarpus*	种子	12.3	117.4		小草坝后河的杂木林中(1820～1990)
	中华石楠	*Photinia beauverdiana*	种子 果实	12.0 5.9	89.0 112.4	178.9 183.1	麻风湾杂木林中(1820)
	微毛樱桃	*Cerasus clarofolia*	种子	12.1	115.5	210.9	罗汉坝水库沼泽、小草坝林中(1741～1949)
红豆杉科	南方红豆杉	*Taxus chinensis*	种子	20.8	121.3		三江口、小岩方杂木林中(1500～2200)
金粟兰科	草珊瑚	*Sarcandra glabra*	果仁	14.8	64.5		常绿阔叶林下
胡桃科	黄杞	*Engelhardtia roxburghiana*	种子	24.8			麻风湾常绿阔叶林中(1900)
	胡桃	*Juglans regia*	种仁	67.1	147.0	192.6	林缘或沟边(160～1800)
	泡核桃	*Juglans sifillata*	种仁	69.1	141.8	186.7	沟谷林中(1300～2700)
	化香树	*Platycarya strobilacea*	种子	8.6	181.7	193.2	小沟保护点、麻风湾的路边(1800～1850)
松科	马尾松	*Pinus massoniana*	种子	28.2	153.3	187.5	低海拔干燥山坡，生长不良
桦木科	桤木	*Alnus cremastogyne*	果实	20.8	71.5		老长坡河边(1400)
壳斗科	水青冈	*Fagus longipetiolata*	种子	42.8	94.5	206.3	麻风湾杂木林中(1850)
榆科	紫弹树	*Celtis biondii*	种子 果实	10.9 5.9	144.8 143.7	189.4 187.0	林中、路旁(1500～1700)
苋科	牛膝	*Achyranthes bidentata*	种子	11.0	99.1	203.6	麻风湾林下、路边(1500～2000)
商陆科	商陆	*Phytolacca acinosa*	种子				小岩方分水岭(1900)
木通科	三叶木通	*Akebia trifoliata*	种子	43.2	81.4	251.1	小岩方、大雪的山灌丛间及沟谷疏林(1555～1850)
	猫儿屎	*Decaisnea fargesii*	种子	20.5	92.3	197.3	麻风湾杂木林下(1644)
木兰科	武当玉兰	*Yulania sprengeri*	商品油		91.9	186.1	小沟保护点、麻风湾的路边(1800～1850)
樟科	香叶树	*Lindera communis*	种子 果实	43.8 49.5	25.4 56.4	259.9 228.2	麻风湾(1850～2100)
	三股筋香	*Lindera thomsonii*	种仁 种子	67.6 50.5			小草坝大窝场、小岩方等的林下(1740～1960)
	山鸡椒	*Litsea cubeba*	果实 种子	41.0 49.1	 46.2	 240.8	海子坪尖山子、大雪山(1250～2010)
	杨叶木姜子	*Litsea populifolia*	种子	49.4	50.0	223.0	林下、灌丛中或山坡路旁(1400～2700)
	新木姜子	*Neolitsea aurata*	种子	54.1	55.6	240.4	小草坝的林中(1810～2050)
	檫木	*Sassafras tzumu*	果实 种子	38.6 40.4	61.0 8.1	218.7 28.0	罗汉坝林中(1950)
大戟科	算盘子	*Glochidion puberum*	种子	25.3	123.1	190.6	小草坝大窝场、小岩方等的林下和林缘(1100～1960)
	乌桕	*Sapium sebiferum*	种皮 种子	48.1 33.1	24.1 130.1	203.4 205.0	麻风湾常绿阔叶林下(1900)

续表

科名	种名	拉丁名	含油部分	含油量/%	碘值	皂化值	采集地/生境(海拔/m)
虎皮楠科	交让木	*Daphniphyllum macropodum*	种子 种仁 果	16.7 36.2 15.2	103.5 105.0 98.6	187.9 188.0 189.0	罗汉坝清水渠林下(1426)
马桑科	马桑	*Coriaria nepalensis*	种子	20.9	154.8	190.4	林中、路旁(1500～1700)
冬青科	三花冬青	*Ilex triflora*	果实	21.8	116.4	188.0	小岩方分水岭(1900)
省沽油科	野鸦椿	*Euscaphis japonica*	种子 种仁	9.5 9.8	122.6 149.1	193.9 179.1	小岩方、海子坪的疏林或灌丛中(1500)
鼠李科	冻绿	*Rhamnus utilis*	种子 果	29.6 16.3	148.7 155.9	191.7 190.8	坡灌丛或林下(1500)
楝科	川楝	*Melia toosendan*	种仁	36.6	129.1	193.6	麻风湾等的林下(1120～1200)
葡萄科	乌蔹莓	*Cayratia japonica*	种子	16.4			麻风湾、罗汉坝、海子坪等的山谷中或山坡灌丛(1800～1849)
杜英科	仿栗	*Sloanea hemsleyana*	种子	51.0	81.1	195.1	沟谷常绿阔叶林中(1300～2400)
山茶科	西南山茶	*Camellia pitardii*	种仁	38.2	90.7	219.2	小沟保护点、麻风湾(1600～2100)
	茶	*Camellia sinensis*	种仁	30.5	81.5	193.8	阔叶林下或灌丛中(1300～2100)
漆树科	盐肤木	*Rhus chinensis*	种子	16.4	92.2	206.7	罗汉坝清水渠林下(2000)
猕猴桃科	猕猴桃	*Actinidia chinensis*	种子	35.0	199.3	188.4	海子坪林中及灌丛(1180)
大风子科	毛叶山桐子	*Idesia polycarpa* var. *vestita*	果实 种子 果肉	38.0 23.1 53.6	133.2 142.3 129.9	195.9 192.0 198.3	海子坪的疏林中(1500)
八角枫科	八角枫	*Alangium chinense*	种子 种仁	19.2 51.8	122.0 118.9	188.2 199.4	大雪山的路边
五加科	楤木	*Aralia chinensis*	种子	27.3	104.7	188.9	麻风湾疏林中(2010)
	刺楸	*Kalopanax septemlobus*	种子	31.1	107.6	206.1	小草坝杂林中(1900)
山茱萸科	灯台树	*Cornus controversa*	果实 果肉 种子	22.5 55.5 12.5	77.2 78.9 116.9	182.0 199.1 191.5	三江口、小岩方杂木林中(1500～2200)
山矾科	山矾	*Symplocos sumuntia*	种子	14.1	104.0	181.0	小岩方的林下(1300～2200)
	白檀	*Symplocos paniculata*	果 种子	38.4 20.9	86.0 105.7	193.0	小草坝大窝场的林下(1740)
	黄牛奶树	*Symplocos laurina*	果	23.3	91.9	193.2	林边石山及密林中(1600～3000)
野茉莉科	野茉莉	*Styrax japonicus*	种子	17.1	124.5	187.1	小岩方分水岭(1900)
	白花树	*Styrax tonkinensis*	种仁 种子	55.4 27.6	115.8 123.1	171.2 176.7	小沟保护点、麻风湾的路边(1850)
木犀科	女贞	*Ligustrum lucidum*	果实 种子 种仁	11.6 7.4 15.8	93.3 97.8 104.7	179.0 150.4 165.8	山坡或路边灌丛(2000～2100)
	小叶女贞	*Ligustrum quihoui*	果实	15.6	97.1	216.8	三江口辣子坪灌木丛(2200～2450)
	小蜡	*Ligustrum sinense*	果实 种子	10.2 4.9	102.3 121.2		罗汉坝林下(1596)
	牛矢果	*Osmanthus matsumuranus*	种仁	28.7	92.2	191.9	海子坪疏林中(1341)
旋花科	牵牛	*Pharbitis nil*	种子	11.8	105.1	206.1	三江口麻风湾、大雪山湿润林中(1560～1830)
马鞭草科	臭牡丹	*Clerodendrum bungei*	种子	17.6	122.7	188.2	小草坝大窝场的林下(1940)
唇形科	荔枝草	*Salvia plebeia*	果实	21.8			小岩方河场坝的林缘(1580～1840)

续表

科名	种名	拉丁名	含油部分	含油量/%	碘值	皂化值	采集地/生境(海拔/m)
茜草科	大叶茜草	*Rubia schumanniana*	种子	11.9	98.5		小岩方分水岭(1900)
忍冬科	金银忍冬	*Lonicera maackii*	种子	32.5	143.7	180.8	小岩方、小草坝等的林缘或灌丛中(1780～2450)
	水红木	*Viburnum cylindricum*	果核	24.5	87.5	195.6	阳坡常绿阔叶林或灌丛中(1120～3200)
	球核荚蒾	*Viburnum propinquum*	果核	11.7			三江口、小岩方的杂木林中(1500～2200)
菊科	牛蒡	*Arctium lappa*	瘦果	18.9	135.6	192.9	三江口分水岭、罗汉坝(1950～1980)
	黄花蒿	*Artemisia annua*	瘦果	19.2	137.0	183.7	路旁、荒地、林缘、河谷、草原(2000～3000)
鸢尾科	射干	*Belamcanda chinensis*	种子	16.2		147.8	林缘和山坡草地(1500～2200)

10.2.5　有毒植物

有毒植物通常是指能对人和家畜等产生有害作用的植物。绝大部分有毒植物的有毒成分大多都是在植物体内代谢生成的，其有毒成分可以分为七类(陈冀胜和郑硕，1987)，即肽、生物碱、萜、苷、酚类及其衍生物、无机化合物和简单有机化合物、非蛋白氨基酸(有毒的大约有20种)。这些成分通常是中草药、植物杀虫剂的重要资源。

在自然保护区内有毒植物大概有37科73种(表10-4)，大多为漆树科、八角枫科、大戟科、芸香科、天南星科、杜鹃花科的植物，其中特别需要提到的是野葛 *Toxicodendron radicans* ssp. *hispidum*，它是一种非常毒的植物，是目前知道的漆树中最毒的一种，大多数人都会对其产生严重过敏反应。八角枫 *Alangium chinense* 是有毒药材，毒性以须根毒性较大，中毒后会出现头昏、眼花、恶心、胸闷、全身无力、手脚瘫软等。

目前保护区内的有毒植物资源利用率非常低，由于交通、经济、政策以及人们对有毒植物资源认识的不足，当地的有毒植物未得到很好的利用。当地老百姓通过自己粗加工能够得到一些简单的用以除害虫和老鼠等的低毒性药，但是有毒植物给当地人们带来的更多的还是麻烦。人们除了对一些比较常见的或比较特殊(比如有药用功能的乌头)的有毒植物有所了解，对大多数的有毒植物了解得很少，在保护区周围的农村，人们的日常生活是离不开森林的，当人们到森林内时难免碰到各种有毒植物，而由于当地的医疗条件和经济条件的限制，不能及时有效治疗，给人们生活带来了诸多不便，甚至威胁到生命。

表10-4　有毒植物名录

科名	种名	拉丁名	采集地/生境(海拔/m)
八角枫科	八角枫	*Alangium chinense*	大雪山路边
八角枫科	瓜木	*Alangium platanifolium*	大雪山路边(1400)
泽泻科	泽泻	*Alisma plantago-aquatica*	大雪山疏林中(1400～1500)
石蒜科	忽地笑	*Lycoris aurea*	林缘、灌丛、岩石边、溪边(1150～3200)

续表

科名	种名	拉丁名	采集地/生境(海拔/m)
漆树科	野葛	*Toxicodendron radicans* ssp. *hispidum*	三江口、罗汉坝、麻风湾、小草坝等山谷杂林中(1810～2110)
漆树科	野漆	*Toxicodendron succedaneum*	罗汉坝沟边(1900)
漆树科	漆	*Toxicodendron vernicifluum*	常绿阔叶林或云南松林下(3200)
天南星科	一把伞南星	*Arisaema erubescens*	小岩方等的林下(1300～2200)
五加科	楤木	*Aralia chinensis*	小岩方分水岭(1900)
五加科	常春藤	*Hedera nepalensis* var. *sinensis*	麻风湾、朝天马、小草坝后河的杂木林下(1850～1920)
萝藦科	翅果杯冠藤	*Cynanchum alatum*	小岩方分水岭林缘(1451)
萝藦科	牛皮消	*Cynanchum auriculatum*	小岩方、大雪山的杂木林下(1120～2120)
小檗科	红毛七	*Caulophyllum robustum*	三江口林下(1850～1980)
石竹科	无心菜	*Arenaria serpyllifolia*	田间、路旁、林下(540～3700)
石竹科	繁缕	*Stellaria media*	罗汉坝清水渠林下(1426)
金粟兰科	及已	*Chloranthus serratus*	草坡、灌丛、林缘、路边、河岸(510～2600)
菊科	千里光	*Senecio scandens*	山坡、沟旁、路边(1300～2600)
菊科	苍耳	*Xanthium sibiricum*	小草坝、三江口麻风湾林下(1900～2200)
旋花科	牵牛	*Pharbitis nil*	罗汉坝路边(1950)
马桑科	马桑	*Coriaria nepalensis*	杂木林中(1700～2450)
葫芦科	罗锅底	*Hemsleya macrosperma*	小岩方分水岭(1840)
杜鹃花科	灯笼树	*Enkianthus chinensis*	沟谷边的次生林(1710)
杜鹃花科	地檀香	*Gaultheria forrestii*	混交林或林缘(130～3000)
杜鹃花科	滇白珠	*Gaultheria leucocarpa* var. *crenulata*	麻风湾(1900)
杜鹃花科	美丽马醉木	*Pieris formosa*	林下(2200～4000)
杜鹃花科	红粉白珠	*Gaultheria hookeri*	山坡林中(2450)
杜鹃花科	马缨花	*Rhododendron delavayi*	麻风湾、小岩方的路边林中或灌丛(1450～1900)
杜鹃花科	美容杜鹃	*Rhododendron calophytum*	海子坪、三江口分水岭(1160～1960)
杜鹃花科	腺果杜鹃	*Rhododendron davidii*	大雪山黄角湾、三江口分水岭的疏林(1560～2000)
杜鹃花科	爆杖花	*Rhododendron spinuliferum*	苔藓常绿林中(1900～2450)
杜鹃花科	黄花杜鹃	*Rhododendron lutescens*	林下、林缘、荆棘灌丛(560～2000)
杜鹃花科	绒毛杜鹃	*Rhododendron pachytrichum*	小草坝燕子洞林中(1860～1969)
杜鹃花科	腋花杜鹃	*Rhododendron racemosum*	小岩方、大雪山路上(1300～1800)
杜鹃花科	芒刺杜鹃	*Rhododendron strigillosum*	麻风湾次生林下(1900)
杜鹃花科	云南杜鹃	*Rhododendron yunnanense*	小岩方扎口石杂木林中(1500)
大戟科	粗毛藤	*Cnesmone mairei*	山地或旷野(110～1200)
大戟科	泽漆	*Euphorbia helioscopia*	小草坝林缘(1845)
大戟科	钩腺大戟	*Euphorbia sieboldiana*	小草坝乌贡山(1830)
大戟科	飞扬草	*Euphorbia hirta*	小岩方沟边(1580)
大戟科	乌桕	*Sapium sebiferum*	麻风湾林下(1900)

续表

科名	种名	拉丁名	采集地/生境(海拔/m)
壳斗科	白栎	*Quercus fabri*	海子坪洞子里林中(1860)
七叶树科	天师栗	*Aesculus wilsonii*	杉木坪、小岩方、上青山等林下(1740～2050)
胡桃科	胡桃	*Juglans regia*	林缘或沟边(260～1800)
胡桃科	化香树	*Platycarya strobilacea*	小沟保护点、麻风湾路边(1800～1850)
苏木科	含羞草决明	*Cassia mimosoides*	大雪山路边(1400)
苏木科	决明	*Cassia tora*	朝天马、麻风湾林下(1800～1850)
苏木科	云实	*Caesalpinia decapetala*	林下、灌丛下、草坡、路边、河边或为田间杂草(1500～3500)
蝶形花科	响铃豆	*Crotalaria albida*	海子坪林下(1120～1340)
蝶形花科	大叶千斤拔	*Flemingia macrophylla*	小岩方疏林中(1191)
蓼科	虎杖	*Reynoutria japonica*	路旁、草丛、灌丛及山坡，多见于砾石土(800～2500)
蓼科	水蓼	*Polygonum hydropiper*	老长坡疏林中(1400)
百合科	吉祥草	*Reineckia carnea*	罗汉坝坡头山、小沟保护区、麻风湾林下(1820～1950)
防己科	汝兰	*Stephania sinica*	大雪山、三江口溪边(1375～1930)
木犀科	女贞	*Ligustrum lucidum*	常绿阔叶林、杂木林中(1700～3000)
毛茛科	爪盔膝瓣乌头	*Aconitum geniculatum* var. *unguiculatum*	小沟保护点、麻风湾的路边(1850)
毛茛科	升麻	*Cimicifuga foetida*	山坡或路边灌丛(2000～2100)
蔷薇科	梯叶花楸	*Sorbus scalaris*	三江口辣子坪灌木丛(2200～2450)
茜草科	大叶茜草	*Rubia schumanniana*	罗汉坝林下(1596)
茜草科	毛鸡矢藤	*Paederia scandens* var. *tomentosa*	海子坪尖山子疏林中(1341)
芸香科	吴茱萸	*Evodia rutaecarpa*	三江口麻风湾、大雪山普家沟湿润林中(1560～1830)
芸香科	茵芋	*Skimmia laureola* ssp. *reevesiana*	大雪山、海子坪林下(1300～1340)
芸香科	飞龙掌血	*Toddalia asiatica*	山地疏林、灌丛、荒地或山沟阳处(1600～2100)
芸香科	野花椒	*Zanthoxylum simulans*	小草坝、罗汉坝的林缘和灌丛(1500～2040)
虎耳草科	虎耳草	*Saxifraga stolonifera*	小草坝分水岭林下(1950)
虎耳草科	落新妇	*Astilbe chinensis*	小岩方林下(1600)
苦木科	苦树	*Picrasma quassioides*	大雪山林下(1555)
山茶科	油茶	*Camellia oleifera*	林下、灌丛中、山坡草地、荒地、田边、溪边(1000～2800)
瑞香科	白瑞香	*Daphne papyracea*	朝天马林场灌丛中(1960)
椴树科	甜麻	*Corchorus aestuans*	三江口辣子坪、麻风湾的密林下、灌丛中(1240～1570)
伞形科	峨眉当归	*Angelica omeiensis*	路旁、田边、山坡(720～1100)
大戟科	乌桕	*Sapium sebiferum*	麻风湾林下(1900)
马鞭草科	马鞭草	*Verbena officinalis*	罗汉坝五道河次生灌丛中(2081)
马鞭草科	臭牡丹	*Clerodendrum bungei*	山坡杂木林或灌丛中(1650～1950)

10.2.6　药用植物

保护区植被类型复杂，很多药用植物得以在保护区内生存，大概有 99 科 348 种（表 10-5）。其中比较著名的有天麻 *Gastrodia elata*、野生三七 *Panax notoginseng*、射干 *Belamcanda chinensis*、峨眉黄连 *Coptis omeiensis*、五味子属 *Schisandra* 等。

表 10-5　药用植物名录

科名	种名	拉丁名	采集地/生境(海拔/m)
八角枫科	小花八角枫	*Alangium faberi*	疏林中(1600)
八角枫科	八角枫	*Alangium chinense*	麻风湾、小岩方的林下(1810～2020)
八角科	小花八角	*Illicium micranthum*	山地沟谷、溪边、山坡湿润林中(500～2600)
菝葜科	云南肖菝葜	*Heterosmilax yunnanensis*	三江口山坡密林下(1870)
菝葜科	肖菝葜	*Heterosmilax japonica*	小沟、大雪山、三江口等的林下(1405～2250)
菝葜科	西南菝葜	*Smilax bockii*	小沟、大雪山、三江口辣子坪等的林下(1405～2250)
菝葜科	长托菝葜	*Smilax ferox*	小草坝、朝天马、麻风湾林下(1960～2000)
菝葜科	无刺菝葜	*Smilax mairei*	小岩方路边和灌丛(2127)
菝葜科	小叶菝葜	*Smilax microphylla*	林下、灌丛(1500～2000)
菝葜科	短梗菝葜	*Smilax scobinicaulis*	林下、灌丛中(1600～2100)
菝葜科	鞘柄菝葜	*Smilax stans*	麻风湾、小岩方的林下(1810～2020)
百合科	无毛粉条儿菜	*Aletris glabra*	小草坝的路边(1920)
百合科	粉条儿菜	*Aletris spicata*	麻风湾路边草地(1960)
百合科	蜘蛛抱蛋	*Aspidistra elatior*	罗汉坝五道河(2000)
百合科	大百合	*Cardiocrinum giganteum*	麻风湾沟谷阔叶林下(2000)
百合科	吉祥草	*Reineckia carnea*	小草坝常绿阔叶林下(1690)
百合科	折叶萱草	*Hemerocallis plicata*	三江口荒草地中(1680～1900)
百合科	野百合	*Lilium brownii*	小沟、大雪山、三江口等的林下(1405～2250)
百合科	窄瓣鹿药	*Maianthemum tatsienense*	阔叶林、云杉冷杉林林窗灌丛、高山草甸(1900～2300)
百合科	卷叶黄精	*Polygonatum cirrhifolium*	小草坝常绿阔混交林下和河边、小岩方(1930～2110)
百合科	玉竹	*Polygonatum odoratum*	小草坝、罗汉坝(1800)
百合科	轮叶黄精	*Polygonatum verticillatum*	罗汉坝常绿栎林中(2081)
柏科	福建柏	*Fokienia hodginsii*	三江口杂木林下(1790)
败酱科	墓头回	*Patrinia heterophylla*	山地、林缘、灌丛岩缝中及沙质土坡上(800～3000)
败酱科	少蕊败酱	*Patrinia monandra*	山坡灌丛、林缘、水沟边(500～2400)
败酱科	马蹄香	*Valeriana jatamansi*	海子坪路旁(1500)
半边莲科	江南山梗菜(原变种)	*Lobelia davidii* var. *davidii*	山地林边或沟边较阴湿处(2000)
半边莲科	直立山梗菜	*Lobelia erecta*	草坡(1600～2700)
半边莲科	长萼野烟	*Lobelia seguinii* var. *seguinii* f. *brevisepala*	林缘、灌丛

续表

科名	种名	拉丁名	采集地/生境(海拔/m)
半边莲科	野烟	*Lobelia seguinii* var. *seguinii*	山坡疏林、林缘、路边灌丛溪沟边(1100～3000)
半边莲科	铜锤玉带草	*Pratia nummularia*	麻风湾湿草地(1800)
报春花科	过路黄	*Lysimachia christinae*	三江口、麻风湾、海子坪等的杂木林下(1780～2250)
报春花科	临时救	*Lysimachia congestiflora*	麻风湾林缘草地(1820～2040)
报春花科	狭叶落地梅	*Lysimachia paridiformis* var. *stenophylla*	扎口石、河坝场密林下(1840～1870)
报春花科	叶头过路黄	*Lysimachia phyllocephala*	小草坝的路边草丛中(1947)
车前科	车前	*Plantago asiatica*	三江口麻风湾灌丛中(2100)
唇形科	走茎龙头草	*Meehania fargesii* var. *radican*	三江口、小岩方等的林下草丛中(1830～2250)
唇形科	穗花荆芥	*Nepeta laevigata*	麻风湾、三江口、小草坝灌木草地中(1800～2040)
唇形科	筒冠花	*Siphocranion macranthum*	小草坝、罗汉坝、麻风湾常绿阔叶林中(1855～1947)
酢浆草科	感应草	*Biophytum sensitivum*	次生林缘、草地或园地里(600)
酢浆草科	酢浆草	*Oxalis corniculata*	路边、山坡草地或林间空地(1000～3400)
酢浆草科	山酢浆草	*Oxalis griffithii*	三江口林下(1940)
大戟科	飞扬草	*Euphorbia hirta*	小草坝常绿阔混交林下和河边(1930～2110)
大戟科	通奶草	*Euphorbia hypericifolia*	三江口麻风湾灌丛中(1900)
大戟科	钩腺大戟	*Euphorbia sieboldiana*	小草坝灌丛中和林下(1830)
大戟科	黄苞大戟	*Euphorbia sikkimensis*	小草坝疏林(1940)
大戟科	算盘子	*Glochidion puberum*	小沟、分水岭、海子坪灌木丛中和林缘(1100～1960)
大戟科	余甘子	*Phyllanthus emblica*	山地疏林、灌丛、荒地或山沟阳处(1000～1100)
大戟科	乌桕	*Sapium sebiferum*	麻风湾山坡常绿阔叶林下(1900)
灯心草科	星花灯心草	*Juncus diastrophanthus*	罗汉坝水库沼泽(1950)
蝶形花科	假地蓝	*Crotalaria ferruginea*	三江口荒草地中(1900)
蝶形花科	大叶千斤拔	*Flemingia macrophylla*	小岩方疏林中(1190)
蝶形花科	鸡眼草	*Kummerowia striata*	三江口麻风湾灌丛中(1900)
蝶形花科	紫雀花	*Parochetus communis*	分水岭的路旁荒地(1900)
蝶形花科	粉葛	*Pueraria lobata* var. *thomsonii*	小岩方山野灌丛的(1600)
蝶形花科	鹿藿	*Rhynchosia volubilis*	山坡路旁草丛(550～580)
蝶形花科	野豌豆	*Vicia sepium*	罗汉坝保护站林缘草地上(1900)
杜鹃花科	芒刺杜鹃	*Rhododendron strigillosum*	麻风湾次生林下、林缘或路边草丛中(1900)
杜鹃花科	美丽马醉木	*Pieris formosa*	林下(2200～2400)
杜鹃花科	美容杜鹃	*Rhododendron calophytum*	海子坪、三江口分水岭山林中(1160～1960)
椴树科	甜麻	*Corchorus aestuans*	三江口灌丛中(1240～1570)
防己科	汝兰	*Stephania sinica*	大雪山、三江口河谷和林中(1375～1930)
浮萍科	紫萍	*Spirodela polyrrhiza*	水田、水塘、湖湾、水沟
海桐科	皱叶海桐	*Pittosporum crispulum*	坡地，灌丛中(450～1760)
海桐科	异叶海桐	*Pittosporum heterophyllum*	大雪山山坡、灌丛中(1560)
海桐科	线叶柄果海桐	*Pittosporum podocarpum* var. *angustatum*	小草坝疏林下(1920)

续表

科名	种名	拉丁名	采集地/生境(海拔/m)
禾本科	车筒竹	*Bambusa sinospinosa*	三江口麻风湾灌丛中(1900)
禾本科	狗牙根	*Cynodon dactylon*	荒野、田野间或撂荒地、河岸沙滩、荒坡草地(2300)
禾本科	牛筋草	*Eleusine indica*	次生林缘、草地或园地里(600)
禾本科	白茅	*Imperata cylindrca* var. *major*	多平原、荒地、山坡道旁、溪边或山谷湿地
禾本科	淡竹叶	*Lophatherum gracile*	三江口杂木林下(1790)
禾本科	金丝草	*Pogonatherum crinitum*	生岩石或石缝间、河岸及田埂上、潮湿山坡
胡椒科	山蒟	*Peper hancei*	沟谷密林或溪涧、疏林、石灰岩丛林中，附树干上或石上(620～2000)
胡桃科	黄杞	*Engelhardtia roxburghiana*	麻风湾常绿阔叶林中(1900)
胡桃科	胡桃	*Juglans regia*	林缘或沟边(160～1800)
葫芦科	绞股蓝	*Gynostemma pentaphyllum*	小岩方五岔河的路边和灌丛(2100)
葫芦科	长毛赤瓟	*Thladiantha villosula*	麻风湾、三江口灌丛中(1800～2048)
葫芦科	王瓜	*Trichosanthes cucumeroides*	山谷密林或山坡疏林或灌丛中(1500～1650)
虎耳草科	溪畔落新妇	*Astilbe rivularis*	小草坝草丛中(1850)
虎耳草科	虎耳草	*Saxifraga stolonifera*	朝天马林场常绿阔叶林(1960)
虎耳草科	扯根菜	*Penthorum chinense*	罗汉坝草甸和水边(1450)
虎耳草科	七叶鬼灯檠	*Rodgersia aesculifolia*	林下、灌丛下、山坡草地(2300～3800)
虎耳草科	羽叶鬼灯檠	*Rodgersia pinnata*	林下、灌丛下或草地
虎耳草科	黄水枝	*Tiarella polyphylla*	林下、灌丛和阴湿地(1740～2050)
假叶树科	羊齿天门冬	*Asparagus filicinus*	小沟、大雪山、三江口等的林下(1405～2250)
假叶树科	短梗天门冬	*Asparagus lycopodineus*	小草坝、罗汉坝的灌丛中(1840)
姜科	舞花姜	*Globba racemosa*	海子坪林下(1500)
金粟兰科	及已	*Chloranthus serratus*	三江口麻风湾灌丛中(1900)
金鱼藻科	金鱼藻	*Ceratophyllum demersum*	小岩方路边和灌丛(2100)
堇菜科	戟叶堇菜	*Viola betonicifolia*	三江口、麻风湾沼泽、河坝场、倒流水、小沟的林下(1750～2300)
堇菜科	紫花堇菜	*Viola grypoceras*	林下或草地(1500～1780)
堇菜科	浅圆齿堇菜	*Viola schneideri*	林下、林缘、溪沟旁及路边(800～2700)
堇菜科	堇菜	*Viola verecunda*	麻风湾草地上(1880)
景天科	凹叶景天	*Sedum emarginatum*	小沟、大雪山、三江口等的林下(1405～2250)
景天科	垂盆草	*Sedum sarmentosum*	三江口麻风湾灌丛中(1900)
桔梗科	细萼沙参	*Adenophora capillaris* ssp. *leptosepala*	小草坝林下(1750)
桔梗科	蓝花参	*Wahlenbergia marginata*	丘陵、山坡草地或疏林下(2800)
菊科	云南蓍	*Achillea wilsoniana*	灌丛中或山坡草地(2300～3600)
菊科	下田菊	*Adenostemma lavenia*	大雪山、三江口等的林下(1405～2250)
菊科	光叶兔儿风	*Ainsliaea glabra*	小岩方河边(1850)
菊科	长穗兔儿风	*Ainsliaea henryi*	小草坝、罗汉坝的林下(1800～2100)
菊科	二色香青	*Anaphalis bicolor*	朝天马、小草坝的林下(2000)

续表

科名	种名	拉丁名	采集地/生境(海拔/m)
菊科	粘毛香青	*Anaphalis bulleyana*	罗汉坝山坡草地(1980)
菊科	蛛毛香青	*Anaphalis busua*	三江口分水岭的山坡草地中(1960)
菊科	牛蒡	*Arctium lappa*	朝天马常绿阔叶林(1960)
菊科	牡蒿	*Artemisia japonica*	麻风湾草地上(1880)
菊科	蒙古蒿	*Artemisia mongolica*	小沟路旁(1850)
菊科	西南圆头蒿	*Artemisia sinensis*	罗汉坝水库边(1940)
菊科	三脉紫菀	*Aster ageratoides*	三江口麻风湾的草地中(1820)
菊科	耳叶紫菀	*Aster auriculatus*	罗汉坝灌丛下(2062)
菊科	石生紫菀	*Aster oreophilus*	林下、灌丛下或山坡草地(2300～3600)
菊科	钻叶紫菀	*Aster subulatus*	山坡灌丛中、草地、沟边、路旁或荒地(1100～1900)
菊科	密毛紫菀	*Aster vestitus*	罗汉坝水沟边(1950)
菊科	云木香	*Aucklandia costus*	路边、林缘、灌丛
菊科	白花鬼针草	*Bidens pilosa* var. *minor*	路边、田边、沟边、山坡、草地(1000～2500)
菊科	狼杷草	*Bidens tripartita*	罗汉坝水库边、罗汉坝水库沼(1900)
菊科	柔毛艾纳香	*Blumea mollis*	林下、灌丛下、山坡草地、路边、田边、荒地(400～2000)
菊科	天名精	*Carpesium abrotanoides*	三江口麻风湾灌丛中(1900)
菊科	小花金挖耳	*Carpesium minus*	江边、沟边或河滩(900～1700)
菊科	绒毛天名精	*Carpesium velutinum*	小沟路边和溪边(1900)
菊科	蓝花毛鳞菊	*Chaetoseris cyanea*	林下、林间草地或山坡草丛中(1900～3100)
菊科	蓟	*Cirsium japonicum*	山坡草地、路边、田边及溪边(1450～2250)
菊科	丽江蓟	*Cirsium lidjiangense*	麻风湾林缘(1900)
菊科	马刺蓟	*Cirsium monocephalum*	麻风湾、小沟、三江口分水岭的林缘(1810～2100)
菊科	苏门白酒草	*Conyza sumatrensis*	草地、路边、溪旁、荒地常见杂草(1375)
菊科	野菊	*Dendranthema indicum*	麻风湾草地上(1880)
菊科	小鱼眼草	*Dichrocephala benthamii*	林下、灌丛下、草地、路边、田边、荒地(1750)
菊科	小一点红	*Emilia prenanthoidea*	三江口麻风湾灌丛中(1900)
菊科	一点红	*Emilia sonchifolia*	朝天马常绿阔叶林(1960)
菊科	一年蓬	*Erigeron annuus*	平坦草地(1750)
菊科	短葶飞蓬	*Erigeron breviscapus*	林缘、草坡或路旁、田边(1100～3500)
菊科	多须公	*Eupatorium chinense*	麻风湾路边和溪边(1820)
菊科	异叶泽兰	*Eupatorium heterophyllum*	林缘、山坡草地或溪边、路旁(1400～3900)
菊科	白头婆	*Eupatorium japonicum* var. *japonicum*	麻风湾路边(1600)
菊科	辣子草	*Galinsoga parviflora*	麻风湾路边(2000)
菊科	鼠麴草	*Gnaphalium affine*	以山坡、荒地、路边、田边最常见(1500～2700)
菊科	秋鼠麴草	*Gnaphalium hypoleucum*	林下、山坡草地、路边、村旁或空旷地(1200～3000)
菊科	泥胡菜	*Hemistepta lyrata*	小岩方(2100)

续表

科名	种名	拉丁名	采集地/生境(海拔/m)
菊科	水朝阳旋覆花	*Inula helianthus-aquatica*	小岩方草地的湿润处(1750)
菊科	中华小苦荬	*Ixeridium chinense*	麻风湾路边(1700)
菊科	细叶小苦荬	*Ixeridium gracile*	山坡草地、耕地、荒地、水边、路旁(800～3900)
菊科	千里光	*Senecio scandens*	麻风湾草地上(1880)
菊科	马兰	*Kalimeris indica*	三江口麻风湾灌丛中(1900)
菊科	六棱菊	*Laggera alata*	林下、林缘、灌丛下、草坡或田边路边(330～2800)
菊科	臭灵丹	*Laggera pterodonta*	荒地、山坡草地、村边和路旁(250～2400)
菊科	大丁草	*Leibnitzia anandria*	多种生境中(1550～2680)
菊科	松毛火绒草	*Leontopodium andersonii*	林下、林缘、灌丛下、山坡草地或村边、路旁(1000～3000)
菊科	大黄橐吾	*Ligularia duciformis*	小草坝、三江口麻风湾草甸中(2000～2050)
菊科	狭苞橐吾	*Ligularia intermedia*	小岩方河场坝林下(1800)
菊科	宽舌橐吾	*Ligularia platyglossa*	林下、草坡或沼泽地(2100～3100)
菊科	苍山橐吾	*Ligularia tsangchanensis*	草坡、林间草地及高山草甸(2900～4100)
菊科	圆舌粘冠草	*Myriactis nepalensis*	海子坪林下和路边(1550)
菊科	粘冠草	*Myriactis wightii*	小草坝沼泽、三江口的林下(1900～2260)
菊科	多裂紫菊	*Notoseris henryi*	麻风湾、小草坝(1900～2040)
菊科	心叶黄瓜菜	*Paraixeris humifusa*	林下、灌丛中、山坡、路边或岩石隙(900～1700)
菊科	假福王草	*Paraprenanthes sororia*	小岩方、小草坝常绿阔叶林下及林缘(1850～1853)
菊科	兔耳一枝箭	*Piloselloides hirsuta*	疏林、草地、荒坡(900～2400)
菊科	苍耳	*Xanthium sibiricum*	朝天马常绿阔叶林(1960)
菊科	秋分草	*Rhynchospermum verticillatum*	三江口、小岩方林下和路边(1950～2050)
菊科	一枝黄花	*Solidago decurrens*	罗汉坝林缘草地上(1900)
菊科	锯叶合耳菊	*Synotis nagensium*	林下、灌丛及山坡草地(650～2200)
菊科	华蒲公英	*Taraxacum borealisinense*	潮湿草地(300～2300)
菊科	蒲公英	*Taraxacum mongolicum*	三江口麻风湾灌丛中(1900)
苦苣苔科	纤细半蒴苣苔	*Hemiboea gracilis*	罗汉坝山谷阴处石头上(1500)
苦苣苔科	吊石苣苔	*Lysionotus pauciflorus*	大雪山路上(1350)
苦木科	刺臭椿	*Ailanthus altissima*	小沟、大雪山、三江口等的林下(1405～2250)
苦木科	苦树	*Picrasma quassioides*	小沟、分水岭、海子坪灌木丛中和林缘(1100～1960)
兰科	镰萼虾脊兰	*Calanthe puberula*	小岩方、常绿阔叶林下(1700)
兰科	火烧兰	*Epipactis helleborine*	麻风湾路旁(1800)
兰科	天麻	*Gastrodia elata*	三江口、杉木坪、麻风湾、小草坝林间草地和沼泽草丛中(1780～2100)
楝科	川楝	*Melia toosendan*	小岩方五岔河的路边和灌丛(1100)
蓼科	虎杖	*Reynoutria japonica*	三江口杂木林下(1790)
蓼科	萹蓄	*Polygonum aviculare*	麻风湾、三江口倒流水、小草坝灌木草地中(1800～2040)

续表

科名	种名	拉丁名	采集地/生境(海拔/m)
蓼科	头花蓼	*Polygonum capitatum*	路边、溪边、石山坡、河边灌丛等处(450～4600)
蓼科	火炭母	*Polygonum chinense*	次生林缘、草地或园地里(600)
蓼科	杠板归	*Polygonum perfoliatum*	罗汉坝林缘草地上(1900)
蓼科	赤胫散	*Polygonum runcinatum* var. *sinense*	荒地、山坡草地、村边和路旁(250～2400)
蓼科	支柱蓼	*Polygonum suffultum*	小草坝、小岩方等的林下、林缘和沟边等地(1757～2010)
蓼科	戟叶蓼	*Polygonum thunbergii*	三江口麻风湾灌丛中(1900)
蓼科	珠芽蓼	*Polygonum viviparum* var. *viviparum*	林下、溪边、沼泽地、灌丛等处(650～4500)
蓼科	水蓼	*Polygonum hydropiper*	小岩方五岔河的路边和灌丛(2100)
柳叶菜科	柳兰	*Chamaenerion angustifolium*	草坡、林缘、火烧迹地、灌丛和高山草甸(1850～3970)
柳叶菜科	柳叶菜	*Epilobium hirsutum*	灌丛、草地沟边(500～2850)
柳叶菜科	大花柳叶菜	*Epilobium wallichianum*	林下、灌丛、竹丛中或沟边湿地(1800～3300)
柳叶菜科	丁香蓼	*Ludwigia prostrata*	沟边、草地、河谷、田埂、沼泽(500～1600)
龙胆科	椭圆叶花锚	*Halenia elliptica*	山坡林下、草地及灌丛(1800～3300)
龙胆科	匙叶草	*Latouchea fokiensis*	山坡阴湿林下(1400～1700)
龙胆科	双蝴蝶	*Tripterospermum chinense*	三江口麻风湾灌丛中(1900)
鹿蹄草科	普通鹿蹄草	*Pyrola decorata*	三江口麻风湾常绿阔叶林(1852)
马鞭草科	臭牡丹	*Clerodendrum bungei*	麻风湾草地上(1880)
马兜铃科	卵叶马兜铃	*Aristolochia ovatifolia*	林缘、灌丛、沟谷边等(1200～2500)
马兜铃科	短尾细辛	*Asarum caudigerellum*	麻风湾、罗汉坝、五岔口的林下阴湿处(1849～2127)
马兜铃科	长毛细辛	*Asarum pulchellum*	林下(700～1700)
马兜铃科	青城细辛	*Asarum splendens*	碎石山坡或竹林、路边阴湿处(850～1300)
牻牛儿苗科	五叶草(尼泊尔老鹳草)	*Geranium nepalense*	麻风湾沼泽(1780)
毛茛科	岩乌头	*Aconitum racemulosum*	山谷崖石边或林中(1620～2280)
毛茛科	类叶升麻	*Actaea asiatica*	分水岭、罗汉坝(1850～2300)
毛茛科	山棉花	*Anemone hupehensis*	罗汉坝的沟边草地(1500)
毛茛科	野棉花	*Anemone vitifolia*	小岩方扎口石山地草坡上(1700)
毛茛科	裂叶星果草	*Asteropyrum cavaleriei*	朝天马常绿阔叶林(1960)
毛茛科	铁破锣	*Beesia calthifolia*	林下(2300～3450)
毛茛科	短果升麻	*Cimicifuga brachycarpa*	林中湿处(1700～3300)
毛茛科	单穗升麻	*Cimicifuga simplex*	碎石堆中(1900～2000)
毛茛科	小木通	*Clematis armandii*	林中、灌丛中(1300～2400)
毛茛科	粗齿铁线莲	*Clematis grandidentata*	扎口石沟边灌丛中(1800)
毛茛科	单叶铁线莲	*Clematis henryi*	扎口石山地林(1800)
毛茛科	绣球藤	*Clematis montana*	林中、灌丛中(1900～2400)
毛茛科	峨眉黄连	*Coptis omeiensis*	小草坝、朝天马林下阴湿处(1900)

续表

科名	种名	拉丁名	采集地/生境(海拔/m)
毛茛科	滇川翠雀花	*Delphinium delavayi*	三江口的疏林中(1930)
毛茛科	蕨叶人字果	*Dichocarpum dalzielii*	罗汉坝林缘草地上(1900)
毛茛科	毛茛	*Ranunculus japonicus*	小岩方五岔河的路边和灌丛(2100)
猕猴桃科	葛枣猕猴桃	*Actinidia polygama*	小岩方扎口石林中(1650～1750)
木通科	五月瓜藤	*Holboellia fargesii*	三江口麻风湾杂木林中(1852)
木通科	五风藤	*Holboellia latifolia*	麻风湾、小草坝、小岩方、大雪山(1400～2039)
木犀科	小蜡	*Ligustrum sinense*	三江口麻风湾灌丛中(1900)
木犀科	女贞	*Ligustrum lucidum*	朝天马常绿阔叶林(1960)
葡萄科	乌蔹莓	*Cayratia japonica*	小沟、分水岭、海子坪灌木丛中和林缘(1100～1960)
漆树科	清香木	*Pistacia weinmannifolia*	山坡、峡谷的疏林或灌丛中(580～2700)
漆树科	盐肤木	*Rhus chinensis*	小沟、大雪山、三江口等的林下(1405～2250)
荨麻科	雾水葛	*Pouzolzia zeylanica*	麻风湾、三江口、小草坝灌木草地中(1800～2040)
茜草科	拉拉藤	*Galium aparine* var. *echinospermum*	次生林缘、草地或园地里(600)
茜草科	毛鸡矢藤	*Paederia scandens* var. *tomentosa*	海子坪混交林下(510～2000)
茜草科	臭味新耳草	*Neanotis ingrata*	三江口麻风湾、朝天马林场灌丛和草地中(1800～1960)
茜草科	云南鸡矢藤	*Paederia yunnanensis*	小草坝杂林中(1900)
蔷薇科	黄龙尾	*Agrimonia pilosa* var. *nepalensis*	罗汉坝溪边(1950)
蔷薇科	蛇莓	*Duchesnea indica*	麻风湾草地上(1880)
蔷薇科	棣棠花	*Kerria japonica*	小草坝的路边(1920)
蔷薇科	西南委陵菜	*Potentilla fulgens*	麻风湾、小草坝后河的灌丛和林缘(1800～2000)
蔷薇科	蛇含委陵菜	*Potentilla kleiniana*	三江口、麻风湾水边(1850～2250)
蔷薇科	李	*Prunus salicina*	小沟、分水岭、海子坪灌木丛中和林缘(1100～1960)
蔷薇科	小果蔷薇	*Rosa cymosa*	三江口麻风湾灌丛中(1900)
蔷薇科	白叶莓	*Rubus innominatus*	小沟山坡灌丛中(1820)
蔷薇科	黄泡	*Rubus pectinellus*	大雪山山地林中(1450)
蔷薇科	三花悬钩子	*Rubus trianthus*	麻风湾、三江口、海子坪山坡杂木林中(1220～1980)
秋海棠科	心叶秋海棠	*Begonia labordei*	海子坪林下岩石上(1500)
秋海棠科	紫叶秋海棠	*Begonia rex*	罗汉坝保护站林缘草地上(1900)
忍冬科	接骨木	*Sambucus williamsii*	小岩方五岔河的路边和灌丛(2100)
忍冬科	珍珠荚蒾	*Viburnum foetidum* var. *ceanothoides*	小沟山坡林下和灌丛中(1820)
忍冬科	吕宋荚蒾	*Viburnum luzonicum*	海子坪、罗汉坝、大雪山(1310～1924)
忍冬科	球核荚蒾	*Viburnum propinquum*	石灰岩山顶灌丛中
瑞香科	白瑞香	*Daphne papyracea*	小沟、大雪山、三江口等的林下(1405～2250)
三白草科	蕺菜	*Houttuynia cordata*	麻风湾草地上(1880)
三尖杉科	三尖杉	*Cephalotaxus fortunei*	小草坝的路边(1920)
伞形科	蛇床	*Cnidium monnieri*	朝天马常绿阔叶林(1960)
伞形科	鸭儿芹	*Cryptotaenia japonica*	小沟、分水岭、海子坪灌木丛中和林缘(1100～1960)

续表

科名	种名	拉丁名	采集地/生境(海拔/m)
伞形科	破铜钱	*Hydrocotyle sibthorpioides* var. *batrachium*	麻风湾湿润的路旁(1820)
伞形科	尖叶藁本	*Ligusticum acuminatum*	三江口分水岭林下草地上(1990)
伞形科	水芹	*Oenanthe javanica*	三江口麻风湾灌丛中(1900)
伞形科	峨眉当归	*Angelica omeiensis*	路旁、田边、山坡(720～1100)
伞形科	锐叶茴芹	*Pimpinella arguta*	朝天马林缘草地上(1960)
伞形科	杏叶茴芹	*Pimpinella candolleana* var. *candolleana*	小岩方灌丛中(1850～1950)
伞形科	楔叶囊瓣芹	*Pternopetalum cuneifolium*	山地林下或河谷旁(1900～3100)
伞形科	膜蕨囊瓣芹	*Pternopetalum trichomanifolium*	海子坪、麻风湾、罗汉坝林下和沟边(1450～2039)
伞形科	五匹青	*Pternopetalum vulgare*	山谷沟边或林下荫蔽湿润处
伞形科	薄片变豆菜	*Sanicula lamelligera*	海子坪混交林下(510～2000)
伞形科	直刺变豆菜	*Sanicula orthacantha*	林下或沟谷溪边(2400～3200)
伞形科	小窃衣	*Torilis japonica*	麻风湾杂木林下(1820)
桑科	藤构	*Broussonetia kaempferi* var. *australis*	杂木林下(1790)
桑科	构树	*Broussonetia papyrifera*	麻风湾、三江口、小草坝灌木草地中(1800～2040)
桑科	地果	*Ficus tikoua*	山坡或岩石缝中(500～2600)
桑科	黄葛树	*Ficus virens* var. *sublanceolata*	小沟、分水岭、海子坪灌木丛中和林缘(1100～1960)
山茶科	油茶	*Camellia oleifera*	小草坝杂林中(1900)
山茱萸科	灯台树	*Cornus controversa*	次生林缘、草地或园地里(600)
山茱萸科	中华青荚叶	*Helwingia chinensis*	分水岭的山坡林中(1960)
山茱萸科	西域青荚叶	*Helwingia himalaica*	分水岭的山坡灌木丛中(1900)
山茱萸科	青荚叶	*Helwingia japonica*	小草坝的路边(1920)
商陆科	商陆	*Phytolacca acinosa*	小岩方五岔河的路边和灌丛(2100)
蛇菰科	筒鞘蛇菰	*Balanophora involucrata*	朝天马落叶阔叶林(1960)
省沽油科	野鸦椿	*Euscaphis japonica*	朝天马常绿阔叶林(1960)
十字花科	荠	*Capsella bursa-pastoris*	罗汉坝林缘草地上(1900)
十字花科	三小叶碎米荠	*Cardamine trifoliolata*	麻风湾草地上(1880)
石蒜科	忽地笑	*Lycoris aurea*	小沟、大雪山、三江口等的林下(1405～2250)
石竹科	繁缕	*Stellaria media*	小岩方五岔河的路边和灌丛(2100)
石竹科	狗筋蔓	*Cucubalus baccifer*	朝天马、麻风湾林下和草地上(1750～2000)
石竹科	漆姑草	*Sagina japonica*	麻风湾路边(1900)
石竹科	中国繁缕	*Stellaria chinensis*	麻风湾林下
柿树科	君迁子	*Diospyros lotus*	海子坪混交林下(510～2000)
鼠李科	枣	*Ziziphus jujuba*	小草坝的路边(1920)
松科	马尾松	*Pinus massoniana*	麻风湾、三江口、小草坝等灌木草地中(1800～2040)
苏木科	云实	*Caesalpinia decapetala*	小沟、分水岭、海子坪灌木丛中和林缘(1100～1960)
苏木科	决明	*Cassia tora*	杂木林下(1790)

续表

科名	种名	拉丁名	采集地/生境(海拔/m)
天南星科	石菖蒲	*Acorus tatarinowii*	麻风湾草地(1880)
五加科	五加	*Acanthopanax gracilistylus*	河边、灌丛、杂木林(1200～2600)
五加科	康定五加	*Acanthopanax lasiogyne*	小草坝林中和灌丛(2110)
五加科	藤五加	*Acanthopanax leucorrhizus*	河坝场林中(1830～1950)
五加科	鸟不企	*Aralia decaisneana*	小沟杂木林下沟谷中(1900)
五加科	常春藤	*Hedera nepalensis* var. *sinensis*	小沟、大雪山、三江口等的林下(1405～2250)
五加科	刺楸	*Kalopanax septemlobus*	小草坝杂林中(1900)
五加科	短梗大参	*Macropanax rosthornii*	大雪山谷林中(1400)
五加科	三七	*Panax notoginseng*	小草坝的路边(1920)
五味子科	小花五味子	*Schisandra micrantha*	小草坝、小沟山谷溪边(1830～1865)
仙茅科	小金梅草	*Hypoxis aurea*	松林、松栎林、针阔叶混交林、草坡或荒地(2800)
苋科	钝叶土牛膝	*Achyranthes aspera* var. *indica*	田埂、路边、河旁(960～1200)
苋科	牛膝	*Achyranthes bidentata*	三江口麻风湾灌丛中(1900)
苋科	喜旱莲子草	*Alternanthera philoxeroides*	朝天马常绿阔叶林(1960)
苋科	青葙	*Celosia argentea*	罗汉坝林缘草地上(1900)
香蒲科	香蒲	*Typha orientalis*	麻风湾、三江口、小草坝(1800～2040)
小檗科	叙永小檗	*Berberis hsuyunensis*	路边(1450)
小檗科	粉叶小檗	*Berberis pruinosa*	河谷及石灰岩灌丛中(1900～3600)
小檗科	川八角莲	*Dysosma veitchii*	小草坝灌丛中(1900)
小檗科	粗毛淫羊藿	*Epimedium acuminatum*	小岩方林缘(1720～1820)
小檗科	南天竹	*Nandina domestica*	小沟、分水岭、海子坪灌木丛中和林缘(1100～1960)
玄参科	短腺小米草	*Euphrasia regelii*	高山草地、湿地及林缘(2700～3300)
玄参科	鞭打绣球	*Hemiphragma heterophyllum*	小草坝灌丛林缘(2000)
玄参科	母草	*Lindernia crustacea*	杂木林下(1790)
玄参科	松蒿	*Phtheirospermum japonicum*	山坡灌丛草坡、松林下、碎石堆上、江边草地(150～3000)
玄参科	水苦荬	*Veronica undulata*	路旁、田边、河滩及高山松栎林下(480～2900)
玄参科	四方麻	*Veronicastrum caulopterum*	山谷草丛中、疏林下(1500～2200)
旋花科	马蹄金	*Dichondra repens*	小沟、大雪山、三江口等的林下(1405～2250)
旋花科	牵牛	*Pharbitis nil*	罗汉坝林缘草地上(1900)
鸭跖草科	鸭跖草	*Commelina communis*	三江口麻风湾灌丛中(1900)
亚麻科	石海椒	*Reinwardtia indica*	长槽的河边(1860)
延龄草科	五指莲重楼	*Paris axialis*	常绿阔叶林、针阔叶混交林下(1800～1900)
延龄草科	金线重楼	*Paris delavayi*	小沟、麻风湾常绿阔叶林下(1974～2150)
延龄草科	具柄重楼	*Paris delavayi* var. *petiolata*	下青山次生灌丛中(1941)
延龄草科	滇重楼	*Paris polyphylla* var. *yunnanensis*	朝天马常绿阔叶林(1960)
岩梅科	岩匙	*Berneuxia thibetica*	高山杜鹃灌丛或铁杉林及针阔叶混交林下(1350～4500)

续表

科名	种名	拉丁名	采集地/生境(海拔/m)
野茉莉科	栓叶安息香	*Styrax suberifolius*	小沟、分水岭、海子坪灌木丛中和林缘(1100～1960)
野牡丹科	假朝天罐	*Osbeckia crinita*	罗汉坝林缘湿润地上(1950)
野牡丹科	楮头红	*Sarcopyramis nepalensis*	罗汉坝、小草坝等密林下阴湿处和溪边(1530～1950)
罂粟科	椭果绿绒蒿	*Meconopsis chelidonifolia*	次生林缘、草地或园地里(600)
罂粟科	尼泊尔绿绒蒿	*Meconopsis napaulensis*	草坡(2700～3800)
榆科	紫弹树	*Celtis biondii*	小草坝的路边(1920)
雨久花科	鸭舌草	*Monochoria vaginalis*	水田、沼泽、溪沟(500～2300)
鸢尾科	射干	*Belamcanda chinensis*	麻风湾、三江口、小草坝(1800～2040)
远志科	荷包山桂花	*Polygala arillata*	麻风湾、罗汉坝、小草坝等石山林下(1810～2000)
远志科	黄花倒水莲	*Polygala fallax*	麻风湾草地上(1880)
芸香科	吴茱萸	*Evodia rutaecarpa*	小沟、大雪山、三江口等的林下(1405～2250)
芸香科	臭节草	*Boenninghausenia albiflora*	小岩方、小草坝林下(1840～1860)
芸香科	石椒草	*Boenninghausenia sessilicarpa*	灌丛及山沟林缘
芸香科	牛纠吴萸	*Evodia trichotoma* var. *trichotoma*	沟谷密林灌丛中(300～2700)
芸香科	飞龙掌血	*Toddalia asiatica*	罗汉坝林缘草地上(1900)
芸香科	蚬壳花椒	*Zanthoxylum dissitum*	海子坪路边(1160)
泽泻科	泽泻	*Alisma plantago-aquatica*	杂木林下(1790)
樟科	新木姜子	*Neolitsea aurata*	小沟、分水岭、海子坪灌木丛中和林缘(1100～1960)
樟科	檫木	*Sassafras tzumu*	三江口麻风湾灌丛中(1900)
紫草科	小花倒提壶	*Cynoglossum lanceolatum* ssp. *eulanceolatum*	三江口草地上(1780)
紫金牛科	百两金	*Ardisia crispa*	朝天马常绿阔叶林(1960)
紫金牛科	紫金牛	*Ardisia japonica*	小沟、大雪山、三江口等的林下(1405～2250)
紫金牛科	长叶酸藤子	*Embelia longifolia*	小草坝分水岭路旁(1950)
紫堇科	南黄堇	*Corydalis davidii*	罗汉坝、小沟林下和灌丛中(1900～1980)
紫堇科	地锦苗	*Corydalis sheareri*	林下湿草地(400～1600)
紫葳科	两头毛	*Incarvillea arguta*	干热河谷地带、路边、灌丛(1400～3400)
紫葳科	白花泡桐	*Paulownia duclouxii*	次生阔叶林(700～1140)
五味子科	南五味子	*Kadsura longipedunculata*	河坝场、小草坝大窝场的林下(1860～1950)
五味子科	小花五味子	*Schisandra micrantha*	小草坝、小沟管护站的山谷溪边和林间(1830～1865)
五味子科	滇藏五味子	*Schisandra neglecta*	小沟山谷丛林林间(1900)
五味子科	毛叶五味子	*Schisandra pubescens*	小沟山坡密林边和溪边(1900)

天麻 *Gastrodia elata* 是名贵中药，主要药用成分为天麻素，有抗癫痫、抗惊厥、抗风湿、镇静、镇痉、镇痛、补虚等多种治疗、裨益功能，临床用以治疗高血压、四肢痉挛、小儿惊风等。据中国科学院昆明植物研究所化验结果，昭通天麻中天麻素等 13 种对脑有益的成分含量高达 0.42%～0.46%，较之全国同类产品含量高 1 倍左右。而小草坝天

麻的化验结果更令人欣喜：含人体必需的微量元素 14 种、常量元素 6 种；氨基酸 16 种，其中人体必需的苏氨酸、缬氨酸、蛋氨酸、亮氨酸、苯丙氨酸、赖氨酸、异亮氨酸等组成齐全，人体不能合成的对脑神经、肝脏有补益作用的天门冬氨酸、谷氨酸、精氨酸含量分别为 0.55%、0.8%、0.25%；天麻素平均含量达 1.13%，比其他产区高 2～4 倍。昭通天麻以野生天麻为主，品种有‘竹节乌’‘明天麻’两种，尤以‘竹节乌’品质最好。野生天麻全地区年收购量曾一度达 30 000kg 左右。

野生三七 *Panax notoginseng* 也是一种名贵的药材，主要功效有止血、散瘀、消肿、止痛，治疗吐血、咯血、衄血、便血、血痢、崩漏、症瘕、产后血晕、恶露不下、跌打瘀血、外伤出血、痈肿疼痛等。目前在保护区保存较完好的常绿阔叶林中还经常可以看见，说明其野生数量比较丰富；但由于其自然繁殖率很低，生长十分缓慢，需要加强保护。

五味子属 *Schisandra* 植物也是很重要的药用植物，主要功效有敛肺、滋肾、生津、收汗、涩精、治肺虚喘咳、口干作渴、自汗、盗汗、劳伤羸瘦、久泻久痢。

射干 *Belamcanda chinensis* 是一种常用中药，性寒，味苦。具有清热解毒、消痰利咽之功能。用于热毒痰火郁结、咽喉肿痛、痰涎壅盛、咳嗽气喘，此外射干还对人子宫颈癌细胞株培养系 JTC～26 有抑制作用，抑制率在 90%以上。

川八角莲 *Dysosma veitchii*，别名鬼臼，是我国传统的民间常用药之一，具有清热解毒、祛痰散结的功效。临床用于治疗流行性出血热、乙型脑炎、腮腺炎、痈肿疔疮、咽喉肿痛、跌打损伤、风湿痹痛、毒蛇咬伤及抗癌等，特别用于食道癌、子宫癌。

绞股蓝 *Gynostemma pentaphyllum* 含有四种与人参有效成分相同的皂苷物质。绞股蓝所含的皂苷比人参粉中的含量还要高，还含氨基酸、微量元素及特殊成分——甘茶蔓糖苷。绞股蓝有降血脂、降血压、增加冠状动脉和脑血流量等作用，对防治动脉硬化、高血压、冠心病、中风、糖尿病以及肥胖症有显著疗效。绞股蓝含能抑制人体内衰老的物质脂褐素的合成，其能够延长细胞寿命从而延缓衰老。绞股蓝是一种高效抗癌药物，对肺癌、肝癌、乳腺癌等 20 多种癌症均具有明显的抑制效果。健康的人如果长期服用绞股蓝，也可减少患癌的风险；还可使食欲不振、失眠、头痛、精神不安等症状减轻或消失。绞股蓝在保护区内分布广泛，且数量很多。

玉竹 *Polygonatum odoratum* 可用于肺阴受伤、肺燥咳嗽、干咳少痰，以及胃热炽盛、津伤口渴、消谷易饥等症。还有润肺养胃、生津增液的功效，适用于肺胃燥热之症。

卷叶黄精 *Polygonatum cirrhifolium*、轮叶黄精 *Polygonatum verticillatum* 是补药，具有健脾、补肾、润肺、生津等功能。临床上常用于脾胃虚弱、肺虚咳嗽、病后精血不足等病症的治疗。黄精含烟酸、黏液质醌类、有机酸、洋地黄糖苷、多种蒽醌类化合物及皂苷等物质，能增加冠状血管的血流量，还起到兴奋心肌的作用，对治疗高血压及冠心病有一定疗效。此外，黄精对结核杆菌及多种真菌有较强的抑制作用，同时还可用于对结核病的治疗。

金线重楼 *Paris delavayi*、具柄重楼 *Paris delavayi* var. *petiolata*、滇重楼 *Paris polyphylla* var. *yunnanensis* 可清热解毒、消肿止痛、凉肝定惊。用于治疗疔疮痈肿、咽喉肿痛、毒蛇咬伤、跌打伤痛、惊风抽搐。此外，还可用于小儿高热惊厥抽搐。

拥有独特而丰富的药用植物资源是保护区的资源优势，但是由于近几年掠夺式的采收，很多珍贵的野生药用植物数量急剧减少。比如天麻，在几十年甚至十几年以前还随处可见，而现在野生天麻在保护区内的数量微乎其微，已失去了“资源”的价值，得天独厚的优势正一点一点地被抹去。同样，峨眉黄连由于其具有较高的药用价值而被大量采集，在野外也近乎绝迹。

对药用植物资源的利用，必须综合开发、合理保护，才能有广阔的前景和经济效益。随着现代科技的发展以及人民生活水平的提高，人们的消费观念正逐步向“新”“奇”“健”的方向转化，综合开发药用植物资源，生产药用植物系列绿色保健食品和轻工业产品是极有潜力的。只不过要处理好药用植物资源保护与利用之间的关系，使药用植物资源的开发和利用形成良性循环，协调稳定地发展。

10.2.7 鞣料和树脂植物

鞣料植物是指植物体部分含有丰富单宁的植物，植物性鞣料也可以叫栲胶，是鞣制生皮革的一种化工原料。栲胶主要用于工业的鞣皮剂，还用于锅炉除垢防垢剂、泥浆减水剂、选矿抑制剂、医药等方面，是一种非常重要的原料产品。保护区内这类植物主要有盐肤木 *Rhus chinensis*、红麸杨 *Rhus punjabensis* var. *sinica*、云实 *Caesalpinia decapetala* 等。云实的果壳、茎皮含鞣质，可制栲胶；种子可榨油；根、茎、果实供药用，有发表散寒、活血通经、解毒杀虫的功效。盐肤木又称盐肤子，树上的五倍子可作为鞣革、医药、塑料及墨水工业上的重要原料；根、叶、花及果均可入药，有清热解毒、舒筋活络、散瘀止血、涩肠止泻之效。鞣料植物有 19 科 28 种(表 10-6)，利用时应先考虑果实和种子类的资源，因为对树皮和树根的利用会对植物产生很大的破坏性。

树脂植物是指能大量分泌树脂的植物，这里主要指油漆植物(漆树属乔木种类)和松属植物，前者的乳汁是重要工业原料油漆的来源。昭通是云南油漆的主要产区之一，保护区内也有比较丰富的漆树资源，主要割漆种类是漆树 *Toxicodendron vernicifluum*。

表 10-6 鞣料和树脂植物名录

科名	种名	拉丁名	利用部分	含量/%	采集地/生境(海拔/m)
漆树科	川麸杨	*Rhus wilsonii*	树皮		山坡灌丛中(350～2300)
漆树科	红麸杨	*Rhus punjabensis* var. *sinica*			大雪山、三江口的疏林(1560～2000)
漆树科	盐肤木	*Rhus chinensis*	树皮	30.16	灌丛、疏林(800～2100)
五加科	刺楸	*Kalopanax septemlobus*	叶 树皮	13 20～30	小草坝山坡、沟谷、杂林中(1900)
连香树科	连香树	*Cercidiphyllum japonicum*	树皮 叶	11.1 17.2	河坝场石灰岩山坡杂木林中(1810)
桑科	构树	*Broussonetia papyrifera*	树皮 叶	8.45 14.82	林下、林缘、荆棘灌丛(560～2000)
清风藤科	笔罗子	*Meliosma rigida*	树皮 叶	16.5 5.7	长槽、小草坝林中(1860～1969)

续表

科名	种名	拉丁名	利用部分	含量/%	采集地/生境(海拔/m)
壳斗科	巴东栎	*Quercus engleriana*	树皮 壳斗	11.5～18.6	小岩方扎口石、大雪山路上(1300～1800)
桦木科	白桦	*Betula platyphylla*	树皮	6.82～11.07	麻风湾次生林下(1900)
清风藤科	山青木	*Meliosma kirkii*	树皮	16.75	小岩方扎口石杂木林中(1500)
红豆杉科	南方红豆杉	*Taxus chinensis* var. *mairei*	树皮		山地或旷野(110～1200)
蔷薇科	龙芽草	*Agrimonia pilosa*	全株	7.59～13.17	小草坝、乌贡山林下、林缘(1845)
菊科	鳢肠	*Eclipta prostrata*	全草	15	小岩方沟边(1580)
壳斗科	锥栗	*Castanea henryi*	木材 树皮	13.5 6.9～12.0	麻风湾林下(1900)
马桑科	马桑	*Coriaria nepalensis*	茎皮 根皮 叶	6.32～10.98 30 18	海子坪林中(1860)
蓼科	虎杖	*Reynoutria japonica*	茎 叶 根	17	杉木坪、小岩方、上青山等的林下(1740～2050)
蓼科	赤胫散	*Polygonum runcinatum* var. *sinense*	根	24.08～25.23	小岩方疏林中(1891)
蓼科	杠板归	*Polygonum perfoliatum*	根皮	33	小沟保护点、麻风湾路边(1800～1850)
苏木科	云实	*Caesalpinia decapetala*	果壳 茎皮	30～40	林缘或沟边(260～1800)
蔷薇科	川莓	*Rubus setchuenensis*	根皮	20～30	大雪山路边(1400)
蔷薇科	小叶栒子	*Cotoneaster microphyllus*	根皮	11.15～24.06	麻风湾、朝天马、麻风湾林下(1800～1850)
菝葜科	菝葜	*Smilax china*	根茎	14.35	海子坪等林下(1120～1340)
蔷薇科	路边青	*Geum aleppicum*	根和茎 叶	13.02～16.81 11.15	林下、灌丛下、草坡、路边、河边或为田间杂草(1500～3500)
蔷薇科	火棘	*Pyracantha fortuneana*	根	8.59～14.41	路旁、草丛、灌丛及山坡，多见于砾石土(800～2500)
胡桃科	化香树	*Platycarya strobilacea*	树皮根皮 叶 果实	11.97 20.24 20.56	老长坡疏林中(1400)
大戟科	余甘子	*Phyllanthus emblica*	树皮 果 叶	23～28 30～35	罗汉坝坡头山、小沟保护区、麻风湾林下(1000～1100)
山茱萸科	灯台树	*Cornus controversa*	树皮	14.37	广布，疏林，混交林(1000～2080)
漆树科	漆树	*Toxicodendron vernicifluum*	乳汁		广泛栽培或野生(900～2000)

10.2.8　纤维植物

植物纤维是植物体内的机械组织，其细胞壁很厚，细胞长度大，两端封闭而渐尖，包括韧皮纤维和木纤维。这里主要是指韧皮纤维类植物。从纤维的利用价值来看，凡含木质素成分较高的原料，其纤维的韧性、弹性、伸长度都较差，反之则较好。植物纤维是一种非常重要的工业原料，除供纺织、造纸、编织、填充料外，还是炸药、粘胶纤维、纤维板以及医药工业的原料。

随着社会各行各业的不断发展，植物纤维的需求量也越来越大，保护区内纤维含量较高的植物主要有哥兰叶 *Celastrus gemmatus*、青榨槭 *Acer davidii*、拂子茅 *Calamagrostis epigeios*、芦苇 *Phragmites australis*、白瑞香 *Daphne papyracea* 等 8 科 13 种(表 10-7)。

表 10-7　纤维植物名录

科名	种名	拉丁名	利用部分	含量/%	采集地/生境(海拔/m)
卫矛科	哥兰叶	*Celastrus gemmatus*	枝皮	62.28	大雪山(1400)
槭树科	青榨槭	*Acer davidii*	枝皮	64.35	分水岭、朝天马林场、麻风湾、海子坪林中(1140～1900)
禾本科	拂子茅	*Calamagrostis epigeios*	全草	48	罗汉坝河岸、溪边(1922～2043)
桑科	构树	*Broussonetia papyrifera*	皮	49.38	林缘(600～1500)
禾本科	芦苇	*Phragmites australis*	芒秆	51.08	山谷中河岸边(600～1300)
瑞香科	白瑞香	*Daphne papyracea*	茎皮	56.67	朝天马灌丛中(1960)
苏木科	决明	*Cassia tora*	茎皮	37.4	麻风湾、朝天马林下(1850～1950)
卫矛科	苦皮藤	*Celastrus angulatus*	茎皮	37.89	三江口林缘(2300)
漆树科	野葛	*Toxicodendron radicans* ssp. *hispidum*	茎皮	41.3	三江口、罗汉坝、麻风湾、小草坝杂木林中(1810～2110)
灯心草科	灯心草	*Juncus effusus*	茎皮	52.18	小草坝沼泽、麻风湾路边(1830～1905)
禾本科	慈竹	*Bambusa emeiensis*	秆茎 竹壳	44.35	栽培(600～1600)
禾本科	荩草	*Arthraxon hispidus*	秆叶	47.32	田野草地、丘陵灌丛、山坡疏林、湿润或干燥地带(1300～1800)
禾本科	毛竹	*Phyllostachys edulis*	秆	45.9	海子坪常绿阔叶林中(1400～1900)

10.2.9　经济昆虫寄主植物

保护区内经济昆虫寄主植物并不多，这里要特别提出的是多体蕊黄檀 *Dalbergia polyadelpha*，它是紫胶的寄主树，紫胶采集后在加工过程中提取的副产品紫胶色素，是一种天然食用红色素，用于加工糖果、饮料、糕点、肉类、化妆品等方面，具有色泽鲜艳、无害于人体健康等优点，是化学合成色素难以相比的，因而备受欢迎。紫胶还有黏接性强、绝缘、防潮、涂膜光滑、透亮等特征，且无毒、无味，是重要的工业原料，被广泛应用于化工、军工、冶金、机械、木器、造纸、电子、医药、食品等行业，具有重要的经济价值。

此外盐肤木 *Rhus chinensis*、红麸杨 *Rhus punjabensis* var. *sinica*、云南漆 *Toxicodendron yunnanense* 是五倍子蚜虫寄主植物，五倍子是棉蚜科动物五倍子蚜寄生所形成的虫瘿，主要用来生产栲胶。在药用方面，它可用于治疗肺虚久咳、久痢久泻、体虚汗多、痔血、便血等症。

10.2.10　木材资源植物

木材资源是现在保护区内利用率非常高的植物，人们日常生活中的吃、穿、住、行都和木材有关。保护区内所用木材的树种主要有小叶青冈 *Cyclobalanopsis myrsinaefolia*（其木材坚韧，为建筑、车辆用材，种子含淀粉，可酿酒或浆纱，壳斗、树皮含鞣质）等 28 科 50 种（表 10-8）。

木材资源的利用要控制好采伐量，一旦过量将破坏整个森林生态系统的平衡，恢复起来将是一个漫长而又艰难的过程。要合理地利用木材资源，不能只看到眼前的利益，而要走可持续发展的路，合理地开发利用资源。

在这里必须重视的是十齿花 *Dipentodon sinicus* 和珙桐 *Davidia involucrata*，这两种植物都是国家重点保护野生植物，在保护区内的蕴藏量大。而当地人对它们的了解甚少，在砍伐木材时，人们只注重木材通直度和质地的好坏，且在选择树种时，他们根本不知道这些树种的意义，这给保护树种在保护区内的发展带来了很大困难。比如当地老百姓利用十齿花的木材种天麻，对十齿花群落破坏较严重。由水青冈构成的森林是当地的顶极群落，分布范围也日趋缩小，所幸保护区内仍然有保存相当完好的水青冈群落、分布范围也十分广泛，但我们一定要加强保护。

表 10-8　木材植物名录

科名	种名	拉丁名	采集地/生境(海拔/m)
木兰科	四川木莲	*Manglietia szechuanica*	大雪山林中(1320～1400)
樟科	光枝楠	*Phoebe neuranthoides*	小岩方密林中(1480～1980)
樟科	竹叶楠	*Phoebe faberi*	灌丛中(1400)
樟科	毛果黄肉楠	*Actinodaphne trichocarpa*	小岩方阔叶林中(1900)
樟科	红叶木姜子	*Litsea rubescens*	小草坝分水岭林缘(1900)
防己科	风龙	*Sinomenium acutum*	火烧岩林中(1520～1750)
榆科	多脉榆	*Ulmus castaneifolia*	朝天马阔叶林中(1850)
大风子科	毛叶山桐子	*Idesia polycarpa* var. *vestita*	朝天马山地(1960)
山茶科	长果大头茶	*Gordonia longicarpa*	海子坪尖山子阔叶林中(1341)
水东哥科	尼泊尔水东哥	*Saurauia napaulensis*	河谷或山坡常绿林或灌丛中(450～2500)
含羞草科	合欢	*Albizia julibrissin*	林缘、灌丛(700～1800)
蝶形花科	黄檀	*Dalbergia hupeana*	灌丛、林中或河边(780～1200)
金缕梅科	水丝梨	*Sycopsis sinensis*	麻风湾、小草坝等的混交林中(1840～2050)
山矾科	海桐山矾	*Symplocos heishanensis*	小岩方的密林下和灌丛中(1880～2110)
山矾科	黄牛奶树	*Symplocos laurina*	林边石山及密林中(1600～3000)
禾本科	苦竹	*Arundinaria amara*	海子坪荒坡(1320)
禾本科	水竹	*Phyllostachys heteroclada*	小草坝、海子坪河流边(1273～1905)

续表

科名	种名	拉丁名	采集地/生境(海拔/m)
禾本科	淡竹	*Phyllostachys glauca*	罗汉坝林中及林缘(1400)
禾本科	慈竹	*Bambusa emeiensis*	栽培(600～1600)
三尖杉科	三尖杉	*Cephalotaxus fortunei*	针阔叶混交林内(1500～2000)
柏科	福建柏	*Fokienia hodginsii*	小岩方林中(1520)
松科	马尾松	*Pinus massoniana*	低海拔干燥山坡(2000)
桦木科	桤木	*Alnus cremastogyne*	老长坡河边(1400)
桦木科	白桦	*Betula platyphylla*	罗汉坝针阔叶混交林中(1900)
桦木科	糙皮桦	*Betula utilis*	朝天马针阔叶混交林中(1340～1900)
桦木科	川滇桤木	*Alnus ferdinandi-coburgii*	湿润地带和岸边林中(1600～2600)
壳斗科	麻栎	*Quercus acutissima*	山地阳坡、成小片林或散松林中(800～2300)
壳斗科	栓皮栎	*Quercus variabilis*	阳坡或松栎林中(700～2300)
壳斗科	匙叶栎	*Quercus dolicholepis*	罗汉坝林中(1950)
壳斗科	元江栲	*Castanopsis orthacantha*	栎林中或沟谷阔叶林中(1000～3000)
壳斗科	锥栗	*Castanea henryi*	向阳、土质疏松的阔叶林中(1100)
壳斗科	小叶青冈	*Cyclobalanopsis myrsinaefolia*	小岩方林中(1340)
壳斗科	水青冈	*Fagus longipetiolata*	麻风湾林中(1850)
壳斗科	巴东栎	*Quercus engleriana*	小草坝后河、麻风湾钱家湾、罗汉坝等的疏林中(1790～2080)
桑科	蒙桑	*Morus mongolica*	山坡林中(1820)
苦木科	苦树	*Picrasma quassioides*	海子坪林中(1500)
槭树科	五裂槭	*Acer oliverianum*	麻风湾、三江口溪边密林中(1580～2040)
省沽油科	银鹊树	*Tapiscia sinensis*	小岩方森林中混生(1800)
漆树科	黄连木	*Pistacia chinensis*	山坡林中(972～2400)
胡桃科	华西枫杨	*Pterocarya insignis*	三江口沟边(2039)
胡桃科	云南枫杨	*Pterocarya delavayi*	麻风湾溪边(1900～2000)
胡桃科	泡核桃	*Juglans sigillata*	沟谷林中(1300～2700)
胡桃科	越南山核桃	*Carya tonkinensis*	麻风湾常绿阔叶林中(1900)
胡桃科	黄杞	*Engelhardtia roxburghiana*	山坡疏林中(400～1550)
野茉莉科	栓叶安息香	*Styrax suberifolius*	扎口石常绿阔叶林中(1800)
杜英科	澜沧杜英	*Elaeocarpus japonicus* var. *lantsangensis*	威信(白鸽池)、大雪山常绿阔叶林中(1300～1350)
珙桐科	珙桐	*Davidia involucrata*	麻风湾阔叶林中(2000)
水青树科	水青树	*Tetracentron sinense*	麻风湾水沟边、小草坝(1750～1850)
十齿花科	十齿花	*Dipentodon sinicus*	海子坪、小沟、小草坝分水岭、小草坝乌贡山等的树林中(1500～2060)
松科	南方铁杉	*Tsuga chinensis* var. *tchekiangensis*	罗汉坝混交林内(1950)

10.2.11 观赏植物

观赏植物是指具有庭园绿化和观赏价值的植物，现有栽培观赏植物是由野生观赏植物转变来的，也是未来观赏植物新品种的来源，是观赏植物育种的重要种质资源。随着人们物质生活水平不断提高，对精神生活的追求也越来越高，观赏植物的种类也在不断增多、更新，野生观赏植物更是广泛地成了人们装饰家园和放松身心的首选。保护区野生观赏类植物资源丰富，至少有 19 科 100 余种(表 10-9)。

表 10-9 重要观赏植物名录

科名	种名	拉丁名	采集地\生境(海拔)
珙桐科	珙桐	*Davidia involucrata*	威信(白鸽池)、大雪山常绿阔叶林中(1300～1350)
含羞草科	合欢	*Albizia julibrissin*	林缘、灌丛(1200～1900)
禾本科	芦竹	*Arundo donax*	河岸、沟边、沼泽边缘(2300)
禾本科	芒	*Miscanthus sinensis*	大雪山、小岩方、老长坡、荒地(1340～1375)
禾本科	方竹	*Chimonobambusa quadrangularis*	小草坝沟谷林下(1320)
禾本科	筇竹	*Qiongzhuea tumidissinoda*	三江口、小草坝、罗汉坝常绿阔叶林中(1700～2245)
禾本科	石绿竹	*Phyllostachys arcana*	罗汉坝观音岩林缘(1960)
禾本科	水竹	*Phyllostachys heteroclada*	小草坝、海子坪河流边(1273～1905)
金丝桃科	北栽秧花	*Hypericum pseudohenryi*	海子坪松林下、罗汉坝水库沼泽(1600～1922)
金丝桃科	川滇金丝桃	*Hypericum forrestii*	小沟山坡多石地(1820)
石竹科	巫山繁缕	*Stellaria wushanensis*	麻风湾、乌贡山、杉木坪阔叶林下(1800～2120)
忍冬科	糯米条	*Abelia chinensis*	山坡草丛中(1200)
连香树科	连香树	*Cercidiphyllum japonicum*	河坝场林中(1810)
苏木科	云实	*Caesalpinia decapetala*	林下、灌丛下、草坡、路边、河边或为田间杂草(1500～3500)
水青树科	水青树	*Tetracentron sinense*	麻风湾、小草坝林中(1750～1850)
蔷薇科	缫丝花	*Rosa roxburghii*	洞子里、花楸坪(1500～1550)
七叶树科	天师栗	*Aesculus wilsonii*	杉木坪、小岩方、小草坝、罗汉坝等林下(1740～2050)
卫矛科	扶芳藤	*Euonymus fortunei*	海子坪、罗汉坝、麻风湾、小草坝、等的林下(1555～2039)
柏科	福建柏	*Fokienia hodginsii*	小岩方火烧岩林中(1520)
山茶科	长果大头茶	*Gordonia longicarpa*	海子坪尖山子常绿阔叶林中(1341)
禾本科	紫竹	*Phyllostachys nigra*	栽培
香蒲科	香蒲	*Typha orientalis*	麻风湾、三江口、小草坝灌木草地中(1800～2040)

续表

科名	种名	拉丁名	采集地\生境(海拔)
木兰科	川滇木莲	*Manglietia duclouxii*	常绿阔叶林中(1350～2000)
木兰科	长喙厚朴	*Magnolia rostrata*	阔叶林中(2100～3000)
木兰科	四川木莲	*Manglietia szechuanica*	林中(1320～1400)
木兰科	平伐含笑	*Michelia cavaleriei*	密林中(1550)
木兰科	南亚含笑	*Michelia doltsopa*	阔叶林中(1500～2300)
木兰科	长柄含笑	*Michelia leveilleana*	林中(2000)
木兰科	小毛含笑	*Michelia microtricha*	常绿阔叶林中(1980)
木兰科	四川含笑	*Michelia wilsonii* ssp. *szechuanica*	林中(800～1600)
木兰科	凹叶玉兰	*Yulania sargentiana*	阔叶林中(1500～1900)
木兰科	武当玉兰(二月花)	*Yulania sprengeri*	林中(1850～2070)
毛茛科	毛木通	*Clematis buchananiana*	山谷坡地、溪边、林中或灌丛中(1800)
毛茛科	粗齿铁线莲	*Clematis grandidentata*	山坡或沟边灌丛中(1800)
毛茛科	单叶铁线莲	*Clematis henryi*	山地林中或灌丛中(1800)
毛茛科	滇川铁线莲	*Clematis kockiana*	山坡、沟边、林边或林中(1980)
毛茛科	贵州铁线莲	*Clematis kweichowensis*	山谷林中(2039)
毛茛科	毛蕊铁线莲	*Clematis lasiandra*	保护区内常见(2000～3000)
毛茛科	绣球藤	*Clematis montana*	林中、灌丛中(1900～4000)
毛茛科	曲柄铁线莲	*Clematis repens*	麻风湾、三江口(1900～2040)
毛茛科	尾叶铁线莲	*Clematis urophylla*	小岩方、沟边疏林中(1800)
毛茛科	云贵铁线莲	*Clematis vaniotii*	小草坝后河(1500～2000)
毛茛科	峨眉黄连	*Coptis omeiensis*	林下(1600～1900)
毛茛科	还亮草	*Delphinium anthriscifolium*	溪边、草坡(560～1000)
毛茛科	卵还亮草	*Delphinium anthriscifolium* var. *callervi*	灌丛、林边、疏林中(1400～1700)
毛茛科	滇川翠雀花	*Delphinium delavayi*	草坡上或疏林中(1930)
绣球花科	长叶溲疏	*Deutzia longifolia*	山地林下或灌丛(1750)
绣球花科	南川溲疏	*Deutzia nanchuanensis*	山坡杂木林(1900～2300)
绣球花科	四川溲疏	*Deutzia setchuenensis*	山坡疏林或灌丛(1480～1720)
绣球花科	冠盖绣球	*Hydrangea anomala*	疏林中(1849～2450)
绣球花科	中国绣球	*Hydrangea chinensis*	山坡林中(1300～2600)
绣球花科	西南绣球	*Hydrangea davidii*	山坡疏林或林缘(1300～2080)
绣球花科	银针绣球	*Hydrangea dumicola*	山谷疏林或灌丛中(1820～1900)
绣球花科	微绒绣球	*Hydrangea heteromalla*	山坡林内(2450)
绣球花科	灰绒绣球	*Hydrangea mandarinorum*	密林中(1840～2300)
绣球花科	圆锥绣球	*Hydrangea paniculata*	山坡灌丛中(1950～2450)
绣球花科	蜡莲绣球	*Hydrangea strigosa*	山坡林内(1400～2900)
绣球花科	松潘绣球	*Hydrangea sungpanensis*	山坡疏林中(1800～2900)
绣球花科	柔毛绣球	*Hydrangea villosa*	山坡疏林、密林及灌丛(1800～1820)

续表

科名	种名	拉丁名	采集地\生境(海拔)
绣球花科	毛柱山梅花	*Philadelphus subcanus*	山坡林下(1500～2800)
蔷薇科	棣棠花	*Kerria japonica*	阔叶林中(1800～3600)
蔷薇科	重瓣棣棠花	*Kerria japonica* f. *pleniflora*	保护区内常见，栽培或野生(1450～1700)
蔷薇科	绣球蔷薇	*Rosa glomerata*	山坡林缘、灌木丛中(1830)
蔷薇科	长尖叶蔷薇	*Rosa longicuspis*	丛林中或路边灌丛中(400～2900)
蔷薇科	多花长尖叶蔷薇	*Rosa longicuspis* var. *sinowilsonii*	山坡灌丛中(1100～3000)
蔷薇科	峨眉蔷薇	*Rosa omeiensis*	山坡、山脚下或灌丛中(1800)
蔷薇科	扁刺峨眉蔷薇	*Rosa omeiensis* f. *pteracantha*	山坡、山脚下或灌丛中(1900)
蔷薇科	铁杆蔷薇	*Rosa prattii*	石山、山坡灌丛中或路边灌丛中(2000～3200)
蔷薇科	缫丝花(刺梨)	*Rosa roxburghii* f. *roxburghii*	野生或栽培(1500～1550)
蔷薇科	单瓣缫丝花	*Rosa roxburghii* f. *normalis*	常栽培(1480～1720)
蔷薇科	悬钩子蔷薇	*Rosa rubus*	林下或路边(500～3400)
蔷薇科	绢毛蔷薇	*Rosa sericea*	山坡向阳处(2000～3600)
杜鹃花科	桃叶杜鹃	*Rhododendron annae*	疏林或灌丛中(1350～2620)
杜鹃花科	银叶杜鹃	*Rhododendron argyrophyllum*	阔叶林或灌丛中(1900)
杜鹃花科	暗绿杜鹃	*Rhododendron atrovirens*	杉木水竹林下(1900～1947)
杜鹃花科	双被杜鹃	*Rhododendron bivelatum*	干燥山坡(890)
杜鹃花科	美容杜鹃	*Rhododendron calophytum*	常绿阔叶林中(1740～2050)
杜鹃花科	尖叶美容杜鹃	*Rhododendron calophytum* var. *openshawianum*	常绿阔叶林中(1400～2150)
杜鹃花科	腺果杜鹃	*Rhododendron davidii*	常绿阔叶林中(1700～3000)
杜鹃花科	马缨花	*Rhododendron delavayi*	常绿阔叶林(1200～3200)
杜鹃花科	皱叶杜鹃	*Rhododendron denudatum*	落叶阔叶林至针阔叶混交林中(1800～3300)
杜鹃花科	繁花杜鹃	*Rhododendron floribundum*	疏林中(1850～2050)
杜鹃花科	河边杜鹃	*Rhododendron flumineum*	常绿阔叶林中(2048)
杜鹃花科	腺花杜鹃	*Rhododendron glanduliferum*	林中(1500～2400)
杜鹃花科	凉山杜鹃	*Rhododendron huianum*	灌丛(1900～2300)
杜鹃花科	粉白杜鹃	*Rhododendron hypoglaucum*	山坡林中(2450)
杜鹃花科	不凡杜鹃	*Rhododendron insigne*	林中(1950～2300)
杜鹃花科	金山杜鹃	*Rhododendron longipes* var. *chienianum*	林中(1900～2000)
杜鹃花科	平卧长轴杜鹃	*Rhododendron longistylum* ssp. *decumbens*	石灰岩山坡(1700)
杜鹃花科	黄花杜鹃	*Rhododendron lutescens*	林中(1855～1985)
杜鹃花科	宝兴杜鹃	*Rhododendron moupinense*	石灰岩(2450)
杜鹃花科	峨马杜鹃	*Rhododendron ochraceum*	林中(1950～2450)
杜鹃花科	绒毛杜鹃	*Rhododendron pachytrichum*	林中(1700～2450)
杜鹃花科	粉背杜鹃	*Rhododendron pingianum*	林中(2450)
杜鹃花科	早春杜鹃	*Rhododendron praevernum*	林中(2450)

续表

科名	种名	拉丁名	采集地\生境(海拔)
杜鹃花科	腋花杜鹃	*Rhododendron racemosum*	松-栎林下、灌丛草地或林缘(1500～2500)
杜鹃花科	红棕杜鹃	*Rhododendron rubiginosum*	林间空地(1800～2500)
杜鹃花科	红粗毛杜鹃	*Rhododendron rude*	林下或灌丛中(1740～2050)
杜鹃花科	滇红毛杜鹃	*Rhododendron rufohirtum*	灌丛中(1450)
杜鹃花科	杜鹃	*Rhododendron simsii*	海子坪山坡灌木丛，混交林或次生林内(1500)
杜鹃花科	爆杖花	*Rhododendron spinuliferum*	山谷灌木林(1900～2500)
杜鹃花科	少毛爆杖花	*Rhododendron spinuliferum* var. *glabrescens*	林缘灌丛(1300～2080)
杜鹃花科	长蕊杜鹃	*Rhododendron stamineum*	杉木-竹林或杂木林(1340～2040)
杜鹃花科	芒刺杜鹃	*Rhododendron strigillosum*	山坡林下或灌丛中(1650～1950)
杜鹃花科	昭通杜鹃	*Rhododendron tsaii*	灌丛中(2900～3380)
杜鹃花科	圆叶杜鹃	*Rhododendron williamsianum*	疏林或林缘灌丛中(1850)
杜鹃花科	云南杜鹃	*Rhododendron yunnanense*	山坡杂木林内(2081)

保护区内观赏价值比较高的植物种类如杜鹃花科的杜鹃花类，是著名的花卉植物，也是云南八大名花之一。保护区杜鹃花类植物种类多，分布广，计 35 种，主要的如马缨花 *Rhododendron delavayi*、杜鹃(映山红)*Rh. simsii*、桃叶杜鹃 *Rh. annae*、美容杜鹃 *Rh. calophytum*、皱叶杜鹃 *Rh. denudatum*、繁花杜鹃 *Rh. floribundum*、粉白杜鹃 *Rh. hypoglaucum*、不凡杜鹃 *Rh. insigne*、黄花杜鹃 *Rh. lutescens*、早春杜鹃 *Rh. praevernum*、红棕杜鹃 *Rh. rubiginosum*、昭通杜鹃 *Rh. tsaii* 等。蔷薇类野生花卉是重要的花卉资源，直接观赏或做花卉的遗传资源，保护区重要的有绣球蔷薇 *Rosa glomerata*、长尖叶蔷薇 *R. longicuspis*、峨眉蔷薇 *R. omeiensis*、铁杆蔷薇 *R. prattii*、缫丝花(刺梨)*R. roxburghii*、悬钩子蔷薇 *R. rubus* 等。绣球花科的溲疏类、绣球类、山梅花类，也是前景广阔的野生花卉资源，但是目前园林上运用很少，今后会逐步走入市场，此类花卉，保护区常见的有长叶溲疏 *Deutzia longifolia*、南川溲疏 *D. nanchuanensis*、四川溲疏 *D. setchuenensis*、中国绣球 *Hydrangea chinensis*、灰绒绣球 *H. mandarinorum*、圆锥绣球 *H. paniculata*、蜡莲绣球 *H. strigosa*、松潘绣球 *H. sungpanensis*、毛柱山梅花 *Philadelphus subcanus* 等。木兰科的种类是重要的乔木类园林观赏植物，很多种类已经被开发运用在各大城市中，但更多的种类尚未被认识，保护区此类野生花卉资源较丰富，如长喙厚朴 *Magnolia rostrata*、川滇木莲 *Manglietia duclouxii*、四川木莲 *M. szechuanica*、平伐含笑 *Michelia cavaleriei*、南亚含笑 *M. doltsopa*、长柄含笑 *M. leveilleana*、小毛含笑 *M. microtricha*、四川含笑 *M. wilsonii* ssp. *szechuanica*、凹叶玉兰 *Yulania sargentiana*、武当玉兰(二月花)*Yulania sprengeri* 等。毛茛科铁线莲属植物，多为木质藤本，花大艳丽，是重要的藤本类花卉植物，目前已经逐渐被认识，开始进入城市园林中。保护区常见的此类花卉资源有毛木通 *Clematis buchananiana*、粗齿铁线莲 *Cl. grandidentata*、单叶铁线莲 *Cl. henryi*、滇川铁线莲 *Cl. kockiana*、贵州铁线莲 *Cl. kweichowensis*、毛蕊铁线莲 *Cl. lasiandra*、绣球藤 *Cl. montna*、曲柄铁线莲 *Cl. repens*、尾叶铁线莲 *Cl. urophylla*、云贵铁

线莲 *Cl. vaniotii* 等。

保护区其他重要的观赏花卉植物还有福建柏 *Fokienia hodginsii*。福建柏树干挺拔，鳞叶紧密，蓝白相间，在园林中常作片植、路旁列植、草坪内孤植，也可盆栽作桩景，还可与落叶阔叶树混交，植于园之一隅，构成林相，以示森林之美。紫竹 *Phyllostachys nigra* var. *nigra* 秆色紫黑，枝叶秀丽，幽雅别致，四季常青，宜植于庭园墙边角隅、山石之间、宅旁、池边、窗前。紫竹除美化环境外，还是优良的工艺材料，可制作紫竹书架、竹椅、茶几等用具，竹笋鲜美可食。香蒲 *Typha orientalis* 植株修长而婆娑，花序奇异成趣，是观叶、观花序俱佳的水生植物，而且适应性强，养护十分简单粗放，可布置于河岸或浅水中。

此外珙桐 *Davidia involucrata*、连香树 *Cercidiphyllum japonicum*、水青树 *Tetracentron sinense*、十齿花 *Dipentodon sinicus*、木瓜红、领春木、七叶树等都是国家级保护树种，它们的树型独特，有非常高的观赏价值。因此，野生花卉资源在保护区内也十分丰富，合理的开发利用将有可能培育出具有明显竞争优势的特色产业。现在人们都流行返璞归真，野生观赏植物的价值在不断攀升，由于投资少，野生观赏植物的开发前景是非常广阔的。

草本花卉中，报春花、凤仙花、百合、秋海棠、龙胆等属的种类在保护区内的资源也十分丰富，许多可以成为重要的、有价值的观赏植物。

10.2.12　淀粉及糖类植物

淀粉是高分子碳水化合物，是植物光合作用的产物，它由葡萄糖转化而成，也可以通过酶的作用转化成葡萄糖而发出热量，是植物体内糖类的主要贮藏方式。淀粉在植物的果实、种子、根、根茎、鳞茎、球茎中贮藏最为丰富，是人们食物中不可缺少的物质。其在工业上也有着广泛的用途，如在食品、黏结剂、纤维、医药、印染、铸造等方面是重要的原料。

保护区内淀粉含量较高的植物有薏苡 *Coix lacryma-jobi*(主要为栽培植物，但保护区内有野生种群)，它的营养价值很高，被誉为“世界禾本科之王”。薏米的蛋白质含量为 17%～18.7%，是稻米的两倍多；脂肪含量为 11.7%，是稻米的五倍；它还有药用价值，薏米的叶可以煎茶饮用，清香且味道醇美。拐枣 *Hovenia acerba* 果柄含大量葡萄糖和苹果酸钾，经霜后甜，可生食或酿酒；果实可入药；木材可供建筑及制家具和美术工艺品等。野百合 *Lilium brownii* 是高档的食用、药用、观赏多用的高收入经济作物，经分析，其每 100g 鲜百合含有蛋白质 4.1g、脂肪 0.6g、淀粉 19.8g、糖 9.8g、钾 0.66g，以及各种维生素等。保护区内还有野生百合——宝兴百合 *Lilium duchartrei* 和淡黄花百合 *L. sulphureum*。

在保护区内共有这类植物 8 科 16 种(表 10-10)，有些种曾被当地的人们当作食物、美食或作饲料，还有的是重要的工业原料，野生淀粉植物不和农作物争地，也不用投入大量的人力资源去管理，只要适时、适量地采收，注意保护资源，就可以成为天然的“淀粉厂”，为国家节约大量的粮食资源。

表 10-10 淀粉及糖类植物名录

科名	种名	拉丁名	利用部分	含量/%	采集地/生境(海拔/m)
猕猴桃科	猕猴桃	*Actinidia chinensis*	果	24	海子坪林中和灌丛(1180)
蔷薇科	火棘	*Pyracantha fortuneana*	果实	19.62	麻风湾河边路旁(2030)
壳斗科	锥栗	*Castanea henryi*	种子	50	土质疏松的阔叶林中(1100)
壳斗科	麻栎	*Quercus acutissima*	种子	55.5	山地阳坡、小片林或散松林中(800～2300)
壳斗科	茅栗	*Castanea seguinii*	种子	46.4	麻风湾山坡灌丛中(1780)
壳斗科	栓皮栎	*Quercus variabilis*	种子	58	松栎林中(700～2300)
鼠李科	拐枣	*Hovenia acerba*	果梗	30.4	山地林缘(1500～2000)
蝶形花科	葛	*Pueraria lobata*	根	27.8	小岩方(1600)
蝶形花科	粉葛	*Pueraria lobata* var. *thomsonii*	根		干热河谷江边灌丛或山坡(450～2000)
百合科	玉竹	*Polygonatum odoratum*	根茎	82	小草坝灰浆岩、罗汉坝草地中(1750～1850)
百合科	野百合	*Lilium brownii*	鳞茎	70.8	常绿阔叶林、石灰岩山灌草丛(700～2500)
百合科	宝兴百合	*Lilium duchartrei*	鳞茎		三江口、麻风湾阔叶混交(1900)
百合科	淡黄花百合	*Lilium sulphureum*	鳞茎		中山草坡(1900)
石蒜科	忽地笑	*Lycoris aurea*	鳞茎	59.7	林缘、灌丛、岩石边、溪边(1151～3200)
禾本科	薏苡	*Coix lacryma-jobi*	果实	79.2	喜河岸、沟边、湖边或阴湿山谷中
禾本科	光头稗	*Echinochloa colonum*	种子	45～52	田野、园圃及道旁常见(600～2400)

10.3 资源植物的特点

10.3.1 种类繁多、类别齐全，但利用率低

地理位置和当地地形共同作用使得保护区内的生境复杂而多样，给各种不同的资源植物生长提供了绝佳的生活环境，因此孕育了大量的资源植物。据调查结果显示，保护区资源植物有 100 多科 800 多种，其中含野生可食植物、油脂植物、有毒植物、药用植物、鞣料植物、蜜源植物、淀粉和糖类植物、木材及纤维植物、观赏植物等。

由于地形复杂、交通不便以及技术水平较落后，人们对保护区内资源植物的利用还停留在一个比较原始的阶段。除了将野生可食的植物作为食物和药物、建筑和薪炭用材直接利用，人们对其他的资源植物的利用很少，综合性开发利用和引种驯化进行规模化生产更是微乎其微，大量的资源植物基本处在一种自生自灭的状态。

10.3.2 具有特殊资源价值的植物种类繁多、数量大

保护区内的资源植物不但种类繁多、类别齐全，而且许多种类还有很高的经济价值。数量特别丰富的如各种竹子，分布广、面积大、种类多，竹材可作建筑用材，并可编织工艺品，大多数种类的竹笋可供食用。珙桐 *Davidia involucrata* 是国家 I 级保护植

物，在保护区内的拥有量非常大，还是上好的木材植物，果还含油。天麻 *Gastrodia elata* 是一种极名贵的药材，昭通地区 11 个市、县均有野生天麻生长的最适宜的环境，小草坝更是有中国“野生天麻之乡”的美称，天麻产量之高、质量之好，在全国各天麻产区中雄居榜首。多体蕊黄檀 *Dalbergia polyadelpha* 是紫胶虫的寄主植物，是国防、电器、油漆、造纸等的重要原料，在保护区内的分布同样十分丰富。其他珍稀、名贵的种类包括十齿花、三七、木瓜红、水青树、刺梨、重楼、百合、阳荷、连香树等，这些种类的数量在保护区内仍然十分丰富。

一物多用的植物在保护区内的种类非常多，在利用上有更多的选择。例如，十齿花 *Dipentodon sinicus*，不仅是国家保护植物，而且其树形优美可以作为优良的观赏植物和园林绿化植物，其木材在当地还可以作为栽培天麻的材料。

10.3.3　种质资源丰富

保护区内物种多样性丰富，是具有重大价值的巨大基因库。众多的种类可以为农林业生产提供种子、树苗及栽培作物的优良亲本，如许多野生观赏植物具有树形优雅、叶形美观、花色美丽、香气宜人的特点，经过人工驯化可以成为现代园林观赏植物；有的适应性强，可以用作改良现有品种的砧木，壳斗科的一些种类只要稍加抚育就可以成为很好的木本淀粉植物；众多的药用植物是寻找攻克疑难病症新药的源泉，如八角莲、重楼、三七、天麻等。特别值得一提的是猕猴桃属植物的种质资源。猕猴桃作为现代水果的重要组成部分，其口感好和营养成分丰富深受人们喜欢。调查发现，保护区内的猕猴桃资源拥有量非常大，在种类和数量上都十分丰富，分布范围也很广，目前发现至少有 11 个野生种，有许多种类的果实大，可以直接利用。另外，在猕猴桃栽培过程中会遇到各种虫害和疾病，可以依靠猕猴桃野生种质资源来培育新的抗虫、抗病害的品种。

总之，保护区内丰富的植物种类是培育许多重要经济植物新品种的丰富种质资源。

10.4　资源植物合理开发和利用的建议

1.以保护为主，合理利用

保护区的首要任务是保护物种和生境，而生物多样性是保持自然生态平衡的关键。如果任凭植物种质资源自然流失，或是不管生态系统的再生能力而盲目开发，我们将处于一个极不稳定的生态系统中，在不稳定的一个环境中去追求稳定的社会经济效益是不可能完成的事，因此必须在保护的前提下合理利用，走保护和利用相结合的道路。

植物资源是一种可更新资源，资源植物的开发和利用必须与生态系统的和谐发展及正常循环相适应，应严格控制资源的利用量，不能超越自然生态系统的自我调节能力，使生态系统中的能量和物质处于良性循环状态，青山常在，永久利用。

另外，保护区资源的利用绝不能在保护区的中心区进行，要严格控制在保护的核心区以外。

2.综合利用，减少浪费

在对资源植物开发利用时，要充分发挥各种植物资源的潜力，物尽其用，许多植物都有多种用途，利用时应先考虑资源植物各部分的各种用途，优先考虑对环境破坏小、利用率高的部分进行利用。保护区内一物多用的植物非常多，开展综合利用的潜力非常大，经济效益将很明显。

在开发利用时，如果直接把原料外调，保护区当地的收益将很小，而且还会加重运输部门的负担，增加原料的损耗，因此，应创造条件，使多数原料能够被就地加工成成品或半成品，从而创造更多的岗位，增加当地人民的收入，改善当地人民的生活条件。

3.主管部门要加强管理和指导

资源植物的开发利用要在当地主管部门的指导下，结合当地社会、经济、自然条件，充分考虑资源植物的多样性和特殊性，因地制宜，合理安排，有计划、有步骤地进行，防止一哄而上、大起大落的盲目开发，要本着先易后难、先近后远的原则，先利用野生可食类的食品，因为这类食品加工容易、投资少、见效快，并且产品的选择性较多，可以加工成各种粗制品、罐头、饮料、果酒等。植物资源的开发利用以遵循利用地方的特色资源植物、培育特色支柱产业作为基本原则。

4.积极开展引种栽培

保护区内目前有大量的各种类型的资源植物，但真正被栽培利用的种类极少，目前对大多数资源植物的利用都是以直接获取野生资源为主。这样一方面破坏了保护区的资源，另一方面也极难产生好的经济效益。为了更好地保护和利用资源植物，对于经济价值高、原料需要量大的种类，应积极进行引种栽培，尤其是可食植物、药用植物、观赏植物。例如，保护区内十分丰富的野生猕猴桃资源、刺梨资源等，它们都是十分重要的水果、维生素类资源，具有很高的开发利用价值；其他的重要资源如保护区所拥有的大面积的野生竹林以及比较丰富的野生天麻等。

保护和利用都是为了人类的利益，利用的目的在于开发自然资源为人类服务，保护则是为了更长久和更有效地利用自然资源。

5.政府部门加大投资

目前，保护区的各方面基本建设还比较落后，为了更好地利用保护区内植物资源，必须在提高当地的教育水平以及当地人民的综合素质的基础上，加大交通基础设施的建设；同时需要政府大力支持保护区特色资源植物开发的相关工作，以带动当地经济的发展和提高人们对资源植物的了解。

第11章 大型真菌

11.1 考察简况

云南保护区大型真菌研究比较缺乏。现有的研究主要集中在天麻共生蜜环菌 *Armillaria mellea*(Vahl: Fr.) P. Kumm.，与云南省西双版纳、滇西北、滇中地区大型真菌相比，对昭通地区大型真菌的研究明显不足。2006 年 7～8 月，考察组深入保护区，对朝天马、罗汉坝、三江口、海子坪等林区的大型真菌进行了较为系统的调查。考察组采用路线调查方法，在一个多月的时间内广泛采集了各种大型真菌标本，并对所采集标本进行了为期半年的鉴定。

本章是首次对乌蒙山国家级自然保护区大型真菌进行的较为系统的考察研究结果，本次考察共采集到大型真菌标本 809 号，半年时间内，依据文献共鉴定了 744 号标本，包含 2 亚门 5 纲 13 目 39 科 104 属 242 种(表 11-1、表 11-2)，其中包含中国新记录种 8 种，云南新记录种 27 种。尚有部分标本由于标本完整性和资料缺乏，未鉴定出结果。区系分析表明，该区大型真菌世界分布种占绝对优势，为 46%，泛热带和北温带分布种所占比例相当大，分别为 18.4%和 23.5%。

11.2 大型真菌目、科、属分布

表 11-1 保护区大型真菌目、科、属分布表

中文名	拉丁名	种、变种数目	未知种数目	中文名	拉丁名	种、变种数目	未知种数目
子囊菌亚门	Ascomycotina	13	1	蘑菇一种	*Agaricus* sp.	1	1
核菌纲	Pyrenomycetes	8		鬼伞科	Coprinaceae	5	1
麦角菌目	Clavicipitales	2		小鬼伞-日绒鬼伞-晶粒鬼伞	*Coprinus*	3	
麦角菌科	Clavicipitaceae	2		小脆柄菇一种-白黄小脆柄菇	*Psathyrella* sp.	2	1
蛹虫草属	*Cordyceps*	1		球盖菇科	Strophariaceae	10	2
虫花属	*Isaria*	1		枞裸伞、桔黄裸伞	*Gymnopilus*	2	
炭角菌目	Xylariales	5	1	库恩菇	*Kuehneromyces*	1	
炭角菌科	Xylariaceae	5	1	簇生黄韧年、土黄韧伞	*Naematoloma*	2	

续表

中文名	拉丁名	种、变种数目	未知种数目	中文名	拉丁名	种、变种数目	未知种数目
白心炭色-炭团菌某一种	*Hypoxylon* sp.	2	1	鳞伞、金毛鳞伞、鳞伞一种	*Pholiota*	3	1
亚地炭棍、鹿角炭角菌、多角炭角菌	*Xylaria*	3		光盖伞一种	*Psilocybe*	1	1
球壳菌目	Sphaeriales	1		半球盖菇	*Stropharia*	1	
球壳菌科	Sphaeriaceae	1		丝蘑科	Cortinariaceae	10	2
轮层炭球菌属	*Daldinia*	1		银紫丝膜菌、黄棕丝膜菌、半血红丝膜菌、褐紫丝膜菌、环带丝膜菌、紫绒丝膜菌	*Cortinarius*	6	
盘菌纲	Discomycetes	5		粗毛丝盖伞、黄丝盖伞、丝盖伞一种、球孢丝盖伞	*Inocybe*	4	1
盘菌目	Pezizales	5		暗金钱菌一种	*Phaeocollybia*	1	1
肉盘菌科	Sarcosmataceae	2		粉褶菌科	Rhodophyllaceae	2	
橘黄刺杯菌属	*Cookeina*	1		暗蓝粉褶蕈、黄盖粉褶蕈	*Entoloma*	2	
黑龙江盖尔盘菌属	*Galiella*	1		铆钉菇科	Gomphidiaceae	2	
盘菌科	Pezizaceae	3		红褐色钉菇	*Chroogomphus*	1	
橙黄网孢盘菌属	*Aleuria*	1		粘铆钉菇	*Gomphidius*	1	
泡质盘菌、多美式盘菌属	*Peziza*	2		松塔牛肝菌科	Strobilomycetaceae	1	
担子菌亚门	Basidiomycotina	230	30	易混松塔牛肝菌	*Strobilomyces*	1	
腹菌纲	Gasteromycetes	15	6	牛肝菌科	Boletaceae	17	
美口菌目	Calostomatales	1		灰褐肝菌、网柄牛肝菌、美网柄牛肝菌、小美牛肝菌	*Boletus*	4	
美口菌科	Calostomataceae	1		黑鳞疣柄牛肝菌、橙黄疣柄牛肝菌、灰疣柄牛肝菌、褐疣柄牛肝菌	*Leccinum*	4	
美口菌属	*Calostoma*	1		黄粉末牛肝菌	*Pulveroboletus*	1	
灰包目	Lycoperdales	6	3	粘盖乳牛肝菌、点柄乳牛肝菌、污白乳牛肝菌	*Suillus*	3	
马勃科	Lycoperdaceae	6	3	黄盖粉孢牛肝菌、小孢苦味粉孢牛肝菌	*Tylopilus*	2	

续表

中文名	拉丁名	种、变种数目	未知种数目	中文名	拉丁名	种、变种数目	未知种数目
紫色马勃、秃马勃一种	*Calvatia*	2	1	红绒盖牛肝菌、绒盖牛肝菌	*Xerocomus*	2	
马勃一种、网纹马勃、梨形马勃	*Lycoperdon*	3	2	红菇科	Russulaceae	5	
硬皮地星目	Sclerodermatales	3	3	铜绿红菇、白鳞红菇、小白菇、焰红菇、黄红菇	*Russula*	5	
硬皮马勃科	Sclerodermataceae	3	3	非褶菌目	Aphyllophorales	78	
硬皮马勃一种	*Scleroderma*	3	3	鸡油菌科	Cantharellaceae	2	
鬼笔目	Phallales	5		鸡油菌、小鸡油菌	*Cantharellus*	2	
原质鬼笔科	Protophallaceae	1		珊瑚菌科	Clavariaceae	9	
块腹菌	*Kobayasia*	1		黄豆芽菌、虫形珊瑚菌、大红豆芽菌	*Clavaria*	3	
笼头菌科	Clathraceae	1		棒瑚菌	*Clavariadelphus*	1	
西宁林氏鬼笔	*Linderia*	1		冠锁瑚菌	*Clavulina*	1	
鬼笔科	Phallaceae	3		黄珊瑚菌、拟锁瑚菌、红拟锁瑚菌	*Clavulinopsis*	3	
黄裙竹荪	*Dictyophora*	1		藻瑚菌	*Multiclavula*	1	
钟形花褶年、花褶年	*Panaeolus*	2		枝瑚菌科	Ramariaceae	4	
鸟巢菌目	Nidulariales	1		肉粉色枝瑚菌、紫丁香枝瑚菌	*Ramaria*	3	
鸟巢菌科	Nidulariaceae	1		白珊瑚菌	*Ramariopsis*	1	
白绒红蛋巢	*Nidula*	1		韧革菌科	Stereaceae	4	2
异担子菌纲	Heterobasidiomycetes	2		韧革菌一种、毛韧革菌、细绒韧革菌	*Stereum*	3	2
木耳目	Auriculariales	1		刺革菌科	Hymenochaetaceae	2	
黑耳科	Exidiaceae	1		八角生刺革菌	*Hymenochaete*	2	
胶质刺银耳	*Pseudohydnum*	1		革菌科	Thelephoraceae	1	
银耳目	Tremellales	1		干巴革菌	*Thelephora*	1	
银耳科	Tremellaceae	1		牛舌菌科	Fistulinaceae	1	
橙黄银耳	*Tremella*	1		牛舌菌	*Fistulina*	1	
层菌纲	Hymenomycetes	133		齿菌科	Hydnaceae	1	
伞菌目	Agaricales	5		针小肉齿菌	*Sarcodon*	1	
蜡伞科	Hygrophoraceae	5		耳匙菌科	Auriscalpiaceae	1	
拱顶伞	*Camarophyllus*	1		耳匙菌	*Auriscalpium*	1	

续表

中文名	拉丁名	种、变种数目	未知种数目	中文名	拉丁名	种、变种数目	未知种数目
绯红湿伞、变黑湿伞、浅黄湿伞、小红湿伞	*Hygrocybe*	4		瘤孢多孔菌科	Bondarzewiaceae	1	
侧耳科	Pleurotaceae	3		伯氏圆孢地花	*Bondarzewia*	1	
小香菇	*Lentinellus*	1		多孔菌科	Polyporaceae	53	13
大白胶孔菌	*Favolaschia*	1		烟管菌	*Bjerkandera*	1	
扇菇属一种	*Panellus*	1		拟革盖菌一种	*Coriolopsis*	1	1
裂褶菌科	Schizophyllaceae	1		单色革盖菌、彩绒革盖菌	*Coriolus*	2	
裂褶菌	*Schizophyllum*	1		木蹄层孔菌	*Fomes*	1	
鹅膏菌科	Amanitaceae	18		红缘拟层孔、黑蹄拟层孔、孔菌一种拟层	*Fomitopsis*	3	1
鹅膏属	*Amanita*	18		褐褶菌	*Gloeophyllum*	1	
白蘑科	Tricholomataceae	44	3	半胶菌	*Gloeoporus*	4	1
蜜环菌	*Armillaria*	1		橙彩孔菌、黄彩孔菌	*Hapalopilus*	2	
梭柄乳头蘑	*Catathelasma*	1		勺形囊孔、白囊孔菌	*Hirschioporus*	2	
白小杯伞、白霜杯伞、香杯伞	*Clitocybe*	3		硫色孔菌	*Laetiporus*	1	
堆金钱菌、扭柄金钱菌、栎金钱菌	*Collybia*	3		革褶菌	*Lenzites*	1	
紫灰香菇	*Lepista*	1		角型小孔菌、黄柄小孔菌	*Microporus*	2	
荷叶离褶年、簇生离褶年、玉蕈离褶年	*Lyophyllum*	3		刺革菌	*Hymenochaete*	1	1
紫晶蜡蘑、酒红蜡蘑	*Laccaria*	2		白锐孔一种	*Oxyporus*	1	
松乳菇、灰蓝乳菇	*Lactarius*	2		木层孔菌	*Phellinus*	2	1
小皮伞(多种)	*Marasmius*	5	3	肿红皮孔菌	*Pyrrhoderma*	1	1
玫色小菇、黄柄小菇、乳足小菇、血红小菇	*Mycena*	4		多孔菌一种、黑柄多孔菌	*Polyporus*	2	1
褐亚脐菇、黄褶亚脐菇	*Omphalina*	2		长孔灰芝、黄贝芝、皱贝芝	*Polystictus*	3	
鳞柄小奥德蘑、东方小奥蘑	*Oudemansiella*	2		平伏菌一种	*Poria*	3	3

续表

中文名	拉丁名	种、变种数目	未知种数目	中文名	拉丁名	种、变种数目	未知种数目
真根蚁巢伞、条纹蚁巢伞	*Termitomyces*	2		血红囊孔菌	*Pycnoporus*	1	
皂味口蘑、灰盖口蘑、红鳞口蘑	*Tricholoma*	3		栓菌	*Trametes*	9	2
毛干蘑	*Xerula*	1		薄皮干酪菌、覆瓦干酪菌、乳白干酪菌、瓣状干酪菌	*Tyromyces*	4	
香菇	*Lentinus*	1		灵芝	*Ganoderma*	4	1
蘑菇科	Agaricaceae	1	1				

11.3　本次考察发现的新记录种

11.3.1　中国新记录种

雀斑鳞鹅膏　*Amanita avellaneosquamosa* (S. Imai) S. Imai
拱顶伞　*Camarophyllus subviolaceus* (Peck) Singer
小孢蜡钉　*Bisporella citrina* (Batsch et Fr.) Korf & S. E. Carp.
橘色蜡钉菌　*Helotium serafinum* (Pers.) Fr.
囊托枝瑚菌　*Ramaria cystidiophora* (Kauffman) Corner var. *fabiolens* Marr et Stuntz
肿红皮孔菌　*Pyrrhoderma scaurum* (Lloyd) Ryvardan
白革褶菌　*Lenzites albida* Fr.
佛手菌　*Anthurus javanicus* (Penz.) Cunn.

11.3.2　云南新记录种

乳白干酪菌　*Tyromyces stipticus* (Pers.: Fr) Koti et Pouz
粉灰栓菌　*Trametes menziesii* (Berk.) Ryv.
乳白栓菌　*Trametes lactinea* (Berk.) Pat.
细绒韧革菌　*Stereum pubescens* Burt
白锐孔菌　*Oxyporus cunceatus* (Murr.) Aoshi
角型小孔菌　*Microporus quarrei* (Bell.) Reid
紫杉半胶菌　*Gloeoporus taxicola* (Pers.: Fr) Gilbn. et Ryv
天目山半胶菌　*Gloeoporus tienmuensis* (Teng) Ten
大红豆芽菌　*Clavaria miniata* Brek.

黄豆芽菌	*Clavaria amoena* Zoll. et Mor.
亚地炭棍	*Xylaria brasiliensis* (Theiss.) Lloyol
灰盖口蘑	*Tricholoma ustale* (Fr.) P. Kumm.
皂味口蘑	*Tricholoma saponaceum* (Fr.) P. Kumm.
轮纹乳菇	*Lactarius zonarius* (Bull.) Fr.
毛缘细乳菇	*Lactarius gracilis* Hongo
灰蓝乳菇	*Lactarius glaucescens* Grossland
变黑湿伞	*Hygrocybe conica* (Scop.: Fr.) P. Kumm.
球孢丝盖伞	*Inocybe sphaerospora* Kobayasi
暗蓝粉褶蕈	*Entoloma cyanoniger* (Hongo) S. N.
尖顶粉褶蕈	*Entoloma murraii* (Berk. et Curt.) Sacc.
半血红丝膜菌	*Cortinarius semisanguineus* (Brig.) Maire
小鬼伞	*Coprinus disseminatus* (Pers.: Fr.) Gray
金毛环锈伞	*Pholiota aurivella* (Batsch.: Fr.) P. Kumm.
褐亚脐菇	*Omphalina epichysium* (Pers.: Fr.) Quél.
血红小菇	*Mycena haematopus* (Pers.: Fr.) P. Kumm.
北方小香菇	*Lentinellus ursinus* (Fr.) P. Kumm.
玉蕈离褶伞	*Lyophyllum shimeji* (Kawam.) Hongo

11.4 区系初步分析

11.4.1 优势科属分析

本次考察结果显示本地区大型真菌优势种类有：多孔菌科，共有 52 种，占全部种数的 21.4%；白蘑科，共有 44 种，占全部种数的 18.1%；鹅膏菌科，共有 18 种，占全部种数的 7.4%；牛肝菌科，共有 17 种，占全部种数的 7.0%；其他依次为红菇科 15 种(占 6.2%)，球盖菇科 10 种，丝蘑科 10 种，珊瑚菌科 9 种，这 8 个科都是广布全球或者主要分布于北温带地区的科。这些优势科共有种类 175 种，占全部种数的 72.3%；而这 8 个科仅占总科数(39)的 20.5%。

本地区采集大型真菌共有 104 属。种类超过或者等于 4 个种的属有 13 个，共有 75 个种，占全部种数的 31.0%；而属的数目占全部属数的 12.5%，仅含 1 个种的属有 51 个，占全部属的 50%左右。13 个优势属中，世界分布的属有 6 个，北温带分布的有 5 个，泛热带分布的属有 2 个。

11.4.2　大型真菌区系分析

1.大型真菌科的区系分析

根据各科所含种数统计，保护区仅含 1 个种的科有 16 科，占本区总科数的 41%，所含种数占全部种数的 6.6%，含 2～9 个种的有 16 科，占总科数的 38.5%，所含种数占所有种类的 24.7%，而优势科有 7 个，所含种数占所有种类的 68.6%。从科的地理分布看，本地区的灵芝科 Ganodermataceae 为热带-亚热带分布，其余多为世界分布和北温带分布的科，缺少特有科，从科的分布型上很难看出本地区真菌区系特点，这可能是由于科级分类单位不适合讨论小地区或者小面积生物区系特点，而适合讨论大面积生物区系，比如国家、地区、洲等。

2.大型真菌属、种的分析

真菌区系的地理成分是按照属或者种的分布类型划分的，由于目前对各属的现代分布区不是非常清楚，因此地理成分分析的准确性是相对的，通过对本次保护区 104 属真菌地理分布区的比较研究，大致将该区大型真菌区系划分为以下几种类型。

1）世界分布

广泛分布于世界各地、没有特殊分布中心，本类分布型在本地占有相当的比例，其中大多数属为中型属和大型属，这些属包含种类非常丰富，本地区所含世界分布属有：牛肝菌属 *Boletus*、杯伞属 *Clitocybe*、金钱菌属 *Collybia*、蜡蘑属 *Laccaria*、小皮伞属（多种）*Marasmius* spp.、小菇属 *Mycena*、粉褶蕈属 *Entoloma*、小脆柄菇属 *Psathyrella*、韧革菌属 *Stereum*、革盖菌属 *Coriolus*、栓菌属 *Trametes*、裂褶菌属 *Schizophyllum*、红菇属 *Russula*、鹅膏属 *Amanita*、多孔菌属 *Polyporus* 等。世界分布典型种有灰花纹鹅膏 *Amanita fuliginea*、多角炭角菌 *Xylaria polymorpha*、白小杯伞 *Clitocybe candicans*、桔黄裸伞 *Gymnopilus spectabilus*、裂褶菌 *Schizophyllum commune*、血红囊孔菌 *Pycnoporus sanguineus* 等。世界分布种类占本次鉴定种类的 46%，实际上，世界分布属广布全球，一方面能说明该地区内自然环境条件多样和生物（特别是植物）多样性丰富；另一方面，单凭世界分布种属也很难反映小地区的真菌区系特点。

2）泛热带分布

包括间断分布于东西两半球的热带，甚至亚热带的属种。本地区分布的泛热带属有小孔菌属 *Microporus*、灵芝属 *Ganoderma*、八角生刺革菌属 *Hymenocheate*、炭角菌属 *Xylaria*、刺杯菌属 *Cookeina*、胶孔菌属 *Favolaschia*、小奥德蘑属 *Oudemansiella*、蚁巢伞 *Termitomyces* 等。典型种类包括鳞柄小奥德蘑 *Oudemansiella furfuracea*、真根蚁巢伞 *Termitomyces eurrhizus*、大白胶孔菌 *Favolaschia pustulosa*、鹿角炭角菌 *Xylaria hypoxylon*、八角生刺革菌 *Hymenocheate cruenta*、树舌灵芝 *Ganoderma applanatum* 等。

统计分析认为，泛热带分布种属占本区种类的 18.4%。这显示本区大型真菌具有一定的热区成分。考察中发现，本地区分布有较多竹类植物，但是本次采集的真菌中，典型竹生真菌较少，这一方面反映标本采集时间和地点的局限性，另一方面众多竹类分布显示本区的热区性质明显。我国竹类资源十分丰富，约 40 属 400 余种，且主要分布在热带、亚热带地区(杨宇明和辉朝茂，1998)。进一步分析发现，这些热带种类不完全是典型热带种类，不少是热带、亚热带向温带扩散的种类。

3) 北温带分布

广泛分布于北半球(欧亚大陆与北美)温带地区的属种。本区北温带分布属有牛肝菌属 *Suillus*、粉孢牛肝菌属 *Tylopilus*、香蘑属 *Lepista*、离褶伞属 *Lyophyllum*、乳菇属 *Lactarius*、口蘑属 *Tricholoma*、丝盖伞属 *Inocybe*、库恩菇属 *Kuehneromyces*、鳞伞属 *Pholiota*、光盖伞属 *Psilocybe*、锁湖菌属 *Clavaria*、锁瑚菌属 *Clavulina*、牛舌菌属 *Fistulina*、肉齿菌属 *Sarcodon*、烟管菌属 *Bjerkandera*、秃马勃属 *Calvatia*、马勃属 *Lycoperdon* 等。本区属于北温带分布的典型的种有网纹马勃 *Lycoperdon perlatum*、紫色马勃 *Calvatia lilacina*、烟管菌 *Bjerkandera adusta*、牛舌菌 *Fistulina hepatica*、虫形珊瑚菌 *Clavaria vermicularis*、变绿红菇 *Russula virescens*、密褶红菇 *Russula densifolia*、金毛鳞伞 *Pholiota aurivella*、粗毛丝盖伞 *Inocybe hirsute*、灰盖口蘑 *Tricholoma ustale*、松乳菇 *Lactarius deliciosus*、紫灰香菇 *Lepista sordida*、毒鹅膏 *Amanita phalloides*、紫晶蜡蘑 *Laccaria amethystea* 等，占保护区所有种类的 23.5%。

4) 东亚-北美间断分布

用于分析的大型真菌有灰褐牛肝菌 *Boletus griseus*、黄粉末牛肝菌 *Pulveroboletus ravenelii*、半血红丝膜菌 *Cortinarius semisanguineus*、小托柄鹅膏 *Amanita farinose*、黄盖粉孢牛肝菌 *Tylopilus balloui* 等，几个种为典型东亚-北美分布。东亚-北美分布种类少，仅占本次鉴定真菌种类的 2%左右。

东亚分布的有酒红蜡蘑 *Laccaria vinaceoavellanea*、香菇 *Lentinula edodes*、球孢丝盖伞 *Inocybe sphaerospora*、毛缘细乳菇 *Lactarius gracilis*、假灰鹅膏 *Amanita pseudovaginata*、点柄黄红菇 *Russula sencis*、黄丝盖伞 *Inocybe lutea* 等。占所有种类的 5%左右。

3.特有种属

根据本次考察获得的结果，本区还未发现特有属种。

总体来说，本次调查发现保护区大型真菌广泛分布种类较多，北温带成分种属所占比例为第二，广泛分布种类与北温带成分之和占 70%左右，处于绝对优势，该区大型真菌应该具备较为明显的北温带特征。同时，该区也分布有不少热带种类，所占比例也相当高，达 18.4%。考察中还发现，本区竹类资源相当丰富，根据以往竹类研究结果，我国竹类资源多分布于热带-亚热带，似乎本区有较多热带成分是理所当然的。但是，由于采集标本时间较短，标本鉴定仓促，资料有限，且未将所有种类都逐一分析，如果能进一步补充研究将能更加明确该区大型真菌区系特征。

11.5　本次考察发现大型真菌的生态型与利用类型分析

11.5.1　生态类型

(1) 腐生真菌。本次考察采集到的大型真菌多数是腐生适应性真菌，主要参与森林生态系统有机物的分解。同时，考察中也发现有部分担子菌可引起活立木枝干枯腐，腐生寄生兼营的真菌，有一定危害。比如，危害壳斗科和榆树等的树舌 *Ganoderma applanatum* 和迭层树舌 *Ganoderma lobatum* 可引起木材白色腐朽。这些真菌存在对本区优势树种之一峨眉栲有一定威胁。另外，木蹄层孔菌 *Fomes fomentarus* 也可引起核桃等活立木木材白色腐朽，是潜在的树干病害之一。当然，本区发现的危害林木的大型担子菌并不是很多，对森林生态系统和森林健康也没有明显影响。

(2) 寄生真菌。考察中也发现寄生真菌，比如寄生于昆虫上的真菌就发现有虫花 *Isaria farinosa* 和蛹虫草 *Cordyceps militaris*。

(3) 共生真菌。现已知有 1000 多属与菌物形成菌根关系。本次考察发现不少大型真菌都是各种树木的菌根菌。比如鹅膏菌属 *Amanita*、红菇属 *Russula*、牛肝菌属 *Boletus*、乳牛肝菌属 *Suillus*、口蘑属 *Tricholoma*、秃马勃属 *Calvatia*、马勃属 *Lycoperdon* 等与松树、栎类、青冈等针阔叶树形成菌根。真菌从土壤中吸收水分和矿物质供给植物生长；植物代谢产物供菌类生长，形成一种共生关系。

(4) 共栖。鸡枞菌属 *Termitomyces* 是我国长江以南及非洲热带分布的真菌，它们生长的基质是在地表下的白蚁巢圃。从未见对双方不利的因素存在，属于共栖。

保护区森林中这几种类型的真菌都广泛存在，但是最多的还是腐生真菌和共生真菌。这占了本区真菌的 95%以上，说明本区大型真菌与植物关系密切。植物的种类和分布对本区大型真菌的区系应该有明显影响。

11.5.2　利用价值

除了少数有害真菌，本区发现的不少大型真菌都有一定利用价值。比如牛肝菌科 Boletaceae、离褶伞属 *Lyophyllum*、丝膜菌属 *Cortinarius*、乳菇属 *Lactarius*、鸡枞菌属 *Termitomyces*、鸡油菌属 *Cantharellus* 等类群的不少种都是可以食用的。据统计，本次考察采集到的大型真菌，有明确记录可食用的种类有 90 种之多，占所有种类的 40%左右。这些可食用真菌中不乏口味好、营养价值高的真菌，如黄裙竹荪 *Dictyophora multicolor*、华美牛肝菌 *Boletus speciosus*、香菇 *Lentinula edodes*、真根蚁巢伞 *Termitomyces eurrhizus*、鸡油菌 *Cantharellus cibarius*、干巴革菌 *Thelephora ganbajun* 等。

除了食用，还有较大一部分真菌有药用价值，本次考察采集到的大型真菌就有 51 种具有一定药用价值，占本次采集真菌种类的 20%以上。比如蜜环菌 *Armillaria mellea*、血红小菇 *Mycena haematopus*、黄伞 *Pholiota adiposa*、蛹虫草 *Cordyceps militaris*、树舌灵

芝 *Ganoderma applanatum* 等。特别值得一提的是本地区的特色药材之一天麻就是蜜环菌 *Armillaria mellea* 与天麻共生的结果。认真调查本地区蜜环菌的种类对天麻的进一步发展有积极意义。

另外，虫花 *Isaria farinosa*、蛹虫草 *Cordyceps militaris* 等不仅可作为药用真菌开发，而且可能作为杀虫药剂进行有害昆虫治理应用。

综上所述，在缺乏前人研究基础、考察采集时间极短的情况下，本书报道的保护区大型真菌种类离全面反映该区大型真菌面貌还有相当的距离。要弄清保护区真菌资源、提出保护措施、评价真菌资源开发利用前景，还有很多工作要做。但是有一点是肯定的，保护区真菌资源与植物关系密切，保护该区植物多样性同样有利于保护其菌物多样性。本次科学考察填补了该区大型真菌研究的空白，为进一步深入研究本区菌物多样性和开发利用大型真菌资源奠定了基础。

11.6 大型真菌名录

表 11-2 保护区大型真菌名录

中文名	拉丁名	生活习性			经济价值				
		寄生	腐生	共生	食用	药用	菌根	有毒	其他
蘑菇一种	*Agaricus* sp.								
雀斑鳞鹅膏	*Amanita avellaneosquamosa* (S. Imai) S. Imai								
小托柄鹅膏	*Amanita farinose* Schwein.						√	√	
格纹鹅膏	*Amanita fritillaria* (Berk.) Sacc.								
灰花纹鹅膏	*Amanita fuliginea* Hongo						√	√	
红黄鹅膏	*Amanita hemibapha* (Berk. et Broome) Sacc.				√		√		
粉褶鹅膏	*Amanita incarnatifolia* Zhu L. Yang								
日本鹅膏	*Amanita japonica* Bas						√		
隐花青鹅膏	*Amanita manginiana sensu* W. F .Chiu				√		√		
东方褐盖鹅膏	*Amanita orientifulva* Zhu L. Yang et al.								
红褐鹅膏	*Amanita orsornii* A. Kumar et T. N. Lakh								
小豹斑鹅膏	*Amanita parvipantherina* Zhu L. Yang et al.								
假灰鹅膏	*Amanita pseudovaginata* Hongo				√				
红托鹅膏	*Amanita rubrovolvata* S. Imai						√	√	
暗盖淡鳞鹅膏	*Amanita sepiacea* S. Imai								
中华鹅膏	*Amanita sinensis* Zhu L. Yang								
黄盖鹅膏白色变种	*Amanita subjunquillea* var. *alba* Zhu L. Yang							√	
灰鹅膏	*Amanita vaginata* (Bull.: Fr.) Vitt.				√		√	√	
锥鳞白鹅膏	*Amanita virgineoides* Bas						√	√	

续表

中文名	拉丁名	生活习性			经济价值				
		寄生	腐生	共生	食用	药用	菌根	有毒	其他
蜜环菌	*Armillaria mellea* (Vahl: Fr.) P. Kumm.				√	√	√		√
耳匙菌	*Auriscalpium vulgare* Gray		√						
佛手菌	*Authurus javanicus* (Penz.) Cunn.								
橙黄网孢盘菌	*Aleuria aurantia* (Fr.) Fuck.				√			√	
铜色牛肝菌	*Boletus aereus* Fries				√		√		
灰褐牛肝菌	*Boletus griseus* Frost				√		√		
网柄牛肝菌	*Boletus ornatipes* Peck				√		√		
美网柄牛肝菌	*Boletus reticulates* Schaeff.				√		√		
小美牛肝菌	*Boletus speciosus* Frost				√		√	√	
小孢蜡钉	*Bisporella citrina* (Batsch et Fr.) Korf et Carpenter		√						
烟管菌	*Bjerkandera adusta* (Willd.: Fr.) Karst.		√						
白僵菌一种	*Beauveria* sp.	√							
拱顶伞	*Camarophyllus subviolaceus* (Peck) Singer				√				
梭柄乳头蘑	*Catathelasma ventricosum* (Peck) Singer				√		√		
红褐色钉菇	*Chroogomphus rutilus* (Fr.) Miller								
白小杯伞	*Clitocybe candicans* (Pers.) P. Kumm.								
白霜杯伞	*Clitocybe dealbata* (Sow.) Gill.							√	
香杯伞	*Clitocvbe odora* (Bull.) P. Kumm				√	√			
堆金钱菌	*Collybia acervata* (Fr.) Gill.				√				
扭柄金钱菌	*Collybia distorta* (Fr.) Quél.								
栎金钱菌	*Collybia dryophila* (Bull.) Quél.								
小鬼伞	*Coprinus disseminatus* (Pers.: Fr.) Gray								
白绒鬼伞	*Coprinus lagopus* (Fr.) Fr.					√			√
晶粒鬼伞	*Coprinus micaceus* (Bull.) Fr.				√	√		√	
银紫丝膜菌	*Cortinarius alboviolaceus* Hongo				√		√		
黄棕丝膜菌	*Cortinarius cinnamomeus* Fr.				√	√	√		
半血红丝膜菌	*Cortinarius semisanguineus* (Brig.) Maire								
环带柄丝膜菌	*Cortinarius trivialis* Lange				√		√		
褐紫丝膜菌	*Cortinarius variecolor* (Pers.: Fr.) Fr				√		√		
紫绒丝膜菌	*Cortinarius violaceus* (L.: Fr.) Fr.				√	√	√		
橘黄刺杯菌	*Cookeina speciosa* (Fr.: Fr.) Dennis		√						
蛹虫草	*Cordyceps militaris* (L.: Fr.) Link	√			√	√			
黄豆芽菌	*Clavaria amoena* Zoll. et Mor.								
虫形珊瑚菌	*Clavaria vermicularis* Fr.				√				
大红豆芽菌	*Clavaria miniata* Brek.								

续表

中文名	拉丁名	生活习性			经济价值				
		寄生	腐生	共生	食用	药用	菌根	有毒	其他
棒瑚菌	*Clavariadelphus pistallaris* (Fr.) Donk				√			√	
冠锁瑚菌	*Clavulina cristata* (Holmsk.: Fr.) Schroet.								
黄珊瑚菌	*Clavulinopsis corniculata* (Schaeff.: Fr.) Corner								
拟锁瑚菌	*Clavulinopsis fusiformis* (Sow.: Fr.) Corner								
红拟锁瑚菌	*Clavulinopsis miyabeana* (S. Ito) S.Ito				√				
鸡油菌	*Cantharellus cibarius* Fr.		√		√	√		√	√
小鸡油菌	*Cantharellus minor* Peck				√	√		√	
拟革盖菌一种	*Coriolopsis* sp.								
单色革盖菌	*Coriolus unicolor* (Bull.: Fr) Pat		√						
彩绒革盖菌	*Coriolus versicolor* (L.: Fr.) Quél.		√						
粗皮美口菌	*Calostoma orirubra* (Cke.) Mass.								√
紫色马勃	*Calvatia lilacina* (Mont. et. Berk.) Lloyd								
秃马勃一种	*Calvatia* sp.								
轮层炭球菌	*Daldinia concentrica* (Boltan) Ces. et de Not.		√						
黄裙竹荪	*Dictyophora multicolor* Bork. et Br.					√		√	
暗蓝粉褶蕈	*Entoloma cyanoniger* (Hongo) sn								
黄盖粉褶蕈	*Entoloma murraii* (Berk. et Curt.) Sacc.								
牛舌菌	*Fistulina hepatica* (Schaeff.) Fr.		√		√	√			
大白胶孔菌	*Favolaschia pstulosa* (Jungh.) Sing.		√						
木蹄层孔菌	*Fomes fomentarus* (L.: Fr) Kickx		√						
红缘拟层孔	*Fomitopsis pinicola* (Swartz.: Fr.) Karst		√			√			
黑蹄拟层孔	*Fomitopsis rosea* (Alb.et Schw.: Fr) Karst		√			√			
拟层孔菌一种	*Fomitopsis* sp.								
条纹粘褶菌	*Gloeophyllum striatum* (Sw.: Fr.) Murrill								
粘铆钉菇	*Gomphidius glutinosus* (Fr.) Fr.				√		√		
枞裸伞	*Gymnopilus sapineus* (Fr.) Maire								
桔黄裸伞	*Gymnopilus spectabilis* (Fr.) Singer		√			√		√	
黑龙江盖尔盘菌	*Galiella amurensis* (Vassiljeva) Raitv.		√						
紫半胶菌	*Gloeoporus dichrous* (Fr.) Bres.		√						
半胶菌一种	*Gloeoporus* sp.		√						
紫杉半胶菌	*Gloeoporus taxicola* (Pers.: Fr.) Gilbn. et Ryv								
天目山半胶菌	*Gloeoporus tienmuensis* (Teng) Ten		√						
树舌灵芝	*Ganoderma applanatum* (Pers.) Pat		√			√			√
迭层树舌	*Ganoderma lobatum* (Schwein.) G. F. Atk		√			√			
灵芝一种	*Ganoderma* sp.		√						

续表

中文名	拉丁名	生活习性			经济价值				
		寄生	腐生	共生	食用	药用	菌根	有毒	其他
三角状灵芝	*Ganoderma triangulatum* J. D. Zhao et X. Q. Zhang		√						
绯红湿伞	*Hygrocybe coccinea* (Schaeff.: Fr.) P. Karst.				√				
变黑湿伞	*Hygrocybe conica* (Scop.: Fr.) P. Kumm.								
浅黄湿伞	*Hygrocybe flavescens* (Kauffm.) Singer							√	
小红湿伞	*Hygrocybe miniata* (Fr.) P. Kumm.				√				
红菇状湿伞	*Hygrophorus russula* (Schaeff.: Fr.) Quél.								
橘色蜡订菌	*Helotium serafinum* (Pers.) Fr.								
白心炭包	*Hypoxylon atrosphaericum* Cke. et Mars.								
炭团菌某一种	*Hypoxylon* sp.								
针毛锈齿革菌	*Hydnochaete tabacinoides* (Yasuda) Imazeki		√						
八角生刺革菌	*Hymenochaete cruenta* (Pers.: Fr.) Donk		√						
橙彩孔菌	*Hapalopilus alboluteus* (Ell. et Ev.) Bond. et Sing.		√						
黄彩孔菌	*Hapalopilus croeus* (Per.) Donk		√						
勺形囊孔	*Hirschioporus elongatus* (Berk.) Teng		√						
白囊孔菌	*Hirschioporus lacteus* (Fr.) Teng		√						
粗毛丝盖伞	*Inocybe hirsute* (Lasch) Quél								
黄丝盖伞	*Inocybe lutea* Kobayasi et Hongo								
丝盖伞一种	*Inocybe* sp.								
球孢丝盖伞	*Inocybe sphaerospora* Kobayasi								
虫花	*Isaria farinosa* (Dicks.) Fr.	√							
库恩菇	*Kuehneromyces mutabilis* (Scop.: Fr.) Smith et Singer								
考巴菌	*Kobayasia nipponica* (Kobayasi) Imai et Kauam.						√		
黑鳞疣柄牛肝菌	*Leccinum atrostipitaum* Smith. Thiers et Watling				√		√		
橙黄疣柄牛肝菌	*Leccinum aurantiacum* (Bull.) Gray				√		√		
灰疣柄牛肝菌	*Leccinum griseum* (Quel.) Singer				√		√		
褐疣柄牛肝菌	*Leccinum scabrum* (Fr.) Gray				√		√		
小香菇	*Lentinellus ursinus* (Fr.) P. Kumm.		√		√				
香菇	*Lentinula edodes* (Berk.) Pegler		√		√	√			√
紫灰香菇	*Lepista sordida* (Schum.: Fr.) Singer				√				
荷叶离褶伞	*Lyophyllum decastes* (Fr.) Singer				√				
簇生离褶伞	*Lyophyllum fumosum* (Fr.: Fr.) Singer				√				
玉蕈离褶伞	*Lyophyllum shimeji* (Kawam.) Hongo				√				
紫晶蜡蘑	*Laccaria amethystea* (Bull.) Murrill								
酒红蜡蘑	*Laccaria vinaceoavellanea* Hongo								
松乳菇	*Lactarius deliciosus* (L.: Fr) Gray				√		√		√

续表

中文名	拉丁名	生活习性			经济价值				
		寄生	腐生	共生	食用	药用	菌根	有毒	其他
灰蓝乳菇	*Lactarius glaucescens* Grossland								
毛缘细乳菇	*Lactarius gracilis* Hongo								
红汁乳菇	*Lactarius hatsudake* Tanaka				√	√	√		
稀褶乳菇	*Lactarius hygrophorides* Berk. et Curt.				√	√	√		
辣乳菇	*Lactarius piperatus* (Scop.) Fr.				√	√	√	√	√
毛头乳菇	*Lactarius torminosus* (Schaeff.: Fr.) Gray				√		√	√	√
绒白乳菇	*Lactarius vellereus* (Fr.) Fr.				√	√	√	√	
多汁乳菇	*Lactarius volemus* (Fr.) Fr.		√		√	√			√
轮纹乳菇	*Lactarius zonarius* (Bull.) Fr.								
硫色孔菌	*Laetiporus sulphureus* (Bull.: Fr.) Murr.		√						
白褶孔	*Leusites albida* Fr.		√						
西宁林氏鬼笔	*Linderiella xiningensis* Wen		√						
马勃一种	*Lycoperdon* sp. 1								
马勃一种	*Lycoperdon* sp. 2								
网纹马勃	*Lycoperdon perlatun* Pers.				√	√	√		
梨形马勃	*Lycoperdon pyriforme* Schaeff.: Pers.				√	√			
小皮伞(多种)	*Marasmius* spp.								
玫色小菇	*Mycena eamabilissima* (Peck) Sacc.								
黄柄小菇	*Mycena epipterygia* (Scop.: Fr.) Gray				√				
乳足小菇	*Mycena galopus* (Fr.) Quel.								
血红小菇	*Mycena haematopus* (Pers.: Fr.) P. Kumm.				√	√			
藻瑚菌	*Multiclavula mucida* (Fr.) Petersen								
角型小孔菌	*Microporus quarrei* (Bell.) Reid		√						√
黄柄小孔菌	*Microporus xanthopus* (Fr.) Kunt.		√						
簇生黄韧伞	*Naematoloma fasciculare* (Hudson.: Fr.) P. Karst.					√		√	
土黄韧伞	*Naematoloma gracile* Hongo								
白绒红蛋巢	*Nidula niveatomentosa* (P. Henn.) Lloyd		√						
褐亚脐菇	*Omphalina epichysium* (Pers.: Fr.) Quél.								
黄褶亚脐菇	*Omphalina chrysophylla* (Fr.) Gillet								
鳞柄小奥德蘑	*Oudemansiella furfuracea s. l.*								
东方小奥德蘑	*Oudemansiella orientalis* Zhu L. Yang								
刺孢多孔菌	*ondarzewia montana* (Quél.) Sing		√						
刺革菌属一种	*Hymenochaete* sp.		√						
白锐孔菌	*Oxyporus cuncaus* (Murr.) Aoshi		√						
钟形花褶伞	*Panaeolus campanulatus* (L.) Fr.							√	

续表

中文名	拉丁名	生活习性			经济价值				
		寄生	腐生	共生	食用	药用	菌根	有毒	其他
花褶伞	*Panaeolus retirugis* (Fr.) Gill.				√			√	
扇菇属一种	*Panellus* sp.								
卷边桩菇	*Paxillus involutus* (Batsch) Fr.								
暗金钱菌一种	*Phaeocollybia* sp.								
鳞伞	*Pholiota adipose* (Fr.) Quél.		√		√	√			
金毛鳞伞	*Pholiota aurivella* (Batsch.: Fr.) P. Kumm.		√		√				
鳞伞一种	*Pholiota* sp.				√	√	√		
白黄小脆柄菇	*Psathyrella candolleana* (Fr.) Maire				√				
小脆柄菇一种	*Psathyrella* sp.								
光盖伞一种	*Psilocybe* sp.								
黄粉末牛肝菌	*Pulveroboletu ravenelii* (Berk. et Curt.) Murrill								
泡质盘菌	*Peziza vesiculosa* Bull.: St. Amans		√		√				
多美式盘菌	*Peziza domiciliana* Cke.								
昂尼孔菌	*Phellinus xeranticus* (Berk.) Pegler								
肿红皮孔菌	*Pyrrhoderma scaurum* (Lloyd) Ryvarden		√						
木层孔菌一种	*Phellinus* sp.		√						
多孔菌一种	*Polyporus* sp.		√						
黑柄多孔菌	*Polyporus melanopus* (Sw.) Fr.		√						
长孔灰芝	*Polystictus gaudichaudii* (Lev) Cke.		√						
黄贝芝	*Polystictus membranaceus* (Fr.) Cke.		√						
皱贝芝	*Polystictus radiato-rugosus* (Berk.) Cke.		√						
平伏菌一种	*Poria* sp. 1		√						
平伏菌一种	*Poria* sp. 2		√						
平伏菌一种	*Poria* sp. 3		√						
血红囊孔菌	*Pycnoporus sanguineus* (L.: Fr.) Murr.		√			√			
胶质刺银耳	*Pseudohydnum gelatinosum* (Fr.) Karst.								
铜绿红菇	*Russula aeruginea* Lindbl.				√		√	√	
白鳞红菇	*Russula alboareolata* Hongo						√		
小白菇	*Russula aldida* Peck				√		√		
怡红菇	*Russula amoena* Quél				√		√		
黄红菇	*Russula aurea* Pers.								
致密红菇	*Russula compacta* Frost				√		√		
蓝黄红菇	*Russula cyanoxantha* (Schaeff.) Fr.				√	√	√		
大白菇	*Russula delica* Fr.				√	√	√		
密褶红菇	*Russula densifolia* Gill.				√		√		

续表

中文名	拉丁名	生活习性			经济价值				
		寄生	腐生	共生	食用	药用	菌根	有毒	其他
牙黄裂皮红菇	*Russula eburneoareolata* Hongo						√		
臭红菇	*Russula foetens* Pers.: Fr.					√	√	√	
叶绿红菇	*Russula heterophylla* (Fr.) Fr.				√		√		
稀褶黑菇	*Russula nigricans* (Bull.) Fr.				√	√	√	√	
点柄黄红菇	*Russula senecis* S. Imai					√	√	√	
变绿红菇	*Russula virescens* (Schaeff.) Fr.				√	√	√		
囊托枝瑚菌	*Ramaria cystidiophora* (Kauffman) Corner var. *fabiolens* Marr et Stuntz								
肉粉色枝瑚菌	*Ramaria ephemeroderma* Sacc. et Syd.		√		√				
紫丁香枝瑚菌	*Ramaria mairei* Donk		√		√			√	
白珊瑚菌	Ramariopsis *kunzei* (Fr.) Donk		√		√				
裂褶菌	*Schizophyllum commune* Fr.		√		√	√			√
易混松塔牛肝菌	*Strobilomyces confuses* Singer				√		√		
半球盖菇	*Stropharia semiglobata* (Bastch.: Fr.) Quél.								
粘盖乳牛肝菌	*Suillus bovines* (L.: Fr.) O. Kuntze				√	√	√		
点柄乳牛肝菌	*Suillus granulatus* (L.) O. Kuntze				√	√	√		
污白乳牛肝菌	*Suillus placidus* (Bonorden) Singer				√		√	√	
针小肉齿菌	*Sarcodontia setosa* (Pers.) Donk.		√						
长刺白齿耳	*Steccherinum pergemeneum* (Yasuda) Ito.		√						
韧革菌一种	*Stereum* sp. 1								
韧革菌一种	*Stereum* sp. 2								
毛韧革菌	*Stereum toxoii* Lentz.et Mckay		√						
细绒韧革菌	*Stereum pubescens* Burt.		√						
硬皮马勃一种	*Scleroderma* sp. 1								
硬皮马勃一种	*Scleroderma* sp. 2								
硬皮马勃一种	*Scleroderma* sp. 3								
真根蚁巢伞	*Termitomyces eurrhizus* (Berk.) R. Heim				√	√			
条纹蚁巢伞	*Termitomyces striatus* (Berk.) R. Heim				√				
皂味口蘑	*Tricholoma saponaceum* (Fr.) P. Kumm.				√	√	√	√	
灰盖口蘑	*Tricholoma ustale* (Fr.) P. Kumm.				√	√	√	√	
红鳞口蘑	*Tricholoma vaccinum* (Pers.: Fr.) P. Kumm.				√	√	√	√	
黄盖粉孢牛肝菌	*Tylopilus balloui* (Peck) Singer				√				
小孢苦味粉孢牛肝菌	*Tylopilus neofelleus* Hongo								
干巴革菌	*Thelephora ganbajun* Zang		√		√		√		
皱褶栓菌	*Trametes corrugata* (Pers.) Bers.		√			√			
肉色栓菌	*Trametes insularis* Murr.		√						

续表

中文名	拉丁名	生活习性			经济价值				
		寄生	腐生	共生	食用	药用	菌根	有毒	其他
乳白栓菌	*Trametes lactinea* (Berk.) Pat.		√						
粉灰栓菌	*Trametes menziesii* (Berk.) Ryv.		√						
灰带栓菌	*Trametes orientalis* (Yasuda) Imaz.		√			√			
绒毛栓菌	*Trametes pubescens* (Schum.: Fr) Pat.		√						
栓菌一种	*Trametes* sp. 1		√						
栓菌一种	*Trametes* sp. 2		√						
香栓菌	*Trametes suaveolens* (L.: Fr.) Fr.		√						
薄皮干酪菌	*Tyromyces chioneus* (Fr.) Karst.		√						
覆瓦干酪菌	*Tyromyces imbricatus* Zhao et X. Q. Zhang		√						
乳白干酪菌	*Tyromyces stipticus* (Pers.: Fr) Koti et Pouz		√						
瓣状干酪菌	*Tyromyces guttulatus* (Pk.) Murr.		√						
橙黄银耳	*Tremella lutescens* Fr.				√				
红绒盖牛肝菌	*Xerocomus chrysenteron* (Bull.: Fr.) Quél.				√		√		
绒盖牛肝菌	*Xerocomus subtomentosus* (L.: Fr.) Quél.				√		√		
毛干蘑	*Xerula pudens* (Pers.) Singer s. l.								
亚地炭棍	*Xylaria brasiliensis* (Theiss.) Lloyol								
鹿角炭角菌	*Xylaria hypoxylon* (L.) Grev.								
多角炭角菌	*Xylaria polymorpha* (Pers.: Fr.) Grev.								

动 物 资 源

第12章 哺 乳 类

乌蒙山国家级自然保护区位于云南东北部昭通市永善、大关、盐津和彝良四县的交界处，为云南北部乌蒙山系的最东段，地理位置特殊。保护区是中国动物地理区划中西南区和华中区的分界地带，又处在金沙江之尾、长江之头相接区域，夹于四川盆地和云贵高原之间，是长江南岸森林动物走廊带的瓶颈地带，东、西、南、北动物交汇，边缘分布的动物多，动物栖息的适生生境少而破碎，边缘分布动物的脆弱性以及人为干扰较严重。保护区的建立和升级对保护这一地区丰富的哺乳动物物种多样性、分布类型多样性和众多的地区特有种，众多的珍稀、濒危动物，众多的边缘分布哺乳动物，以及我国中部金沙江-长江南岸生物森林走廊带的汇通、连贯性和延续性有非常重要的价值和意义。

关于本地区哺乳动物的调查，1955 年以前极少。18 世纪欧洲一些国家(德国、法国和英国)的传教士在本地区收集过哺乳动物标本，如 Thomas(1911)曾以采自昭通府附近的啮齿动物标本描述过一个绒鼠属新种和田鼠属的新亚种(*Microtus olitor* 和 *Microtus melanogaster eleusis*)。19 世纪 30 年代，美国中亚考察团曾在我国大江南北进行过较大规模考察，采集了大量的哺乳动物标本，Allen(1938，1940)基于该考察该结果，汇集国外已有的历次考察，整理成文献，其中也记录有一些分布于昭通地区的哺乳动物，但物种数量很少，仅 20 余种。1963 年 12 月至 1964 年 1 月，中国科学院昆明动物研究所组织鸟、兽考察队对滇东北地区的昭阳区、永善、大关、彝良、盐津、威信和镇雄进行了为期近两个月的专项考察，采集到哺乳动物标本 800 余号。20 世纪 80 年代，云南大学何晓瑞等(1980)曾在三江口林区进行过哺乳动物标本采集，匡邦郁在永善工作期间也曾收集到一些哺乳动物标本。

2006 年 8～10 月，作者承担了保护区动物资源考察工作，在保护区三江口林区、罗汉坝、小草坝和海子坪进行哺乳动物考察。在考察过程中，利用夹日法采集小型哺乳动物标本 637 号；同时对于大中型哺乳动物(如灵长类、食肉类、偶蹄类)及一些易于识别的小型兽类(如豪猪等)进行了访问调查，主要访问对象是老猎人、林场管护员和村民，通过受访者描述，判定可能存在的物种，并核实其分布点。本章即是基于本次野外考察结果与文献查阅、整理完成，以反映保护区哺乳动物资源本底、区系特点和保护价值。物种分类地位和名称参考 *Mammal Species of the World*(Wilson and Reeder，2005)和《云南省生物物种名录(2016 版)》及近年发表的分类学研究论文(Chen et al.，2017；Cheng et al.，2017)。

12.1 哺乳动物概况

12.1.1 物种多样性

根据本次野外考察结果及对前人资料的整理，截至2006年年底，保护区记录到哺乳动物90种，隶属于9目28科68属(见本章附录)，占全国哺乳动物总种数(673种)(蒋志刚等，2015)的13.37%，占云南哺乳动物总种数(313种)(蒋学龙等，2017)的28.75%。尽管保护区面积只有26186.65hm^2，但其哺乳动物物种数甚至比中国其他一些省份的单位面积的哺乳动物物种数还要多，如浙江(99种)(诸葛阳，1989)、安徽(96种)(王岐山，1990)、黑龙江(97种)(马逸清，1986)、辽宁(74种)(肖增祜等，1988)、宁夏(73种)(王香亭等，1990)、山西(71种)(樊龙锁等，1996)；仅较邻近省份少，如四川(219种)(王酉之和胡锦矗，1999)、贵州(138种)(罗蓉等，1993)、广西(133种，包括4种海兽)(广西壮族自治区林业厅，1985)、西藏(126种)(冯祚建等，1986)。

通过与云南省其他一些国家级和重要的省级自然保护区哺乳动物物种数进行比较(表12-1)，在科、属或种的水平上，尽管乌蒙山保护区比大多数国家级自然保护区少，但比南部的文山和大围山保护区多。可见，乌蒙山国家级自然保护区也是云南省哺乳动物物种多样性比较非常丰富的地区之一。

表12-1 乌蒙山保护区与云南哺乳动物物种多样性比较丰富自然保护区的比较**

自然保护区	级别	面积/万hm^2	目	科	属	种	占云南种数比/%	占全国种数/%
高黎贡山	国家级	40.52	9	31	91	144	46.01	21.40
西双版纳	国家级	38.18	10	29	90	129	41.21	19.17
无量山	国家级	3.10	9	30	78	123	39.30	18.28
永德大雪山	国家级	1.45	9	28	83	117	37.38	17.38
哀牢山*	国家级	5.36	9	29	74	113	36.10	16.79
金平分水岭	国家级	4.20	9	29	81	106	33.87	15.75
盈江铜壁关	省级	7.32	10	28	72	101	32.27	15.01
绿春黄连山	国家级	1.39	9	24	68	100	31.95	14.86
白马雪山	国家级	28.16	9	29	69	98	31.31	14.56
南滚河	国家级	0.70	10	30	75	98	31.31	14.56
乌蒙山	国家级	2.86	9	28	68	90	28.75	13.37
文山	国家级	2.69	9	29	60	86	27.48	12.78
大围山	国家级	1.54	9	24	56	82	26.20	12.18

注：*赵体恭等(1988)原报道为83种；**云南哺乳动物总种数313种(蒋学龙等，2017)，中国哺乳动物总种数673种(蒋志刚等，2015)。

12.1.2　哺乳动物组成

1.目的组成

在保护区的 9 目 90 种哺乳动物中，以啮齿目的种数最多，达 32 种，占保护区哺乳动物总种数的 35.56%；其次是食肉目 21 种(占 23.33%)、食虫目 12 种(占 13.33%)、翼手目 11 种(占 12.22%)。这 4 个目占保护区哺乳动物种数的 84.44%，可见它们在保护区哺乳动物组成中起决定作用。另 5 个目除偶蹄目有 8 种外，其余分别只有 2 种(灵长目、兔形目)和 1 种(攀鼩目、鳞甲目)。

2.科的组成

在保护区哺乳动物的 28 科中，最大科是鼠科(7 属 15 种)，占保护区哺乳动物总种数的 16.67%，其次是蝙蝠科和鼬科(7 属 8 种)、鼩鼱科(5 属 7 种)，这 4 个科的物种数占保护区的 42.22%，在保护区哺乳动物区系组成中起着举足轻重的作用。其余科均在 5 种以下，其中含 4～5 种的有 5 科：松鼠科(4 属 5 种)、鼯鼠科(2 属 5 种)、鼹科(4 属 4 种)、犬科(4 属 4 种)、鹿科(3 属 4 种)，占保护区哺乳动物总种数的 24.44%；含 2～3 种的有 8 科：灵猫科(3 属 3 种)、猫科(3 属 3 种)、仓鼠科(1 属 3 种)、菊头蝠科(1 属 2 种)、猴科(1 属 2 种)、牛科(2 属 2 种)、豪猪科(2 属 2 种)和兔科(1 属 2 种)，占保护区哺乳动物总种数的 21.11%；其余 11 科(猬科、树鼩科、蹄蝠科、鲮鲤科、熊科、小熊猫科、獴科、猪科、麝科、刺山鼠科、竹鼠科)在保护区均以单属种形式出现，它们仅占保护区哺乳动物总种数的 12.22%。

3.属的组成

保护区现有哺乳动物 68 属，最大的属是姬鼠属 *Apodemus* 和鼯鼠属 *Petaurista*，分别有 4 种；其次含 3 种的为麝鼩属 *Crocidura*、绒鼠属 *Eothenomys*、白腹鼠属 *Niviventer* 和家鼠属 *Rattus* 4 属；含 2 种的有菊头蝠属 *Rhinolophus*、鼠耳蝠属 *Myotis*、猕猴属 *Macaca*、鼬属 *Mustela*、麂属 *Muntiacus*、长吻松鼠属 *Dremomys*、岩松鼠属 *Sciurotamias*、小鼠属 *Mus* 和兔属 *Lepus* 8 属。其余 54 属在保护区以单属种形式出现，包括猬科 1 属、鼹科 4 属、鼩鼱科 4 属、树鼩科 1 属、蹄蝠科 1 属、蝙蝠科 6 属、鲮鲤科 1 属、犬科 4 属、熊科 1 属、小熊猫科 1 属、鼬科 6 属、灵猫科 3 属、獴科 1 属、猫科 3 属、猪科 1 属、麝科 1 属、鹿科 2 属、牛科 2 属、松鼠科 3 属、鼯鼠科 1 属、鼠科 3 属、刺山鼠科 1 属、竹鼠科 1 属和豪猪科 2 属，其物种数占保护区哺乳动物总种数的 60%，其中鼩猬属 *Neotetracus*、长尾鼹属 *Scaptonyx*、白尾鼹属 *Parascaptor*、南蝠属 *Ia*、豺属 *Cuon*、貉属 *Nyctereutes*、猪獾属 *Arctonyx*、小爪水獭属 *Aonyx*、小灵猫属 *Viverricula*、果子狸属 *Paguma*、云豹属 *Neofelis*、复齿鼯鼠属 *Trogopterus* 共 12 属是单型属。

12.2 哺乳动物分布型

研究动物的分布型，有助于确定一个地区动物分布的地带性特征和地理起源，进而分析该地区的动物区系特征。在此，从科、属、种各分类阶元分析保护区哺乳动物的分布型特征。

12.2.1 科分布型

据现生哺乳动物的分布，保护区28科的哺乳动物可分为以下几种分布型。

1.广布型

(1) 世界各大洲(热带、亚热带、温带和寒带)分布：蝙蝠科 Vespertilionidae、鼬科 Mustelidae、鼠科 Muridae、犬科 Canidae、猫科 Felidae 和兔科 Leporidae。其中犬科、猫科和兔科分布到大洋洲。

(2) 全北区(热带、亚热带、温带)分布：鼩鼱科 Soricidae、鼹科 Talpidae、熊科 Ursidae、鹿科 Cervidae、牛科 Bovidae、松鼠科 Sciuridae、鼯鼠科 Pteromyidae、仓鼠科 Cricetidae。

(3) 旧大陆(热带、亚热带和温带)分布：猬科 Erinaceidae、菊头蝠科 Rhinolophidae(可延伸至澳大利亚北部)、猪科 Suidae、豪猪科 Hystricidae。

2.亚洲-非洲(热带、亚热带)分布型

(1) 亚洲-非洲(热带、亚热带)分布：蹄蝠科 Hipposideridae、猴科 Cercopithecidae、灵猫科 Viverridae、獴科 Herpestidae、鲮鲤科 Manidae、竹鼠科 Rhizomyidae。

(2) 亚洲(热带、亚热带)分布：树鼩科 Tupaiidae、刺山鼠科 Platacanthomyidae。

3.喜马拉雅-中国-西伯利亚分布型

麝科 Moschidae。

4.喜马拉雅-横断山区特有分布型

小熊猫科 Ailuridae。

在保护区现有哺乳动物的28科中，洲际广布科有蝙蝠科、鼩鼱科、菊头蝠科、猬科、鼹科、鹿科、鼯鼠科等18科，占本保护区哺乳动物总科数的64.29%；而亚洲-非洲(热带、亚热带)分布型的科有蹄蝠科、树鼩科、猴科、鲮鲤科、灵猫科、獴科、竹鼠科和刺山鼠科8科，占本保护区哺乳动物总科数的28.57%；另外，小熊猫科为喜马拉雅-横断山区特有科，麝科主要分布在喜马拉雅-横断山区，保护区仅有林麝分布。从科的地带性分布可以看出：2/3以上的科分布于欧洲、亚洲、非洲，为适应多个气候带的广布科，主要分布在喜马拉雅-横断山区的两个科也都主要栖息在温性和寒温性亚高山森林地带，显示出本地区哺乳动物区系在科级层面的温凉性特征。

12.2.2　属分布型

保护区 68 属哺乳动物的分布可分为以下几种类型。

1.广布型

(1) 世界广布：鼠耳蝠属 *Myotis*、家鼠属 *Rattus*。

(2) 全北区分布：狼属 *Canis*、水獭属 *Lutra*。

(3) 全北区-澳洲北部分布：伏翼属 *Pipistrellus*。

(4) 全北区、东洋界、新热带区间断分布：鼬属 *Mustela*。

2.北非-欧洲-亚洲-北美分布型

(1) 欧洲-亚洲(延伸至热带)-北美分布：貂属 *Martes*、狐属 *Vulpes*、兔属 *Lepus*。

(2) 欧洲-非洲-亚洲分布：麝鼩属 *Crocidura*、阔耳蝠属 *Barbastella*、小鼠属 *Mus*、长翼蝠属 *Miniopterus*(南可延伸至澳大利亚)。

(3) 非洲-亚洲-澳洲分布：菊头蝠属 *Rhinolophus*。

(4) 欧洲-亚洲分布：野猪属 *Sus*。

(5) 欧洲-亚洲(亚热带和温带)分布：山蝠属 *Nyctalus*、狗獾属 *Meles*、姬鼠属 *Apodemus*、巢鼠属 *Micromys*。

3.亚洲-非洲(热带、亚热带、温带)分布型

(1) 热带亚洲-热带非洲间断分布亚型：蹄蝠属 *Hipposideros*、小爪水獭属 *Aonyx*、扫尾豪猪属 *Atherurus*。

(2) 非洲-南亚-东南亚-中国南部分布亚型：猕猴属 *Macaca*、鲮鲤属 *Manis*、豪猪属 *Hystrix*、獴属 *Herpestes*。

4.亚洲(热带、亚热带、温带)分布型

(1) 东南亚热带-喜马拉雅-中国至东北亚分布：白腹鼠属 *Niviventer*、水鼩属 *Chimarrogale*、斑羚属 *Naemorhedus*、鼯鼠属 *Petaurista*、鬣羚属 *Capricornis*(鬣羚属可分布到日本)。

(2) 南亚-东南亚-中国-朝鲜分布亚型：豺属 *Cuon*、豹猫属 *Prionailurus*。

(3) 喜马拉雅-中南半岛-中国-俄罗斯(远东地区)至日本分布亚型：东方鼹属 *Euroscaptor*、熊属 *Ursus*、麝属 *Moschus*(不分布到日本)。

(4) 南中国-朝鲜-日本间断分布：貉属 *Nyctereutes*。

(5) 东南亚热带-喜马拉雅-中国南部至华北分布：果子狸属 *Paguma*。

5.南亚-东南亚(热带、亚热带)分布型

这一分布型主要分布在印度、斯里兰卡、缅甸、中南半岛、印度尼西亚、菲律宾等地，其分布区的东缘往往到达我国华南和台湾，北到长江流域。

(1)热带南亚-东南亚-南中国(华南-西南)-喜马拉雅分布：鹿属 *Cervus*、小灵猫属 *Viverricula*、麂属 *Muntiacus*。

(2)热带东南亚-南中国(华南-华中-西南)-喜马拉雅分布：猪獾属 *Arctonyx*、大灵猫属 *Viverra*、金猫属 *Catopuma*、云豹属 *Neofelis*、丽松鼠属 *Callosciurus*、长吻松鼠属 *Dremomys*、花松鼠属 *Tamiops*、硕鼠属 *Berylmys*、白腹巨鼠属 *Leopoldamys*。

(3)热带东南亚-华南-阿萨姆分布：竹鼠属 *Rhizomys*、树鼩属 *Tupaia*。

(4)中南半岛-云南南部-阿萨姆分布：白尾鼹属 *Parascaptor*。

(5)热带东南亚-南中国-缅甸分布：鼬獾属 *Melogale*。

(6)热带东南亚分布：茶褐伏翼属 *Falsistrellus*(可延伸分布到澳大利亚北部)。

6.南中国特有分布型

(1)南中国分布：缺齿鼩鼱属 *Chodsigoa*(向南延伸分布至越南北部、泰国北部)、毛冠鹿属 *Elaphodus*、猪尾鼠属 *Typhlomys*(向南延伸分布至越南北部)、绒鼠属 *Eothenomys*(向西延伸分布至缅甸东部、北部)、微尾鼩属 *Anoruosorex* 和南蝠属 *Ia*(后两属可向西延伸分布至越南北部、向西至印度阿萨姆)。

(2)西南-华北分布：岩松鼠属 *Sciurotamias*。

(3)横断山区分布：鼩猬属 *Neotetracus*、长吻鼩鼹属 *Uropsilus*、长尾鼹属 *Scaptonyx*、黑齿鼩鼱属 *Blarinella*、复齿鼯鼠属 *Trogopterus*。

(4)喜马拉雅-横断山区分布亚型：小熊猫属 *Ailurus*(向西可延伸分布至尼泊尔和不丹)

综上所述，在保护区现生哺乳动物 68 属中，世界性或洲际性广布型的有鼠耳蝠属、家鼠属、狼属、豹属和鼬属等 6 属，占保护区哺乳动物总属数的 8.82%；北非-欧洲-亚洲-北美分布型有貂属、狐属、兔属、狗獾属、姬鼠属和巢鼠属等 13 属，占保护区哺乳动物总属数的 19.12%；以热带起源而分布于亚洲和非洲或仅分布于亚洲(热带至温带)的属有蹄蝠属、小爪水獭属、扫尾豪猪属、猕猴属、鲮鲤属、豪猪属、獴属、白腹鼠属、水鼩属、斑羚属、鼯鼠属、鬣羚属、管鼻蝠属、豺属、豹猫属、东方鼹属、熊属、麝属、貉属和果子狸属 20 属，占保护区哺乳动物总属数的 29.41%；亚洲(热带、亚热带)分布型有猪獾属、大灵猫属、小灵猫属、金猫属、云豹属、麂属、丽松鼠属、茶褐伏翼属、鼬獾属、竹鼠属、树鼩属和白尾鼹属等 17 属，占保护区哺乳动物总属数的 25%；仅分布于南中国或主要分布于南中国而分布区略超出中国边境的南中国特有属有缺齿鼩鼱属、毛冠鹿属、猪尾鼠属、绒鼠属、微尾鼩属、南蝠属、岩松鼠属、鼩猬属、长吻鼩鼹属、长尾鼹属、黑齿鼩鼱属、复齿鼯鼠属和小熊猫属 13 属，占保护区哺乳动物总属数的 19.12%，其中缺齿鼩鼱属、绒鼠属、鼩猬属、长吻鼩鼹属、长尾鼹属、黑齿鼩鼱属、复齿鼯鼠属和小熊猫属 8 属是喜马拉雅-横断山区的特有属。与科的分布型不同之处在于：

以热带和亚热带为分布核心的属共计有 36 属，超过总属数之半；特有属(13 个)接近总数的 1/5，而喜马拉雅-横断山区特有属 8 个，揭示哺乳动物的种类与喜马拉雅-横断山区域的哺乳动物密切关联的特点。

12.2.3　种的分布型

保护区现记录的 90 种哺乳动物，据其地理分布特征，主要有下列几种类型。

1.广布型

(1) 几乎遍布于世界各地的广布种：小家鼠 *Mus musculus*。

(2) 热带非洲、热带亚洲至旧大陆温带分布：这一分布型是指分布区可从热带非洲到地中海沿岸、欧洲以及整个亚洲(包括热带在内)的种，是埃塞俄比亚界、古北界和东洋界三大动物地理界的广布种，仅有野猪 *Sus scrofa*。

2.旧大陆(北非-欧洲-亚洲-北美洲)分布型

(1) 北非-欧洲-亚洲-北美洲温带、寒带分布：狼 *Canis lupus*。

(2) 欧、亚大陆和非洲北部分布：暗褐菊头蝠 *Rhinolophus ferrumequinum*、赤狐 *Vulpes vulpes*、水獭 *Lutra lutra*。

(3) 欧洲-亚洲(亚热带-温带)分布：红耳巢鼠 *Micromys erythrotislc*、黑线姬鼠 *Apodemus agrarius*、褐家鼠 *Rattus norvegicus*。

(4) 亚洲大陆亚热带-温带(阿富汗、喜马拉雅、中亚、中国至东北亚)分布：蒙古兔 *Lepus totai*、阔耳蝠 *Barbastella leucomelas*、黄鼬 *Mustela sibirica*、藏獾 *Meles leucurus*。

3.亚洲热带至温带分布型

这一分布型从南亚、东南亚热带经中国西南部、南部、华中、华北一直分布到东北亚的西伯利亚、朝鲜和日本等的古北界、东洋界的泛布种，多数亚种分布在东洋界，可能是亚洲热带或亚热带起源。

(1) 热带亚洲至远东分布：豺 *Cuon alpinus*、青鼬 *Martes flavigula*、豹猫 *Prionalurus bengalensis*。

(2) 东南亚热带-中南半岛-喜马拉雅-南中国至华北分布：果子狸 *Paguma larvata*。

(3) 印度中北部-喜马拉雅-中南半岛-南中国至华北分布：猕猴 *Macaca mulatta*。

(4) 阿富汗-喜马拉雅-中南半岛-中国-日本分布：黑熊 *Ursus thibetanus*、黄胸鼠 *Rattus tanezumi*、亚洲长翼蝠 *Miniopterus fuliginosus*。

(5) 喜马拉雅-中南半岛-中国西南-华北分布：喜马拉雅水鼩 *Chimarrogale himalayicus*。

(6) 中南半岛北部-南中国至东北分布：社鼠 *Niviventer confucianus*。

(7) 南中国-东亚(朝鲜、日本)分布：貉 *Nyctereutes procyonoides*、东亚伏翼 *Pipistrellus abramus*。

4.亚洲(热带-亚热带)分布型

这一分布型主要指热带亚洲起源的物种，它们大多分布在亚洲南部(南亚、东南亚)的热带和南亚热带，在我国多数为华南区的代表种，有部分分种可向北延伸到长江流域。

(1) 热带亚洲-南中国分布：小灵猫 *Viverricula indica*、赤麂 *Muntiacus muntjak*、马来水鹿 *Cervus unicolor equinus*。

(2) 马来群岛-南中国-喜马拉雅分布：白腹巨鼠 *Leopoldamys edwardsi*、灰麝鼩 *Crocidura attenuata*、金猫 *Catopuma temminckii*、灰头小鼯鼠 *Petaurista caniceps*。

(3) 马来半岛-中国(东南部和西南部)-缅甸-阿萨姆分布：这一类群从马来半岛向北分布到中国横断山区，向西到中国雅鲁藏布江大转弯，向东至中国华南、华中诸省。它们可能是中南半岛或中国南部起源，包括猪獾 *Arctonyx collaris*、大灵猫 *Viverra zibetha*、云豹 *Neofelis nebulosa*、赤腹松鼠 *Callosciurus erythraeus*、大足鼠 *Rattus nitidus*、帚尾豪猪 *Atherurus macrourus*。

(4) 中南半岛-南中国-喜马拉雅分布：大马蹄蝠 *Hipposideros armiger*、刺毛鼠 *Niviventer fulvescens*。

(5) 中南半岛-中国西南部-喜马拉雅分布亚型：锡金小家鼠 *Mus pahari*。

(6) 南中国-缅甸东北部-喜马拉雅东部分布：这一类群主要分布于我国华南、华中和西南，部分超出中国边境延伸分布到中南半岛北部、缅甸东北部和尼泊尔东部，包括微尾鼩 *Anourosorex squamipes*、中华菊头蝠 *Rhinolophus sinicus*、中国穿山甲 *Manis pentadactyla*、黄腹鼬 *Mustela kathiah*、食蟹獴 *Herpestes urva*、中华鬣羚 *Capricornis milneedwardsii*、缅甸斑羚 *Naemorhedus evansi*、中国豪猪 *Hystrix hodgsoni*。

(7) 南中国-中南半岛北部-阿萨姆分布：泊氏长吻松鼠 *Dremomys pernyi*、南蝠 *Ia io*、鼬獾 *Melogale moschata*。

5.南中国特有分布型

(1) 中国西南-华中分布：藏酋猴 *Macaca thibetana*。

(2) 华南-华中分布：毛腿鼠耳蝠 *Myotis fimbriatus*。

(3) 南中国分布：毛冠鹿 *Elaphodus cephalophus*、小猪尾鼠 *Typhlomys daloushanensis*、暗褐竹鼠 *Rhizomys vestitus*、中华山蝠 *Nyctalus plancyi*、小麂 *Muntiacus reevesi*、红白鼯鼠 *Petaurista alborufus*、中华姬鼠 *Apodemus draco*、滇绒鼠 *Eothenomys eleusis*。

6.横断山-喜马拉雅特有分布型

(1) 横断山-喜马拉雅特有分布：这一类型是指分布于我国横断山区、缅甸东北部至尼泊尔东部的物种，仅有小熊猫 *Ailurus fulgens*。

(2) 横断山特有分布：长吻鼩鼹 *Uropsilus gracilis*、长尾鼩鼹 *Scaptonyx fusicaudus*、淡灰黑齿鼩鼱 *Blarinella griselda Thomas*、缺齿鼩鼱 *Chodsigoa* sp.(物种待定)、灰鼯鼠 *Petaurista xanthotis*、复齿鼯鼠 *Trogopterus xanthipes*、大绒鼠 *Eothenomys miletus*、澜沧江姬鼠 *Apodemus ilex*、川西白腹鼠 *Niviventer excelsior*，它们是横断山哺乳动物区系的典型代表。

(3) 横断山-中南半岛北部分布：鼩猬 *Neotetracus sinensis*、长吻鼹 *Euroscaptor longirostris*、林麝 *Moschus berezovskii*。

(4) 横断山-缅甸分布：棕色小鼯鼠 *Petaurista sybilla*。

(5) 横断山-云贵高原分布：西南中麝鼩 *Crocidura vorax*、白喉岩松鼠 *Sciurotamias forresti*、高山姬鼠 *Apodemus chevrieri*。

(6) 云南-贵州分布：云南兔 *Lepus comus*。

(7) 云南(中、北部)分布：昭通绒鼠 *Eothenomys olitor*。

(8) 横断山区-华北分布：大足鼠耳蝠 *Myotis ricketti*、隐纹花鼠 *Tamiops swinhoei*、岩松鼠 *Sciurotamias davidianus*。

7.热带亚洲分布型

(1) 斯里兰卡、印度-中国藏东南-中国云南西部分布：茶褐伏翼 *Falsistrellus affinis*。

(2) 马来半岛-中国华南-印度阿萨姆分布：北树鼩 *Tupaia belangeri*、长尾大麝鼩 *Crocidura dracula*、小爪水獭 *Aonyx cinerea*、青毛硕鼠 *Berylmys bowersii*。

(3) 中南半岛-中国云南(西部、南部)-印度阿萨姆分布：白尾鼹 *Parascaptor leucura*。

从上述分析可以看出：在保护区现有 90 种哺乳动物中，世界或洲际的广布种仅有小家鼠、野猪 2 种，只占保护区哺乳动物总种数的 2.22%；旧大陆分布型有狼、暗褐菊头蝠、赤狐、水獭、红耳巢鼠、黑线姬鼠、褐家鼠、蒙古兔、阔耳蝠、黄鼬和藏獾 11 种，占保护区哺乳动物总种数的 12.22%；亚洲热带至温带分布型有 12 种(豺、青鼬、豹猫、果子狸、猕猴、黑熊、黄胸鼠、亚洲长翼蝠、喜马拉雅水鼩、社鼠、貉、东亚伏翼)；南中国特有分布型有 10 种(藏酋猴、毛腿鼠耳蝠、毛冠鹿、小猪尾鼠、暗褐竹鼠、中华山蝠、小麂、红白鼯鼠、中华姬鼠和滇绒鼠)；横断山-喜马拉雅特有分布型有 20 种(小熊猫、长吻鼩鼹、长尾鼩鼹、淡灰黑齿鼩鼱、缺齿鼩鼱、灰鼯鼠、复齿鼯鼠、大绒鼠、澜沧江姬鼠、川西白腹鼠、鼩猬、长吻鼹、林麝、棕色小鼯鼠、西南中麝鼩、白喉岩松鼠、高山姬鼠、云南兔、昭通绒鼠、大足鼠耳蝠、隐纹花鼠和岩松鼠)，这 44 种(占保护区哺乳动物总种数的 48.89%)主要分布于中国南部和横断山区，是保护区物种的核心类群；另外也有较多的东南亚热带或亚热带动物，如亚洲(热带-亚热带)分布 27 种(小灵猫、赤麂、马来水鹿、白腹巨鼠、灰麝鼩、金猫、灰头小鼯鼠、猪獾、大灵猫、云豹、赤腹松鼠、大足鼠、帚尾豪猪、大马蹄蝠、刺毛鼠、锡金小家鼠、微尾鼩、中华菊头蝠、中国穿山甲、黄腹鼬、食蟹獴、中华鬣羚、缅甸斑羚、中国豪猪、泊氏长吻松鼠、南蝠、鼬獾)和热带亚洲分布 6 种(茶褐伏翼、北树鼩、长尾大麝鼩、小爪水獭、青毛硕鼠和白尾鼹)，这 33 种(占 36.67%)可能起源于东南亚热带或亚热带，是保护区物种的另一主要类群。

12.2.4　哺乳动物分布的边缘效应

乌蒙山国家级自然保护区因其特殊的地理位置和自然环境，在动物地理区划上处于西南区的东部边缘地带，其东面是华中区，在华中区分布的黑线姬鼠、蒙古兔、毛腿鼠耳蝠、绒山蝠等即以这一地区为其分布的西界；而西南区的许多特有属种如鼩猬、小熊猫、鼩鼹类、长尾鼹、茶褐伏翼、白喉岩松鼠、棕色小鼯鼠、大绒鼠、昭通绒鼠、澜沧江姬鼠、高山姬鼠、川西白腹鼠、锡金小家鼠、云南兔等均以本地区作为它们分布的东限；分布于南部的热带性物种，如北树鼩、白尾鼹、长尾大麝鼩、小爪水獭、青毛硕鼠、刺毛鼠等，不再跨过金沙江分布到川西；而分布于川西南的藏酋猴、复齿鼯鼠、灰鼯鼠、暗褐竹鼠等也不再由此向南分布到云贵高原。这一地区成为华中、西南、华南许多哺乳动物的交汇和分布的边缘地带。与核心地带相比，边缘分布类群的栖息面积小，环境质量差，数量稀少，边缘效应明显。虽然此地区尚保存有一些较好的原始林，边缘分布的哺乳动物也较多，但生境的破碎化和边缘分布动物的脆弱性是这一地区哺乳动物生活和适应的一大障碍。加上人类生产和活动的严重干扰，“乌蒙磅礴走泥丸”是这一地区生态环境的鲜明写照。生境若再稍加破坏就难以恢复，一些动物类群(特别是小种群)极易受到的威胁。

12.2.5 连贯东西、汇通南北的森林动物走廊

乌蒙山国家级自然保护区的地理位置非常特殊，长江通常分为两段，上游金沙江多为高山峡谷，下游长江为山地丘陵平原，乌蒙山国家级自然保护区刚好位于金沙江之尾、长江之头。纵贯南北的金沙江在丽江石鼓改道后，从西向东流入东海，把中国大陆截成南北两大块，形成中国生物区系南北分野的不同格局(在东部特别明显)，在金沙江南岸从丽江玉龙雪山起向东依次为乌蒙山、贵州大娄山、湖南武陵山、江西庐山、安徽黄山直至浙江天目山，形成长江连贯西、东的山地森林动物走廊。而保护区在云南北部位于横跨东西的乌蒙山尾部，紧接贵州北部大娄山系，位于四川盆地和云贵高原之间，保护区绝大多数哺乳动物的属、种是西南山地原始林或次生林的森林哺乳动物。由于原始林大多被破坏殆尽，适于栖息在原始林的森林动物趋于贫乏或绝迹，如黑熊、小熊猫、云豹、金猫、鬣羚、斑羚等，此外金钱豹(*Panthera pardus*)在调查中未能发现而未被收录。可见，乌蒙山系是在金沙江南岸横贯东西的一个走廊，而位于乌蒙山系尾部的乌蒙山国家级自然保护区正是沟通和延续中国西部东、西、南、北动物汇通的森林走廊咽喉地带，具有重要的保护价值。

12.3 哺乳动物区系及其特点

现将保护区哺乳动物种的分布型及其区系属性列于表 12-2，从表中可以看出保护区哺乳动物的区系较为复杂多样和特殊。

表 12-2 保护区哺乳动物种的分布型及其区系类型

分布型	种数	区系类型
1.世界或洲际分布型(广布型)	2	广布种
2.北非-欧洲-亚洲-北美洲分布型(旧大陆分布型)	11	古北界种

续表

分布型	种数	区系类型
● 北非-欧洲-亚洲-北美洲温带、寒带分布	1	
● 欧亚大陆和非洲北部分布	3	
● 欧洲-亚洲(亚热带-温带)分布	3	
● 亚洲大陆亚热带-温带分布	4	
3.亚洲热带至温带分布型	12	古北界、东洋界共有种
● 热带亚洲至远东分布	3	
● 东南亚热带-中南半岛-喜马拉雅-南中国至华北分布	1	
● 印度中北部-喜马拉雅-南中国-华北分布	1	
● 阿富汗-喜马拉雅-印度-中国-日本分布	3	
● 喜马拉雅-中南半岛-中国西南-华北分布	1	
● 中南半岛-南中国至东北分布	1	
● 南中国-东北亚-(朝鲜至日本)分布	2	
4.亚洲(热带-亚热带)分布型	27	东洋界物种
● 热带亚洲-南中国分布	3	华南、华中、西南共有种
● 南洋群岛-南中国-喜马拉雅分布	4	
● 马来半岛-中国(华南、西南)-缅甸-阿萨姆分布	6	
● 中南半岛-南中国-喜马拉雅分布	2	
● 中南半岛-中国西南部-喜马拉雅分布	1	
● 南中国-缅甸东北部-喜马拉雅东部分布	8	
● 南中国-中南半岛北部-阿萨姆分布	3	
5.南中国特有分布型	10	东洋界物种
● 中国西南-华中分布	1	华南、华中、西南特有种
● 华南-华中分布	1	
● 南中国分布	8	
6.横断山-喜马拉雅特有分布型	22	西南区种
● 横断山-喜马拉雅特有分布	1	
● 横断山特有分布	9	
● 横断山区-中南半岛北部分布	3	
● 横断山-缅甸分布	1	
● 横断山-云贵高原分布	3	
● 云南-贵州分布	1	
● 云南(中、北部)分布	1	
● 横断山-华北分布	3	
7.热带亚洲分布型	6	华南区种
● 斯里兰卡、印度-中国藏东南-中国云南西部分布	1	
● 马来半岛-中国华南-印度阿萨姆分布	4	
● 中南半岛-中国云南(西部、南部)-印度阿萨姆分布	1	

12.3.1 哺乳动物区系特征

在保护区 90 种哺乳动物中，广布于欧洲、亚洲、非洲和北美洲的广布种仅有 2 种，仅占保护区哺乳动物总种数的 2.22%；古北界种 11 种(占 12.22%)；古北界、东洋界共有种 12 种(占 13.33%)。除上述 25 种(占 27.78%)外，其余 65 种(占 72.22%)均为东洋界种，说明乌蒙山国家级自然保护区的哺乳动物主要为东洋界动物区系成分。在 65 种东洋界哺乳动物中，热带型的华南成分较少，仅有 6 种，仅占保护区哺乳动物总种数的 6.67%；西南区成分(横断山区-喜马拉雅特有种)有 22 种，占 24.44%；而最多的是广布于亚洲热带、亚热带的物种(27 种)，这些种除广布于南亚、东南亚热带、亚热带外，还主要分布于中国华南区、西南区和华中区，是南中国的代表物种；另有 10 种，多数为南中国特有，少数分布区略超出我国国境之外，大多数亚种或居群都分布在中国境内，在动物区系属性上与分布区局限在中国境内的特有种相似。南中国分布的两个类型物种数达 37 种，占整个保护区哺乳动物总种数的 41.11%。在南中国的哺乳动物中，仅分布于华中区的哺乳动物属、种极少，且几乎没有一种仅分布于滇东北；热带型的华南区种也仅有 6 种，更多的是西南区种，甚至在属级水平上也有 8 属是西南区的特有属，这充分说明保护区是以南中国属、种为基础，并有横断山-喜马拉雅显著特色的哺乳动物区系。

12.3.2 特有类群多

特有类群是指分布局限于某一地区或绝大部分分布于某一地区而略超过该地区范围的类群(目、科、属、种或亚种)，在自然保护区的保护系统中，除国家重点保护野生动物外，特有类群的多少也是显示保护区保护价值高低的重要指标之一。特有类群越多，特有的分类阶元越高，其分布的地区越狭窄，受威胁的程度越大，保护价值和意义也就越大。保护区由于面积不大，除这一地区的特有亚种(如昭通绒鼠指名亚种 *Eothenomys olitor*、滇绒鼠指名 *Eothenomys eleusis* 和赤腹松鼠昭通新亚种 *Callosciurus erythraeus zhaotongensis*)外(Li and Wang，2006)，未发现仅分布于这一地区的特有属、种。但从中国哺乳动物分布的较大区域范围来看，中国特有或地区特有通常也是衡量保护对象的保护指标。把南中国特有、东喜马拉雅-横断山区特有和横断山区特有均看作乌蒙山国家级自然保护区的重要保护对象来衡量保护区的重要价值。这几个类群中，特有科有小熊猫科(东喜马拉雅-横断山区特有)，亚科有鼩鼹亚科(Uropsilinae)，亚族有长尾鼹亚族(Scaptonychini)，此亚科和亚族均为横断山区特有；特有属有鼩猬属、长吻鼩鼹属、长尾鼹属、白尾鼹属、缺齿鼩鼱属、小熊猫属、毛冠鹿属、岩松鼠属和复齿鼯鼠属 9 属；南中国和喜马拉雅-横断山区的特有种有 32 种之多，占保护区哺乳动物总种数的 35.56%。本保护区特有属、种多而且所占比例较高，超过云南南部的许多国家级自然保护区(如西双版纳自然保护区、黄连山自然保护区、分水岭自然保护区、文山自然保护区等)。在云南的自然保护区系统中，乌蒙山国家级自然保护区特有属、种多而所占比例高，是其另一重要特点。

12.4　动物地理区划

关于滇东北的生物地理区划，郑作新和张荣祖(1959)和张荣祖(1979a，1979b，2004)都把它划为动物地理区划中东洋界华中区的西部山地高原亚区，Udvnrdy(1975)把它划入古北界中国亚热带森林省，Mackinnon 等(1996)在 Udvnrdy(1975)的基础上，采纳郑作新和张荣祖(1959)和张荣祖(1979a，1979b，2004)的观点，把这一地区改为东洋界华中区的贵州高原亚区；吴征镒(2005)以东亚植物区系中有上百个特有属和科的特点，提出喜马拉雅-中国南部到日本为一个区别于古北界和东洋界的新界，即东亚植物界，滇东北地区隶属于这一新界中的中国-日本亚界。从上述哺乳动物区系分析中可以看出，这一地区除与东洋界其他区共有的属种外，在特有属、种中，以横断山区-喜马拉雅的西南区属、种占绝对优势，所以这一地区的动物地理区划应为西南区。

12.5　保护野生动物

经调查，保护区内有国内外(国家级、云南省级和 CITES)重点保护野生哺乳动物 21 种(表 12-3)。其中国家Ⅰ级重点保护野生动物有云豹和林麝 2 种，国家Ⅱ级重点保护野生动物有黑熊、小熊猫、水獭、金猫、中华鬣羚、缅甸斑羚、中国穿山甲、马来水鹿、猕猴、藏酋猴、豺、青鼬、小爪水獭、大灵猫、小灵猫 15 种；列入 CITES 附录Ⅰ(2016 年)的物种有云豹、黑熊、小熊猫、水獭、金猫、中华鬣羚、缅甸斑羚、中国穿山甲 8 种，列入 CITES 附录Ⅱ的物种有林麝、猕猴、藏酋猴、豺、小爪水獭、狼、豹猫、北树鼩 8 种，豹猫和北树鼩未被列入国家或云南省重点保护野生动物名录；此外，狼、毛冠鹿被列入云南省级重点保护野生动物。

表 12-3　保护区国家级和省级重点保护哺乳动物名录

中文名	拉丁名	国家级		省级	CITES	
		Ⅰ级	Ⅱ级		附录Ⅰ	附录Ⅱ
云豹	*Neofelis nebulosa*	●			●	
林麝	*Moschus berezovskii*	●				▲
黑熊	*Ursus thibetanus*		▲		●	
小熊猫	*Ailurus fulgens*		▲		●	
水獭	*Lutra lutra*		▲		●	
金猫	*Catopuma temminckii*		▲		●	
中华鬣羚	*Capricornis milneedwardsii*		▲		●	
缅甸斑羚	*Naemorhedus evansi*		▲		●	

续表

中文名	拉丁名	国家级		省级	CITES	
		I级	II级		附录I	附录II
中国穿山甲	*Manis pentadactyla*		▲		●	
马来水鹿	*Cervus equinus*		▲			
猕猴	*Macaca mulatta*		▲			▲
藏酋猴	*Macaca thibetana*		▲			▲
豺	*Coun alpinus*		▲			▲
青鼬	*Martes flavigula*		▲			
小爪水獭	*Aonyx cinerea*		▲			▲
大灵猫	*Viverra zibetha*		▲			
小灵猫	*Viverricula indica*		▲			
狼	*Canis lupus*			▲		▲
豹猫	*Prionailurus bengalensis*					▲
毛冠鹿	*Elaphodus cephalophus*			▲		
北树鼩	*Tupaia belangeri*					▲

12.6 哺乳动物的保护价值

乌蒙山国家级自然保护区地理位置特殊，地处金沙江之尾、长江之头，形成沿金沙江、长江连贯西、东的山地森林动物走廊，保护区现记录有哺乳动物 90 种，其中受保护的物种有 21 种，并有多个特有分布，体现出保护区哺乳动物的保护价值。

(1) 保护众多的珍稀濒危动物。保护区现记录有 21 种国家级、云南省级和 CITES 重点保护哺乳动物，占中国保护野生哺乳动物总种数的 15.33%，占保护区哺乳动物总种数的 23.33%。其中许多是濒危种、边缘种和中国特有种，如藏酋猴是中国特有种，本保护区是其分布的南缘，在本保护区数量已经非常稀少或近乎绝迹，特别需要加强保护。

(2) 保护这一地区丰富的哺乳动物物种多样性、分布类型多样性和特有种。本保护区是一个哺乳动物较多、分布类型较多和特有属、种较多并以南中国哺乳动物为主体又具有西南山地哺乳动物特色的森林哺乳动物保护区，在动物地理分布上具有连贯东西、会通南北的作用，在中国中西部地区有较高的保护价值和意义。

(3) 保护这一地区许多边缘。本保护区处于我国中部动物地理区划中西南区和华中区的分野地带，又是长江南北哺乳动物的汇集地带之一，多数边缘分布的种类数量极少，极易灭绝，保护它们是乌蒙山国家级自然保护区保护价值的重要体现。

(4) 保护我国中部金沙江-长江南岸生物森林走廊带的连贯性和延续性。

12.7　珍稀濒危哺乳动物简记

1.鼩猬 *Neotetracus sinensis* (Trouessart，1909)

4♂♂，7♀♀，体重 31g(25～40g)，体长 107mm(95～145mm)，尾长 64mm(55～72mm)，后足长 23mm(21～25mm)，耳长 15mm(12～18mm)；颅全长 31.7mm(28.9～34.0mm)，基长 28.4mm(25.6～31.0mm)，脑颅宽 13.1mm(12.3～13.7mm)，上齿列长 16.3mm(14.7～17.3mm)。

鼩猬是我国横断山区的特有种，主要分布在四川(西部、西南部)、云南西部和贵州西北部，仅少数向南延伸分布到越南北部。隶属于劳亚食虫目猬科毛猬亚科 Hylomyinae。毛猬亚科的属、种、体形似鼩鼱，毛不特化成中空的棘刺状，是猬科中的孑遗、原始类群。鼩猬已有 4 亚种的分化，乌蒙山国家级自然保护区的鼩猬与我国川西、我国滇西和越南北部的 4 亚种都有一定差异。鼩猬是一常见种，但在本地区数量不多。

2.北树鼩 *Tupaia belanger* (Thomas，1914)

4♂♂，1♀，体重 128g(107～150g)，体长 170.0mm(160～185mm)，尾长 158mm(159～165mm)，后足长 42.3mm(40～45mm)，耳长 11.0mm(10.0～12.0mm)；颅全长 48.5mm(47.6～50.2mm)，颧骨宽 24.6mm(24.5～24.7mm)，后头宽 18.9mm(18.4～19.1mm)，臼齿外宽 16.2mm(15.0～17.0mm)，上齿列长 24.8mm(24.7～25.1mm)。

腰臀部毛色深浓，橄榄褐黑色。腹部毛色比云贵高原的标本深。主要分布于缅甸、印度阿萨姆、泰国、印度，以及我国的云南、广西和海南，本保护区是北树鼩分布的东北缘，在本保护区属边缘分布，数量不多。

树鼩现已为重要医学实验动物，替代灵长类动物用于医学动物实验。我国未将其列入《国家重点保护野生动物名录》，但从 2000 年起，CITES 已把树鼩科 Tupaiidae 所有种列入附录Ⅱ。

3.小熊猫 *Ailurus fulgens* (Thomas，1902)

俗名金狗、九节狼、火狐、憨包熊。小熊猫色泽艳丽，圆脸，面颊部有白色斑，耳大、直立，毛被绒软、全身棕红色，尾粗长、圆而蓬松，有九节深浅相间的尾纹，故又称“九节狼”。小熊猫过去被认为隶属于南美洲浣熊科 Procyonidae 的一个亚洲间断亚科，现被认为隶属于亚洲横断山-喜马拉雅山的特有科——小熊猫科 Ailuridae，为单型科，仅 1 属 1 种 2 亚种，为孑遗哺乳动物，在食肉目的系统进化中有重要科学价值。保护区内的小猫熊体色与川西地区的标本相似，头骨—额部(眶后突后方)较为平坦，为川西亚种 *A. fulgens styani*。本亚种体色较深，额部(眶后突后方)比较低矮，没有超过脑颅的最高处。分布于四川西部，云南怒江以东的德钦、香格里拉、维西和丽江等地，乌蒙山是本种在云南分布的东南缘。小熊猫在分类学上虽隶属食肉目，但食性已有明显特化，主要以竹子、竹叶等为食，也食昆虫等动物性食物。单独或成对活动。晨昏活动最为频繁(清晨 6～8 时，晚上 7～9 时)。冬季气温较低，常见它们出现在树枝上晒太阳。

关于乌蒙山区的小熊猫，1991 年，三江口片区的护林员韩德光在天教坪河坝筇竹林内(海拔约为 2100m)见过一只，收集的粪便呈 4～5 节的节状，颜色很像新鲜的筇竹竹笋，黑绿色。昭通林业局曹安江先生曾把粪便带至昭通进行粪便分析，分析结果多为筇竹竹笋和竹节，认为是小熊猫的粪便；2005 年 4 月，韩德光又在邻近的夏青山筇竹林中发现小熊猫吃剩的较硬的老竹笋节。

小熊猫是名贵的珍稀动物，常被称为活化石。我国将其列为国家Ⅱ级重点保护野生动物。CITES 将其列入附录Ⅰ，在乌蒙山地区数量极为稀少，为边缘种。

4.藏酋猴 *Macaca thibetana*(Milne-Edwards，1870)

藏酋猴又名藏猴，是法国人 Milne-Edwards(1870)根据我国四川宝兴的标本定名的。实际上此种并未分布到西藏，而主要分布在四川雅砻江以东的川西、黔北、湘西、湖北神农架、安徽黄山和福建西部，是我国中部长江流域的特有灵长类动物。在云南，藏酋猴仅见于乌蒙山区。1963 年，中国科学院昆明动物研究所考察队在昭通地区进行鸟兽调查时，曾在永善金沙江南岸次生林中见过两群约 30 只；2005 年，盐津县一农民曾在一林区路边抓到一只老年雄猴，送到昆明动物园饲养。保护区内的种群较少，估计不足 50 只。乌蒙山区藏酋猴与黔东北梵净山区的形态一致，曾被描记为一新亚种(贵州新亚种 *Macaca thibetana quizhouensis* Jiang et Wang，1999)。

藏酋猴为国家Ⅱ级重点保护野生动物，CITES 附录Ⅱ物种。

5.猕猴 *Macaca mulatta*(Zimmermann，1780)

猕猴又称黄猴、恒河猴，在乌蒙山国家级自然保护区有一定数量。主要分布在保护区 2000m 以下的江边和河谷两侧稀疏林和裸岩陡壁之处，以各种植物的叶、果为食。猕猴在医药学研究、疫苗生产和药物实验中是重要的实验动物。

猕猴为国家Ⅱ级重点保护野生动物，CITES 附录Ⅱ物种。

6.中国穿山甲 *Manis pentadactyla*(Linnaeus，1758)

中国穿山甲曾是保护区林区的常见种，在保护区有一定的数量，但近年的考察少有发现其踪迹。穿山甲的甲片是常用的中药材，但近二三十年来，穿山甲在一些地区作为野味被大量猎杀，致使野生资源受到极大破坏，由于过度利用，其成为极度受威胁物种。

中国穿山甲为国家Ⅱ级重点保护野生动物，CITES 附录Ⅰ物种。

7.黑熊 *Ursus thibetanus*(Cuvier，1823)

1♀，体重 80kg，体长 1470mm，尾长 50mm，后足长 190mm，耳长 135mm；颅全长 247.0mm，口盖长 123.2mm，颧宽 174.5mm，上齿列长 89.1mm。

黑熊俗称老熊，粗大而笨重，毛被丰厚而蓬松，躯体亮黑色，但下颌一般为淡灰色，胸斑为细窄的星月形，灰白色。黑熊为本地林区的大型兽类，现在林区比较常见(特别是罗汉坝林区和小草坝林区)，有时常到山区耕地上盗食作物。

黑熊为国家Ⅱ级重点保护野生动物，CITES 附录Ⅰ物种。

8.云豹 *Neofelis nebulosa*(Griffith，1821)

3 皮。云豹又名小草豹和龟纹豹，体形比金钱豹略小，全身黄褐色，体背侧有对称深色的大块云形斑，周缘黑色，中心暗黄色，状若龟背饰斑，故有龟纹豹之称。云豹是保护区林区尚可见到的大型猫科动物，以林区内偶蹄类、兔形类动物为主要食物。

云豹为国家Ⅰ级重点保护野生动物，CITES 附录Ⅰ物种。

9.林麝 *Moschus berezovskii*(Flerov，1928)

2 皮。林麝又名獐子或香獐。体背暗褐棕色，臀部深，几为褐黑色，耳背棕褐色，耳壳白色，颈下有两条纵行灰白色条纹，主要栖息于海拔 1000m 以上的阔叶林和针阔叶混交林，是中山林区的常见种。麝是产名贵中药材——麝香的原生物。成年雄性动物香腺的分泌物(麝香)是我国中药和中成药丸、散、酊剂中的重要成分。云贵高原是林麝分布的主要地区之一，由于过度猎捕割取香腺取麝香，野生林麝资源受到很大威胁，保护区内的林麝种群已很少。

林麝为国家Ⅰ级重点保护野生动物，CITES 附录Ⅰ物种。

10.金猫 *Catopuma temminckii*(Vigores et Horsfield，1827)

1 皮。金猫是一种体形中等的猫科动物。因色型不同，俗称红椿豹、芝麻豹和狸豹。红椿豹全身亮红色，芝麻豹暗褐灰色且在毛上具微小的芝麻斑点，狸豹(花金锚)全身具较大的中空暗色环斑，过去曾被认为是不同亚种，现发现在同一地区 3 种色型均能出现，实属色型变异。金猫以多种啮齿类、兔类、鼠兔、中小型有蹄类动物为食。在本地区数量极少，可能是受调查方法限制，难觅踪迹。在保护区后续调查过程中，可加大红外相机监测力度，以调查记录保护区内隐秘性强、夜行性、种群数量稀少的动物。

金猫为国家Ⅱ级重点保护野生动物，CITES 附录Ⅰ物种。

11.狼 *Canis lupus*(Linnaeus，1758)

狼为全北界物种，但向南分布至东洋界(亚洲热带北缘)，在我国北方分布比较普遍，在云南也有一定的分布，主要在 3500～4500m 的高山草甸、草原地带活动，主要捕食野生和家养有蹄类动物，亦捕食旱獭、鼠兔、野兔等。在保护区内及周边地区，过去曾有一定数量，但近 20～30 年来，数量已大为减少。2015 年，昭通市森林公安送来一只待鉴定的犬类动物，因在当地捕杀牲畜而被猎杀，经分子生物学鉴定，该犬类动物是犬，但具有狼的基因，说明在当地存在家犬与狼基因交流的可能性。

狼为云南省重点保护野生动物，CITES 附录Ⅱ物种。

附录　乌蒙山国家级自然保护区哺乳动物名录与区系表

	全北界、东洋界分布	旧大陆分布	古北界、东洋界共有	东洋界													特有种
				广布种	华中区		华南区				西南区						
					西部山地	东部丘陵	滇西山地	滇南山地	滇越桂黔	闽广沿海	喜马拉雅	缅北贡山	横断山区	川西山地	云贵高原	秦岭山地	
Ⅰ.食虫目 Eulipotyphla																	
一、猬科 Erinaceidae																	
1. 鼩猬 *Neotetracus sinensis*					▲		▲		▲		▲	▲	▲	▲	▲		
二、鼹科 Talpidae																	
2. 长吻鼩鼹 *Uropsilus gracilis*					▲		▲					▲	▲	▲	▲		
3. 长尾鼩鼹 *Scaptonyx fusicaudus*							▲					▲	▲	▲	▲		
4. 长吻鼹 *Euroscaptor longirostris*												▲	▲	▲	▲	▲	
5. 白尾鼹 *Parascaptor leucura*							▲	▲	▲			▲	▲		▲		
三、鼩鼱科 Soricidae																	
6. 淡灰黑齿鼩鼱 *Blarinella griselda thomas*					▲		▲	▲	▲			▲	▲	▲	▲	▲	
7. 缺齿鼩鼱 *Chodsigoa* sp.															▲		★
8. 微尾鼩 *Anourosorex squamipes*					▲		▲	▲	▲	▲	▲	▲	▲	▲	▲	▲	
9. 喜马拉雅水鼩 *Chimarrogale himalayica*				●			▲	▲	▲	▲	▲	▲	▲	▲	▲	▲	
10. 长尾大麝鼩 *Crocidura fuliginosa*				●			▲	▲	▲	▲							
11. 灰麝鼩 *Crocidura attenuata*					▲	▲	▲	▲	▲	▲	▲	▲	▲	▲	▲	▲	
12. 西南中麝鼩 *Crocidura vorax*												▲	▲	▲	▲		★
Ⅱ.攀鼩目 Scandwntia																	
四、树鼩科 Tupaiidae																	
13. 北树鼩 *Tupaia belangeri*					▲		▲	▲	▲		▲	▲	▲	▲	▲		
Ⅲ.翼手目 Chiroptera																	
五、菊头蝠科 Rhinolophidae																	
14. 暗褐菊头蝠 *Rhinolophus ferrumequinum*			●		▲	▲	▲	▲	▲	▲	▲	▲	▲	▲	▲		

续表

	全北界、东洋界分布	旧大陆分布	古北界、东洋界共有	东洋界													特有种
				广布种	华中区		华南区				西南区						
					西部山地	东部丘陵	滇西山地	滇南山地	滇越桂黔	闽广沿海	喜马拉雅	缅北贡山	横断山区	川西山地	云贵高原	秦岭山地	
15. 中华菊头蝠 *Rhinolophus sinicus*					▲	▲	▲	▲	▲	▲	▲	▲	▲	▲	▲		
六、蹄蝠科 Hipposideridae																	
16. 大马蹄蝠 *Hipposideros armiger*				•		▲	▲	▲	▲	▲	▲	▲	▲	▲	▲		
七、蝙蝠科 Vespertilionidae																	
17. 毛腿鼠耳蝠 *Myotis fimbriatus*						▲		▲		▲					▲	▲	★
18. 大足鼠耳蝠 *Myotis ricketti*						▲	▲	▲	▲	▲							
19. 东亚伏翼 *Pipistrellus abramus*			•		▲	▲	▲	▲	▲	▲	▲	▲	▲	▲	▲	▲	
20. 茶褐伏翼 *Falsistrellus affinis*											▲	▲					
21. 中华山蝠 *Nyctalus plancyi*					▲	▲				▲					▲	▲	★
22. 南蝠 *Ia io*					▲	▲	▲	▲	▲		▲	▲	▲	▲	▲	▲	
23. 阔耳蝠 *Barbastella leucomelas*			•								▲			▲	▲		
24. 亚洲长翅蝠 *Miniopterus fuliginosus*				•	▲	▲	▲	▲	▲	▲	▲	▲	▲	▲	▲	▲	
Ⅳ.灵长目 Primates																	
八、猴科 Cercopithecidae																	
25. 猕猴 *Macaca mulatta*					▲	▲	▲	▲	▲	▲	▲	▲	▲	▲	▲	▲	
26. 藏酋猴 *Macaca thibetana*					▲	▲				▲			▲	▲	▲		
Ⅴ.鳞甲目 Pholidota																	
九、鲮鲤科 Manidae																	
27. 中国穿山甲 *Manis pentadactyla*					▲	▲	▲	▲	▲	▲	▲	▲	▲	▲	▲		
Ⅵ.食肉目 Carnivora																	
十、犬科 Canidae																	
28. 狼 *Canis lupus*	•				▲		▲				▲	▲	▲	▲	▲		

续表

	全北界、东洋界分布	旧大陆分布	古北界、东洋界共有	东洋界													特有种
				广布种	华中区		华南区				西南区						
					西部山地	东部丘陵	滇西山地	滇南山地	滇越桂黔	闽广沿海	喜马拉雅	缅北贡山	横断山区	川西山地	云贵高原	秦岭山地	
29. 赤狐 *Vulpes vulpes*			●		▲	▲	▲	▲	▲	▲	▲	▲	▲	▲	▲	▲	
30. 豺 *Cuon alpinus*			●		▲	▲	▲	▲	▲	▲	▲	▲	▲	▲	▲	▲	
31. 貉 *Nyctereutes procyonoides*			●		▲	▲	▲	▲					▲	▲	▲		
十一、熊科 Ursidae																	
32. 黑熊 *Ursus thibetanus*			●		▲	▲	▲	▲	▲		▲	▲	▲	▲	▲	▲	
十二、小熊猫科 Ailuridae																	
33. 小熊猫 *Ailurus fulgens*							▲				▲	▲	▲	▲	▲		
十三、鼬科 Mustelidae																	
34. 青鼬 *Martes flavigula*			●		▲	▲	▲	▲	▲	▲	▲	▲	▲	▲	▲	▲	
35. 黄腹鼬 *Mustela kathiah*					▲	▲	▲	▲	▲		▲	▲	▲	▲	▲	▲	
36 黄鼬 *Mustela sibirica*			●		▲	▲	▲	▲	▲	▲	▲	▲	▲	▲	▲	▲	
37. 鼬獾 *Melogale moschata*					▲	▲	▲	▲	▲	▲	▲	▲	▲	▲	▲	▲	
38. 藏獾 *Meles leucurus*			●		▲	▲	▲	▲	▲		▲	▲	▲	▲	▲	▲	
39. 猪獾 *Arctonyx collaris*			●		▲	▲	▲	▲	▲	▲	▲	▲	▲	▲	▲	▲	
40. 水獭 *Lutra lutra*			●		▲	▲	▲	▲	▲	▲	▲	▲	▲	▲	▲	▲	
41. 小爪水獭 *Aonyx cinerea*				●			▲	▲	▲	▲	▲	▲	▲	▲			
十四、灵猫科 Viverridae																	
42. 大灵猫 *Viverra zibetha*					▲		▲	▲	▲		▲				▲	▲	
43. 小灵猫 *Viverricula indica*				●	▲	▲	▲	▲	▲	▲	▲	▲	▲	▲	▲	▲	
44. 果子狸 *Paguma larvata*				●	●	▲	▲	▲	▲	▲	●	▲	▲	▲	▲	▲	
十五、獴科 Herpestidae																	
45. 食蟹獴 *Herpestes urva*					▲	▲	▲	▲	▲	▲	▲	▲	▲	▲	▲		

续表

	全北界、东洋界分布	旧大陆分布	古北界、东洋界共有	东洋界													特有种
				广布种	华中区		华南区				西南区						
					西部山地	东部丘陵	滇西山地	滇南山地	滇越桂黔	闽广沿海	喜马拉雅	缅北贡山	横断山区	川西山地	云贵高原	秦岭山地	
十六、猫科 Felidae																	
46. 豹猫 *Prionailurus bengalensis*			●		▲	▲	▲	▲	▲	▲	▲	▲	▲	▲	▲	▲	
47. 金猫 *Catopuma temminckii*				●	▲	▲	▲	▲	▲		▲	▲	▲	▲		▲	
48. 云豹 *Neofelis nebulosa*				●	▲	▲	▲	▲	▲	▲	▲	▲	▲	▲	▲	▲	
Ⅶ. 偶蹄目 Artiodactyla																	
十七、猪科 Suidae																	
49. 野猪 *Sus scrofa*		●			▲	▲	▲	▲	▲	▲	▲	▲	▲	▲	▲	▲	
十八、麝科 Moschidae																	
50. 林麝 *Moschus berezovskii*					▲	▲	▲	▲			▲	▲	▲	▲	▲	▲	
十九、鹿科 Cervidae																	
51. 毛冠鹿 *Elaphodus cephalophus*					▲	▲	▲	▲	·	·	▲	▲	▲	▲	▲	▲	
52. 赤麂 *Muntiacus vaginalis*					▲	▲	▲	▲	▲	·	▲	▲	▲	▲	▲	▲	
53. 小麂 *Muntiacus reevesi*					▲	▲				▲					▲		★
54. 马来水鹿 *Cervus equinus equinus*				●	▲		▲	▲	▲		▲	▲	▲	▲			
二十、牛科 Bovidae																	
55. 中华鬣羚 *Capricornis milneedwardsii*					▲	▲	▲	▲	▲		▲	▲	▲	▲	▲	▲	
56. 缅甸斑羚 *Naemorhedus evansi*					▲	▲	▲	▲	▲	▲	▲	▲	▲	▲	▲	▲	
Ⅷ. 啮齿目 Rodentia																	
二十一、松鼠科 Sciuridae																	
57. 赤腹松鼠 *Callosciurus erythraeus*					▲	▲	▲	▲	▲	▲	▲	▲	▲	▲	▲	▲	
58. 隐纹花鼠 *Tamiops swinhoei*					▲	▲	▲	▲	▲	▲	▲	▲	▲	▲	▲	▲	
59. 泊氏长吻松鼠 *Dremomys pernyi*					▲	▲	▲	▲	▲		▲	▲	▲		▲	▲	

续表

	全北界、东洋界分布	旧大陆分布	古北界、东洋界共有	东洋界													特有种
				广布种	华中区		华南区				西南区						
					西部山地	东部丘陵	滇西山地	滇南山地	滇越桂黔	闽广沿海	喜马拉雅	缅北贡山	横断山区	川西山地	云贵高原	秦岭山地	
60. 岩松鼠 *Sciurotamias davidianus*			●		▲	▲							▲	▲	▲	▲	★
61. 白喉岩松鼠 *Sciurotamias forresti*							▲		▲			▲	▲	▲	▲		★
二十二、鼯鼠科 Pteromyidae																	
62. 复齿鼯鼠 *Trogopterus xanthipes*			●		▲								▲	▲	▲	▲	★
63. 灰头小鼯鼠 *Petaurista caniceps*					▲		▲				▲	▲	▲	▲	▲		
64. 棕色小鼯鼠 *Petaurista sybilla*					▲		▲					▲	▲	▲	▲		
65. 红白鼯鼠 *Petaurista alborufus*					▲	▲	▲	▲		▲		▲	▲	▲	▲	▲	
66. 灰鼯鼠 *Petaurista xanthotis*												▲	▲	▲		▲	★
二十三、仓鼠科 Cricetidae																	
67. 大绒鼠 *Eothenomys miletus*												▲	▲	▲	▲		★
68. 滇绒鼠 *Eothenomys eleusis*					▲		▲				▲	▲	▲	▲	▲		★
69. 昭通绒鼠 *Eothenomys olitor*							▲					▲					
二十四、鼠科 Muridae																	
70. 红耳巢鼠 *Micromys erythrotislc*			●		▲	▲	▲	▲	▲		▲	▲	▲	▲	▲	▲	
71. 中华姬鼠 *Apodemus draco*					▲	▲				▲				▲	▲		★
72. 澜沧江姬鼠 *Apodemus ilex*							▲					▲	▲		▲		★
73. 高山姬鼠 *Apodemus chevrieri*					★		▲					▲	▲	▲	▲	▲	★
74. 黑线姬鼠 *Apodemus agrarius*			●		▲	▲				▲					▲	▲	
75. 黄胸鼠 *Rattus tanezumi*					▲	▲	▲	▲	▲	▲	▲	▲	▲	▲	▲	▲	
76. 大足鼠 *Rattus nitidus*					▲	▲	▲	▲	▲	▲	▲	▲	▲	▲	▲	▲	
77. 褐家鼠 *Rattus norvegicus*			●		▲	▲	▲	▲	▲	▲	▲	▲	▲	▲	▲	▲	
78. 社鼠 *Niviventer confucianus*			●		▲	▲	▲	▲	▲	▲	▲	▲	▲	▲	▲	▲	

续表

	全北界、东洋界分布	旧大陆分布	古北界、东洋界共有	东洋界													特有种
				广布种	华中区		华南区				西南区						
					西部山地	东部丘陵	滇西山地	滇南山地	滇越桂黔	闽广沿海	喜马拉雅	缅北贡山	横断山区	川西山地	云贵高原	秦岭山地	
79. 刺毛鼠 *Niviventer fulvescens*				●	▲	▲	▲	▲	▲	▲	▲	▲	▲	▲	▲	▲	
80. 川西白腹鼠 *Niviventer excelsior*												▲	▲	▲	▲		★
81. 白腹巨鼠 *Leopoldamys edwardsi*					▲	▲	▲	▲	▲	▲	▲	▲	▲	▲	▲	▲	
82. 青毛硕鼠 *Berylmys bowersi*					▲	▲	▲	▲	▲	▲	▲	▲	▲	▲	▲		
83. 小家鼠 *Mus musculus*	●				▲	▲	▲	▲	▲	▲	▲	▲	▲	▲	▲	▲	
84. 锡金小鼠 *Mus pahari*					▲		▲	▲	▲		▲	▲		▲	▲		
二十五、刺山鼠科 Platacanthomyidae																	
85. 小猪尾鼠 *Typhlomys daloushannsis*								▲							▲		★
二十六、竹鼠科 Rhizomyidae																	
86. 暗褐竹鼠 *Rhizomys vestitus*					▲	▲						▲	▲	▲	▲		
二十七、豪猪科 Hystricidae																	
87. 扫尾豪猪 *Atherurus macrourus*				●	▲		▲	▲	▲		▲	▲	▲	▲	▲		
88. 中国豪猪 *Hystrix hodgsoni*					▲	▲	▲	▲	▲	▲	▲	▲	▲	▲	▲	▲	
Ⅸ. 兔形目 Lagomorpha																	
二十八、兔科 Leporidae																	
89. 云南兔 *Lepus comus*							▲	▲	▲			▲			▲		★
90. 蒙古兔 *Lepus tolai*											▲		▲	▲	▲		

第13章　鸟　　类

保护区及其邻近地区共记录鸟类356种，隶属于18目66科。鉴于鸟类的活动性比较强，该地区所划定的自然保护区范围较小，生境较为单一。为了保护好该地区的鸟类资源，将保护区及其周围地区的生境类型统筹考虑，进行该地区鸟类的生境分析。在各生境类型中分布的鸟类，常绿阔叶林记录的种数最多(197种，占记录总种数的55.34%)，针阔混交林(187种，占52.53%)、干热河谷(180种，占50.56%)、农田及耕地(175种，占49.16%)、水域湿地(93种，占26.12%)等生境类型次之，松林生境类型(80种，22.47%)最少。按居留情况分析，留鸟计195种，占该地区鸟类总种数的54.78%；夏候鸟50种，占14.04%；冬候鸟64种，占17.98%；旅鸟47种，占13.20%。以留鸟的种数占绝对优势。按所记录356种鸟类的分布型分析，在该地区所记录的鸟类中以东洋型种类占优势，占该地区鸟类总种数的31.18%，其中又以热带-温带、热带-北亚热带和热带-中亚热带的繁殖鸟种类较多；其次是喜马拉雅-横断山区型，占16.29%，其中又以横断山-喜马拉雅(南翼为主)和在横断山区繁殖的种类为多；古北型的种类占14.04%，不易归类的泛古北型种类占10.11%，东北型占9.55%，全北型占7.30%，南中国型占7.02%，季风型占1.12%，其余的分布型种类较少，均不到该地区鸟类总种数的百分之一。按该地区繁殖鸟(留鸟和夏候鸟)的区系从属情况分析，以东洋种占优势，占繁殖鸟总种数的77%。东洋种的分布型主要是东洋型和喜马拉雅-横断山区型，分别占繁殖鸟总种数的41.00%和25.31%；而南中国型和不易归类型(广布于旧大陆温带和热带的种类)比较少，仅占8.57%和2.45%。东洋型种类中又以分布于热带-中亚热带、热带-北亚热带和热带-温带的种类最多。喜马拉雅-横断山区型的种类中，又以分布于横断山及喜马拉雅山脉(南翼为主)的种类最多。所以，该地区在中国动物地理区划上应属东洋界，西南区的西南山地亚区(张荣祖，2004；郑作新等，1997)。又因该地区出产有与四川西南部相同的我国特有种，如四川山鹧鸪 *Arborophila rufipectus*、白鹇峨眉亚种 *Lophura nycthemera omeiensis*、灰胸薮鹛 *Liocichla omeiensis* 等，故将滇东北巧家、永善、绥江等县境内的金沙江流域山地划为西南山地亚区的滇东北山地小区(杨岚等，2004)。

该地区分布有国家Ⅰ级重点保护鸟类4种，国家Ⅱ级重点保护鸟类30种。该自然保护区的建立，为滇东北、川西南山地特有种及我国重点保护鸟类、珍稀濒危物种——四川山鹧鸪、白鹇峨眉亚种、黑颈鹤、黑鹳等种类以及西南山地亚区、川西南滇东北山地小区的分布鸟种提供了良好的栖息地保护，并对长江上游水源林保护具有特殊意义。

13.1　调查研究概况

滇东北地区的鸟类调查最早始于 20 世纪 30 年代，常麟定、任国荣等曾在该地区进行过鸟类标本的采集，20 世纪 60 年代中国科学院昆明动物研究所曾进行过采集调查。1975 年 3～6 月，云南大学生物系何晓瑞等(1980)曾在滇东北金沙江沿岸的绥江、永善、大关三县境内进行调查。本书根据《云南鸟类志》(杨岚等，1995，2004)等有关的文献资料及近期对保护区的访问调查，共记录鸟类 356 种，依郑光美(2005)主编的《中国鸟类分类与分布名录》的分类系统，隶属于 18 目 66 科。所记录的鸟类名录及其分布状况列于本章附录(保护区及其邻近地区的鸟类名录)。

13.2　生 境 分 布

鉴于鸟类的活动性比较强，该地区所划定的自然保护区范围较小，生境较为单一。为了保护好该地区的鸟类资源，将保护区及其周围地区的生境类型统筹考虑，进行该地区鸟类的生境分布型分析。根据以往在该地区的调查资料，大致可划分为干热河谷、常绿阔叶林、针阔混交林、云南松林、农耕地和水域湿地六种生境类型。在干热河谷生境类型中常见的鸟类有鹧鸪 *Francolinus pintadeanus*、白腰雨燕 *Apus pacificus*、崖沙燕 *Riparia riparia*、白鹡鸰 *Motacilla alba*、白喉红臀鹎 *Pycnonotus aurigaster* 等；常绿阔叶林生境类型中常见的鸟类有楔尾绿鸠 *Treron sphenura*、黑枕绿啄木鸟 *Picus canus*、长尾山椒鸟 *Pericrocotus ethologus*、黑短脚鹎 *Hypsipetes leucocephalus*、红嘴蓝鹊 *Urocissa erythrorhyncha*、绿背山雀 *Parus monticolus* 等；针阔混交林生境类型中常见鸟类有山斑鸠 *Streptopelia orientalis*、星头啄木鸟 *Dendrocopos canicapillus*、凤头雀嘴鹎 *Spizixos canifrons*、黄臀鹎 *Pycnonotus xanthorrhous*、斑胸钩嘴鹛 *Pomatorhinus erythrocnemis*、白领凤鹛 *Yuhina diademata*、黑喉石䳭 *Saxicola torquata* 等；云南松林生境常见鸟类有大杜鹃 *Cuculus canorus*、灰林䳭 *Saxicola ferrea*、蓝额红尾鸲 *Phoenicurus frontalis*、黑头金翅雀 *Carduelis ambigua*、红头长尾山雀 *Aegithalos concinnus* 等；农耕地生境中常见的鸟类有棕三趾鹑 *Turnix suscitator*、戴胜 *Upupa epops*、田鹨 *Anthus novaeseelandiae*、大嘴乌鸦 *Corvus macrorhynchos* 等；水域湿地生境可分为河流、溪流、湖泊、水库等类型，在河流和溪沟中常见鸟类有普通翠鸟 *Alcedo atthis*、褐河乌 *Cinclus pallasii*、红尾水鸲 *Rhyacornis fuliginosus*、小燕尾 *Enicurus scouleri*、白顶溪鸲 *Chaimarrornis leucocephalus*、紫啸鸫 *Myiophoneus caeruleus* 等，在湖泊、水库中常见鸟类有小䴙䴘 *Tachybaptus ruficollis*、苍鹭 *Ardea cinerea*、绿鹭 *Butorides striatus*、池鹭 *Ardeola bacchus* 等，冬季多见由北方迁来越冬的多种雁鸭类。将各生境中所分布鸟类的物种多样性比较列于表 13-1。

表 13-1 各生境类型中鸟类的物种多样性比较

生境类型	分布种数	占该地区鸟类总种数的比例%
干热河谷	180	50.56
常绿阔叶林	197	55.34
针阔混交林	187	52.53
云南松林	80	22.47
农耕地	175	49.16
水域湿地	93	26.12

由表 13-1 可见，在各种生境类型中分布的鸟类，以松林中分布的鸟类种数最少，这与构成云南松林的松树上所寄生的昆虫较少，林下比较空旷，致使鸟类缺乏隐蔽场所及食物有密切关系。常绿阔叶林和针阔混交林中所分布的种类较多。这两种生境类型是当地鸟类的主要栖息地生境类型。

13.3 居留情况分析

鸟类的居留情况是依据有关文献记载，以及每一种鸟类在一个区域范围内的采集和观察到的月份及所收集的繁殖资料而确定的。经过中外鸟类学研究工作者多年的收集、观察和整理，对于中国所记录分布的 1331 种(郑光美，2005)和云南省境内所记录的 848 种(杨岚等，2004)鸟类的居留情况基本是清楚的。该地区所记录鸟类的居留情况标记如附录所示，常年都生活在该地区的留鸟(resident)附录中标以“R”，夏天由南方迁来该地区繁殖育雏的称夏候鸟(summer breeders)，附录中标以“S”，秋末由北方向南迁至该地区越冬的鸟类称冬候鸟(winter)，附录中标以“W”，在由北向南或由南向北迁飞时，途经该地区的鸟类称旅鸟(migrant)，附录中标以“M”。将该地区所记录 356 种鸟类的居留情况统计结果列于表 13-2。

表 13-2 鸟类居留情况统计

居留情况	分布种数	占该地区鸟类总种数的比例/%
留鸟	195	54.78
夏候鸟	50	14.04
冬候鸟	64	17.98
旅鸟	47	13.20

如表 13-2 所示，该地区的鸟类以留鸟最多，超过该地区鸟类总种数的一半，夏候鸟、冬候鸟和旅鸟所占比例均较少。

13.4　区系特征分析

对一个地区的鸟类进行区系特征分析，是为了探讨该地区在动物地理区划上的地位。所以，参考郑作新(1987)《中国鸟类区系纲要》和张荣祖(2004)《中国动物地理》等文献，对该地区所记录的鸟类进行分布型分析及繁殖鸟(包括留鸟和夏候鸟)的区系成分分析。

13.4.1　分布型分析

依张荣祖(2004)、郑作新(1987)、郑光美(2005)和杨岚等(2004，1995)将所记录鸟类按其主要繁殖区域的分布情况划分为全北型(繁殖鸟分布于旧大陆和新大陆北部的种类，附录中标注为“C”)、古北型(繁殖鸟仅分布于旧大陆北部的种类，标注“U”)、东北型(繁殖鸟仅分布于我国东北地区或包括附近地区，标注“M”“K”)、华北型(繁殖鸟主要分布于我国华北地区或包括附近地区，标注“B”)、东北-华北型(繁殖鸟主要分布于我国东北和华北地区或包括附近地区，标注“X”)、季风型(繁殖鸟主要分布于我国北方东部湿润地区，标注“E”)、中亚型(繁殖鸟主要分布于中亚温带干旱地区，包括我国西北地区，标注“D”)、高地型(繁殖鸟主要分布于青藏高原及其附近地区，标注“P”或“I”)、喜马拉雅-横断山区型(繁殖鸟主要分布于喜马拉雅山脉东南坡至横断山区，标注“H”)、云贵高原型(繁殖鸟主要分布于云贵高原和邻近地区，标注“Y”)、南中国型(繁殖鸟主要分布于中国南部地区，热带至北亚热带-中温带气候区，标注“S”)、东洋型[繁殖鸟类的分布优势区(64%)局限于热带西部，次优势区(30%～46%)主要分布于南亚热带-热带东部，至暖温带和青藏高原，出现频率锐减，扩展北限止于寒温带南界，包括旧热带型和环球热带型种类，标注“W”]。以上所列各主要分布型之下，还可以细分为亚类型，如东洋型 Wa(繁殖鸟仅分布于热带)、Wb(繁殖鸟仅分布于热带-南亚热带)、Wc(繁殖鸟仅分布于热带-中亚热带)等，在主要分布型大写字母之后标以 a、b、c、d、e、f、g、o 等，其意义请参考张荣祖(1999，2004)，杨岚等(2004)的研究。不易归类型可视为泛古北型，附录中标为“0”，可细分为 6 种类型：繁殖鸟分布于旧大陆热带至温带(01)、环球温带-热带(02)、地中海附近-中亚或东亚(03)、东半球(旧大陆-大洋洲)温带-热带(05)、中亚-南亚或西南亚(06)、亚洲中部(07)等 15 个分布类型。

根据表 13-3，在该地区所记录的鸟类中以东洋型种类占优势，占所记录 356 种鸟类的 31.18%，其中又以热带-温带(We)、热带-北亚热带(Wd)和热带-中亚热带(Wc)的繁殖鸟种类为多；其次是喜马拉雅-横断山区型，占 16.29%，其中又以横断山-喜马拉雅(南翼为主 Hm)和横断山区(Hc)的种类为多；古北型种类占 14.04%，不易归类型(泛古北型)占 10.11%，东北型占 9.55%，全北型占 7.30%，南中国型占 7.02%，季风型占 1.12%，其余分布型种类较少，均不到该地区鸟类总种数的 1%。

表 13-3 分布型分析统计

分布型	种数	占该地区鸟类总种数的百分比(%)
Bc 1	1	0.28
Ca 3，Cb 3，Cc 1，Cd 4，Ce 4，Cf 6，Cg 1，Ch 3	25	7.02
D 1	1	0.28
E 1，Eh，	3	0.84
Hb 1，Hc 15，He 2，Hm 41	59	16.57
Ia 1	1	0.28
Ka 1，Kb 2	3	0.84
M 15，Ma 3，Mb 7，Mc 2，Me1，Mf 1，Mg 2，Mi 4	35	9.83
O2 O18，O2 5，O3 11 O51， O7，1 O6	39	10.96
P 1，Pa 1，Pc 1	3	0.84
U 6，Ua 5，Ub 5，Uc 10，Ud 5，Ue 1，Uf 7，Ug 1，Uh 8，Uo 1	49	13.76
S 1，Sb 1，Sc 5，Sd 12，Sh 1，Sm 1，Sv 4	25	7.02
Wa 9，Wb 13，Wc 29，Wd 25，We 30，Wf 1	110	30.90
X 2	2	0.56
总计	356	99.97

注：数据之和不为 100%是因为表中各数据有四舍五入

由乌蒙山国家级保护区及其邻近地区鸟类的不同居留情况的分布型比较结果(表 13-4)可见，留鸟的主要分布型是“东洋型(W)”和“喜马拉雅-横断山区型(H)”，分别为该地区种数的 43.08% 和 27.18%；夏候鸟的主要分布型也是“东洋型”和“喜马拉雅-横断山区型”种类，分别为所录夏候鸟种数的 50.00% 和 20.00%；冬候鸟的主要分布型是“古北型(U)”“全北型(C)”和“东北型(M)”种类，分别为所录冬候鸟种数的 37.50%、23.44%和 17.19%；旅鸟的主要分布型是“东北型(M)”和“古北型(U)”种类，分别为所录旅鸟种数的 38.30%和 25.53%，“不易归类型(泛古北型)(O)”的种类占 14.89%，“全北型(C)”的种类占 8.50%。

表 13-4 居留情况与分布型之间的关系比较

居留情况	分布型	种数	占该地区相应居留类型鸟类种数的百分比(%)
留鸟	Wa 5，Wb 9，Wc 24，Wd 22，We 23，Wf 1	84	43.08
	Hc 14，He 2，Hm 37	53	27.18
	S 1，Sc 4，Sd 11，Sm 1，Sv 3，Sh 1	21	10.77
	O1 11，O2 1，O3 4，O7 1	17	8.71
	E 1，Eh 1	2	1.03
	Cb 1，Ch 2	3	1.54
	Ia 1	1	0.51
	M 2，Mf 1，Mg 1	4	2.05
	Ub 1，Uc 1，Uf 2，Uh 6	10	5.12
夏候鸟	Wa 4，Wc 4，Wd 7，We 10	25	50.00
	Hb 1，Hc 2，Hm 7	10	20.00
	O 1，O1 3，O2 1，O3 1	6	12.00
	Sc 1，Sv 1	2	4.00

续表

居留情况	分布型	种数	占该地区相应居留类型鸟类种数的百分比(%)
夏候鸟	M 2	2	4.00
	Ch 1	1	2.00
	U 1，Ug 1，Uh 1	3	6.00
	X 1	1	2.00
冬候鸟	Ca 2，Cb 2，Cc 1，Cd 3，Ce 4，Cf 3	15	23.44
	M 3，Ma 1，Mb 3，Me 1，Mi 3	11	17.19
	U 3，Ua 1，Ub 2，Uc 6，Ud 5，Uf 5，Uh 1　U 01	24	37.50
	P 1，Pa 1，Pc 1	3	4.69
	Eh 1	1	1.56
	X 1	1	1.56
	O13，O34　Ob 1	8	12.50
	D1	1	1.56
旅鸟	Ca 1，Cf 2，Cg 1	4	8.51
	U 2，Ua 4，Ub2，Uc 3，Ue 1	12	25.53
	M 8，Ma 2，Mb 4，Mc 2，Mg 1，Mi 1	18	38.30
	O 1，O1 1，O2 3，O3 2;	7	14.89
	Ka 1，Kb 2;	3	6.38
	Bc 1;	1	2.13
	We 2	2	4.26

13.4.2　区系特征组成

该地区繁殖鸟，包括留鸟 195 种和夏候鸟 50 种，共计 245 种，占该地区鸟类总种数的 68.82%。依据该地区所记录繁殖鸟的地理分布情况，将其分为古北种、东洋种及广布种三种区系成分，探讨该地区鸟类的区系特征。按古北种、东洋种和广布种分类统计该地区繁殖鸟的分布型，如表 13-5 所示。

表 13-5　三种区系成分所含分布型统计

区系成分	分布型	种数	占繁殖鸟种数的百分比(%)
东洋种	Wa 9，Wb 13，Wc 29，Wd 28，We 15，Wf 1	95	38.78
	Hb 1，Hc 14，He 2，Hm 39	56	22.86
	S 1，Sb1　Sc 5，Sd 12，Sm 1，Sv 3，Sh 1	24	9.80
	O1　6	6	2.45
古北种	O 1，O1 1，O3 3	5	2.04
	Cb 1	1	0.41
	U 1，Uf 1，Uh 1	3	1.22
	Ia 1	1	0.41
	M 1，Mg 1	2	0.82
	X 1	1	0.41
广布种	We 13	13	5.31
	HC1 Hm 2	3	1.22
	E 1　Eh 1	2	0.82

续表

区系成分	分布型	种数	占繁殖鸟种数的百分比(%)
广布种	Cd 1　cf1　Ch 3	5	2.04
	Ub 1，Uc 1，Uf 1，Uh 6，Ug 1	10	4.08
	M 3，Mf 1	4	1.63
	O1　7，O2　2，O3　2，O5　1，O7　1	13	5.31
	Sv 1	1	0.41

如表 13-5 所示，在该地区的三种区系成分中以东洋种占优势，占繁殖鸟总种数的73.88%。东洋种的分布型主要是东洋型和喜马拉雅-横断山区型，分别占繁殖鸟种数的38.78%和 22.86%；而南中国型和不易归类型（“01”旧大陆温带和热带均有分布）较少，仅占 9.80%和 2.45%。东洋型种类中又以分布于热带-中亚热带(Wc)、热带-北亚热带(Wd)和热带-温带(We)的种类较多。喜马拉雅-横断山区型种类中又以分布于横断山及喜马拉雅(南翼为主)(Hm)和主要分布于横断山区(Hc)的种类较多。所以，该地区在鸟类地理区划上应属东洋界、西南区、西南山地亚区(张荣祖，2004；郑作新等，1997)。又因该地区出产有与四川西南部相同的我国特有种，如四川山鹧鸪(*Arborophila rufipectus*)、白鹇峨眉亚种(*Lophura nycthemera omeiensis*)、灰胸薮鹛(*Liocichla omeiensis*)等，故将滇东北巧家、永善、绥江等县境内的金沙江流域山地划为西南山地亚区的滇东北山地小区(杨岚等，2004)。

13.5　资源状况分析

根据杨岚等(2004，1995)对云南鸟类资源状况的研究，将云南鸟类的资源状况大致划分为“罕见”(+)，“稀有”(++)、“常见”(+++)和“优势”(++++)四个等级。经统计，在分布于该地区的 356 种鸟类中，以常见种类最多，计 210 种，占该地区鸟类总种数的59%；稀有种次之，计 120 种，占该地区鸟类总种数的 34%；罕见种较少，计 24 种，占该地区鸟类总种数的 7 %；优势种仅有赤颈鸭和白骨顶两种冬候鸟。这一资源状况是依据云南全省范围内多年调查统计结果而划分的，各地区之间自然状况会有一定的差异，仅为该地区鸟类的自然保护提供参考。但也反映出该地区鸟类的资源状况仍然以种类多样性较丰富，而每一种鸟的资源量较稀少为特点。所以，加强自然保护区的建设是保护该地区鸟类资源的重要手段。

13.6　珍稀保护鸟类

在该地区所记录的 356 种鸟类中，属于国家Ⅰ级重点保护野生动物的种类(附录中标以“Ⅰ”)有 4 种；属于国家Ⅱ级重点保护野生动物的种类(附录中标以“Ⅱ”)有 30 种。将主要保护种类的名称、鉴别特征及生态习性分列如下。

13.6.1　国家Ⅰ级重点保护的种类

1.黑鹳 *Ciconia nigra*

俗名：老鹳。

英文名：Black Stork。

鉴别特征：全长 1070mm，体重 3400g。体形较大，颈和脚均长；嘴形直而尖长，呈红色；脚亦呈红色；前额、头顶至后枕和脸部及颈、背至尾羽、上覆羽、翅上覆羽、飞羽和前胸均呈黑褐色，闪耀紫铜色和翠绿色金属光彩；下胸至腹部和尾下覆羽呈白色。

生态习性：在云南为冬候鸟，秋末冬初从北方迁飞来云南高原湖泊边缘或田坝区觅食鱼、蛙、昆虫等。种群数量较为稀少。

2.四川山鹧鸪 *Arborophila rufipectus*

俗名：团鸡。

英文名：Sichuan Hill Partridge。

鉴别特征：全长约 300mm。雄鸟眉纹白色，头顶栗红色，向后渐变为橙褐色，并具黑色细纹；背羽橄榄褐色，密布黑色横斑；胸部具宽阔的栗红色环带，喉部白而有黑纹。雌鸟与雄鸟相似，但羽色较暗淡。尾羽和翅短圆，似家鸡，体形较小。

生态习性：栖息于常绿阔叶林和落叶阔叶林内的灌木或竹丛地带，秋冬季节常结小群活动觅食。杂食性，以植物茎叶和果实为主，也食昆虫及其他小动物。种群数量稀少，分布区域狭窄。留鸟，在云南仅见于滇东北山地。

3.白冠长尾雉 *Syrmaticus reevesii*

俗名：长尾巴野鸡。

英文名：White-crowned Long-Tailed Pheasant。

鉴别特征：雄鸟全长约 1800mm。头顶白色，脸黑色，喉和颈白色，背面羽毛多呈金黄色；尾羽特别长而具黑色、栗红色和白色相间排列的带斑。雌鸟体形较小，羽色不如雄鸟艳丽，尾羽叶较短。

生态习性：栖息于落叶阔叶林和针阔混交林，多树栖，在林下地面或山坡耕作地觅食谷物、昆虫及其他小动物。多单个或成对活动，种群数量十分稀少。留鸟，在云南仅见于滇东北山地。

4.黑颈鹤 *Grus nigricollis*

俗名：大雁鹅。

英文名：Black-necked Crane。

鉴别特征：全长 1265mm。头、颈黑色，头顶裸露皮肤呈红色；飞羽黑褐色，三级飞羽黑色、形长且向下弯曲，覆盖尾羽；余部体羽灰白色，羽缘渲染淡棕黄色。雌雄相似，幼鸟体羽多沾黄褐色。

生态习性：在我国西北部高原沼泽草甸繁殖，秋末冬初向南迁飞至云南西北部香格里拉纳帕海和东北部昭通大包山等水域沼泽地带越冬。

CITES 附录Ⅱ。

13.6.2 国家Ⅱ级重点保护的主要鸟类

1.白琵鹭 *Platalea leucorodia*

俗名：琵嘴白鹭。

英文名：White Spoonbill。

鉴别特征：全长 870mm。嘴长而平扁，向前平伸，嘴端宽阔，呈琵琶状，全身体羽白色。

生态习性：栖息于水域沼泽湿地，觅食水生昆虫及小动物。在云南东部地区为偶见冬候鸟。

CITES 附录(2002) Ⅱ。

2.凤头蜂鹰 *Pernis ptilorhynchus*

俗名：食蜜鹰。

英文名：Honey Buzzard。

鉴别特征：全长 600mm。体形中等，枕部羽稍长而呈短形羽冠；上嘴缘无齿突，眼先无须而被鳞状羽；脚杆前缘上部被羽，后缘和前缘下部被网状鳞；尾羽端部呈圆形。羽色多变，背面多呈黑褐色，腹面多淡棕白色，尾羽具黑褐色横斑。

生态习性：栖息于阔叶林或针阔混交林，常见单个或成对活动，嗜食蜂类及其他昆虫。在云南为夏候鸟或旅鸟。

3.［黑］耳鸢 *Milvus lineatus*

俗名：老鹰。

英文名：Black-eared Kite。

鉴别特征：全长 650mm。体形较大，羽毛主要呈深褐色，耳羽黑色，尾羽端部略显分叉；翼上斑块较白。

生态习性：栖息地生境广泛，城镇或农村、山区或平原、森林或草原均可见到。以捕食小型动物为生，是较常见的猛禽。

4.苍鹰 *Accipiter gentilis*

俗名：鸡鹰。

英文名：Nor thern Goshawk。

鉴别特征：全长 522mm。成鸟背面羽毛呈纯青灰色；眉纹白色；腹面白色而满布黑色波形横纹；尾羽灰褐色，具 4～5 条黑褐色横带。

生态习性：在北方繁殖，秋末冬初迁飞来云南或到更南地区越冬。栖息于开阔的农田和山坡耕作地，捕食小鸟、鼠类和其他小动物。

5.凤头鹰 *Accipiter trivirgatus*

俗名：老鹰。

英文名：Crested Goshawk。

鉴别特征：全长 480mm。体形中等，头顶至后颈黑褐色，枕部具黑褐色短形羽冠；背羽暗褐色，腹面具棕褐色纵纹；尾羽具 4～5 个黑褐色带斑。

生态习性：栖息于亚热带湿性常绿阔叶林中，多单个活动，捕食小动物。在云南为留鸟。

6.红腹角雉 *Tragopan temminckii*

俗名：哇哇鸡。

英文名：Crimson-bellied Tragopan。

鉴别特征：全长 614mm。似家鸡大小，雄鸟体羽主要呈红色，满布灰色椭圆形点斑；头顶冠羽前部黑色，后枕部亮橙红色；繁殖期枕部两侧具蓝色肉质角，喉部具钴蓝色的肉裙。雌鸟体羽棕黄褐色，背部密布黑色和淡黄白色杂斑及点斑，腹部具淡灰白色点斑。

生态习性：栖息于山地湿性常绿阔叶林、苔藓林、杜鹃林和针阔混交林等生境，杂食性。

7.白鹇 *Lophura nycthemera*

俗名：银鸡。

英文名：Silver Pheasant。

鉴别特征：全长 1135mm。较家鸡大。雄鸟头顶具黑蓝色细长的发状冠羽，脸部裸露皮肤呈猩红色；背面羽毛白色而满布黑色斜形条纹，腹面蓝黑色。雌鸟体羽橄榄黄褐色，密布黑褐色细纹。雌雄鸟的脚均呈红色。

生态习性：栖息于山地湿性常绿阔叶林、沟谷林和竹林等生境，杂食性。

8.白腹锦鸡 *Chrysolophus amherstiae*

俗名：铜鸡、箐鸡。

英文名：Chinese Copper Pheasant。

鉴别特征：全长 1198mm。雄鸟的头顶翠绿色，枕部具紫红色冠羽；披肩白色而具墨绿色的中央和羽缘；腹部纯白色；尾羽长而具黑色斜形带斑和云石状花纹。雌鸟通体羽毛棕黄色而满布黑褐色斑纹。

生态习性：主要栖息于常绿阔叶林和落叶阔叶林及针阔混交林，觅食果实、茎叶和小动物。

9.红腹锦鸡 *Chrysolophus pictus*

俗名：金鸡。

英文名：Golden Pheasant。

鉴别特征：雄鸟全长 980mm。头顶、下背和腰及较短的尾上覆羽均呈金黄色；上背浓绿色；翎领亮橙黄色而具黑色羽缘；腹面红色；尾羽修长呈桂皮黄色而满布黑色网状斑纹。雌鸟体羽背面淡棕黄色、满布黑褐色带形斑纹，腹面淡棕白色；体形稍小，尾羽也较短。

生态习性：主要栖息于常绿阔叶林和落叶阔林及针阔叶混交林，觅食果实、茎叶和小动物。

10.灰鹤 *Grus gru*

俗名：大雁。

英文名：Common Crane。

鉴别特征：全长 1100mm。头部、喉和上颈部黑色，有一道白色条纹从眼后延伸至颈侧，在后颈相连；头顶裸露皮肤呈红色；飞羽黑色；余部体羽灰色。雌雄鸟相似。

生态习性：冬候鸟，每年秋末冬初从北方繁殖地向南迁徙越冬。冬季在云南开阔的田坝区和沼泽湿地觅食植物根茎和动物性食物，结群活动。

11.楔尾绿鸠 *Treron sphenura*

俗名：绿斑鸠。

英文名：Wedge-tailed Green Pigeon。

鉴别特征：全长 321mm。体羽主要呈绿色，尾楔形，外侧两对尾羽有黑色次端斑；雌雄鸟相似，但雄鸟背部有暗栗红色渲染。

生态习性：栖息于阔叶林或针阔混交林，结群活动，觅食果实。

13.7 保护区对保护鸟类的重要意义

保护区位于滇东北地区，地处云贵高原的北部边缘。保存有亚热带山地湿性常绿阔叶林，与四川盆地边缘山地的湿性常绿阔叶林十分相似。所以鸟类的区系成分也与川西南地区相似。保护区的建立对保护鸟类的重要意义可分下列几点记述。

(1)为该地区我国特有的鸟类(如黑颈鹤、四川山鹧鸪、灰胸薮鹛等种类)的栖息地保护提供了有利条件。

(2)保护特有的区系成分，该地区在动物地理区划上属东洋界、中印亚界、西南区、西南山地亚区的滇东北山地小区(杨岚等，2004)，在云南省的鸟类区系成分中具有特殊的地位。

(3)滇东北乌蒙山地区的高原湿地是我国特产鸟类、世界珍稀濒危物种黑颈鹤、黑鹳等鸟类的重要迁徙停歇地和越冬栖息地。

附录 保护区及其邻近地区的鸟类名录

目、科、种名称	生境分布						居留情况	资源状况	区系从属	分布型及保护等级
	干热河谷	常绿阔叶林	针阔混交林	云南松林	农耕地	水域湿地				
Ⅰ. 鸊鷉目 Podicipediformes										
1. 鸊鷉科 Podicipedidae										
1) 小鸊鷉*Tachybaptus ruficollis poggei*						+	R	+++	广	We
2) 黑颈鸊鷉*Podiceps nigricollis nigricollis*						+	W	++		Cd
3) 凤头鸊鷉*Podiceps cristatus cristatus*						+	W	+++		Ud
Ⅱ.鹈形目 Pelecaniformes										
2. 鸬鹚科 Phalacrocoracidae										
4) 普通鸬鹚 *Phalacrocorax carbo sinensis*						+	W	+++		Ob
III. 鹳形目 Ciconiformes										
3. 鹭科 Ardeidae										
5) 苍鹭 *Ardea cinerea jouyi*						+	W	+++		Uh
6) 绿鹭 *Butorides striatus actophilus*						+	R	+++	广	O2
7) 池鹭 *Ardeola bacchus*					+	+	R	+++	东	We
8) 大白鹭 *Egretta alba alba*					+	+	M	++		O2
9) 白鹭 *Egretta garzetta garzetta*					+	+	S	+++	东	Wd
10) 中白鹭 *Egretta intermedia intermedia*					+	+	S	+++	东	Wc
11) 黑冠夜鹭 *Nycticorax nycticorax nycticorax*					+	+	S	++	广	O2
12) 黄苇鳽 *Ixobrychus sinensis*					+	+	S	+++	东	We
13) 栗苇鳽 *Ixobrychus cinnamomeus*					+	+	S	+++	东	We
14) 大麻鳽 *Botaurus stellaris stellaris*						+	M	+++		Uc
4. 鹳科 Ciconiidae										
15) 黑鹳 *Ciconia nigra*					+	+	W	++		Uf Ⅰ

续表

目、科、种名称	生境分布						居留情况	资源状况	区系从属	分布型及保护等级
	干热河谷	常绿阔叶林	针阔混交林	云南松林	农耕地	水域湿地				
5. 鹮科 Threskiornithidae										
16) 白琵鹭 *Platalea leucorodia*						+	W	++		O1 Ⅱ
Ⅳ. 雁形目 Anseriformes										
6. 鸭科 Anatidae										
17) 鸿雁 *Anser cygnoides*						+	W	+		Mi
18) 灰雁 *Anser anser*						+	W	+++		Uc
19) 斑头雁 *Anser indicus*						+	W	+++		P
20) 赤麻鸭 *Tadorna ferruginea*						+	W	+++		Uf
21) 针尾鸭 *Anas acuta acuta*						+	W	++		Ce
22) 绿翅鸭 *Anas crecca crecca*						+	W	+++		Ce
23) 花脸鸭 *Anas formosa*						+	W	+		Mi
24) 罗纹鸭 *Anas falcata*						+	W	++		Mi
25) 绿头鸭 *Anas platyrhynchos platyrhynchos*						+	W	+++		Cf
26) 斑嘴鸭 *Anas poecilorhyncha haringtoni*						+	W	+++		O1
27) 赤膀鸭 *Anas strepera strepera*						+	W	+++		Uf
28) 赤颈鸭 *Anas penelope*						+	W	++++		Ce
29) 白眉鸭 *Anas querquedula*						+	W	+		Uf
30) 琵嘴鸭 *Anas clypeata*						+	W	+++		Cf
31) 红头潜鸭 *Aythya ferina*						+	W	+++		Cf
32) 白眼潜鸭 *Aythya nyroca*						+	W	+++		O3
33) 鸳鸯 *Aix galericulata*						+	W	++		E h
34) 普通秋沙鸭 *Mergus merganser merganser*						+	W	+++		Cb
Ⅴ. 隼形目 Falconiformes										

续表

目、科、种名称	生境分布						居留情况	资源状况	区系从属	分布型及保护等级
	干热河谷	常绿阔叶林	针阔混交林	云南松林	农耕地	水域湿地				
7. 鹰科 Accipitridae										
35) 凤头蜂鹰 *Pernis ptilorhynchus*		+	+				M	+++		We II
36) [黑]耳鸢 *Milvus lineatus*					+		R	+++	广	Uh II
37) 苍鹰 *Accipiter gentilis*		+	+				W	++		Ce II
38) 凤头鹰 *Accipiter trivigatus*		+					S	+++	东	Wc II
39) 雀鹰 *Accipiter nisus nisosimilis*					+		M	+++		Ue II
40) 松雀鹰 *Accipiter virgatus affinis*		+	+				R	+++	东	We II
41) 普通鵟 *Buteo buteo japonicus*					+		W	+++		Ud II
42) 白尾鹞 *Circus cyaneus cyaneus*					+		W	+++		Cd II
43) 鹊鹞 *Circus melanoleucos*					+		W	+++		Mb II
44) 白头鹞 *Circus aeruginosus aeruginosus*					+		W	++		O3 II
8. 隼科 Falconidae										
45) 白腿小隼 *Microhierax melanoleucos*		+	+				R	++	东	Wc II
46) 游隼 *Falco peregrinus peregrinator*		+			+		R	++	广	Cd II
47) 燕隼 *Falco subbuteo streichi*		+			+		S	++	广	Ug II
48) 灰背隼 *Falco columbarius insignis*					+		W	+		Cd II
49) 红隼 *Falco tinnunculus interstinctus*	+				+		R	+++	广	O1 II
Ⅵ. 鸡形目 Galliformes										
9. 雉科 Pheasianidae										
50) 鹧鸪 *Francolinus pintadeanus*	+				+		R	+++	东	Wc
51) 鹌鹑 *Coturnix coturnix japonica*					+		W	++		O1
52) 四川山鹧鸪 *Arborophila rufipectus*	+	+	+				R	+	东	Hc I
53) 灰胸竹鸡 *Bambusicola thoracica thoracica*		+	+	+	+		R	++	东	Sc

续表

目、科、种名称	生境分布						居留情况	资源状况	区系从属	分布型及保护等级
	干热河谷	常绿阔叶林	针阔混交林	云南松林	农耕地	水域湿地				
54) 红腹角雉 *Tragopan temminckii*		+	+				R	+++	东	Hc II
55) 白鹇 *Lophura nycthemera*		+	+				R	+++	东	Wc II
56) 环颈雉 *Phasianus colchicus rothschildi*		+	+	+			R	+++	广	O7
57) 白冠长尾雉 *Syrmaticus reevesii*		+	+	+			R	+	东	SM I
58) 白腹锦鸡 *Chrysolophus amherstiae*		+	+	+			R	+++	东	Hc II
59) 红腹锦鸡 *Chrysolophus pictus*		+	+				R	++	东	Wf II
Ⅶ. 鹤形目 Gruiformes										
10. 三趾鹑科 Turnicidae										
60) 黄脚三趾鹑 *Turnix tanki blanfordii*					+		R	+++	广	We
61) 棕三趾鹑 *Turnix suscitator blakistoni*					+		R	+++	东	Wb
11. 鹤科 Gruidae										
62) 蓑羽鹤 *Anthropoides virgo*					+	+	W	+		D II
63) 灰鹤 *Grus grus*					+	+	W	+++		Ub II
64) 黑颈鹤 *Grus nigricollis*					+	+	W	+++		Pc I
12. 秧鸡科 Rallidae										
65) 普通秧鸡 *Rallus aquaticus indicus*					+	+	W	++		Uf
66) 蓝胸秧鸡 *Rallus striatus gularis*					+	+	R	++	东	Wc
67) 小田鸡 *Porzana pusilla pusilla*					+	+	M	++		O3
68) 红胸田鸡 *Porzana fusca bakeri*					+	+	R	+++	东	We
69) 白胸苦恶鸟 *Amaurornis phoenicurus chinensis*					+	+	R	+++	东	We
70) 董鸡 *Gallicrex cinerea*					+	+	S	+++	广	We
71) 黑水鸡 *Gallinula chloropus indica*					+	+	R	+++	广	O1
72) 白骨顶 *Fulica atra atra*						+	W	++++		O3

续表

目、科、种名称	生境分布						居留情况	资源状况	区系从属	分布型及保护等级
	干热河谷	常绿阔叶林	针阔混交林	云南松林	农耕地	水域湿地				
Ⅷ. 鸻形目 Chardriforme										
13. 雉鸻科 Jacanidae										
73) 彩鹬 *Rostratula benghalensis benghalensis*					+	+	R	++	东	Wd
14. 鸻科 Charadriidae										
74) 凤头麦鸡 *Vanellus vanellus*					+	+	W	+++		Ud
75) 灰头麦鸡 *Vanellus cinereus*					+	+	W	+++		Mb
76) 灰斑鸻 *Pluvialis squatarola*	+					+	W	+		Ca
77) 金斑鸻 *Pluvialis dominica fulva*	+					+	M	+++		Ca
78) 长嘴鸻 *Charadrius placidus*	+					+	W	+++		Ca
79) 金眶鸻 *Charadrius dubius jerdoni*	+					+	S	+++	广	O1
80) 环颈鸻 *Charadrius alexandrinus alexandrinus*	+					+	M	++		O2
15. 鹬科 Scolopacidae										
81) 鹤鹬 *Tringa erythropus*						+	M	+		U a
82) 青脚鹬 *Tringa nebularia*						+	W	++		Uc
83) 白腰草鹬 *Tringa ochropus*						+	W	+++		Uc
84) 林鹬 *Tringa glareola*	+					+	M	+++		Ua
85) 矶鹬 *Tringa hypoleucos*	+					+	M	+++		Cf
86) 孤沙锥 *Gallinago Capella*					+	+	W	++		U
87) 针尾沙锥 *Gallinago stenura*	+				+	+	W	+++		Uc
88) 扇尾沙锥 *Gapella gallinago gallinago*	+				+	+	W	+++		Ud
89) 丘鹬 *Scolopax rusticola rusticola*					+	+	W	+++		Ud
90) 青脚滨鹬 *Calidris temminckii*	+					+	M	+++		Ua
91) 尖尾滨鹬 *Calidris acuminata*	+					+	M	+		M

续表

目、科、种名称	生境分布						居留情况	资源状况	区系从属	分布型及保护等级
	干热河谷	常绿阔叶林	针阔混交林	云南松林	农耕地	水域湿地				
16. 反嘴鹬科 Recurvirostridae										
92) 黑翅长脚鹬 *Himantopus himantopus himantopus*	+					+	M	+++		O2
17. 燕鸻科 Glareolidae										
93) 普通燕鸻 *Glareola maldivarum*	+					+	M	+		We
Ⅸ. 鸥形目 Lariformes										
18. 鸥科 Laridae										
94) 黑尾鸥 *Larus crassirostris*	+					+	M	+		M
95) 海鸥 *Larus canus kamtschatschensis*	+					+	W	+		Cb
96) 红嘴鸥 *Larus ridibundus*	+					+	W	+++		Uc
97) 棕头鸥 *Larus brunnicephalus*	+					+	W	++		Pa
Ⅹ. 鸽形目 Columbiformes										
19. 鸠鸽科 Columbidae										
98) 岩鸽 *Columba rupestris rupestris*	+						R	+++	古	O3
99) 楔尾绿鸠 *Treron sphenura*		+	+				R	+++	东	Wb Ⅱ
100) 点斑林鸽 *Columba hodgsonii*		+	+				R	+++	东	Hm
101) 山斑鸠 *Streptopelia orientalis orientalis*					+		R	+++	广	E
102) 珠颈斑鸠 *Spilopelia chinensis chinensis*					+		R	+++	东	We
103) 火斑鸠 *Oenopopelia tranquebarica humilis*					+		R	+++	广	We
Ⅺ. 鹦形目 Psitaciformes										
20. 鹦鹉科 Psittacidae										
104) 大紫胸鹦鹉 *Psittacula derbiana*		+	+	+			R	+++	东	He
Ⅻ. 鹃形目 Cuculiformes										
21. 杜鹃科 Cuculidae										

续表

目、科、种名称	生境分布						居留情况	资源状况	区系从属	分布型及保护等级
	干热河谷	常绿阔叶林	针阔混交林	云南松林	农耕地	水域湿地				
105) 红翅凤头鹃 *Clamator coromandus*		+	+				S	+++	东	Wd
106) 鹰鹃 *Cuculus sparverioides sparverioides*		+	+				S	+++	东	Wd
107) 大杜鹃 *Cuculus canorus bakeri*		+	+	+	+		S	+++	广	O1
108) 小杜鹃 *Cuculus poliocephalus poliocephalus*		+	+				S	++	东	We
109) 八声杜鹃 *Cacomantis merulinus*		+	+	+			S	+++	东	We
110) 翠金鹃 *Chrysococcyx maculatus*		+	+	+			S	+++	东	Wa
111) 乌鹃 *Surniculus lugubris dicruroides*		+	+	+			S	+++	东	Wd
112) 噪鹃 *Eudynamys scolopaceus chinensis*		+	+		+		S	+++	东	Wd
XIII. 鸮形目 Strigiformes										
22. 草鸮科 Tytonidae										
113) 草鸮 *Tyto longimembris*		+			+		R	++	东	O1　II
23. 鸱鸮科 Strigidae										
114) 领角鸮 *Otus bakkamoena erythrocampe*		+	+		+		R	++	东	We　II
115) 鹛鸮 *Bubo bubo kiautschensis*		+	+		+		R	++	广	Uh　II
116) 褐渔鸮 *Ketupa zeylonensis orientalis*						+	R	+	东	Wb　II
117) 斑头鸺鹠 *Glaucidium cuculoides whiteleyi*		+	+		+		R	+++	东	Wd　II
118) 灰林鸮 *Strix aluco nivicola*		+	+		+		R	+++	东	Wc　II
119) 长耳鸮 *Asio otus otus*		+			+		W	+		Cc　II
XIV. 夜鹰目 Caprimulgiformes										
24. 夜鹰科 Caprimulgidae										
120) 普通夜鹰 *Caprimulgus indicus jotaka*		+	+		+		R	+++	广	We
XV. 雨燕目 Apodiformes										
25. 雨燕科 Apodidae										

续表

目、科、种名称	生境分布						居留情况	资源状况	区系从属	分布型及保护等级
	干热河谷	常绿阔叶林	针阔混交林	云南松林	农耕地	水域湿地				
121) 短嘴金丝燕 *Aerodramus brevirostris*	+				+	+	R	+++	东	Wd
122) 白腰雨燕 *Apus pacificus kanoi*	+				+	+	S	+++	广	M
123) 小白腰雨燕 *Apus affinis subfurcatus*	+				+	+	S	+++	东	O1
XVI. 佛法僧目 Coraciiformes										
26. 翠鸟科 Alcedinidae										
124) 冠鱼狗 *Megaceryle guttulata*	+					+	R	++	东	O1
125) 斑鱼狗 *Ceryle rudis leucomelanura*	+					+	R	+++	东	O1
126) 普通翠鸟 *Alcedo atthis bengalensis*	+					+	R	+++	广	O1
127) 白胸翡翠 *Halcyon smyrnensis perpulchra*	+					+	R	+++	东	O1
128) 蓝翡翠 *Halcyon pileata*	+					+	R	+++	东	We
27. 蜂虎科 Meropidae										
129) 栗喉蜂虎 *Merops philippinus philippinus*	+				+		R	+++	东	O1
28. 佛法僧科 Coraciidae										
130) 棕胸佛法僧 *Coracias benghalensis affinis*	+				+		R	+++	东	Wc
131) 三宝鸟 *Eurystomus orientalis linnaous*	+				+		S	+++	东	We
29. 戴胜科 Upupidae										
132) 戴胜 *Upupa epops saturate*					+		R	+++	广	O1
XVII. 鴷形目 Piciformes										
30. 须鴷科 Capitonidae										
133) 大拟啄木鸟 *Megalaima virens virens*		+	+				R	+++	东	Wc
134) 金喉拟啄木鸟 *Megalaima franklinii franklinii*		+	+				R	+++	东	Wa
31. 啄木鸟科 Picidae										
135) 蚁鴷 *Jynx torquilla chinensis*		+	+	+	+		M	+++		Ub

续表

目、科、种名称	生境分布						居留情况	资源状况	区系从属	分布型及保护等级
	干热河谷	常绿阔叶林	针阔混交林	云南松林	农耕地	水域湿地				
136) 斑啄木鸟 *Picumnus innominatus chinensis*		+	+				R	+++	东	Wd
137) 栗啄木鸟 *Micropternus brachyurus fokiensis*		+	+	+			R	+++	东	Wb
138) 黑枕绿啄木鸟 *Picus canus setschuanus*		+	+	+			R	+++	广	Uh
139) 大斑啄木鸟 *Dendrocopos major stresemanni*		+	+	+			R	+++	广	Uc
140) 黄颈啄木鸟 *Dendrocopos darjellensis desmursi*		+	+	+			R	++	东	Hm
141) 赤胸啄木鸟 *Dendrocopos cathpharius pernyii*		+	+	+			R	++	东	Hm
142) 棕腹啄木鸟 *Dendrocopos hyperythrus subrufinus*		+	+	+			R	++	广	Hm
143) 星头啄木鸟 *Dendrocopos canicapillus nagamichii*		+	+	+			R	+++	广	We
144) 黄嘴噪啄木鸟 *Blythipicus pyrrhotis sinensis*		+	+				R	+++	东	Wd
XVIII. 雀形目 Passeriformes										
32. 百灵科 Alaudidae										
145) 小云雀 *Alauda gulgula coelivox*					+		R	+++	东	We
33. 燕科 Hirundinidae										
146) 崖沙燕 *Riparia riparia*	+						M	+++		Cg
147) 岩燕 *Hirundo rupestris*	+						S	++	古	O3
148) 家燕 *Hirundo rustica gutturalis*					+		S	+++	广	Ch
149) 烟腹毛脚燕 *Delichon dasypus cashmeriensis*	+				+		S	++	广	Uh
34. 鹡鸰科 Motacillidae										
150) 山鹡鸰 *Dendronanthus indicus*					+		M	++		Mc
151) 黄鹡鸰 *Motacilla flava simillima*	+				+	+	M	++		Ub
152) 黄头鹡鸰 *Motacilla citreola citreola*	+				+	+	M	+++		U
153) 灰鹡鸰 *Motacilla cinerea robusta*	+				+		M	+++		O1
154) 白鹡鸰 *Motacilla alba alboides*	+				+	+	R	+++	古	O1

续表

目、科、种名称	生境分布						居留情况	资源状况	区系从属	分布型及保护等级
	干热河谷	常绿阔叶林	针阔混交林	云南松林	农耕地	水域湿地				
155) 田鹨 *Anthus rrchardi*	+				+		R	+++	广	Mf
156) 树鹨 *Anthus hodgsoni yunnanensis*		+	+	+	+		S	+++	广	M
157) 粉红胸鹨 *Anthus roseatus*					+		R	+++	广	Hm
158) 山鹨 *Anthus sylvanus*	+				+		R	++	东	Sc
35. 山椒鸟科 Campephagidae										
159) 大鹃鵙*Coracina novaehollandiae siamensis*		+	+	+			R	+++	东	Wb
160) 暗灰鹃鵙*Lalage melaschistos avensis*		+	+	+			R	+++	东	We
161) 粉红山椒鸟 *Pericrocotus roseus roseus*		+	+	+			S	++	东	Wc
162) 灰山椒鸟 *Pericrocotus divaricatus divaricatus*		+	+	+			M	++		Mb
163) 长尾山椒鸟 *Pericrocotus ethologus ethologus*		+	+	+			R	+++	东	Hm
164) 短嘴山椒鸟 *Pericrocotus brevirostris anthoides*		+	+	+			S	++	东	Hm
36. 鹎科 Pycnontidae										
165) 凤头雀嘴鹎 *Spizixos canifrons*	+	+	+		+		R	+++	东	Wc
166) 绿鹦嘴鹎 *Spizixos semitorques semitorques*	+	+	+		+		R	++	东	Sd
167) 黄臀鹎 *Pycnonotus xanthorrhous xanthorrhous*	+	+	+		+		R	+++	东	Wd
168) 白头鹎 *Pycnonotus sinensis sinensis*	+				+		R	++	东	Sd
169) 白喉红臀鹎 *Pycnonotus aurigaster latouchei*	+				+		R	+++	东	Wb
170) 绿翅短脚鹎 *Hypsipetes mcclellandii holtii*	+	+	+		+		R	+++	东	Wc
171) 黑短脚鹎 *Hypsipetes madagascariensis stresemanni*	+	+	+				R	+++	东	Wd
37. 伯劳科 Laniidae										
172) 虎纹伯劳 *Lanius tigrinus*	+	+	+	+	+		S	++	古	X
173) 红尾伯劳（褐伯劳）*Lanius cristatus cristatus*	+				+		W	+++		X
174) 栗背伯劳 *Lanius collurioides collurioides*	+	+			+		S	++	东	Wa

续表

目、科、种名称	生境分布						居留情况	资源状况	区系从属	分布型及保护等级
	干热河谷	常绿阔叶林	针阔混交林	云南松林	农耕地	水域湿地				
175) 棕背伯劳 *Lanius schach schach*	+	+	+	+	+		R	+++	东	Wd
176) 灰背伯劳 *Lanius tephronotus tephronotus*	+	+	+	+	+		R	+++	东	Hm
38. 黄鹂科 Oriolidae										
177) 黑枕黄鹂 *Oriolus chinensis diffuses*	+	+			+		S	+++	广	We
39. 卷尾科 Dicruridae										
178) 黑卷尾 *Dicrurus macrocercus cathoecus*	+	+	+	+	+		S	+++	广	We
179) 灰卷尾 *Dicrurus leucophaeus leucogenis*	+				+		S	+++	广	We
180) 发冠卷尾 *Dicrurus hottentottus brevirostris*	+				+		S	+++	东	Wd
40. 椋鸟科 Sturnidae										
181) 灰头椋鸟 *Sturnus malabaricus nemoricolus*	+				+		R	+++	东	Wc
182) 紫翅椋鸟 *Sturnus vulgaris poltaratskyi*					+		M	+		O3
183) 普通八哥 *Acridotheres cristatellus cristatellus*	+				+		R	+++	东	Wd
41. 鸦科 Corvidae										
184) 松鸦 *Garrulus glandarius sinensis*			+	+	+		R	+++	古	Uh
185) 红嘴蓝鹊 *Urocissa erythrorhyncha erythrorhyncha*		+	+	+			R	+++	广	We
186) 喜鹊 *Pica pica sericea*	+	+			+		R	+++	广	Ch
187) 达乌里寒鸦 *Corvus dauuricus*		+			+		R	++	古	Uf
188) 大嘴乌鸦 *Corvus macrorhynchos colonorum*	+				+		R	+++	广	Eh
189) 小嘴乌鸦 *Corvus corone orientalis*	+				+		M	++		Cf
190) 白颈鸦 *Corvus torquatus*		+	+		+		R	++	东	Sv
42. 河乌科 Cinclidae										
191) 褐河乌 *Cinclus pallasii pallasii*	+					+	R	+++	广	We
43. 鹪鹩科 Troglodytidae										

续表

目、科、种名称	生境分布						居留情况	资源状况	区系从属	分布型及保护等级
	干热河谷	常绿阔叶林	针阔混交林	云南松林	农耕地	水域湿地				
192) 鹪鹩 *Troglodytes troglodytes szetschuanus*	+	+	+		+		R	+++	广	Ch
44. 岩鹨科 Prunellidae										
193) 栗背岩鹨 *Prunella immaculata*		+	+		+		R	++	东	Hc
45. 鸫科 Turdidae										
194) 栗背短翅鸫 *Brachypteryx stellata stellata*		+	+				R	+	东	Hm
195) 红喉歌鸲 *Luscinia calliope*	+	+	+	+	+		M	+++		U
196) 蓝喉歌鸲 *Luscinia svecica svecica*		+			+		M	++		Ua
197) 金胸歌鸲 *Luscinia pectardens*		+	+	+			S	++	东	Hm
198) 蓝歌鸲 *Luscinia cyane cyane*		+	+				M	+++		Mb
199) 红胁蓝尾鸲 *Tarsiger cyanurus cyanurus*	+	+			+		W	+++		M
200) 金色林鸲 *Tarsiger chrysaeus chrysaeus*		+	+	+			S	+++	东	Hm
201) 鹊鸲 *Copsychus saularis prosthopellus*	+				+		R	+++	东	Wd
202) 蓝额红尾鸲 *Phoenicurus frontalis*		+	+	+	+		R	+++	东	Hm
203) 北红尾鸲 *Phoenicurus auroreus auroreus*	+	+	+	+	+		M	++		M
204) 红尾水鸲 *Rhyacornis fuliginosus fuliginosus*	+					+	R	+++	东	We
205) 白腹短翅鸲 *Hodgsonius phoenicuroides ichangensis*		+	+				R	++	东	Hm
206) 白尾蓝地鸲 *Cinclidium leucurum leucurum*		+	+				R	++	东	Hm
207) 小燕尾 *Enicurus scouleri*	+					+	R	++	东	Sd
208) 白冠燕尾 *Enicurus leschenaulti sinensis*	+					+	R	++	东	Wd
209) 黑喉石䳭*Saxicola torquata przewalskii*	+				+		R	+++	广	O1
210) 白斑黑石䳭*Saxicola caprata burmanica*					+		R	+++	东	Wc
211) 灰林䳭*Saxicola ferrea*	+	+	+	+	+		R	+++	东	Wd
212) 白顶溪鸲 *Chaimarrornis leucocephalus*	+					+	R	+++	东	Hm

续表

目、科、种名称	生境分布						居留情况	资源状况	区系从属	分布型及保护等级
	干热河谷	常绿阔叶林	针阔混交林	云南松林	农耕地	水域湿地				
213) 蓝矶鸫 *Monticola solitarius pandoo*	+	+	+	+	+		R	++	广	O3
214) 紫啸鸫 *Myiophoneus caeruleus eugenei*	+					+	R	+++	广	We
215) 橙头地鸫 *Geokichla citrina*		+	+		+		R	++	东	Wc
216) 光背地鸫 *Zoothera mollissima griseiceps*		+	+				S	++	东	Hm
217) 长尾地鸫 *Zoothera dixoni*		+	+		+		S	++	东	Hm
218) 虎斑地鸫 *Zoothera dauma aurea*		+	+				W	+++		U
219) 黑胸鸫 *Turdus dissimilis*		+	+		+		R	+++	东	Hm
220) 乌鸫 *Turdus merula mandarinus*		+	+		+		R	++	广	O3
221) 灰头鸫 *Turdus rubrocanus gouldi*		+	+		+		R	+++	东	Hm
222) 白眉鸫 *Turdus obscurus*		+	+		+		M	+++		Mg
223) 赤颈鸫 *Turdus ruficollis ruficollis*		+	+	+	+		M	++		O
224) 红尾鸫 *Turdus naumanni*		+	+	+	+		M	+++		M
225) 斑鸫 *Turdus eunomus*		+	+	+	+		W	+++		M
226) 宝兴歌鸫 *Turdus mupinensis carolinae*		+	+	+	+		R	++	东	Hc
46. 鹟科 Muscicapidae										
227) 乌鹟 *Muscicapa sibirica sibirica*		+	+	+	+		M	+++		M
228) 北灰鹟 *Museicapa dauurica dauurica*		+	+	+	+		W	+++		Ma
229) 褐胸鹟 *Muscicapa muttui*	+	+	+	+	+		R	+++	东	Hc
230) 棕尾褐鹟 *Muscicapa ferruginea*	+	+	+		+		S	++	东	Hc
231) 白眉[姬]鹟 *Ficedula zanthopygia*		+	+				M	++		Ma
232) 黄眉[姬]鹟 *Ficedula narcissina narcissina*		+	+		+		M	+		Bc
233) 红喉[姬]鹟 *Ficedula parva albicilla*		+	+	+			M	++		Uc
234) 橙胸[姬]鹟 *Ficedula strophiata strophiata*		+	+	+	+		S	+++	东	Wa

续表

目、科、种名称	生境分布						居留情况	资源状况	区系从属	分布型及保护等级
	干热河谷	常绿阔叶林	针阔混交林	云南松林	农耕地	水域湿地				
235) 铜蓝鹟 *Eumyias thalassina thalassina*		+	+	+	+		R	+++	东	Wd
236) 棕腹仙鹟 *Niltava sundara denotata*		+	+				R	+++	东	Hm
237) 蓝喉仙鹟 *Cyrmis rubeculoides glaucicomans*		+					S	++	东	Wc
238) 方尾鹟 *Culicicapa ceylonensis calochrysea*		+	+				R	+++	东	Wd
47. 扇尾鹟科 Rhipiduridae										
239) 白喉扇尾鹟 *Rhipidura albicollis celsa*		+	+				R	++	东	Wc
48. 王鹟科 Monarchidae										
240) 寿带鸟 *Terpsiphone paradisi incei*		+	+				S	++	广	We
241) 紫寿带鸟 *Terpsiphone atrocaudata atrocaudata*		+	+				M	++		M
49. 画鹛科 Timaliidae										
242) 白喉噪鹛 *Garrulax albogularis eous*		+	+				R	+++	东	Hm
243) 褐胸噪鹛 *Garrulax maesi grahami*		+	+				R	++	东	Sc
244) 灰翅噪鹛 *Garrulax cineraceus strenuus*		+	+		+		R	+++	东	Sv
245) 眼纹噪鹛 *Garrulax ocellatus artemisiae*		+	+				R	++	东	Hm
246) 画眉 *Garrulax canorus canorus*	+	+	+	+	+		R	+++	东	Sd
247) 白颊噪鹛 *Garrulax sannio sannio*	+	+	+	+	+		R	+++	东	Sd
248) 纯色噪鹛 *Garrulax subunicolor fooksi*		+	+				R	++	东	Hm
249) 橙翅噪鹛 *Garrulax ellietii elliotii*		+	+				R	++	东	Hc
250) 红头噪鹛 *Garrulux erythrocephalus ailaoshannensis**		+	+				R	++	东	Hm
251) 丽色噪鹛 *Garrulax formosus formosus*		+	+				R	++	东	Hc
252) 灰胸薮鹛 *Liocichla omeiensis*		+	+		+		R	++	东	Hc
253) 斑胸钩嘴鹛 *Pomatorhinus erythrocnemis odicus*	+	+	+	+	+		R	+++	东	Sd
254) 棕颈钩嘴鹛 *Pomatorhinus ruficollis Hodgson*	+	+	+		+		R	+++	东	Wa

续表

目、科、种名称	生境分布						居留情况	资源状况	区系从属	分布型及保护等级
	干热河谷	常绿阔叶林	针阔混交林	云南松林	农耕地	水域湿地				
255) 红头穗鹛 *Stachyris ruficeps davidi*					+		R	+++	东	Sd
256) 矛纹草鹛 *Babax lanceolatus latouchei*	+	+	+	+	+		R	+++	东	Sd
257) 红嘴相思鸟 *Leiothrix lutea lutea*	+	+	+	+	+		R	+++	东	Wd
258) 红翅鵙鹛 *Pteruthius flaviscapis ricketti*		+	+				R	++	东	Wc
259) 灰头斑翅鹛 *Actinodura souliei souliei*		+					R	++	东	Hc
260) 蓝翅希鹛 *Minla cyanouroptera wingatei*			+				R	+++	东	Wc
261) 火尾希鹛 *Minla ignotincta jerdoni*	+	+	+				R	+++	东	Sc
262) 金胸雀鹛 *Alcippe chrysotis swinhoii*		+	+				R	++	东	Hm
263) 白眉雀鹛 *Alcippe vinipectus bieti*		+	+		+		R	+++	东	Hm
264) 棕头雀鹛 *Alcippe ruficapilla sordidior*		+	+				R	++	东	Hc
265) 褐头雀鹛 *Alcippe cinereicep cinereiceps*		+	+	+			R	+++	东	Sd
266) 褐胁雀鹛 *Alcippe dubia genestieri*		+	+	+	+		R	+++	东	Wc
267) 褐顶雀鹛 *Alcippe brunnea olivacea*		+	+				R	++	东	Wd
268) 褐脸雀鹛 *Alcippe poioicephala alearis*		+	+				R	++	东	Wa
269) 灰眶雀鹛 *Alcippe morrisonia davidi*	+	+	+				R	+++	东	Wb
270) 黑头奇鹛 *Heterophasia melanoleuca desgodinsi*		+	+				R	++	东	Wc
271) 栗耳凤鹛 *Yuhina castaniceps torqueola*		+	+				R	+++	东	Wc
272) 纹喉凤鹛 *Yuhina gularis omeiensis*		+	+				R	+++	东	Hm
273) 白领凤鹛 *Yuhina diademata*		+	+		+		R	+++	东	He
274) 黑额凤鹛 *Yuhina nigrimenta intermedia*		+	+				R	+++	东	Wc
275) 白腹凤鹛 *Erpornis zantholeuca griseiloris*		+					R	++	东	Wb
50. 鸦雀科 Paradoxornithidae										
276) 褐鸦雀 *Paradoxornis unicolor*		+	+				R	++	东	Hm

续表

目、科、种名称	生境分布						居留情况	资源状况	区系从属	分布型及保护等级
	干热河谷	常绿阔叶林	针阔混交林	云南松林	农耕地	水域湿地				
277) 灰喉鸦雀 *Paradoxornis alphonsianus stresemanni*	+	+	+	+	+		R	+++	东	Wc
278) 金色鸦雀 *Paradoxornis verreauxi verreauxi*		+					R	++	东	Sd
51. 扇尾莺科 Cisticolidae										
279) 棕扇尾莺 *Cisticola juncidis tinnabulans*	+				+		R	++	广	O5
280) 纯色鹪莺 *Prinia inornata extensicauda*	+				+		R	+++	东	Wd
281) 山鹪莺 *Prinia criniger parvirostris*	+				+		R	+++	东	Wc
52. 莺科 Sylviidae										
282) 栗头地莺 *Tesia castaneocoronata castaneocoronata*		+	+				R	++	东	Hm
283) 鳞头树莺 *Cettia squameiceps*		+	+				M	+		Kb
284) 远东树莺 *Cettia canturians*		+	+		+		W	+		Mb
285) 强脚树莺 *Cettia fortipes davidiana*		+	+	+	+		R	+++	东	Wb
286) 异色树莺 *Cettia flavolivaceus intricatus*		+	+				R	++	东	Hm
287) 棕褐短翅莺 *Bradypterus luteoventris luteoventris*		+	+		+		R	+++	东	Sb
288) 沼泽大尾莺 *Megalurus palustris toklao*					+	+	R	+++	东	Wb
289) 小蝗莺 *Locustella certhiola centralasiae*					+	+	M	+		M
290) 矛斑蝗莺 *Locustella lanceolata*					+	+	M	++		M
291) 东方大苇莺 *Acrocephalus orientalis*					+	+	S	+	古	O
292) 厚嘴苇莺 *Acrocephalus aedon stegmanni*					+	+	M	+++		Mc
293) 黄腹柳莺 *Phylloscopus affinis*		+	+		+		S	+++	东	Hm
294) 棕腹柳莺 *Phylloscopus subaffinis subaffinis*		+	+	+	+		S	+++	东	Sv
295) 褐柳莺 *Phylloscopus fuscatus fuscatus*		+	+		+		M	+++		Mi
296) 棕眉柳莺 *Phylloscopus armandii perplexus*	+	+	+				S	++	广	Hc
297) 橙斑翅柳莺 *Phylloscopus pulcher pulcher*		+	+		+		R	+++	东	Hm

续表

目、科、种名称	生境分布						居留情况	资源状况	区系从属	分布型及保护等级
	干热河谷	常绿阔叶林	针阔混交林	云南松林	农耕地	水域湿地				
298) 黄眉柳莺 *Phylloscopus inornatus inornatus*		+	+				W	++		Uo
299) 黄腰柳莺 *Phylloscopus proregulus chloronotus*	+	+	+		+		W	++		U
300) 灰喉柳莺 *Phylloscopus maculipennis maculipennis*		+	+				R	+++	东	Hm
301) 极北柳莺 *Phylloscopus borealis borealis*		+					M	++		Uc
302) 乌嘴柳莺 *Phylloscopus magnirostris*		+	+				S	++	东	Hm
303) 双斑柳莺 *Phylloscopus plumbeitarsus*		+	+				M	++		Mb
304) 冕柳莺 *Phylloscopus coronatus*		+	+				M	++		Kb
305) 冠纹柳莺 *Phylloscopus reguloides claudiae*		+	+				S	+++	东	Wa
306) 白斑尾柳莺 *Phylloscopus davisoni davisoni*		+	+				S	+++	东	Sc
307) 栗头鹟莺 *Seicercus castaniceps castaniceps*		+	+		+		S	++	东	Wd
308) 灰冠鹟莺 *Seicercus tephrocephalus*		+	+		+		S	++	东	Hb
309) 黑脸鹟莺 *Abroscopus schisticeps ripponi*		+	+		+		R	+++	东	Wa
310) 棕脸鹟莺 *Abroscopus albogularis fulvifacies*		+	+				R	++	东	Sd
311) 金头缝叶莺 *Orthotomus cuculatus coronatus*		+	+				R	++	东	Wb
53. 戴菊科 Regulidae										
312) 戴菊 *Regulus regulus yunnanensis*			+	+			R	++	广	Cf
54. 绣眼鸟科 Zosteropidae										
313) 暗绿绣眼鸟 *Zosterops japonica simplex*	+	+	+				R	+++	东	S
314) 红胁绣眼鸟 *Zosterops erythropleura*		+	+				M	+++		Mb
315) 灰腹绣眼鸟 *Zosterops palpebrosa joannae*		+	+				R	+++	东	Wc
55. 攀雀科 Remizidae										
316) 火冠雀 *Cephalopyrus flammiceps olivaceus*		+	+				R	++	东	Hm
56.长尾山雀科 Aegithalidae										

续表

目、科、种名称	生境分布						居留情况	资源状况	区系从属	分布型及保护等级
	干热河谷	常绿阔叶林	针阔混交林	云南松林	农耕地	水域湿地				
317) 红头长尾山雀 *Aegithalos concinnus talifuensis*	+	+	+	+	+		R	+++	东	Wd
318) 黑眉长尾山雀 *Aegithalos bonvaloti bonvaloti*	+	+	+	+			R	+++	东	Hm
57. 山雀科 Paridae										
319) 大山雀 *Parus major subtibetanus*	+	+	+	+	+		R	+++	广	Uh
320) 绿背山雀 *Parus monticolus yunnanensis*	+	+	+	+			R	+++	东	Wd
321) 黄颊山雀 *Parus spilonotus rex*		+					R	++	东	Wc
322) 黄腹山雀 *Parus venustulus*		+	+	+			R	++	东	Sh
323) 煤山雀 *Parus ater aemodius*			+				R	++	广	Uf
324) 黄眉林雀 *Sylviparus modestus modestus*		+	+	+			R	+++	东	Wd
58. 䴓科 Sittidae										
325) 巨䴓*Sitta magna*			+	+			R	+	东	Wb
326) 滇䴓*Sitta yunnanensis*			+	+			R	++	东	Hc
327) 普通䴓*Sitta europaea sinensis*		+	+	+			R	+++	广	Ub
328) 栗臀䴓*Sitta nagaensis montium*		+	+	+			R	++	东	Hm
59. 旋壁雀科 Tichidromidae										
329) 红翅旋壁雀 *Tichodroma muraria nepalensis*	+						W	++		O3
60. 旋木雀科 Certhiidae										
330) 旋木雀 *Certhia familiaris khamensis*		+	+	+			R	+++	古	Cb
331) 高山旋木雀 *Certhia himalayana yunnanensis*			+	+			R	++	东	Hm
61. 啄花鸟科 Dicaeidae										
332) 红胸啄花鸟 *Dicaeum ignipectus ignipectus*		+	+				R	++	东	Wb
62. 太阳鸟科 Nectariniidae										
333) 黑胸太阳鸟 *Aethopyga saturate petersi*		+	+				R	+++	东	Wa

续表

目、科、种名称	生境分布						居留情况	资源状况	区系从属	分布型及保护等级
	干热河谷	常绿阔叶林	针阔混交林	云南松林	农耕地	水域湿地				
334) 蓝喉太阳鸟 *Aethopyga gouldiae dabryii*	+	+					R	++	东	Sd
63. 雀科 Passeridae										
335) 树麻雀 *Passer montanus saturatus*	+				+		R	+++	广	Uh
336) 山麻雀 *Passer rutilans intensior*	+				+		R	+++	广	Sv
64. 梅花雀科 Estrildidae										
337) 白腰文鸟 *Lonchura striata swinhoei*					+		R	+++	东	Wd
338) 斑文鸟 *Lonchura punctulata yunnanensis*					+		R	+++	东	Wc
65. 燕雀科 Fringillidae										
339) 燕雀 *Fringilla montifringilla*					+		W	+++		Uc
340) 高山岭雀 *Leucosticte brandti*				+			R	+	古	Ia
341) 红眉松雀 *Pinicola subhimachala*				+			R	++	东	Hm
342) 暗胸朱雀 *Carpodacus nipalensis nipalensis*		+	+	+			R	++	东	Hm
343) 酒红朱雀 *Carpodacus vinaceus vinaceus*		+	+	+	+		R	++	东	Hc
344) 普通朱雀 *Carpodacus erythrinus roseatus*		+	+	+	+		S	+++	古	U
345) 黑头金翅雀 *Carduelis ambigua ambigua*	+	+	+	+	+		R	+++	东	Hm
346) 金翅雀 *Carduelia sinica sinica*		+	+				W	++		Me
347) 黑尾蜡嘴雀 *Eophona migratoria sowerbyi*		+	+				M	++		Ka
66. 鹀科 Emberizidae										
348) 栗鹀 *Emberiza rutila*		+	+		+		M	++		Ma
349) 黄胸鹀 *Emberiza aureola aureola*					+		W	++		Ub
350) 黄喉鹀 *Emberiza elegans elegantula*	+	+	+	+	+		R	+++	广	M
351) 灰头鹀 *Emberiza spodocephala spodocephala*	+	+	+	+	+		W	++		M
352) 灰眉岩鹀 *Emberiza godlewskii yunnanensis*	+	+	+	+	+		R	+++	古	O3

续表

目、科、种名称	生境分布						居留情况	资源状况	区系从属	分布型及保护等级
	干热河谷	常绿阔叶林	针阔混交林	云南松林	农耕地	水域湿地				
353）三道眉草鹀 *Emberiza cioides castaneiceps*	+	+	+	+	+		R	+++	古	Mg
354）栗耳鹀 *Emberiza fucata arcuata*	+				+		R	+++	古	M
355）小鹀 *Emberiza pusilla*	+				+		W	+++		Ua
356）凤头鹀 *Melophus lathami*	+				+		R	++	东	Wc

*：R、S、W、M 代表的意思见前面表 13-2 上面的文字。

第14章　两栖爬行动物

位于云南省东北部的乌蒙山地区是云南高原与四川和贵州高原的接合部。该地区地形复杂、破碎，加上特殊的地质构造和自然地理背景，形成了特殊的地形地貌(包含特殊的喀斯特地貌)，地下水资源丰富，溶洞多，水系纵横。昭通北部地区森林资源和湿地环境良好，保存有丰富的两栖爬行动物，在地理位置、物种区系组成方面具有重要的保护价值，主要体现在①物种多，共有93种，包括39种两栖动物和54种爬行动物，物种数量比较多。②区系组成的综合性和复杂性，昭通北部地区的两栖爬行动物既有云南高原的物种成分，又有贵州高原的物种成分，还有四川西部的物种成分。在区系组成上，主要是西南区的物种，其次是西南区、华南区和华中区共有物种成分。③不同分布型的物种聚集，与区系的综合性类似，该地区具有多种分布型的物种，共有5个大分布型22种小分布型的物种分布在一起，包括季风型E(包括阿穆尔或再延展至俄罗斯远东地区Ea型，包括至朝鲜与日本的Ed型和包括乌苏里、朝鲜的Eg型)、喜马拉雅山H(喜马拉雅南坡型Ha、横断山型Hc、喜马拉雅东南部喜马拉雅山-横断山交汇型He、横断山及喜马拉雅山南翼型Hm)、南中国型S(热带型Sa、热带-南亚热带型Sb、热带-中亚热带型Sc、热带-北亚热带型Sd、中亚热带-北亚热带型Sh、中亚热带型Si、北亚热带型Sj和中亚热带型St)、东洋型W(热带-亚热带型Wb、热带-中亚热带型Wc、热带-北亚热带型Wd和热带-温带型We)和云贵高原型Y(包括附近山地Ya和横断山南部型Yb)，形成以东洋型、喜马拉雅型和南中国型三大分布型为主的分布集群。④特殊物种多，峨眉髭蟾、沙坪无耳蟾、峨眉树蛙、黑点树蛙、四川龙蜥、中国小头蛇、原矛头蝮等物种原先只知道分布在四川西部等地，而利川齿蟾、红点齿蟾和平鳞钝头蛇等物种以前只在贵州、湖北等地分布，现在发现它们在云南也有分布，是云南的新记录种，而且这些物种在云南东北部形成了特殊孤立群体。这些物种在云南的发现，说明云南东北部在这些物种的地理分布和演化上具有非常重要的地位。⑤珍稀保护物种多。该地区具有国家II级重点保护野生动物大鲵和贵州疣螈，有云南省保护的和列入CITES附录II保护物种舟山眼镜蛇和眼镜王蛇等物种。同时，乌蒙山地区的一些两栖爬行动物物种在人为猎捕、生态退化、农药使用、旅游、各种工程建设情况下，都受到一定的负面影响，急需采取一些措施，使这些物种及其生境能够被有效地保护下来。

乌蒙山地区特殊的地质构造和自然地理背景，形成了特殊的地形地貌，属于特殊的喀斯特地貌，孕育了大量地下水资源和溶洞，纵横水系众多。特殊的地质演化背景和复杂的地形地貌，加上保持良好的森林资源和湿地环境，使得该地区孕育并保存了丰富的两栖爬行动物及其他生物资源。然而，该地区的生物调查滞后，人们对其物种多样性的情况一直知之甚少。需要进行一系列系统的调查和研究，以利于亚热带森林生态系统及其珍稀动植物物种的保护，以及对当地经济社会的发展，同时也利于金沙江流域的水土保持和水源涵养。

14.1 调查方法

1.常规路线调查法

大部分爬行动物的调查主要是在白天以小路或溪流边缘为调查线路。以 2～3km/h 的速度沿途进行观察。有尾两栖类的调查也主要沿溪流或池塘周边采取路线调查法。另外，有些蛙类不在调查期间繁殖和活动，所以白天还需要在溪流和池塘中注重蝌蚪的调查和记录。无尾两栖类的调查主要在夜间在溪流或田间进行，需要用手电筒或头灯照明寻找和观测。夜间活动的爬行动物和有尾两栖类的调查也采用这一方法。

2.观察站点统计法

选择一些工作点为基点，较详细地了解周围地区两栖爬行动物的物种组成，依据其鸣叫声(蛙类)、遇见率(蛇类、蜥蜴类)、随机采集状况(部分蛙类和爬行类)来确定不同物种在该工作点的大致比例和相对数量估计。这些工作点分别代表不同的生境类型，是不同类型两栖爬行动物生存的理想环境，也是进行野外调查和工作的理想场所。

3.其他调查法

(1)访问调查。主要是与当地保护区管理人员和社区群众进行座谈，以此可以确定一些特征突出、明显的种类(如眼镜蛇)及其分布和大致数量状况，并明确一些物种的地方名称及其在当地的利用等情况。

(2)文献收集。在当地书店、藏书馆等处查询有关地方志的记录或其他调查记录，以确认一些物种的分布记录。

(3)特殊两栖爬行动物种类的确定。一些物种(如一些蛇类)曾经在调查区内常见，但在调查期间又很难发现，只有通过与邻近调查区和与调查区自然地理条件相同或相似的地区的物种进行参考，并根据当地的大致描述来确定其物种。还有一些物种，由于受调查时间、物种活动习性等各方面因素的限制，未能在此次调查中发现，但在调查区及周围地区类似环境中广泛分布，可以判断这些物种应该在此调查区内有分布。

14.2　调 查 范 围

此次调查的主要范围和地点包括大关、永善、彝良、盐津、威信、镇雄等县。主要考察点为三江口片区(大关县和永善县)、罗汉坝(大关县)、小草坝(彝良县)、海子坪(彝良县)、大雪山(威信县)、黄连河(大关县)等。

14.3　调 查 结 果

14.3.1　物种组成

昭通北部地区已知共有两栖爬行动物 93 种，其中两栖动物 39 种，隶属于 2 目 9 科 20 属；爬行动物 54 种，隶属于 3 目(亚目)11 科 29 属。

14.3.2　区系分析

该地区两栖爬行动物区系组成有以下特点。

该地区两栖爬行动物区系物种组成成分复杂。该地区为几个自然地理单元和生物地理单元的接合部，是云贵川交界的地区，也是西南区、华中区和华南区物种的交错分布区域。

根据张荣祖(1999)分析，该地区在中国自然景观区内处于康定—峨眉(横断中北 55)，四川盆地(46)，大凉—滇东北(横断中部 56)和贵州高原(47)之间。

中国动物地理(张荣祖，1999)中，该地区位于云南高原(VA4)、四川盆地(VA3)和贵州高原(VA2)之间，属于中亚热带湿润地区。

从区系组成情况看，两栖爬行动物区系的组成主要是西南区的物种成分。

统计各区系成分所占的比例，绝大多数为东洋界西南区成分，共有 33 种，占该地区两栖爬行动物总种数的 35.5%，其中包括云南所特有的物种 12 种，占该地区两栖爬行动物总种数的 12.9%；西南区和华南区共有物种 6 种，占该地区两栖爬行动物总种数的 6.5%；华南区成分 2 种，占该地区两栖爬行动物总种数的 2.2%；华南区和华中区共有物种 10 种，占该地区两栖爬行动物总种数的 10.8%；华中区成分 3 种，占该地区两栖爬行动物总种数的 3.2%；西南区和华中区共有物种 2 种，占该地区两栖爬行动物总种数的 2.2%；西南区、华南区和华中区共有物种 35 种，占该地区两栖爬行动物总种数的 37.6%。可见，西南区成分和西南区、华南区和华中区共有成分最多，华中区或华南区独有的物种成分比较少。各个物种所隶属的动物地理区划情况及分布范围等详见表 14-1。

表 14-1 两栖爬行动物名录

中文名	拉丁名	海拔/m	分布					区系从属			分布型	保护级别		生境	资料来源
			三江口	罗汉坝	小草坝	大雪山	海子坪	西南区	华南区	华中区		国家重点	国际公约		
两栖动物															
Ⅰ. 有尾目	Urodela														
一、隐鳃鲵科	Caudata														
1. 大鲵	*Andrias davidianus*	820	+						√	√	Si	Ⅱ		1	资料
二、蝾螈科	Salamandridae														
2. 蓝尾蝾螈	*Cynops cyanurus*	1600～2100			+			√			Y			5	访问
3. 贵州疣螈	*Tylototriton kweichowensis*	1800～2400	+	+	+	+	+	√			St	Ⅱ		5	实见
Ⅱ. 无尾目	Anura														
三、铃蟾科	Bombinidae														
4. 大蹼铃蟾	*Bombina maximus*	1800～2400			+			√			Hc			3	访问
四、角蟾科	Megophryidae														
5. 峨眉髭蟾*	*Vibrissaphora boringii*	600～1600	+	+	+			√			Si			1	实见
6. 红点齿蟾*	*Oreolalax rhodostigmatus*	1200	+		+	+	+	√			Y			1	实见
7. 利川齿蟾*	*Oreolalax lichuanensis*	1000～1500	+	+	+	+	+	√			Y			1	实见
8. 齿蟾一种*	*Oreolalax* sp.	1000～1500	+		+			√			Y			1	实见
9. 蹩掌突蟾	*Leptolalax pelodytoides*	800～1600	+	+	+	+	+	√			Wd			2	实见
10. 沙坪无耳蟾*	*Atympanophrys shapingensis*	1400	+					√			Si			1	实见
11. 小角蟾	*Megophrys minor*	1000～1600	+	+	+	+	+	√			Sd			2	实见
12. 棘指角蟾	*Megophrys spinata*	1000～1500	+	+	+	+	+	√			Y			1	实见
13. 平顶短腿蟾?	*Brachytarsophrys platyparietus*	1600～2200	+		+			√			Y			1	访问
五、蟾蜍科	Bufonidae														
14. 华西蟾蜍	*Bufo andrewsi*	1600～3200	+		+			√			Sa			2	实见
15. 中华蟾蜍	*Bufo gargarizans*	1200～1800	+	+	+	+	+	√	√	√	Eg			4	实见
16. 黑眶蟾蜍	*Bufo melanostictus*	600～1500	+		+	+	+	√	√	√	Wc			4	实见
六、雨蛙科	Hylidae														
17. 华西雨蛙	*Hyla annectans*	1600～2200	+	+	+	+	+	√			Wd			2	实见
七、蛙科	Ranidae														
18. 棘腹蛙	*Paa boulengeri*	800～1500	+	+	+	+	+	√	√	√	Ha			2	实见
19. 双团棘胸蛙	*Paa yunnanensis*	1600～2400	+	+	+	+	+	√			Hc			1	实见
20. 弹琴蛙	*Rana adenopleura*	1200	+	+	+			√	√	√	Sc			3	实见
21. 昭觉林蛙	*Rana chaochiaoensis*	1800～3200	+	+	+	+	+	√			Hc			1	实见
22. 无指盘臭蛙	*Rana grahami*	1600～2100	+	+	+	+	+	√			Hc			2	实见
23. 沼蛙	*Rana guentheri*	1200～1400	+			+	+	√	√	√	Sc			4	实见
24. 泽蛙	*Rana limnocharis*	1200～1400	+	+	+	+	+	√	√	√	We			4	实见

续表

中文名	拉丁名	海拔/m	分布					区系从属			分布型	保护级别		生境	资料来源
			三江口	罗汉坝	小草坝	大雪山	海子坪	西南区	华南区	华中区		国家重点	国际公约		
25. 大绿蛙	*Rana livida*	1200	+	+	+	+	+		√		Wc			4	实见
26. 黑斑蛙	*Rana nigromaculata*	1200～1850				+	+	√	√	√	Ea			4	实见
27. 滇蛙	*Rana pleuraden*	1600～2400	+	+				√			Yb			4	实见
28. 花臭蛙	*Rana schmackeri*	1200				+	+		√		Si			2	实见
29. 威宁蛙	*Rana weiningensis*	1200～1900	+	+	+	+	+	√			Ya			3	实见
30. 棕点湍蛙*	*Amolops loloensis*	1200～1600	+	+	+	+	+	√			Hc			1	实见
31. 四川湍蛙*	*Amolops mantzorum*	1300～1600	+	+	+	+	+	√			Hc			1	实见
八、树蛙科	Rhacophoridae														
32. 斑腿泛树蛙	*Polypedates megacephalus*	1200～1850	+	+	+	+	+	√	√	√	Wd			3	实见
33. 峨眉树蛙*	*Rhacophorus omeimontis*	1300	+		+			√			Hc			1	实见
34. 黑点树蛙	*Rhacophorus nigropunctatus*	1500			+	+		√			Sc			3	实见
九、姬蛙科	Microhylidae														
35. 饰纹姬蛙	*Microhyla ornata*	600～1000	+	+	+	+	+	√	√	√	Wc			3	实见
36. 小弧斑姬蛙	*Microhyla heymonsi*	600～1000	+	+	+	+	+	√	√	√	Wc			3	实见
37. 粗皮姬蛙	*Microhyla butleri*	800～1500	+	+	+	+	+				Wc			3	实见
38. 云南小狭口蛙?	*Calluella yunnanensis*	1600～1850	+	+				√			Y			5	访问
39. 多疣狭口蛙	*Kaloula verrucosa*	1800～2200	+	+				√			Hc			5	资料
爬行动物															
Ⅰ. 龟鳖目	Testudines														
一、平胸龟科	Platysternidae														
1. 平胸龟?	*Platysternon megacephalum*	1200～1600	+					√	√	√	Wc		2	1	访问
二、龟科	Bataguridae														
2. 龟类一种?		800～1200	+					√	√	√	Y			5	访问
三、鳖科	Trionychidae														
3. 鳖?	*Pelodiscus sinensis*	800～1000	+					√	√	√	Ea	S		5	访问
Ⅱ. 有鳞目	Squamata														
Ⅱa. 蜥蜴亚目	Lacertilia														
四、壁虎科	Gekkonidae														
4. 多疣壁虎	*Gekko japanicus*	600～1200	+	+					√	√	Sh			1	资料
5. 云南半叶趾虎	*Hemiphyllodactylus yunnanensis*	1500～1800			+			√	√		Wc			2	实见
五、鬣蜥科	Agamidae														
6. 四川龙蜥*	*Japalura szechwanensis*	1200～1500	+					√	√		Si			1	实见
7. 宜宾龙蜥*	*Japalura grahami*	600～1500	+		+			√	√		Si			2	实见
8. 丽纹龙蜥	*Japalura splendida*	1200～1800	+	+		+	+		√	√	Sh			2	资料
9. 昆明龙蜥	*Japalura varcoae*	1800～2100			+			√			Yb			2	实见

续表

中文名	拉丁名	海拔/m	分布					区系从属			分布型	保护级别		生境	资料来源
			三江口	罗汉坝	小草坝	大雪山	海子坪	西南区	华南区	华中区		国家重点	国际公约		
六、蛇蜥科	Anguidae														
10. 细脆蛇蜥	*Ophisaurus gracilis*	1500～2000	+	+	+	+	+	√		√	Wb			2	资料
11. 脆蛇蜥	*Ophisaurus harti*	1600～2100	+	+	+	+	+	√	√	√	Wb			2	实见
七、蜥蜴科	Lacertidae														
12. 北草蜥	*Takydromus septentrionalis*	1200～1600	+	+	+	+	+			√	E			2	实见
八、石龙子科	Scincidae														
13. 昆明滑蜥	*Scincella barbouri*	1850～2400			+			√			Hc			3	访问
14. 山滑蜥	*Scincella monticola*	2100	+	+				√			Hc			3	实见
15. 蜓蜥	*Sphenomorphus indicus*	1200～2100	+	+	+	+	+	√			We			2	实见
16. 蜓蜥一种*	*Sphenomorphus* sp.	1200～2100	+		+	+				√	Y			3	实见
17. 蓝尾石龙子	*Eumeces elegans*	600～800	+						√	√	Si			3	资料
Ⅱb. 蛇亚目	Serpentes														
九、游蛇科	Colubridae														
18. 黑脊蛇	*Achalinns spinalis*	1200～1500	+	+	+				√	√	Sd			1	实见
19. 平鳞钝头蛇*	*Pareas boulengeri*	1300	+							√	Sh			2	实见
20. 无颞鳞腹链蛇	*Amphiesma atemporale*	1850～2200	+	+	+			√	√		Sc			1	实见
21. 锈链腹链蛇	*Amphiesma craspedogaster*	1300～2000	+	+	+	+		√	√	√	Sh			2	实见
22. 棕网腹链蛇	*Amphiesma johannis*	1800～2100	+	+	+			√			Hc			2	实见
23. 八线腹链蛇	*Amphiesma octolineata*	1800～2100	+	+	+			√	√	√	Hc			5	实见
24. 丽纹腹链蛇	*Amphiesma optata*	1800～2100	+	+	+	+	+	√		√	Y			2	实见
25. 赤链蛇*	*Dinodon rufozonatum*	1200～1600	+	+	+	+	+		√	√	Ed			3	实见
26. 白链蛇	*Dinodon septentrionale*	1600～2100	+	+	+	+	+	√	√		He			2	实见
27. 王锦蛇	*Elaphe carinata*	1600～2400	+	+	+	+	+	√	√	√	Sd			2	实见
28. 灰腹绿锦蛇	*Elaphe frenata*	1200～2000	+	+	+	+	+		√	√	Se			2	实见
29. 玉斑锦蛇	*Elaphe mandarina*	1200～1800	+	+	+	+	+	√	√	√	Sd			2	实见
30. 紫灰锦蛇	*Elaphe porphyracea*	1600～2200	+	+	+	+	+	√	√	√	We			2	实见
31. 绿锦蛇	*Elaphe prasina*	1200～1800	+	+	+	+	+		√	√	Wc			2	访问
32. 黑眉锦蛇	*Elaphe taeniura*	1200～2400	+	+	+	+	+	√	√	√	We			2	实见
33. 双全白环蛇	*Lycodon fasciatus*	1800～2100	+	+	+			√	√	√	We			2	实见
34. 颈棱蛇	*Macropisthodon rudis*	1800～2400	+	+	+	+	+	√	√	√	Sh			2	访问
35. 中国小头蛇*	*Oligodon chinensis*	1200～1600				+	+		√	√	Sc			2	实见
36. 紫沙蛇	*Psammodynastes pulverulentus*	1600～1800	+	+	+			√	√	√	Wc			1	实见
37. 斜鳞蛇	*Pseudoxenodon macrops*	1200～2100	+	+	+	+	+	√	√	√	We			1	访问
38. 黑纹颈槽蛇	*Rhabdophis nigrocinctus*	1200～1800	+			+	+	√	√	√	Wc			3	实见
39. 颈槽蛇	*Rhabdophis nucharis*	1500～1800	+	+	+			√			Sd			2	资料

续表

中文名	拉丁名	海拔/m	分布					区系从属			分布型	保护级别		生境	资料来源
			三江口	罗汉坝	小草坝	大雪山	海子坪	西南区	华南区	华中区		国家重点	国际公约		
40. 红脖颈槽蛇	*Rhabdophis subminiatus*	1200～2000	+	+	+	+	+	√	√	√	We			3	实见
41. 虎斑颈槽蛇	*Rhabdophis tigrinus*	1200～1800	+	+	+	+	+	√	√	√	Ea			3	实见
42. 环纹华游蛇	*Sinonatrix aequifasciata*	1200～1800	+	+	+	+	+		√	√	Sb			2	实见
43. 华游蛇	*Sinonatrix percarinata*	1200～1600	+	+	+	+	+	√	√	√	Sd			5	实见
44. 乌梢蛇	*Zaocys dhumnades*	1200～1800	+	+	+	+	+	√	√	√	Wc			3	实见
45. 黑线乌梢蛇	*Zaocys nigromarginatus*	1200～2300	+	+	+	+	+	√	√		Hm			2	实见
十、眼镜蛇科	Elapidae														
46. 舟山眼镜蛇	*Naja atra*	1200～1800	+	+	+	+	+	√	√	√	Wc		2	2	实见
47. 孟加拉眼镜蛇	*Naja kaouthia*	1200～1800	+	+	+	+	+	√			He		2	2	资料
48. 眼镜王蛇	*Ophiophagus hannah*	1200～2000	+	+	+	+	+	√	√	√	Wb		2	1	访问
十一、蝰科	Viperidae														
49. 白头蝰	*Azemiops feae*	1200～1800	+	+	+	+	+	√	√	√	Sc			2	访问
50. 山烙铁头	*Ovophis monticola*	2000～2300	+	+	+	+	+	√	√	√	Wc			1	实见
51. 菜花原矛头蝮	*Protobothrops jerdoni*	1800～2100	+	+	+	+	+	√		√	Sj			1	实见
52. 原矛头蝮*	*Protobothrops mucrosquamatus*	1200～1800	+	+	+	+	+	√	√	√	Sd			2	访问
53. 竹叶青	*Trimeresurus stejnegeri*	1600～2100	+	+	+	+	+	√	√	√	We			1	实见
54. 云南竹叶青	*Trimeresurus yunnanensis*	1600～2100	+	+	+	+	+	√			Y			1	实见

注：*云南新记录种；“?”表示需进一步调查核实的种类。生境类型：1. 林分；2. 灌丛；3. 草地；4. 农田；5. 水域。

分布型(根据张荣祖，1999)：E. 季风型；Ea. 包括阿穆尔或再延展至俄罗斯远东地区；Ed. 包括朝鲜与日本；Eg. 包括乌苏里、朝鲜；H. 喜马拉雅山型；Ha. 喜马拉雅南坡型；Hc. 横断山型；He. 喜马拉雅东南部(喜-横交汇型)；Hm. 横断山及喜马拉雅山(南翼为主)；S. 南中国型；Sa. 热带型；Sb. 热带-南亚热带型；Sc. 热带-中亚热带型；Sd. 热带-北亚热带型；Se. 南亚热带-中亚热带；Sh. 中亚热带-北亚热带型；Si. 中亚热带型；Sj. 北亚热带型；St. 中亚热带型；W. 东洋型；Wb. 热带-亚热带型；Wc. 热带-中亚热带型；Wd. 热带-北亚热带型；We. 热带-温带型；Y. 云贵高原型；Ya. 包括附近山地；Yb. 包括横断山南部

另外，根据张荣祖(1999)所划分的中国两栖爬行动物物种分布型，该地区共有 5 个大分布型 22 种小分布型的物种分布在一起，包括季风型 E 的 3 种类型(Ea 3 种，包括阿穆尔至俄罗斯远东地区 Ed 1 种，包括乌苏里、朝鲜 Eg 1 种)、喜马拉雅山 H(喜马拉雅南坡型 Ha 1 种、横断山型 Hc 12 种、喜马拉雅东南部喜马拉雅山-横断山交汇型 He 2 种、横断山及喜马拉雅山南翼型 Hm 1 种)、南中国型 S(热带型 Sa 1 种、热带-南亚热带型 Sb 1 种、热带-中亚热带型 Sc 6 种、热带-北亚热带型 Sd 7 种、南亚热带-中亚热带 Se 1 种、中亚热带-北亚热带型 Sh 5 种、中亚热带型 Si 7 种、北亚热带型 Sj 1 种和中亚热带型 St 1 种)、东洋型 W(热带-亚热带型 Wb 3 种、热带-中亚热带型 Wc 13 种、热带-北亚热带型 Wd 3 种和热带-温带型 We 8 种)和云贵高原型 Y(包括附近山地 Ya 1 种和包括横

断山南部型 Yb 2 种)。所以，该地区是物种分布型非常丰富的地区，表现了地理位置和区系的交叉与结合的特点。同时，以东洋型 W 热带-中亚热带型 Wc(13 种)、喜马拉雅山型 H 横断山型 Hc(12 种)、东洋型 W 热带-温带型 We(8 种)、南中国型 S 热带-北亚热带型 Sd(7 种)、中亚热带型 Si(7 种)、热带-中亚热带型 Sc(6 种)、中亚热带-北亚热带型 Sh(5 种)等类型为主。可以看出，东洋型、喜马拉雅型和南中国型三大分布型较多，而季风型和云贵高原型较少。

两栖类物种包含一些耐旱陆栖为主的种类和活动性强的种类。爬行动物中也有一些活动性强和适应能力强的种类，如多疣壁虎 *Gekko japanicus*、蜓蜥 *Sphenomorphus indicus*、丽纹龙蜥 *Japalura splendida*、斜鳞蛇 *Pseudoxenodom macrops*、黑线乌梢蛇 *Zaocys nigromarginatus*、王锦蛇 *Elaphe carinata*、黑眉锦蛇 *Elaphe taeniura* 等。

从以上情况看，该地区两栖爬行动物的区系组成比较复杂，并且形成了特殊的群体，与其他地区相比，在区系组成上比较特殊，所以从区系的组成和特点看具有很高的保护价值。

14.3.3　主要物种及其特点

一些原来被认为只在四川或贵州分布的物种，不断在该地区被发现，具体如下。

原先认为只在四川西部分布的物种包括峨眉髭蟾 *Vibrissaphora boringii*、沙坪无耳蟾 *Atympanophrys shapingensis*、四川湍蛙 *Amolops mantzorum*、峨眉树蛙 *Rhacophorus omeimontis*、黑点树蛙 *Rhacophorus nigropunctatus*、四川龙蜥 *Japalura szechwanensis*、中国小头蛇 *Oligodon chinensis*、原矛头蝮 *Protobothrops mucrosquamatus* 等，在一江之隔的金沙江南部被发现，它们在金沙江南部形成的居群与四川西部的居群是相互隔离的独立居群。

原先只认为在贵州分布的物种包括利川齿蟾 *Oreolalax lichuanensis*、红点齿蟾 *Oreolalax rhodostigmatus* 和平鳞钝头蛇 *Pareas boulengeri* 等是典型的贵州高原所具有的物种，但在昭通地区也有分布。

上述这些物种也是云南省的新记录。这些物种在云南境内的发现，一方面表明了该地区在动物区系组成和演化上的相互联系，另一方面表明这是一些特殊的物种集群，四川或贵州的同类物种在地理分布上已经相互隔离和独立，形成特殊的地理单元和保护单元。

上述物种的情况可简单介绍如下。

(1)峨眉髭蟾 *Vibrissaphora boringii*。原分布记录为四川西部和贵州梵净山等，模式产地在峨眉山。现在保护区已经发现，与四川和贵州的地理居群之间在地理上相互隔离。

(2)沙坪无耳蟾 *Atympanophrys shapingensis*。原分布记录为四川西部，模式产地在峨边(沙坪)。现在保护区已经发现，与四川西部的地理居群在地理上相互隔离，主要分布在金沙江河谷。

(3)四川湍蛙 *Amolops mantzorum*。原分布记录为四川西部，模式产地在理县。现在保护区已经发现，与四川的地理居群在地理上相互隔离，特别是在金沙江南部河谷。

(4) 峨眉树蛙 *Rhacophorus omeimontis*。原分布记录为四川西部，模式产地在峨眉山。现在保护区已经发现，与四川的地理居群在地理上相互隔离。

(5) 中国小头蛇 *Oligodon chinensis*。原分布记录为四川及华中地区，现在保护区已经发现。

(6) 原矛头蝮 *Protobothrops mucrosquamatus*。原分布记录为四川、贵州以及华中和华南地区。在保护区为云南的首次发现。

(7) 四川龙蜥 *Japalura szechwanensis*。原分布记录为四川西部，模式产地在绵阳市安州区。现在保护区已经发现，与四川的地理居群相互隔离。

(8) 利川齿蟾 *Oreoloalax lichuanensis*。原分布记录为湖北等，模式产地在湖北利川。现在保护区已经发现，与湖北的地理居群之间在地理上相互隔离，并且其分类地位有待于进一步研究。

(9) 红点齿蟾 *Oreolalax rhodostigmatus*。原分布记录为重庆、贵州等。现在保护区已经发现。红点齿蟾是齿蟾属物种分布的东部边缘。

(10) 平鳞钝头蛇 *Pareas boulengeri*。原分布记录为贵州。现在保护区已经发现。

除了上述物种，还有个别物种需要进一步确定其分类地位，包括一种齿蟾和一种石龙子。

14.3.4　珍稀、濒危和重点保护两栖爬行动物种类

表 14-1 列出昭通北部地区两栖爬行动物的种类及其分布状况，包括珍稀、濒危和重点保护物种，有国家Ⅱ级重点保护野生动物 2 种，即大鲵 *Andrias davidianus* 和贵州疣螈 *Tylototriton kweichowensis*；云南省保护物种 3 种，即舟山眼镜蛇 *Naja atra*、孟加拉眼镜蛇 *Naja kaouthia* 和眼镜王蛇 *Ophiophagus hannah*；云南省有经济价值的物种 5 种，即平胸龟 *Platysternon megacephalum*、鳖 *Pelodiscus sinensis*、王锦蛇 *Elaphe carinata*、黑眉锦蛇 *Elaphe taeniura* 和乌梢蛇 *Zaocys dhumnades*；列入 CITES 附录Ⅱ的物种 3 种，即平胸龟、眼镜蛇和眼镜王蛇。

另外，在该地区有一定价值的物种有 4 种，即脆蛇蜥 *Ophisaurus harti*、细脆蛇蜥 *Ophisaurus gracilis*、玉斑锦蛇 *Elaphe mandarina*、黑线乌梢蛇 *Zaocys nigromarginatus*。

14.4　综 合 评 价

昭通北部地区已知有 93 种两栖爬行动物，其中有些物种是云南的新记录种，并且与原记录的产地之间都有一定的地理隔离，形成特殊的居群，所以具有很高的保护价值。该地区还具有一定数量的珍稀、濒危和重点保护两栖爬行动物，包括 2 种国家Ⅱ级重点保护野生动物，即大鲵和贵州疣螈；3 种云南省保护物种，即舟山眼镜蛇、孟加拉眼镜蛇和眼镜王蛇；5 种云南省有经济价值的物种，即平胸龟、鳖、王锦蛇、黑眉锦蛇和乌梢蛇；3 种列入 CITES 附录Ⅱ的物种，即平胸龟、眼镜蛇和眼镜王蛇。

云南东北部乌蒙山地区在地理位置、物种区系组成方面都具有重要的保护价值，从两栖爬行动物的分布看，其保护价值可以体现在：

(1) 物种丰富。包括 39 种两栖动物和 54 种爬行动物，共有 93 种。

(2) 区系组成复杂。既有云南高原的物种成分，又有贵州高原的成分，还有四川西部的物种成分。

(3) 不同分布型的物种聚集。该地区具有多种分布型的物种，共有 5 个大分布型 22 种小分布型的物种分布。形成以东洋型、喜马拉雅型和南中国型三大分布型为主。

(4) 物种构成特殊。原先只记录在四川西部、贵州、湖北等地有分布的物种，现发现在云南也有分布，是云南的新记录，而且在云南东北部形成了特殊孤立群体。说明云南东北部在这些物种的地理分布和演化上具有非常重要的地位。

另外，昭通北部地区两栖爬行动物的一些物种数量在逐渐减少，大型蛇类和蛙类更是如此，人为猎捕、生态退化、农药使用和旅游、各种工程建设都有一定的负面影响，急需采取措施，使物种及其生境得到有效保护。

第15章 鱼 类

15.1 研 究 背 景

15.1.1 研究概况

长江自青海玉树以下至四川宜宾段被称为金沙江(朱道清，1993)。依据金沙江水文和地貌等特点，以石鼓附近的虎跳峡为界，可把干流分为上、下两段(吴江和吴明森，1990)。对金沙江水系的鱼类调查开始于20世纪50年代，国内一些大专院校和科研单位相继对金沙江干流和各主要支流鱼类进行了科学研究(陈银瑞等，1983；何纪昌和刘振华，1985；褚新洛，1989；褚新洛和陈银瑞，1990；吴江和吴明森，1990；武云飞和吴翠珍，1990；周伟，2000；张庆等，2002，2007；于晓东等，2005；危起伟，2012)。程海是金沙江水系的重要湖泊之一，对程海鱼类的调查也是较早和较为系统的研究工作之一，研究结果表明程海共有土著鱼类15种，分属7科15属，在湖泊中未见有同属鱼类的物种分化(陈银瑞等，1983)。对滇西金沙江河段鱼类区系的初步分析结果显示，金沙江上游江段仅有13种鱼类(武云飞和吴翠珍，1990)。对宜宾至直达门金沙江段的鱼类区系调查结果表明，金沙江共有鱼类161种，分属7目19科89属(吴江和吴明森，1990)。虽然上述工作均涉及了金沙江主干或支流的鱼类区系组成或专项分类研究，但系统性不强，有的虽声称是对金沙江流域鱼类区系的研究，但并未对金沙江全流域做过系统采集，采集点更未涉及保护区，更多的是综合利用了以往研究工作的成果。《云南鱼类志》是较为全面记载金沙江鱼类的一项综合性工作，依据收集的标本分类结果，也仅记载了鱼类86种，分属6目11科57属(褚新洛，1989；褚新洛和陈银瑞，1990)。《云南鱼类名录》中记载了金沙江水系(云南段)鱼类151种(陈小勇，2013)。总之，因为不同的作者或单位对金沙江的界定不完全统一，更受掌握的标本和资料的局限，所以，对于金沙江鱼类区系的组成、种类数量众说纷纭。

昭通北部地区属金沙江下游江段，过去一直没有做过鱼类专项调查，仅中国科学院水生生物研究所、中国科学院昆明动物研究所等在部分地区进行过零星的采集(湖北省水生生物研究所鱼类研究室，1976；褚新洛，1989；褚新洛和陈银瑞，1990)。但上述研究无论是区系研究还是资源调查，几乎都是对金沙江上游或者宜宾以下长江水系的研究，很少有专门涉及金沙江下游江段的鱼类资源报道。为了进一步了解昭通北部地区的鱼类资源，调查组开展了认真的资源调查工作。

15.1.2 水域概况

昭通市位于云南东北部，历史上为云南通往中原的重要枢纽，是“西南丝绸之路”的要冲，素有“锁钥南滇，咽喉西蜀”之称，也是云南通往四川和长江中下游的北大门。该地区河流深切，沟壑蜿蜒。全区地跨长江水系上游的三大部分，即金沙江下游江段、长江上游干流和乌江水系。金沙江水系是云南六大水系之一，属长江上游，发源于青海省，经西藏、四川边界于云南的德钦县东北部入云南境内，主要支流包括金沙江干流、横江、牛栏江和以礼河。

保护区包括永善、大关、彝良、盐津等地，河网密度大，水量丰富。片区内大小河流均属金沙江水系，包括关河、白水江、洒渔河、洛泽河、罗布河、旧城河等。其中，洒渔河及关河分别属于横江的上段和中段。洒渔河发源于昭通市鲁甸县架马石，河流由西南向东北穿越洒渔坝，在大关县岔河与洛泽河交汇，河长175km；汇口以下称关河，在柿子镇纳入白水江后称横江。白水江发源于贵州省赫章县的毛姑村，河长 128km，至柿子乡两河口注入关河。旧城河由东往西经旧城镇注入罗布河。

15.1.3 研究方法

本次调查工作以昭通北部地区金沙江水系为主要调查区域，基于淡水鱼类的生物学特性，综合保护区实地情况，同时考虑鱼类具有一定的短距离洄游性，保护区外围地区分布的鱼类在保护区内也同样可能有分布的事实。主要的调查区域包括大关县、彝良县、盐津县及威信县等地的各大小河流。调查点涉及了关河、白水江、洒渔河、洛泽河、罗布河、旧城河等，分别在盐津县中和镇、柿子镇、庙坝镇，彝良县牛街镇，威信县双河苗族彝族乡、水田镇、罗布镇、旧城镇，大关县天星镇、上高桥乡设置了固定的采集点。

通过请人捕捞及从市集购买等方式收集鱼类标本，收集到的标本用 95%的乙醇溶液固定保存，标本收藏于西南林业大学动物标本室。

标本鉴定参照朱松泉(1989)、褚新洛(1989)、褚新洛和陈银瑞(1990)、褚新洛等(1999)，陈宜瑜(1998)，乐佩琦(2000)等的研究结果。经济、敞水性、凶猛性、洄游性鱼类的界定参照褚新洛(1989)、褚新洛和陈银瑞(1990)、伍献文等(1979)研究结果。保护物种和珍稀、濒危物种的界定参照《国家重点保护野生动物名录》《中国濒危动物红皮书・鱼类》和《中国物种红色名录・第一卷：红色名录》。

为了解当地野生鱼类资源的历史状况及现在生存状况，对调查地点的相关人群(包括渔民、鱼贩、餐馆工作人员、消费者)进行多对一或一对一的访谈。

15.2　鱼类区系及特点

经整理本次野外采集到的鱼类标本，综合参考了作者等于 2005 年 12 月在昭通市谷包垴乡、小河镇，曲靖市沾益区德泽乡，曲靖市会泽县大桥乡、鲁纳乡，昆明市嵩明县杨林镇，昆明市寻甸回族彝族自治县等地采集和保存于西南林业大学动物标本室的鱼类标本，同时收录了可靠的文献记录，最终形成保护区小流域鱼类名录。

15.2.1　区系组成

根据调查所获鱼类标本鉴定结果，加上文献资料记载的种类，昭通市北部地区金沙江水系共有鱼类 47 种，隶属于 3 目 9 科 39 属。其中，鲤形目 Cypriniformes 胭脂鱼科(亚口鱼科)Catostomidae 1 属 1 种，鲤科 Cyprinidae 20 属 23 种，鳅科 Cobitidae 7 属 7 种，平鳍鳅科 Homalopteridae 3 属 4 种；鲇形目 Siluriformes 鲇科 Siluridae 1 属 1 种，鲿科 Bagridae 3 属 6 种，钝头鮠科 Amblycipitidae 1 属 1 种，鮡科 Sisoridae 2 属 3 种；合鳃鱼目 Synbranchiformes 合鳃鱼科 Synbranchidae 1 属 1 种。以鲤形目种数最多，共有 35 种，占本区鱼类总种数的 74.5%；鲇形目次之，共有 11 种，占本区鱼类总种数的 23.4%；合鳃鱼目仅 1 种，占本区鱼类总种数的 2.1%。本区鱼类区系组成以鲤形目占绝对优势，而鲇形目相对较少；在科的水平上，鲤科种类所占比例最高，其次为鳅科。

15.2.2　资源现状

20 世纪 90 年代以前，本区的鱼类资源较为丰富，现今渔民每人每天的渔获物重量仅是 20 世纪 90 年代以前的 20%～30%。各调查点的鱼类资源均呈现出种群数量减少、个体小型化的特点。

现以威信县旧城镇为例说明本区鱼类的资源状况。该镇的渔民过去每天捕捞到的鱼类约为 10 种，渔获物重量为 10～15kg；现今捕捞到的鱼类约为 5 种，渔获物重量约为 5kg。渔民普遍反映，鱼群没有过去大，捕捞效益低。由于鱼类种类减少，种群数量降低，渔民每天的捕捞量显著降低，导致市场价格大幅度提高。鲿科鱼类过去的售价为 10～20 元/kg，如今的售价为 70～80 元/kg；宽鳍鱲*Zacco platypus* 以前售价仅为 3 元/kg，如今的售价为 15 元/kg。受经济利益的驱动，渔民为获取高的经济收入，挂网的网眼越来越小，许多未成熟的个体也被捕捞，最终导致鱼类的个体呈现小型化的趋势。过去捕捞的瓦氏黄颡鱼 *Pelteobagrus vachelli* 每尾平均体重为 500g，现今只有 150g 左右；过去宽鳍鱲每尾平均体长约 24cm，现今只有 17～18cm。调查还发现，现今常捕捞到的鱼类大多数为马口鱼 *Opsariichthys bidens*、宽鳍鱲和棒花鱼 *Abbottina rivularis* 等经济价值不大的鱼类。在降雨量较大、江水上涨的时候偶尔能钓到鲿科鱼类。现今每天的渔获物除上述土著鱼类外，也有鲤、草鱼等养殖鱼，推测是由于稻田养殖或鱼塘养殖的鱼苗随着水流进入旧城河。

威信县旧城镇鱼类资源的变化状况是本区鱼类资源状况的一个缩影。

15.2.3　多样性特点

1.区系成分复杂

根据李思忠(1981)对中国淡水鱼类的分布区划，保护区的鱼类区系属于华西区的川西亚区。

据本次研究得到的鱼类名录，该地区华西区鱼类有四川裂腹鱼、昆明裂腹鱼、短须裂腹鱼、短须高原鳅红尾副鳅 *Paracobitis variegatus*、戴氏山鳅、西昌华吸鳅、短身金沙鳅 *Jinshaia abbreviata*、中华金沙鳅 *J. sinensis*、峨眉后平鳅 *Metahomaloptera omeiensis*、白缘鉠*Liobagrus marginatus* 11 种；华东区鱼类有长鳍吻鮈*Rhinogobio ventralis*、裸腹片唇鮈*Platysmacheilus nudiventris*、异鳔鳅鮀、长薄鳅 *Leptobotia elongata* 4 种；华南区鱼类有前臀鮡*Pareuchiloglanis anteanalis* 和壮体鮡*Pareuchiloglanis robusta* 2 种；北方区和华东区共有的鱼类仅 1 种，为乌苏拟鲿 *Pseudobagrus ussuriensis*；华西区和华东区共有的鱼类有 4 种，分别为中华倒刺鲃 *Spinibarbus sinensis*、金沙鲈鲤 *Percocypris pingi*、云南盘鮈*Discogobio yunnanensis*、切尾拟鲿 *P. truncatus*；华东区和华南区共有的鱼类有 7 种，为胭脂鱼 *Myxocyprinus asiaticus*、中华鳑鲏 *Rhodeus sinensis*、高体鳑鲏 *R. ocellatus*、中华沙鳅 *Botia superciliaris*、瓦氏黄颡鱼、长吻鮠*Leiocassis longirostris*、福建纹胸鮡*Glyptothorax fukiensis*；华西区、华东区和华南区共有的鱼类有 7 种，为寡鳞飘鱼 *Pseudolaubuca engraulis*、云南光唇鱼、白甲鱼、泉水鱼 *Semilabeo prochilus*、缺须墨头鱼 *Garra imberba*、粗唇鮠*Leiocassis crassilabris*、短尾拟鲿 *P. brevicaudatus*；广布种鱼类共有 11 种，为马口鱼、宽鳍鱲、花䱻*Hemibarbus maculatus*、麦穗鱼 *Pseudorasbora parva*、棒花鱼、鲤、鲫、横纹南鳅 *Schistura fasciolatus*、泥鳅、大口鲇 *Silurus meridionalis*、黄鳝 *Monopterus albus*。

从昭通北部地区所处的地理位置来看，其鱼类区划属于华西区的川西亚区，该区的鱼类除广布种以外，华西区物种数为 11 种，占该区鱼类总数的 23.4%。此外，该区的鱼类中还有北方区、华南区的成分，或几个区共有的成分，所以区系成分复杂。这也明显反映出其鱼类区系组成的交汇性和过渡性。

2.物种组成的过渡性

昭通北部地区鱼类较金沙江上游江段更为丰富，但与下游的梵净山及邻近地区的鱼类相比，其种类组成相对单一。本区鱼类兼具金沙江上游和长江中上游两区鱼类组成的特点。

昭通北部地区 47 种鱼类分属于胭脂鱼科、鲤科、鳅科、平鳍鳅科、鲿科、钝头鮠科、鮡科、鲇科和合鳃鱼科 9 科，以鲤形目和鲇形目的种类为主(46 种，97.9%)。金沙江上游江段仅有 13 种鱼类，分属于 2 目 4 科 10 属，其中裂腹鱼类和高原鳅类占 4 属 7 种(53.8%)(武云飞和吴翠珍，1990)。梵净山及邻近地区共有 84 种(亚种)土著鱼类，分属于 5 目 13 科 60 属，以鲤科鱼类居多，占该地区鱼类总种数的 54.8%(代应贵和李敏，2006)。

昭通北部地区与金沙江上游鱼类有 7 属 9 种相同，即金沙鲈鲤、四川裂腹鱼 *Schizothorax kozlovi*、昆明裂腹鱼 *S. grahami* 和短须裂腹鱼 *S. wangchiachii*、鲤 *Cyprinus carpio*、鲫 *Carassius auratus*、戴氏山鳅 *Oreias dabryi*、泥鳅 *Misgurnus anguillicaudatus* 和西昌华吸鳅 *Sinogastromyzon sichangensis*。该区与梵净山及邻近地区鱼类有 30 属 33 种相同，如异鳔鳅鮀 *Gobiobotia boulengeri*、云南光唇鱼 *Acrossocheilus yunnanensis*、白甲鱼 *Onychosotoma sima* 等。因此，该区既有金沙江上游种类，也有长江中上游种类，属于两者的过渡区域。

3.敞水性种类较多

从生态习性来看，适应江河上游山溪急流生活的鱼类共计 17 种，包括鲇形目鲱科以及鲤形目鳅科、平鳍鳅科和鲤科中的野鲮亚科，占本次调查鱼类总种数的 36.2%；而适应江河中下游生活的敞水性鱼类有 28 种，包括鲇形目鲇科、鲿科、鲤形目鲤科大部分的种类，占本次调查鱼类总种数的 59.6%。由此可见，保护区鱼类的特点是适应江河中下游生活的敞水性鱼类占多数，但适应山溪急流生活的鱼类也不少。

4.凶猛性和洄游性鱼类

昭通北部地区凶猛性鱼类仅有金沙鲈鲤、长薄鳅和大口鲇 3 种，金沙鲈鲤虽追食小型鱼类，但也取食大型甲壳动物、水生昆虫及其幼虫等，并不是唯一以小型鱼类为食的凶猛性鱼类。

重庆市巴南区木洞镇、涪陵区和万州区等地曾有达氏鲟 *Acipenser dabryanus* 和中华鲟 *A. sinensis* 的分布记载(湖北省水生生物研究所鱼类研究室，1976)，昭通市绥江县也有达氏鲟的分布记录(褚新洛和陈银瑞，1990)。虽然本研究两次现场调查均未发现达氏鲟和中华鲟，但从其自然习性和分布记录判断，该区应有其自然分布。目前不见其足迹的状况可能是与一些工程建设有关，其阻碍了这两种鱼类的自然洄游，随之影响它们的自然分布和繁殖，造成种群数量剧降，最终导致种群消失。

5.经济鱼类多

昭通北部地区有一定产量，或者个体较大的主要经济鱼类共 30 种，占本区鱼类总种数的 63.8%，分别为胭脂鱼、马口鱼、宽鳍鱲、花䱻、长鳍吻鮈、中华倒刺鲃、金沙鲈鲤、云南光唇鱼、白甲鱼、泉水鱼、缺须墨头鱼、四川裂腹鱼、昆明裂腹鱼、短须裂腹鱼、鲤、鲫、横纹南鳅、红尾副鳅、长薄鳅、泥鳅、大口鲇、瓦氏黄颡鱼、长吻鮠、粗唇鮠、短尾拟鲿、乌苏拟鲿、切尾拟鲿、前臀鲱、壮体鲱和黄鳝。

15.3 保护与科学价值

15.3.1 代表性

昭通北部地区的河流均属金沙江水系，因此将片区内的鱼类与金沙江的鱼类区系进行比较，可显示出保护区内鱼类区系在金沙江鱼类区系中的地位。金沙江水系共记载土著鱼类 86 种，分属于 6 目 11 科 57 属(褚新洛和陈银瑞，1990)。昭通北部地区小流域共有鱼类 47 种，分属于 3 目 9 科 39 属。保护区仅是金沙江下游江段的小部分地区，并不包括水富市、绥江县等地，物种数却占金沙江鱼类总种数的 54.7%。由此可见，保护区的鱼类区系是云南金沙江水系总鱼类区系富有代表性的地区。同时也可以看出，分类阶元越高，片区内与金沙江水系之间共有的数目越多，反之，分类阶元越低，则共有的数目越少。但一些工程建设使得原来连续的河流生态系统被分割成不连续的环境单元，造成洄游障碍，鱼类的生长、繁殖、摄食等正常活动受到阻碍，一些生境无法达到许多种类的最适生境，导致这些种类的种群数量降低，甚至消失。因此，加大该保护区的保护和管理，对于保护北部片区的鱼类种群数量和物种多样性具有重要意义。

15.3.2 稀有性及特有性

在昭通北部地区的 47 种鱼类中，胭脂鱼在《国家重点保护野生动物名录》中被列为国家Ⅱ级重点保护野生动物，在《中国濒危动物红皮书·鱼类》和《中国物种红色名录·第一卷：红色名录》中都被列为易危(VU)物种(乐佩琦和陈宜瑜，1998；汪松和解焱，2004)；白缘鉠被《中国物种红色名录·第一卷：红色名录》列为濒危(EN)鱼类(汪松和解焱，2004)，这两种占昭通北部地区鱼类总种数的 4.3%。

许多物种是仅分布于长江上游的特有种，如金沙鲈鲤、短身金沙鳅、中华金沙鳅、西昌华吸鳅、峨眉后平鳅、白缘鉠、短尾拟鲿、壮体鮡等。而金沙鳅属 *Jinshaia* 是长江上游的特有属。对这些特有种(属)的保护，一方面对种质资源起到保护作用；另一方面对研究物种的起源、进化，以及研究长江水系的地质历史变迁有着重要价值。

昭通地区位于云贵高原和四川盆地的过渡地带，地形复杂，河网密度大。由于鱼类的分布既受水系的限制又受海拔的影响。水系的形成与该地地形、地貌有关。复杂的地形对于昭通北部金沙江的水系结构有明显影响，使其具有复杂多样的水系网络，并为各种鱼类在金沙江水域栖息繁衍创造了多样化的生活环境。因此，昭通北部地区鱼类既有金沙江上游的成分，又有长江中上游的成分，鱼类区系具有明显的过渡性特点。这一特殊的地理位置，说明昭通北部金沙江地区起着承上启下的作用。因此，对该片区实施针对性保护，将对金沙江上游和长江中下游的鱼类物种多样性保护起到积极作用。

15.3.3　保护价值

在江河中，每一种鱼都是相对比较集中地栖息在一定江段，而在这一江段以外，虽然也可能发现这种鱼，但是个体的数量极少。昭通北部地区分布着多种裂腹鱼，而裂腹鱼亚科是鲤科中的一个自然类群，严格局限分布于亚洲中部的青藏高原及其周围地区。青藏高原的隆起是地质史上的重大事件，随着高原的隆起，气温发生极大变化，形成了独特的高原环境，使得绝大多数的原始鿕亚科 Danioninae 和鲃亚科鱼类灭绝，只剩下极个别的种类(如近裂腹鱼属鱼类)逐步适应，得以存留，形成特殊的适应性习性，如穴居蛰伏、杂食、掘坑产卵等。裂腹鱼类的出现和发展是与青藏高原的急剧隆起以及随之发生的自然条件的显著改变息息相关的(曹文宣等，1981)，该亚科鱼类随着青藏高原的隆升、水系的变迁向高原四周辐射扩散，并不断地演化出新的种类，终于形成现今这样一个占领着特殊分布区的特殊类群。裂腹鱼类的特化程度可分为三个不同的等级，即原始等级(裂腹鱼属 *Schizothorax*、裂鲤属 *Schizocypris*、扁吻鱼属 *Aspiorhynchus*)、特化等级(重唇鱼属 *Diptychus*、裸重唇鱼属 *Gymnodiptychus*)、高度特化等级(裸鲤属 *Gymnocypris*、尖裸鲤属 *Oxygymnocypris*、裸裂尻鱼属 *Schizopygopsis*、黄河鱼属 *Chuanchia*、扁咽齿鱼属 *Platypharodon* 和高原鱼属 *Herzensteinia*)。一个较为特化的等级内的主干属，只能由较为原始等级的主干属演变而来，旁支属不具有演变成更为特化等级的其他属的可能性。裂腹鱼类的第二个特化等级，即特化等级的主干属重唇鱼属，只能从类似原始等级的主干属裂腹鱼属的鱼类演变而来。同时，裂腹鱼类三个不同等级的特化，反映出青藏高原的隆起，在新近纪以后，可能经历了三次急剧上升和相对稳定交替的阶段。该区分布的裂腹鱼类隶属于裂腹鱼属，同时位于青藏高原隆升的最低一级台阶，保护这些物种可为研究该类群的起源、分布及其与青藏高原隆升的关系提供基本素材。

长江上游先后袭夺了大渡河、雅砻江与金沙江等原来向东南流经云南注入南海北部湾的河流上游(李四光，1973；李承三，1956)，所以有些东洋界鱼类也扩展到了长江上游，如平鳍鳅科、鲱科及鲤科的墨头鱼属 *Garra* 等。因此，通过严格地管理保护保护区的物种，对于研究上述河流的起源、发育及河流间的关系有重要作用。

据资料记载，鲇形目的鲱科和鲤科的野鲮亚科全部种类以及鲤科鲃亚科的绝大部分种类的分布北限为长江水系，在长江以北地区并未有发现(褚新洛，1989；褚新洛和陈银瑞，1989，1990；褚新洛等，1999；陈宜瑜，1998；乐佩琦，2000)。淡水鱼类较高阶元(科、亚科)的这种分布格局是十分有趣的现象，对研究江河的起源、河流的变迁有着十分重要的意义。因为鱼类离不开水，淡水鱼类的分化和分布受水系变化和更替的影响更为直接，它们的分布格局记录着河流地质变迁的历史。鲱科、鲤科的野鲮亚科和鲃亚科鱼类的分布格局与青藏高原的隆升有着密不可分的关系，长江成为其分布北缘，标志着它们的起源和形成是伴随着青藏高原的隆升而发生的。如鲱科仅分布于亚洲，该类群在中国有 44 种，地跨华西区、华东区和华南区 3 个区的 9 个亚区，分别为青藏亚区、陇西亚区、康藏亚区、川西亚区、江淮亚区、怒澜亚区、珠江亚区、海南岛亚区和浙闽亚区

(褚新洛，1989)。根据李思忠(1981)对中国淡水鱼类的分布区划，上述 9 个亚区均属长江水系以南的区域。对该片区的鱼类资源实施保护，对于研究物种的起源、进化，以及研究长江水系的地质历史变迁和该水系对全国鱼类分布的影响有着重要的意义。

15.3.4 经济和社会价值

昭通北部地区的主要经济鱼类共 30 种，占本区鱼类总种数的 63.8%，如此丰富的鱼类资源有利于发展当地的渔业产业。例如，金沙鲈鲤的个体较大，在片区内有一定产量，常见体重 0.5～1kg，最大达 15kg。大口鲇常见个体重 2～5kg，最大个体可达 50kg，对于大口鲇的养殖研究较多(邹桂伟等，2002；张崇秀，2003)。

当地相关职能部门，一方面可依靠鱼类种群自繁，保证种质资源；另一方面可开展人工驯养，养殖有重要科研和经济价值的鱼类(如鲈鲤属 *Percocypris*、鲶科、裂腹鱼亚科 Schizothoracinae 的鱼类)以供市场，满足人民群众的生活需要，还可养殖珍稀濒危鱼类并实施鱼苗流放措施，使种质资源得以保护和恢复。

15.4 主要鱼种各论

共记述 10 科(亚科)的代表种类 10 种，现将各种分述如下。

1)胭脂鱼 *Myxocyprinus asiaticus*(Bleeker)

背鳍鳍条 3～4，50～57；臀鳍鳍条 3～4，10～12；胸鳍鳍条 1，16～18；腹鳍鳍条 1，10～12；侧线鳞为 48～53。

体高而侧扁。头短，吻钝圆。吻长等于或稍大于眼后头长。口小，下位，马蹄形。唇发达、肉质，上下唇均有许多密集的乳头状突起。下咽齿一行，齿数很多，齿端呈钩状。眼位于头两侧正中轴之上。背部从头后陡然隆起，至背鳍起点处为身体最大高度，此后平缓下倾，背部狭窄。背鳍基甚长，起点在胸鳍基稍后，末端延至臀鳍基的上方。背鳍外缘内凹，前端数根鳍条特别延长。胸鳍末端接近或达到腹鳍。腹鳍起点到胸鳍起点的距离约等于或小于到肛门的距离。腹鳍末端距肛门稍远或达到肛门。肛门紧靠臀鳍。臀鳍鳍条后延超过尾鳍基，臀鳍基末端与背鳍基末端相对或稍前。尾鳍叉形。侧线完全，平直。此鱼随个体增大，其体高相对降低。

不同大小的个体体色有很大的变化。一股体长 27mm 的幼鱼，身体呈银灰色或淡紫色；体长 30～310mm 的个体，体侧有 3 个黑褐色横斑，横贯眼球有一黑褐色斑，尾鳍灰白色，其他各鳍皆为黑色；更大的未成熟个体，身体呈灰褐色并杂以红紫色彩晕。体长 600mm 以上的成鱼，身体为淡红色、黄褐色或暗褐色，且有一条猩红色的宽阔直条从吻端直达尾鳍基。

鱼苗经常群集于水流比较静止的乱石之间，半长成的鱼则常栖息于湖泊和江河的中下游，长成的鱼多见于上游。鱼苗一般喜欢生活在水的上层，成鱼及未长成的鱼多栖于水的中下层。幼鱼和半长成鱼的行动比较缓慢，成鱼则矫健异常。胭脂鱼主要以底栖的无脊椎动物和水底泥渣中的有机物质为食，如摇蚊科、蜉蝣目、蜻蜓目、毛翅目等水生昆虫的幼体等是其常见的食物，其也常在水底乱石上以口吸摄附着的硅藻及植物的碎片等。每年 3～4 月产卵，5 冬龄鱼始达性成熟，成熟雄鱼的臀鳍及尾鳍都有珠星，产卵场在长江上游干支流的急流石滩处。

分布于长江干支流和闽江及其附属湖泊，濒危等级属易危，为国家Ⅱ级重点保护野生动物。

2) 长鳍吻鮈 *Rhinogobio ventralis* Sauvage et Dabry

背鳍鳍条 3，7；臀鳍鳍条 3，6；胸鳍鳍条 1，17～18；腹鳍鳍条 1，7；侧线鳞为 48～49；背鳍前鳞为 15～16；围尾柄鳞为 16。

体长，前部近呈圆筒状。腹部圆，无棱。头部稍平扁，呈锥形。吻端略钝圆，向前突出。口下位，较小，呈深弧形。唇厚，无乳突，唇后沟中断，相距甚远。上下颌通常有角质。眼小，侧上位，约位于头长的中点。眼间隔宽，微隆起。口角须 1 对，短而粗，其长约等于眼径。背鳍最末不分枝鳍条为软条，但基部较粗，起点位于腹鳍起点的前上方，距吻端较距尾鳍基近，第一分枝鳍条的长度显著大于头长，背鳍外缘凹入。臀鳍外缘深凹，起点距腹鳍起点较距尾鳍基为近。胸鳍长，末端伸达或超过腹鳍起点，外缘内凹。腹鳍末端超过肛门，几达臀鳍基，其起点约位于胸鳍和臀鳍起点间的中点或略后。肛门靠近臀鳍起点，约位于胸鳍和臀鳍起点之间的后 1/3 处。尾鳍叉形，叶端尖。侧线完全，平直。

鲜活时背部深灰色，腹部白色，各鳍不分枝鳍条边缘常带淡红色，背鳍和尾鳍呈浅黑色。

喜栖息于江河底层。主要摄食水生昆虫及摇蚊幼虫，兼食丝状藻。为中小型鱼类，是产地常见经济鱼类之一。

3) 异鳔鳅鮀 *Gobiobotia xenophysogobio* Tchang

背鳍鳍条 3，7；臀鳍鳍条 3，6；胸鳍鳍条 1，12～13；腹鳍鳍条 1，7；侧线鳞为 42～43；背鳍前鳞为 20；围尾柄鳞为 24。

体长，稍侧扁。背缘略呈弧形，腹缘较平直，胸部平坦，腹部无棱。头略扁，吻端钝圆。鼻孔距眼较距吻端为近。眼很小，眼径不及鼻孔大，位于头的侧上方。眼间隔宽，微隆起。口下位，呈弧形，上唇在口角处较发达，下唇光滑。须 4 对，口角须长，末端伸达眼后缘下方；第一对颏须的起点约在两口角须起点的连接线上，末端不达第三对颏须的起点；第二对颏须细小，略超过第三对颏须的起点；第三对颏须最长，末端接近胸鳍基部。颏部各须间具乳突。背鳍无硬刺，起点位于腹鳍起点的前上方，距吻端的距离小于至尾鳍基的距离，背鳍外缘微凹。臀鳍鳍条长，末端距尾鳍基很近，起点距腹鳍起点较距尾鳍基为近。胸鳍末端通常不达腹鳍起点。腹鳍起点距臀鳍起点较距胸鳍起点为近。肛门位于腹鳍起点与臀鳍起点间的中点或稍近于臀鳍。尾鳍发达，深叉形，叶端尖。侧线较平直。

背部棕色，腹部灰白色。头背部较黑。横跨背部及沿体侧中轴各有 6～7 个黑色斑块。背鳍和尾鳍黑色，其他各鳍灰白色。

栖息于流水的砂石上。

4) 中华倒刺鲃 *Spinibarbus sinensis* (Bleeker)

背鳍鳍条 4，8～9；臀鳍鳍条 3，5；胸鳍鳍条 1，15～18；腹鳍鳍条 1，8～10；侧线鳞为 29～35；背鳍前鳞为 6～10；围尾柄鳞为 10～14。

体侧扁，腹部无棱。背缘和腹缘呈浅弧形。吻端钝圆。鼻孔距眼较距吻端为近。眼侧上位，眼间隔宽。口次下位，呈马蹄形，上颌突出于下颌之前，口裂后伸达鼻孔前缘的下方，上下颌前缘和内缘革质，与上下唇间有一浅缢，中间部分尤其明显。须 2 对，口角须较吻须长。

背鳍具硬刺，最末不分枝鳍条后缘带细锯齿。背鳍起点位于腹鳍起点的前上方，距吻端较距尾鳍基为近。背鳍外缘略凹，基部有鳞鞘。臀鳍几达尾鳍基，起点距尾鳍基较距腹鳍起点为近。胸鳍伸达至腹鳍起点间距离的 2/3 处，末端钝。腹鳍伸达至臀鳍起点间距离的 2/3 处。尾鳍叉形。

鲜活鱼背部青黑色，腹部灰白色，体侧泛银色光泽，绝大多数鳞边缘为黑色，近尾鳍基部有一黑斑，幼鱼更为明显。

底栖性鱼类，性活泼，喜成群栖息于底层多为乱石的流水中。冬季即到干流中越冬，至次年的三四月水位升高时进入支流或至上游，形成干支流间的短距离洄游。

5) 金沙鲈鲤 *Percocypris pingi pingi* (Tchang)

背鳍鳍条 4，8；臀鳍鳍条 3，5；胸鳍鳍条 1，16～17；腹鳍鳍条 1，9；侧线鳞为 53～55；围尾柄鳞为 16～18。

体延长，略侧扁，头后部稍隆起，背部轮廓线弧度相当。吻端钝圆。下颌突出于上颌。口次上位，呈一斜裂，上颌骨伸达眼前缘的垂直线。吻皮盖在上唇基部，在吻须基部无明显缺刻。上下唇肥厚，包在上下颌的外表，在口角处相连。须 2 对，吻须短于口角须，口角须后伸可超过眼后缘的垂直线。鼻孔距眼较距吻端为近。眼在头侧的前上方，接近头背部的轮廓线。鳃膜与鳃峡连接处后于眼后缘的垂直线。鳃峡间距极小。鳃孔的上角约与眼上缘在同一水平线上。背鳍刺弱，末根不分枝鳍条基部较硬，后缘具锯齿，顶端部分柔软分节，后缘光滑无齿。背鳍起点距尾鳍基大于距眼中心。臀鳍起点距尾鳍基较距腹鳍起点为近。腹鳍起点距臀鳍起点较距胸鳍为近。腹鳍末端至臀鳍起点间的距离大于吻长。胸鳍末端距腹鳍起点 6～7 个鳞片。肛门紧靠臀鳍起点。尾鳍叉形。侧线略下弯，向后入尾柄的正中。

体背面青黑色，腹部灰白色，体侧上半部绝大多数鳞片基部有一黑色斑点，组成不连续的、排列整齐的直形条纹。头背面有分散的黑斑点，至头的侧面黑点变大且稀少。背鳍、尾鳍及胸鳍微黑。

幼鱼多在支流的沿岸，成鱼则在大水面游弋，追食小型鱼类，也食大型甲壳动物、昆虫及其幼虫等，属凶猛性肉食鱼类。

6) 缺须墨头鱼 *Garra imberba* Garman

背鳍鳍条 2，8～9；臀鳍鳍条 2，5；胸鳍鳍条 1，15～16；腹鳍鳍条 1，8；侧线鳞为 48～50；背鳍前鳞为 14～15；围尾柄鳞为 16。

体长，前部略呈圆筒状，腹面在腹鳍前平坦，背鳍以后渐侧扁。头部稍平扁，头长大于头宽，头宽大于头高。吻钝圆，鼻孔前无凹陷，不形成吻突。口下位，呈一弧形横裂。吻皮下包，向腹面扩展，盖住上颌，在口角处与下唇相连。上唇消失，下唇形成吸盘。口吸盘宽大，宽度几与该处头宽相等，前缘的乳突较侧缘和后缘的为大，中央肉质垫的周缘光滑，仅中心有一小块布满小乳突，后方与吸盘的乳突相连续。鳃孔延伸到头部腹面。鼻孔位于眼的前方，约与眼上缘齐平，距眼前缘较距吻端为近。无须。眼中等大小，侧上位，眼上缘靠近头背部轮廓线，腹视不可见。眼后头长等于或略小于吻长的一半。眼间距宽，略大于吻长。背鳍无硬刺，起点略前于腹鳍起点，至吻端的距离大于其基部末端至尾鳍基的距离。背鳍外缘微凹。臀鳍外缘也微凹，末端不达尾鳍基。臀鳍起点距尾鳍基的距离等于或略大于距腹鳍起点的距离。胸鳍末端钝圆，距腹鳍起点 5～6 个鳞片，前 5～7 根鳍条的腹面皮肤增厚。腹鳍起点位于背鳍起点的后下方。腹鳍末端不达肛门，与臀鳍起点相距 5 个鳞片。肛门靠近腹鳍基。尾鳍深叉形，末端尖。侧线完全，明显，几平直。

体呈黑褐色，背部颜色较深，腹部灰白色，各鳍灰黑色。

喜欢栖息在水流湍急、水底多岩石的环境，常以肉质的吸盘吸附在水底石块上，属底栖性鱼类。以着生藻类、植物碎屑以及沉积在岩石表面的有机物等为食，有时也食少量水生昆虫幼虫。

7) 昆明裂腹鱼 *Schizothorax grahami* (Regan)

背鳍鳍条 3，8；臀鳍鳍条 2，5；胸鳍鳍条 1，16～20；腹鳍鳍条 1，9～10；侧线鳞为 93～115。

体延长，稍侧扁，背缘和腹缘隆起，腹部圆。吻钝圆，成体雄性有明显的珠星。鼻孔距眼前缘较距吻端为近。口下位，横裂，口裂前端远在眼下缘水平线的下方。上颌骨后端位于眼前缘与后鼻孔之间的下方。下颌前部有发达的角质，前缘锐利，弧形或近横直。下唇发达，在下颌角质部分之后呈一连续的横带，中部较两端略窄，表面被发达的乳突，唇后沟连续。须 2 对，约等长或口角须略长，吻须后伸达或几达眼前缘下方，口角须后伸达眼后缘下方。背鳍末根不分枝鳍条基部约 2/3 为硬刺，后缘具 17～20 枚强锯齿。背鳍起点位于腹鳍起点略前的上方，距吻端与距尾鳍基约相等或距吻端稍近。臀鳍后伸不达尾鳍下缘的基部。胸鳍后伸略过至腹鳍起点间距离的 1/2 处，外角略钝圆。腹鳍起点约位于体之中点，后伸稍过至臀鳍起点间距离的 2/3 处，外角略圆。尾鳍叉形，末端略尖。肛门紧靠臀鳍起点。

身体背部蓝灰色，腹面银白色，尾鳍下叶浅红色。

8) 红尾副鳅 *Paracobitis variegates* Sauvage et Dabry

背鳍鳍条 3，7～8；臀鳍鳍条 3，5；胸鳍条 1，10～11；腹鳍鳍条 1，7；尾鳍分枝鳍条 16～17(多数为 17)。第一鳃弓内侧鳃耙 8～9。

体极细长，前段近圆筒形，向后逐渐侧扁。头较小，略平扁，头宽大于头高。吻锥形，吻长等于或略小于眼后头长。鼻孔接近眼前缘而远离吻端；前、后鼻孔相邻，前鼻孔位于鼻瓣中，鼻瓣后缘略延长，末端通常略伸过后鼻孔后缘。眼小，位于头背侧，腹视不可见。颊部不膨起。眼间隔宽平。口下位，口裂呈弧形。上下唇厚，上唇有浅皱褶，中央有一浅缺刻；下唇皱褶较深，中央缺刻较大，缺刻之后有浅的中央颏沟。上颌中央具一弱的齿状突，下颌无缺刻。须 3 对，中等长。内侧吻须后伸不达前鼻孔，外侧吻须伸达前后鼻孔间的垂直下方，口角须伸达眼中央或后缘的垂直下方。鳃孔伸达胸鳍腹侧。尾柄上缘软鳍褶前端位于臀鳍基上方。背鳍起点距吻端小于或约等于距尾鳍基的距离，末根不分枝鳍条短于第一根分枝鳍条，鳍条末端远不达肛门的垂直线。臀鳍起点距腹鳍起点略小于距尾鳍基的距离，鳍条末端远离尾鳍基。胸鳍长约为胸鳍、腹鳍起点间距的 43%～49%。腹鳍起点与背鳍第一根分枝鳍条相对或略前，距胸鳍起点等于距臀鳍第 1～5 根分枝鳍条的距离，末端远不伸达肛门。肛门位置较后，起点距臀鳍起点约为臀鳍起点至腹鳍基后端间距的 16%～19%。尾鳍圆形。侧线完全。

红尾副鳅浸制标本基色浅黄，背部无深褐色大横斑，体侧横纹细密，一般为 16～20 条，在前驱，通常每 2 条体侧横纹在上端相连。尾鳍基及背鳍各具 1 条深褐色条纹，其余各鳍无明显斑纹。

9) 前臀鮡*Pareuchiloglanis anteanalis* Fang，Xu et Cui

背鳍鳍条 1，5～6；臀鳍鳍条 1，4；胸鳍鳍条 1，14～15；腹鳍鳍条 1，5。

背缘微隆起，腹面平直。脂鳍起点以后身体逐渐侧扁。头平扁，前端楔形。吻端圆。眼小，背位，距吻端大于距鳃孔上角。口大，下位，横裂，闭合时前颌齿带仅边缘显露。齿尖锥形，埋于皮下，仅露尖端。前颌齿带中央有明显缺刻。唇后沟不通，止于内侧颏须的基部。口的周围密布小乳突。鼻须伸达眼前缘；颌须末端略尖，达到或超过鳃孔下角；外侧颏须不达胸鳍起点；内侧颏须更短。鳃孔下角与胸鳍第 1～3 根分枝鳍条的基部相对，位于胸鳍基中点稍下。背鳍外缘稍平，起点距吻端约等于距脂鳍起点的距离；平卧时鳍条末端达到或略超过腹鳍基后端的垂直上方。脂鳍后端不与尾鳍连合，起点略后于腹鳍末端的垂直上方，基长小于前背长。臀鳍起点距尾鳍基显著大于距腹鳍起点的距离。胸鳍不达腹鳍起点。腹鳍刚达或超过肛门。肛门距臀鳍起点小于距腹鳍基后端的距离。尾鳍略内凹或平截。侧线平直，不太明显。

背面灰黄色或绿黄色，腹部乳白色。鳃孔上方有两个界线不太清楚的黄斑。背鳍起点和脂鳍起点各有 1 黄色斑块。胸鳍和腹鳍与体色一致，唯边缘较淡。尾鳍灰黑色，中央有 1 黄斑。

10）黄鳝 *Monopterus albus*（Zuiew）

体细长，蛇形，肛门前的躯体棍圆形，往后渐侧扁，且渐尖细。头部膨大，自吻端向后隆起，头高大于体高。吻钝圆，较短。前鼻孔位于吻端，后鼻孔位于眼前缘的后上方，近圆形。眼小，侧上位，为皮膜所覆盖。眼间隔微隆起。口次下位，上颌较下颌稍长。唇发达。口裂大而平直，后伸超过眼后缘的垂直上方。唇发达，上唇稍向下覆盖下唇，唇后沟在颏部不相通，间隔距离约等于眼径。鳃孔腹位，呈“V”形裂缝；鳃孔上角约位于口裂水平线。背鳍、臀鳍退化，仅留尾部上、下缘的皮褶，与尾鳍相连。尾鳍小，末端尖。体裸露无鳞，富黏液。具侧线，纵贯体侧中轴。肛门约位于身后 1/4 处。

生活时体灰褐色、微黄色乃至黄褐色，腹部灰白色。全身散布不规则黑色小斑。体色因生活环境的不同而有较大差异。

适应性强，分布广泛，在稻田、沟渠中较为常见，产量高，味道鲜美，经济价值较高。

附录　昭通北部地区鱼类名录

种名	分布水系	分布区系
Ⅰ. 鲤形目 Cypriniformes		
一、胭脂鱼科（亚口鱼科）Catostomidae		
1. 胭脂鱼 *Myxocyprinus asiaticus*	长江和闽江	CD
二、鲤科 Cyprindae		
鿕亚科 Danioninae		
2. 马口鱼 *Opsariichthys bidens*	除台湾岛外的各江河	E
3. 宽鳍鱲 *Zacco platypus*	全国各大水系	E
鲌亚科 Cultrinae		
4. 寡鳞飘鱼 *Pseudolaubuca engraulis*	珠江、长江、黄河等	BCD
鮈亚科 Gobioninae		
5. 花䱻 *Hemibarbus maculatus*	长江以南至黑龙江	E
6. 麦穗鱼 *Pseudorasbora parva*	全国各大水系	E
7. 长鳍吻鮈 *Rhinogobio ventralis*	长江中上游	C
8. 棒花鱼 *Abbottina rivularis*	全国各大水系	E
9. 裸腹片唇鮈 *Platysmacheilus nudiventris*	长江上游	C
鳅鮀亚科 Gobiobotinae		
10. 异鳔鳅鮀 *Gobiobotia boulengeri*	长江中上游	C
鳑鲏亚科 Rhodeinae		
11. 中华鳑鲏 *Rhodeus sinensis*	全国各大水系	CD
12. 高体鳑鲏 *Rhodeus ocellatus*	全国各大水系	CD

续表

种名	分布水系	分布区系
鲃亚科 Barbinae		
13. 中华倒刺鲃 *Spinibarbus sinensis*	长江	BC
14. 金沙鲈鲤 *Percocypris pingi pingi*	金沙江	BC
15. 云南光唇鱼 *Acrossocheilus yunnanensis*	长江中上游、珠江	BCD
16. 白甲鱼 *Varicorhinu simus*	长江中上游、珠江	BCD
野鲮亚科 Laboninae		
17. 泉水鱼 *Semilabeo prochilus*	长江上游	BCD
18. 缺须墨头鱼 *Garra imberba*	长江上游、澜沧江、元江	BCD
19. 云南盘鮈*Discogobio yunnanensis*	长江中上游、南盘江	BC
裂腹鱼亚科 Schizothoracinae		
20. 四川裂腹鱼 *Schizothorax kozlovi*	金沙江、雅砻江	B
21. 昆明裂腹鱼 *Schizothorax grahami*	金沙江下游、乌江上游	B
22. 短须裂腹鱼 *Schizothorax wangchiachii*	金沙江、雅砻江	B
鲤亚科 Cyprininae		
23. 鲤 *Cyprinus caupio*	全国各大水系	E
24. 鲫 *Carassius auratus*	全国各大水系	E
三、鳅科 Cobitidae		
条鳅亚科 Nemacheilinae		
25. 短须高原鳅 *Triplophysa brevibarba*	长江中上游	B
26. 横纹南鳅 *Schistura fasciolatus*	长江中上游、元江、澜沧江等	E
27. 红尾副鳅 *Paracobitis variegatus*	长江中上游、南盘江	B
28. 戴氏山鳅 *Oreias dabryi*	长江中上游	B
沙鳅亚科 Botiinae		
29. 中华沙鳅 *Botia superciliaris*	澜沧江、长江	CD
30. 长薄鳅 *Leptobotia elongata*	长江中上游	C
花鳅亚科 Gobitinae		
31. 泥鳅 *Misgurnus anguillicaudatus*	全国各大水系	E
四、平鳍鳅科 Homalopteridae		
平鳍鳅亚科 Homalopterinae		
32. 西昌华吸鳅 *Sinogastromyzon sichangensis*	长江上游	B
33. 短身金沙鳅 *Jinshaia abbreviata*	长江上游	B
34. 中华金沙鳅 *Jinshaia sinensis*	长江上游	B
35. 峨眉后平鳅 *Metahomaloptera omeiensis*	长江上游	B
Ⅱ. 鲇形目 Siluriformes		
五、鲇科 Siluridae		
36. 大口鲇 *Silurus meridionalis*	珠江、闽江、湘江、长江等	E
六、鲿科 Bagridae		

续表

种名	分布水系	分布区系
37. 瓦氏黄颡鱼 *Pelteobagrus vachelli*	珠江、闽江、长江等	CD
38. 长吻鮠*Leiocassis longirostris*	鸭绿江至闽江水系	CD
39. 粗唇鮠*Leiocassis crassilabris*	黄河至珠江水系	BCD
40. 短尾拟鲿 *Pseudobagrus brevicaudatus*	长江	BCD
41. 乌苏拟鲿 *Pseudobagrus ussuriensis*	黑龙江至珠江水系	AC
42. 切尾拟鲿 *Pseudobagrus truncatus*	长江、黄河、闽江	BC
七、钝头鮠科 Amblycipitidae		
43. 白缘鉠*Liobagrus marginatus*	长江上游	B
八、鮡科 Sisoridae		
44. 福建纹胸鮡*Glyptothorax fukiensis*	长江及其以南、元江以东各水系	CD
45. 前臀鮡*Pareuchiloglanis anteanalis*	长江上游	D
46. 壮体鮡*Pareuchiloglanis robusta*	长江上游	D
III. 合鳃鱼目 Synbranchiformes		
九、合鳃鱼科 Synbranchidae		
47. 黄鳝 *Monopterus albus*	全国各大水系	E

注：A. 北方区；B. 华西区；C. 华东区；D. 华南区；E. 广布种。

第 16 章　昆　　虫

16.1　考察研究概况

昭通市位于云南省东北部，属云贵高原向四川盆地的过渡地带，海拔相对较低；又因为该区域地处乌蒙山区，受金沙江支流的强烈切割，地形比较破碎，为低山河谷地貌。气候受西南季风影响，具有亚热带气候特点。主要植被类型有常绿阔叶林、针阔混交林和针叶林。在云南森林昆虫区划中隶属于金沙江小区，该小区具有亚热带高原昆虫区系特点，因此昆虫区系比较复杂。

前人对昭通市昆虫区系的研究比较丰富，但是分散于各类研究论文和著作之中，缺乏系统地汇总整理。国内昆虫学家对昭通市昆虫的研究报道主要见于《云南森林昆虫》(黄复生，1987)。1992 年和 1993 年分别出版的《横断山区昆虫》第一册、第二册也记载了昭通市的部分昆虫种类。云南省生态经济学会等(1995)记载了昭通地区的部分蝴蝶种类。在《中国动物志》系列专著中，朱弘复和王林瑶(1991，1996)、武春生(1997)、薛大勇和朱弘复(1999)、方承莱(2000)、刘友樵和李广武(2002)、赵仲苓(2003)、武春生和方承莱(2003)分别记载了昭通市圆钩蛾科 Cyclidiidae、蚕蛾科 Bombycidae 和大蚕蛾科 Saturniidae、尺蛾科 Geometridae、灯蛾科 Arctiidae、卷蛾科 Tortricidae、毒蛾科 Lymantriidae、舟蛾科 Notodontidae 的部分种类。前期研究工作为此次考察奠定了良好基础。

2006 年 7～8 月，徐正会带领的 5 名昆虫考察队员依次深入永善县细沙乡小岩方、大关县木杆镇麻风湾、大关县天星镇罗汉坝、盐津县庙坝乡朝天马、彝良县小草坝乡(现为小草坝镇)小草坝 5 处保护区范围开展外业调查、采集工作，历时 16 天。2006 年 9 月至 2007 年 1 月初步完成室内标本制作和鉴定工作。之后将鉴定结果和前人的研究报告加以汇总，形成考察报告。蝶类的地理分布主要参考了《中国蝶类志》。蚁科昆虫的鉴定主要依据吴坚和王常禄(1995)的《中国蚂蚁》、徐正会(2002)的《西双版纳自然保护区蚁科昆虫生物多样性研究》。又依据《拉汉英昆虫、蜱螨、蜘蛛、线虫名称》对少数使用不一致或有拼写错误的学名进行了订正。为了使用和参考的便利，作者还依据昆虫汉语名称命名原则为一部分缺乏中文名称的蝶类拟定了中文名称。

通过考察，在保护区记载昆虫纲 Insecta 9 目 71 科 323 属 423 种，发现 2 个新种，其中以鳞翅目 Lepidoptera 物种最丰富。保护区昆虫区系以东洋界-古北界分布种最丰富，有 218 种，占保护区昆虫总种数的 51.54%；东洋界分布种次之，有 183 种，占保护区昆虫总种数的 43.26%。在东洋界-古北界分布种之中，东洋界-古北界广布种份额最大(达到

99 种，占保护区昆虫总种数的 23.40%)，中国分布种 55 种(占 13.00%)，东亚分布种 64 种(占 15.13%)；在东洋界分布种之中，东洋界广布种占绝对优势(达到 85 种，占 20.09%)，昭通分布种 15 种(占 3.55%)，云南分布种 18 种(占 4.26%)。综合来看，保护区昆虫区系以东洋界成分为主体，东洋界与古北界区系并存，是喜马拉雅区系、东亚区系和华南区系的混合体。保护区的昆虫资源以资源昆虫、传粉昆虫、观赏昆虫、天敌昆虫、药用与食用昆虫 5 类最具特色。

16.2　昆虫分类群多样性分析

汇总前人研究报告和本次综合考察结果，合计在保护区永善县、大关县、盐津县、彝良县 4 县境内记载昆虫纲 Insecta 9 目 71 科 323 属 423 种。其中记载直翅目 Orthoptera 3 科 9 属 10 种，半翅目 Hemiptera 6 科 26 属 30 种，同翅目 Homoptera 5 科 7 属 11 种，脉翅目 Neuroptera 1 科 1 属 1 种，鞘翅目 Coleoptera 17 科 68 属 82 种，鳞翅目 Lepidoptera 32 科 181 属 242 种，双翅目 Diptera 1 科 1 属 2 种，膜翅目 Hymenoptera 6 科 30 属 45 种。就已鉴定标本和已有报道来看，以鳞翅目最丰富，鞘翅目次之，膜翅目第三，半翅目第四，同翅目第五，直翅目第六，双翅目第七，脉翅目第八。

1.直翅目多样性分析

直翅目中，露螽科 Phaneropteridae 已知 6 属 6 种，螽蟖科 Tettigoniidae 已知 1 属 1 种，蟋蟀科 Gryllidae 已知 2 属 3 种。属种多样性排序依次为露螽科、蟋蟀科、螽蟖科。

2.半翅目多样性分析

半翅目中，土蝽科 Cydnidae 已知 1 属 1 种，蝽科 Pentatomidae 已知 13 属 13 种，同蝽科 Acanthosomatidae 已知 2 属 3 种，缘蝽科 Coreidae 已知 5 属 8 种，长蝽科 Lygaeidae 已知 3 属 3 种，猎蝽科 Reduviidae 已知 2 属 2 种。属级多样性排序依次为蝽科、缘蝽科、长蝽科、同蝽科、猎蝽科、土蝽科。物种多样性排序依次为蝽科、缘蝽科、(同蝽科、长蝽科)、猎蝽科、土蝽科。

3.同翅目多样性分析

同翅目中，沫蝉科 Cercopidae 已知 1 属 1 种，瘿绵蚜科 Pemphigidae 已知 3 属 5 种，扁蚜科 Hormaphididae 已知 1 属 1 种，蚜科 Aphididae 已知 1 属 2 种，蜡蚧科 Coccidae 已知 1 属 2 种。属级多样性排序依次为瘿棉蚜科、(沫蝉科、扁蚜科、蚜科、蜡蚧科)。物种多样性排序依次为瘿棉蚜科、(蚜科、蜡蚧科)、(沫蝉科、扁蚜科)。

4.脉翅目多样性分析

脉翅目已知 1 科 1 属 1 种，即草蛉科 Chrysopidae 草蛉属 *Chrysopa* 大草蛉 *Chrysopa septempunctata* Wesmael。

5.鞘翅目多样性分析

鞘翅目中，步甲科 Carabidae 已知 3 属 3 种，虎甲科 Cicindelidae 已知 5 属 6 种，锹甲科 Lucanidae 已知 5 属 5 种，蜣螂科 Scarabaeidae 已知 1 属 2 种，犀金龟科 Dynastidae 已知 1 属 1 种，鳃金龟科 Melolonthidae 已知 2 属 3 种，丽金龟科 Rutelidae 已知 7 属 12 种，花金龟科 Cetoniidae 已知 1 属 1 种，瓢虫科 Coccinellidae 已知 3 属 3 种，芫菁科 Meloidae 已知 2 属 2 种，天牛科 Cerambycidae 已知 17 属 18 种，负泥虫科 Crioceridae 已知 1 属 1 种，肖叶甲科 Eumolpidae 已知 2 属 2 种，叶甲科 Chrysomelidae 已知 11 属 15 种，卷象科 Attelabidae 已知 2 属 2 种，象甲科 Curculionidae 已知 5 属 5 种，小蠹科 Scolytidae 已知 1 属 1 种。

属级多样性排序依次为天牛科、叶甲科、丽金龟科、(虎甲科、锹甲科、象甲科)、(步甲科、瓢虫科)、(鳃金龟科、芫菁科、肖叶甲科、卷象科)、(蜣螂科、犀金龟科、花金龟科、负泥虫科、小蠹科)。物种多样性排序依次为天牛科、叶甲科、丽金龟科、虎甲科、(锹甲科、象甲科)、(步甲科、鳃金龟科、瓢虫科)、(蜣螂科、芫菁科、肖叶甲科、卷象科)、(犀金龟科、花金龟科、负泥虫科、小蠹科)。

6.鳞翅目多样性分析

鳞翅目中，卷蛾科 Tortricidae 已知 6 属 9 种，刺蛾科 Limacodidae 已知 4 属 4 种，斑蛾科 Zygaenidae 已知 2 属 2 种，网蛾科 Thyrididae 已知 1 属 1 种，螟蛾科 Pyralidae 已知 11 属 11 种，尺蛾科 Geometridae 已知 11 属 11 种，凤蛾科 Epicopeiidae 已知 1 属 1 种，蚕蛾科 Bombycidae 已知 1 属 1 种，大蚕蛾科 Saturniidae 已知 2 属 2 种，箩纹蛾科 Brahmaeidae 已知 1 属 1 种，枯叶蛾科 Lasiocampidae 已知 1 属 1 种，天蛾科 Sphingidae 已知 8 属 9 种，舟蛾科 Notodontidae 已知 10 属 11 种，鹿蛾科 Amatidae 已知 2 属 2 种，灯蛾科 Arctiidae 已知 6 属 15 种，拟灯蛾科 Hypsidae 已知 1 属 1 种，苔蛾科 Lithosiidae 已知 10 属 14 种，夜蛾科 Noctuidae 已知 12 属 13 种，虎蛾科 Agaristidae 已知 1 属 1 种，木蠹蛾科 Cossidae 已知 1 属 1 种，毒蛾科 Lymantriidae 已知 6 属 7 种，圆钩蛾科 Cycliidiidae 已知 2 属 2 种，凤蝶科 Papilionidae 已知 6 属 14 种，绢蝶科 Parnassiidae 已知 1 属 1 种，粉蝶科 Pieridae 已知 10 属 15 种，斑蝶科 Danaidae 已知 4 属 4 种，眼蝶科 Satyridae 已知 12 属 28 种，环蝶科 Amathusiidae 已知 2 属 2 种，蛱蝶科 Nymphalidae 已知 29 属 40 种，蚬蝶科 Riodinidae 已知 1 属 1 种，灰蝶科 Lycaenidae 已知 7 属 8 种，弄蝶科 Hesperidae 已知 9 属 9 种。

属级多样性排序依次为蛱蝶科、(眼蝶科、夜蛾科)、(螟蛾科、尺蛾科)、(粉蝶科、苔蛾科、舟蛾科)、弄蝶科、天蛾科、灰蝶科、(卷蛾科、灯蛾科、毒蛾科、凤蝶科)、(刺蛾科、斑蝶科)、(斑蛾科、大蚕蛾科、鹿蛾科、圆钩蛾科、环蝶科)、(网蛾科、凤蛾科、蚕蛾科、箩纹蛾科、枯叶蛾科、拟灯蛾科、虎蛾科、木蠹蛾科、绢蝶科、蚬蝶科)。物种多样性排序依次为蛱蝶科、眼蝶科、(灯蛾科、粉蝶科)、(苔蛾科、凤蝶科)、夜蛾科、(螟蛾科、尺蛾科、舟蛾科)、(卷蛾科、天蛾科、弄蝶科)、灰蝶科、毒蛾科、刺蛾科、(斑蛾科、大蚕蛾科、鹿蛾科、圆钩蛾科、环蝶科)、(网蛾科、凤蛾科、蚕蛾科、箩纹蛾科、枯叶蛾科、拟灯蛾科、虎蛾科、木蠹蛾科、绢蝶科、蚬蝶科)。

7.双翅目多样性分析

双翅目仅知 1 科 1 属 2 种，即食蚜蝇科 Syrphidae 蜂食蚜蝇属 *Volucella* 卵腹蜂食蚜蝇 *Volucella jeddona* Bigot 和白斑蜂食蚜蝇 *Volucella tabanoides* Motschoulsky。

8.膜翅目多样性分析

膜翅目中，姬蜂科 Ichneumonidae 已知 1 属 1 种，土蜂科 Scoliidae 已知 1 属 1 种，胡蜂科 Vespidae 已知 2 属 4 种，泥蜂科 Sphecidae 已知 1 属 1 种，蜜蜂科 Apidae 已知 3 属 4 种，蚁科 Formicidae 已知 22 属 34 种。属级多样性排序依次为蚁科、蜜蜂科、胡蜂科、（姬蜂科、土蜂科、泥蜂科）。物种多样性排序依次为蚁科、（胡蜂科、蜜蜂科）、（姬蜂科、土蜂科、泥蜂科）。

16.3 具有科学价值的新发现

此次考察发现 2 个新种，已经分别在 *Zootaxa*（Wang and Shi，2009）和 *Sociobiology*（Liu and Xu，2011）期刊上另文发表。

1.刺尾远素螽 *Abaxisotima spiniforma* Wang et Shi，2009

Abaxisotima spiniforma Wang et Shi，2009，Zootaxa，2325：32-33，figs. 5，10，13-19（m.，f.），CHINA.

正模：雄性，中国：云南省永善县细沙乡小岩方，1930m，次生阔叶林，2006-Ⅶ-20，郭萧采集，编号：No.12。

副模：3 雄 2 雌。其中，雄性，中国：云南省大关县天星镇罗汉坝，1890m，次生阔叶林，2006-Ⅶ-25，郭萧采集，编号：No.30；雌性，中国：云南省盐津县庙坝乡朝天马，1875m，次生阔叶林，2006-Ⅶ-28，郭萧采集，编号：No.37。

2.乌蒙窄结蚁 *Stenamma wumengense* Liu et Xu，2011

Stenamma wumengense Liu et Xu，2011，Sociobiology，58：742-744，figs. 4-6（w.），CHINA.

正模：工蚁，中国：云南省永善县细沙乡小岩方，2070m，阔叶林，地面，2006-Ⅶ-19，徐正会采集，编号：No. A06-643。

16.4 区系成分分析

依据各个物种已知的地理分布，将乌蒙山国家级自然保护区已知 423 种划分为下列 11 个分布类型。其中以东洋界-古北界分布种最丰富，有 218 种，占保护区昆虫总种数的

51.54%；东洋界分布种次之，有 183 种，占保护区昆虫总种数的 43.26%；其余 9 个分布型均只占很小比例，其余的仅 22 种。

1.东洋界分布种

东洋界分布种合计 183 种，占保护区昆虫总种数的 43.26%。又可进一步划分为下列 7 个分布类型，在这 7 个类型之中，东洋界广布种占绝对优势，达到 85 种，说明保护区的昆虫区系与东洋界关系密切；西南区-华中区分布种和西南区-华南区分布种分别为 12 种和 11 种，比例相当，说明该地区的昆虫区系与东部华中区和南部华南区的紧密程度相当；此外，昭通分布种和云南分布种占有一定的比例。

1) 昭通分布种

目前已知仅分布于昭通市的物种合计 15 种，占保护区昆虫总种数的 3.55%。这些物种是刺尾远素螽 *Abaxisotima spiniforma* Wang et Shi，素木螽待定种 2 *Shirakisotima* sp.2，艾氏棘虎甲 *Pronyssiformia excoffieri* (Fairmaire)，永善食植瓢虫 *Epilachna yongshanensis* Cao et Xiao，尼格来长翅尺蛾 *Obeidia neglecta* Thierry-Meig，妃丽钩蛾 *Callidrepana filina* Chou et Xiang，黎氏青凤蝶云南亚种 *Graphium leechi yunnana* Lee，格氏荫眼蝶 *Neope goschkevitschi* Menetries，白斑矍眼蝶 *Ypthima albipuncta* Leech，小巧猫蛱蝶 *Timelaea nana* Leech，灰色陀弄蝶鲜亚种 *Thoressa fusca caenis* Leech，隐猛蚁待定种 1 *Cryptopone* sp.，乌蒙窄结蚁 *Stenamma wumengense* Liu et Xu，盘腹蚁待定种 *Aphaenogaster* sp.，酸臭蚁待定种 *Tapinoma* sp.。

2) 云南分布种

目前已知仅分布于云南省的物种合计 18 种，占保护区昆虫总种数的 4.26%。这些物种是尖翅条螽 *Ducetia attenuate* Xia et Liu，云南岗缘蝽 *Gonocerus yunnanensis* Hsiao，黄边同缘蝽 *Homoeocerus limbatus* Hsiao，云斑白条天牛 *Batocera lineolata* Chevrolat，木棉丛角天牛 *Diastocera wallichi* (Hope)，鸟嘴斜带天蛾 *Panacra mydon mydon* Walker，滇鹿蛾 *Amata atkinsoni* (Moore)，丽江茸毒蛾 *Dasychira feminula likiangensis* Collenette，鲍氏矍眼蝶 *Ypthima beautei* Oberthur，拟四眼矍眼蝶 *Ypthima sordida* Elwes et Edward，黄带暗眼蝶 *Zophoessa luteofasciata* Poujade，阿尔采网蛱蝶 *Melitaea arcesia* Bremer，云南普蛱蝶 *Precis lintingensis* (Osbeck)，荣马盛蛱蝶 *Symbrenthia hippoclus* Cramer，修杰琉璃灰蝶 *Celastrina huegelii* Moore，曾灰蝶 *Lycaena tseng* Oberthur，坝湾猛蚁 *Ponera bawana* Xu，片马猛蚁 *Ponera pianmana* Xu。

3) 西南区分布种

目前已知仅分布于中国西南区的物种合计 27 种，占保护区昆虫总种数的 6.38%。这些物种是肩异缘蝽 *Pterygomia humeralis* Hsiao，躁侧裸蜣螂 *Gymnopleurus morosus* Fairmaire，巨狭肋鳃金龟 *Holotrichia maxima* Chang，红褐长丽金龟 *Adoretosoma fairmairei* Arrow，盔隐头叶甲 *Cryptocephalus grahami* Gressitt et Kimoto，黄基透翅锦斑

蛾 *Agalope davidi* Oberthur，中国巨青尺蛾 *Limbatochlamys rosthonri* Rothschild，著带燕尾舟蛾 *Furcula nicetia*(Schaus)，网斑粉灯蛾 *Alphaea anopuncta*(Oberthur)，曲美苔蛾 *Miltochrista flexouosa* Leech，黄修虎蛾 *Seudyra flavida* Leech，华西翠凤蝶 *Achillides syfanius* Oberthur，橙黄粉蝶 *Colias electo* Linnaeus，细眉林眼蝶 *Aulocera merlina* Oberthur，五段环蛱蝶 *Neptis divisa* Oberthur，简纹带弄蝶 *Lobocla simplex* Leech 等。

4) 西南区-华中区分布种

目前已知仅分布于中国西南区和华中区的物种合计 12 种，占保护区昆虫总种数的 2.84%。这些物种是藏蜀哑蟋 *Goniogryllus potamini* B.-Bienko，漆刺肩同蝽 *Acanthosoma acutangulatta* Liu，蜡斑齿胫天牛 *Paraleprodera carolina* Fairmaire，斑胸叶甲 *Chrysomela maculicollis*(Jacoby)，丽黄卷蛾 *Archips opiparus* Liu，楔斑拟灯蛾 *Asota paliura* Swinhoe，鳞目夜蛾 *Pangrapta squamea* Leech，白斜带毒蛾 *Numenes albofascia* Leech，宽带青凤蝶短带亚种 *Graphium cloanthus clymenus* Leech，中华曲颊猛蚁 *Gnamptogenys sinensis* Wu et Xiao，熊猫曲颊猛蚁 *Gnamptogenys panda*(Brown)，雕刻盘腹蚁 *Aphaenogaster exasperata* Weeler。

5) 西南区-华南区分布种

目前已知仅分布于中国西南区和华南区的物种合计 11 种，占保护区昆虫总种数的 2.60%。这些物种是小光匙同蝽 *Elasmucha minor* Hsiao et Liu，美丽长足长蝽 *Dieuches formosus Eyles*，台湾木天牛 *Xylariopsis esakii Mitono*，肖媚绿刺蛾 *Latoia pseudorepanda*(Hering)，灰褐异翅尺蛾 *Heterophleps sinuosaria*(Leech)，多齿翅蚕蛾 *Oberthueria caeca*(Oberthur)，长尾大蚕蛾 *Actias dubernardi* Oberthur，藤豹大蚕蛾 *Loepa anthera* Jordan，大半齿舟蛾 *Semidonta bidens* Oberthus，黄后夜蛾 *Trisuloides subflava* Wileman，台湾切叶蚁 *Myrmecina taiwana* Terayama。

6) 西南区-华中区-华南区分布种

目前已知分布于西南区、华中区、华南区 3 个动物地理区的物种合计 15 种，占保护区昆虫总种数的 3.55%。这些物种是中华半掩耳螽 *Hemielimaea chinensis* Brunner，中华螽蟖 *Tettigonia chinensis* Willemse，斜纹宽盾蝽 *Poecilocoris dissimilis* Martin，黄掘步甲 *Scalidion xanthoophanum* Bates，斑青花金龟 *Oxycetomia bealiae*(Gory et Percheron)，金绿里叶甲 *Linaeidea aeneipennis* Baly，天目山黄卷蛾 *Archips compitalis* Razowsk，拳新林舟蛾 *Neodrymonia rufa*(Yang)，红带新鹿蛾 *Caeneressa rubrozonata*(Poujade)，灰翅点苔蛾 *Hyposiccia punctigera*(Leech)，顶弯苔蛾 *Parabitecta flava* Hering，克颚苔蛾 *Strysopha klapperichi*(Daniel)，圆斑苏苔蛾 *Thysanoptyx signata*(Walker)，布莱荫眼蝶 *Neope bremeri* Felder，孔子黄室弄蝶指名亚种 *Potanthus confucius confucius* Felder。

7) 东洋界广布种

分布区超出中国范围，广泛分布于东洋界的物种合计 85 种，占保护区昆虫总种数的

20.09%。包括疹点掩耳螽 *Elimaea punctifera*(Walker)，刻点哑蟋 *Goniogryllus punctatus* Chopard，大皱蝽 *Cyclopelta obscura*(Lepeletier et Serville)，长叶蝽 *Amyntor obscurus*(Dallas)，红斑瘤胸沫蝉 *Phymatostetha dorsivitta*(Walker)，蓝亮球胸虎甲 *Therates fruhstorferi* Horn，三带环锹甲 *Cyclommatus strigiceps* Westwood，乳丽刺蛾暗斑亚种 *Altha lacteola melanopsis*(Strand)，黄斑锦蛾 *Herpa venosa* Walker，粗绒麝凤蝶 *Byasa nevilli* Wood-Mason，华夏剑凤蝶 *Pazala mandarinus* Oberthur，拟大胡蜂 *Vespa analis nigrans* Buysson，喜马排蜂 *Megapis laboriosa* Smith 等。

2.东洋界-古北界分布种

东洋界-古北界分布种合计 218 种，占保护区昆虫总种数的 51.54%。又可进一步划分为 3 个分布类型，在这 3 个分布型之中，东洋界-古北界广布种占据最大份额，达到 99 种，说明保护区的昆虫区系兼有明显的东洋界和古北界的共同特征；其次，东亚分布种占有较大比例，达到 64 种，说明该地区昆虫区系具有明显的东亚属性。

1)中国分布种

目前已知仅分布于中国，地理区划上跨越东洋界、古北界两大地理区域的物种合计 55 种，占保护区昆虫总种数的 13.00%。这些物种是四川华绿螽 *Sinochlora szechwanensis* Tinkham，辉蝽 *Carbula obtusangula* Reuter，绿岱蝽 *Dalpada smaragdina*(Walker)，倍蛋蚜 *Schlechtendalia sinensis*(Walker)，倍花蚜 *Nurudea shiraii*(Matsumura)，中国虎甲 *Cicindela chinensis* De Geer，大卫筒虎甲 *Cylindera davidi*(Fairmaire)，永黄卷蛾 *Archips tharsaleopus*(Meyrick)，线银纹刺蛾 *Miresa urga* Hering，红珠凤蝶小斑亚种 *Pachliopta aristolochiae adieus* Rothschild，皮氏绢粉蝶 *Aporia bieti* Oberthur，棕马蜂 *Polistes gigas*(Kirby)，黑足熊蜂 *Bombus atripes* Smith 等。

2)东亚分布种

目前已知仅分布于日本、俄罗斯、蒙古国、朝鲜半岛、中国等地区的物种合计 64 种，占保护区昆虫总种数的 15.13%。这些物种是黄脸油葫芦 *Teleogryllus emma*(Ohmachi et Matsumura)，益蝽 *Picromerus lewisi* Scott，赤条蝽 *Graphosoma rubrolineata* (Westwood)，角倍蚜 *Schlechtendalia chinensis*(Bell)，日本蜡蚧 *Ceroplastes japonicus* Green，中华星步甲 *Calosoma chinense* Kirby，芽斑虎甲 *Cicindela gemmata* Faldermann，大豆食心虫 *Leguminivora glycinivorella*(Matsumura)，横线镰翅野螟 *Circobotys heterogenalis* (Bremer)，黄毛白绢蝶 *Parnassius glacialis* Butler，小檗绢粉蝶亚种 *Aporia hippia gregoryi* Watkins，卵腹蜂食蚜蝇 *Volucella jeddona* Bigot，白斑蜂食蚜蝇 *Volucella tabanoides* Motschulsky，驼腹泥蜂 *Sceliphron deforme* Smith，红光熊蜂 *Bombus ingnitus* Smith 等。

3)东洋界-古北界广布种

目前已知广泛分布于东洋界和古北界的物种合计 99 种，占保护区昆虫总种数的 23.40%。这些物种是青革土蝽 *Macroscytus subaeneus*(Dallas)，硕蝽 *Eurostus validus*

Dallas，小毛角蚜 *Trichoregma minuta*（Van der Goot），芒果蚜 *Toxoptera odinae*（Van der Goot），大草蛉 *Chrysopa septempunctata* Wesmael，铜胸短角步甲 *Trigonotoma lewisii* Baly，巨锯锹甲 *Serrognathus titanus* Boiscluval，松叶小卷蛾 *Epinotia rubiginosana*（Herrich-Schaffer），松褐卷蛾 *Pandemis cinamomeana* Treitschke，中华翠凤蝶 *Achillides bianor* Cramer，宝镜翠凤蝶 *Achillides paris* Linnaeus，地蚕大铗姬蜂 *Eutanyacra picta* Schrank，金毛长腹土蜂 *Campsomeris prismatica* Smith 等。

3.东洋界-澳洲界分布种

东洋界-澳洲界分布种合计 2 种，占保护区昆虫总种数的 0.47%。这 2 个物种是假籼弄蝶 *Pseudoborbo bevani*（Moore），邻巨首蚁 *Pheidologeton affinis*（Jerdon）。

4.东洋界-古北界-澳洲界分布种

东洋界-古北界-澳洲界分布种合计 4 种，占保护区昆虫总种数的 0.95%。这 4 个物种是黑带红腺长蝽 *Graptostethus servus*（Fabricius），霜天蛾 *Psilogramma menephron*（Cramer），粗脉棕斑蝶 *Salatura genutia* Cramer，亮灰蝶 *Lampides boeticus* Linnaeus。

5.东洋界-古北界-非洲界分布种

东洋界-古北界-非洲界分布种合计 3 种，占保护区昆虫总种数的 0.71%。这 3 个物种是葡萄卷叶野螟 *Sylepta luctuosalis*（Moore），大造桥虫 *Ascotis selenaria*（Schiffermuller et Denis），绿豹蛱蝶 *Argynnis paphia* Linnaeus。

6.东洋界-古北界-新北界分布种

东洋界-古北界-新北界分布种合计 6 种，占保护区昆虫总种数的 1.42%。这 6 个物种是尖翅小卷蛾 *Bactrae lancealana*（Hubner），香草小卷蛾 *Celyphoides cespitanus*（Hubner），金凤蝶 *Papilio machaon* Linnaeus，草地铺道蚁 *Tetramorium caespitum*（Linnaeus），黄毛蚁 *Lasius flavus*（Fabricius），黄足立毛蚁 *Paratrechina flavipes*（Smith）。

7.东洋界-古北界-澳洲界-非洲界分布种

东洋界-古北界-澳洲界-非洲界分布种合计 1 种，占保护区昆虫总种数的 0.24%，为金斑蝶 *Panlymnas chrysippus* Linnaeus。

8.东洋界-古北界-非洲界-新北界分布种

东洋界-古北界-非洲界-新北界分布种合计 1 种，占保护区昆虫总种数的 0.24%，为奇异毛蚁 *Lasius alienus*（Foerster）。

9.东洋界-古北界-新北界-新热带界分布种

东洋界-古北界-新北界-新热带界分布种合计 1 种，占保护区昆虫总种数的 0.24%，为梨豹蠹蛾 *Zeuzera pyrina* Staudinger et Rebel。

10.东洋界-古北界-澳洲界-非洲界-新北界分布种

东洋界-古北界-澳洲界-非洲界-新北界分布种合计 2 种，占保护区昆虫总种数的 0.47%。这 2 个物种是白带野螟 *Hymenia recurralis* (Fabricius)，卡氏神蛱蝶 *Cynthia cardui* Linnaeus。

11.东洋界-古北界-澳洲界-非洲界-新北界-新热带界分布种

东洋界-古北界-澳洲界-非洲界-新北界-新热带界分布种合计 2 种，占保护区昆虫总种数的 0.47%。这 2 个物种是桔二叉声蚜 *Toxoptera aurantii*(B.et F.)，奥里提普蛱蝶 *Precis orithya* Linnaeus。

16.5 昆虫资源特色分析

1.资源昆虫

保护区由于地势较低，降雨丰沛，盐肤木 *Rhus chinensis*、红麸杨 *Rhus punjabensis* var. *sinica*、藓类等寄主植物分布普遍，十分适宜倍蚜类资源昆虫的生长繁衍，是我国五倍子主产区之一。经考察，保护区共记载倍蚜类资源昆虫 5 种。角倍蚜 *Schlechtendalia chinensis*(Bell) 在盐肤木上致瘿，形成角倍，其产量最大；倍蛋蚜 *Schlechtendalia sinensis*(Walker) 也在盐肤木上致瘿，形成倍蛋，其产量次之；倍花蚜 *Nurudea shiraii*(Matsumura) 同样在盐肤木上致瘿，形成倍花，其产量第三；枣铁倍蚜 *Kaburagia ensigallis*(Tsai et Tang) 在红麸杨上致瘿，形成枣铁倍，其产量第四；蛋铁倍蚜 *Kaburagia ovogallis*(Tsai et Tang) 也在红麸杨上致瘿，形成蛋铁倍，其产量第五。上述角倍、倍蛋、倍花、枣铁倍、蛋铁倍等由蚜虫在寄主植物上致瘿形成的瘿瘤统称五倍子，其中富含五倍子单宁，是很有特色的生物质化工原料。

2.传粉昆虫

在保护区记载的传粉昆虫中，以蜜蜂科 Apidae 种类最有价值，合计 4 种，为黑足熊蜂 *Bombus atripes* Smith、红光熊蜂 *Bombus ignitus* Smith、喜马排蜂 *Megapis laboriosa* Smith 和长木蜂 *Xylocopa attenuata* Per.，这些物种在山地植物授粉中效率极高，对虫媒植物繁衍具有重要作用；第二类是蝶类昆虫，合计 122 种，在有花植物授粉中扮演了极其重要的角色；第三类是蛾类昆虫，合计 120 种，其成虫大多数喜欢吸食花蜜，因而也是重要的传粉昆虫，因为它们多在夜晚活动，其作用通常不为人知；第四类是食蚜蝇，合计 2 种，其成虫类似于蜜蜂，喜欢在花间取食，也是有用的传粉昆虫。

3.观赏昆虫

观赏昆虫中以蝶类最为知名，保护区已知合计 122 种，蝶类资源十分丰富。大型的蝶类有凤蝶、环蝶、绢蝶，中型的有粉蝶、蛱蝶、斑蝶、眼蝶，小型的有灰蝶、蚬蝶、弄蝶等。在保护区外业考察过程中，在永善县小岩方的沟谷、大关县麻风湾的瀑布旁、大关县罗汉坝的溪流畔、盐津县朝天马的森林间均见到多种富有观赏价值的斑斓蝶类，是上述区域开展生态旅游的宝贵资源。此外。大蚕蛾科 Saturniidae、凤蛾科 Epicopeiidae、箩纹蛾科 Brahmaeidae、斑蛾科 Zygaenidae、虎蛾科 Agaristidae 种类也因为个体大型、色彩鲜艳和体态优美而具有观赏价值。

4.天敌昆虫

膜翅目 Hymenoptera 中的姬蜂科 Ichneumonidae、土蜂科 Scoliidae、胡蜂科 Vespidae、泥蜂科 Sphecidae 均为著名的天敌昆虫，在控制害虫虫口数量、防止虫害发生方面具有显著作用，在保护区合计记载上述 4 科天敌昆虫 7 种；步甲科 Carabidae 和虎甲科 Cicindelidae 均为著名的捕食性昆虫，分别记载 3 种和 6 种；瓢虫科 Coccinellidae 的绝大部分种类是知名的天敌昆虫，已记载 3 种，其中 2 种为捕食性昆虫；食蚜蝇科 Syrphidae 也是有用的天敌昆虫，已记载 2 种；草蛉科 Chrysopidae 能够捕食蚜虫等害虫，已记载 1 种；猎蝽科 Reduviidae 均为肉食性昆虫，已记载 2 种。

5.药用与食用昆虫

鞘翅目 Coleoptera 芫菁科 Meloidae 物种体内含有斑蝥素，具有利尿等功效，是有用的中药资源，已记载 2 种。膜翅目 Hymenoptera 胡蜂科 Vespidae 的一些种类喜在树上筑大型蜂巢，巢中个体数量众多，是山区居民的美味食物。某些大型的半翅目 Hemiptera 蝽类昆虫在云南民间也被作为昆虫食品，如蝽科 Pentatomidae 和缘蝽科 Coreidae 的种类。

16.6　昆虫名录及地理分布

(一) 直翅目 Orthoptera

1.露螽科 Phaneropteridae

(1) 四川华绿螽 *Sinochlora szechwanensis* Tinkham

分布：云南(永善，大关，彝良)，湖南，湖北，四川，甘肃，贵州，浙江，安徽，河南，福建，陕西。

(2) 中华半掩耳螽 *Hemielimaea chinensis* Brunner

分布：云南(彝良)，浙江，福建，广东，海南，四川，广西，湖南，湖北，贵州，西藏。

(3) 疹点掩耳螽 *Elimaea punctifera* (Walker)

分布：云南(威信，彝良)，浙江，湖南，湖北，江西，福建，广东，海南，台湾，四川，广西，香港，西藏；巴基斯坦，印度。

(4) 尖翅条螽 *Ducetia attenuate* Xia et Liu

分布：云南(大关，大理，景东)。

(5) 刺尾远素螽 *Abaxisotima spiniforma* Wang et Shi

分布：云南(永善，大关，盐津)。

(6) 素木螽待定种 *Shirakisotima* sp.

分布：云南(永善小岩方)。

2.螽蟖科 Tettigoniidae

(7) 中华螽蟖 *Tettigonia chinensis* Willemse

分布：云南(永善，大关)，湖南，湖北，四川，陕西，贵州，福建。

3.蟋蟀科 Gryllidae

(8) 刻点哑蟋 *Goniogryllus punctatus* Chopard

分布：云南(大关)，湖南，浙江，湖北，福建，广西，四川，贵州；印度，缅甸，越南，日本，印度尼西亚。

(9) 藏蜀哑蟋 *Goniogryllus potamini* B.-Bienko

分布：云南(永善)，湖北，四川。

(10) 黄脸油葫芦 *Teleogryllus emma* (Ohmachi et Matsumura)

分布：云南(永善，个旧)，河北，北京，山西，陕西，山东，江苏，安徽，上海，浙江，湖北，湖南，福建，广东，海南，广西，四川，贵州，香港；日本。

(二) 半翅目 Hemiptera

4.土蝽科 Cydnidae

(11) 青革土蝽 *Macroscytus subaeneus* (Dallas)

分布：云南(盐津，金平，沧源，耿马)，北京，山东，江苏，浙江，江西，湖北，四川；日本，缅甸，印度，马来西亚。

5.蝽科 Pentatomidae

(12) 斜纹宽盾蝽 *Poecilocoris dissimilis* Martin

分布：云南(大关，巧家，鲁甸，玉溪，沾益，会泽，陆良，蒙自，文山，景东，牟定，永仁，弥渡，洱源，南涧，香格里拉，维西，福贡，兰坪，施甸，龙陵，芒市)，江西，广东，四川，贵州。

(13) 硕蝽 *Eurostus validus* Dallas

分布：云南(永善，大关，盐津，彝良，威信，蒙自，马关，云龙，镇康)，河北，山西，陕西，甘肃及其以南各省；老挝。

(14) 大皱蝽 *Cyclopelta obscura* (Lepeletier et Serville)

分布：云南(盐津，彝良，巧家，马关，景谷，澜沧，景洪，勐腊，临沧，镇沅)，浙江，江西，福建，台湾，广东，广西，四川，贵州；越南，老挝，缅甸，印度，孟加拉国，菲律宾。

(15) 益蝽 *Picromerus lewisi* Scott

分布：云南(永善，彝良，威信)，黑龙江，吉林，辽宁，河北，陕西，山东，河南，江苏，浙江，江西，福建，广东，广西，四川，贵州；日本。

(16) 长叶蝽 *Amyntor obscurus* (Dallas)

分布：云南(大关，彝良，威信，昆明，富民，晋宁，东川，曲靖，马龙，个旧，蒙自，泸西，金平，屏边，文山，丘北，广南，麻栗坡，马关，澜沧，双柏，武定，下关，大理，剑川，丽江，临沧，永德，耿马)，江西，广西，四川，贵州；印度。

(17) 柑桔格蝽 *Cappaea taprobanensis* (Dallas)

分布：云南(永善，镇雄，巧家，昆明，晋宁，东川，寻甸，马龙，会泽，西畴，马关，普洱，孟连，景洪，洱源，鹤庆，福贡，永胜，兰坪，镇康，永德，保山，龙陵)，江西，湖南，福建，台湾，广东，广西，四川，贵州；缅甸，印度，斯里兰卡，印度尼西亚。

(18) 辉蝽 *Carbula obtusangula* Reuter

分布：云南(彝良，镇雄，威信，绥江)，山西，陕西，浙江，湖北，江西，湖南，广东，广西，四川，贵州。

(19) 绿岱蝽 *Dalpada smaragdina* (Walker)

分布：云南(彝良，金平，屏边，广南，西双版纳)，江苏，安徽，浙江，湖北，江西，福建，台湾，广东，广西，四川，贵州。

(20) 赤条蝽 *Graphosoma rubrolineata* (Westwood)

分布：云南(威信，罗平)，黑龙江，辽宁，内蒙古，甘肃，新疆，河北，山西，陕西，山东，河南，江苏，浙江，湖北，江西，广东，广西，四川，贵州)；西伯利亚东部，朝鲜，日本。

(21) 茶翅蝽 *Halyomorpha halys* (Stal)

分布：云南(大关，盐津，彝良，威信，昆明，呈贡，富民，澄江，易门，会泽，镇沅，楚雄，南华，禄劝，姚安，大理，沧源，保山)，吉林，辽宁，河北，山西，陕西，江苏，安徽，浙江，湖北，江西，湖南，福建，台湾，广东，广西，四川，贵州；缅甸，印度，斯里兰卡，印度尼西亚。

(22) 庐山珀蝽 *Plautia lushanica* Yang

分布：云南(彝良，蒙自)，陕西，浙江，江西，福建，四川，贵州。

(23) 二星蝽 *Stollia guttiger* (Thunberg)

分布：云南(永善，威信，东川，澄江，易门，丘北，景东，下关，大理，宾川，鹤庆，丽江，华坪，福贡，兰坪，双江，耿马，沧源，保山，瑞丽)，内蒙古，河北，山西，陕西，江苏，浙江，湖北，江西，福建，台湾，广东，广西，四川，贵州，西藏；越南，缅甸，印度，斯里兰卡，日本。

(24) 点蝽 *Tolumnia latipes* (Dallas)

分布：云南 (大关，威信，弥勒，河口，丘北，普洱，永平，保山，瑞丽)，陕西，浙江，江西，福建，台湾，广东，广西，四川；越南。

6.同蝽科 Acanthosomatidae

(25)漆刺肩同蝽 *Acanthosoma acutangulatta* Liu

分布：云南(彝良，保山，丽江)，湖北。

(26)泛刺同蝽 *Acanthosoma spinicolle* Jakovlev

分布：云南(永善，镇雄，巧家，会泽，宁蒗)，北京，黑龙江，吉林，辽宁，内蒙古，甘肃，新疆，四川，西藏；西伯利亚。

(27)小光匙同蝽 *Elasmucha minor* Hsiao et Liu

分布：云南(永善，景洪)，福建。

7.缘蝽科 Coreidae

(28)斑背安缘蝽 *Anoplocnemis binotata* Distant

分布：云南(永善，鲁甸，昆明，安宁，晋宁，东川，沾益，下关，大理，鹤庆，永平，永德，沧源)，山东，河南，安徽，江苏，浙江，四川，贵州，西藏。

(29)瘤缘蝽 Anoplocnemis scaber(Linnaeus)

分布：云南(永善，元江，新平，石屏，建水，泸西，元阳，屏边，丘北，广南，富宁，马关，普洱，镇沅，景东，景洪，勐腊，勐海，楚雄，漾濞，华坪，永胜，双江，云县，凤庆，沧源，保山，施甸，昌宁，龙陵)，山东，江苏，安徽，湖北，江西，四川，福建，广东，广西。

(30)波原缘蝽 *Coreus potanini* Jakovlev

分布：云南(大关，盐津，巧家，昭阳，昆明，呈贡，晋宁，富民，东川，宜良，弥勒，南华，大姚，大理，漾濞，弥渡，剑川，鹤庆，永胜，宁蒗，兰坪，保山，施甸，龙陵)，河北，山西，陕西，甘肃，四川。

(31)云南岗缘蝽 *Gonocerus yunnanensis* Hsiao

分布：云南(永善，彝良，威信，昭阳，鲁甸，巧家，昆明，安宁，富民，晋宁，东川，江川，玉溪，澄江，通海，华宁，新平，易门，曲靖，沾益，马龙，宣威，会泽，陆良，师宗，宜良，崇明，寻甸，个旧，蒙自，石屏，弥勒，泸西，元阳，绿春，文山，砚山，丘北，广南，思茅，墨江，镇沅，景东，西双版纳，楚雄，南华，武定，禄劝，姚安，大姚，永仁，下关，祥云，弥渡，剑川，洱源，鹤庆，永平，丽江，迪庆，泸水，碧江，福贡，兰坪，贡山，临沧，凤庆，永德，保山，施甸，龙陵，腾冲)。

(32)黄边同缘蝽 *Homoeocerus limbatus* Hsiao

分布：云南(盐津，思茅，景洪，勐腊)。

(33)环胫黑缘蝽 *Homoeocerus touchei* Distant

分布：云南(盐津，威信，绥江，巧家，富民，新平，东川，个旧，泸西，金平，屏边，丘北，广南，马关，勐腊，云龙，福贡，贡山，镇康，耿马，保山，施甸，昌宁，龙陵，腾冲，芒市，畹町)，江西，广西，西藏；印度西北部。

(34)一点同缘蝽 *Homoeocerus unipunctatus* Thunberg

分布：云南(盐津，广南，西双版纳，昌宁)，江苏，浙江，江西，湖北，台湾，广东，西藏；日本。

(35)肩异缘蝽 *Pterygomia humeralis* Hsiao

分布：云南(大关，威信，昭通，昆明，富民，曲靖，马龙，师宗，寻甸，泸西，元阳，屏边，丘北，广南，马关，武定，禄劝，云龙，巍山，华坪，福贡，兰坪，临沧，永德，耿马，保山，施甸，龙陵)，四川(峨眉山)。

8.长蝽科 Lygaeidae

(36)美丽长足长蝽 *Dieuches formosus* Eyles

分布：云南(永善，昆明，双江)，福建，广东。

(37)黑带红腺长蝽 *Graptostethus servus*(Fabricius)

分布：云南(永善，金平，西双版纳，施甸，龙陵，昌宁)，广东，西藏；菲律宾，日本，越南，缅甸，印度，斯里兰卡，印度尼西亚，马来西亚，澳大利亚。

(38)拟地长蝽 *Rhyparothesus dudgoni*(Distant)

分布：云南(永善，景东，勐海，芒市)；印度。

9.猎蝽科 Reduviidae

(39)黑光猎蝽 *Ectrychotes andreae*(Thunberg)

分布：云南(盐津，景洪)，辽宁，北京，河北，甘肃，上海，江苏，浙江，湖南，湖北，四川，福建，广东，广西。

(40)污黑盗猎蝽 *Pirates turpis* Walker

分布：云南(盐津)，北京，山东，河南，陕西，江苏，浙江，江西，湖北，四川，贵州，广西，广东沿海岛屿；日本，越南。

(三)同翅目 Homoptera

10.沫蝉科 Cercopidae

(41)红斑瘤胸沫蝉 *Phymatostetha dorsivitta*(Walker)

分布：云南(大关，威信)，安徽，四川；亚洲北部湾。

11.瘿棉蚜科 Pemphigidae

(42)角倍蚜 *Schlechtendalia chinensis*(Bell)

分布：云南(永善，大关，盐津，彝良，水富，绥江，镇雄，威信)，河南，陕西，长江流域和珠江流域各省，台湾，福建；朝鲜，日本。

(43)倍蛋蚜 *Schlechtendalia sinensis*(Walker)

分布：云南(永善，大关，盐津，彝良，水富，绥江，镇雄，威信)，陕西，四川，贵州，湖南，湖北。

(44)倍花蚜 *Nurudea shiraii*(Matsumura)

分布：云南(永善，大关，盐津，彝良，水富，绥江，镇雄，威信)，陕西，四川，贵州，湖南，湖北，广西，浙江。

(45)枣铁倍蚜 *Kaburagia ensigallis*(Tsai et Tang)

分布：云南(盐津)，陕西，四川，贵州，湖南，湖北。

(46)蛋铁倍蚜 *Kaburagia ovogallis*(Tsai et Tang)

分布：云南(盐津)，陕西，四川，贵州，湖南，湖北。

12.扁蚜科 Hormaphiddae

(47)小毛角蚜 *Trichoregma minuta*(Van der Goot)

分布：云南(盐津，昆明，景东)，四川，台湾，福建，广东；日本，印度尼西亚。

13.蚜科 Aphididae

(48)桔二叉声蚜 *Toxoptera aurantii*(B. et F.)

分布：云南(永善，昭通，昆明，东川，景东，勐腊，武定，下关，芒市，龙陵)，山东，江苏，浙江，台湾，广东，广西；中非，欧洲南部，大洋洲，拉丁美洲，北美洲等。

(49)芒果蚜 *Toxoptera odinae*(Van der Goot)

分布：云南(永善，盐津，巧家，昭通，昆明，东川，新平，勐腊，云龙，景洪，芒市)，北京，山东，江苏，浙江，江西，福建，台湾，广东，湖南，河南等；朝鲜，日本，印度，印度尼西亚。

14.蜡蚧科 Coccidae

(50)日本蜡蚧 *Ceroplastes japonicus* Green

分布：云南(大关，大理，下关，丽江，维西，鹤庆，云龙，永平，陆良，罗平，通海)。

(51)红蜡蚧 *Ceroplastes rubens*(Maskell)

分布：云南(永善，昆明，楚雄，曲靖，沾益，宣威，石林，会泽，元阳，丘北，景东，下关，鹤庆，永胜)。

(四)脉翅目 Neuroptera

15.草蛉科 Chrysopidae

(52)大草蛉 *Chrysopa septempunctata* Wesmael

分布：云南(盐津，昆明，鲁甸，富民，陆良，大理，迪庆，云县，凤庆，梁河)；亚洲，欧洲。

(五)鞘翅目 Coleoptera

16.步甲科 Carabidae

(53)中华星步甲 *Calosoma chinense* Kirby

分布：云南(大关，昆明，玉溪，元江，盈江，腾冲)，黑龙江，辽宁，吉林，内蒙古，宁夏，甘肃，河北，山东，河南，山西，江苏，安徽，江西，福建，广东，四川；俄罗斯，朝鲜，日本。

(54)黄掘步甲 *Scalidion xanthoophanum* Bates

分布：云南(大关，镇雄)，福建，江西，台湾。

(55)铜胸短角步甲 *Trigonotoma lewisii* Baly

分布：云南(彝良，富民，楚雄，大理，昌宁)，江西，福建，台湾，四川；日本，越南。

17.虎甲科 Cicindelidae

(56)中国虎甲 *Cicindela chinensis* De Geer

分布：云南(永善，大关，彝良，威信)，甘肃，河北，山东，江苏，浙江，江西，福建，四川，广东，广西，贵州。

(57) 芽斑虎甲 *Cicindela gemmata* Faldermann

分布：云南(永善)，黑龙江，河北，甘肃，青海，福建，四川；俄罗斯，日本。

(58) 大卫筒虎甲 *Cylindera davidi* (Fairmaire) (云南新记录种)

分布：云南(大关，彝良，镇雄)，新疆，陕西，四川。

(59) 艾氏棘虎甲 *Pronyssiformia excoffieri* (Fairmaire) (可能是中国最稀有的虎甲)

分布：云南(大关)。

(60) 戴氏棒虎甲 *Ropaloteres desgodinsi* (Fairmaire)

分布：云南(大关，丽江，保山)，甘肃，四川，西藏。

(61) 蓝亮球胸虎甲 *Therates fruhstorferi* Horn

分布：云南(永善)，台湾；越南。

18.锹甲科 Lucanidae

(62) 三带环锹甲 *Cyclommatus strigiceps* Westwood

分布：云南 (盐津，绿春，云龙)，福建，四川；印度。

(63) 安陶锹甲 *Dorcus antaeus* Hope

分布：云南 (盐津)，西藏；缅甸，泰国，印度。

(64) 长磙锹甲 *Nigidius elongatus* Boileau

分布：云南 (大关，景东)；缅甸。

(65) 黄光胫锹甲 *Odontolabi svesicolor* Didier

分布：云南 (彝良，金平，屏边，保山，芒市)；印度。

(66) 巨锯锹甲 *Serrognathus titanus* Boiscluval

分布：云南(盐津，威信，石屏，元阳，屏边，马关，南华，大理)，湖北，江西，福建，广东，广西，四川，贵州；日本，朝鲜，越南，缅甸，印度。

19.蜣螂科 Scarabaeidae

(67) 躁侧裸蜣螂 *Gymnopleurus morosus* Fairmaire

分布：云南(永善，宁蒗)，四川。

(68) 翘侧裸蜣螂 *Gymnopleurus sinuatus* Olivier

分布：云南(大关，泸水，临沧，施甸)，河北，山东，安徽，江苏，浙江，江西，福建，台湾，广东，广西，贵州；越南，缅甸，尼泊尔，印度。

20.犀金龟科 Dynastidae

(69) 双叉犀金龟 *Allomyrina dichotoma* Linnaeus

分布：云南(大关，盐津，彝良，镇雄，华坪，福贡，贡山)，吉林，河北，山东，河南，江苏，安徽，浙江，湖北，江西，福建，台湾，广东，广西，四川，贵州，西藏；中南半岛，菲律宾，印度，尼泊尔，斯里兰卡。

21.鳃金龟科 Melolonthidae

(70) 竖鳞双缺鳃金龟 *Diphycerus tonkinensis* Moser

分布：云南(永善，巧家，东川，文山)；越南，老挝。

(71) 宽齿爪鳃金龟 *Holotrichia lata* Brenske

分布：云南(彝良，绥江，泸水，沧源)，江苏，安徽，浙江，湖北，江西，湖南，福建，台湾，广西，四川，贵州；越南。

(72) 巨狭肋鳃金龟 *Holotrichia maxima* Chang

分布：云南(彝良)，四川。

22.丽金龟科 Rutelidae

(73) 纵带长丽金龟 *Adoretosoma elegans* Blanchard

分布：云南(盐津，威信，东川)，江苏，浙江，湖北，福建，广东，广西，四川，贵州；越南。

(74) 红褐长丽金龟 *Adoretosoma fairmairei* Arrow

分布：云南(彝良，澜沧)。

(75) 漆黑异丽金龟 *Anomala ebenina* Fairmaire

分布：云南(永善，彝良，鲁甸，丽江，永胜，迪庆，维西，保山，寻甸，东川)，陕西，浙江，湖北，福建，四川，贵州。

(76) 毛边异丽金龟 *Anomala heydeni* Frivaldszky

分布：云南(盐津)，江苏，浙江，福建；越南。

(77) 斑翅异丽金龟 *Anomala spiloptera* Burmeister

分布：云南(彝良)，安徽，江西，福建，广东，贵州；越南。

(78) 三带异丽金龟 *Anomala trivigata* Fairmaire

分布：云南(彝良，红河，玉溪，迪庆，维西)，陕西，福建，四川；越南。

(79) 蓝边矛丽金龟 *Callistethus plagiicollis* Fairmaire

分布：云南(彝良，镇雄，建水，丽江，漾濞，鲁甸，福贡，宁蒗，巧家，永善)，陕西，浙江，四川，贵州，西藏；越南，俄罗斯，朝鲜。

(80) 硕蓝珂丽金龟 *Callistopopillia davidis* Fairmaire

分布：云南(永善，巧家)，四川。

(81) 竖毛镰丽金龟 *Ischnopopillia exarata* Fairmaire

分布：云南(永善，鹤庆)，四川，西藏；越南。

(82) 中华彩丽金龟 *Mimela chinensis* Kirby

分布：云南(盐津)，福建，广东，广西，贵州；中南半岛。

(83) 无斑弧丽金龟 *Popillia mutans* Newman

分布：云南(盐津，彝良，威信，镇雄)，甘肃，山西，山东，安徽，浙江，福建，台湾，广东；朝鲜，日本。

(84) 曲带弧丽金龟 *Popillia pustulata* Fairmaire

分布：云南(盐津，威信，镇雄)，陕西，山东，浙江，湖北，福建，广东，广西，四川，贵州；越南。

23.花金龟科 Cetoniidae

(85) 斑青花金龟 *Oxycetonia bealiae* (Gory et Percheron)

分布：云南(盐津，绥江，马关，禄丰，香格里拉，福贡，凤庆，永德)，华东，华中，华南，西南。

24.瓢虫科 Coccinellidae

(86) 永善食植瓢虫 *Epilachna yongshanensis* Cao et Xiao

分布：云南(永善)。

(87) 六斑月瓢虫 *Menochilus sexmaculata* (Fabricius)

分布：云南(盐津，罗平，东川，昆明，安宁，弥勒，广南，富宁，麻栗坡，马关，丘北)，四川，福建，广东；斯里兰卡，菲律宾，印度尼西亚，印度，日本。

(88) 艳色广盾瓢虫 *Platynaspis lewisii* Crotch

分布：云南(彝良)，湖北，江苏，浙江，江西，福建，台湾，广东，广西；日本，缅甸，印度。

25.芫菁科 Meloidae

(89) 西伯利亚豆芫菁 *Epicauta sibirica* Pallas

分布：云南(盐津，陆良)，黑龙江，内蒙古，宁夏，甘肃，青海，北京，浙江，湖北，江西，广东。

(90) 拟大斑芫菁 *Mylabris pustulata* Thunberg

分布：云南(彝良，楚雄，禄丰，云县)；印度。

26.天牛科 Cerambycidae

(91) 锦缎天牛 *Acalolepta permutans* (Pascoe)

分布：云南(盐津，镇雄，芒市)，浙江，安徽，福建，四川，江苏，湖南，广东，香港。

(92) 星天牛 *Anoplophora chinensis* (Forster)

分布：云南(盐津，绥江，镇雄，威信，昭通，昆明，晋宁，安宁，富民，呈贡，东川，玉溪，华宁，宜良，罗平，曲靖，宣威，会泽，泸西，弥勒，禄劝，武定，南华，保山)，辽宁，河北，山东，甘肃，山西，江西，湖北，湖南，福建，广东，广西，四川，贵州；朝鲜，缅甸。

(93) 梗天牛 *Arhopalus rusticus* (Linnaeus)

分布：云南(彝良，昆明，华宁，禄丰，禄劝，武定，南涧，剑川，龙陵，维西，德钦，香格里拉)，辽宁，内蒙古，陕西，江西；欧洲，西伯利亚，库页岛，朝鲜，日本，蒙古国。

(94) 桃红颈天牛 *Aromia bungii* Faldermann

分布：云南(大关，盐津，彝良，昭通，宣威，罗平，文山，富宁)，辽宁，内蒙古，甘肃，河北，山西，陕西，山东，江苏，浙江，湖北，江西，福建，广东及其沿海地区，广西，四川，贵州；朝鲜。

(95) 橙斑白条天牛 *Batocera davidis* Deyrolat

分布：云南(盐津，玉溪，华宁，西畴，马关，丘北，元阳，景洪，楚雄，云龙，大理，丽江，维西，华坪，泸西)，河南，浙江，江西，湖南；越南，老挝。

(96) 云斑白条天牛 *Batocera lineolata* Chevrolat

分布：云南(大关，威信，马关，弥勒，元阳，大理，鹤庆，凤庆，禄丰，耿马，镇康，龙陵）。

(97) 木棉丛角天牛 *Diastocera wallichi* (Hope)

分布：云南(盐津，玉溪，易门，峨山，罗平，文山，砚山，广南，富宁，麻栗坡，屏边，元江，双柏，一平浪，耿马，永德，镇康，南涧，龙陵，永平)。

(98) 瘤筒天牛 *Linda femorata* (Chevrolat)

分布：云南(彝良，盐津，镇雄，巧家，永善，屏边，马关)，陕西，上海，浙江，江西，福建，台湾，广东，广西，四川，贵州。

(99) 异斑象天牛 *Mesosa stictica* Blanchard

分布：云南(彝良)，四川，西藏，湖北，贵州，陕西，山西，浙江。

(100) 桔褐天牛 *Nadezhdiella cantori* (Hope)

分布：云南(彝良，永平)，陕西，河南，江苏，浙江，江西，湖南，台湾，广东。广西；泰国。

(101) 黑翅脊筒天牛 *Nupserha infantula* Gangbauer

分布：云南(盐津)，甘肃，陕西，浙江，江西，福建，广东，四川。

(102) 榆茶色天牛 *Oplatocera oberthuri* Gahan

分布：云南(盐津，盈江)，台湾，广西，四川；印度，不丹。

(103) 蜡斑齿胫天牛 *Paraleprodera carolina* Fairmaire

分布：云南(大关)，四川，贵州。

(104) 葱绿多带天牛 *Polyzonus prasinus* (White)

分布：云南(彝良，澜沧，南华，双江，东川)，浙江，福建，广东，海南；越南，柬埔寨，泰国，印度。

(105) 拟蜡天牛 *Stenygrinum quadrinotatum* Bates

分布：云南(盐津，巧家，永善，蒙自，勐海，武定，洱源，永平，镇康，沧源，龙陵，腾冲，东川)，河北，陕西，山东，江苏，浙江，江西，台湾，广西，四川；朝鲜，日本，缅甸，印度。

(106) 台湾木天牛 *Xylariopsis esakii* Mitono

分布：云南(彝良)，台湾。

(107) 灭字脊虎天牛 *Xylotrechus quadripes* Chevrolat

分布：云南(大关，盐津，西双版纳，临沧，耿马，沧源，龙陵)，台湾，海南，广西，四川；泰国，越南，老挝，缅甸，印度。

(108) 合欢双条天牛 *Xystrocera globosa* (Olivier)

分布：云南(盐津，安宁，玉溪，新平，元江，文山，广南，普洱，西盟，勐腊，大理，云龙，华坪，香格里拉，泸水，云县，永德，沧源，昌宁，瑞丽，畹町)，东北，河北，山东，江苏，浙江，台湾，广东，广西，四川；泰国。

27.负泥虫科 Crioceridae

(109) 蓝负泥虫 *Lilioceris concinnipennis* Baly

分布：云南(盐津)，河北，河南，陕西，江苏，浙江，湖北，江西，福建，台湾，广西，四川；朝鲜，日本，俄罗斯，菲律宾。

28.肖叶甲科 Eumolpidae

(110) 双斑盾叶甲 *Aspidolopha egregia* (Boheman)

分布：云南(永善，巧家，晋宁，勐海，耿马，沧源)，海南，广西；越南。

(111) 盔隐头叶甲 *Cryptocephalus grahami* Gressitt et Kimoto

分布：云南(永善)，四川。

29.叶甲科 Chrysomelidae

(112) 黄守瓜 *Aulacophora femoralis* (Motschoulsky)

分布：云南(永善，巧家，昆明，元江，蒙自，金平，河口，屏边，墨江，景谷，景东，普洱，西双版纳，下关，永平，芒市，潞江，镇康，维西，泸水，怒江，保山，腾冲，澜沧，丘北，建水)，全国大部分省份均有分布。

(113) 薄荷金叶甲 *Chrysolina exanthematica* (Wiedemann)

分布：云南(南华，巧家，师宗)，吉林，青海，河北，河南，江苏，安徽，湖北，浙江，广东，四川；日本，西伯利亚，印度。

(114) 斑胸叶甲 *Chrysomela maculicollis* (Jacoby)

分布：云南(盐津，威信)，湖北，浙江，四川，贵州。

(115) 杨叶甲 *Chrysomela populi* Linnaeus

分布：云南(大关)，黑龙江，吉林，辽宁，内蒙古，甘肃，青海，新疆，河北，陕西，山西，江苏，浙江，江西，湖南，四川，贵州，西藏；日本，朝鲜，西伯利亚，印度，亚洲北部，欧洲，非洲北部。

(116) 二纹柱萤叶甲 *Gallerucida bifasciata* Motschoulsky

分布：云南(盐津，威信)，黑龙江，吉林，辽宁，甘肃，河北，陕西，河南，江苏，浙江，江西，湖南，福建，台湾，广西，四川，贵州。

(117) 端斑柱萤叶甲 *Gallerucida singularis* Harold

分布：云南(盐津，勐海)，福建，广东，广西，四川；越南，印度，缅甸。

(118) 核桃扁叶甲 *Gastrolina depressa* Baly

分布：云南(彝良，威信，丘北)，陕西，河南，湖北，湖南，江苏，浙江，四川，广东，广西。

(119) 卡瓦丝跳甲 *Hespera cavaleriei* Chen

分布：云南(永善，丘北)，四川，贵州；越南。

(120) 阿达里叶甲 *Linaeidea adamsi* Baly

分布：云南(永善，昭阳，昆明，马龙)，辽宁，浙江，贵州，四川。

(121) 金绿里叶甲 *Linaeidea aeneipennis* Baly

分布：云南(盐津)，浙江，江西，福建，四川，广东，贵州。

(122) 桤木里叶甲 *Linaeidea placida* Chen

分布：云南(大关，巧家，丽江，维西，宾川，富民)，四川。

(123) 桑黄米萤叶甲 *Mimastra cyanura* (Hope)

分布：云南(盐津，彝良，江城，武定，腾冲)，浙江，湖北，江西，福建，广西，四川，贵州；印度，缅甸，尼泊尔。

(124)三带曲胫跳甲 *Pentamesa trifasciata* Chen

分布：云南(盐津)，四川。

(125)黄色漆树跳甲 *Podontia lutea* Olivier

分布：云南(永善，威信，元江，丘北，南涧，临沧)，陕西，湖北，江西，浙江，福建，台湾，广西，四川，贵州；越南，缅甸，东南亚。

(126)红铜波叶甲 *Potaninia assamensis* Baly

分布：云南(盐津，景东)，四川；印度。

30　卷象科 Attelabidae

(127)皱胸卷象 *Apoderus rugicollis* Schilsky

分布：云南(盐津，昭通，晋宁，文山，马关，禄劝，大理，鹤庆，福贡，凤庆，腾冲)，河北。

(128)圆斑象 *Paroplapoderus semiamulatus* Jekel

分布：云南(盐津，昆明，麻栗坡，马关，澜沧，景洪，勐腊，勐海，碧江，耿马，龙陵)，河北，河南，江苏，浙江，广东，贵州。

31.象虫科 Curculionidae

(129)淡灰瘤象 *Dermatoxenus caesicollis*(Gyllenhyl)

分布：云南(彝良，镇雄，威信，昭通，屏边，勐海)，江苏，浙江，安徽，江西，福建，广西，四川；日本。

(130)二结光洼象 *Gasteroclisus binodulus* Boheman

分布：云南(盐津，勐海)，甘肃，陕西，江苏，广东，广西，四川；印度次大陆，马来西亚，印度尼西亚。

(131)松树皮象 *Hylobius abietis haroldi* Faust

分布：云南(彝良，镇雄，鲁甸，晋宁，官渡，呈贡，福贡，东川，玉溪，易门，会泽，南华，南涧，丽江，永胜，维西，兰坪，龙陵)，黑龙江，吉林，辽宁，河北，山西，陕西，四川；俄罗斯，朝鲜，日本。

(132)波纹斜纹象 *Lepyrus japonicus* Roelofs

分布：云南(永善，威信)，东北，华北，华东，陕西，甘肃，福建；俄罗斯，朝鲜，日本。

(133)斜纹筒喙象 *Lixus obliquivittis* Voss

分布：云南(盐津，昌宁)，江苏，浙江，福建，广西，四川。

32.小蠹科 Scolytidae

(134)罗汉肤小蠹 *Phloeosinus perlatus* Chapuis

分布：云南(彝良，镇雄)，安徽，浙江，四川，福建，贵州；日本。

(六)鳞翅目 Lepidoptera

33.卷蛾科 Tortricidae

(135)天目山黄卷蛾 *Archips compitalis* Razowsk

分布：云南(彝良，昆明)，浙江，安徽，福建，江西，四川。

(136)丽黄卷蛾 *Archips opiparus* Liu

分布：云南(大关，昆明，禄丰，勐腊，宜良，景东，畹町)，湖南，四川，贵州。

(137)永黄卷蛾 *Archips tharsaleopus*(Meyrick)

分布：云南(大关，镇雄)，北京，陕西。

(138)尖翅小卷蛾 *Bactrae lancealana*(Hubner)

分布：云南(彝良，景洪)，黑龙江，山东，江苏；日本，欧洲，北美洲。

(139)香草小卷蛾 *Celyphoides cespitanus*(Hubner)

分布：云南(彝良)，黑龙江；日本，欧洲，北美。

(140)松叶小卷蛾 *Epinotia rubiginosana*(Herrich-Schaffer)

分布：云南(彝良)，河北，陕西；欧洲。

(141)大豆食心虫 *Leguminivora glycinivorella*(Matsumura)

分布：云南(彝良，镇雄，畹町)，黑龙江，吉林，河北，内蒙古，江苏，安徽，江西，甘肃，宁夏；俄罗斯，朝鲜，日本。

(142)松褐卷蛾 *Pandemis cinamomeana* Treitschke

分布：云南(彝良)，山西，吉林，黑龙江，浙江，江西，湖北，四川；欧洲，日本。

(143)桃褐卷蛾 *Pandemis dumetara* Treitschke

分布：云南(彝良)，北京，吉林，黑龙江，湖北，四川；欧洲，朝鲜，日本，印度。

34.刺蛾科 Limacodidae

(144)乳丽刺蛾暗斑亚种 *Altha lacteola melanopsis*(Strand)

分布：云南(彝良，思茅，勐海，云龙)，江西，台湾，广东；缅甸，印度，斯里兰卡，印度尼西亚。

(145)肖媚绿刺蛾 *Latoia pseudorepanda*(Hering)

分布：云南(盐津，勐腊，勐海，云龙)，广东，四川。

(146)线银纹刺蛾 *Miresa urga* Hering

分布：云南(彝良，金平，南涧，宁蒗，维西，腾冲)，陕西，广西，四川。

(147)迷刺蛾 *Miresina banghaasi*(Hering et Hopp)

分布：云南(盐津)，辽宁，山东，浙江，四川。

35.斑蛾科 Zygaenidae

(148)黄基透翅锦斑蛾 *Agalope davidi* Oberthur

分布：云南 (大关)，四川。

(149)黄斑锦蛾 *Herpa venosa* Walker

分布：云南(永善，宾川，永胜)；印度。

36.网蛾科 Thyrididae

(150)金盏网蛾 *Camptochilus sinuosus* Warren

分布：云南(盐津，宾川)，四川，华南，台湾；印度。

37.螟蛾科 Pyralidae

(151)横线镰翅野螟 *Circobotys heterogenalis*(Bremer)

分布：云南(永善，东川)，山东，福建，江西；朝鲜，日本，俄罗斯远东地区。

(152)伊锥歧角螟 *Cotachena histricalis*(Walker)

分布：云南(昭通)，江苏，浙江，江西，台湾，广东，四川；日本，印度，斯里兰卡。

(153)四斑绢野螟 *Diaphania quadrimaculalis*(Bremer)

分布：云南(永善，宾川，龙陵，云龙，腾冲，芒市，昌宁，福贡，临沧)，东北，华北，湖北，浙江，福建，广东，四川，贵州；朝鲜，日本，俄罗斯。

(154)褐纹翅野螟 *Diasemia accalis* Walker

分布：云南(大关，昭通，金平，景东，勐海，梁河)，山东，浙江，湖南，台湾，广东，四川；朝鲜，日本，缅甸，印度。

(155)虎纹蛀野螟 *Dichocrocis tigrina* Moore

分布：云南(大关，陇川，勐腊)，台湾，广东；印度，斯里兰卡，印度尼西亚。

(156)白带野螟 *Hymenia recurralis*(Fabricius)

分布：云南(大关，丽江，云龙)，山西，陕西，江西，台湾，广东，广西，四川，西藏；朝鲜，日本，印度，缅甸，泰国，斯里兰卡，菲律宾，印度尼西亚，澳大利亚，非洲，北美洲。

(157)乌苏里褶缘野螟 *Paratalanta ussurialis* Snellen

分布：云南(永善，镇雄，勐海，云龙)，黑龙江，福建，台湾，四川；朝鲜，日本，俄罗斯。

(158)金黄螟 *Pyralis regalis* Schiffermuller et Denis

分布：云南(大关)，黑龙江，吉林，河北，台湾，广东；朝鲜，日本，俄罗斯。

(159)竹绒野螟 *Sinibotys evenoralis*(Walker)

分布：云南(盐津)，江苏，浙江，江西，福建，台湾，广东；朝鲜，日本，缅甸。

(160)葡萄卷叶野螟 *Sylepta luctuosalis*(Moore)

分布：云南(大关，陇川，富宁)，黑龙江，陕西，江苏，浙江，福建，台湾，广东，四川，贵州；朝鲜，日本，越南，印度，斯里兰卡，印度尼西亚，欧洲，东非。

(161)橙黑纹野螟 *Tyspanodes striata*(Butler)

分布：云南(大关，威信，昭通，云龙)，山东，陕西，江苏，浙江，江西，福建，台湾，广东，四川；朝鲜，日本。

38.尺蛾科 Geometridae

(162)大造桥虫 *Ascotis selenaria*(Schiffermuller et Denis)

分布：云南(大关，昆明，富民，武定，华坪，澜沧，保山，畹町)，吉林，北京，江苏，浙江，四川，广西；日本，朝鲜，印度，斯里兰卡，非洲。

(163)豆纹尺蛾 *Biston comitata* Warren

分布：云南(彝良，勐阿)，江西，广西，华西；缅甸。

(164) 掌尺蛾 *Buzura recursaria superans* Butler

分布：云南(彝良)，东北，华中，台湾；日本，朝鲜。

(165) 木橑尺蛾 *Culcula panterinaria* (Bremer et Grey)

分布：云南(永善)，内蒙古，河北，山西，山东，四川，台湾；日本，朝鲜。

(166) 双月涤尺蛾 *Dysstroma subapicaria* (Moore)

分布：云南(彝良小草坝，镇雄，泸水)，湖北，湖南，西藏；印度，缅甸，不丹，尼泊尔。

(167) 树形尺蛾 *Erebomorpha fulgurania consors* Butler

分布：云南(彝良，金平，洱源，巍山)，四川；朝鲜，日本，俄罗斯。

(168) 灰褐异翅尺蛾 *Heterophleps sinuosaria* (Leech)

分布：云南(永善，金平，丽江，永平，泸水，永胜，腾冲)，福建，四川，西藏。

(169) 中国巨青尺蛾 *Limbatochlamys rosthorni* Rothschild

分布：云南(盐津，个旧，洱源，云龙，昌宁)，四川。

(170) 尼格来长翅尺蛾 *Obeidia neglecta* Thierry-Meig

分布：云南(盐津)。

(171) 苹烟尺蛾 *Phthonosema tendinosaria* (Bremer)

分布：云南(永善，昆明，洱源，云龙)，黑龙江，内蒙古，四川；日本，朝鲜。

(172) 黄蝶尺蛾 *Thinopteryx crocoptera* (Kollar)

分布：云南(永善，大理)，广东，四川，台湾；日本，朝鲜，印度。

39.凤蛾科 Epicopeiidae

(173) 榆凤蛾 *Epcopeia mencia* Moore

分布：云南(盐津)，黑龙江，吉林，辽宁，河北，湖北，江西，上海，浙江，福建；朝鲜。

40.蚕蛾科 Bombycidae

(174) 多齿翅蚕蛾 *Oberthueria caeca* (Oberthur)

分布：云南(永善，丽江)，福建，四川。

41.大蚕蛾科 Saturniidae

(175) 长尾大蚕蛾 *Actias dubernardi* Oberthur

分布：云南(盐津，彝良)，贵州，福建。

(176) 藤豹大蚕蛾 *Loepa anthera* Jordan

分布：云南(盐津，丽江，宜良)，福建。

42.箩纹蛾科 Brahmaeidae

(177) 青球箩纹蛾 *Brahmophthalma hearsayi* (Whitea)

分布：云南(彝良，盐津，沧源)，河南，四川，贵州，福建，广东；印度，缅甸，马来西亚。

43.枯叶蛾科 Lasiocampidae

(178) 金黄枯叶蛾 *Crinocraspeda torrida* Moore

分布：云南(永善，昆明，东川，玉溪)，广东；印度尼西亚。

44.天蛾科 Sphingidae

(179) 缺角天蛾 *Acosmeryx castanea* Rothschild et Jordan

分布：云南(盐津，元阳，双江，勐腊，云县)，四川，湖南，台湾；日本。

(180) 白薯天蛾 *Herse convolvuli* (Linnaeus)

分布：云南(大关，盐津，勐腊)，河北，河南，山东，山西，安徽，浙江，广东，台湾；日本，朝鲜，印度，俄罗斯，英国。

(181) 黑长喙天蛾 *Macroglossum pyrrhosticta* (Butler)

分布：云南(彝良，瑞丽，大理，曲靖)，东北，华北，四川，广东；越南，日本，印度，马来西亚。

(182) 鹰翅天蛾 *Oxyambulyx ochracea* (Butler)

分布：云南(彝良，富民，勐腊，凤庆，漾濞，路南)，辽宁，河北，江苏，江西，浙江，广东，四川，台湾；日本，印度，缅甸。

(183) 核桃鹰翅天蛾 *Oxyambulyx schauffelbergeri* (Bremer et Grey)

分布：云南(彝良，保山，双江，新平，漾濞，凤庆)，东北，浙江，福建，广西，四川；日本，朝鲜。

(184) 鸟嘴斜带天蛾 *Panacra mydon mydon* Walker

分布：云南(永善，沧源)。

(185) 月天蛾 *Parum porphyria* (Butler)

分布：云南(彝良，双江，镇康，凤庆)，四川；印度西北部。

(186) 霜天蛾 *Psilogramma menephron* (Cramer)

分布：云南(大关，瑞丽，芒市)，华北，华中，华东，华南；日本，印度，朝鲜，斯里兰卡，缅甸，菲律宾，印度尼西亚，大洋洲。

(187) 黄胸木蜂天蛾 *Sataspes tagalica thoracica* Rothschild

分布：云南(盐津，楚雄)，广州；印度。

45.舟蛾科 Notodontidae

(188) 嫦舟蛾 *Changea yangguifei* Schintlmeister et Fang

分布：云南(盐津，宜良，金平，景东，云龙，漾濞)，四川；印度。

(189) 著带燕尾舟蛾 *Furcula nicetia* (Schaus)

分布：云南(彝良，永善，德钦)，四川。

(190) 拳新林舟蛾 *Neodrymonia rufa* (Yang)

分布：云南(盐津)，浙江，福建，江西，湖南。

(191) 扇内斑舟蛾 *Peridea grahami* (Schaus)

分布：云南(彝良)，北京，陕西，四川。

(192) 珠掌舟蛾 *Phalera parivala* Moore

分布：云南(盐津，福贡，沧源，西双版纳，芒市，瑞丽)，湖北，广西，四川，西藏；印度，尼泊尔，越南，泰国。

(193) 金纹舟蛾 *Plusiogramma aurisigna* Hampson

分布：云南(大关，彝良，富源，金平，漾濞，丽江，维西)，河北，甘肃，陕西，湖北，四川；越南，缅甸。

(194) 黑纹玫舟蛾 *Rosama x-magnum* Bryk

分布：云南(大关，镇雄，富民，盈江，金平，丽江，永胜)，四川；缅甸。

(195) 大半齿舟蛾 *Semidonta bidens* Oberthur

分布：云南(彝良)，福建，四川。

(196) 干华舟蛾 *Spatalina ferruginosa* (Moore)

分布：云南(永善，丽江，金平，德钦，保山，西双版纳)；印度西北部，尼泊尔，缅甸，越南。

(197) 葩胯舟蛾 *Syntypistis parcevirens* (de Joannis)

分布：云南(永善)，福建，湖北，湖南，四川，陕西，甘肃；越南，缅甸。

(198) 普胯舟蛾 *Syntypistis pryeri* (Leech)

分布：云南(盐津，丽江)，浙江，福建，湖北，湖南，广西，四川，陕西，甘肃，台湾；日本，朝鲜。

46.鹿蛾科 Amatidae

(199) 滇鹿蛾 *Amata atkinsoni* (Moore)

分布：云南(永善，安宁，会泽)。

(200) 红带新鹿蛾 *Caeneressa rubrozonata* (Poujade)

分布：云南(彝良)，浙江，福建，四川，西藏。

47.灯蛾科 Arctiidae

(201) 网斑粉灯蛾 *Alphaea anopuncta* (Oberthur)

分布：云南(永善，丽江，永平，腾冲)，四川。

(202) 大丽灯蛾 *Callimorpha histrio* Walker

分布：云南(大关)，江苏，浙江，福建，江西，湖北，湖南，四川，台湾；朝鲜。

(203) 新丽灯蛾 *Neochelonia bieti* (Oberthur)

分布：云南(彝良)，山西，浙江，江西，湖北，甘肃，四川。

(204) 肖浑黄灯蛾 *Rhyparioides amurensis* (Bremer)

分布：云南(大关，镇雄)，东北，河北，山西，陕西，江苏，浙江，福建，江西，湖南，湖北，广西，四川；日本，朝鲜。

(205) 小斑污灯蛾 *Spilarctia comma* (Walker)

分布：云南(彝良，宜良，丽江)，四川。

(206) 缘斑污灯蛾 *Spilarctia costimacula* Leech

分布：云南(彝良)，四川。

(207) 褐带污灯蛾 *Spilarctia lewisi* (Butter)

分布：云南(彝良，东川，鹤庆，丽江，德钦)，浙江，湖北，四川，陕西；日本。

(208) 赭褐带污灯蛾 *Spilarctia nehallenia* (Oberthur)

分布：云南(彝良，永善)，陕西，四川。

(209) 峨眉污灯蛾 *Spilarctia pauper* (Oberthur)

分布：云南(彝良，云龙)，四川。

(210) 黑带污灯蛾 *Spilarctia quercii* (Oberthur)

分布：云南(彝良)，陕西，山西，青海，甘肃，湖北。

(211) 人纹污灯蛾 *Spilarctia subcarnea* (Walker)

分布：云南(彝良，富宁，丽江，德钦)，东北，华北，陕西，华东，华中，四川，广东，台湾；日本，朝鲜，菲律宾。

(212) 净雪灯蛾 *Spilosoma album* (Bremer et Grey)

分布：云南(彝良，陆良，宜良，武定)，河北，浙江，江西，福建，湖北，湖南，四川；朝鲜。

(213) 星白雪灯蛾 *Spilosoma menthastri* (Esper)

分布：云南(大关，镇雄，永善，沾益，石林，丽江)，东北，河北，内蒙古，陕西，江苏，浙江，安徽，江西，福建，湖北，四川，贵州；日本，朝鲜，欧洲。

(214) 点斑雪灯蛾 *Spilosoma ningyuenfui* Daniel

分布：云南(大关，彝良，会泽，石林，东川，大理，丽江)，四川，西藏。

(215) 洁雪灯蛾 *Spilosoma pura* Leech

分布：云南(彝良，丽江，德钦)，陕西，四川，贵州。

48.拟灯蛾科 Hypsidae

(216) 楔斑拟灯蛾 *Asota paliura* Swinhoe

分布：云南(彝良，漾濞，云龙)，湖北，四川，西藏。

49.苔蛾科 Lithosiidae

(217) 银华苔蛾 *Agylla albocinerea* (Moore)

分布：云南(彝良小草坝，大关，峨山)，四川；印度西北部。

(218) 点清苔蛾 *Apistosia subnigre* Leech

分布：云南(彝良，镇雄)，陕西，浙江，福建，四川。

(219) 路雪苔蛾 *Chionaema adita* (Moore)

分布：云南(彝良)，福建，四川，西藏；印度。

(220) 明雪苔蛾 *Chionaema phaedre* (Leech)

分布：云南(彝良)，浙江，江西，湖北，湖南，陕西，四川。

(221) 圆斑土苔蛾 *Eilema signata* Walker

分布：云南(盐津)，华北，上海，福建，江西，湖南，四川。

(222) 灰翅点苔蛾 *Hyposiccia punctigera* (Leech)

分布：云南(永善)，福建，华中，四川。

(223) 黑缘美苔蛾 *Miltochrista delineata* (Walker)

分布：云南(盐津)，江苏，浙江，福建，江西，湖北，湖南，广东，广西，四川，台湾。

(224) 曲美苔蛾 *Miltochrista flexouosa* Leech

分布：云南(永善)，四川。

(225) 优美苔蛾 *Miltochrista striata* Bremer et Grey

分布：云南(盐津，安宁，晋宁，勐腊)，江苏，浙江，江西，福建，湖南，广东，陕西，四川；日本。

(226)之美苔蛾 *Miltochrista ziczac*(Walker)

分布：云南(大关)，山西，江苏，浙江，福建，江西，湖北，广东，广西。

(227)顶弯苔蛾 *Parabitecta flava* Hering

分布：云南(大关)，浙江，福建，湖北，四川。

(228)黄痣苔蛾 *Stigmatophora flava*(Motschulsky)

分布：云南(大关，彝良)，东北，河北，山西，山东，陕西，新疆，江苏，浙江，福建，江西，湖北，湖南，广东，四川，贵州；日本，朝鲜。

(229)克颚苔蛾 *Strysopha klapperichi*(Daniel)

分布：云南(永善)，浙江，福建，四川。

(230)圆斑苏苔蛾 *Thysanoptyx signata*(Walker)

分布：云南(盐津，景东)，浙江，福建，江西，湖北，湖南，广西，四川。

50.夜蛾科 Noctuidae

(231)桃剑纹夜蛾 *Acronicta incretata* Hampson

分布：云南(彝良，永仁，沧源，保山，腾冲)，河北，四川；朝鲜，日本。

(232)麦奂夜蛾 *Amphipoea fucosa* Freyer

分布：云南(彝良，镇雄，永善)，黑龙江，内蒙古，青海，山西，河北，新疆，湖北；日本。

(233)印度康夜蛾 *Conphipiea indica* Moore

分布：云南(彝良，玉溪，洱源，福贡，丽江)，四川，西藏；印度。

(234)钩白肾夜蛾 *Edessena hamada* Felder

分布：云南(盐津，漾濞，凤庆)，河北，华东，江西；日本。

(235)魔目夜蛾 *Erebus creppuscularis* Linnaeus

分布：云南(盐津，瑞丽)，浙江，广东，江西，湖北，湖南，四川；日本，缅甸，印度斯里兰卡，新加坡，印度尼西亚。

(236)鳞宿夜蛾 *Hypoperigea leprosticta* Hampson

分布：云南(彝良)，广东；新加坡，斯里兰卡，印度尼西亚。

(237)肖毛翅夜蛾 *Lagoptera juno* Dalman

分布：云南(永善，剑川，维西)，黑龙江，辽宁，河北，浙江，四川，湖南，江西；日本，印度。

(238)光腹夜蛾 *Mythimna turca* Linnaeus

分布：云南(彝良，永善，镇雄，昆明)，黑龙江，陕西，浙江，江西，湖北，湖南，四川；日本，欧洲。

(239)鳞目夜蛾 *Pangrapta squamea* Leech

分布：云南(盐津)，华东，西南。

(240)紫金翅夜蛾 *Plusia chryson*(Esper)

分布：云南(永善)，黑龙江，吉林，新疆，浙江，江西，安徽；朝鲜，日本，俄罗斯，希腊，瑞士，匈牙利，奥地利，德国，英国。

(241) 霉裙剑夜蛾 *Polyphaenis oberthuri* Staudinger

分布：云南(永善)，黑龙江，陕西，湖北，四川；朝鲜。

(242) 暗后夜蛾 *Trisuloides caliginea* Butler

分布：云南(彝良，安宁，晋宁，云龙)，黑龙江，河北，山西，陕西，湖北，浙江，四川，江西；俄罗斯，朝鲜，日本。

(243) 黄后夜蛾 *Trisuloides subflava* Wileman

分布：云南(盐津，彝良)，台湾，四川。

51.虎蛾科 Agaristidae

(244) 黄修虎蛾 *Seudyra flavida* Leech

分布：云南(大关，盈江)，四川。

52.木蠹蛾科 Cossidae

(245) 梨豹蠹蛾 *Zeuzera pyrina* Staudinger et Rebel

分布：云南(彝良，大关，丽江)，四川；印度，亚洲北部，欧洲，美洲。

53.毒蛾科 Lymantriidae

(246) 连丽毒蛾 *Calliteara conjuncta* (Wileman)

分布：云南(盐津)，北京，河北，内蒙古，辽宁，吉林，黑龙江，安徽，福建，江西，山东，河南，湖北，湖南，四川，陕西；朝鲜，日本，俄罗斯。

(247) 肾毒蛾 *Cifuna locuples* Walker

分布：云南(盐津，永善，勐海，维西，昌宁)，河北，山西，黑龙江，吉林，辽宁，山东，安徽，江苏，浙江，河南，湖北，湖南，江西，福建，广东，广西，贵州，四川，陕西，西藏；朝鲜，日本，越南，印度，俄罗斯。

(248) 火茸毒蛾 *Dasychira complicate* Walker

分布：云南(大关，维西，迪庆，丽江)，湖北，陕西，西藏；印度。

(249) 丽江茸毒蛾 *Dasychira feminula likiangensis* Collenette

分布：云南(彝良，丽江)。

(250) 柔棕毒蛾 *Ilema feminula* (Hampson)

分布：云南(彝良，大理，丽江，德钦)，江苏，浙江，福建，江西，湖北，湖南，四川。

(251) 舞毒蛾 *Lymantria dispar* Linnaeus

分布：云南(盐津，云龙)，黑龙江，吉林，辽宁，内蒙古，河北，河南，山西，山东，陕西，青海，甘肃，宁夏，新疆；朝鲜，日本，俄罗斯，欧洲。

(252) 白斜带毒蛾 *Numenes albofascia* Leech

分布：云南(彝良)，浙江，湖北。

54.圆钩蛾科 Cycllidiidae

(253) 妃丽钩蛾 *Callidrepana filina* Chou et Xiang

分布：云南(彝良)。

(254) 洋麻圆钩蛾 *Cyclidia substigmaria substigmaria* (Hubner)

分布：云南(盐津，泸水，大庸，金河，永黄，大理)，海南，安徽，四川，湖北，台湾；日本，越南。

55.凤蝶科 Papilionidae

(255) 中华翠凤蝶 *Achillides bianor* Cramer

分布：云南(大关，盐津，彝良，威信，昭通，玉溪，广南，西畴，勐腊)，中国其他广大地区；日本，朝鲜，越南，印度，缅甸。

(256) 宝境翠凤蝶 *Achillides paris* Linnaeus

分布：云南(永善，大关，盐津，彝良，元阳，金平，河口，个旧，景东，勐腊，勐海，芒市，瑞丽，镇康)，河南，陕西，浙江，福建，台湾，香港；印度，老挝，泰国，越南，缅甸，印度尼西亚。

(257) 华西翠凤蝶 *Achillides syfanius* Oberthur

分布：云南(彝良，绥江，呈贡，东川，玉溪，宜良，武定)，四川，西藏。

(258) 粗绒麝凤蝶 *Byasa nevilli* Wood-Mason

分布：云南(永善，巧家，昆明，富民，晋宁，呈贡，东川，玉溪，曲靖，禄丰、禄劝，漾濞，大理，宾川，下关，鹤庆，巍山，临沧，凤庆，腾冲)，中国西部；印度西北部。

(259) 宽带青凤蝶短带亚种 *Graphium cloanthus clymenus* Leech

分布：云南(盐津，绥江)，四川，江西。

(260) 黎氏青凤蝶云南亚种 *Graphium leechi yunnana* Lee

分布：云南(盐津，绥江)。

(261) 樟青凤蝶 *Graphium sarpedon* Linnaeus

分布：云南(大关，盐津，绥江，河口，屏边，金平，景东，西盟，景洪，勐腊，云县，镇康，耿马，沧源，芒市，瑞丽)，陕西，湖北，湖南，四川，西藏，江西，浙江，福建，广西，广东，海南，台湾，香港；印度，尼泊尔，斯里兰卡，不丹，缅甸，泰国，印度尼西亚，日本。

(262) 红珠凤蝶小斑亚种 *Pachliopta aristolochiae adieus* Rothschild

分布：云南(永善，盐津，彝良，东川，大理，鹤庆)，陕西，江西，河南，四川，广西。

(263) 金凤蝶 *Papilio machaon* Linnaeus

分布：云南(盐津，威信，镇雄，绥江)，黑龙江，吉林，河北，河南，山东，新疆，陕西，甘肃，西藏，浙江，福建，江西，广西，广东，台湾；除北极以外国家。

(264) 美凤蝶 *Papilio memnon* Linnaeus

分布：云南(盐津，绥江，河口，金平，广南，富宁，景洪，勐腊，景东，瑞丽)，海南，广东，福建，浙江，江西，湖北，湖南，广西，四川，台湾；日本，印度，斯里兰卡，缅甸，泰国。

(265) 玉带凤蝶 *Papilio polytes* Linnaeus

分布：云南(大关，盐津，彝良，巧家，绥江，昆明，富民，呈贡，东川，玉溪，元江，华宁，通海，曲靖，弥勒，富宁，河口，江城，景洪，勐腊，勐海，大理，鹤庆，镇康，保山，瑞丽)，甘肃，青海，陕西，河北，河南，湖北，山东，山西，江西，浙江，江苏，海南，广西，四川，广东，福建，台湾；印度，泰国，马来西亚，印度尼西亚，日本。

(266) 蓝凤蝶 *Papilio protenor* Gramer

分布：云南(彝良，绥江，镇雄，金平，勐腊，碧江，福贡)，中国长江以南及陕西，河南，山东，西藏；印度，尼泊尔，不丹，缅甸，越南，朝鲜，日本。

(267) 柑橘凤蝶 *Papilio xuthus xuthus* Linnaeus

分布：云南(永善，大关，盐津，彝良，威信，昭通，昆明，安宁，富民，呈贡，东川，玉溪，华宁，金平，屏边，河口，弥勒，墨江，景东，楚雄，姚安，漾濞，大理，祥云，巍山，南涧，剑川，云龙，丽江，维西，德钦，福贡，泸水，镇康，永德，临沧，怒江，腾冲)，中国各地；缅甸，越南，朝鲜，日本。

(268) 华夏剑凤蝶 *Pazala mandarinus* Oberthur

分布：云南(彝良，呈贡，晋宁，昆明，玉溪，曲靖，宜良)，四川，浙江；尼泊尔，缅甸。

56.绢蝶科 Parnassiidae

(269) 黄毛白绢蝶 *Parnassius glacialis* Butler

分布：云南(彝良)，黑龙江，吉林，辽宁，河南，山东，山西，陕西，甘肃，贵州，浙江，安徽；日本，朝鲜。

57.粉蝶科 Pieridae

(270) 皮氏绢粉蝶 *Aporia bieti* Oberthur

分布：云南(彝良，昭通，巧家，昆明，东川，大理，剑川，鹤庆，香格里拉，宁蒗，维西)，陕西，甘肃，四川，新疆，西藏。

(271) 小檗绢粉蝶亚种 *Aporia hippia gregoryi* Watkins

分布：云南(永善，大关，巧家，云龙，永平，保山)，黑龙江，青海，甘肃，陕西，山西，河南，西藏，台湾；朝鲜，西伯利亚，日本。

(272) 不丹绢粉蝶 *Aporia larraldei* Oberthur

分布：云南(永善，腾冲)，四川。

(273) 东方菜粉蝶指名亚种 *Artogeia canidia canidia* Linnaeus

分布：云南(永善，大关，盐津，彝良，昭通，镇雄，昆明，呈贡，东川，河口，屏边，金平，马关，广南，元江，墨江，普洱，思茅，景东，景谷，澜沧，景洪，勐仑，勐海，禄劝，永平至大理，云龙，南涧，姚安，漾濞，鹤庆，耿马，镇康，沧源，龙陵，芒市，保山，梁河)，除黑龙江、内蒙古和新疆外其他各省市区；朝鲜，越南，老挝，缅甸，柬埔寨，泰国，土耳其。

(274) 褐脉菜粉蝶 *Artogeia melete* Menetries

分布：云南(永善，大关，彝良，威信，富民，东川，宜良，宣威，罗平，西畴，普洱，思茅，勐腊，勐海，福贡，耿马，镇康)，黑龙江，辽宁，河南，陕西，福建，江西，湖北，广西；朝鲜，日本，俄罗斯，阿穆尔。

(275) 橙黄粉蝶 *Colias electo* Linnaeus

分布：云南(永善，大关，盐津，彝良，水富，镇雄，威信，巧家，鲁甸，昭通，昆明，安宁，呈贡，东川，玉溪，峨山，会泽，开远，个旧，马关，剑川，云龙，鹤庆，澜沧，耿马，永德，龙陵，昌宁）。

(276) 斑缘豆粉蝶中华亚种 *Colias erate sinensis* Verity

分布：云南（彝良，巧家，鲁甸，昆明，安宁，呈贡，晋宁，富民，东川，易门，曲靖，嵩明，会泽，宜良，罗平，师宗，泸西，武定，大理，漾濞，鹤庆，宾川，澜沧），黑龙江，辽宁，山西，陕西，河南，湖北，新疆，西藏，江苏，浙江，福建；从东欧、克什米尔到日本。

(277) 黑角方粉蝶广西亚种 *Dercas lycorias difformis* Niceville

分布：云南（盐津，威信，宜良，龙陵），陕西，浙江，福建，四川，广西；印度，尼泊尔。

(278) 普通黄粉蝶 *Eurema hecabe* Linnaeus

分布：云南（大关，盐津，彝良，镇雄，鲁甸，昆明，安宁，呈贡，富民，东川，通海，元江，河口，屏边，金平，西畴，富宁，墨江，普洱，思茅，景东，景谷，勐腊，景洪，勐海，南涧，大理，宾川，剑川，漾濞，巍山，下关，姚安，禄劝，永仁，怒江，碧江，泸水，耿马，镇康，沧源，保山，腾冲，龙陵，芒市，瑞丽），中国广布；日本，朝鲜，菲律宾，印度尼西亚，马来西亚，缅甸，泰国，印度，孟加拉国。

(279) 圆翅钩粉蝶 *Gonepteryx amintha* Blanchard

分布：云南（永善，镇雄，威信，巧家，昆明，安宁，晋宁，呈贡，富民，东川，曲靖，罗平，峨山，河口，蒙自，景东，姚安，大理，云龙，凤庆），河南，浙江，四川，台湾，西藏。

(280) 喜悦钩粉蝶阿尔文 *Gonepteryx aspasia alvinda* (Blanchard)

分布：云南（永善，彝良，镇雄，威信），东北，华北，陕西，浙江，河南，西藏，台湾；朝鲜，日本。

(281) 赤顶大粉蝶 *Hebomoia glaucippe glaucippe* Linnaeus

分布：云南（盐津，河口，金平，景东，景洪，姚安，耿马，保山，盈江，瑞丽，凤庆，宾川），福建，广西，广东，海南；印度，缅甸，不丹，尼泊尔，孟加拉国，斯里兰卡，印度尼西亚，菲律宾。

(282) 黑缘橙粉蝶 *Ixias pyrene* Linnaeus

分布：云南（盐津，彝良，昆明，富民，晋宁，玉溪，华宁，通海，屏边，金平，泸西，思茅，景东，景洪，景谷，勐腊，巍山，鹤庆，永平，耿马，云县，临沧，永平，保山），江西，福建，广西，广东，海南，台湾；缅甸，不丹，尼泊尔，印度，斯里兰卡，巴基斯坦，印度尼西亚，菲律宾。

(283) 大菜粉蝶尼泊尔亚种 *Pieris brassicae nepalensis* Doubleday

分布：云南（盐津，昆明，晋宁，呈贡，东川，玉溪，易门，金平，马关，思茅，墨江，普洱，景东，富宁，景洪，勐海，姚安，南华，大理，鹤庆，南涧，宾川，云龙，永平，宁蒗，维西，福贡，泸水，香格里拉，云县，沧源，永德，镇康，耿马，保山，龙陵，腾冲，芒市），新疆；尼泊尔，哈萨克斯坦，俄罗斯。

(284) 花粉蝶 *Pontia daplidice* Linnaeus

分布：云南（永善，大关，威信，鲁甸，昆明，呈贡，安宁，东川，会泽，普洱，思茅，景东，下关，永平至保山，武定，永平，南涧，宁蒗，泸水，耿马，镇康，永德，龙陵，保山)，西藏，新疆，青海，甘肃，宁夏，陕西，山西，河南，河北，山东，黑龙江，辽宁，江西，浙江，广东，广西；非洲北部，西亚，西伯利亚。

58.斑蝶科 Danaidae

(285) 金斑蝶 *Panlymnas chrysippus* Linnaeus

分布：云南(彝良，巧家，呈贡，东川，新平，元江，金平，建水，元阳，景东，景谷，墨江，勐腊，景洪，南华，漾濞，大理，宾川，耿马，永德，云县，镇康，保山，芒市，瑞丽，梁河)，海南，广东，广西，台湾，福建，四川，江西，湖北，陕西；南欧，非洲，亚洲西部，东南亚，澳大利亚。

(286) 橙青斑蝶 *Parantica melanea* Cramer

分布：云南(永善，大关，盐津，彝良，威信，巧家，昆明，安宁，东川，宜良，广南，富宁，弥勒，大勐笼，勐罕，勐腊，宾川，大理，下关，云龙，巍山，耿马，芒市，瑞丽，易门)，广西，广东，西藏，台湾；印度，尼泊尔，不丹，孟加拉国，缅甸，泰国，越南，老挝，柬埔寨，马来西亚，印度尼西亚。

(287) 粗脉棕斑蝶 *Salatura genutia* Cramer

分布：云南(大关，盐津，绥江，彝良，昆明，晋宁，元江，峨山，通海，新平，河口，屏边，金平，富宁，丘北，景东，西盟，思茅，江城，景洪，勐腊，勐海，澜沧，漾濞，云龙，永平，永德，耿马，保山，龙陵，芒市，梁河，陇川，瑞丽)，河南，西藏，江西，浙江，福建，四川，广西，台湾，广东，海南；越南，印度尼西亚，马来西亚，菲律宾，澳大利亚，新几内亚。

(288) 细纹黑斑蝶 *Tirumala septentrionis* Butler

分布：云南(大关，镇雄，丘北)，江西，海南，广东，广西，四川，台湾；阿富汗，印度，缅甸，泰国，越南，马来西亚，印度尼西亚。

59.眼蝶科 Satyridae

(289) 细眉林眼蝶 *Aulocera merlina* Oberthur

分布：云南(彝良，昭通，晋宁，富民，呈贡，通海，巍山)，四川。

(290) 大型林眼蝶 *Aulocera padma* Kollar

分布：云南(永善，东川，曲靖，大理，剑川)，四川，西藏；不丹，缅甸，印度。

(291) 多斑艳眼蝶 *Callerebia polyphemus* Oberthur

分布：云南(永善，彝良，镇雄，昆明，安宁，晋宁，呈贡，富民，东川，澄江，通海，新平，曲靖，宜良，罗平，石屏，河口，屏边，禄丰，姚安，巍山，剑川，洱源，大理，下关，云龙，临沧)，四川，西藏。

(292) 维玛冈眼蝶 *Hermias verma* Kollar

分布：云南(盐津，威信，昆明，元江，师宗，巍山，屏边，景东，勐海，保山)，江西，广东，广西，海南，台湾，四川；印度，马来西亚，越南。

(293) 曲纹黛眼蝶 *Lethe chandica* Moore

分布：云南(大关，盐津，耿马)，西藏，浙江，福建，广西，广东，台湾；印度，泰国，缅甸，孟加拉国，马来西亚，印度尼西亚，新加坡，越南，老挝，菲律宾。

(294) 白带黛眼蝶 *Lethe confusa* Aurivillius

分布：云南(大关，盐津，易门，河口，金平，勐罕，勐腊，景洪，龙陵，临沧，芒市，瑞丽)，浙江，福建，广西，广东，四川，贵州，海南；印度，尼泊尔，泰国，越南，老挝，柬埔寨，缅甸，马来西亚，印度尼西亚。

(295) 波纹黛眼蝶 *Lethe rohria* Fabricius

分布：云南(盐津，河口，金平，绿春，富宁，马关，思茅，景东，耿马，镇康，云县)，四川，广东，浙江，福建，海南，台湾；印度，尼泊尔，不丹，巴基斯坦，孟加拉国，缅甸，泰国，柬埔寨，老挝，越南，马来西亚，新加坡，印度尼西亚，斯里兰卡。

(296) 白眼蝶 *Melanargia halimede* Menetries

分布：云南(永善，彝良)，黑龙江，吉林，辽宁，陕西，甘肃，宁夏，青海，山东，山西，河北，河南，湖北；朝鲜，蒙古国，俄罗斯西伯利亚南部。

(297) 拟稻眉眼蝶 *Mycalesis francisca* (Stall)

分布：云南(盐津，东川，华宁，沾益，临沧，耿马，勐海，屏边)，河南，陕西，浙江，江西，福建，广东，广西，海南，台湾；日本，朝鲜。

(298) 稻眉眼蝶 *Mycalesis gotama* Moore

分布：云南(盐津，昆明，河口，屏边，思茅，勐海，沧源)，河南，陕西，西藏，四川，贵州，江苏，安徽，湖北，浙江，湖南，福建，江西，广东，广西，海南，台湾；越南，朝鲜，日本。

(299) 大理石眉眼蝶 *Mycalesis mamerta* Cramer

分布：云南(盐津，河口，金平，富宁，镇沅，墨江，思茅，小勐养，勐罕，勐海，耿马，保山，龙陵，昌宁)，广西；印度。

(300) 布莱荫眼蝶 *Neope bremeri* Felder

分布：云南(盐津)，湖北，浙江，四川，台湾。

(301) 网纹荫眼蝶 *Neope christi* Oberthur

分布：云南(彝良，昆明，呈贡，晋宁，富民，东川，易门，新平，宜良，马龙)，四川。

(302) 格氏荫眼蝶 *Neope goschkevitschi* Menetries

分布：云南(彝良)。

(303) 蒙链荫眼蝶 *Neope muirheadi* Felder

分布：云南(永善，盐津，彝良，昆明，富民，温泉，华宁，屏边，河口，广南，勐仑，漾濞，澜沧，丽江，凤庆，耿马，腾冲，梁河，芒市)，河南，陕西，湖北，四川，浙江，江西，福建，广东，海南，台湾。

(304) 奥荫眼蝶 *Neope oberthuri* Leech

分布：云南(大关，宾川，保山)，四川。

(305) 黄斑荫眼蝶中原亚种 *Neope pulaha ramosa* Leech

分布：云南(永善)，陕西，西藏，四川，湖北，浙江，江西，台湾；印度，不丹，缅甸。

(306)阿黛玛蔰眼蝶 *Paraplesia adelma* Felder

分布：云南(盐津，镇雄)，陕西，四川，浙江，江西，湖北，广西，台湾，福建。

(307)西藏明眼蝶 *Pararge thibetana* Oberthur

分布：云南(彝良，昆明，富民，东川，呈贡，巍山，云龙，大理，碧江，保山)，河南，宁夏，陕西，甘肃，湖北，西藏。

(308)布氏喙眼蝶 *Tansima butleri* Leech

分布：云南(盐津)，河南，浙江，江西，台湾。

(309)临喙眼蝶 *Tansima proxima* Leech

分布：云南(大关，剑川)，陕西，四川。

(310)白斑矍眼蝶 *Ypthima albipuncta* Leech

分布：云南(彝良)。

(311)鲍氏矍眼蝶 *Ypthima beautei* Oberthur

分布：云南(大关，彝良，昭阳，呈贡，景东，泸水，贡山，临沧，腾冲)。

(312)鹭矍眼蝶 *Ypthima ciris* Leech

分布：云南(彝良，昭阳，昆明，呈贡，东川，河口，祥云，临沧)，四川。

(313)连斑矍眼蝶 *Ypthima sakra* Moore

分布：云南(彝良，宜良，金平，姚安)；不丹，尼泊尔，印度。

(314)拟四眼矍眼蝶 *Ypthima sordida* Elwes et Edward

分布：云南(盐津，彝良，呈贡，云龙，临沧，耿马，澜沧)。

(315)黄带暗眼蝶 *Zophoessa luteofasciata* Poujade

分布：云南(大关，保山，腾冲)。

(316)苏拉暗眼蝶 *Zophoessa sura* Doubleday

分布：云南(大关，龙陵)，西藏；克什米尔。

60.环蝶科 Amathusiidae

(317)灰翅串珠环蝶指名亚种 *Faunis aerope aerope* Leech

分布：云南(大关，盐津，绥江，罗平，元阳，金平)，广东，海南，香港，四川；越南，缅甸，泰国，印度。

(318)鱼纹环蝶 *Stichophthalma howque* Westwood

分布：云南(盐津，麻栗坡)，陕西，浙江，湖北，江西，福建，广东，广西，四川，贵州，台湾；越南，老挝，泰国，缅甸，印度。

61.蛱蝶科 Nymphalidae

(319)紫闪蛱蝶 *Apatura iris* Linnaeus

分布：云南(永善，剑川，兰坪)，吉林，甘肃，宁夏，陕西，河南，四川；朝鲜，日本，欧洲。

(320)细带闪蛱蝶塞拉亚种 *Apatura metis serarum* Oberthur

分布：云南(盐津，彝良，昆明，晋宁，富民，东川，玉溪，曲靖，宣威，罗平，南华，禄劝，景洪，洱源，昌宁，龙陵)，陕西；朝鲜，日本，欧洲中部和东部。

(321) 曲纹蜘蛱蝶 *Araschnia doris* Leech

分布：云南(盐津)，陕西，河南，湖北，四川，浙江，福建。

(322) 直纹蜘蛱蝶 *Araschnia prorsoides* Blarnchard

分布：云南(永善，云龙，宾川)，黑龙江，内蒙古，四川，广西；蒙古国，印度北部，喜马拉雅山。

(323) 绿豹蛱蝶 *Argynnis paphia* Linnaeus

分布：云南(大关，盐津，彝良，威信，镇雄，剑川，凤庆)，黑龙江，辽宁，吉林，河北，山西，河南，新疆，宁夏，陕西，甘肃，浙江，四川，西藏，湖北，江西，福建，广西，广东，台湾；日本，朝鲜，欧洲，非洲。

(324) 斐豹蛱蝶 *Argyreus hyperbius* Linnaeus

分布：云南(大关，盐津，彝良，威信，昆明，安宁，晋宁，东川，罗平，易门，河口，屏边，金平，元阳，西畴，澜沧，景东，墨江，思茅，下关，大理，剑川，碧江，泸水，耿马，临沧，永德，镇康，施甸，腾冲，梁河，芒市，勐海)，遍布中国各省份；日本，朝鲜，菲律宾，印度尼西亚，缅甸，泰国，不丹，尼泊尔，阿富汗，印度，巴基斯坦，孟加拉国，斯里兰卡。

(325) 老豹蛱蝶 *Argyronome laodice* Pallas

分布：云南(大关，彝良，镇雄，威信，昆明，安宁，呈贡，新平，罗平，云龙，剑川，碧江，福贡，龙陵)，黑龙江，辽宁，新疆，河北，河南，陕西，山西，甘肃，青海，西藏，江苏，浙江，湖南，湖北，江西，四川，福建，台湾；中亚，欧洲。

(326) 红锯蛱蝶 *Cethosia biblis* Drury

分布：云南(大关，盐津，彝良，威信，河口，金平，绿春，元江，普文，小勐养，勐罕，景洪，勐海，耿马，云县，永德，碧江，龙陵)，江西，福建，广东，海南，广西，四川；缅甸，泰国，马来西亚，尼泊尔，不丹，印度。

(327) 银豹蛱蝶 *Childrena childreni* Gray

分布：云南(盐津，彝良，威信，宜良，屏边，金平，景洪，勐海，腾冲，瑞丽)，陕西，湖北，西藏，浙江，江西，福建，广东；印度，缅甸。

(328) 武铠蛱蝶四川亚种 *Chitoria ulupi dubernardi* Oberthur

分布：云南(盐津，龙陵)，辽宁，浙江，福建，江西，四川，西藏，台湾；朝鲜，印度。

(329) 卡氏神蛱蝶 *Cynthia cardui* Linnaeus

分布：云南(永善，大关，盐津，彝良，巧家，镇雄，威信，鲁甸，呈贡，东川，宜良，峨山，河口，金平，富宁，勐海，泸水，云龙，耿马，镇康，永德，澜沧，梁河)，全国各地；除南美洲外广布全球。

(330) 网丝蛱蝶 *Cyrestis thyodamas* Boisduval

分布：云南(盐津，屏边)，四川，西藏，浙江，江西，广东，广西，海南，台湾；日本，印度，尼泊尔，泰国，缅甸，越南，印度尼西亚，巴布亚，新几内亚。

(331) 青豹蛱蝶 *Damora sagana* Doubleday

分布：云南(大关，盐津，彝良，威信)，黑龙江，吉林，陕西，河南，浙江，福建，广西；日本，朝鲜，蒙古国，俄罗斯西伯利亚。

(332) 孔氏绿蛱蝶 *Dophla confucius* Westwood

分布：云南(盐津)，浙江，陕西，四川，西藏。

(333) 卡绿蛱蝶 *Dophla kardama* Moore

分布：云南(盐津，彝良)，四川，陕西，浙江，福建。

(334) 灿福蛱蝶 *Fabriciana adippe* Linnaeus

分布：云南(永善，大关，彝良，东川，武定，大理，云龙，丽江，兰坪，沧源)，山东，黑龙江，河南，陕西，湖北，江苏，四川，西藏；朝鲜，日本，中亚细亚，俄罗斯西伯利亚。

(335) 黑脉蛱蝶 *Hestina assimilis* Linnaeus

分布：云南(彝良)，黑龙江，辽宁，河北，山西，山东，河南，陕西，甘肃，贵州，浙江，福建，广东，广西，湖南，湖北，江西，四川，西藏；朝鲜，日本。

(336) 蒺藜纹脉蛱蝶 *Hestinalis nama* Doubleday

分布：云南(盐津，昆明，河口，屏边，金平，马关，景洪，勐腊，勐海，耿马，腾冲，芒市)，海南，广西，四川；缅甸，泰国，尼泊尔，印度。

(337) 阿尔文舍蛱蝶 *Kalkasia alwina* Bremer et Grey

分布：云南(永善，彝良，威信，昆明，河口，大理，保山至永平)，北京，陕西，河南，四川，辽宁；日本，朝鲜。

(338) 琉璃蛱蝶 *Kaniska canace* Linnaeus

分布：云南(大关，彝良，镇雄，昆明，江川，开远，元阳，广南，思茅，勐罕，临沧，腾冲)，中国广布；朝鲜，日本，印度，阿富汗，缅甸，泰国，越南，马来西亚，印度尼西亚，菲律宾。

(339) 萨拉蛱蝶 *Ladoga sulpitia* Cramer

分布：云南(盐津，永平)，海南，广东，广西，湖北，江西，浙江，福建，台湾，河南，四川；越南，缅甸，印度。

(340) 阿尔采网蛱蝶 *Melitaea arcesia* Bremer

分布：云南(永善，彝良，昭通，东川，寻甸，鹤庆，剑川，云龙，兰坪)。

(341) 蛛环蛱蝶 *Neptis arachne* Leech

分布：云南(永善)，湖北，陕西，四川，湖南。

(342) 珂环蛱蝶 *Neptis clinia* Moore

分布：云南(盐津)，四川，西藏，海南，福建，浙江；印度，缅甸，越南，马来西亚。

(343) 五段环蛱蝶 *Neptis divisa* Oberthur

分布：云南(永善 2000m，巧家 2500m，富民，东川)，四川。

(344) 中环蛱蝶 *Neptis hylas* Linnaeus

分布：云南(大关，盐津，昆明，东川，华宁，易门，元江，宜良，金平，屏边，河口，墨江，思茅，澜沧，景洪，勐罕，勐海，景谷，景东，下关，大理，南涧，宾川，耿马，镇康，云县，龙陵，芒市，陇川)，广东，海南，广西，台湾，陕西，河南，四川；印度，缅甸，越南，马来西亚，印度尼西亚。

(345) 链环蛱蝶 *Neptis pryeri* Butler

分布：云南(永善，彝良，镇雄)，台湾，陕西，四川，河南，江苏，吉林；日本，朝鲜。

(346) 娑环蛱蝶 *Neptis soma* Moore

分布：云南(永善，金平，河口，景东，香格里拉，耿马)，台湾，四川；印度，缅甸，马来西亚。

(347) 希蒂香蛱蝶 *Parathyma sydyi* Lederer

分布：云南(永善)，黑龙江，吉林，辽宁，山西，河南，陕西，甘肃，新疆，湖北，江西，浙江，四川；蒙古国，朝鲜，西伯利亚。

(348) 裳琶蛱蝶 *Pareba vesta* Fabricius

分布：云南(永善，大关，盐津，绥江，镇雄，昆明，呈贡，晋宁，安宁，东川，宜良，元江，河口，蒙自，金平，石屏，富宁，景东，禄丰，漾濞，巍山，云龙，镇康，耿马，龙陵，芒市)，浙江，福建，江西，湖北，湖南，四川，西藏，广东，广西，海南，台湾；印度，缅甸，泰国，越南，印度尼西亚，菲律宾。

(349) 黄钩蛱蝶 *Polygonia c-aureum* Linnaeus

分布：云南(盐津，罗平，河口，广南，勐腊)，除西藏外广布全国；朝鲜，蒙古国，日本，越南，俄罗斯西伯利亚。

(350) 阿尔蒙普蛱蝶 *Precis almana almana* Linnaeus

分布：云南(盐津，彝良，绥江，威信，峨山，屏边，墨江，普洱，景谷，景洪，勐腊，勐海，澜沧，耿马，镇康，永德，福贡，梁河，芒市)，河北，河南，陕西，西藏，四川，湖北，湖南，江苏，浙江，福建，江西，广东，广西，海南，香港，台湾；日本，巴基斯坦，斯里兰卡，印度，尼泊尔，不丹，孟加拉国，缅甸，泰国，老挝，越南，柬埔寨，印度尼西亚，马来西亚，新加坡。

(351) 云南普蛱蝶 *Precis lintingensis* (Osbeck)

分布：云南(永善，昆明，呈贡，晋宁，东川，河口，金平，弥勒，墨江，景东，景谷，景洪，勐海，鹤庆，弥渡，巍山)。

(352) 奥里提普蛱蝶 *Precis orithya* Linnaeus

分布：云南(大关，盐津，彝良，呈贡，安宁，富民，东川，玉溪，易门，金平，马关，墨江，普洱，景东，景谷，思茅，澜沧，勐腊，勐海，云龙，南涧，下关，耿马，沧源，永德，镇康，云县，腾冲，芒市，瑞丽)，陕西，河南，江西，湖北，湖南，浙江，广西，广东，香港，福建，台湾；日本，印度，斯里兰卡，尼泊尔，不丹，缅甸，泰国，老挝，越南，柬埔寨，马来西亚，印度尼西亚，菲律宾，澳大利亚，南美洲，北美洲。

(353) 秀蛱蝶 *Pseudergolis wedah* Kollar

分布：云南(盐津，昆明，富民，屏边，金平，蒙自，耿马)，陕西，四川，湖北，西藏；印度，缅甸。

(354) 素饰蛱蝶 *Stibochiona nicea* (Gray)

分布：云南(盐津，河口，贡山，瑞丽)，浙江，江西，福建，广东，广西，海南，四川，西藏；印度，尼泊尔，不丹，缅甸，越南，马来西亚。

(355) 荣马盛蛱蝶 *Symbrenthia hippoclus* Cramer

分布：云南(盐津，河口，屏边，蒙自，富宁，景东，下关，沧源，梁河)。

(356) 吉娜塔蛱蝶 *Tharasia jina* Moore

分布：云南(盐津，安宁，景东，永平，南涧，临沧，永德，云县)，浙江，江西，福建，台湾，四川，新疆；印度西北部，缅甸。

(357) 小巧猫蛱蝶 *Timelaea nana* Leech

分布：云南(永善)。

(358) 大红蛱蝶 *Vanessa indica* Linnaeus

分布：云南(盐津，彝良，东川，河口，元阳，景东，南涧，剑川，勐海，保山，昌宁，陇川)，中国广布；亚洲东部，欧洲，非洲北部。

62.蚬蝶科 Riodinidae

(359) 波蚬蝶指名亚种 *Zemeros flegyas flegyas* Cramer

分布：云南(盐津，昆明，罗平，河口，屏边，金平，元阳，马关，西畴，景东，小勐养，勐罕，勐海，云县，怒江，梁河，芒市，瑞丽)，浙江，江西，湖北，福建，广东，广西，海南，四川，西藏；印度，缅甸，马来西亚，印度尼西亚，菲律宾。

63.灰蝶科 Lycaenidae

(360) 修杰琉璃灰蝶 *Celastrina huegelii* Moore

分布：云南(大关，镇雄，昆明，晋宁，河口，泸西，大理，下关，剑川，祥云，临沧，昌宁)。

(361) 男郁灰蝶 *Ilerda androcles* Doubleday et Hewitson

分布：云南(永善，红河，大理，泸水，碧江，独龙江，耿马)，四川；印度，喜马拉雅山。

(362) 亮灰蝶 *Lampides boeticus* Linnaeus

分布：云南(大关，彝良，昭通，昆明，呈贡，河口，金平，墨江，普洱，思茅，景东，勐罕，下关，保山，怒江，贡山，临沧，泸水，腾冲)，陕西，浙江，江西，福建；欧洲中南部，非洲北部，亚洲南部，南太平洋诸岛，澳大利亚。

(363) 李灰蝶 *Lycaena li* Oberthur

分布：云南(永善，东川，宣威，剑川)，中国西部；缅甸，喜马拉雅山脉东南部。

(364) 曾灰蝶 *Lycaena tseng* Oberthur

分布：云南(彝良，临沧)。

(365) 白灰蝶 *Phengaris atroguttata* Oberthur

分布：云南(永善，寻甸)，河南，四川，台湾；印度西北部。

(366) 酢浆灰蝶 *Pseudozizeeria maha* Kollar

分布：云南(大关，盐津，昆明，河口，屏边，金平，墨江，思茅，景东，景谷，小勐养，景洪，勐罕，宾川，耿马，保山，怒江)，浙江，江西，福建，广东，海南，广西，四川，台湾；朝鲜，日本，巴基斯坦，印度，尼泊尔，缅甸，泰国，马来西亚。

(367) 蓝燕灰蝶 *Rapala caerulea* Bremer et Grey

分布：云南(盐津)，河北，山东，黑龙江，甘肃，浙江，江苏，台湾；朝鲜。

64.弄蝶科 Hesperidae

(368) 双色舟弄蝶 *Barca bicolor* Oberthur

分布：云南(彝良)，陕西，四川，福建；越南。

(369) 海神黑弄蝶 *Daimio tethys birmana* Evans

分布：云南(大关，曲靖，屏边)，黑龙江，吉林，辽宁，北京，河北，山东，山西，甘肃，陕西，河南，浙江，湖北，湖南，江西，福建，海南，台湾，四川；朝鲜，日本，缅甸。

(370) 简纹带弄蝶 *Lobocla simplex* Leech

分布：云南(永善，安宁，景东)，四川，西藏。

(371) 曲纹袖弄蝶指名亚种 *Notocrypta curvifascia curvifascia* Felder

分布：云南(盐津，勐罕)，四川，香港，台湾；琉球岛，印度，缅甸，尼泊尔，马来西亚，印度尼西亚。

(372) 小赭弄蝶中部亚种 *Ochlodes venata sagitta* Hemming

分布：云南(彝良)，黑龙江，吉林，山东，山西，河南，甘肃，四川，西藏，江西，福建；蒙古国，朝鲜，日本，小亚细亚，俄罗斯，欧洲。

(373) 曲纹稻弄蝶 *Parnara ganga* Evans

分布：云南(永善，昆明，元江，河口，普洱，大勐笼，永平，剑川，云龙，泸水，芒市)，山西，山东，河南，浙江，江西，海南，香港，四川，贵州；越南，缅甸，泰国，马来西亚，印度。

(374) 孔子黄室弄蝶指名亚种 *Potanthus confucius confucius* Felder

分布：云南(盐津，金平，下关，芒市)，浙江，江西，湖北，福建，广东，广西，海南，台湾。

(375) 假籼弄蝶 *Pseudoborbo bevani* (Moore)

分布：云南(大关，昆明，河口)，浙江，福建，台湾，海南，香港，四川；广布于印度至澳大利亚之间。

(376) 灰色陀弄蝶鲜亚种 *Thoressa fusca caenis* Leech

分布：云南(大关，彝良)。

(七) 双翅目 Diptera

65.食蚜蝇科 Syrphidae

(377) 卵腹蜂食蚜蝇 *Volucella jeddona* Bigot

分布：云南(彝良)，河北；日本。

(378) 白斑蜂食蚜蝇 *Volucella tabanoides* Motschoulsky

分布：云南(彝良)，吉林，河北；朝鲜，日本，俄罗斯西伯利亚。

(八) 膜翅目 Hymenoptera

66.姬蜂科 Ichneumonidae

(379) 地蚕大铗姬蜂 *Eutanyacra picta* Schrank

分布：云南(彝良，大理，凤庆)，黑龙江，吉林，辽宁，内蒙古，宁夏，新疆，河北，北京，山西，湖北，贵州；朝鲜，日本，俄罗斯，蒙古国，伊朗，德国，意大利，奥地利。

67.土蜂科 Scoliidae

(380) 金毛长腹土蜂 *Campsomeris prismatica* Smith

分布：云南(大关，晋宁，江川，马关，屏边，西畴，麻栗坡，景东，大理，福贡)，江苏，浙江，安徽，福建，江西，山东，广东，台湾；朝鲜，日本，印度尼西亚，印度，俄罗斯。

68.胡蜂科 Vespidae

(381) 棕马蜂 *Polistes gigas* (Kirby)

分布：云南(大关)，江苏，浙江，福建，广东，广西，四川。

(382) 拟大胡蜂 *Vespa analis nigrans* Buysson

分布：云南(大关，昆明，丘北，广南，兰坪，施甸)；印度西北部。

(383) 黑尾胡蜂 *Vespa ducalis* Smith

分布：云南(大关，屏边，保山，施甸，腾冲，陇川)，黑龙江，辽宁，河北，浙江，湖北，江西，福建，广东，广西，四川，台湾，贵州；尼泊尔，日本，法国。

(384) 金环胡蜂 *Vespa mandarinia* Smith

分布：云南(大关)，辽宁，江苏，浙江，湖南，福建，江西，四川；日本，法国。

69.泥蜂科 Sphecidae

(385) 驼腹泥蜂 *Sceliphron deforme* Smith

分布：云南(大关，双江，耿马)，河北，黑龙江，浙江，广东，广西，四川；朝鲜，日本，俄罗斯。

70.蜜蜂科 Apidae

(386) 黑足熊蜂 *Bombus atripes* Smith

分布：云南(大关)，安徽，江苏，浙江，江西，四川，福建。

(387) 红光熊蜂 *Bombus ignitus* Smith

分布：云南(彝良)，黑龙江，辽宁，陕西，河北，江苏，浙江，江西，安徽；朝鲜，日本。

(388) 喜马排蜂 *Megapis laboriosa* Smith

分布：云南(永善，景东，西双版纳，云龙，泸水，碧江，贡山，云县，耿马，沧源，保山，腾冲)，西藏；尼泊尔。

(389) 长木蜂 *Xylocopa attenuata* Per.

分布：云南(永善，彝良，西双版纳)，甘肃，河北，河南，安徽，江苏，浙江，江西，湖北，福建，台湾，湖南，广东，广西，四川，贵州；东亚。

71.蚁科 Formicidae

(390) 山大齿猛蚁 *Odontomachus monticola* Emery

分布：云南(彝良)，北京，上海，浙江，湖北，湖南，四川，福建，台湾，海南；日本，印度，缅甸。

(391) 中华曲颊猛蚁 *Gnamptogenys sinensis* Wu et Xiao

分布：云南(大关，威信)，湖南。

(392) 熊猫曲颊猛蚁 *Gnamptogenys panda* (Brown)

分布：云南(永善，大关)，湖南，湖北，四川。

(393) 隐猛蚁待定种 *Cryptopone* sp.

分布：云南(彝良海子坪)。

(394) 鲍氏姬猛蚁 *Hypoponera bondroiti* (Forel)

分布：云南(彝良)，安徽，台湾；朝鲜，日本。

(395) 坝湾猛蚁 *Ponera bawana* Xu

分布：云南(永善，大关，彝良)。

(396) 片马猛蚁 *Ponera pianmana* Xu

分布：云南(盐津)。

(397) 爪哇厚结猛蚁 *Pachycondyla javana* (Mayr)

分布：云南(大关，彝良，威信，西双版纳)，贵州，北京，山东，江苏，上海，浙江，江西，福建，广西，广东，台湾，香港；朝鲜，日本，印度，缅甸，马来西亚，印度尼西亚。

(398) 维希努行军蚁 *Dorylus vishnui* Wheeler

分布：云南(彝良)；缅甸。

(399) 大阪举腹蚁 *Crematogatser osakensis* Forel

分布：云南(彝良)，四川，陕西，山西，湖北，湖南，安徽，浙江，上海，江西；日本。

(400) 邻巨首蚁 *Pheidologeton affinis* (Jerdon)

分布：云南(盐津)，广西，广东，台湾，香港；缅甸，印度，马来西亚，印度尼西亚，澳大利亚。

(401) 台湾切叶蚁 *Myrmecina taiwana* Terayama

分布：云南(大关)，台湾。

(402) 乌蒙窄结蚁 *Stenamma wumengense* Liu et Xu

分布：云南(永善)。

(403) 草地铺道蚁 *Tetramorium caespitum* (Linnaeus)

分布：云南(永善，大关，彝良，威信)，四川，西藏，甘肃，陕西，内蒙古，黑龙江，吉林，辽宁，北京，河北，山东，安徽，湖北，湖南，江西，江苏，上海，浙江，福建，广西；日本，韩国，朝鲜，欧洲，北美洲。

(404) 马格丽特红蚁 *Myrmica margaritae* Emery

分布：云南(大关，彝良，威信)，四川，湖北，湖南，安徽，浙江，广西，福建，台湾；缅甸。

(405) 丽塔红蚁 *Myrmica ritae* Emery

分布：云南(永善，大关，盐津，彝良)；缅甸。

(406) 尼特纳大头蚁 *Pheidole nietneri* Emery

分布：云南(永善，大关，盐津，彝良，威信)；缅甸，斯里兰卡。

(407) 史氏盘腹蚁 *Aphaenogaster smythiesi* Forel

分布：云南(永善，大关，盐津，彝良，威信)，四川，贵州，安徽，湖北，湖南，广西，江西，浙江，福建；印度，阿富汗。

(408)雕刻盘腹蚁 *Aphaenogaster exasperata* Weeler

分布：云南(永善，大关，盐津，彝良)，四川，浙江，江西。

(409)盘腹蚁待定种 *Aphaenogaster* sp.

分布：云南(大关罗汉坝)。

(410)吉氏酸臭蚁 *Tapinoma geei* Wheeler

分布：云南(大关，盐津，彝良，威信)，四川，北京，河北，湖北。

(411)酸臭蚁待定种 *Tapinoma* sp.

分布：云南(大关)。

(412)西伯利亚臭蚁 *Dolichoderus sibiricus* Emery

分布：云南(大关)，新疆，安徽，湖北，湖南，江西，福建，广东，广西；俄罗斯(西伯利亚)，朝鲜，韩国，日本。

(413)中华光臭蚁 *Liometopum sinense* Wheeler

分布：云南(大关)，贵州，湖北，湖南，上海，江苏，浙江，福建，广东，广西。

(414)丝光蚁 *Formica fusca* Linnaeus

分布：云南(永善，大关，盐津，彝良，威信)，四川，新疆；欧洲。

(415)大毛蚁 *Lasius spathepus* Wheeler

分布：云南(永善，大关，威信)；日本。

(416)黄毛蚁 *Lasius flavus* (Fabricius)

分布：云南(大关，盐津，威信)，黑龙江，辽宁，新疆，内蒙古，北京，山西，广西，海南；东亚，北美洲。

(417)奇异毛蚁 *Lasius alienus* (Foerster)

分布：云南(永善，大关，盐津，彝良，威信)，四川，黑龙江，吉林，辽宁，内蒙古，北京，山西，河南，湖北，湖南；亚洲，欧洲，非洲，北美洲。

(418)泰勒立毛蚁 *Paratrechina taylori* (Forel)

分布：云南(永善，大关，盐津，彝良，威信)；印度，孟加拉国，斯里兰卡。

(419)黄足立毛蚁 *Paratrechina flavipes* (Smith)

分布：云南(大关，彝良，威信)，四川，辽宁，北京，山东，河南，湖北，湖南，江西，安徽，江苏，上海，浙江，广西；日本，北美洲。

(420)印度立毛蚁 *Paratrechina indica* (Forel)

分布：云南(永善，大关，彝良，威信)；印度，孟加拉国，斯里兰卡。

(421)耶伯立毛蚁 *Paratrechina yerburyi* (Forel)

分布：云南(永善，大关，彝良，威信)，山东，浙江，福建，澳门；印度，斯里兰卡。

(422)日本弓背蚁 *Camponotus japonicus* Mayr

分布：云南(彝良，威信)，国内各地；日本，朝鲜半岛。

(423)西姆森弓背蚁 *Camponotus siemsseni* Forel

分布：云南(大关)；喜马拉雅山，泰国，马来西亚。

社会经济与历史文化

第17章 社会经济

17.1 社会经济概况

17.1.1 社会经济发展基本情况

乌蒙山自然保护区地处云南省昭通市东北部，分为三江口、朝天马和海子坪三个相对独立的片区，总面积为 26186.65hm^2，涉及大关、彝良、永善、盐津、威信 5 个县 16 个乡（镇）31 个行政村（社区）756 个村民小组，社区居民大多数为农业人口，主要居住着汉、彝、苗、回、纳西等民族，是一个以汉族为主体，多民族聚居的区域。三个片区既有滇东北地区典型及相近的地质、地貌、气候、土壤、植物、动物、民族、文化等关联性和互补性，也有各自鲜明的生物资源特征和特殊保护价值，共同构成乌蒙山地区独具特色和多姿多彩的生物多样性巨幅画卷。

根据 2019 年的实地调查资料数据表明，三江口片区涉及大关县的木杆镇，永善县团结乡、细沙乡、桧溪镇，以及盐津县的中和镇 3 县 5 个乡镇。其中大关县木杆镇下辖 8 个村民委员会和 1 个社区，面积 238.95km^2，人口 29071 人，以汉、苗、彝等民族为主，耕地面积 2591hm^2，粮食总产量 8897t，以种植业为主、养殖业为辅，主要种植玉米、马铃薯、魔芋、萝卜等，主要养殖猪、牛、羊、家禽等。永善县团结乡下辖 9 个村民委员会，面积 198.29km^2，人口 21987 人，以汉、苗、彝等民族为主，耕地面积 1742hm^2，粮食总产量 9583t，主产玉米、大豆、马铃薯、红薯、油菜等多种农作物。永善县细沙乡下辖 7 个村民委员会，面积 161.16km^2，人口 20864 人，以汉、彝、苗、纳西等民族为主，耕地面积 2651.2hm^2，粮食总产量 10615t，粮食作物以玉米、马铃薯为主，经济收入主要依靠油菜、竹笋、干果、畜牧、外出务工等。永善县会溪镇下辖 6 个村民委员会，面积 91.23km^2，人口 17884 人，以汉、彝、白、苗等民族为主，耕地面积 23745hm^2，粮食总产量 7799t，主产稻谷、玉米、小麦、红薯、豆类等。盐津县中和镇下辖 9 个村民委员会，面积 239.5km^2，人口 35585 人，以汉族为主，耕地面积 6868.6hm^2，粮食总产量 13289t，主要作物为稻谷、玉米、马铃薯。

朝天马片区共涉及大关县天星镇，彝良县小草坝镇、牛街镇、龙海镇、两河镇、钟鸣镇，以及盐津县庙坝镇、柿子镇 3 县 8 个乡镇。其中大关县天星镇下辖 16 个村民委员会和 1 个社区，面积 410km^2，人口 65818 人，以汉、苗、彝、回等民族为主，耕地面积 4942.8hm^2，粮食总产量 26129t，粮食作物以玉米、稻谷、马铃薯为主，经济收入主要依靠畜牧、茶叶、生漆、天麻和外出务工。彝良县小草坝镇下辖 6 个村民委员会，面积

218.33km^2，人口 27676 人，以汉、彝、苗、白等民族为主，耕地面积 1780hm^2，粮食总产量 9197t，农作物以玉米和马铃薯为主，次要作物有豆类、红薯等，经济收入主要依靠采笋和种植天麻，种植天麻在该片区是一个重要的产业，也是当地重要的经济收入来源。彝良县牛街镇下辖 12 个村民委员会，面积 176km^2，人口 44102 人，以汉、彝、苗、白等民族为主，耕地面积 1780hm^2，粮食总产量 9197t，主要产玉米、水稻、小麦。彝良县龙海镇下辖 7 个村民委员会，面积 150.28km^2，人口 23677 人，以汉、苗、彝等民族为主，耕地面积 1697hm^2，粮食总产量 8813t，粮食作物以玉米、水稻、马铃薯为主。彝良县两河镇下辖 7 个村民委员会，面积 167.33km^2，人口 24591 人，以汉、彝、苗等民族为主，耕地面积 2066.7hm^2，粮食总产量 11198t，农作物以玉米、水稻、马铃薯为主。彝良县钟鸣镇下辖 6 个村民委员会，面积 106.79km^2，人口 20101 人，以汉、彝、苗等民族为主，耕地面积 1067.09hm^2，粮食总产量 7904t，农作物以玉米、水稻、马铃薯为主。盐津县庙坝镇下辖 12 个村民委员会，面积 336km^2，人口 52559 人，以汉族和苗族为主，耕地面积 11010.5hm^2，粮食总产量 25395t，农作物以玉米、水稻、薯类为主。盐津县豆沙镇下辖 7 个村民委员会，面积 156km^2，人口 24424 人，耕地面积 4512.4hm^2，粮食总产量 7691t。盐津县柿子镇下辖 9 个村民委员会，面积 174km^2，人口 26577 人，耕地面积 4817.3hm^2，粮食总产量 8025t。

海子坪片区是原海子坪省级自然保护区，位于保护区东部，地处川、滇高山峡谷区，属乌蒙山系，地势东北向西南倾斜，由于河流的切割，地形破碎，形成了适于竹类、杉木和常绿阔叶林生长的小地形。片区内最高海拔 1709m，最低海拔 1239m，总面积 2795.61hm^2。

海子坪片区涉及彝良县洛旺乡和威信县长安镇 2 县 2 乡镇。其中彝良县洛旺乡下辖 8 个村民委员会，面积 167.7km^2，人口 33262 人，耕地面积 2167hm^2，粮食总产量 12501t。威信县长安镇下辖 5 个村民委员会，面积 77.51km^2，人口 4948 人，耕地面积 2396hm^2，粮食总产量 16661t。

乌蒙山保护区地处昭通市北部的乌蒙山境内，这里山高谷深、地势险峻、交通不便、信息闭塞、生态脆弱、气候多变、人口稠密、耕地不足，多数耕地坡度在 25°以上，水田、梯田等高产、稳产农田比重很小，其耕作难度、劳动强度和保障程度可想而知。“谁知盘中餐、粒粒皆辛苦”等诗句，虽然可普遍用于表现劳动的艰辛，但只有置身乌蒙山这类特殊环境，这种体验和冲击才能达到极致。同时，由于该地区区位险要、地表浅薄、岩石疏松、生态失衡、环境恶化、灾害频繁、开发甚早、保护滞后，加强生物资源和生态环境保护已刻不容缓。因此，进一步整合该地区的生物资源并扩大保护范围、提升保护层次，不仅关系到乌蒙山地区生物多样性资源的有效保护和周边社区群众生活水平的提高，而且关系到整个昭通市的经济社会发展乃至国家层面的生态安全和经济发展。

17.1.2 乌蒙山国家级保护区的重要性及保护的紧迫性

乌蒙山地区的生物资源具有典型性、代表性、脆弱性、综合性，整合乌蒙山地区的生物多样性资源，切实提升保护层次和加大保护力度，有着以下六个方面的特殊意义和作用。

1. 有利于维护长江中下游生态安全和经济发展

昭通市及乌蒙山地区地处长江上游、金沙江下游，金沙江在境内流程达 458km。根据《昭通市水土保持规划(2018-2030)》的统计，全市水土流失面积达 8857.88km^2，占国土面积的 39.1%，是长江上游水土流失的重灾区。全市山地面积广，海拔高，陡坡耕地多，生态环境脆弱，时有自然灾害发生。同时，境内的金沙江和长江中下游建有我国多个大中型水电站，更有我国众多经济比较发达的地区均位居长江中下游。可见，乌蒙山地区地理区位十分重要，该区的生态环境建设直接关乎我国众多水电站的安全和发达地区的经济发展。而该区的生态环境及生态系统却十分脆弱。加大对乌蒙山国家级自然保护区的保护力度，进一步加强生物资源保护和生态环境建设，既是促进当地生态环境保护和经济社会发展的战略考量，更是维护长江中下游生态安全和经济发展的必然抉择。

2. 有利于改善生态环境和实现乡村振兴

乌蒙山地区山高坡陡，人口稠密。长期以来，为了获取粮食不得不进行大量陡坡耕作，导致水土流失，经常发生自然灾害，很多耕地越耕越薄、越耕越瘦，收成低下，自然环境退化。因此，切实加大对乌蒙山国家级自然保护区的保护管理力度，对保护区周边社区大于 25° 的农耕地，坚决予以清理，做到退耕还林还草，扩大林地面积，让森林更好地发挥其保持水土、涵养水源、调节气候的生态服务功能；促使当地党委、政府带领社区干部群众转变思想观念、改变经济增长方式、调整优化产业结构，协调解决生态问题，实现生态环境建设与经济社会发展良性互动，实现乡村振兴。

3. 有利于改善生物资源保护和生态环境建设

绿水青山就是金山银山。乌蒙山地区特殊的自然、地理环境，孕育了丰富多彩、独具特色的生物多样性。在亚热带常绿阔叶林，山地常绿、落叶阔叶林中，分布着珙桐、水青树、桫椤等珍稀濒危植物，金钱豹、小熊猫、小鲵、花鹿、林麝、灰鹤、黑颈鹤、红腹锦鸡等珍禽异兽，筇竹、方竹等珍稀竹类资源，天麻等著名药用植物。但由于历史原因和一些现实因素的影响，这些弥足珍贵的生物资源生长空间受到干扰，有些生存环境在退化，有的物种濒临绝迹。因此，进一步建设好乌蒙山国家级自然保护区，切实加大保护力度，以保持生态系统的原始性、完整性和稳定性，既是保护乌蒙山地区独特的生物资源和生态环境的需要，更是再造昭通秀美山川和建设长江中下游天然屏障的必然选择。

4. 有利于促进生物资源开发和生物产业培育

乌蒙山地区生物资源丰富，资源开发程度较低，产业发展前景广阔。但由于尚未形成“农户→基地→加工→销售”紧密衔接和相互配套的完整产业链，尤其是缺少产品精深加工能力，除天麻等少量名特产品初具加工能力外，大多数产品(如竹笋等)仍处于出售原料阶段，价格低廉且极不稳定，没有多少附加值，对促进当地经济社会发展和群众富裕的贡献率较低，令人痛惜。因此，加强对乌蒙山国家级自然保护区的保护管理，对于进行资源整合和开发利用，培育优势生物资源产业，引导当地群众共同致富均有着十分重要的现实意义。

5. 有利于发展旅游文化产业和第三产业

昭通市物华天宝、人杰地灵、历史悠久、文化底蕴深厚、自然及人文景观独特。而乌蒙山地区的旅游文化资源则堪称该市同类资源的精品。这里姑且不论盐津县的秦开五尺道、唐代摩崖、僰人悬棺，大关县的黄连河瀑布群、青龙洞峡谷溶洞，彝良县的小草坝省级风景名胜区、千年古镇牛街镇、罗炳辉将军故居，永善县的金沙江溪洛渡等有较高知名度的自然、人文景观，仅在乌蒙山保护区的三江口片区、朝天马片区的周边区域，也蕴藏着特色鲜明、不可多得的旅游文化资源。随着交通条件的逐步改善、产业结构的调整升级、生活水平的稳步提高、旅游基础设施的配套完善、宣传力度的不断加大，其价值必将大幅提升，甚至产生倍增效应。不言自明，乌蒙山国家级自然保护区的建设，在改善和加强保护的基础上，进行资源整合和开发利用，既是积极培育旅游文化产业的基本前提，又是加快发展第三产业的重大步骤。

6. 有利于提高知名度和扩大对外开放

昭通市及乌蒙山地区有着特殊的区位，是古代“陆上南方丝绸之路”的必经之地，是中原文化传入云南的主要通道，是长江上游的天然屏障，是云南省扩大对外开放的重要门户。其具有悠久的历史，秦朝即开凿五尺道，西汉已设置朱提郡。更具光荣的革命历史传统，中国工农红军第一方面军在长征途中曾挥师滇东北，并于 1935 年 2 月驻足威信县城，召开了举世闻名的“扎西会议”，通过了《遵义会议决议》。扎西会议是中国革命在遵义会议实现伟大转折后的新起点，它保证了遵义会议所开创的历史性转折得以实现。红二、六军团随即西进乌蒙山，展开了可歌可泣的乌蒙山回旋战，后来，毛泽东同志还以此为重要背景，谱写了《七律·长征》这首催人奋进、感人肺腑的不朽诗篇。

乌蒙山区丰富的资源(如水电、矿产、生物、人文、景观、旅游等)在全省占有举足轻重的地位，但由于缺乏意识、资金、技术、人才，未能将自然、人文资源优势转化为商品、经济优势。因此，加速乌蒙山国家级自然保护区的建设，从加强保护和改善设施做起，积极推动包含周边地区资源的进一步整合，扩大各类资源的开发利用，既有利于提升昭通市及乌蒙山地区的知名度和美誉度，更有利于促进人流、物流、资金流、信息流，提高对外开放水平，加快富民兴昭进程。

17.2 自然资源现状及其利用状态分析

乌蒙山保护区位于昭通市北部的云南、贵州、四川三省接合部，属长江流域高原润湿季风气候，兼具云南高原、贵州高原、四川盆地边缘山区三种气候类型特征，以保护亚热带中山湿性常绿阔叶林生态系统、珍稀动植物种群和长江上游生态环境为主要目的。保护区内动植物资源、矿产资源、水能资源、景观资源十分丰富，周边社区经济社会发展水平相对滞后，对自然资源的利用方式主要为近自然利用，资源利用率较低。

17.2.1　动植物资源

据 2018 年的调查，保护区共有 207 科 751 属 2094 种植物，表现出丰富的植物物种多样性。其中野生种子植物有 1864 种，隶属于 159 科 640 属；蕨类植物有 48 科 111 属 230 种，是中国蕨类植物区系的重要组成部分。

保护区的珍稀濒危保护植物极具特色，有国家重点保护野生植物(如珙桐、南方红豆杉、福建柏、连香树、香果树、十齿花、水青树等)13 种，隶属 10 科 11 属。其中属于国家Ⅰ级重点保护的有 2 种，属于国家Ⅱ级重点保护的有 11 种。

在保护区的海子坪片区，保存有 200 多公顷毛竹原始林，是目前国内保护最好、最古老的原始毛竹林，是我国毛竹分布区的西部边缘地带，对研究毛竹的发生发展及分布规律有重要价值。

保护区野生动物种类也十分丰富，其动物区系是以南中国种为基础，以中国西南横断山区-喜马拉雅哺乳动物为特色的哺乳动物区系。保护区在中国动物地理区划中隶属于东洋界的西南区。保护区有南中国特有种 10 种，横断山区-喜马拉雅特有种 22 种。特有种占全区总特有种数的 34.41%，特有种多成为保护区的一大特色。保护区内分布有国家重点保护和 CITES 附录Ⅰ、附录Ⅱ保护的野生哺乳类 23 种，其中，有国家Ⅰ级重点保护野生动物 3 种、国家Ⅱ级重点保护野生动物 16 种、CITES 附录Ⅰ野生物种除以上 3 种国家Ⅰ级重点保护野生动物外，国家Ⅱ级重点保护野生动物中的黑熊、林麝、穿山甲、水獭、金猫、鬣羚和斑羚 7 种也被列为 CITES 附录Ⅰ物种，另有中国未列入国家重点保护野生动物名单的豹猫和北树鼩被列为 CITES 附录Ⅱ物种。

生物资源的多样性、生态环境的脆弱性、地理区位的重要性三位一体，使得加强乌蒙山地区生态环境保护的特殊价值和广义功能更加理性、直观、迫切地凸显出来。

17.2.2　水能资源

保护区周边地区均有丰富的水资源，这些大小河流从不同地域、方向、时段汇入大关河、白水江、金沙江等大江大河，是保护区及周边地区动植物生长与繁育、区域水电能源开发、昭通市乃至长江中下游地区赖以生存和发展的重要源流。

大关县因中山深切割峡谷地形，河床陡、落差大、水能资源丰富。全县有大关河、高桥河、木杆河、洒渔河、洛泽河五大河流，水能蕴藏量(界河按比例计算)达 41.52 万 kW。境内三江口省级自然保护区有梯子河、月亮河、长河坝河、麻风湾河等较大河流及众多溪流，并催生了由 30 余个大小不等、形态各异的瀑布组成的瀑布群，其中洞天瀑布、响水洞瀑布、昌水岩瀑布颇具特色，与县域内著名的黄连河瀑布群遥相呼应；罗汉坝市级自然保护区有黑龙滩河、转转河两条主要河流及 12 条支流，区内的罗汉坝水库(又名杜鹃湖)面积达 52.3hm^2，依山而建，浑然天成、湖光山色、美不胜收，不仅与周围丰富的动植物互为依存、相得益彰，而且是天星镇的主要生产、生活用水源泉。

永善县地处金沙江流域，金沙江绕县境边缘流程达 168.20km，流域面积 2789km^2，年径流量 1.51 亿 m^3，水能蕴藏量 28.10 亿 kW。世界第四大水电站——金沙江溪洛渡水电站已竣工投入使用。境内小岩方市级自然保护区有冷家湾河、马家沟河、苏田河、渔江溪、响水洞河、箭竹溪、洗脚河、岗上河、六马河等大小河流 10 余条，总流量达 4.7m^3/s。保护区是金沙江向家坝大型水电站的主要汇水区和重要生态屏障，若能加强有效保护，还可大量减少向金沙江和长江的输沙量，有效保护母亲河的水质安全。

彝良县集中分布在洛泽河、白水江、发达河三大流域，水能蕴藏量达 34.73 万 kW，是昭通市能源基地建设的重要组成部分。境内朝天马省级自然保护区溪流纵横、流水潺潺，大小河流达 13 条，并在高山、深谷、密林、修竹间自由穿行的过程中形成了堪与黄连河瀑布群媲美的叠水瀑布群，以及万佛奇洞、陡口燕洞等溶洞奇观。

盐津县关河纵贯南北，白水江横跨东西，全县有大小河流沟溪 5063 条，其中长年不断流的 78 条，径流面积大于 30km^2 的 13 条，水量 4.30 亿 m^3，水能蕴藏量 61.47 万 kW。早在清代关河通航时，关河就是中原入滇和云南入川的重要水运通道。

保护区得天独厚的水能资源辅以科学规划与合理开发利用，无疑将成为推动当地经济腾飞的巨大动力。同时，也将加强生态环境保护、寻求水能资源永续利用的历史使命责无旁贷地摆在我们面前。

17.2.3 景观资源

保护区及周边地区生物资源丰富多样，自然风光磅礴壮观，人文景观悠远厚重，民族风情浓郁兼容，极具观赏价值和开发潜力。区内群山巍峨、层峦叠嶂、奇峰高耸、峡谷幽深、瀑布飞扬、云雾缭绕、古树参天、林波浩瀚、竹海苍茫、鸟语花香、流水欢畅。身临其境，使人焕发豪情壮志；置身其间，令君淡看名利纷争。

三江口片区主要是针阔混交林区，也是滇东北唯一的原生植被类型，峨眉石砾和峨眉栲占林木构成的 87%；区内外山色空茫、风光旖旎、飞瀑成群、悬崖陡峭、民风淳朴、交通便捷，有望将其打造成集生态旅游、科学考察、森林保健、林区探险为一体的特色旅游休闲基地。罗汉坝市级自然保护区内外则以高原湖泊、原始森林、竹海、草甸为主要景观特色，有望被打造为滇东北和云南省的又一旅游精品。

保护区的小岩方以遮天蔽日的密林、连绵不绝的筇竹、纵横交错的溪流、进退自如的交通为特色，并具有毗邻金沙江、依托溪洛渡等区位优势，开发前景不可小视。

朝天马片区内外，自然与人文兼备，旅游与经贸联动，个性与格调鲜明。“朝天马森林瀑布公园”已被列入彝良县旅游产业发展规划。该公园以山林为骨架，以流水为血脉，以草木为容颜，以瀑布、溶洞、石林、方竹、人文为神采，强化政府主导作用，高起点规划、高标准建设、高水平管理。其旅游资源大致可分为下面几种类型：①地文景观类，如“赤溪红壁”“万佛奇洞”“渴驼饮泉”“陡口燕洞”“燕岩石峰等”；②水域风光类，如“庙山叠瀑”“河坝水帘”“环河盘石”“雾凇冰挂”等；③生物景观类，如植物、动物等；民俗风情类，如朝天庙会、高台远瞻等；④商品贸易类，如天麻、竹笋、竹荪等贸易。如能全面实现预期规划目标，有望打造为 21 世纪云南省旅游的一颗璀璨明珠。

以上森林旅游景观资源，除朝天马片区周边有所利用外，其余片区尚未被利用。

17.2.4　矿产资源

保护区及其周边是昭通市矿产资源最为富集的地区。大关县境内有煤、铁等 18 个矿种，其中原煤储量达 8000 万 t，铁矿质储量 1000 万 t，铝土矿储量 800 万 t，硅矿及石灰石矿储量超过亿吨；永善县境内有银、铜、铁、铅、锌、铝、煤、磷、石膏、彩花大理石、汞、重晶石、冰洲石等矿种，其中铅锌矿层位、矿点较多，磷矿储量 4584 万 t，大理石储量超过 1 亿 m^3；彝良县境内已发现矿产近 30 种，其中以无烟煤、铅、锌、铁、硫铁矿、石英砂矿储量较为丰富，石英砂储量居云南省之首；盐津县境内有煤、铁、硫、铜、盐、银、铅锌、方解石、石灰石等 10 余种，其中无烟煤储量约 6.5 亿 t，石灰石、铅锌矿分布广、储量大、品位高、易开采，开发前景广阔。

保护区及其周边社区均有矿产资源分布。保护区内矿产资源未进行任何形式的利用。

17.3　周边社区经济状况分析

17.3.1　经济收入水平及构成分析

2019 年末，昭通市全市农村常住居民人均可支配收入 10555 元，其中彝良县农村常住居民人均可支配收入 9847 元，威信县农村常住居民人均可支配收入 10328 元，盐津县农村常住居民人均可支配收入 10644 元，大关县农村常住居民人均可支配收入 10017 元，永善县农村常住居民人均可支配收入 10468 元。由于保护区周边社区地处边远山区，所涉及的乡镇农村常住居民人均纯收入几乎都低于各县农村常住居民人均收入。

从经济及产业结构来看，昭通市 2019 年全市生产总值 1194.20 亿元，其中第一产业 197.17 亿元，第二产业 459.22 亿元，第三产业 537.81 亿元，三次产业结构的比例为 16.5∶38.5∶45。彝良县 2019 年全县生产总值 95.42 亿元，其中第一产业 26.56 亿元，第二产业 29.87 亿元，第三产业 38.99 亿元。威信县 2019 年全县生产总值 63.63 亿元，其中第一产业 9.82 亿元，第二产业 16.74 亿元，第三产业 37.07 亿元。盐津县 2019 年全县生产总值 52.75 亿元，其中第一产业 12.35 亿元，第二产业 11.17 亿元，第三产业 29.23 亿元。大关县 2019 年全县生产总值 38.08 亿元，其中第一产业 9.05 亿元，第二产业 7.50 亿元，第三产业 21.53 亿元。永善县 2019 年全县生产总值 128.29 亿元，其中第一产业 17.93 亿元，第二产业 75.7 亿元，第三产业 34.66 亿元。经济及产业发展以农业经济为主的格局有了较大改变，第二产业发展已占据较大比重，第三产业发展迅速。保护区周边的木杆镇、天星镇、细沙乡等乡镇，第一产业所占比重较高、生产力发展水平较低。从生产经营模式来看，平坝少、山区多，水田少、坡地多，25°以上坡度耕地多，加上农田水利基本建设落后、农业先进适用技术应用推广缓慢、农副产品加工特别是精深加工能力薄弱等原因，导致传统耕作模式仍占主导地位，生产经营模式较单一，农产品价格偏低且波动较大，社区群众靠天吃饭和增产不增收等现象较为普遍。

从林业及其相关辐射产业对国民经济的贡献率来看，昭通市山地高原占土地面积的96%，而乌蒙山地区达 97%以上，这一特点决定了当地社会经济发展的模式定位为“希望在山、出路在林”，决定了维护生态系统平衡的特殊地位，决定了发展林业产业的巨大潜力。保护区周边地区林业产值约占 GDP 的 5.0%，从林业产品加工、产业开发及其对国民经济的贡献率来看，贡献率不高。与其自身应有的地位、作用极不相称，且与福建、广西、广东等省(区)相比差距较大。因此，保护区周边地区林业产业发展潜力巨大。

总体来看，保护区周边社区地处边远山区，受地理、环境、交通、信息、教育、科技、思想、观念等因素的制约，至今还未找到助其社会经济发展的主动力，尚未形成一系列支柱产业，未把资源优势转化为经济优势，导致经济及产业结构较单一，生产经营模式相对落后，经济收入总量偏低，林业及相关产业收入有限。因此，助力于国家和地方政府对农业的多项优惠政策，应加大投入力度，多方争取外部支持，加快自身发展。同时，当地广大干部群众还要创新观念、转变思路；保护生态并促进开发，调整产业结构、培育龙头及支柱型产业；发展教育、依靠科技。

17.3.2 交通状况

昭通市有干线公路 1137.24km，其中国道 289.2km，省道 848.04km；按技术等级分为二级公路 302.59km、三级公路 123.6km、四级公路 430.94km、等外公路 280.11km。保护区涉及的各县交通情况如下。

彝良县有行政等级公路 3867.234km。其中省道 268.45km(含二级公路 83.474km)、县道 272.368km、乡道 837.416km、村道 2489km。全县 15 个乡(镇)137 个村(居)委会全部实现“村村通公路”。

大关县通车里程 3546.93km，是云南北大门及滇、川、黔三省经济、文化交汇地的重要组成部分，是中原通南必经之地，是连接东南亚的重要通道，是有名的“南丝绸之路”之要冲。其中有国省道公路里程 275.33km，县道和地方经济干线 163km，县道 659.91km，专用公路 15.63km，村组道 2433.13km。

永善县拥有公路总里程 3366km，实现了各行政村“村村通公路”，建制村公路硬化完成 19 条，总长 174.6km；在建公路 18 条，总长 225.4km。

盐津县省道昆水公路纵贯县境南北 4 乡 3 镇，长约 70km，内昆铁路在境内开辟有 4 个客货站，盐电公路、麻水公路的改造已经完成，溪洛渡(普桧)进厂公路建成通车。

17.3.3 消费状况

保护区周边社区市场不发达，社区生活必需品基本处于自产自销、自给自足状态，耐用品及部分生活必需品消费地多在县城和乡(镇)所在地，社区群众对市场依赖度不高，市场消费品多为中低端产品且货源比较充足，但物价指数和物价消费指数偏高。

由于当地缺乏农副产品加工的意识和能力，绝大多数农副产品(包括土特产)均以原料零售方式就近出售，价格低廉、吸引力不够，制约了保护区周边社区的商业贸易与经济社会发展。

17.4　人口与教育

17.4.1　人口

据《昭通统计年鉴 2020》数据显示，2019 年末，昭通全市户籍总人口 6290016 人（不含驻昭现役军人），其中城镇人口 1736885 人、农业人口 4553131 人。

保护区涉及的彝良县全县户籍总人口 631538 人，其中城镇人口 144248 人、农业人口 487290 人；威信县全县户籍总人口 454170 人，其中城镇人口 122729 人、农业人口 331441 人；盐津县全县户籍总人口 398524 人，其中城镇人口 63650 人、农业人口 334874 人；大关县全县户籍总人口 292982 人；永善县全县户籍总人口 481762 人，其中城镇人口 94532 人、农业人口 387230 人。

总体来看，保护区周边社区人口基数大、密度高、增长快、受教育程度低，已成为昭通市及乌蒙山国家级自然保护区周边社区加快经济社会发展、加强生态环境保护、实现致富目标的沉重负担。

17.4.2　教育

昭通市有各级各类学校 3016 所，其中普通高校 2 所、普通中等专业学校 7 所、教师进修学校 11 所、职业高中 12 所、普通中学 254 所、小学 1492 所、特殊教育学校 8 所、幼儿园 1230 所，另有小学教学点 429 个。各级各类学校在校生 1149667 人，其中昭通学院 14051 人、昭通卫生职业学院专科生 3241 人、普通中等专业学校 11379 人、职业高中 12023 人、普通中学 408418 人、小学 530202 人、特殊教育学校 1931 人、学前（含附设幼儿班）168422 人。各级各类教职工 68349 人，其中高校 832 人、普通中等专业学校 631 人、教师进修学校 180 人、职业高中 867 人、普通中学 27493 人、小学 27998 人、特殊教育学校 272 人、幼儿园 10076 人。

彝良县有各级各类学校 276 所，其中幼儿园 76 所、小学 174 所、中学 18 所、完全中学 3 所、高级中学 2 所、职业高中 1 所、教师进修学校 1 所、特殊教育学校 1 所。各类在校学生 109329 人，其中学前教育 12860 人，小学 56712 人，初中 27619 人，普通高中 8891 人，职业高中 3106 人，特殊教育 141 人。各级各类在职教职工 6641 人，其中幼儿园 816 人、小学 3258 人、初中 1808 人、普通高中 508 人、职业高中 136 人、特殊教育学校 25 人、进修学校 23 人、教研室 42 人、教仪站 9 人及教体局行政人员 16 人。

威信县全县有各类学校 272 所，其中普通中学 16 所、职业中学 2 所、特殊教育学校

1 所、小学 134 所、幼儿园 119 所。在校学生 81379 人，其中高中 9407 人、职业中学 788 人、初中 16969 人、小学 38249 人、在园幼儿 15966 人。各级各类教职工 5353 人，其中专任教师 3982 人。

盐津县全县有各级各类学校 240 所，其中幼儿园 116 所、小学 107 所、初级中学 11 所、完全中学 2 所、高级中学 1 所、特殊教育学校 1 所、教师进修学校 1 所、职业高中 1 所。有各级各类在校生 62783 人，其中学前教育 9382 人、小学 28263 人、初中 15541 人、高中 8703 人、职业高中 697 人、特殊教育 197 人。有各级各类教职工 4420 人。

大关县有各级各类学校 161 所，其中幼儿园 81 所、小学 64 所、普通初中 14 所、职业中学 1 所、教师进修学校 1 所。有各级各类在校生 41596 人，其中学前教育 6722 人、小学 19004 人、初中 9969 人、高中 5019 人、职业中学 882 人。有各级各类教职工 2790 人，含幼儿园、小学 1573 人，初高中 1155 人、教师进修学校 12 人、教研室 50 人。

永善县有高级中学 1 所，初级中学 14 所，“九年一贯制”学校 3 所，完全中学 2 所，小学 124 所，幼儿园 157 所，中等职业教育学校 1 所，特殊教育学校 1 所；普通中学在校学生 28523 人，职业中学在校学生 728 人，小学在校学生 35489 人，在园幼儿（含学前班）11699 人；有各类教育专任教师（含民办学校）4667 人。

教育发展滞后、教育投入不足、教育与经济社会发展脱节成为保护区周边社区保护生态环境、调整产业结构、转变经济增长方式的主要制约因素。

17.5 周边社区经济社会发展问题及建议

17.5.1 存在问题

乌蒙山自然保护区地处云南、贵州、四川三省接合部，是云南扩大对四川、重庆及其他地区合作交流的主要通道之一。保护区及周边地区地域森林面积广阔，自然及旅游资源丰富，历史文化遗产厚重。随着交通基础设施建设的改善，以及教育、科技和经济社会的发展，潜力不可限量。但目前经济社会发展还存在许多问题，主要表现在以下几个方面。

1. 传统经济增长方式仍占主导地位

保护区周边社区，由于观念陈旧、思想比较保守、闯劲不足、基础不牢及其综合效应，农田水利基本建设相对停滞，社区群众陡坡耕作、广种薄收的现象十分普遍。

2. 农副产品缺乏市场竞争力

农副产品除自给自足外，基本上还处于就近零售廉价原料的初级交易，缺乏产品加工尤其是深加工能力，尚未形成农工贸一体化、产供销一条龙的完整产业链，社区群众增加收入缺乏产业驱动和技术依托。

3. 林业综合效益低下

林业的特殊地位、作用、优势、潜力尚未被人们充分认识，林业管理机制不完善，林权制度改革滞后，新兴林业产业还处于起步阶段，林业及相关产业开发科技含量低、经济效益差，非木质林产品仍处于索取利用阶段。

4. 劳动者素质偏低

教育特别是职业技术教育相对落后，教育与科技进步、经济社会发展脱节，先进适用技术推广应用进展缓慢，初高中毕业生和外出务工人员缺乏有组织的系统技能培训，传统的生产方式仍处于主导地位。

5. 交通基础设施有待改善

国道、省道、专线的兴建或改建，只是缓解而并未消除其对经济社会发展的“瓶颈”作用的制约因素，市、县主要经济干道对接联网工程浩大，县、乡公路升级和维护任务繁重，乡村和保护区公路多为四级砂石路及以下路面，基本上处于“晴通雨阻”状态。

6. 管理水平亟待提高

行业主管部门、地方政府、保护区管委会和周边社区群众如何形成整体管理合力，需要认真总结和提高；保护区的机构、编制、人员、经费如何真正落到实处，需要依法规范和保障；如何进一步完善社区共管机制，以增强内部活力，需要努力创新和开拓；保护区周边社区群众的沼气池建设等替代能源问题如何从根本上解决，进而实现加强保护的目的，需要大胆探索和实践。

17.5.2　对策建议

1. 加强农田水利基本建设

结合国家实施退耕还林工程、长江中上游天然林保护工程，转变农业发展思路和经济增长方式，树立“苦干＋巧干”“勤劳＋科技”等理念，大力加强农田水利基本建设，开展“山、水、林、田、路”综合治理，建设稳产、高产农田，实施 25° 以下坡度改梯工程，推广良种、良法，提高农作物产量和质量，完成退耕还林任务，保护自然环境，维护生态平衡。

2. 培育支柱产业

根据资源禀赋和比较优势，进一步整合生物、矿产、水能、旅游等资源，科学确立和大力培育区域及地方支柱产业。拓宽发展思路，强化政府引导，释放市场能量，依靠科技进步，积极发展产业引导下的规模化的特色种植业和养殖业，采用“内引外联”“支部＋协会”“公司＋农户”等多种模式，不断提高名特产品的精深加工能力，延长产业链，增加附加值，加快保护区周边社区群众增产增收和致富步伐。

3. 提高林业综合效益

牢固树立乌蒙山地区经济社会发展“希望在山、出路在林”“生态建设产业化、产业发展生态化”“开发促进发展、发展促进保护”等理念，坚定不移地把林业及相关产业作为主要支柱产业来培育和发展，理顺林业管理关系，深化林权制度改革，增加林业投入，促进林业科技进步，培养“一县一主导产业、一乡一龙头企业、一村一优质产品”，走“大基地、优产品、强龙头、响品牌”的龙头企业带基地带农户之路，提高林产品和非木质林产品深加工能力，发展森林旅游、森林食品、药材、花卉等新兴林业产业，做大、做强林业产业，增强林业产业对保护区周边社区群众增收和就业的拉动效应。

4. 发展教育事业

围绕实现“两基”目标、巩固“两基”成果、提高劳动者素质、促进经济社会发展等目标，真正把教育摆在优先发展的战略位置，多渠道增加教育投入，大力加强教育基础设施建设，努力提高教师队伍素质，按规划、高质量实现“两基”目标或巩固、提高“两基”成果，大力发展中等、初等职业技术教育，广泛开展就业培训和再就业技能培训，把经济增长方式逐步转移到依靠科技进步和提高劳动者素质的轨道上来。

5. 消除交通制约“瓶颈”

完善交通网络，着力改善保护区周边社区及内部的交通状况，加强公路养护与管理，充分发挥交通对经济社会发展和保护区生物资源保护与利用方面的拉动作用。

6. 提升保护区管理水平

围绕提高管理效率和水平，建立有关方面加强保护区管理的协调机制，形成整体合力；按照有关规定和要求，落实保护区的管理机构、编制、人员和经费，充分发挥其日常管理功能；根据“保护与利用并举、生态与经济协调”的指导原则，对保护区实验区及周边地区的开发利用进行科学规划和改革探索，增强保护区的自我发展能力；发挥基层政府的主导和保护区的引导作用，优先安排各保护区周边社区的替代能源建设和退耕还林等工程，从根本上解决资源保护中的突出矛盾和问题，努力实现保护与利用的良性循环。

第18章　民族历史文化

18.1　昭通文化

昭通的文化，是由历史文化的深厚和民族文化的多元所构成的。昭通历史文化的深厚性在云南可谓独树一帜，其历史的遗存、文化发展的连续性，以及今天的文艺创作都可圈可点，如群星在空，熠熠生辉。民族文化则因地处滇川黔地理要冲、交通要道、民族走廊而得到交流融合，形成多元文化的汇合地，文化的丰富性令人瞩目。

18.1.1　历史文化

1. 建制沿革

昭通历史悠久，在昭阳区北闸镇过山洞内考古发现距今10万～5万年的人类牙齿，经鉴定为早期智人牙齿化石，被学术界称为“昭通人”。这说明昭通在旧石器时代就有人类活动。夏、商时昭通属梁州域；周为窦地甸、大雄甸；春秋为靡莫部；秦为蜀郡辖地；西汉武帝时置犍为郡(今四川省南部和云南省东北部)；东汉时置朱提郡；三国时为蜀地；两晋南北朝时期仍设朱提郡；隋设恭州；唐朝前期所置州县是以部落为基础的，设有曲州、靖州和协州；南诏时始称乌蒙部，隶属拓东节度使；宋大理国时期东川部领乌蒙、乌撤等9部，乌蒙部最强；元初设乌蒙、芒部、东川三路；明洪武年，属云南行省；清雍正九年，改土归流后，设昭通府；民国二年后废府设县，初属滇中道，后废道直属省辖；1950年，昭通解放，先后设立昭通专区专员公署，昭通地区行政公署。昭通行政区划几经合并、分离，名称更异。现在的昭通市下辖1区9县和1个县级市(昭阳区、鲁甸县、巧家县、镇雄县、彝良县、威信县、盐津县、大关县、永善县、绥江县、水富市)①。本书涉及的保护区涵盖了大关、永善、彝良、盐津、威信5县。

2. 文化遗存

昭通地区历史悠久，早期人类活动频繁，由于地处滇川黔交界地区，早在秦开“五尺道”、汉筑“南夷道”之后，昭通地区即成为西南地区政治、经济、文化的重要通道，经历史的变迁，昭通曾几度繁荣，各种文化遗存丰富②。

---

① 云南省人民政府办公厅，云南省统计局，国家统计局云南调查总队.2016. 云南领导干部手册. 昆明：云南人民出版社：52.

② 昭通市志编纂委员会。2000. 昭通市志. 昆明：云南人民出版社：604-615.

昭通现有国家级重点文物唐代袁滋题记摩崖石刻；省级重点文物东汉孟孝琚碑、东晋霍承嗣墓壁画、扎西会议旧址、罗炳辉故居、水田寨中央红军总部驻地旧址、新石器时代村落野石山遗址；县市级重点路桥文物盐津秦五尺道，大关秦汉古道遗址、黄葛铁索桥、大关垴古道遗迹、江底铁索桥、泰宁桥；县市级重点遗址屯上——李永和蓝朝鼎农民起义遗址、清朝雄魁垴木城遗址、老城营盘遗址、文昌宫旧址、乐马厂古银矿遗址、马厂新石器时代遗址、东汉土府基址、战国至东汉酒房沟遗址、元朝马湖府遗址；古建筑遗址有建于清雍正的毛货街清真寺，八仙营清真寺和拖姑清真寺，建于清乾隆的大龙洞寺庙，建筑年代不详的西岳宫，民国时建的翠华寺佛塔和凉风坳基督教堂，清光绪年建的文阁，明代建筑观音寺，清代建筑白水庙、万寿宫、南华宫，明代古建筑文武宫、玉皇观。

在昭通还有大量的古墓葬群，如汉代墓有文家营古墓群、象鼻岭古墓群、营盘村土坑墓群、悬棺墓、乌蒙王阿杓疑冢、天堂坝汉室墓、黄荆坝“蛮坟”、鱼堡崖墓群、岔河崖墓群、永康东汉墓群、吉利汉墓群、大湾子九烈士墓、芒部石椁墓、张滩战国土坑墓、楼坝东汉崖墓、田坝明代石板墓等，在这些古墓葬群中出土了大量珍贵的文物，现有国家一级文物 6 件，国家二级文物 10 件，国家三级文物 200 余件，年代最早至旧石器时代，出土物件涉及领域广泛。

此外在昭通地区还有大量碑、碑记、石刻石雕、会议驻地等，为昭通历史的丰富性提供了有力的佐证。

18.1.2 民族构成

昭通是一个多民族聚居的地区，以汉族为主，兼有苗族、彝族、回族等少数民族，截至 2019 年末，全市总户籍 1889832 户 6290016 人。汉族人口数占总人口数的 90%。在保护区周边的永善、彝良、威信等县少数民族较多，其中永善县的少数民族主要以彝族较多，威信、彝良则以苗族为主，但总的来说，保护区周边仍以汉族人口居多。

(1) 汉族。自秦修筑“五尺道”后，汉族先民就开始迁入昭通。历经东汉、三国、两晋时期，汉族在昭通地区已形成孟、朱、鲁等几大姓氏。在之后的数千年间，汉族不断进入昭通，来源主要有：唐代南诏军队攻入成都，掳汉族工匠、文人及其子女，散居于昭通境内；元代实行军屯、民屯，屯田人员中大部分为汉族；明朝洪武年间，明军征伐云南，部分汉族士兵留居于此；到清代“改土归流”后，迁入的汉族人口大量增多，到乾隆、嘉庆时期，清政府在此大量开发矿业，这里的银铜矿山鼎盛一时，外省来昭通经营矿产的汉族大量涌入，带动了昭通经济的繁荣，奠定了汉族在昭通地区定居的基本格局。汉族多聚居于较大的村落、集镇等平坝地区，以农业经济、经商为主；宗教信仰有道教、佛教、天主教和基督教；在语言、服饰、居住、婚姻、丧葬、节日习俗方面和中原地区相似，有着较深的渊源关系。

(2) 回族。昭通回族主要是明朝傅友德、蓝玉、沐英率军平定云南后留守屯田的军中回族官兵和清雍正年间清军“改土归流”期间平定昭通叛乱的回族官兵。一般居住在坝区和半山区。居住于城镇的回族多从事饮食和手工业，山区的回族多以农业经济为主。回族通用汉语，信仰伊斯兰教，有严格的饮食习惯，有开斋节、古尔邦节、圣纪三大节日。

(3) 苗族。苗族自明朝初期从川南迁入昭通地区，此后陆续从各地迁入，多居住在高寒山区和半山区。语言属于汉藏语系苗瑶语族苗语支，大部分苗族在和其他民族交往的过程中通用汉语。1905 年，英国传教士同当地群众创制过一套苗文字母，在群众中推广，被称为“老苗文”。1983 年开始推广“新苗文”，但现在普遍通用汉语文。宗教信仰以自然崇拜和祖先崇拜为主。清光绪年间，基督教传入昭通地区，部分民众开始信奉基督教，现彝良、永善都设有教堂。苗族以农业、畜牧业为主，以玉米、马铃薯、荞麦为主食，居住在昭通的苗族有花苗和白苗之分，花苗和白苗在服饰、婚姻、丧葬方面都有一定区别。苗族最隆重的节日是花山节。

(4) 彝族。昭通彝族源自古羌人，秦汉时期彝族先民就进入昭通境内。汉代称为叟人，晋代称为“朱提夷”“犍为郡夷”，隋、唐后称“东爨乌蛮”，元代称为“罗罗”，明清时期被称为“爨人”，以后被称为“夷族”，史书上的这些称谓都指彝族的先民，1950 年后改称“彝族”。彝语属汉藏语系藏缅语族彝语支东部方言和北部方言。元、明、清以后，学习和使用汉语的彝族开始逐渐增多，到 20 世纪 80 年代后，大部分彝族能讲彝语和汉语。彝族有自己的文字，但懂的人较少，现在通用汉语文。滇东北地区的彝族大部分为纳苏、尼苏支系。彝族主要信仰自然崇拜和祖先崇拜，有少部分人信基督教。彝族多居住在半山区，以旱地农业和畜牧业为主，多数以玉米为主食，辅以马铃薯、荞麦和豆类。

18.1.3　民族民间文化

昭通是滇文化的发祥地之一，也是最早接受中原文化影响的地区。各民族在与大自然的物质、能量交换和互动过程以及与其他民族的交往中，创造了自己独特的文化。例如汉族在城镇创造的市井文化，在坝区创造的水田农耕文化；彝族在半山区创造的农牧结合的山地文化；苗族在高山创造的山地游耕文化。长期的文化发展和各民族的文化交流，使种类繁多的文化形式在昭通都有较充分的表现。

(1) 节日。苗族最盛大的节日是花山节，白苗和花苗举行的日期不同，白苗在每年农历正月初三至十五举行，花苗在农历五月初五或七月十三。彝族最主要的节日是农历六月二十四的火把节，有少部分汉族也过火把节。当地汉族最隆重的节日是春节，农历二月初八的“龙洞会”和农历十月初一为纪念耕牛诞生的“牛王节”也是农村常过的农耕节日。

(2) 戏剧。在昭通地区，戏剧戏种丰富，形式多样，戏剧人才辈出。有在汉族地区广泛流传的古老戏种——端公戏，又名傩戏，是中国古代百戏剧种之一。傩戏自明代传入昭通，到清末民初进入鼎盛时期；深受苗族喜爱的苗剧使用苗语和山歌曲调演唱，音域宽广、高亢，旋律跳动较大，有芦笙舞的动作，具有鲜明的民族特色；在昭通广为流传的还有清代传入的花灯戏，到民国时期发展迅速，仅巧家县就有花灯班子 26 个。中华人民共和国成立后，成立了专业的花灯剧团，一方面广泛收集传统花灯剧目，一方面编排上演了许多新剧目，深受广大群众的喜爱；昭通滇剧主要流传于昭通、巧家、镇雄等县市。巧家滇剧团成立于 1956 年，上演过的传统戏、现代剧、新编剧近 400 部；京剧传入昭通较晚，但深得当地群众的喜爱，出现一批专业的京剧表演者和大量的业余爱好者；话剧是 20 世纪 30 年代末当地各界为宣传抗日救亡活动而兴起的，当时排演的剧目对抗日救亡运动起到了积极的作用。中华人民共和国成立后编排的许多剧目曾多次获奖。

(3) 曲艺。昭通曲艺门类丰富，虽然多由外地传入，但逐渐本土化，具有浓厚的地方特色。例如，在农村盛行的昭通唱书，融进滇剧乐曲及民间小调的昭通扬琴，用传统花灯剧音乐和山歌演唱的单弦，用方言讲演的评书；此外，流传的曲艺还有四川清音、快板书、京韵大鼓、莲花闹、金钱板、花鼓、对口词等。

(4) 民族民间文学。流传在昭通地区苗、彝、回、汉族群众中的神话、传说、故事、歌谣和谚语相当丰富，多为口头创作与传承。1985 年，昭通各地均成立了民族民间文学集成领导组及其办公室，至 1990 年底，共搜集各族民间文学资料 450 万字，经翻译、整理、编纂的资料和集成卷共 15 卷(集)。

(5) 工艺美术。民间工艺主要有蜡染、纺织、扎花、刺绣、剪纸、擦尔瓦制作等。其中苗族褶裙蜡染和披肩刺绣艳丽夺目、技艺精湛；彝族擦尔瓦(俗称“木子毡衣”)制作精巧、御寒防湿、别具特色。此外，在绘画、雕塑、书法和摄影方面都有广泛的群众基础，并涌现了许多画家、书法家和摄影家。

(6) 音乐。在音乐形式中最具特色的是劳动号子，其中以“船工号子”最著名，如《金沙江船工号子》《船工号子》《关河船工号子》；民歌在昭通分布广、数量多，演唱内容因地域、民族不同而异，属以物起兴、触景生情、即兴创作的产物。从乐器来看，分吹管乐器(竹笛、箫、口弦、唢呐、芦笙)、弦乐器(二胡、大筒、三弦、月琴)、打击乐器(大鼓、小鼓、堂鼓、板鼓、扁鼓、四筒鼓、大锣、小锣、大钹、小钹、劳钹、铙、镲等，以四筒鼓有特色，是汉族群众用作舞蹈伴奏的特有打击乐器)，此外，还有大量民间自行选材制作的乐器，如牛角、河螺、树叶等。

(7) 舞蹈。舞蹈形式多样，有汉族的四筒鼓舞、牛灯舞、狮灯舞、龙灯舞、车车灯，彝族的喀红呗、阿说喀、撒麻舞、种黏苕等，以及苗族的芦笙舞。

18.2 多元文化特征

昭通地区文化的兴起、传播和繁荣得益于该地区独特的区位优势与深厚的历史积淀。在漫长的历史长河中，昭通文化形成了以汉文化为主、多民族文化共同繁荣的局面。昭通文化最显著的特征就是阶段性、多元性和创新性。

18.2.1 多元文化形成的因素

1.区位优势为昭通文化的繁荣提供了条件

昭通素有“咽喉巴蜀、锁钥南滇”的称誉。它位于云南省东北部，东南面与贵州省毕节地区接壤，西面与四川省凉山彝族自治州、北面与四川省宜宾市，隔金沙江相望；南面与云南省曲靖市、昆明市连接。地处云南、贵州、四川三省接合部的中心位置。秦通“五尺道”，汉筑“南夷道”，无疑打开了西南边疆对外的一扇大门，促成了这里交通要道和地理枢纽地位的形成，中原汉文化以及中国西北少数民族文化(氐羌族群)都要通过这一咽喉部位向南传输，并在此和当地土著文化融合、发展，向周边辐射。因而昭通特殊的区位特点决定了其自古就是一个民族文化多样复杂的多元文化富集地。

2.交通改善是经济繁荣的重要保障

早在秦朝时，昭通地区就开始了道路的修筑。秦始皇统一六国以前，今昭通地区由蜀郡统辖，滇池地区与内地的交通主要通过滇东北的僰道(今四川宜宾)，但其路艰险犹如天堑。秦始皇统一六国前后，对“西南夷”进行经营、开发和统治。令蜀郡太守李冰修筑通往滇东北的道路。公元前 221 年，秦始皇又派常頞继续修筑道路，常頞将李冰修筑的道路继续向南延伸，一直修到今曲靖附近。由于道路仅宽 5 尺，谓“五尺道”。虽然道路狭窄，但该路的修通使“西南夷”各部族和内地经济、文化的联系更加密切。

到汉武帝时，派遣唐蒙为中郎将通“西南夷”，设犍为郡，同时在“五尺道”的基础上重新修筑，这条从僰道县(今四川宜宾)经朱提(今昭通)至建宁(今曲靖)的道路，史称“南夷道”。“南夷道”在拓宽的基础上，还进行了交通配套设施的建立和完善。沿途三十里一驿，五里一邮，十里一亭。驿、邮、亭的建立，使朝廷和地方的联系紧密，上情下达，下情上传，渠道通畅，朝廷和地方在政治、经济、文化的交往中接连成了一个整体。

道路的两次修筑，使昭通在这条交通线路上的中枢地位更为突出。这条道路成为中原进入云南的必经之道，进一步加强了昭通及西南边疆与中原地区政治、经济、文化的联系，促进了当地社会经济和文化特别是农业、矿业的发展与繁荣。

隋唐时期，沿这条道路继续向南开道置驿，延伸到了滇池地区，史称“石门道”。这条道路也成了“海上丝绸之路”的重要组成部分。历代朝廷都对这条道路不断进行开拓和维护；清代，除修整原有陆路通道外，还开浚了金沙江、关河航运，加速了昭通地区和中原、西南其他地区商业贸易的交流。到近现代交通兴起，“石门”古道仍然在民间起着积极的沟通作用。今天，随着旅游业的发展，古道成了重要的名胜和历史景观。

3.经济的繁荣为文化的多元发展奠定了坚实的物质保障

中华人民共和国成立前，昭通地区社会经济及文化发展的三个时期：秦至两汉，清雍正、乾隆、嘉庆时期和抗战时期。

秦至两汉时，朝廷对昭通地区进行了大量的移民垦殖，在移民中有地主、商人，有在中原地区无以生计应募而来的游民，也有犯罪被迫而来的“徙死罪”“三辅罪人”“谪民”。大量的汉族进入昭通地区，带来了先进的生产技术、生产工具和中原的思想观念。牛耕、铁制农具制造和兴修水利在汉代是比较先进的生产技术，它们的推广和使用，提高了当地的生产效率。昭通地区正是在这一时期开辟了大量荒山作农田，由此农作物的产量提高，人民生活改善。昭通地区蕴藏着丰富的银、铜矿资源，其成色好、质量佳，并具备了较高的银铜开采、冶炼和铸造技术。铜器铸造和铸钱业是汉代重要的手工业部门，朝廷派有专职官员管理银铜矿的开采，并在当地设有专业的官办作坊，先进的冶炼技术和规模化、定点化生产，使昭通的银铁器具远近闻名。“朱提银”在当时相当有名，后来成为白银的代名词。银、铜不但用于铸钱，还用作大量的日用器皿和奢侈装饰品的制作，并通过独特的地理优势吸收来自中原和滇池的青铜文化的特点，再通过这一传输渠道向外扩散。在当时和以后几代，以朱提银精美首饰为代表的青铜饰品成为上供朝廷和贵族收藏的宝物而名扬天下。

在清雍正、乾隆、嘉庆三代，昭通社会经济文化又进入一个快速发展的时期。这一时期，朝廷对昭通再一次大规模招募开垦、兴修水利，推广新的农作物；在矿业方面，再度重振朱提银、堂琅铜，昭通的矿业特别是铸钱业在清朝享有极高的地位。

抗日战争爆发后，东北沦陷区和长江中下游各地商贸及文化事业向南转移，昭通成为云南、贵州、四川三省边区的经济文化中心，各项发展均处于云南领先地位，素有“小昆明”之称。

这三个重要的发展阶段，促进了昭通地区社会经济阶段性跨越发展，为昭通的文化发展奠定了基础。

18.2.2　多元文化的本土化与创新[①]

经济的繁荣和人民生活的安定带来了文化的昌盛。昭通的特殊位置把古滇文化、夜郎文化、爨文化、南诏文化同巴蜀文化、荆楚文化、中原文化连缀起来，形成和创造了自己独特的历史文化。可以说，昭通地区历史悠久、文化底蕴丰厚、发展波澜壮阔，使得昭通文化成为一个多元文化交融汇集的结合体。

昭通文化的发展是一个接纳的过程，也是一个吐故纳新的过程，更是一个积极创新的过程。昭通在接纳外来文化的过程中积极创新，在戏剧、文学、曲艺等文化领域开拓进取，南北各种文化事象在这里扎根繁育，创造了具有地方特色的文化，涌现了大批文艺工作者、作家群和著名学者群，使昭通文化独具特色，形成了鲜明的文化特点。

昭通的文化特点可以归为内容丰富、广纳博取、根植本土，并具有广泛的群众基础。其中最为明显的当数诗歌创作、小说创作和学术研究。昭通诗歌创作自明末清初就开始繁盛，在当时的史志中各县文人的诗文都有收录，也有单独结集成诗集的，如张国的《醉吟山房诗草》，李仕厚的《李载庵诗选》《江南游草》，王家广的《文昌楼杂咏集》，肖瑞麟的《梅花馆诗存》等。20 世纪 50 年代后，新体诗词创作具有了广泛的群众性，涌现了一批青年诗人如艾飞、陈朝慧、陈衍强、铁发平、杨永志、殷美元、雷平阳、周世元等，他们的许多诗作都在全国性的诗歌大赛中获奖。

昭通的小说创作是在诗歌的基础上发展起来的，深厚的历史文化渊源成了文学创作的沃土。在 20 世纪 80 年代，昭通已经有一批中青年作家从事文学创作；20 世纪 90 年代以来，昭通的文学创作力量不断增强，在云南文坛上独树一帜。进入 21 世纪，昭通文学创作已成为焦点，形成了独具魅力的“昭通作家群”现象。近几年昭通作家先后在《当代》《人民文学》《十月》《大家》《中国作家》《诗刊》等数十种全国性刊物上发表作品，出版了多部长篇小说和一批短篇小说、散文、诗歌集，一些作品曾获鲁迅文学奖、《当代》文学大奖、中国华文诗歌奖、云南省政府文学奖等多种奖项，一些作品

① 本节内容参：考昭通市志编纂委员会.2000. 昭通市志. 昆明：云南人民出版社：577-603.

被改编成电影或电视剧。

《华阳国志》中记载有“其民好学”。这说明从很早的时候起，昭通人就善于学习先进文化，因此自东汉以后就涌现出一大批文化、政治、军事人才。孟孝琚 12 岁“受韩诗，兼通孝经二卷，博览群书”；著名的天文学家陈一得，是云南近代气象、天文、地震科学的先驱，他应用高等数学原理研究历代天文历算，创制《昆明恒星图》《步天规》等，著有《天文考》《气象考》《云南气象》《云南气象要素之分布》《云南气流的运行》《滇西地震带》《昭通等八县图说》等专著；著名楚辞学、敦煌学、语言学、历史文献学专家姜亮夫，毕生从事教育和历史文献研究，著有《楚辞通故》等多部专著；邓子琴教授，长期从事西南民族历史研究；考古学家张希鲁，著有《西南古物的新发现》《滇东金石记》等 10 余部著作，他将毕生收藏的金石文物、名人字画、名贵碑帖、文物拓片、古籍图书等 5000 余件捐献给国家；还有享有盛誉的教育家、书法家包鸣泉先生。昭通一地，群星灿烂，其形容乃恰到好处。

第19章　社会林业

社会林业在中国自然保护区的发展中具有特殊的意义，这个认识在社会、经济发展相对落后的地区表现尤为明显，保护区所在区域的社会化发育程度较低，经济总体上处于较落后水平。保护区周边社区社会林业的状态、发展趋势对自然保护区的未来有重大影响。

社会林业相对于保护区而言其主体应该是保护区周边社区的社区林业，而且社区仅指保护区周边的传统农业社区。故保护区的社会林业分析应仅针对保护区周边社区中的传统农业社区。

社会林业是 1975 年前后才开始迅速发展起来的一门集社会科学与林业科学实践于一体的新型交叉边缘型学科，它强调以大多数社区群众为主体，通过从事林木培育、管理、保护及开发利用等林业生产活动，获得木材、薪材、食物、饮料及其他林副产品，增加农户收入，提高社区群众社会福利状况，改善并维持生态环境的稳定性，促进乡村社会农、林、牧副业协调发展。社会林业与传统林业最根本的区别就在于：前者以广大群众为主体，强调群众的主动性和广泛参与，政府与群众的关系是平等互助的关系，实施的主要目的是满足社区自身生存与发展对木材、其他林副产品和服务作用等各种需要；而传统林业是以生产木材为主要目标，多由政府单方面决策，由林业部门孤军作战，独立完成。社会林业研究的主要内容包括：社区群众的广泛主动参与，木材和非木材产品生产与管理，社区实用技术开发与利用，环境保护，权属系统(土地、林副产品)及外部支持体系等。

自然保护区作为环境保护的重要内容，集野生动植物(包括珍稀濒危物种)、独特自然环境及自然文化遗迹于一体，亦是社会林业思想形成的源泉之一。运用社会林业的基本原理与方法，调查了解保护区及周边乡村农户的生产生活状况与林业生产的关系，解决农业生产中存在的各种问题，提高他们的社会经济福利状况，增强当地群众的保护与参与意识，让当地社区及群众参与保护区管理，对于区内珍稀动植物及其他生物基因的保护等具有非常重要的作用。

乌蒙山自然保护区社会林业的专题调查和研究采用了社会林业理论(主要是自然保护区社会林业理论)与方法，分三个子专题进行，通过调研摸清了保护区及周边社区群众参与林业生产与保护区管理等方面的情况以及目前保护区存在的问题，并提出了可能的解决途径等。

19.1　调查方法及内容

调查主要采用乡村快速评估方法，运用随机访问、野外观察、半结构访问、关键人物访问、典型农户调查有关第二手资料，依据调查对象不同设计对应问题框架和调查表格，收集以下各方面信息：

(1) 农户调查：家庭基本情况（人口、年龄、文化程度等）；土地数量和结构分析；作物种植与劳动力分工及节令安排；家庭主要经济来源；林副产品利用状态；对保护区发展的意见与建议等。

(2) 周边社区负责人调查；社区土著民族的文化习俗；土地利用历史与现状；人口与资源动态变化；妇女地位变化趋势；社区群众生产、生活与保护区的关系；对现行保护区管理体系的看法与建议等。

(3) 宗教调查：当地群众的宗教信仰状态；群众宗教信仰与保护区管理的关系。

(4) 县领导调查：县域内森林资源开发利用与保护的矛盾；周边社区群众对森林资源依赖度状态；保护区周边社区发展产业型林业存在的主要问题与解决途径；对保护区管理水平的看法与建议；周边社区（乡、村）参与保护区管理的意识状态等。

(5) 妇女调查：妇女受教育程度；妇女社会地位变化；男女分工及参与林业生产情况等。

19.2　周边社区生态经济现状

生态经济是运用生态学与经济学原理，从生态规律和经济规律的相互作用来探讨保护区人为活动与自然生态的相互关系。

19.2.1　土地权属系统

乌蒙山自然保护区周边社区由于受历史、地理及社会经济因素的影响，至今仍部分保持着以集体经营为主体的农业生产方式。尽管在 20 世纪 80 年代初期全国就已经实施将集体经营的农地、林地转化为以农户个体经营为主的承包责任制，但在该区域仅将常耕地（主要指保水田、雷响田）、旱地按劳动力划定经营管理。林业用地仅按劳动力数量划定了少量自留山，大部分有林地仍由集体管理。对于经济果木林地，依树种变化而异。

19.2.2　土地利用现状

保护区周边社区的土地类型包括水田、旱地（固定旱地和轮歇地）、林地（经济果木地和有林地）和草地等。各土地利用形式所占比例在不同区域表现不一致。其中水稻田以雷响田为主，且多系 1982 年耕地分户后，政府发动农户志愿开垦而成，它们多分布在地势平缓、位置较低的溪沟两旁；旱地中有少部分轮歇地；农户经营的经济果木林地主要包括种植于庭院、自留地及自留山上的各类经济作物；有林地包括自留山、集体林；草地多是轮荒地。

19.2.3 土地利用方式

保护区周边社区因地理位置、交通、社会经济、农户受教育程度等因素差异，土地利用的强度有很大的不同，因而出现了不同的经营类型。该区主要的土地利用方式有以下几种。

(1) 传统种植系统。此类型是该地区分布范围最广、农户普遍采用的一种土地利用形式。耕地上种植的作物种类、配套方式及连作次数则依据各自可利用土地的多少、土壤肥力高低气候条件和农户的社会经济状况等因素而变动，与中国绝大多数地区类同。

(2) 经济作物种植系统。在保护区周边社区由于其独特的地形地势和相对丰富的水热资源(与昭通其他区域相比)，适宜多种干果、鲜果和经济作物生长，农户经营种植的经济作物类型差距较大，少量热带经济作物和大量温凉型经济作物共存。经济作物种植系统主要以农户个体经营为主，但多以单一种植经营模式出现，仅个别农户将经济作物呈带状间种复层经营。

(3) 庭院种植系统。在保护区周边社区的农村、乡镇、学校皆可见到庭院种植作物，庭院种植系统多由各类果树、饲料植物、蔬菜等组成，并以平面镶嵌形式呈现复层结构。多数农户选择在园地周边边缘角落建牲畜圈舍，用于饲料采集及利用牲畜粪便。庭院内种植的蔬菜品种随季节变换呈明显差异。一般来说，雨季蔬菜品种较多，旱季可种植品种较少。

(4) 林牧系统。饲养牧畜的主要由大牲畜构成(如牛、猪等)，是当地农户获得收入的主要来源之一，且多以放养为主，但该地区未划分出专门的放牧地。通常，农户多在刚停耕的撂荒地、灌木林地和疏林地放养。由于树木的遮蔽，林下牧草鲜嫩、长势茂盛，成为天然的优质的放牧场所。正是基于此，深居在高大原始、次生森林中的部分大型野生动物时常出入保护区外，啃食嫩草、农作物甚至危害牲畜等。

(5) 多用途森林系统。与保护区相接的周边社区林业用地相对较多，森林资源较为丰富。这些林业用地不仅是社区群众获得木柴、建房用材的唯一来源，还是农户采集野生食物、饲料、多种林副产品、药用植物以及放养牲畜的重要场所，管理保护好这些森林资源对该区农户生产具有举足轻重的作用。

19.3 周边社区利用森林资源的状况

1.薪材消耗

保护区周边社区土著居民是典型的用火民族，据对 4 个典型村社的调查，一般来说，以户为单位，年需薪柴 4～5 排(1 排=1.28m^3)，折合木材 5.1～6.4m^3。当地群众多在农闲季节砍柴，且喜欢砍伐耐烧、热值高的树种。

2.木材与竹材利用

木材主要用于建房。据农户介绍，修建一座木、竹、草结构的房屋至少需要 30m^3 的木材，这些木材多在自留山砍伐，不足部分在集体林中采伐。竹材在社区居民的生产、生活中的用途较大，除用于建房和食用外，还有许多如制成竹用品、竹家具、竹工艺品等重要的用途。

3.食物供给

保护区周边社区群众除习惯在庭院内种植各类蔬菜、经济果木外，还时常在森林中采集各类食用野生植物，也种植各类果木和蔬菜成为他们获得食物的来源之一。通常，他们在林内采集的食物还包括各种野生竹笋。在雨季，农户常在林内采集木耳、香菌等野生食用菌以满足家庭需要或到当地市场出售。

4.主要的现金来源

通过对四个典型社区的调查结果表明，农户的现金收入主要来自饲养牲畜、各种经济作物的种植和现有的森林资源，且以前二者为主。各成分所占比重依社区交通、农户经济情况等因素的差异而有明显的不同。据调查，因交通和农户经济条件等的不同，在种植规模和经营集约化程度等方面有明显差异。在交通较为方便的社区，农户经营的经济作物在家庭收入中所占比重低，一般为 20%～30%。在交通不便的社区，经济作物在家庭收入中所占比重大，平均为 40%～50%，最高可达 1000～2000 元。

由于农户经济状况的不同，在经济作物的选择和经营管理水平上亦有一定的差异。对于家庭经济条件较好的农户，集约化管理程度较高，产品多为自销。经济条件较差的农户和社区，经济作物在家庭收入中所占比重较大，种植的面积亦大，但经营管理水平较低。其他非木材林产品如木耳、香菌等仅在部分社区被采集出售或自销。

5.牲畜饲养

喂养牲畜如猪、牛等是保护区周边社区群众的主要收入来源之一。依据牲畜种类的不同，森林主要通过以下两种途径提供牲畜饲料：①生猪饲养，主要以采集饲料植物的树叶、花果喂养生猪，特别是旱季，农田间可提供的牲畜饲料较少，农户主要到林内采集而得到饲料；②耕牛喂养，其方式主要为在森林、轮歇地或疏林地内放养，据调查，该区大部分农户至少拥有 1 头耕牛，多达 5 头以上。

6.野生药用植物利用

在保护区及周边地区，药用植物资源十分丰富，当地群众在长期的生产实践中积累了丰富的经验，能识别多种天然药用植物，配制多种药方治疗各种疾病。

19.4 周边社区发展社会林业存在的主要问题

1.土地权属

保护区周边社区(乡、社村)已将固定耕地(水田、雷响田、台地、旱地)按劳动力划分到户经营管理。林业方面仅以家庭人口数量划分了部分自留山，大部分山权归集体所有，由于大部分林地权属不清，国家、集体、个人权责利不明，农地、林地时常变更移动，致使广大农户不能按自己的意愿规划土地，影响了土地效益的发挥。

2.农业生产方式落后，土地生产力低，退化严重

近几年来随着人口的急剧增长，特别是 20 世纪 80 年代初期保护区的建立，周边社区可利用的耕地和森林面积减少，缩小了农户的生产与活动范围，经营强度大幅度提高，导致耕地肥力得不到足够恢复，单位面积上作物产量下降。尽管自 1985 年起推广实施了现代农业种植技术(如优良杂交品种、科学种植、施用化肥与农药等)，产量也难以恢复到从前的水平。

3.森林资源消耗量大，利用率低

据对典型农户的调查，一般来说，由 4～5 人组成的家庭，每年至少需要烧柴 5 排(折合木材 6.4m^3)，才能满足家庭需要。据此推算，保护区周边社区已出现森林资源赤字。传统的农业耕作方式以及大量的薪材和建房用材消耗，导致个别村社森林资源枯竭，烧柴、建房用材紧张，食物及牲畜饲料采集困难，农户在保护区盗伐木材、采集食物、放养牲畜等现象时常发生。

4.经济作物管理粗放，单位面积产值低

尽管保护区水热条件好，农户种植经营了多种经济作物，但普遍存在着品种老化、种植密度低、管理粗放、病虫害严重、产量低、质量差等问题。

5.交通落后、信息闭塞、农副产品缺乏深加工技术、资源浪费严重

保护区周边社区地处云南与四川边境，各乡村尽管有公路通行，但只限于旱季。受路况差、路面窄、路程远等因素制约，加之当地无任何农副产品加工技术和保鲜措施，致使当地产品远销困难，多以自产自销为主。即使在交通条件较好的村社，收购经济果木或其他森林副产品的经济活动也不常见。

6.群众参与保护区管理不多，保护所与周边社区关系不和谐

自然保护区是基于其独特的自然环境、自然资源或历史文化遗迹建立起来的。因此，保护区管理部门实际上是代表国家政府部门执行有关动植物保护的政策、法规与条

例，以避免其资源遭受破坏。保护区的建立为野生动植物的生长繁衍提供了一个安全、稳定的场所，不仅使许多珍贵、稀有动物得到保护，而且使许多动物的种群数量大量增加。但以下简称个别动物因发展过量而成灾，对保护区周边社区的农业生产造成一定损失。尽管按照《中华人民共和国森林法》（以下简称《森林法》）规定，由保护区管理部门给予补偿，但保护区资金投入不足，补偿费用少而且低，补偿范围窄，群众意见大，与保护区管理部门关系紧张。亦由于保护区管理部门较少顾及周边乡村群众的生产生活与森林资源的不可分割的关系，以及本身缺乏严格的执法与奖惩制度，群众参与自然保护区管理的积极性不高，责任心不强，致使部分群众进入保护区盗伐木材、盗猎、炸鱼等现象时有发生。

7.保护管理与利用问题

保护的目的在于持续发展，但如果保护区内的一草一木都不能采集，就谈不上合理开发利用，保护区变成了“禁区”，结果必然导致保护区管理部门与周边社区关系紧张。在不破坏自然环境和物种资源的前提下，在实验区及其周边进行经营性的保护与建设，增加周边乡村群众的参与意识，让保护区的生物资源充分发挥作用，将保护区的保护管理、持续发展与周边乡村群众的生产生活以及社会福利的改善结合起来，寻求合理的社区共管模式，是目前保护区管理中亟待解决的问题。

19.5　促进周边社区参与保护区管理的途径

1.改进耕作方法和作物品种，提高社区居民的社会福利状况

为了充分利用当地优势资源、提高土地利用效率、增加农户收入、减缓周边社区对保护区的压力，改进农业耕作方法、改良作物与经济果木和牲畜品种、提高经营管理水平，增加单位土地面积上的产量与产值是非常重要的。

2.加强周边社区实用技术的示范推广工作

为了使保护区的野生动植物资源及自然环境得到保护，保护区管理必须引入社会林业思想，将周边社区群众参与的主动性，以及提高与改善他们的生产生活条件和福利状况放在重要位置，而不是被动地补偿群众损失、解决各类纠纷。为达到此目的，保护区管理部门必须起到主导和核心的作用。例如，可由管理所出面，聘请当地和省内外专家及生产与科研部门的专业人员，结合周边乡村的实际，选择一定的典型社区与农户，开展实用技术的开发、试验示范与推广工作，如“山地耕作系统应用”“优良品种推广”“固氮树种种植”“经济作物规范栽培与管理”“当地优势资源开发”等，待试验成功后再全面推广实施。

3.改进保护区管理方法，提高社区群众的参与意识，实施社区共管

在贯彻执行国家和地方有关动植物保护条例及不破坏自然生态环境与物种资源的前提下，充分发挥当地基层组织的作用，增强当地群众的参与意识，改传统的单行管理模式为上下结合的双向管理途径，采取承包、限额等措施，有意识、有目的地下放一定权力给周边村社，由他们组织全社区农户自己管理所分派的区段，变消极保护为积极保护。例如，对于保护区内的动物出区外啃食作物、危害牲畜事件，保护所可根据各社区历年来损失的粮食数量和补偿费用，制定相应标准，并将其标准承包给社区，让村委会自己制定相应的奖惩措施与管理办法。这样，不仅可减少保护所与周边社区的矛盾，而且为增强周边各社区参与保护区管理提供了条件。

4.加强机构建设，提高管理人员的业务素质

自然保护区的管理，最关键的是根据保护区的实际建立相应的管理机构、实验室、观察站、动植物标本室，并且从事一定的研究工作。保护区管理所科技人员比重小、技术力量薄弱，至今为止，除采集了一些动植物标本外，较少开展科研活动。目前，亟待解决的问题是提高保护管理人员的素质，加强对专业人员的技术培训和基础设施建设，以及开展科学研究，注意科技人才培养和管理人员技能开发等工作。

5.进一步提高妇女地位，充分发挥妇女在资源管理中的作用

保护区周边社区妇女不仅是家庭建设的主力，而且直接参与了各项林业生产活动。同时，通过调查了解到，社区妇女普遍存在着受教育程度低、掌握实用技术少、生活、卫生条件差等问题。为提高保护区周边社区资源利用率，减少资源浪费，改善他们的社会福利状况，减缓周边社区对保护区的压力，充分发挥妇女在资源管理中的特殊作用，需加强以下几方面的工作：加强入学女性的正规教育和成年女性的扫盲工作；采取定期或不定期的形式，组织妇女进行实用技术培训(如节能灶改造、经济作物种植管理)、示范参观、聘请专家传授等方式，提高她们对实用技术的操作与管理能力；最大限度地减轻她们的工作负担，加强卫生设施建设等。

自然保护区的建设，毫无疑问对保护生物多样性和发展珍稀、濒危动植物，保护自然环境和自然景观，开展科学研究，以及开发利用和发展生态旅游等具有十分重要的意义。同时，由于保护区的建立减少了周边社区群众的土地面积和经济收入，缩小了他们的活动范围，在很大程度上给他们的生产、生活带来许多不便。保护区管理需根据上述情况，将解决周边乡村群众的基本生活保障条件，发展社区经济和提高他们的社会经济地位作为保护区管理的主要行动。增强周边乡村群众参与保护管理的意识，开展社区共管活动。在保护与管理好保护区的同时，采用“保养结合，休养生息”的方针来实现保护区的管理目标，并充分发挥保护区的生物资源优势作用，将保护、发展、科学研究、社区经济、旅游结合起来，以充分发挥保护区的多重效益。

第20章　生态旅游

20.1　旅游资源评价

20.1.1　山地景观

乌蒙山自然保护区位于昭通市北部，地处云贵高原北部边缘斜坡地带，主要为海拔1300～2500m 的中山山地，山地经河流深切形成陡峭的谷地，相对高差较大，多形成奇峰、峡谷。有些山地形成断层、褶皱景观，有些山形奇特壮观。三江口片区为海拔2000～2500m 的中山，该区中部山体缓和，四周地势下降，山势陡峭，西部地段形成连续陡崖绝壁；朝天马片区的罗汉坝四周为2000m 左右的山地，中部为开阔坝区，现筑坝建成罗汉坝水库，整个地形类似碗状，边沿高，周围和中部地势低；朝天马片区为2000m 左右的山地，地形山体多变，山体景观丰富；海子坪片区北与四川省筠连县接壤，东临大雪山，为1500m 的中山地区。

20.1.2　水域景观

乌蒙山自然保护区属于金沙江流域，全年降水 1200mm 左右，河网发育密布，保护区内或附近主要河流有白水江、洛泽河、大关河，河谷深切，地势险峻，水流湍急。保护区内为河流上游，多小型河流或溪，水质清澈，景观优美。在地势落差较大处形成瀑和潭，仅朝天马片区就有常年流水瀑布 30 余处，其中落差大于 20m 的有 7 处，有些落差达百余米。面积超过 180hm^2 的罗汉坝水库，周围植被葱郁，是极好的半自然水域景观。

20.1.3　生物景观

乌蒙山自然保护区主要植被类型为中山湿润型常绿阔叶林，原始珙桐林、水青树和多种类型的竹林为其重要植被类型，在云南省乃至全国都稀有分布，是滇东北地区最大的原始植被保存地。

20.1.4　人文景观

昭通市在历史上为云南通往中原的重要枢纽，是“西南丝绸之路”的要冲。昭通市是南方少数民族文化和汉文化交汇区，在该地区有众多历史遗迹，如七星营遗址、盐津豆沙关、五尺道等。该地区居住的主要少数民族有苗族和彝族，这些少数民族的村寨、传统节庆日、饮食、服饰等都是良好的旅游资源。

乌蒙山自然保护区由三大片区联合组成，它们在地质地貌、气候、水文、生物人文等方面总体差异不大，片区的旅游资源具有同质性，具有潜在的相互竞争性，这给片区的资源开发带来一定难度。但各片区又有各自的特点和优势，可以适当地错位开发。

从云南全省范围看，昭通北部旅游资源竞争优势较低，具高品位、有影响力的资源缺乏，但是从滇东、滇东北范围看，其资源具有区域性优势，与四川省宜宾市和黔西北地区在旅游资源上具互补性。再者，这一区域交通的改善更有利于旅游资源的开发和区域联动。

20.2 客源和市场分析

20.2.1 客源市场现状

小草坝旅游区是乌蒙山自然保护区已开发的景区。该景区每年游客 45000 人次左右，90%来自昭通地区，8%来自昭通市附近地区，其他地区约为 2%。每年 3～10 月是旅游旺季，游客多为自驾车游或单位组织，出行目的主要是短期休闲观光。

20.2.2 客源市场发展分析

保护区的旅游开发目前仍属起步阶段的浅层次开发，随着外部交通环境的改善，昭通市作为滇东北门户的地位将得到提升，与云南省内外的经济联系和人员往来将大量增加，昭通市对区内旅游地的辐射作用将迅速增强。该地区旅游开发最大的优势在于其是进入云南的门户，随着宜宾至昭通高速公路的建成，来自四川的大量游客已通过该区域进入云南，使游客数量大幅增加。

20.3 旅游区划与项目规划

20.3.1 旅游区划

乌蒙山自然保护区由面积不等的 3 个不连续的片区组成，每一个片区内部的资源禀赋和外部环境条件都不尽相同，旅游开发价值存在差异，根据内部资源条件和外部环境条件，朝天马片区的小草坝、罗汉坝和三江口片区均具备旅游开发条件和潜力，其他作为后备资源，暂不旅游开发。

1.小草坝景区

景区位于彝良县小草坝镇，距县城 35km，以小草坝天麻、瀑布群和原始森林为主要资源特色。2004 年对其进行旅游发展规划，规划性质定为以著名的小草坝天麻、瀑布群景观为支撑，以原始森林为基础，以生态观光为主，兼休闲疗养、户外探险等。景区由小草坝(朝天马自然保护区)经营，

对小草坝景区的发展建议如下：小草坝瀑布群和原始森林并不具有特别显著的资源优势，其吸引力很有限。小草坝天麻具有一定声誉，旅游开发和对外宣传应以自然环境资源为基础背景，以天麻为重点，扩大旅游产业的外延。把天麻和天麻生长的自然环境做成复合体，以天麻作为吸引物和消费物，环境作为旅游休闲的承载体，同时带动其他产业发展。

2.罗汉坝景区

罗汉坝景区位于大关县，距县城 90km，距小草坝景区 60km，保护区北部为原始森林，中部为水库，南部以次生林或人工林为主。该区以高原山地景观、水库和周围湿地景观、人工针叶林、竹林及原始林为主。该区目前没有做任何旅游开发，只有极少量游客周末到此休闲游。此处旅游开发的潜力有以下几方面：①地形、森林(人工和自然林)、水域景观丰富，组合性较好，适宜休闲、户外运动、观光和度假；②海拔 1500～2300m，冬无严寒，夏无酷暑，气候条件优越；③南部地势较为平坦，植被为人工林，易于基础设施的建设和某些户外运动项目的开展；④保护区内与周边无村寨和农户，位置较为独立，周围环境干扰较小。

对罗汉坝景区的开发建议如下：以周末休闲、户外运动、水上娱乐、度假为开发重点。项目设置要运用好地形、水体、林地及其相互之间的衔接与过渡。初期应为简易的旅游项目(如露营、登山)，通过项目滚动发展种类齐全的户外运动项目，更进一步可发展为户外运动培训基地。主要接待设施应建在水库南部分水岭以南地区，一方面避免生活污水污染水库水体，另一方面该处为人工林，设施建设不会对自然植被产生过度影响。由于本区目前交通条件较差，加之距小草坝景区较近，可能存在客源的竞争，本景区开发应列入中远期发展计划。

3.三江口景区

三江口景区位于永善县与大关县北部的交界地带，距大关县 89km，原 213 国道从保护区中部穿过，由于是非主要交通干线，道路常年失修，通行能力较差。资源主要特色为原始森林、河流深切的中山地貌、筇竹林及竹笋、林间溪瀑等。该区尚无任何旅游开发，附近景区开发的有盐津县的豆沙关景区、溪落渡电站景区。

对三江口景区的开发建议如下：豆沙关为人文历史景观，溪落渡电站为工程设施景观，三江口为自然生态景观，三个景区在资源方面有很好的互补性，应捆绑错位开发，形成集中竞争优势。旅游交通线可以利用保护区北部的电站专用二级公路线，同时该公路线又能把三个景区很好地组织起来。三个景区开发定位为短期休闲观光旅游，结合竹类资源，特别是筇竹资源，大力发展竹旅游文化产业。接待设施应在原林场驻地的基础上进行改造或新建。

20.3.2 旅游项目规划

1.观光型旅游产品

1)森林生态观光旅游产品

开发资源类型：森林生态系统内的美感质量较高的山地、水体、湿地以及各种特殊地貌和生物资源。

开发要求：产品开发要注意降低对环境的影响，对游客要适时进行环境教育，提升其观光层面上的认知行为。

2)文化生态观光旅游产品

开发资源类型：各民族传统民俗、民间艺术、民居建筑等。

开发要求：加强社区和相关利益主体的参与。由于产品只停留在观光层面上，因此开发范围不宜过大，对民族文化中较为脆弱的深层部分应该加以保护。

2.认知型旅游产品

1)科普及夏令营旅游产品

开发资源类型：特殊地质地貌、生物资源、气候资源、原生态文化资源。

开发要求：以科学知识普及和环境教育作为主要开发方向，重点建设森林、森林与环境及林产品科普基地，通过多媒体场馆展演和野外实地观测相结合的方式培养游客(尤其是青少年游客)的科学素养与环保意识。

2)科考旅游产品开发

资源类型：具有科学研究价值的生物资源、地质地貌、气候资源及人文历史资源。

开发要求：这一产品开发的关键是要强化动植物学科的专业知识，在游线、游程设计等方面要严格遵从自然规律，切忌为满足游客的好奇心而扰乱动植物的繁衍、活动。此类旅游活动中，导游、领队都必须具有丰富的相关学科知识和应对野外突发事件的能力，其对线路的勘查设计有极高的要求。

3.体验型旅游产品

1)探险旅游产品

开发资源类型：森林、河流峡谷、洞穴、高山。

开发要求：自然保护区实验区重点发展软式探险，缓冲区发展硬式探险。旅游安全是这类旅游活动特别应注重的，包括事前保险预防措施和事后应急处理机制的设立。

2）山地运动旅游产品

a.山地自行车运动旅游产品

分布地区：自然保护区实验区及保护区周边地区。

开发要求：在森林内部开辟迂回曲折、有坡度高差的山地自行车道，使之能流畅地穿过景观多样的林区。注意道路的标识系统应醒目，且能形成有节点的多个回路。

b.登山运动旅游产品

分布地区：以山地为主的林区。

开发要求：分大众性和专业性两种，前者所选择山地难度系数不大，以景观作为首要考虑因素；后者则对山地难度系数有较准确评价，依此选择目的地和队员。

c.攀岩/绳降运动旅游产品

开发资源类型：山地陡崖绝壁。

开发要求：攀岩和绳降对运动员的身体条件有极为严格的要求，风险性也很大，与登山运动相似，也需建立相应的安全预防及紧急救援机制。

d.体育赛事和体育训练基地旅游产品

分布地区：自然保护区实验区及周边地区。

开发要求：根据以上各种适宜于在实验区开展的体育运动，组织类型多样的体育赛事，邀请国内、国际知名运动队参加。可以冠名举办新赛事，也可以与有一定知名度的赛事组织联系，为其提供比赛场地。在条件合适的地区，建立专项山地运动训练基地。

3）度假疗养旅游产品

a.森林浴旅游产品

开发资源类型：包括非核心区的原始林、次生森林和人工林。

开发要求：运用原有自然条件，尽量减少人工设施，提供森林环境体验。

b.生态美食旅游产品

开发资源类型：各种野菜、野生食用菌、食用竹类、天麻及鱼类等天然或半天然动植物食用资源。

开发要求：资源的索取与动植物的保护不能有冲突，注重资源的可持续性，采取与农家乐相近的形式，利用独特的美食资源、优美的自然风光和健康的娱乐项目吸引游客。

20.4　环境容量分析

20.4.1　容量测算方法

根据景区的自然性质和开发形态的不同，景区的环境容量计算方法也不同，常用的环境容量测算方法主要有面积容量法、线路容量法、特定项目容量计算法及卡口验算法等。该保护区的三个景区都为未开发或初步开发状态，环境容量根据面积容量法和线路容量法结合计算，无明显线型游览的区域均按面积计算，线型游览区域按线型计算法计算。保护区内开展的旅游主要为郊野公园性质，游人密度和环境影响性应限制在较小的范围内，故面积容量 1500m^2/人、线路容量 20m/人。景区处于中亚热带或北亚热带区，一般可全年开放，综合考虑季节变化影响，设定旅游年接待时间 8 个月(240d)。可得景区年接待游客量(人次)=(非线型游览区容量×周转率＋线型游览区容量×周转率)×240。

20.4.2 景区游客容量

各景区每年接待游客的具体统计如表 20-1 所示。

表 20-1 各景区年接待游客量计算表

景区名称		小草坝景区	罗汉坝景区	三江口景区
非线型游览区	面积(m^2)	8200000	6000000	3000000
	时容量(人次)	5467	4000	2000
	周转率	1	1	1
	日容量(人次)	5467	4000	2000
线型游览区	长度(m)	65000	12000	20000
	时容量(人次)	3250	600	1000
	周转率	1	2	1
	日容量(人次)	3250	1200	1000
日游客量(人次)		8717	5200	3000
年最大接待游客量(人次)		2092080	1248000	720000

注：非线型游览面积根据宜开展旅游项目的区域面积计算，线型游览区根据连接必要景点的线段长度计算，不包含在非线性游览区内。

20.5 环境质量控制

1.旅游环境保护机制建设

1)旅游规划的环保一票否决制度

规划上的失误是造成建设性破坏的祸首，保护区内旅游景区和设施的建设规划，其中的生态环境保护和建设规划部分如若不到位、不科学，缺少指导性、前瞻性和可操作性，要责令其修改完善；对于缺少这方面规划内容的，则不予通过。

2)落实加强旅游环境的监理

环境监理是环境管理的重要内容，是指环境监理机构依据法律、法规、规章授权或受环境保护行政主管部门的委托，依法对辖区内的污染源及其污染物排放情况进行监督，对环境及生态破坏事件进行现场调查取证处置，并参与处理的执法行为。

3) 区内建设和旅游接待设施建设的环境影响评价制度

区内的一切开发建设活动必须遵守国家有关建设项目环境保护的规定和生态影响评价技术规定的要求。

4) “三同时”制度

区内的生态旅游接待设施，其废水、废气、废物的处理设施和防治水土流失、破坏植被、破坏景观的措施必须与主体工程同时设计、同时施工、同时投入使用。

2.完善旅游区内的环境保护基础设施与人员的配备

各景区应根据旅游区环境保护工作的任务，配备专职或兼职环境工作人员，建立、健全相应的管理机构，采取有效措施提高工作人员的业务素质和管理水平。旅游区所在地的环境保护行政主管部门和其他有关部门应加强对旅游区的环境监测工作，及时报告环境状况的发展趋势。

3.旅游环境保护教育

深入开展旅游环境保护的宣传与教育，逐步形成文明旅游、科学旅游、健康旅游的社会氛围。

4.社区参与旅游环境保护

社区参与的旅游环境保护即通过促进参与和利益共享，使周边群众和社区旅游景区的可能破坏者变成共同管理者，把孤立的生态系统变成开放的经济社会生态系统，从而达到长期有效、可持续发展的目的。

20.6　旅游效益分析

1.社会效益

发展生态旅游也为保护区内和周边社区找到一种环境破坏较小的替代产业，有利于减轻保护区的生态压力。同时，使社区能够从保护区受益，从而自发地支持保护区的保护工作。

由于云南省昭通市历来是中原汉文化与云南少数民族文化的交汇地，文化背景既有中原痕迹，又具云南少数民族特色，发展生态旅游可充分挖掘这一内涵，使当地文化得以传承。

2.环境效益

保护区通过生态旅游开发，能够以旅游收益来补充保护区环境保护经费，实现开发与保护的良性互动。在开展生态旅游的同时起到对游客的环境教育作用，让游客增强环境意识和保护意识。

3.经济效益

保护区开展生态旅游，以旅游业的开发收益来推动和支持保护区的保护工作，提高保护区的整体经济实力。保护区目前的旅游收入主要集中于门票收入上，区内拟开发的景区具有开展多种旅游经营，提升开发层次，增加生态旅游收益，提高社区经济水平的巨大潜力。

第六篇

评价与建设

第21章　生物多样性评价

乌蒙山地区位于全球36个生物多样性热点地区——“中国西南山地”的核心区域，在地理位置上处于云贵高原的核心地带；在流域上是长江与金沙江交汇处；在气候区上位于中国东亚季风最西部，同时受西部季风的影响，既不同于东部季风区也不是典型的西部季风区，而具有乌蒙山地区独特的气候特征，形成了本区特殊的生物多样性。在世界生物地理上属于著名的古北界与东洋界和我国西南区与华中地区的交汇过渡地带，表现出复杂的生物地理区系组成与多元化的分布区类型，形成了本区特殊的生物多样性组成和结构，是具有全球意义的生物地理单元。乌蒙山国家级自然保护区分为三大片区，均处于十分独特的地理位置和生物多样性的关键区域，建设好乌蒙山国家级自然保护区、保护好丰富而十分独特的生物多样性，对于保护中国典型的亚热带山地湿性常绿阔叶林生态系统、珍稀濒危特有物种以及维护长江流域的生态安全有不可替代的作用，同时对促进区域经济社会可持续发展等方面具有十分重要的意义。

21.1　自然属性

1.中国亚热带山地湿性常绿阔叶林的典型性代表类型

乌蒙山国家级自然保护区分布的亚热带山地湿性常绿阔叶林是长江中下游流域在东亚季风气候下形成的主要的地带性植被，由于长江中下游属我国经济发达地区，在本区以东的华中至华东地区绝大部分原生湿性常绿阔叶林植被都已被次生化或人工植被所替代，原始的湿性常绿阔叶林仅在中国南方少数几个自然保护区内可见。本区分布的山地湿性常绿阔叶林是乌蒙山国家级自然保护区最主要的森林植被类型，目前保存完好，是中国华中至华东生物地理区亚热带湿性常绿阔叶林的原始群落的典型代表类型，其群落物种组成丰富多样、区系成分复杂、群落结构完整、特征典型，是该类型分布的最西限，也是目前云南和华中长江中下游地区保存最好的湿性常绿阔叶林代表类型。

2.边缘性与深切割山地导致生态的脆弱性

乌蒙山地区属云贵高原的核心地带，地势高耸，并有高大山脉分布，同时地处长江上游与金沙江下游的过渡区域，众多大小支流形成了深切河谷，山高坡陡，地质构造复杂，全区地貌明显受北—北东向的皱褶和断裂带的控制，地形十分破碎，生态稳定性极差。该区在生物地理分区上处于华中区向西南区过渡的位置，是华中区长江流域区系成分向西分布的边缘，同时是西南区喜马拉雅-横断山脉成分扩散分布的东限。因此生物地理的边缘效应突出，不同区系成分的物种在此区的出现均属边缘类群，已不是它们的最适分布区域，而处于乌蒙山地区腹地的乌蒙山国家级自然保护区保存有滇东北不同区系成分和分布型的物种，虽然物种丰富多样，但边缘性决定了每个物种的种群数量都很少，分布范围狭窄，仅存在于一些十分狭窄的生境中，对环境干预十分敏感，一旦被破坏极难恢复，甚至导致物种的消失。另外，由于该保护区外围为中山深切割山地，生态稳定性差，并且在长期自然和人为因素的影响下，周边环境大多已被开发，生态环境极其脆弱，使物种失去了向四周扩散的机会，该保护区成了这些物种生存的“孤岛”。这些物种汇集在“孤岛”上，有不少种类分化成狭域特有种(如筇竹和威信小檗等)在长期失去扩散与迁徙的条件下变得十分敏感和脆弱，因此，边缘效应与孤岛效应的叠加增加了该保护区内物种的脆弱性，加强了保护的必要性和紧迫性。保护好该保护区就等于保护了来自不同区域和区系成分的生物类群，以及不同产地物种种群的遗传资源。

3.特殊的地理区位与过渡性孕育了丰富的多样性

1)物种多样性极其丰富

乌蒙山处于 4 个自然区域特色迥异的结合过渡地带，处于古北界与东洋界的过渡区域和田中线的分界线上，并处于华中区与西南区的过渡地区。因此，保护区及其邻近地区在中国生物地理区域上是一个十分独特的地区，表现为保护区的动植物种类组成丰富，区系成分构成相当复杂。

保护区维管束植物十分丰富，据最新考察结果统计共有 207 科 751 属 2094 种，表现出丰富的植物物种多样性。其种数占整个滇东北地区维管束植物总种数的 75%，其中，分布有野生种子植物 1864 种，隶属于 159 科 640 属，种属比为 2.91；裸子植物 4 科 5 属 5 种，双子叶植物 133 科 504 属 1563 种，单子叶植物 22 科 131 属 296 种；蕨类植物有 48 科 111 属 230 种，分别占全国 63 科 231 属 2600 种的 76.19%、48.05%和 8.85%，种类组成也十分丰富，是中国蕨类植物区系的核心组成部分；大型真菌记载了 243 种，隶属于 2 亚门 5 纲 13 目 39 科 104 属，其中中国新记录种 8 种，云南新分布种 28 种。

乌蒙山国家级自然保护区已记录哺乳动物 92 种，占中国哺乳动物的 15.16%，占云南哺乳动物的 30.07%，在全国自然保护区系统中属于哺乳动物多样性较为丰富的保护区。保护区鸟类十分丰富，共记录了 356 种，占云南全省鸟类总数的 43.95%。保护区共记载了 39 种两栖动物和 54 种爬行动物，分别占云南全省总种数的 32.5%和 31.76%，在我国属于两栖爬行动物较丰富的保护区之一，其中有些物种是在云南的新发现，并形成特殊的居群，分布十分狭窄，破坏后极难恢复，具有很高的保护价值。保护区共记载了鱼类 47 种，分别隶属于 3 目 9 科 39 属，表明了本区鱼类不仅种类组成丰富，而且在属和科级的组成上也较多样化。保护区脊椎动物总种数达到 589 种。此外保护区内昆虫种类也十分丰富，记载了昆虫 9 目 71 科 302 属 423 种，是我国除南部几个热带自然保护区之外昆虫种类多、资源丰富、类群多样化突出的保护区。保护区动植物在种级水平上表现出丰富的物种多样性。

2) 森林生态系统类型丰富，珍稀树种群落分布集中

该保护区的植被类型可以划分为 4 个植被型、5 个植被亚型、19 个群系和 44 个群丛。植被型和植被亚型与云南南部的其他自然保护区相比并不算丰富，但群系和群丛较为多样化，反映了生境类型多样化和物种组成与结构的丰富性。该保护区的珙桐林、水青树林、水青冈林、十齿花林和扇叶槭林等是十分珍稀的保护树种群落，形成了一定规模的单优势群落，且国家级珍稀濒危保护物种分布高度集中，在黄水河的一个湿性常绿阔叶林群落中同时分布了木瓜红、连香树、水青树、珙桐、十齿花、筇竹和天麻 7 种国家级重点保护植物，群落类型丰富性和珍稀保护物种多样性如此集中在一个保护区，这在中国也是罕见的。

4.交汇过渡区域表现出多样性，同时具有高度的敏感性

乌蒙山国家级自然保护区处于自然地理和生物地理区系的交会过渡区域，在植物地理区划上是亚热带北部湿性常绿阔叶林区域和东亚亚热带植物区系东部季风区亚热带常绿阔叶林区域的交会地带，在东西向上正好处在“田中线”的东侧边缘，是东亚东西向两大森林植物区系(中国-喜马拉雅和中国-日本)的交错过渡地区；在动物地理区划上是亚热带华中区和喜马拉雅-横断山脉的西南区的交会过渡地带，使这里成了许多不同区系成分的生物类群的中间过渡区域，同时也是东西南北不同区域或分布型的一些物种向外缘扩散或分布的边缘。相对于其分布的中心区域，边缘地带对于许多生物类群特别是森林动物而言，已经不是栖息繁衍的最佳环境，这些边缘物种的敏感性很强，它们抵御外界干扰和环境变化的能力较弱，一旦保护区遭受干扰和破坏，其退缩或消失的速度较其他物种快得多。

5.珍稀动植物分布集中且稀有性突出

乌蒙山国家级自然保护区珍稀植物分布较为集中，保护区内的国家重点保护植物珙桐、水青树、十齿花、木瓜红、连香树、筇竹和天麻等仅在中国西南地区有分布，该保护区也是我国珙桐的主要分布区之一。

保护区内有国家重点保护野生植物 13 种，云南省级重点保护植物 6 种，《中国物种红色名录》保护物种 67 种，CITES 附录物种 19 种。

保护区分布有哺乳类国家重点保护物种和 CITES 附录Ⅰ、附录Ⅱ保护物种 23 种，占中国国家重点保护野生哺乳动物总种数(150 种)的 15.33%。其中，国家Ⅰ级重点保护动物有金钱豹、云豹和林麝 3 种；国家Ⅱ级重点保护动物 16 种，云南省Ⅱ级重点保护动物 1 种。

鸟类有国家Ⅰ级重点保护鸟类 4 种，即黑鹳、四川山鹧鸪、白冠长尾雉、黑颈鹤；国家Ⅱ级重点保护鸟类 30 种。

两栖爬行动物中有国家Ⅱ级重点保护动物 2 种，即大鲵和贵州疣螈；云南省级重点保护动物 3 种，即舟山眼镜蛇、孟加拉眼镜蛇和眼镜王蛇，该 3 种眼镜蛇属典型的热带爬行类，过去只见于云南南部热带地区，2006 年在保护区考察发现其新的分布，反映了乌蒙山与滇南地区的联系和过渡性特征；分布有云南省有经济价值的两栖爬行动物物种

5 种，即平胸龟、鳖、王锦蛇、黑眉锦蛇和乌梢蛇；列入《濒危野生动植物物种国际贸易公约》附录II的物种 3 种。

鱼类中胭脂鱼被列为国家II级重点保护动物和易危物种，白缘鉠被列为濒危鱼类。以上保护物种有极高的保护价值，是保护区重要的珍稀保护对象。

6.生物地理区域上的独特性导致本区生物类群丰富的特有性

在全球自然保护区体系的保护对象中，除国家重点保护的珍稀濒危野生动物物种外，特有类群的多少是显示保护区保护价值和地位高低的重要指标之一。特有类群越多，特有的分类阶元越高，其分布的地区越狭窄，受威胁的程度越大，保护的地位越高，保护的价值和意义也就越大。

乌蒙山地区处于云贵高原十分特殊的自然地理的交错过渡区域，气候条件既不同于邻近的四川盆地和贵州喀斯特山原，也不同于云南高原及其他地区，加之地形条件复杂，生境多样化，分化了不少稀有或特有类群，使乌蒙山国家级自然保护区的狭域特有植物种类非常丰富，有威信小檗 *Berberis weixinensis*、龙溪紫堇 *Corydalis longkiensis*、大叶梅花草 *Parnassia monochorifolia* 等 28 种之多，占整个中国特有成分的 2.63%，是云南省特有种最多的保护区之一，显示出该保护区的独特性。该保护区分布有中国特有种 1063 种，是保护区区系的主要组成成分，占总种数的 57.03%，如此多的特有成分显示出保护区的重要性。

乌蒙山国家级自然保护区的种子植物特有类群相当丰富，不同分类阶元都具有明显的特点：科级特有均为单型科，属于国家重点保护的珍稀濒危植物；属级特有包括了各种分布区类型，多样性十分突出；而种级特有的数量，比例高，成为保护区种子植物区系组成的主体，如中国特有种 1603 种，占总种数的 57.03%。其中有云南特有种 153 种，占总种数的 8.2%；保护区特有种 28 种，占当地总种数的 1.5%，占整个中国特有成分的 2.63%，是我国特有种最多的自然保护区之一，显示了乌蒙山地区的独特性。

乌蒙山地区处于横断山区最东部的边缘，东喜马拉雅-横断山区特有和横断山区特有类群较为丰富，哺乳动物除乌蒙山特有的亚种即昭通绒鼠指名亚种、滇绒鼠指名亚种和本团队 2006 年发表的赤腹松鼠昭通新亚种(*Callosciurus erythraeus zhaotongensis* Li et Wang，2006)外，中国特有或地区特有种在保护区也相当丰富。东喜马拉雅-横断山区特有科有小熊猫科；亚科有鼩鼹亚科 Uropsilinae；特有属有鼩猬属、长吻鼩鼹属、长吻鼹属、白尾鼹属、缺齿鼩鼱属、小熊猫属、毛冠鹿属、岩松鼠属和复齿鼯鼠属 9 属；南中国和喜马拉雅-横断山区的特有种有 32 种，占全区总种数的 34.41%，这些特有类群是该保护区重要的保护对象，也是衡量该保护区的重要价值的指标。因此，该保护区特有属、种多而比例较高，超过西双版纳国家级自然保护区、黄连山国家级自然保护区、金平分水岭国家级自然保护区、文山国家级自然保护区等云南许多重要的国家级和省级保护区，是中国的自然保护区系统中特有属、种多而比例最高的保护区之一，这是该保护区的另一个重要特征。

在中国除滇西北、滇东南-桂西和鄂西南-川东北三大植物特有中心外，乌蒙山国家级自然保护区是罕见的另一个特有分布中心，亦是中国现有保护区中特有物种比例最高的保护区之一，而且特有类群的数量和比例均不亚于中国三大特有中心，充分反映了乌蒙山在我国乃至世界生物地理上的特殊性与重要性。

7.相对乌蒙山其他地区，保护区保持了最好的自然性

由于历史原因，乌蒙山地区的人口密度很大，许多地带过度开发，植被与生态系统受到很大程度的破坏，并造成了许多生态灾害，为此当地政府和群众已经充分认识到自然生态保护的极端重要性与重大意义，高度重视自然生态与生物多样性保护工作，在最近十几年加大了对天然植被和重要生态系统的保护力度，特别是对保护区的天然植被实施了重点保护。目前已建立的保护区的区域地处边远地区，多年来实施保护工作，已经建立起较完备的管理体系和社区共管机制，保护成效显著。乌蒙山国家级自然保护区的片区虽然较分散，但原生性与自然性保持良好，自然特征明显，天然林覆盖率达 94.20%，野生植物物种分布密度达 8.0 种/km^2。保护区内的自然植被保存完好，是我国西南山地、长江中上游至华中生物地理区具有代表性的自然性保持最好的天然森林植被类型。

8.保存了生物地理区系起源的古老性

生物地理区系的古老性和特有性与保护区特殊的地质历史演变紧密相关，乌蒙山国家级自然保护区自新生代古近纪以来，古地理环境相对稳定，特别是新近纪中新世新构造运动对该区域没有产生巨大冲击，也没有受特提斯海消退、洋盆闭合后气候变干的直接影响，更没有受第四纪更新世冰盖所波及，因而源于中生代的植物区系在进入新生代后没有发生较大的动荡，一些起源于中生代白垩纪及其以前的古热带和东亚亚热带古老的植物区系成分在这里得以长期保存繁衍；另一些在中生代晚二叠纪至中三叠纪印支运动后，由滨太平洋地区成陆的中南半岛向北延伸的石灰岩山地古老植物得到长期特化发展。到新生代从古近纪中新世开始到第四纪全新世随青藏高原的抬升，加剧了印度洋孟加拉湾西南季风、太平洋北部湾东南热带季风和东亚亚热带季风环流强度，使乌蒙山地区深受三大季风暖湿气流的泽惠，虽纬度相对云南其他地区偏高，热量条件有所下降，但四季湿度都很大，不同于云南绝大部分地区干湿季分明的气候特征。这种终年高湿多雾，夏暖冬凉的气候使得乌蒙山地区目前仍保存着相当多的自中生代石炭纪的桫椤到新生代的新近纪残遗的水青树、珙桐和十齿花等许多孑遗古老植物科属，而且这些古老类群在保护区单位面积的个体分布数量及分布密度远高于它们在该保护区以外的其他分布地点。保护区古老、特有的另一特点表现在数量较多的单型科、少型科、少型属、单种属上，更加充分地显示了保护区生物地理区系起源的古老性。

保护区森林植被的古老性提供了特有的栖息环境和食源条件，借此而栖息繁衍形成了以森林为依存的较古老的森林动物，如两栖类的大鲵、贵州疣螈、峨眉髭蟾、黑点树蛙和红点齿蟾等，爬行类的四川龙蜥、中国小头蛇、平鳞钝头蛇、原矛头蝮等蜥蜴类和蛇类，以及兽类中的藏酋猴、小熊猫、北树鼩和鼯鼠类等树栖性动物。保护区动物组成上以森林动物和树栖性动物为主，也反映了其古老性特征。

乌蒙山具有如此高比例、多种属的生物特有性和古老性，在动植物区系起源的研究和生物地理区划中有着重要的意义与不可替代的地位。

21.2 科学价值与社会经济价值

21.2.1 科学价值

1.有极高的科学研究价值

乌蒙山地区在中国植物地理区划上是亚热带北部湿性常绿阔叶林区域和东亚亚热带植物区系东部季风区亚热带常绿阔叶林区域的交会地带，在动物地理区划上是亚热带华中区与喜马拉雅-横断山脉的西南区的交会过渡地带。生物地理的这种边缘性和过渡性使该保护区汇集了丰富的生物类群及复杂的区系成分与分布类型，以及丰富的从中生代石炭纪至新生代古近纪的残遗的古老植物科属和许多孑遗植物种类，以及数量较多的单型科、少型科、少型属、单种属的珍稀特有植物，保护好这一生物生存的大环境及其丰富的生物物种和珍稀特有类群，对研究生物进化及种子植物起源有着重要的理论意义和极高的科学价值。

2.动植物种类丰富，珍稀保护物种分布集中

保护区维管束植物丰富，共有 2094 种，占整个滇东北地区维管束植物总种数的 75%；同时有大型真菌 243 种，其中中国新记录种 8 种，云南新分布种 28 种，表现出了丰富的植物物种多样性。

保护区有哺乳动物 92 种，占中国哺乳动物种数的 15.16%，占云南种数的 30.07%，在云南乃至全国的自然保护区系统中，哺乳动物多样性较为丰富；保护区及邻近区域共记录了鸟类 356 种，两栖类 39 种，爬行类 54 种，鱼类 47 种，脊椎动物 589 种，昆虫 423 种。保护区动物种数在云南北部的亚热带保护区中属于最丰富的。

保护区不仅物种多样性十分丰富，而且珍稀保护物种分布集中，在我国和云南自然保护区中均比较突出。这些珍稀保护物种有极高的科学研究价值，是保护区重要的保护对象。

3.在动植物区系起源的研究和生物地理区划方面有着重要意义与不可替代的地位

保护区特有类群相当丰富，特别是种级特有的数量很大、比例相当高，成为其种子植物区系组成的主体。中国特有种占总种数的 57%，其中有云南特有种 153 种，占总种数的 8.2%；保护区特有种 28 种，是云南省和我国特有种最多的自然保护区之一。如此多的特有成分充分显示了本区在生物地理上的特殊性与重要性，对研究植物区系的起源和演化有十分重要的科学价值。

4.是研究乌蒙山植物区系起源和演化的重要地区

乌蒙山地区目前仍保存着相当多的自中生代石炭纪到新生代古近纪残遗的孑遗古老

植物科属，而且这些古老类群在保护区单位面积的个体分布数量远高于它们在该保护区以外的其他分布地点，且单型科、少型科、少型属、单种属数量较多，充分地显示了该保护区生物地理区系起源的古老性与科学研究价值。

5.是研究我国的亚热带山地湿性常绿阔叶林的理想地

保护区分布的湿性常绿阔叶林是最主要的森林植被类型，目前保存完好，是我国华中至华东生物地理区湿性常绿阔叶林的原始群落的典型代表类型，其群落物种组成丰富多样，区系成分复杂，群落结构完整，特征典型，是该类型分布的最西限，也是目前云南和华中长江中下游地区保存最好的亚热带山地湿性常绿阔叶林的典型性代表类型。对于研究长江流域亚热带湿性常绿阔叶林的结构组成和生态功能有重要的科学价值。

6.森林植被类型丰富，珍稀保护树种群落分布集中

保护区的植被类型较为丰富和多样化，有 4 个植被型、5 个植被亚型、19 个群系和 44 个群丛，群系和群丛较为多样化。同时在保护区植被类型中分布着珙桐林、水青树林、木瓜红林、水青冈林、十齿花林等十分珍稀的保护树种群落，保护树种分布如此集中并形成一定规模的单优群落，这在我国保护区中也是罕见的，有极高的科学研究和保护价值。

7.我国唯一保存的野生毛竹原产地和筇竹分布中心

保护区至今有 200hm^2 野生毛竹林受到严格保护，保存着丰富的野生毛竹遗传资源。保护区还是我国特有珍稀竹种——筇竹的分布中心，其天然毛竹林无疑在毛竹的生物学、生态学、遗传学等方面具有重要的研究价值，也是毛竹优良品种培育中重要的遗传种质资源，具有极高的保护与研究价值。

8.是我国天麻的原产地和天麻横式标本的采集地

20 世纪 30 年代，英国传教士第一次在现保护区朝天马片区小草坝采到天麻的标本，并送到英国定名发表，使小草坝成为天麻模式标本产地。小草坝是我国天麻的原产地，保存了 4 个天麻品种中的 3 个。

9.哺乳类和鸟类有较高的研究与保护价值

保护区是一个哺乳动物种类丰富和分布类型较多，特有属种以南中国分布型鸟兽为主体，具有西南山地森林动物特色的自然保护地，在中国中西部地区鸟兽的系统分类与地理分布方面有很高的科学研究价值。

保护区是许多哺乳动物分布的边缘地带，由于边缘效应产生的物种脆弱性和对生境的敏感性很高，对研究动物与环境的关系具有很高的价值。同时这一地区是我国中部动物地理区划中西南区和华中区的分野地带，又是长江南北哺乳动物的汇集地带之一，多数边缘分布的种类数量极少，极易绝灭，这在物种保护研究中是十分难得的区域保护区的高原湿地，还是我国特产鸟类、世界珍稀濒危物种黑颈鹤和黑鹳等鸟类的重要迁徙停

歇地与越冬栖息地，同时为我国特有的鸟类栖息地保护提供了重要条件。

由于保护区偏处云南东北角，历史上是云南通向内地的主要通道，大部分地区已被开发，长期以来并没有引起多数生物学家足够的重视，而以往的一些零星调查缺乏系统性和深度，与云南其他自然保护区相比基本上属于信息空白区。本次多学科综合考察，首次全面系统地进行了地理学、生物学、生态学、保护生物学、环境学、民族历史文化和社会经济的调查研究，在获得重要的本底数据的基础上，各个研究领域都有许多重要发现，特别在动植物调查研究方面取得了许多突破性的进展，几乎考察的所有成果都是首次公开，这些重大发现在很大程度上改变了以往对乌蒙山地区的观念和认识，大大提升了保护区的保护价值和科学研究地位。由于本次考察受时间和其他因素所限，尚有许多方面的调查研究还远远不够，在许多科学问题上还有不可估量的价值和重要意义，特别是乌蒙山国家级自然保护区处于长江中上游的战略地位，对于研究我国金沙江-长江南岸生物多样性保护与生物走廊带的连通性和整体性、长江中下游生态安全、以及流域内经济社会可持续发展等方面与保护区的关系等许多问题还值得进一步深入研究，足见保护区在科学研究和保护地位方面的重要价值。

21.2.2 生物多样性具有生态经济和社会价值

1.对乌蒙山区发挥着不可替代的生态功能

保护区内森林茂密，母质主要为玄武岩、砂页岩、石灰岩和变质岩，但周边以石灰岩为主，石灰岩比例占昭通市总面积的 40%左右，而在保护区周边的山地中下部多为农田、村庄，生产和生活用水都来源于保护区内蓊郁的森林，乌蒙山区人民生活和农业生产用水全靠保护区涵养其水源。目前乌蒙山地区在保护区以外的天然植被破坏较为严重，石漠化还在加剧，保护区保存良好的森林植被和自然生态系统显得尤其重要，它不仅保护生物多样性，同时调节当地的气候，净化空气，涵养水源，维护整个乌蒙山地区的生态安全，为乌蒙山区提供着经济、社会可持续发展必不可少的资源基础与环境条件，足见保护区的自然资源与生态环境有着极其重要的社会价值、生态价值和不可替代的生态功能，其意义十分重大。特别是在滇东北地区，在保护区以外的生态环境破坏严重的形势下，保护区发挥的生态服务功能远远高于其他地区，提高保护地位，加强保护力度显得尤为重要。

2.是长江流域重要的生态屏障

保护区处于金沙江下游和长江中上游的接合部，60 余条一、二级支流包括木杆河、横江、洛泽河、高桥河和白水江等多发源于保护区或流经保护区，河流总长 718km，流域面积达 22897km^2，在保护区及其周边形成密布的河网水系，这些河网水系最后都汇集到金沙江。保护区的森林植被、完整的生态系统及生态系统服务对金沙江下游乃至整个长江流域的水文气象与生态安全发挥着重要的生态屏障功能和作用，国家和云南省根据昭通市所处长江中上游重要的地理位置，在全国和云南省生态功能区划分时将昭通-乌蒙山地区列为长江流域重要的生态屏障区，而能够发挥主要生态系统服务的生态系统主要分布在保护区内，保护区的建设管理是构建长江流域游生态屏障的重要组成部分。因此，乌蒙山国家级自然保护区不仅在保护我国典型的亚热带湿性常绿阔叶林生态系统及其珍稀濒危特有物种方面有着重要意义，同时在维护长江流域的生态安全和促进区域经济社会可持续发展中也同样具有不可替代的功能与地位。

3.丰富的资源植物是周边社区地方经济发展的重要基础

保护区保存了乌蒙山区 80%的天然森林生物资源，这些资源是保护区的主要保护对象，也是当地社区经济发展的重要资源基础。保护区资源植物种类繁多、类别齐全，在 207 科 751 属 2094 种维管束植物中，有超过 70%是人类现在可以利用的资源植物。通过分析发现，保护区内的资源植物很多种类的蕴藏量非常大，种质资源特别丰富。调查结果和文献资料显示，保护区资源植物有 100 余科 800 多种，具有特殊资源利用价值的植物种类繁多，其中包括野生可食植物、药用植物、油脂植物、有毒植物、鞣料植物、蜜源植物、淀粉植物和糖类植物、木材及纤维植物、观赏植物等。《生物多样性公约》明确指出“资源有效保护的途径包括对保护对象的可持续利用”。对分布在保护区试验区内具有丰富的高价值经济植物资源，应在保护的前提下积极开展引种培育与开发利用，如保护区内最具代表性的就是有丰富的野生猕猴桃、刺梨等高价值野生水果资源，它们都是十分重要的野生高价值水果及人类必需的维生素和微量元素类植物资源，具有很高的开发利用价值。保护并科学合理利用这些高价值资源都是为了人类的利益，从而达到服务人类的目的，保护则是为了更长久和更有效地利用这些高价值野生植物资源。

4.优美的自然景观是发展生态旅游、实现社区参与共管的最佳模式和发展途径

保护区旅游资源较为丰富，类型多样化，主要的景观类型有山地景观、水域景观、生物景观和人文景观，但目前尚未规划和开发。在保护优先的前提下，可以在实验区适度规划发展生态旅游，并强调社区参与，这是今后的保护区与社区参与共建共管模式中以资源非消耗性利用的方式发展社区经济的主要途径之一，对促进社区与保护区的和谐共赢有十分积极的意义，并对拉动地方经济发展有巨大的潜力。

5.丰富的生物多样性是保护、传承和弘扬民族传统文化的重要条件

在云南多民族的山地，民族文化的多元性源于当地环境与生物的多样性，乌蒙山区多样化的民族传统文化的保护实践与保护区丰富的生物多样性有着密不可分的联系，彼此相互依存而不可分割。要保护、传承和弘扬优秀的传统文化，首先必须保护好当地的生物多样性，在保护生物多样性的同时，也必须保护好优秀的传统文化和可持续利用生物资源，保护好生物多样性是保护民族传统文化的重要条件，保护和弘扬优秀的传统文化是有效保护生物多样性的重要途径，因此二者的保护都具有同等重要的意义。

第22章　建设与保护管理

按云南省综合自然区划的分区系统，保护区处在亚热带东部地带(Ⅳ)的滇东北中山山原河谷地区(ⅣA)的滇东北边沿中山河谷区(ⅣA1)，与东面的镇雄高原中山区(ⅣA2)、南面的昭通、宣威山地高原区(IIIB4)相邻，西面及北面与四川省接壤。

22.1　保护区类型和主要保护对象

22.1.1　保护区类型

亚热带山地湿性常绿阔叶林是乌蒙山地区的原生植被类型。其与滇中高原亚热带的地带性植被半湿润常绿阔叶林有较大的差别，却与四川盆地边缘山地的湿性常绿阔叶林十分接近，是川、滇交界的原生阔叶林植被的过渡型。

因此，保护区是以保护长江上游、金沙江下游流域的中山湿性常绿阔叶林为主，并以保护栖息于其中的珍稀濒危动植物及狭域特有分布的物种、群落为主要目的森林生态系统类型的自然保护区。

22.1.2　主要保护对象

保护区的主要保护对象如下。

1)保护森林生态系统

乌蒙山地区地处长江上游、金沙江下游，金沙江在境内流程达 458km。而整个昭通市水土流失面积达 8857.88km^2，占土地面积的 39.1%，是长江上游水土流失的重灾区。全市山地面积广，海拔高，陡坡耕地多，生态环境脆弱，自然灾害时有发生。

因此，保护区地理位置十分重要，切实加大乌蒙山国家级自然保护区保护力度，保护乌蒙山独特的生物资源和森林生态系统，使其充分发挥森林的多种效益，对于保护和改善长江中下游的生态环境，促进当地生态环境保护和经济社会发展将起到十分重要的作用。

2)保护国家级珍稀濒危保护植物

根据科学考察报告，保护区有野生种子植物 1864 种(含亚种、变种等种下等级)，隶属于 159 科 640 属。其中，裸子植物 4 科 5 属 5 种，双子叶植物 133 科 504 属 1563 种，单子叶植物 22 科 131 属 296 种。蕨类植物种类组成也十分丰富，有 48 科 111 属 230 种，是中国蕨类植物区系的重要组成部分。

保护区共有国家重点保护野生植物 13 种，隶属于 10 科 11 属，其中蕨类植物 2 科 3 属 5 种，裸子植物 2 科 2 属 2 种，被子植物 6 科 6 属 6 种。这 13 种占国家重点保护野生植物(253 种)的 5.14%。按保护级别划分，其中属于国家Ⅱ级重点保护的有 11 种。

保护区具有国家珍稀濒危保护植物 12 种，隶属于 12 科 12 属，其中裸子植物 2 科 2 属 2 种，蕨类有 1 科 1 属 1 种，被子植物 9 科 9 属 9 种；被子植物中，双子叶 7 科 7 属 7 种，单子叶植物 2 科 2 属 2 种。这 12 种国家珍稀濒危保护植物中，Ⅰ级保护植物有 2 种，即珙桐、桫椤，占国家 8 种Ⅰ级保护植物的 25%，占云南省 4 种国家Ⅰ级保护植物的 50%；Ⅱ级保护植物有 5 种，占国家 159 种Ⅱ级保护植物的 3.14%，占云南省 61 种国家Ⅱ级保护植物的 8.20%；Ⅲ级保护植物有 5 种，占国家 222 种Ⅲ级保护植物的 2.25%，占云南省 91 种国家Ⅲ保护植物的 5.49%。

在保护区的海子坪片区保存有 200 多公顷毛竹原始林，是目前国内保护最好、最古老的原始毛竹林，是我国毛竹分布区的西部边缘地带，对研究毛竹的发生发展及分布规律有重要价值。

3)保护珍稀濒危动物

在保护区的国家、云南省和 CITES 重点保护哺乳动物中，许多是濒危种、边缘分布种和中国特有种(藏酋猴)，在本地区数量已经非常稀少或近乎绝迹，特别需要保护。

保护区保存了国内外(中国和 CITES)的重点保护野生哺乳动物 23 种，约占中国国家重点保护野生哺乳动物动物总种数(150 种)的 15.33%。有国家Ⅰ级重点保护野生哺乳动物金钱豹 *Panthera pardus*、云豹 *Neofelis nebulosa* 和林麝 *Moschus berezovskii* 3 种。其中，所有麝类在 1989 年公布的国家重点保护野生哺乳动物中被列为国家Ⅱ级重点保护野生哺乳动物，但因被过度利用，资源数量急剧减少，国务院已于 2003 年批准把它们从国家级Ⅱ级重点保护升格为国家Ⅰ级重点保护，林麝是其中之一；国家Ⅱ级重点保护野生哺乳动物有黑熊 *Selenarctos thibetanus*、小熊猫 *Ailurus fulgens*、水獭 *Lutra lutra*、金猫 *Catopuma temmincki*、中华鬣羚 *Capricornis milneedwardsii*、川西斑羚 *Naemorhedus griseus*、穿山甲 *Manis pentadactyla*、水鹿 *Cervus unicolor*、猕猴 *Macaca mulatta*、藏酋猴 *Macaca thibetana* 等 16 种。

保护区所在的滇东北乌蒙山地区的高原湿地，是我国特产鸟类、世界珍稀濒危物种黑颈鹤和黑鹳等鸟类的重要迁徙停歇地与越冬栖息地，在云南省的鸟类区系成分中具有特殊的地位，为该地区我国特有的鸟类(如黑颈鹤、四川山鹧鸪、灰胸薮鹛等种类)的栖息地保护提供了有利条件。

在该地区所录的 356 种鸟类中，属于国家Ⅰ级重点保护的种类有 4 种；属国家Ⅱ级重点保护的种类有 30 种。属国家Ⅰ级重点保护的种类有黑鹳 *Ciconia nigra*、四川山鹧鸪 *Arborophila rufipectus*、白冠长尾雉 *Syrmaticus reevesii*、黑颈鹤 *Grus nigricollis* 等。属国家Ⅱ级重点保护的主要鸟类有白琵鹭 *Platalea leucorodia*、凤头蜂鹰 *Pernis ptilorhynchus orientalis* 等。

4)保护我国唯一天然分布的毛竹林群落及野生毛竹遗传种质资源，保护我国优质天麻的原生地和天麻模式标本产地

这里保存了天麻 4 个品种中的 3 个。2004 年，国家质量监督检验检疫总局批准对昭通天麻实施原产地域保护。

5)保护云贵高原湿地的代表类型

保护云贵高原湿地的代表类型即高山沼泽化草甸湿地生态系统，其是乌蒙山地区独特的植被群落类型和生物地理景观。

22.2 建设及管理现状

1.保护区的划建

乌蒙山国家级自然保护区的各片区都是昭通市生态最为稳定、物种最为丰富的区域，从 20 世纪 50 年代起，这些区域就被划定为不同级别的国有林场或劳改农场。

1984 年 4 月，云南省人民政府以“云政函〔1984〕36 号”文件批准建立海子坪、三江口等省级自然保护区。

1998 年 6 月，云南省人民政府以“云政复〔1998〕34 号”文件同意将朝天马自然保护区列为省级自然保护区。

2003 年 5 月，昭通市人民政府以“昭政发〔2003〕61 号”文件批准成立包括小岩方、罗汉坝等 9 处市级自然保护区。

自 2006 年起，为了使地域上相对邻近、保护价值特殊而又不可替代的海子坪、三江口、朝天马三个省级自然保护区和与之相连的小岩方、罗汉坝两个市级自然保护区得到有效保护，并使保护区的信息能够相互交流、相互影响，减少边缘效应与“孤岛”效应，昭通市人民政府决定将三个省级自然保护区和两个市级自然保护区统一管理，合并申报建立乌蒙山省级自然保护区；2012 年 2 月，云南省人民政府以“云政复〔2012〕11 号”文件批准建立乌蒙山省级自然保护区。

2013 年 12 月 25 日，国务院办公厅以《关于公布山西灵空山等 23 处新建国家级自然保护区名单的通知》(国办发〔2013〕111 号)，批准建立云南乌蒙山国家级自然保护区，保护区由朝天马、三江口、海子坪三个片区组成，总面积 26186.65hm^2，其中核心区 10491.46hm^2、缓冲区 4434.77hm^2、实验区 11260.42hm^2。

2.管理机构及人员配置

2014 年 12 月，昭通市机构编制委员会以“昭市编〔2014〕64 号”文件批准同意成立云南乌蒙山国家级自然保护区管理局，为昭通市林业局下属相当于正科级财政全额预算事业单位，核定人员编制 15 名。

2015 年 12 月，云南省机构编制委员会以“云编〔2015〕51 号”文件批准设立云南乌蒙山国家级自然保护区管护局，为正处级事业单位，核定事业编制 62 名，其中局长 1 名(正处级)，副局长 3 名(副处级)。

云南乌蒙山国家级自然保护区管护局为相当于正处级的财政全额预算公益一类事业单位，核定人员编制 62 名，4 名处级领导班子(1 正 3 副)已配备到位，设置局机关办公室、资源保护科、科普宣教科、社区管理科、生态旅游管理科 5 个职能科室和 1 个科学研究所，以及小草坝、朝天马、牛角岩、钟鸣、罗汉坝、三江口、麻风湾、细沙、团结、海子坪、大河坝等 11 个管护站。

3.管理现状

当前，乌蒙山国家级自然保护区采取保护区管护机构与国有林场共同管理的模式，具体的管理情况如下。

(1)朝天马片区总面积 15004.06hm^2，以保护山地湿性常绿阔叶林生态系统、天麻原产地和由珍稀濒危树种为优势组成的珙桐林、水青树林、十齿花林群落以及奇特的地理景观为主，由昭通市小草坝国有林场和大关县国有林场负责管理，现有管理人员 66 人、护林员 73 人。

(2)三江口片区总面积为 8386.98hm^2，以保护山地湿性常绿阔叶林生态系统和由珍稀濒危树种组成的珙桐林、水青树林、十齿花林、筇竹林群落为主，由昭通市三江口国有林场和永善县国有五莲峰林场负责管理，现有管理人员 28 人、护林员 23 人。

(3)海子坪片区总面积 2795.61hm^2，以保护天然毛竹林、水竹林、筇竹林和小熊猫等野生动植物为主，目前由原海子坪省级自然保护区管理局负责该片区的管理工作，现有原海子坪省级自然保护区管理局在职在编人员 11 人、护林员 12 人。

4.基础设施

云南乌蒙山国家级自然保护区管护局各片区国有林场和原省级自然保护区的办公、管护设施大部分年久失修，已经成为危房，经多次修缮一直使用；加之各片区界桩、界碑、宣传碑(牌)等设施尚未完善，护林防火巡护道路密度低，在保护区的大部分区域没有全覆盖，而且现有道路大多数是简易公路，年久失修，无法通车，部分区域没有通电，也没有通信网络覆盖，与外界联系十分困难，森林资源监测、科研宣教、社区共管共建等工作无法开展，资源保护和管理工作基本停留在看护的水平上。

22.3　管理措施及成效评价

22.3.1　管理措施

多年来，保护区管护局与县林业部门的资源林政管理人员、保护区管理所(站)专职人员和乡(镇)护林员进行护林防火宣传及有关法律法规宣传，护林员巡山护林，发现可疑人员责令其退出自然保护区，发现破坏森林资源的案件及时报告保护区相关部门、乡镇林业站、林业派出所或县(区)林业局、森林公安分局，由县、乡(镇)两级林业部门的林政执法人员或森林公安干警对案件进行查处，保护区的生态系统和生物多样性得到了有效的保护。

1)加强巡护管理

保护区各级管理人员认真学习相关法律法规及政策文件，并学习保护区管护局的有关规定。在完善个人法律素养的同时，加大了相关法律法规的学习宣传力度，提高了保护区及周边群众的保护意识，使保护区广大干部职工及护林员增强了责任感。保护区各片区认真分析研究辖区社会治安形势，制定工作方案，精心组织，狠抓落实，强化管控，严厉打击各种破坏自然资源的违法犯罪活动。此外，保护区工作人员加大了巡山护林力度，加大了砍伐、放牧、狩猎、捕捞、采药、开垦、烧荒、开矿、采石、挖沙等违规违法行为的查处力度。保护区建立至今仅发生少数林木盗伐案及捕杀野生动物案，未发生过重大森林火灾，也未发生破坏保护区资源的重特大案件。

2)鼓励群众参与社区共管

保护区针对各片区森林保护的需要和社区居民的生产生活实际情况，各县乡镇政府在保护区周边地区实施了一系列的“山、水、林、田、路”综合治理规划，科学调整土地结构，合理发展经济作物，增加社区群众的收入，提高生活水平。在实行“两山”收归集体管护之后，为了缓解砍伐薪柴对保护区产生的压力，政府加强了保护区及周边社区的能源建设，提供基本建设基金和技术支持，帮助村民发展节柴灶、沼气及太阳能等清洁能源。同时，在保护区周边的自然村实行由政府统一规划，实施易地搬迁，以减缓社区居民对保护区的干扰、破坏。

通过在当地聘用身体健康、思想进步且在群众中有一定威信的护林员，具体负责保护区的管护工作，对保护区的资源管护起到极为重要的作用。各级保护区管理机构牢固树立“保护生态环境就是保护人类自己的家园”的理念，以建设和管理好保护区为己任，采取了一系列的措施，以加强对保护区资源的管理。

积极协调保护区与四川相邻县市、昭通市各县市区各级政府部门、村民之间的关系，争取地方政府及群众对保护区保护管理工作的支持。

3)加强天然竹林资源的保护

自保护区建立以来，坚持对毛竹、方竹、筇竹等天然竹林资源的保护工作，特别是对天然毛竹林进行重点保护。每年 3～5 月的发笋季节，保护区投入全部人力、物力，全天候进行巡护，吃住不离山，直至新笋成林为止。通过保护区干部职工的辛勤努力，保护区内资源得到了有效的保护，各类型植物群落均能以其自然演替规律生长繁衍，特别是区内天然毛竹林资源生长优势明显，面积逐年增大。

4) 实行移民搬迁

针对三江口片区周边农民毁林开荒时有发生的情况，管理部门积极配合永善县政府采取积极有效的措施，鼓励保护区周边群众搬迁，并对永善县细沙乡石坪村实行易地搬迁安置，有效制止了森林资源破坏行为。

5) 开展科研监测

国内外科研工作者已经对乌蒙山地区的生物资源进行了大量的科学考察工作，采集到了大量的动植物标本，出版或撰写了诸多报告，如《海子坪自然保护区调查规划报告》《三江口自然保护区调查规划报告》《云南省朝天马自然保护区生物及景观资源考察报告》《云南乌蒙山自然保护区综合考察报告》等，为保护区的科研建设奠定了基础。特别是 2015 年 11 月，云南省科学技术协会在昭通召开的以“谋划乌蒙山片区区跨越发展，促进长江经济带建设”为主题的年会上，云南省生态学会组织了“乌蒙山国家级自然保护区的管理和发展”专题论坛，为保护区的保护与发展提供了重要的意见和建议。但由于保护区基础设施建设较为落后，技术及科研人员紧缺，与国内外有关科研机构或保护组织的交流不够，缺少外部科研项目的支持，至今还未建立固定样地和科研观测站点，科研与监测活动深度不够，科研工作相对滞后。

22.3.2　保护管理成效评价

1) 各级政府高度重视

保护区建立以来，保护区管护局、当地政府以及主管部门高度重视保护区的管理和发展，采取多种措施，积极做好保护管理工作。昭通市人民政府办公室下发了《昭通市人民政府办公室关于封山禁采筇竹笋的通知》《昭通市人民政府办公室关于做好乌蒙山国家级自然保护区管理有关工作的通知》等文件，加强了自然保护区资源管理。永善县政府积极做好保护区周边社区农民的思想政治工作，采取易地安置的办法，积极疏导农民搬迁，这对森林植被恢复、森林资源有效保护起到了重要的作用。保护区管理局、各片区管理人员和森林公安干警对保护区附近农民进行了相关政策法规的宣传教育。通过系列宣传活动，把生态环境知识、生物知识传授给社区群众，增强其环保意识、生态意识。尤其针对前来参观考察的青少年及其他游客发放《森林防火户主通知书》；在保护区明显地物点书写宣传、警示标语；在各管护站设立了永久性宣传碑；制定了《三江口自然保护区巡护管理目标责任制》《永善县五莲峰、小岩方市级自然保护区管理办法》《彝良海子坪省级自然保护区管理局内部管理规定》《海子坪保护区巡护人员岗位目标责任》《海子坪派出所干警岗位目标责任制度》《海子坪保护区管理人员岗位目标责任制度》等规章制度；开展了野生竹笋保护暨森林防火专项行动、打击乱捕滥猎野生陆生动物和偷砍盗伐乱采滥挖珍贵野生植物专项治理行动等。采取打击与教育相结合的综合治理措施，有效制止了偷砍盗伐、乱采滥挖珍贵野生植物和乱捕滥猎陆生野生动物的违法行为，使保护区的生态系统和生物多样性得到了有效保护。

2) 宣传工作得到加强

保护区管理机构通过设置宣传标牌，印制发放野生动植物保护的相关法律法规宣传册、日历画等资料，利用广播、电视、录像、幻灯片、图片、标语等对保护区及周边社区群众进行宣传，社区群众的生态保护意识有了很大提高，各级政府和周边社区群众都支持保护区的管理工作，积极配合职能部门做好对森林防火和生物资源的保护。

3) 科研监测有序开展

保护区管护局和各片区管理部门通过与省内外大专院校、科研单位以及国际组织合作，开展了保护区的综合科学考察、资源调查、社会经济本底调查以及筇竹、天然毛竹、福建柏、连香树、野生天麻等多项专题调查研究，完成保护区管理计划、保护区生物多样性监测计划、保护区巡护计划等编制工作，进一步摸清了保护区的资源本底，为开展科研、监测活动和提高保护区管理的有效性奠定了良好的基础。

4) 生态效益逐渐显现

“绿水青山就是金山银山”，保护区庞大的绿水青山，发挥着强大的水源涵养、保持水土、调节径流、净化空气、增加降水等作用，区内发育的河流流量稳定且四季常清，周边社区的村寨及其流域因此受益，公众从中感受到了自然保护区强大的生态服务功能，野生动植物栖息地质量大幅提升。

5) 影响力得到提升

多年来，通过与国内相关机构合作开展保护、科研、监测等活动，保护区越来越受到国内乃至国外的关注。由于具有典型的亚热带山地湿性常绿阔叶林和由珍稀树种组成的优势群落类型，保存有完好的原始毛竹林、筇竹林以及众多的珍稀濒危动植物物种，保护区吸引了许多专家学者前来考察。保护区知名度日渐提高，越来越受到社会的关注，扩大了社会影响力，公众吸引力不断增强。

22.4 存在的主要问题

1.基础设施建设滞后

云南乌蒙山国家级自然保护区管护局成立后，没有办公用房、交通工具和必备设施设备，目前租用原昭通市财贸学校学生楼办公，下设管护站暂借用各片区国有林场原有办公场所或租用民房办公，管护点基本都是 20 世纪 80 年代修建的土坯房，大部分年久失修，已成危房，管护哨卡基本都是露天设立，设施设备缺乏，基础设施建设滞后，不能满足保护管理需求。

原三江口省级自然保护区于 20 世纪 80 年代修建三角点保护站砖木结构房 $240m^2$、河坝场保护站木结构房 $260m^2$，由于地处高山，多年来灾害性天气频发，房屋受损严重，经多次修缮一直使用，2009 年之后均倒塌。其他现存的麻风湾管护站等也成为危房。海子坪保护区成立时建有一栋石混结构办公与住房兼用的房屋，2012 年受“9.07 地震”的影响，房屋严重受损，于 2013 年进行了拆除。目前，保护区仅有一栋面积 $150m^2$ 左右石混结构的办公用房，职工无房居住。朝天马片区的罗汉坝现有 2003 年修建的砖混结构房子 $600m^2$，受“9.07 地震”的影响，现已成为危房。

在交通方面，20 世纪 90 年代三江口片区内为连接林场林区道路，新修建 1.5km 道路至三角点保护站，由于无维护资金，现已无法通行；罗汉坝现有简易公路可通，但雨季道路泥泞不通，边远地带比较闭塞，生产生活物资有的还依赖人背马驮；海子坪片区目前主要有一条长 21km 的简易公路从彝良县洛旺乡溪口村到海子坪保护区，正在修缮，麦家湾至还山子的公路也在修缮。保护区内各片区的防火通道多数为断头路，没有连通，巡护步道相对滞后，没有覆盖保护区的大部分区域，不能满足资源管护的基本条件。

由于保护区基础设施建设缺乏投资，各片区内尚未完全埋设界桩、界碑、宣传牌等设施，通信、公众教育等设施也满足不了保护管理的需求。如海子坪保护区片区，仅在距保护区 2km 左右有一个移动公司的基站，信号差，至今不通固定电话，没有宽带，与外界联系困难；三江口片区的癞子坪、小岩方以及罗汉坝片区等多个区域至今没有通电，也没有通信网络覆盖。保护区各片区管理工作基本停留在看护的水平上，无法开展森林资源监测、科研宣教、社区共管共建等工作，导致保护区科研监测体系落后，保护管理水平不高。

2.资源保护管理难度大

由于历史原因，20 世纪 50～60 年代划建国有林场时，同周边社区的界线不是很明确，一直存在林权纠纷和争议，保护区自调整合并升级为国家级自然保护区以来，也有局部边界不清，争议地段较多。如海子坪片区与威信县接壤部分的森林为当地群众管理的林地，权属不明确，海子坪片区还与彝良县洛旺乡中厂村的小河等村民小组存在林权纠纷；三江口林场与大关县木杆镇漂坝村白岩脚组，在婆娘岩处存在土地权属争议；小草坝林场与龙海镇龙海村埂子组在尖峰山存在土地权属争议，争议面积 $1.9hm^2$ 等。林权争议的存在，影响了保护区的有效管理。另外，保护区涉及的少量集体林，林农活动频繁，管理难度较大。

3.保护与发展的矛盾突出

保护区面积分散，涉及范围广，森林资源、水资源、动植物资源等资源丰富。保护区周边地区分布有 756 个村民小组，26935 户，常住居民 110751 人。由于保护区地处高寒山区，群众的生产生活方式相对滞后，对保护区资源的依赖程度较高，其经济收入主要来源于保护区内的竹笋、药材等。据初步调查统计，三江口片区周边农户 40%～60%的经济收入来源于保护区内的竹笋(主要为筇竹笋)、林药(主要为天麻、重楼)等，农户年均收入为 1.5 万～2.5 万元；罗汉坝片区内及周边社区农户 60%～80%的经济收入来源于竹笋(主要为方竹笋)、林药、海花等，年均收入为 2 万～6 万元；朝天马片区及周边社区农户 70%～90%的经济收入来源于采笋(主要是筇竹和方竹笋)、种植天麻、采集海花等，年均收入为 2 万～6 万元；海子坪片区及周边社区农户 70%～90%的经济收入来源于采笋(主要是毛竹和筇竹笋)、采药等，年均收入为 1.5 万～2.5 万元。据不完全统计，每年从保护区内及周边采出的鲜竹笋量 2000 多吨，约 1200 万元，造成保护区内竹笋的过度利用，影响资源的保护和可持续发展。

保护区建立以前，由于缺乏有效管理，每年采笋期间社区居民进山搭建临时窝棚，大肆采笋的情况屡见不鲜。乱挖滥采的情况普遍存在，威胁着各种珍稀动植物的生存和繁衍。对兰科植物的采挖活动更甚，社区居民乱挖滥采行为使保护区内野生天麻的生长环境遭到破坏，已不同程度地影响了野生天麻的种群数量和品质。以泥炭藓为优势和特征的沼泽化草甸，是云南东北部的一类特殊的高原湿地类型，具有重要的生态意义。采收泥炭藓出售，是当地老百姓的重要经济来源之一，但对这一特殊的生态系统造成了较大的威胁。另外，人工种植天麻需要大量的木材原料(每亩约需 2t)，加上薪材和烘烤竹笋的用材，社区对木材的大量需求，对保护区及周边森林资源也造成了较大的威胁。

保护区建立以来，按照有关法律法规，禁止任何人员在自然保护区内进行砍伐、放牧、狩猎、捕捞、采挖、开垦等活动，这直接影响到保护区及周边社区居民的生产生活。一方面，村民以往赖以生存的自然资源利用受到限制，社区发展与保护区依法管理的矛盾突出。另一方面，随着保护区自然环境改善，野生动物种群数量增长较快，保护区三个片区均存在野生动物肇事的情况，主要是黑熊、野猪危害，造成人员伤亡和农作物的损害，加剧了社区与保护区管理部门的矛盾。

4.保护区专业人员严重不足

保护区各片区管理人员大多数属于原国有林场职工，管理和工勤身份的人员较多，专业技术人员不足 20%，与相关政策中“自然保护区管护局的管理人员、专业技术人员占比不得低于编制数 90%”的要求有较大差距，特别是缺乏植物、动物、环境及资源保护等方面的专业性人才。同时，由于保护区各种条件艰苦，通信、交通、医疗卫生条件差，职工生活比较困难，引进人才比较困难，即使引进了专业管理及技术人员，现有条件也难以将其留住。专业技术人员严重不足，限制了保护区管理能力和科研监测能力的提升，严重制约了保护区管理的有效性。

5.生态移民搬迁难度较大

目前在直接影响保护区的周边社区，有 36 个村民小组的 723 户农户 3404 人，对保护区各类资源的保护和管理影响与威胁较大，要管理好保护区的资源，就必须逐步通过生态移民的方式转移保护区的人口，减轻人类活动对保护区生态环境的破坏，使自然景观、自然生态和生物多样性得到有效保护。然而就当前情况来看，保护区需要进行生态移民的工程量大，仅依靠地方财政支出和社区群众自身收入无法支付移民搬迁安置的费用。

6.基层管护条件艰苦

乌蒙山国家级自然保护区各片区全部分布在高寒阴湿的边远山区，位置偏僻、交通不便、通信不畅、信息闭塞，受地理位置和环境条件的限制，基层一线管护站点人员因工作需要，常年坚守在条件艰苦、人迹罕至的地方，以山为家、以林为伴，长时间不能与家人团聚，面临各种压力和挑战，基础设施简陋、工作环境恶劣、生活单调、条件艰苦，通信、交通、医疗卫生条件差，加之云南乌蒙山国家级自然保护区管护局属市直事业单位，下设管护站、点人员按现行政策不能享受乡镇补贴，工资标准与其他在乡镇的事业单位相比较低。

22.5　对保护区建设和管理的对策与建议

1.建立健全管理机制，规范自然保护区管理

按照“统一领导、分级管理和责权利统一”的原则，紧密结合当前国有林场改革的有利机遇，尽快理顺保护区管理体制，明确管理主体，建立健全保护区管理机制，完善管理体系，在整合保护区现有管理机构的基础上，合理规划设置管护站点，划定管辖范围，充分吸纳现有国有林场人员参与保护区资源保护和管理工作，落实管理人员，明确管护责任，实施具体管理措施，建立健全目标管理考核办法、奖惩制度和责任追究制度，全面规范自然保护区的资源保护和管理。

2.强化经费保障，完善保护区基础设施建设

全力争取国家级自然保护区的项目支持和资金投入，尽快完成保护区管护局及下设管护站点的基础设施建设，完成必要的资源保护、科研监测和宣教设备购置，落实保护区界桩和各功能区界标，建立各种宣传教育标牌，完善保护区巡护路网、巡护哨卡、消防通道、防火瞭望塔、科研监测站点等设施，进一步增强保护区的资源保护和管理能力，提高管理水平；积极争取各级政府与有关部门支持自然保护区建设和管理，围绕保护与发展的目标，有重点、有针对性地开展科学研究和监测项目，全面掌握保护区的生物本底资源和生态系统、群落结构及物种的消长变化情况，为各级党委、政府的科学决策提供依据。

3.建立社区共建共管体系，促进保护区和社区协调发展

以县为单位组织相关利益群体成立保护区共建共管委员会，统筹协调保护区生态保护与周边社区经济发展的关系，指导周边社区建立村规民约，禁止在保护区内进行砍伐、放牧、狩猎、捕捞、采药、开垦、烧荒、开矿、采石、挖沙等一系列干扰及破坏自然生境的活动，选聘周边社区身体健康、思想进步且在群众中有一定威信的人员为保护区基层一线护林人员，参与保护区的管护工作，使周边社区群众从保护区的可能破坏者

变成共同管理者；同时，结合各片区实际，在保护优先的前提下，对保护区周边发展做出切实可行的科学规划，充分考虑社区居民生存发展的实际需要，积极组织申报扶持社区发展项目，争取退耕还林、陡坡地生态治理、生态护林员安排、农村能源建设等项目资金以支持保护区周边社区发展，引导周边社区群众大力发展林产业种植、特色养殖业等项目，提高社区群众的经济收入，降低社区群众对自然保护区资源的依赖程度；并根据保护区及周边社区的资源特点、景观特征和民俗特色，在符合政策法规和保护区总体规划的前提下，合理开展生态旅游活动，吸收保护区周边社区居民参与特色农家乐、民俗旅馆、旅游特色商品制作、当地名优产品销售、旅游文化宣传等生态旅游服务，促进周边社区经济发展，提升自然保护区资源保护与管理的能力和水平。

4.强化宣传教育，增强公众保护意识

充分利用保护区网络、电视、广播、报刊等宣传媒体，积极开展保护区宣传教育活动，建立乌蒙山国家级自然保护区网站、微信公众号，大力宣传保护区的保护价值、主要保护对象、建设管理成效、科研监测活动、合作交流、生态旅游等内容，扩大外界对保护区的了解和认识，提高保护区的影响力和知名度；在公路沿线、周边村寨和进入保护区的主要路口设立宣传牌与宣传展板，宣传保护区的有关法律法规、主要保护对象的保护价值、特有珍稀濒危动植物的保护意义、保护措施等，提高社会公众对建立保护区的重要性的认识，使广大社会公众理解和支持保护区的资源保护与管理工作；印制宣传手册、宣传画册、宣传日历等宣传材料，对社会公众特别是保护区周边社区群众大力宣传保护区在构建生态屏障、确保生态安全方面的地位和作用，普及自然保护知识、法律法规及相关制度政策，提高社会公众特别是保护区周边社区群众的法治观念和保护意识，从而自觉遵守保护区的相关管理规定，达到依法管理、依法治区的目的。

5.妥善处理权属争议，公正合理化解纠纷

依据相关的法律法规和程序要求，解决林权争议问题，及时化解林权纠纷。以生态环境部发布公示的面积、范围及功能区划为准，邀请当地相关利益群体的代表，特别是与保护区相连的周边社区村民代表，一同进行现场实地勘界，使各相关利益群体认可和清楚保护区的界限，明确保护区的管理范围，做好标桩、立界工作，依法对保护区进行全面管理；同时，积极寻求合理的政策途径，与社区协调处理好保护区内集体林、人工商品林的管理与林木使用权等问题，妥善处理好保护区建设管理与当地经济建设和居民生产生活的关系，不断提高自然保护区的建设水平和管护效果。

6.实施生态移民，降低保护区内人为干扰

结合国家的相关政策措施，科学规划，多渠道整合项目资金，按照保护区生态功能的重要性，逐步将直接影响保护区的周边社区 723 户农户通过生态移民的方式外迁安置，使社区与保护区分离，减小保护区周边的人口压力，减轻人为活动对脆弱生态环境的干扰破坏，使保护区内的自然景观、自然资源和生物多样性得到有效保护。

7.加大执法力度，强化资源保护管理

各级林业主管部门和自然保护区管理部门要依据相关法律法规认真行使管理职责，采取有力措施，贯彻实施自然保护区和野生动植物保护等法律法规，认真分析研究辖区社会治安形势，建立和完善巡护制度，明确巡护目标和责任，增加巡护的科技含量，提高巡护手段和质量，制定工作方案，精心组织，狠抓落实，采取巡逻防范，严防死守，森林公安、林政密切配合，严厉打击破坏森林资源的各种违法犯罪活动，依法加强保护和管理。加强自然保护区的森林防火工作，把森林防火工作列为自然保护区管理工作的重点，严格火源管理，强化火情监测，落实预防措施，制定扑救预案，确保森林和野生动植物资源的安全。积极配合市人大常委会推进自然保护区的地方立法，实现自然保护区一区一法规。

8.开展科研监测，完善档案数据管理

以保护区综合科学考察为基础，以主要保护对象为研究重点，加强保护区科研能力建设，一方面要依靠管理部门自身的力量，力所能及地开展科研工作，另一方面采取多种合作方式，与国内外大专院校、科研单位、民间组织联合进行科学研究。注重科学合理地利用保护区资源的研究，按照自然保护区“管死核心区，管严缓冲区，利用好实验区”的原则，开展适度、有序、科学合理地利用自然资源特别是生态旅游的研究和实验工作，探索自然保护区资源永续利用和人与自然和谐相处的有效途径，逐渐在自然保护区范围内推广。建立健全自然保护区监测体系，采取平时巡护监测、建立固定样线和样地监测与社区调查监测相结合的方法，对保护区资源状况、保护成效等内容进行监测，在本底调查、科学研究和监测的基础上，做好资料的整理和建档，建立资源档案库和数据库。

9.保障人员待遇，稳定人才队伍

出台相关引进技术人才的政策，鼓励具有创新精神并且热爱自然保护事业的专业技术人才加入保护区管理工作队伍之中，从制度、经费、待遇等方面入手，对基层管护站人员和长期在基层一线从事保护区巡护管理、案件查处、社区宣传教育等工作的职工，应按照规定提供乡镇补贴，提高其野外补助及相关待遇，对成绩突出者应给予物质上、精神上的奖励，以稳定基层人才队伍，充分调动干部职工的积极性，同时应改善干部职工的家庭生活条件，创造其子女就业机会，解决基层一线干部职工的后顾之忧。

附录一　An Overview of Wumeng Mountains National Nature Reserve

The counties and districts under the jurisdiction of Zhaotong City are situated in the core areas of the well-known Wumeng Mountains Region and a region where the Jinsha River transits to the Yangtze River, hence, possessing unique geographic position and extremely important ecological niche. Moreover, Zhaotong used to be the most important gateway of Yunnan, historically, once ever the only gateway into Yunnan hinterland, and a fortress on the famous Southern Silk Road and the Ancient Tea and Horse Road. The region played a very important role in thousands of years of history in China's socio-economic development. While having contributed enormously to the socio-economic development of Southwest China, Zhaotong has also suffered from overconsumption of its natural resources and impaired ecological and environmental wellbeing, which was hard to avoid under the historical conditions in those times. Nowadays, in the minds of many, the Wumeng Mountains of Zhaotong City remains to be a region of grave ecological destruction, deteriorated environment, excessive population growth, absolute poverty, barren hills and turbulent rivers. Indeed, Zhaotong is a region with the lowest forest cover and highest population density, grave ecological degradation, and undermined ecological environment throughout the province. In line with the Central Government's goals set forth for building ecological civilization, the building of an environment-friendly society, and attaining overall coordinated and science-based sustainable development, the ecological construction and restoration, and socio-economic development have received widespread attention from the entire society. In a new historical era, how to strengthen the protection of the natural environment and biodiversity conservation, the building of ecological and civilized Zhaotong, the construction of the ecological shields of the Upper Yangtze River, and to promote sustainable ecological, social and economic development of the Wumeng Mountains Region and the middle and upper reaches of the Yangtze River have arisen to be critical issues receiving widespread attention.

In the past few decades, the relevant authorities of the national, provincial and city government have attached great importance to biodiversity conservation and natural environment protection in Zhaotong. With the highlighted attention from Yunnan Provincial Forestry Department, five provincial and municipal level nature reserves have been established for rescuing protection and management, and substantive progresses were made. On the basis of earlier conservation achievements, comprehensive scientific surveys and inventories have been completed and the master plans formulated for these five nature reserves. The baseline surveys show that, in the Wumeng Mountains Region in Zhaotong, although still belonging to a region with grave ecological degradation in Yunnan Province, the rich biodiversity and natural ecological landscape resources that are rare in Yunnan and even throughout China are well protected in the areas where the nature reserves were established, and many rare, endangered, and endemic species protected in the nature reserves possess very important value for protection. These resources and the ecological environments have played an irreplaceable role in the ecological security and the sustainable social and economic development of the Wumeng Mountains Region and the middle and lower reaches of the Yangtze River.

1 Overview of the Nature Reserve

1.1 Geographic Location

Wumeng Mountains National Nature Reserve is located in the territory of Zhaotong City in the northeast of Yunnan Province and spans Daguan, Yiliang, Yanjin and Yongshan counties. The geographical coordinates of the reserve are between E103°51′47″ ~ E104°45′04″ and N27°47′35″ ~N 28°17′42″. The reserve is composed of three subareas, namely Sanjiangkou, Chaotianma and Haiziping, and the total area is 26186.65hm^2.

Chaotianma Subarea of Wumeng Mountains National Nature Reserve is situated between E104°01′37″ ~E 104°23′06″ and N27°47′35″ ~ N27°58′23″ and spans Yiliang, Yanjin and Daguan counties. It adjoins Xiaocaoba Township of Yiliang County on the south, Niujie and Longhai Townships of Yiliang County on the east, and Lünan, Zhongxin and Yanhe administrative villages of Tianxing Township, Daguan County. This subarea covers 15004.06hm^2, accounting for 57.30% of the region's total area.

Sanjiangkou Subarea of Wumeng Mountains National Nature Reserve is located in the northeast of Yongshan County. It connects Duiheping of Yanjin County on the east, adjoins Laiziping in the northern side of Daguan County on the south, Erpingzi of Yongshan County on the east and extends to Majinzi of Yongshan County on the north. The geographical coordinates are between E103°51′47″ ~E 104°01′19″ and N28°10′44″ ~N 28°17′42″. This subarea covers 8387.0hm^2, accounting for 32.03% of the region's total area.

Haiziping Subarea occupies 10.68 hm^2 and accounts for 10.68% of the region's total area. It is located in Yiliang County, and borders Junlian County of Sichuan Province on the north, adjoins Daxue Mountain on the east, and extends to Dengcaowan on the south and Jiaozi Mountain on the west. The geographical coordinates are between E104°39′47″ ~E 104°45′04″ and N27°51′04″ ~N 27°54′40″.

The three subareas of the nature reserve were established mostly in the 1980s, and have had a history of nearly 40 years. Among them, Sanjiangkou Subarea was established in 1984 to protect the middle mountain humid evergreen broadleaved forest ecosystem as the primary conservation target; Haiziping Subarea was also established in 1984 to protect the primary conservation targets of natural moso bamboo forest, fishscale bamboo (Phyllostachys heteroclada) forest, Qiongzhuea tumidinoda forest and small pandas. Chaotianma Subarea was based on the former Xiaocaoba State Forest Farm which was established as a provincial nature reserve in 1998. Its conservation targets include the natural habitats of *Gastrodia elata*, the rare, endangered, and endemic species of Chinese dove tree (*Davidia involucrata*), *Tetracentron sinensis*, *Cercidiphyllum japonicum* and the unique geographical landscape. Since its establishment as a forest farm nearly 60 years ago, the biological resources and ecological environment have been well protected.

1.2 Legal Status and Conservation Targets of the Nature Reserve

1.2.1 Legal Status of the Nature Reserve

The three subareas of Wumeng Mountains National Nature Reserve are three provincial nature reserves approved by the People's Government of Yunnan Province in accordance with *The Regulations of the People's Republic of China on Nature Reserves* and *The Regulations of Yunnan Province on the Management of Nature Reserves*. The nature reserves are designated by law for the special protection and management of the outstanding and unique mountain humid evergreen broadleaved forest ecosystem, the rare, endangered, and endemic species and their habitats in the northern subtropics of Yunnan Province. The conservation and management structures belong to public institutions for social public welfare and its funding are fully covered by the financial appropriation from the local government. The management institutions are administered by Zhaotong Municipal People's Government and professionally guided by Yunnan Provincial Forestry Department.

1.2.2 Categorization of the Nature Reserve

In line with the national standard of the People's Republic of China: *The Principles for the Categorization of the Types and Levels of Nature reserves*, and based on the primary conservation targets and level of protection of Wumeng Mountains National Nature Reserve of Yunnan Province, the nature reserve belongs to the forest ecosystem type under the category of natural ecosystem nature reserves. Specifically, the subtropical valley–mountain forest ecosystems type of nature reserve for conserving the primary targets of the subtropical forest biodiversity represented by the rare and endangered wild fauna and flora as well as their habitats.

1.2.3 Primary Conservation Targets

The primary conservation and management goals of Wumeng Mountains National Nature Reserve include protecting the middle mountain humid evergreen broadleaved forest ecosystems of the subtropics distributed in large areas and featured with intact and typical ecosystem structures that are representative of the Yunnan-Guizhou Plateau, the rare and endangered fauna and flora as well as their habitats, and meanwhile, sustaining the ecological security of the Wumeng Mountains Region and the Jinsha-Yangtze River Watershed.

1) Conservation of forest ecosystems

Currently, Wumeng Mountains Region has protected the middle mountain humid evergreen broadleaved forest ecosystems in large areas with typical and intact ecosystem structures in the subtropics that are representative of the Yunnan-Guizhou Plateau. Due to its location in the upper reaches of the Yangtze River and the lower reaches of the Jinsha River, the entire erosion ridden area in Zhaotong City extends 8857.88hm^2, accounting for 39.1% of the land area of the entire region. It has turned out to be an area suffering from grave erosion in the upper reaches of the Yangtze River. Therefore, it will play an important role in strengthening the protection of the forest ecosystem of Wumeng Mountains and in giving full play to the multiple benefits of the forest ecosystems through the protection and improvement of the ecological environment in the middle and lower reaches of the Yangtze River.

2) Protecting the rare and endangered faunal and floral resources and their habitats

①Sanjiangkou and Chaotianma subareas are delineated to protect the rare and valuable forest communities of Chinese dove trees (*Davidia involucrata*), *Tetracentron sinensis*, *Dipentodon sinicus* and *Acer flabellatum* that are composed of rare relict trees as the dominant species.

②Chaotianma and Sanjiangkou subareas are delineated to protect the rare and endangered faunal and floral germplasm resources listed for national protection as represented by *Macaca thibetana*, *Ailurus fulgens*, *Arborophila rufipectus*, *Chrysolophus pictus*, *Andrias davidianus*, *Tylototriton kweichowensis*, *Gastrodia elata*, *Davidia involucrata*, *Tetracentron sinensis*, *Taxus chinensis*, *Fokienia hodginsii*, *Cercidiphyllum japonicum*, *Qiongzhuea tumidissinoda*, *and Alsophila spinulosa*, as well as their habitats.

③Haiziping Subarea is the best conserved and has the largest natural distribution of the natural communities of *Phyllostachys pubescens* and the germplasm resources of wild *P. pubescens* in Southwest China. Xiaocaoba in the Chaotianma Subarea is the place of origin of high quality gastrodia in China and the place of origin of *Gastrodia elata* type specimen, where three of the four gastrodia cultivars were preserved. In 2004, the State Administration of Quality Supervision, Inspection and Quarantine approved the implementation of regional protection for Zhaotong gastrodia.

3) Protecting the wetland types representative of the Yunnan-Guizhou Plateau

Chaotianma Subarea is delineated to protect the wetland type representative of the Yunnan-Guizhou plateau – the alpine swamp meadow wetland ecosystem. This claims to be a unique vegetation community type and biogeographic landscape in the Wumeng Mountains Region that possess important values in terms of ecosystem services and tourism landscape.

2 Physical and Geographical Features

2.1 Unique Geographical Location

Wumeng Mountains National Nature Reserve is situated on an important juncture in China's physical geographical regions. The region connects Guizhou Karst Mountains on the east, faces Sichuan Basin to the north, transits to the Central Yunnan Plateau on the south and traverses the periphery of the Hengduan Mountains. Due to its location in the juncture and transitional zone of four physical regions with distinct characteristics, and in the world's biogeographic regionalization system, it is positioned in the south-north transitional region of the Palearctic and the Indo-Malayan realms of the Northern Hemisphere; in the floral geography, it is situated in the center of the East Asian floral region and on the Tanaka dividing line. Its western part belongs to the China-Himalayan floral region and the eastern part the China-Japan floral region. In China's biogeographic classification system, it transits from the Central China to Southwest China. Therefore, Wumeng Mountains National Nature Reserve and its adjoining areas turn out to be a unique and critical area in China's biogeographic regions, demonstrating the special features of biogeographical realms with abundant faunal and floral composition as well as complex taxonomic assemblage.

2.2 Geological and Geomorphological Features

2.2.1 Strata

Northeast Yunnan is one of the regions with the most developed strata in the Yangtze platform cover. Due to the effect of diverse geological movements, strata of multiple geological times outcropped throughout the nature reserve, of which Permian strata are the most widely distributed.

As Wumeng Mountains National Nature Reserve is located in the sedimentary belt of the northeast Yunnan platform, strata of multiple geological times outcrop in the nature reserve. Scientific inventories show that the main strata outcropped in Wumeng Mountains National Nature Reserve include those of the Cambrian, Ordovician, Devonian, Permian, Triassic, Jurassic, Tertiary and Quaternary. Permian strata have been the most widely outcropped, seconded by Devonian strata.

2.2.2 Rocks

As Wumeng Mountains National Nature Reserve spans over a large area, numerous rock types outcrop throughout the nature reserve and its adjacent areas. Findings from previous investigations indicate that magmatic, sedimentary, and metamorphic rocks all occur in the reserve in different extents of distribution, of which magmatic and metamorphic rocks are distributed in smaller range, whereas sedimentary rocks are distributed in much larger areas almost throughout the entire reserve.

2.2.3 Geological Structures

Wumeng Mountains Region belongs to Yunnan, Guizhou, and Sichuan and Hubei fold fault depressions of the Yangtze paraplatform. The three large crustal movements, namely Jinning movement, Caledonian movement and Himalayan movement have formed a complex topography and geomorphology. The faults and folds are the most developed in the whole area, such as Yanjin-Yongshan-Qiaojia fault, Dagan-Zhaotong-Qiaojia fault, and Yiliang-Zhaotong-Qiaojia fault. Folds have also well-developed here, like Mugan Xinjie syncline, Luohanba anticline and Yiliang synclinorium. Under the impact of Xiaojiang fault, the folds and faults in Zhaotong area are largely parallel in the northeast direction, creating the diverse and complex types of geomorphologic structures.

2.2.4 Physiognomic Features

1) North-tilted terrains and double-layered structures

Wumeng Mountains National Nature Reserve is situated in the northern part of Yunnan Plateau and in the transitional zone to the peripheries of Sichuan Basin and Guizhou Plateau. The plateau slope is deeply incised by the Jinsha River and its tributaries, forming a geomorphological pattern of interlacing beamlike mountains and long but narrow valleys. The earth surface is rather rugged and the topographical inclinations are very special. The upper peak lines incline from the southwest to northeast, whereas the valley lines incline in two directions, one to the north or northeast, and the other to the east or southeast. This has led to a mismatch between the inclinations of the upper and lower layers and created double layered geomorphological structures. The southern part of the nature reserve belongs to the peripheral mountainous area of Sichuan Basin, and the entire topography inclines from southwest to northeast toward the Jinsha River Valley and transits to Sichuan Basin, which is a reversal from the mega topography of Yunnan that is high in the north and low in the south. This has posed significant influence on the distribution of faunal and floral species, for instance, some thermal species in South Yunnan may occur in the northern part of the region.

2) Plateau peripheral mountain landform

The reserve is situated largely on the northern periphery of Yunnan Plateau which is a sloppy zone transiting from the plateau to a mega basin. Most of the terrain surface is cut open by rivers at various levels, forming a surface morphology of alternating elongated mountain lands and canyons. Occurring on the plateau periphery, this type of geomorphologic structure is thus called the plateau-peripheral type of mountain plain geomorphology.

3) Deep-incised middle mountainous area

The reserve is located in parts of the mountainous areas of Wulian Peak and Wumeng Mountains with an average elevation of from 2000m to 2500m, but only about 1500m in the eastern part of the reserve, which belongs to the category of middle mountains. However, viewed from relative elevation difference, this region is cut rather deeply, and the relative elevation difference of a substantial portion of the mountain areas is greater than 1000m, and partly between 500m and 1000m, belonging to medium to deep-incised middle mountains. Rocks in the mountains are composed of mainly clastic rock intermingled with partial magmatic and carbonate rocks, making it a type of middle mountains composed of a good number of rock types.

4) Narrow valleys dominate and large basins are absent

Many tributaries traversing the nature reserve or its marginal areas, coupled with deep incision of rivers on the plateau periphery, have shaped the extremely rugged terrain surface. In addition to deep incisions in the middle mountains, the region is basically connected by vertical and horizontal canyons. Except for the sources of some tributaries where the ancient valley on the original plateau surface maintained a wide valley and flat geomorphology, basins are rarely found.

2.2.5 Geomorphic Types

Wumeng Mountains National Nature Reserve is a typical region of the well-known Yunnan-Guizhou Plateau where towering terrains, majestic and high mountain ranges are distributed together with well-developed river systems, deep-incised rivers, and complex and diverse landforms. As the reserve spans over a large area, in terms of the overall geomorphology, it belongs to a middle mountain and narrow canyon region on the plateau periphery. However, diverse sub-primary geomorphologic types occur and the main landforms include three types: mountain, valley and basin, and karst geomorphology. Mountain is the main geomorphological type in the reserve, in which, apart from deep-incised middle mountains, some plateau fragments and hilly landforms are also scattering on the plateau plane and on the edges of some broad valleys. The altitude of this mountain area is more than 1000m, belonging to the low and middle mountain range.

2.3 Climatic Features

Wumeng Mountains National Nature Reserve is located on the northeast edge of Yunnan Province on the juncture of Yunnan, Guizhou, and Sichuan provinces. The terrains, low in the north and high in the south, uplift gradually from Sichuan Basin to the Wumeng Mountains. This region, with interlacing mountain ranges and crisscrossing rivers and valleys, is the main passageway of the cold air mass blowing from Sichuan Basin into Yunnan, and hence it is prone to the effect of cold air. As it is often controlled by Kunming quasi stationary front, its climate differs from those in most other areas of Yunnan, but is similar to that of Guizhou which is characterized by the East China monsoon climate with the following distinct climatic features.

2.3.1 Four Distinct Seasons

There is no clear division among the four seasons in most areas in Yunnan, such as in Kunming, where hot summer is absent throughout the year, spring and autumn are connected and extend up to 9 months, whereas winter lasts only about three months. The site of the reserve is close to Guiyang and its climate is characterized with four clear-cut seasons. As such, the mean monthly temperature is about 3℃ lower than that in the eastern part of China. It is also warmer here than in Eastern China and the four seasons are apparently not as typical as those in the middle and lower reaches of the Yangtze River in the east.

2.3.2 Distinct Dry and Rainy Season, but Humid in Dry Season

The scope of the nature reserve is controlled by tropical oceanic air mass from May to October. Under the influence of the two warm and wet air currents from southwest and southeast, the rainfall is rather concentrated and the precipitation accounts for 78%~91% of the annual total, forming the rainy season. From November to the next April, it is controlled by tropical continental air mass or denatured polar continental air mass, and precipitation reduces significantly to merely 9%~22% of the annual total. But due to many rainy days in the dry season (November to the next April), reaching 15~20 days with ≥0.1mm precipitation monthly, and there are fewer sunny days, evaporation is low with high humidity, and the climatic features of a dry season are not obvious, in other words, it is not dry in the dry season. This has exerted profound impact on plant growth and vegetation development, making the reserve the most typical area for nurturing humid evergreen broad-leaved forests in Yunnan Province, and preserving the humid evergreen broadleaved forest with the indicator species of *Castanopsis platyacantha*, *Sycopsis sinensis*, *Fagus lucida* and others in the forest community, which are rarely found in other parts of Yunnan.

2.3.3 Large Annual but Minimal Diurnal Differences in Air Temperature

The annual temperature difference in the nature reserve is mostly above 18℃, which is larger than that in most other areas in Yunnan Province. The average diurnal temperature difference is lower, largely below 9℃, and less than 10℃ even in winter and spring, but it reaches 11.1℃, above 11℃ in winter and spring, and as high as 15.1℃ in March in Kunming. Therefore, the annual temperature difference is larger but the diurnal temperature difference is smaller, which also demonstrates the climatic characteristics of the eastern monsoon climate zone in China.

2.3.4 Less Sunlight, More Rainy Days and High Humidity

In the most areas of Yunnan Province, the annual sunshine duration amounts to more than 2000 hours, reaching a sunshine percentage of 45%. The scope of the nature reserve is vulnerable to cold air invasion, and is often affected by Kunming quasi stationary front, resulting in cloudy and rainy days. The annual sunshine hours are less than 1000 hours, averaging less than 3 hours daily, meaning that the area has the lowest sunshine hours in the province, and the sunshine percentage is generally less than 30%. The monthly rainy days in Yanjin, Daguan and other counties total more than 10~15 days, and the cloudy and rainy days are equal to those in Guiyang, so it can be said that "there are no three consecutive sunny days." The annual relative humidity is between 80% and 86%, of which the relative humidity is 87%-88% from September to the next February, claiming the highest relative humidity in Yunnan, which is even rare in China.

2.3.5 Significant Regional Climate Differences

Under the condition of the same altitude, the temperature is higher in the south than that in the north, and the precipitation is higher in the north than that in the south. Compared with the same latitude, the temperature is higher at lower altitude and lower at higher altitude, whereas the precipitation is less at higher altitude but more at lower altitude. As the scope of the nature reserve borders on the average position of "Kunming quasi stationary front", the climate in the southwest and northeast parts of the nature reserve demonstrates significant differences. The northeast part is characterized by less illumination, more overcast and rainy days, high humidity, distinct seasons, large annual temperature difference and small diurnal range, which are the features of monsoon climate in the eastern part of China. The southwest part is characterized by dry and wet seasons, indistinct seasons, small annual temperature difference and large diurnal range, which is typical of the monsoon climate in the western part of China. The vertical climatic changes are also significant with the average temperature decreasing by 0.7℃ when the altitude increasing 100m. The annual precipitation rises by 22mm in the southern section and 50mm in the northern section with 100m elevation increase.

2.3.6 Climate and Vegetation Features Different from Other Parts of Yunnan

The nature reserve is located in the northeastern most corner in Yunnan Province. Its climatic type is distinctive of the basic characteristics of both the local climatic zone and a transition from Yunnan Plateau to the Yangtze River basin. Within a region of moderate scope, significant difference in the vegetation and agricultural resources is presented. The dominant climate is mainly controlled by the East Asian monsoon, while the most important influence comes from the combined interaction of "Kunming quasi stationary front" with the mountainous and complex geomorphological types, resulting in the weather differences on the slope sides and inversed front temperature and so on. Specifically, the differences of temperature and weather are significant at various altitudes and different geomorphological positions. This has led to the well-developed zonal vegetation series along the altitude gradients, sparse shrubs and grass groves in the dry and hot (warm) valleys in the region. On the middle part of the mountain, the main vegetation is subtropical evergreen broad-leaved forests and warm temperate coniferous forests, whereas cold-temperate coniferous forests are present on the upper part of the mountains above 3000m, and a considerable extent of cold-temperate thickets and meadows is distributed on mountain tops.

Due to the frequent advance and retreat of Kunming quasi stationary front in winter in the region, the weather is changeable with many overcast and cold days. In summer and autumn, recurrent activities of cold air from the north have shaped the warm, cool, and rainy climate but there are barely hot weather. This has resulted in climatic characteristics in the region which are identical to those in the Yangtze River Basin, nevertheless, sharply different from the common law of clear-cut dry and wet seasons in most other parts of Yunnan Province, nurturing the unique climate and vegetation characteristics of the Wumeng Mountains.

Due to the influence of special geographical environment and atmospheric circulation factors, Wumeng Mountains National Nature Reserve is prone to the control of Kunming quasi stationary front with more overcast and rainy days as well as apparently lower temperature. The annual mean temperature is 13~17 ℃, with an annual cumulative temperature of 3956.7~5366.6℃. The annual total solar radiation generally remains below 4500MJ/m^2, and below 4000MJ/m^2 in Yanjin, Weixin and Daguan areas. It is a region with the lowest total solar radiation in Yunnan Province.

Annual precipitation in the reserve varies from 600mm to 1300mm, and less than 1000 mm in Yongshan, Daguan and Yiliang. It indicates that the nature reserve area is one of the areas with low rainfall in Yunnan Province. The regional distribution of precipitation is uneven, at the same altitude, and it is higher in the northern part than in the southern part with more precipitation on the windward slopes and less on the leeward slopes. In areas above 1950m elevation, precipitation increases with elevation at a rate of 33.2mm/100m. The frost-free period lasts 9 to 11 months.

2.4 Hydrological Characteristics of Rivers

The scope of Wumeng Mountains National Nature Reserve is mainly situated in the central and northern subtropics, so the rainfall is abundant. The hydrological systems are relatively well developed and many rivers and streams have developed in all the subareas.

The nature reserve and its adjoining areas belong to the Jinsha River water system. The large rivers like the Luoze, Baishui, Huangshui, Daguan, Mugan and Xiaohe rivers are distributed in the central and northern Zhaotong Prefecture, and their tributaries mainly originate in the nature reserve. Influenced by the topography of the plateau periphery and the uplift in certain localities in the central part of the region, flow directions of the rivers are rather complex. Most rivers flow from south to north, whereas Baishui River flows westward and then northwestward, while Hongshui River flows eastward, and some segments of Huangshui and Gaoqiao rivers flow southward. Basically, the rivers in the nature reserve flow to various directions.

(1) Luoze River is a primary tributary of Hengjiang River which belongs to the Jinsha River System. It flows more than 70km in the surrounding areas of the nature reserve. It has over 20 tributaries, totaling about 120km. Catchment of Luoze River in and around the nature reserve spans 4836km^2. Average width of the river bed is 60m and the discharge is 40.9m^3/s.

(2) Hengjiang River is a primary tributary of the Jinsha River and its upper reaches is called Sayu River, but called Daguan River after flowing into Daguan County, or commonly known as Guanhe River. The lower reach of the river is called Hengjiang River. After traversing 305km in Daguan, Yongshan, Yanjin and other counties, it converges into the Jinsha River in the northeast of Shuifu County. Its catchment is 14945km^2, the annual flow rate is 302.3m^3/s, maximum discharge is 5080m^3/s and minimum discharge is 66.3m^3/s. Its main tributaries include Zhaolu, Daguan, Luoze and Baishui rivers.

(3) Baishui River is a secondary tributary of the Jinsha River and a primary tributary of Hengjiang River. It is 105km long and has over 20 tributaries, and it runs about 30km in the reserve and its surrounding areas. The catchment of Baishui River in the reserve and surrounding areas is more than 1430km^2. The average river bed is 80m wide; the average discharge is 79.2m^3/s, its maximum discharge is 2190m^3/s, and minimum flow is 16.9m^3/s.

Above are the largest three of all rivers in and around the reserve that pose greater impact on the reserve. In addition, other rivers are also distributed in the region with the statistical features in Table 2-1.

Table 2-1 Summary statistics of rivers in the nature reserve

No.	Name	Length/km	Mean flow/m^3/s	River basin/km^2	River system
1	Mugan River	20	10.90	224.4	Primary tributary of Jinsha river
2	Xiao River	47	-	678.0	Primary tributary of Luoze River
3	Huangshui River	40	5.57	162.0	Primary tributary of Luoze River
4	Sayu River	45	61.00	198.0	Primary tributary of Jinsha river
5	Gaoqiao River	36	10.90	424.0	Primary tributary of Jinsha river

2.5 Main Types and Distribution Patterns of Soils

The soil in Wumeng Mountains National Nature Reserve is predominantly yellow brown soil which distributes in areas between 1800m and 2000m elevation, seconded by brown soil which distributes above 2000m. Yellow soil and a minimal amount of red lime soil distribute below 1850m. The soil texture here is mostly medium soil and sandy loam soil that are acidic and/or strongly acidic with a thickness of about 50~80cm. As natural vegetation in the reserve is preserved rather intact, surface erosion is insignificant. The temperature is lower with higher humidity. A_0 layer is relatively thicker generally at 5~10cm with abundant organic matter.

3 Characteristics of Plant Species Diversity

3.1 Rich Plant Species and Complex Floral Composition

3.1.1 Rich Composition of Vascular Plants

There are abundant vascular plants in Wumeng Mountains National Nature Reserve. The latest inventories have recorded 2094 species of vascular plants in 207 families of 751 genera, demonstrating rich plant species diversity (See Table 3-1), of which, 1864 species are seed plants in 159 families of 640 genera, with a species-genus ratio of 2.91. Other records include 5 gymnosperm species of 5 genera of 4 families, 1563 species of dicotyledonous plants, 22 families of monocotyledonous plants, and 230 species of pteridophytes, and they belong to 111 genera of 48 families, accounting for 76.2%, 48.1% and 8.8% of 2600 species of 63 families in 231 genera in China. The species composition is also very rich and forms an important and integral component of the pteridophyte flora in China.

Table 3-1 Statistics of vascular plant species, genera and families in Wumeng Mountains National Nature Reserve

Classification		Families			Genera			Species		
		Quantity	of Yunnan/%	of China/%	Quantity	of Yunnan/%	of China/%	Quantity	of Yunnan/%	of China/%
Gymnosperm		4	36.36	36.36	5	15.15	12.2	5	5.43	2.11
Angio-sperm	Dicotyledon	133	—	—	504	—	—	1563	—	—
	Monocotyledon	22	—	—	131	—	—	296	—	—
	Total	155	60.51	46.69	635	26.9	20.38	1859	13.23	6.13
Pteridophytes		48		76.2	111		48.1	230		8.8
Total		207	60.46	52.82	751	31.27	20.32	2094	17.18	6.17

3.1.2 Complex Floral Composition

1) Slightly strong tropical nature of the distribution patterns of seed plant families

The seed plants recorded in Wumeng Mountains National Nature Reserve, totaling 159 families, can be classified into 11 areal types (See Table 3-2). Among all the taxa, 49 families have wide-ranging distribution worldwide, accounting for 30.82% of all families in the region; 44 families are of pantropical distribution, and they are the second highest areal types in the nature reserve except for the worldwide wide ranging families (27.67%); followed by 31 families of the North Temperate zone distribution (19.5%); 12 families of tropical Asia and tropical America distribution (7.55%); 10 families of East Asia distribution (6.29%); 6 families of East Asia and North America distribution; 2 families of the Old World Tropics distribution; 2 families of disjuncted distribution of Tropical Asia and Tropical Australasia Oceania; whereas the family *Dipsacaceae* is the only areal type of the Old World Temperate distribution, and the family *Sabiaceae* is the only areal type of Tropical Asia distribution.

The family *Davidiaceae* endemic to China occurs in Wumeng Mountains National Nature Reserve. There are 61 families of tropical distribution, accounting for 38.36% of the total, and 49 families of temperate distribution (30.82%). The ratio of tropical-temperate elements at the family level is about 1.25 : 1, indicating slightly stronger tropical nature of the areal types at the family level.

Table 3-2 Distribution of the areal types of seed plants at the family level in Wumeng Mountains National Nature Reserve

Areal types of seed plant families	Families	of total/%
1. Cosmopolitan (wide-ranging worldwide)	49	30.82
2. Pantropic (tropical wide-ranging)	44	27.67
3. Tropical Asia and Tropical America disjuncted	12	7.55
4. Old World Tropics	2	1.26
5.Troppical Asia to Tropical Australasia Oceania disjuncted	2	1.26
7. Tropical Asia (and Tropical SE. Asia + Indo-Malaya + Tropical Pacific Island)	1	0.63
Subtotal of Tropics families (2-7)	61	38.36
8. North Temperate	31	19.5
9. East Asia and North America Disjuncted	6	3.77
10. Old World Temperate (Temperate Eurasia)	1	0.63
14. East Asia	10	6.29
15. Endemic to China	1	0.63
Subtotal of Temperate Families (8-15)	49	30.82
Grand Total	159	100

2) Relatively concentrated distribution of monotypic families

There are 36 families represented by only one species in Wumeng Mountains National Nature Reserve, suggesting remarkable family diversity. In the systematics, there are only three true monotypic families, which are *Davidiaceae*, *Tetracentraceae* and *Dipentodotaceae*, and they are all listed for national key protection.

The family *Davidiaceae* is a monotypic family with a distribution ranging from Central China to the Hengduan Mountains. It is a relict species of the Tertiary paleotropical flora and is listed for national Grade I protection. Chinese dove trees (*Davidia involucrata*) were widely distributed in many parts of the world during the late Cretaceous and Tertiary periods. After the

Quaternary glaciers, it disappeared in most parts of the world and only restricted distribution is found in Southwest China. The forest communities with this monodominant species evolved in the nature reserve implies that this reserve is one of the distribution centers and a primary distribution area of Chinese dove trees in China.

This family *Tetracentraceae* are typical relic plants of the Tertiary Period, which are regarded as living fossils of contemporary angiosperms. There is only 1 genus with 1 species (*Tetracentron sinense*) in the family that is listed for Grade II national protection.

Only 1 genus with 1 species occurs in the family *Decedonidae*, it is *Dipentodon sinicus*, which is listed for national Grade II protection. It is a typical East Asian distribution type found in southeastern Tibet, in Yunnan, Guizhou and Guangxi provinces of China and the adjacent upper Myanmar and Northeast India. The family distributes in the forest at 1500m and 2060m above sea level in the nature reserve and forms pure forest stands for which no records are reported in any other distribution areas of the species except in the Wumeng Mountains.

These three families are relatively isolated in the plant systematics and considerably ancient in origin, nonetheless they are very common in Wumeng Mountains National Nature Reserve, denoting the ancient nature of the region in geological history. The regional climate suitable for these plant species has played an important role in their subsequent thriving and prosperity, and even monodominant communities formed, which are very rare and have extremely high value for conservation, and hence they are identified as the primary conservation targets of the nature reserve.

3.1.3 Areal Type Characteristics of Seed Plant Genera

The 640 genera of seed plants in Wumeng Mountains National Nature Reserve are classified into 15 areal types and 22 subtypes, among whom, 53 genera have wide-ranging distribution worldwide, 127 genera belong to the Northern Temperate distribution which are the most distribution types in the nature reserve; followed by 99 genera of the Pantropical distribution, then 93 genera of East Asia distribution and 54 genera of Tropical Asia distribution.

(1) The 640 genera of seed plants in the nature reserve contain 15 areal types and 22 distribution forms, implying high diversity of floristic composition of local floral genera.

(2) There are 243 genera (37.97%) of tropical nature and 344 genera (53.91%) of the temperate nature. The ratio of tropical-temperate genera is 1 : 1.42, which demonstrates relatively stronger temperate property. Compared with that of the family level, the ratio of tropical-temperate elements (1.25 : 1) has increased considerably. This area is at higher altitude in North Yunnan and belongs to the mountainous region along the southern margin of Sichuan Basin. The floristic characteristics of the region transit from those of the Wumeng Mountains to the Sichuan Basin, and are more closely related to the flora in Central China. In

floristic division, they should be attributed to the Central China flora and they are the only Central China flora in Yunnan Province. It has great significance in the biogeographical composition of Yunnan flora.

3.1.4 Floral Traits of Seed Plants Are of Mainly Temperate Elements, but with Stronger Features of the Central China Flora

(1) The geographical composition at the species level is very extensive. All the 15 distribution types are represented in 1864 seed plant species in the reserve, implying widespread correlation of the reserve with other biogeographical realms.

(2) The elements endemic to China, East Asia and Tropical Asia are the main floral components in this region, totaling 1601 species (85.89% of the total). This shows that the flora in this region has both extensive and unique traits of the region.

(3) There are 285 species of tropical nature (15.29% of the total) and 1516 species of the temperate nature (81.33%) in the reserve, attaining a tropical-temperate ratio of 1 : 5.32. The species of the temperate nature are significantly more than those of the tropical distribution, suggesting that the former is the dominant floristic composition in the reserve. In other words, the origin of flora in the reserve is mainly temperate at the species level, while subject to considerable influence of the tropical flora distribution. It has the nature of floral elements transiting from subtropical to temperate distribution and clearly shows the floristic nature of the temperate zone. It proves that Wumeng Mountains are different from other areas in Yunnan and most other parts of Southwest China. And obviously, it is located in the center of East Asian flora and has a stronger nature of the floral traits of Central China.

3.1.5 Remarkable Diversity of Floral Sources and a Wide Range of Geographical Elements

The flora of seed plants in Wumeng Mountains National Nature Reserve is generally composed of North Temperatezone, East Asia and Tropical Asia distribution, which are the three major origins of seed flora in Wumeng Mountains National Nature Reserve. There are obvious temperate origins and good development of tropical elements, which belong to the nature of the transition from subtropical to warm temperate zone, and the species of temperate zone are dominant, which fully reflects the transitional characteristics of the reserve from subtropical to warm temperate climate. The species composition shows obvious substitution and transition, leading to complex floral composition and extensive connection and prominent diversity of the geographical elements.

3.1.6 Outstanding Floral Endemism as Important Conservation Targets

In the reserve, there is one family endemic to China, namely the family *Davidiaceae*, and 10 families endemic to East Asia, accounting for 32.26% of all the families endemic to East Asia. Endemism at the genera level is also obvious. There are 17 families and 27 genera endemic to China in the reserve, accounting for 4.21% of all genera in the region, which is 23.48% of the genera endemic to Yunnan (115 genera), and 11.11% of the genera endemic to China. At the species level, there are 1603 species endemic to China (57.03% of the total), among which 28 species are endemic to the reserve (2.63% of species endemic to China), indicating remarkably high endemism. Among the endemic species concurrent in other regions, 296 species are common with Sichuan and Guizhou provinces, which is the highest number of common species, accounting for 18.47% of all elements endemic to China. The distribution of these species endemic to China are basically centered in Central China, and dispersed outward to other regions. This indicates that the region is an important distribution and speciation center of the elements endemic to East Asia, particularly, the elements endemic to China. Meanwhile, as the reserve is located on the west side of this origin and speciation center, some West China elements are also included. Because of their narrow geographical distribution, it is very difficult to restore these endemic elements once they are destructed.

3.1.7 Floral Status of the Rare and Endangered or Remnant Types Worldwide Implies Extremely Important Conservation Value

The presence and extensive development of the genus *Davidiaceae* endemic to China offer evidence to the ancientness and uniqueness of the geological history, flora and vegetation. The distribution of 27 genera endemic to China is another evidence of the floristic characteristics of the region. They all consolidate the important position of Wumeng Mountains National Nature Reserve in the floral regions in Yunnan and even in China.

The families which are endemic to East Asia and present in the reserve include *Tetracentraceae*, *Dipentodontaceae*, *Astragalaceae*, *Eupteleaceae*, *Stachydaceae*, *Actinidiaceae*, *Aucubaceae*, *Helwingia*, *Toricelliacea* and *Cephalotaxaceae*. This shows that the reserve is an integral part of the East Asian floral region, and its geological history is consistent with that of the entire East Asia, and they are closely related to the occurrence of the East Asian flora. They all belong to the rare, endangered and remnant types worldwide that possess extremely important value for conservation.

The floras of seed plants in Wumeng Mountains National Nature Reserve are of East Asian elements, including 332 species of East Asian distributive type, accounting for 17.81% of the total species, and when added with 1063 species of China endemic types, the East Asian components account for 74.84% of the total species. The abundant endemic plants in the reserve further confirm the importance of the reserve for floristic protection.

3.2 Extremely Abundant Rare and Endangered Protected Plant Species

The rare and endangered vascular plants listed for protection are very rich in Wumeng Mountains National Nature Reserve, which mainly includes the following categories.

3.2.1 National Key Protected Wild Plants

In accordance with *The List of National Key Protected Wild Plants (The First Batch)* issued by the State Council in 1999, in Wumeng Mountains National Nature Reserve, there are 13 species listed as national key protected wild plants, belonging to 11 genera of 10 families. Specifically, these include 5 species of pteridophyte from 3 genera of 2 families; 2 species from 2 genera of 2 gymnosperm families and 6 species from 6 genera of 6 angiosperm families. They take up 5.14% of the 253 species in the List. Categorized by the protection grading, 2 species are listed for national Grade I protection, and 11 species for Grade II protection (See Table 3-3). 12 species are rare and endangered protected plants of China (See Table 3-4).

Table 3-3 List of national key protected wild plants in Wumeng Mountains National Nature Reserve

Number	Scientific name	Protection grade	Genus distribution regions	Species distribution regions	Distribution sites
1	*Davidia involucrata*	I	15	15.4.3	Sanjiangkou, above 2000m elevation
2	*Taxus chinensis* var. *mairei*	I	8	15.4.2.6	Sanjiangkou, Haiziping, between 1500m and 2000m elevation
3	*Fokienia hodginsii*	II	7.4	7.4	Sanjiangkou, above 1520m elevation
4	*Cercidiphyllum japonicum*	II	14.2	15.4.3	Sanjiangkou, above 1810m elevation
5	*Emmenopterys henryi*	II	7.3	15.4.3	Haiziping, above 1550m elevation
6	*Dipentodon sinicus*	II	14.1	15.4.2.2	Haiziping, Chaotianma, between 1500m and 2060m elevation
7	*Tetracentron sinense*	II	14.1	14.1	Sanjiangkou, Chaotianma, between 1750m and 1850m elevation
8	*Phellodendron chinense*	II	14.2	15.4.3	Sanjiangkou, Chaotianma, between 1820m and 2000m elevation
9	*Cibatium barometz*	II			Grow on acidic soils at sheltered sites on the mountain foot, along canal banks and under forest.
10	*Alsophila costularis*	II			Grow in valley forest between 700m and 2100m elevation
11	*Alsophila spinulosa*	II			Grow on streamside or in sparse forest on mountains between 1600m and 1800m elevation
12	*Gymnosphaea denticulate*	II			Grow under forest on mountain slopes.

Continued

Number	Scientific name	Protection grade	Genus distribution regions	Species distribution regions	Distribution sites
13	*Gymnosphaea metteniana*	II			Grow under forest on mountain slopes, streamside or canal banks

Table 3-4 List of China's Rare and Endangered Protected Plants in WMNNR

Number	Scientific name	Protection Grade	Category	Genus distribution regions	Species distribution regions	Distribution sites
1	*Alsophila spinulosa*	I	VU			
2	*Davidia involucrate*	I	RA	15	15.4.3	Sanjiangkou, above 2000m elevation
3	*Fokienia hodginsii*	II	RA	7.4	7.4	Sanjiangkou, above 1520m elevation
4	*Cercidiphyllum japonicum*	II	RA	14.2	15.4.3	Sanjiangkou, Haiziping, above 1810m elevation
5	*Emmenopterys henryi*	II	RA	7.3	15.4.3	Haiziping, above 1550m elevation
6	*Dipentodon sinicus*	II	RA	14.1	15.4.2.2	Haiziping, Chaotianma, between 1500m and 2060m elevation
7	*Tetracentron sinense*	II	RA	14.1	14.1	Sanjiangkou, Chaotianma, between 1750m and 1850m elevation
8	*Gastrodia elata*	III	VU	5	14	Sanjiangkou, Chaotianma, between 1780m and 2100m elevation
9	*Tsuga chinensis* var. *tchekiangensis*	III	VU	9	15.4.2.6	Chaotianma, above 1950m elevation
10	*Qiongzhuea tumidissinoda*	III	RA	15	15.4.1.1	Chaotianma, above 2045m elevation
11	*Euptelea pleiospermum*	III	RA	14	7.2	Sanjiangkou, above 1860m elevation
12	*Tapiscia sinensis*	III	RA	15	15.4.2.6	Sanjiangkou, above 1800m elevation

VU: vulnerable; RA: rare. *The List of National Key Protected Wild Plants (The First Batch)* assigns three endangerment categories to the national key protected wild plants, including endangered (EN), rare (RA) and vulnerable (VU).

3.2.2 Key Protected Plants of Yunnan Province

In accordance with the *The First Batch of Key Protected Wild Plants in Yunnan Province (*1989), in Wumeng Mountains National Nature Reserve, there are 6 species from 6 genera of 6 families of Yunnan Provincial key protected plants (See Table 3-5). Of these, there are 1 species from 1 genus of 1 gymnosperm family and 56 species from 5 genera of 5 angiosperm families. They are all dicotyledonous plants. These 6 species account for 3.2% of all the provincial key protected wild plants in Yunnan (218 species), of which 1 species (*Nothaphoebe cavaleriei*) is listed for Grade I key protection in Yunnan, which is 20% of the 5 species listed for Grade I key protection, and 1 species belongs to Grade II key protection in Yunnan, accounting for 1.8% of the 55 species listed for Grade II protection in Yunnan; 4 species are listed for Grade III key protection, which is 3.16% of all the 158 species under Grade III key protection in Yunnan.

Table 3-5 List of key protected plants of Yunnan Province in Wumeng Mountains National Nature Reserve

No.	Scientific name	Protection Grade	Genus distribution regions	Species distribution regions	Distribution sites
1	*Nothaphoebe cavaleriei*	I	3	15.4.1.4	Sanjiangkou, above 1580m elevation
2	*Pterostyrax psilophyllus*	II	14.2	15.4.1.6	Sanjiangkou, Haiziping, between 1600m and 2070m elevation
3	*Pterocarya delavayi*	III	11	15.4.1.5	Sanjiangkou, 2039m elevation
4	*Daphne feddei*	III	8.4	15.4.1.4	Chaotianma, between 1960m and 2030m elevation
5	*Tsuga chinensis* var. *tchekiangensis*	III	8	15.4.2.6	Chaotianma, above 1950m elevation
6	*Dysosma veitchii*	III	14.1	15.4.1.4	Chaotianma, above 1900m elevation

3.2.3 Protected Species on *China Species Red List*

Based on *China's Species Red List* (2004), there are 23 families, 37 genera and 66 protected species in Wumeng Mountains National Nature Reserve (See Table 3-6).

Table 3-6 Protected species on *China Species Red List* in Wumeng Mountains National Nature Reserve

Number	Scientific name	Protection grade	Genus distribution regions	Species distribution regions	Distribution sites
1	*Acer amplum*	NT	8.4	15.4.1.1	Chaotianma, above 1750m elevation
2	*Acer davidii*	LC	8.4	15.4.3	Chaotianma, Sanjiangkou, Haiziping and others, between 1140m and 1900m elevation
3	*Acer erianthum*	NT	8.4	15.4.3	Sanjiangkou, between 1500m and 1850m elevation
4	*Acer flabellatum*	LC	8.4	15.4.2.4	Sanjiangkou, Chaotianma and other areas, between 1860m and 2450m elevation
5	*Acer franchetii*	LC	8.4	15.4.3	Sanjiangkou, 1850m and 2300m elevation
6	*Acer hookeri*	VU	8.4	14.1	Sanjiangkou, Chaotianma and other areas, above 2450m elevation
7	*Acer laxiflorum*	LC	8.4	14.1	Sanjiangkou, between 1858m and 1950m elevation
8	*Acer mono var. macropterum*	LC	8.4	15.4.3	Sanjiangkou, above 1947m elevation
9	*Acer oliverianum*	LC	8.4	15.4.2.4	Sanjiangkou, between 1580m and 2040m elevation
10	*Acer sinense*	LC	8.4	15.4.2.4	Sanjiangkou, above 2200m elevation
11	*Actinidia grandiflora*	CR	14	15.4.1.1	Sanjiangkou, above 1850m elevation
12	*Actinidia vitifolia*	VU	14	15.4.1.1	Sanjiangkou, Chaotianma and other areas, between 1600m and 1960m elevation
13	*Arenaria quadridentata*	VU	8.4	15.4.3	Sanjiangkou, above 1810m elevation
14	*Berberis iteophylla*	EN	8.5	15.32	Sanjiangkou, between 1830m and 1980m elevation
15	*Calanthe arcuata var. brevifolia*	NT	2	15.43	Chaotianma, above 1960m elevation
16	*Calanthe mannii*	VU	2	14.1	Sanjiangkou, above 2050m elevation
17	*Calanthe odora*	NT	2	7	Chaotianma, above 2040m elevation

Continued

Number	Scientific name	Protection grade	Genus distribution regions	Species distribution regions	Distribution sites
18	*Calanthe puberula*	NT	2	14.1	Sanjiangkou, above 1700m elevation
19	*Chimonobambusa tuberculata*	VU	14	15.4.1.1	Chaotianma, between 1560m and 1650m elevation
20	*Collabium chinense*	VU	7	7.4	Haiziping, above 1405m elevation
21	*Corylus chinensis*	VU	4	15.4.1.1	Chaotianma, between 1930m and 2050m elevation
22	*Davidia involucrata*	VU	15	15.4.3	Sanjiangkou, above 2000m elevation
23	*Dipentodon sinicus*	VU	14.1	15.4.2.2	Haiziping, Chaotianma and other areas, 2060m elevation
24	*Dysosma veitchii*	VU	14.1	15.4.1.4	Chaotianma, above 1900m elevation
25	*Emenopterys henryi*	NT	7.3	15.4.3	Haiziping, above 1550m elevation
26	*Enkianthus chinensis*	LC	14	15.4.2.6	Sanjiangkou, Chaotianma and other areas, between 1360m and 2450m elevation.
27	*Epipactis helleborine*	NT	8.4	7.3	Sanjiangkou, between 1780m and 1800m elevation.
28	*Epipactis mairei*	NT	8.4	7.3	Chaotianma, above 1520m elevation.
29	*Euonymus szechuanensis*	VU	1	15.4.3	Chaotianma, Sanjiangkou, between 1927m and 2300m elevation.
30	*Fokienia hodginsii*	VU	7.4	7.4	Sanjiangkou, above 1520m elevation.
31	*Galeola lindleyana*	NT	5	14.1	Sanjiangkou, between 1800m and 2020m elevation.
32	*Gastrodia elata*	VU	5	14	Sanjiangkou, Chaotianma and other areas, between 1780m and 2100m elevation.
33	*Hemsleya macrosperma*	VU	14.1	15.3.3	Chaotianma, above 1960m elevation.
34	*Liparis cathcartii*	VU	2	14.1	Sanjiangkou, above 1880m elevation.
35	*Listera mucronata*	NT	8	14	Sanjiangkou, Haiziping, Chaotianma and other areas, between 1555m and 2039m elevation.
36	*Lithocarpus oblanceolatus*	VU	9	15.4.1.1	Sanjiangkou, above 1580m elevation.
37	*Malus hupehensis*	LC	8	15(1)	Chaotianma, between 1820m and 1990m elevation.
38	*Malus prattii*	VU	8	15.4.1.1	Sanjiangkou, Chaotianma and other areas between 1750m and 1960m elevation.
39	*Padus brunnescens*	VU	8.4	15.4.1.1	Sanjiangkou, Chaotianma and other areas, between 1827m and 1900m elevation.
40	*Pieris Formosa*	VU	9	14.1	Chaotianma, Sanjiangkou and other areas, between 1480m and 1950m elevation.
41	*Pleione bulbocodioides*	VU	7.2	15.4.3	Sanjiangkou, above 1900m elevation.
42	*Primula chartacea*	VU	8.4	15.3.3	Chaotianma, Haiziping and other areas, between 1552m and 1950m elevation.
43	*Pterostyrax psilophyllus*	VU	14.2	15.4.1.6	Chaotianma, Haiziping and other areas, between 1600m and 2070m elevation.
44	*Qiongzhuea tumidissinoda*	NT	15	15.4.1.1	Chaotianma, above 2045m elevation.
45	*Rehderodendron macrocarpum*	VU	7.3	7.4	Haiziping, Chaotianma, Sanjiangkou and other areas, between 1200m and 2060m elevation.
46	*Rhododendron rgyrophyllum*	LC	8.4	15.4.1.4	Chaotianma, above 1900m elevation.
47	*Rhododendron atrovirens*	VU	8.4	15(2)	Chaotianma, Sanjiangkou and other areas, between 1900m and 1947m elevation.
48	*Rhododendron floribundum*	VU	8.4	15.4.1.1	Chaotianma, Sanjiangkou and other areas, between 1850m and 2050m elevation.

Continued

Number	Scientific name	Protection grade	Genus distribution regions	Species distribution regions	Distribution sites
49	*Rhododendron flumineum*	VU	8.4	15.3.4	Chaotianma, 2048m elevation.
50	*Rhododendron huianum*	NT	8.4	15.4.1.4	Sanjiangkou, Chaotianma and other areas, between 1900m and 2300m elevation.
51	*Rhododendron lutescens*	LC	8.4	15.4.1.1	Sanjiangkou, Chaotianma and other areas, between 1855m and 1985m elevation.
52	*Rhododendron moupinense*	VU	8.4	15.4.1.1	Sanjiangkou, above 2450m elevation.
53	*Rhododendron ochraceum*	VU	8.4	15.4.1.1	Chaotianma, Sanjiangkou and other areas, between 1950m and 2450m elevation.
54	*Rhododendron praevernum*	LC	8.4	15.4.3	Sanjiangkou, above 2450m elevation.
55	*Rhododendron stamineum*	LC	8.4	15.4.3	Chaotianma, between 1340m and 2040m elevation.
56	*Rhododendron williamsianum*	VU	8.4	15.4.1.4	Chaotianma, above 1850m elevation.
57	*Rhododendron Yünnanense*	LC	8.4	14.1	Chaotianma, above 2081m elevation.
58	*Selinum cryptotaenium*	VU	10	15.3.2	Sanjiangkou, between 1858m and 1865m elevation.
59	*Sorbus scalaris*	CR	8	15.4.1.1	Sanjiangkou, above 1810m elevation.
60	*Spiranthes sinensis*	LC	8.4	8.1	Sanjiangkou, above 1850m elevation.
61	*Tainia dunnii*	NT	5	15.4.2.6	Chaotianma, above 2000m elevation.
62	*Tsuga chinensis var. tchekiangensis*	NT	9	15.4.2.6	Chaotianma, above 1950m elevation.
63	*Vaccinium delavayi*	LC	8.4	7.3	Chaotianma, above 2400m elevation.
64	*Vaccinium moupinense*	VU	8.4	15.4 1.1	Chaotianma, above 2048m elevation.
65	*Vaccinium pubicalyx*	LC	8.4	14.1	Chaotianma, Sanjiangkou and other areas, between 1741m and 2081m elevation.
66	*Viburnum trabeculosum*	VU	8	15.3.2	Sanjiangkou, Chaotianma and other areas, between 1900m and 2450m elevation.

VU: Vulnerable; NT: Near Threatened; LC: Least Concern; CR: Critically Endangered; EN: Endangered.

3.2.4 Protected Plants in CITES Appendices

In accordance with *The Convention on International Trade in Endangered Species of Wild Fauna and Flora* (2017, CITES), 5 families, 14 genera and 19 protected plant species included in the CITES appendices are present in Wumeng Mountains National Nature Reserve (See Table 3-7).

Table 3-7 CITES protected species recorded in Wumeng Mountains National Nature Reserve

No.	Scientific name	Genus distribution regions	Species distribution regions	Distribution sites
1	*Actinidia grandiflora*	14	15.4.1.1	Sanjiangkou, above 1850m elevation.
2	*Euphorbia sieboldiana*	1	8	Chaotianma, between 1820m and 1840m elevation.
3	*Euphorbia sikkimensis*	1	14.1	Chaotianma, between 1920m and 1950m elevation.
4	*Tetracentron sinense*	14.1	14.1	Sanjiangkou, 2039m elevation.
5	*Rubia wallichiana*	8.4	7	Sanjiangkou, Xiaochaoba and other areas, between 1750m and 1850m elevation.

Continued

No.	Scientific name	Genus distribution regions	Species distribution regions	Distribution sites
6	*Epipactis helleborine*	8.4	7.3	Sanjiangkou, between 1780m and 1800m elevation.
7	*Epipactis mairei*	8.4	7.3	Chaotianma, above 1520m elevation.
8	*Calanthe arcuata* var. *brevifolia*	2	15.43	Chaotianma, above 1960m elevation.
9	*Calanthe mannii*	2	14.1	Sanjiangkou, above 2050m elevation.
10	*Calanthe odora*	2	7	Chaotianma, above 2040m elevation.
11	*Calanthe puberula*	2	14.1	Sanjiangkou, above 1700m elevation.
12	*Collabium chinense*	7	7.4	Haiziping, above 1405m elevation.
13	*Galeola lindleyana*	5	14.1	Sanjiangkou, between 1800m and 2020m elevation.
14	*Gastrodia elata*	5	14	Sanjiangkou, Chaotianma and other areas, between 1780m and 2100m elevation.
15	*Liparis cathcartii*	2	14.1	Sanjiangkou, above 1880m elevation.
16	*Listera mucronata*	8	14	Sanjiangkou, Haiziping, Chaotianma and other areas, between 1555m and 2039m elevation
17	*Pleione bulbocodioides*	7.2	15.4.3	Sanjiangkou, above 1900m elevation.
18	*Spiranthes sinensis*	8.4	8.1	Sanjiangkou, above 1850m elevation.
19	*Tainia dunnii*	5	15.4.2.6	Chaotianma, above 2000m elevation.

3.2.5 The National and Provincial Protected Plants Sharing a High Proportion of the Monotypic and Oligotypic Genera in the Reserve Are the Elite Elements and Primary Conservation Targets

In the nature reserve, 13 national and 19 provincial key protected species are present (*Tsuga chinensis* var. *tchekiangensis* is protected in both China and Yunnan Province). 8 of these protected plant species are from monotypic genera (genus with only one species), they are *Davidia*, *Euptelea*, *Dipentodon*, *Tetracentron*, *Cercidiphyllum*, *Fokienia*, *Emmenopterys* and *Taxus*. They take up 47% of all genera of plant species in the reserve that are listed for national and provincial key protection.

The 5 oligotypic genera, namely *Tapiscia*, *Coptis*, *Gastrodia*, *Tsuga* and *Qiongzhuea* share 27% of all the 17 national and provincial protected genera in the reserve; 14 monotypic and oligotypic genera (inclusive of monotypic families) share 74% of the national and provincial protected genera in the reserve, which is a high proportion.

The statistics show that the rare and endangered protected plant species in Wumeng Mountains National Nature Reserve are extremely rich with concentrated distribution, which is very rare in the same category of nature reserves in Yunnan. These species possess extremely high value and manifold significance for scientific research, for sustaining ecosystem stability and for preservation of genetic germplasm resources and economic uses, and they deserve to be the elite elements and the primary conservation targets of the reserve.

3.3 Rich Plant Species Endemic to the Reserve and High Proportion of Endemic Taxa

3.3.1 Genera Endemic to China

In Wumeng Mountains National Nature Reserve, 27 genera (33 species) of seed plants distributed only in China are present, accounting for 4.22% and 1.77% of all genera and species in the reserve, and 11.11% of 243 genera endemic to China, which is a very high ratio. The genera include *Qiongzhuea* (4 species), *Clematoclethra* (3 species), *Notoseris* (2 species), *Davidia* (1 species), *Paraprenanthes* (1 species) and *Tapiscia* (1 species). Of the 27 genera, 13 genera, including *Anisachne* (1 species), *Homocodon* (1 species), *Melliodendron* (1 species) and *Davidia* (1 species), are monotypic.

3.3.2 Species Endemic to China

There are 1063 species endemic to Wumeng Mountains National Nature Reserve, which constitute the main floral elements of the reserve and share 57.03% of the species endemic to China. Such a high endemism highlights the importance of the reserve.

3.3.3 Species Endemic to the Reserve

Wumeng Mountains National Nature Reserve is rich in endemic species, totaling 28 species, such as *Berberis weixinensis*, *Corydalis longkiensis*, and *Parnassia monochorifolia*. They share 2.63% of all floristic assemblage endemic to China and has made the reserve one of the categories with the most endemic species in Yunnan. This exhibits the uniqueness of this region.

3.3.4 Species Common to the Reserve and Yunnan

There are 125 species common to both the reserve and Yunnan, which is 11.76% of all species endemic to China. Such a commonality establishes the correlation between floristic elements in the reserve and Yunnan.

Among them, 38 species are common in Northeast Yunnan, which is 3.57% of the endemic species in China; besides, 28 species are common to West and Northwest Yunnan, sharing 2.63% of the endemic species in China; 26 species are common in the reserve and in South Yunnan, accounting for 2.45% of the endemic species in China. They well describe the correlation between the reserve and the two major centers of biodiversity speciation in Yunnan.

In addition to the species endemic to China, most of the temperate species are the East Asian elements and their subtypes, among which the China-Himalayan distribution shares the most, and to some extent, the reserve belongs to the East Asian floristic region. These provide evidences for the close relationship with China-Himalayan forest floristic subregion. Most of the species of tropical nature are tropical Asian distribution and its subtypes, which illustrate the ancientness of the floristic elements in this region.

3.3.5 Prominent Floristic Endemism

The formation of endemic taxa implies the uniqueness of a floristic region. Temporally, endemic taxa generally demonstrate the history and status of evolution, relicts, or systematic differentiation; spatially, analysis of endemic taxa, supported with data of geological history and paleontology, contributes to establishing strong evidences for the floristic nature of the region. Therefore, it is important to analyze the endemism of seed plants in Wumeng Mountains National Nature Reserve to understand the compositions, nature, and characteristics of the floristic assemblage, as well as the occurrence and evolution of the regional flora.

1) Family endemism

There are 31 endemic families in the East Asian floristic region. The presence of the 10 East Asia endemic families in Wumeng Mountains National Nature Reserve, sharing 32.26% of all families endemic to East Asia, namely *Tetracentraceae*, *Dipentodotaceae*, *Cercidiphyllaceae*, *Eupteleaceae*, *Stachyuraceae*, *Torricelliaceae*, *Aucubaceae*, *Actinidiaceae*, *Helwingiaceae*, and *Cephalotaxaceae*, suggests that the reserve is an integral part of the East Asian floristic region, revealing the consistency of its geological history with that of the East Asia; and they are closely linked to the occurrence and development of the East Asian floristic region. In particular, the presence of the monotypic families *Tetracentraceae* and *Dipentodotaceae* plays an important role in disclosing the origin and history of seed plants in the reserve. In addition, the family *Sabiaceae* endemic to tropical Asia also occurs in the reserve. This family contains about 19~30 species in only one genus, of which 16 species are present in China and 7 species in the reserve. This claims a rich species diversity and indicates that the region is influenced by the subtropics and transits from subtropics to the warm temperate zone.

2) Genus endemism

There are 27 genera of seed plants endemic to China in Wumeng Mountains National Nature Reserve. They belong to 17 families and account for 4.21% of all genera in this region, 23.48% of the genera (115 genera) endemic to Yunnan and 11.11% of all genera endemic to China, exhibiting outstanding endemism and high diversity. However, the flora of Wumeng Mountains National Nature Reserve differs significantly from that of the vast central Yunnan Plateau and Hengduan Mountains. Compared with the two endemism centers of Northwest Yunnan and Southeast Yunnan in terms of endemic genera, 7 genera in this region are common to the new endemic center of Northwest Yunnan, 9 genera to the paleoendemic center of Southeast Yunnan, and 4 genera common to both endemic centers. This supports a distant correlation and enhance the uniqueness of the flora of Wumeng Mountains National Nature Reserve in the flora of Yunnan.

3) Species endemism

The areal-type distribution of endemic species in China shares the largest proportion in the flora of the reserve. There are 1603 species endemic to China, sharing 57% of all the species, of which, 28 species are endemic to the reserve, and 153 species are endemic to Yunnan, sharing 8.2% of the total. Among the endemic species, not only a large number of ancient woody elements are persevered, a large number of new elements have also differentiated. The former includes *Kadsura longipedunculata, Euptelea pleiospermum*, *Tetracentron sinense*, *Cercidiphyllum japonicum*, *Davidia involucrata*, *Actinidia rubricaulis* and so on, and the latter includes some herbaceous types, like *Primula obconica*, *Lysimachia hemsleyi* and *Synotis erythropappa*.

Wumeng Mountains National Nature Reserve is one of the diversity centers of pteridophyte in China. In terms of the geographical composition of pteridophytes at the species level, one group of pteridophytes are endemic to the Wumeng Mountains, like *Plagiogyria assurgens*, *Athyrium araiostegioides*, *Craspedosorus sinensis*, *Dryopteris reflexosquamata*, and *Polystichum subfimbriatum*.

The endemism at the family, genus and species levels in Wumeng Mountains National Nature Reserve reveals the fact that the nature reserve belongs biogeographically to the East Asia floral region and that it has a natural history and origin common to the East Asia floral region.

3.3.6 New Discovery and Abundant New Distribution in Yunnan Have Exceptional Significance in China's East Asian Biogeographic Region

The comprehensive scientific surveys reveal that the nature reserve is abundant in plant species with new distribution in Yunnan, totaling 73 species from 58 genera of 32 families. Over half of these new distributions are herbaceous, which is closely attributable to their dispersal ability and adaptability. Of these, 61 species are endemic to China, 5 species are of the Northern Temperate zone distribution, 4 species of the East Asia distribution and 3 species of the Tropical Asia distribution. This data set presents almost a complete microcosm of the regional flora and has proven that the origin of the temperate zone and the features of East Asia flora. These new discoveries in the reserve offer evidences for the exceptional significance of Wumeng Mountains National Nature Reserve in the East Asia biogeographic region.

3.3.7 Prominent Diversity of Bamboo Floral Assemblage and an Important Natural Distribution Center of Monopodial Bamboo Species in China

Wumeng Mountains National Nature Reserve is located to the north of the climatic division line in Zhaotong Prefecture. The average annual rainfall in the area to the north of the humidity line is about 300mm more and even twice higher in the dry season from January to April than that in the southern region. Throughout the winter semester, the sky is generally overcast with rain and high atmospheric humidity, and ample rainfall is expected from late autumn to early spring. Such climatic features fit well the rainfall requirement of monopodial bamboo species for shooting in spring, and have made this region one of the areas with the richest diversity of large and medium monopodial bamboo species mixing with medium and small bamboo species in Southwest China.

1) Species composition characteristics

There are 61 bamboo species of 13 genera in the territory of Zhaotong City, which are 46.4% and 32.5% of all genera in Yunnan and China, respectively; the species account for 29.0% and 15.3% of the provincial and national total. It is one of the regions with the richest bamboo species in Southwest China. Although the reserve is of moderate size, it is very rich in wild bamboo plants. Recorded in the reserve are 9 genera and 29 bamboo species, which are 69% and 47.5% of the 13 genera and 61 species in Zhaotong City. The composition is dominated by some large and medium monopodial and mixed bamboo species with the most species in the genera *Yushania* (7 species), *Phyllostachys* (7 species), *Chimonobambusa* (5 species) and *Qiongzhuea* (4 species). The highest regional flora presence is species of the genus *Qiongzhuea*, which accounts for 33.3% of all 12 species in the genus in China. Hence, this region is the distribution center and abundance center of the genus *Qiongzhuea*, and an important natural distribution center of monopodial bamboo plants in China.

2) High proportion of endemic and regional endemic species

①The most characteristic of the distribution types of bamboo species in the reserve is the extremely high endemism. Of the 29 bamboo species, 28 are endemic to China, accounting for 96.6% of all bamboo species in the reserve. Of these, 12 species are endemic to Southwest China, reaching a proportion of 41.4%. Mostly, they are distributed only in the regions adjoining Yunnan, Guizhou and Sichuan, and 6 species endemic to the narrow region are found only in Northeast Yunnan, which is 20.7% of all bamboo species in the reserve. Therefore, 18 (62.1%) of the 29 bamboo species in the reserve found their distribution center in the northern part of Zhaotong, which fully manifests the features of high endemism of bamboo flora in the region.

②Wumeng Mountains National Nature Reserve is the distribution center of *Qiongzhuea tumidissinoda*, a rare and endemic bamboo species in China, which is listed for Grade III national protection of rare and endangered species, and it is endemic resource in the region adjoining Yunnan and Sichuan provinces. Its distribution area in the northern part of Zhaotong occupies 73% of the total distribution area of *Q. tumidissinoda*, making the area an important distribution center of the species.

3) The best preserved and largest area of origin of wild *Phyllostachys* species in Southwest China

As of now, over 200 hectares of wild *Phyllostachys* communities have been strictly protected with barely any anthropogenic disturbances but rich biodiversity, where the faunal and floral elements thrive and die naturally, and the natural ecological attributes of the communities are protected with good integrity and the rich genetic diversity of *Phyllostachys* species is well preserved. *Phyllostachys* species are the most important bamboo resources of China that are widely distributed in South China, such as in Zhejiang, Jiangsu, Jiangxi, Hunan, Fujian, and other provinces, and they have become the underpinning resources for the bamboo industry of China. However, most of the current bamboo forests in China are plantations, and a large share of these is monoculture which were established with clonal cultivation where overall biodiversity and genetic diversity are very low. In this regard, the natural forests of *Phyllostachys* species in this reserve undoubtedly possess important value for scientific research in biology, ecology, genetics, and phylogeny. It also provides important generic germplasm resources and sources of diverse genetic traits in the selection and breeding of elite *Phyllostachys* cultivars. Therefore, it has extremely high protection status and utilization value.

3.4 Features of Macrofungal Diversity

3.4.1 High Macrofungal Species Diversity

During the scientific inventories, 809 macrofungal specimens were collected, of which, 744 specimens were identified and 731 specimens recorded with names, encompassing 2 subphyla, 5 classes, 13 orders, 39 families, 104 genera and 243 species. Of these, there are 8 new records in China and 28 new species in Yunnan. Floristic analysis shows that the macrofungal distribution in the region is dominated with wide-ranging species worldwide (46%) and the ratios of the Pantropical and the Northern Temperate distribution are considerable at 18.4% and 23.5%, respectively. It reveals the rich fungal diversity in the region.

3.4.2 Prominent Diversity of Biogeographical Characteristics of Macrofungi

1) Distinct dominant families of wide-ranging distribution of the Northern Temperate zone

The dominant families include 53 species of the family *Polyporaceae* (22% of all species in the family), 44 species of the family *Tricholomataceae* (19%), 18 species of the family

Amanitaceae (7.5%) and 17 species of the genus *Boletaceae* (7.4%). In order, the rest are 15 species of the family *Russulaceae* (6.2%), 10 species of the family *Strophariaceae*, 10 species of the family *Cortinariaceae* and 10 species of the family *Clavariaceae*. All the eight families have wide-ranging distribution worldwide or have mainly distributed in the Northern Temperate zone. There are 177 species in these dominant families, and they share 72.8% of all species, whereas these 8 families account for merely 20.5% of all 39 families.

2) High ratio of monotypic families reveals extremely high family representativeness

There are 16 families represented by only one species in the reserve, or 41% of all families, and the species in this group take up 6.6% of all species; 15 families are represented by 5 to 9 species (38.5% of total), and the species in this group share 20.6% of all species, and there are 8 dominant families whose species account for 72.8% of all species. As far as the geographical distribution of the families is concerned, the family *Ganodermataceae* is of tropical-subtropical distribution, and the rest are largely families of worldwide distribution or the Northern Temperate zone distribution.

3) High ratio of genera and species of worldwide distribution

The species of worldwide distribution share 46% of all identified species; the genera and species of pantropical distribution account for 18.4% of all species in the reserve, indicating that the macrofungi in the reserve contain some tropical elements. Species of the Northern Temperate zone distribution account for 23.5% of the total in the northern part of Zhaotong, and only a few species are of typical East Asia-North America distribution, merely about 2% of the identified species and about 5% of all species are of East Asian distribution.

Overall, the distribution of macrofungi in Wumeng Mountains National Nature Reserve is rich in species and diverse ecotypes, and many species have high utilization value. Many of these species also play irreplaceable roles in the material cycle and energy flow in the ecosystems.

3.4.3 High Utilization Value of the Ecotypic Diversity of Macrofungi

The nature reserve harbors rich macrofungal ecotypes, including the multiple ecotypes of saprophytic fungi, parasitic fungi, symbiotic fungi, and commensal fungi. The saprophytic fungi and symbiotic fungi are the most common, sharing over 95% of the fungal species in this area. This demonstrates that the macrofungi are closely related to forest plants.

Except for a few harmful ones, most of the macrofungal species found in the reserve have value for utilization and extraction. More than 90 species are explicitly recorded to be edible, accounting for 40% of all species. Among these edible species, many taste good and have high nutritional value. In addition to the edible fungi, a considerable portion of the fungi is medicinal. As many as 51 macrofungal species collected during the inventories have certain medicinal value, which is more than 20% of all species collected. What is worth noting is that

Gastrodia elata, an exceptionally unique medicinal plant in the region, is a symbiotic product between *G. elata* and the fungus *Armillaria mellea*. It is of great significance and practical value to protect and study these fungal species (such as *A. mellea*) in this region as they contribute to promoting the sustainable use and cultivation of wild gastrodia and developing the gastrodia industry in general.

3.5 Characteristics of Resources Plants in the Reserve

3.5.1 Numerous Species and Complete Categories of Resource Plants

There are 207 families, 751 genera, 2094 species of vascular plants in Wumeng Mountains National Nature Reserve, sharing over 70% of all the available resources plants for human use today. Through inventories and analysis, it is found that the resource plants in the reserve are not only highly diverse with complete categories, but a broad range of species also have huge reserves and very rich germplasm resources. The inventories and literatures show that more than 100 families, 800 species of resource plants are present in the reserve, including wild edible plants, medicinal plants, oil plants, poisonous plants, tanning plants, honey plants, starch and sugar plants, wood, fiber plants, ornamental plants and so on. They have great value for utilization and extraction.

1) Numerous types of edible resources plants

There are many kinds of plants in edible resources. There are 22 families and 54 species of main wild edible plants in the reserve, of which, the shoots of *Qiongzhuea tumidissinoda* (arhat bamboo shoots), square bamboo (*Chimonobambusa tuberculate*), fishscale bamboo (*Phyllostachys heteroclada* Oliver.) are well-known wild edible plants in addition to *Gastrodia elata*. Harvesting and marketing of bamboo shoots are also one of the main income sources of local community residents, especially *Qiongzhuea* shoots. Its yield reached 4000 tons in 2017.

Kiwifruit is one of the most abundant species of edible wild fruits in the reserve. Others include starch and sugar resource plants of 8 families and 16 species in the reserve. They are mainly for food and animal feed. Moreover, there are also resources plants for protein, edible oil, vitamin, beverages, pigments, sweeteners, and honey.

2) Species characteristics of medicinal resource plants

Thanks to the diverse complex vegetation types, many medicinal plants have been preserved and survived in the reserve. In total, 89 families and 348 species of wild medicinal plants are growing and propagating in the reserve, among which, the well-known ones include *Gastrodia elata*, *Panax notoginseng*, *Belamcanda chinensis*, *Coptis omeiensis*, plants of the genus *Schisandra* and so on. Other resources plants include raw chemical materials, animal medicines, plant pesticides and so on.

Yunnan is one of the main production areas of gastrodia in China. The gastrodia grown in Yunnan is of high quality and famous in domestic and international markets, and is hence called "Yunnan Gastrodia". Those grown in Zhaotong, Yiliang, Zhenxiong and other places are of best quality. Of these sources of production, the gastrodia grown in Xiaocaoba is large, fleshy, fat, translucent, and solid without any hollow. It is of superior quality and is the best representative of Zhaotong gastrodia and even of Yunnan. This product has long been reputed as "Yunnan Gastrodia". On August 16, 2004, it won the national title "Place of Origin of Gastrodia". When the English missionaries made expeditions to Yiliang in the mid-1890s, they showed very strong interested in gastrodia. On the map they sketched, a special mark "Xiaocaoba" was made to highlight the origin of the famous product and the extra attention to it. It is also recorded that, in the 50th year in the reign of Qianlong Emperor of the Qing Dynasty (1785), Yibin Government Office of Sichuan Province dispatched a commissioner to Xiaocaoba in Yiliang County to buy gastrodia that they would offer to Emperor Qianlong as a tribute for his birthday. In 1950, during the agricultural products exhibition held in Yunnan Province, gastrodia from Xiaocaoba of Yiliang won a special award. In 1973, at the Guangzhou Autumn Trade Fair, "Xiaocaoba Gastrodia of China" was on display in a velvet-woven pagoda in the exhibition hall for local produces with a tag price of CNY120000 per ton. The "Wild Gastrodia Liquor" and "Deluxe Wild Gastrodia" of Xiaocaoba in Yiliang County won the gold and silver awards, both at the Exhibition and Appraisal Conference of China's Elite Agricultural Products and Scientific and Technological Achievements in 1993, and at the Appraisal Conference of Food Experts held in Beijing in 1995. Nowadays, the brand "Xiaocaoba Gastrodia" of Yiliang has become more and more recognized by and familiar to people and the market sales of the serial products are increasing yearly. Zhaotong gastrodia is mainly of wild sources, including the two cultivars of "Zhujiewu" and "Mingtianma", the former has the best quality. In the 1950s, procurement in the whole prefecture amounted to about 30 tons. Since then, due to over harvesting, the yield declined gradually. To meet the demand of domestic and international markets as well as to rationally utilize the wild resources, clonal and non-clonal gastrodia propagation were started towards the end of the 1950s. In 1987, the research findings for gastrodia cultivation passed the appraisal of research achievements and were extended in 11 cities/counties. Then the annual procurement was restored to about 30 tons a year. Zhaotong City Pharmaceuticals Factory mainly used local gastrodia as the key ingredient, supplemented with other local medicinal materials and honey to make the "Gastrodia Tablets". With fine materials and quality production, the clinical effect of the tablets is quite significant and won the title of Yunnan Provincial Elite Product.

3) High quality nectar plants

The primary nectar plants in the reserve include *Tilla tuan* var. *tuan*, *Viburnum nervosum Ziziphus jujuba* and so on. Many of the species with rich resources in the genera *Litsea*, *Sorbus* L., *Rosa*, *Elaeagnus*, *Actinidia*, *Ligustrum*, *Rabdosia*, *Salvia*, *Eurya* and others in the reserve are also excellent nectar plants. Building apiculture bases in and around the nature reserve turns out to be a recommendable way that will not only make best use of the plant resources in the reserve, but also enhance plant pollination. By pollinating the plants in the reserve, bees contribute to maintaining the ecosystem services, meanwhile, reducing poverty of the local population and promoting the economic development in the adjacent areas of the reserve.

4) Abundant aromatic oils plant resources

There are over 50 plant species in 12 families with high aromatic oil content in the reserve, mainly including *Lindera thormsonii*, *Litsea cubeba*, *L. populifolia*, *Neolitsea aurata* and so on in the genus *Litsea* (family *Lauraceae*). The fruit (mainly in the pericarp) contains 2.5%~3.9% volatile oil. The main ingredients are α-citral and β-citral, both accounting for about 60%~70% of the total essential oil; others include citronellal (7.6%), limonene (11.6%), camphene (3.5%), methyl heptenone (3.1%) and hesperol.

5) Enormous potentials for oil plant extraction

There are 46 families and 76 species of oil plants recorded in the reserve. Presently, most of these oil plants are not adequately used and protected basically in a natural state, or even are not known. The main oil content in the seed of one of the main oil plants, *Pistacia chinensis,* is about 40% of seed, and its fatty acid composition is very similar to that of rapeseed oil, and it is a good choice of edible oil. It is also good raw material for biodiesel extraction. Moreover, it has strong adaptability and grows very well in the temperate, subtropical and tropical regions. It is also an important species for afforestation on barren hills and wastelands, a good ornamental tree species, as well as an elite oil and timber species.

6) Toxic plants are mostly Chinese herbal medicines and plant insecticides

Toxic plants are often important resources of Chinese herbal medicines and plant insecticides. Recorded in the reserve are roughly 37 families and 73 species, mostly from the families *Anacardiaceae*, *Alangiaceae*, *Euphorbiaceae*, *Rutaceae*, *Araceae* and *Ericaceae*. Of these, what is worth mentioning is *Toxicodendron radicans* ssp. *hispidum*, it is highly toxic and is one of the most toxic plants of all the known lacquer species. Most people may get severely allergic with it.

At present, utilization of toxic plant resources in the reserve is at a very preliminary stage. Lack of sufficient knowledge of these toxic plants has constrained the adequate use of these toxic plant resources. Except for some common or special toxic plants, local people know little about most of these toxic plants. But as a unique type of resource plants for medicines or plant insecticides, there lies enormous potentials for utilization.

7) Rich tanning and resin plants

There are 18 families and 26 species of tanning plants in the reserve, like *Rhus chinensis*, *R. punjabensis* var. *sinica*, and *Arenaria serpyllifolia*. When we exploit these tanning materials, priority considerations must be given to using their fruits and seeds, as the use of bark and roots is severely destructive to the plant.

Resin plants are capable of secreting a large amount of resin. In the reserve, it mainly refers to vegetal paint plants (arborous species of the genera *Rhus* and *Pinus*). The resin of lacquer tree is the main raw material of most of the lacquer used for making Chinese traditional furniture and the source of important industrial raw material for paint. Zhaotong is one of the major production areas of natural paint in Yunnan Province. There are also abundant lacquer tree resources in the reserve. The main lacquer secreting species is *Toxicodendron vernicifiuum*.

8) Excellent quality of fibrous plants

The plants of high fiber content in the reserve mainly are the species of some 10 families, such as *Celastrus gemmatus, Acer davidii*, *Calamagrostis epigeios*, *Phragmites australis*, *Coriaria nepalensis*. They come with superior fiber length and quality. The demand for plant fibers is growing with the development of various industries.

9) Rich and colorful host plants of insects with economic value

The host plants of insects with economic value in the reserve include mainly the host plants of lac and Chinese gallnut aphids and the host plant of lac is mainly *Dalbergia polyadelpha*. Lac is an important industrial raw material with very high economic value and it is widely used in the chemical, military, metallurgical, mechanical industries, and wood products, as well as in papermaking, electronics, medicines, food, and other industries. Their distribution in the reserve is also very wide. The host plants of Chinese gallnut aphids include *Rhus chinensis*, *R. punjabensis* var. *sinsica*, *Toxicodendron yunnanense* and so on. Chinese gallnut is a parasitic insect gall created by aphids of the family *Eriosomatidae*. It is used mainly to produce tanning extract. Medicinally, it can be used for lung asthenia and chronical cough, chronical dysentery and diarrhea, weakness and over sweating, as well as hemorrhoids and blood stool.

3.5.2 Wide Variety and Large Quantities of Plants with Special Resource Value

There are a large variety of resource plants in the reserve and many species have high value for economic use and conservation. Some species of large quantities, like different bamboo species, are distributed extensively over large areas. Bamboo wood can be used for construction and weaving handicrafts and the shoots of most bamboo species are edible. *Davidia involucrata*, a Grade I national key protected species, has a large quantity in the reserve and it also a species for quality timber and its fruit contains oil. *Gastrodia elata* is one type of extremely valuable medicinal herb. In the 11 cities/counties of Zhaotong Prefecture, there are areas most adaptable for growing wild *G. elata*. Xiaocaoba is also known as the "Hometown of Wild Gastrodia" in China for its high yield and superior quality. It ranks first among all the gastrodia production areas throughout China. Other rare and valuable species include *Dipentodon sinicus*, *Rehderodendron macrocarpum*, *Tetracentron sinense*, *Rosa roxbunghii*, *Rhizoma Paridis Yunnanensis, Lilium japonicum*, *Zingiber striolatum* Diels, *Cercidiphyllum japonicum* and so on. These species are in large quantities in the reserve.

4 Vegetation Types

4.1 Plentiful Vegetation Types and Concentrated Distribution of Forest Communities of Rare and Protected Tree Species

The vegetation of Wumeng Mountains National Nature Reserve can be categorized into 4 vegetation types, 5 subtypes, 19 formations and 44 associations (See Table 4-1). Although the vegetation types and subtypes are not as plentiful as those in the nature reserves in South Yunnan, the formations and associations are much more diversified, which primarily reflects the diversity of habitat types, species composition and ecosystem structure. In the meantime, the formations composed of rare and protected tree species, such as Form. *Davidia involucrata*, Form. *Tetracentron sinense*, Form. *Fagus lucida*, Form. *Dipentodon sinicus* are distributed in the reserve. It is very rare in the nature reserves of China that the distribution of protected tree species is so concentrated and has formed a considerable scale of monodominant formations.

Table 4-1 Vegetation system in Wumeng Mountains National Nature Reserve

Vegetation type	Subtype	Formation (Form.)	Associations (Ass.)
Ever-green broad-leaved forest	Humid evergreen broad-leaved forest	Form. *Castanopsis platyacantha*	Ass. *C. platyacantha-Schima sinensis* + *Chimonobambusa utilis*
			Ass. *C. platyacantha-S. sinensis* + *Qiongzhuea tumidinoda*
			Ass. *C. platyacantha-Q. tumidinoda* + *Plagiogyria assurgens*
			Ass. *C. platyacantha-Dipentodon sinicus* + *Yushania suijiangensis*
			Ass. *C. platyacantha-Sycopsis sinensis* + *Q. tumidinoda*
			Ass. *Lithocarpus variolosus-C. platyacantha* + *Q. tumidinoda*
		Form. *Lithocarpus variolosus*	Ass. *L. variolosus-S. sinensis* + *Y. suijiangensis*
			Ass. *Sycopsis sinensis-Lithocarpus variolosus-C. platyacantha* + *Q. tumidinoda*
		Form. *Schima sinensis*	Ass. *S. sinensis-C. utilis*
			Ass. *S. sinensis-C. platyacantha* + *Chimonobambusa montigena*
			Ass. *S. sinensis-S. sinensis-C. platyacantha* + *C. montigena*
			Ass. *S. sinensis-Castanopsis carlesii* + *Y. suijiangensis*
			Ass. *Symplocos hookeri-S. sinensis* + *Q. tumidinoda*
		Form. Hybrid evergreen broad-leaved forest	Ass. *Neolitsea sutchuanensis-Symplocos sumuntia*
Evergreen	Montane	Form. *Fagus lucida*	*Fagus lucida-Acer sinense* + *Q. tumidinoda*

Continued

Vegetation type	Subtype	Formation (Form.)	Associations (Ass.)
and deciduous broad-leaved mixed forest	evergreen and deciduous broad-leaved mixed forest in mountain areas		Ass. *Fagus lucida-S. sinensis* + *Q. tumidinoda*
			Ass. *Castanopsis platyacantha-F. lucida* + *Q. tumidinoda*
			Ass. *Neolitsea sutchuanensis-F. lucida* + *Q. tumidinoda*
		Form. *Davidia involucrata*	Ass. *D. involucrata* + *C. utilis*
			Ass. *D. involucrata* + Yushania suijiangensis
			Ass. *Carpinus fangiana-D. involucrata* + *Q. tumidinoda*
		Form. *Dipentodon sinicus*	Ass. *D. sinicus* + *C. utilis*
			Ass. *D. sinicus* + *Yushania suijiangensis*
			Ass. *D. sinicus-Castanopsis platyacantha* + *C. pachystachys*
		Form. *Acer flabellatum*	Ass. *Acer flabellatum-C. platyacantha* + *Q. tumidinoda*
			Ass. *Lithocarpus litseifolius-Acer flabellatum* + *Q. tumidinoda*
		Form. *Tetracentron sinense*	Ass. *T. sinensis*
		Mixed evergreen and deciduous broad-leaved forest	Ass. *Acanthopanax evodiaefolius-Schima sinensis*
Bamboo forest	Warm bamboo forest	Form. *Phyllostachys edulis*	Ass. *Phyllostachys edulis-Viburnum setigerum* + *Disporum bodinieri*
		Form. *Qiongzhuea tumidinoda*	Ass. *Q. tumidinoda*
			Ass. *Q. tumidinoda-Elatostema nasutum*
			Ass. *Q. tumidinoda-Phyllostachys heteroclada*
		Form. *Chimonobambusa quadrangularis*	Ass. *C. pachystachys*
			Ass. *C. pachystachys-Y. suijiangensis*
			Ass. *C. utilis*
		Form. *Phyllostachys heteroclada*	Ass. *P. heteroclada* + *Arthraxon prionodes*
			Ass. *P. heteroclada* + *Commelina paludosa*
Meadow	Swampy meadow	Form. *Sphagnum acutifolium*	Ass. *S. acutifolium-Scirpus lushanensis*
			Ass. *S. acutifolium-Carpesium abrotanoides-Scirpus lushanensis*
			Ass. *S. acutifolium-Isachne albens-Leersia japonica*
			Ass. *Juncus effusus-S. acutifolium*
	Typical meadow	Form. *Agrostis micrantha*	Ass. *Agrostis micrantha-Stellaria vestita*
		Form. *Callipteris esculenta*	Ass. *Callipteris esculenta-Polygonum perfoliatum*
		Form. *Polygonum* spp.	Ass. *Polygonum pubescens*

4.2 Main Rare and Protected Plant Species Formed Dominant Associations

One of the most unique characteristics of vegetation type composition in this reserve is that the rare protected tree species have formed dominant associations or monodominant associations. It is rare in other areas and these associations deserve special conservation value.

4.2.1 Rare Formation *Tetracentron sinensis*

Tetracentron sinensis is the only species of the genus *Tetracentraceae* and a rare and precious species in China. It lacks ducts in the wood structure and is one of the primitive taxa of angiosperms. The geographical distribution, ecological and biological characteristics of this species have important theoretical value for researching the origin, early evolution and geological dynamics of angiosperms. It may provide theoretical basis for better utilization and protection of this rare plant. *Tetracentron sinense* is mainly distributed in Central China and the Southwest Mountains of China and its modern distribution centers are located in the distribution centers of the endemic genera in China: the East Sichuan-West Hubei distribution center and the West Sichuan-Northwest Yunnan distribution center. However, the species generally does not form pure forest stands and rarely attains dominance in forest communities (Zhang Ping, 1999). However, in the reserve (near the Xiaocaoba limestone area in Chaotianma Subarea), the forest cover of the species reaches as high as 55%, and the species is often mixed with *Davidia involucrata*, *Rehderodendron macrocarpum*, *Fagus lucida* and other species such as *Camellia pitardii* to form monodominant formation. The quantity and dominance of other companion species in the community are relatively lower, which is very rare throughout its distribution areas.

4.2.2 Southern Limit of the Geographical Distribution of Association *Fagus lucid*

There are 5 *Fagus* species in China, of which *Fagus lucida* is distributed in Anhui, Zhejiang, Fujian, Jiangxi, Hubei, Hunan, Guangdong, Guangxi, Guizhou and Sichuan provinces. It is a species growing at between 750m and 2000m elevation in the mountain mixed forest or pure forest. During the inventories, since its new distribution in Yunnan Province is discovered, it has established a new record of the southern limit of its community distribution to date. As the reserve is located in a region adjoining Sichuan and Guizhou, the climatic conditions and topography are similar to those of Sichuan and Guizhou. The association belongs to a new association *Fagus lucida*. Although *Fagus lucida* remains to be the dominant species, other companion species have changed. The occurrence of *Fagus lucida* in the territory of Yunnan has important geographical implications.

Fagus lucida is a species endemic to China and there are many rare tree species and animals in the *Fagus lucida* forest in the reserve. Particularly, the type of forest in the reserve is a new distributed community in Yunnan and the westernmost boundary of its distribution. The association *Fagus Lucida-Qiongzhuea tumidissinoda* is a special type in the reserve because its species composition and characteristics of the association differ from those in Sichuan,

Guizhou, and other places. Also, the dominant species and undergrowth of the association differ. The shrubbery undergrowth is dominated by *Qiongzhuea tumidissinoda*, which is a Grade III national protected plant species. Moreover, as a limited number of adaptable tree species for afforestation in the subtropical middle mountains in China are available, there is enormous potential in researching on the ecological traits, technology for seed collection, seedling raising and afforestation of *Fagus lucida* as a dominant species of the forest community. Consequently, from the perspectives of both species conservation and sustaining the forest community, the association *Fagus lucida-Qiongzhuea tumidissinoda* should be listed as national conservation target.

4.2.3 Rare Pure *Davidia involucrata* Forest Is Preserved

Chinese dove tree (*Davidia involucrata*) is a species of the genus *Davidia* and a Grade I national protected plant species. It is a monotypic plant endemic to China and a relict species of the Tertiary paleotropical flora. *Davidia involucrata* was once widely distributed in many regions of the world, including the subtropical and temperate regions in China during the late Cretaceous and Tertiary period. However, after the Quaternary glaciation, *Davidia involucrata* underwent extinction in most parts of the world, and nowadays it exists only in the humid evergreen mixed broad-leaved deciduous forests in Sichuan, Yunnan, Guizhou, Shaanxi, Gansu, and other provinces at (lowest: 800m) 1100~2200m (highest: 2600m). *Davidia involucrata* var. *vilmoriniana*, a variant of *Davidia involucrata*, is distributed in western part of Hubei, Sichuan, Guizhou, and Yunnan provinces. The distribution of *Davidia involucrata* in China has established an important evidence for that the floral regions in China are among the oldest floral regions in the world (Wu Zhengyi, 2003). Research on *Davidia involucrata* forest provides valuable information for relevant studies on archaeology, geology, and historical plant geography.

Davidia involucrata forest is primarily distributed on the humid and gentle slopes between 1750~2050m elevation in Sanjiangkou of Yongshan County, Haiziping of Yiliang County and Luohanba of Daguan County, and in some cases, extending downward to 1530m elevation (Luohanba of Daguan County). In addition to scattered growth, it forms *Davidia involucrata* community when mixing with other deciduous or evergreen broad-leaved species. However, in some areas in Xiaocaoba, Chaotianma and Leidongping of Yiliang County, pure forest stands have formed in which important and rich germplasm is preserved, demonstrating that the reserve belongs to a central area for the concentrated distribution of *Davidia involucrata*.

Most of the *Davidia involucrata* communities in the reserve are primary forests with few disturbances, in which a great many ancient relict species from the Tertiary Period, like *Tetracentron sinense*, *Corylus fangiana* Hu., *Actinidia* spp., *Celastrus orbiculatus* Thunb. and *Acer* spp. are present. Apart from *Davidia involucrata*, other national protected species occurring in the communities include *Tetracentron sinense*, *Rehderodendron macrocarpum* and *Qiongzhuea tumidissinoda*. This further enhances the conservation value of *Davidia involucrata* forests. During the inventories, the largest Chinese dove tree was found at 1976m elevation in Sanjiangkou of Yongshan County to have a diameter at breast height of 203cm, which is extremely rare and highly valuable. No other anthropogenic disturbances have been found in the *Davidia involucrata* forests. Efforts must be strengthened to protect this very rare and highly valuable tree species and its communities.

4.2.4 Largest Distribution of Monodominant *Dipentodon Sinicus* Forest in China

Dipentodon sinicus is a monotypic species of the monotypic genus *Dipentodon* in the monotypic family *Dipentodontaceae*. It is endemic to East Asia and a rare species in China listed for Grade II national protection. Distribution of *Dipentodon sinicus* is found in all the southwest provinces of China. Nevertheless, due to minimal distribution areas and large forest stands rarely develop, no researcher has carried out any thematic research on *Dipentodon* sinicus forest.

In the inventories, the species in the reserve has its northernmost marginal distribution, and it is new distribution in the Wumeng Mountains. Within the scope of the reserve, it is mainly distributed on the middle and lower part of the mountains in Xiaocaoba, Chaotianma, Shuiyanba, Huanhe, Fenshuiling and Xiaogou between 1931m and 2048m elevation and forms monodominant forests. Only in the areas of Chaotianmahuanhe, Houhe and Wanwanhe, a concentrated distribution of 725hm^2 has been found, and it is distributed in an area of over 100m in the scope of the reserve. Such a large-scale distribution of rare tree species that forms monodominant forest has not been discovered in any other distribution areas of the species. Therefore, the presence of *Dipentodon sinicus* forest in the reserve carries very important value for research.

4.2.5 Only Domestic Distribution of Monodominant Primary Vegetation Type of *Acer flabellatum* Endemic to China

Acer flabellatum is an arborous species endemic to China and its distributions concentrate mainly in Northeast and East Yunnan with the Wumeng Mountains as the center. Its distribution outside Yunnan is also found in Jiangxi, the northwest part of Hunan, Sichuan, Guizhou, and North Guangxi provinces. But generally, *Acer flabellatum* occurs only sporadically in the forest in different regions and the community type dominated by this species has not been reported. In the reserve, it has been found that *Acer flabellatum* has formed dominant community type in the tree layer, with the companion species of *Castanopsis platyacantha* and other evergreen tree species, as well as *Qiongzhuea tumidissinoda* dominating the shrubbery layer.

This community is the only monodominant primary vegetation type found in the distribution areas of *Acer flabellatum* in China. This vegetation type has not yet been described in relevant research literature, including the monograph *Yunnan vegetation*. The inventory of this community in the reserve is an important supplementary to the evergreen and deciduous broad-leaved mixed forest, a subtropical zonal vegetation type in China. The community is not only rich in species composition, but also hosts mostly rare and endangered species. It is very rare that 3 rare and endangered plant species listed for national protection, namely *Tetracentron sinense*, *Rehderodendron macrocarpum* and *Qiongzhuea tumidissinoda* have occurred in one community. *Qiongzhuea tumidissinoda* is the dominant species covering over 90% of the shrubbery layer and the community is an important habitat for *Qiongzhuea tumidissinoda*, as well as for many other rare and endangered species. They have important implications for conserving the community and species diversity in the reserve.

4.3 Conservation Value of the Special Marsh Meadows in the Reserve

In Wumeng Mountains National Nature Reserve of Yunnan Province, the dominant and characteristic species of marsh meadows are the bryophyte *Sphagnum acutifolium*. Its cover in the community may often reach 50%~90% or even higher and other herbaceous plants are associated at different sites. *Sphagnum acutifolium*, a common bryophyte in the local marshy areas, grows in patches on the stoloniferous stems with a height of less than 10 cm. Yellowish green and with soft texture, this community has very strong water retention capacity and is a special wetland ecosystem type in the reserve.

All types of swamps in Wumeng Mountains National Nature Reserve are largely swamp meadows dominated by peat moss. This phenomenon is neither described in *Yunnan vegetation* nor in *The Vegetation of China*. It has been found in the inventories that it is a typical community type in local swamp habitat, although its distribution altitude is not high, they are distributed widely whereas only in small contiguous areas. In fact, this type of swamp meadow is a special type of the plateau wetlands in Northeast Yunnan. In addition to its water retention capacity, the swamp meadow also plays an important role in purifying and filtering water body, which is an irreplaceable role in sustaining the balance and stability of plateau ecosystems. As a special wetland ecosystem in this region, its presence has very important ecological implications, and as a regional typical vegetation type, it carries important value for research and conservation.

Moreover, these swampy meadows are closely connected with the production and livelihood activities of the local communities where they are called "grass lake""grass basin""dry lake" and so on. Harvesting *Sphagnum acutifolium* for sale is one of the important cash alternatives for local farmers. In this sense, it also has important value for utilization.

5 Features of Animal Diversity

5.1 Features of Animal Diversity

5.1.1 Abundant Species Composition

Recorded in Wumeng Mountains National Nature Reserve are 9 orders, 28 families, 70 genera and 92 mammalian species, accounting for 57.14%, 42.33%, 28.51% and 15.16% of the respective taxa in China, and for 72.72%, 89.66%, 49.62 and 30.07% in Yunnan. In the nature reserve systems in Yunnan and even in China, it belongs to one of those with rich mammal diversity. In the zoogeographic regionalization of China, the reserve is situated in the southwestern region of the Oriental realm. The 92 mammalian species distributed in the reserve can be categorized into 7 distribution types and 33 distribution subtypes. Of the regional faunal distribution in the reserve, only 3 species are of wide-ranging distribution, 12 species of the Palearctic realm distribution, 12 species are common to the Palaeard and the Oriental realms, and 65 species are of the Oriental realm distribution. The reserve is positioned in the Oriental realm and out of the 65 species of the Oriental realm, as many as 37 species are distributed extensively in South Asia, whereas their distribution extends further to South China (including those species distributed only in, and endemic to South China) which share 40.21% of all mammal species in the reserve. There are 10 species endemic to South China, of which 6 species are of tropical South China distribution, and 22 species are endemic to the Hengduan Mountains-Himalayas. The endemic species account for 23.91% of all the mammalian species in the reserve. Therefore, the mammalian fauna in Wumeng Mountains Region is basically species of South China, but featured with faunal composition of the Hengduan Mountains-Himalayan distribution patterns. There are 3 species of Grade I and 16 species of Grade II national key protected animals; 1 species of Grade II key protection of Yunnan, and 23 species are listed in the CITES Appendices, of which 10 species are included in CITES Appendix I and 13 species in CITES Appendix II. In addition to the 3 species of Grade I national key protected animals included as appendix I species, 7 species of Grade II national key protected animals are also inscribed on Appendix I. Besides, leopard cat (*Prionailurus bengalensis*) and tree shrew (*Tupaia belangeri*), which are not included in the list of national key protected species, are also listed in CITES Appendix II. The presence of a considerably large number of animal species listed for key protection in the reserve is a key feature of the conservation targets.

5.1.2 Presence of Many Rare and Protected Species

According to the inventories, there are 23 species included in the CITES Appendices and as China's key national protected wild mammals, which are 15.33% of all the species (150) (Wang Yingxiang, et al., 2007) listed for national key protection in China. The 3 species listed for Grade I national key protection are leopard (*Panthera pardus*), cloud leopard (*Neofelis nebulosi*) and dwarf musk deer (*Moschus berezovskii*); the 16 species listed for Grade II national key protection include *Selenarctos thibetanus*, *Ailurus fulgens*, *Lutra* spp., *Felis temmincki*, *Caricornis milneedwardsii*, *Naemorhedus griseus*, *Manis pentadactyla*, *Cervus unicolor*, *Macaca mulatta*, *Macaca thibetana*, *Cuon alpinus*, *Martes flavigula*, *Aonyx cinerea*, *Viverra zibetha*, *Viverricula indica* and *Felis chaus*. Among them, 4 species, namely *Selenarctos thibetanus*, *Ailurus fulgens*, *Lutra spp.* and *Felis temmincki* are included in the CITES Appendix II. *Macaca thibetana* is endemic to China but found only in the reserve in the entire Wumeng Mountains Region and its population is extremely low and close to extinction. Tufted deer (*Elaphodus cephalophus*) is a wild mammalian species listed for Grade II key protection in Yunnan. *Tupaia belangeri tonquinia* and *Felis temmincki* are not listed for national key protection, but are included in CITES Appendix II. The nominal subspecies of *Prionailurus bengalensis* (distributed in Yunnan-Guizhou region in China) has been listed on Appendix I. The nominal subspecies of *Prionailurus bengalensis* (only distributed in Yunnan-Guizhou region in China) is included in CITES Appendix I. The presence of many mammalian species listed for key protection is the main feature in the composition of the conservation targets in the reserve.

5.1.3 Plentiful Endemic Taxonomic Groups

In the nature reserve system, the abundance of endemic taxonomic groups is one of the important indicators to assess the conservation value of a nature reserve, in addition to the national key protected wildlife species. The more the endemic taxonomic groups there are, the higher they are positioned in the phylogenic clades and the narrower the distribution areas are, the greater the extent of threats is, implying greater value and importance for conservation. Due to its relatively small area, Wumeng Mountains National Nature Reserve, apart from the endemic subspecies in this area, such as the nominal subspecies of *Eothenomys olitor hypolitor*, *Eothenomys eleusis Eleusis* and the new subspecies we published in 2006 (*Callosciurus erythraeus zhaotongensis*), which is a new subspecies of *Callosciurus erythraeus*, no other endemic genus and species have been found in this region. Whereas judging from the large scope of mammal distribution in China, endemism to China or to a local region is also taken as an important indicator to assess the conservation targets. In this regard, we use the taxa endemic to South China and the East Himalayas-Hengduan Mountains to assess the importance and conservation value of the reserve. Among these groups, the endemic families include *Ailuridae* (endemic to East Himalayas-Hengduan Mountains) and the subfamilies *Uropsilinae* and *Scalopinae*, both being endemic to the Hengduan Mountains; the 9 endemic genera are *Neotetracus*, *Nasillus*, *Zaglossus*, *Parascaptor*, *Chodsigoa*, *Ailurus*, *Elaphodus*, *Sciurotamias* and *Trogopterus*. There are 32 species endemic to South China and the Himalaya-Hengduan Mountains, which account for 34.78% of all species in the region. The endemic genera and species are plentiful and take up a higher proportion than those of many nature reserves in South Yunnan, such as Xishuangbanna, Huanglianshan, Fenshuiling and Wenshan nature reserves. In the nature reserve system of Yunnan Province, plentiful endemic genera and species, as well as their high proportions, is also important feature of the reserve.

5.1.4 Distinct Transitional Nature

As the reserve is located in the dividing zone between the central southwest region and the Central China region in the zoogeographic regionalization of China and in the region connecting the ending segment of the Jinsha River and beginning segment of the Yangtze River; also because it is sandwiched between Sichuan Basin and Yunnan-Guizhou Plateau and is a bottle neck zone in the corridor for the forest fauna on the southern bank of the Yangtze River, such a geographical position is strongly conducive to the convergence of faunal resources from the east, west, south and north. While forming distinct transitional nature, strong edge effect has also developed in that the faunal species with marginal distribution is plentiful; the habitat sizes adaptable for animals are small, highly fragile and vulnerable. Naturally, Wumeng Mountains National Nature Reserve is of great value and significance for conserving the rich diversity of mammalian species and the rare, endangered and endemic species with marginal distribution, and their diverse distribution patterns in the region, and for maintaining the convergence, connectivity and continuity of the forest and wildlife corridors between the Jinsha River and the southern bank of the Yangtze River in Central China.

5.1.5 Edge Effect of Mammalian Distribution

Due to the unique geographical location and natural environment of Wumeng Mountains National Nature Reserve as being perching on the eastern edge of the Southwest Region in the zoogeographic regionalization of China, and to the east of the region is the Central China Region, the species *Apodemus agrarius*, *Typhlomys cinereus*, *Lepus tolai Pallas*, *Myotis fimbriatus*, and *Nyctalus plancyi* extend their westernmost distribution in this region. Whereas many of the genera and species endemic to the Southwest Region, such as *Neotetracus sinensis*, *Ailurus fulgens*, *Uropsilus* spp., *Euroscaptor longirostris*, *Falsistrellus affinis*, *Sciurotamias forresti*, *Petaurista sybilla*, *Eothenomys miletus*, *Eothenomys olitor*, *Apodemus ilex*, *A. chevrieri*, *Niviventer excelsior*, *Mus Pahari*, *Lepus comus* all extend their easternmost distribution in this region. Many of the tropical species distributed in the southern areas, such as *Tupaia belangeri*, *Parascaptor leucura*, *Crocidura fuliginosa*, *C. lasiura*, *Aonyx cinerea*, *Berylmys bowersii*, *Niviventer fulvescens*, have not yet crossed the Jinsha River and distribute in west Sichuan; and the species distributed in southwest Sichuan such as *Macaca thibetana*, *Trogopterus xanthipes*, *Petaurista xanthotis*, *Rhizomys vestitus* do not distribute furtherly south to reach Yunnan-Guizhou Plateau. This makes this region a convergent and marginal zone for a large number of mammalian species from the Central China, Southwest China and South China zoogeographical regions. Compared with the core regions, the habitats of marginally distributed species are generally small with low environmental quality, insufficient quantity, and distinct edge effect. Despite some patches of well-preserved primary forests in the region and the presence of many mammalian species with marginal distribution, the fragmented habitats and vulnerability of these marginally distributed species have become major obstacles for the survival and adaptation of the mammals in this region. In the case of further damages to or degradation of the habitat, restoration would be very difficult, and consequently, the species of a minimal population may go extinct.

5.2 Features of Bird Diversity

5.2.1 Features of Bird Species Composition

In Wumeng Mountains National Nature Reserve, 18 orders, 66 families and 356 species of birds distributed in various habitat types have been recorded, among which 197 species are recorded in evergreen broad-leaved forest, accounting for 55.34% of all recorded species, 187 species in mixed coniferous and broad-leaved forest (52.53%), 180 species in the dry and hot valleys, 175 species in the farmland land, 93 species in the wetland, and 80 species (22.47%), which is relatively lower, in the pine forest. Such a distribution pattern demonstrates the features of habitat diversity for bird distribution. Among the species recorded, 195 species are resident (54.78%), gaining absolute dominance; 50 species summer resident (14.04), 64 species winter resident (17.98%), and 47 species are biogeographic travelers (13.20%). The bird distribution in this area is also very rich, but it is dominated by the Oriental species, in general, sharing 31.18% of the recorded species, among which the largest groups are of the breeding species of the areal distribution types of the tropical-temperate, tropical-northern subtropical zones, and the tropical-central subtropical zones; followed by the distribution types of the Himalayas-Hengduan Mountains (16.29%), which are largely the species breeding in the Hengduan Mountains-Himalayas and the Hengduan Mountains. Species of the distribution type of the Palearctic realm accounted for 14.04%, the pan-Palearctic type 10.11%, the Northeast type 9.55%, the Holarctic type 7.30%, the South China type 7.02%, and the Monsoon type 1.12%. The distribution types and faunal composition of birds in this region demonstrate regional features of transiting from the Oriental realm to the Palearctic realm.

In Wumeng Mountains National Nature Reserve, a great many of the bird species are listed for national protection, including 4 species listed for Grade I and 30 species for Grade II national key protection. The establishment of the reserve has important implications for forest protection in the headwater areas on the upper reaches of the Yangtze River, and it has provided sound protection of the habitats for the bird species endemic to Northeast Yunnan, West Sichuan, the national key protected species, and IUCN rare and endangered species, such as *Arborophila rufipectus*, *Lophura nycthemera omeiensis*, *Grus nigricollis*, *Ciconia nigra*, and it has also protected the faunal elements of the southwest mountains subregion and the West Sichuan-Northeast Yunnan mountain area.

5.2.2 Important Role and Conservation Value of Birds in Wumeng Mountains National Nature Reserve

(1) Over a dozen rare bird species endemic to China, such as *Grus nigricollis*, *Arbprophila rufipectus*, *Liocichla omeiensis*, are found in this reserve with narrow distribution, and are among the important conservation targets in this area. The nature reserve provides the main habitats for these rare and endemic species.

(2) The faunal elements endemic to the Wumeng Mountains, which have not been seen in any other regions than Wumeng Mountains Region, are distributed in the reserve. Hence, it has a special value and role for conservation in terms of researching the bird elements in Southwest China.

(3) The plateau wetlands in the Wumeng Mountains Region of Northeast Yunnan are important staging areas on the migratory routes and wintering habitats for a great many of the bird species endemic to China and the rare and endangered species worldwide, such as *Grus nigricollis* and *Ciconia nigra*. As these wetland areas are very fragile, restoration would become impossible once damaged.

5.3 Features of Amphibians and Reptile Diversity

5.3.1 Abundant Species and Complex Faunal Composition

The Wumeng Mountains Region contains special karst landforms with rich groundwater resources, numerous caverns, widespread river systems as well as vertically and horizontally distributed water systems. The forest resources and wetland environment are well protected with abundant amphibians and reptiles.

1) High species richness

There are 93 species recorded in the reserve, including 39 amphibian and 54 reptile species, which are considerably plentiful among the nature reserves in Yunnan.

2) The comprehensiveness and complexity of faunal composition

Both the species composition of Yunnan Plateau and Guizhou Plateau and of West Sichuan, especially that of West Sichuan that has formed different fauna in the southern bank of Jinsha River in geographical distribution, and the fauna speciated resulting from the geographical isolation from the identical species in West Sichuan are present. In terms of faunal composition, the species are mainly of the Southwest region distribution, followed by the species distribution common in the Southwest region, South China region and the Central China region.

3) Species aggregation of different distribution types

Similar to the comprehensiveness of different faunal regions, many species of multitudinous distribution types occur in this region. Species in 5 large and 22 small distribution types are present, including the monsoon type, Himalayas-Hengduan Mountains type, the southeastern Himalayas-Hengduan Mountain convergent type, the southern wing type of the Hengduan Mountains and the East Himalayas, the South China type, the Oriental type, and Yunnan-Guizhou Plateau type. Together, they have formed three major distribution clusters dominated by the Oriental type, Himalayan type and South China type.

4) Plentiful species endemic to the Wumeng Mountains

The main species represented include *Leptobrachium boringii*, *Atympanophrys shapingensis*, *Rhacophorus omeimontis*, *Rhacophorus nigropunctatus*, *Japalura szechwanensis*, *Oligodon chinensis*, *Protobothrops mucrosquamatus* and so on. There have previously been known to distribute in western Sichuan, and similarly, *Oreolalax lichuanensis*, *Oreolalax rhodostigmatus* and *Pareas boulengeri* in Guizhou and Hubei provinces. However, in the field inventories in 2006, their distributions were documented in the reserve, which is a new record in Yunnan where they have developed isolated taxonomic groups in Northeast Yunnan. The discovery of these species in Yunnan has clarified that the Northeast Yunnan plays a very important role in the geographical distribution and speciation of these groups.

5.3.2 High Conservation Value of Amphibians and Reptiles

Among the 93 amphibian and reptile species known in Wumeng Mountains National Nature Reserve, some are new discoveries in Yunnan and are geographically isolated from the recorded areas of origin. They have formed new taxonomic groups in the reserve, but their present geographical distribution is very narrow, once impaired, it would be very difficult to restore. Hence, they have high value for conservation. The basin also has a large number of rare, endangered and protected amphibian and reptile species, including 2 species listed for Grade II national key protection, which are *Andrias davidianus* and *Tylototriton kweichowensis*; 3 species protected in Yunnan, which are *Naja atra*, *Naja kaouthia* and *Ophiophagus Hannah*, and 5 species with economic value in Yunnan, which are *Platysternon megacephalum*, *Amyda sinensis*, *Elaphe carinata*, *Elaphe taeniurai* and *Zaocys dhumnades* (Cantor); 3 species are including in the CITES Appendix II, which are *Platysternon megacephalum*, *Naja kaouthia* and *Ophiophagus Hannah*, which all belong to typical tropical elements. The reserve is the northernmost limit of distribution and has important implications in biogeography.

5.4 Features of Fish Diversity

5.4.1 Diverse Composition of Taxonomic Groups

There are 47 fish species of fishes in Jinsha River system of Wumeng Mountains National Nature Reserve, which belong to 3 orders, 9 families and 39 genera. Among them, there is 1 genus and 1 species in the family *Catostomidae* (order *Cypriniformes*); 20 genera and 23 species of *Cyprinidae*; 7 species and 7 genera of *Cobitidae*; 4 species and 3 genera of *Homalopteridae*; 1 genera in the family *Siluridae* (order *Siluriformes*) and 1 species; 3 genera in the family *Bagridae* and 6 species, 1 genera and 1 species in the family *Sisoridae*; 2 genera in the family *Sisoridae* and 3 species; and only 1 genera, 1 family and 1 species in the order *Synbranchiformes*. Species of *Cypriniformes* has the highest number of 35 species or 74.5% of all species in the reserve; seconded by 11 *Siluriformes* species (23.4%); but only 1 Cypriniformes species (2.1%) has occurred. The *Cyprinidae* fauna has gained absolute dominance in the reserve, while the *Siluriformes* species are relatively fewer. At the family level, the proportion of *Cyprinidae* species tops, then followed by the *Cobitidae* species. This taxonomic composition of fishes in the region presents a considerable diversity at the family, genus and species levels.

5.4.2 Complex Fauna Composition Distinct Transitional Features

Analysis based on the list of fish species generated from the field inventories in 2006 shows that there are 10 species of the West China element, 4 species of the East China elements, 2 species of the South China elements; 4 species are common to West and East China; 1 species common to the north region and East China; 7 species common to East and South China elements, 7 species are common to West, East and South China, and 11 species have wide-ranging distribution. This shows that the fish fauna in the reserve is complex, and in the river segment, there are fish species of the upper streams of the Jinsha River and of the middle and upper reaches of the Yangtze River basins. As this segment of the river transits from the Jinsha River to the Yangtze River, certainly, the faunal composition of fishes has also demonstrated convergent and transitional features.

5.4.3 Diverse Ecotypes

1) A large number of open-water fish species

There are 17 fish species adapted to the rapids in the upper reaches of rivers, including species of the families *Cobitidae* and *Balitoridae* (order *Cypriniformes*) and the subfamily *Labeoninae* (family *Cyprinidae*), and they take up 36.2% of all species from the inventories. There are 28 open-water species adapted to the streams in the middle and lower reaches of rivers, including the species in the families *Siluridae* and *Bagridae* (order *Siluriformes*) and most of the *Cyprinidae* species (order *Cypriniformes*) which accounts for 59.6% of all fish species recorded in the inventories. The fish fauna in this reserve is featured with a majority of open-water species adapted to living in the middle and lower reaches of rivers, whereas the composition of fish species adapted to mountain rapids and streams is also moderately high.

2) Ferocious and migratory fishes

Only 3 ferocious fish species are present in the reserve, namely *Percocypris pingi*, *Leptobotia elongate* and *Silurus meriordinalis* Chen. Besides chasing and eating small fish, *Percocypris pingi* also feeds on large crustaceans, aquatic insects, and their larvae, but it is not the only ferocious fishes feeding on small fishes. In Suijiang County of Zhaotong City, there are records of the distribution of a large migratory fish (*Acipenser dabryanus*) of the Yangtze River, but due to the construction of hydropower stations, it has not been found for many years.

5.4.4 Plentiful Fish Species with Economic Value

In and around the reserve, there are about 30 species of major economic fishes with a moderate fish catch which accounts for 63.8% of all fish species found in the region, including *Myxocyprinus asiaticus*, *Opsariichthys bidens*, *Zacco platypus*, *Hemibarbus maculatus*, *Rhinogobio ventralis*, *Spinibarbus sinensis*, *Perococypris pingi pingi*, *Acrossocheilus yunnanensis*, *Varicorhinu simus*, *Semilabeo prochilus*, *Garra imberba*, *Schizothorax kozlovi*, *S. graham*, *S. wangchiachii*, *S. wangchiachii*, *Cyprinus caupio*, *Carassius auratus*, *Schistura fasciolatus*, *Paracobitis variegatus*, *Leptobotia elongata*, *Misgurnus anguillicaudatus*, *Silurus meridionalis*, *Pelteobagrus vachelli*, *Leiocassis longirostris*, *L. crassilabris*, *Pseudobagrus brevicaudatus*, *P. ussuriensis*, *P. truncatus*, *Pareuchiloglanis anteanalis*, *P. robusta* and *Monopterus albus*.

5.4.5 High Value of Fishes for Research and Conservation

1) Representation of the Jinsha River Basin

The composition of fish fauna in the reserve has a typical representation of the fish fauna in the Jinsha River. In the Jinsha River system, a total of 86 species of native fishes have been recorded and they belong to 6 orders, 11 families and 57 genera. There are 47 fish species in the small watersheds of the reserve that belong to 3 orders, 9 families and 39 genera. Even though the reserve is only a limited area in the tributaries of the lower reaches of the Jinsha River, excluding the main tributary areas of Shuifu and Suijiang counties in Zhaotong City, the fishes above account for 54.7% of all the fish species in the Jinsha River Basin. It is found that, although the fish fauna in the reserve is composed of species of the tributaries, the species richness is high with complex fauna. This suggests that the reserve is a representative area in the fish fauna of Jinsha River in Yunnan. Meanwhile, it can be obvious that the more the taxonomic categories in an area are, the more the species common to the reserve's subareas and the Jinsha River water system, and vice versa, the fewer the taxonomic categories are, the fewer the common species are. In the recent years, however, due to the construction of hydropower stations, the original contiguous river ecosystems have been segmented into discontinuous environmental units which has created migratory obstacles that block the regular behaviors of fishes, such as growth and development, reproduction and feeding. Some habitats have failed to maintain optimal conditions for many species, resulting in decreasing or even disappearing populations of these species. Therefore, the establishment of Wumeng Mountains National Nature Reserve not only contributes effectively to protecting the forest ecosystems and terrestrial flora and fauna, but also plays an important role in protecting the fish population and species diversity of the Jinsha River system in the Wumeng Mountains Region.

2) High rarity and endemism

Among the 47 fish species in the reserve, Chinese sucker (*Myxocyprinus asiatica*) is listed for Grade II national key protection and a vulnerable species (VU) and *Liobagrus marginatus* an endangered species (EN) and they account for 4.2% of all fish species in the reserve.

Many species are endemic only to the upper reaches of the Yangtze River, such as *Percocypris pingi*, *Jinshania abbreviata*, *J. sinensis*, *Sinogastromyzon sichangensis*, *Metahomaloptera omeiensis*, *Liobagrus marginatus*, *Pseudobagrus brevicaudatus*, *Pareuchiloglanis robusta*, and *Jinshaia* is an endemic genus to the upper reaches of the Yangtze River. Conservation of these endemic genera and species implies sustaining the species germplasm in one way, and in another, it has inestimable scientific value for studying the origin and evolution of fish species as well as the geological and historical changes of the Yangtze River system.

Wumeng Mountains National Nature Reserve is located in a convergent zone transiting from Yunnan-Guizhou Plateau to Sichuan Basin with complex topography and high density of river network. As fish distribution is confined by water system and influenced by altitude, and the formation of the water system is related to the topography and geomorphology of the region, the complex topography has posed apparent influence on the layout patterns of water systems of the Jinsha River Basin in the northern part of Zhaotong, thus forming a complex and diverse water system network and creating a variety of living environment for various fish species to inhabit and multiply. Therefore, the fish fauna in the Wumeng Mountains National Nature Reserve is composed of elements of the upper reaches of the Jinsha River and the middle and lower reaches of the Yangtze River and it demonstrates distinct transitional features. This unique geographical location supports the role of Wumeng Mountains in the Jinsha River area in connecting the upper and lower reaches of the river systems. In the meantime, due to complex topography of the reserve, the habitats in different river sections differ substantially, so the distribution of different fish species relatively concentrated in certain river sections. As the river sections with such similar habitats are generally short, the population of fish species remains small and individuals of some species are even extremely low in number. Without doubt, proactive measures targeting at specific fish species must be taken to conserve the fish diversity in the middle and upper reaches of the Jinsha River and the middle and lower reaches of the Yangtze River.

3) Important value in scientific research

The *Schizothoracinae* fishes distributed in the reserve belongs to the genus *Schizothorax*. As they are distributed at the lowest mega terrace in the uplifted regions of the Qinghai-Tibet Plateau, the conservation of these species provides fundamental scientific evidences for studying the origin, distribution and the correlation between these species and the uplift of the Qinghai-Tibet Plateau. The distribution patterns of species in the family *Sisoridae* (order *Siluriformes*) and the subfamilies *Labeoninae* and *Barbinae* (family *Cyprinidae*) are inseparable from the uplift of the Qinghai-Tibet Plateau. The Yangtze River is the northernmost border of their distribution, indicating that the origin and evolution of the fish fauna accompanied the uplift of the Qinghai-Tibet Plateau. Conservation of the fish resources in the region will exert important influence on researching the origin and evolution of the species, the geological history, and dynamics of the Yangtze River water system, as well as its effects on the fish distribution in China.

Over 30 fish species of important economic value are distributed in the scope of Wumeng Mountains National Nature Reserve, accounting for 63.8% of all fish species. Such abundant fish resources are conducive to fostering the local fishery industry.

5.5 Features of Insect Diversity

In Wumeng Mountains National Nature Reserve of Yunnan, 9 orders of the class *Insecta*, 71 families, 302 genera and 423 species are described, of which there are 3 families, 8 genera and 10 species of the order *Orthoptera*; 6 families, 26 genera and 30 species of the order *Hemipteran*; 5 families, 7 genera and 11 species of the order *Homopterous*; 1 family, 1 genus and 1 species of the order *Neuroptera*; 17 families, 68 genera and 82 species of the order *Coleoptera*; 32 families, 181 genera and 242 species of the order *Lepidoptera*; 1 family, 1 genus and 2 species of the order *Diptera*; 6 families, 30 genera and 45 species of the order *Hymenoptera*. The insect species is very diverse with concentrated distribution in the reserve. It is one of the nature reserves with high diversity of insect species, rich insect resources and outstanding taxonomic groups, apart from a few nature reserves in South Yunnan.

5.5.1 New Discoveries of Scientific Value

In the field inventories from 2005 to 2007, 6 new species were found as follows.

The order *Orthoptera*, family *Phaneropteridae* and the genus *Shirakisotima*: *Shirakisotima* spp.（2 new species）;

The order *Hymenoptera*, family *Formicidae*;

The genus *Cryptopone*: *Cryptopone* sp.（1 new species）;

The genus *Vollenhovia*: *Vollenhovia* sp.（1 new species）;

The genus *Aphaenogaster*: *Aphaenogaster* sp.（1 new species）;

The genus *Tapinoma*: *Tapinoma* sp.（1 new species）.

These new findings have enhanced the scientific status and conservation value of Wumeng Mountains National Nature Reserve and enriched the insect fauna of China and the world.

5.5.2 Faunal Composition with Transitional Features and Abundant Endemic Species

The 423 species of insects known to science in the Wumeng Mountains National Nature Reserve are categorized into the following 11 distribution types: The most abundant distribution type is the transboundary distribution of the Oriental-Palearctic realms, totaling 218 species and accounting for 51.54% of all species; followed by that of the Oriental realm, totaling 183 species（43.26%）; the remaining 9 distribution types share minimal ratios and all have less than 10 species in each type. It suggests that the nature of the region is transitional from the Oriental to the Palearctic realms.

1) Species of the Oriental-Palearctic distribution type

There are 218 species that account for 51.54% of all species. They can be further subdivided into 3 distribution types, in which, first, wide-ranging species of the Oriental-Palearctic distribution have the largest share totaling 99 species. This supports the distinct features of the insect fauna in northern Zhaotong that are common to the Oriental and Palearctic realms. Second, the species of the East Asian distribution account for a considerably large share totaling 64 species. This shows that the insect fauna in this area has obvious attributes of East Asian distribution.

2) Distribution of species endemic to China

At present, there are 55 species known to have distribution only in China but spanning the Oriental and Palearctic realms (13.00%).

3) Species endemic to Yunnan

There are 18 species, which share 4.26% of all recorded insect species.

4) Distribution of species endemic to Wumeng Mountains

There are 15 species in total that share 3.55% of all the recorded species. But the species common to both the Wumeng Mountains and Yunnan province take up a moderate proportion.

5.5.3 Distinct Features of Resource Insects

1) Gall aphids are the most important resource insects in the Wumeng Mountains

The Wumeng Mountains Region has abundant rainfall and host plants such as *Rhus chinensis*, *R. punjabensis* var. *sinica*, and bryophytes which are widespread in the area. Such conditions are optimal for the development and breeding of resource insects such as gall aphids, and the region has become one of the major production areas of Chinese gallnuts. 5 species of gall aphids have been recorded in the reserve. *Schlechtendalia chinensis* feeds on *Rhus chinensis* and forms horn-shaped aphid gallnuts, which has the largest yield. *Melaphispaitan Tsaiat* Tang also forms egg-shaped aphid gallnuts on *R. chinensis*, whose yield is the second largest. *Nurudea shiraii* (Matsumura) forms flower-shaped aphid gallnuts with the third largest yield. *Kaburagia ensigallis* forms hard ensiform aphid gallnuts on *Rhus punjabensis* var. *sinica* with the fourth largest yield; *Kaburagia ovogallis* also forms hard egg-shaped aphid gall on *Rhus punjabensis* var. *sinica* with the fifth largest yield. The above horn-shaped gallnut, egg-shaped gallnut, flower-shaped gallnut, hard ensiform gallnuts and hard egg-shaped gallnuts that are produced by aphids feeding on their respective host plants are generally called "the five gallnuts" in China. These gallnuts are rich in gallnut tanning which is a type of high-quality biomass chemical raw material with features of the Wumeng Mountains. The aphids as resource insects in the Wumeng Mountains Region have enjoyed an extremely high reputation in South China. They are the germplasm of resource insects with the highest economic value in the Wumeng Mountains National Nature Reserve. There lies great importance in the conservation and utilization of such resources and their market prospects are enormous.

2) Diversity of pollination insects

Among the *Apidae* species with good ecological and economic value, 4 species are most typical, and they are *Bombus atripes* Smith, *B. ingnitus* Smith, *Megapis laboriosa* Smith and *Xylocopa attenuate* Per.. These species are highly efficient in pollinating subtropical mountain plants, and they play an important role ecologically in the propagation and survival of insect-borne plants. The second most important group is the butterflies totaling 122 species. These groups also contribute significantly to pollination of flowering plants. The third most important group is the moths totaling 120 species. Most of the adults in this group like to feed on nectar and are also important pollinating insects. The fourth most important group is the aphid flies with 2 species. Their adults are similar to bees that like to feed on nectar and are naturally important pollinators. These diverse groups of pollinators provide irreplaceable ecological services in the evolution and reproduction of the great nature, and meanwhile, the honey they produce has a good economic value. They are the main components for maintaining the stability of local ecosystems and promoting the sustainable development of local economy and society.

3) Rich resources of ornamental insects

Butterflies are most well-known among the ornamental insects. In Wumeng Mountains National Nature Reserve, 122 butterfly species are known and they claim very high species resources. Large butterflies include species of the families *Papilionidae*, *Amathusiidae* and *Parnassiidae*. Medium-sized butterflies include the species in the families *Pieridae*, *Nymphalidae*, *Danaidae* and *Satyridae*. Small butterflies include the species of the families *Lycaenidae*, *Riodinidae*, *Hesperiidae* and so on. They are all important and special resources in the reserve for ecotourism. Moreover, the species of the families *Saturniidae*, *Epicopeiidae*, *Brahmaeidae*, *Zygaenidae* and *Agaristidae* also have a high ornamental value due to their large body, bright and dazzling colors and elegant postures.

4) Discovery of seven new insect predator species

4 families of *Hymenoptera* have been recorded in Wumeng Mountains National Nature Reserve, and 7 well-known predator insect species have been newly found. Others include some familiar predator insects of the families *Carabidae* and *Cicindelidae*, of which 3 and 6 species have been recorded, respectively. Most of the *Coccinellidae* species are known natural enemy insects with 3 species recorded, and 2 of them are predators. The *Chrysopidae* species predate on pests like aphids, of which 1 species has been recorded. The *Reduviidae* species are all carnivorous with 2 recorded species. The natural enemy insects contribute significantly to controlling pest populations and prevention of outbreaks. They are important taxonomic groups in the ecosystems. Sound protection of the natural enemy insects, to a large extent, enhances the forest resources and the ecosystems.

5) Medicinal and edible insects

2 species of the families *Meloidae* (order *Coleoptera*) have been recorded in the reserve.

The body contains cantharidin and has diuretic, anti-inflammatory and detoxifying effects, so it is an important resource in traditional Chinese medicine. Some species of the family *Vespidae* that prefer to build large hives on tree and often multiply a large number of individuals. It is a favorite delicacy for local residents in the reserve.

Wumeng Mountain National Nature Reserve is situated in a region transiting between different biogeographic fauna with diverse habitats, abundant vegetation types, warm and humid climate, and rich insect species resources. The complex taxonomic composition, high proportion of endemic groups and abundant insect resources with high utilizable value are distinct features of the reserve for biodiversity conservation.

6 Tourism Resources

Through the comprehensive scientific inventories, it is found that the tourism resources in Wumeng Mountains National Nature Reserve are rich and diversified, whereas there has been no planning and development as of today, great potential remains for tourism development and management in the future. The main landscape types are mountain landscape, water area landscape, biological landscape, and humanistic landscape. Ecotourism can be scientifically planned and moderately developed in the experimental zone of the reserve and its surrounding areas. The scenic areas suitable for developing ecotourism include Xiaocaoba, Luohanba and Sanjiangkou subareas of the reserve.

6.1 Diverse Landscape Types and High Appreciation Value

6.1.1 Mountain Landscape

Wumeng Mountains National Nature Reserve is situated in the inclined zone on the northern periphery of the Yunnan-Guizhou Plateau, and its topography is mainly the middle mountain areas between 1300m and 2500m elevation. Steep valleys have been carved out of the mountain area by deep-incised rivers as a result of large relative elevation, they have shaped towering and majestic mountains, precipices and gorges and some mountain lands have formed landscape of faults and folds. Sanjiangkou subarea is mainly dominated by middle mountains between 2000m and 2500m elevation. The mountain body in the central part of the area has gentle slope, whereas the surrounding terrain descends drastically and has formed steep mountain topography. The western part forms a range of continuous cliffs. The Luohanba subarea is surrounded by mountain terrains at about 2000m elevation and its central part is an open basin. Presently, a dam has been built and the Luohanba Reservoir has formed. The entire topography is bowl-shaped with high brims and low central surrounding areas. Xiaocaoba subarea is a mountainous region of about 2000m elevation. The terrain is very diverse with marvelous mountain landscape. Adjoining Daxueshan, Haiziping is a middle mountain region at 1500m elevation.

6.1.2 Waterscape

Wumeng Mountains National Nature Reserve belongs to Jinsha River basin where the annual precipitation is about 1200mm. The river network is densely developed and the main rivers in or near the reserve include Baishui, Luoze, Daguan rivers and so on. The rivers are largely deep-incised with steep and perilous topography and swift rapids. The scope of the reserve is the upper reaches of the rivers where numerous small rivers and streams have developed with crystal clear water and gorgeous landscape. In localities with a large topographic drop, waterfalls and deep ponds are formed. In Chaotianma subarea alone, there are more than 30 waterfalls with yearly flow, of which 7 waterfalls have a drop of above 20m, and in some cases, the drop reaches over 100m. The surface area of Luohanba Reservoir covers about 150hm^2 and is surrounded by lush and dense forest, forming a gorgeous waterscape area.

6.1.3 Biological Landscape

The main vegetation types in the reserve are the subtropical humid evergreen broad-leaved forest, deciduous broad-leaved forest, and primary forest of Chinese dove trees (*Davidia involucrata*). They are rare distribution in Yunnan and even throughout China. This area has preserved the largest primary vegetation in the Wumeng Mountains Region, and thus it possesses important landscape value and enormous potential for developing high-end specialized ecotourism.

6.1.4 Humanistic Landscape

Historically, Zhaotong was an important gateway for Yunnan to communicate with China's hinterland, and is a convergent region of the cultures of the southern ethnic minority groups and the culture of the Han people. Many historic sites remain in this area nowadays, such as Qixing Camp, Yanjin Dousha Pass and Wuchi Path. The villages, traditional festivals and events, cuisines and costumes are potential tourism resources.

In general, the three subareas of Wumeng Mountains National Nature Reserve differ moderately in terms of geology, geomorphology, climate, hydrology, biology and humanistic elements, and the tourism resources among the regions are homogenous and can be potentially competing. This brings a certain extent of difficulties in developing the resources between the regions. Different regions have their own features and advantages and should be developed complementarily.

However, from an overall perspective of Yunnan Province, the tourism resources in the northern part of Zhaotong have low competitive vantages and lack of high-end or influential tourism resources. But from the perspective of east and Northeast Yunnan, the resources have regional competitive vantages. To some extent, these resources are complementary to the tourist resources in Yibin City, Sichuan and Northwest Guizhou. Furthermore, the improvement of regional transport conditions is also conducive to the development of tourism resources and regional integration.

6.2 Main Scenic Areas with Potentials for Tourism Development

6.2.1 Xiaocaoba Scenic Area

This scenic spot is located in Xiaocaoba Township of Yiliang County, and it is 35km from the county seat. Its featured tourism products include the place of origin of Xiaocaoba gastrodia, waterfall group and primary forest. The planning is based on the famous Xiaocaoba gastrodia, landscape of waterfall clusters and primary forest. The tourism activities can be primarily ecological sightseeing but can be complemented with forest experience, recreation, health preservation and revitalization, outdoor expeditions and so on.

6.2.2 Luohanba Scenic Area

Luohanba Scenic Area is located in Daguan County and it is 90km from the county seat and 60km from Xiaocaoba Scenic Area. In the northern part of the reserve are primary forest, the central part is the reservoir, and the south and peripheral area are secondary forest or plantation forest. The plateau and mountains, reservoir and surrounding wetland, artificial coniferous forest, bamboo forest and primary broad-leaved forest are the main landscape types. At present, no tourism development has started and only small groups of visitors may come by for leisure on weekends. The potentials for tourism development in this area include (1) rich unique and gorgeous landscape, primary forest and waterscape with good complementarity that are suitable for recreation experiences, outdoor sports, sightseeing and holidays; (2) in the area between 1500m and 2300m elevation, there is no cold winter nor scorching summer, and the favorable climate conditions makes it an enjoyable area for leisure and health revitalization; (3) the southern area has relatively gentle terrain and the vegetation is mainly plantation forest. It is an area adequate for infrastructure development and development of outdoor projects; (4) there are no villages and farming households in and around the reserve, the position is relatively independent, and the surrounding environment is only minimally disturbed.

6.2.3 Sanjiangkou Scenic Area

Sanjiangkou Scenic Area is located at a convergent area between Yongshan County and the northern part of Daguan County. It is 89km from Daguan county seat. The previous

National Highway 213 traverses the central part of the reserve. As it is not a transport artery, its road surface is out of repair all the year round with poor accessibility. The main resource features include the primary humid evergreen broad-leaved forest, and the forests of the bamboo species *Qiongzhuea tumidissinoda*, *Chimonobambusa quadrangularis*, and *Phyllostachys heteroclada* Oliver. The landform of deep-incised rivers amidst middle mountains, numerous streams and waterfalls in the forest areas, and relatively good endowment of the ecotourism resources are great tourism potentials. At present, no tourism development has been implemented in the reserve. Only the Dousha Pass in Yanjin County and the Xiluodu Power Station Scenic Area outside the reserve have been developed into famous humanistic tourist attractions in Northeast Yunnan.

7 Comprehensive Review

The Wumeng Mountain is located in the core zone of Yunnan-Guizhou Plateau and on the junction of the Yangtze River and Jinsha River in the watershed. It is positioned in the westernmost region affected by Asian monsoon in China, but also influenced by west monsoons. Its climate differs from the eastern monsoon zone, nor is typical of the west monsoon region and this has resulted in the special nature of biodiversity in the region. In the world's biogeographical regionalization, it belongs to a convergent region transiting between the Palearctic and the Oriental realms and between the Southwest China region and Central China region, therefore, complex taxonomic assemblage and diverse distribution types are nurtured. Hence, the Wumeng Mountain is situated in a critical geographic position in Southwest China and has a special biodiversity status, and is a region with special importance in the southwest mountains biogeographic region of China.

7.1 Typical but Special Natural Attributes with an Extremely High Conservation Value

7.1.1 Typical Representative Types of Subtropical Montane Humid Evergreen Broad-leaved Forests in China

The subtropical humid evergreen broad-leaved forest distributed in Wumeng Mountains National Nature Reserve is the main zonal vegetation formed in the middle and lower reaches of the Yangtze River under the monsoon climate of East Asia. As the middle and lower reaches of the Yangtze River are economically developed in China, most of the primary humid evergreen broad-leaved forest vegetation has degraded to secondary forest, or substituted by artificial vegetation in the regions stretching from the east side of the reserve to the Central China region, and it can be found only in a few nature reserves in South China. The humid evergreen broad-leaved forests in Wumeng Mountains National Nature Reserve are the most important forest vegetation types in the reserve. It is a representative type of the original community of the subtropical humid evergreen broadleaved forest ranging from the Central China to East China biogeographic region. The forest communities are rich with diverse species and complex taxonomic composition, and the community structure is preserved intact with typical features. It is the westernmost limit of the distribution of this type and the best preserved representative type of humid evergreen broadleaved forest in Yunnan as well as in the middle and lower reaches of the Yangtze River as of today.

7.1.2 Peripheral Nature and Deep-incised Mountains Leading to Ecological Fragility

Wumeng Mountains National Nature Reserve is located in the hinterland of Wumeng Mountains in the core zone of the Yunnan-Guizhou Plateau. Uplifted and towering topography over large mountain ranges dominate the landscape. Meanwhile, as it is also located at the joining segment of the upper reaches of the Yangtze River and the lower reaches of the Jinsha River. Numerous tributaries and streams sheer mountains and steep slopes. The geological structures of the region are complex but primarily controlled by the folds and fault zones in the north-northeast direction. The topography is very fragmented and ecologically very unstable. In the biogeographic regionalization, it is located in a zone transiting from central to Southwest China, and it is the periphery of the western distribution of the fauna and flora of the Yangtze River Basin in Central China, as well as the eastern limit of the distribution of the Himalayas-Hengduan Mountains elements in the southwest. Therefore, the edge effect of biogeographic region is prominent, and the species of different faunal and floral elements are all marginal groups in this region, which is not their optimal distribution area.

At present, the species of different biogeographical composition and distribution types in the Wumeng Mountains Region are preserved in the reserve. Despite the rich and diverse species, the edge nature of the species has determined that almost every species has only a small population restricted to narrow distribution, and they are vulnerable to any intervention. It would be very difficult to recover these species once destroyed and may lead to the disappearance of these marginal species in the Wumeng Mountains. On the other hand, because the periphery of the reserve are deep-incised middle mountains, the ecological stability is poor. As a result of the long-term anthropogenic activities in the past, most of the surrounding environment has been developed and the ecological environment is very fragile. Consequently, the protected species are losing the opportunity to disperse to neighboring habitats, and the Wumeng Mountains National Nature Reserve has become the last isolated island for the survival of these species. When such species diversity is concentrated in an isolated region, many species have differentiated into endemic species with narrow distribution, such the Grade II national key protected plant species *Qiongzhuea tumidissinoda*, *Gastrodia elata* and the natural communities of *Phyllostachys pubescens*. In the absence of dispersal and migration conditions, they will become even more sensitive to environmental changes and more fragile. Consequently, the reciprocal accumulation and enhancement of edge effect and island effect will further amplify the fragility and sensitivity of the reserve, creating high necessity and imperativeness for conservation actions. Conserving the biodiversity in this region means sustaining the faunal and flora groups from different biogeographic regions, as well as the genetic resources of species populations from different habitats.

7.1.3 Special Geographical Location and Transition Nurtured Rich Biodiversity

1) Extremely rich species diversity

Wumeng Mountains is located in the convergent and transitional zone of four natural regions with totally different features, transiting from the Palearctic to the Oriental realms and on the Tanaka Line, and it is a transitional region between Central China and Southwest China. Therefore, the Wumeng Mountains National Nature Reserve and its adjacent areas are unique in the biogeographic regions of China as exemplified by rich composition of faunal and floral elements with complex taxonomic groups.

Wumeng Mountains National Nature Reserve is abundant in vascular plants. The latest inventories have recorded 207 families, 751 genera and 2094 species, demonstrating abundant plant species diversity. Among these, there are 1864 species of wild seed plants from 640 genera of 159 families, with a species-genus ratio of 2.91; there are 4 families, 5 genera and 5 species of gymnosperms; there are 133 families, 504 genera and 1563 species of dicotyledonous plants; there are 22 families, 131 genera and 296 species of monocotyledonous plants; there are 48 families, 111 genera and 230 species of pteridophytes that account for 76.2%, 48.1% and 8.8% respectively of the 63 families, 231 genera and 2600 species recorded in China. The species composition is also very rich and forms an important component of the pteridophyte fauna of China. In total, 243 macrofungal species have been recorded, belonging to 2 subphyla, 5 classes, 13 orders, 39 families and 104 genera of which 8 species are new records in China and 28 species are new records in Yunnan.

Totally, 92 species of mammals were recorded in the reserve, accounting for 15.16% and 30.07% of all mammalian species in China and Yunnan. In the national system of nature reserves, this reserve belongs to one of those with moderately rich faunal diversity. The reserve is very rich in bird species where a total of 356 species have been recorded accounting for 43.95% of all the bird species in Yunnan, and 39 species of amphibians and 54 species of reptiles . They account for 32.5% and 31.76% of Yunnan's total. This shows that the reserve is among those in China with abundant amphibians and reptiles. Some of the species are newly recorded in Yunnan and they form special populations with narrow distribution. Once lost, it would be very difficult to recover these species and hence their value for conservation is very high. For fishes, 3 orders, 9 families, 39 genera and 47 species have been recorded, indicating that the species composition of fishes in this region is not only rich, but also diverse in genus and family. The vertebrates recorded in the reserve totaled 589 species. In addition, the reserve is also very abundant in insect species and a total of 9 orders, 71 families, 302 genera and 423 species have been recorded. This makes the reserve become one of those with a high number of insect species, rich resource insects and outstanding taxonomic groups, apart from several of the reserves in the tropical regions of South Yunnan. In General, the fauna and flora in the reserve demonstrate rich diversity at the species level.

2) Abundant types of forest ecosystems and concentrated distribution of communities with rare species

The vegetation in Wumeng Mountains National Nature Reserve is categorized into 4 vegetation types, 5 subtypes, 19 formations and 44 associations. Compared with the reserves in south Yunnan, the vegetation types and subtypes are moderately rich, but the formations and associations are much more diversified. This mainly reflects the diversity of habitat types and the richness of species composition and structure. In the meantime, the rare protected tree species, such as *Davidia involucrata*, *Fagus lucida*, *Dipentodon sinicus* and *Acer flabellatum* have been distributed in the reserve and formed monodominant communities at a certain scale. Moreover, the distribution of protected species is highly concentrated. In a humid evergreen broadleaved forest community in Huangshui River catchment, 7 national protected plant species, including *Rehderodendron macrocarpum*, *Cercidiphyllum japonicum*, *Tetracentron sinense*, *Davidia involucrata*, *Dipentodon sinicus*, *Qiongzhuea tumidissinoda* and *Gastrodia elata* were centrally distributed. In a $2km^2$ area at the Doukouzi ridge in Chaotianma Subarea, 6 national key protected plant species are collectively distributed. Such a concentrated distribution of community types and rare, endangered species diversity is also very rare in the nature reserves in China.

7.1.4 Diversity Coupled with High Sensitivity in the Convergent and Transitional Region

Wumeng Mountains National Nature Reserve is located in the transitional area of natural geographic regions and the biogeographic regions. In floral geographic regionalization, it is located in the evergreen broad-leaved forest region of the subtropical flora in the eastern monsoon region of East Asia and the intersection zone between the flora of Central China and the Paleotropic flora. It is located on the eastern edge of the Tanaka Line in the east-west direction, and is an ecotone transition area between two major forest floral regions (China-Himalayas and China-Japan) at the east-west direction in East Asia. In zoogeography, it is located in the convergent zone transiting from the subtropical Central China region to the southwest region of the Himalayas-Hengduan Mountains. This makes the reserve an intermediate zone of the taxonomic groups and their elements from different biogeographical regions, meanwhile, it is also a peripheral area for the outward dispersal or distribution of some species from different directions or distribution types. For many biological groups, particularly for some forest animals, compared with the central distribution areas, this type of peripheral zone may not offer the optimal habitat for habitation and breeding. They are vulnerable to withstanding external interventions and environmental change, once the reserve is disturbed or destructed, these highly sensitive marginal species may retreat to other areas or disappear at a faster rate than other species.

7.1.5 Concentrated Distribution of Rare Plants and Outstanding Rarity

The rare plants concentratively distributed in Wumeng Mountains National Nature Reserve include *Davidia involucrata*, *Tetracentron sinense*, *Cercidiphyllum japonicum Dipentodon sinicus*, *Rehderodendron macrocarpum*, *Emmenopterys henryi*, *Qiongzhuea tumidissinoda*, *Gastrodia elata* and so on. They all belong to national key protected plants and are distributed only in Southwest China. The reserve is one of the main distribution areas of *Davidia involucrata* in China.

There are 13 species of wild plants listed for national key protection in Wumeng Mountains National Nature Reserve, 6 species for key protection in Yunnan; and 66 species are included in *China Species Red List* and 19 species in the CITES Appendices.

Among the mammalian species distributed in the reserve, there are 23 mammalian species listed for national key protection and included in the CITES Appendices I and II, which is 15.33% of all the animal species designated for national key protection (150 species). There are 3 species for Grade I national key protection, namely leopard (*Panthera pardus*), cloud leopard (*Neofelis nebulosi*) and dwarf musk deer (*Moschus berezovskii*), and there are 16 species for Grade II national key protection and 1 species for Grade II key protection in Yunnan.

There are 4 species of birds listed for Grade I national key protection which are *Ciconia nigra*, *Arborophila rufipectus*, *Syrmaticus reevesii* and *Grus nigricollis*, and 30 species for Grade II national key protection. Among the amphibians and reptiles, 2 species are listed for Grade II national key protection, and they are *Andrias davidianus* and *Tylototriton kweichowensis*; 3 species are listed for key protection in Yunnan, namely *Naja atra*, *N. kaouthia* and *Ophiophagus hannah*. These three cobra species are typical tropical reptiles and are seen only in the tropical regions in South Yunnan. Their new distribution was discovered in the reserve in 2006 in the field inventories. It reflects the correlation and transitional features between the Wumeng Mountains and the South Yunnan. There are 5 species of economic value in Yunnan, namely *Platysternon megacephalum*, *Amyda sinensis*, *Elaphe carinata*, *E. taeniurai* and *Zaocys dhumnades*, and there are 3 species listed in the CITES Appendix II.

Among the fish species, Chinese sucker (*Myxocyprinus asiatica*) is listed for Grade II national key protection as a vulnerable species. The above protected species have extremely high conservation value and are important and rare conservation targets in the reserve.

7.1.6 Unique Biogeographic Regions Leading to Abundant Endemic Taxonomic Groups

Among the conservation targets in the global protected areas system, the abundance of endemic taxonomic groups is one of the important indicators to assess the conservation value of a nature reserve, in addition to the national key protected wildlife species. The more the endemic taxonomic groups are, the higher they are positioned in the phylogenic clades, the narrower the distribution areas are and the greater the extent of threats are. This implies higher conservation ranking, greater value and importance for conservation.

Wumeng Mountains National Nature Reserve is located in a junction and transitional area with unique natural geography on the Yunnan-Guizhou Plateau. The climatic conditions differ from those of the neighboring Sichuan Basin and Guizhou Karst Mountains, and they also differ from that of Yunnan Plateau and other regions. In addition, complex topography and diverse habitats have nurtured a large number of rare or endemic taxonomic groups. Plant species with narrow distribution is very abundant in Wumeng Mountains National Nature Reserve totaling 28 species which include *Berberis weixinensis*, *Corydalis longkiensis*, *Parnassia monochorifolia* and they account for 2.63% of the endemic elements in China. It is one of the nature reserves in Yunnan with the most endemic species, implying the uniqueness of the region. There are 1063 species endemic to China in Wumeng Mountains National Nature Reserve, which is the main floral composition of the reserve and they account for 57.03% of the national total. Such an abundance of endemic elements exhibits the importance of the reserve.

The analysis of endemic phenomena shows that the endemic groups of seed plants in Wumeng Mountains National Nature Reserve are rather abundant, and different taxonomic groups have distinct features: at the family level, the endemic families are all monotypic and belong to the rare and endangered plants listed for national key protection; at the genus level, the endemism is represented by various distribution types with prominent diversity; at the species level, a large number of endemic species are present with a high proportion. They constitute the main body of the floral composition of seed plants in the reserve. For instance, 1063 plant species are endemic to China which is 57% of all species, of which 153 species are endemic to Yunnan (8.2%). There are 28 species endemic to the reserve which is 1.5% of all the local species and 2.63% of the floristic elements endemic to China. It is one of the nature reserves with the largest distribution of endemic species in China, which suggests the uniqueness of the Wumeng Mountains Region.

In addition to the three major centers of plant endemism in China, namely Northwest Yunnan, southeast Yunnan-west Guangxi, and southwest Hubei-northeast Sichuan, this is another rare center for endemic distribution and it is also one of the nature reserves in China with the highest proportion of endemic species. Moreover, the quantity and ratio of endemic groups are not lower than the three mega endemism centers in China. In this sense, the reserve can be viewed as the fourth endemism center for the distribution of seed plants. It fully testifies the uniqueness and importance of the Wumeng Mountains in the biogeography of China and even of the world.

As the Wumeng Mountains Region is located on the easternmost edge of the Hengduan Mountains, the taxonomic groups endemic to the East Himalaya-Hengduan Mountains and Hengduan Mountains are plentiful. In terms of mammals, apart from the subspecies endemic to the Wumeng Mountains, such as the nominal subspecies of *Eothenomys olitor hypolitor*, *E. eleusis eleusis* and the new subspecies published in 2006 （*Callosciurus erythraeus zhaotongensis*, Li et Wang, 2006）, which is a new subspecies of *Callosciurus erythraeus*. The faunal groups endemic to China or the Wumeng Mountains are also very rich in the reserve. The families endemic to the eastern Himalayas-Hengduan Mountains include *Ailuridae* and the subfamilies include *Uropsilinae* and *Scalopinae*. The 9 endemic genera are *Neotetracus*, *Nasillus*, *Zaglossus*, *Parascaptor*, *Chodsigoa*, *Ailurus*, *Elaphodus*, *Sciurotamias* and *Trogopterus*. There are 32 species endemic to south China and the Himalayas-Hengduan Mountains, they account for 34.78% of all species in this region. The endemic taxonomic groups are primary conservation targets and are also key indicators to assess the importance of the reserve. The endemic genera and species are plentiful in the reserve, and they take up a high proportion greater than those of many nature reserves in South Yunnan, such as Xishuangbanna, Huanglianshan, Fenshuiling and Wenshan national nature reserves. In China's nature reserve system, it belongs to one of the reserves with high proportion of endemic genera and species which is another important feature of the reserve.

7.1.7 Best Preserved Naturalness Relative to Other Areas in the Wumeng Mountains

The population density in the Wumeng Mountains Region has remained very high in history and many areas have been overexploited. The vegetation and ecosystems have been gravely damaged and degraded to a large extent and numerous ecological disasters have been triggered. Resultantly, the local government and the general public have gained a full understanding of the extreme importance and significance of nature and ecological protection, and have addressed great attention to protecting the natural ecology and biodiversity conservation. Especially, in the recent several decades, efforts for protecting the natural vegetation and important ecosystems in the reserve have been strengthened. Although the different subareas of the nature reserve are located in remote areas, after years of conservation efforts, a relatively complete system and community co-management mechanism have been established with remarkable conservation effectiveness. Despite of the scattered subareas of Wumeng Mountains National Nature Reserve, its authenticity has been well preserved with distinct naturalness. The forest cover reaches 94.20% and the distribution density of wild plant species are as high as eight species/km^2. The natural vegetation in the reserve is well preserved and is the best natural forest vegetation type in the region from the upper and middle reaches of the Yangtze River in the southwest Mountains of China to the Central China biogeographic region.

7.1.8 Preserving the Ancient Origin of Biogeographic Taxa

The ancientness and endemism of a biogeographic region is closely related to the special geological history and its evolution. Since the Paleogene of the Cenozoic Era, the paleo geographic environment of Wumeng Mountains National Nature Reserve has maintained relatively stable. Especially, neither the tectonic movement of the Miocene Epoch of Neogene caused major shocks to this region, nor it was affected by the dry climate resulted from the Tethys Sea retreat and closure of the oceanic basin and nor by the Quaternary Pleistocene ice sheet, therefore, the regional flora originated from the Mesozoic Era has not undergone major turbulences after the Cenozoic. Consequently, some ancient floristic elements originated in the Cretaceous and its preceding paleo-tropical and East Asian tropics have been preserved and thrived. After the Late Permian to Middle Triassic Indosinian movement, some other plants on the ancient limestone mountains extending northward from the continental Central-South Peninsula in the Pacific Ocean speciated and differentiated for the time to come. Starting from the Paleogene of the Cenozoic Era to the Holocene of the Quaternary Period, the uplift of the Qinghai-Tibet Plateau enhanced the atmospheric circulation of the southwest moon from the Bay of Bengal in the Indian Ocean, the southeast tropical moon, and the East Asian subtropical monsoon from the northern Beibu Gulf of the Pacific Ocean. These warm and humid currents of the three mega-monsoons benefited the Wumeng Mountains Region enormously. Despite its relatively high latitude compared with other regions in Yunnan, and that the heat condition is weakened, humidity remains high throughout the year. This differs sharply from the distinct climatic features of clear-cut dry and humid seasons in most other parts of Yunnan. Such a year-round humid and foggy climate with warm summer and cool winter enables the Wumeng Mountain Region to have preserved an array of relict plant families, genera and species ranging from *Alsophila spinulosa* originated in the Carboniferous Period of the Mesozoic to *Tetracentron sinense*, *Davidia involucrate*, *Dipentodon sinicus* and others originated in the Miocene Epoch of Neogene. Moreover, the populations, individuals and distribution densities of these ancient plant taxa are much higher than those at other distribution sites outside the reserve. The large numbers of monotypic families, oligotypic families, oligotypic genera, and monotypic genera of the flora in Wumeng Mountain Nature Reserve have fully demonstrated the ancient biogeographical origin.

The biogeographic fauna and the ancientness of forest vegetation in Wumeng Mountains

National Nature Reserve provide exceptional habitats and food sources for the evolution of the species. Based on these resources and conditions, some ancient forest-dwelling animals have speciated and thrived, including amphibians like *Andrias davidianus* and *Tylototriton kweichowensis*, *Leptobrachium boringii*, *Rhacophorus nigropunctatus*, *Oreolalax rhodostigmatus*; reptiles like *Japalura szechwanensis*, *Oligodon chinensis*, *Pareas boulengeri*, *Protobothrops mucrosquamatus* and vertebrates and tree-dwelling animals as *Macaca thibetana*, *Ailurus fulgens*, *Tupaia belangeri*, as well as species of the genus *Petaurista*. The fauna in the reserve is mainly composed of forest animals and tree-dwelling animals which also reflect their ancient features. Such a large number of genera and high ratio of endemism have important implications and irreplaceable science status in researching the origin of the fauna and floral taxa as well as the biogeographic regionalization.

7.2 Prominent Science and Socio-economic Values of the Nature Reserve

7.2.1 Extremely High and Irreplaceable Science Value

1) Wumeng Mountains National Nature Reserve is located in the transitional region of natural geography and biogeographic fauna and flora, and it implies high research value

In the south-north direction, the Wumeng Mountains is situated on the transition zone between the Palearctic and the Oriental realms, and in the east-west direction, on the eastern edge of the famous Tanaka Line. This is a transitional region between two major forest floristic China-Himalayas and China-Japan regions. In the floristic regionalization of China, it is the intersection zone between the humid evergreen broad-leaved forest region in the northern subtropics and the subtropical flora of East Asia. In the zoogeographic regionalization, it is a transition zone between the central subtropical China region and the southwest Himalayas-Hengduan Mountains region. Such a marginal and transitional biogeographic nature brings rich biota, complex faunal and floral components, distribution types, as well as abundant ancient plant species and many relict species from the Mesozoic Carboniferous to the Cenozoic Paleogene, the rare endemic plants of a large number of monotypic and oligotypic families, and oligotypic and monotypic genera. It is of very high theoretical importance and great scientific value for researching the biological evolution and origination of seed plants to protect sound and safe the biota, rare endemic taxa and their living environment.

2) Rich plant species and concentrated distribution of rare and protected species in the reserve

There are abundant vascular plants in the reserve, totaling 2094 species which is 75% of all the vascular plant species in the whole Northeast Yunnan. Also, there are 243 macrofungal species, of which 8 species are new records in China and 28 species are new distribution in Yunnan. This demonstrates the rich floristic diversity.

There are 92 species of mammals in the reserve, which are 15.16% and 30.07% of the total species in Yunnan and China, respectively. In the system of nature reserves in Yunnan and even in China, mammalian diversity is relatively high. In total, 356 species of birds have been recorded; there are also 39 amphibians, 54 reptiles, 47 fishes, 589 vertebrates and 423 insect species. The animal species in the reserve is the most abundant among the subtropical reserves in North Yunnan and vertebrate species rank the highest among all the subtropical nature reserves in North Yunnan.

The distribution of rare plants in Wumeng Mountains National Nature Reserve is relatively concentrated, including *Davidia involucrata*, *Tetracentron sinense*, *Dipentodon sinicus*, *Rehderodendron macrocarpum*, *Cercidiphyllum japonicum*, *Qiongzhuea tumidissinoda* and *Gastrodia elata*. There are 13 species of wild plants for national key protection and 6 species for key protection in Yunnan. 66 protected species are included in *China Species Red List* and 19 species in the CITES appendices.

In the reserve, there are 3 species of Grade I and 16 species of Grade II national key protected animals, 1 species for Grade II key protection of Yunnan; 23 species are listed in the CITES Appendix I and II, which is 15.33% of the national total (150 species). There are 4 bird species listed for Grade I, and 30 species for Grade II national key protection; 2 amphibian species for Grade II national key protection; 3 protected species of Yunnan, which are included on the CITES Appendix II. Among the fish species, *Myxocyptinus asiaticus* is a Grade II national key protected species and a vulnerable species (VU), and *Liobagrus marginatus* is listed as an endangered species (EN).

Wumeng Mountains National Nature Reserve is not only rich in species diversity, but also has concentrated distribution of rare and protected species, which is prominent in all the nature reserves in China. These rare and protected species have high scientific research value and are important conservation targets in the reserve.

3) High proportion of multitudinous endemic genera and species play an irreplaceable role in researching the origin of fauna and flora as well as biogeographic regionalization

The rich endemic groups of the reserve, featured with an exceptionally large number of endemic species and high endemism ratio, have become the mainstay of the floral composition of seed plants in the reserve, for instance, the species endemic to China account for 57.03% of all species. There are 153 species endemic to Yunnan, which is 8.2% of all the species, and 28 species are endemic to the reserve, making the reserve one of the nature reserves with the most endemic species in Yunnan and even in China. The reserve can be regarded as the third distribution center of endemic seed plants in Yunnan. So many special components fully demonstrate the uniqueness and importance of biogeography in this area, which is of great science value for researching the origin and evolution of flora.

4) Concentrated distribution of ancient species and an important region for researching the floral origin and evolution of the Wumeng Mountains

At present, many ancient relict plant genera originated in the Carboniferous Period of the Mesozoic Era have been preserved in the Wumeng Mountains Region, such as *Tetracentron sinense*, *Davidia involucrata* and *Dipentodon sinicus*. The number of distributed individuals and density of these ancient floral groups are much larger than those in the distribution sites outside the reserve. The features of ancientness and endemism of Wumeng Mountains National Nature Reserve are also represented by a considerably large number of monotypic and oligotypic families, as well as monotypic and oligotypic genera. All the above further testified the ancientness of the origin of the biogeography and the science value of the reserve.

5) Ideal site for researching the subtropical montane humid evergreen broadleaved forest in China

The humid evergreen broad-leaved forest in Wumeng Mountains National Nature Reserve is the major forest vegetation type in the reserve, and is preserved intact to date. It is a typical type of the original community of the humid evergreen broad-leaved forest in the Central China to East China biogeographic regions. The communities are rich in species composition and complex biogeographic elements with intact community structures and typical features, and they are the westernmost limit of the distribution of this forest type. It is also the representative type of humid evergreen broad-leaved forest in the subtropical mountains of Yunnan as well as in the middle and lower reaches of the Yangtze River. It is of great scientific value to study the community structure and ecosystem services of the subtropical evergreen broad-leaved forest in the Yangtze River Basin.

6) Abundant forest vegetation types and concentrated distribution of rare protected tree species

The abundant and diverse vegetation types in Wumeng Mountains National Nature Reserve are categorized into 4 vegetation types, 5 subtypes, 19 formations and 44 associations. The forest formations and associations are considerably diverse. In the meantime, the forest communities of rare protected tree species, such as *Davidia involucrata*, *Tetracentron sinense*, *Fagus lucida*, *Dipentodon sinicus* and *Acer flabellatum* have been distributed in the reserve and formed monodominant communities at a certain scale. Such a concentrated distribution of community types and rare, endangered species diversity is also very rare in the nature reserves in China and they are of extremely high value for scientific research and conservation.

7) Best preserved largest natural distribution area and place of origin of *Phyllostachys pubescens* and the distribution center of *Qiongzhuea tumidissinoda* in Southwest China

In Haiziping Subarea of the reserve, about 200hm^2 of *Phyllostachys pubescens* natural forest is strictly protected where abundant genetic diversity of wild *Phyllostachys pubescens* is preserved. With no doubt, the natural *Phyllostachys pubescens* forest in the reserve possesses important value for scientific research on the biology, ecology, and genetics of the species. It is also important germplasm resource for the selection and cultivation of elite *Phyllostachys pubescens* cultivars. In the meantime, Wumeng Mountains National Nature Reserve is also the distribution center of the rare bamboo species *Qiongzhuea tumidissinoda* in China.

8) Place of origin for the important medicinal and economic plants

In the 1930s, British missionaries collected *Gastrodia elata* specimens for the first time in Xiaocaoba in Chaotianma Subarea of the reserve. Strongly interested in the plant, they sent the specimens to the United Kingdom where specimens of the species were named, described and published, tagging Xiaocaoba as the place of origin of *Gastrodia elata* type specimen. On August 16, 2004, chaired by the State Administration of Quality Supervision, Inspection and Quarantine, the Expert Review Meeting on the Protection of Gastrodia Products from the Place of Origin in Zhaotong held in Kunming passed the application for protecting the gastrodia products of origin in Zhaotong. Then the meeting's Circulation No. 148 approved the protection of the place of origin of gastrodia in Zhaotong, and three of the four gastrodia varieties have been preserved so far. The meeting enabled the implementation of 7 major measures to protect the product, including the establishment of national standards and designated signage for Zhaotong gastrodia protected in the place of origin in the Wumeng Mountains, and the establishment of community conservation area of wild gastrodia based on Xiaocaoba as the center.

The gastrodia growing in Wumeng Mountains National Nature Reserve is of superior quality, large with thick, full, translucent and solid body without hollow. It is the representative of Zhaotong gastrodia, of the gastrodia from the Wumeng Mountains of Yunnan Province, known as "Yunnan Gastrodia". Moreover, the gastrodine content in the gastrodia growing here is higher than that in the products growing in other areas. Laboratory tests show that the average gastrodine in Xiaocaoba gastrodia is 1.13%, which is 2.1 times that of the gastrodia grown in Hanzhong of Shaanxi Province, and 4.1 times of that grown in Enshi of Hubei Province, and 4.3 times that in the gastrodia tablets from the Qingping Pharmaceutical Market. The per gram contents of the trace elements crucial to human life, such as Zn, Mn and Cu in Xiaocaoba gastrodia are 28.96μg, 37.17μg and 10.54μg, respectively; whereas those in the gastrodia from Enshi of Hubei Province are 12.27μg, 22.6μg and 3.49μg; and those in the gastrodia from Hanzhong of Shaanxi are 24.15μg, 13.11μg and 4.13μg, respectively.

As early as the 50th year in the reign of Qianlong Emperor of the Qing Dynasty (1785), Xiaocaoba gastrodia was chosen as tribute to offer to the birthday commemoration of Emperor Qianlong. Today, the brand is more and more recognized; the gastrodia product series have become very popular and favored by people and its sales are increasing yearly.

9) High value of the mammals and bird species for research and conservation

Wumeng Mountains National Nature Reserve is a reserve of forest mammals where abundant mammalian species and plentiful distribution types belonging to different endemic genera and species are harbored. They are mainly composed of elements of South China while having the features of mountain mammals in the Southwest Mountains of China. These resources are of high value for researching the classification and distribution of birds and animals in Central and West China.

On the edge areas of the reserve where many mammals are distributed, due to the fragility of species and its sensitivity to the environment as a result of the edge effect, theses marginal areas have high value for researching the correlation between wildlife and the environment. Meanwhile, this is a dividing zone between the Southwest and the Central China regions in the zoogeographic regionalization in Central China, and a region where the mammal species from the south and north of the Yangtze River have converged. Most of the species distributed marginally have minimal populations that are vulnerable to extinction, making this region a very important site for research on species conservation.

The plateau wetlands in Wumeng Mountain National Nature Reserve are important staging sites and wintering habitats for the rare and endangered birds endemic to China but breed and winter only on plateau lands, such as *Grus nigricollis* and *Ciconia nigra*. Simultaneously, the nature reserve has also created favorable conditions for protecting the habitats of other bird species endemic to China.

The rich and endemic faunal elements in the nature reserve and their transitional nature in zoogeographic regionalization have exceptional scientific value and conservation status in the study of zoogeography in the central and western regions of China.

Located on the northeastern corner of Yunnan Province, Wumeng Mountains National Nature Reserve was once ever the main gateway from Yunnan to Central China, and most other areas in this region have undergone long-term development in history. Still, most biologists have not addressed sufficient attention to the subareas of the reserve. In the past, some sporadic investigations were carried out, but not systematically and lack of sufficient breadth and depth. Compared with other nature reserves in Yunnan, there has been a dearth of reliable information and knowledge of the biodiversity in the region. The multidisciplinary inventories are the first of its kind in the Wumeng Mountains Region. These comprehensive and holistic investigations on the geography, biology, ecology, conservation biology, environmental sciences, ethnic cultures, and history, the social and economics of the region, in addition to obtaining important baseline information and data have led to some important findings in various fields and disciplines. In particular, some breakthroughs in the inventories as well as researches on the faunal and floral resources were made and nearly all the findings of the inventories were released for the first time in history. These major findings, to a great extent, have changed our understandings and perceptions regarding the Wumeng Mountains Region, and have significantly enhanced the conservation value and science status of Wumeng Mountains National Nature Reserve. However, due to time constraints and other reasons, inventories in some fields are still far from sufficient, which may imply inestimable value and significance on many science issues. Particularly, as Wumeng Mountains National Nature Reserve is positioned strategically on the middle and upper reaches of the Yangtze River, there remains numerous issues for further research and investigation concerning the biodiversity conservation on the south bank of the Jinsha-Yangtze River, and the connectivity and integrity of the biological corridors, the ecological security of the middle and upper reaches of the Yangtze River, as well as the correlations between the reserve and the sustainable social and economic development of the region. These well exemplify the important value of the reserve in scientific research and its conservation status.

7.2.2 Prominent Social and Economic Value

1) The nature reserve provides irreplaceable ecosystems services to the Wumeng Mountains Region

Wumeng Mountains National Nature Reserve is covered with dense forest and the parent material of soils is mainly basalt, sand shale, limestone, and metamorphic rock, but limestone dominates in the surrounding areas which reaches about 40% of the territory of Zhaotong City. On the middle and lower part of the mountains in the adjacent areas of the reserve are mostly farmland and villages, and the water for both farming and daily living all comes from the luxuriant forest in the reserve. The agricultural production and daily living of local people in the Wumeng Mountains Region rely entirely on the nature reserve to conserve the headwater sources. At present, destruction of natural vegetation in the Wumeng Mountains Region outside the reserve remains severe, and rocky desertification is still intensifying. Therefore, it is particularly important to preserve the forest vegetation and natural ecosystems in the reserve. This not only protects the rich biodiversity, regulates the local climate, purifies the air, and conserves the water sources, but also maintains the ecological security of the entire Wumeng Mountains Region, and secures the essential resources base and environmental conditions for the sustainable social and economic development of the people of different ethnicity in the region. It is more than sufficient to exhibit that the natural resources and ecological environment in Wumeng Mountains National Nature Reserve have extremely important social and ecologic values and irreplaceable ecological functions. Especially, in northeast Yunnan where the ecological environment outside the nature reserve has been severely degraded, the ecosystem services the reserve provides are far higher than any other areas. Therefore, it is crucial to promote the status of nature conservation and enhance the conservation efforts.

2) The nature reserve is an important ecological barrier of the Yangtze River Basin

Wumeng Mountains National Nature Reserve is located in the lower reaches of the Jinsha River and the middle and upper reaches of the Yangtze River which has over 60 principal and secondary tributaries, such as Mugan, Hengjiang, Luoze, Gaoqiao and Baishui rivers that mostly originate from and flow through the reserve with a total length of 718km and a basin area of 22897km^2. The rivers and streams form a dense river network in and around the protected area, and eventually converge into the Jinsha River. The structural integrity and ecological services of the forest vegetation and ecosystem in the reserve function as an important and enormous ecological barrier for the hydrometeorology and ecological security of the lower reaches of Jinsha River, and even the whole Yangtze River basin. In view of the important geographic location of Zhaotong City on the upper reaches of the Yangtze River basin, in the national and provincial ecological zoning schemes, Zhaotong-Wumeng Mountains Region has been designated as a key ecological barrier zone of the Yangtze River Basin. However, the ecosystems that provide the mainstay of ecosystem services are distributed primarily in Wumeng Mountains National Nature Reserve, so the protection and management of the reserve forms an integral component in building the ecological barrier on the Yangtze River Basin.

3) Rich resource plants in the reserve form an essential base to the local economic development of the adjacent communities

Wumeng Mountain Nature Reserve preserves 80% of the natural forest and biological resources in the Wumeng Mountains area. In addition to being the primary conservation targets of the reserve, they also form an important resource base for the economic development of local communities. There are a variety of resource plants in the reserve, totaling 207 families, 751 genera and 2094 species of vascular plants, over 70% of them are resource plants that can be used by human beings. Analyses show that, in addition to the large varieties and complete categories of plants, many of the species have a large resources reserve and rich germplasm resources in the reserve. According to the inventories, there are over 100 families and 800 species of resource plants, and many of which have special uses as resource plants, including edible plants, medicinal plants, oil plants, poisonous plants, tanning plants, nectariferous plants, starch, and sugar plants. As elucidated in *The Convention on Biological Diversity*, “the means for effective conservation of resources include the sustainable use of the conservation targets”. There are abundant high value economic plant resources in the experimental zone of the reserve, and under the premise of adequate protection, we should actively carry out species introduction, propagation, cultivation, and utilization. Some of the best examples in the reserve are the rich wild kiwifruit species known as the King of Vitamin C, wild pear trees and other wild fruit resources with high value. They are very important wild fruits with essential vitamin and trace elements resources for human beings, and hence have high value of exploitation and utilization. The protection and rational use of such high-value resources are for the benefit of mankind, and our use of these resources aims at the science-based development of resources useful and beneficial for humans, whereas conservation is for the longer and more effective use of these high-value wild plant resources.

4) Beautiful natural landscape provides the best models and means for eco-tourism development and participatory community co-management

The tourism resources in the Wumeng Mountains National Nature Reserve are rich and diversified. The main landscape types include the mountain landscape, water landscape, biological landscape, and cultural landscape, but they have not been planned and developed as of today. Under the premise of priority conservation, ecotourism should be properly planned and developed in the experimental zone, and community participation should be highlighted in all such efforts. Tourism should be taken as one of the main approaches for local economic development in a non-consumable way of resources use through building participatory community co-management models with the management institutions of the reserve. This will contribute positively to achieving the win-win outcome of community development and resources conservation and there lie enormous potentials to boost local economic development.

5) Rich biodiversity in the reserve is an important prerequisite for sustaining the ethnic traditional cultures

In the mountainous region of Yunnan Province where multitudinous ethnic peoples have inhabited for generations, the cultural diversity of the ethnic peoples is originated and based on the diversity of the local environment and the biological resources. The diverse ethnic traditions and cultures in the Wumeng Mountains Region are closely correlated to the rich biodiversity in the reserve and they depend reciprocally on each other and are inseparable in many ways. Nowadays, when the close relationship between the sound protection and inheritance of the traditional cultures of the local communities in the production and daily livelihood are undergoing shocks from the main stream culture, we must protect the biodiversity in the region sound and safe if we are to protect our excellent traditional cultures. Concurrent to conserving the biodiversity, we should also protect the elite traditional cultures and make best use of the traditional knowledge, and best practices for utilizing and managing the biological resources.

7.3 Sound Conservation Conditions and Creative Management Models

The government at all levels in the jurisdiction of Wumeng Mountains Nature Reserve having recognized that the conservation, management and sustainable use of forest resources and the biodiversity are of great importance to the integrated economic and social development of the mountain areas, has all the time taken biodiversity conservation and sought alternatives to improve the livelihood of the community residents in and adjacent the reserve as the goals in their term of office, and has addressed great importance to the conservation and management of the reserve. Since the establishment of the reserve, integrative management plans covering the scope of the nature reserve and the adjacent communities have been formulated and implemented. Through mobilizing the participation of local communities in the mountain areas, they have also truly benefited from their participation in the nature reserve management, conservation and resources use. These efforts have substantially mitigated the conflicts between the reserve and local communities, and in turn, biodiversity conservation in the reserve has been enhanced steadily.

7.3.1 Promulgating Relevant Regulations and Enhancing Law Enforcement

In accordance with the needs and reality in the nature reserve management and management of the collective forest of the communities in and adjacent the reserve, the joint prevention and control systems between the forest farm and the communities, as well as between the forest farm and the individual households have been stipulated and put into practice. In the meantime, decisions have been made to compensate local villagers who participate in the joint prevention and control system with various types of subsidies, and relevant regulations for resources management and protection have been formulated, including: ①For any private forest areas reacquired for collective management, the village regulations must be made based on a natural village, the measures for engineering reforestation or mountain closure for forest regeneration, or any other appropriate measures should be taken to restore the vegetative cover. ②For any land plots requiring reforestation, the county forestry bureau will provide seeds and seedlings, technical support, with labor contribution of the villagers, to plant trees according to the annual plans so as to attain the greening goals in the given time frame. ③For the trees that the local households planted on the "mountain lands of two tenure types" during the tending and thinning of young forest or main logging operation, the owners of the forest tenures should have the priority to use the materials therefrom, and 30% reduction will be applied to the silviculture fund and the tax for special agricultural and forestry produce for any non-timber forest products collected and marketed. ④For the "mountain lands of two tenure types" reacquired from the farming households and the collective forest, the county government will develop overall forestry development planning and appropriate special funding investment, and the ownership of the products shall belong to the communities; ⑤Stipulated the responsibilities and mandates for patrolling and forest protection, which mainly included (a) carrying out publicity campaigns for the observation and implementation of various types of policies, laws and regulations, as well as village regulations concerning forestry; (b) assist the relevant communities (administrative villages) to carry out afforestation, mountain closure for forest regeneration, and forest fire prevention and control within their responsibility areas; (c) patrolling and forest protection so as to prevent and curb any activities damaging to the forest resources; (d) reporting to the relevant authorities in the case of damaging forest resources, then assist in the investigation and execution of the cases; (e) working full hours in the time scheduled for patrolling; (f) for anyone doing an inside job or covering the violators, his/her subsidies will be terminated, financial penalties will be imposed in accordance with relevant regulations, and the joint prevention and control job contract will be rescissed.

7.3.2 Strengthening Awareness Education of the Ecological Environment and Enhancing Understanding of the Reserve

Since 1999, the county governments within the jurisdictions of the reserve have concerted the efforts of the conservation, forestry, culture and the media authorities to carry out publicity activities concerning nature and biodiversity conservation in the county capital and the adjacent communities of the reserve through shooting thematic TV programs, making posters, distributing leaflets and publicity brochures, and holding thematic seminars so as to allow the community people to gain a full understanding of the importance of biodiversity. Meanwhile, these activities also aim at mobilizing the caring of, support to and participation in the governance, management, and protection of the reserve. Through various publicity activities, the environmental awareness and perceptions of the general public toward sustainable development have been enhanced.

7.3.3 Improving the Rules and Regulations for Nature Reserve Management

Since the official launch of the project on community participation in the nature reserve management, under the supervision of the municipal, county, township governments at all levels and the forestry, environmental protection and other departments, as well as the management authorities of the different subareas of the nature reserve, together with the community residents, have formulated or improved a series of relevant regulations and mechanisms concerning forest resources management, protection and utilization in the nature reserve and in the adjacent communities, and established the periodic checking, patrolling and community visit mechanisms to be enacted by the nature reserve management staff; established and improved the registration system, the relevant penalty and rewarding regulations for the forest rangers at the grassroots level, and reorganized the internal mandates and task divisions of the nature reserve management authorities to enable the management staff to change their perceptions and thinking. All these efforts have contributed to enhancing the daily management of the nature reserve, overall wildlife management, forest patrolling, supervision, and law enforcement. More efforts are aligned to strengthen the guidance and services provided to local community development to boost the sustainable development of the communities.

7.3.4 Implementation of Ecological Restoration and Reconstruction Projects to Mitigate the Island Effect on the Rare and Endangered Species in the Reserve

The main management goals of Sanjiangkou and Chaotianma subareas of the reserve are to protect the primary conservation targets represented by the endangered ancient endemic species, such as *Tetracentron sinensis, Davidia involucrate and Dipentodon sinicus*. However, in the areas outside the reserve, especially on the east edge, due to the presence of extensive limestone and various well-developed karst landforms, the available land resources are very limited and the primary vegetation has lost to intensive agriculture in the long past. Excessive farming also aggravated the loss of sparse secondary vegetation. As the top soils on limestone areas is thin, once the primary vegetation is destroyed, erosion will intensify and it would be very difficult to restore the top soil layer after denudation. Rocks and ridges will be exposed or covered only with shrubberies eventually leading to rocky desertification. This type of deteriorating ecological environment in the peripheries of the reserve has turned the reserve into an isolated island and worsened the sensitivity and fragility of biodiversity. In order to alleviate the threats of ecological deterioration on the biodiversity in the reserve, Zhaotong City has designated Mugan Town, Daguan County as the pilot site for the project "Integrative Management of Rocky Desertification in the Poverty Ridden Mountain Areas in Northeast Yunnan" so as to restore and reconstruct the deteriorated habitats in this typical area and mitigate the adverse impact of the island effect on the rare and endangered species in the reserve. Also, through implementing the project activities, the people in the adjacent communities of the reserve will be alleviated from poverty and their stresses on the reserve will also be relieved.

Due to the highly endemic nature of many species and the sensitivity and fragility of the biodiversity in the periphery areas, the status as the distribution center of *Davidia involucrata*, *Tetracentron sinense*, *Qiongzhuea tumidissinoda* and the natural *Phyllostachys pubescens* communities has attracted attention from the international flora communities. Some international organizations and domestic research institutes are planning to commit resources into more in-depth research in this representative area so that the rare and endangered species can be better protected.

7.3.5 Economic Development in the Adjacent Communities of the Reserve and Mitigation of the Conflicts Between the Reserve and Resources Use

Since 1997, in response to the needs for forest protection in the different subareas of the reserve and the status quo of the production and livelihood activities of the community villagers, the township government of the individual counties involved have formulated and implemented a series of integrative management plans integrating the "mountains, water, forest, farmland, power supply, road accessibility and village environment" in the adjacent areas of the reserve. In the experimental zone of the reserve, the landuse has been restructured to make better use of the land resources, and cash crops have been developed to increase the income of local people and fulfill their livelihood needs as well as to improve their living standard. After the reacquisition of the "mountain areas with two tenure types" for collective management, in order to mitigate the stress of firewood collection on forest resources, and to provide solutions to firewood use of the local people, the government provided infrastructure funds and technical assistance to the adjacent communities of the reserve to build biogas digesters and firewood-saving stoves. In the meantime, the natural villages in or close to the reserve have been resettled to other places based on the comprehensive planning of the government. These measures separated the communities from and mitigated their disturbance and damages to the reserve.

附录二　保护区种子植物名录

本名录根据在保护区开展综合科学考察期间所采集的 3000 多号标本、野外记录及《云南植物志》等相关文献记载而确定。外业调查范围涉及保护区的 5 个片区，即大关县的麻风湾片区、永善县的小岩方片区、永善县的小沟片区、彝良县的朝天马片区、威信县的大雪山片区。调查的海拔范围包括保护区最低点海拔 1200m 至保护区的最高点海拔 2450m。标本鉴定依据《云南植物志》各分卷、《中国植物志》各卷册、《云南树木图志》(上、中、下)、《中国树木志》(1～4 卷)、《四川植物志》各分卷、《贵州植物志》各分卷等。本名录首次系统记录了该保护区种子植物 159 科 640 属 1881 种(含种下等级)。其中裸子植物 4 科 5 属 5 种，被子植物 155 科 635 属 1859 种。这些种类中包括因受限于标本的完整性或者受限于文献资料的充分性而暂时未能准确鉴定到具体种的少数物种。名录中每种的后面带有调查中采集的标本号及样地号。没有采集号的标本，或者是野外调查时记录到但是未采标本，或者是根据《云南植物志》各分卷中明确记载分布于乌蒙山国家级自然保护区范围内。名录中，裸子植物的科按郑万钧系统划分和排列；被子植物的科按吴征镒院士最近的分类系统划分和排列。

关于名录中标本号、样地号的说明：标本号中的“ZT”，系“昭通”拼音的缩写。样地号有几种情况：①“乔 50-2-23”意为“样地 50，乔木层的第 2 个小样方中，调查时编号为 23 的乔木层植株的标本”；②“草 51-5-10”意为“样地 51，灌木-草本层的第 5 个小样方中，调查时记录编号为 10 的植株标本”；③“乔 33-2-103(104)”意为“样地 33，乔木层位于第 2 个小样方中、编号为 103 和 104 的标本，即 103 号与 104 号种类相同”，“乔 11-(44-46)”意为“样地 11 中，乔木层中编号为 44～46 的标本，它们的种类相同”；④“乔 6-12”意为“样地 6 中，乔木层中编号为 12 的标本”；⑤“样 32-1-11”意为“样地 32，小样方 1 中，编号为 11 的标本”。

裸 子 植 物

G04 松科 Pinaceae

马尾松 *Pinus massoniana* Lamb.　乔木；用材；采脂；树干及根部可培养茯苓、蕈；树皮提栲胶；花粉入药；松针可提松针油；海拔低；干燥山坡，生长不良；保护区内常见；滇东北、滇东南、长江流域以南各地、越南北部；标本未采，文献记录种。

南方铁杉 *Tsuga chinensis* (Franch.) Pritz. var. *tchekiangensis* (Flous) Cheng et L. K. Fu

乔木；国家Ⅲ级保护植物(1985)、云南省Ⅲ级重点保护野生植物、《中国物种红色名录》近危种；用材；海拔 1950m，石山混交林内；保护区内罗汉坝；麻栗坡；浙江、安徽、福建、江西、湖南、广西、广东；中国特有；标本号：ZT2187。

G06 柏科 Cupressaceae

福建柏 *Fokienia hodginsii* (Dunn) A. Henry et H. H. Thomas 常绿乔木；国家Ⅱ级重点保护野生植物、《中国物种红色名录》易危种；用材、观赏；海拔 1520m，杂木林中；保护区内小岩方火烧岩；安宁、马关、威信、屏边、镇雄、文山、西畴、金平；江西、福建、湖南、广东、广西、浙江、贵州、四川；越南北部；标本号：ZT1230。

G08 三尖杉科 Cephalotaxaceae

三尖杉 *Cephalotaxus fortunei* Hook. 乔木；用材；枝叶、种子、根提取生物碱；种子含油，供制油漆、蜡烛、硬化油、肥皂、鞋油；海拔 2000～2900m，针阔叶混交林内；保护区内常见；鹤庆、彝良、镇雄、禄劝、富民、石屏、文山、丘北、广南、麻栗坡；浙江、安徽南部、福建、江西、湖南、湖北、河南南部、陕西南部、四川、贵州、广西、广东；中国特有；标本未采，文献记录种。

G09 红豆杉科 Taxaceae

南方红豆杉（“岩杉”“掉岩杉”）*Taxus wallichiana* var. *mairei* (Lemée et H. Lév.) L. K. Fu & Nan Li 乔木；国家Ⅰ级重点保护野生植物；用材；种子入药，制肥皂、润滑油；海拔 1500～2200m，石山杂木林中；保护区内三江口河场坝倒流水、小岩方五岔河、海子坪洞子里；德钦、贡山、香格里拉、维西、丽江、云龙、昭通、镇雄、东川；安徽、浙江、台湾、福建、江西、广西、广东、湖南、湖北、河南、陕西、甘肃、四川、贵州；中国特有；标本号：ZT1222、ZT1558、ZT2236。

被 子 植 物

1 木兰科 Magnoliaceae

川滇木莲 *Manglietia duclouxii* Finet et Gagnep. 乔木；树皮为厚朴代用品；海拔 1350～2000m，常绿阔叶林中；保护区内常见；盐津、河口、金平、文山、广南、西畴、麻栗坡；四川、重庆；中国特有；标本未采，文献记录种。

长喙厚朴 *Houpoea rostrata* (W. W. Smith) N. H. Xia et C. Y. Wu 落叶乔木；为著名中药厚朴的正品；海拔 2100～3000m，山地阔叶林中；保护区内常见；昭通、贡山、福

贡、泸水、腾冲、云龙；西藏(墨脱)；缅甸东北部；标本未采，文献记录种。

四川木莲 *Manglietia szechuanica* Hu　乔木；用材；海拔1320～1400m，林中；保护区内大雪山、大雪山高笋坝；绥江、大关；四川；中国特有；标本号：ZT2397、ZT2293、ZT1962；样地号：样80-17、乔59-19-8。

平伐含笑 *Michelia cavaleriei* Finet et Gagn.　乔木；园林绿化、观赏；海拔1552m，密林中；保护区内大雪山龙潭坎；凤庆、元阳；四川、重庆、贵州东北及南部、湖北、湖南、广东、广西、福建；中国特有；样地号：乔90-16、样90-灌7。

南亚含笑 *Michelia doltsopa* Buch.-Ham. & DC.　乔木；园林绿化、观赏；海拔1500～2300m，山地阔叶林中；保护区内常见；云南广布；西藏；尼泊尔、不丹、印度东北、缅甸北部；标本未采，文献记录种。

长柄含笑 *Michelia leveilleana* Dandy　乔木；园林绿化、观赏；海拔2000m，林中；保护区内小沟上场梁子；滇东北；湖南、贵州、湖北；中国特有；标本号：ZT1741。

小毛含笑 *Michelia microtricha* Hand.-Mazz.　乔木；园林绿化、观赏；海拔1980m，常绿阔叶林中；保护区内三江口分水岭；龙陵、大姚、大理；中国特有；标本号：ZT1093。

峨眉含笑 *Michelia wilsonii* Finet & Gagn. ssp. szechuanica (Dandy) J. Li　乔木；园林绿化、观赏；海拔800～1600m，山地林中；保护区内常见；大关；湖北西部、四川、重庆、贵州北部、江西；中国特有；标本未采，文献记录种。

凹叶玉兰 *Yulania sargentiana* (Rehd. & Wils.) D. L. Fu　落叶乔木；园林绿化、观赏；海拔1500～1900m，潮湿的阔叶林中；保护区内常见；云南广布；四川中南；中国特有；标本号：ZT2250；样地号：乔1-乔21。

武当玉兰(二月花) *Yulania sprengeri* (Pamp.) D. L. Fu　落叶乔木；园林绿化、观赏；海拔1850～2070m，林中；保护区内常见；丽江；贵州、湖北、四川、河南、陕西、甘肃；中国特有；标本号：ZT1626、ZT761、ZT631；样地号：乔33-1-10、乔33-4-81、乔48-3-12、样15。

2a 八角科 Illiciaceae

小花八角 *Illicium micranthum* Dunn　灌木或小乔木；药用；海拔500～2600m，山地沟谷、溪边、山坡湿润林中；保护区内常见；镇雄、会泽、文山、马关、思茅、景东、临沧；四川、贵州、广东、广西、湖北、湖南；中国特有；标本未采，文献记录种。

野八角 *Illicium simonsii* Maxim　灌木或小乔木；叶和果实入药：杀虫、灭蚤虱；诱杀野兽；镇呕、行气止痛、生肌接骨；治胃寒作呕、膀胱疝气、胸前胀痛；有毒；海拔1400～2127m，湿润常绿阔叶林中；保护区内常见；云南广布；四川、贵州；缅甸北部、印度东北部；标本号：ZT2409、ZT1550。

3 五味子科 Schisandraceae

南五味子 *Kadsura longipedunculata* Finet et Gagn. 常绿木质藤本；果可食用、药用；海拔 1860～1950m，林下；保护区内河坝场、小草坝大窝场；云南、江苏、安徽、浙江、江西、福建、湖北、湖南、广东、广西、四川；中国特有；标本号：ZT1419；样地号：样 35。

小花五味子 *Schisandra micrantha* A. C. Smith 落叶木质藤本；根入药；海拔 1830～1865m，山谷、溪边、林间；保护区内小草坝乌贡山、小沟；滇中、滇东南；广西、贵州；中国特有；样地号：样 21-7。

滇藏五味子 *Schisandra neglecta* A. C. Smith 落叶木质藤本；果可食用、药用；海拔 1900m，山谷丛林间；保护区内小沟；滇西、滇西北；四川南部、西藏南部；印度东北、不丹、尼泊尔；标本号：ZT1823。

毛叶五味子 *Schisandra pubescens* Hemsl. et Wils. 落叶木质藤本；果可食用、药用；海拔 1900m，山坡密林边、溪边、阴湿灌丛中；保护区内小沟；云南；四川、贵州、湖南；中国特有；标本号：ZT1821。

华中五味子 *Schisandra sphenanthera* Rehd. et Wils. 落叶木质藤本；果可食用、药用；海拔 1810～1950m，湿润山坡边或灌丛中；保护区内罗汉坝坡头山、朝天马林场；滇中至东北部；山西、陕西、甘肃、山东、江苏、浙江、安徽、福建、河南、湖北、湖南、四川、贵州；中国特有；标本号：ZT77、ZT1966、ZT1004、ZT47。

6a 领春木科 Eupteleaceae

领春木 *Euptelea pleiospermum* Hook. f. et Thoms. 落叶乔木；国家Ⅲ级珍稀植物(1985)；树皮制胶，材用，种子含油；海拔 1860m，山谷、山坡溪边阔叶林中；保护区内昭通扎口石；除滇中、版纳外几遍云南全省；甘肃、陕西、山西、浙江、湖北、四川、贵州、西藏；印度；标本号：ZT1018、ZT1308。

6b 水青树科 Tetracentraceae

水青树 *Tetracentron sinense* Oliv. 落叶乔木；国家Ⅱ级重点保护野生植物、CITES 公约(濒危野生动植物种国际贸易公约)保护种；木材可制家具；树姿较好，可供观赏；海拔 1750～1850m，沟谷林及溪边杂木林中；保护区内三江口麻风湾、小草坝灰浆岩；滇西北、滇东北、龙陵、凤庆、景东、文山、金平；甘肃、陕西、湖北、湖南、四川、贵州；尼泊尔、缅甸、越南；标本号：ZT757、ZT493。

7 连香树科 Cercidiphyllaceae

连香树 *Cercidiphyllum japonicum* Sieb. et Zucc.　落叶乔木；国家II级重点保护野生植物；观赏；海拔 1810m，石灰岩山坡杂木林中；保护区内河坝场；镇雄；甘肃、陕西、湖北、河南、浙江、安徽、四川、江西；中国特有；标本号：ZT1404。

11 樟科 Lauraceae

毛果黄肉楠 *Actinodaphne trichocarpa* Allen　灌木或小乔木；木材供制家具，枝叶提芳香油，种子榨油；海拔 1900m，沟谷或山坡的灌木丛和常绿阔叶林中；保护区内小岩方；云南东北部至西部；四川、贵州；中国特有；标本号：ZT1734。

贵州琼楠 *Beilschmiedia kweichowensis* Cheng　乔木；用材；海拔 1220～1550m，山地密林中；保护区内海子坪尖山子、大雪山管护站对面、大雪山猪背河坝；云南新分布；广西、贵州、四川；中国特有；标本号：ZT2295、ZT2210。

网脉琼楠 *Beilschmiedia tsangii* Merr.　乔木；用材；海拔 1200～1300m，林中；保护区内常见；云南东北部及东南部；广东、广西、贵州、台湾；中国特有；标本未采，文献记录种。

近尾叶樟 *Cinnamomum* aff. *caudiferum* Kosterm.　小乔木；用材；海拔 1520～1852m，山谷林中或路旁阴处；保护区内小岩方、三江口麻风湾、罗汉坝大树子、火烧岩；待定；中国特有；标本号：ZT1259b、ZT158、ZT1278、ZT257。

猴樟 *Cinnamomum bodinieri* Lévl.　乔木；枝叶含芳香油；海拔 1000～1500m，路旁、沟边、疏林或灌丛中；保护区内常见；云南东北部和东南部；贵州、四川、湖南、湖北；中国特有；标本未采，文献记录种。

银叶桂 *Cinnamomum mairei* Lévl.　乔木；枝叶含芳香油；海拔 1300～1800m，林中；保护区内常见；云南东北部；四川西部；中国特有；标本未采，文献记录种。

少花桂 *Cinnamomum pauciflorum* Nees　小至中乔木；树皮入药；海拔 1800～2200m，石灰岩或砂岩上的山地或山谷疏林或密林中；保护区内常见；云南中部至东北部；湖南西部、湖北西部、四川东部、贵州、广东、广西；中国特有；标本未采，文献记录种。

香叶树 *Lindera communis* Hemsl.　常绿灌木或乔木；工业油料；海拔 1520～1750m，常见；保护区内火烧岩、小岩方-扎口石、长槽；云南中部及南部；陕西南部、甘肃南部、湖北、湖南、江西、贵州、四川；中南半岛各国；标本号：ZT1272、ZT1331、ZT1654。

绒毛钓樟 *Lindera floribunda*(Allen)H. P. Tsui　小乔木；工业油料；海拔 1600～1840m，石山山坡常绿阔叶林中、沟边或灌丛中；保护区内麻风湾、小草坝天竹园对面山上、小岩方；滇西、滇东南；陕西、四川、贵州、广西、广东；中国特有；标本号：ZT576、ZT1259a。

三桠乌药 *Lindera obtusiloba* Bl.　落叶乔木或灌木；种子油可供药用；海拔 2000m，

杂木林中；保护区内常见；云南东北部；辽宁南部、山东东南部、安徽、江苏、河南、陕西、甘肃、浙江、江西、湖南、湖北、四川、西藏等；朝鲜、日本；标本未采，文献记录种。

峨眉钓樟 *Lindera prattii* Gamble　常绿乔木或小乔木；海拔 1700m，次生杂木林中；保护区内常见；云南东北部；四川、贵州、湖南、广东、广西等；中国特有；标本未采，文献记录种。

川钓樟 *Lindera pulcherrima*（Wall.）Benth. var. *hemsleyana*（Diels）H. P. Tsui　常绿灌木或乔木；海拔 1341m，山坡杂木林中；保护区内海子坪尖山子；云南东北部及东南部；西藏、四川、贵州、湖北、湖南、广东、广西；印度、不丹、尼泊尔；样地号：草 59-1-5、草 59-2-53。

三股筋香 *Lindera thomsonii* Allen　常绿乔木；工业油料；海拔 1740～1960m，山地疏林中；保护区内广布；云南西部至东南部；广西、贵州西南；印度、缅甸、越南北部；标本号：ZT1313、ZT2023、ZT1934、ZT292、ZT1662、ZT518、ZT69。

山鸡椒 *Litsea cubeba*（Lour.）Pers.　落叶灌木或小乔木；可供家具或建筑所用；海拔 100～2900m，向阳的山地灌丛或疏林中；保护区内常见；云南省广布；我国长江以南各省份至西藏；东南亚及南亚各国；标本未采，野外记录种。

黄丹木姜子 *Litsea elongata*（Wall. ex Nees）Benth. var. *faberi*（Hemsl.）Yang et P. H. Huang　常绿乔木；种子含脂肪；海拔 1100～2130m，石山林内或山坡杂木林中；保护区内采集；滇东北；四川、贵州；中国特有；标本号：ZT75、ZT202、ZT1767、ZT2387、ZT1517。

近轮叶木姜子 *Litsea elongata*（Wall. ex Nees）Benth. var. *subverticillata*（Yang）Yang et P. H. Huang　常绿小乔木；海拔 1520m，石灰岩山常绿阔叶林或潮湿次生林中；保护区内小岩方；云南东南部；湖北西南部、湖南西部、广西西部、四川及贵州西南部；中国特有；标本号：ZT1060。

毛叶木姜子 *Litsea mollis* Hemsl.　落叶灌木或小乔木；可提取芳香油，根果入药；海拔 1200～2080m，山坡灌木丛中或林缘外；保护区内常见；云南东南部及东北部；四川、贵州、湖南、湖北、广西、广东；中国特有；标本号：ZT2206、ZT1703、ZT1904、ZT1140、ZT2094、ZT931、ZT227、ZT800、ZT1807、ZT1805、ZT1401、ZT1945。

宝兴木姜子 *Litsea moupinensis* Lec.　落叶小乔木；海拔 1340～2080m，疏林中或林缘空旷处；保护区内广布；滇东北；四川；中国特有；标本号：ZT465、ZT66、ZT27、ZT4、ZT160、ZT1512、ZT25、ZT26。

杨叶木姜子（老鸦皮）*Litsea populifolia*（Hemsl.）Gamble　落叶小乔木；果叶可提芳香油，用于化妆品及宅用香精；海拔 1800m，阳坡灌木丛或疏林中；保护区内麻风湾；云南东北部；四川、西藏东部；中国特有；标本号：ZT207。

红叶木姜子 *Litsea rubescens* Lec.　乔木；用材树种；海拔 1900m，山地阔叶林中空隙处或林缘；保护区内分水岭；除高海拔外云南全省；四川、贵州、西藏、陕西、湖北、湖南；越南；标本号：ZT969。

红叶木姜子 *Litsea rubescens* Lec. var. *yunnanensis* Lec. 落叶灌木或小乔木；海拔2300～3400m，山坡林下或灌木丛中；保护区内常见；云南东北部及西北部；中国特有；标本未采，文献记录种。

钝叶木姜子 *Litsea veitchiana* Gamble 落叶灌木或小乔木；海拔1820～2450m，山坡路旁或灌木丛中；保护区内常见；云南东北部；贵州、四川、湖北；中国特有；标本号：ZT774、ZT144、ZT601、ZT1333、ZT807、ZT2102、ZT2152、ZT807、ZT1416、ZT1102。

全腺润楠 *Machilus holadena* Liou Ho 乔木；海拔1341m，山坡上；保护区内海子坪尖子山；滇东北(盐津成凤山)；四川中部(峨眉山)；中国特有；样地号：乔59-1-7。

四川润楠 *Machilus sichuanensis* N. Chao ex S. Lee 乔木；海拔1341m，常绿阔叶林；保护区内海子坪尖山子；云南新分布；四川(都江堰市等地)；中国特有；样地号：草59-6-16。

柔毛润楠 *Machilus villosa*(Roxb.) Hook. f. 小至大乔木；海拔1340～2110m，山坡或沟谷的疏林或密林中；保护区内广布；云南西部；尼泊尔、印度、孟加拉国及缅甸；标本号：ZT1443、ZT71、ZT91、ZT70、ZT146。

新木姜子 *Neolitsea aurata*(Hay.) Koidz. 小乔木；海拔1810～2050m，山坡常绿阔叶林中；保护区内广布；滇东北；台湾、福建、江苏、江西、湖南、广东、广西、四川、贵州；日本；标本号：ZT19、ZT23、ZT14、ZT135、ZT125、ZT46。

毛柄新木姜子 *Neolitsea ovatifolia* Yang et P. H. Huang var. *puberula* Yang et P. H. Huang 乔木；海拔1310m，密林中湿润处；保护区内海子坪徐大有屋基；云南东南部；中国特有；样地号：草59-4-8。

四川新木姜子 *Neolitsea sutchuanensis* Yang 小乔木；海拔1500～1964m，山坡密林中；保护区内广布；云南东北部及西北部；四川、贵州；中国特有；标本号：ZT2246、ZT68、ZT1504、ZT84、ZT8。

赛楠(假桂皮、运兰树) *Nothaphoebe cavaleriei*(Lévl.) Yang 乔木；云南省一级重点保护野生植物；海拔1580m，常绿阔叶林及疏林中；保护区内小岩方；滇东北；四川及贵州；中国特有；标本号：ZT1249。

短序楠 *Phoebe brachythyrsa* H. W. Li 灌木；海拔450m，山坡灌丛；保护区内常见；东北部；中国特有；标本未采，文献记录种。

山楠 *Phoebe chinensis* Chun 乔木；可做绿化树种；海拔1200～2200m，山坡常绿阔叶林中；保护区内常见；云南东北部；甘肃南部、陕西南部、四川、湖北西部；中国特有；标本未采，文献记录种。

竹叶楠 *Phoebe faberi*(Hemsl.) Chun 乔木；木材供建筑及家具用；海拔1400m，灌丛中；保护区内常见；云南中部至东北部；陕西、四川、贵州、湖北西部；中国特有；标本未采，文献记录种。

长毛楠 *Phoebe forrestii* W. W. Sm. 乔木；海拔1750m，山坡或山谷杂木林中；保护区内小草坝灰浆岩；云南中部、中南部、西部；西藏东南部；中国特有；标本号：ZT2018。

细叶楠 *Phoebe hui* Cheng ex Yang 大乔木；树干可供建筑用；海拔1500m，密林中；

保护区内常见；云南东北部(绥江)；陕西南部、四川；中国特有；标本未采，文献记录种。

光枝楠 *Phoebe neuranthoides* S. Lee et F. N. Wei 大灌木至小乔木；木材供建筑、家具等用；海拔 1480～1980m，山地密林中；保护区内小岩方火烧岩、骑驾马；云南新分布；陕西南部、四川北部及东南部、重庆、湖北西南部、贵州东北部至南部、湖南西部；中国特有；标本号：ZT1217、ZT171a。

檫木(花楸树、鹅脚板) *Sassafras tzumu* (Hemsl.) Hemsl. 落叶乔木；根和树皮入药，材质优良，用于造家具；海拔 1950m，疏林或密林中；保护区内罗汉坝；滇东北及东南部；浙江、江苏、安徽、江西、福建、广东、广西、湖南、湖北、四川及贵州等；中国特有；标本号：ZT2223。

15 毛茛科 Ranunculaceae

爪盔膝瓣乌头 *Aconitum geniculatum* Fletcher et Lauener var. *unguiculatum* W. T. Wang 草本；海拔 1900m，山坡草地或多石处；保护区内麻风湾；乌蒙山；中国特有；标本号：ZT853。

岩乌头 *Aconitum racemulosum* Franch. 草本；药用；海拔 1620～2280m，山谷岩石边或林中；保护区内常见；滇东北(镇雄)；四川、贵州、湖北；俄罗斯西伯利亚；标本未采，文献记录种。

聚叶花葶乌头 *Aconitum scaposum* Franch. var. *vaginatum* Rapaics 草本；海拔 1750m，山坡草丛中；保护区内常见；彝良；中国特有；标本未采，文献记录种。

类叶升麻 *Actaea asiatica* Hara 草本；药用；海拔 1850～2300m，林下或河边；保护区内分水岭、辣子坪保护站、罗汉坝大树子；滇西、滇西北、滇东北；西藏、四川、青海、甘肃、陕西、湖北、山西、河北、内蒙古、辽宁、吉林、黑龙江；朝鲜、日本；标本号：ZT1041、ZT835。

西南银莲花 *Anemone davidii* Franch. 草本；海拔 1700～3400m，灌木丛、草坡、疏林中；保护区内常见；大关、宜良、大理、腾冲、丽江；四川、西藏东南部、湖北西部、湖南西北部或南部；中国特有；标本未采，文献记录种。

山棉花 *Anemone hupehensis* Lem. f. *alba* W. T. Wang 草本；根状茎供药用，治痢疾、风湿关节痛；海拔 1500m，山地林边、草坡或沟边草地；保护区内罗汉坝；云南广布；四川、贵州、台湾；中国特有；标本号：ZT1020、ZT2172。

野棉花 *Anemone vitifolia* Buch.-Ham. ex DC. 草本；根状茎供药用，治痢疾；海拔 1600～1800m，山地草坡上、沟边或疏林中；保护区内小岩方；云南常见；四川、西藏；缅甸、不丹、尼泊尔、印度；标本号：ZT1337、ZT1261b。

裂叶星果草 *Asteropyrum cavaleriei* (Lévl. et Vant.) Drumm. et Hutch. 草本；根入药，治黄疸、水肿；海拔 1840～2000m，林下水边；保护区内小草坝；文山；四川西南部、贵州、湖南西部、湖北西南部、广西北部；中国特有；标本号：ZT468。

星果草 *Asteropyrum peltatum* (Franch.) Drumm. et Hutch. 多年生草本；海拔 1500～2000m，林下阴湿处、岩石上；保护区内麻风湾；西北部、西部和东北部；四川和湖北西部；缅甸北部、不丹；标本号：无号。

铁破锣（山豆根）*Beesia calthifolia* Ulbr. 草本；药用；海拔2200～3450m，林下；保护区内常见；昭通、大关、彝良、丽江、泸水、德钦；四川、贵州、广西、湖南西部、湖北西部、陕西、甘肃；缅甸北部；标本未采，文献记录种。

短果升麻 *Cimicifuga brachycarpa* Hsiao 草本；药用；海拔1700～3300m，林中湿处；保护区内常见；镇雄、会泽；中国特有；标本未采，文献记录种。

单穗升麻（野菜升麻）*Cimicifuga simplex* Wormsk. 草本；药用；海拔1900～2000m，碎石堆中；保护区内常见；镇雄、彝良；四川、陕西、甘肃、河北、内蒙古、辽宁；日本、蒙古、俄罗斯；标本未采，文献记录种。

升麻（绿升麻）*Cimicifuga foetida* L. 草本；药用；海拔2200～4100m，林下；保护区内常见；彝良、巧家、大理、腾冲、贡山、丽江；四川、西藏、青海、甘肃、山西、陕西、河南；蒙古国、俄罗斯西伯利亚；标本未采，文献记录种。

南川升麻 *Cimicifuga nanchuenensis* Hsiao 草本；海拔1840m，山地；保护区内河坝场；云南新分布；重庆南川；中国特有；标本号：ZT1403。

小木通 *Clematis armandii* Franch. 木质藤本；药用；海拔1300～2400m，林中、灌丛中；保护区内常见；昭通、石林、昆明、禄丰、丽江、马关；四川、西藏东部、甘肃、陕西南部、湖北、贵州、湖南、广西、广东、福建；中国特有；标本未采，文献记录种。

毛木通 *Clematis buchananiana* DC. 草质藤本；海拔1800m，山谷坡地、溪边、林中或灌丛中；保护区内扎口石；云南广布；西藏、四川、广西、贵州；尼泊尔、印度、缅甸、越南；标本号：ZT1324。

粗齿铁线莲 *Clematis grandidentata*（Rehd. et Wils.）W. T. Wang 本质藤本；药用；海拔1800m，山坡或沟边灌木丛中；保护区内扎口石；绥江、永善、宜良、丽江；四川、贵州、湖南、浙江、安徽、湖北、甘肃、陕西南部、河南西部、山西南部、河北西部；中国特有；标本号：ZT1328。

单叶铁线莲 *Clematis henryi* Oliver 本质藤本；药用；海拔1800m，山地林中或灌丛中；保护区内小岩方-扎口石；云南常见；四川、湖北、贵州、广西、广东北部、湖南、江西、浙江、江苏南部、安徽南部；缅甸北部、越南北部；标本号：ZT1345a。

滇川铁线莲 *Clematis kockiana* Schneid. 木质藤本；海拔1980m，山坡、沟边、林边或林中；保护区内分水岭；云南广布；西藏东部、四川西南部、广西西部；中国特有；标本号：ZT1029。

贵州铁线莲 *Clematis kweichowensis* Pei 草本；海拔2039m，山谷林中；海拔1560～2000m；保护区内三江口倒流水；大关、镇雄；贵州、四川南部；中国特有；标本号：ZT428。

毛蕊铁线莲 *Clematis lasiandra* Maxim 草质藤本；海拔2000～3000m，山谷林中、灌丛、林中；保护区内常见；镇雄、贡山、丽江、福贡；四川、甘肃、陕西、河南、湖北、贵州、湖南、广西、广东、江西、台湾；缅甸北部、日本；标本未采，文献记录种。

绣球藤 *Clematis montana* Buch.-Ham. ex DC. 木质藤本；药用；海拔 1900～4000m，林中、灌丛中；保护区内常见；云南广布；四川、西藏南部、甘肃和陕西南部、河南西部、湖北、贵州、湖南、广西、江西、台湾、浙江；不丹、尼泊尔、印度北部；标本未采，文献记录种。

曲柄铁线莲 *Clematis repens* Finet et Gagn. 木质藤本；海拔 1900～2040m，林下石上；保护区内麻风湾、三江口倒流水；巧家；四川、贵州、湖南、广西和广东的北部；中国特有；标本号：ZT578、ZT976、ZT830。

尾叶铁线莲 *Clematis urophylla* Franch. 木质藤本；海拔 1800m，沟边疏林中；保护区内小岩方；镇雄；四川、贵州、湖北西部、湖南、广西和广东北部；中国特有；标本号：ZT1345b。

云贵铁线莲 *Clematis vaniotii* Lévl. et Port. 木质藤本；海拔 1500～2000m，山地林边；保护区内小草坝后河；广南、富宁；贵州；中国特有；标本号：无号。

峨眉黄连 *Coptis omeiensis*(Chen) C. Y. Cheng 草本；根状茎入药；海拔 1600～1900m，林下阴湿处；保护区内小草坝、朝天马陡口子；滇东北；四川西部；中国特有；标本号：ZT1790、ZT1746a。

还亮草 *Delphinium anthriscifolium* Hance 草本；药用；海拔 560～1000m，溪边、草坡；保护区内常见；盐津、广南；广西、广东、河南、山西；中国特有；标本未采，文献记录种。

卵瓣还亮草 *Delphinium anthriscifolium* Hance var. *savatieri* Munz 草本；海拔 1400～1700m，灌丛、林边、疏林中；保护区内常见；镇雄、大关、文山、西畴；广西、广东、陕西；越南；标本未采，文献记录种。

滇川翠雀花 *Delphinium delavayi* Franch. 草本；药用；海拔 1930m，草坡上或疏林中；保护区内倒流水；文山、会泽、江川、嵩明、大理、保山、洱源、剑川、兰坪、维西、丽江、香格里拉、永胜、鹤庆、文山；中国特有；标本号：ZT980、ZT600。

铁线蕨叶人字果 *Dichocarpum adiantifolium*(Hook. f. et Thoms.) W. T. Wang et Hsiao 草本；海拔 1830～1890m，林下或草地；保护区内乌贡山、河坝场、麻风湾；云南常见；四川、贵州、湖南、湖北、福建、台湾；尼泊尔、缅甸；标本号：ZT1848、ZT1456、ZT727。

耳状人字果 *Dichocarpum auriculatum*(Franch.) W. T. Wang et Hsiao 草本；全草药用，止咳化痰，治母猪疯；海拔 1900m，林下水边或石上；保护区内朝天马林场；滇东北(彝良、大关、绥江)；四川、湖北；中国特有；标本号：无号。

蕨叶人字果 *Dichocarpum dalzielii*(Drumm. et Hutch.) W. T. Wang et Hsiao 草本；根供药用，治红肿淤毒；海拔 1757m，林下沟边湿地；保护区内小草坝大窝场；绥江；四川、贵州、广西、广东、江西、福建、安徽、浙江；中国特有；样地号：草 35-5-6。

禺毛茛 *Ranunculus cantoniensis* DC. 草本；海拔 500～2500m，溪边、湿草地；保护区内常见；盐津；广西、广东、湖南、贵州、四川、台湾、浙江、安徽、福建；朝鲜、日本、不丹；标本未采，文献记录种。

西南毛茛 *Ranunculus ficariifolius* Lévl. et Vant. 草本；海拔 1757～1900m，沟边、

林下、河滩、沼泽或水田边；保护区内小沟、小草坝大窝场；云南广布；四川、贵州、湖北、湖南、江西；泰国、不丹、尼泊尔；标本号：ZT1765。

毛茛 *Ranunculus japonicus* Thunb. 草本；海拔1460～1950m，草坡、湿地；保护区内常见；镇雄、威信；海南、西藏、青海、新疆；朝鲜、日本、俄罗斯西伯利亚；标本未采，文献记录种。

展毛昆明毛茛 *Ranunculus Kunmingensis* W. T. Wang var. *hispidus* W. T. Wang 草本；海拔1900～3400m，山坡草地或林边；保护区内常见；彝良、会泽、富民、景东；贵州西部；中国特有；标本未采，文献记录种。

扬子毛茛 *Ranunculus sieboldii* Miq. 草本；海拔750～1900m，水田边或林边草地；保护区内常见；盐津、镇雄、宜良、昆明、西畴、麻栗坡；四川、贵州、广西、甘肃、陕西、湖北、湖南、江西、福建、台湾、江苏、安徽；日本；标本未采，文献记录种。

钩柱毛茛 *Ranunculus silerifolius* Lévl. 草本；海拔1800～1940m，溪边、林边或湿草地；保护区内麻风湾；滇东北、滇中、滇西、滇东南、滇南、滇西南；广西、广东、湖南、四川、贵州、湖北、江西、福建、台湾、浙江；不丹、印度、朝鲜、日本；标本号：ZT333。

尖叶唐松草 *Thalictrum acutifolium* (Hand.-Mazz.) Boivin 草本；根入药；海拔1820～1950m，山地谷中坡地或林边湿润处；保护区内小沟、朝天马陡口子、乌贡山；云南新分布；四川、重庆、贵州、广西、广东、湖南、江西、福建、浙江、安徽南部；中国特有；标本号：ZT1755、ZT1924、ZT1842。

爪哇唐松草 *Thalictrum javanicum* Bl. 草本；根入药；海拔1820m，林边灌丛中、草坡或溪边；云南广布；西藏、四川、甘肃、湖北、贵州、江西、浙江、台湾、广西、广东；不丹、尼泊尔、印度、斯里兰卡、印度尼西亚；标本号：ZT228、ZT594。

峨眉唐松草 *Thalictrum omeiense* W. T. Wang et S. H. Wang 草本；根入药；海拔1810～1970m，山地溪边或石崖边潮湿处；保护区内小草坝、乌贡山、河坝场、小草坝燕子洞；云南新分布；四川；中国特有；标本号：ZT1987、ZT1398。

弯柱唐松草 *Thalictrum uncinulatum* Franch. 草本；根入药；海拔1500～2600m，山坡石上；保护区内常见；大关；四川、贵州、湖北、陕西、山西；中国特有；标本未采，文献记录种。

15a 芍药科 Paeoniaceae

美丽芍药（粉单、臭牡丹）*Paeonia mairei* Alaevl. 草本；野生花卉；海拔1500～2700m，山坡林缘阴湿处；保护区内常见；昭通、巧家、东川；贵州、四川中南部、甘肃南部、陕西南部；朝鲜、日本、印度尼西亚、菲律宾、印度、俄罗斯；标本未采，文献记录种。

17 金鱼藻科 Ceratophyllaceae

金鱼藻 *Ceratophyllum demersum* L. 沉水草本；鱼饵、饲料；全草入药；海拔1300～2700m，水塘、水沟及湖泊；保护区内常见；云南全省；我国南北各地广布；广布全球寒带以外的淡水湖、塘、池、沟；标本未采，文献记录种。

细金鱼藻 *Ceratophyllum submersum* L. 沉水草本；饲料；海拔未记载，淡水水域；保护区内常见；云南；福建、台湾；欧洲、亚洲、非洲北部；标本未采，文献记录种。

19 小檗科 Berberidaceae

渐尖叶小檗 *Berberis amurensis* Franch. 灌木；可提制黄连；海拔700～1300m，阴坡灌丛中；保护区内常见；彝良、大关、绥江；四川；中国特有；标本未采，文献记录种。

锐齿小檗 *Berberis arguta*(Franch.) Schneid. 灌木；可提制黄连；海拔1920m，河谷林缘；保护区内小草坝林场；彝良、大关、镇雄；贵州；中国特有；标本号：ZT1933。

黑果小檗 *Berberis atrocarpa* Schneid. 灌木；可提制黄连；海拔1850～1950m，山坡灌丛中；保护区内常见；大关；中国特有；标本未采，文献记录种。

异长穗小檗 *Berberis feddeana* Schneid. 灌木；可提制黄连；海拔1960m，山地沟边、路边、灌丛中、林缘；保护区内朝天马林场；云南新分布；四川、陕西、湖北、甘肃；中国特有；标本号：ZT1870。

叙永小檗 *Berberis hsuyunensis* Hsiao et Sung 灌木；根清热解毒；海拔1450～1650m，路边；保护区内常见；威信；四川；中国特有；标本未采，文献记录种。

鼠叶小檗 *Berberis iteophylla* C. Y. Wu ex S. Y. Bao 灌木；《中国物种红色名录》濒危种、IUCN(EN)；可提制黄连；海拔1830～1980m，山坡溪边灌丛中；保护区内麻风湾；双柏；中国特有；标本号：ZT260、ZT1126、ZT254。

粉叶小檗 *Berberis pruinosa* Franch. 灌木；清热解毒；海拔1900～3600m，河谷及石灰岩灌丛中；保护区内常见；云南广布；广西北部、西藏东南部；中国特有；标本未采，文献记录种。

巧家小檗 *Berberis qiaojiaensis* S. Y. Bao 小灌木；可提制黄连；海拔3000～3300m，山顶草地；保护区内常见；巧家；中国特有；标本未采，文献记录种。

威信小檗 *Berberis weixinensis* S. Y. Bao 灌木；可提制黄连；海拔1960m，杂木林中；保护区内朝天马林场；威信；中国特有；标本号：ZT1898。

红毛七 *Caulophyllum robustum* Maxim 草本；药用；海拔1850～1950m，林下或山沟阴湿处；保护区内麻风湾、朝天马；兰坪、丽江、维西；黑龙江、吉林、辽宁、河北、陕西、安徽、浙江、湖北、四川、贵州、西藏；日本、俄罗斯(远东)；标本号：ZT474、ZT1950、ZT755。

云南八角莲 *Dysosma aurantiocaulis*(Hand.-Mazz.) Hu 草本；消肿止痛；海拔

2800～3000m，阔叶林下；保护区内常见；盐津、维西、凤庆、贡山；中国特有；标本未采，文献记录种。

川八角莲 *Dysosma veitchii*(Hemsl. et Wils) Fu ex Ying 草本；云南省III级保护野生植物、《中国物种红色名录》易危种、IUCN(VU)；药用；海拔 1900m，中山灌丛、林缘、林下；保护区内小草坝；嵩明、彝良、大关、镇雄、文山、维西；四川、贵州；中国特有；标本号：ZT1818。

粗毛淫羊藿 *Epimedium acuminatum* Franch. 草本；药用；海拔 1720～1820m，中山灌丛、林缘；保护区内小岩方扎口石、长槽；彝良、昭通、威信、维西；湖北、贵州、四川；中国特有；标本号：ZT1318、ZT1648。

鹤庆十大功劳 *Mahonia bracteolata* Takeda 灌木；药用；海拔 1958m，山坡灌丛中；保护区内小岩方骑驾山；鹤庆、丽江、香格里拉、贡山；四川；中国特有；样地号：草 14-6-5。

长柱十大功劳 *Mahonia duclouxiana* Gagn. 灌木；药用；海拔 1880m，林中灌丛中、山坡、河边、路边；保护区内小岩方河坝场；昆明、曲靖、景东、易门、丽江、凤庆；四川、广西；印度、泰国、缅甸；标本号：ZT1429。

细柄十大功劳 *Mahonia gracilipes*(Oliv) Fedde 灌木；根入药；海拔 1650m，山坡林中；保护区内麻风湾；大关；四川；中国特有；标本号：ZT1638。

长小叶十大功劳 *Mahonia lomariifolia* Takeda 灌木；药用；海拔 1741m，山坡灌木丛；保护区内罗汉坝坡头山；大理、永善、禄劝、富民；四川；中国特有；样地号：草 61-1-4。

长苞十大功劳 *Mahonia longibracteata* Takeda 灌木；药用；海拔 1900m，山坡、河边湿润处；保护区内麻风湾；禄劝、大理、永善；四川南部；中国特有；标本号：ZT935。

景东十大功劳 *Mahonia paucijuga* C. Y. Wu ex S. Y. Bao 灌木；药用；海拔 2300m，山坡疏林或路旁；保护区内三江口；景东、腾冲；中国特有；标本号：ZT924。

峨眉十大功劳 *Mahonia polydonta* Fedde 矮小灌木；药用；海拔 2450m，山坡苔藓林内；保护区内三江口；禄劝、绥江、腾冲、砚山；四川、西藏东南；中国特有；标本号：ZT746、ZT671。

网脉十大功劳 *Mahonia retinervis* Hsiao et Y. S. Wang 灌木；药用；海拔 1922m，开阔陡坡、岩坡灌丛中；保护区内罗汉坝水库沼泽；云南、广西；中国特有；样地号：草 68-7。

南天竹 *Nandina domestica* Thunb. 常绿灌木；药用；海拔 1900m，山坡灌丛中或山谷旁；保护区内罗汉坝；昆明栽培；江苏、陕西、安徽、浙江、福建、江西、湖南、广西、四川、贵州；中国特有；标本号：ZT1933。

21 木通科 Lardizabalaceae

三叶木通 *Akebia trifoliata*(Thunb.) Koidz. var. *australis* Rehd. 落叶木质藤本；茎、藤、叶、果均可利尿，消炎，除湿镇痛，治关节炎、骨髓炎；果可食，解毒；皮通乳；

种子榨油，酿酒，嫩叶可食；海拔 1555～1850m，荒野山坡、灌丛间及沟谷疏林；保护区内小岩方、大雪山管护站对面；滇东北、东部、东南部至中部及腾冲；我国长江流域广布，向北至河南、山西和陕西；中国特有；标本号：ZT1355。

猫儿屎 *Decaisnea fargesii* Franch. 落叶灌木；果皮提取橡胶；果可食、酿酒、制糖；种子榨油；海拔 1644m，沟谷、阴坡杂木林下常见；保护区内麻风湾；云南全省；广西、贵州、四川、陕西南部、湖北西部、湖南、安徽、江西、浙江西南部；中国特有；标本号：ZT256。

五月瓜藤（五月瓜）*Holboellia fargesii* Reaub. 攀缘藤本；药用，根治劳伤咳嗽；果可食，治肾虚腰痛，疝气；海拔 1852m，山坡杂木林、疏林及灌木丛中；保护区内三江口麻风湾；云南中部、东北部及西北部；安徽、湖北、福建、广东、四川、贵州及陕西南部；中国特有；标本号：ZT156、ZT196。

五风藤（八月瓜）*Holboellia latifolia* Wall. 常绿攀缘灌木；药用，治子宫脱垂、疝气、跌打损伤；果可食，树皮可制纤维；海拔 1400～2039m，林缘；保护区内常见；云南全省；贵州、四川、西藏东南部；印度东北部、不丹、尼泊尔；标本号：ZT1154、ZT2401、ZT561、ZT484、ZT1874、ZT290、ZT984。

串果藤 *Sinofranchetia chinensis*（Franch.）Hemsl. 落叶木质藤本；果肉多汁可食，种子含淀粉，可酿酒；海拔 1900m，阔叶林林缘；保护区内分水岭；滇东北；湖北、湖南西部、广东北部（乳源）、四川、甘肃南部、陕西；中国特有；标本号：ZT973。

羊瓜藤（云南野木瓜、八月瓜）*Stauntonia duclouxii* Gagn. 攀缘灌木；果食用；海拔 1700m，林缘；保护区内常见；滇东北；四川西南部、湖北西部；中国特有；标本未采，文献记录种。

23 防己科 Menispermaceae

四川轮环藤 *Cyclea sutchuenensis* Gagn. 草质或老茎木质的藤本；海拔 2000m，林中或林缘灌丛中；保护区内常见；滇东北至东南部；四川、贵州、湖南、广东和广西；中国特有；标本未采，文献记录种。

风龙 *Sinomenium acutum* Rehd. et Wils. 木质藤本；用于制作藤器；海拔 1520～1750m，长生林中；保护区内长槽、火烧岩；云南东南部；长江流域及其以南各省，北至陕西南部，南至广东和广西北部；日本；标本号：ZT1593、ZT1256。

一文钱 *Stephania delavayi* Diels 草质藤本；海拔 1870～1890m，中山灌丛、林缘；保护区内河坝场、麻风湾；除云南北部和东南部外各地都有；贵州、四川；中国特有；标本号：ZT1444、ZT491。

汝兰 *Stephania sinica* Diels 肉质藤本；海拔 1710m，次生林的沟谷边；保护区内长槽；滇东北；湖北西部和西南部、四川东部和中南部、贵州北部；中国特有；标本号：ZT1646。

24 马兜铃科 Aristolochiaceae

卵叶马兜铃 *Aristolochia ovatifolia* S. M. Hwang 木质藤本；药用；海拔 1860m，林缘、灌丛、沟谷等处；保护区内分水岭；嵩明、宣威、大关；四川、贵州等省；中国特有；标本号：ZT1111。

变色马兜铃 *Aristolochia versicolor* S. M. Hwang 木质藤本；海拔 500～1500m，石灰岩山坡林中及山地阴湿处；保护区内常见；西双版纳、麻栗坡、西畴、临沧、陇川、盈江、昭通、曲靖、玉溪；广东、广西；泰国；标本未采，文献记录种。

短尾细辛 *Asarum caudigerellum* C. Y. Cheng et C. S. Yang 草本；散寒，镇痛，止痛；海拔 1600～2120m，林下阴湿处、水边岩石；保护区内麻风湾、罗汉坝、五岔口；彝良、昭通；湖北、四川、贵州、湖南；中国特有；标本号：ZT593、ZT1507。

花叶尾花细辛 *Asarum caudigerum* Hance var. *cardiophyllum* (Franch.) C. Y. Cheng et C. S. Yang 草本；海拔 500～1200m，林下阴湿处；保护区内常见；昭通、大关、彝良；四川、贵州；中国特有；标本未采，文献记录种。

川滇细辛 *Asarum delavayi* Franch. 草本；海拔 800～1600m，灌丛林下、石栎坡上；保护区内常见；绥江、大关；四川；中国特有；标本未采，文献记录种。

长毛细辛 *Asarum pulchellum* Hemsl. 草本；全草入药；海拔 700～1700m，林下腐殖土中；保护区内常见；彝良、昭通；安徽、江西、湖北、湖南、四川、贵州；中国特有；标本未采，文献记录种。

青城细辛 *Asarum splendens* (Maekawa) C. Y. Cheng et C. S. Yang 草本；全草入药；海拔 850～1300m，碎石山坡或竹林、路边阴湿处；保护区内常见；昭通、彝良、大关；湖北、四川(峨眉)、贵州；中国特有；标本未采，文献记录种。

28 胡椒科 Piperaceae

山蒟 *Piper hancei* Maxim 攀缘藤本；全草入药；海拔 620～2000m，沟谷密林或溪涧、疏林、石灰岩丛林中，附树干上或石上；保护区内常见；西畴、富宁、屏边、马关、凤庆、威信；浙江、江西、福建、湖南、广东、广西、贵州；中国特有；标本未采，文献记录种。

29 三白草科 Saururaceae

蕺菜 *Houttuynia cordata* Thunb. 草本；食用根茎；海拔 1790m，路边；保护区内麻风湾；云南全省各地；我国中部以南，北达陕西、甘肃，西至西藏，东达台湾，南至沿海各省份；亚洲东部及东南部广泛；标本号：无号。

30 金粟兰科 Chloranthaceae

及已 *Chloranthus serratus*(Thunb.) Roem. et Schult. 草本；药用；海拔 1800～2120m，阔叶林阴湿的林下或溪沟边；保护区内麻风湾、乌贡山、杉木坪；滇东北；长江以南各省；日本；标本号：ZT265、ZT779、ZT1572。

草珊瑚 *Sarcandra glabra*(Thunb.) Nakai 常绿灌木；全草入药；海拔 1100m，常绿阔叶林下；保护区内常见；滇东北、东部、东南部；我国长江以南各省都有；朝鲜、日本、马来西亚、越南、柬埔寨、印度、斯里兰卡；标本未采，文献记录种。

32 罂粟科 Papaveraceae

血水草 *Eomecon chionantha* Hance 多年生草本；全草入药，有毒；海拔 1600m，林下阴处或沟边；保护区内海子坪；绥江、彝良、文山；四川、贵州、广西、广东、湖南、湖北、福建、江西、安徽；中国特有；标本号：无号。

椭果绿绒蒿 *Meconopsis chelidonifolia* Bur. et Franch. 草本；野生花卉；海拔 1900m，林下荫处或溪边；保护区内麻风湾；滇东北；四川西部；中国特有；标本号：ZT1133、ZT873。

尼泊尔绿绒蒿(山莴笋) *Meconopsis napaulensis* DC. 草本；全草药用；海拔 2700～3800m，草坡；保护区内常见；滇西北、滇西南、滇东北、滇中；四川西部、西藏；尼泊尔、印度西北部；标本未采，文献记录种。

33 紫堇科 Fumariaceae

南黄堇 *Corydalis davidii* Franch. 草本；全草入药；海拔 1900～1980m，林下、灌丛、草坡、路边；保护区内罗汉坝、小沟、分水岭；永善、大关、彝良、镇雄、昭通、巧家、东川、会泽、禄劝；四川西南部和南部、贵州西部；中国特有；标本号：ZT2114、ZT1761、ZT1047。

师宗紫堇 *Corydalis duclouxii* Lévl. et Van. 草本；海拔 1500～2300m，林下、灌木丛中，山谷、箐沟、路边和岩石缝；保护区内常见；滇东北、滇东和滇东南；四川西南、贵州西部；中国特有；标本未采，文献记录种。

龙溪紫堇 *Corydalis longkiensis* Wu 多年生灰绿色草本；海拔 1700m，林缘、灌丛；保护区内常见；盐津的龙溪；中国特有；标本未采，文献记录种。

蛇果黄堇 *Corydalis ophiocarpa* Hook. f. et Thoms. 灰绿色草本；海拔 1100～2700m，沟谷林缘；保护区内常见；贡山、碧江、漾濞、维西、香格里拉、大理、丽江、彝良、镇雄；西藏、贵州、四川、青海、甘肃、宁夏、陕西、山西、河南、河北、湖北、湖南、江西、安徽、台湾；日本、印度；标本未采，文献记录种。

小花黄堇 *Corydalis racemosa*(Thunb.) Pers. 灰绿色草本；海拔 400～1600m，林缘

或溪边；保护区内常见；维西、彝良、绥江；陕西、甘肃、四川、贵州、湖南、湖北、江西、安徽、江苏、浙江、福建、广东、西藏、台湾；日本；标本未采，文献记录种。

地锦苗 *Corydalis sheareris* S. Moore 草本；全草入药；海拔 400～1600m，林下湿草地；保护区内常见；盐津、大关、蒙自、元阳、屏边、麻栗坡、西畴、富宁；江苏、浙江、安徽、江西、福建、湖北、湖南、广东、香港、广西、陕西、四川、贵州；中国特有；标本未采，文献记录种。

金钩如意草 *Corydalis taliensis* Franch. 无毛草本；海拔 1500～1800m，林下、灌丛下或草丛中，房前屋后、田间地头常见；保护区内常见；云南广布；中国特有；标本未采，文献记录种。

大花荷包牡丹 *Dicentra macrantha* Oliv. 草本；野生花卉；海拔 1500～2700m，湿润林下；保护区内常见；独龙江流域及绥江、盐津、大关；湖北、四川、贵州；缅甸北部；标本未采，文献记录种。

39 十字花科 Cruciferae

荠 *Capsella bursa-pastoris* (L.) Medic. 草本；制油漆及肥皂，食用、全草入药；海拔 1500～3700m，山坡、荒地、路边、地埂、宅旁等处；保护区内常见；遍布云南各地；我国各地；中国特有；标本未采，文献记录种。

山芥菜 *Cardamine griffithii* Hook. f. et Thoms. 草本；全草清热解毒；海拔 1900m，山坡林下、山沟边多岩石的阴湿处；保护区内小草坝；腾冲、碧江、福贡、漾濞、大理、丽江、维西、香格里拉、德钦、贡山；西藏、四川、湖北、贵州；喜马拉雅东部、印度西北部、不丹；标本号：ZT1961。

碎米荠 *Cardamine hirsuta* L. 草本；海拔 600～2700m，山坡、路旁、荒地及耕地的草丛中；保护区内常见；除滇西北高山地区外几遍布云南全省各地；我国其他各省；亦见于全球温带各地；标本未采，文献记录种。

大叶碎米荠 *Cardamine macrophylla* Willd. 草本；能利小便，治败血病；海拔 1900m，沟边石隙及高山草坡水湿处；保护区内沿途；滇西北—滇东北；内蒙古、河北、山西、湖北、陕西、甘肃、青海、四川、贵州、西藏；俄罗斯、日本、印度、不丹；标本号：无号。

多叶碎米荠 *Cardamine macrophylla* Willd. var. *polyphylla* (D. Don) T. Y. Cheo et R. C. Fang 草本；食用、入药、饲料；海拔 2500～4000m，沟边碎石间或草丛中；保护区内常见；滇西北—滇东北；陕西、甘肃、四川、西藏；克什米尔地区、印度、尼泊尔；标本未采，文献记录种。

三小叶碎米荠 *Cardamine trifoliolata* Hook. f. et Thoms. 草本；全草食用，药用治风症；海拔 1880m，林下、山沟、水边、草地；保护区内麻风湾；昭通、大关、永善、绥江、大理、永胜、腾冲；西藏、四川、湖北、湖南；不丹；标本号：ZT497。

堇色碎米荠 *Cardamine violacea* (D. Don) Wall. ex Hook. f. et Thoms 草本；海拔 1800～3500m，灌丛中或高山草坡、石坡或山坡针阔叶混交林中；保护区内常见；彝

良、镇康、泸水；印度东部、尼泊尔、不丹有一亚种；标本未采，文献记录种。

楔叶独行菜 *Lepidium cuneiforme* C. Y. Wu　草本；海拔 800～2000m，山坡、河滩、村旁、路边；保护区内常见；大理、云县、昆明至大关；陕西、甘肃、四川、贵州；中国特有；标本未采，文献记录种。

豆瓣菜 *Nasturtium officinale* R. Br.　草本；全草入药，清热解毒；海拔 1990m，沼泽地水沟中或水边；保护区内麻风湾；滇西北—滇东北；华北、陕西、河南、江苏、湖北、四川、西藏；亚洲、欧洲、北非及美洲；标本号：ZT1166。

冬子菜 *Raphanus raphanistroides* (Makino) Nakai　草本；油料；海拔 1200～2000m，山地上；保护区内常见；滇中以北各地；浙江、台湾、广西、四川；中国特有；标本未采，文献记录种。

40 堇菜科 Violaceae

戟叶堇菜 *Viola betonicifolia* J. E. Smith　草本；药用；海拔 1750～2300m，田边、路边、林下草地；保护区内广布；云南广布；陕西、甘肃、江苏、安徽、浙江、江西、福建、台湾、湖北、湖南、河南、广东、海南、四川；印度、斯里兰卡、澳大利亚、印度尼西亚、日本；标本号：ZT909、ZT344、ZT908、ZT823、ZT1422、ZT1427、ZT596、ZT867。

心叶堇菜 *Viola concordifolia* C. J. Wang　草本；海拔 1947m，中山灌丛、林缘、林下；保护区内小草坝罗汉林；蒙自、维西、香格里拉等地；江苏、安徽、浙江、江西、湖南、四川、贵州；中国特有；样地号：草 49-1-7。

深圆齿堇菜 *Viola davidii* Franch.　草本；海拔 1741～2048m，林下、林缘、草地；保护区内常见；大关、盐津；贵州、四川、广西、广东、湖北、湖南、陕西南部、福建；中国特有；标本号：ZT1751、ZT934。

阔萼堇菜(长茎堇菜) *Viola grandisepala* W. Beck.　草本；海拔 1810～2070m，山坡、路边、阴湿处；保护区内常见；大关、盐津；四川；中国特有；标本号：ZT1616、ZT59、ZT113、ZT1783。

紫花堇菜(紫花高茎堇菜) *Viola grypoceras* A. Gray　草本；全草入药；海拔 1500～1870m，林下或草地；保护区内常见；大姚、彝良、镇雄、广南等；华北、华中、华东至西南各省；日本、朝鲜；标本未采，文献记录种。

光叶堇菜 *Viola hossei* W. Beck.　草本；海拔 1580～2070m，林下、林缘、沟边；保护区内广布；勐海、思茅、澜沧、镇康、屏边、金平、文山等地；江西、湖南、广西、海南、四川、贵州；缅甸、泰国、越南、马来西亚；标本号：ZT564、ZT1243、ZT1602。

萱 *Viola moupinensis* Franch. var.　草本；海拔 1900m，林下、林缘、草地、溪边；保护区内小草坝；彝良、大关、绥江、大理、鹤庆、洱源、丽江；陕西、甘肃、江苏、安徽、浙江、江西、福建、湖北、湖南、广东、四川、贵州；中国特有；标本号：ZT1794。

柔毛堇菜 *Viola principis* H. de Boiss. 草本；海拔 1820m，林下、林缘、河边；保护区内乌贡山沟边、溪谷；蒙自、屏边、文山等地；福建、湖南、湖北、广东、广西、江苏、安徽、浙江、江西、四川、贵州、西藏；中国特有；标本号：ZT1846。

浅圆齿堇菜 *Viola schneideri* W. Beck. 草本；根药用接骨；海拔 800～2700m，林下、林缘、溪沟旁及路边；保护区内常见；云南广布；江西、福建、湖北、湖南、广西、四川、贵州、西藏等地区；中国特有；标本未采，文献记录种。

粗齿堇菜 *Viola urophylla* Franch. var. 草本；海拔 1750～1900m，林缘、山坡、草甸；保护区内麻风湾；大姚、宾川、鹤庆、丽江等地；四川南部；中国特有；标本号：ZT857、ZT339。

堇菜(葡堇菜) *Viola verecunda* A. Gray 草本；海拔 1922m，林缘、草地、灌丛；保护区内罗汉坝水库沼泽；文山；贵州、四川、湖北、陕西、甘肃、河南、广东、广西、江西、浙江、江苏、福建；俄罗斯、蒙古国、朝鲜、日本；样地号：沼-物-16、草 64-1。

云南堇菜 *Viola yunnanensis* W. Beck. et H. de Boiss. 草本；海拔 1900m，中山疏林、密林下路边；保护区内小草坝；勐海、景洪、屏边、蒙自、文山等地；重庆；中国特有；样地号：草 35-4-7。

42 远志科 Polygalaceae

荷包山桂花 *Polygala arillata* Buch.-Ham. ex D. Don 灌木或小乔木；此种根皮供药用，清热解毒，祛风除湿；海拔 1810～2000m，石山林下；保护区内麻风湾、罗汉坝、小草坝后河；云南全省各地均见；西南各省、陕西、湖北、江西、安徽、福建、广东等；尼泊尔、印度、缅甸、越南；标本号：ZT369、ZT2116、ZT1733。

小花远志 *Polygala arvensis* Willd. 草本；海拔 1500m，山坡路旁草丛中；保护区内常见；滇东北；江西、安徽、江苏、浙江、广东、广西；印度、菲律宾；标本未采，文献记录种。

黄花倒水莲 *Polygala fallax* Hemsl. 灌木或小乔木；此种根入药，可治月经不调、经痛、子宫脱垂、风湿；海拔 1890～1900m，山谷林下水旁阴湿处；保护区内小沟、罗汉坝；云南南部和东南部；福建、江西、湖南、广东、广西；中国特有；标本号：ZT1006；样地号：草 58-6-22。

45 景天科 Crassulaceae

云南红景天 *Rhodiola yunnanensis* (Franch.) S. H. Fu 草本；海拔 2200～4400m，林下、林缘或草坡，多见于岩石缝隙；保护区内常见；滇西北、滇西、滇中和滇东北；湖北西部、四川、贵州、西藏；印度和缅甸；标本未采，文献记录种。

大苞景天 *Sedum amplibracteatum* K. T. Fu 草本；海拔 2100～3000m，林下阴湿处；保护区内常见；贡山、腾冲、巧家、永善；河南、陕西、甘肃、湖北、湖南、四川、贵州；缅甸北部；标本未采，文献记录种。

凹叶大苞景天 *Sedum amplibracteatum* K. T. Fu var. *emarginatum*(S. H. Fu)S. H. Fu 草本；海拔 2100m，山坡杂木林下；保护区内常见；大关；四川南部；中国特有；标本未采，文献记录种。

轮叶景天 *Sedum chauveaudii* Hamet 草本；海拔 1500m，林下石缝中；保护区内罗汉坝；丽江、云龙、宾川、禄劝、昆明、嵩明、东川、屏边；四川西部；尼泊尔；标本号：ZT2135。

互生叶景天 *Sedum chauveaudii* Hamet var. *margaritae*(Hamet)Frod. 草本；海拔 1650m，林下或水边岩石上；保护区内常见；盐津、大关；四川中部至西南部、贵州西北；中国特有；标本未采，文献记录种。

凹叶景天 *Sedum emarginatum* Migo 草本；全草入药，清热解毒；海拔 1750～2000m，石缝、石灰岩中；保护区内麻风湾水边、麻风湾；威信、镇雄、西畴、文山；江苏、安徽、浙江、江西、湖北、湖南、广西、陕西、甘肃、四川、贵州；中国特有；标本号：ZT2045。

垂盆草 *Sedum sarmentosum* Bunge 草本；海拔 1350～1750m，林下、草地、路边、墙壁等地的石缝中；保护区内常见；滇东南和滇东北；我国除西北部和四川西部至茂汶、泸定一线外，大部分省份有；朝鲜、日本；标本未采，文献记录种。

47 虎耳草科 Saxifragaceae

落新妇 *Astilbe chinensis*(Maxim.)Franch. et Savat. 草本；药用；海拔 1900m，次生林下、林缘或路边草丛中；保护区内麻风湾；香格里拉、鹤庆、泸水、兰坪、永善、彝良、大关；我国多数省份；俄罗斯、朝鲜、日本；标本号：ZT1143。

大落新妇 *Astilbe grandis* stapf ex Wils. 草本；海拔 1890～2050m，林下、灌丛及沟谷阴湿处；保护区内小岩方、麻风湾；云南新分布；黑龙江、吉林、辽宁、山西、山东、安徽、浙江、江西、福建、广东、广西、四川、贵州等；朝鲜亦有；标本号：ZT1150。

溪畔落新妇 *Astilbe rivularis* Buch.-Ham. ex D. Don 草本；药用；海拔 1800～1860m，林下、林缘、灌丛和草丛中；保护区内长槽；除西双版纳外，云南全省各地广布；陕西、河南西部、四川、西藏；泰国、印度、不丹、尼泊尔；标本号：ZT1706、ZT1672。

多花落新妇 *Astilbe rivularis* Buch.-Ham. ex D. Don var. *myriantha*(Diels.)J. T. Pan 草本；海拔 1950m，林下、灌丛及沟谷阴处；保护区内罗汉坝；云南新分布；陕西、甘肃东南部、河南西部、湖北、重庆、四川和贵州等；中国特有；标本号：ZT2080。

岩白菜 *Bergenia purpurascens*(Hook. f. et Thoms.)Engl. 草本；药用；海拔 1900m，林下、灌丛下、草地和石隙；保护区内小草坝；滇西北、滇东北；四川、西藏南部和东南部；尼泊尔、不丹、印度东北部和缅甸北部；标本号：无号。

肾萼金腰 *Chrysosplenium delavayi* Franch. 草本；海拔 2000～2800m，林下、沟边或灌丛下石隙；保护区内常见；鹤庆、大理、洱源、维西、漾濞、富民、文山、彝良；

贵州、台湾、湖北、湖南、广西、四川；缅甸北部；标本未采，文献记录种。

绵毛金腰 *Chrysosplenium lanuginosum* Hook. f. et Thoms.　多年生草本；海拔 1940～2300m，山谷石隙阴湿处；保护区内小岩方—方家湾、三江口；永善、景东；西藏、四川、贵州、湖北；缅甸北部、印度北部、尼泊尔、不丹；标本号：ZT299、ZT827、ZT403、ZT411、ZT917。

毛边金腰 *Chrysosplenium lanuginosum* Hook. f. et Thoms. var. *pilosomarginatum* (Hara) J. T. Pan　草本；海拔 1800m，沟谷湿地；保护区内常见；彝良；中国特有；标本未采，文献记录种。

大叶金腰 *Chrysosplenium macrophyllum* Oliv.　草本；海拔 1860～1966m，林下阴湿草地或山谷石隙；保护区内三江口范家屋基、麻风湾、长槽；彝良；华东、华中、华南和西南地区；中国特有；标本号：ZT521、ZT595、ZT1756；样地号：草 4-2-10。

中华金腰 *Chrysosplenium sinicum* Maxim　草本；海拔 2039m，林下或山谷阴湿处；保护区内倒流水；云南新分布；黑龙江、吉林、辽宁、河北、山西、陕西、甘肃、青海、安徽、江西、河南、湖北、重庆、四川等；朝鲜、俄罗斯、蒙古国亦有；标本号：ZT429。

峨眉梅花草 *Parnassia faberi* Oliv.　多年生矮草本；野生花卉；海拔 1900m，石山林下阴湿处；保护区内常见；彝良；四川峨眉山；中国特有；标本未采，文献记录种。

大叶梅花草 *Parnassia monochoriifolia* Franch.　草本；野生花卉；海拔 1700m，潮湿岩石上；保护区内常见；盐津成凤山；中国特有；标本未采，文献记录种。

鸡眼梅花草 *Parnassia wightiana* Wall. et Wight et Arn.　草本；野生花卉；海拔 1700～1920m，林下、灌丛下、草地或沟边路旁；保护区内小草坝、长槽；云南常见；陕西、湖北、湖南、广东、广西、贵州、四川、重庆、西藏；尼泊尔、不丹和印度北部；标本号：ZT1859、ZT1587。

扯根菜 *Penthorum chinense* Pursh　草本；全草入药；海拔 1450m，林下、灌丛、草甸及水边；保护区内罗汉坝；香格里拉、丽江、勐腊、砚山等地；西南、华南、华中、华北至东北；俄罗斯远东地区、日本、朝鲜；标本号：无号。

七叶鬼灯檠 *Rodgersia aesculifolia* Betal.　草本；根状茎含淀粉，供食用或制酒；叶含鞣质，可制栲胶；根入药；海拔 2300～3800m，林下、灌丛下、山坡草地；保护区内常见；滇西北、滇东北；河南西部、湖北西部、甘肃、陕西、四川、西藏；中国特有；标本未采，文献记录种。

羽叶鬼灯檠 *Rodgersia pinnata* Franch.　草本；根含淀粉，可食用或酿酒；入药；海拔 2400～3800m，林下、灌丛下或草地；保护区内常见；德钦、维西、丽江、香格里拉、贡山、鹤庆、大理、洱源、宾川、福贡、景东、彝良；四川、贵州；中国特有；标本未采，文献记录种。

西南鬼灯檠 *Rodgersia sambucifolia* Hemsl.　草本；海拔 1900m，林下、林缘、灌丛下、草甸或石隙；保护区内小草坝；昭通、彝良、巧家、会泽、师宗、罗平、昆明、禄劝、寻甸、嵩明、大姚、宁蒗、丽江、永胜、鹤庆；四川西南部、贵州；中国特有；标本号：ZT1822。

近斑点虎耳草 *Saxifraga* aff. *punctata* L. 草本；海拔 1850m，红松林下、林缘或石隙；保护区内乌贡山；待定；中国特有；标本号：ZT2013。

大字虎耳草 *Saxifraga imparilis* Balf. f. 草本；海拔 1800～2700m，石上；保护区内常见；弥勒、滇东北；中国特有；标本未采，文献记录种。

红毛虎耳草 *Saxifraga rufescens* Balf. f. 草本；海拔 2500～3500m，林下、灌丛下、草地或岩石隙；保护区内常见；滇西北、滇东北；四川、湖北西部、西藏东南；中国特有；标本未采，文献记录种。

虎耳草 *Saxifraga stolonifera* Curt. 草本；海拔 1300～1800m，林下、灌丛下、草甸和阴湿岩隙；保护区内小岩方扎口石、转大雪山路上；西畴、镇雄、绥江；河北、陕西、甘肃东南部、江苏、安徽、浙江、江西、福建、台湾、河南、湖北、湖南、广东、广西、四川东部、贵州；朝鲜、日本；标本号：ZT1341、ZT2365。

黄水枝 *Tiarella polyphylla* D. Don 草本；全草入药；海拔 1740～2050m，林下、灌丛和阴湿地中；保护区内常见；除西双版纳地区外云南全省；华南、华中、西南及陕西、甘肃；日本、中南半岛北部、缅甸北部、不丹、印度西北部、尼泊尔；标本号：ZT1718、ZT450、ZT1781、ZT337、ZT863、ZT545。

53 石竹科 Caryophyllaceae

柔软无心菜 *Arenaria debilis* Hook.f. 草本；海拔 2500～4100m，林下或草坡；保护区内常见；广布于滇西北和滇东北；四川西南部和西藏东南；喜马拉雅地区；标本未采，文献记录种。

四齿无心菜 *Arenaria quadridentata*（Maxim.）Williams 草本；《中国物种红色名录》易危种；海拔 1810m，山坡背阴处；保护区内三江口麻风湾田家湾；云南新分布；甘肃、四川；中国特有；标本号：无号。

圆叶无心菜 *Arenaria rotumdifolia* BieBerstein 草本；海拔 1900m，草地或林缘岩石缝中；保护区内小沟；云南中部、西北、东北、东南部；四川西南部、西藏东南部；喜马拉雅地区、朝鲜、日本；标本号：ZT1779。

无心菜 *Arenaria serpyllifolia* L. 草本；全草清热解毒；海拔 1500～3500m，林下、灌丛下、草坡、路边、河边或为田间杂草；保护区内常见；除西双版纳地区外云南各地；我国自东北经黄河和长江流域到华南、西南；欧亚两洲亦广泛；标本未采，文献记录种。

簇生卷耳 *Cerastium fontanum* Baumg. ssp. *triviale*（Link）Jalas 草本；海拔 1900m，灌丛下、草坡、林缘、路边；保护区内小岩方；昆明、嵩明、双柏、大理、维西、兰坪、丽江、香格里拉、会泽、昭通、镇雄、文山；我国东北、华北、西北及长江流域各省份；世界各地；标本号：ZT790。

狗筋蔓（小九股牛）*Cucubalus baccifer* L. 草本；药用；海拔 1750～2000m，林下、草地、路边、田埂；保护区内朝天马林场、麻风湾；云南全省各地；我国东北、西北、西南和台湾；欧洲、亚洲中部、西伯利亚、喜马拉雅地区及印度；标本号：ZT2079、

ZT796、ZT1121。

漆姑草(珍珠草、羊毛草)*Sagina japonica*(Sw.) Ohwi　草本；药用；海拔 1900m，山坡草地、路边、田间；保护区内麻风湾；滇中、滇西北、滇东北、滇东南；长江流域、黄河流域及东北、台湾、喜马拉雅地区；朝鲜、日本；标本号：ZT1179、ZT816。

掌脉蝇子草(黑牵牛)*Silene asclepiadea* Franch.　草本；海拔 1800m，林下、草地、路边、林缘、灌丛下；保护区内河坝场；德钦、丽江、大理、昆明、大关、镇雄；四川、贵州、西藏；中国特有；标本号：ZT1428。

心瓣蝇子草(心瓣女娄菜)*Silene cardiopetala* Franch.　草本；海拔 1950m，草丛中；保护区内罗汉坝；丽江、中甸、大理、东川、会泽、巧家；四川；中国特有；标本号：ZT2229。

中国繁缕 *Stellaria chinensis* Regel　草本；药用；海拔 2000m，林下、石缝潮湿处；保护区内麻风湾；云南新分布；北京、河北、河南、山东、江苏、福建、江西、湖北、湖南、广西、四川、重庆；中国特有；标本号：ZT1197。

繁缕 *Stellaria media*(L.) Cyrillus　草本；海拔 540～3700m，田间、路旁、山坡、林下；保护区内常见；云南全省各地；全国各省广泛分布；世界性杂草；标本未采，文献记录种。

糙叶繁缕 *Stellaria monosperma* Buch.-Ham. ex D. Don var. *paniculata*(Edgew.) Majumdar f. Scabrifolia Mizushima　草本；海拔 1300～3100m，林下或草坡；保护区内常见；碧江、泸水、禄劝、巧家、彝良、文山、景东；西藏；尼泊尔；标本未采，文献记录种。

锥花繁缕 *Stellaria monosperma* Buch.-Ham. ex D. Don var. *paniculata* Majumdar　草本；海拔 1700m，林下；保护区内长槽；香格里拉、洱源、临沧、文山、西畴、师宗；西藏；阿富汗、印度、尼泊尔、不丹、缅甸、越南；标本号：ZT1583、ZT591。

峨眉繁缕 *Stellaria omeiensis* C. Y. Wu et Y. W. Tsui ex P. Ke　草本；海拔 1200～1950m，山坡杂木林缘沟边陡岩上；保护区内常见；大关；四川、贵州；中国特有；标本未采，文献记录种。

星毛繁缕 *Stellaria vestita* Kurz　草本；海拔 1375～2250m，路边、田野旷地；保护区内常见；云南全省大部分地区都分布；我国除东北以外大多数省份都有；喜马拉雅地区、印度、中南半岛、马来西亚地区；标本号：ZT2167、ZT642、ZT786。

巫山繁缕(武冈繁娄)*Stellaria wushanensis* Williams　草本；观赏；海拔 2030～2070m，山地或丘陵；保护区内三江口倒流水；云南各地；浙江、江西、湖北、湖南、广东、广西、四川、重庆、贵州；中国特有；标本号：ZT1555；样地号：草 6-5-17。

云南繁缕 *Stellaria yunnanensis* Franch.　草本；海拔 1800～3200m，林下、林缘、山坡、草地；保护区内常见；滇中、滇西北、滇东北；四川西南部和西藏；中国特有；标本未采，文献记录种。

密柔毛云南繁缕 *Stellaria yunnanensis* Franch. f. *villosa* C. Y. Wu ex P. Ke　草本；海拔 2150～3250m，林下、林缘和山坡草地；保护区内常见；滇西北和滇东北；四川和西藏；中国特有；标本未采，文献记录种。

57 蓼科 Polygonaceae

短毛金线草 *Antenoron filiforme*(Thunb.) Rob. et Vaut. var. *neofiliforme*(Nakai) A. J. Li 草本；海拔 1750～2300m，山谷密林、林缘、石山灌丛、路边等处；保护区内广布；云南常见；甘肃南部、陕西南部、华东、华中、华南；朝鲜、日本；标本号：ZT1364、ZT721、ZT1995、ZT2042、ZT396、ZT729、ZT1082、ZT768。

荞麦 *Fagopyrum esculentum* Moench 草本；种子含淀粉；海拔 600～2820m，路边草丛、林下、灌丛、田边；保护区内常见；我国各地有栽培；亚洲、欧洲；标本未采，文献记录种。

中华山蓼(铜矿草、金边莲、蓼子七) *Oxyria sinensis* Hemsl. 草本；海拔 1600～3700m，石山坡、路边草地、山坡沟边等处；保护区内常见；昭通、会泽、德钦、贡山、宁蒗、维西、丽江、鹤庆、大理、永平；四川、西藏；中国特有；标本未采，文献记录种。

萹蓄 *Polygonum aviculare* L. 草本；药用；海拔 1820m，路边、草坡；保护区内小沟保护点；漾濞、昆明、麻栗坡、禄劝、景东、德钦、香格里拉、宁蒗、丽江、永善、嵩明、屏边、景东、西双版纳；全国各地；北温带广布；标本号：ZT1717。

绒毛钟花蓼 *Polygonum campanulatum* Hook. f. var. *fulvidum* Hook. f. 草本；枝叶入药；海拔 1900m，草坡林下、山谷林缘、溪边石缝；保护区内小草坝林场、麻风湾林场；云南广布；湖北大部分地区、贵州、四川、重庆、西藏；尼泊尔、印度西北部；标本号：ZT1951、ZT1137。

头花蓼 *Polygonum capitatum* Buch.-Ham. ex D. Don 草本；全草入药；海拔 450～4600m，林中、林缘、路边、溪边、石山坡、河边灌丛等处；保护区内常见；云南广布；江西、湖南、湖北、四川、贵州、广东、广西、西藏；印度北部及西北部、尼泊尔、不丹、缅甸、越南；标本未采，文献记录种。

火炭母 *Polygonum chinense* L. 草本；根茎药用；海拔 115～3200m，林中、林缘、河滩、灌丛、沼泽林下；保护区内常见；云南广布；陕西南部、甘肃南部、华东、华中、华南和西南；日本、菲律宾、印度、马来西亚、喜马拉雅其他地区；标本未采，文献记录种。

水蓼 *Polygonum hydropiper* L. 草本；全草入药；海拔 1375～1930m，草地、河谷、溪边、林中、沼泽；保护区内大雪山猪背河坝、三江口范家屋基；云南广布；我国各省；朝鲜、日本、印度、印度尼西亚、欧洲及北美；样地号：样 77-8、ZT 沼-物-4。

绢毛蓼 *Polygonum molle* D. Don 半灌木；海拔 1900～2020m，沟边、灌丛、林缘；保护区内麻风湾保护点；云南各地；贵州、西藏、广西；印度、尼泊尔；标本号：ZT496、ZT1212、ZT966。

小蓼花 *Polygonum muricatum* Meisn 草本；海拔 1375m，密林下、林中沼泽地、溪边山谷；保护区内大雪山；云南常见；黑龙江、陕西、四川、贵州、华东、华中；印度、日本、朝鲜、尼泊尔、泰国；样地号：草 77-19。

尼泊尔蓼 *Polygonum nepalense* Meisn.　草本；海拔 1375～2250m，草坡林下、灌丛河边、沼泽地边、山谷、林缘、石边；保护区内常见；云南广布；除新疆外全国都有；朝鲜、日本、俄罗斯、阿富汗、巴基斯坦、印度、菲律宾、印度尼西亚及非洲；标本号：ZT656、ZT1417、ZT946。

杠板归 *Polygonum perfoliatum* L.　攀缘草本；全草入药；海拔 1820～1922m，草坡、山谷密林、林缘、路边、山谷灌丛；保护区内常见；云南广布；全国广布；朝鲜、日本、俄罗斯、印度、菲律宾、印度尼西亚；标本号：ZT1715b；样地号：样 72-8、样 63-2。

丛枝蓼 *Polygonum posumbu* Buch.-Ham. ex D. Don　草本；海拔 400～2600m，河边、水边、山谷林中、灌丛中、沼泽地等潮湿处；保护区内常见；云南广布；吉林东南部、辽宁东部、华东、华中、西南及陕西南部及甘肃南部；朝鲜、日本、印度尼西亚及印度；标本未采，文献记录种。

伏毛蓼 *Polygonum pubescens* Bl.　草本；海拔 1560～1950m，河边、林中、灌丛中；保护区内小草坝分水岭、罗汉坝大树子、大雪山普家沟；云南广布；陕西、甘肃、华东、华南、华中、西南、辽宁；印度、印度尼西亚、日本、朝鲜；样地号：草 34-3-5、草 34-6-18、样 46、样 86-2。

羽叶蓼 *Polygonum runcinatum* Buch.-Ham. ex D. Don　草本；海拔 1750m，路边、草地、林下、山谷、溪边、亚高山草地、林缘等处；保护区内小草坝；云南广布；陕西、华中、台湾、西南、东南、甘肃；尼泊尔、印度西北部、缅甸、泰国、马来西亚、菲律宾、印度北部；标本号：ZT2047。

赤胫散 *Polygonum runcinatum* Buch.-Ham. ex D. Don var. *sinense* Hemsl.　草本；全草入药；海拔 1800～2100m，草坡、林下、林缘；保护区内小岩方杉木坪、三江口麻风湾、小岩方杉木坪、长槽；云南广布；甘肃、陕西、贵州、河南、浙江、安徽、湖南、湖北、广西、四川、重庆、西藏；中国特有；标本号：ZT1590、ZT808、ZT614、ZT781、ZT668a、ZT584。

糙毛蓼 *Polygonum strigosum* R. Br.　草本；海拔 1375～1910m，溪边石上；保护区内小岩方老场坪、大雪山猪背河坝；屏边；福建、广东、广西、西藏；斯里兰卡、尼泊尔、不丹、澳大利亚、印度、印度尼西亚、菲律宾；样地号：沼-物-17、样 83-6。

平卧蓼 *Polygonum strindbergii* Schust.　草本；海拔 1400～1500m，水边、林中、林缘、沼泽、路边湿处等；保护区内大雪山土霍、海子坪；德钦、漾濞、富民、昆明、嵩明、峨山、双柏、元江、广南、建水、蒙自、文山、凤庆、景东；西藏；中国特有；标本号：ZT2441、ZT2337。

支柱蓼 *Polygonum suffultum* Maxim　草本；根状茎入药；海拔 1757～2010m，草坡、山谷、林下、林缘；保护区内广布；云南常见；河北、山西、河南、陕西、青海、宁夏、浙江、安徽、江西、湖南、湖北、四川、重庆、贵州、甘肃；日本、朝鲜；标本号：ZT1019、ZT1415、ZT490、ZT476、ZT445。

戟叶蓼 *Polygonum thunbergii* Sieb. et Zucc.　草本；海拔 1560～2250m，草坡、林缘、山谷林下；保护区内广布；云南广布；东北、华北、华中、华东、华南、四川、贵州、甘肃；日本、朝鲜、俄罗斯、缅甸、越南、泰国、马来西亚；标本号：ZT353、ZT1025、ZT1045、ZT364、ZT1757、ZT2131。

珠芽蓼 *Polygonum viviparum* L. var. *viviparum* 草本；根茎入药；海拔 650～4500m，草地、山坡、林下、溪边、沼泽地、灌丛等处；保护区内常见；云南广布；东北、华北、河南、西北及西南；朝鲜、日本、蒙古国、高加索、哈萨克斯坦、印度、欧洲及北美；标本未采，文献记录种。

虎杖 *Reynoutria japonica* Houtt. 草本；海拔 1800～1850m，山谷、溪边路旁；保护区内小沟保护点、麻风湾；永善、威信、昭通、峨山、西畴、屏边、金平；陕西南部、华东、华中、华南、甘肃南部、贵州、四川；日本、朝鲜；标本号：ZT1845、ZT201。

戟叶酸模（酸浆草）*Rumex hastatus* D. Don 草本；海拔 300～2700m，干热河谷、灌丛、林中、溪边、干燥路边、石坡等处；保护区内常见；云南广布；四川、西藏；印度、尼泊尔、不丹、巴基斯坦、阿富汗；标本未采，文献记录种。

尼泊尔酸模 *Rumex nepalensis* Spreng. 草本；根、叶入药；海拔 1820～1950m，草坡；保护区内罗汉坝；云南广布；陕西、甘肃、贵州、四川、青海、湖北、湖南、重庆、江西、广西、西藏；伊朗、阿富汗、尼泊尔、印度、印度尼西亚、巴基斯坦、缅甸、越南；标本号：ZT241、ZT222。

59 商陆科 Phytolaccaceae

商陆 *Phytolacca acinosa* Roxb. 草本；叶子食用，根药用；海拔 1900m，山坡、路边、田边，喜肥湿；保护区内分水岭；云南各地；我国自东北、西北至华南、西南；日本、印度；标本号：ZT1027。

63 苋科 Amaranthaceae

钝叶土牛膝（倒挂刺、牛磕膝）*Achyranthes aspera* L. var. *indica* L. 草本；药用；海拔 960～1200m，田埂、路边、河旁；保护区内常见；元阳、富宁、元江、禄劝、鹤庆、宾川、大关、鹤庆、镇雄；台湾、广东、四川；印度、斯里兰卡；标本未采，文献记录种。

牛膝 *Achyranthes bidentata* Blume 草本；药用；海拔 1500～2000m，山坡林下、路边；保护区内麻风湾；贡山、福贡、泸水、腾冲及全省各地；除东北、新疆外全国广布；热带亚洲、非洲；标本号：ZT1078、ZT231。

喜旱莲子草（空心苋、革命草、水花生）*Alternanthera philoxeroides* (Mart.) Griseb. 草本；药用；海拔 1200～2400m，沼泽、水池内，可饲鱼；保护区内常见；世界各地；原产巴西；标本未采，文献记录种。

青葙（野鸡冠花、百日红、狗尾草、千日红、野苋菜、鸡冠苋、红牛膝）*Celosia argentea* L. 草本；药用；海拔 600～1650m，荒地、坡地田野；保护区内常见；几遍云南全省；全国各地；朝鲜、日本、俄罗斯、印度、越南、缅甸、泰国、菲律宾、马来西亚及热带非洲；标本未采，文献记录种。

云南林地苋 *Psilotrichum yunnanensis* D. Don. Tao 半灌木；海拔 800m，河谷灌丛；保护区内常见；大关、景东、金平；中国特有；标本未采，文献记录种。

65 亚麻科 Linaceae

石海椒 *Reinwardtia indica* Dum. 灌木；入药；海拔 1860m，山坡、河边、石山；保护区内长槽；云南广布；湖北、福建、广东、广西、贵州、四川、重庆；印度、巴基斯坦、尼泊尔、不丹、缅甸、泰国、越南；标本号：ZT1750。

67 牻牛儿苗科 Geraniaceae

腺毛老鹳草 *Geranium christensenianum* Hand.-Mazz. 草本；海拔 1450m，林下、林缘、灌丛中；保护区内罗汉坝；大姚、玉溪；中国特有；标本号：ZT2149。

光托紫地榆 *Geranium franchetii* Knuth 草本；海拔 1800～3000m，山坡灌丛下或草丛中；保护区内常见；泸水及滇东北；四川、重庆、湖北；中国特有；标本未采，文献记录种。

五叶草 *Geranium nepalense* Sweet 草本；全草入药；海拔 1780m，林下山坡、草地、路边、水沟边、荒地、灌丛下；保护区内麻风湾沼泽；遍布云南全省；我国西南、西北、华中、华东等；阿富汗、尼泊尔、不丹、印度、斯里兰卡、缅甸、越南、日本；标本号：ZT317。

松林老鹳草 *Geranium pinetorum* Hand.-Mazz. 草本；海拔 1800m，草坡、湿地、林缘；保护区内麻风湾；香格里拉、永胜等地；四川西南；中国特有；标本号：ZT191。

中华老鹳草 *Geranium sinense* Knuth 草本；海拔 2600～3000m，林下、灌丛下、草坡或路边；保护区内常见；广泛分布于滇西北、滇中和滇东北；四川西南；中国特有；标本未采，文献记录种。

69 酢浆草科 Oxalidaceae

分枝感应草 *Biophytum esquirolii* Lévl. 亚灌木；海拔 380～1350m，混交林下或灌丛草坡；保护区内常见；景东、临沧、沧源、孟连、元阳、大关；广西、贵州、广东、湖北；中国特有；标本未采，文献记录种。

感应草 *Biophytum sensitivum*(L.) DC. 草本；全草入药；海拔 130～620m，次生林缘、草地或园地里；保护区内常见；河口、屏边、富宁、元阳、勐腊、盐津；台湾、广西、广东、贵州、湖北；亚洲、美洲、非洲三大洲；标本未采，文献记录种。

酢浆草 *Oxalis corniculata* L. 草本；海拔 1000～1900m，路边、山坡草地或林间空地；保护区内常见；几遍云南全省；我国南北各地；亚热带北缘及热带地区；标本未采，文献记录种。

山酢浆草 *Oxalis griffithii*(Edgew. et Hook. f.) Hara 草本；全草入药；海拔 1940m，

林下、灌草中；保护区内三江口范家屋基；云南全省大部分地区；长江以南各省；喜马拉雅地区及日本；标本号：ZT505。

71 凤仙花科 Balsaminaceae

紧萼凤仙花 *Impatiens arctosepala* Hook. f. 草本；野生花卉资源；海拔 1500m，林下溪边、山坡阴湿草地中；保护区内海子坪；盐津、彝良；中国特有；标本号：ZT2315。

马红凤仙花 *Impatiens bachii* Lévl. 草本；野生花卉资源；海拔 1350m，密林中或水沟边；保护区内大雪山土霍；东川、镇雄；中国特有；标本号：ZT2389。

大关凤仙花 *Impatiens daguanensis* S. H. Huang 草本；野生花卉资源；海拔 1700m，潮湿地或林下；保护区内常见；大关(木杆、三江口林场)；中国特有；标本未采，文献记录种。

二色凤仙花 *Impatiens dichroa* Hook. f. 草本；野生花卉资源；海拔 1200～2450m，林下湿处；保护区内常见；滇东北，未见标本；中国特有；标本未采，文献记录种。

柳叶菜状凤仙花 *Impatiens epilobioides* Y. L. Chen 草本；野生花卉资源；海拔 1900～2000m，河边；保护区内小草坝后河、小草坝、小沟、罗汉坝；云南新分布；四川西南部；中国特有；标本号：ZT2000、ZT1863、ZT1827、ZT2074、ZT1800、ZT1811、ZT1911。

川滇凤仙花 *Impatiens ernstii* Hook. f. 草本；野生花卉资源；海拔 1000～2500m，山坡阴处；保护区内常见；盐津；四川(峨眉山)；中国特有；标本未采，文献记录种。

展叶凤仙花 *Impatiens extensifolia* Hook. f. 草本；野生花卉资源；海拔 1830～1900m，溪边草丛或岩石缝中；保护区内麻风湾、分水岭；盐津、大关；中国特有；标本号：ZT950、ZT1005。

毛凤仙花 *Impatiens lasiophyton* Hook. f. 草本；全草入药、消炎作用；海拔 1900m，悬崖崩塌场或牧场上；保护区内小沟；彝良、镇雄、东川、禄劝；贵州、广西；中国特有；标本号：ZT1777。

荞麦地凤仙花 *Impatiens lemeei* Lévl. 草本；海拔 1750～1860m，山沟、水边、草丛中；保护区内长槽、小岩方、河坝场；大关、巧家；中国特有；标本号：ZT1599、ZT1358。

细柄凤仙花 *Impatiens leptocaulon* Hook. f. 草本；全草入药，有理气活血之效；海拔 2039m，阴湿林下或溪边；保护区内常见；镇雄、大关、彝良；贵州、四川、湖北、重庆、湖南；中国特有；标本号：ZT412。

丁香色凤仙花 *Impatiens lilacina* Hook. f. 草本；野生花卉资源；海拔 1900m，溪边、草丛中；盐津，未见标本；中国特有；标本未采，文献记录种。

梅氏凤仙花 *Impatiens meyana* Hook. f. 草本；野生花卉资源；海拔 1900～1950m，路边潮湿地；保护区内小草坝分水岭、麻风湾；澄江、永善、东川、巧家；中国特有；标本号：ZT925。

微萼凤仙花 *Impatiens minimisepala* Hook. f. 草本；野生花卉资源；海拔 1900m，阴湿地；盐津，未见标本；中国特有；标本未采，文献记录种。

高贵凤仙花 *Impatiens nobilis* Hook. f. 草本；野生花卉资源；海拔 1880～1950m，阴湿地；保护区内小草坝分水岭、长槽；盐津；中国特有；标本号：ZT1712。

块节凤仙花 *Impatiens pinfanensis* Hook. f. 草本；野生花卉资源；海拔 1900～2000m，阔叶林下；保护区内常见；镇雄、彝良、禄劝；贵州西部；中国特有；标本未采，文献记录种。

紫花凤仙花 *Impatiens purpurea* Hand.-Mazz. 草本；野生花卉资源；海拔 1500m，路边潮湿地；保护区内大雪山；剑川、维西、福贡、贡山、西藏(察隅)；贵州；中国特有；标本号：ZT2367。

辐射凤仙花 *Impatiens radiata* Hook. f. 草本；野生花卉资源；海拔 2100～2450m，杂木林缘或溪旁；保护区内常见；云南常见；西藏、四川、贵州；印度东北部及西北部、尼泊尔、不丹；标本未采，文献记录种。

盾萼凤仙花 *Impatiens scutisepala* Hook. f. 草本；野生花卉资源；海拔 1273～2300m，草坡、杂木林下或溪边；保护区内广布；镇雄、维西、贡山、福贡、兰坪；中国特有；标本号：ZT335、ZT625、ZT241a、ZT936、ZT273、ZT294、ZT544、ZT436、ZT910、ZT975、ZT502、ZT399、ZT136、ZT1582、ZT550、ZT2451。

孙氏凤仙花 *Impatiens sunii* S. H. Huang 草本；野生花卉资源；海拔 900m，疏林下或溪边；保护区内常见；大关；中国特有；标本未采，文献记录种。

微绒毛凤仙花 *Impatiens tomentella* Hook. f. 草本；野生花卉资源；海拔 1820m，常绿阔叶林下；保护区内河坝场；巧家、贡山；中国特有；标本号：ZT1393。

永善凤仙花 *Impatiens yongshanensis* S. H. Huang 草本；野生花卉资源；海拔 2450m，水沟边、岩石缝中；保护区内常见；永善；中国特有；标本未采，文献记录种。

77 柳叶菜科 Onagraceae

柳兰 *Chamaenerion angustifolium*(L.) Scop. 多年生粗壮草本；根状匍匐茎入药；全株含鞣质，可提栲胶；海拔 1950～3970m，草坡、林缘、火烧迹地、灌丛、草甸和砾石坡；保护区内常见；滇西北、滇东北；西藏、四川、青海、新疆、甘肃、宁夏、陕西、山西、河北、内蒙古、东北；欧洲、小亚细亚、外高加索、伊朗、喜马拉雅、高加索至西伯利亚、蒙古国、日本至北美；标本未采，文献记录种。

高原露珠草 *Circaea alpina* L. ssp. *imaicola*(Asch. et Magn.) Kitamura 草本；海拔 1800～3950m，山谷常绿阔叶林、栎林、松林、竹林内或箐沟草地；保护区内常见；云南广布；越南北部、缅甸北部及西北部、阿萨姆、喜马拉雅地区及印度南部形成间断；标本未采，文献记录种。

露珠草 *Circaea cordata* Royle 粗壮草本；海拔 2000m，林内、灌丛内、山谷或箐沟石上；保护区内三江口；云南常见；西藏、四川、甘肃、陕西、辽宁、吉林、江西、黑龙江、台湾；日本、朝鲜、西伯利亚南部、印度东北部、尼泊尔、巴基斯坦；标本号：ZT1072、ZT1114。

谷蓼 *Circaea erubescens* Franch. et Sav. 草本；海拔 1750～1900m，密林内山谷草丛中；保护区内小草坝、麻风湾、乌贡山、分水岭；镇雄、大关、彝良；华南、华中、西南；朝鲜南部、萨哈林南端；标本号：ZT322、ZT311、ZT1991。

光梗露珠草 *Circaea glabrescens* Hand.-Mazz. 草本或基部匍匐；海拔 1750～1900m，沟谷常绿阔叶林；保护区内乌贡山、灰浆岩、分水岭；丘北北部、东川；黔西、鄂北、豫西、陕西南部中部、甘肃东南、皖南、台湾南部；中国特有；标本号：ZT1850、ZT2109、ZT1007、ZT1021。

南方露珠草 *Circaea mollis* Sieb. et Zucc. 草本；海拔 1966m，中湿林下；保护区内三江口老韩家；云南广布；辽宁、河北、湖北、湖南、江西、江苏、浙江、福建、广东、广西、贵州、四川、重庆；西伯利亚、朝鲜、日本、越南、老挝、柬埔寨、缅甸、印度；样地号：草 3-3-8。

毛脉柳叶菜 *Epilobium amurense* Hausskn. 多年生草本；海拔 1900～3400m，林缘、灌丛、草地、沟边沼泽地；保护区内常见；滇西北、滇西、滇中至滇东北；西藏、四川、重庆、贵州、台湾、陕西、华北、东北；克什米尔至喜马拉雅、东西伯利亚、朝鲜、日本；标本未采，文献记录种。

广布柳叶菜 *Epilobium brevifolium* D. Don ssp. *trichoneurum* (Hausskn.) Raven 草本；海拔 1850m，路边、草坡；保护区内麻风湾；云南广布；西藏、四川、贵州、陕西、湖北、湖南、广西、广东、江西、浙江、台湾；不丹、尼泊尔、印度、缅甸、越南、加里曼丹、吕宋岛；标本号：ZT603。

华西柳叶菜 *Epilobium cylindricum* D. Don 草本；海拔 1900m，林下、灌丛、草坡沟边草地；保护区内麻风湾；云南常见；四川、西藏、贵州、新疆；阿富汗、喜马拉雅；标本号：ZT847。

柳叶菜 *Epilobium hirsutum* L. 多年生草本；根入药；海拔 500～2850m，灌丛、草地沟边，常为水库、公路边、沟梗的先锋植物；保护区内常见；除南部热带地区外云南全省都有；东北、河北、山西、陕西、甘肃、新疆、河南、江西、广东、广西、贵州、四川；欧洲、亚洲东至西伯利亚、朝鲜、日本，西至小亚细亚，南至印度、北非；标本未采，文献记录种。

水湿柳叶菜 *Epilobium palustre* L. 多年生草本；海拔 2050m，沼泽或草甸中；保护区内麻风湾；香格里拉、会泽；西藏、四川、青海、甘肃、西北、华北、河南、湖北；欧亚大陆、北美寒带、温带和高山带；标本号：ZT1156。

阔柱柳叶菜 *Epilobium platystigmatosum* C. B. Robinson 草本；海拔 1950～2000m，阔叶林下水沟边；保护区内麻风湾；彝良、德钦；四川、甘肃、陕西、湖北、重庆、河北、台湾；日本、菲律宾；标本号：ZT1185、ZT1181。

唐古特柳叶菜 *Epilobium tanguticum* Hausskn. 草本；海拔 1820～2000m，山谷沟旁湿地；保护区内麻风湾；维西、建水、文山；青海东南、甘肃西部、四川西部；中国特有；标本号：ZT478。

大花柳叶菜 *Epilobium wallichianum* Hausskn. 多年生草本；全草入药，四川用以通经、治水肿，西藏用以治烫伤；海拔 1800～3300m，林下、灌丛、竹丛中或沟边湿地；保护区内常见；云南广布；西藏、贵州；尼泊尔西部、印度东北部；标本未采，文献记录种。

丁香蓼 *Ludwigia prostrata* Roxb. 草本；全株入药；海拔 500～1600m，沟边、草地、河谷、田埂、沼泽；保护区内常见；四川、广西、广东、湖南、湖北、重庆、江西、安徽、陕西、黑龙江；斯里兰卡、印度、中南半岛、马来半岛、印度尼西亚、菲律宾、朝鲜、日本、澳大利亚；标本未采，文献记录种。

78 小二仙草科 Haloragaceae

小二仙草 *Haloragis micrantha*(Thunb.) R. Br. ex Sieb. et Zucc. 草本；海拔 1820m，山坡沼泽湿地、林缘草丛、荒地及路旁；保护区内麻风湾；贡山、临沧、景东、屏边、西畴、富宁；四川、贵州、广东、广西、湖南、江西、安徽、浙江、福建、台湾；印度、越南、日本、马来半岛、印度尼西亚、澳大利亚、新西兰；标本号：ZT705；样地号：草 69-1-3。

穗状狐尾藻 *Myriophyllum spicatum* L. 多年生沉水草本；重要鱼饵；绿肥；入药；海拔 1300～3100m，池沼、湖泊、池塘、沟渠中；保护区内常见；云南全省各地；我国各地；欧亚大陆、非洲、北美洲；标本未采，文献记录种。

79 水马齿科 Callitrichaceae

水马齿 *Callitriche stagnalis* Scop. 草本；海拔 1700～4200m，水沟、水田中或沼泽地；保护区内常见；绿春、彝良、昆明、大理、兰坪、香格里拉；西藏；各大洲；标本未采，文献记录种。

81 瑞香科 Thymelaeaceae

尖瓣瑞香 *Daphne acutiloba* Rehd. 灌木；树皮造纸、种子榨油；海拔 1860m，山地灌丛中；保护区内河坝场；云南的蒙自、大姚、石屏、耿马、金平；湖北西部、四川；中国特有；标本号：ZT1425。

白脉瑞香 *Daphne esquirolii* Lévl. 灌木；海拔 2000～3000m，荒山岩石地带；保护区内常见；滇东北、滇西北；四川西南；中国特有；标本未采，文献记录种。

滇瑞香 *Daphne feddei* Lévl. 常绿灌木；云南省III级保护植物；树皮纤维性强；海拔 1960～2030m，山坡阳处；保护区内小草坝；滇中、滇西北、滇东北；四川、贵州；中国特有；样地号：草 47-5-8、草 33-5-19、草 49-草-9。

白瑞香 *Daphne papyracea* Wall. ex Steud. 常绿灌木；海拔 1891m，荒坡、疏林；保护区内小岩方骑架马；云南全省各地；四川、湖南、广东、广西、贵州；尼泊尔、不丹、印度；标本号：无号。

84 山龙眼科 Proteaceae

羊仔屎 *Helicia cochinchinensis* Lour. 乔木；种子可榨油；海拔 1100～2100m，山坡阳处或疏林中；保护区内常见；云南的盐津、腾冲、河口、屏边、金平、景洪；我国长江以南各省都有；越南、日本；标本未采，文献记录种。

87 马桑科 Coriariaceae

马桑 *Coriaria nepalensis* Wall. 灌木；观赏、药用；海拔 1960m，灌丛中；保护区内朝天马林场；云南各地；西藏、四川、贵州、湖北、重庆、陕西、甘肃；印度、尼泊尔、缅甸；标本号：ZT2081。

88 海桐科 Pittosporaceae

皱叶海桐 *Pittosporum crispulum* Gagn. 小乔木或灌木；海拔 450～1760m，石灰岩坡地，灌丛中；保护区内常见；滇东北；四川、贵州；中国特有；标本未采，文献记录种。

异叶海桐 *Pittosporum heterophyllum* Franch. 灌木；根皮入药；治刀伤、烫伤、风湿、骨折、咳嗽；海拔 1560m，山坡、灌丛中；保护区内大雪山；丽江、维西、宁蒗、兰坪、洱源、剑川、贡山、香格里拉、德钦、禄劝；四川；中国特有；样地号：样 85。

长果海桐 *Pittosporum longicarpum* S. K. Wu 小灌木；海拔 1840m，河旁、林中；保护区内扎口石；文山；中国特有；标本号：ZT1348。

缝线海桐 *Pittosporum perryanum* Gowda 灌木；果入药，煮水服，治黄疸病；海拔 1100m，杂木林、密林、湿润土壤；保护区内海子坪；屏边、西畴、砚山、马关、麻栗坡；广西、广东、贵州；中国特有；标本号：ZT2249。

线叶柄果海桐 *Pittosporum podocarpum* Gagn. var. *angustatum* Gowda 灌木；药用；海拔 1920m，山谷中、密林下或疏林下；保护区内小草坝；滇东北、滇中南；贵州、广西、湖北、甘肃；缅甸、印度；标本号：ZT1915。

木果海桐 *Pittosporum xylocarpum* Hu et Wang 小乔木或灌木；海拔 1200m，林下；保护区内常见；镇雄；四川、贵州、湖南、安徽；中国特有；标本未采，文献记录种。

93 大风子科 Flacourtiaceae

山桂花 *Bennettiodendron leprosipes*(Clos) Merr. 落叶乔木或灌木；海拔 1530m，常绿阔叶林或隐蔽的山沟中；保护区内小岩方；石林、金平、马关、西畴、麻栗坡；广西、广东；马来西亚、印度；标本号：ZT1288。

毛叶山桐子(野桐子) *Idesia polycarpa* Maxim var. *vestita* Diels. 落叶乔木；木材作包装箱；种子榨油，用于制皂；海拔 1960m，山地；保护区内朝天马林场；镇雄、彝良、大关、富民；陕西、四川、贵州、湖南、湖北、重庆、江西、浙江；中国特有；标本号：ZT2065。

103 葫芦科 Cucurbitaceae

长梗绞股蓝 *Gynostemma longipes* C. Y. Wu ex C. Y. Wu et S. K. Chen　攀缘草本；药用；海拔 1852～2070m，沟边、丛林中；保护区内倒流水、乌贡山、小岩方、方家湾；昆明、嵩明、宜良、贡山、大关；四川、贵州、广西和陕西南部；中国特有；标本号：ZT431、ZT421、ZT2025、ZT444、ZT737；样地号：草 15-2-13。

绞股蓝 *Gynostemma pentaphyllum*(Thunb.) Makino　草质藤本；药用；海拔 2048m，灌丛、林缘、山坡、疏林、草丛；保护区内小沟下水塘迷人窝；云南全省各地；陕西南部和长江流域及其以南广大地区；印度、尼泊尔、孟加拉国、斯里兰卡、缅甸、老挝、越南、马来西亚、印度尼西亚、新几内亚、朝鲜、日本；标本号：ZT1535、ZT1399；样地号：草 30-1-10。

毛绞股蓝 *Gynostemma pubescens*(Gagnep.) C. Y. Wu　草本；药用；海拔 850～2350m，山坡林下或灌丛中；保护区内常见；楚雄、福贡、贡山、屏边、广南、景洪、勐海；老挝；标本未采，文献记录种。

曲莲 *Hemsleya amabilis* Diels　草质藤本；药用；海拔 1900m，中山林缘；保护区内分水岭；昆明、嵩明、宾川、洱源、大理、鹤庆；四川；中国特有；标本号：ZT977。

罗锅底(苦金盆、大籽雪胆) *Hemsleya macrosperma* C. Y. Wu　攀缘草本；《中国物种红色名录》易危种；药用；海拔 1900m，林下、灌丛中；保护区内分水岭；嵩明、曲靖、会泽、昭通；中国特有；标本号：ZT991。

长果罗锅底 *Hemsleya macrosperma* C. Y. Wu var. *oblongicarpa* C. Y. Wu et C. L. Chen　攀缘草本；药用；海拔 1900m，林下、灌丛中；保护区内罗汉坝；大关、彝良、昭通；四川；中国特有；标本号：ZT722、ZT2108。

母猪雪胆 *Hemsleya villosipetala* C. Y. Wu et C. L. Chen　攀缘草本；药用；海拔 1800m，疏林下、山谷灌丛中；保护区内海子坪；大关、彝良；四川、贵州；中国特有；标本号：ZT2341。

齿叶赤瓟 *Thladiantha dentata* Cogn.　草质藤本；药用；海拔 1375～2048m，林下、沟边；保护区内小草坝、大雪山猪背河坝；滇东北；湖北西部、四川、贵州、湖南；中国特有；标本号：ZT1014、ZT1127、ZT919、ZT933、ZT215、ZT1139、ZT1669、ZT1981。

异叶赤瓟 *Thladiantha hookeri* C. B. Clarke　草质藤本；药用；海拔 1950m，中山灌丛、林缘；保护区内分水岭；云南全省各地；四川、贵州、西藏；印度、中南半岛；标本号：ZT1103。

长毛赤瓟 *Thladiantha villosula* Cogn.　草质藤本；药用；海拔 1800～2048m，中山灌丛，林缘、风景林；保护区内麻风湾、三江口范家屋基；滇中至滇西北；贵州、四川、湖北、陕西、甘肃、河南；中国特有；标本号：ZT826、ZT349、ZT417；样地号：草 30-1-5。

王瓜 *Trichosanthes cucumeroides*(Ser.) Maxim. 草本；入药；海拔1500～1650m，山谷密林、山坡疏林或灌丛中；保护区内常见；大关、西畴和广南等地；华东、华中、华南和西南地区；日本；标本未采，文献记录种。

中华栝楼 *Trichosanthes rosthornii* Harms 草本；入药；海拔850～1450m，山坡疏林或路边灌丛中；保护区内常见；昭通、盐津、绥江等地；甘肃东南部、陕西南部、湖北西南部、四川东部和贵州、江西(寻乌)；中国特有；标本未采，文献记录种。

104 秋海棠科 Begoniaceae

川边秋海棠 *Begonia duclouxii* Gagn. 草本；野生花卉资源；海拔1300m，林下；保护区内常见；大关、绥江、昭通、东川；四川峨眉山；中国特有；标本未采，文献记录种。

昭通秋海棠 *Begonia gagnepainiana* Irmsch. 草本；野生花卉资源；海拔1750m，林缘阴湿地；保护区内小草坝灰浆岩、小草坝乌贡山；昭通；中国特有；标本号：ZT1989；样地号：样74-10。

中华秋海棠 *Begonia grandis* Dry. subsp. *sinensis*(A. DC.) Irmsch. var. *sinensis* 草本；野生花卉资源；海拔1300m，山谷阴湿岩石、疏林、荒坡阴处；保护区内大雪山；昆明有栽培；河北、山东、河南、陕西、山西、甘肃、四川、贵州、广西、湖北、湖南、重庆、江苏、浙江、福建；中国特有；标本号：ZT2373。

心叶秋海棠 *Begonia labordei* Lévl. 多年生草本；根茎入药；海拔1500m，林下岩石上、山坡阴湿岩上、沟边、杂木林；保护区内海子坪；云南广布；广西、四川、贵州；缅甸北部；标本号：ZT2333。

紫叶秋海棠 *Begonia rex* Putz. 草本；野生花卉资源；海拔1100～1550m，山沟岩石上、山沟密林中；保护区内海子坪；金平、绿春；贵州、广西；热带东南亚、印度；标本号：ZT2301、ZT2253。

长柄秋海棠 *Begonia smithiana* Yu ex Irmsch. 草本；野生花卉资源；海拔1520m，水沟阴湿岩石上、山谷林下；保护区内小岩方；云南新分布；贵州、湖北、湖南；中国特有；标本号：ZT1229。

108 茶科 Theaceae

杨桐(红淡比) *Adinandra japonica*(Thunb.) Ming var. *japonica* 灌木或小乔木；海拔1341～1530m，山地、沟谷林中或山坡沟谷溪边，灌丛中或路旁；保护区内小岩方火烧岩、小岩方、海子坪尖山子；云南新分布；广布我国华东、华南和西南；日本；标本号：ZT1215、ZT1286。

贵州连蕊茶 *Camellia costei* Lévl. 灌木或小乔木；野生花卉资源；海拔1200～1850m，林下或林缘灌丛中；保护区内常见；镇雄、威信、广南、富宁、西畴；四川、贵州、广西北部、湖南西部、湖北西部；中国特有；标本未采，文献记录种。

厚轴茶 *Camellia crassicolumna* H. T. Chang 小乔木；野生花卉资源；海拔 1100～1200m，常绿阔叶林中；保护区内海子坪；云南的红河、元阳、金平、屏边、马关、麻栗坡、西畴、广南；中国特有；标本号：ZT2251、ZT2285。

粗梗连蕊茶 *Camellia crassipes* Sealy 灌木或小乔木；野生花卉资源；海拔 1520m，林下或灌丛中；保护区内小岩方火烧岩；云南的盐津、楚雄、景东、元江、峨山、金平；中国特有；标本号：ZT1252。

毛蕊山茶 *Camellia mairei*(Lévl.)Melchior 灌木或小乔木；野生花卉资源；海拔 550～1900m，石山常绿阔叶林下或灌丛中；保护区内常见；盐津、丘北、广南、富宁、砚山、文山、西畴、麻栗坡；四川西南、贵州、广西、广东西北、湖南南部；中国特有；标本未采，文献记录种。

油茶 *Camellia oleifera* Abel 灌木；重要木本油料植物；海拔 1120～1341m，杂木林下或灌丛中；保护区内海子坪；云南全省大部分有栽培；长江以南各省，最北到达陕南，各地广泛栽培；中南半岛；标本号：ZT2178；样地号：草 59-1-2 山茶。

西南山茶(野红花油茶)*Camellia pitardii* Cohen Stuart 灌木或小乔木；野生花卉资源；海拔 1341～2300m，阔叶林或林缘，灌丛中；保护区内常见；云南广布；四川西南到南部、贵州、广西北、湖南西、湖北西；中国特有；标本号：ZT508、ZT430、ZT132、ZT1771、ZT376、ZT730、ZT920。

怒江山茶 *Camellia saluenensis* Stapf ex Bean 多分枝小灌木；野生花卉资源；海拔 1900～2800m，干燥山坡，或山顶灌丛中；保护区内常见；云南广布；四川西南部、贵州西北部；中国特有；标本未采，文献记录种。

茶 *Camellia sinensis*(L.)O. Kuntze 灌木或小乔木；重要饮料植物；海拔 1300～2100m，阔叶林下或灌丛中；保护区内常见；云南全省；长江以南各省均有并广为栽培；日本、中南半岛北部、印度；标本未采，文献记录种。

川滇连蕊茶 *Camellia synaptica* Sealy 灌木；海拔 1200～1600m，林下或林缘，灌丛中；保护区内海子坪、小岩方、大雪山尖角坝、海子坪烂凹子、海子坪黑湾；盐津、绥江、彝良、大关、大姚；贵州、四川；中国特有；标本号：ZT2281、ZT1263b。

大厂茶 *Camellia tachangensis* F. C. Zhang var. *remotiserrata*(H. T. Chang，H. S. Wang et P. S. Wang)Ming 乔木；海拔 1000～1350m，阔叶林或杉木林中；保护区内常见；威信、大关、盐津、绥江；贵州北部(赤水一带)、四川东南部；中国特有；标本未采，文献记录种。

毛萼屏边连蕊茶 *Camellia tsingpienensis* H. var. *pubisepala* H. T. Chang 灌木或小乔木；海拔 1950m，林下或灌丛中；保护区内罗汉坝；富宁、马关；广西、贵州东南；中国特有；标本号：ZT2132。

短柱柃 *Eurya brevistyla* Kobuski 灌木或小乔木；海拔 1520～1560m，杂木林中；保护区内大雪山管护站对面、小岩方火烧岩、大雪山黄角湾；永善、大关、盐津、镇雄；四川、贵州、广西、广东北、江西、福建、湖南、湖北、重庆、陕西南；中国特有；标本号：ZT1254；样地号：乔 88-4-1、乔 87-23。

丽江柃 *Eurya handel-mazzettii* H. T. Chang 灌木；海拔 1960m，常绿阔叶林，混交

林，林缘，灌丛；保护区内三江口分水岭；云南广布；四川；中国特有；标本号：ZT1065。

披针叶毛柃 *Eurya henryi* Hensl. 灌木；海拔1920～1960m，阔叶林下或林缘、灌丛中；保护区内三江口分水岭、朝天马林场、小草坝；云南的元江、绿春、元阳、金平、屏边、蒙自、文山；中国特有；标本号：ZT1012、ZT1892、ZT1895。

贵州毛柃 *Eurya kueichouensis* Hu et L. K. Ling 灌木或小乔木；海拔930～1750m，沟谷林下；保护区内常见；广南、师宗、彝良、威信、盐津、绥江；四川、贵州、广西北部、湖北西部；中国特有；标本未采，文献记录种。

细枝柃 *Eurya loquaiana* Dunn 灌木或小乔木；海拔800～2400m，林下或林缘灌丛中；保护区内常见；云南广布；四川、贵州、广西、海南、广东、湖南、江西、福建、浙江、安徽南部、湖北西部；中国特有；标本未采，文献记录种。

细齿叶柃 *Eurya nitida* Korthals 灌木或小乔木；海拔1300～2110m，林下或石山灌丛中；保护区内常见；云南广布；四川、贵州、广东、广西、海南、湖南、湖北、重庆、江西、福建、浙江；中南半岛、印度、马来西亚、斯里兰卡、印度尼西亚、菲律宾；样地号：草71A-1-6、草51-3-11、草62-3-8、草30-6-12。

矩圆叶柃 *Eurya oblonga* Yang 灌木或小乔木；海拔1100～2500m，林下或林缘灌丛中；保护区内常见；绥江、盐津、大关、广南、文山、马关、屏边；四川西南、贵州西部、广西西部；中国特有；标本未采，文献记录种。

钝叶柃 *Eurya obtusifolia* H. T. Chang 灌木；海拔700～1750m，阔叶林下或灌丛中；保护区内常见；盐津、彝良、师宗；四川、贵州、湖南、湖北西部、陕西南部；中国特有；标本未采，文献记录种。

钝叶柃 *Eurya obtusifolia* H. T. Chang var. *aurea*(Lévl.)Ming 灌木；海拔1100～1600m，阔叶林中；保护区内常见；盐津、罗平；四川、贵州、广西北部、湖北西部；中国特有；标本未采，文献记录种。

半齿柃 *Eurya semiserrulata* H. T. Chang 灌木或小乔木；海拔1700～2500m，林下或林缘灌丛中；保护区内常见；彝良、镇雄、大关、永善、绥江；四川、贵州、广西、广东北部、江西南部；中国特有；标本未采，文献记录种。

四角柃 *Eurya tetragonoclada* Merr. et Chun 灌木或小乔木；海拔1840～1860m，林下或灌木丛；保护区内小岩方河坝场；金平、文山、马关、麻栗坡、西畴、广南、富宁；湖北、湖南、广东、广西、贵州、四川、重庆；中国特有；标本号：ZT1411、ZT1423。

四川大头茶 *Gordonia acuminata* H. T. Chang 常绿乔木或小乔木；海拔1200～2000m，阔叶林或混交林中；保护区内常见；绥江、盐津、大关、蒙自、文山；广西北部九万大山、贵州、四川南部至西南部；中国特有；标本未采，文献记录种。

长果大头茶 *Gordonia longicarpa* H. T. Chang 大乔木；用材、观赏；海拔1341m，沟谷或山坡常绿阔叶林中；保护区内海子坪尖山子；泸水、腾冲、梁河、龙陵、镇康、临沧、凤庆、景东、屏边、富宁；缅甸北部、越南北部；样地号：草59-1-22。

银木荷 *Schima argentea* Pritz. 乔木；用材；海拔1600～2800m，阔叶林或针阔叶混

交林中；保护区内常见；除滇东南外广布于云南全省各地；四川西南；缅甸北部；标本未采，文献记录种。

华木荷［峨眉木荷(野)］*Schima sinensis*(Hemsl. et Wils) Airy-Shaw 乔木；峨眉木荷、甘心苦桃；海拔 1341～2080m，阔叶林中；保护区内广布；昭通、彝良、大关、镇雄、盐津、永善、绥江；四川、贵州、广西北、湖南、湖北西；中国特有；标本号：ZT1847、ZT1725、ZT1224、ZT2084、ZT383、ZT122、ZT90、ZT95、ZT1471、ZT1472、ZT1732。

紫茎 *Stewartia sinensis* Rehd. et Wils. 落叶灌木或小乔木；海拔 1880m，阔叶林中；保护区内三江口麻风湾；镇雄；四川、贵州、广西北、湖南、湖北、重庆、江西、浙江、陕西南；中国特有；标本号：ZT587。

厚皮香 *Ternstroemia gymnanthera*(Wight et Arn.) Sprague var. *gymnanthera* 灌木；栲胶植物；海拔 1400m，阔叶林，松林下或林缘灌丛中；保护区内大雪山土霍；广布云南全省各地；长江以南各省；日本、朝鲜、柬埔寨、马来西亚；标本号：无号。

112 猕猴桃科 Actinidiaceae

山羊桃 *Actinidia callosa* Lindl. var. *callosa* 攀缘灌木；海拔 1550m，林中、沟箐边；保护区内海子坪、洞子里；昆明—大理一线以南；贵州、四川、湖南、浙江、台湾；尼泊尔、印度北部和西北部、越南、印度尼西亚；标本号：ZT2222。

秤花藤 *Actinidia callosa* Lindl. var. *henryi* Maxim 攀缘灌木；海拔 1400m，林缘；保护区内老长坡；嵩明、马龙、镇雄等；湖北、四川、贵州、广西；中国特有；标本号：ZT1696。

猕猴桃 *Actinidia chinensis* Planchon 灌木；药用、食用、造纸；海拔 1180m，林中及灌丛；保护区内海子坪；滇东北、滇东；陕西、甘肃、河南、长江以南各省；中国特有；标本号：ZT2198。

革叶猕猴桃 *Actinidia coriacea*(Fin. et Gagn.) C. F. Liang 攀缘灌木；果食用；海拔 700～1500m，石灰岩灌丛中，沟边或林中；保护区内常见；盐津、彝良；广东、湖南、江西、安徽、湖北、四川、重庆、贵州；中国特有；标本未采，文献记录种。

大花猕猴桃 *Actinidia grandiflora* C. F. Liang 攀缘灌木；《中国物种红色名录》极危种、CITES 公约保护种；果食用；海拔 1850m，岩边；保护区内麻风湾；云南新分布；四川天全；中国特有；标本号：ZT773、ZT958。

全毛猕猴桃 *Actinidia holotricha* Finet et Gagn. 攀缘灌木；果食用；海拔 1520m，常绿阔叶林中、林缘；保护区内小岩方；昭通、五寨；中国特有；标本号：ZT1231。

薄叶猕猴桃 *Actinidia leptophylla* C. Y. Wu 攀缘灌木；果食用；海拔 1880～2100m，杂木林中；保护区内麻风湾、长槽；滇东北；中国特有；标本号：ZT951、ZT766、ZT943、ZT1710、ZT1178；样地号：草 11-2-7。

葛枣猕猴桃 *Actinidia polygama*(Sieb. et Zucc.) Maxim 攀缘灌木；药用；海拔 1650～1750m，林中、灌丛；保护区内小岩方扎口石；云南；四川盆地周围、东北、河北、河南、山东、陕西、甘肃、浙江、湖北、湖南、贵州；俄罗斯远东、朝鲜、日本；标本号：ZT1305、ZT1283。

紫果猕猴桃 *Actinidia purpurea* Rehd. 攀缘灌木；果食用；海拔1400～3600m，灌丛中；保护区内常见；滇东南、滇东北；湖北、湖南、贵州、四川；中国特有；标本未采，文献记录种。

红茎猕猴桃 *Actinidia rubricaulis* Dunn 攀缘灌木；果食用；海拔1900m，常绿阔叶林、石山灌丛；保护区内朝天马林场；广布滇东南；中国特有；标本号：ZT2012、ZT1954。

昭通猕猴桃 *Actinidia rubus* Lévl. 落叶木质藤本；果食用；海拔1810～1966m，山坡林中；保护区内麻风湾的田家湾、三江口、小岩方、上青山；滇东北；四川南部；中国特有；标本号：ZT45、ZT10、ZT1526。

红毛猕猴桃 *Actinidia rufotricha* C. Y. Wu 攀缘灌木；果食用；海拔1931m，常绿阔叶林；保护区内小草坝分水岭；滇东南；中国特有；样地号：草33-4-11。

水梨藤 *Actinidia tetramera* Maxim var. *maloides*(H. L. Li)C. Y. Wu 攀缘灌木；果食用；海拔1950～2000m，山顶杂木林；保护区内小草坝、朝天马林场；滇东北；四川西南；中国特有；标本号：ZT1910、ZT2035。

柔毛猕猴桃 *Actinidia venosa* Rehd. f. *pubescens* Li 攀缘灌木；果食用；海拔1950～1980m，林中；保护区内小草坝、小沟；滇东北；四川西南；中国特有；标本号：ZT1858、ZT1731、ZT1162。

显脉猕猴桃 *Actinidia venosa* Rehd. f. *venosa* 攀缘灌木；果食用；海拔1300m，林中及灌丛；保护区内大雪山土霍；滇西北、滇西等地；我国四川西部；印度北部；标本号：ZT2377。

葡萄叶猕猴桃 *Actinidia vitifolia* C. Y. Wu 攀缘灌木；《中国物种红色名录》易危种、IUCN(VU)；果食用；海拔1600～1960m，石灰岩山林缘及阴湿阔叶林；保护区内小岩方扎口石、小草坝乌贡山、朝天马林场、长槽；滇东北；四川；中国特有；标本号：ZT1832、ZT1275、ZT1772、ZT1886、ZT2067、ZT1746b。

猕猴桃藤山柳 *Clematoclethra actinidioides* Maxim var. *actinidiodes* 攀缘灌木；果食用；海拔1810～1966m，林中、林缘；保护区内麻风湾的田家湾；云南新分布；四川、甘肃、陕西；中国特有；标本号：ZT171b、ZT74、ZT442。

黑藤山柳 *Clematoclethra faberi* Franch. 攀缘灌木；果食用；海拔2130m，山坡常绿阔叶林内；保护区内麻风湾、五岔河；滇东北；四川；中国特有；标本号：ZT970、ZT1525。

刚毛藤山柳 *Clematoclethra scandens*(Franch.)Maxim 灌木；茎提取栲胶；海拔1900～1950m，山坡灌丛；保护区内小草坝、罗汉坝；滇东北；我国贵州西北、四川、陕西南部、甘肃；中国特有；标本号：ZT960、ZT2090、ZT2207、ZT1928、ZT1905、ZT1024。

113 水东哥科 Saurauiaceae

尼泊尔水东哥 *Saurauia napaulensis* DC. 乔木或灌木；用材；尼泊尔作绿化树种；也可作饲料；果味甜，可食用；海拔 450～2500m，河谷或山坡常绿林或灌丛中；保护区内常见；云南广布；广西西部；印度、尼泊尔、缅甸、老挝、泰国、越南、马来西亚；标本未采，文献记录种。

120 野牡丹科 Melastomataceae

红毛野海棠 *Bredia tuberculata*(Guillaum.) Diels 草本或灌木；海拔 950～1200m，次生杂木林林缘阴处或山坡沟边；保护区内常见；盐津、彝良；四川、广西、广东、江西；中国特有；标本未采，文献记录种。

云南野海棠 *Bredia yunnanensis*(Lévl.) Diels 草本或亚灌木；海拔 690m，山谷次生林下，沟边石缝中；保护区内常见；滇东北；中国特有；标本未采，文献记录种。

峨眉异药花(酸猴儿、臭骨草) *Fordiophyton faberi* Stapf 草本或亚灌木；四川宜宾用叶揉搓治膝疮或作饲料；海拔 1520m，林下、沟边或路边灌木丛中，或岩石上潮湿的地方；四川；保护区内小岩方火烧岩；昭通、盐津；四川、贵州亦有；中国特有；标本号：ZT1258。

假朝天罐 *Osbeckia crinita* Benth. ex Wall. 灌木；全草入药，叶含单宁；海拔 1950m，山坡草地、田埂或矮灌木丛中阳处，亦有山谷溪边，林缘湿润地；保护区内罗汉坝；云南中部以南，四川、贵州亦有；印度、缅甸；标本号：ZT2070。

三叶金锦香 *Osbeckia mairei* Craib 灌木；海拔 1820m，次生杂木林缘或路边草丛中；保护区内小沟；滇东北；我国西藏、四川、贵州；中国特有；标本号：ZT1695。

长柄熊巴掌 *Phyllagathis cavaleriei*(Lévl. et Van.) Guillaumin var. *wilsoniana* Guillaumin 草本；海拔 1720～1950m，山坡、山谷密林下，阴湿处；保护区内常见；景东、大关、彝良；我国四川亦有；中国特有；标本号：ZT1853、ZT1632、ZT1426、ZT1640、ZT583。

小叶锦香草 *Phyllagathis* sp. 草本；海拔 1300m，林中及灌丛；保护区内大雪山土霍；中国特有；标本号：ZT2435。

偏瓣花 *Plagiopetalum esquirolii*(Lévl.) Rehd. 灌木或小灌木；海拔 1405～1756m，山坡林下或路旁；保护区内大雪山猪背河坝、小草坝灰浆岩；泸水、富宁；四川、贵州、广西；缅甸北部亦有；标本号：ZT2024；样地号：草 78-3-12、样 45。

小肉穗草 *Sarcopyramis bodinieri* Lévl. et Van. 草本；海拔 1405～1850m，山谷密林下，阴湿处或石缝间；保护区内大雪山、罗汉坝坡头山、罗汉坝；滇东南；中国特有；标本号：ZT2156。

楮头红 *Sarcopyramis nepalensis* Wall. 草本；全草入药；海拔 1530～1950m，密林下阴湿处或溪边；保护区内常见；云南西北至滇东南以南地区；我国西南至台湾；尼泊尔经缅甸及我国至马来半岛；标本号：ZT1360、ZT622。

123 金丝桃科 Hypericaceae

碟花金丝桃 *Hypericum addingtonii* N. Robson 灌木；海拔 1800m，竹丛中；保护区内麻风湾；贡山、巍山、云龙；中国特有；标本号：ZT321。

连柱金丝桃 *Hypericum cohaerens* N. Robson 灌木；海拔 1450～2000m，石间灌丛；保护区内常见；滇东北(大关)；贵州东北部；中国特有；标本未采，文献记录种。

挺茎金丝桃 *Hypericum elodeoides* Choisy 草本；海拔 2043m，山坡草丛，灌丛、林下及田埂上；保护区内罗汉坝木疆林；罗次、大理、镇康、维西、贡山；江西、福建、湖北、西藏、广东、湖南、广西、贵州；尼泊尔、印度、缅甸；样地号：样 70～20。

扬子小连翘 *Hypericum faberi* R. Keller 草本；海拔 1375～2000m，山坡草地，灌丛；保护区内小草坝后河、大雪山猪背河坝、三江口麻风湾；巧家、大关、彝良、镇雄；陕西、湖南、广西、四川、贵州；中国特有；标本号：ZT346、ZT939、ZT2006、ZT328、ZT1183、ZT318。

川滇金丝桃 *Hypericum forrestii* (Chittenden) N. Robson 灌木；观赏；海拔 1820m，山坡多石地；保护区内小沟；大理、丽江、贡山及腾冲；四川西部；缅甸东北部；标本号：ZT1711。

细叶金丝桃 *Hypericum gramineum* G. Forster 草本；海拔 1900m，水藓、沼泽中；保护区内麻风湾、钱家湾；砚山、江川、昆明、禄劝、大理、鹤庆等地；台湾；澳大利亚、新西兰、新喀里多尼亚、越南、印度；标本号：ZT937。

北栽秧花 *Hypericum pseudohenryi* N. Robson 灌木；观赏；海拔 1600～1922m，松林下、灌丛中、草坡、石坡；保护区内海子坪、罗汉坝水库沼泽；会泽、宁蒗、丽江、香格里拉；四川西部和西南部；中国特有；标本号：ZT2219、ZT2331。

遍地金 *Hypericum wightianum* Wall. ex Wight et Arn. 草本；全草药用；海拔 1750m，田地或路旁草丛中；保护区内麻风湾；云南各地；贵州、四川、广西；印度、巴基斯坦、斯里兰卡、缅甸、泰国；标本号：ZT348。

128 椴树科 Tiliaceae

甜麻 *Corchorus aestuans* L. 草本；幼叶清凉解毒，治疮毒；种子剧毒；茎皮纤维可代麻用；海拔 110～1200m，山地或旷野；保护区内常见；云南全省各地；长江以南各省；热带与亚热带地区广泛；标本未采，文献记录种。

秃华椴 *Tilia chinensis* Maxim var. *investita* Rehd. 乔木；茎皮纤维坚韧，可代麻用；木材轻软，易于加工，供制胶合板、火柴杆及造纸用；海拔 2000m，针叶林中；保护区内麻风湾；滇西北；陕西、湖北、西藏南部；中国特有；标本号：ZT1113。

大叶椴 *Tilia nobilis* Rehd. et Wils. 乔木；茎皮制绳索、织麻袋或作造纸原料；木材制胶合板、火柴杆；花入药，有发汗、镇静及解热之功效；海拔 1950m，常绿阔叶林中；保护区内小草坝；大关；四川南部；中国特有；标本号：ZT1860。

椴 *Tilia tuan* Szyszyl. var. *tuan* 乔木；可制人造棉、家具及农具，花可提取芳香油，为优良蜜源，叶作饲料；海拔 1700～2200m，山地阔叶林中；保护区内常见；滇中、滇东北至滇东南；四川、贵州、湖北、重庆、湖南、广西、江西等；越南北部亦有；标本未采，文献记录种。

128a 杜英科 Elaeocarpaceae

缘瓣杜英 *Elaeocarpus decandrus* Merr. 乔木；海拔 1600m，山坡常绿阔叶林中；保护区内小岩方；河口、西畴、文山；老挝；标本号：ZT1267。

冬桃 *Elaeocarpus duclouxii* Gagn. 乔木；海拔 700～950m，常绿林中；保护区内常见；盐津；广西、广东、贵州、四川、湖南、江西；中国特有；标本未采，文献记录种。

澜沧杜英（薯豆）*Elaeocarpus japonicus* Seib. et Zucc. var. *lantsangensis*（Hu）H. T. Chang 乔木；用材；海拔 1300～1350m，湿润常绿阔叶林中；保护区内威信、大雪山；云南的贡山、福贡、澜沧、金平、永善、富宁；湖南、贵州、福建；中国特有；标本号：ZT2353、ZT2415。

仿栗 *Sloanea Hemsleyana*（Ito）Rehd. et Wils. 乔木；海拔 1300～2400m，沟谷常绿阔叶林中；保护区内常见；除云南南部外几乎都有分布；四川、重庆、贵州、湖北、湖南、广西、江西、广东、陕西、甘肃；中国特有；标本未采，文献记录种。

贡山猴欢喜 *Sloanea sterculiacea*（Benth.）Rehd. et Wils. 乔木；海拔 1310m，溪旁或河边及山坡密林中；保护区内海子坪；贡山、福贡、泸水、云龙、腾冲、保山、凤庆、景东；东喜马拉雅；印度、缅甸；样地号：乔 58-9-7。

136 大戟科 Euphorbiaceae

铁苋菜（海蚌含珠、蚌壳草）*Acalypha australis* L. 草本；海拔 400～1900m，空旷草地、田间路边和石灰岩山疏林下；保护区内常见；云南广布；我国除西部高原和干燥地区外大部分省份均产；俄罗斯远东地区、菲律宾、越南、老挝、印度和澳大利亚北部也有逸生；标本未采，文献记录种。

山麻杆（荷包麻）*Alchornea davidii* Franch. 灌木；茎皮含纤维、叶作饲料；海拔 300～1000m，沟谷、溪畔地、山地、灌丛；保护区内常见；昭通、永善、富宁、普洱、勐海、江川、元江；贵州、广西、江西、湖南、湖北、河南、福建、江苏；中国特有；标本未采，文献记录种。

雀儿舌头 *Andrachne chinensis* Bunge 灌木；叶可作杀虫农药，嫩枝叶有毒；海拔 1750～1960m，山地灌丛、林缘、路旁、崖岩或石缝中；保护区内小岩方、长槽、朝天马林场；镇雄、彝良、德钦、维西、丽江、大理、马龙、昆明；除黑龙江、新疆、福建、海南、广东外全国均有；中国特有；标本号：ZT1595、ZT1880。

小叶五月茶（小杨柳）*Antidesma venosum* E. Mey ex Tul. 灌木；海拔 1300～2200m，

山坡或谷地疏林中；保护区内常见；云南广布；四川、贵州、广西、广东、海南；老挝、越南、泰国和非洲东部地区；标本未采，文献记录种。

粗毛藤(刺痒花)*Cnesmone mairei*(Lévl.)Croiz. 藤本；海拔 800～1900m，河谷灌丛中；保护区内常见；云南特有种。大关、昆明、元江；中国特有；标本未采，文献记录种。

圆苞大戟(兰叶大戟、紫星大戟等)*Euphorbia griffithii* Hook. f. 草本；海拔 2500～4000m，林内、林缘及灌丛等；保护区内常见；滇东北；四川、广西；广布于喜马拉雅地区诸国；标本未采，文献记录种。

泽漆(五朵云、五凤草、五灯草)*Euphorbia helioscopia* L. 草本；全草入药；海拔 1650m，山沟、路旁、荒野和山坡；保护区内常见；昭通、彝良、会泽、昆明等地；我国绝大部分省份；广布于欧亚大陆和北非；标本未采，文献记录种。

飞扬草 *Euphorbia hirta* L. 草本；全草入药；海拔 800～2500m，路旁、草丛、灌丛及山坡，多见于砾石土；保护区内常见；云南全省均有；长江以南各省及华北、西北亦有；广布于世界热带和亚热带；标本未采，文献记录种。

通奶草 *Euphorbia hypericifolia* L. 草本；全草入药；海拔 1050～2100m，旷野、荒地、路旁、灌丛及田间；保护区内常见；云南全省均有；我国长江以南；广布于世界热带和亚热带；标本未采，文献记录种。

钩腺大戟 *Euphorbia sieboldiana* Morr. et Decne. 草本；CITES 公约保护种；根状茎入药，可泻水与利尿；煎水外用洗疥疮；有毒；海拔 1820～1840m，田间、林缘、灌丛、林下、山坡、草地；保护区内长槽、小草坝、乌贡山；云南中部广大地区；我国绝大部分省份有；日本、朝鲜、俄罗斯(远东)；标本号：ZT1684、ZT1740。

黄苞大戟 *Euphorbia sikkimensis* Boiss. 草本；CITES 公约保护种；根入药，具泻水、清热、解毒之功效；海拔 1920～1950m，山坡、疏林下或灌丛；保护区内小草坝后河、小草坝；云南中部至西南部；广西、贵州、湖北、重庆、四川、西藏；喜马拉雅地区诸国；标本号：ZT1996、ZT1869。

高山大戟(西藏大戟、喜马拉雅大戟、柴胡大戟等)*Euphorbia stracheyi* Boiss. 草本；海拔 1000～4900m，高山草甸、灌丛、林缘或杂木林下；保护区内常见；滇东北、中部及西北部；四川、西藏、青海南部和甘肃南部；广布于喜马拉雅地区诸国；标本未采，文献记录种。

算盘子(火烧天)*Glochidion puberum* Hutch. 灌木；种子榨油；根、茎、叶和果实均可药用；作农药；全株可提制栲胶；为酸性土壤指示植物；海拔 1100～1960m，山坡、溪旁灌木丛中或林缘；保护区内常见；云南广布；陕西、甘肃、江苏、安徽、浙江、江西、福建、台湾、河南、湖北、湖南、广东、海南、广西、四川、贵州、西藏；中国特有；标本号：ZT1769、ZT1071、ZT2176、ZT2036、ZT1770。

香港算盘子 *Glochidion zeylanicum*(Gaerthn.) A. Juss. var. *arborescens*(Bl.) Chakrab. et M. G. Gangop. 乔木；海拔 1300～1341m，山地林中；保护区内海子；思茅、景东、双江、泸水、勐海、勐腊、景洪、孟连、龙陵、陇川、双柏、石屏、临翔、凤庆等；印度、泰国、马来西亚、印度尼西亚；样地号：乔 71A-29、乔 59-20-5。

东南野桐 *Mallotus lianus* Croiz.　小乔木或灌木；海拔1500～1520m，阴湿林中或林缘；保护区内小岩方、罗汉坝；西畴；广西、贵州、四川、广东、江西、湖南、福建、浙江；中国特有；标本号：ZT1225、ZT2151。

尼泊尔野桐 *Mallotus nepalensis* Muell. Arg.　灌木或乔木；海拔1200～1600m，常绿阔叶林或杂木林中；保护区内小岩方、海子坪、海子坪仙家沟；丽江、香格里拉、凤庆、镇康、峨山、易门等；西藏；尼泊尔、印度；标本号：ZT1723、ZT2291。

余甘子(橄榄、望果、油甘子等) *Phyllanthus emblica* L.　乔木；果食用、树根和叶药用；海拔200～1500m，山地疏林、灌丛、荒地或山沟阳处；保护区内常见；滇东北、滇东南、滇西北等；四川、贵州、广西、广东、海南、江西、福建、台湾等；印度、斯里兰卡、中南半岛、印度尼西亚、马来西亚和菲律宾、南美有栽培；标本未采，文献记录种。

乌桕 *Sapium sebiferum* (L.) Roxb.　乔木；材用；叶为黑色染料；根皮治毒蛇咬伤；蜡质层制肥皂、蜡烛；种子油适于涂料；海拔1400m，旷野、塘边或疏林中；保护区内老长坡；云南各地；黄河以南各省，北达陕西、甘肃；日本、越南、印度；欧洲、美洲、非洲有栽培；标本号：ZT1609。

136a 虎皮楠科 Daphniphyllaceae

交让木 *Daphniphyllum macropodum* Miq.　小乔木；叶可代替烟草；海拔1980～1900m，阔叶林中；保护区内小岩方骑驾马、三江口倒流水；盐津、彝良；四川、贵州、广东、广西、湖南、湖北、重庆、江西、福建、台湾、浙江、安徽；日本、朝鲜；标本号：ZT1728、ZT499、ZT1048。

139a 鼠刺科 Iteaceae

牛皮桐 *Itea chinensis* Hook. et Arm var. *oblonga*　灌木或小乔木；根入药；海拔1020m，山沟，残留阔叶林缘；保护区内常见；盐津；我国江南各省都有；中国特有；标本未采，文献记录种。

141 茶藨子科 Grossulariaceae

革叶茶藨子 *Ribes davidii* Franch.　常绿灌木；海拔1900～2780m，林下；保护区内常见；贡山、永善；湖北、湖南、四川、贵州；中国特有；标本未采，文献记录种。

冰川茶藨子 *Ribes glaciale* Wall.　落叶灌木；海拔2500～3500m，林下、林缘、灌丛中、草地或路旁、荒地；保护区内常见；滇西北、滇西和滇东北；山西、安徽、河南、湖北、陕西、甘肃、四川、贵州、西藏；尼泊尔、印度、不丹；标本未采，文献记录种。

糖茶藨子 *Ribes himalense* Royle ex Decne　落叶灌木；茎内皮和果入药；海拔2800～4000m，林下、林缘、灌丛、草地或沟边路旁；保护区内常见；云南常见；山西、内蒙古、河南、湖北、陕西、甘肃、青海、四川、西藏；尼泊尔、印度、不丹；标本未采，文献记录种。

康边茶藨子 *Ribes kialanum* Jancz. 落叶灌木；海拔3600～4200m，林下、灌丛中；保护区内常见；香格里拉、丽江、昭通；四川西部；中国特有；标本未采，文献记录种。

光果茶藨子 *Ribes laurifolium* Jancz. var. *yunnanense* L. T. Lu 常绿灌木；海拔1340m，林下、常附生于枯树上；保护区内老长坡；贡山、福贡、泸水、镇康、凤庆、景东、威信；中国特有；标本号：ZT1663。

长序茶藨子 *Ribes longiracemosum* Franch. var *longiracemosum* 落叶灌木；海拔2000～2050m，山坡灌木丛、山谷林下或沟边杂木林下；保护区内小岩方、罗汉坝五道河；德钦、维西、贡山、丽江、漾濞；湖北、四川、甘肃；中国特有；标本号：ZT990、ZT1588。

腺毛茶藨子 *Ribes longiracemosum* Franch. var. *davidii* Jancz. 落叶灌木；海拔2100～3400m，林下或灌丛中；保护区内常见；德钦、贡山、福贡、永善；四川西部；中国特有；标本未采，文献记录种。

宝兴茶藨子 *Ribes moupinense* Franch. 落叶灌木；海拔 2400～3600m，林下、林缘、灌丛或沟边、路旁；保护区内常见；云南常见；河南、湖北、陕西、甘肃、四川、贵州、西藏；中国特有；标本未采，文献记录种。

细枝茶藨子 *Ribes tenue* Jancz. 落叶矮灌木；果可食用和酿酒；海拔 2400～3700m，林下、灌丛中或山坡路旁；保护区内常见；德钦、维西、贡山、福贡、泸水、永善；河南、湖北、湖南、陕西、甘肃、四川；中国特有；标本未采，文献记录种。

深裂茶藨子 *Ribes tenue* Jancz. var. *incisum* L. T. Lu 落叶灌木；海拔2040m，山坡针叶林下、草地杜鹃灌丛内；保护区内杉木坪；香格里拉、维西、洱源；四川；中国特有；标本号：ZT1586。

142 绣球花科 Hydrangeaceae

长叶溲疏 *Deutzia longifolia* Franch. var. *longifolia* 灌木；野生花卉；海拔1750m，山地林下或灌丛；保护区内小岩方；昆明、大姚、大理、云龙、漾濞、丽江、维西、鹤庆、大关、绥江、巧家；甘肃、四川、贵州；中国特有；标本号：ZT988、ZT1291。

南川溲疏 *Deutzia nanchuanensis* W. T. Wang 灌木；野生花卉；海拔 1900～2300m，山坡杂木林；保护区内常见；彝良、大关、永善；四川南部及东南部；中国特有；标本未采，文献记录种。

四川溲疏 *Deutzia setchuenensis* Franch. 灌木；野生花卉；海拔1480～1720m，山坡疏林或灌丛；保护区内小岩方；师宗、威信、绥江；四川、贵州、江西、福建、湖北、湖南、广东、广西；中国特有；标本号：ZT1234、ZT1656。

冠盖绣球 *Hydrangea anomala* D. Don 攀缘藤本；野生花卉；海拔 1849～2450m，疏林中；保护区内常见；云南广布；甘肃、陕西、安徽、浙江、江西、福建、台湾、河南、湖南、湖北、广东、广西、贵州、四川、重庆；印度北部及西北部、尼泊尔、不丹、缅甸北部；标本号：ZT681、ZT1159、ZT606、ZT549。

中国绣球 *Hydrangea chinensis* Maxim 灌木；野生花卉；海拔 1300～2600m，山坡林中；保护区内常见；镇雄、彝良、大关、昭通、贡山、福贡、大理；广西、湖南、安徽、江西、浙江、福建、台湾；中国特有；标本未采，文献记录种。

西南绣球 *Hydrangea davidii* Franch. 灌木；野生花卉；海拔 1300～2080m，山坡疏林或林缘；保护区内常见；云南广布；四川、贵州；中国特有；标本号：ZT1161、ZT407、ZT487a、ZT1163、ZT1210、ZT372、ZT267、ZT507、ZT449、ZT170、ZT20、ZT37、ZT39、ZT1366、ZT1062。

银针绣球 *Hydrangea dumicola* W. W. Smith 灌木；野生花卉；海拔 1820～1900m，山谷疏林或灌丛中；保护区内长槽、小沟；云南西部至西北部怒江流域一带；中国特有；标本号：ZT1653、ZT1689。

微绒绣球 *Hydrangea heteromalla* D. Don 灌木至小乔木；野生花卉；海拔 2450m，山坡林内；保护区内三江口三角顶；丽江、维西、香格里拉、德钦、巧家；四川、西藏；印度东北部及西北部、尼泊尔、不丹；标本号：ZT667、ZT809、ZT978。

灰绒绣球 *Hydrangea mandarinorum* Diels 灌木；野生花卉；海拔 1840～2300m，密林中；保护区内麻风湾、河场坝、小草坝罗汉林、小沟下水塘迷人窝、三江口辣子坪；云南西北部；四川、重庆；中国特有；标本号：ZT940、ZT974、ZT1412、ZT926。

圆锥绣球 *Hydrangea paniculata* Sieb. 灌木或小乔木；野生花卉；海拔 1950～2450m，山坡灌丛中；保护区内常见；丽江、大理；中国西北(甘肃)、华东、华中、华南、西南；日本；标本号：ZT680、ZT693。

蜡莲绣球 *Hydrangea strigosa* Rehd. 灌木；野生花卉；海拔 1400～2900m，山坡林内；保护区内常见；腾冲、屏边、文山、西畴、麻栗坡、维西、香格里拉、贡山、福贡、大关、彝良；陕西、四川、贵州、湖南、湖北、重庆；中国特有；标本未采，文献记录种。

松潘绣球 *Hydrangea sungpanensis* Hand.-Mazz. 灌木至小乔木；野生花卉；海拔 1800～2900m，山坡疏林中；保护区内常见；凤庆、镇康、景东、绿春、麻栗坡、昭通、永善；四川；中国特有；标本未采，文献记录种。

柔毛绣球 *Hydrangea villosa* Rehd. 灌木；野生花卉；海拔 1800～1820m，山坡疏林、密林及灌丛中；保护区内三江口麻风湾；云南东南部、东北部、北部和西北部；甘肃、陕西、江苏、湖北、湖南、广西、贵州、四川、重庆；中国特有；标本号：无号。

毛柱山梅花 *Philadelphus subcanus* Koehne 灌木；野生花卉；海拔 1500～2800m，山坡杂木林；保护区内常见；昆明、富民、禄劝、昭通、镇雄、宾川；湖北、四川、重庆；中国特有；标本未采，文献记录种。

椭圆钻地风 *Schizophragma elliptifolium* Wei 藤状灌木；海拔 1700～1900m，山坡疏林中；保护区内常见；大关；四川、贵州；中国特有；标本未采，文献记录种。

钻地风 *Schizophragma integrifolium* Franch. 落叶木质藤本或藤状灌木；海拔 1000～2400m，山谷、山坡密林及疏林中；保护区内常见；彝良、大关、屏边、景东；四川、贵州、广西、广东、海南、湖南、湖北、重庆、江西、福建、江苏、浙江、安徽；中国特有；标本未采，文献记录种。

粉绿钻地风 *Schizophragma integrifolium* Franch. var. *glaucescens* Rehd. 落叶木质藤本或藤状灌木；海拔 1900～2060m，山坡密林中；保护区内麻风湾、小沟、朝天马陡口子、小沟上场梁子；镇雄；中国特有；标本号：ZT1163、ZT483、ZT1763、ZT1922。

柔毛钻地风 *Schizophragma molle*(Rehd.) Chun 木质攀缘藤本；海拔 1740～2127m，林内；保护区内小草坝罗汉林、罗汉坝五道河、五岔河、小岩方、上青山、三江口麻风湾、三江口倒流水；镇雄、元阳、文山；四川、贵州、湖南、广西、广东、江西、江苏、福建；中国特有；标本号：ZT1522、ZT1473、ZT1510、ZT1519、ZT180。

143 蔷薇科 Rosaceae

羽叶花 *Acomastylis elata*(Royle) F. Bolle 草本；海拔 3900m，高山草地；保护区内常见；香格里拉、昭通、巧家；西藏；印度、尼泊尔；标本未采，文献记录种。

龙芽草(仙鹤草) *Agrimonia pilosa* Ldb. 多年生草本；药用；海拔 1750～1905m，溪边、路旁、草地、灌丛、林缘及疏林下；保护区内小草坝灰浆岩、麻风湾、小草坝沼泽；德钦、维西、贡山、香格里拉、丽江、漾濞、昆明、孟连；我国南北各省；欧洲中部及俄罗斯、蒙古国、朝鲜、日本和越南北部；标本号：ZT2028、ZT184；样地号：沼-物-26。

黄龙尾 *Agrimonia pilosa* Ldb. var. *nepalensis*(D. Don) Nakai 草本；药用、制栲胶、农药；海拔 1950m，溪边、山坡草地、疏林中；保护区内罗汉坝；贡山、福贡、丽江、大理、洱源、昆明、禄劝、景东、孟连、马关、麻栗坡；河北、山西、陕西、甘肃、河南、山东、江苏、安徽、浙江、江西、湖北、湖南、广东、广西、四川、重庆、贵州、西藏；印度北部及西北部、尼泊尔、缅甸、泰国北部、老挝北部、越南北部；标本号：ZT2096。

高盆樱桃 *Cerasus cerasoides*(D. Don) Sok. 乔木；果实可食，或作郁李仁代用品；海拔 1300～2850m，沟谷密林中；保护区内常见；云南各地；西藏南部；尼泊尔、印度、不丹、缅甸北部；标本未采，文献记录种。

微毛樱桃 *Cerasus clarofolia*(Schneid.) Yü et Li 灌木；绿化、观赏；海拔 1741～1949m，山坡林中或灌丛中；保护区内罗汉坝水库沼泽、罗汉坝、小草坝大佛殿、罗汉坝坡头山；维西、德钦、宁蒗、东川、彝良、绥江；四川、贵州、湖北、甘肃、陕西、山西、河北；中国特有；样地号：样 68-8、乔 31-2-7、乔 31-3-47、乔 26-1-3、乔 61-01-5、乔 49-2-37。

尾叶樱桃 *Cerasus dielsiana*(Schneid) Yü et Li var. *dielsiana* 乔木或灌木；绿化、观赏；海拔 1400～1810m，山谷、溪边林中；保护区内小岩方、大雪山土霍；云南新分布；江西、安徽、湖南、四川、广东、广西；中国特有；标本号：ZT1332、ZT2455。

散毛樱桃 *Cerasus patentipila*(Hand.-Mazz.) Yü et C. L. Li 乔木或灌木；绿化、观赏；海拔 1750m，山坡林中；保护区内小草坝灰浆岩；云南西北部；中国特有。

雕核樱桃 *Cerasus pleiocerasus*(Koehne) Yü et Li 乔木或灌木；绿化、观赏；海拔 2000～3400m，山坡林中；保护区内常见；德钦、香格里拉、大理、洱源、威信；四川西部；中国特有；标本未采，文献记录种。

多毛樱桃 *Cerasus polytricha*(Koehne) Yü et Li　乔木或灌木；绿化、观赏；海拔1650～2300m，山坡林中或溪边林缘；保护区内辣子坪、小岩方扎口石、小草坝花苞树垭口、小草坝罗汉林；云南新分布；陕西、甘肃、四川、湖北、重庆；中国特有；标本号：ZT699、ZT1277、ZT1344。

细齿樱桃 *Cerasus serrula*(Franch) Yü et Li　乔木；绿化、观赏；海拔 1375m，山坡、山谷林中、林缘或山坡草地；保护区内大雪山猪背河坝；香格里拉、德钦、丽江、鹤庆、洱源；四川、西藏；中国特有；样地号：草 77-9。

长叶樱桃 *Cerasus* sp.　乔木；绿化、观赏；海拔 1980～2000m，杂木林中；保护区内小草坝后河；中国特有；标本号：ZT101、ZT4-1、ZT4-2。

羽裂樱桃 *Cerasus* sp.　灌木；绿化、观赏；海拔 1560m，林下；保护区内小岩方扎口石；中国特有；标本号：ZT1296。

云南樱桃 *Cerasus yunnanensis*(Franch.) Yü et Li var. *yunnanensis*　乔木；绿化、观赏；海拔 1810～2081m，山谷林中或山坡地边；保护区内麻风湾、小岩方、上青山、罗汉坝坡头山、罗汉坝蕨坝场湾子；维西、丽江、双柏、永善；四川、广西；中国特有；标本号：ZT79、ZT1503。

近五核栒子 *Cotoneaster* aff. *bullatus* Bois　落叶灌木；海拔 1820～1960m，林缘；保护区内三江口分水岭、小沟、小草坝；待定；中国特有；标本号：ZT1083、ZT1683、ZT1837、ZT1855。

细尖栒子 *Cotoneaster apiculatus* Rehd. & Wils.　落叶灌木；海拔 1700～2020m，偶见于山坡路旁或林缘等；保护区内麻风湾、小岩方扎口石；云南地不祥；甘肃、湖北、四川；中国特有；标本号：ZT1303a、ZT1132。

滇中矮生栒子 *Cotoneaster dammerii* Schneid. ssp. *songmingensis* C. Y. Lihua Zhou 常绿灌木；海拔 1800～2600m，山坡草地；保护区内常见；镇雄、巧家、大关、师宗、彝良、禄劝、昆明、富民、嵩明、楚雄、大理、漾濞、洱源、丽江、贡山；四川、贵州；中国特有；标本未采，文献记录种。

西南栒子 *Cotoneaster franchetii* Bois　半常绿灌木；海拔 1810～1960m，多石向阳山地灌木丛中；保护区内小沟、小草坝、朝天马林场、麻风湾、小岩方；贡山、维西、香格里拉、丽江、大理、昭通、会泽、昆明、文山；四川、贵州、西藏；泰国；标本号：ZT241b、ZT1685、ZT1865、ZT1888。

平枝栒子 *Cotoneaster horizontalis* Dcne.　落叶或半常绿匍匐灌木；海拔 2000～4000m，灌木丛中或岩石坡上；保护区内常见；镇雄、大关、彝良；陕西、甘肃、湖北、湖南、四川、重庆、贵州；尼泊尔；标本未采，文献记录种。

小叶栒子 *Cotoneaster microphyllus* Wall. ex Lindl.　常绿矮生灌木；海拔 1780～1960m，多石山地、灌木丛中；保护区内麻风湾、三江口分水岭；除西双版纳、滇东北外云南全省各地；四川、重庆、西藏；印度、缅甸、不丹、尼泊尔；标本号：ZT1-1、ZT331、ZT373、ZT1095。

两列栒子 *Cotoneaster nitidus* Jacq.　落叶或半常绿灌木；海拔 1600～3700m，灌木丛

中或草坡；保护区内常见；云南广布；四川、西藏；印度、缅甸、不丹、尼泊尔；标本未采，文献记录种。

麻叶栒子 *Cotoneaster rhytidophyllus* Rehd. et Wils. 常绿或半常绿灌木；海拔2020m，石山、荒地、疏林内或密林边干燥地；保护区内麻风湾；丽江；四川、贵州；中国特有；标本号：ZT1144。

柳叶栒子 *Cotoneaster salicifolius* Franch. 半常绿或常绿灌木；海拔1800～3000m，山地或沟边杂木林中；保护区内常见；滇东北、贡山；湖北、湖南、四川、重庆、贵州；中国特有；标本未采，文献记录种。

牛筋条 *Dichotomanthus tristaniaecarpa* Kurz 常绿灌木至乔木；海拔900～3000m，山坡开阔地、杂木林中、常绿栎林边缘、干燥山坡或路旁；保护区内常见；云南广布；四川；中国特有；标本未采，文献记录种。

蛇莓 *Duchesnea indica* (Andr.) Focke 草本；海拔1950m，山坡、草地、河岸、潮湿处；保护区内麻风湾；云南各地；辽宁以南各省；阿富汗、东达日本、南达印度、印度尼西亚，在欧洲、美洲有记录；标本号：ZT646；样地号：草34-6-19。

黄毛草莓 *Fragaria nilgerrensis* Schlecht. ex Gay var. *nilgerrensis* 草本；海拔1850～2250m，山坡草地或沟边林下；保护区内麻风湾、小草坝分水岭、罗汉坝水库沼泽；贡山、福贡、大理、师宗、昆明、文山、麻栗坡、广南、富宁；陕西、湖北、四川、重庆、湖南、贵州、台湾；尼泊尔、斯里兰卡、印度东部、越南北部；标本号：ZT243、ZT654。

路边青（水杨梅）*Geum aleppicum* Jacq. 草本；制栲胶、入药、制肥皂和油漆、食用；海拔1800～1930m，山坡草地、沟边、地边、河滩、林间隙地、林缘；保护区内麻风湾沼泽地、麻风湾；云南广布；黑龙江、辽宁、吉林、内蒙古、山西、陕西、甘肃、新疆、山东、河南、湖北、贵州、四川、重庆、西藏；广布于北半球温带及暖温带；标本号：ZT305b、ZT569。

柔毛路边青（变种）*Geum japonicum* Thunb. var. *chinense* F. Bolle 草本；入药；海拔1780～1850m，山坡草地、田边、河边、灌丛及疏林下；保护区内麻风湾；香格里拉、麻栗坡、大关；陕西、甘肃、河南、湖北、湖南、广东、广西、江西、安徽、浙江、江苏、福建、贵州、四川、重庆；中国特有；标本号：ZT211、ZT232、ZT481、ZT620。

棣棠花 *Kerria japonica* (L.) DC. 落叶灌木；全株入药；海拔1800～3600m，常绿阔叶林中、阔叶林中或杂木林中；保护区内常见；云南广布；甘肃、陕西、山东、河南、湖北、江苏、安徽、浙江、福建、江西、湖南、四川、重庆、贵州；日本；标本未采，文献记录种。

重瓣棣棠花 *Kerria japonica* (L.) DC. f. *plena* Schneid. 落叶灌木；海拔1600～2200m，栽培或野生；保护区内常见；昭通、丽江、香格里拉、维西、云龙、大理、昆明；陕西、湖南、贵州、四川；中国特有；标本未采，文献记录种。

腺叶桂樱 *Laurocerasus phaeosticta* (Hance) Schneid. 常绿灌木或小乔木；海拔1341～1405m，山坡或山谷密林下；保护区内海子坪尖山子、大雪山猪背河坝；云南的腾冲、盈江、耿马、保山、新平、双柏、峨山、景东、勐海、砚山、绿春、西畴、麻栗坡、文山、富宁、屏边、金平、马关；我国长江以南各省；印度、缅甸北部、孟加拉国、泰国北部和越南北部；样地号：草 59-1-28、草 78-1-9。

刺叶桂樱 *Laurocerasus spinulosa*(Sieb. et Zucc.) Schneid.　常绿乔木；海拔 1300～1405m，山坡阳处疏密杂木林中或山谷、沟边阴暗阔叶林下及林缘；保护区内海子坪黑湾、大雪山猪背河坝；云南新分布；江西、湖北、湖南、安徽、江苏、浙江、福建、广东、广西、四川、重庆、贵州，据载云南有，但未见标本；日本、菲律宾；样地号：草 71A-2-4、草 78-2-17。

小果湖北海棠 *Malus hupehensis*(Pamp.) Rehd. var. *microcarpus* ined. var. now.　乔木或灌木；《中国物种红色名录》无危种；海拔 1820～1990m，杂木林中；保护区内小沟、小草坝后河；新变种；中国特有；标本号：ZT1681、ZT4-3。

沧江海棠 *Malus ombrophila* Hand.-Mazz.　乔木；海拔 1850～3300m，山坡杂木林中；保护区内常见；贡山、德钦、维西、丽江、剑川、大理、彝良、大关；四川；中国特有；标本未采，文献记录种。

西蜀海棠 *Malus prattii*(Hemsl.) Schneid.　乔木；《中国物种红色名录》易危种；海拔 1750～1960m，山坡杂木林；保护区内麻风湾、三江口分水岭、小草坝灰浆岩；维西等地；四川西部；中国特有；标本号：ZT263、ZT1061、ZT2115。

矮生绣线梅 *Neillia gracilis* Franch.　矮生亚灌木；海拔 2700～3500m，开阔地、山坡灌丛或山顶荒地；保护区内常见；香格里拉、丽江、洱源、禄劝、昭通；四川西部；中国特有；标本未采，文献记录种。

毛叶绣线梅 *Neillia ribesioides* Rehd.　灌木；海拔 1700～2500m，沟边常绿阔叶林、溪边、路旁或灌木丛中；保护区内常见；维西、德钦、泸水、丽江、昭通、大姚、沾益；湖北、四川、陕西、甘肃；中国特有；标本未采，文献记录种。

中华绣线梅滇东变种 *Neillia sinensis* Oliv. var. *duclouxii*(Card. ex J. Vidal) Yü　灌木；海拔 1800～1950m，山坡、山谷或沟边杂木林中；保护区内三江口分水岭、小岩方扎口石、河坝场、小沟；滇东北；中国特有；标本号：ZT1030、ZT1306、ZT1396、ZT1709。

华西小石积 *Osteomeles schwerinae* Schneid.　落叶或半常绿灌木；海拔 1100～2000m，斜坡、灌丛或干燥处；保护区内常见；除西双版纳外云南全省各地；四川、甘肃、贵州；中国特有；标本未采，文献记录种。

短梗稠李 *Padus brachypoda*(Batal.) Schneid. var. *brachypoda*　落叶乔木；果可食用；海拔 1966m，山坡灌丛中或山谷和山沟林中；保护区内三江口老韩家；贡山、丽江、鹤庆、宁蒗、大姚、景东、大关；河南、陕西、甘肃、湖北、贵州；中国特有；样地号：草 4-03-12。

褐毛稠李 *Padus brunnescens* Yü et Ku.　落叶小乔木；《中国物种红色名录》易危种；果可食用；海拔 1827～1900m，密林缘、山坡或水沟旁；保护区内麻风湾分水岭、河坝场；云南新分布；四川；中国特有；标本号：ZT794、ZT983、ZT1400a、ZT1410。

灰叶稠李 *Padus grayana*(Maxim.) Schneid.　落叶小乔木；果可食用；海拔 1810～1981m，山谷杂木林中或山坡半阴处及路旁等；保护区内麻风湾田家湾、小岩方骑驾马；大关；贵州、四川、湖北、湖南、江西、浙江、福建、广西；日本；标本号：ZT198、ZT1635。

粗梗稠李 *Padus napaulensis*(Ser.) Schneid. 落叶乔木；果可食用；海拔 1741～1947m，北坡常绿、落叶阔叶混交林中或背阴开阔沟边；保护区内三江口麻风湾、范家屋基、麻风湾、罗汉坝坡头山；云南广布；陕西、四川、西藏、贵州、江西、安徽；印度北部及西北部、尼泊尔、不丹、缅甸北部；标本号：ZT30a、ZT176、ZT513。

细齿稠李 *Padus obtusata*(Koehne) Yü et Ku 落叶乔木；果可食用；海拔 1969～2070m，山坡杂木林中、密林中或疏林下及山谷、沟底和溪边；保护区内麻风湾、三江口分水岭、小岩方一方家湾、小草坝燕子洞；云南广布；甘肃、陕西、河南、安徽、浙江、台湾、江西、湖北、湖南、贵州、四川、重庆；中国特有；标本号：ZT439、ZT1056、ZT1125、ZT1567。

宿鳞稠李 *Padus perulata*(Koehne) Yü et Ku 落叶乔木；果可食用；海拔 2081m，河谷两岸、山谷或溪边疏林中，以及杂木林内或林边荒地；保护区内罗汉坝五道河；丽江、大理、鹤庆等地；四川西部；中国特有；样地号：乔 55-1-34。

稠李 1 种 *Padus* sp. 小乔木；果可食用；海拔 1931～1964m，林缘、林下；保护区内小草坝乌贡山、分水岭；中国特有；样地号：草 28-1-15、草 33-2-11。

绢毛稠李 *Padus wilsonii* Schneid. 落叶乔木；果可食用；海拔 1220～1966m，山坡、山谷或沟底；保护区内麻风湾、海子坪洞子里、海子坪、大雪山龙潭坎；镇雄、彝良、大关；陕西、湖南、江西、安徽、浙江、广东、广西、四川、重庆、贵州、西藏；中国特有；标本号：ZT706、ZT2234、ZT1400b、ZT540、ZT2214。

中华石楠(厚叶变种) *Photinia beauverdiana* Schneid. var. *notabilis*(Schneid.) Rehd. & Wils. 落叶灌木；海拔 1820m，杂木林中；保护区内麻风湾；镇雄、文山、西畴、砚山、麻栗坡、广南、富宁、屏边、双江、景东、龙陵、腾冲、孟连、景洪、勐海；陕西、江苏、安徽、浙江、江西、河南、湖南、湖北、广东、广西、四川、贵州、台湾；越南北部；标本号：ZT707b。

球花石楠 *Photinia glomerata* Rehd. et Wils. 常绿灌木或小乔木；海拔 1400～2600m，阔叶林中或疏林、灌丛、路边和山坡开阔地；保护区内常见；盐津、昭通、香格里拉、丽江、宁蒗、剑川、宾川、沾益、双柏、易门、禄劝、昆明、嵩明、富民、武定、思茅；湖北、四川、重庆；中国特有；标本未采，文献记录种。

全缘石楠 *Photinia integrifolia* Lindl. 常绿乔木；海拔 1000～3000m，山谷常绿阔叶林中或岩石上、灌丛中；保护区内常见；除西双版纳、思茅以外，云南全省各地；西藏、广西；印度、不丹、尼泊尔、缅甸、越南、泰国、斯里兰卡、老挝；标本未采，文献记录种。

带叶石楠 *Photinia loriformis* W. W. Smith 灌木或小乔木；海拔 1500～2600m，山谷斜坡灌丛中；保护区内常见；昭通、禄劝、富民；四川；中国特有；标本未采，文献记录种。

三叶委陵菜 *Potentilla freyniana* Bornm. 草本；海拔 1560～1905m，山坡草地、溪边及疏林下阴湿处；保护区内小草坝沼泽；香格里拉、漾濞；黑龙江、辽宁、吉林、河北、山西、山东、陕西、甘肃、湖北、湖南、浙江、江西、福建、贵州、四川、重庆；俄罗斯、日本、朝鲜；样地号：沼-物 24、样 86-5。

西南委陵菜 *Potentilla fulgens* Wall. ex Hook. 草本；根入药；海拔 1800～2000m，山坡草地、灌丛、林缘及林中；保护区内麻风湾、小草坝后河；除西双版纳、滇东南外云南全省各地；湖北、贵州、四川、广西；印度西北部、尼泊尔；标本号：ZT320、ZT329、ZT1998。

蛇含委陵菜 *Potentilla kleiniana* Wight 草本；药用；海拔 1820～2250m，田边、水边、草甸、山坡草地；保护区内三江口麻风湾、辣子坪；云南广布；辽宁、陕西、山东、河南、安徽、江苏、浙江、湖北、湖南、广东、广西、江西、福建、贵州、四川、重庆、西藏；朝鲜、日本、印度、马来西亚、印度尼西亚；标本号：ZT244、ZT662。

总梗委陵菜 *Potentilla peduncularis* D. Don var. *peduncularis* 多年生草本；海拔 1980m，高山草地、砾石坡、林下；保护区内小草坝后河；贡山、福贡、兰坪、德钦、维西、香格里拉、丽江、大理、洱源；西藏；缅甸、不丹；标本号：ZT2004。

委陵菜一种 Potentilla sp. 草本；海拔 1560m，林缘、灌丛、草坡；保护区内大雪山黄角湾；样地号：草 87-2-12。

三叶朝天委陵菜 *Potentilla supina* L. var. *ternata* Peterm 草本；海拔 1780m，水湿地边、荒坡草地、河岸沙地、盐碱地；保护区内麻风湾回路草地；香格里拉、沧源、昆明、嵩明、广南；黑龙江、辽宁、河北、山西、陕西、甘肃、新疆、河南、安徽、江苏、浙江、江西、广东、四川、贵州；俄罗斯远东地区；标本号：ZT192。

青刺尖 *Prinsepia utilis* Royle 灌木；种子富含油脂，油可供食用、制皂、点灯；嫩尖可食；海拔 1000～2800m，山坡、路旁、阳处；保护区内常见；云南广布；贵州、四川、西藏；巴基斯坦、尼泊尔、不丹、印度北部；标本未采，文献记录种。

李 *Prunus salicina* Lindl. 落叶乔木；海拔 1500m，山坡灌丛中、山谷疏林中或水边、沟底、路旁；保护区内罗汉坝；云南中部、西部及东北部；陕西、甘肃、贵州、四川、湖北、重庆、湖南、广东、广西、江苏、浙江、江西、福建、台湾等均有栽培；世界各地均有栽培；标本号：ZT2162。

窄叶火棘 *Pyracantha angustifolia* (Franch.) Schneid. 常绿灌木；海拔 1820m，阳坡灌丛中或路边；保护区内小沟；维西、德钦、贡山、泸水、丽江、景东、楚雄、双柏、禄劝、武定、昆明；湖北、重庆、四川、西藏；中国特有；标本号：ZT1721。

火棘（火把果）*Pyracantha fortuneana* (Maxim.) Li 常绿灌木；作绿篱，食用；海拔 2030m，山地、丘陵地、阳坡灌丛草地及河边路旁；保护区内麻风湾；云南广布；陕西、河南、江苏、浙江、福建、湖北、湖南、广西、贵州、四川、重庆、西藏；中国特有；标本号：ZT1138。

小果蔷薇 *Rosa cymosa* Tratt. 攀缘灌木；作绿篱，绿化；海拔 200～1800m，山坡灌木中或路旁；保护区内常见；绥江、彝良、师宗、富宁、西畴、麻栗坡；江西、江苏、浙江、安徽、湖南、四川、贵州、福建、广东、广西、台湾；越南、老挝；标本未采，文献记录种。

绣球蔷薇 *Rosa glomerata* Rehd. et Wils. 铺散灌木；作绿篱，绿化；海拔 1830m，山

坡林缘、灌木丛中；保护区内河坝场；维西、德钦、贡山、镇雄、彝良、大关、永善；湖北、贵州、四川、重庆；中国特有；标本号：ZT1406。

长尖叶蔷薇 *Rosa longicuspis* Bertol. 攀缘灌木；作绿篱，绿化；海拔 400～2900m，丛林中或路边灌丛中；保护区内常见；云南各地；四川、贵州；印度北部；标本未采，文献记录种。

多花长尖叶蔷薇 *Rosa longicuspis* Bertol. var. *sinowilsonii*(Hemsl.) Yü et Ku 攀缘灌木；作绿篱，绿化；海拔 1100～3000m，山坡灌丛中；保护区内常见；维西、贡山、盐津、西畴、文山；四川、贵州；中国特有；标本未采，文献记录种。

峨眉蔷薇 *Rosa omeiensis* Rolfe f. *omeiensis* 灌木；提栲胶，酿酒，作食品，入药；海拔 1800m，山坡、山脚下或灌丛中；保护区内麻风湾；云南中部、东北部、西部、西北部；四川、湖北、重庆、陕西、甘肃、宁夏、青海、西藏；中国特有；标本号：ZT182、ZT235、ZT300。

扁刺峨眉蔷薇 *Rosa omeiensis* Rolfe f. *pteracantha* Rehd. et Wils 灌木；作绿篱，绿化；海拔 1900m，山坡、山脚下或灌丛中；保护区内罗汉坝保护站；洱源；贵州、四川、青海、西藏、甘肃；中国特有；标本号：ZT2235。

铁杆蔷薇 *Rosa prattii* Hemsl. 灌木；作绿篱，绿化；海拔 2000～3200m，石山、山坡灌丛中或路边灌丛中；保护区内常见；香格里拉、丽江、大理、洱源、漾濞、鹤庆、嵩明、永善；四川、甘肃；中国特有；标本未采，文献记录种。

缫丝花(刺梨) *Rosa roxburghii* Tratt f. *roxburghii* 开展灌木；食用，药用，作熬糖、酿酒的原料，观赏，作绿篱；海拔 1500～1550m，野生或栽培；保护区内洞子里、花楸坪；云南中部、西北部、东北部；我国长江流域及以南各省；日本；标本号：ZT2228a、ZT2232。

单瓣缫丝花 *Rosa roxburghii* Tratt. f. *normalis* Rehd. et Wils. 披散灌木；果实味酸甜，富含维生素，供食用及药用；花美丽，常栽培；枝干多刺可作绿篱；海拔 500～2500m，山坡灌木丛中；保护区内常见；峨山、大理、漾濞、宾川及滇东北；陕西、甘肃、江西、福建、广西、湖北、重庆、四川、贵州；中国特有；标本未采，文献记录种。

悬钩子蔷薇 *Rosa rubus* Lévl. et Vant. 匍匐灌木；根皮含鞣质，可提制栲胶，鲜花可提制芳香油及浸膏；海拔 500～3400m，林下或路边；保护区内常见；维西、兰坪、盐津、绥江、富宁、广南、砚山；华西、华东、华南各省山区；中国特有；标本未采，文献记录种。

绢毛蔷薇 *Rosa sericea* Lindl. 灌木；作绿篱，绿化；海拔 2000～3600m，山坡向阳处；保护区内常见；德钦、香格里拉、维西、福贡、丽江、洱源、鹤庆、宁蒗、禄劝、景东、威信、彝良；四川、贵州、西藏；印度、缅甸、不丹；标本未采，文献记录种。

裂萼蔷薇 *Rosa* sp. 灌木；作绿篱，绿化；海拔 1350～1820m，林缘、灌丛；保护区内威信(白鸽池)、小岩方扎口石、罗汉坝；中国特有；标本号：ZT2357、ZT1340、ZT2160。

近棠叶悬钩子 *Rubus* aff. *malifolius* Focke 攀缘灌木；果可食用；海拔 1310～1852m，林缘或灌丛；保护区内小草坝灰浆岩、海子坪、麻风湾、海子坪；待定；中国特有；标本号：ZT2117、ZT2311。

近三叶柱序悬钩子 *Rubus* aff. *subcoreanus* 灌木；果可食用；海拔 1950m，林缘、林下或灌丛；保护区内小草坝分水岭；待定；中国特有；样地号：草 34-4-7。

西南悬钩子 *Rubus assamensis* Focke. 攀缘灌木；果可食用；海拔 1600m，杂木林下或林缘；保护区内海子坪；贡山、双柏、蒙自、屏边、金平、龙陵；广西、贵州、四川、西藏；缅甸东北部、印度东北部；标本号：ZT2343。

齿萼悬钩子 *Rubus calycinus* Wall. ex D. Don 匍匐草本；果可食用；海拔 1450m，杂木林下、林缘或山地；保护区内罗汉坝；宾川、蒙自、景东等地；四川、西藏；缅甸北部、不丹、尼泊尔、印度、印度尼西亚；标本号：ZT2137。

尾叶悬钩子 *Rubus caudifolius* Wuzhi 攀缘灌木；果可食用；海拔 1947～2127m，山坡路旁密林内或杂木林中；保护区内麻风湾、小岩方、上青山、五岔河；云南新分布；湖北、湖南、广西、贵州；中国特有；标本号：ZT783、ZT1483、ZT1511a。

网纹悬钩子 *Rubus cinclidodictyus* Card. 攀缘灌木；果可食用；海拔 1690～2048m，山坡林缘或沟边疏林中；保护区内广布；滇东北；四川；中国特有；标本号：ZT49、ZT117、ZT157、ZT143、ZT124a、ZT565、ZT775b、ZT962、ZT1003、ZT1145。

小柱悬钩子 *Rubus columellaris* Tutcher 攀缘灌木；果可食用；海拔 1400m，山坡、山谷、疏密杂木林内较阴湿处；保护区内小岩方老长坡；富宁、蒙自、屏边、金平；江西、湖南、广东、广西、福建、贵州、四川；中国特有；标本号：ZT1698。

山莓 *Rubus corchorifolius* L. f. 灌木；果可食用；海拔 1300m，向阳山坡、溪边、山谷、荒地和疏密灌丛中潮湿处；保护区内海子坪黑湾；云南广布；除东北、甘肃、青海、新疆、西藏外全国；朝鲜、日本、缅甸、越南；样地号：草 71A-3-1。

白薷 *Rubus doyonensis* Hand.-Mazz. 攀缘灌木；供药用；海拔 2000～3200m，山谷或沟边杂木林中或常绿阔叶林内；保护区内常见；滇东北及西北部、贡山、泸水一带；中国特有；标本未采，文献记录种。

大叶鸡爪茶 *Rubus henryi* Hemsl. et Ktze. var. *sozostylus* (Focke) Yü et Lu 常绿攀缘灌木；果可食用；海拔 1800～1960m，山地、山谷疏林或灌丛中；保护区内小岩方—扎口石、朝天马林场；云南、湖北、湖南、贵州、四川、重庆；中国特有；标本号：ZT1335、ZT1876。

湖南悬钩子 *Rubus hunanensis* Hand. 攀缘小灌木；果可食用；海拔 1273～1555m，山谷、山沟密林或草丛中；保护区内海子坪黑湾、海子坪双塘子、大雪山猪背河坝、大雪山；云南新分布；江西、浙江、湖北、湖南、广东、广西、福建、台湾、四川、重庆、贵州；中国特有；样地号：草 71A-2-2、草 75-9、样 77-30、草 88-5-2、草 88-1-1。

宜昌悬钩子 *Rubus ichangensis* Hemsl. et Ktze 落叶或半常绿攀缘灌木；食用、酿酒、榨油、入药、提栲胶；海拔 1750m，山坡、山谷疏林或灌丛中；保护区内小草坝；云南西北部；陕西、甘肃、安徽、湖北、湖南、广东、广西、贵州、四川、重庆；中国特有；标本号：ZT2030。

白叶莓 *Rubus innominatus* S. Moore 落叶灌木；食用、药用；海拔 1820m，山坡疏林、灌丛中或山谷河旁；保护区内小沟；维西、屏边；陕西、甘肃、河南、湖北、湖南、广东、广西、江西、安徽、浙江、福建、贵州、四川、重庆；中国特有；标本号：ZT1687。

腺毛悬钩子 *Rubus lambertianus* Ser. var. *glandulosus* Card. 半落叶藤状灌木；果可食用；海拔 1700m，山谷疏林或灌木丛中潮湿地；保护区内小岩方；滇东北；湖北、贵州、四川、重庆；日本；标本号：ZT1289。

细瘦悬钩子 *Rubus macilentus* Camb. var. *maciletus* 灌木；果可食用；海拔 1960m，山坡、路旁、水沟边、林缘；保护区内三江口分水岭；腾冲、昭通、香格里拉、怒江、贡山、德钦、维西、泸水；四川、西藏；不丹、尼泊尔、印度北部及西北部地区；标本号：ZT1038。

喜阴悬钩子 *Rubus mesogaeus* Focke var. *mesogaeus* 攀缘灌木；果可食用；海拔 1690～2450m，山坡、山谷林下潮湿处或沟边冲积台地；保护区内麻风湾路上、山顶三角点、麻风湾、小草坝燕子洞、海子坪木梗坡梁子；德钦、贡山、维西、丽江、大理、巍山、禄劝、宜良；西藏东南部、四川、贵州、湖北、台湾、河南、陕西、甘肃；尼泊尔、印度西北部、不丹、日本、萨哈林岛(库页岛)；标本号：ZT213、ZT269、ZT685、ZT1158、ZT1606、ZT1119、ZT1303b；样地号：草 5-3-13、样 80-7。

刺毛悬钩子 *Rubus multisetosus* Yü et Lu 矮灌木；果可食用；海拔 2200～3000m，山地林中、山谷水沟边或草地中；保护区内常见；永善、洱源、大理、漾濞；中国特有；标本未采，文献记录种。

长圆悬钩子 *Rubus oblongus* Yü et L. T. Lu 攀缘灌木；果可食用；海拔 1690～1984m，山坡密林或杂木林内；保护区内小草坝天竹园对面山上、小草坝后河、大雪山猪背河坝；永善、大关；贵州西北部；中国特有；样地号：草 27-3-28、草 29-6-9、草 34-5-30、样 80-20-2。

梳齿悬钩子 *Rubus pectinaris* Focke 匍匐草本；果可食用；海拔 2200m，山坡或林中；保护区内三江口；云南新分布；四川(峨眉山)；中国特有；标本号：ZT1200。

黄泡 *Rubus pectinellus* Maxim 草本或半灌木；入药；海拔 1450m，山地林中；保护区内大雪山猪背河坝；云南西北部；湖南、江西、福建、台湾、四川、贵州；日本、菲律宾；样地号：草 78-4-10。

掌叶悬钩子 *Rubus pentagonus* Wall. ex Focke var. *pentagonus* 蔓生灌木；果可食用；海拔 2048～2450m，常绿林下、杂木林内或灌丛中；保护区内罗汉坝五道河、五岔河、三江口；云南广布；四川、西藏；印度西北部、尼泊尔、不丹、缅甸北部、越南；标本号：ZT692、ZT696、ZT1511b、ZT1546；样地号：草 55-3-10。

无刺掌叶悬钩子 *Rubus pentagonus* Wall. ex Focke. var. *modestus* (Focke) Yü et Lu 蔓生灌木；果可食用；海拔 1855～2027m，山坡林缘、灌木丛中或山谷阳处；保护区内小岩方五岔河、小岩方—方家湾、五岔河、小岩方、罗汉坝；贡山、宜良；四川、贵州；中国特有；标本号：ZT1953、ZT1554、ZT1570。

菰帽悬钩子 *Rubus pileatus* Focke 攀缘灌木；果可食用；海拔 1850m，沟谷边、路旁疏林下或山谷阳处密林下；保护区内小岩方；云南新分布；河南、陕西、甘肃、四川；中国特有；标本号：ZT1367。

羽萼悬钩子 *Rubus pinnatisepalus* Hemsl. var. *pinnatisepalus* 藤状灌木；果可食用；海拔 1980m，山地溪旁或杂木林内；保护区内三江口分水岭；贡山、镇康；四川、贵州、台湾；中国特有；标本号：ZT1101b。

毛果悬钩子 *Rubus ptilocarpus* Yü et L. T. Lu 灌木；果可食用；海拔 1780～2100m，山地阴坡沟谷、林内或草丛中；保护区内麻风湾；滇东北；四川西部；中国特有；标本号：ZT359、ZT824。

棕红悬钩子 *Rubus rufus* Focke var. *rufus* 攀缘灌木；果可食用；海拔 1273～1500m，山坡灌丛或山谷阴处密林中；保护区内大雪山、仙家沟、海子坪双塘子；贡山、漾濞、双柏、广南、文山、屏边、思茅、腾冲、镇康；江西、湖北、湖南、广东、广西、云南、四川、重庆、贵州；泰国、越南；标本号：ZT2230a、ZT2254；样地号：样 74-8。

川莓 *Rubus setchuenensis* Bur. et Franch. 落叶灌木；生食、药用、造纸、榨油；海拔 1560～1980m，山坡、路旁、林缘、灌丛中；保护区内三江口分水岭、小沟管护点、大雪山普家沟、罗汉坝水库沼泽；镇雄、麻栗坡、屏边、景洪等地；湖北、湖南、广西、四川、重庆、云南、贵州；中国特有；标本号：ZT1101a。

直立悬钩子 *Rubus stans* Focke 灌木；果可食用；海拔 2000～3400m，林下或林缘；保护区内常见；永善、香格里拉、丽江、德钦、维西；四川、西藏；中国特有；标本未采，文献记录种。

紫红悬钩子 *Rubus subinopertus* Yü et Lu 灌木；果可食用；海拔 1300～2300m，山坡灌丛、林下或林缘，也见于竹林下；保护区内常见；维西、永善；西藏、四川西部；中国特有；标本未采，文献记录种。

三花悬钩子 *Rubus trianthus* Focke. 藤状灌木；全株入药；海拔 1220～1980m，山坡杂木林或草丛中；路旁、溪边及山谷；保护区内麻风湾、三江口分水岭、海子坪；云南西北部；江西、湖北、湖南、安徽、浙江、江苏、福建、台湾、贵州、四川、重庆；越南；标本号：ZT188、ZT1089、ZT2216。

光滑悬钩子 *Rubus tsangii* Merr. 攀缘灌木；果可食用；海拔 1966m，山坡、山麓、河边、山谷密林中；保护区内三江口；泸西、广南、西畴、麻栗坡、马关、蒙自、屏边、金平、芒市、镇康；浙江、福建、广东、广西、贵州、四川；中国特有；标本号：ZT523；样地号：草 3-5-10。

黄脉莓 *Rubus xanthoneurus* Focke ex Diels. var. *xanthoneurus* 攀缘灌木；果可食用；海拔 1750m，荒野、山坡疏林阴处或密林中，或生路旁沟边；保护区内小岩方；屏边；陕西、湖北、湖南、福建、广东、广西、四川、重庆、贵州；中国特有；标本号：ZT1329。

白叶山莓草 *Sibbaldia micropetala*(D. Don) Hand.-Mazz. 草本；果可食用；海拔 2600～3500m，山坡草地及河滩地；保护区内常见；维西、丽江、兰坪、洱源及滇东北；四川、西藏；不丹、印度；标本未采，文献记录种。

近少齿花楸 *Sorbus* aff. *oligodonta*(Card.) Hand.-Mazz. 乔木或灌木；绿化、观赏；海拔 1800m，山坡、山谷或沟边杂木林中；保护区内沿途；待定；中国特有；标本号：无号。

冠萼花楸 *Sorbus coronata*(Card.) Yü et Tsai　乔木；绿化、观赏；海拔 1810～2450m，峡谷杂木林中；保护区内小岩方河坝场、小沟上场林子、小草坝乌贡山；贡山、德钦、香格里拉、丽江、维西、鹤庆、兰坪、宾川、双柏、昭通、镇雄；贵州；缅甸北部；标本号：ZT259、ZT319、ZT740、ZT927、ZT1000、ZT1209、ZT1405；样地号：乔 49-1-4、乔 20-3-13、乔 28-6。

石灰花楸 *Sorbus folgneri*(schneid.) Rehd.　乔木；绿化、观赏；海拔 1850～2127m，山坡杂木林中；保护区内五岔河、小草坝乌贡山、雷洞坪、后河、罗汉林、燕子洞、小岩方、罗汉坝五道河、坡头山；镇雄、丽江、禄劝、昆明；陕西、甘肃、河南、湖北、湖南、江西、安徽、广东、广西、贵州、四川、重庆；中国特有；标本号：ZT1568。

江南花楸 *Sorbus hemsleyi*(Schneid.) Rehd.　乔木；绿化、观赏；海拔 1100m，疏密杂木林中；保护区内海子坪；德钦、维西、禄劝；陕西、甘肃、湖南、湖北西部、广西、江西、福建、浙江、安徽、四川、贵州；中国特有；标本号：ZT2174。

大果花楸 *Sorbus megalocarpa* Rehd.　灌木或小乔木；绿化、观赏；海拔 1360～1650m，山谷沟边或岩石坡地；保护区内小岩方、大雪山；云南西北部；湖北、湖南、贵州、四川、重庆、广西；中国特有；标本号：ZT1279、ZT2399。

多对花楸 *Sorbus multijuga* Koehne　灌木或小乔木；绿化、观赏；海拔 2300～3000m，山地丛林或岩石山坡；保护区内常见；永善；四川西部；中国特有；标本未采，文献记录种。

鼠李叶花楸 *Sorbus rhamnoides*(Dcne.) Rehd.　乔木；绿化、观赏；海拔 1900～2048m，潮湿丛林、深谷林地、林缘或河旁；保护区内小沟、小草坝、罗汉坝五道河；贡山(独龙江上游)、丽江、云龙、宾川、凤庆、镇康、嵩明、西畴、麻栗坡；贵州东北部；印度；标本号：ZT1806、ZT1813、ZT1899；样地号：乔 31-3-35、乔 55-1-34。

红毛花楸 *Sorbus rufopilosa* Schneid. var. *rufopilosa*　灌木或小乔木；绿化、观赏；海拔 1950m，山地杂木林内或沟谷旁；保护区内小草坝；德钦、贡山、福贡、香格里拉、维西、丽江、鹤庆、大理、禄劝；四川、贵州、西藏；缅甸、尼泊尔、印度；标本号：ZT1937。

晚绣花楸 *Sorbus sargentiana* Koehne　乔木；绿化、观赏；海拔 1841～2450m，杂木林中或向阳坡地；保护区内麻风湾山顶三角点、小草坝、罗汉坝五道河、罗汉坝坡头山、小沟、小草坝；滇东北至滇中；四川西南；中国特有；标本号：ZT669、ZT1729、ZT1901。

梯叶花楸 *Sorbus scalaris* Koehne　灌木或小乔木；《中国物种红色名录》极危种；绿化、观赏；海拔 1810m，杂木林中；保护区内麻风湾；云南西北部；四川西部；中国特有；标本号：ZT354、ZT67；样地号：乔 1-7-1。

四川花楸 *Sorbus setschwanensis*(Schneid.) Koehne　灌木或小乔木；绿化、观赏；海拔 2450m，岩石坡地或杂木林内；保护区内麻风湾；滇东北(永善等地)；四川、贵州；中国特有；标本号：ZT670。

花楸一种(幼苗) *Sorbus* sp.　灌木；绿化、观赏；海拔 1448～2450m，林下；保护区内山顶三角点、小草坝分水岭、罗汉坝五道河、小岩方骑驾马、小岩方一方家湾、小草坝大佛殿、小草坝后河、小草坝罗汉林、罗汉坝坡头山、大雪山猪背河坝；中国特有；标本号：ZT689。

小羽叶花楸 1 *Sorbus* sp. 灌木；绿化、观赏；海拔 1931～1985m，林中；保护区内小草坝分水岭、小草坝后河、小草坝罗汉林；中国特有；样地号：草 33-5-11、草 47-3-5。

小羽叶花楸 2 *Sorbus* sp. 灌木；绿化、观赏；海拔 1555～2110m，林缘；保护区内小草坝花苞树垭口、罗汉坝坡头山、大雪山管护站对面；中国特有；样地号：草 51-1-10、草 51-1-11、草 61-5-8、乔 88-4-3。

小羽叶花楸 3 *Sorbus* sp. 灌木；绿化、观赏；海拔 1941m，林缘；保护区内小岩方、上青山；中国特有；样地号：草 12-2-16。

小羽叶花楸 4 *Sorbus* sp. 灌木；绿化、观赏；海拔 1941～2081m，林中；保护区内小草坝乌贡山、分水岭、罗汉坝五道河；中国特有；样地号：草 12-4-9、草 29-2-15、草 34-1-21、草 34-4-32、草 34-6-32、草 54-1-11、草 55-3-20。

倒卵叶花楸 *Sorbus* sp. 乔木；绿化、观赏；海拔 2300m，杂木林或灌丛；保护区内三江口辣子坪；中国特有；标本号：ZT732；样地号：乔 11-乔-34。

柔毛叶花楸 *Sorbus* sp. 乔木；绿化、观赏；海拔 2300m，杂木林或灌丛；保护区内三江口辣子坪；中国特有；标本号：ZT784；样地号：草 11-5-5。

中华绣线菊 *Spiraea chinensis* Maxim 灌木；绿化、观赏；海拔 500～2300m，山坡灌丛中、山谷溪边、田野、路旁；保护区内常见；云南全省各地；内蒙古、河北、河南、陕西、甘肃、湖北、湖南、安徽、江西、江苏、浙江、贵州、四川、重庆、福建、广东、广西；中国特有；标本未采，文献记录种。

粉花绣线菊 *Spiraea japonica* L. f. 灌木；绿化、观赏；海拔 700～4000m，各类生境；保护区内常见；广布云南全省；安徽、福建、甘肃、广东、广西、河南、湖北、湖南、江苏、江西、陕西、山东、四川、重庆、西藏、浙江；日本、朝鲜；标本未采，文献记录种。

粉花绣线菊渐尖叶变种 *Spiraea japonica* L. f. var. *acuminata* Franch. 灌木；绿化、观赏；海拔 1810～1900m，山坡旷地、疏密杂木林中、山谷或河沟旁；保护区内麻风湾；禄劝、昆明、景东、香格里拉、贡山、福贡、永善、盐津、彝良、大关、会泽；河南、陕西、甘肃、湖北、湖南、江西、浙江、安徽、贵州、四川、重庆、广西；中国特有；标本号：ZT239、ZT274、ZT810、ZT859。

光叶粉花绣线菊 *Spiraea japonica* L. f. var. *fortunei* (Planchon) Rehd. 灌木；绿化、观赏；海拔 2500m，林缘；保护区内常见；禄劝、东川、威信、镇雄、绥江、巧家；陕西、甘肃、湖北、湖南、山东、江苏、浙江、江西、安徽、福建、广东、广西、贵州、四川、重庆；中国特有；标本未采，文献记录种。

无毛粉花绣线菊 *Spiraea japonica* L. f. var. *glabra* (Regel) Koidz. 灌木；绿化、观赏；海拔 2300～2500m，沟边灌丛中；保护区内常见；永善；安徽、江西、浙江、湖北、四川、重庆；中国特有；标本未采，文献记录种。

长蕊绣线菊毛叶变种 *Spiraea miyabei* Koidz. var. *pilosula* Rehd. 灌木；绿化、观赏；海拔 1800～1820m，山地林边；保护区内麻风湾；云南；湖北、四川、重庆；中国特有；标本号：ZT276、ZT315。

绒毛绣线菊 *Spiraea velutina* Franch. 灌木；绿化、观赏；海拔 1922m，杂木林内、山坡或沟边；保护区内罗汉坝水库；维西、香格里拉、丽江、鹤庆、洱源、大理、福贡；西藏；中国特有；样地号：样 68-16。

近狭翅红果树 *Stranvaesia* aff. *davidiana* Dcne. 灌木或小乔木；绿化、观赏；海拔 1650～1980m，山坡、山顶、路旁及灌木丛中；保护区内罗汉坝、小草坝后河、分水岭、小岩方；中国特有；标本号：ZT1073、ZT1281、ZT1976、ZT2201、ZT1075、ZT2087。

毛萼红果树 *Stranvaesia amphidoxa* Schneid. 灌木或小乔木；绿化、观赏；海拔 1140～1920m，山坡、路旁、灌木丛中；保护区内长槽、小草坝、大雪山土霍、三江口分水岭、麻风湾田家湾、海子坪、大雪山龙潭坎；镇雄、盐津、彝良、大关；浙江、江西、湖北、湖南、四川、重庆、贵州、广西；中国特有；标本号：ZT1、ZT41、ZT83、ZT189、ZT1651、ZT1913、ZT2016、ZT2186、ZT2425、ZT987、ZT2037。

红果树 *Stranvaesia davidiana* Dcne. 灌木或小乔木；绿化、观赏；海拔 900～3000m，林下；保护区内常见；维西、香格里拉、德钦、丽江、兰坪、鹤庆、景东、镇雄、大关、元江、马关；广西、福建、贵州、四川、重庆、湖北、湖南、江西、陕西、山西、甘肃、浙江；马来西亚、越南；标本未采，文献记录种。

146 苏木科 Caesalpiniaceae

鞍叶羊蹄甲 *Bauhinia brachycarpa* Wall. 直立或攀缘灌木；茎皮含纤维；根入药；叶、嫩枝治百日咳、筋骨疼痛；海拔 1500～2200m，山坡灌丛中、路边，尤以石灰岩山地灌丛中最常见；保护区内常见；云南大部分地区分布；四川、重庆、甘肃、湖北、贵州、广西；泰国、缅甸东北、印度北部；标本未采，文献记录种。

多花羊蹄甲 *Bauhinia chalcophylla* L. Chen 木质藤本；海拔 800～1000m，沟谷旁或疏林中；保护区内常见；永善、元江、墨江、孟连；中国特有；标本未采，文献记录种。

粉叶羊蹄甲 *Bauhinia glauca* (Wall. ex Benth.) Benth. 木质藤本；海拔 1200m，山坡阳处或疏林中、灌丛中；保护区内常见；滇东北川滇边境；广东、广西、江西、湖南、贵州；印度、中南半岛、印度尼西亚；标本未采，文献记录种。

华南云实 *Caesalpinia crista* L. 藤状灌木；固氮植物；海拔 1520～1600m，低中山灌丛，林缘；保护区内小岩方扎口石、小岩方；泸水、龙陵、景东、富宁、麻栗坡；四川、重庆、贵州、广东、广西、海南、福建、台湾、湖南、湖北；中国特有；标本号：ZT1273、ZT1227。

云实 *Caesalpinia decapetala* (Roth.) Alst. 藤本；果壳含单宁，种子含油，可制皂及作润滑油；茎根果入药；作绿篱；海拔 700～1500m，山坡灌丛或山谷、河边；保护区内常见；云南全省分布；我国长江流域各省至陕西、甘肃；印度、斯里兰卡、尼泊尔、不丹、缅甸、泰国、越南、老挝、马来西亚、日本、朝鲜；标本未采，文献记录种。

含羞草决明 *Cassia mimosoides* L. 草本；全草入药；嫩叶可代茶；根叶为优良绿肥；海拔 510～2800m，草坡、灌丛、林缘、路边、河岸；保护区内常见；云南全省大部分地区有零星分布；我国西南、南部至东南部各省；原产热带美洲，现遍及热带国家，可至温带地区，日本、尼泊尔；标本未采，文献记录种。

决明 *Cassia tora* L. 草本或亚灌木；种子入药；可提取蓝色染料；可代麻；苗叶和嫩果可食；种子可代咖啡；海拔 250～2200m，山坡草地、灌丛、河边沙地；保护区内常见；云南大部分地区分布；我国长江以南各省，东北；原产美洲热带地区，现广布于热带、亚热带地区；标本未采，文献记录种。

垂丝紫荆 *Cercis racemosa* Oliv. 乔木；树皮纤维可制人造棉及代麻用；海拔 1700～1900m，林下、路边或村旁；保护区内常见；彝良、镇雄；湖北西部、四川东部、贵州西部；中国特有；标本未采，文献记录种。

147 含羞草科 Mimosaceae

无刺金合欢 *Acacia teniana* Harms 灌木或小乔木；海拔 750～1500m，河谷灌丛；保护区内常见；元谋、大姚、大关、禄劝、金沙江河谷一带；四川金沙江河谷及支流河谷一带；中国特有；标本未采，文献记录种。

合欢(夜合欢) *Albizia julibrissin* Durazz. 乔木；材用、叶食用、花观赏、树皮入药；海拔 1220m，林缘、灌丛；保护区内常见；滇东北；我国华北至华南、西南各省；非洲、中亚至东亚栽培、北美也有栽培；标本未采，文献记录种。

148 蝶形花科 Papilionaceae

灰毛崖豆藤 *Callerya cinerea* (Benth.) Schot. 木质藤本；固氮植物；海拔 1200～1500m，山坡次生常绿林中；保护区内花楸坪、海子坪、老长坡；几遍云南全省；西藏、西南、华南、海南、华中至华东及东南；尼泊尔、不丹、孟加拉国、印度、缅甸、泰国、老挝、越南；标本号：ZT2275、ZT1657；样地号。

香槐 *Cladrastis wilsonii* Takeda 落叶乔木；海拔 1600m，中山；保护区内小岩方；文山；陕西、山西、河南、安徽、浙江、江西、福建、湖北、湖南、广西、四川、重庆、贵州；中国特有；标本号：标本遗失。

短柄旋花豆 *Cochlianthus gracilis* Benth. var. *brevipes* Wei 草质藤本；海拔 1950m，高山路旁灌丛中；保护区内三江口分水岭；云南新分布；四川(宝兴)；中国特有；标本号：ZT1107。

响铃豆 *Crotalaria albida* Heyne ex Roth 草本；全草入药；海拔 1900m，干燥荒坡草地及灌丛中；保护区内麻风湾；云南绝大部分地区；四川、贵州、广西、广东、福建、台湾、浙江、安徽、江西、湖南；缅甸、老挝、泰国、印度、斯里兰卡、孟加拉国、巴基斯坦、尼泊尔、印度尼西亚、菲律宾；标本号：无号。

假地蓝 *Crotalaria ferruginea* Grah. ex Benth. 大响铃豆、猪铃豆、野豌豆等；全草入药；海拔 280～2200m，湿润的林缘及干燥开旷的荒坡草地及灌丛中；保护区内常见；云南绝大部分地区(除迪庆外)；西藏、四川、重庆、贵州、广西、广东、福建、江苏、浙江、台湾、安徽、江西、湖南、湖北；缅甸、泰国、印度、斯里兰卡、孟加拉国、尼泊尔、印度尼西亚、菲律宾；标本未采，文献记录种。

藤黄檀 *Dalbergia hancei* Benth. 藤本；海拔 1405～1750m，山坡灌丛中、山谷溪旁；保护区内小岩方扎口石、大雪山猪背河坝；云南新分布；贵州、四川、广东、广西、福建、江西、浙江、安徽；中国特有；标本号：ZT1327；样地号：草 78-1-10、草 78-2-5。

黄檀 *Dalbergia hupeana* Hance 乔木；材用、根药用；海拔 780～1200m，灌丛、林中或河边；保护区内常见；昭通、大关、泸水、宾川、富宁、广南；中国特有；样地号：草 15-03-5、草 15-4-9。

多体蕊黄檀 *Dalbergia polyadelpha* Prain 乔木；紫胶寄主；海拔 1350m，山坡密林灌丛中；保护区内威信；峨山、景东、双江、临沧、澜沧、镇康、思茅、元江、罗平；广西、贵州；越南；标本号：ZT2359。

假地豆 *Desmodium heterocarpon*(L.) DC. var. *heterocarpon* 亚灌木；全株供药用；海拔 230～1900m，山坡草地、水边路旁、灌丛及林下；保护区内常见；云南各地；长江以南各省；印度、斯里兰卡、缅甸、泰国、越南、柬埔寨、老挝、马来西亚、日本、太平洋群岛及大洋洲；标本未采，文献记录种。

小叶三点金(小叶山绿豆、小叶山蚂蟥) *Desmodium microphyllum*(Thunb.) DC. 草本；根供药用；海拔 330～2800m，荒地草地、灌丛、阔叶林及针叶林；保护区内常见；云南全省各地；长江以南各省；印度、斯里兰卡、尼泊尔、缅甸、泰国、越南、马来西亚、日本和澳大利亚；标本未采，文献记录种。

长波叶山蚂蝗(泼叶山蚂蟥、瓦子草) *Desmodium sequax* Wall. 灌木；海拔 3200～3400m，山坡草地、灌丛、疏林及林缘；保护区内常见；云南广布；湖北、湖南、广东西北部、广西、四川、重庆、贵州、西藏、台湾等地；印度、尼泊尔、缅甸、印度尼西亚的爪哇、巴布亚新几内亚；标本未采，文献记录种。

大叶千斤拔 *Flemingia macrophylla*(Willd.) Prain 灌木；海拔 260～1800m，林缘或沟边；保护区内常见；云南全省各地；四川、广西、贵州、广东、福建、海南、江西、台湾；缅甸、老挝、越南、柬埔寨、印度、孟加拉国、马来西亚、印度尼西亚；标本未采，文献记录种。

疏花长柄山蚂蝗 *Hylodesmum laxum*(DC.) H. Ohashi et R. R. Mill 草本；海拔 1400～1810m，山坡阔叶林；保护区内大雪山土霍、小岩方、麻风湾；西双版纳及孟连等地；福建、湖北、西藏、湖南、四川、重庆、贵州、广东；印度、尼泊尔、不丹、泰国、越南、日本；标本号：ZT2449、ZT1309、ZT223、ZT701。

长柄山蚂蝗 *Hylodesmum podocarpum*(DC.) H. Ohashi et R. R. Mill var. *podocarprm* 草本；海拔 1200～2300m，山坡路旁、草坡、次生阔叶林下或高山草甸；保护区内常见；云南广布；印度、朝鲜和日本；标本未采，文献记录种。

鸡眼草 *Kummerowia striata*(Thunb.) Schindl. 草本；全草入药；海拔 1800m，路旁、田边、溪旁、沙地、草地；保护区内小沟；彝良、大关、盐津、蒙自、砚山、西畴、屏边、昆明、临沧等；东北、华北、华东、中南、西南等；朝鲜、日本、俄罗斯(西伯利亚)东部、北美洲；标本号：ZT1040。

紫雀花 *Parochetus communis* Buch.-Ham. ex D. Don 草本；全草入药；海拔1900m，林缘草地，山坡，路旁荒地；保护区内分水岭；云南各地；西藏；印度、斯里兰卡、缅甸、马来西亚、印度尼西亚(爪哇)、中南半岛；标本号：ZT985。

葛 *Pueraria lobata*(Willd.) Ohwi var. *lobata* 木质藤本；葛根入药、茎皮纤维可制麻纺织；海拔 1400～1500m，山地，疏林或密林；保护区内海子坪、大雪山土霍；云南各地；除新疆、青海、西藏外几遍全国；东南亚至澳大利亚；标本号：ZT2319、ZT2447。

粉葛 *Pueraria lobata*(Willd.) Ohwi var. *thomsonii*(Benth) van der Maesen 灌木；食用；海拔 1600m，山野灌丛或疏林，或栽培；保护区内小岩方；云南各地；四川、西藏、江西、广西、广东、海南；缅甸、老挝、印度、不丹、泰国、菲律宾；标本号：ZT1269。

小鹿藿 *Rhynchosia minima*(L.) DC. 草本；海拔 450～2000m，干热河谷、江边、灌丛或山坡上；保护区内常见；云南各地；四川、重庆、湖北、台湾；缅甸、越南、印度、马来西亚及东非热带地区；标本未采，文献记录种。

鹿藿(野黄豆藤、老鼠眼等) *Rhynchosia volubilis* Lour. 藤本；海拔 550～580m，山坡路旁草丛；保护区内常见；盐津、彝良、富宁；江南各省；越南、朝鲜、日本；标本未采，文献记录种。

野豌豆 *Vicia sepium.* L. 草本；牧草，蔬菜；海拔 1900m，山坡，林缘草地；保护区内罗汉坝保护站；昆明、威信；陕西、甘肃、贵州、四川、重庆、湖北、湖南、广东、广西、江苏、浙江、江西、福建、台湾，我国各省有栽培；欧洲、俄罗斯西伯利亚、北美洲；标本号：ZT2241。

野豇豆(云南山豆瓜、山马豆根、云南野豇豆) *Vigna vexillata*(L.) Rich. 草本；海拔1200m，旷野、灌丛或疏林中；保护区内常见；云南全省各地；华东、华南至西南各省；全球热带、亚热带地区广布；标本未采，文献记录种。

150 旋节花科 Stachyuraceae

中国旌节花 *Stachyurus chinensis* Franch 灌木；海拔 1580～2890m，山谷、沟边、灌丛中和林缘；保护区内常见；云南西北部和东北部(镇雄)；四川、贵州、陕西、甘肃、河南、湖北、湖南、安徽、江西、浙江、福建、广西、广东；越南；标本未采，文献记录种。

西域旌节花(通花) *Stachyurus himalaicus* Hook. f. et Thoms. ex Benth. var. *himalaicus* 灌木或小乔木；中药“通草”，可利尿、催乳、清湿热，治水肿、淋病；海拔 1500～2050m，山坡林中；保护区内小沟、小沟下水塘迷人窝、海子坪、大雪山管护站后山、小岩方；云南全省；中国西南、广东、广西、台湾、陕西、湖南、湖北、江西；印度、缅甸；标本号：ZT1795、ZT2349、ZT2248、ZT1735；样地号：乔 30-1-1。

倒卵叶旌节花 *Stachyurus obovatus*(Rehd.) H. L. Li 灌木；海拔 800～900m，山坡林中或林缘；保护区内常见；滇东北；四川西部至西南部、贵州北部；中国特有；标本未采，文献记录种。

凹叶旌节花 *Stachyurus retusus* Yang 灌木；海拔 1870m，林缘；保护区内常见；滇

东北；四川；中国特有；标本未采，文献记录种。

柳叶旌节花 *Stachyurus salicifolius* Franch. var. *salicifolius* 灌木；茎髓供药用；海拔1900m，山坡林缘或树旁；保护区内小岩方；滇东北；四川；中国特有；标本号：ZT1214。

披针叶旌节花 *Stachyurus salicifolius* Franch. var *lancifolius* C. Y. Wu 灌木；海拔1800m，山坡林缘；保护区内常见；滇东北；四川；中国特有；标本未采，文献记录种。

151 金缕梅科 Hamamelidaceae

灰岩蜡瓣花 *Corylopsis calcicola* C. Y. Wu 灌木或小乔木；海拔1750～1800m，石灰岩山疏林中；保护区内麻风湾；镇雄、彝良、大关；中国特有；标本号：ZT572、ZT305a、ZT338。

宽瓣蜡瓣花 *Corylopsis platypetala* Rehd. et Wils. var. *levis* Rehd. et Wils. 小乔木或灌木；海拔 1150m，灌丛中；保护区内海子坪；滇东北；四川西部；中国特有；标本号：ZT2263。

蜡瓣花 *Corylopsis sinensis* Hemsl. 灌木或小乔木；海拔 1400～1900m，山地、林下；保护区内老长坡、罗汉坝；云南新分布；贵州、湖北、湖南、广西、广东、江西、福建、安徽、浙江；不丹、印度北部、缅甸北部；标本号：ZT1613。

水丝梨 *Sycopsis sinensis* Oliv. 灌木或小乔木；木材可培育香菇；海拔 1840～2050m，混交林中；保护区内麻风湾、小草坝采种基地乌贡山、小岩方骑驾马、小草坝天竹园对面山上、小沟下水塘迷人窝、五岔河；麻栗坡；陕西至江西各省；中国特有；标本号：ZT1562、ZT1538、ZT434、ZT1464；样地号：草27-2-17、乔30-6-9。

三脉水丝梨 *Sycopsis triplinervia* H. T. Chang 小乔木至乔木；海拔1855～2050m，常绿阔叶林中，属一、三层乔木；保护区内小草坝、河坝场、小岩方骑驾马、三江口倒流水、小沟下水塘迷人窝、小岩方、上青山、小沟上场林子、小草坝雷洞坪、小草坝采种基地乌贡山；彝良、大关；四川屏山；中国特有；标本号：ZT1871、ZT567、ZT613。

154 黄杨科 Buxaceae

杨梅黄杨 *Buxus myrica* Lévl. 灌木；海拔 1960m，阔叶林中；保护区内朝天马林场；滇东北(彝良)；江西、湖南、四川、贵州、广西、广东；中国特有；标本号：ZT2053。

聚花清香桂 *Sarcococca confertiflora* Sealy. 常绿灌木；海拔1650m，林中；保护区内常见；滇东北(盐津)；中国特有；标本未采，文献记录种。

156 杨柳科 Salicaceae

近藏川杨 *Populus* aff. *szechuanica* Schneid. var. *tibetica* Schneid. 乔木；海拔1820～1900m，高山地带；保护区内小沟；中国特有；标本号：ZT1719。

大叶杨 *Populus lasiocarpa* Oliv.　乔木；海拔1700～2800m，杂木林中及沟谷和山坡灌丛；保护区内常见；德钦、彝良；陕西、湖北、四川、重庆、贵州；中国特有；标本未采，文献记录种。

长序大叶杨 *Populus lasiocarpa* Oliv. var. *longiamenta* Mao et P. X. He　乔木；海拔1700～1900m，山坡疏林中，或栽培于公路边为行道树；保护区内常见；镇雄、彝良；中国特有；标本未采，文献记录种。

川杨 *Populus szechuanica* Schneid.　乔木；速生用材；海拔1900～3500m，杂木林中；保护区内常见；彝良、丽江、碧江、香格里拉；陕西、甘肃、四川；中国特有；标本未采，文献记录种。

滇杨 *Populus yunnanensis* Dode　乔木；速生用材；海拔1700m，山谷溪旁或杂木林中；保护区内三江口；昆明、禄劝、丽江、剑川、维西、大理、宾川；四川、贵州；中国特有；标本号：ZT1048。

云贵柳 *Salix camusii* Lévl.　灌木或小乔木；海拔1900m，山坡灌丛或杂木林；保护区内三江口分水岭；巧家、大姚、丽江、宁蒗；湖北、湖南、四川、重庆、贵州；中国特有；标本号：ZT981。

中华柳 *Salix cathayana* Diels　乔木；海拔2600～3800m，路旁水边、山坡灌丛、混交次生林及针叶林下；保护区内常见；盐津、巧家、丽江、维西、大理、碧江、德钦、香格里拉；河北、河南、陕西、湖北、四川、重庆、贵州；中国特有；标本未采，文献记录种。

大关柳 *Salix daguanensis* Mao et P. X. He　灌木；海拔1820m，沟边、杂木林；保护区内小沟；大关、彝良；中国特有；标本号：ZT1707。

银背柳 *Salix ernestii* Schneid.　灌木或小乔木；海拔1922m，杂木林中；保护区内罗汉坝水库沼泽；香格里拉；四川西、西藏东；中国特有；样地号：样67-1。

巴柳 *Salix etosia* Schneid.　乔木；海拔1900～2100m，山坡；保护区内常见；大关；湖北、四川、贵州；中国特有；标本未采，文献记录种。

川柳 *Salix hylonoma* Schneid.　小乔木；海拔2043m，疏林中；保护区内罗汉坝；维西、永善；河北、山西、陕西、甘肃东南、安徽西北、四川、贵州；中国特有；样地号：样70-9。

丑柳 *Salix inamoena* Hand.-Mazz.　灌木；海拔1980m，山坡灌丛中；保护区内三江口麻风湾；昆明、嵩明、会泽、曲靖、宜良、石屏；中国特有；标本号：ZT341。

长花柳 *Salix longiflora* Anderss.　乔木；海拔2300～3400m，沟边、山坡灌丛或杂木林下；保护区内常见；禄劝、昭通、彝良、永善、丽江、大理、维西、德钦；四川、西藏；印度；标本未采，文献记录种。

宝兴柳 *Salix moupinensis* Franch.　灌木或小乔木；海拔1520m，次生林中；保护区内小岩方火烧岩；大关；四川；中国特有；标本号：ZT1264。

柳一种 *Salix* sp.　乔木；海拔1850m，林缘；保护区内朝天马陡口子；中国特有；标本号：ZT2105。

159 杨梅科 Myricaceae

矮杨梅 *Myrica nana* Cheval. 常绿灌木；海拔 1500～3500m，山坡林缘或灌丛中；保护区内常见；滇中、滇西及滇东北；贵州西部；中国特有；标本未采，文献记录种。

161 桦木科 Betulaceae

桤木 *Alnus cremastogyne* Burkill 乔木；木材，家具，器皿，堤岸林，薪炭林栽培，嫩枝入药，清火止泻；海拔 1400m，湿润坡地和河边；保护区内老长坡；绥江、永善；四川、贵州北部、甘肃南部、陕西南部；中国特有；标本号：ZT1690。

川滇桤木 *Alnus ferdinandi-coburgii* Schneid. 乔木；用材；常作堤岸林、薪炭林栽培；海拔 1600～2600m，湿润地带和岸边的杂木林中；保护区内常见；昆明、嵩明、呈贡、晋宁、安宁、会泽、禄劝、宁蒗、永胜、鹤庆、宾川、洱源、下关、腾冲、盐津；四川南部、贵州西北部、湖南；中国特有；标本未采，文献记录种。

旱冬瓜 *Alnus nepalensis* D. Don 乔木；用材；海拔 500～3600m，湿润坡地或沟谷台地林中；保护区内常见；几遍云南全省各地；西藏东南、四川西南、贵州；尼泊尔、不丹、印度；标本未采，文献记录种。

华南桦 *Betula austrosinensis* Chun ex P. C. Li 乔木；优质用材树种；海拔 2000m，山坡阔叶林中；保护区内三江口；西畴、麻栗坡、屏边、金平、永善、镇雄；广西、四川、贵州、广东、湖南；中国特有；标本号：ZT1134。

香桦 *Betula insignis* Franch. 乔木；芳香油，木材；海拔 1800m，山坡阔叶林中；保护区内麻风湾；镇雄、绥江、永善、宁蒗；中国特有；标本号：ZT350。

光皮桦 *Betula luminifera* H. Winkl. 乔木；优质用材树种；海拔 1940～1980m，阳坡杂木林中；保护区内小岩方、上青山；云南广布；贵州、四川、重庆、陕西、甘肃、湖南、湖北、江西、浙江、广东、广西、安徽等；中国特有；标本号：ZT1445。

白桦 *Betula platyphylla* Suk. 乔木；木材供一般建筑和制家具，树皮可提取桦油及各种高级脂肪酸；海拔 1900m，针阔叶混交林中或自成林中；保护区内罗汉坝；德钦、香格里拉、维西、丽江、兰坪；四川、甘肃、青海、宁夏、内蒙古、新疆、陕西、河南、河北、山西；俄罗斯、日本、朝鲜、蒙古国；标本号：无号。

红桦 *Betula utilis* D. Don var. *sinensis* 乔木；木材制家具，枪杆，枕木，树皮可提取桦油，嫩芽入药，可治胃病；海拔 1340～1900m，针阔叶混交林中；保护区内朝天马林场、老长坡；贡山、德钦、维西、香格里拉、丽江、大理、鹤庆、禄劝、大关、巧家；四川、甘肃、陕西、河南、河北、山西；中国特有；标本号：ZT1665b。

162 榛科 Corylaceae

长穗鹅耳枥 *Carpinus fangiana* Hu 乔木；用材；海拔 1580m，山坡林中；保护区内小岩方；镇雄、彝良、大关；四川、贵州、广西西北部；中国特有；标本号：ZT534、ZT1263a；样地号：样3。

多脉鹅耳枥 *Carpinus polyneura* Franch. 乔木；用材；海拔900～2000m，石灰岩阔叶林和疏林中；保护区内常见；禄劝、昭通、西畴、富宁；陕西、四川、贵州、湖南、湖北、广东、福建、江西、浙江；中国特有；标本未采，文献记录种。

云贵鹅耳枥 *Carpinus pubescens* Burkill 乔木或小乔木；用材；海拔1741m，山谷山坡阔叶林中；保护区内罗汉坝；屏边、西畴、广南、砚山、弥勒、马关、镇雄、昭通；贵州、四川南部、陕西长白山；越南北部；样地号：样65-5-16。

雷公鹅耳枥 *Carpinus viminea* Wall. 乔木；用材；海拔1520m，山坡杂木林中；保护区内小岩方；丽江、德钦、盐津、维西、镇雄、景东、临沧、麻栗坡；西藏东部、四川、重庆、贵州、湖南、湖北、广东、广西、浙江、江西、福建、江苏；尼泊尔、印度、中南半岛北郊；标本号：无号。

华榛 *Corylus chinensis* Franch. 乔木；《中国物种红色名录》易危种、IUCN(EN)；用材；海拔1930～2050m，湿润山坡；保护区内小草坝后河岩洞；镇雄、丽江、香格里拉、德钦、维西、鹤庆、大理、嵩明；四川；中国特有；样地号：乔47-2-4、样33、乔30-19-6、草49-1-14。

滇刺榛 *Corylus ferox* Wall. 乔木或小乔木；用材；海拔1800～1900m，杂木林中；保护区内罗汉坝、河坝场、麻风湾；维西、德钦、贡山、碧江、香格里拉、丽江、剑川、耿马、镇雄、禄劝；西藏东南部、四川西南部和西部；尼泊尔、印度西北部；标本号：ZT2106、ZT1956a、ZT1387、ZT633。

藏刺榛 *Corylus thibetica* Batal. 小乔木；用材；海拔1947～2450m，山地林中；保护区内山顶三角点、小草坝罗汉林；昭通、彝良、镇雄、大关、禄劝、东川、维西、丽江、鹤庆；甘肃、陕西、湖北、四川、贵州；中国特有；标本号：ZT811；样地号：乔49-2-16。

滇榛 *Corylus yunnanensis* (Franch.) A. Camus 灌木或小乔木；果可食和榨油；萌发力强，宜作为滇中地区薪炭树种；海拔1700～3700m，山坡灌丛中；保护区内常见；滇中、滇东北、滇西北、滇西；四川西部和西南部、贵州西部；中国特有；标本未采，文献记录种。

多脉铁木 *Ostrya multinervis* Rehd. 乔木或小乔木；用材；海拔1750m，湿润疏林中；保护区内麻风湾；禄劝、丽江；四川、重庆、贵州、湖北、湖南；中国特有；标本号：ZT355。

163 壳斗科 Fagaceae

锥栗(珍珠栗) *Castanea henryi* (Skan) Rehd. et Wils. 乔木；用材；海拔1100m，向阳、土质疏松的山地阔叶林中；保护区内常见；滇东北；华中、华南各省；中国特有；标本未采，文献记录种。

茅栗(野栗子、毛板栗) *Castanea seguinii* Dode 灌木或小乔木；坚果可食用；海拔1780m，丘陵山地，常见于山坡灌丛；保护区内麻风湾；滇东北、东部彝良、曲靖等地；广布于大别山以南、五岭南坡以北；中国特有；标本号：ZT351。

西南米槠(小叶栲)*Castanopsis carlesii*(Hemsl.) Hayata var. *spinulosa* Cheng et Chao 乔木；种子味甜可食；建筑家具用材；海拔 1500～1950m，较高海拔的山地杂木林；保护区内小草坝分水岭、小草坝大佛殿、小草坝雷洞坪、小沟、海子坪；西双版纳、滇东南；四川(峨眉、青城山)、贵州(梵净山、天台山等)；中国特有；标本号：ZT2329；样地号：样 34-1-24、乔 31-4-1、乔 26-6-2。

栲树(丝栗栲、川鄂栲)*Castanopsis fargesii* Franch. 乔木；树皮含单宁，种子含淀粉，树干是供培养香菇的材料；海拔 1200～2000m，森林中或溪边土层深厚处；保护区内常见；金平、蒙自、富宁、广南、威信、盐津；贵州、四川、重庆、广东、广西、湖南、湖北、浙江、江西、福建、安徽等；中国特有；标本未采，文献记录种。

元江栲(直刺栲、毛果栲)*Castanopsis orthacantha* Franch. 乔木；木材坚硬，树皮含单宁，种子含淀粉等；海拔 1000～3000m，阳坡松栎林中或阴坡沟谷阔叶林中；保护区内常见；云南全省大部、滇中较为普遍；贵州、四川；中国特有；标本未采，文献记录种。

峨眉栲(黑铲栗、白丝栗、猴栗)*Castanopsis platyacantha* Rehd. et Wils. 乔木；用材，坚果可食用；海拔 1300～2060m，山地疏或密林中，干燥或湿润地方；保护区内各地；屏边、文山、砚山、镇雄、威信、盐津；四川、贵州、广西、广东、湖南等省区；中国特有；标本号：ZT218、ZT368、ZT1887、ZT266、ZT1474、ZT1453、ZT1639、ZT1545、ZT1930、ZT296、ZT73、ZT97。

环青冈 *Cyclobalanopsis annulata*(Smith) Oerst. 常绿乔木；海拔 1795m，山坡、杂木林中；保护区内小草坝灰浆岩；云南东南部的马关至西藏的樟木；四川、西藏；印度、尼泊尔、越南；标本号：无号。

窄青冈 *Cyclobalanopsis augustinii*(Skan) Schott. 常绿乔木；海拔 2060m，阳坡或半阴坡；保护区内小沟上场林子；滇西、滇中、滇东南；广西、贵州等省区；越南；样地号：草 20-5-6。

毛曼青冈 *Cyclobalanopsis gambleana*(A. Camus) Y. C. Hsu et H. W. Jen 乔木；海拔 1800～3000m，杂木林中；保护区内常见；滇西北、滇东北至滇东南；贵州、四川、重庆、西藏、湖北等；中国特有；标本未采，文献记录种。

小叶青冈(青栲、青椆)*Cyclobalanopsis myrsinaefolia*(Blume) Oerst. 常绿乔木；枕木、车轴的良好用材；海拔 1340m，山谷、阴坡杂木林中；保护区内小岩方、老长坡；滇西北至滇南思茅等地；北至陕西、河南南部，东至福建、台湾，南至广东、广西，西南至四川、贵州；越南、老挝、日本；标本号：ZT1659。

曼青冈(曼椆)*Cyclobalanopsis oxyodon*(Miq.) Oerst. 常绿乔木；海拔 1500～1750m，山坡、山谷杂木林中；保护区内小岩方、小草坝；维西、贡山、大关；陕西、浙江、江西、湖北、湖南、广东、广西、四川、重庆、贵州、西藏等；印度、尼泊尔、缅甸；标本号：ZT1248；样地号：样 45。

云山青冈 *Cyclobalanopsis sessilifolia*(Blume) Schott. 常绿乔木；种子可酿酒或作饲料；海拔 1341m，山地杂木林中；保护区内海子坪尖子山；云南新分布；江苏、浙江、江西、福建、台湾、湖北、湖南、广东、广西、四川、重庆、贵州(凯里、雷山、榕江)

等；日本；样地号：乔 59-20-6。

长尾青冈 *Cyclobalanopsis stewardiana*(A. Camus) Y. C. Hsu et H. W. Jen var. *longicaudata* Y. C. Hsu，P. I. Mao et W. Z. Li 常绿乔木；海拔 2020～2080m，山坡杂木林中；保护区内罗汉坝五道河、麻风湾；中国特有；标本号：ZT1208；样地号：草 54-1-22、乔 54-4-27、草 55-2-10。

褐叶青冈 *Cyclobalanopsis stewardiana*(A. Camus) Y. C. Hsu et H. W. Jen var. *stewardiana* 常绿乔木；海拔 1810～2080m，山顶、山坡杂木林中；保护区内罗汉坝五道河、罗汉坝坡头山、小沟上场林子、小草坝采种基地乌贡山、小草坝天竹园对面山上、麻风湾田家湾；云南新分布；浙江、江西、湖北、湖南、广东、广西、四川、重庆、贵州等；中国特有；标本号：ZT81。

米心水青冈(米心树) *Fagus engleriana* Seem. 乔木；海拔 1950m，山地林中；保护区内罗汉坝；滇东北、约 N27.5°以北永善一带；四川、贵州、湖北交界的山脉，川西山地，陕西秦岭东南部，向东至安徽黄山均有(星散)；中国特有；标本号：ZT2082、ZT2112。

水青冈(长柄水青冈) *Fagus longipetiolata* Seem. 乔木；IUCN(VU)；种子供食用或制漆；农具家具用材；海拔 1850m，山地杂木林中；保护区内麻风湾；滇东北及滇东南；华中、华南至陕西南部亦有；中国特有；标本号：ZT1228、ZT1226。

光叶水青冈 *Fagus lucida* Rehd. et Wils. 乔木；建筑家具用材；种子供食用及工业用；海拔 1200～2048m，山地林中，与本属其他种混生；保护区内广布；云南新分布；贵州(毕节)、重庆、四川南部、湖北西部及西南部、广西北部等；中国特有；标本号：ZT580、ZT2461、ZT2289、ZT336、ZT11、ZT63、ZT17。

峨眉包果柯 *Lithocarpus cleistocarpus*(Seem.) Rehd. et Wils. var. *omeiensis* Fang 乔木；海拔 1900～2415m，山地杂木林中；保护区内小草坝、三江口；昭通、寻甸一带；四川西部、贵州西北部；中国特有；标本号：ZT1923、ZT1893、ZT668b。

峨眉石栎 *Lithocarpus cleistocarpus* Rehd. et Wils. 乔木；海拔 2000～2500m，阔叶林中；保护区内常见；昭通、寻甸一带；四川；中国特有；标本未采，文献记录种。

硬斗石栎 *Lithocarpus hancei*(Benth.) Rehd. 乔木；农具用材，养殖香菇，种子可食亦可酿酒；海拔 1341～2080m，习见于海拔约 2600m 以下的多种生境；保护区内广布；贡山、腾冲、临沧、耿马、景东、元江、金平、西畴、富宁、广南等地；秦岭南坡以南各地；中国特有；标本号：ZT1814、ZT99、ZT65、ZT2439、ZT1250。

木姜叶柯(多穗石栎、甜茶、甜叶子树、胖椆) *Lithocarpus litseifolius*(Hance) Chun 乔木；长江以南多数山区居民用其叶作茶叶代品；海拔 1580～2200m，次生林中生长良好，喜光、耐旱，为山地常绿林的常见树种；保护区内海子坪木梗坡梁子、小岩方火烧岩、罗汉坝；云南中部、西部一带；秦岭南坡以南各省；缅甸东北部、老挝、越南北部；标本号：ZT1237、ZT2193；样地号：乔 80′-15、草 80′-14。

峨眉柯 *Lithocarpus oblanceolatus* Huang et Y. T. Chang 乔木；《中国物种红色名录》易危种；海拔 1580m，上下山地疏林中；保护区内小岩方；云南新分布；四川西部；中国特有；标本号：ZT1257a。

南川柯（皱叶石栎）*Lithocarpus rosthornii*（Schott.）Barn. 乔木；海拔 1341m，广东、广西；海拔 300～900m，西南；海拔 800～1500m 山地杂木林中；保护区内海子坪尖子山；云南新分布；广东中部至西南部、广西南部及西南部、贵州东北、四川；中国特有；样地号：乔 59-16-6。

麻子壳柯 *Lithocarpus variolosus*（Franch.）Chun 乔木；海拔 1841～2110m，山坡山顶杂木林或松栎林；保护区内小草坝天竹园对面山上、小草坝燕子洞、小草坝分水岭、小草坝花苞树垭口、麻风湾；龙陵、镇康、凤庆、云龙、景东、大理、丽江、华坪、宁蒗等地；四川西南部；中国特有；标本号：ZT289。

麻栎 *Quercus acutissima* Carr. 乔木；材用；海拔 800～2300m，山地阳坡、成小片林或散松林中；保护区内常见；除高寒山区外云南全省都有；广西、广东、贵州、四川、陕西、辽宁、山东、福建等；中国特有；标本未采，文献记录种。

锐齿槲栎 *Quercus aliena* Bl. var. *acuteserrata* Maxim ex Wenz. 落叶乔木；海拔 1400m，山地杂木林中，或形成小片纯林；保护区内大雪山；几乎云南全省均有；我国黄河流域以南各省；日本、朝鲜亦有；标本号：无号。

匙叶栎 *Quercus dolicholepis* A. Camus 常绿乔木；家具车辆用材；种子含淀粉；树皮壳斗可提栲胶；海拔 1950m，山地森林中；保护区内罗汉坝；丽江、香格里拉；山西、陕西、甘肃、河南、湖北、贵州、四川等省；中国特有；标本号：ZT2118。

巴东栎（小叶青冈）*Quercus engleriana* Seem. 常绿或半常绿乔木；桩木、农具、滑轮、薪炭等用材；树皮、壳斗可制栲胶；海拔 1790～2080m，山坡、山谷疏林中；保护区内广布；威信、镇雄、贡山等地；陕西、江西、福建、河南、湖北、湖南、广西、四川、重庆、贵州、西藏等省区；印度亦有；标本号：ZT1851、ZT1854、ZT5；样地号：乔 54-4-49、乔 54-4-67、乔 54-4-29、乔 1-11-10、乔 47-1-4、草 50-3-2。

白栎（青冈树、白反栎）*Quercus fabri* Hance 落叶乔木或灌木状；枕木、桩木用材；带皮树干可培植香菇；果实虫瘿入药；海拔 1500m，丘陵、山地杂木林中；保护区内海子坪；镇雄；广布我国长江流域和华南各省；中国特有；标本号：ZT2309。

毛叶槲栎 *Quercus malacotricha* A. Camus 落叶乔木；海拔 1550m，阳坡杂木林中；保护区内大雪山；四川、贵州等省；中国特有；标本号：ZT2256。

麻栗坡栎（大叶高山栎）*Quercus marlipoensis* Hu et Cheng 常绿乔木；海拔 2048m，常绿阔叶混交林中；保护区内小沟下水塘；云南麻栗坡；中国特有；样地号：乔 30-1-7。

尖叶栎（铁疆栎）*Quercus oxyphylla*（Wils.）Hand.-Mazz. 常绿乔木；海拔 1900m，山坡、山谷地带及山顶阴处或疏林中；保护区内罗汉坝；云南新分布；陕西、甘肃、安徽、浙江、福建、广西、西南至四川、贵州；中国特有；标本号：无号。

乌冈栎（石楠柴）*Quercus phillyraeoides* A. Gray 常绿灌木或小乔木；家具农具细杠用材；种子可酿酒，作饲料；海拔 1920m，山坡、山顶和山谷密林中，常山地岩石上；保护区内小草坝；滇东南；陕西、浙江、江西、安徽、福建、河南、湖北、湖南、广东、广西、四川、重庆、贵州等；日本；标本号：ZT1849、ZT1879。

富宁栎 *Quercus setulosa* Hick. et A. Camus 常绿乔木；海拔 1900～1960m，山坡、山顶疏林中；保护区内麻风湾、朝天马林场；富宁；广东、广西、贵州；中国特有；标本号：ZT720、ZT2061。

栓皮栎（软木栎、粗皮栎、白麻栎）*Quercus variabilis* Blume　乔木；材用；海拔700～2300m，阳坡或松栎林中；保护区内常见；除滇西北高山及滇西南和西双版纳的普文以南外云南全省分布；广西、广东、四川、甘肃，北至辽宁，东至台湾等；朝鲜、日本；标本未采，文献记录种。

165 榆科 Ulmaceae

紫弹树 *Celtis biondii* Pamp.　落叶乔木；海拔1500～1700m，林中、路旁；保护区内常见；镇雄、大关；云南、广东、广西、贵州、四川、重庆、甘肃、陕西、河南、湖北、福建、浙江、台湾、江西、江苏、安徽；日本、朝鲜；标本未采，文献记录种。

昆明朴 *Celtis kummingensis* Cheng et T. Hong　落叶乔木；海拔1800～2200m，路旁及林中；保护区内常见；大关、永仁、罗平、师宗、昆明、嵩明、易门、双柏、丽江、大理、鹤庆；四川；中国特有；标本未采，文献记录种。

多脉榆 *Ulmus castaneifolia* Hemsl.　落叶乔木；木材坚韧、供建筑、制造车辆；海拔1850m，山区、山谷、阔叶林中，水杉坝与水杉林混生，喜排水性好的酸性土壤、沙质土壤，生长于石灰岩山地；保护区内朝天马林场；广南；湖北西部、四川东部、贵州北部、湖南、江西、浙江、福建、广东；中国特有；标本号：ZT1956b。

167 桑科 Moraceae

藤构 *Broussonetia kaempferi* Sieb. var. *australis* Suzuki　蔓生藤状灌木；韧皮纤维为造纸优质原料；种子油可供工业用油；果及根皮可供药用；海拔1100～1300m，山谷灌丛中或沟边、山坡路旁；保护区内常见；云南全省各地常见；浙江、安徽、湖北、湖南、江西、福建、广东、海南、广西、贵州、四川、台湾等地；越南北方也有，原种见于日本、朝鲜；标本未采，文献记录种。

楮 *Broussonetia kazinoki* Sieb.　灌木；茎皮纤维优质可作人造棉原料，根、叶入药，清热解毒，也可治跌打损伤；海拔1100m，林缘、沟边；保护区内常见；云南全省各地常见；华中和华南多；日本；标本未采，文献记录种。

构树 *Broussonetia papyrifera*(L.) L' Hert，ex Vent　乔木；韧皮纤维为造纸优质原料；种子油可供工业用油；果及根皮可供药用；海拔1100～1700m，林缘；保护区内常见；云南全省各地均有野生，少有栽培；长江和珠江流域各省；越南、印度、日本；标本未采，文献记录种。

柘属一种 *Cudrania* sp.　灌木；海拔1841m，林中；保护区内小草坝天竹园对面山上；中国特有；样地号：草27-3-21。

菱叶冠毛榕 *Ficus gasparriniana* Miq. var. *laceratifolia*(Lévl. et Vant.) Corner　灌木；海拔300～1930m，山脚、山坡、灌木丛中；保护区内常见；泸水、碧江、福贡、普洱、景洪、马关、富宁、砚山、广南、彝良、镇雄、峨山；四川、重庆、贵州、湖北、福建；不丹、印度东北部；标本未采，文献记录种。

绿叶冠毛榕 *Ficus gasparriniana* Miq. var. *viridescens*(Lévl. et Vant.) Corner 灌木；海拔 1310～2300m，山脚、山坡、灌木丛中；保护区内九工棚、小岩方、小草坝、海子坪、大雪山猪背河坝、海子坪尖山子；云南大部；长江以南；东南亚；标本号：ZT1371、ZT2113、ZT2299、ZT1862；样地号：乔 71A-3-5、草 58-5-16、草 59-1-12。

尖叶榕 *Ficus henryi* Warb. ex Diels 灌木；海拔 1100m，沟谷中，溪沟潮湿处；保护区内海子坪；贡山、景东、屏边、西畴、广南、富宁；西藏东南部、甘肃南部、四川西南部、贵州、广西、湖北、湖南、广西；越南；标本号：ZT2247。

异叶天仙果 *Ficus heteromorpha* Hemsl. 绞杀植物；海拔 1310～1925m，山谷坡地林中；保护区内大雪山、海子坪、罗汉坝；滇东南和滇东；我国长江流域中下游及华南地区，北达河南、陕西、甘肃；中国特有；标本号：ZT217、ZT1257b；样地号：样 88、样 58、样 90、样 71、样 45、样 78。

薄叶匍茎榕 *Ficus sarmentosa* Buch.-Ham. ex J. E. S. var. *lacrymans*(Lévl.) Corner 藤状灌木；海拔 450～1380m，阔叶林中或岩石上；保护区内常见；景东、普洱、西双版纳、西畴、麻栗坡、富宁、砚山、文山、蒙自、元江、盐津、绥江、彝良、镇雄；广东、海南、广西、福建、湖南、湖北、江西、四川、重庆、甘肃、西藏；越南北方、尼泊尔、不丹；标本未采，文献记录种。

爬藤榕 *Ficus sarmentosa* Buch.-Ham. ex J. E. S. var. *lacrymans*(Lévl.) Corner var. *impressa*(Champ.) Corner 藤状匍匐灌木；海拔 1000～1500m，山坡岩石上或墙壁上；保护区内常见；蒙自、曼耗、砚山、广南、屏边、师宗、镇雄、彝良；华南、华中、西南、陕西、甘肃；印度(喀西山)、越南；标本未采，文献记录种。

地果 *Ficus tikoua* Bur. 匍匐木质藤本；果成熟时可以生食，又是水土保持植物；海拔 500～2650m，山坡或岩石缝中；保护区内常见；昆明、楚雄、鹤庆、丽江、砚山、景东、威信等地；西藏(东南)、四川、重庆、贵州、广西、湖南、湖北、陕西；印度东北部、老挝、越南北方；标本未采，文献记录种。

岩木瓜 *Ficus tsiangii* Merr. ex Corner 灌木或乔木；海拔 620～2400m，山谷、沟边、潮湿地带；保护区内常见；峨山、思茅、景东、蒙自、元江、屏边、绿春、麻栗坡、西畴、富宁、砚山、文山、盐津；四川、贵州、广西、湖北；中国特有；标本未采，文献记录种。

黄葛树 *Ficus virens* Ait. var. *sublanceolata*(Miq.) Corner 乔木；海拔 450～2700m，山地或平原；保护区内常见；盐津、彝良、巧家、会泽、元谋、宾川、洱源、鹤庆、大理、漾濞、巍山、景东、凤庆、临沧、泸水、勐海、景洪、屏边、河口；陕西、湖北、贵州、广西、四川；中国特有；标本未采，文献记录种。

花叶鸡桑 *Morus australis* Poir. var. *inusitata*(Lévl.) C. Y. Wu 落叶小乔木；海拔 1850～1900m，山坡灌丛或悬崖上；保护区内小草坝、小岩方；云南广布；广西、贵州、四川、重庆、陕西、湖北、湖南、浙江、江西；中国特有；标本号：ZT1977、ZT1357。

蒙桑 *Morus mongolica*(Bur.) Schneid. 小乔木；用材、药用；海拔 1820m，山坡林

中；保护区内长槽；昆明、大姚、洱源、宁蒗、丽江、维西、香格里拉、德钦、泸水、碧江、临沧、文山；东北、内蒙古、华北、西北、华东、西南；中国特有；标本号：ZT1688。

川桑 *Morus notabilis* Schneid. 乔木；海拔 1600m，常绿阔叶林；保护区内海子旁；泸水、福贡、贡山、德钦、大理、思茅、景东、文山、绥江、镇雄；四川；中国特有；标本号：ZT2339、ZT1130。

169 荨麻科 Urticaceae

双尖苎麻 *Boehmeria bicuspis* C. J. Chen 草本；海拔 1510～1890m，林缘；保护区内小岩方火烧岩；滇西北；西藏东南部；中国特有；标本号：ZT1368、ZT1378、ZT1284、ZT。

阴地苎麻 *Boehmeria clidemioides* Miq. var. *umbrosa* Hand.-Mazz. 草本；海拔 1530m，林下、灌丛、溪旁等处；保护区内小岩方；盐津、宜良、文山、砚山、西畴、富宁；西藏东南部、四川西部、贵州南部；中国特有；标本号：ZT1292。

微柱麻 *Chamabainia cuspidata* Wight 亚灌木；纤维植物、全草和根入药；海拔 1800～2040m，林下、草丛、河边、沟边石上；保护区内长槽、小草坝罗汉林、小草坝分水岭；滇西北、滇西、滇中南、滇西南、滇东南；西藏、四川、广西、贵州、湖北、湖南、江西、福建、台湾；尼泊尔、印度、斯里兰卡、越南；标本号：ZT1625、ZT1070；样地号。

滇黔楼梯草 *Elatostema backeri* H. Schrōter 草本；海拔 1800m，山谷、疏林中，溪旁潮湿地上；保护区内沿途；滇中、滇中南；贵州西部、四川西南部；印度尼西亚；标本号：无号。

骤尖楼梯草 *Elatostema cuspidatum* Wight 草本；海拔 1650～2100m，山地沟边多石处或阔叶林中；保护区内麻风湾、朝天马林场、小岩方、方家湾、长槽、杉木坪；滇东北、滇西北、滇西、滇西南、滇中南、滇南；西藏、四川、重庆、贵州、广西、湖北、江西；尼泊尔、印度；标本号：ZT1884、ZT1612、ZT1585、ZT1576、ZT1754、ZT793；样地号：草 15-3-5、草 15-4-9。

楼梯草 *Elatostema involucratum* Franch. et Sav. 草本；全草入药；海拔 1580m，林下阴湿处或沟边草丛中；保护区内小岩方；滇东北、滇中及滇西南；广西、广东、湖南、江西、福建、浙江、江苏、安徽、湖北、四川、陕西、河南；日本；标本号：ZT1247。

托叶楼梯草 *Elatostema nasutum* Hook. f. 草本；海拔 1530～1980m，林下潮湿处，溪旁或沟边；保护区内广布；滇东北、滇中南、滇西北、滇东南及滇西南；四川、重庆、广西、广东、贵州、湖南、湖北、江西；印度西北部；标本号：ZT293、ZT287、ZT183、ZT532、ZT385、ZT183、ZT385、ZT208、ZT443、ZT643、ZT1079。

钝叶楼梯草 *Elatostema obtusum* Wedd. 草本；海拔 1810～1940m，针叶林，阔叶林及竹林下，潮湿地或沟边；保护区内麻风湾田家湾、小草坝分水岭、麻风湾、小岩方；滇东北、滇西北、滇中、滇中南及滇西南；西藏、四川、甘肃、陕西、湖北、湖南、广东、福建、台湾；不丹、尼泊尔、印度、泰国；标本号：ZT869、ZT609、ZT529、ZT105、ZT212、ZT1497、ZT165、ZT61。

宽叶楼梯草 *Elatostema platyphyllum* Wedd. 草本；海拔 1757～1858m，山谷，沟谷的常绿阔叶林下阴湿处或岩石缝中；保护区内小草坝雷洞坪、小草坝大窝场；滇西北、滇西南及滇中南；四川；尼泊尔、不丹、印度、泰国；样地号：草 25-4-15、草 35-1-7、草 25-6-9。

倒毛楼梯草 *Elatostema retrohirtum* Dunn 草本；海拔 380～830m，沟谷密林下潮湿处或林缘石缝中；保护区内常见；盐津、富宁、沧源；广东、广西、四川；中国特有；标本未采，文献记录种。

对叶楼梯草 *Elatostema sinense* H. Schorter 草本；海拔 2400～2600m，阔叶林下或灌丛中；保护区内常见；永善、大关、禄劝、兰坪、维西、德钦、砚山；贵州、四川、重庆、湖北、湖南、广西、江西、福建；中国特有；标本未采，文献记录种。

疣果楼梯草 *Elatostema trichocarpum* Hand.-Mazz. 草本；海拔 1405～1552m，林中湿处；保护区内大雪山猪背河坝、大雪山龙潭坎；滇东北；湖北、四川、重庆、贵州；中国特有；样地号：草 78-3-14、草 90-2-3。

珠芽艾麻 *Laportea bulbifera*(Sieb. et Zucc.) Wedd. 亚灌木；纤维植物；海拔 1700～1900m，林下，灌丛或沟边草丛中；保护区内三江口麻风湾、河坝场、长槽、扎口石；滇东北、滇西、滇西北、滇中、滇东南及滇西南；我国东北、华北、中南、西南、陕西、甘肃；印度、斯里兰卡、中南半岛、印度尼西亚、日本、朝鲜；标本号：ZT624、ZT145b、ZT1408、ZT628、ZT1581、ZT929、ZT1320、ZT645。

假楼梯草 *Lecanthus peduncularis*(Royle) Wedd. 草本；食用、饲料；海拔 1310～2040m，林下或灌丛沟边及阴湿处；保护区内海子坪、分水岭、三江口、麻风湾、小草坝分水岭、三江阔倒流水、海子坪；云南各地；贵州、广东、广西、湖南、四川、重庆、西藏东部至南部、湖北、江西、福建、台湾；印度、斯里兰卡、尼泊尔、不丹、缅甸、中南半岛、印度尼西亚；标本号：ZT2335、ZT728、ZT1017、ZT386、ZT626、ZT295。

糯米团 *Memorialis hirta*(Blume) Wedd. 草本；根和全草入药；海拔 1375～1900m，山地，灌丛或沟边；保护区内麻风湾、罗汉坝保护站、大雪山猪背河坝；几遍云南全省；西南、华南至秦岭；亚洲及澳大利亚；标本号：ZT323、ZT2237；样地号：样 77-33。

近圆瓣冷水花 *Pilea* aff. *angulata*(Bl.) Bl. 无毛草本；海拔 1590m，常绿阔叶林下阴湿处或沟边；保护区内小岩方；待定；中国特有；标本号：ZT1239。

隆脉冷水花 *Pilea lomatogramma* Hand.-Mazz. 草本；可治凉寒腹痛、疗烫火伤；海拔 1960～2000m，石山林下；保护区内罗汉坝大树子、朝天马林场；滇东北(彝良)；四川、湖北、湖南、广东、广西；中国特有；标本号：ZT2063；样地号：草 46-3-4。

大叶冷水花 *Pilea martinii*(Lévl.) Hand.-Mazz. 草本；海拔 1740～2050m，常绿阔叶林或灌丛中阴湿处；保护区内小草坝雷洞坪、罗汉坝坡头山、罗汉坝五道河；滇东北、滇西北、滇中、滇西、滇西南、滇中南及滇东南；陕西、四川、重庆、西藏、贵州、湖北、湖南、广西、江西；尼泊尔、不丹、缅甸；标本号：ZT726。

念珠冷水花 *Pilea monilifera* Hand.-Mazz. 附生草本；海拔1900m，山坡常绿阔叶林下，竹丛草地中或水沟边等阴湿处；保护区内麻风湾；滇东北、滇西北、滇西南；贵州、四川、重庆、湖北、江西、广西；中国特有；标本号：ZT797、ZT791。

镰叶冷水花 *Pilea semisessilis* Hand.-Mazz. 草本；海拔1840m，山谷常绿阔叶林下阴湿处；保护区内河坝坎；大关、盐津、贡山、泸水、蒙自；西藏、四川、湖南、广西、江西；中国特有；标本号：ZT1409。

粗齿冷水花 *Pilea sinofasciata* C. J. Chen 草本；海拔1810～2300m，山谷林下阴湿处；保护区内麻风湾田家湾、三江口、长槽、乌贡山、三江口辣子坪保护站、麻风湾、罗汉坝大树子；云南广布；河南、陕西南部、四川、重庆、贵州、湖北、湖南、广东、广西、浙江、安徽、江西；中国特有；标本号：ZT169、ZT724、ZT528、ZT1645、ZT520、ZT455、ZT409、ZT938、ZT221、ZT214、ZT127。

翅茎冷水花 *Pilea subcoriacea*(Hand.-Mazz.)C. J. Chen 草本；海拔1850～2040m，疏林下水边潮湿处；保护区内三江口倒流水、小岩方、方家湾、麻风湾、小沟下水塘；滇东北；四川、贵州、广西；中国特有；标本号：ZT433、ZT1577、ZT630、ZT1819。

疣果冷水花 *Pilea verrucosa* Hand-Mazz 草本；海拔400～2000m，常绿阔叶林下及溪谷阴湿处；保护区内常见；云南各地分布；四川、贵州、湖北、湖南、广西；越南；标本未采，文献记录种。

雪毡雾水葛 *Pouzolzia niveotomentosa* W. T. Wang 灌木；纤维植物；海拔500～800m，河谷灌丛或次生林缘；保护区内常见；盐津、大关、元阳；四川；中国特有；标本未采，文献记录种。

雾水葛 *Pouzolzia zeylanica*(L.)Benn. et Br. 亚灌木；纤维植物；海拔300～1300m，沟边、灌丛、林缘；保护区内常见；滇东北、滇中南、滇南及滇东南；广东、广西、海南、福建、江西、安徽、湖北、湖南、四川、重庆；亚洲热带地区广布；标本未采，文献记录种。

小果荨麻 *Urtica atrichocaulis*(Hand.-Mazz.)C. J. Chen 草本；海拔1830m，林缘路旁、灌丛、溪边、田边、住宅旁；保护区内麻风湾；云南各地分布；贵州、四川；中国特有；标本号：ZT641。

荨麻 *Urtica fissa* Pritz. 草本；茎皮纤维供纺织用，枝叶作饲料，全草入药；海拔1860m，山地林缘，路旁，住宅附近；保护区内小岩方；镇雄、楚雄、蒙自；陕西西部、甘肃、四川、重庆、贵州、湖北、湖南、广西、浙江；越南北方；标本号：ZT1392。

171 冬青科 Aquifoliaceae

刺叶冬青 *Ilex bioritsensis* Hayata 常绿灌木或小乔木；海拔1958～2450m，杂木林中；保护区内三江口辣子坪保护点、小岩方、小沟下水塘、三江口倒流水、三江口麻风湾、朝天马林场；永宁、丽江、香格里拉、巧家、彝良、大关；四川、贵州、台湾；中国特有；标本号：ZT690、ZT1665a、ZT906、ZT500、ZT644b、ZT1890

峨边冬青 *Ilex chieniana* S. Y. Hu 常绿乔木；海拔1950m，密林中；保护区内小草

坝分水岭；永仁、寻甸；四川西南部；中国特有；样地号：样 34-2-29。

纤齿枸骨 *Ilex ciliospinosa* Loes. 常绿灌木或小乔木；海拔 1500～1950m，杂木林中；保护区内常见；蒙自、大关；四川；中国特有；标本未采，文献记录种。

珊瑚冬青 *Ilex corallina* Franch. 常绿乔木或灌木；海拔 1931～1984m，山坡杂木林或灌丛中；保护区内小草坝采种基地、小草坝分水岭；丽江、鹤庆、宾川、漾濞、碧江、维西、香格里拉、禄劝、富民、沾益、鲁甸；四川、贵州、湖北；中国特有；样地号：草 28-4-8、样 29-1-11、乔 33-03-5。

锈毛冬青 *Ilex ferruginea* Hand.-Mazz. 灌木或乔木；海拔 1300～1900m，山坡密林中；保护区内常见；屏边、麻栗坡、西畴、滇东北；贵州南部；中国特有；标本未采，文献记录种。

毛薄叶冬青 *Ilex fragilis* Hook. f. f. kingii Loes. 落叶小乔木或大灌木；海拔 1810～2110m，混交林或杂木林或灌丛中；保护区内各地；贡山、维西、片马、禄劝、彝良、大关、屏边、文山；贵州东北部、四川西南部、西藏东南部；缅甸北部、印度东北部及西北部；标本号：ZT151b、ZT209、ZT268、ZT360、ZT1187。

康定冬青 *Ilex franchetiana* Loes. 常绿灌木或小乔木；海拔 1964m，山地杂木林中；保护区内小草坝采种基地；昭通、永善、大关、彝良、镇雄、大理；四川、重庆、湖北、西藏；缅甸北部；样地号：乔 28-56。

景东冬青 *Ilex gintungensis* H. W. Li ex Y. R. Li 常绿乔木或灌木；海拔 1552～1555m，常绿阔叶林中；保护区内大雪山管护站对面、大雪山龙潭坎；景东、凤庆；中国特有；样地号：乔 88-4-7、乔 90-87。

厚叶冬青 *Ilex intermedia* Loes. ex Diels var. *fangii*(Rehd.)S. Y. Hu 常绿乔木；海拔 1948m，杂木林中；保护区内小草坝；永善、景东；四川、贵州、湖北；中国特有；标本号：ZT2009。

大果冬青 *Ilex macrocarpa* Oliv. 落叶乔木；海拔 500～2400m，山谷和山坡林中；保护区内常见；昆明、嵩明、富民、晋宁、弥勒、师宗、沾益、昭通、盐津；四川、重庆、贵州、广西、广东、湖南、湖北、安徽；中国特有；标本未采，文献记录种。

长梗大果冬青 *Ilex macrocarpa* Oliv. var. *longipedunculata* S. Y. Hu 落叶乔木；海拔 2000～2200m，山坡林中；保护区内常见；昆明、盐津；四川、重庆、贵州、广西、广东、浙江、江苏、安徽、湖南、湖北；中国特有；标本未采，文献记录种。

河滩冬青 *Ilex metabaptista* Loes. 灌木或小乔木；海拔 450m，河边林中；保护区内常见；彝良；贵州、广西、湖北；中国特有；标本未采，文献记录种。

毛梗细果冬青 *Ilex micrococca* Maxim f. pilosa S. Y. Hu 落叶乔木；树皮入药，煎服有止痛之效；海拔 1741～2048m，阔叶林或混交林中；保护区内小草坝天竹园对面山上、小草坝罗汉林、罗汉坝五道河、小岩方、上青山、罗汉坝坡头山、乌贡山；金平、屏边、西畴、麻栗坡、马关、砚山、富宁、西双版纳；四川、重庆、贵州、广西、广东、湖北；越南北方；标本号：ZT2005。

皱叶枸骨 *Ilex perryana* S. Y. Hu 常绿匍匐有刺灌木；海拔 2800～3300m，山坡杂木林；保护区内常见；贡山、德钦、丽江、永善；缅甸北部；标本未采，文献记录种。

冬青一种 *Ilex* sp. 灌木；海拔 1741～1810m，林下、林缘；保护区内三江口麻风湾田家湾、罗汉坝坡头山；中国特有；样地号：草 1-6-1、草 61-2-17。

微香冬青 *Ilex subodorata* S. Y. Hu 常绿乔木或大灌木；海拔 1555～2048m，河边杂木林中；保护区内广布；滇西古永河一带及镇雄；中国特有；标本号：ZT88、ZT168、ZT604、ZT1633。

川冬青 *Ilex szechwanensis* Loes. 常绿灌木或小乔木；海拔 2081m，山坡杂木林、阔叶林或混交林中；保护区内罗汉坝五道河；文山、马关、麻栗坡、广南、镇雄、彝良、新平、元江、景东、思茅、西双版纳、凤庆、龙陵；四川、重庆、贵州、广西、广东、湖南、湖北；中国特有；样地号：乔 54-2-40。

毛叶川冬青 *Ilex szechwanensis* Loes. var. *mollissima* C. Y. Wu ex Y. R. Li 常绿灌木或小乔木；海拔 1810～2110m，常绿林或灌木丛中；保护区内三江口麻风湾、小岩方骑驾马、小草坝天竹园对面山上、小草坝采种基地乌贡山、小草坝分水岭、小草坝罗汉林、小草坝花苞树垭口、罗汉坝五道河、罗汉坝坡头山；屏边、金平等地；中国特有；标本号：ZT107、ZT15、ZT36。

三花冬青 *Ilex triflora* Blume 常绿乔木、小乔木或灌木；海拔 1920m，阔叶林、混交林或灌丛中；保护区内小草坝；福贡、西双版纳、屏边、麻栗坡、西畴、富宁、镇雄、盐津；贵州、广西、广东、福建、江西；越南、印度、马来西亚、印度尼西亚；标本号：ZT1875、ZT1897。

江南冬青 *Ilex wilsonii* Loes. 常绿乔木或小乔木；海拔 1560～1964m，密林中；保护区内三江口麻风湾、小草坝采种基地、大雪山普家沟；彝良、镇雄；四川、重庆、贵州、湖南、湖北、江西、浙江、福建、台湾；中国特有；标本号：ZT119、ZT162。

云南冬青 *Ilex yunnanensis* Franch. 灌木或小乔木；海拔 1741～2450m，山坡或沟谷杂木林或常绿林至灌木林中；保护区内广布；福贡、维西、德钦、香格里拉、丽江、漾濞、洱源、大理、兰坪；四川西部、贵州东北部、西藏东南部；中国特有；标本号：ZT58、ZT754、ZT691、ZT1091b、ZT1515、ZT1534。

无缘毛云南冬青 *Ilex yunnanensis* Franch. var. *eciliata* S. Y. Hu 灌木或小乔木；海拔 1800～2600m，杂木林或灌丛中；保护区内常见；镇雄、彝良、永善、大理、保山；四川西部；中国特有；标本未采，文献记录种。

173 卫矛科 Celastraceae

苦皮藤 *Celastrus angulatus* Maxim 藤状灌木；造纸及人造棉原料；根入药，有小毒，可消热透疹，舒筋活络；海拔 2300m，荒坡、灌丛或林缘；保护区内三江口辣子坪保护点；云南全省大部分地区；甘肃、陕西、河南、山东、安徽、江苏、江西、湖北、湖南、四川、重庆、贵州、广西、广东；中国特有；标本号：ZT831；样地号：草 11-5-11。

哥兰叶 *Celastrus gemmatus* Loes. 藤状灌木；海拔 1400m，山地；保护区内大雪山土霍；云南全省大部分地区；甘肃、陕西、山西、河南、安徽、江苏、浙江、江西、福建、台湾、湖北、湖南、四川、贵州、广西、广东；中国特有；标本号：无号。

粉叶南蛇藤 *Celastrus glaucophyllus* Rehd. et Wils. 藤状灌木；根入药，治跌打损伤，肠风便血；叶及树皮作杀虫农药；种子含油脂，供制造原料；海拔 1750m，针阔叶混交林中；保护区内小岩方-扎口石；宁蒗、丽江、香格里拉、德钦、鹤庆、剑川、峨山、双柏、师宗；甘肃、湖北、湖南、四川、重庆、贵州；中国特有；标本号：ZT1321。

小果南蛇藤 *Celastrus homaliifolius* Hsu 常绿木质藤本；海拔 1500～1858m，灌丛或疏林中；保护区内海子坪洞子里、小草坝雷洞坪；大关、巧家等滇东北地区；四川；中国特有；标本号：ZT2226；样地号：乔 26-5-2、草 25-3-9。

滇边南蛇藤 *Celastrus hookeri* Prain 藤状灌木；海拔 1690～1890m，林中；保护区内小岩方、海子坪木梗坡梁子；云南西北部；缅甸、印度；标本号：ZT1382、ZT968；样地号：样 80′-18。

薄叶南蛇藤 *Celastrus hypoleucoides* P. L. Chiu 藤状灌木；海拔 1852～2041m，山坡、灌丛或疏林中；保护区内小草坝罗汉林、三江口麻风湾；云南全省；安徽、浙江、江西、湖北、湖南、广东、广西；中国特有；样地号：草 48-5-17、草 2-2-12。

粉背南蛇藤 *Celastrus hypoleucus*（Oliv.）Warb. ex Loes. 藤状灌木；海拔 1860m，林中；保护区内长槽；大关；河南、陕西、甘肃、安徽、浙江、湖北、湖南、四川、重庆、贵州、广西、广东；中国特有；标本号：ZT1752。

少果南蛇藤 *Celastrus rosthornianus* Loes. 藤状灌木；海拔 2300m，次生杂木林中或路旁；保护区内三江口辣子坪保护点；云南广布；陕西、湖北、湖南、浙江、福建、重庆、四川、贵州、广西、广东；越南；标本号：ZT914。

棉花藤 *Celastrus vaniotii*（Lévl.）Rehd. 藤状灌木；海拔 1300～1980m，山地混交林中；保护区内麻风湾、小沟、三江口麻风湾、罗汉坝大树子、大雪山、罗汉坝；大关、富宁；湖北、湖南、四川、重庆、贵州、广西；中国特有；标本号：ZT1152、ZT1773、ZT798、ZT2379、ZT2122；样地号：草 46-1-4。

南川卫矛 *Euonymus bockii* Loes. 灌木；海拔 1690～1900m，上下山中沟谷较阴湿处；保护区内小草坝、海子坪木梗坡梁子；滇东北；四川、贵州；中国特有；标本号：ZT1973；样地号：样 80′-30。

百齿卫矛 *Euonymus centidens* Lévl. 落叶灌木；海拔 2070m，灌丛及林中，常见；保护区内小岩方-方家湾；昆明市东川区和昭通市；江南各省；中国特有；标本号：ZT1618；样地号：草 15-6-16。

隐刺卫矛 *Euonymus chuii* Hand.-Mazz. 落叶灌木；海拔 1400～1600m，灌木或林中；保护区内常见；大关、德钦；四川、重庆、湖南、湖北、甘肃；中国特有；标本未采，文献记录种。

扶芳藤 *Euonymus fortunei*（Turcz.）Hand.-Mazz 常绿亚灌木，斜依上升或附于其他植物体上或岩石上；引种栽培，体态和叶具观赏价值；海拔 1555～2039m，高山地、林地及灌丛常见；保护区内常见；云南全省；除个别省份外几遍全国；东亚、南亚；标本号：ZT306、ZT504、ZT72、ZT547。

西南卫矛 *Euonymus hamiltonianus* Wall. 落叶灌木至小乔木；海拔 2000～3000m，

林地，常见；保护区内常见；镇雄、永善、蒙自、大理、丽江；我国西南、华南、华东和华中；南亚至西亚各国及日本、朝鲜；标本未采，文献记录种。

矩叶卫矛 *Euonymus oblongifolius* Loes. et Rehd. 落叶灌木；海拔 2048m，山坡灌丛；保护区内小沟下水塘迷人窝；云南全省；四川、重庆、贵州、广东、广西、湖北、江西、安徽、浙江、福建；中国特有；样地号：草 30-3-3。

中亚卫矛 *Euonymus semenovii* Regel et Herd. 落叶灌木；海拔 1960m，林地，常见；保护区内朝天马林场；维西；华北、西北及西南各省；中国特有；标本号：ZT1872。

四川卫矛 *Euonymus szechuanensis* C. H. Wang 落叶灌木；《中国物种红色名录》易危种；海拔 1927～2300m，林中；保护区内小沟、朝天马陡口子、三江口辣子坪保护点；昭通市各县；四川、陕西；中国特有；标本号：ZT1175、ZT1022、ZT2083、ZT778；样地号：草 11-1-16。

刺茶 *Maytenus variabilis* (Hemsl.) C. Y. Cheng 灌木；海拔 700～1000m，山坡林缘或河边；保护区内常见；彝良；湖北、四川、贵州；中国特有；标本未采，文献记录种。

三花假卫矛 *Microtropis triflora* Merr. et Freem. 灌木或小乔木；海拔 1300～1560m，约 1800m 的山地密林中；保护区内常见；镇雄；四川、重庆、湖北、贵州；中国特有；样地号：草 71A-1-4、草 59-4-13、乔 58-12-48、草 59-1-13、乔 78-3。

173a 十齿花科 Dipentodotaceae

十齿花（麻子柴）*Dipentodon sinicus* Dunn 小乔木；国家Ⅱ级重点保护野生植物、《中国物种红色名录》易危种；海拔 1500～2060m，林中；保护区内海子坪、小沟、小草坝、小沟管护点、小草坝分水岭、小草坝采种基地乌贡山、小草坝罗汉林、小沟下水塘迷人窝、小沟上场梁子；云南南部；贵州、广西；中国特有；标本号：ZT2305、ZT1739a、ZT1784。

185 桑寄生科 Loranthaceae

灰毛寄生 *Taxillus sutchuenensis* (Lecte.) Danser var *duclouxii* (Lecte.) H. S. Kiu 灌木；海拔 600～1600m，阔叶林中；保护区内常见；巧家；四川、重庆、湖南、湖北、贵州；中国特有；标本未采，文献记录种。

186 檀香科 Santalaceae

沙针 *Osyris wightiana* Wall. 灌木；海拔 1550～2500m，灌丛及松栎林缘；保护区内常见；云南各地；西藏、四川及贵州、广西；印度、不丹、缅甸、中南半岛、斯里兰卡；标本未采，文献记录种。

油葫芦 *Pyrularia edulis* (Wall.) A. DC. 小乔木；果食用，种仁提炼食用油；海拔

1180～1340m，林中；保护区内海子坪尖山子、海子坪；云南广布；四川、湖北、广东、广西及福建；尼泊尔、缅甸、印度；标本号：ZT2202。

189 蛇菰科 Balanophoraceae

异株蛇菰 *Balanophora dioica* R. Br. ex Royle 寄生草本；可壮阳补肾、止血生肌、治疗阳痿、外伤止血；海拔 2010m，山坡阔叶林下；保护区内上场林子；维西、德钦、贡山、大理；尼泊尔、印度；标本号：ZT1735。

蛇菰 *Balanophora harlandii* Hook. f. 寄生草本；煎服可解酒醉；海拔 1870m，寄杜鹃及大麻根上，山坡竹林或阔叶林下；保护区内河坝场；大关、永善、东川、嵩明、富民、禄丰、禄劝、景东、勐腊、绿春、屏边、文山、砚山及西畴等地；台湾、广东、江西、湖北、四川、重庆、贵州；印度、泰国；标本号：ZT1420。

筒鞘蛇菰 *Balanophora involucrata* Hook. f. 寄生草本；可治疗风湿、闭经、风湿性水肿、胃病及跌打损伤，但有毒；海拔 1960m，落叶阔叶林，针阔叶混交林，山坡竹林；保护区内朝天马林场；凤庆、鹤庆、丽江、香格里拉、贡山；西藏、四川、贵州；印度、尼泊尔；标本号：ZT2059。

疏花蛇菰 *Balanophora laxiflora* Hemsl. 寄生草本；海拔 1900m，杂木林中；保护区内麻风湾；麻栗坡、贡山；西藏、四川、重庆、湖北、广东、台湾；老挝、越南；标本号：ZT647。

190 鼠李科 Rhamnaceae

黄背勾儿茶 *Berchemia flavescens*(Wall.) Brongn. 藤状或灌木；海拔 1200～4000m，山地灌丛或林下；保护区内常见；香格里拉、大理、丽江、兰坪、大关；西藏、四川、湖北、重庆、陕西、甘肃；印度、尼泊尔、不丹；标本未采，文献记录种。

多花勾儿茶 *Berchemia floribunda*(Wall.) Brongn. 藤状或灌木；根入药；海拔 1900m，山坡沟谷、林缘或灌丛中；保护区内麻风湾；云南广布；陕西、山西、甘肃、河南、安徽、江苏、浙江、江西、福建、广东、广西、湖南、湖北、四川、重庆、贵州、西藏；尼泊尔、不丹、越南、日本、印度；标本号：ZT255。

光轴勾儿茶 *Berchemia hispida*(Tsai et Feng) Y. L. Chen et P. K. Chou var. *glabrata* Y. L. Chen P. K. Chou 攀缘灌木；海拔 1530～1900m，山地林中或灌木丛中；保护区内小岩方、麻风湾；彝良、大关；四川(峨眉山)、贵州；中国特有；标本号：ZT1290、ZT777。

牯岭勾儿茶 *Berchemia kulingensis* Schneid. 藤状或攀缘灌木；海拔 1300～2000m，山地灌丛或林中；保护区内常见；镇雄、大关；四川、重庆、贵州、广西、湖南、湖北、江西、福建、浙江、江苏、安徽；中国特有；标本未采，文献记录种。

峨眉勾儿茶 *Berchemia omeiensis* Fang ex Y. L. Chen 藤状或攀缘灌木；海拔 450～1700m，山地灌丛或阔叶林中；保护区内常见；大关、大理；四川、重庆、贵州、湖北；中国特有；标本未采，文献记录种。

光枝勾儿茶 *Berchemia polyphylla* Wall. ex Laws. var. *leioclado* Hand.-Mazz.　藤状灌木；海拔 1850～1860m，山坡、沟边、灌木丛中、林缘；保护区内扎口石、长槽；麻栗坡、砚山、富宁、西畴、文山、马关、蒙自、河口、元江、保山；陕西、四川、重庆、贵州、广西、广东、福建、湖南、湖北；越南；标本号：ZT1350、ZT1736。

苞叶木 *Chaydaia tonkinensis* Pitard　常绿灌木或小乔木；海拔 1860m，山地林中或灌丛中；保护区内长槽；富宁、西畴、砚山、马关、麻栗坡、屏边、河口、曲靖、新平、元江、景谷、勐腊、景洪；广东、广西、贵州、海南；越南、泰国、菲律宾等；标本号：ZT1738。

拐枣 *Hovenia acerba* Lindl.　乔木；海拔 1500～2000m，山地林缘；保护区内常见；滇东北、滇中及思茅、临沧；四川、重庆、贵州、湖北、湖南、广西、广东、福建、江西、浙江、江苏、安徽、河南、陕西、甘肃；印度、尼泊尔、不丹、缅甸；标本未采，文献记录种。

铜钱树 *Paliurus hemsleyanus* Rehd.　乔木，稀灌木；树皮含鞣质，可提制栲胶；海拔 1450～1600m，山地阔叶林或灌木林中；保护区内常见；昭通、西畴；四川、重庆、贵州、广西、广东、湖北、湖南、江西、安徽、浙江、江苏、河南、陕西、甘肃；中国特有；标本未采，文献记录种。

多脉猫乳 *Rhamnella martini*（Lévl.）Schneid.　灌木或小乔木；海拔 800～2900m，山地灌丛或阔叶林中；保护区内常见；昭通、会泽、曲靖、罗平、砚山、昆明、安宁、嵩明、富民、双柏、通海、楚雄；西藏、四川、重庆、贵州、湖北、广东；中国特有；标本未采，文献记录种。

无刺鼠李 *Rhamnus esquirolii* Lévl.　灌木；果实含黄色染料；嫩叶可代茶；果实及嫩叶可治刀伤；海拔 500～1800m，沟谷密林、山坡林缘或灌丛中；保护区内常见；盐津、绥江、广南、西畴、砚山、保山、龙陵；四川、重庆、贵州、广西、湖北；中国特有；标本未采，文献记录种。

亮叶鼠李 *Rhamnus hemsleyana* Schneid.　常绿乔木；海拔 1820m，山谷林缘或林中；保护区内扎口石；大关、镇雄、维西、贡山、剑川、禄劝；四川、贵州西部、陕西西南部；中国特有；标本号：ZT1338。

冻绿 *Rhamnus utilis* Decne.　灌木；种子榨油可作润滑油；果实、树皮及叶含黄色染料；海拔 1200～1500m，山坡灌丛或林下；保护区内常见；大关；西藏、四川、重庆、贵州、广西、广东、湖南、湖北、江西、福建、浙江、江苏、安徽、山西、河北、河南、陕西、甘肃；日本、朝鲜；标本未采，文献记录种。

帚枝鼠李 *Rhamnus virgata* Roxb.　灌木或乔木；海拔 1350～1550m，山坡灌丛中或林中；保护区内大雪山；云南广布；四川西南部、贵州、西藏东部至东南部；印度、尼泊尔；标本号：ZT2413、ZT2262。

梗花雀梅藤 *Sageretia henryi* Drumm. et Sprague　藤状灌木；海拔 600～2000m，山地灌丛或密林中；保护区内常见；彝良、西畴、屏边、蒙自；四川、重庆、贵州、湖南、湖北、广西、陕西、甘肃、浙江；中国特有；标本未采，文献记录种。

枣 *Ziziphus jujuba* Mill. 落叶小乔木，稀灌木；食用、入药、蜜源植物；海拔1000～1900m，林中、林缘；保护区内常见；滇东北、西北部、西部和中部；贵州、重庆、四川、湖北、湖南、广西、广东、福建、江西、浙江、江苏、安徽、河南、山东、河北、辽宁、吉林、山西、陕西、甘肃、新疆；亚洲其他地区、欧洲和美洲等有栽培；标本未采，文献记录种。

191 胡颓子科 Elaeagnaceae

宜昌胡颓子 *Elaeagnus henryi* Warb. ex Diels 常绿灌木；果食用、入药；海拔1750～2040m，疏林或灌草中；保护区内小草坝、小岩方；麻栗坡、西畴、文山、蒙自、景东、维西、贡山等地；陕西、浙江、安徽、江西、湖北、四川、重庆、湖南、贵州、福建、广东、广西；中国特有；标本号：ZT2044、ZT1836；样地号：乔48-4-22。

披针叶胡颓子 *Elaeagnus lanceolata* Warb. ex Diels ssp. *lanceolata* 常绿灌木；果药用；海拔1900m，山地林中、林缘；保护区内小沟；云南广布；陕西、甘肃、湖北、四川、重庆、贵州、广西等；中国特有；标本号：ZT1801。

大披针叶胡颓子 *Elaeagnus lanceolata* Warb. ssp. *Grandifolia* Serv. 常绿蔓状灌木；海拔1400～2900m，山地林中或灌木丛中；保护区内常见；彝良、马关；四川、贵州；中国特有；标本未采，文献记录种。

南川牛奶子 *Elaeagnus nanchuanensis* C. Y. Chang 落叶灌木；海拔1160m，向阳山坡沟旁；保护区内海子坪；绥江；四川南部、贵州北部；中国特有；标本号：ZT2194。

胡颓子 *Elaeagnus pungens* Thunb. 常绿灌木；海拔1900～3000m，向阳山坡或路旁；保护区内常见；大关、嵩明、云龙、腾冲；江苏、浙江、福建、安徽、江西、湖南、湖北、广东、广西、贵州；日本；标本未采，文献记录种。

羊奶子 *Elaeagnus umbellata* Thunb. 落叶灌木；果食用、制酒、药用；海拔1500～2040m，林缘、灌丛、荒坡、沟边；保护区内小草坝、罗汉坝；大关、会泽、昭通、嵩明、昆明、禄劝、武定、大姚、漾濞、大理、永平、剑川、云龙、维西、德钦、香格里拉、贡山、丽江、福贡、泸水、腾冲；华北、华东、西南各省、陕西、甘肃、青海、宁夏、辽宁、湖北；日本、朝鲜、中南半岛、印度、尼泊尔、不丹、阿富汗、意大利；标本号：ZT1050。

193 葡萄科 Vitaceae

大叶蛇葡萄 *Ampelopsis megalophylla* Diels et Gilg 藤本；海拔1700～1981m，山坡林中；保护区内长槽；大关、镇雄；甘肃、陕西、湖北、四川、重庆、贵州；中国特有；标本号：ZT1591、ZT2197；样地号：草13-2-10。

毛枝蛇葡萄 *Ampelopsis rubifolia*(Wall.)Planch. 木质藤本；海拔1700m，疏林中；保护区内小岩方；双江；江西、湖南、广西、四川、贵州；印度阿萨姆；标本号：ZT1776。

乌蔹莓 *Cayratia japonica*(Thunb.) Gagn.　藤本；全草入药；海拔 1800～1849m，山谷中或山坡灌丛；保护区内常见；云南广布；陕西、河南、山东、安徽、江苏、浙江、湖北、湖南、福建、台湾、广东、广西、海南、四川、重庆、贵州；日本、菲律宾、越南、缅甸、印度、印度尼西亚、澳大利亚；标本号：ZT456、ZT1349、ZT1439、ZT999；样地号：草 46-4-5。

尖叶乌蔹莓 *Cayratia japonica*(Thunb.) Gagn. var. *pseudotrifolia*(W. T. Wang) C. L. Li　藤本；海拔 1150m，山地岩石边；保护区内海子坪；永善；陕西、甘肃、江西、浙江、湖北、湖南、广东、四川、重庆、贵州；中国特有；标本号：ZT2261。

华中乌蔹莓 *Cayratia oligocarpa*(Lévl. et Vant.) Gagn.　藤本；海拔 1900～1951m，山谷、山坡、林中；保护区内小沟、麻风湾；大关、威信、镇雄；陕西、湖北、四川、重庆、贵州；中国特有；标本号：ZT1797、ZT1173。

近贴生白粉藤 *Cissus* aff. *adnata* Roxb.　草质藤本；海拔 1815m，林下、林缘；保护区内麻风湾；待定；中国特有；标本号：ZT233。

小叶地锦 *Parthenocissus chinensis* C. L. Li　木质藤本；海拔 1300～2300m，河谷灌丛；保护区内常见；大关、香格里拉；四川西部及西南部；中国特有；标本未采，文献记录种。

异叶爬山虎 *Parthenocissus heterophylla*(Blume) Merr.　草质藤本；海拔 1741m，山坡密林阴处、灌丛中、岩石处；保护区内罗汉坝；兴义、安龙、安顺、贵定、都匀、江口、松桃、云南；四川、广西、广东、福建、台湾、江西；中国特有；样地号：草 25-3-5。

三叶地锦 *Parthenocissus semicordata*(Wall.) Planch.　藤本；海拔 1500～1900m，中山灌丛，林缘、疏林、密林；保护区内老长坡、麻风湾；云南广布；甘肃、陕西、湖北、四川、重庆、贵州、西藏；缅甸、泰国、印度；标本号：ZT1768、ZT200；样地号：草 33-5、草 51-3-5、草 14-3-2。

三叶崖爬藤 *Tetrastigma hemsleyanum* Diels et Gilg　藤本；海拔 1942～1947m，季风林、中湿林中；保护区内小草坝罗汉林、罗汉坝场弯子；西畴、文山；江苏、浙江、江西、福建、台湾、广东、广西、湖北、湖南、四川、重庆、贵州、西藏；中国特有；样地号：草 71-3-6、草 49-4-4。

狭叶崖爬藤 *Tetrastigma serrulatum*(Roxb.) Planch.　草藤；海拔 1400～2900m，山谷林中、山坡灌草岩石缝中；保护区内常见；云南各地；湖南、广东、广西、四川、贵州；中国特有；标本未采，文献记录种。

桦叶葡萄 *Vitis betulifolia* Diels et Gilg　藤本；海拔 1900m，山坡、沟谷灌丛中；保护区内罗汉坝；嵩明、维西、丽江、鹤庆、砚山、西畴、昆明、金平；中国特有；标本号：ZT2199。

葛藟葡萄(光叶葡萄) *Vitis flexuosa* Thunb.　藤本；海拔 1860m，山坡、沟谷、林下；保护区内河坝场；绥江、师宗、大姚、大理、贡山、双柏、丽江、文山；甘肃、陕西、湖北、湖南、四川、重庆、贵州、江苏、安徽、浙江、福建、江西、广东、广西；中国特有；标本号：ZT1421。

毛葡萄 *Vitis heyneana* Roem. et Schult.　藤本；海拔 1750m，山坡林中、沟谷、草丛；保护区内小草坝；绥江、师宗、大姚、大理、贡山、丽江、文山；尼泊尔、不丹、印度；标本号：ZT2039。

网脉葡萄（威氏葡萄）*Vitis wilsonae* Veitch.　木质藤本；海拔 1700m，林中；保护区内小岩方；绥江、镇雄；四川、重庆、贵州、湖南、湖北、浙江、福建、江苏、安徽、河南、陕西、甘肃；中国特有；标本号：ZT1059。

194 芸香科 Rutaceae

松风草 *Boenninghausenia albiflora*（Hook.）Reichenb. ex Meisn.　多年生宿根草本；药用；海拔 1840～1860m，山坡林下、林缘；保护区内小岩方扎口石、小草坝；云南各地；西藏、四川、重庆、贵州、广东、广西、湖南、湖北、福建、安徽、江苏、台湾；印度北部、印度尼西亚、日本、泰国、菲律宾、尼泊尔、不丹、马来西亚；标本号：ZT1314。

石椒草 *Boenninghausenia sessilicarpa* Lévl.　草本；药用；海拔 1200～1500m，生石灰岩灌丛及山沟林缘；保护区内常见；滇西北、滇中、滇东北及红河、泸水等地；中国特有；标本未采，文献记录种。

宜昌橙（野柑子）*Citrus ichangensis* Swingle　灌木状小乔木；海拔 1600m，山坡灌丛中及沟谷密林；保护区内三江口分水岭；漾濞、保山、镇雄、绥江、大关；湖北西部有野生及栽培；印度东北；标本号：ZT1057。

毛黑果黄皮 *Clausena dunniana* Lévl. var. *robusta*（Takaka）Huang　灌木或小乔木；海拔 300～1350m，石灰岩灌丛林中；保护区内常见；威信、蒙自、砚山、广南、勐海、临沧；广西、湖南、湖北、贵州、四川、重庆；中国特有；标本未采，文献记录种。

吴茱萸 *Euodia rutaecarpa*（Juss.）Benth.　小乔木；油料、药用；海拔 1560～2000m，山坡疏林、旷地、阳处；保护区内常见；滇中南、滇西、滇东南、滇中；四川、重庆、贵州、广东、湖南、湖北、江西、浙江、安徽、福建、台湾、陕西；尼泊尔、不丹、印度、缅甸、日本；标本号：ZT1086、ZT1124、ZT1326；样地号：乔 87-30。

吴茱萸一种 *Euodia* sp.　小乔木；海拔 1849m，疏林；保护区内罗汉坝大树子；中国特有；样地号：草 46-2-18。

四川吴萸 *Evodia sutchuenensis* Dode　乔木；种子取油脂；海拔 1552m，山地林中；保护区内大雪山龙潭坎；云南新分布；四川、重庆、贵州、湖北；中国特有；样地号：乔 90-47。

毛牛纠 *Evodia trichotoma*（Lour.）Pieere var. *pubescens* Huang　小乔木；海拔 1947～1966m，沟边、路旁、山坡上；保护区内三江口、小草坝罗汉林；楚雄、元江、景东、富宁、屏边；四川、广西、贵州；中国特有；标本号：ZT438、ZT4448；样地号：草 49-1-12。

牛纠吴萸 *Euodia trichotoma*（Lour.）Pierre　小乔木或灌木；药用；海拔 300～2700m，沟谷密林灌丛中；保护区内常见；云南各地；陕西、海南、广西、广东、贵州、湖北；中国特有；标本未采，文献记录种。

臭常山 *Orixa japonica* Thunb.　落叶小灌木；药用；海拔 1900m，山地疏林或密林中；保护区内小草坝；丽江、昆明；华东、华中、四川、贵州；日本、朝鲜；标本号：无号。

秃叶黄蘗 *Phellodendron chinense* Schneid. var. *glabriusculum* Schneid.　乔木；国家Ⅱ级重点保护植物；作常备药及染料；海拔 1820～2000m，山坡疏林中，常见房前屋后栽培；保护区内三江口麻风湾、小沟；镇雄、大关、彝良、绥江；湖北、四川、陕西南部；中国特有；标本号：ZT1117、ZT1691。

乔木茵芋 *Skimmia laureola*(DC.) Sieb. et Zucc. ex Walp. ssp. *arborescens*(T. Anders ap. Gamble) C. Y. Wu et D. D. T Tao　常绿乔木；海拔 1900～2048m，湿性常绿阔叶林、沟边密箐；保护区内各地；云南全省广布；广东、广西、贵州、西藏、四川；印度东北部及西北部、尼泊尔、不丹、泰国、缅甸、越南；标本号：ZT1091a、ZT1637、ZT1891、ZT2189；样地号：草 30-6-11、草 34-草-15。

茵芋 *Skimmia laureola*(DC.) Sieb. et Zucc. ex Walp. ssp. *reevesiana*(Fortune) C. Y. Wu et D. D. Tao　小灌木；海拔 1900～2500m，苔藓常绿林中；保护区内常见；云南东北部；安徽、浙江、江西、湖南、贵州、福建、广东、广西、湖北及台湾；东达日本、南抵菲律宾；标本未采，文献记录种。

飞龙掌血 *Toddalia asiatica*(L.) Lam　木质粗壮藤本；入药、黄色染料的原料，是天然黄色素及柑果的理想资源植物；海拔 560～2600m，林下、林缘、荆棘灌丛；保护区内常见；滇中高原、金沙江河谷、滇西北峡谷、澜沧江、红河中游、滇东北、大小凉山；陕西南部、青海、西藏、四川、贵州及华中、东南沿海；东喜马拉雅、亚洲东南部及岛屿、非洲东部；标本未采，文献记录种。

花椒 *Zanthoxylum bungeanum* Maxim　灌木或小乔木；佐料，开胃健脾；海拔 1780～1980m，河边、山坡、灌丛林中、房前屋后，常见林中栽培；保护区内三江口麻风湾、三江口分水岭；滇西北、滇西、滇中、滇东北、滇东南、临沧；以秦岭以南为中心；中国特有；标本号：ZT190、ZT1049。

蚬壳花椒 *Zanthoxylum dissitum* Hemsl.　木质藤本；根入药；海拔 1160m，路边、坡上及林缘(四川志)、开阔灌丛林；保护区内海子坪；文山、屏边、富宁、广南、西畴、威信、昭通、镇雄、绥江；湖北(三峡)、陕西、四川、贵州、广西、广东、湖南、甘肃；中国特有；标本号：ZT2190。

刺蚬壳椒 *Zanthoxylum dissitum* Hemsl. var. *hispidum*(Reeder et Cheo) Huang　木质藤本；可作麻醉药；海拔 1400～1500m，山坡灌丛林中；保护区内常见；威信、绥江、大关；四川；中国特有；标本未采，文献记录种。

细柄花椒 *Zanthoxylum esquirolii* Lévl.　蔓性灌木；海拔 1490～1690m，疏林下及林缘、灌丛、山坡；保护区内小岩方、海子坪；云南各地；湖北、陕西、四川、贵州、甘肃；中国特有；标本号：ZT1236；样地号：样 80'-25。

野花椒 *Zanthoxylum simulans* Hance　灌木或小乔木；果入药；海拔 1860～1969m，平地、低丘陵或略高的山地疏林或密林下；保护区内长槽、小草坝燕子洞；云南新分布；青海、甘肃、河南、山东、安徽、江苏、浙江、湖南、江西、台湾、福建、海南及贵州；中国特有；标本号：ZT1758；样地号：乔 50-1-31。

狭叶花椒 *Zanthoxylum stenophyllum* Hemsl.　小乔木或灌木；海拔 1931m，山地灌丛；保护区内小草坝分水岭；云南新分布；陕西、甘肃、四川、重庆、湖北西部；中国特有；样地号：草 33-4-4。

浪叶花椒 *Zanthoxylum undulatifolium* Hemsl. 小乔木；海拔 1600～2100m，山坡疏林中；保护区内常见；大关；湖北、四川、陕西(云南有新记录)；中国特有；标本未采，文献记录种。

195 苦木科 Simaroubaceae

刺臭椿 *Ailanthus altissima*(Mill.) Swingle 乔木；海拔 1830m，四川干热河谷较常见；保护区内麻风湾；永宁、德钦；湖北、四川；中国特有；标本号：ZT1204。

苦树 *Picrasma quassioides*(D. Don) Benn. 落叶小乔木；海拔 1350～1750m，湿润的山谷杂木林中；保护区内小岩方扎口石、威信；云南中部、东南部、南部、西南部、西部等地；我国黄河流域以南各省；克什米尔地区、尼泊尔、不丹、印度东北部、朝鲜、日本；标本号：ZT1323、ZT2355。

197 楝科 Meliaceae

川楝 *Melia toosendan* Sieb. et Zucc. 乔木；海拔 500～2100m，杂木林；保护区内常见；云南全省大部分地区；四川、重庆、贵州、广西、湖南、湖北、河南、甘肃；日本、越南、老挝、泰国；标本未采，文献记录种。

地柑子 *Munronia unifoliolata* Oliv. 矮小半灌木；全株入药；海拔 1120m，石灰岩山石缝中；保护区内常见；彝良；四川、重庆、贵州、湖南、湖北；中国特有；标本未采，文献记录种。

198a 七叶树科 Hippocastanaceae

天师栗 *Aesculus wilsonii* Rehd. 乔木；行道林，制造器具，果入药，可治胃病、心脏方面的疾病；海拔 1800m，杂木林中；保护区内麻风湾；镇雄、彝良、大关、绥江；贵州、四川、广东北部、江西西部、湖南、湖北西部、河南西南部；中国特有；标本号：ZT759。

200 槭树科 Aceraceae

阔叶槭 *Acer amplum* Rehd. 落叶高大乔木；海拔 1750m，山坡上；保护区内小草坝；元江；四川；中国特有；标本号：ZT2040。

青榨槭 *Acer davidii* Franch. 乔木；《中国物种红色名录》无危种；海拔 1140～1900m，箐林中，路旁或水沟边；保护区内分水岭、朝天马林场、麻风湾、海子坪；云南全省各地；我国黄河流域以南各省都有；中国特有；标本号：ZT967、ZT1952、ZT1950、ZT1190。

毛花槭 *Acer erianthum* Schwer.　落叶乔木；海拔 1500～1850m，混交林；保护区内三江口、小岩方；滇东北、彝良；陕西南部、湖北西部、四川和广西北部；中国特有；标本号：ZT18、ZT1246、ZT78；样地号：草 2-5-13、草 2-3-16。

扇叶槭 *Acer flabellatum* Rehd. ex Veitch　落叶乔木；《中国物种红色名录》无危种；海拔 1860～2450m，山谷阴处林中；保护区内三江口辣子坪、小草坝雷洞坪、三江口三角顶；镇雄、彝良、文山、新平、屏边；江西、湖南西北部、四川、贵州、广西北部；中国特有；标本号：ZT762、ZT736、ZT1624。

房县槭 *Acer franchetii* Pax　落叶乔木；《中国物种红色名录》无危种；海拔 1850～2300m，混交林中；保护区内麻风湾、三江口辣子坪；滇东北、西北及南部；河南西部、湖南西北部、湖北、四川、重庆、贵州；中国特有；标本号：ZT952、ZT763、ZT1104。

锐齿槭 *Acer hookeri* Miq.　落叶乔木；《中国物种红色名录》易危种；海拔 2450m，水箐旁的密林中；保护区内山顶三角点、小草坝；贡山；西藏东南；印度西北部；标本号：ZT817、ZT1881。

疏花槭 *Acer laxiflorum* Pax　落叶乔木；《中国物种红色名录》无危种；海拔 1858～1950m，路边，沙石或疏林中；保护区内三江口辣子坪、麻风湾；永善、镇雄、香格里拉、德钦、丽江、贡山、维西、禄劝；四川；不丹；样地号：草 25-23。

大翅色木槭 *Acer mono* Maxim var. *macropterum* Fang　落叶乔木；《中国物种红色名录》无危种；海拔 1947m，杂木林或稀疏林中；保护区内三江口；宁蒗、丽江、香格里拉、维西；四川、重庆、湖北西部和西南部、甘肃南部；中国特有；标本号：ZT281；样地号：乔-4-25。

五裂槭 *Acer oliverianum* Pax　乔木；《中国物种红色名录》无危种；用材树种，可供园林绿化；海拔 1580～2040m，山坡或溪边密林中；保护区内麻风湾、三江口；屏边、镇雄、彝良、香格里拉、丽江、维西、兰坪、德钦、禄劝；湖北、湖南、江西、广东、广西、贵州、四川、重庆；中国特有；标本号：ZT1261a；样地号：乔 4-29、乔-6-22。

多果槭 *Acer prolificum* Fang et Fang f.　落叶小乔木；海拔 1852m，沟谷混交林；保护区内三江口辣子坪、麻风湾；大关；四川西南部；中国特有；标本号：ZT570；样地号：样 2 附近。

中华槭 *Acer sinense* Pax　落叶乔木；《中国物种红色名录》无危种；海拔 2200m，混交林中；保护区内三江口三角顶；广南、文山；湖北西部、四川、重庆、湖南、贵州、江西、广西、广东；中国特有；标本号：ZT1122。

深裂中华槭 *Acer sinense* Pax var. *longilobum* Fang　落叶乔木；海拔 1310～2040m，沟边阔叶林；保护区内三江口辣子坪、麻风湾；富宁、麻栗坡；湖北、四川亦有，江西、广东和云南新记录；中国特有；标本号：ZT3、ZT535、ZT1493、ZT1499、ZT1484、ZT560。

苹婆槭 *Acer sterculiaceum* Wall.　落叶乔木；海拔 2300m，林下；保护区内三江口辣子坪、麻风湾；维西；四川、西藏南部；尼泊尔、巴基斯坦、印度北部；标本号：ZT770、ZT458；样地号：样 11。

罗浮槭 *Acer fabri* Hance 常绿乔木；海拔 1450m，疏林中；保护区内常见；滇东北；江西、湖北、湖南、广东、广西、四川、重庆；中国特有；标本未采，文献记录种。

201 清风藤科 Sabiaceae

宽叶清风藤 *Sabia latifolia* Rehd. et Wils. 攀缘灌木；海拔 1810～2010m，山坡杂林内；保护区内小岩方—方家湾、三江口麻风湾、田家湾；大关；四川西部；中国特有；标本号：ZT155；样地号：草 15-6-18、草 1-12-15。

峨眉清风藤 *Sabia latifolia* Rehd. et Wils. var. *omeiensis* (Stapf ex L. Chen) S. K. Chen 攀缘灌木；海拔 2045m，山谷、溪边灌丛中；保护区内三江口三角顶；永善；四川西南部；中国特有；标本号：ZT756；样地号：样 8。

柠檬清风藤 *Sabia limoniacea* Wall. 藤本；海拔 1850m，常绿阔叶林中；保护区内小岩方；景洪、勐腊；广西、广东、福建等；越南、老挝、泰国、缅甸、不丹、印度、孟加拉国、马来西亚、印度尼西亚及加里曼丹岛；标本号：ZT1365。

五腺清风藤 *Sabia pentadenia* L. Chen 攀缘灌木；海拔 2010～2300m，山地林中；保护区内小岩方—方家湾、小沟下水塘迷人窝、三江口辣子坪保护点；丽江、贡山、永善；中国特有；标本号：ZT764；样地号：草 15-草-14、草 30-5-4、草 11-2-15。

丛林清风藤 *Sabia purpurea* Hook. f. et Thoms. 落叶灌木；海拔 1340～2050m，山谷、溪旁林中；保护区内小岩方—方家湾、三江口麻风湾田家湾、小岩方骑驾马、小草坝罗汉林；凤庆、镇康、龙陵、景东；中国特有；标本号：ZT1569。

四川清风藤 *Sabia schumanniana* Diels 常绿攀缘灌木；海拔 1350m，山坡林中；保护区内白鸽池；永善；四川、湖北西部；中国特有；标本号：ZT2361。

云南清风藤 *Sabia yunnanensis* Franch. 木质藤本；木质藤本药用；海拔 1200～1900m，山谷溪旁疏林中；保护区内海子坪、小沟、小岩方；贡山、香格里拉、维西、德钦、丽江、鹤庆、漾濞、洱源、昆明、嵩明、师宗、富民、禄劝、大关、彝良；中国特有；标本号：ZT2277、ZT1693、ZT1216。

201a 泡花树科 Meliosmaceae

珂楠树 *Meliosma alba* (Schlechtend.) Walp. 落叶乔木；海拔 1966m，沟谷杂木林中；保护区内三江口；维西、贡山；河南、湖北、湖南、四川、重庆、贵州等；缅甸；标本号：ZT558；样地号：乔 3-21。

泡花树 *Meliosma cuneifolia* Franch. 乔木；海拔 2045m，山谷林中；保护区内小草坝罗汉林；丽江、维西、大理、漾濞、镇雄、禄劝；四川、重庆、贵州、西藏东南部和湖北等；中国特有；样地号：草 48-4-14。

光叶泡花树 *Meliosma cuneifolia* Franch. var. *glabriuscula* Cufod. 小乔木；海拔 2000～2300m，山坡密林中或疏林中；保护区内麻风湾、三江口辣子坪保护点；云南广布；四川、重庆、贵州、江西、福建、湖北、湖南、安徽、河南、陕西、甘肃；中国特有；标本号：ZT949、ZT916；样地号：草 11-1-14。

丛林泡花树 *Meliosma dumicola* W. W. Smith　乔木；海拔 1950m，山坡林中；保护区内麻风湾；腾冲、景东、西畴；西藏、广东、海南；越南、泰国；标本号：无号。

山青木 *Meliosma kirkii* Hemsl. et Wils.　落叶乔木；海拔 1750～1900m，林间；保护区内小草坝分水岭；云南新分布；四川中南部及西南部；中国特有；标本号：ZT2123、ZT963。

泸水泡花树 *Meliosma mannii* Lace　乔木；海拔 1810～2300m，山坡林中；保护区内三江口辣子坪保护点、小岩方、麻风湾、小草坝罗汉林、乌贡山；富宁、景洪、泸水；印度、缅甸；标本号：ZT1334、ZT1106；样地号：样 11、草 48-4-17。

柔毛泡花树 *Meliosma myriantha* Sieb. et Zucc. var. *pilosa* (Lecomte) Law　落叶乔木；海拔 1741m，山谷、溪旁林中；保护区内罗汉坝；云南新分布；江苏、浙江、福建、江西、湖南、湖北、陕西西南部、四川南部、贵州东北部；中国特有；样地号：乔 61-1-2。

笔罗子 *Meliosma rigida* Sieb. et Zucc.　乔木；海拔 1540m，沟谷密林中或疏林中；保护区内小岩方；景洪、勐腊、文山、砚山、麻栗坡、富宁；贵州、广东、广西、湖南、湖北、江西、江苏、浙江、福建、台湾等；老挝、越南、菲律宾、日本；标本号：ZT1294。

山様叶泡花树 *Meliosma thorelii* Lecomte　乔木；海拔 1750m，山谷疏林中；保护区内小草坝；金平、屏边、马关、麻栗坡、富宁；贵州、广西、广东、福建等；越南、老挝；标本号：ZT2034。

暖木 *Meliosma veitchiorum* Hemsl.　落叶乔木；海拔 1560m，箐沟杂木林中或密林中；保护区内大雪山黄角湾；丽江、香格里拉、维西、剑川；四川、贵州东北部、陕西、河南、湖北、湖南、安徽、浙江北部；中国特有；样地号：乔 87-8。

云南泡花树 *Meliosma yunnanensis* Franch.　乔木；海拔 1870～2100m，山谷常绿阔叶林或沟谷杂木林中；保护区内小岩方扎口石、麻风湾；贡山、泸水、维西、香格里拉、德钦、丽江、洱源、元江、武定、双柏、禄劝、嵩明、富民、永平；西藏东南部、四川、贵州；尼泊尔、不丹、印度北部及西北部、缅甸北部；标本号：ZT1310、ZT957、ZT1205。

204 省沽油科 Staphyleaceae

野鸦椿（小山辣子、山海椒）*Euscaphis japonica* (Thunb.) Dippel　落叶小乔木或灌木；器具用材；制皂，提栲胶；根及干果入药；栽培观赏；海拔 1500m，疏林或灌丛；保护区内小岩方、海子坪；镇雄、威信、彝良、盐津；我国除西北外全国各地；日本、朝鲜；标本号：ZT1088、ZT2220。

银鹊树 *Tapiscia sinensis* Oliv.　落叶乔木；国家III级珍稀植物（1985）、IUCN（VU）；家具及建筑用材；海拔 1800m，森林中混生；保护区内小岩方扎口石；大关；湖北、湖南、安徽、浙江、广东、广西、四川等；中国特有；标本号：ZT1300。

205 漆树科 Anacardiaceae

黄连木 *Pistacia chinensis* Bunge 乔木；材用、种子食用及工业用；海拔 972～2400m，山坡林中；保护区内常见；云南全省；长江以南各省及华北、西北亦有；菲律宾；标本未采，文献记录种。

清香木 *Pistacia weinmannifolia* J. Poisson ex Franch. 灌木或小乔木；药用等；海拔580～2700m，山坡、峡谷的疏林或灌丛中，石灰岩地区及干热河谷尤多；保护区内常见；云南全省各地；我国西藏东南、四川西南和贵州西南；缅甸；标本未采，文献记录种。

盐肤木 *Rhus chinensis* Mill. 灌木；五倍子蚜虫的寄主植物，五倍可供医药、塑料、墨水等工业上用，树皮作染料，幼枝可杀虫，果未熟前可泡醋，种子榨油，根花果可供药用；海拔 1000～2800m，向阳坡、山谷、溪边、疏林、灌丛和荒地上；保护区常见；云南全省；我国除东北、内蒙古和西北外其他各省均有；印度、中南半岛、印度尼西亚、朝鲜、日本；标本号：ZT2244。

红麸杨 *Rhus punjabensis* Stewart var. *sinsica* (Diels) Rehd. et Wils. 小乔木或灌木；叶、树皮可提供栲胶，制家具、农具，种子可提取润滑油、作饲料，树皮可作农药；海拔 1900m，山谷、溪边密林、灌丛；保护区内三江口；云南西北至东北部、金沙江河谷（丽江、东川、会泽、大关、镇雄）；西藏、四川、重庆、贵州、湖北、陕西；中国特有；标本号：ZT1128。

川麸杨 *Rhus wilsonii* Hemsl. 灌木；用途同盐肤木；海拔 350～2300m，山坡灌丛中；保护区内常见；绥江、永善、巧家；四川西南；中国特有；标本未采，文献记录种。

狭叶小漆树 *Toxicodendron delavayi* var. *angustiflium* C. Y. Wu 小灌木；海拔 1300～2200m，岩石或荒草地；保护区内常见；永善、武定；四川西南；中国特有；标本未采，文献记录种。

大花漆 *Toxicodendron grandiflorum* C. Y. Wu et T. L. Ming 小乔木或灌木；海拔2041m，草坡、灌丛和岩石上；保护区内小草坝罗汉林；文山、砚山、石屏、通海、峨山、昆明、禄劝、大关、武定、楚雄、永仁、宾川、龙陵、保山、宁蒗；四川西南；中国特有；样地号：乔 48-4-16。

野葛 *Toxicodendron radicans* (L.) O. Kuntze ssp. *hispidum* (Engl.) Gillis. 攀缘状灌木；极毒；海拔 1810～2110m，山谷杂木林中；保护区内常见；大关；四川、重庆、贵州、湖南、湖北、台湾；中国特有；标本号：ZT111、ZT124b、ZT1518、ZT89、ZT471、ZT57、ZT145a、ZT716、ZT2052、ZT1191、ZT94。

野漆 *Toxicodendron succedaneum* (L.) O. Kuntze 乔木；海拔 900～1500m，季风林；保护区内常见；云南全省；华北至江南各省；越南、泰国、缅甸、印度、蒙古国、朝鲜、日本；标本未采，文献记录种。

漆 *Toxicodendron vernicifluum* (Stokes) F. A. Barkley 乔木；海拔 1560～1830m，向阳山坡、山谷湿润林中；保护区内三江口麻风湾、大雪山；云南广布；黑龙江、吉林、辽宁、内蒙古、青海、宁夏、新疆；印度、朝鲜、日本；标本号：ZT93；样地号：草 1-4-3。

云南漆 *Toxicodendron yunnanense* C. Y. Wu 灌木；海拔 1431m，沟边，林内；保护区内海子坪尖山子；峨山、双柏、富民、嵩明；中国特有；样地号：乔 59-5-20。

207 胡桃科 Juglandaceae

黄杞 *Engelhardtia roxburghiana* Wall. 常绿乔木；用材；树皮纤维坚韧，可代麻；树皮提栲胶；树皮及叶药用；海拔 400～1550m，山坡疏林中；保护区内常见；绥江、永善、个旧、蒙自、河口、西畴、马关、麻栗坡、富宁、景洪、勐腊；四川、贵州、湖南、广东、湖南、广西、福建、台湾；印度、孟加拉国、缅甸、老挝、越南、印度尼西亚；标本未采，文献记录种。

胡桃 *Juglans regia* L. 落叶乔木；用材；种仁可食，榨油；果仁、种隔、叶入药；果外皮及树皮可提栲胶；海拔 1900m，山坡、沟旁、路边，多为人工栽培；保护区内麻风湾；云南全省各地；华北、西北、西南、华南、华中及华东各省；中亚、西亚、南亚、欧洲；标本未采，文献记录种。

泡核桃（云南麻核桃、漾濞核桃、茶核桃）*Juglans sigillata* Dode 乔木；材用、种仁食用等；海拔 1300～2700m，沟谷林中，多栽培；保护区内常见；昭通、富民、楚雄、大理、漾濞、丽江、保山、临沧、景东、蒙自；四川西部、贵州西部和北部及西藏雅鲁藏布江流域；中国特有；标本未采，文献记录种。

化香树 *Platycarya strobilacea* Sieb. et Zucc. 乔木；材用、根叶药用；海拔 1520m，疏林、沟谷；保护区内小岩方火烧岩；云南东部、东北部；陕西、甘肃、河南、山东、江苏、浙江、江西、福建、广东、湖南、湖北、四川、重庆、贵州、广西、台湾；朝鲜、日本；标本号：ZT1221。

云南枫杨 *Pterocarya delavayi* Franch. 乔木；云南省Ⅲ级保护植物；材用；海拔 2039m，沟谷或密林；保护区内三江口倒流水；维西、德钦、贡山、丽江、漾濞、鹤庆等；四川、湖北等；中国特有；标本号：ZT745；样地号：乔 6-18。

华西枫杨 *Pterocarya insignis* Rehd. et Wils. 乔木；材用；海拔 1900～2000m，疏林、沟谷、溪边；保护区内麻风湾；镇雄、大关；四川、贵州西部、湖北西部、陕西秦岭、浙江；中国特有；标本号：ZT573、ZT1115。

209 山茱萸科 Cornaceae

沙梾 *Cornus bretschneideri*（L. Henry）Sojak var. *bretschneideri* 小乔木或灌木；海拔 1900m，杂木林、灌丛；保护区内小草坝；云南新分布；四川若尔盖、内蒙古、河北、山西、宁夏、河南、陕西、甘肃、青海、湖北等；中国特有；标本号：ZT1786。

灯台树 *Cornus controversa* Hemsl. ex Prain 乔木；叶可入药；海拔 1490～2040m，杂木林中；保护区内小岩方、三江口倒流水、朝天马林场；云南广布；辽宁、华北、华东、西南；尼泊尔、不丹、印度、朝鲜、日本；标本号：ZT1242、ZT611、ZT1271、ZT2069；样地号：样 6。

红椋子 *Cornus hemsleyi* Schneid. et Wanger. 灌木；海拔1960m，溪边杂木林中；保护区内分水岭；昭通、巧家、大关、镇雄；山西、河南、陕西、甘肃、青海、湖北、贵州、四川、西藏；中国特有；标本号：ZT1042。

杨叶梾木 *Cornus monbeigii* Hemsl. ssp. *populifolia* Fang et W. K. Hu 小乔木或灌木；IUCN(VU)；海拔 1810～1964m，林下；保护区内小草坝天竹园、小草坝、麻风湾；维西；我国西藏东部亦有；中国特有；标本号：ZT1985、ZT1985、ZT387。

长圆叶梾木 *Cornus oblonga* Wall. 常绿灌木或小乔木；海拔1000～3400m，山坡、杂木林中；保护区内常见；云南广布；湖北、湖南、贵州、四川、重庆、西藏；尼泊尔、不丹、印度、巴基斯坦、缅甸；标本未采，文献记录种。

毛叶梾木 *Cornus oblonga* Wall. var. *griffithii* C. B. Clarke 常绿灌木或小乔木；海拔850～2400m，山坡、路旁杂木林中；保护区内常见；云南广布；湖北、贵州、四川；不丹、印度；标本未采，文献记录种。

小梾木 *Cornus paucinervis* Hance 落叶灌木；果实可榨油供工业用，叶可治烫伤及火烧伤；海拔 520～2400m，沟边、河边石滩上；保护区内常见；昆明、嵩明、安宁、楚雄、大理、泸水、昭通、盐津、砚山；甘肃、陕西、江苏、湖北、湖南、福建、广西、贵州、四川；中国特有；标本未采，文献记录种。

灰叶梾木 *Cornus poliophylla* Schneid. et Wanger. 小乔木或灌木；海拔1850m，杂木林中；保护区内麻风湾；镇雄、大关、维西；河南、甘肃、陕西、湖北、四川、重庆、西藏；中国特有；标本号：ZT712、ZT134。

尖叶四照花 *Dendrobenthamia angustata* (Chun) Fang 常绿乔木或灌木；海拔2300m，山坡灌木丛中或阔叶林缘；保护区内三江口辣子坪保护点、小草坝大窝场、小岩方；盐津、绥江；陕西西南部、甘肃南部、浙江、安徽、江西、湖北、湖南、福建、广东、广西、贵州、四川、重庆；中国特有；标本号：ZT904。

头状四照花 *Dendrobenthamia capitata* (Wall.) Hutch. 常绿小乔木；树皮与叶入药；果可食、酿酒、制醋；海拔 1000～3200m，山坡疏林或灌丛中；保护区内常见；云南广布；浙江、湖北、湖南、广西、贵州、四川、重庆、西藏；印度、尼泊尔、巴基斯坦；标本未采，文献记录种。

大型四照花 *Dendrobenthamia gigantea* (Hand.-Mazz.) Fang 常绿小乔木；海拔1300m，常绿阔叶林下；保护区内白鸽池；绥江、盐津；湖南、贵州、四川；中国特有；标本号：ZT2351。

香港四照花 *Dendrobenthamia hongkongensis* (Hemsl.) Hutch. 常绿乔木或灌木；海拔1757～2300m，常绿阔叶林或杂木林中；保护区内小草坝大窝场、三江口辣子坪保护点；浙江、福建、江西、湖南、广东、广西、贵州、四川；越南；样地号：乔 35-左-55、乔 11-7-8。

四照花 *Dendrobenthamia japonica* (DC.) Fang var. *chinensis* (Osborn) Fang 落叶小乔木；海拔 1800～2050m，山坡灌木丛中或阔叶林缘；保护区内麻风湾沿途、小沟下水塘迷人窝、麻风湾、小草坝燕子洞；内蒙古、甘肃、陕西、山西、河南、江苏、浙江、安徽、江西、湖北、湖南、福建、台湾、贵州、四川、重庆等；中国特有；标本号：

ZT710；样地号：草 30-1-17、乔 50-1-26。

白毛四照花 *Dendrobenthamia japonica*(DC.) Fang var. *leucotricha* Fang et Hsieh 落叶小乔木；海拔 1810m，阔叶林中；保护区内麻风湾；云南新分布；于四川(青川)、重庆(城口)、青川等县、陕西西南部；中国特有；标本号：ZT361。

缙云四照花 *Dendrobenthamia jinyunensis* Fang et W. K. Hu 常绿小乔木；海拔 1900m，森林中；保护区内小草坝、小沟下水塘迷人窝；云南新分布；重庆(北碚)缙云山、贵州；中国特有；标本号：ZT1939；样地号：草 30-1-17。

黑毛四照花 *Dendrobenthamia melanotricha*(Pojark.) Fang 常绿灌木或小乔木；果可食；种子榨油；花入药；海拔 850～1450m，路边、山谷阔叶林中；保护区内常见；元阳、绿春、西畴、麻栗坡、广南、威信、盐津、绥江；广西、贵州、四川；中国特有；标本未采，文献记录种。

多脉四照花 *Dendrobenthamia multinervosa*(Pojark.) Fang 落叶小乔木或灌木；海拔 1580m，山坡杂木林中；保护区内小岩方；彝良、永善、绥江；贵州、四川；中国特有；标本号：ZT1255。

山茱萸 *Macrocarpium chinense*(Wanger.) Hutch. 乔木；海拔 1750m，山谷，山坡疏林中；保护区内小岩方扎口石；大姚、禄劝、富民、镇雄、大关、兰坪、丽江、维西、德钦、贡山；河南、湖北、陕西、甘肃、贵州、广东；中国特有；标本号：ZT1311。

209a 鞘柄木科 Torricelliaceae

有齿鞘柄木 *Toricellia angulata* Oliv. var. *intermedia*(Harms) Hu 落叶乔木或灌木；海拔 520～1600m，山坡、路旁的阴湿杂木林中；保护区内常见；彝良、禄劝、安宁、屏边、金平、文山、富宁、丽江；陕西、四川、重庆、贵州、湖南、广西、福建；中国特有；标本未采，文献记录种。

209b 青荚叶科 Helwingiaceae

中华青荚叶 *Helwingia chinensis* Batal. 灌木；药用；海拔 1960m，山坡林中；保护区内分水岭；禄劝、嵩明、昆明、玉溪、大理、大姚、洱源、剑川、漾濞、维西、鹤庆、兰坪、绥江、富宁；陕西、四川、贵州、湖北、广西；缅甸；标本号：ZT1044。

西域青荚叶 *Helwingia himalaica* Hook. f. et Thoms. ex Clarke 灌木；药用；海拔 1900m，山坡灌木丛中；保护区内分水岭；云南广布；四川、贵州、西藏；尼泊尔、不丹、印度西北部、缅甸；标本号：ZT997。

青荚叶 *Helwingia japonica*(Thunb.) Dietr. 灌木；药用；海拔 2030m，杂木林中；保护区内麻风湾、小岩方；云南各地；陕西、安徽、浙江、江西、湖北、湖南、广西、贵州、四川、重庆、西藏；日本；标本号：ZT1136；样地号：样 13。

峨眉青荚叶 *Helwingia omeiensis*(Fang) Hara et Kuros. 常绿小乔木或灌木；海拔 1810～1920m，杂木林中；保护区内三江口麻风湾田家湾、三江口麻风湾、分水岭；碧江、贡山、德钦；湖北、四川、重庆、贵州、广西；中国特有；标本号：ZT141、ZT1100；样地号：乔 1-2-20。

209c 桃叶珊瑚科 Aucubaceae

狭叶桃叶珊瑚 *Aucuba angustifolia*(Rehd.) C. Y. Wu 灌木；海拔 1800～1900m，箐沟林中；保护区内常见；昭通、镇雄；湖北、湖南、江西、广西、广东、贵州、四川、重庆；中国特有；标本未采，文献记录种。

细齿桃叶珊瑚 *Aucuba chlorascens* F. T. Wang 灌木；海拔 1552m，林中；保护区内大雪山龙潭坎；文山、富宁、广南、西畴、屏边、新平、龙陵、镇康、福贡；中国特有；样地号：乔 90-6。

喜马拉雅珊瑚 *Aucuba himalaica* Hook. f. et Thoms. 灌木；海拔 1550～1950m，常绿阔叶林中；保护区内小草坝、朝天马陡口子、海子坪、麻风湾；彝良、昭通、镇雄、大关、龙陵、碧江；陕西南部、湖南北部、湖北西部、贵州、四川、西藏；印度西北部、不丹、印度；标本号：ZT1941、ZT1908、ZT2303、ZT581。

软叶桃叶珊瑚 *Aucuba mollifolia* C. Y. Wu 灌木；海拔 1580m，山坡林中；保护区内小岩方；广南；中国特有；标本号：ZT1233。

倒心叶珊瑚 *Aucuba obcordata*(Rehd.) Fu ex T. P. Soong 小乔木或灌木；海拔 1500m，灌木林中；保护区内常见；永善；陕西南部、湖北、湖南、广西、广东、贵州、四川；中国特有；标本未采，文献记录种。

云南桃叶珊瑚 *Aucuba yunnanensis* C. Y. Wu 灌木；海拔 1552～1950m，山沟路旁；保护区内三江口麻风湾、三江口、大雪山龙潭坎、小草坝大佛殿、景东(无量山)；中国特有；标本号：ZT16、ZT515、ZT56、ZT283。

210 八角枫科 Alangiaceae

八角枫 *Alangium chinense*(Lour.) Harms ssp. *chinense* 落叶乔木或小乔木；药用；海拔 1400～1500m，山地或疏林中；保护区内常见；云南各地；河南、陕西、甘肃、江苏、浙江、安徽、福建、台湾、江西、湖北、湖南、四川、重庆、贵州、广东、广西和西藏南部；东南亚及非洲各国；标本号：ZT2228b、ZT1694；样地号：78-草 2-16。

小花八角枫 *Alangium faberi* Oliv. 落叶灌木；根入药；海拔 1500～1600m，疏林中；保护区内常见；绥江、盐津、彝良、马关、西畴、文山、元阳、绿春；四川、重庆、贵州、湖南、湖北、广西、广东；中国特有；标本未采，文献记录种。

瓜木 *Alangium platanifolium*(Sieb. et Zucc.) Harms 小乔木或灌木；树皮含鞣质，纤维可作人造棉，根叶药用；海拔 1580m，土质比较疏松而肥沃的向阳坡；保护区内小岩方；大关、元江；吉林、辽宁、河北、山西、陕西、河南、甘肃、山东、浙江、台湾、江西、湖北、四川、重庆、贵州；朝鲜、日本；标本号：ZT1245。

211 紫树科 Nyssaceae

蓝果树 *Nyssa sinensis* Oliv.　落叶乔木；海拔 1480～1900m，混交林中；保护区内常见；滇东北、东南部；湖北西部、贵州、广东、广西北部；中国特有；标本未采，文献记录种。

211a 珙桐科 Davidiaceae

珙桐 *Davidia involucrata* Baill.　落叶乔木；国家 I 级重点保护植物、《中国物种红色名录》易危种；材用，栽培，果实含油；海拔 2000m，阴湿阔叶林中；保护区内麻风湾、小岩方、小草坝等，分布广泛；滇东北及西北；湖北西部、四川、贵州；中国特有；标本号：ZT1194、ZT585。

212 五加科 Araliaceae

吴茱萸五加 *Acanthopanax evodiaefolius* Franch.　落叶乔木；海拔 1980m，山谷、山坡、林中；保护区内小草坝后河；滇西北、镇雄、禄劝、景东、镇康等；四川、贵州、广西、安徽、江西、浙江、陕西、西藏；中国特有；标本号：ZT1994。

粉绿吴茱萸叶五加 *Acanthopanax evodiaefolius* Franch. var. *glaucus* Feng　乔木；海拔 2130m，灌丛；保护区内五岔河；云南西北；中国特有；标本号：ZT1544。

细梗吴茱萸叶五加 *Acanthopanax evodiaefolius* Franch. var. *gracilis* W. W. Smith　落叶乔木；海拔 1300～2130m，山地、林中；保护区常见；滇西北、滇东北、大关、彝良；四川、贵州、广西东南至东北；中国特有；标本号：ZT2371、ZT765、ZT1481、ZT1465、ZT164。

五加（五加皮、刺五加根等）*Acanthopanax gracilistylus* W. W. Smith　灌木；根皮入药；海拔 1200～2600m，河边、灌丛、杂木林；保护区内常见；云南西北部、东南部、东北部；四川、重庆、贵州、广东、湖北、湖南、江西、安徽、浙江、河南、陕西等省；中国特有；标本未采，文献记录种。

短毛五加 *Acanthopanax gracilistylus* W. W. Smith var. *pubescens*（Pampanini）Li　灌木；海拔 1950m，灌木丛中；保护区内麻风湾；云南新分布；贵州、四川、重庆、湖北、湖南、陕西；中国特有；标本号：ZT1167。

康定五加 *Acanthopanax lasiogyne* Harms　灌木；药用；海拔 2110m，林中及灌丛；保护区内小草坝花苞树垭口；云南西北；四川西部、西藏东南；中国特有；样地号：乔 51-2-4。

藤五加 *Acanthopanax leucorrhizus*（Oliv.）Harms　灌木；工业用、药用；海拔 1830～1950m，林中；保护区内河坝场；云南西北部、东北部（永善、彝良）；四川、湖北、甘肃；中国特有；标本号：ZT1402、ZT1002；样地号：草 29-2-14。

毛叶藤五加 *Acanthopanax leucorrhizus* (Oliv.) Harms var. *fulvescens* Harms et Rehd. 灌木；海拔 1800～1900m，山谷、山坡、密林中；保护区内乌贡山、麻风湾、朝天马陡口子、长槽；云南西北部、东北部；陕西南部、四川西部、湖北西部及江西，江西新记录；中国特有；标本号：ZT2011、ZT871、ZT1964、ZT1627。

雷五加 *Acanthopanax simonii* Simom-Louis ex Schneid. 灌木；海拔 1700～1950m，林内；保护区内长槽、小草坝雷洞坪、罗汉坝；滇东北；四川、重庆、贵州、湖南、湖北；中国特有；标本号：ZT1579、ZT2088、ZT2130、ZT2124、ZT394、ZT463；样地号：草 3-4-17、草 25-3-2。

近广东楤木 *Aralia* aff. *armata* (Wall.) Seem. 有刺灌木；海拔 1900m，常绿阔叶林、山坡灌草中；保护区内麻风湾；待定；中国特有；标本号：ZT225。

近小叶楤木 *Aralia* aff. *foliolosa* (Wall.) Seem. 小乔木；海拔 2415m，山坡栎林；保护区内山顶三角点；待定；中国特有；标本号：ZT803；样地号：样 8。

楤木 *Aralia chinensis* L. 落叶灌木或乔木；海拔 2010m，沟谷、山坡、灌丛、疏林；保护区内麻风湾；滇西北、滇中、滇东北；秦岭至河北以南各地；中国特有；标本号：ZT1170。

白背叶楤木 *Aralia chinensis* L. var. *nuda* Nakai 落叶灌木或乔木；海拔 1900m，荒坡、沟谷、山坡灌丛中；保护区内小草坝；滇西北、滇西南、滇东南、滇东北、滇中；陕西、甘肃、河北、河南、湖北、江西、广东、广西、四川、贵州；中国特有；标本号：ZT1824。

毛叶楤木 *Aralia dasyphylla* Miq. 有刺灌木或乔木；海拔 1900m，山坡林中；保护区内小沟；滇东南；湖北、湖南、福建、江西、广东、广西、贵州；马来西亚、印度尼西亚；标本号：ZT1825。

鸟不企 *Aralia decaisneana* Hance 有刺灌木；海拔 1900m，杂木林下、沟谷；保护区内小沟；滇东南、滇南；台湾、福建、广东、广西、贵州；越南北部；标本号：ZT1829。

龙眼独活 *Aralia fargesii* Franch. 多年草本；海拔 1850～2040m，山坡疏林、灌丛；保护区内小草坝乌贡山、倒流水、海子坪烂凹子；滇中、景东、丽江、鹤庆；四川、湖北等；中国特有；标本号：ZT2017、ZT574、ZT419；样地号：草 6-15、草 34-1-35、草 70A-1-5。

黑果土当归 *Aralia melanocarpa* (Lévl.) Lauener 草本；海拔 2300m，山坡草地、灌丛；保护区内三江口辣子坪保护点；滇东北(麻栗湾)；中国特有；标本号：ZT772。

少毛云南楤木 *Aralia thomsonii* Seem. var. *glabrescens* C. Y. Wu 有刺灌木或乔木；海拔 1900m，山谷林中；保护区内小沟；滇西、滇东南；中国特有；标本号：ZT1833。

盘叶罗伞 *Brassaiopsis fatsioides* Harms 灌木或小乔木；海拔 1180m，沟谷阔叶林或混交林；保护区内海子坪；滇西北、滇南、滇东南、滇西南及昭通；四川、贵州；中国特有；标本号：ZT2200。

掌叶柏那参 *Brassaiopsis palmata* (Roxb.) Kurz 乔木；海拔 1650～1845m，山谷阔叶林和杂木林；保护区内小岩方、小岩方扎口石、小草坝乌贡山；滇西北至西部；尼泊尔、印度、缅甸、孟加拉国；标本号：ZT1636、ZT1301、ZT2003。

树参 *Dendropanax dentigerus*(Harms) Merr. 乔木或灌木；海拔 1340～1555m，山坡、山谷、林中；保护区内海子坪尖山子、大雪山管护站对面；滇西南、滇东南、滇东北、滇中；四川、贵州、广西、广东、浙江、福建、江西等省区；中南半岛；样地号：草 59-2-37、草 88-3-7、乔 88-4-6。

常春藤 *Hedera nepalensis* K. Koch var. *sinensis*(Tobl.) Rehd. 常绿藤本；全株入药；海拔 1850～1920m，山谷、山坡常绿阔叶林或杂木林；保护区内麻风湾、朝天马陡口子、小草坝后河；云南除南部外均有；华中、华东、华南、西南、陕西、甘肃、西藏；中国特有；标本号：ZT2103、ZT769、ZT1936。

刺楸 *Kalopanax septemlobus*(Thunb.) Koidz. 落叶乔木；国家Ⅱ级珍贵树种；海拔 1900m，山坡、沟谷、杂林中；保护区内小草坝；滇中、滇东南、滇西北；我国东北、华北、陕西至江南各省、西藏东南；日本、朝鲜、俄罗斯西伯利亚；标本号：无号。

短梗大参(q) *Macropanax rosthornii*(Harms) C. Y. Wu ex Hoo 灌木；药用；海拔 1400m，山谷林中；保护区内大雪山土霍；云南新分布；甘肃、四川、重庆、贵州、广西、湖南、湖北、江西、广东、福建等大部地区；中国特有；标本号：ZT2419。

异叶梁王茶 *Nothopanax davidii*(Franch.) Harms ex Diels 无刺灌木或乔木；海拔 1350～1800m，山谷、山坡常绿阔叶林或杂木林；保护区内大雪山、小岩方扎口石、罗汉坝；滇东北、滇东南、滇西、滇西北、滇中；四川、贵州、湖北、陕西南部；中国特有；标本号：ZT2395、ZT1339、ZT2159、ZT2155。

梁王茶 *Nothopanax delavayi*(Franch.) Harms ex Diels 灌木；海拔 1355～1500m，山谷阔叶林或混交林；保护区内大雪山土霍、洞子里；滇西北、滇北、滇中、滇东北、滇东南、滇西南；四川、贵州；中国特有；标本号：无号。

竹节参 *Panax japonicus* C. A. Meyer var. *japonicus* 根入药；草本；海拔 1800～3200m，山谷阔叶林中；保护区内常见；云南西部、中部、东北部、北部及南部；四川、贵州、广西、浙江、安徽；日本、朝鲜；标本未采，文献记录种。

三七 *Panax notoginseng*(Burk.) F. H. Chen ex C. Chow et al. 草本；根茎入药；海拔 1750～1950m，山谷湿林中；保护区内小草坝灰浆岩、小草坝乌贡山；滇东南；广西西南、福建、浙江、江西栽培；中国特有；标本号：ZT2019；样地号：草 31-5-7。

轮伞五叶参 *Pentapanax verticillatus* Dunn 灌木或藤状灌木；海拔 1250～2000m，岩坡、次生灌丛或林缘；保护区内常见；云南东南部、东北部；中国特有；标本未采，文献记录种。

短序鹅掌柴 *Schefflera bodinieri*(Lévl.) Rehd. 灌木或小乔木；海拔 1500m，山谷林中；保护区内罗汉坝；滇东南；四川、贵州、广西；中国特有；标本号：ZT2157。

穗序鹅掌柴 *Schefflera delavayi*(Franch.) Harms 乔木；根皮入药；海拔 1500m，沟旁、林缘、山坡疏林中；保护区内洞子里；滇中、滇西、滇西南、滇东南、滇南、滇东北；四川、重庆、贵州、湖北、湖南、福建、广西、广东；中国特有；标本号：ZT2224。

白背鹅掌柴 *Schefflera hypoleuca*(Kurz) Harms 小乔木；海拔 1340m，密林中；保护区内老长坡；滇东南、滇南；印度、缅甸；标本号：ZT1766。

213 伞形科 Umbelliferae

长尾叶当归 *Angelica longicaudata* Yüan et Shan 草本；海拔1800m，山地、沟边、岩边、崖隙、灌木林缘或山坡草丛中；保护区内河坝场；大关；四川；中国特有；标本号：ZT1389。

峨眉当归 *Angelica omeiensis* Yüan et Shan 草本；海拔1845m，山坡、林下、阴湿草地、林缘、溪间阔叶林下；保护区内小草坝、乌贡山；滇东北；四川；中国特有；标本号：无号。

金山当归 *Angelica valida* Diels 草本；海拔1960m，阴湿山坡草丛及石缝中；保护区内朝天马林场；云南新分布；四川西南地区；中国特有；标本号：ZT1866a。

有柄柴胡 *Bupleurum petiolulatum* Franch. 草本；海拔1850m，高山草坡灌木林下；保护区内麻风湾；香格里拉、维西、丽江、剑川、宾川、洱源、鹤庆、大理等地；四川西部、西藏东部和南部(西达普兰)、甘肃；中国特有；标本号：ZT476。

蛇床 *Cnidium monnieri*(L.)Cusson 草本；药用；海拔1820m，田边、路旁、草地及河边湿地；保护区内小沟；富宁、德钦；全国各地；俄罗斯、朝鲜、越南及北美、欧洲其他国家；标本号：ZT1679；样地号：沼52-3、样68-14、样64-2、样86-8、样060708-7、草77-15、样83-7、样70-6。

鸭儿芹 *Cryptotaenia japonica* Hassk. 草本；海拔1500～1900m，山地、山沟及林下较阴湿地区；保护区内分水岭、麻风湾、海子坪、小草坝后河；盐津、大关、昭通、镇雄、禄劝、金平、屏边、马关、文山、西畴；河北、安徽、江苏、浙江、福建、江西、广东、广西、湖北、湖南、山西、陕西、甘肃、四川、重庆、贵州等；朝鲜、日本；标本号：ZT1001、ZT309、ZT2327、ZT1992。

马蹄芹 *Dickinsia hydrocotyloides* Franch. 草本；海拔1400m，阴湿林下或水沟边；保护区内大雪山土霍、麻风湾；滇东北；湖南、湖北、重庆、贵州、四川；中国特有；标本号：ZT2407、ZT589。

柄花天胡须 *Hydrocotyle himalaica* P. K. Mukerjee 草本；海拔1600～3100m，湿润草地或灌丛下；保护区内常见；贡山、碧江、普洱、澜沧、永善、勐海、屏边；四川、西藏；印度、印度尼西亚；标本未采，文献记录种。

破铜钱 *Hydrocotyle sibthorpioides* Lam. var. *batrachium*(Hance)Hand.-Mazz. ex Shan 草本；入药；海拔1820m，湿润的路旁，草地河沟边，湖滩、溪谷及山地；保护区内麻风湾；云南新分布；安徽、浙江、江西、湖南、湖北、台湾、福建、广东、广西、重庆、四川；越南；标本号：ZT725。

肾叶天胡荽 *Hydrocotyle wilfordi* Maxim 草本；海拔1800m，阴湿山谷、田野、沟边、溪旁；保护区内河坝场；维西、临沧、昭通；华东西南部及广东、广西、四川等地；朝鲜、日本、越南；标本号：ZT1377。

尖叶藁本 *Ligusticum acuminatum* Franch. 草本；药用；海拔1990m，林下草地、灌丛下及岩石上；保护区内三江口分水岭；贡山、泸水、德钦、香格里拉、维西、宾川、洱源、鹤庆、丽江、东川；四川、湖北、河南、陕西；中国特有；标本号：ZT1080。

紫伞芹 *Melanosciadium pimpinelloideum* de Boiss.　高大草本；海拔 1860m，荫蔽潮湿的竹林或林缘，草地；保护区内长槽；绥江、大关；四川、重庆、贵州、湖北、湖南等地；中国特有；标本号：ZT1702。

西南水芹 *Oenanthe dielsii* de Boiss　草本；海拔 2000m，山谷溪旁草丛中；保护区内常见；丽江、彝良、镇雄；陕西、湖北、四川、重庆、贵州、广西、江西、浙江；中国特有；标本未采，文献记录种。

水芹 *Oenanthe javanica*(Bl.)DC.　两年生或多年生草本；海拔 1000～2800m，沼泽、潮湿低洼处及河沟边；保护区内常见；云南各地；全国大多数省份有；印度、克什米尔、巴基斯坦、尼泊尔、喜马拉雅诸国、缅甸、越南、老挝、马来西亚、印度尼西亚、菲律宾、日本、朝鲜、俄罗斯远东地区；标本未采，文献记录种。

卵叶水芹 *Oenanthe rosthornii* Diels　粗壮草本；海拔 1400～1880m，草丛、路边及林缘；保护区内三江口麻风湾、长槽、大雪山土霍、小沟；昭通、宾川、昆明；湖南、广东、广西、四川、贵州、台湾；中国特有；标本号：ZT637、ZT1708、ZT2403；样地号：样 21-5。

红前胡 *Peucedanum rubricaule* Shan et Sheh　草本；海拔 1820m，山坡岩石边，草丛及矮灌丛中；保护区内小沟；昭通、大理、维西、香格里拉、丽江；四川；中国特有；标本号：ZT1675。

锐叶茴芹 *Pimpinella arguta* Diels　草本；药用；海拔 1960m，山地沟谷中或林缘草地上；保护区内朝天马林场；维西；贵州、湖北、四川、重庆、甘肃、陕西、河南；中国特有；标本号：ZT1900。

杏叶茴芹 *Pimpinella candolleana* Wight et Arn. var. *candolleana*　草本；药用；海拔 1850～1950m，灌丛中、草坡上、沟边、路旁、林下；保护区内分水岭、小岩方；云南各地；贵州北部、四川和广西；印度半岛；标本号：ZT1009、ZT1369。

景东茴芹 *Pimpinella liiana* Hiroe　草本；海拔 1830m，林下和山地草坡；保护区内河坝场；云南西部；中国特有；标本号：ZT1432。

茴芹一种 *Pimpinella* sp.　草本；海拔 1860m，草地、荒地；保护区内小岩方；中国特有；标本号：ZT1372。

巍山茴芹 *Pimpinella weishanensis* Shan et Pu　草本；海拔 1890m，高山草甸，林下或沟边灌丛中；保护区内小岩方；云南西部；四川西部、西藏东南部和东部；中国特有；标本号：ZT1374。

圆齿囊瓣芹 *Pternopetalum affine* Hiroe　多年生草本；海拔 800～1900m，沟边；保护区内常见；彝良；中国特有；标本未采，文献记录种。

囊瓣芹 *Pternopetalum davidii* Franch.　草本；海拔 2000m，山涧谷地和林下；保护区内麻风湾；绥江、凤庆、屏边等地；四川西部及盆地周边、陕西(南部的安康)和甘肃、西藏东南部(墨脱、察隅)；中国特有；标本号：ZT1123。

江西囊瓣芹 *Pternopetalum kiangsiense* Hand.-Mazz.　草本；海拔 1000～1000m，杂木林中；保护区内常见；大关；江西、广东、广西、四川、贵州；中国特有；标本未采，文献记录种。

洱源囊瓣芹 *Pternopetalum molle* Hand.-Mazz. 草本；海拔1400～3300m，山坡沟边杂木林中；保护区内常见；维西、丽江、永胜、洱源、大理、漾濞、凤庆、景东、盐津、大关、彝良、文山；四川；中国特有；标本未采，文献记录种。

膜蕨囊瓣芹 *Pternopetalum trichomanifolium* (Franch.) Hand.-Mazz. 草本；药用；海拔1450～2039m，林下，沟边及阴湿的岩石上；保护区内海子坪、麻风湾、罗汉坝、倒流水；腾冲、瑞丽、怒江分水岭、绥江、大关、彝良等地；四川、湖南、江西、广西等；中国特有；标本号：ZT717、ZT2141、ZT425；样地号：草6-02-11。

五匹青 *Pternopetalum vulgare* (Dunn) Hand.-Mazz. 草本；药用；海拔1600m，山谷沟边或林下荫蔽湿润处；保护区内海子坪；维西、碧江、腾冲、昭通、彝良、元阳、屏边、马关、文山等；湖北、湖南、贵州、四川、重庆、甘肃；中国特有；标本号：ZT2347。

尖叶五匹青 *Pternopetalum vulgare* (Dunn) Hand.-Mazz. var. *acuminatum* C. Y. Wu 草本；海拔1580～2070m，河沟边或阴湿的坡地；保护区内小岩方、小岩方—方家湾；云南西畴等地；四川、陕西；中国特有；标本号：ZT1235、ZT1608；样地号：草15-3-26。

宜良囊瓣芹 *Pternopetalum yiliangense* Shan et Pu 草本；海拔2000m，小河边；保护区内常见；彝良；中国特有；标本未采，文献记录种。

变豆菜 *Sanicula chinensis* Bunge 草本；海拔1500～1800m，阴湿的山坡路旁杂木林下、竹园边、溪边等草丛中；保护区内麻风湾、海子坪；云南新分布；东北、华北、中南、西北和西南各省；日本、朝鲜、俄罗斯、西伯利亚东部；标本号：ZT347、ZT2313。

天蓝变豆菜 *Sanicula coerulescens* Franch. 草本；药用；海拔1450～1950m，溪边湿地，路旁竹林下或阴湿的杂木林下；保护区内罗汉坝、小岩方；大关、彝良、文山等地；四川；中国特有；标本号：ZT2143、ZT1240、ZT2120。

软雀花 *Sanicula elata* Buch.-Ham. ex D. Don 草本；药用；海拔1900m，林下或河沟边；保护区内麻风湾沿途；德钦、贡山、维西、丽江、福贡、碧江、保山、腾冲、凤庆、瑞丽、镇康、景东、临沧、孟连、勐海、景洪、元江、绥江、绿春、金平、屏边、马关、西畴等地；广西、四川、西藏；越南、尼泊尔、不丹、缅甸、印度、马来西亚、印度尼西亚、菲律宾、斯里兰卡、埃塞俄比亚、坦桑尼亚、刚果、非洲东南部和马达加斯加；标本号：ZT704。

鳞果变豆菜 *Sanicula hacquetioides* Franch. 草本；海拔1950m，空旷草地，山地旁，林下河边，草丛；保护区内小草坝；德钦、香格里拉、维西、丽江、澜沧；贵州、四川、西藏；中国特有；样地号：草33-4-14。

薄片变豆菜 *Sanicula lamelligera* Hance 多年生矮草本；散寒止咳、行血通经；海拔510～2000m，混交林下、沟谷及润湿的砂质土壤；保护区内常见；绥江、彝良、昭通、广南、麻栗坡；安徽、浙江、台湾、江西、湖北、广东、广西、贵州、四川；中国特有；标本未采，文献记录种。

直刺变豆菜 *Sanicula orthacantha* S. Moore 草本；药用；海拔2400～3200m，山涧林下或沟谷溪边；保护区内常见；永善、彝良、文山等地；浙江、江西、福建、湖南、广东、广西、陕西、甘肃、贵州、四川、西藏；中国特有；标本未采，文献记录种。

短刺变豆菜 *Sanicula orthacantha* S. Moore var. *brevispina* de Boiss. 草本；药用；海拔 1830m，山坡路旁或林下；保护区内乌贡山；云南新分布；四川；中国特有；标本号：无号。

皱叶变豆菜 *Sanicula rugulosa* Diels 草本；海拔 1840m，山坡或岩石边草丛中；保护区内河坝场、麻风湾；云南新分布；四川、西藏；中国特有；标本号：ZT1407、ZT599。

亮蛇床 *Selinum cryptotaenium* de Boiss. 草本；《中国物种红色名录》易危种；海拔 1858～1865m，灌丛、路边；保护区内麻风湾；昆明、嵩明、蒙自等地；中国特有；样地号：样 21-6、草 5-5-2、草 25-4-5。

小窃衣 *Torilis japonica*(Houtt.)DC. 草本；药用；海拔 1820m，杂木林下、林缘、路旁、河沟边、溪边草丛；保护区内麻风湾；德钦、香格里拉、贡山、维西、福贡、丽江、漾濞、大理、腾冲、大关、昭通、会泽、嵩明、昆明、安宁、师宗、西畴等地；几乎遍及全国；欧洲、北非及亚洲温带(西至尼泊尔)地区；标本号：ZT220。

伞形科一种 *Umbelliferae* sp. 草本；海拔 2000m，灌丛、路边；保护区内常见；中国特有；样地号：草 30-1-2、草 30-2-8、草 30-4-8。

215 杜鹃花科 Ericaceae

灯笼树 *Enkianthus chinensis* Franch. 灌木；《中国物种红色名录》无危种；海拔 1360～2450m，杂木林及灌丛中；保护区内常见；滇西及滇西北；我国长江以南各省；中国特有；标本号：ZT821、ZT1467、ZT1524、ZT1958、ZT1793、ZT900、ZT1830、ZT1552、ZT1793。

毛叶吊钟花 *Enkianthus deflexus*(Griff.)Schneid. 落叶灌木或小乔木；海拔 1400～3700m，疏林中；保护区内常见；永善、丽江、香格里拉、德钦、维西、腾冲、贡山、景东；湖北西部、四川、西藏；印度西北部、不丹、尼泊尔；标本未采，文献记录种。

地檀香 *Gaultheria forrestii* Diels var. *forrestii* 常绿灌木或小乔木；海拔 1500～3000m，林中或灌丛中；保护区内常见；云南全省各地；四川(米易、会东)；中国特有；标本未采，文献记录种。

红粉白珠 *Gaultheria hookeri* C. B Clarke 常绿灌木；海拔 1900m，沟边或岩坡上；保护区内罗汉坝；彝良、德钦、贡山、维西；四川西部、西藏；缅甸北部、印度；标本号：ZT2203。

滇白珠 *Gaultheria leucocarpa* Blume var. *crenulata*(Kurz)T. Z. Hsu 灌木；香料植物；海拔 1450m，干燥山坡、灌丛中；保护区内罗汉坝；除西双版纳外云南全省；长江流域以南；中国特有；标本号：ZT2168。

珍珠花 *Lyonia ovalifolia*(Wall.)Drude 常绿或落叶灌木或小乔木；海拔 1780～1980m，林中；保护区内罗汉坝、分水岭、麻风湾、小草坝；云南全省；台湾、福建、湖南、广东、广西、四川、贵州、西藏；巴基斯坦、尼泊尔、不丹、印度、泰国、马来半岛；标本号：ZT2233、ZT1077、ZT2142、ZT357。

美丽马醉木 *Pieris formosa*(Wall.)D. Don 灌木；《中国物种红色名录》易危种；有

小毒；海拔 1480～1950m，干燥山坡，草地常见；保护区内小草坝后河、小岩方；除滇南外云南全省；广东、广西、四川、贵州；不丹；标本号：ZT1968、ZT1232。

桃叶杜鹃 *Rhododendron annae* Franch. 灌木；海拔 1350～2620m，疏林或灌丛中；保护区内常见；嵩明、宣威、镇雄、永善；贵州；中国特有；标本未采，文献记录种。

银叶杜鹃 *Rhododendron argyrophyllum* Franch. 灌木或小乔木；《中国物种红色名录》无危种；海拔 1900m，常绿阔叶林或灌丛中；保护区内小草坝；巧家、昭通、镇雄、彝良、大关、永善；四川西南和贵州；中国特有；标本号：ZT1857。

暗绿杜鹃 *Rhododendron atrovirens* Franch. 大灌木或小乔木；《中国物种红色名录》易危种；海拔 1900～1947m，杉木水竹林下、1200～1800 常绿阔叶林中；保护区内小草坝、小岩方、上青山、罗汉坝水库沼泽；滇东北；中国特有；标本号：ZT1967、ZT1495；样地号：草 12-5-20、乔 65-1-5。

双被杜鹃 *Rhododendron bivelatum* Balf. f. 常绿灌木；海拔 890m，干燥山坡；保护区内常见；滇东北；中国特有；标本未采，文献记录种。

美容杜鹃 *Rhododendron calophytum* Franch. 小乔木或乔木；海拔 1740～2050m，常绿阔叶林中；保护区内杉木坪、小岩方、上青山、麻风湾、小草坝罗汉林、罗汉坝坡头山、罗汉坝五道河；彝良、镇雄；四川西部；中国特有；标本号：ZT1533、ZT1478、ZT1866b、ZT921、ZT1722。

尖叶美容杜鹃 *Rhododendron calophytum* Franch. var. *openshawianum*（Rehd. et Wils.）Chamberlain 小乔木至乔木；海拔 1400～2150m，常绿阔叶林或杂木林中；保护区内常见；彝良、盐津、永善、绥江；四川西南部；中国特有；标本未采，文献记录种。

腺果杜鹃 *Rhododendron davidii* Franch. 小乔木；海拔 1700～3000m，常绿阔叶林、杂木林；保护区内常见；彝良、大关、永善；四川西南部；中国特有；标本未采，文献记录种。

马缨花 *Rhododendron delavayi* Franch. 灌木至小乔木；海拔 1200～3200m，常绿阔叶林，局部地区成马缨花纯林；保护区内常见；广布云南全省；贵州西部；越南、泰国、缅甸、印度；标本未采，文献记录种。

皱叶杜鹃 *Rhododendron denudatum* Lévl. 灌木或小乔木；海拔 1800～3300m，落叶阔叶林至针阔叶混交林中；保护区内常见；东川、巧家、大关、镇雄；四川西南、贵州西部；中国特有；标本未采，文献记录种。

繁花杜鹃 *Rhododendron floribundum* Franch. 灌木或小乔木；《中国物种红色名录》易危种；海拔 1850～2050m，疏林中；保护区内常见；巧家、鲁甸；四川西南部；中国特有；标本号：ZT1067、ZT1108、ZT1715a、ZT150、ZT1068、ZT2191。

河边杜鹃 *Rhododendron flumineum* Fang et M. Y. He 灌木；《中国物种红色名录》易危种；海拔 2048m，河边空旷处或常绿阔叶林中；保护区内罗汉坝五道河；云南南部；中国特有；样地号：草 55-3-8、样 55-2-7。

腺花杜鹃 *Rhododendron glanduliferum* Franch. 大灌木或小乔木；海拔 1500～2400m，林中；保护区内常见；大关、镇雄；贵州西部；中国特有；标本未采，文献记录种。

凉山杜鹃 *Rhododendron huianum* Fang 灌木或小乔木；海拔 1900～2300m，林内灌丛；保护区内常见；彝良；四川西南部至南部、贵州东北部；中国特有；标本号：ZT903、ZT1540、ZT1974。

粉白杜鹃 *Rhododendron hypoglaucum* Hemsl. 常绿大灌木；海拔 2450m，山坡林中；保护区内山顶三角点；云南新分布；陕西南部、湖北西部、四川东部；中国特有；标本号：ZT677。

不凡杜鹃 *Rhododendron insigne* Hemsl. et Wils. 灌木或小乔木；海拔 1950～2300m，杂木林中；保护区内三江口辣子坪保护点、朝天马林场、小草坝罗汉林、小草坝采种基地、小草坝燕子洞；镇雄、彝良、大关、永善；四川西南部、贵州西部；中国特有；标本号：ZT1747、ZT760、ZT1868。

金山杜鹃 *Rhododendron longipes* Rehd. et Wils var. *chienianum*(Fang) Chamberlain 灌木至小乔木；海拔 1900～2000m，杂木林中；保护区内常见；大关、绥江；四川南部、贵州；中国特有；标本未采，文献记录种。

平卧长轴杜鹃 *Rhododendron longistylum* Rehd. et Wils. ssp. *decumbens* R. C. Fang 常绿灌木；海拔 1700m，石灰岩山坡；保护区内常见；彝良；中国特有；标本未采，文献记录种。

黄花杜鹃 *Rhododendron lutescens* Franch. 灌木或小乔木；《中国物种红色名录》无危种；海拔 1855～1985m，杂木林中、生境湿润、石灰岩山坡灌丛中；保护区内常见；大关、彝良、盐津、镇雄；四川西部和西南部；中国特有；标本号：ZT1074、ZT851、ZT2195、ZT1792、ZT472。

宝兴杜鹃 *Rhododendron moupinense* Franch. 常绿小灌木，有时附生；《中国物种红色名录》易危种；海拔 2450m，石灰岩；保护区内山顶三角点；大关、镇雄山坡杂木林中；四川；中国特有；标本号：ZT687。

峨马杜鹃 *Rhododendron ochraceum* Rehd. et Wils. 灌木；《中国物种红色名录》易危种；海拔 1950～2450m，杂木林中；保护区内五岔河、山顶三角点；镇雄、彝良、大关、永善；四川西南；中国特有；标本号：ZT1542、ZT683、ZT470。

绒毛杜鹃 *Rhododendron pachytrichum* Franch. 灌木；海拔 1700～2450m，杂木林中；保护区内常见；彝良、永善；四川西南；中国特有；标本未采，文献记录种。

粉背杜鹃 *Rhododendron pingianum* Fang 灌木或小乔木；海拔 2450m，杂木林中；保护区内常见；永善；四川西南部；中国特有；标本未采，文献记录种。

早春杜鹃 *Rhododendron praevernum* Hutch. 常绿灌木或小乔木；《中国物种红色名录》无危种；海拔 2450m，森林中；保护区内三江口三角顶；滇东北；陕西、湖北西部、四川、贵州；中国特有；标本号：ZT742、ZT679。

腋花杜鹃 *Rhododendron racemosum* Franch. 常绿灌木；海拔 1500～2500m，松-栎林下、灌丛草地或林缘；保护区内常见；香格里拉、丽江、维西、鹤庆、漾濞、洱源、大理、剑川、云龙、永平、禄劝、富民、沾益、会泽、宣威、镇雄、彝良、巧家；四川西南、贵州西北；中国特有；标本未采，文献记录种。

红棕杜鹃 *Rhododendron rubiginosum* Franch. 灌木；海拔 1800～2500m，林间空

地，或针阔叶混交林内；保护区内常见；滇西北、滇西至滇东北；四川南部；中国特有；标本未采，文献记录种。

红粘毛杜鹃 *Rhododendron glischrum* subsp. *rude* Tagg et Forrest 灌木或小乔木；海拔 1740～2050m，林下或灌丛中；保护区内常见；碧江、贡山；中国特有；标本号：ZT2、ZT956、ZT1864。

滇红毛杜鹃 *Rhododendron rufohirtum* Hand.-Mazz. 灌木；海拔 1450m，灌丛中；保护区内常见；彝良；贵州(毕节、盘州)、四川(屏山)；中国特有；标本未采，文献记录种。

杜鹃 *Rhododendron simsii* Planch. 半常绿或落叶灌木；海拔 1500m，山坡灌木丛、混交林或次生林内；保护区内海子坪；云南各地；台湾、福建、江西、江苏、浙江、广东、广西、湖南、湖北、四川、重庆、贵州、长江下游丘陵地、灌丛或林下尤为常见，长江以北见于陕西、河南；泰国、越南、马来西亚；标本号：ZT2325。

爆杖花 *Rhododendron spinuliferum* Franch. 常绿灌木；海拔 1900～2500m，山谷灌木林、松林或次生松-栎林、油杉林下；保护区内常见；腾冲、大理、景东、双柏、石林、易门、禄丰、富民、通海、昆明、武定、禄劝、寻甸、巧家、盐津、玉溪、建水；四川西南；中国特有；标本未采，文献记录种。

少毛爆杖花 *Rhododendron spinuliferum* Franch. var. *glabrescens* K. M. Feng ex R. C. Fang 常绿灌木；海拔无记载；保护区内常见；彝良；中国特有；标本未采，文献记录种。

长蕊杜鹃 *Rhododendron stamineum* Franch. 常绿灌木或乔木；《中国物种红色名录》无危种；海拔 1340～2040m，杉木-竹林或杂木林；保护区内常见；绥江、盐津、威信、大关、镇雄、广南；陕西西南部、湖北、湖南、江西、四川、重庆、贵州；中国特有；标本号：ZT1661；样地号：草 61-4-18、草 49-4-6。

芒刺杜鹃 *Rhododendron strigillosum* Franch. 灌木；海拔 1650～1950m，山坡杂木林或灌丛中；保护区内常见；镇雄、大关、永善、盐津；四川西南；中国特有；标本未采，文献记录种。

昭通杜鹃 *Rhododendron tsaii* Fang 灌木；海拔 2900～3380m，草地灌丛中；保护区内常见；昭通、巧家、会泽；中国特有；标本未采，文献记录种。

圆叶杜鹃 *Rhododendron williamsianum* Rehd. et Wils. 灌木；《中国物种红色名录》易危种；海拔 1850m，山顶疏林或林缘灌丛中；保护区内罗汉坝；镇雄、大关；四川西南、贵州西部；中国特有；标本号：ZT2150。

云南杜鹃 *Rhododendron yunnanense* Franch. 落叶或半落叶或常绿灌木；《中国物种红色名录》无危种；海拔 2081m，山坡杂木林内，次生灌丛；保护区内罗汉坝五道河；云南广布；四川西南部、贵州西部；缅甸东北部；样地号：乔 54-4-43、草 54-3-3。

215a 鹿蹄草科 Pyrolaceae

普通鹿蹄草 *Pyrola decorata* H. Andr. 草本；全草入药；海拔 1852m，山地常绿阔叶林下或疏林草坡中；保护区内三江口麻风湾；云南中部和西北部；陕西、甘肃、西藏、四川、重庆、贵州、湖南、湖北、江苏、安徽、浙江、台湾；不丹、印度、缅甸；标本号：ZT166、ZT586；样地号：样2外。

216 越桔科 Vacciniaceae

苍山越桔 *Vaccinium delavayi* Franch.　常绿小灌木，有时附生；《中国物种红色名录》无危种；海拔 2400m，阔叶林内、干燥山坡、银杉-杜鹃林内、高山灌丛或高山杜鹃灌丛中，有时附生岩石上或树干上；保护区内昭通；贡山、泸水、云龙、龙陵、丽江、鹤庆、洱源、漾濞、大理、宾川、凤庆、景东、大姚、禄劝、会泽、麻栗坡；西藏东南、四川西南；缅甸东南部；标本号：无号。

乌鸦果 *Vaccinium fragile* Franch.　常绿矮小灌木；果可食；全株药用；海拔 1100～3400m，次生灌丛或草坡，为酸性土的指示植物；保护区内常见；滇西北、滇东北、滇中、滇东南；西藏、四川、贵州；中国特有；标本未采，文献记录种。

扁枝越桔 *Vaccinium japonicum* Miq. var. *sinicum*(Nakai) Rehd.　落叶灌木；海拔 1750～1870m，阔叶林下；保护区内常见；彝良、镇雄；我国长江以南各省；中国特有；标本未采，文献记录种。

饱饭花 *Vaccinium laetum* Diels　常绿灌木或乔木；果实、枝叶供药用；海拔 1020～2000m，山坡杂木林内；保护区内常见；威信、盐津、永善、绥江、大关、彝良；四川、贵州；中国特有；标本未采，文献记录种。

宝兴越桔 *Vaccinium moupinense* Franch.　常绿灌木，附生；《中国物种红色名录》易危种；海拔 2048m，阔叶林内，常附栎树树干上；保护区内罗汉坝五道河；永善、大关、彝良；四川西部；中国特有；样地号：乔 55-1-34。

峨眉越桔 *Vaccinium omeiense* Fang　常绿灌木，常附生；海拔 1900m，山坡林内，常附壳斗科植物树干或林中枯树上；保护区内小草坝；彝良；广西、四川、贵州；中国特有；标本号：ZT1969、ZT787。

毛萼越桔(火烧天) *Vaccinium pubicalyx* Franch.　常绿灌木或小乔木；《中国物种红色名录》无危种；海拔 1741～2081m，山坡灌丛或杂木林内；保护区内常见；云南广布；四川西南部；缅甸东北部；样地号：乔 27-6-31、乔 54-1-70、乔 61-1-33、乔 28-11、乔 29-16-10。

红花越桔 *Vaccinium urceolatum* Hemsl.　落叶灌木；海拔 1750～1870m，阔叶林中或沟边灌丛中，有时附生于野樱桃树上；保护区内常见；贡山、大关、镇雄、彝良；四川；中国特有；标本未采，文献记录种。

毛序红花越桔 *Vaccinium urceolatum* Hemsl. var. *pubescens* C. Y. Wu　落叶灌木；海拔 1650～1800m，山谷阔叶林中或林中岩石上，有时附生树上；保护区内常见；大关；中国特有；标本未采，文献记录种。

219 岩梅科 Diapensiaceae

岩匙 *Berneuxia thibetica* Decne　草本；全草入药；海拔 1300～4500m，高山杜鹃灌丛或铁杉林及针阔混交林下；保护区内常见；禄劝、镇雄、大关、丽江、维西、贡山、德钦；四川、贵州、西藏；中国特有；标本未采，文献记录种。

221 柿树科 Ebenaceae

乌柿 *Diospyros cathayensis* A. N. Steward　小乔木；海拔 1600m，山坡、河谷；保护区内常见；永善；湖北、湖南、四川、重庆、贵州、广东；中国特有；标本未采，文献记录种。

野柿 *Diospyros kaki* Thunb. var. *sylvestris* Makino　落叶乔木；海拔 1310～1340m，山地密林、山坡稀疏林、路边；保护区内三江口辣子坪、麻风湾；云南全省；我国西南、沿海各地；中国特有；样地号：草 58-3-4、草 59-1-16。

君迁子 *Diospyros lotus* L.　乔木；海拔 1552m，山坡、山谷、路边；保护区内三江口辣子坪、麻风湾；云南大部分地区；辽宁、河北、山东、山西、西藏；中国特有；样地号：乔 90-40。

223 紫金牛科 Myrsinaceae

九管血 *Ardisia brevicaulis* Diels　灌木；果食用、入药；海拔 1300～1340m，密林下；保护区内大雪山、海子坪尖山子；西畴、砚山；我国东从台湾至西南各省，北从湖北至广东均有；中国特有；标本号：ZT2427；样地号：样 59。

散花紫金牛 *Ardisia conspersa* Walker　灌木；海拔 1530m，山谷疏密林下阴湿处；保护区内海子坪；元江、广南、富宁；湖北、湖南、广西、广东、贵州、四川、重庆；中国特有；样地号：草 70A-3-7、草 70A-2-8、草 88-3-5、样 80-22、草 78-1-11、草 31-1-4、草 30-3-11、草 87-1-6、草 78-5-11。

百两金 *Ardisia crispa* (Thunb.) A. DC.　灌木；根叶药用，果食用，种子含油；海拔 1741m，林下、竹林下；保护区内罗汉坝坡头山；文山、金平、景东、昭通；我国长江以南各省；日本；样地号：草 61-3-8、草 61-1-13。

柳叶紫金牛 *Ardisia hypargyrea* C. Y. Wu et C. Chen　灌木；海拔 1750～1855m，水边或林下；保护区内；滇东南（蒙自、西畴、广南）等；中国特有；标本号：ZT2041；样地号：草 26-1-7。

紫金牛 *Ardisia japonica* (Hornst.) Blume　灌木；药用；海拔 1741m，林下、林缘；保护区内罗汉坝坡头山；云南东南；陕西、长江以南各省；朝鲜、日本；样地号：草 61-4-16。

长叶酸藤子 *Embelia longifolia* (Benth.) Hemsl.　攀缘灌木或藤本；入药、果子食用；海拔 1950m，丛林、疏林、路旁、灌丛；保护区内小草坝分水岭；滇西、滇西南、滇东南；江西、福建、四川、贵州、广东、广西；中国特有；样地号：样 34-1-42。

疏花酸藤子 *Embelia pauciflora* Diels　攀缘灌木或藤本；海拔 1310m，山谷，疏、密林下；保护区内海子坪；云南新分布；四川、贵州；越南；样地号：草 59-2-26、草 58-5-15。

艳花酸藤子 *Embelia pulchella* Mez　攀缘灌木；海拔 1841m，丛林、竹林中；保护区内小草坝竹园对面山上；蒙自、景东、镇康、沧源、临沧、永平；四川；中国特有；样地号：草 27-6-27。

金珠柳 *Maesa montana* A. DC.　灌木或小乔木；海拔 500～2800m，杂木林下或疏林下；保护区内常见；彝良、会泽、贡山、福贡、景东、西双版纳、蒙自、建水；我国从台湾至西南各省都有；印度、缅甸、老挝、越南、泰国；标本未采，文献记录种。

针齿铁仔 *Myrsine semiserrata* Wall.　灌木；皮、叶提取栲胶、种子榨油；海拔 1405m，林内、山坡、路旁、沟边；保护区内大雪山猪背河坝；滇西北、滇西、滇西南、滇中及滇东南；湖北、湖南、贵州、四川、重庆、西藏、广东、广西；印度、缅甸；样地号：草 78-2-6。

224 安息香科 Styracaceae

鸦头梨 *Melliodendron xylocarpum* Hand.-Mazz.　落叶乔木；海拔 1200m，混交林中；保护区内海子坪；云南东南部；四川、贵州、广西、广东、湖南、江西、福建；越南北部；标本号：ZT2271。

裂叶白辛树 *Pterostyrax leveillei* (Fedde) Chun　乔木；海拔 1700m，沟边林中；保护区内小岩方一扎口石；滇东北(彝良)；贵州、广西；中国特有；标本号：ZT1287。

白辛树 *Pterostyrax psilophyllus* Diels ex Perkins　乔木；云南省Ⅱ级保护植物、《中国物种红色名录》易危种；海拔 1600～2070m，沟边林中；保护区内河坝场、三江口麻风湾、海子坪；滇东北(镇雄、彝良)；四川、贵州、湖北；中国特有；标本号：ZT1440、ZT1198、ZT2345。

木瓜红 *Rehderodendron macrocarpum* Hu　乔木；《中国物种红色名录》易危种；海拔 1200～2060m，混交林中；保护区内常见；云南东南部和东北部；四川、贵州、广西；越南北部；标本号：ZT2287、ZT627、ZT575、ZT118、ZT2264。

具苞野茉莉 *Styrax bracteolata* Guillaumin.　灌木或小乔木；海拔 1500～2000m，林缘；保护区内常见；滇东北；中国特有；标本未采，文献记录种。

灰毛老鸹铃 *Styrax hemsleyanus* Diels var. *grisea* Rehd　灌木至小乔木；海拔 1900m，杂木林中；保护区内常见；永善；四川、湖北、河南、陕西；中国特有；标本未采，文献记录种。

云南野茉莉 *Styrax hookeri* var. *yunnanensis* Perkins　灌木或小乔木；海拔 2081m，林中、灌丛；保护区内罗汉坝五道河、三江口麻风湾沿途；滇东北；中国特有；标本号：ZT271；样地号：乔 54-1-10、乔 54-4-9、草 54-5-14。

野茉莉 *Styrax japonicus* Sieb. et Zucc.　灌木或小乔木；海拔 1300～2010m，灌丛

中；保护区内常见；沾益、彝良、镇雄；长江以南各省，北至河南、陕西；朝鲜、日本、菲律宾；标本号：ZT1386。

瑞丽野茉莉 *Styrax perkinsiae* Rehd. 灌木或小乔木；海拔 1820～1900m，林中；保护区内、罗汉坝；怒江和澜沧江流域；四川西南部；中国特有；标本号：ZT1701、ZT1775。

粉花野茉莉 *Styrax roseus* Dunn 灌木或小乔木；海拔 1690～2450m，灌丛中；保护区内常见；彝良、大关、永善、盐津、镇雄、贡山；四川(西南部)、贵州(西部)；中国特有；标本号：ZT1046、ZT805；样地号：样 80′-乔-11、草 15-4-22、样 8、乔 13-左-11。

红叶野茉莉 *Styrax rubifolia* Guill. 灌木或小乔木；海拔 1855m，混交林中；保护区内小草坝雷洞坪；滇东北(盐津)；中国特有；样地号：草 26-1-20。

栓叶安息香 *Styrax suberifolius* Hook. et Arn. 乔木；木材坚硬，供家具和器具用材；种子可制肥皂或油漆；根和叶药用，祛风除湿、理气止痛、治风湿关节痛；海拔 1800m，山地、丘陵地带常绿阔叶林中；属阳性树种，生长迅速，可用种子繁殖；保护区内扎口石；云南；长江流域以南各省；越南；标本号：ZT1304。

白花树 *Styrax tonkinensis* (Pierre) Craib ex Hartw. 乔木；海拔 1850m，林中；保护区内朝天马陡口子；云南东南至西南部；贵州、广西、广东、湖南；越南北部；标本号：ZT1932。

225 山矾科 Symplocaceae

铜绿山矾 *Symplocos aenea* Hand.-Mazz. 乔木；海拔 1100～1800m，常绿阔叶林及山坡灌木丛中；保护区内海子坪黑湾、三江口、大雪山土霍、大雪山黄角湾、海子坪；滇东北；四川西南；中国特有；标本号：ZT64、ZT2457、ZT2255、ZT30b、ZT140、ZT112；样地号：草 71A-1-3。

薄叶山矾 *Symplocos anomala* Brand 灌木或小乔木；海拔 1300～2080m，山坡山谷林缘和杂木林中；保护区内常见；云南各地；四川、重庆、贵州、广西、湖南、湖北、江西、江苏、浙江、福建、台湾；缅甸；标本号：ZT1282、ZT1894、ZT179、ZT40。

总状山矾 *Symplocos botryantha* Franch. 乔木或小乔木；海拔 1900～1985m，山坡山谷阔叶林下或林内；保护区内小沟、小草坝采种基地乌贡山；滇东北、腾冲等地；湖北、湖南、四川、重庆、贵州、广西；中国特有；标本号：ZT1831；样地号：草 29-4-4、草 29-5-15。

坚木山矾 *Symplocos dryophila* Clarke 常绿乔木；海拔 2048m，常绿阔叶林及杂木林中；保护区内小沟、罗汉坝五道河；云南省各地均有分布；四川南部和西藏；缅甸、越南、泰国、尼泊尔、印度；标本号：ZT1527、ZT152；样地号：乔 30-16-345、乔 55-2-8、草 2-3-10。

茶条果 *Symplocos ernestii* Dunn 小乔木或大灌木；茎皮具纤维，可代麻，种子可榨油，油可制肥皂；海拔 1940～2450m，阳坡常绿阔叶林中；保护区内小岩方—方家湾、小岩方、上青山；大姚(白草岭一带)、凤庆、富民等；湖北、四川、贵州；中国特有；

标本号：ZT1502、ZT734；样地号：草 15-6-14、草 12-2-24、草 15-6-15、草 55-4-11、乔 12-2-2、草 15-5-2、样 8。

团花山矾 *Symplocos glomerata* King ex Gamble 乔木或灌木；海拔 1375～1810m，常绿阔叶林及杂木林中；保护区内大雪山管护站对面、三江口麻风湾田家湾、大雪山猪背河坝、小草坝；贡山、福贡、腾冲；西藏东南部；越南、缅甸、印度东北部和不丹；标本号：ZT2258、ZT21；样地号：乔 88-3-61。

海桐山矾 *Symplocos heishanensis* Hayata 乔木；木材性质良好，供车、船、家具及建筑材料等用材；海拔 1880～2110m，山坡常绿阔叶林、湿润密林或灌丛中；保护区内长槽、小岩方老场坪、小草坝罗汉林、小草坝花苞树垭口；云南(文山、金平、屏边)；广西、广东、湖南、江西、浙江、台湾；中国特有；标本号：ZT1714。

滇南山矾 *Symplocos hookeri* Clarke 乔木；海拔 1310～1925m，湿润沟谷密林及次生林中；保护区内海子坪、罗汉坝蕨坝场弯子；芒市、澜沧、勐海、勐腊、元阳、金平、屏边、富宁等地；缅甸、印度、泰国、老挝、越南；样地号：样 59、乔 71A-6。

绒毛滇南山矾(灰包子、山黄金)*Symplocos hookeri* Clarke var. *tomentosa* Y. F. Wu 乔木；海拔 1552～1985m，林中；保护区内小草坝罗汉林、罗汉坝大树子、大雪山龙潭坎；金平、屏边、元阳；中国特有；标本号：ZT13、ZT1730；样地号：乔 49-2-22(皱叶山矾)、乔 46-1-5、灌 90-8、乔 1-9-6、乔 46-2-32、乔 13-左-5、草 90-1-18。

光叶山矾 *Symplocos lancifolia* Sieb. et Zucc. 乔木；海拔 1840～2050m，山地、林缘、杂木林及密林中；保护区内常见；云南(富宁、文山、金平、西双版纳)；长江流域及以南各省；日本、印度、越南、菲律宾；标本号：ZT1714。

黄牛奶树 *Symplocos laurina*(Retz.) Wall. 乔木；材用；树皮药用；海拔 1600～3000m，林边石山及密林中；保护区内常见；云南省各地；四川、贵州、湖南、西藏；越南、印度、斯里兰卡；标本未采，文献记录种。

白檀 *Symplocos paniculata*(Thunb.) Miq. 落叶灌木或小乔木；海拔 1200～1950m，密林、疏林及灌木丛中；保护区内大雪山、海子坪、罗汉坪；云南省各地均有分布；除新疆和内蒙古外全国各地均有分布；朝鲜、日本、印度、北美；标本号：ZT2429、ZT2273、ZT2136；样地号：草 46-4-8。

叶萼山矾 *Symplocos phyllocalyx* Clarke 常绿小乔木；海拔 1750～1852m，阔叶林或杂木林中；保护区内小草坝、三江口麻风湾；镇雄、绥江、彝良、禄劝、富民、大理、丽江、德钦、贡山、福贡、腾冲、保山等地；长江流域及其以南各省及西藏；印度和不丹；标本号：ZT2111、ZT149。

四川山矾(黑白茶条)*Symplocos setchuensis* Brand. 乔木或小乔木；海拔 1552～2040m，常绿阔叶林或林缘土壤肥沃的地方；保护区内常见；滇东南；广西、福建、台湾、湖南、江西、安徽、江苏、浙江、四川等；中国特有；标本号：ZT379、ZT1476、ZT623、ZT2092、ZT275。

山矾一种 *Symplocos* sp. 小乔木；海拔 1900m，灌木林；保护区内常见；中国特有；标本号：无号。

银色山矾 *Symplocos subconnata* Hand.-Mazz. 乔木；有接骨镇痛的功效，主治骨

折，跌打损伤，也有用全草解痉镇痛；海拔 1952m，山林中；保护区内三江口麻风湾；云南新分布；浙江、福建、江西、湖北、湖南、广东北部、广西北部、贵州、四川；中国特有；标本号：ZT44、ZT178；样地号：草 2-5-22、样 2 内。

山矾 *Symplocos sumuntia* Buch.-Ham. ex D. Don 乔木或小乔木；海拔 1800～1950m，灌木丛、杂木林或常绿阔叶林中；保护区内小岩方、三江口、麻风湾林下、罗汉坝；滇东北和滇东南；江苏、浙江、福建、台湾、江西、湖南、湖北、四川、重庆、贵州、广东、广西；中国特有；标本号：ZT1058、ZT249、ZT313、ZT2086、ZT253。

茶叶山矾 *Symplocos theaefolia* D. Don 小乔木或大灌木；海拔 1405～2050m，林下；保护区内小岩方、大雪山猪背河坝、小沟下水塘迷人窝、大雪山黄角湾、三江口麻风湾、小草坝；滇东北、滇西北、滇中；四川、贵州、广西、西藏；尼泊尔、不丹、印度西北部；标本号：ZT142、ZT2001、ZT1643。

坛果山矾 *Symplocos urceolaris* Hance 小乔木；海拔 1300～1966m，常绿阔叶林内；保护区内常见；滇东北、滇东南；广东、湖南、广西、福建、浙江、江西、四川、贵州等；中国特有；标本号：ZT1442、ZT129、ZT993、ZT148、ZT285、ZT163、ZT175、ZT538。

228 马钱科 Loganiaceae

雉尾花 *Buddleja lindleyana* Fort. ex Lindl. 灌木；海拔 620～880m，水旁、矿地、丛林中；保护区内常见；盐津；浙江、江苏、湖南、湖北、广东、广西、江西、福建、四川、贵州；中国特有；标本未采，文献记录种。

紫花醉鱼草 *Buddleja macrostachya* Wall. ex Benth. var. *yunnanensis* Diels 灌木；海拔 1800～2000m，干旱山坡灌木丛中；保护区内小草坝后河、麻风湾；香格里拉、丽江；四川；中国特有；标本号：ZT195。

柳叶蓬莱葛 *Gardneria lanceolata* Rehd. et Wils. 攀缘灌木；海拔 1500～3000m，山坡灌丛中；保护区内常见；镇雄、龙陵、文山、石屏、金平、香格里拉；安徽、浙江、江苏、湖北、广西、江西、四川、贵州；中国特有；标本未采，文献记录种。

线叶蓬莱葛 *Gardneria linifolia* C. Y. Wu. et S. Y. Pao 藤本；海拔 1900～2000m，石灰岩杂木林中；保护区内常见；镇雄；四川；中国特有；标本未采，文献记录种。

229 木樨科 Oleaceae

白蜡树 *Fraxinus chinensis* Roxb. 乔木；海拔 1820m，山坡杂木林或石灰岩山地林缘；保护区内小沟；昆明、江川、西畴、广南、永善、镇雄；东北、黄河及长江流域、福建、广东、广西；越南、朝鲜；标本号：ZT1713。

秦岭梣 *Fraxinus paxiana* Lingelsh. 落叶大乔木；海拔 1920m，山谷坡地及疏林中；保护区内三江口；云南新分布；四川、甘肃、陕西、湖北、湖南；中国特有；标本号：ZT590。

无毛长叶女贞 *Ligustrum compactum*(Wall. ex G. Don) Hook. f. et. Thoms. ex Brandis var. *glabrum*(Mansf.) Hand.-Mazz.　灌木或小乔木；海拔 1958m，河边灌丛；保护区内小岩方骑驾马；大姚、德钦；中国特有；样地号：草 14-5-17。

紫药女贞 *Ligustrum delavayanum* Hariot　常绿灌木；海拔 1820～1920m，山坡灌木丛及疏林或岩石缝中；保护区内小沟、小草坝；滇中、滇东北、滇西及滇西南；四川西部；中国特有；标本号：ZT1671、ZT1925；样地号：沼-物-22。

细女贞 *Ligustrum gracile* Rehd.　灌木；海拔 700～1800m，路边及石灰岩山灌丛或河滩灌丛；保护区内常见；大关、鲁甸、宾川、鹤庆、元谋；四川西南；中国特有；标本未采，文献记录种；样地号：14-草 3-14、草 6-15、12-草 5-21、草 6-3-20、草 29-6-14、乔 6-7。

女贞 *Ligustrum lucidum* Aiton　常绿乔木；绿篱、放养白蜡虫；用材；种子及叶入药，根或茎基部泡酒；海拔 130～3000m，混交林或林缘；保护区内常见；除西双版纳及德宏外大部分地区都有分布或栽培；甘肃及长江以南各省；中国特有；标本未采，文献记录种。

紫茎女贞 *Ligustrum purpurascens* Y. C. Yang　灌木；海拔 1000～1500m，山坡次生林及沟边阔叶林；保护区内常见；大关、镇雄、盐津；四川；中国特有；标本未采，文献记录种。

小叶女贞 *Ligustrum quihoui* Carr.　灌木；海拔 1200～2450m，山坡及路边灌木丛或石崖上向阳处；保护区内三江口辣子坪；昆明、宜良、楚雄、武定、凤庆、剑川、洱源、丽江、蒙自、建水、砚山、西畴等地；山东、河北、河南、山西、陕西、湖北、湖南、江西、四川、重庆、贵州、西藏东南；中国特有；标本号：ZT674、ZT875。

粗壮女贞(苦丁茶) *Ligustrum robustum*(Roxb.) Blume　灌木或小乔木；海拔 1500m，混交林内；保护区内大雪山；西双版纳及滇东南；四川、广西；印度、缅甸；标本号：ZT2252。

小蜡 *Ligustrum sinense* Lour.　灌木或小乔木；果实可酿酒；种子榨油制肥皂；茎皮纤维制人造棉；药用；海拔未记载，山地疏林或路旁、沟边；保护区内常见；云南大部分地区；长江以南各省；中国特有；标本未采，文献记录种。

牛矢果 *Osmanthus matsumuranus* Hayata　常绿灌木或小乔木；海拔 1341m，沟谷密林或山坡疏林；保护区内海子坪尖山子；勐海、沧源等地；广西、广东、台湾；印度、越南；样地号：乔 59-17-6、乔 59-17-8、草 59-2-46。

香花木樨 *Osmanthus suavis* King ex C. B. Clarke　常绿灌木或小乔木；海拔 2400～3100m，高山灌丛或针叶林下；保护区内常见；滇西、滇西北、滇东北及滇中；四川、贵州；中国特有；标本未采，文献记录种。

云南桂花 *Osmanthus yunnanensis*(Franch.) P. S. Green　常绿灌木或小乔木；海拔 1940～1980m，山坡密林或疏林；保护区内小岩方骑驾马、小岩方、上青山；云南广布；四川；中国特有；标本号：ZT1724、ZT1488。

皱叶丁香 *Syringa mairei*(Lévl.) Rehd.　灌木或小乔木；海拔 2000～2100m，山坡或路边灌丛；保护区内常见；滇西北及滇东北；西藏东南；中国特有；标本未采，文献记录种。

230 夹竹桃科 Apocynaceae

紫花络石 *Trachelospermum axillare* Hook. f. 粗壮木质藤本；茎皮纤维韧，可制绳和麻袋，种毛可作填充粉；海拔 1320m，山谷及疏林中或水沟、溪边灌木丛中；保护区内大雪山土霍；云南广布；浙江、江西、福建、湖北、湖南、广东、广西、贵州、四川、西藏；斯里兰卡、越南、印度西北部等地；标本号：ZT2431。

231 萝藦科 Asclepiadaceae

翅果杯冠藤 *Cynanchum alatum* Wight et Arn. 攀缘草质藤本；海拔 1000～2500m，山地疏林中；保护区内常见；云南西南部和东北部；印度；标本未采，文献记录种。

牛皮消 *Cynanchum auriculatum* Royle ex Wight 藤状灌木；块根可药用，有养阴清热、润肺止咳之效；海拔 1400m，山坡林缘及路旁灌木丛中；保护区内大雪山；屏边、芒市、景东、澄江、德钦；山东、河北、河南、陕西、甘肃、西藏、安徽、江苏、浙江、福建、台湾、江西、湖南、湖北、广东、广西、贵州、四川、重庆；印度；标本号：ZT2405。

青羊参 *Cynanchum otophyllum* Schneid. 多年生草质藤本；海拔 1400～2800m，山坡疏林中、山坡灌丛中；保护区内常见；龙陵、福贡、丽江、禄劝、大理、景东、镇雄、蒙自、玉溪、双柏、剑川、嵩明、砚山、镇康、马关、昆明、盈江、巧家、鹤庆、腾冲、会泽、姚安、兰坪、永胜；西藏、四川、广西、湖南；中国特有；标本未采，文献记录种。

徐长卿 *Cynanchum paniculatum* (Bunge) Kitagawa 多年生草本；海拔 1600m，山坡草丛中；保护区内常见；滇东北；辽宁、内蒙古、山西、河北、河南、陕西、甘肃、贵州、四川、重庆、山东、安徽、江苏、浙江、江西、湖南、湖北、广东、广西；日本、朝鲜；标本未采，文献记录种。

西藏牛皮消 *Cynanchum saccatum* W. T. Wang ex Tsiang et P. T. Li 草质缠绕藤本；海拔 1850～2000m，山谷林下、山坡灌木丛中或潮湿草地；保护区内小草坝后河；德钦、香格里拉、维西；西藏、四川；中国特有；标本号：ZT1373、ZT2098。

昆明杯冠藤 *Cynanchum wallichii* Wight 多年生草质藤本；海拔 1800m，山地疏林中、山坡草地或灌木丛中；保护区内河坝场；昆明、漾濞、蒙自、砚山、鹤庆、大理、彝良、景东、澄江等地；四川、贵州、广西；印度；标本号：ZT1379。

232 茜草科 Rubiaceae

柳叶虎刺 *Damnacanthus labordei* (Lévl.) Lo 无刺灌木；海拔 1341m，山坡、山谷林中或灌丛；保护区内海子坪尖山子；马关、麻栗坡、西畴、富宁、广南、蒙自、河口、元阳；四川、贵州、广西、广东、湖南；中国特有；样地号：草 59-6-17、草 59-5-27。

香果树 *Emmenopterys henryi* Oliv. 乔木；国家Ⅱ级重点保护野生植物、可作庭院观赏，木材供家具建筑用；海拔 1550m，河边疏林、山谷和山坡林中；保护区内海子坪仙家沟；镇雄、彝良、安宁、楚雄、武定、峨山、玉溪、河口；四川、贵州、广西、湖南、湖北、河南、江西、福建、浙江、江苏、安徽、陕西、甘肃；中国特有；标本号：无号。

拉拉藤 *Galium aparine* L. var. *echinospermum*(Wallr.) Cuf. 多枝蔓生或攀缘状草本；全草入药；海拔 1900m，山谷林下，山坡，草地，荒地；保护区内三江口麻风湾；云南广布；除海南外全国均有分布；尼泊尔、巴基斯坦、印度、朝鲜、日本、欧洲、非洲、美洲北部；标本号：ZT881。

小叶葎 *Galium asperifolium* Wall. ex Roxb. var. *sikkimense*(Gand.) Cuf. 草本；海拔 1950m，中山灌丛、林缘；保护区内麻风湾；云南各地；四川、西藏、贵州、广西、湖南、湖北；缅甸、不丹、尼泊尔、巴基斯坦、印度、斯里兰卡；标本号：无号。

六叶葎 *Galium asperuloides* Edgew. ssp. *hoffmeisteri*(Klotzsch) Hara 草本；海拔 1810～2040m，溪边，山谷，林下，草坡，河滩或灌丛中；保护区内三江口；云南各地；黑龙江、河北、山西、陕西、甘肃、江苏、安徽、浙江、江西、河南、湖北、湖南、四川、重庆、贵州、云南、西藏等；印度、巴基斯坦、尼泊尔、不丹、缅甸、日本；标本号：ZT839、ZT1218；样地号：草 4-4-16、草 1-3-10、草 4-2-7、草 6-2-15、1-草 2-22、草 3-4-14、草 5-5-12、草 6-5-20。

线梗拉拉藤 *Galium comari* Lévl. et Van. 草本；海拔 1780m，草地；保护区内常见；彝良、鹤庆；四川、重庆、贵州、湖南、湖北、江西、福建、浙江、陕西、甘肃；中国特有；标本未采，文献记录种。

林猪殃殃 *Galium paradoxum* Maxim 多年生矮草本；海拔 1800～2450m，山谷，溪边林下；保护区内常见；云南广布；四川、重庆、西藏、贵州、广西、湖南、湖北、河南、浙江、安徽、河北、山西、陕西、青海、甘肃、辽宁、吉林、黑龙江；尼泊尔、印度、朝鲜、日本、俄罗斯；标本号：ZT818、ZT1023、ZT1670、ZT418、ZT819。

小叶猪殃殃 *Galium trifidum* L. 多年生草本；海拔 1900～2500m，水沟边、湿润草地、田野；保护区内常见；彝良、腾冲、景东、维西、丽江、大理、漾濞、昆明、易门、广南、凤庆、盈江；四川、重庆、贵州、西藏、广西、湖南、湖北、河南、浙江、安徽、河北、山西、陕西、甘肃、青海、辽宁、吉林、黑龙江；朝鲜、日本、欧洲、美洲北部；标本未采，文献记录种。

金毛耳草 *Hedyotis chrysotricha*(Palib.) Merr. 草本；海拔 400～2000m，常绿阔叶林下；保护区内常见；绥江、永善、贡山、泸水、大理、昆明、麻栗坡、腾冲；广东、广西、福建、江西、江苏、浙江、湖北、湖南、安徽、贵州、台湾、海南；中国特有；标本未采，文献记录种。

粉绿野丁香 *Leptodermis potanini* Batalin var. *glauca*(Diels) H. Winkl. 灌木；海拔 800～3150m，山谷，山坡，旷地的林中或灌丛；保护区内常见；云南各地；四川、西藏、贵州；中国特有；标本未采，文献记录种。

滇丁香 *Luculia pinceana* Hook. 灌木或乔木；海拔 800～2800m，山坡，山谷溪边的林中或灌丛；保护区内常见；云南广布；西藏、贵州、广西；越南、缅甸、尼泊尔、印度；标本未采，文献记录种。

玉叶金花 *Mussaenda pubescens* Ait. f. 攀缘灌木；海拔 1200～1500m，沟谷或旷野灌丛；保护区内常见；云南广布；贵州、广西、广东、香港、海南、湖南、江西、福建、浙江、台湾；中国特有；标本未采，文献记录种。

密脉木 *Myrioneuron faberi* Hemsl. 高大草本或灌木；海拔 600～1400m，山谷溪边林中；保护区内常见；昭通、新平、元江、麻栗坡、西畴、富宁、蒙自、屏边、河口、金平、景东、绿春、澜沧、孟连、勐腊、勐海、凤庆、沧源、龙陵、盈江、梁河；四川、重庆、贵州、广西、湖南、湖北；中国特有；标本未采，文献记录种。

薄叶新耳草 *Neanotis hirsuta*(L. f.) Lewis 草本；海拔 1820～2110m，山谷溪边林中，灌丛或草地；保护区内小沟、小草坝花苞树垭口；云南各地；四川、贵州、广东、西藏、广西、福建、浙江；越南、泰国、缅甸、不丹、印度尼西亚、印度、马来西亚、日本；样地号：草 51-2-8、样 68-10。

臭味新耳草 *Neanotis ingrata*(Wall. ex Hook. f.) Lewis 草本；全株入药，治毒蛇咬伤；海拔 1800～1960m，山谷溪边林中，灌丛或草地；保护区内三江口麻风湾、朝天马林场；绥江、镇雄、彝良、大关、昭通、景东、勐腊、龙陵、贡山、福贡、屏边、河口、孟连；四川、重庆、贵州、西藏、广西、湖南、湖北、江西、浙江、江苏、甘肃；越南、尼泊尔、印度；标本号：ZT247、ZT330、ZT2075、ZT1705、ZT2369；样地号：沼-物-23、样 77-22。

小叶臭味新耳草 *Neanotis ingrata*(Wall. ex Hook. f.) Lewis f. *parvifolia* How ex Ko 草本；海拔 1850m，山坡路旁；保护区内麻风湾；云南新分布；四川(宝兴)、重庆(綦江)；中国特有；标本号：ZT488。

广州蛇根草 *Ophiorrhiza cantoniensis* Hance 草本；海拔 1300～2700m，山谷密林下和溪沟边；保护区内常见；云南广布；四川、贵州、广西、广东、香港、海南、湖南；中国特有；标本未采，文献记录种。

日本蛇根草 *Ophiorrhiza japonica* Blume 草本；海拔 1800～1860m，河谷沃土上；保护区内小岩方、长槽；绥江、镇雄、彝良、昆明、大姚；四川、贵州、广西、广东、香港、湖南、湖北、安徽、浙江、江西、福建、台湾、陕西；越南、日本；标本号：ZT1352、ZT1603。

毛鸡矢藤 *Paederia scandens*(Lour.) Merr. var. *tomentosa*(Blume) Hand.-Mazz. 藤本；药用；海拔 1160～1960m，山地、丘陵、旷野、河边、村边林中；保护区内海子坪、三江口分水岭；云南各地；四川、重庆、贵州、广西、广东、香港、海南、湖南、湖北、江西、福建、浙江、江苏、安徽、陕西等；印度、马来西亚、日本；标本号：ZT2242、ZT2192、ZT1069、ZT2323。

云南鸡矢藤 *Paederia yunnanensis*(Lévl.) Rehd. 灌木；海拔 400～3000m，山谷的林缘、疏林或灌丛中；保护区内常见；昭通、寻甸、嵩明、丽江、福贡、鹤庆、巍山、楚雄、砚山、文山、蒙自、景东、临沧；四川、贵州、广西；中国特有；标本未采，文献记录种。

金剑草 *Rubia alata* Roxb. 草质攀缘藤本；根茎入药；海拔 1900～1950m，山地林中，灌丛，旷坡；保护区内常见；云南各地；四川、贵州、广西、广东、湖南、湖北、河南、江西、福建、浙江、台湾、陕西、甘肃；中国特有；标本号：ZT1388、ZT849、ZT1959、ZT979、ZT879；样地号：草 34-4-35。

镰叶茜草 *Rubia falciformis* Lo 草本；海拔 1100～1500m，山谷林中；保护区内常见；云南特有、威信、麻栗坡、盈江、梁河；中国特有；标本未采，文献记录种。

金线草 *Rubia membranacea* Diels 草质攀缘藤本；海拔 1810～2040m，山谷溪边林中或灌丛；保护区内三江口麻风湾、三江口、三江口倒流水、罗汉坝大树子；永善、盐津、镇雄、昭通、嵩明、宜良、丽江、德钦、维西、香格里拉、贡山、泸水、鹤庆、洱源、大理、漾濞、大姚、禄劝、麻栗坡、西畴、弥勒、绿春、景东；四川、西藏、湖南、湖北；中国特有；标本号：ZT751、ZT1112、ZT151a、ZT527；样地号：草 1-5-10 拉拉藤、草 1-2-19、草 6-3-17、草 46-3-8 拉拉藤。

钩毛茜草 *Rubia oncotricha* Hand.-Mazz. 藤状草本；海拔 700～2600m，山谷林下、石灰岩山地和草坡；保护区内常见；云南各地；四川、西藏、贵州、广西；中国特有；标本未采，文献记录种。

卵叶茜草 *Rubia ovatifolia* Z. Y. Zhang 攀缘草本；海拔 1820m，山地林中或灌丛；保护区内小草坝乌贡山；镇雄、大关、德钦、香格里拉；四川、贵州、湖南、浙江、陕西、甘肃；中国特有；标本号：无号。

柄花茜草 *Rubia podantha* Diels 草质攀缘草本；海拔 1100～3400m，山谷、溪边、路边的林中、林缘或灌丛；保护区内常见；云南各地；四川、广西、贵州；中国特有；标本未采，文献记录种。

大叶茜草 *Rubia schumanniana* Pritzel 草本；海拔 1450～1900m，山谷，山坡，路边林中或灌丛；保护区内三江口麻风湾、小岩方、罗汉坝、罗汉坝大树子；云南各地；四川、贵州、广西、湖北；中国特有；标本号：ZT216、ZT464、ZT487b、ZT1362、ZT2147；样地号：草 46-1-13。

多花茜草 *Rubia wallichiana* Decne. 草质攀缘藤本；海拔 2039m，林中、林缘、旷野草地、村边园篱、灌丛，常攀附于其他树上；保护区内三江口倒流水；云南广布；四川、西藏、广西、广东、香港、海南、湖南、江西；印度、印度尼西亚；标本号：ZT559；样地号：草 6-5-9。

水晶棵子 *Wendlandia longidens* (Hance) Hantchins. 草本；海拔 1200～2800m，山谷林中、山坡或河边的灌丛中；保护区内常见；绥江、永善、盐津、大关、巧家；四川、贵州、湖北；中国特有；标本未采，文献记录种。

233 忍冬科 Caprifoliaceae

糯米条 *Abelia chinensis* R. Br. 落叶灌木；观赏；全株药用；海拔 1200m，山坡草丛中；保护区内常见；巧家、鲁甸、昭通；浙江、江西、福建、台湾、广东、广西、湖南、湖北、四川、贵州；中国特有；标本未采，文献记录种。

云南双盾木 *Dipelta yunnanensis* Franch. 落叶灌木；富含单宁；根药用；观赏；海拔 1700～3000m，山坡疏林、灌丛中或林内；保护区内常见；大理、宾川、洱源、鹤庆、兰坪、丽江、香格里拉、维西、德钦、贡山、易门、屏边、巧家、彝良；四川、贵州、湖北、陕西、甘肃；中国特有；标本未采，文献记录种。

鬼吹箫 *Leycesteria formosa* Wall. 半木质灌木；海拔 1400～3300m，山坡、山谷溪边、河边、林下或林缘灌丛中；保护区内常见；除南部以外的云南各地；贵州西部和西南部、西藏南部至东南部；印度、尼泊尔、缅甸；标本未采，文献记录种。

狭萼鬼吹箫 *Leycesteria formosa* Wall. var. *stenosepala* Rehd. 半木质灌木；全株入药；海拔 1950m，中山灌丛，林缘、草坡；保护区内罗汉坝；除南部以外的云南各地；贵州西部西南部、西藏南部至东部；尼泊尔、印度、缅甸；标本号：ZT2027。

纤细鬼吹箫 *Leycesteria gracilis* (Kurz) Airy-Shaw 灌木；海拔 1757m，山坡、山谷、沟边的杂木林下灌丛中；保护区内小草坝大窝场；贡山、泸水、景东、凤庆、腾冲、镇康、耿马、双江、金平；印度西北部、不丹、缅甸；样地号：乔 35-左-37。

淡红忍冬 *Lonicera acuminata* Wall. 落叶或半常绿木质藤本；花、叶药用；海拔 1140～2300m，林内、灌丛；保护区内常见；云南广布；西藏东南部、东南沿海各省、台湾、甘肃南部、广东、广西北部；尼泊尔、印度西北部、缅甸、印度尼西亚、菲律宾；标本未采，文献记录种。

短柱忍冬 *Lonicera fragilis* Lévl. 灌木；海拔 2800m，谷地；保护区内常见；滇东北；中国特有；标本未采，文献记录种。

杯萼忍冬 *Lonicera inconspicua* Batal. 落叶灌木；海拔 1840m，山坡或山谷的阔叶林、针阔叶林及针叶林内、灌丛中；保护区内麻风湾；德钦、香格里拉、洱源、丽江、鹤庆；四川、陕西、甘肃、湖北、青海、宁夏、山西、西藏东南、江西；欧洲东部及中部、阿富汗、不丹；标本号：ZT1666。

须蕊忍冬 *Lonicera koehneana* Rehd. 灌木或小乔木；可做凉粉；海拔 1820m，山谷、山脚、谷地或沟边的杂木林下；保护区内小岩方扎口石；云南广布；西藏东南、山西南部、陕西、山东、江苏、安徽南部、浙江、四川、湖北西部、贵州、河南西部、甘肃南部；中国特有；标本号：ZT1316。

光枝柳叶忍冬 *Lonicera lanceolata* Wall. var. *glabra* Chien ex H. J. Wang 灌木；海拔 1900～3400m，草坡、路旁或林下；保护区内常见；永善、彝良；四川南部、湖北西南部、贵州东北部；中国特有；标本未采，文献记录种。

女贞叶忍冬 *Lonicera ligustrina* Wall. 常绿灌木或半常绿灌木；海拔 1400～1980m，山坡林内或灌丛中；保护区内麻风湾、小沟、小岩方、大雪山；镇雄、永善、彝良；四川、湖北西部、陕西南部、贵州、广西、湖南；尼泊尔、印度、孟加拉国；标本号：ZT1317、ZT2453、ZT1039、ZT1664；样地号：样 35。

金银忍冬 *Lonicera maackii* (Rupr.) Maxim 落叶灌木；海拔 1780～2450m，开阔山沟路边向阳处疏林林缘或灌丛中；保护区内常见；丽江、维西、广南、文山、蒙自；黑龙江、吉林、辽宁、陕西、甘肃、四川、贵州、西藏；朝鲜、日本、俄罗斯远东；标本号：ZT1560、ZT1370、ZT675、ZT1682、ZT377、ZT945。

细毡毛忍冬 *Lonicera similis* Hemsl 藤本；花蕾及叶供药用；花可代茶，是我国西南地区“金银花”药材的主要来源；海拔 1200～2200m，山谷、溪旁、向阳山坡的灌丛中或阴湿林内；保护区内常见；云南广布；湖南、湖北、四川、重庆、广西、贵州、陕西、甘肃、浙江、福建；中国特有；标本未采，文献记录种。

察瓦龙忍冬 *Lonicera tomentella* Hook. f. et Thoms. var. *tsarongensis* W. W. Smith 灌木；海拔 2450m，山坡灌丛中；保护区内麻风湾三角顶；贡山；中国特有；标本号：ZT695。

华西忍冬 *Lonicera webbiana* Wall. 落叶小灌木；海拔 1760m，山坡、谷地、沟边的林下林缘灌丛中；保护区内小岩方；盐津、大理、丽江、香格里拉、德钦、维西、永胜、大姚、鹤庆；四川西部、甘肃南部、西藏东南部；中国特有；标本号：ZT954。

蓝黑果荚蒾 *Viburnum atrocyaneum* C. B. Clarke 常绿灌木；种子含油；海拔 1700～3200m，山坡或山脊的干燥或略湿润的疏林、密林内或灌丛中；保护区内常见；滇西北、滇中、镇康、滇东北、滇东南；西藏东南、四川东部至西南部、贵州中部至西南部、广西北部；印度北部、不丹、缅甸、泰国东北部；标本未采，文献记录种。

桦叶荚蒾 *Viburnum betulifolium* Batal. 落叶灌木小乔木；海拔 1340～1850m，山坡沟边或谷地杂林中；保护区内小岩方扎口石、麻风湾、海子坪尖山子；镇雄、大关、彝良、德钦、丽江、维西、福贡；陕西南部、山西、四川、湖北西部、贵州西部、甘肃南部；中国特有；标本号：ZT1285、ZT775a。

短序荚蒾 *Viburnum brachybotryum* Hemsl. 常绿灌木或小乔木；海拔 2060m，山谷密林或山谷灌丛中；保护区内小沟；云南各地；贵州、湖南西部、湖北西部、四川、广西；中国特有；样地号：乔 20-4-25。

肉叶荚蒾 *Viburnum carnosulum*（W. W. Smith）P. S. Hsu 灌木或小乔木；海拔 1900～1980m，山坡常绿阔叶林中；保护区内小草坝朝天马陡口子、小草坝保护点、小岩方分水岭；瑞丽、龙陵、保山、景东、腾冲、凤庆、永平；中国特有；标本号：ZT2097、ZT1919、ZT1081、ZT1064。

多毛漾濞荚蒾 *Viburnum chingii* P. S. Hsu var. *limitaneum*（W. W. Smith）Hsu 灌木；海拔 1800m，林下及灌丛中；保护区内小沟；滇中景东、凤庆、镇康、腾冲、龙陵、泸水；缅甸北部；标本号：ZT1677。

金佛山荚蒾 *Viburnum chinshanense* Graebn. 常绿灌木或小乔木；海拔 550～1550m，山坡疏林或灌丛中；保护区内常见；罗平、广南、富宁、威信、盐津；陕西、甘肃、四川、贵州；中国特有；标本未采，文献记录种。

榛叶荚蒾 *Viburnum corylifolium* Hook. f. et Thoms. 落叶灌木；海拔 1555m，山坡灌丛中；保护区内大雪山管护站对面；文山、广南、镇雄；四川、湖北西部、陕西南部、贵州、广西北部；印度东北；样地号：草 88-5-7。

水红木 *Viburnum cylindricum* Buch.- Ham. ex D. Don 常绿灌木至小乔木；根、树皮、叶及花药用；种子含油，可制肥皂和点灯；树皮及果提取栲胶；嫩叶可作猪饲料；海拔 1120～3200m，阳坡常绿阔叶林或灌丛中；保护区内常见；除滇南热区外云南各地均有；我国中南至西南各省区、甘肃、湖北、湖南；巴基斯坦、印度、尼泊尔、不丹、缅甸、泰国、越南、印度尼西亚；标本未采，文献记录种。

珍珠荚蒾 *Viburnum foetidum* Wall. var. *ceanothoides*（C. H. Wright）Hand.-Mazz. 常绿

灌木；药用；海拔 1820m，山坡林下或灌丛中；保护区内小沟保护点；滇中至西南；四川南部、贵州南部；中国特有；标本号：ZT1699。

聚花荚蒾 *Viburnum glomeratum* Maxim 常绿灌木或小乔木；海拔 1150～1950m，山谷林中、灌丛中、草坡的阴湿处；保护区内海子坪、小岩方；香格里拉、丽江、维西；宁夏南部、河南西部、河北西部、四川、陕西东部、甘肃南部；缅甸北部；标本号：ZT2267、ZT1008、ZT1302、ZT1619。

宜昌荚蒾 *Viburnum ichangense*(Hemsl.) Rehd. 灌木或小乔木；海拔 1900～1980m，山坡疏林阔叶林下；保护区内小岩方分水岭；威信、镇雄、盐津、大关、彝良；浙江、江苏南部、安徽南部和西部、江西、福建、台湾、广东北部、广西北部、甘肃、四川、重庆、西藏、湖南、湖北、陕西南部；中国特有；标本号：ZT1092、ZT1013。

长伞梗荚蒾 *Viburnum longiradiatum* P.S Hsu et S. W. Fan 灌木或乔木；海拔 1910m，山坡林内；保护区内小岩方分水岭；永善；四川东部到西南部；中国特有；标本号：ZT1098。

吕宋荚蒾 *Viburnum luzonicum* Rolfe 落叶灌木；入药；海拔 1310～1924m，山坡林内；保护区内海子坪、罗汉坝蕨场湾子、大雪山管护站对面；富宁；浙江南部、江西东南部、福建、台湾、广东、广西；菲律宾、马来西亚、中南半岛；样地号：草 58-6-8、草 71A-6-1、草 88-1-6。

显脉荚蒾 *Viburnum nervosum* D. Don 落叶灌木或小乔木；蜜源；海拔 1552m，山谷、山坡林内灌丛中；保护区内大雪山龙潭坎；滇西北、东北，南达景东、滇东南的文山；湖南、广西、四川西部、西藏东南部；中国特有；样地号：草 90-4、草 90-22。

少花荚蒾 *Viburnum oliganthum* Batal. 灌木或小乔木；海拔 1810～2450m，林内或溪边灌木丛中及岩石上；保护区内常见；永善、彝良、镇雄；四川东部到西南部、湖北西部、西藏、甘肃东南、贵州东北和西部；中国特有；标本号：ZT1867、ZT1610、ZT843a、ZT815、ZT1489、ZT1909；样地号：草 15-3-29、草 1-6-18、草 12-2-27。

红荚蒾 *Viburnum prattii* Graebn. 灌木或小乔木；海拔 1900～2300m，山坡针阔叶混交林或灌丛中；保护区内麻风湾、三江口辣子坪保护点；东川、禄劝、贡山、大姚、盐津、彝良；陕西南部、四川、贵州、甘肃南部；中国特有；标本号：ZT843b、ZT912；样地号：乔 11-47、乔 11-48、乔 11-49。

球核荚蒾 *Viburnum propinquum* Hemsl. 常绿灌木；全株入药；海拔 920m，石灰岩山顶灌丛中；保护区内常见；彝良；甘肃南部、陕西南部、湖北西部、四川东部、贵州、广西北部、广东北部、湖南西部、福建北部、台湾、江西北部及浙江南部；中国特有；标本未采，文献记录种。

狭叶球核荚蒾 *Viburnum propinquum* Hemsl. var. *mairei* W. W. Smith 常绿灌木；海拔 450m，河岸灌丛中；保护区内常见；彝良、盐津；湖北西南部、四川东南至西南部、贵州西北部；中国特有；标本未采，文献记录种。

茶荚蒾 *Viburnum setigerum* Hance var. *setigerum* 落叶灌木；海拔 1120～1310m，山坡溪涧旁疏林或灌丛中；保护区内海子坪；云南；江苏南部、浙江、安徽西南部、陕西南部、江西、湖北西部、湖南、福建北部、台湾、广东北部、广西东部、贵州、四川东部；中国特有；标本号：ZT2182；样地号：草 58-6-21。

合轴荚蒾 *Viburnum sympodiale* Graebn. 落叶灌木至小乔木；海拔 1200～2250m，山顶杂木苔藓林中或竹林中；保护区内常见；大关；陕西南部、广西东北、安徽南部、四川、重庆、湖北西部、贵州、甘肃南部、湖南、福建北部；中国特有；标本号：ZT1430、ZT2208、ZT708、ZT82、ZT907、ZT1189、ZT1856、ZT1856、ZT1099、ZT714。

三叶荚蒾 *Viburnum ternatum* Rehd. 灌木或小乔木；树皮可提取纤维；叶提取栲胶；海拔 1020～1040m，山谷阔叶林内；保护区内常见；镇雄、盐津；四川东南至西部、贵州、湖南西北部、湖北西部；中国特有；标本未采，文献记录种。

横脉荚蒾 *Viburnum trabeculosum* C. Y. Wu ex P. S. Hsu 乔木；《中国物种红色名录》易危种；海拔 1900～2450m，林下及灌丛中；保护区内麻风湾、小岩方、小草坝；金平、绿春；特产云南；中国特有；标本号：ZT941、ZT1548、ZT673。

西南荚蒾 *Viburnum wilsonii* Rehd. 灌木或小乔木；海拔 1500～2100m，山坡阔叶林下或灌丛中；保护区内常见；镇雄、永善、大关、彝良、盐津；四川；中国特有；标本未采，文献记录种。

233a 接骨木科 Sambucaceae

血满草(血莽草、大血草、珍珠麻) *Sambucus adnata* Wall. 草本；为跌打损伤药，能活血、散瘀，也可除风湿、利尿；海拔 1800～1850m，路边、沟边、林下；保护区内三江口、小岩方、麻风湾；云南各地都有；江苏、浙江、安徽、江西、湖北、湖南、福建、台湾、广东、广西、贵州、四川、重庆、甘肃、青海等；印度、泰国、老挝、柬埔寨、越南、日本；标本号：ZT618、ZT1394、ZT193。

接骨草 *Sambucus chinensis* Lindl. 高大草本至半灌木；海拔 550～2600m，林下、沟边或山坡草丛中；保护区内常见；云南各地；江苏、浙江、安徽、江西、湖北、湖南、福建、台湾、广东、广西、贵州、四川、重庆、甘肃、青海；印度东北部、泰国、老挝、柬埔寨、越南、日本；标本未采，文献记录种。

接骨木 *Sambucus williamsii* Hance 落叶灌木或小乔木；全株入药；海拔 1820m，林下灌丛或路边；保护区内小岩方扎口石；滇东南、滇中到滇西北；除新疆、西藏、青海外全国各省都有；欧洲、朝鲜、日本；标本号：ZT1336。

235 败酱科 Valerianaceae

墓头回(异叶败酱、追风箭、摆子草、老虎草) *Patrinia heterophylla* Bunge 草本；全草入药；海拔 800～3000m，山地、林缘、灌丛岩缝中及沙质土坡上；保护区内常见；西畴、丘北、贡山、德钦、昭阳、彝良、大关；辽宁、内蒙古、河北、山西、山东、河南、陕西、宁夏、甘肃、青海、安徽、浙江；中国特有；标本未采，文献记录种。

少蕊败酱(介头草、山芥花、败酱)*Patrinia monandra* C. B. Clarke 草本；全草入药；海拔 500～2400m，山坡灌丛、林缘、水沟边；保护区内常见；镇雄、彝良、盐津、昭阳、贡山、维西、德钦、福贡、兰坪、西畴、砚山、屏边、盈江；辽宁、河北、山东、河南、陕西、甘肃、江苏、江西、湖北、湖南、广西、贵州、四川；中国特有；标本未采，文献记录种。

柔垂缬草 *Valeriana flaccidissima* Maxim 柔弱草本；海拔 2100m，林缘、路边、阴湿水沟边；保护区内麻风湾；昆明、大理、中甸、维西、镇雄、镇康及西双版纳；台湾、陕西、湖北、四川；日本；标本号：ZT961。

长序结页草 *Valeriana hardwickii* Wall. 草本；药用；海拔 1450～2450m，溪边、沟旁、林缘、草坡；保护区内常见；贡山、腾冲、大理、景东、中甸、丽江、碧江、镇康、凤庆、昆明、禄劝、巧家、会泽、通海；广西、广东、江西、湖南、湖北、四川、贵州、西藏；不丹、尼泊尔、印度、缅甸、巴基斯坦、印度尼西亚；标本号：ZT2145、ZT1241、ZT219、ZT902；样地号：样 8。

马蹄香 *Valeriana jatamansi* Jones 草本；药用；海拔 1500m，山坡、路旁草丛；保护区内海子坪；云南各地；河南、陕西、湖北、四川、贵州、西藏；印度、巴基斯坦、喜马拉雅区域各国；标本号：ZT2317。

236 川续断科 Dipsacaceae

刺参 *Acanthocalyx nepalensis*(D. Don)C. Cannon 草本；海拔 3200～4000m，山坡草地；保护区内常见；禄劝、大理、昭通、丽江、维西、香格里拉、德钦、贡山；陕西、甘肃、四川、青海、西藏；尼泊尔、不丹、印度东北部、缅甸北部；标本未采，文献记录种。

川续断 *Dipsacus asperoides* C. Y. Cheng et T. M. Ai 草本；海拔 1900m，林边、灌丛草地；保护区内三江口辣子坪、麻风湾；云南各地；陕西、甘肃、河南、湖北、江西、湖南、广东、广西、贵州、四川、西藏；中国特有；标本号：ZT965。

双参 *Triplostegia glandulifera* Wall. ex DC. 细弱草本；海拔 1300～3900m，林下、溪旁、山坡草地；保护区内常见；彝良、东川、会泽、禄劝、洱源、双柏、鹤庆、兰坪、维西、碧江、福贡、丽江、香格里拉、德钦、贡山、昭阳、大关；陕西、湖北、四川、西藏；尼泊尔、不丹、印度、缅甸、东马来西亚和巴布亚新几内亚；标本未采，文献记录种。

238 菊科 Compositae

云南蓍 *Achillea wilsoniana* Heimerl ex Hand.-Mazz. 草本；全草药用；海拔 2300～3600m，灌丛中或山坡草地；保护区内常见；香格里拉、宁蒗、维西、大理、曲靖、盐津；山西、江西、河南、湖北、湖南、广西、陕西、甘肃、四川、贵州；中国特有；标本未采，文献记录种。

和尚菜 *Adenocaulon himalaicum* Edgew.　草本；根药用；海拔 1900～2000m，林下、灌丛下、草坡、路边、水沟边；保护区内三江口；德钦、贡山、维西、香格里拉、丽江、鹤庆、兰坪、大理、保山、屏边、文山、永善、大关、彝良、镇雄、巧家；全国各地；日本、朝鲜、印度、俄罗斯远东地区；标本号：ZT1094。

下田菊 *Adenostemma lavenia* (L.) O. Kuntze　草本；全草药用；海拔 380～3000m，林下、林缘、灌丛中、山坡草地或沟边、路旁；保护区内常见；云南大部；我国华东、华南、华中和西南广泛分布；斯里兰卡、印度、澳大利亚、菲律宾、中南半岛、日本、朝鲜；标本未采，文献记录种。

近细茎兔儿风 *Ainsliaea* aff. *tenuicaulis* Mattf.　草本；海拔 1740m，林缘、灌丛；保护区内长槽；待定；中国特有；标本号：ZT1660，叶背部为紫色。

杏香兔儿风 *Ainsliaea fragrans* Champ.　草本；全草入药；海拔 1950m，杂木林下；保护区内小草坝后河；大关、鹤庆；安徽、甘肃、浙江、江西、福建、台湾、湖北、湖南、广东、广西、四川；中国特有；标本号：无号。

光叶兔儿风 *Ainsliaea glabra* Hemsl.　草本；全草入药；海拔 1850m，山坡石灰岩石缝或河边；保护区内小岩方；威信、彝良；四川中南部；中国特有；标本号：ZT1359。

纤枝兔儿风 *Ainsliaea gracilis* Franch.　草本；海拔 1800m，山地丛林；保护区内长槽；云南新分布；贵州、四川、重庆、湖北、湖南、广西、广东、江西；中国特有；标本号：ZT1601。

长穗兔儿风 *Ainsliaea henryi* Diels　草本；药用；海拔 1800～2110m，林下；保护区内三江口麻风湾、小草坝、罗汉坝；云南(大关)；贵州、四川、重庆、湖北、湖南、广西、广东、海南、福建、台湾；中国特有；标本号：ZT308、ZT1903；样地号：草 48-1-9、草 51-2-12。

大关兔儿风 *Ainsliaea henryi* Diels var. *daguanensis* H. Chuang　草本；海拔 2020m，山坡杂木林下；保护区内常见；大关；中国特有；标本未采，文献记录种。

异花兔儿风 *Ainsliaea heterantha* Hand.-Mazz.　草本；海拔 1830～2080m，林下、草坡、路边、河旁；保护区内常见；云南各地；西藏南部；中国特有；标本号：ZT616；样地号：草 54-3-8、草 61-3-14、草 12-3-10、草 27-3-15、草 32-2-8。

长叶兔儿风 *Ainsliaea lancifolia* Franch.　草本；海拔 1900m，林缘、灌丛；保护区内常见；滇东北；四川、贵州；中国特有；标本未采，文献记录种。

直脉兔儿风 *Ainsliaea nervosa* Franch.　草本；海拔 1000～1500m，林下阴湿处、湿润草丛中或水边；保护区内常见；盐津；四川、贵州；中国特有；标本未采，文献记录种。

细茎兔儿风 *Ainsliaea tenuicaulis* Mattf.　草本；海拔 1750m，林下或路边；保护区内小草坝；彝良；湖北西南、湖南西北、四川南部、贵州东北；中国特有；标本号：ZT2129。

多花亚菊 *Ajania myriantha* (Franch.) Ling ex Shih　草本或亚灌木；花药用；海拔 1500～3600m，山坡杂木林中或草坡；保护区内常见；德钦、香格里拉、大理、富民、昆明、会泽、昭通；陕西、甘肃、青海、四川、西藏；中国特有；标本未采，文献记录种。

绒毛黄腺香青 *Anaphalis aureo punctata* Lingelsh et Borza var. *tomentosa* Hand.-Mazz.

草本；海拔 2010m，林下、灌丛、山坡草地；保护区内罗汉坝；贡山、香格里拉、维西、丽江、鹤庆、泸水、镇康、大理、大姚、富民、昆明、宜良、会泽、大关；河南、湖北、陕西、甘肃、四川、贵州、西藏；中国特有；标本号：ZT2128。

二色香青 Anaphalis bicolor(Franch.) Diels 草本；全草入药；海拔 1905～2000m，林下、林缘、山坡、草地、岩石缝；保护区内常见；香格里拉、丽江、剑川、大理、宾川、武定、昆明、东川、会泽；四川西部至西南部、西藏东南；中国特有；标本号：ZT2071、ZT1129。

粘毛香青 *Anaphalis bulleyana*(J. F. Jeffr) Chang 草本；全草药用；海拔 1950m，山坡草地；保护区内罗汉坝；香格里拉、丽江、昆明、东川；贵州中部、四川西部；中国特有；标本号：ZT2064。

蛛毛香青 *Anaphalis busua*(Buch.-Ham. ex D. Don) DC. 草本；全草及根入药；海拔 1960m，山谷、山坡草地、荒地；保护区内三江口分水岭；云南广布；四川西南部、西藏南部；缅甸、印度、不丹、尼泊尔；标本号：ZT1120。

萎软香青 *Anaphalis flaccida* Ling 草本；海拔 2062m，石头山灌丛中、山坡草地或沼泽地；保护区内罗汉坝老眺望台；大关、彝良、镇雄、富源；贵州西部；中国特有；样地号：草 69-3。

黄褐珠光香青 *Anaphalis margaritacea*(L.) Benth. et Hook. f. var. *cinnamonea*(DC.) Herd. ex Maxim 草本；海拔 1500～3650m，林下、灌丛中、山坡草地、竹丛下或石隙；保护区内常见；云南大部分地区有分布；江西、河南、湖北、湖南、广东、广西、陕西、甘肃、四川、重庆、贵州、西藏；缅甸、印度、不丹、尼泊尔；标本未采，文献记录种。

线叶珠光香青 *Anaphalis margaritacea*(L.) Benth. et Hook. f. var. *japonica* Makino 草本；海拔 1980m，林下、林缘、灌丛、山坡草地、路旁草丛；保护区内三江口分水岭；云南各地；河南、湖北、广东、广西、陕西、甘肃、青海、四川、重庆、贵州、西藏；朝鲜、日本、越南、缅甸、印度西北部、伊朗、俄罗斯；标本号：ZT1053。

牛蒡 *Arctium lappa* L. 草本；果实入药，根入药，种子含油，茎具皮；海拔 1950～1980m，林下、林缘、灌丛、山坡、溪边、路边、荒地常有栽培；保护区内三江口分水岭、罗汉坝；云南广布；我国西南、东北广布；欧洲、日本、美洲；标本号：ZT1043、ZT2138。

黄花蒿 *Artemisia annua* L. 草本；全草药用；海拔 2000～3000m，路旁、荒地、林缘、河谷、草原；保护区内常见；昆明、东川、玉溪、楚雄、大理、文山、个旧、潞西、德钦、盐津；全国各地皆有，适应性强；北半球及非洲北部广布种；标本未采，文献记录种。

暗绿蒿 *Artemisia atrovirens* Hand.-Mazz. 草本；海拔 1950m，山坡、草地、路旁；保护区内三江口；东川、曲靖、盈江；秦岭以南、云贵川以东地区都有；泰国；标本号：ZT1096。

南毛蒿 *Artemisia chingii* Pamp. 草本；海拔 1850m，山坡、草地、中低海拔地区；保护区内小沟；昆明、文山、东川、大理；华中、华东、华南、西南各省；越南、泰国；标本号：ZT1843。

叉枝蒿 *Artemisia divaricata* (Pamp.) Pamp. 草本；海拔 1950m，荒山、草坡、路旁；保护区内罗汉坝；昭通、禄劝、大理、丽江、保山、兰坪；四川西部和北部、湖北西部；中国特有；标本号：ZT2078。

南牡蒿 *Artemisia eriopoda* Bge. 草本；海拔 1500m 以下地区，林缘、路旁、草坡；保护区内常见；昭通、东川；东北、华北及秦岭以南、四川东部及华中；朝鲜、日本、蒙古国东部；标本未采，文献记录种。

五月艾 *Artemisia indica* Willd. 半灌木状草本；中低海拔地区；路旁、林缘、坡地及灌丛处；保护区内常见；云南全省分布；除新疆、宁夏、青海等省区外几乎遍及全国；亚洲东部与南部、大洋洲及美洲；标本未采，文献记录种。

牡蒿 *Artemisia japonica* Thunb. 草本；全草入药；又代青蒿用；嫩叶作菜蔬，又作家畜饲料；海拔 1300～2100m，湿润、半湿润或半干旱环境；保护区内常见；云南全省分布；除新疆、青海、内蒙古等干旱地区外遍及全国；亚洲东部至南部各国都有；标本未采，文献记录种。

白苞蒿 *Artemisia lactiflora* Wall. ex DC. 草本；海拔 1400m，林下、林缘、灌丛、山谷；保护区内大雪山土霍；福贡、昆明、东川、昭通、会泽、楚雄、曲靖；秦岭以南、四川、贵州以东各省；中国特有；标本号：ZT2411。

小亮苞蒿 *Artemisia mairei* Lévl. 草本；海拔 2200～3600m，山坡、荒地及路旁；保护区内常见；昆明、东川、昭通；中国特有；标本未采，文献记录种。

蒙古蒿 *Artemisia mongolica* (Fisch. ex Bess.) Nakai 草本；全草入药；海拔 1850m，山坡、路旁、草地、河谷、中低海拔地区；保护区内小沟；昆明、昭通、禄劝；除华南与东南外几乎遍及全国；蒙古国、朝鲜、日本、俄罗斯；标本号：ZT1835。

白莲蒿 *Artemisia sacrorum* Ledeb. 半灌木状草本；中低海拔地区，山坡、路旁、灌丛；保护区内常见；昆明、东川、昭通、玉溪、文山、思茅、景洪；除高寒地区外几乎遍及全国；亚洲温带及亚热带国家与地区都有；标本未采，文献记录种。

灰莲蒿 *Artemisia sacrorum* Ledeb. var. *incana* (Bess.) Y. R. Ling 半灌木状草本；海拔中低；山坡、路旁、灌丛；保护区内常见；云南广布；除高寒地区外，几乎遍及全国；朝鲜、日本、蒙古国；标本未采，文献记录种。

猪毛蒿 *Artemisia scoparia* Waldst. et Kit. 草本；海拔 1300～2300m，荒地、路旁、山坡、林缘；保护区内常见；云南全省分布；遍及全国；亚欧温带、亚热带广布种；标本未采，文献记录种。

商南蒿 *Artemisia shangnanensis* Ling et Y. R. Ling 草本；海拔中低；山坡、路旁、林缘；保护区内常见；昭通；四川东北部、陕西南部、甘肃东南部、河南西南部；中国特有；标本未采，文献记录种。

西南圆头蒿 *Artemisia sinensis* (Pamp.) Ling et Y. R. Ling 草本；药用；海拔 1940m，高山、亚高山草原灌丛、林缘及路旁；保护区内罗汉坝水库边；中甸、丽江、会泽、泸水、大理、贡山、福贡；甘肃、四川西部、西藏东部、青海西南部；中国特有；样地号：样 060708-3。

阴地蒿 *Artemisia sylvatica* Maxim 草本；海拔 1980m，湿润的林下、林缘、灌丛、中低海拔地区；保护区内三江口分水岭；昆明、东川、昭通、下关；除西北、西藏干旱与高寒地区和东部、南部沿海地区外其他省都有；朝鲜、蒙古国、俄罗斯；标本号：ZT1033。

辽东蒿 *Artemisia verbenacea*(Komar.) Kitag. 草本；海拔 1375m，山坡、路旁及河湖岸边；保护区内大雪山猪背河场；昆明、昭通、东川、禄劝；西北(除新疆)、华北及西南大部分地区；中国特有；样地号：样 77-28。

三脉紫菀 *Aster ageratoides* Turcz. 草本；全草入药；海拔 1820m，林下、灌丛、山坡、草地；保护区内三江口麻风湾；大理、鹤庆、丽江、香格里拉；山西、河北、内蒙古、黑龙江、吉林、辽宁、河南、陕西、甘肃、青海、四川；朝鲜、俄罗斯；标本号：ZT264。

小舌紫菀 *Aster albescens*(DC.) Koehne 灌木；花药用；海拔 1450～1750m，林缘、河边草丛、岩石缝；保护区内小岩方—扎口石、罗汉坝；盐津、威信、彝良及滇西；湖北、陕西、甘肃、四川、贵州东部；喜马拉雅山区南部和西部；标本号：ZT1315、ZT2153。

耳叶紫菀 *Aster auriculatus* Franch. 草本；全草入药；海拔 2062m，林下、灌丛下、草坡或岩石缝隙；保护区内罗汉坝老眺望台；贡山、维西、丽江、镇雄、大理、红河、澜沧、漾濞、洱源、保山等；贵州、四川；中国特有；样地号：样 69-15。

石生紫菀 *Aster oreophilus* Franch. 草本；全草和花药用；海拔 2300～3600m，林下、灌丛下或山坡草地；保护区内常见；云南广布；四川西南部、贵州西部；中国特有；标本未采，文献记录种。

钻叶紫菀 *Aster subulatus* Michx. 草本；全草药用；海拔 1100～1900m，山坡灌丛中、草地、沟边、路旁或荒地；保护区内常见；蒙自、江川、安宁、昆明、石林、师宗、楚雄、镇雄、威信；江苏、浙江、江西、湖北、湖南、四川、重庆、贵州均有逸生；原产北美；标本未采，文献记录种。

密毛紫菀 *Aster vestitus* Franch. 草本；全草入药；海拔 1950m，林下、山坡草地或水沟边；保护区内罗汉坝；云南广布；四川、西藏；不丹、印度西北部、缅甸；标本号：ZT2076。

云木香 *Aucklandia costus* Falc. 草本；全株含芳香油，可作调香和定香剂；根药用；海拔 2350m，路边、林缘、灌丛；保护区内常见；云南栽培或逸生；陕西(西安)、广西、四川、贵州有栽培；原产克什米尔；标本未采，文献记录种。

白花鬼针草 *Bidens pilosa* L. var. *minor*(Bl.) Sherff 草本；全草药用，嫩叶可食；海拔 1000～2500m，路边、田边、沟边、山坡、草地、灌丛中或村边、荒地，密林下也偶见；保护区内常见；广布于云南各地；我国热带、亚热带地区均有分布；亚洲和美洲的热带和亚热带地区；标本未采，文献记录种。

狼把草 *Bidens tripartita* L. 草本；全草入药，外用治毒蛇虫咬，种子供油漆；海拔 1850～1925m，河谷密林下、山坡草地、水边或湿地；保护区内罗汉坝；云南常见；东北、华北、华东、华中、西南、西北；广布亚洲、欧洲、非洲北部、大洋洲东南部；标本号：ZT2158；样地号：样 63-3、样 71-16。

柔毛艾纳香 *Blumea mollis*(D. Don)Merr. 草本；全草药用；海拔 400～2000m，林下、灌丛下、山坡草地、路边、田边、荒地；保护区内常见；云南各地；四川、贵州、湖南、广西、广东、海南、浙江、江西、台湾；非洲、阿富汗、巴基斯坦、不丹、尼泊尔、印度、斯里兰卡、中南半岛、大洋洲北部、菲律宾、印度尼西亚；标本未采，文献记录种。

天名精 *Carpesium abrotanoides* L. 草本；药用；海拔 1850～1860m，林下、林缘、灌丛、山坡草地、路边、水沟边；保护区内小草坝乌贡山、长槽；云南大部；华东、华南、华中、西南、河北、陕西等；朝鲜、日本、越南、缅甸、印度西北部、伊朗、俄罗斯；标本号：ZT1838、ZT1621。

烟管头草 *Carpesium cernuum* L. 草本；海拔 1200～2500m，林下、灌丛下、山坡、路边、沟边或荒地；保护区内常见；德钦、贡山、福贡、丽江、大理、漾濞、景东、昆明、安宁、江川、蒙自、罗平、曲靖、盐津；我国东北、华北、华中、华东、华南、西南各省及陕西、甘肃；欧洲、日本、朝鲜；标本未采，文献记录种。

金挖耳 *Carpesium divaricatum* Sieb. et Zucc. 草本；全草入药；海拔 2100m，山坡；保护区内三江口麻风湾；滇西北；我国除西北外各省；朝鲜、日本；标本号：ZT959。

长叶天名精 *Carpesium longifolium* Chen et C. M. Hu 草本；香料植物；海拔 1720～1820m，林下或山坡灌丛中；保护区内长槽、三江口麻风湾；云南；贵州、四川、湖北及甘肃；中国特有；标本号：ZT1652、ZT278。

小花金挖耳 *Carpesium minus* Hemsl. 草本；全草药用；海拔 900～1700m，江边、沟边或河滩；保护区内常见；贡山、大关、威信；江西、湖北、甘肃、四川、贵州；中国特有；标本未采，文献记录种。

葶茎天名精 *Carpesium scapiforme* Chen et C. M. Hu 草本；海拔 1850m，林下、高山草地或路边、水沟边；保护区内三江口麻风湾；德钦、香格里拉、维西、丽江、会泽；四川西部、西藏东南部；中国特有；标本号：ZT1054。

粗齿天名精 *Carpesium trachelifolium* Less. 草本；海拔 1910m，山谷及林下；保护区内小岩方；贡山；西藏、四川；中国特有；标本号：ZT1604；样地号：草 15-3-32。

绒毛天名精 *Carpesium velutinum* Winkl. 草本；全草入药；海拔 1900m，林下、林缘、灌丛、山坡、草地、路边、溪边；保护区内小沟；云南各地；湖北、湖南、广西、四川、贵州；印度；标本号：ZT1785。

蓝花毛鳞菊 *Chaetoseris cyanea*(D. Don)Shih 草本；根药用；海拔 1900～3100m，林下、林间草地或山坡草丛中；保护区内常见；德钦、维西、丽江、彝良、景东；四川、贵州、西藏；印度西北部、尼泊尔；标本未采，文献记录种。

戟裂毛鳞菊 *Chaetoseris taliensis* Shih 草本；海拔 1950m，山顶；保护区内三江口麻风湾；大理、昆明；中国特有；标本号：ZT1171。

刺苞蓟 *Cirsium henryi*(Franch.)Diels 草本；海拔 1500～3500m，林下、灌丛中、山坡草地；保护区内常见；香格里拉、宁蒗、维西、丽江、永胜、剑川、大理、昆明、会泽、昭通；湖北、四川；中国特有；标本未采，文献记录种。

蓟 *Cirsium japonicum* Fisch. ex DC. 草本；全草药用；海拔 1450～2250m，山坡草地、路边、田边及溪边；保护区内常见；屏边、蒙自、嵩明、罗平、富源、威信；我国东北、华北、华东、华中、华南和西南广泛分布；日本、朝鲜；标本未采，文献记录种。

丽江蓟 *Cirsium lidjiangense* Petrak ex Hand.-Mazz. 草本；根药用，清热止血；海拔 1900m，林下、林缘、山坡草地；保护区内三江口麻风湾；维西、丽江、凤庆、大关；中国特有；标本号：ZT1153。

马刺蓟 *Cirsium monocephalum*(Vant.) Lévl. 草本；根汁治烫伤；海拔 1810～2100m，林缘、山坡草地或农田边；保护区内常见；昆明、镇雄、彝良、富宁、屏边；湖北、陕西、甘肃、四川、贵州；中国特有；标本号：ZT381、ZT1809、ZT1028、ZT1151。

总序蓟 *Cirsium racemiforme* Ling et Shih 草本；海拔 1830～2000m，林缘；保护区内三江口麻风湾；富宁；贵州、福建、湖南、广西、江西；中国特有；标本号：ZT601、ZT608、ZT947。

苏门白酒草 *Conyza sumatrensis*(Retz.) Walker 草本；全草入药；海拔 1375m，林下、灌丛下、草地、路边、溪旁、荒地常见杂草；保护区内大雪山猪背河场；云南大部；贵州、广西、广东、海南、江西、福建、台湾；原产南美，现在热带和亚热带地区广布，常见杂草；样地号：样 77-26。

野菊 *Dendranthema indicum*(L.) Des Moul. 草本；全草入药；全株可作农药，能杀虫、防虫；花、叶可提取芳香油或浸膏，供配制各种皂用香精；海拔 1000～3150m，灌丛中、山坡草地或路边溪旁；保护区内常见；嵩明、寻甸、东川、巧家、大关、绥江、罗平；我国东北、华北、华中、华南、西南广布；日本、朝鲜、俄罗斯、印度；标本未采，文献记录种。

小鱼眼草 *Dichrocephala benthamii* C. B. Clarke 草本；全草入药；海拔 1750m，林下、灌丛下、草地、路边、田边、荒地；保护区内沿途；滇西北至滇中；四川、贵州、广西、湖北西部；印度；标本号：无号。

鱼眼草 *Dichrocephala integrifolia*(L. f.) O. Ktze. 草本；全草药用；海拔 600～3880m，林下、林缘、灌丛下、草坡、路边、田边、水沟边或荒地；保护区内常见；云南广泛分布；四川、重庆、贵州、西藏、陕西、湖北、湖南、广东、广西、浙江、福建、台湾；广布于亚洲和非洲的热带与亚热带地区；标本未采，文献记录种。

鳢肠 *Eclipta prostrata*(L.) L. 草本；全草药用；海拔 250～1500m，疏林缘、灌丛中、山坡草地、水边、路旁、田边或荒地；保护区内常见；云南大部分地区有分布；我国各省；世界热带和亚热带地区广泛；标本未采，文献记录种。

小一点红 *Emilia prenanthoidea* DC. 草本；全草入药；海拔 550～2000m，山坡、林中；保护区内常见；云南广布；贵州、广东、广西、浙江、福建；印度至中南半岛；标本未采，文献记录种。

一点红 *Emilia sonchifolia*(L.) DC. 草本；全草入药；海拔 330～2000m，山坡、田边、路旁；保护区内常见；云南各地；四川、重庆、湖北、湖南、江苏、浙江、安徽、广东、海南、福建、台湾；亚洲热带、亚热带及非洲；标本未采，文献记录种。

一年蓬 *Erigeron annuus*(L.)Pers.　草本；全草入药；海拔 1750m，平坦草地；保护区内常见；大关、镇雄；原产北美洲，我国广泛分布于东北、华北、华东、华中和西南；日本；标本未采，文献记录种。

短葶飞蓬 *Erigeron breviscapus*(Vant.)Hand.-Mazz.　草本；全草药用；海拔 1100～3500m，松林下、林缘、灌丛下、草坡或路旁、田边；保护区内常见；云南除西南部外广泛分布；湖南、广西、四川、贵州、西藏；中国特有；标本未采，文献记录种。

多须公 *Eupatorium chinense* L.　草本；全草入药；海拔 1820m，林缘、山坡、草地、路边、溪边；保护区内三江口麻风湾；云南广布；浙江、福建、安徽、湖北、广东、广西、四川、贵州、江西、海南、湖南；中国特有；标本号：ZT2230b。

异叶泽兰 *Eupatorium heterophyllum* DC.　草本，有时亚灌木状；全草药用；海拔 1400～3900m，林下、林缘、灌丛中、山坡草地或溪边、路旁；保护区内常见；云南各地；四川、贵州、西藏；中国特有；标本未采，文献记录种。

白头婆 *Eupatorium japonicum* Thunb. var. *japonicum*　草本；全草入药；海拔 1600m，林下、灌丛、山坡草地、路边、溪旁；保护区内沿途；云南广布；黑龙江、吉林、辽宁、山东、山西、河南、江苏、湖北、湖南、安徽、江西、广西、四川、重庆、贵州等地；日本、朝鲜；标本号：无号。

三裂叶白头婆 *Eupatorium japonicum* Thunb. var. *tripartitum* Makino　草本；海拔 1800m，林下、林缘、灌丛中、草坡；保护区内沿途；云南新分布；安徽、四川；中国特有；标本号：无号。

南川泽兰 *Eupatorium nanchuanense* Ling et Shih　草本；海拔 1700m，山坡；保护区内常见；大关；重庆南川金佛山；中国特有；标本未采，文献记录种。

花佩菊 *Faberia sinensis* Hemsl.　草本；海拔 1520～1850m，山谷溪边；保护区内小岩方、小岩方火烧岩；昭通、会泽、昆明；四川；中国特有；标本号：ZT1356、ZT1274。

辣子草 *Galinsoga parviflora* Cav.　草本；全草入药；海拔 2000m，林下、山坡草地、路边、沟边、田边、荒地；保护区内三江口麻风湾；云南大部；我国大部；南美洲；标本号：ZT1182。

鼠麴草 *Gnaphalium affine* D. Don　草本；全草药用，干花和全株可提取芳香油，花序和嫩叶可作糯米粑食用；海拔 1500～2700m，各种生境中，以山坡、荒地、路边、田边最常见；保护区内常见；云南大部分地区；我国西南、西北、华北、华中、华东、华南各省；印度、中南半岛、印度尼西亚、菲律宾、日本、朝鲜；标本未采，文献记录种。

秋鼠麴草 *Gnaphalium hypoleucum* DC.　草本；全草药用；海拔 1200～3000m，林下、山坡草地、路边、村旁或空旷地；保护区内常见；我国华东、华南、华中、西北、西南各省；日本、朝鲜、菲律宾、印度尼西亚、中南半岛、印度；标本未采，文献记录种。

泥胡菜 *Hemistepta lyrata*(Bunge)Bunge　草本；海拔 130～3200m，林下、林缘、灌丛中、草地、地边、路旁、田中或荒地，是一种常见杂草；保护区内常见；云南大部分地区；我国除新疆和西藏外各地广泛分布；朝鲜、日本、中南半岛、南亚和澳大利亚；

标本未采，文献记录种。

水朝阳旋覆花 *Inula helianthus-aquatica* C. Y. Wu ex Ling　草本；根药用，有小毒，花药用；海拔 1750m，林下、灌丛下、山坡、草地的湿润处，常见于水沟边；保护区内小岩方；云南广布；四川、甘肃、贵州；中国特有；标本号：ZT1293。

中华小苦荬 *Ixeridium chinense*(Thunb.) Tzvel.　草本；全草入药；海拔 1700m，林下、山坡草地、路边、水边、荒地、田埂；保护区内沿途；云南除西南外大部地区；我国各地常见；中国特有；标本号：无号。

小苦荬 *Ixeridium dentatum*(Thunb.) Tzvel.　草本；海拔 1780～1820m，山坡、山坡林下、潮湿处、田边；保护区内三江口麻风湾；云南新分布；浙江、福建、安徽、江西、湖北、广东；俄罗斯远东地区、日本、朝鲜；标本号：ZT234、ZT711。

细叶小苦荬 *Ixeridium gracile*(DC.) Shih　草本；全草药用；海拔 800～3900m，林下、灌丛中、山坡草地、耕地、荒地、水边、路旁；保护区内常见；云南除西双版纳外其他地区广泛分布；浙江、江西、福建、湖北、湖南、广东、广西、陕西、甘肃、四川、贵州、西藏；缅甸、印度西北部、不丹、尼泊尔；标本未采，文献记录种。

六棱菊 *Laggera alata*(D. Don) Sch.-Bip. ex Oliv.　草本；全草药用、叶和花含芳香油；海拔 330～2800m，林下、林缘、灌丛下、草坡或田边路边；保护区内常见；云南各地；我国东部、东南部至西南部；非洲东部、菲律宾、印度尼西亚、中南半岛、印度、斯里兰卡；标本未采，文献记录种。

臭灵丹 *Laggera pterodonta*(DC.) Benth.　草本；全草药用、叶可提取芳香油；海拔 250～2400m，荒地、山坡草地、村边、路旁和田头地角；保护区内常见；云南大部分地区有分布；湖北、广西、四川、贵州、西藏；印度、缅甸、中南半岛及非洲；标本未采，文献记录种。

大丁草 *Leibnitzia anandria*(L.) Turcz.　草本；全草入药；海拔 1550～2680m，多种生境中；保护区内常见；云南广布；黑龙江、吉林、辽宁、内蒙古、河北、山西、陕西、甘肃、青海、山东、江苏、安徽、上海、浙江、江西、福建、台湾、河南、湖北、湖南、广东、广西、贵州、重庆、四川；俄罗斯远东地区、日本；标本未采，文献记录种。

松毛火绒草 *Leontopodium andersonii* C. B. Clarke　草本；全草药用；海拔 1000～3000m，林下、林缘、灌丛下、山坡草地或村边、路旁；保护区内常见；滇西北、滇中、滇东北至滇东南；四川、贵州；缅甸、老挝；标本未采，文献记录种。

艾叶火绒草 *Leontopodium artemisiifolium*(Lévl.) Beauv.　木质草本；昭通和香格里拉用全草治扁桃腺炎、咽炎极有效；海拔 1000～3000m，林缘或草坡；保护区内常见；德钦、香格里拉、维西、丽江、鹤庆、东川、昭通；四川西部至西南部、贵州中部；中国特有；标本未采，文献记录种。

近隐舌橐吾 *Ligularia* aff. *franchetiana*(Lévl.) Hand.-Mazz.　草本；海拔 1920m，林下、草甸、潮湿地或溪沟边；保护区内小草坝；待定；中国特有；标本号：ZT1873。

近褐毛橐吾 *Ligularia* aff. *purdomii*(Turrill) Chittenden　草本；海拔 1900m，河边沼泽浅水边；保护区内小草坝；待定；中国特有；标本号：ZT1820。

大黄橐吾 *Ligularia duciformis*(C. Winkl.) Hand.-Mazz.　草本；根药用；海拔 2000～

2050m，草坡、草甸；保护区内小草坝、三江口麻风湾；巧家、香格里拉、德钦、贡山；四川西部至北部、湖北西部、甘肃南部；中国特有；标本号：ZT1206。

细茎橐吾 *Ligularia hookeri*(C. B. Clarke) Hand.-Mazz.　草本；海拔 1900m，灌丛、草甸；保护区内三江口麻风湾沼泽；大理、漾濞、洱源、鹤庆、丽江、维西、香格里拉、德钦、巧家；四川、西藏；尼泊尔、印度西北部、不丹；标本号：ZT719。

狭苞橐吾 *Ligularia intermedia* Nakai　草本；根茎入药；海拔 1800m，林下或草坡；保护区内小岩方河场坝；镇雄、彝良、大关、丽江、镇康；四川、贵州、广西、广东北部、华中、华北、西北、东北；朝鲜、日本；标本号：ZT1381。

宽舌橐吾 *Ligularia platyglossa*(Franch.) Hand.-Mazz.　草本；根药用；海拔 2100～3100m，林下、草坡或沼泽地；保护区内常见；大理、漾濞、洱源、大姚、楚雄、禄劝、永善、巧家、嵩明、砚山；中国特有；标本未采，文献记录种。

苍山橐吾 *Ligularia tsangchanensis*(Franch.) Hand.-Mazz.　草本；根药用；海拔 2900～4100m，草坡、林间草地及高山草甸；保护区内常见；大理、洱源、鹤庆、丽江、维西、香格里拉、德钦、大姚、东川、会泽、巧家、彝良；四川西南部、西藏东南部；中国特有；标本未采，文献记录种。

圆舌粘冠草 *Myriactis nepalensis* Less.　草本；根入药；海拔 1550m，林下、林缘、灌丛、山坡草地、水沟边、路边、荒地；保护区内海子坪；云南；西藏、贵州、四川、湖北、广西、广东、江西；印度、尼泊尔、越南；标本号：无号。

粘冠草 *Myriactis wightii* DC.　草本；全草可消炎，止痛，治牙痛；海拔 1900～2260m，林下、灌丛、山坡草地、溪旁、路边；保护区内常见；云南；四川、贵州东北部、西藏；印度、斯里兰卡；标本号：ZT640、ZT1157；样地号：沼-物-20、草 9-9。

滇羽叶菊 *Nemosenecio yunnanensis* B. Nord.　草本；海拔 1750～2800m，山坡草地、灌丛；保护区内常见；大关、罗平；贵州；中国特有；标本未采，文献记录种。

多裂紫菊 *Notoseris henryi*(Dunn) Shih　草本；根药用，治蛇咬伤；海拔 1900～2040m，林下或山坡路边草丛中；保护区内三江口、小草坝；镇雄、大关、彝良；湖北、四川、湖南、贵州；中国特有；标本号：ZT588、ZT804；样地号：草 48-1-14 败酱。

云南紫菊 *Notoseris yunnanensis* Shih　草本；海拔 2046m，密林下；保护区内三江口麻风湾；砚山、西畴、文山、屏边、绿春；中国特有；标本号：ZT1184。

心叶黄瓜菜 *Paraixeris humifusa*(Dunn) Shih　草本；全草药用；海拔 900～1700m，林下、灌丛中、山坡、路边或岩石隙；保护区内常见；文山、西畴、砚山、富宁、广南、镇雄、威信；我国除新疆、西藏外大部分省份有分布；日本、朝鲜、俄罗斯远东地区、蒙古国；标本未采，文献记录种。

假小喙菊 *Paramicrorhynchus procumbens*(Roxb.) Kirp.　草本；海拔 810～2400m，沙地；保护区内常见；彝良、巧家、东川、元谋、大姚；新疆、甘肃、四川；地中海地区、伊拉克、伊朗、阿富汗、巴基斯坦、印度、哈萨克斯坦；标本未采，文献记录种。

假福王草 *Paraprenanthes sororia*(Miq.) Shih　草本；全草入药；海拔 1850～1853m，常绿阔叶林下、林缘、山坡、荒地；保护区内小岩方、小草坝乌贡山；西畴、马关、屏边、绿春；华东、华中、华南、西南、陕西；朝鲜、日本、中南半岛；标本号：ZT1361、ZT2029。

蜂斗菜状蟹甲草 *Parasenecio petasitoides*(Lévl.) Y. L. Chen 草本；海拔 1900m，林缘；保护区内常见；大关；四川、贵州；中国特有；标本未采，文献记录种。

兔儿风蟹甲草 *Parasenecio ainsliiflorus*(Franch.) Y. L. Chen 草本；海拔 1750～1900m，山坡林缘、林下、灌丛、草坪；保护区内三江口麻风湾、小岩方；云南新分布；湖北、四川、湖南、贵州；中国特有；标本号：ZT477、ZT812、ZT1295、ZT1297。

昆明蟹甲草 *Parasenecio tripteris*(Hand.-Mazz.) Y. L. Chen 草本；海拔 1900～3100m，山坡林下或草坡；保护区内常见；盐津、东川、寻甸、嵩明、昆明；中国特有；标本未采，文献记录种。

毛裂蜂斗菜 *Petasites tricholobus* Franch. 多年生葶状草本；海拔 1820m，山谷、林下、溪边；保护区内三江口麻风湾；会泽、东川、德钦、贡山、维西、丽江、洱源、大理、漾濞、广南；西藏、四川、贵州、青海、甘肃、陕西、山西；尼泊尔、印度、越南；标本号：ZT272。

毛连菜 *Picris hieracioides* L. 草本；入药；海拔 1800m，林下、林缘、灌丛、草坡、田边、河边、荒地；保护区内小岩方；云南广布；东北、华北、华中、西北、西南；欧洲、中亚至日本；标本号：ZT1343。

兔耳一枝箭 *Piloselloides hirsuta*(Forssk.) C. J. Jeffr. ex Cufod. 多年生被毛草本；全草入药；海拔 900～2400m，疏林、草地、荒坡；保护区内常见；云南各地；西藏、四川、重庆、贵州、广西、海南、香港、广东、湖南、湖北、江西、江苏、浙江、福建；南非、马达加斯加、苏丹南部、埃塞俄比亚、索马里等非洲广大地区，也门、印度东北部、缅甸、泰国，以及印度尼西亚的巴厘岛；标本未采，文献记录种。

狭锥福王草 *Prenanthes faberi* Hemsl. 草本；海拔 1900～3000m，林下；保护区内常见；大关、巧家；四川东南部、贵州北部；中国特有；标本未采，文献记录种。

高大翅果菊 *Pterocypsela elata*(Hemsl.) Shih 多年生草本；海拔 1200～1950m，林下或山坡草地；保护区内常见；大关、彝良、蒙自、屏边；吉林、浙江、安徽、江西、福建、河南、湖北、湖南、甘肃、陕西、广东、广西、四川、重庆、贵州；俄罗斯远东地区、朝鲜、日本；标本未采，文献记录种。

翅果菊 *Pterocypsela indica*(L.) Shih 草本；海拔 330～1900m，林下、林缘、沟边、路边或耕地边；保护区内常见；盐津、镇雄、昆明、安宁、江川、西畴、金平、元阳、景洪、景东、鹤庆；我国东北、华北、华东、华中、西南和陕西均有分布；俄罗斯、朝鲜、日本、菲律宾、印度尼西亚及印度西北部；标本未采，文献记录种。

秋分草 *Rhynchospermum verticillatum* Reinw. 草本；全草入药；海拔 1950～2050m，林下、灌丛、山坡、草地、路边、小沟边；保护区内三江口分水岭、小岩方；云南大部；江西、福建、台湾、湖北、湖南、广东、广西、陕西、甘肃、四川、重庆、贵州、西藏；缅甸、印度尼西亚、马来西亚、日本；标本号：ZT1109、ZT1265。

小头风毛菊 *Saussurea crispa* Vant. 草本；海拔 1900～1905m，林缘、山坡灌丛、山坡草地、路边；保护区内三江口麻风湾、小草坝沼泽；云南广布；贵州；尼泊尔、缅甸、泰国、老挝、越南；标本号：ZT802；样地号：沼-物-21。

小花风毛菊 *Saussurea parviflora* (Poir.) DC. 草本；海拔 1920m，林缘、山坡草地或农田边；保护区内朝天马陡口子；香格里拉、大理、镇康、彝良；河北、山西、甘肃、青海、新疆、四川；俄罗斯、蒙古；标本号：ZT1912a。

糙叶千里光 *Senecio asperifolius* Franch. 草本；海拔 690～2600m，干旱山坡和岩石山坡；保护区内常见；盐津、嵩明、宾川、大理、永胜、昆明、蒙自；四川、贵州；中国特有；标本未采，文献记录种。

匍枝千里光 *Senecio filiferus* Franch. 草本；海拔 750～3200m，草坡、林缘、林下；保护区内常见；东川、巧家、盐津、曲靖、嵩明、富民、昆明、峨山、腾冲、凤庆、镇康；四川；中国特有；标本未采，文献记录种。

菊状千里光 *Senecio laetus* Edgew. 草本；海拔 1375～2000m，林下、林缘、草地、田间、路边；保护区内常见；云南各地；西藏、重庆、贵州、湖北、湖南；巴基斯坦、印度、尼泊尔、不丹；标本号：ZT2068、ZT363、ZT280b；样地号：沼-物-1、样 77-32。

千里光 *Senecio scandens* Buch. Ham ex DC. 多年生攀缘草本；全草药用；海拔 1151～3200m，林缘、灌丛、岩石边、溪边；保护区内常见；云南各地；西藏、陕西、湖北、四川、贵州、安徽、浙江、江西、福建、湖南、广东、广西、台湾；印度、尼泊尔、不丹、缅甸、泰国、菲律宾、日本；标本未采，文献记录种。

缺刻千里光 *Senecio scandens* Buch.-Mazz. ex DC. var. *incisus* Franch. 多年生攀缘草本；海拔 1900～2100m，岩石上，攀缘于灌丛上；保护区内常见；彝良、镇雄、德钦、丽江、兰坪、昆明；西藏、四川、贵州、广东、江西、浙江、台湾、甘肃；印度、尼泊尔、斯里兰卡；标本未采，文献记录种。

虾须草 *Sheareria nana* S. Moore 草本；全草药用；海拔 450m，河岸边、湖边湿地或田边；保护区内常见；彝良；江苏、安徽、浙江、江西、湖北、湖南、广东、陕西、贵州；中国特有；标本未采，文献记录种。

双花华蟹甲 *Sinacalia davidii* (Franch.) Koyama 草本；海拔 1810～1900m，草坡、路边、林缘；保护区内三江口麻风湾、小岩方；绥江、盐津、巧家；西藏、四川、陕西；中国特有；标本号：ZT358、ZT792、ZT1592。

滇黔蒲儿根 *Sinosenecio bodinieri* (Vant.) B. Nord. 多年生葶状草本；海拔 1900～2700m，山坡、溪旁及林下；保护区内常见；绥江、大关、镇雄、师宗、罗平；贵州、四川；中国特有；标本未采，文献记录种。

雨农蒲儿根 *Sinosenecio chienii* (Hand.-Mazz) B. Nord. 多年生葶状草本；海拔 1820m，岩石边或潮湿处；保护区内长槽；丽江；四川西部；中国特有；标本号：ZT1678。

匍枝蒲儿根 *Sinosenecio globigerus* (Chang) B. Nord. 草本；海拔 1450～2725m，溪旁及林下；保护区内常见；永善、彝良、砚山；湖北西部、四川东部；中国特有；标本未采，文献记录种。

蒲儿根 *Sinosenecio oldhamianus* (Maxim.) B. Nord. 草本；海拔 1840～1980m，田边、溪边、草坡、林缘；保护区内三江口、三江口麻风湾、小岩方河场坝；云南各地；

西藏、山西、陕西、甘肃、湖北、四川、贵州、河南、安徽、浙江、福建、湖南、江苏、广东、香港、广西、江西；缅甸、泰国、越南；标本号：ZT948、ZT1172、ZT1413。

一枝黄花 *Solidago decurrens* Lour. 草本；全草药用；海拔 1200～2200m，林下、灌丛中、山坡草地或水边、路旁；保护区内常见；砚山、文山、马关、麻栗坡、屏边、金平、蒙自、峨山、彝良、镇雄；安徽、江苏、浙江、江西、台湾、湖北、湖南、贵州、广西、广东、陕西；中国特有；标本未采，文献记录种。

密花合耳菊（“三辈子”）*Synotis cappa*（Buch.-Ham. ex D. Don）C. Jeffrey et Y. L. Chen 亚灌木；海拔 1500m，林下、灌丛及草坡；保护区内罗汉坝；云南广布；四川西南部及广西、西藏；尼泊尔、印度、不丹、缅甸、泰国；标本号：ZT2161。

昆明合耳菊 *Synotis cavaleriei*（Lévl.）C. Jeffrey et Y. L. Chen 草本；海拔 2000～3000m，多石山坡或溪边；保护区内常见；盐津、东川、嵩明、禄劝、昆明、文山；贵州、四川；中国特有；标本未采，文献记录种。

滇东合耳菊 *Synotis duclouxii*（Dunn）C. Jeffrey et Y. L. Chen 草本；海拔 750～2500m，林中；保护区内常见；盐津、嵩明、武定、昆明；中国特有；标本未采，文献记录种。

红缨合耳菊 *Synotis erythropappa*（Bur. et Franch.）C. Jeffrey et Y. L. Chen 草本；海拔 1900m，林缘、灌丛、草坡；保护区内三江口麻风湾；大关、彝良、昭通、东川、贡山、德钦、香格里拉、兰坪、丽江、鹤庆、宾川、大理、漾濞、昆明、保山；西藏、四川、湖北；中国特有；标本号：ZT1155。

矛叶合耳菊 *Synotis hieraciifolia*（Lévl.）C. Jeffrey et Y. L. Chen 草本；海拔 1780～2200m，林缘、山坡；保护区内常见；彝良、文山；贵州；中国特有；标本未采，文献记录种。

长柄合耳菊 *Synotis longipes* C. Jeffrey et Y. L. Chen 草本；海拔 1500～2200m，路边；保护区内常见；昭通；中国特有；标本未采，文献记录种。

丽江合耳菊 *Synotis lucorum*（Franch.）C. Jeffrey et Y. L. Chen 草本；海拔 2800～3800m，林中、灌丛、山谷坡地；保护区内常见；盐津、贡山、香格里拉、丽江、洱源、鹤庆、大理；中国特有；标本未采，文献记录种。

锯叶合耳菊 *Synotis nagensium*（C. B. Clarke）C. Jeffrey et Y. L. Chen 灌木状草本或亚灌木；根入药；海拔 650～3900m，林下、灌丛及山坡草地；保护区内常见；云南广布；西藏、四川、贵州、湖北、湖南；印度、缅甸；标本未采，文献记录种。

华合耳菊 *Synotis sinica*（Diels）C. Jeffrey et Y. L. Chen 草本；海拔 1858～1900m，山坡密林中；保护区内小草坝、小草坝雷洞坪；云南新分布；四川南部、贵州；中国特有；标本号：ZT1957；样地号：草 25-1-15。

川西合耳菊 *Synotis solidaginea*（Hand.-Mazz.）C. Jeffrey et Y. L. Chen 草本；海拔 1900m，山谷阳坡；保护区内三江口麻风湾；德钦、香格里拉；四川、西藏；中国特有；标本号：ZT788。

合耳菊一种 *Synotis* sp. 草本；海拔 1855m，林缘、灌丛；保护区内小草坝雷洞坪；

中国特有；样地号：草 26-5-14。

华蒲公英 *Taraxacum borealisinense* Kitam. 草本；入药，作蒲公英用；海拔 300～2900m，稍潮湿地区；保护区内常见；滇东及滇北；黑龙江、吉林、辽宁、内蒙古、河北、山西、陕西、甘肃、青海、河南、四川；蒙古国、俄罗斯；标本未采，文献记录种。

印度蒲公英 *Taraxacum indicum* Hand.-Mazz. 草本；海拔 1900m，路旁草地；保护区内小沟；昆明、丽江、香格里拉、江川；四川、西藏；印度、越南；标本号：ZT1787。

蒲公英 *Taraxacum mongolicum* Hand.-Mazz. 草本；海拔 1300～2300m，广布于山坡草地、路边、田野、河滩；保护区内常见；滇东及滇北；除华南及西藏外几乎遍及全国；朝鲜、蒙古国、俄罗斯；标本未采，文献记录种。

南川斑鸠菊 *Vernonia bockiana* Diels 灌木或小乔木；海拔 600～900m，山坡林下、林缘或灌丛中；保护区内常见；巧家、彝良、绥江；四川南部、贵州西北部；中国特有；标本未采，文献记录种。

苍耳 *Xanthium sibiricum* Patrin 草本；果入药，有毒，果含苍耳苷、脂肪和生物碱，油为化工原料；海拔 1000～2800m，林下、灌丛中、山坡草地、荒地、田边、溪边或路旁；保护区内常见；云南大部分地区有分布；我国东北、华北、华东、华南、西南及西北各省份广泛分布；中国特有；标本未采，文献记录种。

刺毛黄鹌菜 *Youngia blinii*(Lévl.) Lauener 草本；海拔 2600m，草坡；保护区内常见；彝良、巧家、东川；四川；中国特有；标本未采，文献记录种。

灰毛黄鹌菜 *Youngia cineripappa*(Babc.) Babc. et Stebb. 草本；海拔 1820～1900m，林缘、灌丛、山坡草地、路边；保护区内三江口麻风湾、三江口分水岭；盈江、凤庆、思茅、勐腊、绿春、元阳、蒙自、屏边、金平；广西、四川、贵州；中国特有；标本号：ZT224、ZT964、ZT995、ZT473。

红果黄鹌菜 *Youngia erythrocarpa*(Vant.) Babc. et Stebb. 草本；海拔 830～1680m，灌丛下、山坡草地或放荒地；保护区内常见；威信、师宗；安徽、浙江、江西、陕西、四川、贵州；中国特有；标本未采，文献记录种。

黄鹌菜一种 *Youngia* sp. 草本；海拔 1855～1947m，草坡、灌丛；保护区内小草坝罗汉林、小草坝乌贡山；中国特有；标本号：ZT2031；样地号：草 49-1-6。

239 龙胆科 Gentianaceae

头花龙胆 *Gentiana cephalantha* Franch. ex Hemsl. 草本；海拔 1820～2250m，灌丛边草丛；保护区内常见；大理、洱源、丽江、维西、香格里拉、德钦、贡山；四川、贵州、广西；中国特有；标本号：ZT665、ZT1907、ZT1395、ZT1984。

念珠脊龙胆 *Gentiana moniliformis* Marq. 草本；海拔 1160m，山坡林下；保护区内常见；昆明、禄劝、宾川、大关；四川、贵州、陕西南部；中国特有；标本未采，文献记录种。

深红龙胆 *Gentiana rubicunda* Franch. 草本；海拔 1800～2500m，林下、草地、沟

边；保护区内常见；巧家、大关、威信、盐津；四川、贵州、甘肃东南部、湖北、湖南；中国特有；标本未采，文献记录种。

龙胆一种 *Gentiana* sp. 草本；海拔1982m，小草坝后河；保护区内三江口；中国特有；标本号：ZT1982。

彝良龙胆 *Gentiana yiliangensis* T. N. Ho 草本；海拔1850m，林下；保护区内常见；彝良等地；中国特有；标本未采，文献记录种。

椭圆叶花锚（龙胆草）*Halenia elliptica* D. Don 草本；全草入药；海拔1800～3300m，山坡林下、草地及灌丛；保护区内常见；云南各地；四川、西藏、贵州、青海、新疆、陕西、甘肃、山西、内蒙古、辽宁、湖南、湖北；尼泊尔、不丹、印度、俄罗斯；标本未采，文献记录种。

匙叶草 *Latouchea fokiensis* Franch. 草本；全草入药；海拔1400～1700m，山坡阴湿林下；保护区内常见；威信大雪山；四川、贵州、湖南、广东、广西、福建；中国特有；标本未采，文献记录种。

獐牙菜（大疮药、将军令、牙疼草）*Swertia bimaculata*（Sieb. et Zucc.）Hook. f. et Thoms ex C. B. Clarke 草本；全草入药；海拔1200～1400m，灌丛草地、林缘、林下；保护区内常见；云南广布；我国广布；印度、尼泊尔、不丹、缅甸、越南、马来西亚、日本；标本未采，文献记录种。

西南獐牙菜 *Swertia cincta* Burkill 草本；海拔1700～3500m，山坡草地、灌丛及林下；保护区内常见；嵩明、富民、景东、麻栗坡、漾濞、大理、丽江、鹤庆、香格里拉、永善、昭通等地；四川、贵州；中国特有；标本未采，文献记录种。

贵州獐牙菜 *Swertia kouitchensis* Franch. 草本；海拔2000m，林缘、林下；保护区内常见；滇东北；四川东部、贵州、湖北、甘肃南部、陕西南部；中国特有；标本未采，文献记录种。

大籽獐牙菜 *Swertia macrosperma*（C. B. Clarke）C. B. Clarke 草本；海拔2000～3150m，山坡草地、水边、路边灌丛、林下；保护区内常见；泸水、大理、丽江、碧江、腾冲、景东、元江、永善、大关、彝良；四川、西藏、贵州、湖北、台湾、广西；尼泊尔、不丹、印度、缅甸；标本未采，文献记录种。

双蝴蝶 *Tripterospermum chinense*（Migo）H. Simth 缠绕草本；海拔1340～2050m，山坡林下；保护区内常见；芒市、腾冲；安徽、福建、江苏、浙江、江西、广西；中国特有；标本号：ZT1796、ZT1737、ZT1739b、ZT2093。

心叶双蝴蝶 *Tripterospermum cordifolioides* Murata 草本；海拔2000m，山坡常绿阔叶林；保护区内常见；永善；四川、贵州、湖北；中国特有；标本未采，文献记录种。

白花双蝴蝶 *Tripterospermum pallidum* H. Smith 草本；海拔1300m，常绿阔叶林；保护区内常见；彝良、盐津；中国特有；标本未采，文献记录种。

尼泊尔双蝴蝶 *Tripterospermum volubile*（D. Don）Hara 草本；海拔1850～2450m，林下灌丛中或路边；保护区内常见；禄劝、丽江、香格里拉、贡山、凤庆；西藏；印度、尼泊尔、不丹、缅甸东北部；标本号：ZT855、ZT767、ZT1186、ZT639、ZT262、ZT1105。

239a 睡菜科 Menyanthaceae

睡菜 *Menyanthes trifoliata* L.　多年生沼生草本；全草入药；海拔 1900～3500m，湖滨沼泽地、草坝；保护区内常见；云南常见；东北、河北、贵州、四川、西藏；斯堪的纳维亚、中欧和北欧、印度西北部、俄罗斯、蒙古国、朝鲜、日本、北美；标本未采，文献记录种。

240 报春花科 Primulaceae

莲叶点地梅 *Androsace henryi* Oliv.　草本；海拔 1900～3200m，阔叶林下或箐边湿润处；保护区内常见；贡山、福贡、禄劝、大关；陕西、湖北、四川、西藏；中国特有；标本未采，文献记录种。

过路黄 *Lysimachia christinae* Hance　草本；民间全株作药，清热解毒；海拔 1780～2250m，杂木林下、草地；保护区常见；云南各地；陕西南部、江苏、安徽、浙江、江西、福建、河南、湖北、湖南、广东、广西、四川、重庆、贵州；中国特有；标本号：ZT651、ZT661、ZT245、ZT649、ZT660、ZT246。

矮桃 *Lysimachia clethroides* Duby　草本；海拔 1900～1980m，杂木林、灌丛、水沟边；保护区内罗汉坝、分水岭；马关、屏边、蒙自、文山、砚山、丘北、安宁、昆明、富民、嵩明、寻甸、武定、禄劝、大理；东北、华北、华中、华东、华南以及四川、贵州；中国特有；标本号：ZT2209、ZT2066、ZT1051。

临时救 *Lysimachia congestiflora* Hemsl.　草本；全草民间药用；海拔 1820～2040m，林内、林缘草地、溪沟边，通常见于湿处；保护区内麻风湾；云南各地；我国北起陕西、甘肃南部，南至长江以南各省，东至台湾；尼泊尔、不丹、印度东北部、缅甸、泰国、越南；标本号：ZT489、ZT731。

小寸金黄 *Lysimachia deltoidea* Wight var. *cinerascens* Franch.　草本；全草药用，有小毒，调经凉血，解毒消肿；海拔 1984m，松栎林下、杂木林下、林缘草坡；保护区内小草坝乌贡山；昆明、景东、腾冲、大理、漾濞、洱源、丽江、维西、香格里拉、贡山；广西、贵州、四川；中国特有；标本号：无号。

五岭管茎过路黄 *Lysimachia fistulosa* Hand.-Mazz var. *fistulosa*　草本；海拔 1600m，箐沟；保护区内常见；永善；江西、湖南、广东、广西、贵州；中国特有；标本未采，文献记录种。

点腺过路黄 *Lysimachia hemsleyana* Maxim　草本；海拔 2040m，山谷林缘、溪旁和路边草丛中；保护区内杉木坪；云南新分布；陕西南部、四川东部、河南南部、湖北、湖南、江西、安徽、江苏、浙江、福建；中国特有；标本号：ZT1580。

叶苞过路黄 *Lysimachia hemsleyi* Franch.　草本；海拔 1510m，路边、水沟边或山坡湿处；保护区内小烧岩；禄劝、大理、鹤庆、永胜；贵州西部和四川西部；中国特有；标本号：ZT1276。

峨眉过路黄 *Lysimachia omeiensis* Hemsl.　草本；海拔 1900m，山坡林缘或路边；保护区内小草坝；彝良、镇雄；四川西部；中国特有；标本号：ZT1798。

狭叶落地梅 *Lysimachia paridiformis* Franch. var. *stenophylla* Franch.　草本；全草药用，有清热解毒、除湿止痛功能；海拔 1840～1870m，密林下，通常生长于湿润处；保护区内扎口石、河坝场；彝良、昭通、永善、绥江、威信、镇雄；广西、广东、湖南、四川、贵州；中国特有；标本号：ZT1346、ZT1424。

叶头过路黄 *Lysimachia phyllocephala* Hand.-Mazz.　草本；全株药用，有祛风、清热化痰功能；海拔 1947m，箐沟边、岩石缝、路边草丛；保护区内小草坝；云南常见；江西、浙江、湖南、湖北、广西、贵州、四川、重庆；中国特有；标本号：ZT1342；样地号：草 49-1-21。

阔瓣珍珠菜 *Lysimachia platypetala* Franch.　草本；海拔 1790～2043m，山坡、林下或山箐；保护区内钱家湾、分水岭、罗汉坝；昆明、安宁、江川、大理、漾濞、丽江、维西、香格里拉、福贡、德钦、贡山；四川中部至西部；中国特有；标本号：ZT280a、ZT1052；样地号：样 70-18。

疏头过路黄 *Lysimachia pseudohenryi* Pamp.　草本；海拔 1490～1920m，山地林缘和灌丛中；保护区内小草坝、小岩方；云南新分布；陕西南部、四川东部、湖北、江西、安徽、浙江、湖南和广东北部；中国特有；标本号：ZT1917、ZT1244。

川西过路黄 *Lysimachia pteranthoides* Bonati　草本；海拔 1200～1800m，湿润疏林下；保护区内常见；威信、盐津、绥江；湖北、四川、贵州；中国特有；标本未采，文献记录种。

点叶落地梅 *Lysimachia punctatilimba* C. Y. Wu　草本；海拔 1960m，密林下或溪旁，通常湿润处；保护区内分水岭；屏边、金平；湖北西部；中国特有；标本号：ZT1036。

显苞过路黄 *Lysimachia rubiginosa* Hemsl.　草本；海拔 1757～1950m，溪流边草丛；保护区内麻风湾、小草坝、罗汉坝；镇雄、大关、永善；浙江、湖南、湖北、广西、四川、贵州；中国特有；标本号：ZT199、ZT366、ZT715；样地号：草 34-4-13、草 34-4-35、草 34-4-46。

阔叶假排草 *Lysimachia sikokiana* Miq. ssp. *petelotii*(Merr.)C. M. Hu　草本；海拔 900～2100m，阔叶林下、山箐密荫处或岩石上；保护区内常见；腾冲、漾濞、彝良、金平、屏边、砚山、文山、西畴、马关、麻栗坡；湖南南部、广东北部、广西北部、四川、贵州东部；越南北部；标本未采，文献记录种。

报春花科一种 *Lysimachia* sp. 1　草本；海拔 1810m，溪流边草丛；保护区内麻风湾；中国特有；标本号：ZT365。

报春花科一种 *Lysimachia* sp. 2　草本；海拔 1966m，林缘、灌丛；中国特有；标本号：ZT469；样地号：草 3-4-5。

腺药珍珠菜 *Lysimachia stenosepala* Hemsl.　草本；海拔 1800m，林下、溪旁、灌丛或草地湿润处；保护区内麻风湾；嵩明、巧家、镇雄、彝良、大关、永善、威信；陕西南部、浙江、湖北、湖南、四川、贵州；中国特有；标本号：ZT310。

蔓延香草 *Lysimachia trichopoda* Franch.　草本；海拔 1700～2100m，林下、溪旁、灌丛或草地湿润处；保护区内常见；昆明、大关；四川西部；中国特有；标本未采，文献记录种。

革叶报春 *Primula chartacea* Franch.　草本；《中国物种红色名录》易危种；海拔 1552～1950m，林缘和竹丛中；保护区内小草坝、大雪山龙潭坎、大雪山黄角湾；盐津、大关、大姚；中国特有；样地号：草 26-4-16、草 34-1-31、草 34-1-45、草 31-1-13、草 90-4-21、草 90-3-7、草 87-5-14。

薄叶长柄报春 *Primula leptophylla* Craib　草本；海拔 1820m，灌丛、林下、林缘；保护区内长槽；滇东北；中国特有；标本号：ZT1680。

鄂报春 *Primula obconica* Hance　草本；海拔 1500m，混交林下、箐沟边、通常生岩石上；保护区内罗汉坝；昆明、嵩明、富民、禄劝、姚安、宾川、鹤庆、丽江、香格里拉、维西；湖北、湖南、广东北部、广西、四川、贵州；中国特有；标本号：ZT2169。

卵叶报春 *Primula ovalifolia* Franch.　草本；海拔 1850m，林下及山谷阴处；保护区内乌贡山；云南东部；四川、贵州、湖北和湖南；中国特有；标本号：无号。

钻齿报春 *Primula pellucida* Franch.　草本；海拔 1600m，林下及山谷阴处；保护区内常见；大关成凤山；四川南部；中国特有；标本未采，文献记录种。

波缘报春 *Primula sinuata* Franch.　草本；海拔 1950m，混交林下或箐边石上；保护区内麻风湾；盐津、景东、广南、保山；中国特有；标本号：ZT972。

凉山灯台报春 *Primula stenodoata* Balf. f. ex W. W. Smith et Fletcher　草本；海拔 2500m 左右，水边潮湿处；保护区内常见；大关；四川昭觉、贵州威宁；中国特有；标本未采，文献记录种。

三齿卵叶报春 *Primula tridentifera* Chen et C. M. Hu　草本；海拔 1600m，沟边林下滴水岩上；保护区内常见；大关；四川峨边；中国特有；标本未采，文献记录种。

川西繸瓣报春 *Primula veitchiana* Petitm.　草本；海拔 1960～2127m，林下和岩石上；保护区内五岔河、麻风湾；云南东部；四川西部；中国特有；标本号：ZT1556、ZT923。

香海仙报春 *Primula wilsonii* Dunn　草本；海拔 2000～3400m，溪边湿地或开阔林地；保护区内常见；昭通、东川、寻甸、昆明、富民、永仁、大姚、香格里拉、兰坪、思茅；四川；中国特有；标本未采，文献记录种。

242 车前科 Plantaginaceae

车前 *Plantago asiatica* L.　草本；全草入药；海拔 2100m，山坡草地、路边、河边、灌丛下；保护区内三江口麻风湾；云南广布；我国大部；俄罗斯、日本、印度尼西亚；标本号：ZT953。

尖萼车前 *Plantago cavaleriei* Lévl.　草本；海拔 1950m，高山草地、河边、沟谷湿地及灌丛；保护区内小草坝分水岭；丽江、永胜、维西、香格里拉；四川、贵州、湖南、湖北、陕西、甘肃、广西；中国特有；样地号：草 34-4-35。

平车前 *Plantago depressa* Willd.　草本；海拔 1550～1600m，山坡草地或灌丛中；保护区内海子坪、大雪山黄角湾、大雪山龙潭坎；大理、漾濞、香格里拉、德钦、景东、盈江；全国各地均有分布；俄罗斯、蒙古国、日本、印度；标本号：ZT2307。

大车前 *Plantago major* L.　草本；药用全草；海拔 1900m，草坡、荒地、路边湿润处及河边；保护区内三江口麻风湾；滇中、滇西北、滇西南；黑龙江、吉林、辽宁、内蒙古、河北、山西、陕西、甘肃、青海、新疆、山东、江苏、福建、台湾、广西、海南、四川、西藏；世界各地；标本号：ZT1165。

243 桔梗科 Campanulaceae

细萼沙参 *Adenophora capillaris* Hemsl. ssp. *leptosepala*(Diels) Hong　草本；药用；海拔 1750m，林下、林缘或草地中；保护区内小草坝灰浆岩；镇康、大理、洱源、宾川、兰坪、鹤庆、丽江、维西、香格里拉、贡山、德钦；湖北西部、陕西、四川、贵州；中国特有；标本号：ZT2014。

珠子参 *Codonopsis convolvulacea* Kurz var. *forrestii*(Diels) Ballard　缠绕草本；海拔 2100～3600m，山坡灌丛中；保护区内常见；昆明、寻甸、嵩明、禄劝、双柏、大理、丽江、昭通、香格里拉、德钦；四川西南部；中国特有；标本未采，文献记录种。

小花党参 *Codonopsis micrantha* Chipp.　缠绕草本；海拔 1950～2600m，山坡灌丛或林下草丛中；保护区内常见；昆明、富民、大理、丽江、永善；四川西南部；中国特有；标本未采，文献记录种。

同钟花 *Homocodon brevipes*(Hemsl.) Hong　草本；海拔 1880m，沟边、林下、灌丛边及山坡草地上；保护区内河坝场；镇雄、崇明、昆明、大理、景东、凤庆、澜沧、马关、西畴；四川西南部、贵州西南部；中国特有；标本号：ZT1431。

袋果草 *Peracarpa carnosa*(Wall.) Hook. f. et Thoms.　草本；海拔 1810～1950m，林下及沟边湿润岩石上；保护区常见；维西、德钦、丽江、腾冲、泸水、绥江、景东、广南、河口、镇康等地；贵州、四川、湖北、江苏、浙江、台湾；尼泊尔、不丹、印度、泰国、菲律宾、日本和俄罗斯远东地区；标本号：ZT147、ZT400、ZT50；样地号：草 1-2-8、草 5-2-9、草 2-5-17。

蓝花参 *Wahlenbergia marginata*(Thunb.) A. DC.　草本；根药用；海拔 1300～2800m，丘陵、山坡草地或疏林下；保护区内常见；全省各地；长江以南各省至陕西南部；朝鲜、日本、越南、老挝；标本未采，文献记录种。

244 半边莲科 Lobeliaceae

江南山梗菜 *Lobelia davidii* Franch. var. *davidii*　草本；根供药用，治痈肿疮毒，胃寒疼，全草治毒蛇咬伤；海拔 2000m，山地林边或沟边较阴湿处；保护区内常见；云南广布；福建、江西、浙江、安徽、湖南、四川、贵州、广西、广东；中国特有；标本号：ZT1032。

直立山梗菜 *Lobelia erectiuscula* Hook. f. et Thoms.　草本；根入药；海拔 1600～2700m，草坡；保护区内常见；滇东北至中部、西南、中南、东南；四川、贵州、湖南、广东等；印度；标本未采，文献记录种。

毛萼山梗菜 *Lobelia pleotricha* Diels　草本；海拔 1375～1900m，山坡草地、灌丛或竹林边缘；保护区内麻风湾、小草坝后河、大雪山猪背河坝；镇康、景东、大理；缅甸北部；标本号：ZT237、ZT1965、ZT2008；样地号：沼-物-7、草 77-18。

野烟 *Lobelia seguinii* Lévl. et Van. var. *seguinii*　亚灌木；全草药用；海拔 1100～3000m，山坡疏林、林缘、路边灌丛溪沟边；保护区内常见；云南大部；四川、贵州、湖北、广西、台湾等；中国特有；标本未采，文献记录种。

长萼野烟 *Lobelia seguinii* Lévl. et Van. var. *seguinii* f. *brevisepala* E. Wimm.　亚灌木；全草药用；海拔 1300～1400m，林缘、灌丛；保护区内常见；滇东北；中国特有；标本未采，文献记录种。

铜锤玉带草 *Pratia nummularia* (Lam.) A. Br. et Aschers.　草本；药用全草；海拔 1800m，湿草地、溪沟边、田边地脚草地；保护区内麻风湾；云南广布；我国长江以南各省份及西藏等；印度、马来西亚、越南、老挝、泰国、缅甸、澳大利亚、南美洲；标本号：ZT203。

249 紫草科 Boraginaceae

倒提壶 *Cynoglossum amabile* Stapf et Drumm.　多年生草本；海拔 2000～2100m，林下、灌丛下、草地、路旁；保护区内三江口、小草坝后河；滇东、滇中、滇西北；四川西部、贵州西部、甘肃南部、西藏东南部；不丹；标本号：ZT229。

倒钩琉璃草 *Cynoglossum wallichii* var. *glochidiatum* (Wall. ex Benth.) Kazmi　草本；海拔 1700～1880m，高山草地或林下；保护区内小岩方扎口石、长槽；丽江、香格里拉、德钦、贡山、兰坪；四川西部、西藏东部、青海；尼泊尔；标本号：ZT1312、ZT1589。

小花倒提壶 *Cynoglossum lanceolatum* Forsk. ssp. *eulanceolatum* Brand.　三年生草本；根入药；海拔 1780m，林下、灌丛、草地、山坡草地、路边；保护区内三江口草地；滇西北、滇西、滇中、滇南；广东、广西、福建、台湾、浙江、湖北、四川、重庆、贵州、陕西、甘肃；亚洲南部、非洲；标本号：ZT242。

马兰 *Kalimeris indica* (L.) Sch.-Bip.　草本；全草入药；海拔 1400m，林下、灌丛、山坡、草地、田边、路旁、水沟边；保护区内大雪山土霍；滇西、滇中、滇东北至滇东南；我国各地常见；亚洲南部、东部广布；标本号：ZT2417。

多型马兰 *Kalimeris indica* (L.) Sch.-Bip. var. *polymorpha* (Vant.) Kitam.　草本；海拔 500～1750m，山坡草地、河边石缝或路旁；保护区内常见；盐津、大关、彝良；安徽、江苏、江西、湖北、湖南、陕西、四川、重庆、贵州；亚洲南部、东部广布；标本未采，文献记录种。

昭通滇紫草 *Onosma cingulatum* W. W. Smith et Jeffrey　多年生草本；海拔 2000～

2800m，山坡草地；保护区内常见；昆明、禄劝、嵩明、富民、江川、昭通；中国特有；标本未采，文献记录种。

西南附地菜 *Trigonotis cavaleriei*(Lévl.) Hand.-Mazz. 草本；海拔 1750m，潮湿地；保护区内长槽；永善、大关；贵州、四川；中国特有；标本号：ZT1597。

长梗附地菜 *Trigonotis mairei*(Lévl.) Johnst. 草本；海拔 700～1300m，荒地或潮湿林下；保护区内常见；滇东北；四川西南；中国特有；标本未采，文献记录种。

250 茄科 Solanaceae

天蓬子(搜山虎、白商陆、小独活) *Atropanthe sinensis*(Hemsl.) Pascher 草本或亚灌木；根药用；海拔 1380～2000m，杂木林下阴湿处或沟边；保护区内常见；彝良；四川、贵州、湖北、广西、台湾等；中国特有；标本未采，文献记录种。

单花红丝线 *Lycianthes lysimachioides*(Wall.) Bitt. 草本；海拔 1947～2039m，林下或路旁；保护区内麻风湾；贡山、镇康、镇雄、嵩明等；我国四川、贵州、广西、台湾；印度、尼泊尔；标本号：ZT459、ZT522、ZT531；样地号：草 3-4-2、草 6-2-7、草 4-4-14、草 6-5-5。

根茎单花红丝线 *Lycianthes lysimachioides*(Wall.) Bitt. var. *caulorrhiza*(Dunal) Bitt. 草本；海拔 1900m，林下或溪边；保护区内长槽；砚山、景东、镇雄；我国广西、贵州、广东；印度尼西亚的爪哇；标本号：ZT1647。

茄参(蔓陀茄、向阳花) *Mandragora caulescens* C. Y. Clarke 草本；海拔 2200～4200m，山坡草地；保护区内常见；云南西北部至东北部；四川西部及西藏东部；印度；标本未采，文献记录种。

龙珠 *Tubocapsicum anomalum*(Franch. et Sav.) Makino 草本；山谷水边、山坡密林下；保护区内常见；滇东北；浙江、江西、台湾、广东、广西、贵州；日本、朝鲜；标本未采，文献记录种。

251 旋花科 Convolvulaceae

草坡旋花 *Convolvulus steppicola* Hand.-Mazz. 草本；海拔 1600m，草地、荒坡；保护区内常见；云南北部及东北部；中国特有；标本未采，文献记录种。

马蹄金 *Dichondra repens* Forst. 草本；全草药用；海拔 1300～1980m，山坡草地、路旁、沟边；保护区内常见；云南全省分布；我国长江以南各省份；广布于热带亚热带地区；标本未采，文献记录种。

牵牛 *Pharbitis nil*(L.) Choisy 草本；入药；海拔 1100～1500m，路旁、田边、山坡；保护区内常见；云南大部地区；我国除西北和东北一些省份外大部分省份；全世界热带和亚热带地区；标本未采，文献记录种。

圆叶牵牛(牵牛花、喇叭花、紫花牵牛) *Pharbitis purpurea*(L.) Voigt 草本；海拔 1000～2800m，路旁；保护区内常见；云南大部地区；我国大部分地区；引植世界各地；标本未采，文献记录种。

251a 菟丝子科 Cuscutaceae

金灯藤 *Cuscuta japonica* Choisy 缠绕草本；海拔 1750m，寄生于草本或灌木上；保护区内常见；云南大部分地区；我国南北各省；越南、朝鲜、日本、俄罗斯；标本未采，文献记录种。

252 玄参科 Scrophulariaceae

短腺小米草 *Euphrasia regelii* Wettst. 草本；全草入药；海拔 2700～3300m，高山草地、湿地及林缘；保护区内常见；香格里拉、维西、大关；甘肃、河北、湖北、四川、青海、陕西、新疆、内蒙古、山西；哈萨克斯坦、吉尔吉斯斯坦、蒙古国、俄罗斯、塔吉克斯坦、乌兹别克斯坦；标本未采，文献记录种。

鞭打绣球 *Hemiphragma heterophyllum* Wall. 匍匐草本；药用；海拔 2000m，高山草坡、灌丛林缘、竹林、湿润山坡；保护区内常见；云南各地；西藏、四川、重庆、贵州、湖北、甘肃、台湾、陕西、浙江；尼泊尔、不丹、印度东北部、菲律宾、泰国、印度尼西亚；标本号：ZT2002。

母草 *Lindernia crustacea*(L.) F. Muell. 草本；全草药用；海拔 110～1759m，草地、荒坡等低湿疏林中；保护区内常见；云南各地；浙江、江苏、安徽、江西、福建、台湾、广东、海南、广西、西藏、四川、重庆、贵州、湖南、湖北、河南；热带和亚热带广布；标本未采，文献记录种。

宽叶母草 *Lindernia nummularifolia*(D. Don) Wettst. 草本；海拔 1800～2000m，山坡草地、路旁、河边灌丛及湿润处；保护区内麻风湾；云南广布；甘肃、陕西南部、湖北、湖南、广西、贵州、西藏、四川、浙江；尼泊尔；标本号：无号。

长蔓通泉草 *Mazus longipes* Bonati 多年生低矮草本；海拔 1800m，旱田中、路边及草地上；保护区内三江口麻风湾；砚山；贵州；中国特有；标本号：ZT304。

美丽通泉草 *Mazus pulchellus* Hemsl. ex Forbes et Hemsl. 草本；海拔 1850～1870m，林中石山及常绿阔叶林下的石灰岩山上；保护区内河场坝；广南、富宁、西畴；四川东南、湖北西部；中国特有；标本号：ZT1353、ZT1448。

匍生沟酸浆 *Mimulus bodinieri* Vant. 多年生匍匐草本；海拔 1750m，林间沼泽、沟边及草地湿处；保护区内小草坝九工棚；广南、漾濞、宾川、丽江、维西、香格里拉、贡山；贵州；中国特有；标本号：无号。

四川沟酸浆 *Mimulus szechuanensis* Pai 多年生草本；海拔 1780～1900m，林下阴湿处；保护区内三江口；云南广布；湖南、湖北、陕西、甘肃、四川、重庆；中国特有；标本号：ZT718、ZT270、ZT789。

高大沟酸浆 *Mimulus tenellus* Bunge var. *procerus*(Grant) Hand.-Mazz. 草本；海拔 1830m，林下沟边及杂木林中；保护区内小草坝乌贡山；彝良、镇雄、丽江、鹤庆、维

西、贡山、香格里拉；四川；尼泊尔、印度；标本号：无号。

狐尾马先蒿 *Pedicularis alopecuros* Franch. ex Maxim 草本；海拔 2300～4000m，山坡、草地；保护区内常见；东川、巧家、会泽、永善、丽江、宁蒗、兰坪、香格里拉、鹤庆、大姚；四川西南部；中国特有；标本未采，文献记录种。

康泊东叶马先蒿 *Pedicularis comptoniaefolia* Franch. ex Maxim 草本；海拔 2400～3000m，山坡草丛、灌丛中；保护区内常见；东川、永善、丽江、香格里拉、鹤庆、腾冲、大理、洱源、宾川、昆明、宜良；四川西南部、西藏；缅甸；标本未采，文献记录种。

中国纤细马先蒿 *Pedicularis gracilis* Wall. ssp. *sinensis* (Li) Tsoong 草本；海拔 2200～3400m，山坡草地、林缘、沟谷溪边；保护区内常见；云南广布；四川西南部；中国特有；标本未采，文献记录种。

鹤首马先蒿 *Pedicularis gruina* Franch. ex Maxim 草本；海拔 1780～1980m，高山草地、河边、杂木林中、石灰岩地；保护区内常见；丽江、维西、大理、洱源、鹤庆、宾川、凤庆；四川西南；中国特有；标本号：ZT226、ZT2126、ZT1037、ZT197。

林氏马先蒿 *Pedicularis limprichtiana* Hand.-Mazz. 草本；海拔 2100～2700m，多石山坡与竹林边缘；保护区内常见；大关、寻甸；四川西南部；中国特有；标本未采，文献记录种。

尖果马先蒿 *Pedicularis oxycarpa* Franch. ex Maxim 草本；海拔 2800～4360m，高山草地、路旁、溪边；保护区内常见；云南广布；四川西南部、贵州；中国特有；标本未采，文献记录种。

法且利亚叶马先蒿 *Pedicularis phaceliaefolia* Franch. 草本；海拔 1840～1920m，阴湿灌丛、沟边；保护区内朝天马陡口子、小草坝、小岩方河场坝；昭通、大关、彝良、盐津；四川西部；中国特有；标本号：ZT1889、ZT1446。

松蒿 *Phtheirospermum japonicum* (Thunb.) Kanitz 草本；全草有清热、利湿的功能；海拔 1500～3000m，山坡灌丛草坡、阳处松林下、碎石堆上、江边草地；保护区内常见；云南各地；我国除新疆、青海外各省份均有分布；日本、朝鲜、俄罗斯远东地区、不丹、尼泊尔；标本未采，文献记录种。

光叶蝴蝶草 *Torenia asiatica* L. 草本；海拔 580～2100m，山坡林缘及灌丛中；保护区内常见；云南各地；福建、浙江、江西、广东、海南、广西、湖南、湖北、贵州、四川、重庆、西藏；日本、越南；标本未采，文献记录种。

紫萼蝴蝶草 *Torenia violacea* (Azaola) Pennell 草本；海拔 1140m，山坡灌丛及江边林缘；保护区内海子坪；云南各地；华南、华东、西南、华中；印度、不丹、越南、老挝、柬埔寨、泰国、马来西亚、印度尼西亚；标本号：无号。

华中婆婆纳 *Veronica henryi* Yamazaki 草本；海拔 1000～2000m，山谷疏林潮湿处及路旁常绿阔叶林下；保护区内常见；威信、大关、彝良、师宗、广南、西畴、文山、马关、麻栗坡、蒙自；贵州、四川、重庆、湖北、湖南、江西(武功山)；中国特有；标本未采，文献记录种。

疏花婆婆纳 *Veronica laxa* Benth. 草本；海拔 1820～2250m，路边、溪谷潮湿处及

山坡下；保护区内罗汉坝保护站、三江口、小沟、罗汉坝大树子；云南各地；四川、重庆、贵州、湖南、湖北、陕西、甘肃、广西；印度、日本、巴基斯坦；标本号：ZT2239、ZT454、ZT240、ZT1169、ZT652、ZT1759；样地号：草 9-12。

阿拉伯婆婆纳 *Veronica persica* Poir. 草本；海拔 1650～3350m，溪边、路旁；保护区内常见；彝良、镇雄、贡山、德钦；新疆、西藏东部、贵州、广西、湖南、湖北、江苏、江西、安徽、浙江、福建、台湾；原产亚洲西南部，19 世纪初已散布全世界；标本未采，文献记录种。

小婆婆纳 *Veronica serpyllifolia* L. 草本；海拔 1500～3500m，山坡湿草地及高山草甸；保护区内常见；云南广布；四川、贵州、陕西、西藏、甘肃、湖南、湖北、辽宁；北半球温带和亚热带高山；标本未采，文献记录种。

水苦荬 *Veronica undulata* Wall. 草本；药用；海拔 480～2900m，路旁、田边、河滩及高山松栎林下；保护区内常见；云南各地；我国除内蒙古、宁夏、青海和西藏外其他各省份均有分布；朝鲜、日本、越南、老挝、泰国、尼泊尔、印度北部、巴基斯坦、阿富汗东部；标本未采，文献记录种。

云南婆婆纳 *Veronica yunnanensis* Hong 草本；海拔 1800～1860m，林下、林缘或草地；保护区内三江口麻风湾、长槽、小岩方河坝场、罗汉坝大树子；大理、景东、腾冲、贡山、福贡、维西、泸水、澜沧江怒江分水岭；中国特有；标本号：ZT1454、ZT605、ZT1674、ZT1450；样地号：草 46-2-13。

美穗草 *Veronicastrum brunonianum* (Benth.) Hong 草本；海拔 2400m，山谷灌丛、湿草地及林下；保护区内三江口麻风湾；云南广布；贵州、四川、湖北西部、西藏；尼泊尔、印度西北部；标本号：ZT865。

四方麻 *Veronicastrum caulopterum* (Hance) Yamazaki 草本；药用；海拔 1500～2200m，山谷草丛中、疏林下；保护区内常见；彝良、绥江、文山、屏边、蒙自；贵州南部、广西、广东、湖南、湖北西部、江西；中国特有；标本未采，文献记录种。

腹水草 *Veronicastrum stenostachyum* (Hemsl.) Yamazaki 草本；海拔 650m，田边、沟谷及次生林缘；保护区内常见；滇东北；贵州北部、四川、陕西南部、湖北西部及湖南西北部；中国特有；标本未采，文献记录种。

253 列当科 Orobanchaceae

野菰 *Aeginetia indica* L. 寄生草本；根和花供药用；海拔 2000m，林中或草坡荒地寄生；保护区内麻风湾；云南各地；四川、贵州、广西、广东、福建、湖南、江西、安徽、浙江、江苏和台湾；印度、斯里兰卡、缅甸、越南、菲律宾、马来西亚和日本；标本号：无号。

256 苦苣苔科 Gesneriaceae

筒花苣苔 *Briggsia delavayi* (Franch.) Chun 多年生无茎草本；海拔未记载，林中阴

处；保护区内常见；滇东北；中国特有；标本未采，文献记录种。

东川粗筒苣苔 *Briggsia mairei* Craib 多年生无茎草本；海拔1845～1900m，山地林下石上；保护区内小草坝、小草坝乌贡山；滇东北；中国特有；标本号：ZT1949、ZT1999。

小唇柱苣苔 *Chirita speluncae*(Hand.-Mazz.) D. Wood 无茎草本；海拔800m，石山悬崖上；保护区内常见；滇东北；中国特有；标本未采，文献记录种。

康定唇柱苣苔 *Chirita tibetica*(Franch.) B. L. Burtt 草本；海拔1900～3200m，山坡岩隙或岩石上；保护区内常见；宾川、大姚、会泽、巧家、昭通、镇雄；四川；中国特有；标本未采，文献记录种。

喜荫唇柱苣苔 *Chirita umbrophila* C. Y. Wu ex H. W. Li 草本；海拔1490～1960m，山坡林下湿地上；保护区内小岩方、三江口分水岭；滇东北(镇雄)；中国特有；标本号：ZT1238、ZT1085。

泡状珊瑚苣苔 *Corallodiscus bullatus*(Craib) B. L. Burtt 草本；海拔2800～3240m，疏林下石隙中；保护区内常见；滇东北、滇西北；四川西南部；中国特有；标本未采，文献记录种。

毛药马铃苣苔 *Dasydesmus bodinieri*(Lévl.) Craib 多年生无茎草本；海拔1960m，山坡杂木林下、岩石上阴湿处；保护区内朝天马林场；弥勒、巧家、大关、彝良、镇雄；中国特有；标本号：ZT1902；样地号：草50-3-11。

狭冠长蒴苣苔 *Didymocarpus stenanthos* C. B. Clarke 草本；海拔800m，山地阴处岩石上；保护区内常见；滇东北；四川；中国特有；标本未采，文献记录种。

纤细半蒴苣苔 *Hemiboea gracilis* Franch. 草本；全草入药；海拔1500m，山谷阴处石上；保护区内罗汉坝；云南新分布；江西、湖北、湖南、重庆、四川、贵州、广西；中国特有；标本号：ZT2166。

接近毛枝吊石苣苔 *Lysionotus* aff. *wardii* W. W. Smith 半灌木；海拔1985m，山谷或山地林中树上；保护区内小岩方后河岩洞厂；待定；中国特有；样地号：草47-1-6。

异叶吊石苣苔 *Lysionotus heterophyllus* Franch. 半灌木；海拔1855～1950m，山坡杂木林下、岩石上；保护区内三江口、小草坝雷洞坪；滇东北；中国特有；标本号：ZT525、ZT996；样地号：样4、样26。

吊石苣苔 *Lysionotus pauciflorus* Maxim 半灌木；全草药用；海拔1350m，丘陵或山地沟谷林中树上或阴处石崖上；保护区内转大雪山路上；永善、彝良、屏边、砚山；陕西南部、四川、贵州、广东、广西、福建、台湾、浙江、江苏、江西、安徽、湖南、湖北；越南北部、日本；标本号：ZT2363。

川滇马铃苣苔 *Oreocharis henryana* Oliv. 草本；海拔920～2800m，林下阴处石上；保护区内常见；大姚、禄劝、寻甸、彝良；四川；中国特有；标本未采，文献记录种。

东川石蝴蝶 *Petrocosmea mairei* Lévl. 无茎多年生草本；海拔2600m，山地石上；保护区内常见；滇东北；四川西南部；中国特有；标本未采，文献记录种。

散血草 *Streptocarpus clarkeanus*(Hemsl.) Hilliard et B. L. Burtt 无茎草本；全草药用；海拔2300～3000m，石崖上；保护区内常见；昭通、大姚、晋宁、丽江；四川、湖

南、陕西、浙江；中国特有；标本未采，文献记录种。

257 紫葳科 Bignoniaceae

两头毛（炮仗花、朝天罐、麻叶子）*Incarvillea arguta*（Royle）Royle　草本；全草入药；海拔 1400～3400m，干热河谷地带、路边、灌丛；保护区内常见；滇东北、滇东、滇中至滇西部；四川东南部、贵州西部及西北部、甘肃、西藏；中国特有；标本未采，文献记录种。

白花泡桐（泡桐）*Paulownia duclouxii* Dode　小乔木；根皮药用；海拔 700～1140m，次生阔叶林；保护区内常见；滇东北；河南、湖北、浙江、江西、贵州；中国特有；标本未采，文献记录种。

259 爵床科 Acanthaceae

白接骨 *Asystasiella neesiana*（Wall.）Lindau　草本；叶和根状茎入药，可用于止血；海拔 1400～1900m，林下或溪边；保护区内常见；云南广布；江苏、浙江、安徽、江西、福建、台湾、广东、广西、湖南、湖北、贵州、四川、重庆；东喜马拉雅山区、越南至缅甸；标本号：ZT577、ZT2119、ZT989、ZT2459。

异蕊一笼鸡 *Paragutzlaffia lyi*（Lévl.）H. P. Tsui　草本；海拔 1300～2800m，路边、山坡及杂木林下；保护区内常见；昭通、富源、蒙自、洱源、丽江；广西、湖南、四川、贵州；中国特有；标本未采，文献记录种。

翅柄马蓝 *Pteracanthus alatus*（Ness）Bremek.　草本；海拔 1900m，山坡竹林；保护区内小草坝后河；片马、独龙江、麻栗坡、富宁、西畴、金平、景洪；江西、湖北、湖南、福建、广西、贵州、四川、重庆、西藏；尼泊尔、印度、不丹；标本号：ZT1986。

棒果马蓝 *Pteracanthus claviculatus*（C. B. Clarke ex W. W. Smith）C. Y. Wu　草本；海拔 1930m，山地雨林；保护区内小草坝分水岭；武定、嵩明、弥勒、大理、漾濞、剑川、丽江、维西、香格里拉、大关；四川、广东；中国特有；样地号：草 33-2-9、草 34-3-13。

贡山马蓝 *Pteracanthus gongshanensis* H. P. Tsui　草本；海拔 1900m，山坡常绿阔叶林下；保护区内麻风湾沿途；贡山；中国特有；标本号：ZT460。

大叶马蓝 *Pteracanthus grandissimus*（H. P. Tsui）C. Y. Wu et C. C. Hu　草本；海拔 2010m，林下；保护区内小岩方方家湾；贡山；四川、西藏；中国特有；标本号：ZT1547；样地号：草 15-3-4。

金沙鼠尾黄 *Rungia hirpex* R. Ben.　草本，散生；海拔 500～600m，林下灌丛；保护区内常见；大关、盐津；中国特有；标本未采，文献记录种。

263 马鞭草科 Verbenaceae

紫珠 *Callicarpa bodinieri* Lévl. 灌木；全株入药；海拔 2450m，低中山灌丛、林缘、次生林；保护区内海子坪；云南西部、南部、西南部、西双版纳、西畴、富民、镇雄；陕西、河南、长江以南各省；中国特有；标本号：ZT2180。

毛叶老鸦糊 *Callicarpa giraldii* var. *Subcanescens Rehder* C. Y. Wu 小乔木；海拔 1480m，疏林中；保护区内常见；镇雄、威信；中国特有；标本未采，文献记录种。

黄腺紫珠 *Callicarpa luteopunctata* H. T. Chang 灌木；海拔 1400m，峡谷中；保护区内常见；永善；四川、贵州；中国特有；标本未采，文献记录种。

臭牡丹 *Clerodendrum bungei* Steud. 灌木；根、叶、花或全株入药；海拔 1400～1900m，中山荒坡、路边；保护区内大雪山普家沟；云南广布；陕西至长江以南各省；越南；标本号：ZT2265、ZT592。

满大青 *Clerodendrum mandarinorum* Diels 乔木；根、叶或全草入药；海拔 1100m，沟箐、溪旁、林中润湿处；保护区内海子坪；金平、屏边、麻栗坡、砚山、西畴、广南、富宁、镇雄；四川、湖北、贵州、广西、江西、广东；越南东北部；标本号：ZT2259。

长柄臭牡丹 *Clerodendrum peii* Moldenke 灌木；海拔 1910m，沟边、山坡、疏林中；保护区内小岩方老场坪；元江、金平、屏边；中国特有；样地号：样 32-34。

光叶海州常山 *Clerodendrum trichotomum* Thunb. var. *fargesii*(Dode) Rehd. 灌木；药用；海拔 1820～1950m，山坡灌丛中或林下湿润处；保护区内罗汉坝坡头山、小沟保护区、麻风湾；云南广布；贵州、四川、湖北、河南、陕西；中国特有；标本号：ZT2104、ZT1673、ZT258。

狐臭柴 *Premna puberula* Pamp. var. *puberula* 灌木或小乔木；海拔 1500m，山地，丘陵、旷野、河边、村边林中；保护区内海子坪洞子里；镇雄；贵州、湖北、湖南、四川、陕西南部；中国特有；标本号：ZT2240。

马鞭草 *Verbena officinalis* L. 草本；药用；海拔 1400m，路边、荒坡；保护区内大雪山土霍；云南各地；黄河以南；中国特有；标本号：ZT2433。

264 唇形科 Labiatae

散瘀草 *Ajuga pantantha* Hand.-Mazz. 草本；海拔 2400～2700m，荒坡矮草丛中；保护区内常见；滇东北、滇东部、滇中部；中国特有；标本未采，文献记录种。

细风轮菜 *Clinopodium gracile*(Benth.) Matsum. 草本；海拔 1950m，路边、沟边、空旷草地、林缘、灌丛中；保护区内小草坝分水岭；云南南部及东南部；我国长江以南各省；印度、缅甸、越南、马来西亚、老挝、泰国；标本号：ZT648；样地号：样 9-13、草 34-3-12。

寸金草 *Clinopodium megalanthum*(Diels) C. Y. Wu et Hsuan ex H. W. Li 草本；海拔

1980m，山坡草地、路边、疏林下；保护区内分水岭；滇中、滇南、滇西北及滇东北部；四川南部及西南部、湖北西南、贵州北部；中国特有；标本号：ZT1066。

峨眉风轮菜 *Clinopodium omeiense* C. Y. Wu et Hsuan ex H. W. Li 草本；海拔 1905m，林下；保护区内小草坝沼泽；云南新分布；四川；中国特有；样地号：沼-物-5。

灯笼草 *Clinopodium polycephalum*（Vaniot）C. Y. Wu et Hsuan 草本；海拔 1850～1920m，山坡沟边、林下；保护区内常见；云南全省各地；陕西、甘肃、河北、河南、浙江、山东、江西、安徽、福建、江苏、湖北、广西、四川、西藏东部；中国特有；标本号：ZT1916、ZT733。

匍匐风轮菜 *Clinopodium repens*（D. Don）Wall. 草本；海拔 2250m，山坡草地、林下、路边、沟边；保护区内三江口辣子坪；云南全省各地；我国长江以南、南岭以北各省；尼泊尔、不丹、印度、斯里兰卡、缅甸、越南北部、印度尼西亚、菲律宾、日本；标本号：ZT663、ZT666。

鸡骨柴 *Elsholtzia fruticosa*（D. Don）Rehd. 灌木；药用；海拔 1980m，沟边、箐底潮湿地及路边或开旷的山坡草地；保护区内分水岭；云南全省；甘肃南部、四川、湖北西部、西藏、贵州、广西；印度、尼泊尔、不丹；标本号：ZT1055。

鼠尾香薷 *Elsholtzia myosurus* Dunn 芳香灌木；海拔 2600～3000m，山坡、荒地、沟谷中；保护区内常见；滇东北、滇西北、滇西南；四川；中国特有；标本未采，文献记录种。

鼬瓣花 *Galeopsis bifida* Boenn. 草本；种子含脂肪油，可工业用；海拔 1920m，林缘、路旁、田边、灌丛、草地；保护区内朝天马陡口子；滇西北、滇东北；我国东北、华北、西北、西南及湖北西部；标本号：ZT1920。

活血丹 *Glechoma longituba*（Nakai.） Kupr. 草本；海拔 50～2000m，林缘、疏林下、矮草地、田边、路旁；保护区内常见；滇东北、滇东南；我国除青海、西藏、甘肃、新疆外几乎都有分布；俄罗斯、朝鲜；标本未采，文献记录种。

四轮香 *Hanceola sinensis*（Hemsl.）Kudo 草本；海拔 1552～2040m，亚热带常绿阔叶林、混交林；保护区内常见；滇东南；四川、贵州、广西、湖南；中国特有；标本号：ZT236、ZT494、ZT1563、ZT498、ZT466、ZT393、ZT1436、ZT602。

细齿异野芝麻 *Heterolamium debile*（Hemsl.）var. *cardiophyllum* 纤细不分枝草本；海拔 2500m，山地林缘或荒坡；保护区内常见；滇东北的永善；湖北、湖南、四川；中国特有；标本未采，文献记录种。

香简草 *Keiskea szechuanensis* C. Y. Wu 草本；海拔 1100～2200m，山涧、路边；保护区内常见；滇东北（彝良）；四川南部；中国特有；标本未采，文献记录种。

动蕊花 *Kinostemon ornatum*（Hemsl.） 草本；海拔 800～2500，林下、灌丛；保护区内常见；滇东北；湖北、陕西、四川、贵州、广西北部；中国特有；标本未采，文献记录种。

斜萼草 *Loxocalyx urticifolius* Hemsl. 草本；海拔 1860～2300m，林下湿润处；保护区内三江口辣子坪、长槽、麻风湾；滇东北；四川、贵州东部、陕西南部、河北南部、湖北；中国特有；标本号：ZT825、ZT841、ZT1744；样地号：草 11-1-9、草 15-2-5。

梗花龙头草 *Meehania fargesii* (Lévl.) C. Y. Wu var. *pedunculata* (Hemsl.) 草本；海拔1700～3500m，沟边、山坡林下或灌丛中；保护区内常见；滇东北、滇西北；湖北、湖南、广西、四川；中国特有；标本未采，文献记录种。

走茎龙头草 *Meehania fargesii* (Lévl.) C. Y. Wu var. *radicans* (Vaniot) G. Y. Wu 草本；药用；海拔 1830～2250m，林下草丛；保护区内常见；滇东北；浙江、广东、四川、贵州、湖北、江西；中国特有；标本号：ZT658、ZT475、ZT408、ZT753、ZT1188。

南川冠唇花 *Microtoena prainiana* Diels 草本；海拔 1000～2000m，林下，林缘，沟边或荒坡中；保护区内常见；滇东北；四川、贵州；中国特有；标本未采，文献记录种。

穗花荆芥 *Nepeta laevigata* (D. Don) Hand.-Mazz. 草本；药用；海拔 1800～2040m，针叶林、混交林林缘及林中、草地、灌木草地；保护区内麻风湾、三江口倒流水、小草坝；滇西北至滇东北；西藏东部、四川西部；阿富汗、尼泊尔、喜马拉雅山脉温带地区；标本号：ZT205。

拟缺香茶菜 *Rabdosia excisoides* (Sun ex C. H. Hu) C. Y. Wu et H. W. Li 草本；海拔1950m，草坡、路边、沟边、荒地、疏林；保护区内罗汉坝；滇东北；四川中部及东部、湖北西部；中国特有；标本号：ZT2100。

昆明香茶菜 *Rabdosia kunmingensis* C. Y. Wu et H. W. Li 半灌木；海拔 1273～1900m，山坡灌丛；保护区内长槽、海子坪、小草坝；滇中；中国特有；标本号：ZT1780、ZT1655、ZT1742；样地号：样 76-10。

橙色鼠尾草 *Salvia aerea* Lévl. 草本；丽江用根入药；海拔 1900m，山坡灌丛下或林下草地；保护区内小草坝；香格里拉、丽江、宁蒗、永胜、华坪、会泽；四川西南部、贵州西北部；中国特有；标本号：ZT1782。

贵州鼠尾草（紫背变种）*Salvia cavaleriei* Lévl. var. *erythrophylla* (Hemsl.) Stib. 草本；海拔 1850m，林下、路旁、草坡；保护区内长槽；云南；湖北、四川、陕西、湖南、广西；中国特有；标本号：ZT1617b。

血盆草 *Salvia cavaleriei* Lévl. var. *simplicifolia* Stib. 草本；全草入药；海拔 1520～1850m，山坡杂木林下或灌丛中；保护区内长槽、小岩方火烧岩；罗平、绥江、彝良、镇雄；湖北、湖南、江西、四川、重庆、贵州、广西、广东、福建；中国特有；标本号：ZT1607、ZT1260。

鄂西鼠尾草 *Salvia maximowicziana* Hemsl. 草本；海拔 1840～1930m，山坡草地或杂木林中；保护区内三江口、长槽、朝天马陡口子；大关、彝良；西藏昌都地区、四川、湖北西部、河南、陕西、甘肃西部；中国特有；标本号：ZT582、ZT1686、ZT2089。

南川鼠尾草 *Salvia nanchuanensis* Sun 草本；海拔 1850m，河边岩石上；保护区内长槽；云南新分布；四川南部、湖北西部；中国特有；标本号：ZT1617a。

荔枝草 *Salvia plebeia* R. Br. 草本；全草入药；海拔 1580～1840m，低中山灌丛、林缘、草坡；保护区内小岩方河场坝；云南大部；吉林、辽宁、华北、陕西至长江以南各省；阿富汗、印度、缅甸、泰国、越南、马来西亚、大洋洲、朝鲜、日本；标本号：ZT1253、ZT1418。

褐毛甘西鼠尾 *Salvia przewalskii* Maxim var. *mandarinorum*(Diels)　草本；海拔2100m，山坡；保护区内常见；滇东北的永善；四川南部和西部、湖北西部、甘肃；中国特有；标本未采，文献记录种。

鼠尾草一种 *Salvia* sp.　草本；海拔1860m，林下、灌丛、草坡；保护区内长槽；中国特有；标本号：ZT1748。

尾叶黄芩 *Scutellaria caudifolia* Sun ex C. H. Hu var. *caudifolia*　草本；海拔1750～1820m，林缘、沟边；保护区内三江口辣子坪、麻风湾；云南新分布；四川、贵州；中国特有；标本号：ZT2133、ZT1844。

紫苏叶黄芩 *Scutellaria coleifolia* Lévl.　草本；海拔1900～3200m，松林下或山坡草中；保护区内常见；滇东北、滇中和滇西北；中国特有；标本未采，文献记录种。

方枝黄芩 *Scutellaria delavayi* Lévl.　草本；海拔1000～1600m，山地阔叶林或灌丛中；保护区内常见；滇东北(大关)；四川和湖南西南部；中国特有；标本未采，文献记录种。

毛茎黄芩 *Scutellaria mairei* Lévl.　草本；海拔2500m，干燥的石灰岩山上；保护区内常见；滇东北；中国特有；标本未采，文献记录种。

四裂花黄芩 *Scutellaria quadrilobulata* Sun ex C. H. Hu　草本；海拔1900～2200m，山坡灌丛中；保护区内三江口、小草坝分水岭；滇东北(镇雄)；四川西南；中国特有；标本号：ZT664、ZT820、ZT982、ZT1201；样地号：草34-3-18、草9-14。

展毛韧黄芩 *Scutellaria tenax* W. W. Smith var. *patentipilosa*(Hand.-Mazz.) C. Y. Wu　草本；海拔1950～2043m，灌丛、草坡；保护区内罗汉坝；滇东北；四川西部；中国特有；标本号：ZT2227；样地号：样70-10、样68-9。

筒冠花 *Siphocranion macranthum*(Hook. f.) C. Y. Wu　草本；药用；海拔1855～1947m，亚热带常绿阔叶林、混交林；保护区内小草坝雷洞坪、小草坝罗汉坝、麻风湾；滇西北至滇东南；四川、贵州、广西；印度西北部及东北部、缅甸、越南；标本号：ZT1861、ZT238。

长唇筒冠花 *Siphocranion macranthum*(Hook. f.) C. Y. Wu var. *prainianum*(Lévl.) C. Y. Wu et H. W. Li　草本；海拔1720～2040m，亚热带林荫下；保护区内三江口、麻风湾、长槽、杉木坪、罗汉坝坡头山、小草坝大窝场；云南新分布；贵州；中国特有；标本号：ZT461、ZT1650、ZT562、ZT1531、ZT503、ZT735、ZT495。

细齿破布草 *Stachys kouyangensis*(Vaniot) Dunn var. *leptodon*(Dunn) C. Y. Wu　草本；海拔1200～2600m，草坡、沟边；保护区内常见；滇东北部、滇东南、滇西、滇中；贵州；中国特有；标本未采，文献记录种。

裂苞香科科 *Teucrium veronicoides* Maxim.　草本；海拔1800～2400m，山地；保护区内常见；滇东北；辽宁、四川、湖南；朝鲜、日本；标本未采，文献记录种。

唇形一种 *Teucrium* sp. 1　草本；海拔2300m，林缘及灌丛；保护区内三江口辣子坪保护点；样地号：草11-2-5。

唇形一种 *Teucrium* sp. 2　草本；海拔2024m，林缘及灌丛；保护区内三江口麻风湾；标本号：ZT1148。

266 水鳖科 Hydrocharitaceae

黑藻 *Hydrilla verticillata*(L. f.) L. C. Rich. 沉水草本；净化水体；作鱼饵、饲料；入药；海拔 1300～3000m，淡水湖泊中、沟渠、积水田、水池、龙潭中；保护区内常见；云南各地；中国特有；标本未采，文献记录种。

海菜花 *Ottelia acuminata*(Gagnep.) Dandy 多年生沉水草本；海拔 1300～2700m，湖泊、池塘、沟渠和水田中；保护区内常见；全省大部；中国特有；标本未采，文献记录种。

苦草 *Vallisneria natans*(Lour.) Hara 沉水草本；鱼饵、饲料；荒年可以充饥；入药；海拔 1300～2400m，湖区及湖区河渠内；保护区内常见；云南大部；华北、华中、华东、华南至西南各省；伊朗、印度、中南半岛、马来群岛、朝鲜、日本至澳大利亚东部；标本未采，文献记录种。

267 泽泻科 Alismataceae

泽泻 *Alisma plantago-aquatica* L. ssp. *orientale*(Sam.) Sam. 多年生水生草本；块茎入药；海拔 580～2500m，水田、水沟、湖滨、沼泽地；保护区内常见；云南大部分地区；中国南北各省均有；欧亚大陆北温带广布；标本未采，文献记录种。

276 眼子菜科 Potamogetonaceae

菹草 *Potamogeton crispus* L. 多年生沉水草本；海拔 570～2300m，湖泊、池塘、龙潭、水库和溪流沟渠、水田；保护区内常见；云南大部；我国南北各省；广布于除南美洲以外的世界各地；标本未采，文献记录种。

小眼子菜 *Potamogeton pusillus* L. 沉水草本；海拔 900～3500m，浅水湖泊、沟渠、河流、水田；保护区内常见；云南大部；我国南北各省；除玻利尼西亚和澳大利亚外全世界广布；标本未采，文献记录种。

280 鸭跖草科 Commelinaceae

鸭跖草 *Commelina communis* L. 草本；海拔 1200m，田边、山坡阴湿处；保护区内常见；盐津、大关；四川、甘肃以东的南北各省；越南、朝鲜、日本、俄罗斯、北美；标本未采，文献记录种。

大苞鸭跖草 *Commelina paludosa* Bl. 草本；海拔 1750～1850m，溪边、山谷、山坡和林下阴湿处；保护区内三江口辣子坪、麻风湾；云南广布；四川、贵州、广西、广东、江西南部、湖南南部、福建、台湾；尼泊尔、印度、孟加拉国、马来西亚、印度尼西亚；标本号：ZT1839；样地号：样 77-7。

波缘鸭跖草 *Commelina undulata* R. Br. 草本；海拔 1160m，溪边、山坡草地及林下阴湿处；保护区内常见；东川、会泽；四川西部、广东和台湾；印度、菲律宾、澳大利亚；标本未采，文献记录种。

地地藕 *Commelina maculata* Edgew. 草本；海拔 1200～2700m，溪边、山坡草地及林下阴湿处；保护区内常见；云南常见；四川、贵州、广西、广东、江西南部、湖南南部、福建和台湾；尼泊尔、印度、孟加拉国、中南半岛、马来西亚和印度尼西亚；标本未采，文献记录种。

四孔草 *Cyanotis cristata*(L.)D. Don 草本；海拔 1950～2000m，山坡荒地、岩石向阳处或混交林下；保护区内三江口辣子坪、麻风湾；云南广布；贵州、广东；印度、马来西亚；样地号：乔 11-51、草 25-3-1、样 8-15-1-1。

根茎水竹叶 *Murdannia hookeri*(C. B. Clarke)Brückn. 草本；海拔 1375～1780m，草地或林下；保护区内三江口辣子坪、麻风湾；富民、大关；湖南、四川、贵州、广西、广东；孟加拉国；标本号：ZT301、ZT2443、ZT2110；样地号：样 77。

矩叶吉祥草 *Spatholirion elegans*(Cherfils)C. Y. Wu 草本；海拔 1800m，林下潮湿处；保护区内三江口辣子坪、麻风湾；云南东南部；越南；标本号：ZT1347。

竹叶吉祥草 *Spatholirion longifolium*(Gagnep.)Dunn 草本；海拔 1750m，山坡草地、溪旁及山谷下；保护区内三江口辣子坪、麻风湾；云南大部分地区；四川、贵州、广东、广西、湖南、湖北、江西、福建及浙江；越南北部；标本号：ZT2046。

285 谷精草科 Eriocaulaceae

高山谷精草 *Eriocaulon alpestre* Hook. f et Thoms ex Thoms ex Koern. 草本；海拔 1375～1922m，沼泽、湿地或水田中；保护区内大猪背河坝、罗汉坝水库沼泽；滇西北、滇东北；贵州、西藏、湖北、江西、浙江、辽宁、黑龙江；日本、印度、喜马拉雅山地区；样地号：样 84-6、样 65-3。

290 姜科 Zingiberaceae

舞花姜 *Globba racemosa* Smith 草本；药用；海拔 1500m，林下或路边；保护区内海子坪；滇东南至滇西南、滇西、滇东北、滇西北；西藏、四川、贵州、广西、广东、湖南、江西、福建；印度东北部、尼泊尔、缅甸、老挝；标本号：ZT2369。

阳荷(野姜)*Zingiber striolatum* Diels 草本；食用；海拔 1555m，林下；保护区内大雪山保护站对面；西畴、禄丰、安宁、昆明、嵩明、洱源、丽江、香格里拉、梁河；四川、贵州、广东、广西、湖南、湖北、江西等；中国特有；标本号：ZT2026；样地号：草 88-15。

293 百合科 Liliaceae

高山粉条儿菜 *Aletris alpestris* Diels　草本；海拔 1850～3880m，山坡、水沟边、岩石或高山草甸；保护区内常见；贡山、丽江、彝良；陕西、四川、贵州；中国特有；标本未采，文献记录种。

无毛粉条儿菜 *Aletris glabra* Bur. et Franch.　草本；全草入药；海拔 1920m，山坡草地、路边；保护区内小草坝；德钦、香格里拉、维西、福贡、大理；湖北、陕西、甘肃、四川、贵州、西藏、福建、台湾；印度西北部、尼泊尔；标本号：ZT1885。

粉条儿菜 *Aletris spicata*(Thunb.) Franch.　草本；全草入药，润肺止咳，养心安神；海拔 1920～1960m，山坡林下、灌丛中、路边草地；保护区内三江口辣子坪、麻风湾；云南广布；山西、河北和秦岭以南各省；日本；标本号：ZT1896。

蜘蛛抱蛋 *Aspidistra elatior* Bl.　草本；海拔 1341m，阔叶林下；保护区内海子坪尖山子；罗平、曲靖、思茅、临沧；四川至贵州；日本；样地号：草 59-1-25、草 59-3-17。

大百合 *Cardiocrinum giganteum*(Wall.) Makino　草本；药用；海拔 1900～2100m，沟谷阔叶林、灌丛、山坡、林缘、草坡、箐沟、潮湿处；保护区内三江口辣子坪、麻风湾；云南广布；西藏、四川、贵州、甘肃、陕西；尼泊尔、不丹、印度、缅甸；标本号：ZT1146。

散斑竹根七 *Disporopsis aspera*(Hua) Engl. ex Krause　草本；海拔 1310～1970m，林下、山谷、溪旁；保护区内小草坝、海子坪、灰浆岩、三江口、小岩方上清山、小草坝分水岭；滇西和滇西北；四川、广西、湖北、湖南；中国特有；标本号：ZT2125、ZT1883。

万寿竹 *Disporum cantoniense*(Lour.) Merr.　草本；根状茎入药；海拔 1900～2050m，低中山湿润林下、灌丛、林缘；保护区内小草坝、小沟下水塘迷人窝、三江口、朝天马陡口子；云南大部分地区；西藏、四川、贵州、陕西、广西、广东、海南、湖南、湖北、安徽、福建、台湾；不丹、尼泊尔、印度、缅甸、泰国、越南；标本号：ZT1979a、ZT406、ZT1906。

长蕊万寿竹 *Disporum longistylum*(Lévl. et Van) Hara　草本；海拔 1310～1950m，杂木林、落叶阔叶林、阴湿草坡；保护区内海子坪、大雪山猪背河、小草坝罗汉林、大雪山谱家沟；云南广布；四川、贵州、西藏、甘肃、陕西、湖北、湖南、江西；中国特有；样地号：草 58-1-1、83-13、草 49-1-20、样 80-11、草 79-1-4。

折叶萱草 *Hemerocallis plicata* Stapf　草本；祛风除湿；海拔 1680～1900m，草坡、荒草地、松林；保护区内三江口辣子坪、麻风湾；云南广布；四川西部；中国特有；标本号：ZT1213、ZT1979b；样地号：样 77-31。

紫萼 *Hosta ventricosa*(Salisb.) Stearn　草本；海拔 1375～1800m，林内阴湿地山坡上；保护区内海子坪、大雪山猪背河坝、麻风湾；镇雄、彝良、绥江、腾冲；华东、华南、华中、西南及陕西、河北；中国特有；标本号：ZT2204、ZT485；样地号：77-31。

野百合 *Lilium brownii* F. E. Brown. ex Mieellez　草本；海拔 700～2500m，草坡、常

绿阔叶林内、石灰岩山灌草丛中；保护区内常见；碧江、泸水、福贡、凤庆、景东、江川、昆明、镇雄、大关、屏边、马关、西畴、富宁、砚山；青海、甘肃、陕西、河南、四川、贵州、广东、广西、湖南、湖北、江西、安徽、浙江、福建；中国特有；标本未采，文献记录种。

宝兴百合 *Lilium duchartrei* Franch. 草本；海拔 1480～1900m，阔叶混交林、灌木林、草地或箐沟旁；保护区内三江口辣子坪、麻风湾；云南广布；四川西部、西南部和南部、西藏、甘肃南部；中国特有；标本号：ZT1826。

淡黄花百合 *Lilium sulphureum* Baker ex Hook. f. 草本；海拔 1300～1900m，中山草坡；保护区内常见；景东、洱源、大姚、彝良、文山；四川、贵州、广西；中国特有；标本未采，文献记录种。

高大鹿药 *Maianthemum atropurpureum* (Franch.) LaFrankie 草本；海拔 1850～4100m，常绿阔叶林下；保护区内常见；贡山、福贡、碧江、泸水、腾冲、镇康、景东、德钦、香格里拉、维西、兰坪、丽江、鹤庆、大理、漾濞、昭通、彝良、大关；四川、西藏、湖南；中国特有；标本未采，文献记录种。

长柱鹿药 *Maianthemum oleraceum* (Baker) LaFrankie 草本；海拔 1500～2415m，常绿阔叶林和铁杉林下；保护区常见；贡山、福贡、腾冲、云龙；西藏南部、四川、贵州；印度东北部及西北部、尼泊尔、不丹、缅甸北部；标本号：ZT2260、ZT1649、ZT1943。

窄瓣鹿药 *Maianthemum tatsienense* LaFrankie 草本；根状茎入药，消炎收敛功效；海拔 1900～2300m，阔叶林、草甸；保护区内三江口辣子坪、麻风湾；云南广布；四川、贵州、广西、湖北西部；印度；标本号：ZT1947、ZT1521、ZT780、ZT1457、ZT116、ZT392。

钝叶沿阶草 *Ophiopogon amblyphyllus* Wang et Dai 草本；海拔 1740～2070m，林下阴湿处；保护区内三江口辣子坪、麻风湾；昭通、镇雄；四川；中国特有；标本号：ZT1573；样地号：草 15-2-19、草 26-1-15、草 61-1-11、草 61-4-4。

连药沿阶草 *Ophiopogon bockianus* Diels 草本；海拔 1000～1900m，山坡、沟谷、溪边林下阴湿处；保护区内常见；昭通、彝良；四川、湖北；中国特有；标本未采，文献记录种。

间型沿阶草 *Ophiopogon intermedius* D. Don 草本；块根入药；海拔 1810～2450m，山坡、沟谷、溪边阴湿处；保护区内三江口辣子坪、麻风湾；云南各地；我国秦岭以南各省；不丹、尼泊尔、印度、孟加拉国、泰国、斯里兰卡；标本号：ZT161、ZT1463、ZT686、ZT29。

西南沿阶草 *Ophiopogon mairei* Lévl. 草本；海拔 1405～2070m，林下阴湿处；保护区内三江口辣子坪、麻风湾；巧家、大关；贵州、四川、湖北；中国特有；标本号：ZT1559；样地号：草 78-2-4。

四川沿阶草 *Ophiopogon szechuanensis* Wang et Dai 草本；海拔 1405～2070m，林下阴湿处；保护区内三江口辣子坪、麻风湾；绥江、昭通；四川；中国特有；标本号：ZT1598、ZT1614；样地号：草 15-4-2、草 78-2-4。

姜状沿阶草 *Ophiopogon zingiberaceus* Wang et Dai 草本；海拔3000m左右，山坡陡谷的岩石上；保护区内常见；绥江、大关；四川；中国特有；标本未采，文献记录种。

卷叶黄精 *Polygonatum cirrhifolium*(Wall.) Royle 草本；根茎入药；海拔 1930～2110m，常绿阔叶林、针阔叶混交林、灌丛、岩石上；保护区内小草坝大佛殿、小草坝花苞树垭口；云南各地；西藏、四川、甘肃、青海、宁夏、陕西；尼泊尔、印度；样地号：草 31-1-5、草 5-3、草 51-2-7、草 47-4。

多花黄精 *Polygonatum cyrtonema* Hua 草本；海拔 1900m，林缘、林下或灌丛中；保护区内朝天马陡口子；筠连；四川、重庆、贵州、湖南、湖北、河南、江西、安徽、江苏、浙江、福建、广东、广西；中国特有；标本号：ZT2101。

节根黄精 *Polygonatum nodosum* Hua 草本；海拔 1700～2000m，林下、沟谷阴湿地或岩石山；保护区内常见；东川、巧家、大关；四川、湖北、甘肃；中国特有；标本未采，文献记录种。

玉竹 *Polygonatum odoratum*(Mill.) Druce 草本；海拔 1750～1850m，向阳坡地、草地；保护区内小草坝灰浆岩、罗汉坝；云南新分布；安徽、湖南、湖北、河南、山东、青海、甘肃、内蒙古、山西、河北、辽宁、吉林、黑龙江；欧亚大陆温带地区广布；标本号：ZT2038、ZT2154。

康定玉竹 *Polygonatum prattii* Baker 草本；海拔 1960m，林下、草地中、山坡路边、岩石缝隙；保护区内朝天马林场；东川、巧家、永善、大理、漾濞、碧江、兰坪、维西、剑川、华坪、玉龙、香格里拉、贡山、德钦、禄劝；中国特有；标本号：ZT2049。

点花黄精 *Polygonatum punctatum* Royle ex Kunth 草本；海拔 1310m，常绿阔叶林下；保护区内海子坪；云南广布；西藏、四川、贵州、广西、广东；尼泊尔、不丹、印度、越南；样地号：草 58-5-6。

轮叶黄精 *Polygonatum verticillatum*(L.) All. 草本；药用；海拔 2081m，山坡常绿栎林、竹林及林缘灌丛中；保护区内罗汉坝五道河；福贡、丽江、宁蒗、维西、香格里拉、德钦；西藏东部和南部、四川西部、青海东北部、甘肃东南部、陕西南部、山西西部；欧洲、尼泊尔、不丹；样地号：草 54-2-9。

吉祥草 *Reineckia carnea*(Andr.) Kunth 草本；药用；海拔 1740～2070m，密林下、灌丛中或草地；保护区内三江口辣子坪、麻风湾；滇西北、滇西、滇西南、滇中；四川、贵州、广西、广东、江苏、湖南、河南、陕西(秦岭以南)、浙江、安徽、江西、湖北；日本；标本号：ZT1438、ZT186、ZT814、ZT325。

小花扭柄花 *Streptopus parviflorus* Franch. 草本；海拔 2000～2050m，林缘；保护区内三江口辣子坪、麻风湾；贡山、香格里拉、德钦、维西、大理；四川西部、西藏东南部；中国特有；标本号：ZT1131。

腋花扭柄花 *Streptopus simplex* D. Don 草本；海拔 1800～2040m，常绿阔叶林；保护区内三江口辣子坪、麻风湾；云南广布；四川、西藏南部；尼泊尔、不丹、缅甸北部、印度北部及西北部；标本号：ZT1584。

岩菖蒲 *Tofieldia thibetica* Franch. 草本；全草入药；海拔 1900m，山坡灌丛、草坡

或沟旁的石壁、石缝中；保护区内小草坝后河；滇东北；四川、贵州；中国特有；标本号：ZT1988。

黄花油点草 *Tricyrtis maculata*(D. Don) Machride　草本；海拔1100～2300m，山坡草地、林下；保护区内小岩方；滇西北；四川、贵州、陕西、甘肃、河北、河南、湖北、湖南；中国特有；标本号：ZT1926。

尾萼开口箭 *Tupistra urotepala*(Hand.-Mzt.) Wang et Tang　草本；海拔1850～1930m，杂木林下；保护区内三江口辣子坪、麻风湾；昭通、彝良、大关；四川；中国特有；标本号：ZT1778、ZT1414、ZT739；样地号：草33-4-12。

小花藜芦 *Veratrum micranthum* Wang et Tang　草本；海拔1700～2200m，山梁杜鹃林和常绿阔叶林；保护区内常见；大关、镇雄、彝良；四川；中国特有；标本未采，文献记录种。

丫蕊花 *Ypsilandra thibetica* Franch.　草本；海拔1405～2127m，林下、路旁、湿地或沟边；保护区内三江口辣子坪、麻风湾；昭通、彝良；四川中部到东南部、湖南、广西东北部；中国特有；标本号：ZT1523、ZT1063、ZT2095；样地号：草78-3-8、草31-1-8、草25-2-5。

294 假叶树科 Ruscaceae

天门冬 *Asparagus cochinchinensis*(Lour.) Merr.　草本；根入药；海拔1580m，山谷林下、竹林；保护区内小岩方；文山、大理；西藏、四川、广西、广东、香港、福建、海南、江西、江苏、甘肃、陕西、山西、河北；朝鲜、日本、老挝、越南；标本号：ZT1251。

羊齿天门冬 *Asparagus filicinus* Ham. ex D. Don　草本；根入药；海拔1750～2010m，灌丛、草坡；保护区内小岩方；滇东北、滇中、滇西北；四川、西藏、青海、甘肃、陕西、山西、河南、湖北、贵州、湖南；缅甸、印度、不丹；标本号：ZT1299。

短梗天门冬 *Asparagus lycopodineus* Wall. ex Baker　草本；根入药；海拔1840m，石灰岩山疏林、灌丛、草坡；保护区内乌贡山、小草坝、罗汉坝；滇西、滇中、滇东；广西、贵州、四川、湖南、湖北西部、陕西、甘肃南部；缅甸、印度；标本号：ZT1834；样地号：草49-1-8。

295 延龄草科 Trilliaceae

五指莲 *Paris axialis* H. Li　草本；根茎入药；海拔1800～1900m，常绿阔叶林、苔藓林、针阔叶混交林下；保护区内常见；彝良、巧家、绥江；四川西部和南部、贵州西北部；中国特有；标本未采，文献记录种。

金线重楼 *Paris delavayi* Franch.　草本；根药用；海拔1974～2150m，常绿阔叶林、竹林、杂木林、灌丛；保护区内小沟、麻风湾；威信、盐津、昭通；四川南部、湖南西部、湖北西部、贵州梵净山；中国特有；标本号：ZT514、ZT1196；样地号：草4-1-18、草29-3-17。

卵叶重楼 *Paris delavayi* Franch. var. *petiolata*(Baker ex C. H. Wright) H. Li　草本；根茎入药；海拔 1941m，常绿阔叶林、次生灌丛；保护区内下青山；彝良、元江、大关、永善、巧家、会泽；四川、贵州；中国特有；标本号：ZT1491；样地号：草 12-1-8。

毛重楼 *Paris mairei* Lévl.　草本；根茎入药；海拔 1800～3500m，常绿阔叶林、针阔叶林、灌丛中；保护区内常见；云南西北至东北；四川、贵州西部；中国特有；标本未采，文献记录种。

大萼重楼 *Paris polyphylla* Smith var. *macrosepala* H. Li　草本；海拔 1700～1925m，常绿阔叶林下；保护区内常见；彝良、绥江；四川、贵州；中国特有；标本未采，文献记录种。

长药隔重楼 *Paris polyphylla* Smith var. *pseudothibetica* H. Li　草本；海拔 1700～2700m，常绿阔叶林、竹林、灌丛和草坡；保护区内常见；东川、彝良、巧家、绥江；四川、贵州、湖北；中国特有；标本未采，文献记录种。

狭叶重楼 *Paris polyphylla* Smith var. *stenophylla* Franch.　草本；海拔 1300～3500m，常绿阔叶林、苔藓林、灌丛中、荒山坡，生态幅广；保护区内常见；云南大部；西藏、四川、贵州、湖北、湖南、江西、安徽、甘肃、陕西、山西、江苏、浙江、福建、台湾、广西；缅甸、尼泊尔、印度西北部、不丹；标本未采，文献记录种。

滇重楼 *Paris polyphylla* Smith var. *yunnanensis*(Franch.) Hand.-Mazz.　草本；根茎入药；海拔 1960m，常绿阔叶林；保护区内朝天马林场；云南广布；四川、贵州；缅甸；标本号：ZT1878。

296 雨久花科 Pontederiaceae

鸭舌草 *Monochoria vaginalis*(Burm. f.) C. Presl　草本；全株入药；海拔 500～2300m，水田、沼泽、溪沟；保护区内常见；云南各地；除西藏、青海外南北各省都有；尼泊尔、不丹、印度、中南半岛至日本、马来西亚，为东南亚、东亚热带和亚热带地区常见的水田杂草；标本未采，文献记录种。

雨久花 *Monochoria vaginalis*(Burm. f.) C. Presl var. *korsakowii*(Regel et M. Ck.) C. B. Clarke ex Cherfils　草本；全株入药；海拔 500～2300m，池沼、湖湾、藕塘中；保护区内常见；云南各地；除西藏、青海外南北各省都有；尼泊尔、不丹、印度、中南半岛至日本、马来西亚，为东南亚、东亚热带和亚热带地区常见的水田杂草；标本未采，文献记录种。

297 菝葜科 Smilacaceae

华肖菝葜 *Heterosmilax chinensis* Wang　攀缘灌木；海拔 1300m，常绿阔叶林中；保护区内海子坪黑湾；盐津、大关等地区；四川、广东、广西等；中国特有；样地号：草 71A-2-7。

肖菝葜 *Heterosmilax japonica* Kunth　攀缘灌木；根茎入药；海拔 1560～1858m，密

林、江边、山谷灌丛中；保护区内常见；福贡、屏边、沧源、镇康；安徽、浙江、江西、福建、四川、台湾、广东、湖南、陕西、甘肃；中国特有；标本号：ZT1351；样地号：草 25-4-7、样 85-5。

多蕊肖菝葜 *Heterosmilax polyandra* Gagn. 攀缘灌木；海拔 1310～2040m，密林及山坡杂木林；保护区内海子坪、小岩方、倒流水、麻风湾、小草坝；云南南部；老挝、缅甸；标本号：ZT743、ZT114、ZT375。

云南肖菝葜 *Heterosmilax yunnanensis* Gagn. 攀缘灌木；根茎药用；海拔 1870m，山坡密林、干燥山坡；保护区内三江口；威信、彝良、宾川、江川、寻甸、峨山、元阳、西畴、富宁、景东、龙陵；四川；中国特有；标本号：ZT492、ZT1026。

弯梗菝葜 *Smilax aberrans* Gagn. 攀缘灌木或半灌木；海拔 1300～1341m，林中、灌丛、山谷或溪边荫蔽处；保护区内海子坪；云南东南部；四川、贵州、广东、广西；中国特有；样地号：草 58-3-9、草 59-1-16、草 71A-5-9。

苍白菝葜 *Smilax aberrans* Gagn. var *retroflexa* Wang et Tang 攀缘灌木；海拔 1400～1552m，林下及灌丛中；保护区内常见；云南东南部；四川西南部；中国特有；样地号：草 90-3-2、草 90-1-3、草 70A-2-11、草 80-14。

尖叶菝葜 *Smilax arisanensis* Hay 攀缘灌木；海拔 1850m，山坡林下、灌丛中及路边；保护区内罗汉坝老眺望台、海子坪尖山子；彝良、大关、绥江、罗平、大理、景东；江西、浙江、福建、台湾、广东、广西、四川、贵州；越南；样地号：样 62 外、草 59-4-6。

西南菝葜 *Smilax bockii* Warb. 攀缘灌木；根茎药用；海拔 1405～2250m，林下及灌丛中；保护区内广布；永善、绥江、东川、大姚、大理、丽江、贡山、福贡、屏边、景东、镇康、凤庆；甘肃、贵州、四川、西藏、湖南、广西；缅甸；标本号：ZT1804、ZT410。

圆锥菝葜 *Smilax bracteata* Presl 攀缘灌木；海拔 1900m，林中灌丛下或山坡荫蔽处；保护区内小草坝；云南南部；福建、广东、广西、台湾、贵州；日本、越南、菲律宾、泰国；标本号：ZT1955。

菝葜 *Smilax china* L. 攀缘灌木；根茎及叶药用；海拔 1941m，次生林、灌丛及路边；保护区内小岩方、罗汉坝坡头山；思茅、景东、景洪、双江；山东、江苏、浙江、福建、台湾、江西、安徽、河南、湖北、四川、贵州、广西；缅甸、老挝、越南、泰国；标本号：ZT2148。

柔毛菝葜 *Smilax chingii* Wang et Tang 攀缘灌木；海拔 1450～2800m，林下、山坡灌丛；保护区内常见；彝良、镇雄、威信、盐津、贡山、福贡；湖南、江西、福建、广东、广西、湖北、四川、贵州；中国特有；标本未采，文献记录种。

银叶菝葜 *Smilax cocculoides* Warb. 灌木，多少攀缘；海拔 1860m，林下及灌丛中；保护区内小岩方；云南东南部；四川中部至西部、湖北、湖南、广东、广西、贵州东南部；中国特有；标本号：ZT1704。

合蕊菝葜 *Smilax cyclophylla* Warb. 直立小灌木；海拔 1800m，山林深处；保护区内小岩方河场坝、小沟；大理、维西、禄劝；四川南部至西南部；中国特有；标本号：

ZT1385、ZT1799。

托柄菝葜 *Smilax discotis* Warb. 灌木，多少攀缘；海拔 1900m，常绿阔叶林及山坡疏林；保护区内小草坝朝天马；镇雄、蒙自等；甘肃、陕西、湖南、安徽、江西、福建、湖北、四川、贵州；中国特有；标本号：ZT1944。

长托菝葜 *Smilax ferox* Wall. ex Kunth 攀缘灌木；根茎药用；海拔 1960～2000m，林下基灌丛中；保护区内小草坝朝天马、麻风湾；云南广布；四川、贵州、湖南、广西、广东；尼泊尔、不丹、印度、缅甸；标本号：ZT955。

粉背菝葜 *Smilax hypoglauca* Benth. 攀缘灌木；海拔 1400～1552m，密林及次生灌丛中；保护区内大雪山；西畴、麻栗坡、河口、金平、屏边、思茅、景洪；江西、福建、广东、贵州；中国特有；标本号：ZT2423；样地号：草 90-4-14、草 78-2-15。

马甲菝葜 *Smilax lanceifolia* Roxb. 攀缘灌木；海拔 1273～1984m，林下灌丛中或山坡阴处；保护区内广布；云南东南部至西部；四川、湖北、广西；不丹、印度、缅甸、老挝、越南、泰国；标本号：ZT1434。

粗糙菝葜 *Smilax lebrunii* Lévl. 攀缘灌木；海拔 1400m，林内、灌丛中；保护区内大雪山土霍；漾濞、西畴、景东、凤庆、龙陵；甘肃、四川、贵州、湖南、广西；中国特有；标本号：ZT2421。

无刺菝葜 *Smilax mairei* Lévl. 攀缘灌木；根茎药用；海拔 2127m，林内、路边灌丛；保护区内小岩方五岔河；昆明、嵩明、江川、禄劝、禄丰、石屏、大理、丽江、鹤庆、香格里拉、德钦、永平、凤庆、镇康；中国特有；标本号：ZT1509。

防己叶菝葜 *Smilax menispermoidea* A. DC. 攀缘灌木；块茎入药；海拔 1405～2450m，林下、灌丛或山坡阴处，四川、贵州则为 1000～1800m；保护区广布；云南广布；甘肃、陕西、湖北、四川、贵州；印度西北部、不丹；标本号：ZT371、ZT34、ZT42、ZT738、ZT115、ZT1496、ZT1912b、ZT568、ZT597、ZT758、ZT261。

小叶菝葜 *Smilax microphylla* C. H. Wright 攀缘灌木；根茎入药；海拔 1500～2000m，林下、灌丛；保护区内常见；昆明、大姚、彝良、大理、丽江、蒙自；甘肃、陕西、四川、重庆、贵州、湖北、湖南；中国特有；标本未采，文献记录种。

黑叶菝葜 *Smilax nigrescens* Wang et Tang ex P. Y. Li 攀缘灌木；海拔 1810～2040m，林下、灌丛中或山坡阴处；保护区内常见；云南中部至东南部；四川、重庆、甘肃、陕西、湖北、湖南、贵州；中国特有；标本号：ZT422、ZT123、ZT1390。

尖叶牛尾菜 *Smilax nipponica* Miq. var. *acuminata*（C. H. Wright）Wang et Tang 草本；海拔 1552m，林下、山谷或山坡草丛中；保护区内常见；云南新分布；四川、湖北、广西；中国特有；样地号：草 90-4-9、草 87-2-5。

抱茎菝葜 *Smilax ocreata* A. DC. 攀缘灌木；海拔 1960m，林内及灌丛中；保护区内小草坝朝天马；丽江、广南、麻栗坡、盈江；广东、广西、四川、贵州；越南、缅甸、尼泊尔、印度、不丹；标本号：ZT1882。

武当菝葜 *Smilax outanscianensis* Pamp. 攀缘灌木；海拔 1820m，林下、灌丛或河谷阴处；保护区内小草坝；云南新分布；四川、湖北、江西；中国特有；标本号：ZT1840。

短梗菝葜 *Smilax scobinicaulis* C. H. Wright　多年生攀缘灌木；根茎入药；海拔1600～2100m，林下、灌丛中；保护区内常见；云南广布；河北、山西、河南、陕西、甘肃、四川、重庆、湖南、湖北、江西、贵州；中国特有；标本未采，文献记录种。

鞘柄菝葜 *Smilax stans* Maxim　落叶灌木或半灌木；根茎入药；海拔1810～2020m，林下及灌丛中；保护区内麻风湾、小岩方；德钦、贡山、福贡、丽江；河北、山西、陕西、甘肃、四川、湖北、河南、安徽、浙江；日本；标本号：ZT845、ZT1180、ZT1330、ZT707a。

302 天南星科 Araceae

石菖蒲 *Acorus tatarinowii* Schott　草本；根茎入药；海拔1800～1900m，常见于密林中湿地或水边石上；保护区内长槽、麻风湾；云南各地；长江以南各省都有；中国特有；标本号：ZT1623、ZT1149。

一把伞南星 *Arisaema erubescens*(Wall.)Schott　草本；块茎入药；海拔1350～1900m，林下、灌丛、草坡或荒地；保护区内麻风湾、大雪山；云南大部分地区；除东北、内蒙古、新疆、江苏外，全国各省都有；印度、尼泊尔、缅甸、泰国；标本号：ZT1135、ZT2383；样地号：草1-1-15。

雪里见(野包谷、半截烂、独角莲、大半夏等)*Arisaema rhizomatum* C. E. C. Fiseher　草本；根茎入药；海拔1200～3200m，常绿阔叶林下或苔藓林下石缝、岩洞边；保护区内常见；云南广布；西藏、四川、贵州、广西、湖南；中国特有；标本未采，文献记录种。

花南星 *Arisaema lobatum* Engl.　草本；块茎入药；海拔1850～1980m，林下、草地或荒地；保护区内分水岭、麻风湾；云南广布；南岭山脉以北、西南至四川西部；中国特有；标本号：ZT1031、ZT462、ZT1097。

天南星一种 *Arisaema* sp.　草本；海拔1810m，林下；保护区内三江口；中国特有；标本号：ZT35；样地号：草1-5-17。

川中南星 *Arisaema wilsonii* Engl.　草本；海拔1810m，林内或草地；保护区内麻风湾；云南西北部；四川峨眉山市；中国特有；标本号：ZT741。

山珠半夏 *Arisaema yunnanense* Buchet　草本；块茎入药；海拔1810m，常见于阔叶林或草坡、灌丛中；保护区内罗汉坝；云南各地；贵州及四川；中国特有；样地号：46-草3-6。

西南犁头尖 *Typhonium omeiense* H. Li　草本；海拔1800m，杂草丛中；保护区内河坝场；广西、四川、贵州；中国特有；标本号：ZT1383。

303 浮萍科 Lemnaceae

浮萍(漂浮植物)*Lemna minor* L.　饲料；鱼饵；入药；海拔未记载，水田、池沼或其他静水水域；保护区内常见；云南各地；我国南北各省，但不见于台湾；全球温带及热带地区广布，但不见于马来西亚和日本；标本未采，文献记录种。

稀脉浮萍 *Lemna perpusilla* Torr. 漂浮水生植物；海拔未记载，水田、池沼和其他静水水域；保护区内常见；云南各地；四川、广西、上海、福建、台湾；广布于旧大陆热带和亚热带地区；标本未采，文献记录种。

紫萍 *Spirodela polyrrhiza*(L.) Schleid. 漂浮植物；全草入药；饲料；食草幼鱼饵料；海拔 1300～3000m，水田、水塘、湖湾、水沟，常与浮萍形成覆盖水面的漂浮植物群落；保护区内常见；云南大部；我国南北各省；全球各温带及热带地区广布；标本未采，文献记录种。

305 香蒲科 Typhaceae

香蒲 *Typha orientalis* Presl. 多年生沼生草本；茎尖的幼嫩部分供蔬食；海拔 1950m，湖滨沼泽地；保护区内罗汉坝；砚山、蒙自、建水、石屏；东北、华北、西北、华中至华南、贵州；中国特有；标本号：ZT2144。

306 石蒜科 Amaryllidaceae

宽叶韭 *Allium hookeri* Thwaites 草本；食用；海拔 1900～1960m，湿润林下、山坡、水沟边；保护区内小草坝、朝天马林场；滇西北、滇中、滇西、滇东北；四川峨眉山以西及西南部、西藏南部及东南部；斯里兰卡、不丹、印度；标本号：ZT1975、ZT2051。

木里韭 *Allium hookeri* Thwaites var. *muliense* Airy-Shaw 草本；海拔 1900m，草坡、湿地、林缘；保护区内小草坝、小岩方；香格里拉、丽江；四川木里、稻城；中国特有；标本号：ZT1828。

大花韭 *Allium macranthum* Baker 草本；食用；海拔 1375m，山沟湿地、草甸、高山流石滩；保护区内常见；德钦、香格里拉、剑川、洱源、会泽、东川；四川、西藏、甘肃西部、陕西南部；中国特有；样地号：样 77-13。

滇韭 *Allium mairei* Lévl. 草本；海拔 1200～4200m，松林、杂木林、草坡、石坝、石灰岩山石缝、草地；保护区内常见；云南广布；四川、西藏、贵州；中国特有；标本未采，文献记录种。

太白韭 *Allium prattii* C. H. Wright apud Forb. et Hemsl. 草本；海拔 2000m，阴湿山坡；保护区内麻风湾；贡山、碧江、泸水、香格里拉、德钦、丽江、维西、鹤庆、洱源、巧家、镇康；四川、西藏、云南、青海、甘肃、陕西、安徽；印度、尼泊尔、不丹；标本号：ZT1177。

忽地笑 *Lycoris aurea*(L' Her.) Herb. 草本；鳞茎入药；全株有毒，含石蒜碱等多种生物碱，为提取石蒜碱、加兰他敏的原料；海拔 400～2000m，箐沟杂木林、河边灌丛、草坡、石灰岩山石缝中；保护区内常见；云南各地；陕西、河南、湖北、湖南、四川、广西、广东、福建、台湾；缅甸、日本；标本未采，文献记录种。

307 鸢尾科 Iridaceae

射干 *Belamcanda chinensis*(L.)DC.　多年生草本；根状茎药用；海拔 1500～2200m，林缘和山坡草地；保护区内常见；云南各地；吉林、辽宁、河北、山西、山东、河南、安徽、江苏、浙江、福建、台湾、湖北、湖南、江西、广东、广西、陕西、甘肃、四川、贵州、西藏；朝鲜、日本、印度、越南、俄罗斯；标本未采，文献记录种。

雄黄兰 *Crocosmia crocosmiflora*(Nichols.)N. E. Br.　草本；海拔 1400～1450m，林下；保护区内老长坡、大雪山；云南中部；中国特有；标本号：ZT2170；样地号：78。

扁竹兰 *Iris confusa* Sealy　草本；海拔 1400～1750m，疏林下、林缘、沟谷、湿地或山坡草地；保护区内老长坡、小岩方、大雪山；昆明、景东、富民、双柏、宾川、凤庆；广西、四川；中国特有；标本号：ZT1692、ZT1319；样地号：草 87-1-11。

黄花鸢尾 Iris *wilsonii* C. H. Wright　多年生草本；海拔 1900m，山坡草丛、林缘草地及河旁沟边的湿地；保护区内常见；滇东北；湖北、陕西、甘肃、四川；中国特有；标本未采，文献记录种。

311 薯蓣科 Dioscoreaceae

蜀葵叶薯蓣 *Dioscorea althaeoides* R. Knuth　草质攀缘藤本；海拔 1810m，山谷箐沟林下及灌丛中；保护区内麻风湾；云南西北部、中部、东南部及东北部；贵州西部、四川东南部及西藏东南部；中国特有；标本号：ZT367。

叉蕊薯蓣 *Dioscorea collettii* Hook. f.　草质攀缘藤本；根茎可治风湿性关节炎等；海拔 1720～1850m，疏林缘、灌丛、草地或荒地上；保护区内扎口石、长槽、三江口；云南大部分地区；贵州、四川、安徽、浙江、陕西、河南、台湾、福建；中国特有；标本号：ZT1211；样地号：2-草 6-5。

光叶薯蓣 *Dioscorea glabra* Roxb.　草质攀缘藤本；海拔 1870m，林下、灌丛内或草坡路旁；保护区内麻风湾；云南西部、南部至东南部；贵州、广西、广东、湖南、江西、福建；印度东北部、中南半岛、马来半岛、苏门答腊至爪哇；标本号：无号。

毛芋头薯蓣 *Dioscorea kamoonensis* Kunth　草质攀缘藤本；海拔 1100～1355m，林缘、灌丛或草坡；保护区内小沟、大雪山；云南大部分地区；四川、贵州、陕西、广西、湖北；中国特有；标本号：ZT1697、ZT2381。

柔毛薯蓣 *Dioscorea martini* Prain et Burkill　攀缘藤本；海拔 700～2330m，灌丛、林缘；保护区内常见；香格里拉、鹤庆、盐津；四川、贵州；中国特有；标本未采，文献记录种。

光亮薯蓣 *Dioscorea nitens* Prain et Burkill　草质攀缘藤本；海拔 1900m，沟谷疏林，林缘或灌丛中；保护区内小沟、大雪山；云南大部分地区；西藏南部；中国特有；标本号：ZT1791。

黄山药(老虎姜、黄姜)*Dioscorea panthaica* Prain et Burkill　攀缘藤本；根茎入药；

海拔 1650～3100m，灌丛、林缘、松栎林或杂木林中；保护区内常见；西北部、中部至东部及东南部；四川、贵州、湖南、广东；中国特有；标本未采，文献记录种。

318 仙茅科 Hypoxidaceae

小金梅草 *Hypoxis aurea* Lour. 草本；根茎入药，有毒，作半夏用；海拔 1300～2800m，针阔叶混交林间的灌丛、草坡或荒地；保护区内常见；云南各地；四川、重庆、西藏、贵州、广西、广东、湖南、湖北、台湾、福建、江西、浙江、安徽、江苏；东南亚及日本；标本未采，文献记录种。

326 兰科 Orchidaceae

短叶虾脊兰 *Calanthe arcuata* Rolfe var. *brevifolia* Z. H. Tsi 地生草本；海拔 1960m，山地林下；保护区内朝天马林场；云南新分布；陕西、甘肃南部、湖北西南部、四川西北部；中国特有；标本号：ZT2057。

细花虾脊兰 *Calanthe mannii* Hook. f. 地生草本；《中国物种红色名录》易危种；海拔 2050m，山坡林下；保护区内麻风湾；昭通、罗平；西藏、贵州、四川、广西、广东、湖北、江西；尼泊尔、不丹、印度西北部及东北部；标本号：ZT1176。

香花虾脊兰 *Calanthe odora* Griff. 地生草本；海拔 2040m，山地阔叶林下或山坡阴湿草丛中；保护区内杉木坪；瑞丽、屏边、金平、富民、思茅、陇川；广西、贵州；不丹、印度东北部、越南、柬埔寨、泰国；标本号：ZT1537。

镰萼虾脊兰 *Calanthe puberula* Lindl. 地生草本；全草入药，用于急慢性支气管炎、肺结核、淋巴结核；海拔 1700m，常绿阔叶林下或草坡；保护区内小岩方石灰岩；贡山、福贡、泸水、腾冲、镇康、耿马、景东、墨江、屏边；西藏、林芝；印度东北部、越南；标本号：ZT1774。

吻兰 *Collabium chinense* T. Tang et F. T. Wang 地生草本；《中国物种红色名录》易危种；海拔 1405m，山谷密林下阴湿处或沟谷阴湿岩石上；保护区内大雪山猪背河坝；云南东南部(屏边)；福建南部、台湾、广东、海南、广西南部、西藏东南部；越南、泰国；样地号：草 78-1-8。

火烧兰 *Epipactis helleborine* (L.) Crantz 地生草本；根茎药用，治跌打损伤、肾虚腰痛、毒蛇咬伤；海拔 1780～1800m，山坡草地、林下、灌丛或沟边、路旁；保护区内麻风湾；云南各地；西藏、青海、四川、贵州、湖北、安徽、新疆、甘肃、陕西、山西、河北、辽宁；不丹、尼泊尔、阿富汗、伊朗、北非、俄罗斯、欧洲、北美；标本号：ZT314、ZT374。

大叶火烧兰 *Epipactis mairei* Schltr. 地生草本；海拔 1520m，山坡林下、林缘、灌丛、河滩阶地或冲积扇；保护区内火烧岩；贡山、泸水、镇康、维西、香格里拉、德钦、丽江、鹤庆、洱源、昆明、镇雄；西藏、四川、贵州、湖南、湖北、陕西、甘肃；缅甸、不丹；标本号：ZT1266。

毛萼山珊瑚 *Galeola lindleyana*(Hook. f. et Thoms.) Rchb. f.　腐生半灌木状；海拔1800～2020m，常绿阔叶林、江边河岸林、沟谷林、竹林中腐生；保护区内三江口麻风湾、河坝场；贡山、福贡、泸水、保山、腾冲、瑞丽、景东、丽江、河口、屏边、西畴、麻栗坡、大关、镇雄；西藏东南部(墨脱)、贵州、四川、广西、广东、湖南、河南、安徽、陕西南部；尼泊尔东部、印度东北部及西北部；标本号：ZT1174、ZT1391。

天麻 *Gastrodia elata* Blume　腐生草本；国家III级保护植物(1985)、《中国物种红色名录》易危种、IUCN(VU)；干燥块茎为名贵中药，可平肝熄风、祛风定惊，治头晕目眩、肢体麻木、小儿惊风、癫痫、高血压、耳源性眩晕；海拔 1780～2100m，疏林下、林缘、林间草地、灌丛、沼泽草丛、火烧迹地中；保护区内三江口麻风湾沿途、杉木坪、麻风湾、小草坝；贡山、兰坪、维西、香格里拉、丽江、下关、洱源、彝良、会泽、大关；西藏、贵州、四川、湖南、湖北、河南、台湾、江西、浙江、安徽、江苏、甘肃、陕西、山西、河北、内蒙古、辽宁、吉林；尼泊尔、不丹、印度、日本、朝鲜半岛、俄罗斯西伯利亚；标本号：ZT316、ZT1578、ZT1220。

二褶羊耳蒜 *Liparis cathcartii* Hook. f.　地生草本；《中国物种红色名录》易危种；海拔 1880m，山谷旁湿润处或草地上；保护区内小岩方；云南中部至西北部；四川西部；尼泊尔、不丹、印度东北部；标本号：ZT1380。

短柱对叶兰 *Listera mucronata* Panigrahi et J. J Wood　地生草本；海拔 1555～2039m，林下荫蔽处；保护区内三江口、大雪山管护站对面、小草坝大窝场；云南；四川西南部；印度、尼泊尔、日本；标本号：ZT398、ZT420；样地号：样 4、草 6-1-2、样 88 内、草 35-1-8。

独蒜兰 *Pleione bulbocodioides*(Franch.) Rolfe　半附生草本；《中国物种红色名录》易危种；假鳞茎入药，用于咳嗽带血，咽喉肿痛、病后体弱、神经衰退、遗精、头晕、白带、小儿疝气；海拔 1900m，常绿阔叶林下、林缘或岩石上；保护区内小草坝；云南常见；西藏、贵州、四川、广西、广东、湖南、湖北、安徽、陕西、甘肃；中国特有；标本号：ZT1963。

绶草 *Spiranthes sinensis*(Pers.) Ames　地生草本；《中国物种红色名录》无危种；海拔 1850m 以下，山坡、田边、草地、灌丛中、沼泽、路边或沟边草丛中；保护区内麻风湾沿途；云南大部分地区；全国各省；俄罗斯西伯利亚、蒙古国、朝鲜半岛、日本、阿富汗、不丹、印度、缅甸、泰国、马来西亚、菲律宾、澳大利亚；标本号：ZT486。

带唇兰 *Tainia dunnii* Rolfe　地生草本；海拔 2000m，常绿阔叶林下或山间溪边；保护区内杉木坪；云南新分布；湖南、浙江、江西、福建、台湾、广东、香港、广西北部、四川、贵州中部；中国特有；标本号：ZT1541。

327 灯心草科 Juncaceae

小灯心草 *Juncus bufonius* L.　草本；海拔 1900m，河边、田中；保护区内小草坝后河；昆明、嵩明、富民、大理、永胜、德钦等；长江南北地区；朝鲜、日本、欧洲、北美洲；标本号：ZT1990。

星花灯心草 *Juncus diastrophanthus* Buchen.　草本；全草入药；海拔 1922～1950m，田边、路旁湿处；保护区内罗汉坝水库沼泽、罗汉坝；香格里拉、大理、腾冲、凤庆、昆明、建水、景东、澜沧、屏边、河口、麻栗坡；陕西、甘肃、山东、安徽、浙江、江西、江苏、湖北、湖南、广东、广西、四川等；日本、朝鲜、印度；标本号：ZT2225、ZT64-5。

灯心草(铁灯草、灯心蒿、虎须草)*Juncus effusus* L.　多年生丛生草本；茎秆可作编织原料；其髓可作灯芯；茎可入药；海拔 1830～1905m，沼泽地；保护区内小草坝、麻风湾；云南广布；吉林、辽宁、陕西、山西、湖北、湖南、江西、广西、广东、四川、贵州、西藏；全世界温暖地区；标本号：ZT252；样地号：沼 52-4。

金平灯心草 *Juncus jinpingensis* S. Y. Bao　草本；海拔 1800～3500m，湿润草地；保护区内常见；昆明、昭通、大理、金平、西畴、丽江、贡山；中国特有；标本未采，文献记录种。

细子灯心草 *Juncus leptospermus* Buchen.　草本；海拔 1750m，山沟、湿地；保护区内麻风湾；大理、宾川、腾冲、泸水、丽江等；黑龙江、陕西、广西、贵州、江西、西藏；孟加拉国、印度；标本号：ZT342。

单枝灯心草 *Juncus potaninii* Buchen　草本；海拔 3400～4100m，草坡、林下湿润地；保护区内常见；江川、大关、维西、贡山、德钦；甘肃、辽宁、陕西、湖北、四川、贵州、西藏；中国特有；标本未采，文献记录种。

野灯心草(席草、秧草、龙须草、水通草)*Juncus setchuensis* Buchen.　草本；茎秆可作造纸原料；可入药；海拔 1375～1900m，山谷溪边、林中湿处、田边、水塘边；保护区内麻风湾、小草坝、大雪山；云南广布；甘肃、陕西、湖北、湖南、四川、西藏；欧洲、非洲；标本号：ZT340、ZT1802；样地号：草 77-21、样 86-9。

331 莎草科 Cyperaceae

禾状薹草 *Carex alopecuroides* D. Don　草本；海拔 1900m，山坡林下潮湿处或沟边湿处；保护区内罗汉坝；大姚、昆明、镇雄、永善；四川、湖北、浙江、台湾；尼泊尔、印度和日本；标本号：ZT2245。

高秆薹草 *Carex alta* Boott　草本；海拔 1950m，溪边、路旁湿处及水沟边；保护区内罗汉坝；昆明、安宁、屏边；四川、贵州、西藏；越南北部、印度和印度尼西亚；标本号：ZT2050。

密花薹草 *Carex confertiflora* Boott　草本；海拔 1900～2043m，林下湿处或灌木草丛中；保护区内罗汉坝、小草坝；云南北部；贵州、湖北；日本；标本号：ZT2205、ZT1929；样地号：样 70-8。

蕨状薹草 *Carex filicina* Nees　草本；海拔 1200～2800m，林间或湿润草地；保护区内常见；云南各地；浙江、江西、福建、台湾、湖北、湖南、广东、广西、海南、四川、贵州、西藏；印度、尼泊尔、斯里兰卡、缅甸、越南、马来西亚、印度尼西亚、菲律宾；标本未采，文献记录种。

宽叶亲族薹草 *Carex gentilis* Franch. var. *intermedia* Tang et Wang ex L. K. Dai　草本；海拔 2010m，山沟边和岩石缝中；保护区内小岩方；安宁、镇雄等地；四川、贵州、陕西；中国特有；标本号：ZT1549；样地号：草 15-3-17。

糙毛囊薹草 *Carex hirtiutriculata* L. K. Dai　草本；海拔 1947～2000m，山坡林下；保护区内小岩方、小草坝；景东无量山；中国特有；标本号：ZT1539；样地号：草 49-2-2。

马库薹草 *Carex makuensis* P. C. Li　草本；海拔 1400m，河谷林下或阴湿处；保护区内常见；永善、丽江、鹤庆、洱源；四川西部；中国特有；标本未采，文献记录种。

云雾薹草 *Carex nubigena* D. Don　草本；海拔 1950m，林下、河边湿地或高山灌丛草甸；保护区内罗汉坝；德钦、贡山、香格里拉、维西、永胜、景东；贵州、四川、甘肃、陕西、西藏；阿富汗、印度、斯里兰卡、印度尼西亚；标本号：ZT2060。

卵穗薹草 *Carex ovatispiculata* Y. L. Chang ex S. Y. Liang　草本；海拔 1850～1880m，山坡、溪边、湿地；保护区内小岩方河坝场、长槽；大关、德钦、香格里拉、丽江、维西、昆明等；西藏东南部、四川、湖南、陕西；中国特有；标本号：ZT1460、ZT1118、ZT1605。

大理薹草 *Carex rubrobrunnea* C. B. Clarke var. *taliensis* (Franch.) Kükenth.　草本；海拔 1900m，山谷沟边或石隙间、林下；保护区内麻风湾；云南广布；四川、广西、广东、湖北、江西、浙江、安徽、甘肃、陕西；中国特有；标本号：ZT1147。

近蕨薹草 *Carex subfilicinoides* Kükenth.　草本；海拔 1800～1880m，林下、溪边；保护区内麻风湾、小岩方；大关、维西；湖北、四川西部；中国特有；标本号：ZT302、ZT942、ZT1452。

少花藏薹草 *Carex thibetica* Franch.　草本；海拔 2200m，溪边石壁上；保护区内常见；永善；四川、贵州、广东、湖南、安徽；中国特有；标本未采，文献记录种。

藏薹草 *Carex thibetica* Franch. var. *pauciflora* Tang et Wang　草本；海拔 1430m，灌丛中或林下湿地；保护区内常见；彝良、昭通；陕西、浙江、河南、湖北、广西、四川、贵州；中国特有；标本未采，文献记录种。

克拉莎 *Cladium jamaicence* Crantz.　草本；海拔 1830～1980m，潮湿处；保护区内麻风湾、小草坝雷洞坪；昆明、石屏；广西、广东、台湾、西藏；尼泊尔、印度、日本、朝鲜、澳大利亚；标本号：ZT1016、ZT1035；样地号：草 25-6-17、草 26-5。

透明鳞荸荠 *Eleocharis pellucida* Presl　草本；海拔 1922～1950m，水稻田、水塘和湖边湿地；保护区内罗汉坝水库边；云南常见；除西藏、新疆、甘肃、青海外各省；印度、缅甸、越南、印度尼西亚、朝鲜、俄罗斯远东地区、日本；标本号：ZT2140；样地号：样 66-1。

水虱草 *Fimbristylis miliacea* (L.) Vahl　草本；海拔 1090～2000m，田野和水边；保护区内常见；云南常见；四川、贵州、广西、广东、湖北、河南、安徽、江苏、浙江、江西、福建、台湾、陕西和甘肃等；越南、老挝、泰国、印度、斯里兰卡、马来西亚、波利尼西亚、大洋洲、朝鲜、日本；标本未采，文献记录种。

匍匐茎飘拂草 *Fimbristylis stolonifera* C. B. Clarke　草本；海拔 1375m，山坡水沟边；保护区内大雪山猪背河坝；鹤庆、大理、昆明；贵州（威宁、罗甸）；印度、尼泊尔和喜马拉雅山东部；样地号：草 77-2。

短叶水蜈蚣 *Kyllinga brevifolia* Rottb. 草本；海拔 1560m，山坡荒地、路旁田边草丛中、溪边；保护区内大雪山普家沟；云南各地；西南、华南、华中、华东各省；印度、缅甸、越南、马来西亚、印度尼西亚、菲律宾、日本、澳大利亚、非洲和美洲的热带和亚热带地区；样地号：样 86-11。

白喙刺子莞 *Rhynchospora brownii* Roem. et Schult. 草本；海拔 2000～2062m，山坡、沼泽及河边潮湿处；保护区内罗汉坝老眺望台、罗汉坝水库边；东川、大理；广东、广西、湖南、福建、台湾；世界热带和亚热带地区；样地号：草 69-14、样 060807-3。

水毛花 *Schoenoplectus mucronatus*(L.) Palla 草本；海拔 1922～2060m，塘边及沼泽；保护区内罗汉坝水库沼泽、麻风湾、罗汉坝蕨坝场弯子；丽江、大理、昆明；除新疆、西藏外全国广布；中国特有；标本号：ZT1160；样地号：样 66-3、样 72-4。

水葱 *Schoenoplectus tabernaemontani*(Gmel.) Palla 草本；海拔 1850m，湖边或浅水塘中；保护区内麻风湾；香格里拉、维西、剑川、昆明、蒙自、思茅；四川、贵州、江苏、新疆、甘肃、陕西、山西、内蒙古、辽宁、吉林、黑龙江；朝鲜、日本、大洋洲和南北美洲；标本号：无号。

庐山藨草 *Scirpus lushanensis* Ohwi 草本；海拔 1375～2062m，沼地溪旁、阴湿草丛中和山坡路旁；保护区内常见；维西；四川、贵州、湖北、河南、江西、安徽、浙江、江苏、山东、辽宁、吉林、黑龙江等；朝鲜、日本、俄罗斯远东地区和印度；标本号：ZT352、ZT1433、ZT2048。

类头状花序藨草 *Scirpus subcapitatus* Thw. 草本；海拔 1900m，林边湿地、山溪旁、山坡路旁湿地上或灌木丛中；保护区内小草坝；云南新分布；浙江、安徽、福建、江西、湖南、台湾、广东、广西、贵州、四川东部；日本、菲律宾、马来半岛、加里曼丹岛；标本号：ZT1788。

高秆珍珠茅 *Scleria terrestris*(L.) Fass. 草本；海拔 1160m，山谷、山坡、林中、草地、路边；保护区内海子坪；滇西北、滇中南、滇南、滇东南；四川、广西、广东、海南、福建、台湾；越南、泰国、印度、斯里兰卡、马来西亚及印度尼西亚；标本号：ZT2196。

332 禾本科 Gramineae

阿里山剪股颖 *Agrostis arisan-montana* Ohwi 草本；海拔 2043～2062m，山坡道旁草地；保护区内罗汉坝老眺望台、罗汉坝木疆林；漾濞、昆明；四川、台湾；中国特有；样地号：草 69-5、样 70-11。

普通剪股颖 *Agrostis canina* L. 草本；海拔 1375～1820m，高山草甸；保护区内麻风湾、大雪山猪背河坝；德钦；四川西部；广布欧洲、亚洲温带及北美；标本号：ZT713；样地号：草 77-37。

剪股颖 *Agrostis clavata* Trin. 草本；海拔 1900m，山坡、草地、路旁、林缘、溪边及湿润的生境；保护区内小草坝；云南全省；东北、华北、西南及台湾；广布北半球许多温带地区；标本号：无号。

多花剪股颖 *Agrostis myriantha* Hook f. 草本；海拔1375～2250m，道旁、山坡、草地、林下、河边、湿地、沼泽；保护区内常见；云南全省；西藏、四川、甘肃、陕西、湖南、贵州、江西、广西等；尼泊尔、印度东北部；标本号：ZT1462、ZT653、ZT657、ZT650、ZT250。

看麦娘 *Alopecurus aequalis* Sobol. 草本；海拔1200～3500m，沟谷、田野、湿地、沼泽、林缘及亚高山草甸；保护区内常见；云南大部分地区；广布北半球温带；标本未采，文献记录种。

羊竹子 *Ampelocalamus saxatilis*(Hsueh et Yi) Hsueh et Yi 灌木状；幼秆可供制草鞋；海拔600～1450m，山区玄武岩、花岗岩或石灰岩所风化的土壤上；保护区内常见；威信；四川南部；中国特有；标本未采，文献记录种。

永善悬竹 *Ampelocalamus yongshanensis* Hsueh et D. Z. Li 灌木状；海拔600～700m，石灰岩山坡；保护区内常见；永善；四川西南部；中国特有；标本未采，文献记录种。

异颖草 *Anisachne gracilis* Keng 草本；海拔1800～1820m，灌丛草地或疏林中；保护区内麻风湾；昭通、东川、宾川、昆明、安宁、禄劝、双柏、大姚、南华、临沧；贵州西部；中国特有；标本号：ZT332、ZT288。

沟稃草 *Aniselytron treutleri*(O. Ktze.) B. S. Sun et J. Qian 草本；海拔1820～2041m，疏林下、山谷湿地或草丛中；保护区常见；四川、贵州、广西、湖北及台湾；印度东北部、缅甸北部；标本号：ZT397、ZT343、ZT1011、ZT703b。

藏黄花茅 *Anthoxanthum hookeri*(Griseb.) Rendle 草本；海拔1800～3700m，山坡草地、疏林灌丛中；保护区内常见；云南大部分地区；四川、西藏；印度西北部、尼泊尔、不丹；标本未采，文献记录种。

水蔗草 *Apluda mutica* L. 草本；海拔1300～2200m，山坡草地、丘陵灌丛、道旁田野、河谷岸边；保护区内常见；云南全省；我国西南、华南；亚洲热带与亚热带、澳大利亚；标本未采，文献记录种。

三芒草 *Aristida adscensionis* L. 草本；海拔400～1800m，山坡灌丛，道旁或田野间；保护区内常见；东川、永胜、华坪、元谋、易门、石屏；四川、河南、山东、华北、西北、东北；广布全球热带至温带；标本未采，文献记录种。

荩草 *Arthraxon hispidus*(Thunb.) Makino 草本；海拔1300～1800m，田野草地、丘陵灌丛、山坡疏林、湿润或干燥地带；保护区内常见；云南全省；遍布全国；旧大陆温带至热带，已传入中美至北美及夏威夷群岛；标本未采，文献记录种。

茅叶荩草 *Arthraxon prionodes*(Steud.) Dandy 草本；海拔1500～2000m，常见于阳光充足的旷野或丘陵灌丛中；保护区内常见；云南各地；西南、华南、华中、华东及华北；东非、沙特阿拉伯西南部、巴基斯坦、印度、尼泊尔、中南半岛各国、印度尼西亚；标本未采，文献记录种。

苦竹 *Arundinaria amara* Keng 灌木；编篮筐；制伞柄、支架、旗杆等；海拔1320m，荒坡；保护区内海子坪；昆明、玉溪地区；四川、贵州、湖南、湖北、安徽、浙江、江苏、福建等；中国特有；标本号：ZT2269。

西南野古草 *Arundinella hookeri* Munro ex Keng 草本；牧草；海拔1800～3200m，山坡草地及疏林中；保护区内常见；云南全省；西藏东南部、四川西部及西南部、贵州西部；尼泊尔、不丹、印度东北部、缅甸北部；标本未采，文献记录种。

刺芒野古草 *Arundinella setosa* Trin. 草本；海拔1300～2500m，山坡草地、灌丛、松林或松栎林下常见；保护区内常见；云南全省；西南、华南、华中及华东；亚洲热带及亚热带；标本未采，文献记录种。

芦竹(荻芦竹)*Arundo donax* L. 草本；固堤保土、堤岸观赏；茅屋、花架用材，造纸原料；海拔1300～2300m，河岸、沟边、沼泽边缘；保护区内常见；云南全省；长江以南常见；亚洲热带与亚热带及地中海地区；标本未采，文献记录种。

慈竹(钓鱼竹)*Bambusa emeiensis* Chia et H. L. Fung 乔木状；编织竹器；土建用竹筋；海拔1100～1800m，村边栽培；保护区内常见；滇西、滇中和滇东北，以及思茅、红河和文山地区北部；我国西南、广西、湖南和陕西等；中国特有；标本未采，文献记录种。

车筒竹 *Bambusa sinospinosa* McClure 乔木状；建茅屋或做水车盛水桶；海拔1100～1200m，低海拔地区栽培；保护区内常见；德宏、西双版纳、红河、文山和昭通地区；我国华南和西南地区；中国特有；标本未采，文献记录种。

菵草 *Beckmannia syzigachne*(Steud.) Fern. 草本；优良牧草；海拔1500～3300m，水边湿地；保护区内常见；云南大部分地区；全国各地；广布于全世界；标本未采，文献记录种。

光孔颖草 *Bothriochloa glabra*(Roxb.) A. Camus 草本；海拔1300m，常见于山坡草地、丘陵灌丛或岩石缝隙间；保护区内常见；云南广布；贵州、广东、广西及海南；旧大陆热带及亚热带常见；标本未采，文献记录种。

白羊草 *Bothriochloa ischaemum*(L.) Keng 草本；海拔500～3000m，山坡草地、丘陵灌丛及道旁旷野；保护区内常见；云南大部分地区；全国大部分省份；分布于亚热带和温带地区；标本未采，文献记录种。

草地短柄草 *Brachypodium pratense* Keng ex Keng f. 草本；海拔1800m，山坡草地常见；保护区内麻风湾；云南全省；四川西部；中国特有；标本号：ZT837。

短柄草 *Brachypodium sylvaticum*(Huds.) Beauv. 草本；海拔1900m，林缘、沟边、路边、山坡草丛等稍阴湿的地方；保护区内常见；云南广布；西藏、四川、贵州、江苏、安徽、甘肃、陕西等；广布于欧亚温带及亚热带山区；标本未采，文献记录种。

拂子茅 *Calamagrostis epigeios*(L.) Roth 草本；海拔1922～2043m，山坡潮湿处及河岸溪边；保护区内广布；昆明、富宁；我国绝大部分省份；欧亚大陆温带地区；标本号：ZT2054、ZT2056、ZT2243。

假苇拂子茅 *Calamagrostis pseudophragmites*(Hall. f.) Koel 草本；海拔1200～2500m，山坡草地、路旁草丛中或河岸阴湿处；保护区内常见；云南常见；我国广布于东北、华北、西北、西南及华中等地；欧亚大陆温带地区；标本未采，文献记录种。

硬秆子草 *Capillipedium assimile*(Steud.) A. Camus 草本；海拔300～3500m，山坡草

地、丘陵灌丛、道旁河岸、旷野或林中；保护区内常见；云南广布；西南、华南、华中、华东及台湾；喜马拉雅山区、印度、中南半岛、日本；标本未采，文献记录种。

细柄草（吊丝草）*Capillipedium parviflorum*（R. Br）Stapf 草本；家畜饲料；海拔300～3000m，山坡草地、丘陵灌丛、沟边河谷、田野道旁；保护区内常见；云南广布；中国特有；标本未采，文献记录种。

云南方竹（刺竹、小刺竹）*Chimonobambusa ningnanica* Hsueh et L. Z. Gao 灌木状；海拔 1600～2200m，阔叶林下；保护区内常见；云南广布；四川西南部；中国特有；标本未采，文献记录种。

刺竹子（大竹）*Chimonobambusa pachystachys* Hsueh et Yi 灌木；秆可制农具，幼秆加工制纸和竹麻；笋可食；海拔 1580～1880m，常绿阔叶林下；保护区内常见；彝良、富民；四川和贵州；中国特有；标本号：ZT2179、ZT2077、ZT2107。

方竹（叉口笋）*Chimonobambusa quadrangularis*（Fenzi）Makino 灌木；笋可食；秆用作围篱、支杆、手柄、工艺品或造纸等；海拔 1920m，山地沟谷林下，或纯林；保护区内小草坝红纸厂；四川、江苏、安徽、浙江、福建、江西、湖南、贵州、广西；日本；样地号：样 060801-3。

永善方竹（毛竹、刺竹）*Chimonobambusa tuberculata* Hsueh et L. Z. Gao 灌木；《中国物种红色名录》易危种；海拔 1560～1650m，山地常绿阔叶林中；保护区内罗汉坝车场平、罗汉坝清水渠；永善、盐津、威信等；四川；中国特有；标本号：ZT2177、ZT2181。

金佛山方竹［方竹（川）］*Chimonobambusa utilis*（Keng）Keng f. 灌木；笋可食；海拔 1947～1969m，阔叶林下，也可形成纯林；保护区内小草坝燕子洞、小草坝罗汉林；彝良；四川、贵州；中国特有；样地号：样 50、样 49-2-1。

虎尾草 *Chloris virgata* Sw. 草本；海拔 500～3700m，房顶及墙头、路旁荒野、河岸沙滩；保护区内常见；云南全省；我国各省；热带至温带广布；标本未采，文献记录种。

薏苡 *Coix lacryma-jobi* L. 草本；海拔 1150m，喜河岸、沟边、湖边或阴湿山谷中；保护区内常见；云南全省温暖地带有野生或栽培；广布世界温暖地区；标本未采，文献记录种。

狗牙根（铁线草）*Cynodon dactylon*（L.）Pers 草本；海拔 1300～2300m，道旁荒野、田野间或撂荒地、河岸沙滩、荒坡草地；保护区内常见；云南全省；我国黄河以南各省；全球热带至温带都有分布；标本未采，文献记录种。

鸭茅（果园草）*Dactylis glomerata* L. 草本；牧草；海拔 1880m，丘陵、平地、灌丛、林缘、山坡草地、亚高山草甸；保护区内小岩方河坝场；云南全省；广布欧亚温带；标本号：ZT1435。

发草 *Deschampsia caespitosa*（L.）Beauv. 草本；牧草；供编织；海拔 2200～4200m，灌丛草甸及河岸沙滩；保护区内常见；丽江、香格里拉、德钦、维西、大理、洱源、剑川；西南、华北、西北、东北各省；几乎遍及全球；标本未采，文献记录种。

野青茅 *Deyeuxia arundinacea*（L.）Beauv. var. *arundinacea* 草本；海拔 1700～3600m，

山坡草地、林缘、灌丛、溪边路旁；保护区内常见；云南广布；广布我国东北、华北、西北、西南及华中地区；欧亚大陆温带及亚热带高山；标本未采，文献记录种。

疏花野青茅 *Deyeuxia arundinacea* (L.) Beauv. var. *laxiflora* (Rendle) P. C. Kuo et L. Lu 草本；海拔 1600～2300m，山坡、路旁；保护区内常见；盐津、永善、丽江、贡山、泸水、保山；四川、西藏、贵州、湖北、湖南、陕西及华东诸省；中国特有；标本未采，文献记录种。

散穗野青茅 *Deyeuxia diffusa* Keng 草本；海拔 2043m，山坡草地、灌丛草地及林缘；保护区内罗汉坝木疆林；昭通、东川、昆明、罗平、石屏等；四川、贵州；中国特有；样地号：样 70-17。

疏穗野青茅 *Deyeuxia effusiflora* Rendle 草本；海拔 1800～2900m，山谷、河边阴湿处；保护区内常见；永善、镇雄、昭通、东川、昆明；山西、河南、四川；中国特有；标本未采，文献记录种。

细柄野青茅 *Deyeuxia filipes* Keng 草本；海拔 2500～3800m，山坡草地及高山松林下；保护区内常见；滇中、滇西北、滇东北；四川；中国特有；标本未采，文献记录种。

会理野青茅 *Deyeuxia mazzettii* Veldk. 草本；海拔 2700～3500m，草地；保护区内常见；永善、昭通、东川、香格里拉、永胜、剑川等；四川；中国特有；标本未采，文献记录种。

升马唐 *Digitaria ciliaris* (Retz.) Koel. 草本；优良牧草；海拔 1375～1900m，山坡草地、丘陵灌丛、路旁田野、荒山荒地；保护区内小草坝、大雪山猪背河坝；云南全省；中国各省都有分布；广布全球热带及亚热带；样地号：草 77-29。

十字马唐 *Digitaria cruciata* (Nees) A. Camus 草本；优良牧草；海拔 1860m，山坡草地；保护区内小岩方河坝场；云南全省；西藏、四川、贵州、湖北；尼泊尔、印度东北部、中南半岛北部；标本号：ZT1458。

紫马唐 *Digitaria violascens* Link 草本；海拔 1375m，温暖地区的山坡草地、道旁林缘、田野荒地；保护区内大雪山猪背河坝；云南全省；全国除西藏、东北及内蒙古外、大部分省份都有分布；热带亚洲和美洲；样地号：草 77-11。

扫把竹 *Drepanostachyum fractiflexum* (Yi) D. Z. Li 灌木状；秆供做扫把或编织竹器；海拔 1380～3200m，荒坡、陡岩或针阔叶混交林下；保护区内常见；滇东北至西北部；四川西南部；中国特有；标本未采，文献记录种。

光头稗 *Echinochloa colonum* (L.) Link 草本；海拔 600～2400m，田野、园圃及道旁常见；保护区内常见；云南大部分地区；我国西南、华南及华东；全世界温暖地区都有分布；标本未采，文献记录种。

水田稗 *Echinochloa oryzicola* (Vasing) Vasing 草本；海拔 1300m，通常见稻田中；保护区内昭通；昆明、呈贡、禄丰、大姚、富宁、广南、建水、临沧、双江、镇康、芒市；除非洲、澳大利亚及南美之外广布世界稻区；标本号：无号。

牛筋草 *Eleusine indica* (L.) Gaertn 草本；海拔 100～2500m，常见杂草；保护区内常见；云南全省；中国各省都有分布；广布于全球热带及亚热带；标本未采，文献记录种。

大画眉草 *Eragrostis cilianensis* (All.) F. T. Hubbard 草本；海拔 400～2200m，山坡路边；保护区内常见；云南广布；广布世界温暖地区；标本未采，文献记录种。

知风草 *Eragrostis ferruginea* (Thunb.) Beauv. 草本；海拔 1100～3500m，山坡草地、林下、田边及路边；保护区内常见；几乎遍及云南全省；我国大部分地区；印度西北部至朝鲜及日本；标本未采，文献记录种。

梅氏画眉草 *Eragrostis mairei* Hack. 草本；可作牧草或固土保堤材料；海拔 1850～2000m，山坡灌丛、草地、路边；保护区内麻风湾、小岩方河坝场；云南广布；贵州、四川、江西等地；中国特有；标本号：ZT480、ZT1193、ZT1437。

多秆画眉草 *Eragrostis multicaulis* Steud. 草本；海拔 90～1900m，山坡及草地、路边、宅旁；保护区内常见；云南广布；我国东北、华北、华南及长江流域各省；日本；标本未采，文献记录种。

黑穗画眉草 *Eragrostis nigra* Nees ex Steud. 草本；海拔 1400～2700m，山坡草地、路边、宅旁；保护区内常见；云南全省各地；贵州、四川、广西、江西、河南、陕西、甘肃等；东南亚、印度等地；标本未采，文献记录种。

画眉草（蚊子草）*Eragrostis pilosa* (L.) Beauv. 草本；海拔 1200～3000m，坝区或山坡草地、宅旁路边、墙头及干涸河床或流水旁；保护区内常见；云南广布；全国各地；全世界温暖地区；标本未采，文献记录种。

蔗茅 *Erianthus rufipilus* (Steud.) Griseb. 草本；海拔 1200～2700m，山坡、路旁、荒山、荒地、灌丛、林缘或疏林中；保护区内常见；云南全省；贵州、四川、西藏东南部、湖北西北部及陕西南部；巴基斯坦北部、印度北部及东北部、尼泊尔、缅甸北部；标本未采，文献记录种。

四脉金茅 *Eulalia quadrinervis* (Hack.) O. Ktze. 草本；海拔 1200～2900m，山坡草地、灌丛、疏林及路边；保护区内常见；云南广布；我国西南、华东及台湾；印度东北部、尼泊尔、缅甸、印度尼西亚爪哇；标本未采，文献记录种。

少花箭竹（长节箭竹、谷罗竹）*Fargesia pauciflora* (Keng) Yi 灌木状；笋可食；编织用材；大熊猫主要食用竹种之一；海拔 1400～2000m，山地灌丛中或林下；保护区内常见；永善；四川西南部；中国特有；标本未采，文献记录种。

大羊茅 *Festuca gigantea* (L.) Vill. 草本；海拔 1810～1890m，山坡灌丛及疏林中；保护区内麻风湾、小岩方；昭通、巧家、香格里拉、兰坪、剑川、昆明、临沧、永德、镇康；四川；广布欧洲及亚洲温带，已引入北美；标本号：ZT356、ZT1376。

昆明羊茅 *Festuca kunmingensis* B. S. Sun 草本；海拔 1820～1950m，山坡草地、湿地或水沟边；保护区内麻风湾、罗汉坝；昭通、东川、兰坪、永胜、香格里拉、鹤庆、洱源、宾川；四川；中国特有；标本号：ZT703a、ZT482、ZT2058。

滇藏羊茅 *Festuca vierhapperi* Hand.-Mazz. 草本；海拔 1800～3500m，山坡灌丛草地或疏林下；保护区内常见；云南广布；西藏东南部、四川西部；中国特有；标本未采，文献记录种。

甜茅 *Glyceria acutiflora* Torr. 草本；海拔 500～1030m，水边和湿地；保护区内常见；盐津；贵州、湖南及华东地区；朝鲜、日本及北美；标本未采，文献记录种。

黄茅 *Heteropogon contortus* (L.) Beauv. ex Schult. 草本；海拔100～2300m，干热河谷及干燥的山坡草地常见；保护区内常见；云南全省大部分地区；我国长江以南各省；全世界的温热地区；标本未采，文献记录种。

白茅（茅草）*Imperata cylindrica* (L.) Raeuschel. var. *major* (Nees) C. E. Hubb. 草本；固沙保土；入药；造纸、建茅草屋；海拔1150m，多见于平原、荒地、山坡道旁、溪边或山谷湿地；保护区内常见；云南全省；几乎遍及全国；旧世界热带及亚热带，常延伸至温带；标本未采，文献记录种。

阔叶箬竹 *Indocalamus latifolius* (Keng) McClure 灌木；海拔1300m，山地疏林下；保护区内海子坪；西畴；四川、贵州、广西、广东、湖南、湖北、江西、福建、江苏、安徽、浙江、山东等；中国特有；标本号：ZT2218。

白花柳叶箬 *Isachne albens* Trin. 草本；海拔1375～1560m，山坡草地及疏林中；保护区内大雪山猪背河坝、大雪山普家沟；贡山、昆明、蒙自；四川、贵州、广西、广东、台湾；印度、尼泊尔、东南亚及非洲；样地号：草77-36、样84-2、样86-6。

柳叶箬 *Isachne globosa* (Thunb.) O. Ktze. 草本；海拔100～2400m，沟边、田边、路旁、荒地及树阴潮湿处；保护区内常见；云南广布；全国除西北部外大部分地区都有；日本、印度、马来西亚、菲律宾、澳大利亚；标本未采，文献记录种。

刺毛柳叶箬 *Isachne hirsuta* (Hook f.) Keng f. 草本；海拔1900m，山坡林缘或道旁潮湿地上；保护区内沿途；昆明、易门；广东、福建；印度；标本号：无号。

假稻（李氏禾）*Leersia hexandra* Swartz. 草本；牧草，青饲料或干饲料；海拔1375m，常见于田边及水沟边；保护区内大雪山猪背河坝；云南大部分地区有分布；广布于世界热带及亚热带地区；样地号：草83-6。

黑麦草 *Lolium perenne* L. 草本；牧草；海拔1900m，草甸草场、路旁湿地；保护区内罗汉坝；原产欧洲；标本号：ZT2231。

淡竹叶（山鸡米、迷身草）*Lophatherum gracile* Brongn. 草本；根苗捣汁和米作曲；叶、根可入药；海拔1310m，疏林及灌丛中；保护区内海子坪；河口、景洪、沧源；长江流域以南各省；斯里兰卡、印度、东南亚、日本南部及澳大利亚东北部；样地号：草58-1-2。

广序臭草 *Melica onoei* Fr. et Savat. 草本；海拔2000～3300m，山坡疏林草地和岩石间；保护区内常见；香格里拉、剑川、昆明；四川、贵州、西藏、湖北、山东、安徽、浙江、河北、陕西、山西；巴基斯坦北部、印度西北部、日本；标本未采，文献记录种。

竹叶茅 *Microstegium nudum* (Trin.) A. Camus 草本；海拔1300～2800m，林缘、沟边、路边、山坡草丛等稍阴湿的地方；保护区内常见；云南广布；我国西南、华南、华东及台湾；尼泊尔、巴基斯坦、印度、日本、朝鲜、东南亚各国、热带非洲及澳大利亚；标本未采，文献记录种。

五节芒 *Miscanthus floridulus* (Labill.) Warb. ex Schum et Laut. 草本；幼叶可作饲料；根茎可入药；造纸和茅屋用材；防沙固土；海拔1260～1700m，山坡、草地、河岸两旁或丘陵边缘；保护区内常见；云南广布；西南、华南、华中、安徽、山西、陕西；日本、菲律宾、印度尼西亚及南太平洋诸岛；标本未采，文献记录种。

尼泊尔芒 *Miscanthus nepalensis* (Trin.) Hach. 草本；海拔 1400～2800m，山坡草地、丘陵灌丛、林缘或疏林中；保护区内常见；云南广布；西藏、四川、贵州西部、甘肃南部；尼泊尔、印度、不丹、缅甸北部；标本未采，文献记录种。

芒 *Miscanthus sinensis* Anderss. 草本；固沙保土、绿篱观赏；幼叶可作饲料，幼茎入药，秆叶供造纸及染料，花序可作扫帚；海拔 1340～1375m，山坡、草地、荒地、田野或岸边湿地；保护区内大雪山猪背河坝、小岩方老长坡；罗平、河口、蒙自；除西北外几乎遍及全国；日本、越南北部；标本号：ZT1760；样地号：样 84-5、草 77-27。

乱子草 *Muhlenbergia hugelii* Trin. 草本；海拔 1560m，山坡草地或岩石上；保护区内大雪山普家沟；贡山、香格里拉、永胜、昭通、镇雄、临沧；东北、华北、西北、西南、华东及台湾等；阿富汗、巴基斯坦、印度、喜马拉雅山区各国、俄罗斯、朝鲜、日本及菲律宾；样地号：样 79-26。

类芦 *Neyraudia reynaudiana* (Kunth) Keng ex Hitchc. 草本；海拔 1300～2300m，河湖岸边、山坡灌丛；保护区内常见；云南全省；我国长江以南各省；尼泊尔、印度、缅甸、泰国及马来西亚；标本未采，文献记录种。

竹叶草 *Oplismenus compositus* (L.) Beauv. 草本；海拔 100～2500m，灌丛、疏林和阴湿处；保护区内常见；云南全省大部分地区；西南、华南；东非、南亚、东南亚至大洋洲、墨西哥、委内瑞拉、厄瓜多尔；标本未采，文献记录种。

求米草 *Oplismenus undulatifolius* (Arduino) Beauv. 草本；海拔 1555～1981m，山坡疏林下；保护区内广布；昭通、贡山、昆明、文山、富宁；中国各省；北半球的温带地区、非洲南部及澳大利亚；标本号：ZT1993；样地号：样 88-内-4、草 88'-21、草 46-1-6、1 乔 3-乔左-13。

钝颖落芒草 *Oryzopsis obtusa* Stapf 草本；海拔 650～1900m，山坡道旁阴湿处或疏林下；保护区内常见；滇东北；陕西、湖北、四川、贵州、广东、台湾等；中国特有；标本未采，文献记录种。

长叶雀稗 *Paspalum longifolium* Roxb. 草本；海拔 100～2000m，田野荒地、河岸、沟边、灌丛草地、湿润的山坡疏林；保护区内常见；云南各地；广东、广西、海南、台湾；亚洲热带及澳大利亚；标本未采，文献记录种。

圆果雀稗 *Paspalum orbiculare* Forst. f. 草本；海拔 90～2000m，丘陵灌丛、山坡道旁及田野湿润地区；保护区内常见；云南全省；长江以南各省；旧大陆热带及亚热带；标本未采，文献记录种。

雀稗 *Paspalum thunbergii* Kunth ex Steud. 草本；海拔 1922～2000m，湿润草地；保护区内小草坝后河、罗汉坝水库沼泽；贡山、寻甸、易门、富宁、临沧、永德；四川、贵州、广东、广西、湖南、湖北、江西、福建、台湾、浙江、江苏；日本、朝鲜；标本号：ZT2010；样地号：草 67-4。

白草 *Pennisetum centrasiaticum* Tzvel. 草本；海拔 1000～3500m，山坡草地；保护区内常见；云南西北部、中部及东北部；四川、山西、内蒙古、河北、青海、甘肃、陕西及东北；中亚各国及日本；标本未采，文献记录种。

芦苇 *Phragmites australis* L. 草本；饲料；造纸原料；茅屋篷架用材；花絮可做填充体；固堤防沙；海拔 1300～1600m，山谷中河岸边；保护区内常见；东川；遍及全国；全世界温暖地区；标本未采，文献记录种。

石绿竹（金竹）*Phyllostachys arcana* McClure 灌木；常见栽培竹种；海拔 1960m，林缘；保护区内罗汉坝观音岩；呈贡、寻甸、蒙自、马关；黄河流域至长江流域各地；中国特有；标本号：ZT2183。

桂竹（刚竹、金竹）*Phyllostachys bambusoides* Sieb. et Zucc. 乔木状；笋可食；建筑、造纸用材；海拔 1200～1500m，林缘；保护区内常见；个旧、昆明、永善、昭通、大关等地；黄河流域及其以南各地，从武夷山脉向西经南岭山脉至西南各省均有；中国特有；标本未采，文献记录种。

毛竹（楠竹）*Phyllostachys edulis*（Carr.）H. de Lehaie 乔木状；重要栽培竹材；海拔 1400～1900m，湿润常绿阔叶林中；保护区内海子坪野生；自秦岭、汉水流域至长江流域以南，黄河流域也有多处栽培；中国特有；标本号：无号。

淡竹（花斑竹）*Phyllostachys glauca* McClure 乔木状；编织用材；生产生活用材；笋可食；海拔 400～1400m，林中及林缘；保护区内罗汉坝龙潭社；玉溪；黄河流域至长江流域各地；中国特有；标本号：ZT2173。

水竹 *Phyllostachys heteroclada* Oliver 灌木；编织各种生产、生活用具；笋可食；海拔 1273～1905m，多见于河流两岸及山谷中；保护区内小草坝红纸厂、海子坪双塘子；勐海；黄河流域及其以南各地；中国特有；标本号：ZT2099a、ZT2279；样地号：水竹样地。

篌竹（白夹斑竹、白夹竹）*Phyllostachys nidularia* Munro 乔木状；篱笆、编织用材；笋可食；海拔 400～1400m，林中及林缘；保护区内罗汉坝龙潭社；永善；长江流域及其以南各地；中国特有；标本号：ZT2171。

灰金竹（铁斑竹、金竹、淡竹、毛金竹）*Phyllostachys nigra*（Lodd. ex Lindl.）Munro var. *henonis*（Mitford）Stapf ex Rendle 灌木；笋可食；编织建筑用材；中药之“竹茹”“竹沥”一般取自本种；海拔 1200～1426m，常绿阔叶林下；保护区内罗汉坝清水渠；云南全省；黄河流域以南各地；中国特有；标本号：ZT2175。

紫竹（黑竹）*Phyllostachys nigra*（Lodd. ex Lindl.）Munro var. *nigra* 灌木；园林观赏；制工艺品；海拔 800～2200m，林缘；保护区内常见；景洪、勐海、马关、广南、丽江、昆明、永善；我国南北各地多有栽培；印度、日本及欧美许多国家均引种栽培；标本未采，文献记录种。

白顶早熟禾 *Poa acroleuca* Steud. 草本；海拔 2250m，山坡及湿润草地；保护区内三江口辣子坪保护点；云南广布；西藏、四川、贵州、广西、广东、福建、台湾、山东、河北、陕西等；日本、朝鲜、俄罗斯远东地区；标本号：ZT644a、ZT655；样地号：草 9-1、草 10-8。

近套鞘早熟禾 *Poa* aff. *tunicata* Keng ex C. Ling 草本；海拔 2000m，山坡草地及疏林下；保护区内麻风湾；待定；中国特有；标本号：ZT1195。

早熟禾 *Poa annua* L. 草本；海拔 1900～2250m，田野道旁湿地及林缘；保护区内小草坝、三江口辣子坪保护点；我国南北各省；世界广布；标本号：ZT636；样地号：草9-4。

林地早熟禾 *Poa nemoralis* L.　草本；海拔2400～3800m，山坡草地、疏林下；保护区内常见；丽江、漾濞；西南、甘肃、安徽、华北、东北；北半球温带广布；标本未采，文献记录种。

日本早熟禾 *Poa nipponica* Koidz.　草本；海拔1900～3200m，山坡灌丛或沼泽湿地；保护区内常见；云南常见；四川、甘肃、陕西；朝鲜及日本；标本未采，文献记录种。

草地早熟禾 *Poa pratensis* L.　草本；海拔2300～3600m，山坡道旁、林缘或疏林下；保护区内常见；香格里拉、德钦、维西、兰坪、剑川；西藏、四川、西北、华北及东北；广布于旧大陆温带；标本未采，文献记录种。

金丝草 *Pogonatherum crinitum*(Thunb.)Kunth　草本；海拔1400m，常生于岩石或石缝间、河岸及田埂上、潮湿山坡；保护区内常见；云南广布；贵州、广东、广西、湖南、湖北、台湾、福建、江西、浙江、安徽；阿富汗、巴基斯坦、印度、尼泊尔、中南半岛、日本，向南达所罗门群岛；标本未采，文献记录种。

棒头草 *Polypogon fugax* Nees ex Steud.　草本；海拔1300～3900m，田野、道旁、河岸沙滩及湿地沼泽；保护区内常见；云南全省大部分地区；全国除东北及内蒙古之外大部分地区都有分布；俄罗斯、朝鲜、日本、印度东北部、缅甸北部、尼泊尔；标本未采，文献记录种。

平竹(冷竹、油竹)*Qiongzhuea communis* Hsueh et Yi　灌木；笋可食；编织造纸用材；海拔1850～1920m，中山地带；保护区内罗汉坝坡头山、小草坝；四川、贵州、湖北西北部；中国特有；标本号：ZT1921。

细竿筇竹(冷竹、冷水竹)*Qiongzhuea intermedia* Hsueh et D. Z. Li　灌木；海拔1200～1901m，阔叶林下；保护区内小草坝红纸厂；云南新分布；四川雷波；中国特有；标本号：ZT2127、ZT2099。

荆竹(黄皮竹)*Qiongzhuea montigena*(Ohrnberger)Yi　灌木；笋可食；编织造纸用材；海拔1900～2081m，山地阔叶林中；保护区内罗汉坝畜牧场、黑龙潭沟、五道河；昭通；中国特有；标本号：ZT2215、ZT2211、060807；样地号：样54、样56、样57。

筇竹(罗汉竹)*Qiongzhuea tumidissinoda*(Hsueh et Yi ex Ohrnberger)Hsueh et Yi　灌木；国家Ⅲ级珍稀植物(1985)、笋用竹种；竿制手杖和烟杆；观赏竹种；海拔1600～2045m，常绿阔叶林中；保护区内小草坝的罗汉林、罗汉坝水库边；大关、绥江、威信、彝良；四川宜宾地区；中国特有；标本号：ZT1970、060806；样地号：样48。

钙生鹅观草 *Roegneria calcicola* Keng et S. L. Cheng　草本；海拔1820～1950m，山坡和湿润草地；保护区内罗汉坝水库边、麻风湾；昭通、巧家、盐井、丽江、德钦、香格里拉、大理、鹤庆、昆明、安宁、大姚；贵州、四川；中国特有；样地号：样060807-3、样68-11。

竖立鹅观草 *Roegneria japonica*(Honda)B. S. Sun　草本；海拔1100～2300m，山坡灌丛或湿润草地；保护区内常见；昭通、盐津、陆良、德钦、贡山、西畴；贵州、四川、湖南、湖北、山东、安徽、江苏、浙江、江西、山西、陕西、黑龙江；朝鲜、日本；标本未采，文献记录种。

鹅观草 *Roegneria tsukushiensis* (Honda) B. S. Sun 草本；海拔 1500～3000m，山坡灌丛及湿润草地常见；保护区内常见；云南全省；除青藏高原外几乎遍及全国；朝鲜、日本；标本未采，文献记录种。

莩草 *Setaria chondrachne* (Steud.) Honda 草本；海拔 600～1500m，山坡疏林阴湿处或河谷岸边草丛中；保护区内常见；大关、丘北；四川、贵州、广西、湖南、湖北、江西、安徽、江苏；朝鲜、日本；标本未采，文献记录种。

西南莩草 *Setaria forbesiana* (Nees ex Steud.) Hook. f. 草本；海拔 600～2400m，山坡草地、灌丛林缘、道旁或溪边湿地；保护区内常见；云南各地；四川、贵州、广东、广西、湖南、湖北、浙江、甘肃、陕西；印度东北部、尼泊尔、缅甸北部；标本未采，文献记录种。

皱叶狗尾草 *Setaria plicata* (Lam.) T. Cooke 草本；海拔 1300～2400m，田野、沟边、道旁、灌丛、林缘及各种较湿润生境常见；保护区内常见；云南全省；尼泊尔、印度、缅甸北部；标本未见，文献记录种。

金色狗尾草 *Setaria pumila* (Poir.) Roem. et Schult. 草本；海拔 1300～3200m，河岸、沟边、路旁、田野、撂荒地上、果园及灌丛中常见；保护区内常见；云南全省；我国大部分地区有分布；旧大陆热带、亚热带至暖温带均有，已传入新大陆；标本未采，文献记录种。

狗尾草 *Setaria viridis* (L.) Beauv. 草本；海拔 1300～3500m，荒地、田野、道旁常见；保护区内常见；云南全省；原产于亚欧大陆温带和暖温带，现几乎遍及全球；标本未采，文献记录种。

鼠尾粟 *Sporobolus fertilis* (Steud.) Clayt. 草本；海拔 1300～2600m，山坡草地、果树林园、旷野荒地；保护区内常见；云南全省；华东、华中、西南、陕西、甘肃及西藏；印度、斯里兰卡、尼泊尔、缅甸、泰国、马来西亚及日本；标本未采，文献记录种。

虱子草 *Tragus berteronianus* Schult. 草本；海拔 1400～2500m，山坡流石滩、河岸沙滩；保护区内常见；中甸、德钦、鹤庆、元谋；西南、华东、西北、东北；遍布全球温暖地区；标本未采，文献记录种。

三毛草 *Trisetum bifidum* (Thunb.) Ohwi 草本；海拔 1500～3500m，山坡路旁、疏林或沟边湿地；保护区内常见；盐津、东川、丽江、宁蒗、香格里拉；西藏、贵州、四川、广西、广东、河南、台湾、福建、江西、浙江、安徽、江苏、湖南、湖北、甘肃、陕西；朝鲜、日本；标本未采，文献记录种。

鄂西玉山竹（华竹）*Yushania confusa* (McClure) Z. P. Wang et G. H. Ye 灌木；海拔 1000～1500m，山地林下或林中空地；保护区内小岩方火烧岩；滇东北；陕西南部、湖北西部、湖南西部、四川东部、贵州北部、安徽西部；中国特有；标本号：ZT1268。

棱纹玉山竹（箭竹）*Yushania grammata* Yi 灌木状；海拔 1270m，石灰岩山坡地；保护区内常见；威信；中国特有；标本未采，文献记录种。

泡滑竹 *Yushania mitis* Yi 灌木；笋可食；秆为编织造纸用材；涵养水源、水土保持；海拔 1800～2500m，坡地，形成纯林或与灌木成块混交；保护区内罗汉坝龙潭沟、小草坝；永善；云南昭通特有；标本号：ZT2217、ZT1927。

海竹 *Yushania qiaojiaensis* Hsueh et Yi 灌木；海拔 3100m，草甸；保护区内小草坝后河；巧家；云南昭通特有；标本号：ZT1972；样地号：样 060803-1、样 060803-2。

裸箨海竹 *Yushania qiaojiaensis* Hsueh et Yi f. nuda Yi 灌木状；笋可食；编织用材；海拔 2050m，沼泽地之草甸上；保护区内常见；永善；云南昭通特有；标本未采，文献记录种。

黄壳竹 *Yushania straminea* Yi 灌木；竿供制楼板或编竹笠；海拔 2300～2600m，山坡灌丛中；保护区内三江口三角顶；永善；云南昭通特有；标本号：ZT986。

绥江玉山竹（毛毛竹）*Yushania suijiangensis* Yi 灌木；海拔 1300～1500m，山地常绿阔叶林中；保护区内小草坝、朝天马林区、小沟；绥江；贵州；中国西南特有；标本号：ZT2091、ZT2121、ZT2085、ZT2033、ZT1803、ZT1816。

主要参考文献

哀牢山自然保护区综合考察团. 1988. 哀牢山自然保护区综合考察报告集[M]. 昆明: 云南民族出版社.

安树青. 2003. 湿地生态工程[M]. 北京: 化学工业出版社.

陈本明. 1999. 朱提文化论[M]. 昆明: 云南民族出版社.

陈冀胜, 郑硕. 1987. 中国有毒植物[M]. 北京: 科学出版社.

陈灵芝. 1993. 中国的生物多样性现状及其保护对策[M]. 北京: 科学出版社.

陈小勇. 2013. 云南鱼类名录[J]. 动物学研究, 34(4): 281-343.

陈宜瑜. 1998. 中国动物志: 硬骨鱼纲: 鲤形目:中卷[M]. 北京: 科学出版社.

陈银瑞, 李再云, 陈宜瑜. 1983. 程海鱼类区系的来源及其物种分化[J]. 动物学研究, 4(3): 227-233.

陈永森. 1998. 云南省志 • 地理志: 云南动物地理[M]. 昆明: 云南人民出版社.

褚新洛. 1989. 我国鲇形目鱼类的地理分布[J]. 动物学研究, 10(3): 251-261.

褚新洛, 陈银瑞. 1989. 云南鱼类志:上册[M]. 北京: 科学出版社.

褚新洛, 陈银瑞. 1990a. 云南鱼类志:下册[M]. 北京: 科学出版社.

褚新洛, 陈银瑞. 1990b. 云南鱼类志:下册[M]. 北京: 科学出版社.

褚新洛, 郑葆珊, 戴定远. 1999. 中国动物志: 硬骨鱼纲: 鲇形目[M]. 北京: 科学出版社.

代应贵, 李敏. 2006. 梵净山及邻近地区鱼类资源的现状[J]. 生物多样性, 14(1): 55-64.

戴芳澜. 1979. 中国真菌总汇[M]. 北京: 科学出版社.

戴玉成. 2005. 中国林木病原腐朽菌图志[M]. 北京: 科学出版社.

党承林, 王宝荣. 1997. 西双版纳沟谷热带雨林的种群动态与稳定性[J]. 云南植物研究, 增刊Ⅸ: 77-82.

邓其祥, 余志伟, 吴毅. 1992. 云南省东北部两栖爬行动物调查[J]. 四川师范学院学报(自然科学版), 13(3): 161-166.

丁瑞华. 1994. 四川鱼类志[M]. 成都: 四川科学技术出版社.

丁涛. 2006. 云南澜沧江自然保护区中山湿性常绿阔叶林群落多样性研究[D]. 昆明: 西南林业大学硕士学位论文.

东北林学院. 1981. 土壤学:下册[M]. 北京: 中国林业出版社.

范文钟. 2003. 昭通历史文化论述[M]. 昆明: 云南民族出版社.

方承莱. 2000. 中国动物志:昆虫纲鳞翅目灯蛾科[M]. 北京: 科学出版社.

冯明汉. 1989. 人口膨胀、粮食的困扰是贵州“四县”加剧水土流失的根源[C]//长江流域水土保持学术讨论会论文集: 90-94.

冯志舟, 等. 1998. 云南珍稀树木[M]. 北京: 中国世界语出版社.

傅立国, 洪涛. 2000. 中国高等植物:第四卷[M]. 青岛: 青岛出版社.

高启平, 冷永智. 2002. 大口鲇的生物学和池塘养殖技术[J]. 渔业现代化, 4: 18-19.

龚正达, 吴厚永, 段兴德, 等. 2001. 云南横断山区小型兽类物种多样性与地理分布趋势[J]. 生物多样性, 9(1): 73-79.

贵州环境保护司. 1989. 贵州珍稀濒危植物[M]. 北京: 中国环境科学出版社.

贵州森林编辑委员会. 1992. 贵州森林[M]. 贵阳: 贵州科技出版社/北京: 中国林业出版社: 284-302.

贵州省林业厅. 2000. 贵州野生珍贵植物资源[M]. 北京: 中国林业出版社.

贵州省遵义地区行政公署环境保护局. 1985. 宽阔水林区科学考察集[M]. 贵阳: 贵州人民出版社: 93-109.

何纪昌, 刘振华. 1985. 从滇池鱼类区系变化论滇池鱼类数量变动及其原因[J]. 云南大学学报, 7(增刊): 29-36.

何晓瑞, 谢恩堂, 马世来, 等, 1980. 滇东北部金沙江岸鸟类调查报告[J]. 动物学研究, 1(2): 197-219.

贺新生. 2011. 四川盆地蕈菌图志[M]. 北京: 科学出版社.

胡进耀, 苏智先, 黎云祥. 2003. 珙桐生物学研究进展[J]. 中国野生植物资源, 22(4): 15-19.

湖北省水生生物研究所鱼类研究室. 1976. 长江鱼类[M]. 北京: 科学出版社.

湖南森林编辑委员会. 1991. 湖南森林[M]. 长沙: 湖南科学技术出版社.

黄复生. 1987. 云南森林昆虫[M]. 昆明: 云南科技出版社.

黄年来. 1998. 中国大型真菌原色图鉴[M]. 北京: 中国农业出版社.

黄威廉, 屠玉麟, 杨龙. 1988. 贵州植被[M]. 贵阳: 贵州人民出版社.

黄为鸾. 1991. 四川江河鱼类资源与利用保护[M]. 成都: 四川科学技术出版社.

辉朝茂, 杨宇明. 1999. 优质笋田竹产业开发利用[M]. 北京: 中国林业出版社.

贾良智, 周俊. 1987. 中国油脂植物[M]. 北京: 科学出版社.

江苏新医学院. 1985. 中药大辞典[M]. 上海: 上海科技出版社.

蒋学龙. 2000. 景东无量山哺乳动物及区系地理学研究[D]. 昆明: 中国科学院昆明动物研究所博士学位论文.

蒋学龙, 王应祥, 靖美东. 2002. 永德大雪山自然保护区综合考察报告[M].

乐佩琦. 2000. 中国动物志: 硬骨鱼纲: 鲤形目: 下卷[M]. 北京: 科学出版社.

乐佩琦, 陈宜瑜. 1998. 中国濒危动物红皮书: 鱼类[M]. 北京: 科学出版社.

雷耘, 汪正祥, 刘胜祥, 等. 2005. 中亚热带南部与北部的亮叶水青冈林的比较研究[J]. 华中师范大学学报(自然科学版), 39(2): 249-255.

李承三. 1956. 长江发育史[J]. 人民长江, 12: 5-8.

李传隆, 等. 1995. 云南蝴蝶[M]. 北京: 中国林业出版社.

李思忠. 1981. 中国淡水鱼类的分布区划[M]. 北京: 科学出版社.

李四光, 1950. 中国地质学纲要[M]. 南京: 正风出版社.

李四光. 1973. 地壳构造与地壳运动[J]. 中国科学, 4: 64-93.

李轩, 陈迎辉, 彭春良, 等. 1998. 湖南珙桐资源的保护和综合开发模式初探[J]. 湖南林业科技, 25(1): 45-47.

林晓民, 李振岐, 侯军, 等. 2005. 大型真菌的生态类型[J]. 西北农林科技大学学报(自然科学版), 33(2): 90-94.

刘洪恩. 1989. 国土整治与南方水土保持[C]//长江流域水土保持学术讨论会论文集: 95-99.

刘友樵, 李广武. 2002. 中国动物志: 昆虫纲鳞翅目卷蛾科[M]. 北京: 科学出版社.

罗汝英. 1992. 土壤学[M]. 北京: 中国林业出版社.

罗天浩. 1994. 森林药物资源学[M]. 北京: 国际文化出版公司.

马世来, 王应祥. 1988. 中国现代灵长类的分布、现状及保护[J]. 兽类学报, 8(4): 250-260.

马世来, 王应祥, 徐龙辉. 1986. 麂属(Muntiacus)的分类及其系统发育研究[J]. 兽类学报, 6(3): 191-209.

卯晓岚. 2000. 中国大型真菌[M]. 郑州: 河南科学技术出版社.

卯晓岚. 2009. 中国蕈菌[M]. 北京: 科学出版社.

彭彪, 宋建英. 2004. 竹类高效培育[M]. 福州: 福建科学技术出版社.

彭鸿绶, 高耀亭, 陆长坤, 等. 1962. 四川西南和云南西北部兽类的分类研究[J]. 动物学报, 14(增刊): 105-132.

彭华. 1997. 无量山种子植物区系的特有现象[J]. 云南植物研究, 19(1): 1-14.

任美锷. 1959. 云南西北部金沙江河谷地貌与河流袭夺问题[J]. 地理学报, 25(2): 135-155.

戎郁萍, 赵萌莉, 韩国栋, 等. 2004. 草地资源可持续利用原理与技术[M]. 北京: 化学工业出版社.

沈泽昊, 林洁, 金义兴, 等. 1998. 四川都江堰龙池地区珙桐群落生态初步研究[J]. 武汉植物学研究, 16(1): 54-64.

史德明, 等. 1989. 长江流域的土壤侵蚀与泥沙控制问题[C]//长江流域水土保持学术讨会论文集: 100-103.

四川森林编辑委员会. 1992. 四川森林[M]. 北京: 中国林业出版社.

四川植被协作组. 1980. 四川植被[M]. 成都: 四川人民出版社.

宋永昌. 2001. 植被生态学[M]. 上海: 华东师范大学出版社.

汪松, 解焱. 2004. 中国物种红色名录[M]. 北京: 高等教育出版社.

王荷生. 1989. 中国种子植物特有属起源与探讨[J]. 云南植物研究, 16(3): 209-220.

王应祥. 2003. 中国哺乳动物种和亚种分类名录与分布大全[M]. 北京: 中国林业出版社.

王应祥, 等. 1994. 云南无量山自然保护区科学考察报告[R]. 云南省无量山自然保护区管理所: 94-110.

王应祥, 岩崑, 等. 2006. 中国哺乳动物彩色图鉴[M]. 北京: 中国林业出版社.

王应祥, 杨光荣. 1989. 云南医学动物名录[M]. 昆明: 云南科技出版社.

王酉之, 胡锦矗. 1999. 四川兽类原色图鉴[M]. 北京: 中国林业出版社.

王宗训. 1989. 中国资源植物利用手册[M]. 北京: 中国科学技术出版社.

危起伟. 2012. 长江上游珍稀特有鱼类国家级自然保护区科学考察[M]. 北京: 科学出版社.

吴坚, 王常禄. 1995. 中国蚂蚁[M]. 北京: 中国林业出版社.

吴江, 吴明森. 1990. 金沙江的鱼类区系[J]. 四川动物, 9(3): 23-26.

吴征镒. 1980. 中国植被[M]. 北京: 科学出版社.

吴征镒. 1991. 中国种子植物属的分布区类型[J]. 云南植物研究, (增刊Ⅱ): 1-139.

吴征镒. 1993. 中国种子植物属的分布区类型的增刊和勘误[J]. 云南植物研究(增刊Ⅳ): 141-178.

吴征镒. 2003. 中国被子植物科属综论[M]. 北京: 科学出版社.

吴征镒, 孙航, 等. 2005. 中国植物区系中的特有性及其起源和分化[J]. 云南植物研究, 27(6): 577-604.

吴征镒, 周浙昆, 孙航, 等. 2006. 种子植物分布区类型及其起源和分化[M]. 昆明: 云南科技出版社.

吴征镒, 路安民, 汤彦承, 等. 2003. 中国被子植物科属综论[M]. 北京: 科学出版社.

吴征镒, 周浙昆. 2003. 世界种子植物科的分布区类型[J]. 云南植物研究, 25(3): 245-257.

伍献文, 杨干荣, 乐佩琦, 等. 1979. 中国经济动物志: 淡水鱼类[M]. 2 版. 北京: 科学出版社.

武春生. 1997. 中国动物志: 鳞翅目祝蛾科[M]. 北京: 科学出版社.

武春生, 方承莱. 2003. 中国动物志: 昆虫纲鳞翅目舟蛾科[M]. 北京: 科学出版社.

武云飞, 吴翠珍. 1990. 滇西金沙江河段鱼类区系的初步分析[M], 高原生物学集刊, 9: 63-75.

西南林学院, 云南林业调查规划设计院, 云南省林业厅. 1995. 高黎贡山国家级自然保护区[M]. 北京: 中国林业出版社.

西南林学院, 云南省林业厅. 1990. 云南树木志[M]. 昆明: 云南科技出版社.

西南林学院, 云南省林业厅, 中甸县林业局. 2002. 云南碧塔海自然保护区综合科学考察报告[M].

西南农业大学. 1989. 土壤学: 南方本 2 版. [M]. 北京: 农业出版社.

萧刚柔. 1997. 拉汉英昆虫、蜱螨、蜘蛛、线虫名称[M]. 北京: 中国林业出版社.

熊毅, 李庆逵. 1987. 中国土壤[M]. 北京: 科学出版社.

西双版纳自然保护区综合考察团. 1987. 西双版纳自然保护区综合考察报告集[M]. 昆明: 云南科技出版社.

徐正会. 2002. 西双版纳自然保护区蚁科昆虫生物多样性研究[M]. 昆明: 云南科技出版社.

薛大勇, 朱弘复. 1999. 中国动物志:昆虫纲鳞翅目尺蛾科花尺蛾亚科[M]. 北京: 科学出版社.

薛纪如, 杨宇明. 1995. 云南竹类资源及其开发利用[M]. 昆明: 云南科技出版社.

杨岚, 等. 1995. 云南鸟类志(上卷)[M]. 昆明: 云南科技出版社.

杨岚, 等. 2004. 云南鸟类志(下卷)[M]. 昆明: 云南科技出版社.

杨宇明, 等. 2003. 云南铜壁关自然保护区科学考察研究[M]. 昆明: 云南科技出版社.

杨宇明, 杜凡. 2002. 中国南滚河国家级自然保护区[M]. 昆明: 云南科技出版社.

杨宇明, 杜凡. 2006. 云南铜壁关自然保护区综合考察研究[M]. 昆明: 云南科技出版社.

杨宇明, 辉朝茂. 1998. 材用竹资源工业化利用[M]. 昆明: 云南科技出版社.

杨宇明, 辉朝茂. 1999. 云南竹类植物地理分布区划研究[J]. 竹子研究汇刊, 18(2): 19-27.

杨宇明, 刘宁. 1992. 云南陆栖脊椎动物地理区划[J]. 西南林学院学报, 12(1): 88-95.

杨宇明, 刘宁. 1999. 云南陆栖脊椎动物生态地理动物群的划分及其资源评价[J]. 生态经济, 1: 21-31.

杨宇明, 田昆, 和世钧. 2008. 云南文山国家级自然保护区科学考察研究[M]. 北京: 科学出版社.

杨宇明, 王娟, 王建皓. 2008. 云南生物多样性及其保护[M]. 北京: 科学出版社.

应建浙, 藏穆. 1994. 西南地区大型经济真菌[M]. 北京: 科学出版社.

应建浙, 卯晓岚, 马启明, 等. 1987. 中国药用真菌图鉴[M]. 北京: 科学出版社.

应俊生, 张玉龙. 1994. 中国种子植物特有属[M]. 北京: 科学出版社.

应俊生, 张志松. 1984. 中国植物区系中的特有现象——特有属研究[J]. 植物分类学报, 22(4): 259-268.

于晓东, 罗天宏, 周红章. 2005. 长江流域鱼类物种多样性大尺度格局研究[J]. 生物多样性, 13(6): 473-495.

于占湖. 2007. 大型真菌多样性及在森林生态系统中的作用[J]. 中国林副特产, 3: 81-85.

云南大学历史系, 省历史研究所云南地方史研究室. 1980. 云南冶金史[M]. 昆明: 云南人民出版社.

云南森林编写委员会. 1986. 云南森林[M]. 昆明: 云南科技出版社.

云南省林业厅, 迪庆藏族自治州人民政府、白马雪山国家级自然保护区管理局等. 1998. 白马雪山国家级自然保护区[M]. 昆明: 云南民族出版社.

云南省林业厅, 云南省林业调查规划设计院, 怒江傈僳族自治州人民政府等. 1998. 怒江自然保护区[M]. 昆明: 云南美术出版社: 329-354.

臧穆. 1980. 滇藏高等真菌的地理分布及其资源评价[J]. 云南植物研究, 2(2): 152-187.

臧穆. 2006. 中国真菌志:牛肝菌科(Ⅰ)[M]. 北京: 科学出版社.

臧穆, 黎兴江. 2013. 中国真菌志:牛肝菌科(Ⅱ)[M]. 北京: 科学出版社.

张崇秀. 2003. 南方大口鲇的健康养殖技术[J]. 养殖与饲料, 7: 30-31.

张光亚. 1984. 云南食用菌[M]. 昆明: 云南人民出版社.

张光亚. 1999. 中国常见食用菌图鉴[M]. 昆明: 云南科技出版社.

张家勋, 李俊清, 同宝顺, 等. 1995. 珙桐的天然分布和人工引种分析[J]. 北京林业大学学报, 17(1): 25-30.

张萍. 1999. 水青树的地理分布及生态生物学特性研究[J]. 烟台师范学院学报(自然科学版), 15(2): 148-150.

张庆, 等. 2007. 云南昭通北部金沙江地区的鱼类多样性及保护[C]//中国生物多样性保护与研究进展Ⅶ——第七届全国生物多样性保护与持续利用研讨会论文集. 北京: 气象出版社.

张庆, 周伟, 潘晓赋, 等. 2002. 滇西北中甸地区的鱼类[J]. 陕西师范大学学报(自然科学版), 30(增刊): 164-169.

张荣祖. 1979a. 试论中国陆栖脊椎动物地理特征—以哺乳动物为主[J]. 地理学报, 33(2): 85-101.

张荣祖. 1979b. 中国自然地理: 动物地理[M]. 北京: 科学出版社.

张荣祖. 1999. 中国动物地理[M]. 北京: 科学出版社. 1-81.

张荣祖. 2004. 中国动物地理[M]. 北京: 科学出版社.

张荣祖, 赵肯堂. 1978. 关于《中国动物地理区划》的修改[J]. 动物学报, 24(2): 196-202.

张颖, 周德群, 周彤燊, 等. 2012. 滇西北老君山的大型真菌分布及新记录种[J]. 菌物学报, 31(2): 196-212.

张增祺. 2000. 云南冶金史[M]. 昆明: 云南美术出版社.

张中印, 陈崇羔. 2002. 中国实用养蜂学[M]. 郑州: 河南科技出版社.

昭通地区社会科学界联合会. 1999. 朱提文化研究论丛[M]. 昆明: 云南民族出版社.

赵继鼎. 1998. 中国真菌志:第三卷[M]. 北京: 科学出版社.

赵学敏. 2005. 湿地: 人与自然和谐共存的家园[M]. 北京: 中国林业出版社.

赵仲苓. 2003. 中国动物志:昆虫纲鳞翅目毒蛾科[M]. 北京: 科学出版社.

郑光美. 2005. 中国鸟类分类与分布名录[M]. 北京: 科学出版社.

郑作新. 1987. 中国鸟类区系纲要:英文版[M]. 北京: 科学出版社.

郑作新, 等. 1997. 中国动物志:鸟纲:第一卷[M]. 北京: 科学出版社.

郑作新, 张荣祖. 1959. 中国动物地理区划(初稿)[M]. 北京: 科学出版社.

中国科学院南京土壤研究所. 1977. 土壤理化分析[M]. 上海: 上海科学技术出版社.

中国科学院青藏高原综合考察队. 1992. 横断山区昆虫:第一册[M]. 北京: 科学出版社

中国科学院青藏高原综合考察队. 1993. 横断山区昆虫:第二册[M]. 北京: 科学出版社.

中国科学院青藏高原综合科学考察队. 1981. 青藏高原隆起的朝代/幅度和形式问题[C]. 北京: 科学出版社.

中国湿地植被编辑委员会. 1999. 中国湿地植被[M]. 北京: 科学出版社.

中国植被编辑委员会. 1980. 中国植被[M]. 北京: 科学出版社.

周伟. 2000. 云南湿地生态系统鱼类物种濒危机制初探动物学研究[J]. 生物多样性, 8(2): 163-168.

周伟. 等. 2010 年. 云南碧塔海自然保护区[M]. 昆明: 云南出版集团公司云南科技出版社.

周尧. 1994. 中国蝶类志[M]. 郑州: 河南科学技术出版社.

朱道清. 1993. 中国水系大辞典[M]. 山东: 青岛出版社.

朱鹤健, 何宜庚. 1992. 土壤地理学[M]. 北京: 高等教育出版社.

朱弘复, 王林瑶. 1991. 中国动物志:昆虫纲鳞翅目圆钩蛾科、钩蛾科[M]. 北京: 科学出版社.

朱弘复, 王林瑶. 1996. 中国动物志:昆虫纲鳞翅目蚕蛾科、大蚕蛾科[M]. 北京: 科学出版社.

朱松泉. 1989. 中国条鳅志[M]. 南京: 江苏科学技术出版社.

朱松泉. 1995. 中国淡水鱼类检索[M]. 南京: 江苏科学技术出版社.

中国科学院青藏高原综合科考察队. 1981. 青藏高原隆起的时代、幅度和形式问题[M]. 北京: 科学出版社.

中国科学院《中国自然地理》编辑委员会. 1983. 中国自然地理: 植物地理: 上册[M]. 北京: 科学出版社.

邹桂伟, 罗相忠, 潘光碧, 等. 2002. 大口鲇苗种规模化繁育的关键技术[J]. 上海海洋大学学报, 11(2): 124-128.

邹长铭. 1999. 新编昭通风物志[M]. 昆明: 云南人民出版社.

Boa E, 2004. Wild edible fungi: a global overview of their use and importance to people. Non-wood forest products[J]. Rome: Food and Agriculture Organization of the United Nations.

Chang Y T, Huang C C. 1988. Notes on fagaceae(Ⅱ)[J]. Acta Phytotaxonomica Sinica, 26: 111-119.

Chen Z Z, He K, Huang C, et al. 2017. Integrative systematic analyses of the genus *Chodsigoa* (Mammalia: Eulipotyphla: Soricidae), with descriptions of new species[J]. Zoological Journal of the Linnean Society, 180: 694-713.

Cheng F, Ke K, Chen Z Z, et al. 2017. Phylogeny and systematic revision of the genus *Typhlomys* (Rodentia, Platacanthomyidae), with description of a new species[J]. Journal of Mammalogy, 98: 731-743.

Cronquist A. 1981. An Integrated System of Classification of Flowering Plants[M]. Wew York Columbia University Press.

Kirk P M, Cannon P F, Minter D W, et al. 2008. Dictionary of the Fungi 10th[M]. Wallingford, UK: CAB International.

Liu X, Xu Z H. 2011. Three new species of the ant genus *Stenamma* (Hymenoptera: Formicidae) from Himalaya and the Hengduan Mountains with a revised key to the known species of the Palaearctic and Oriental regions[J]. Sociobiology, 58(3): 733-747.

Mackinnon J, Meng S, Cheung C, et al. 1996. A bioliversity Review of China[M]. Hong Kong: WWF International.

Takhtajan A L. 1980. Outline of the classification of flowering plants (magnoliophyta) [J]. Botanical Review, 46(3): 225-359.

Thomas O. 1911. A new vole from eastern Asia[J]. Ann Mag Nat Hist, 7 (8): 383-384.

Wang G, Shi F M 2009. A review of the genus *Abaxisotima* Gorochov, 2005 (Orthoptera: Tettigoniidae: Phaneropterinae) [J]. Zootaxa, 2325: 29-34.

Wilson D E, Reeder D M. 2005. Mammal species of the world: a taxonomic and geographic reference[C]. 3rd ed. Baltimore, EE. UU. The Johns Hopkins University Press.

Yang Y M, Tian K. 2004. Biodiversity and biodiversity conservation in Yunnan[J]. Biodiversity and Conservative, 13: 813-826.

Yang Z L. 2002. On wild mushroom resources and their utilization in Yunnan Province southwestern China[J]. Journal of Natural Resources, 17: 464-469.

云南乌蒙山国家级自然保护区综合科学考察组成机构及人员

一、考察团组成单位

项目主持单位：昭通市林业和草原局
云南乌蒙山国家级自然保护区管护局
科考主持单位：西南林业大学
科考参加单位：中国科学院昆明动物研究所
云南大学
云南师范大学
云南省社会科学院
云南省林业调查规划院
盐津县林业和草原局
大关县林业和草原局
永善县林业和草原局
彝良县林业和草原局
威信县林业和草原局

二、考察团领导机构与人员

1.领导小组组长：高正文　原云南省生态环境厅一级巡视员
陈宝昆　时任西南林业大学党委书记、教授
张登亮　时任昭通市委副书记

副组长：杨宇明　时任西南林业大学副校长、教授
司志超　时任云南省林业厅保护办主任
赵晓东　时任云南省林业厅科教处处长
王映平　时任西南林业大学纪委书记
罗惠安　时任昭通市人大常委会副主任
邬永飞　时任昭通市人民政府副市长
郎学秾　时任昭通市政协副主席

胡智雄　时任昭通市人民政府副秘书长

领导小组成员：钟明川　云南省林业和草原科学院院长
张正鸣　时任云南省生态环境厅自然生态保护处处长
齐义俐　时任云南省林业厅保护办副主任
和世钧　西南林业大学生物多样性与自然保护中心执行主任、教授
沈茂斌　西南林业大学副教授
田　昆　西南林业大学教授
杜　凡　西南林业大学教授
王　娟　西南林业大学教授
郝流勇　昭通市政协副主席、时任昭通市财政局副局长
彭　霓　昭通市政协副主席、时任昭通市发改委副主任
黄光瑞　昭通市人大常委会秘书长、时任昭通市林业和草原局副局长
成　刚　昭通市林业和草原局局长
马廷光　时任昭通市林业局局长
马　良　云南乌蒙山国家级自然保护区管护局局长
杨　科　云南乌蒙山国家级自然保护区管护局副局长
周曙光　时任昭通市旅游局局长
赵　明　时任昭通市人事局副局长
李　平　时任昭通市国土资源局副局长
田　敏　时任昭通市生态环境局副局长
杨国礼　时任昭通市农业农村局副局长
周远全　时任昭通市水利局副局长
田　文　时任大关县人民政府副县长
龙巨川　时任永善县人民政府助理调研员
吴　平　时任彝良县人民政府副县长
姜荣学　时任威信县人民政府副县长

2. 团长：陈宝昆　时任西南林业大学党委书记、教授
副团长：杨宇明　时任西南林业大学副校长、教授
马廷光　时任昭通市林业和草原局局长
马　良　云南乌蒙山国家级自然保护区管护局局长
王映平　时任西南林业大学纪委书记
和世钧　西南林业大学生物多样性与自然保护中心执行主任、教授
沈茂斌　西南林业大学副教授

3. 考察团办公室主任：杨　科　沈茂斌　马廷光
副主任：和世钧　王　娟　董勤益　龙素英　杜　凡　田　昆

龙元丽　赵　峰　成　庚　周　华

成　员：万海龙　张晓燕　唐正森　韦儒将　吴兴平　曹安江
易祥波　李　伟　李　红　刘荣奎　徐兴明　张启海
余　挺　陈知勇　成联祥　李显碧　冯启志　李朝强
李连洲　张松明　邓全辉　赵凤喜　宋明学　赵志强

三、综合科学考察团各专题成员

1.综合评述专题：李茂彪　王　娟　杨宇明　杜　凡　和世钧　刘祥义
2.地质地貌专题：陈永森　王霞斐
3.水文气候专题：王霞斐　陈永森
4.土壤专题：贝荣塔　陆　梅　田　昆　罗云云
5.蕨类植物专题：陆树刚　段玉青　王　奕
6.植物区系专题：王　娟　杜　凡　杨　科　丁　莉　黄礼梅　杨　跃
7.植被专题：杜　凡　王　娟　杨　科　石翠玉　罗　勇　刘宗杰　宋睿飞
8.珍稀濒危保护植物专题：王　娟　杨　科　龙元丽　苏文萍　毛建坤
9.竹类专题：杜　凡　罗柏青　甘万勇　曹安江
10.资源植物专题：覃家理　杜　凡　王　娟　杨　科　赫尚丽　罗凤晔
11.高等真菌专题：杨　斌　周彤燊　杨祝良　唐正森　刘柏元　张凤良　蒋家红
12.哺乳动物专题：蒋学龙　王应祥　冯　庆　周昭敏　林　苏
13.鸟类专题：韩联宪　杨　岚
14.两栖爬行类专题：饶定齐
15.鱼类专题：周　伟　张　庆　李凤莲　付　蔷　白　冰
16.昆虫专题：徐正会　吴兴平　郭　萧　陈龙官　姜海波
17.生物多样性评价专题：王　娟　李茂彪　李红英　和世钧　杨宇明　王建皓
18.社会经济专题：王映平　易祥波　陈　婷
19.民族历史文化专题：孙　瑞　李红英
20.生态旅游专题：王四海　李红英
21.社会林业专题：周　远　龙元丽
22.建设与管理专题：杨　科　和世钧　马　华　莫景林　李茂彪　龙素英　赵　峰
马　良　成　庚　周　华　曹安江　易祥波　李　伟
23.植物名录专题：杜　凡　王　娟　覃家理　丁　莉　黄礼梅　石翠玉　赫尚丽
罗柏青　苏文萍
24.摄影、摄像专题：孙茂盛　周雪松　杨宇明
25.制图专题：周汝良　刘智军　李海峰
26.统校稿：王　娟　李茂彪　和世钧　杨宇明　杜　凡　王建皓　朱林栋

四、参加考察工作的其他人员

马海妮　王　云　王　琳　王永才　王清涛　尹定武　邓富进　卯兴标　朱绍波
刘世凤　刘兴斌　李正强　李明权　李鹏映　杨永冰　杨贤洪　吴文友　张兴勇
张育才　陈　蕊　范　嘉　林云龙　虎　鑫　罗祥毅　周训平　周训林　周春琴
郑万磊　荣　坤　胡　东　胡正彪　姜　娅　郭文燊　陶　华　黄　勇　黄朝富
符义宏　谢平厚　雷吉琴　谭奕林　潘　东

保护区远眺　　保护区远眺

春暖花开　　凉爽盛夏

层林尽染　　冬雪覆盖

保护区景观

小草坝景观

小岩方片区远眺

三江口片区远眺

云山雾绕朝天马片区

朝天马片区阔叶林

朝天马片区湿地

三江口片区湿地

罗汉坝片区湿地

三江口瀑布景观

小草坝瀑布景观

朝天马片区的阔叶林

三江口片区的阔叶林

三江口片区阔叶林下景观

小岩方片区筇竹林

海子坪片区阔叶林

珙桐林
Form. *Davidia involucrata*

十齿花林
Form. *Dipentodon sinicus*

水青树林
Form. *Tetracentron sinense*

筇竹林
Form. *Qiongzhuea tumidinoda*

毛竹林
Form. *Phyllostachys edulis*

峨眉栲林
Form. *Castanopsis platyacantha*

珙桐 *Davidia involucrata*
国家 I 级重点保护野生植物

南方红豆杉 *Taxus wallichiana* var. *mairei*
国家 I 级重点保护野生植物

福建柏 *Fokienia hodginsii*
国家 II 级重点保护野生植物

连香树 *Cercidiphyllum japonicum*
国家 II 级重点保护野生植物

十齿花 *Dipentodon sinicus*
国家Ⅱ级重点保护野生植物

水青树 *Tetracentron sinense*
国家Ⅱ级重点保护野生植物

天麻 *Gastrodia elata*
珍稀濒危植物

筇竹 *Qiongzhuea tumidinoda*
国家Ⅱ级重点保护野生植物

领春木 *Euptelea pleiosperma*
珍稀濒危植物　稀有

青榨槭 *Acer davidii*
《中国物种红色名录》保护物种　无危

五裂槭 *Acer oliverianum*
《中国物种红色名录》保护物种　无危

滇刺榛(刺榛) *Corylus ferox*
《中国物种红色名录》保护物种　易危

木瓜红 *Rehderodendron macrocarpum*
《中国物种红色名录》保护物种　易危

梯叶花楸 *Sorbus scalaris*
《中国物种红色名录》保护物种　极危

金佛山方竹 *Chimonobambusa utilis*
笋食用-食用植物

猫儿屎 *Decaisnea insignis*
食用植物

葛枣猕猴桃 *Actinidia polygama*
食用植物

宜昌橙 *Citrus ichangensis*
芳香油植物

红麸杨 *Rhus punjabensis* var.*sinica*
油脂植物

野核桃 *Juglans cathayensis*
食用植物

水青冈 *Fagus longipetiolata*
材用植物

华西枫杨 *Pterocarya insignis*
材用植物

大叶椴 *Tilia nobilis*
纤维和绿化等植物　中国特有植物

天师栗 *Aesculus wilsonii*
重要观赏植物

灰岩蜡瓣花 *Corylopsis calcicola*
中国特有植物

头状四照花 *Dendrobenthamia capitata*
食用与观赏植物

大果花楸 *Sorbus megalocarpa*
中国特有植物　绿化观赏植物

山矾 *Symplocos sumuntia*
中国特有植物

长穗鹅耳枥 *Carpinus fangiana*
中国特有植物　用材植物

狭叶竹节参 *Panax japonicus* var. *angustifolius*
中国特有植物　药用植物

杨叶木姜子 *Litsea populifolia*
中国特有植物　芳香油植物

华木荷 *Schima sinensis*
中国特有　绿化观赏植物

连柱金丝桃*Hypericum cohaerens*
中国特有　绿化观赏植物

灰绒绣球 *Hydrangea mandarinorum*
中国特有　观赏花卉植物

晚绣花楸 *Sorbus sargentiana*
中国特有　绿化观赏植物

黄裙竹荪 *Dictyophora multicolor*
食用真菌

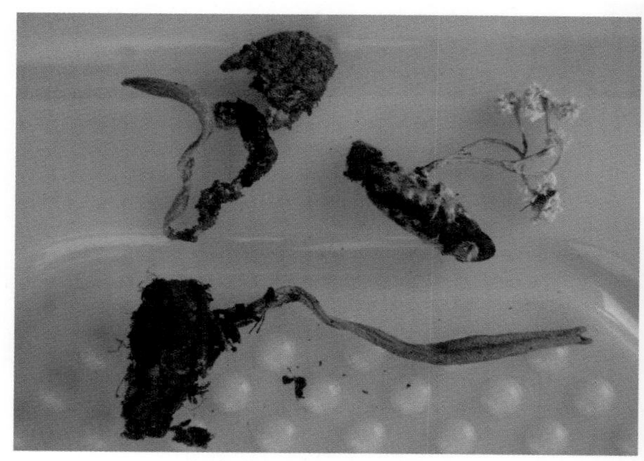

蛹虫草 *Cordyceps militaris*
药用真菌

大红菇 *Russula rubra*
食用真菌

硫色孔菌 *Laetiporus sulphureus*
食用真菌

金钱豹 *Panthera pardus*
国家Ⅰ级重点保护动物
CITES 附录Ⅰ保护动物

云豹 *Neofelis nebulosa*
国家Ⅰ级重点保护动物
CITES 附录Ⅰ保护动物

黑熊 *ursus thibetanus*
国家Ⅱ级重点保护动物
CITES附录Ⅰ保护动物

小熊猫*Ailurus fulgens*
国家Ⅱ级重点保护动物
CITES附录Ⅱ保护动物

穿山甲 *Manis pentadactyla*
国家Ⅱ级重点保护动物
CITES 附录Ⅱ保护动物

猕猴 *Macaca mulatta*
国家Ⅱ级重点保护动物
CITES 附录Ⅱ保护动物

苍鹭 *Ardea cinerea*

池鹭 *Ardeola bacchus*

大白鹭 *Egretta alba*

灰雁 *Anser anser*

赤麻鸭 *Tadorna ferruginea*

针尾鸭 *Anas acuta*

普通秋沙鸭 *Mergus merganser*

黑颈鹤*Grus nigricollis*

白腹锦鸡 *Chrysolophus amherstiae*
国家Ⅱ级重点保护野生动物

红腹角雉*Tragopan temminckii*
国家Ⅱ级重点保护野生动物

山斑鸠 *Streptopelia orientalis*

火斑鸠*Oenopopelia tranquebarica*

红隼 *Falco tinnunculus subsp. interstinctus*
国家Ⅱ级重点保护野生动物

大杜鹃 *Cuculus canorus*

黄嘴角鸮 *Otus spilocephalus*
国家Ⅱ级重点保护野生动物

大蹼铃蟾 *Bombina maxima*

华西雨蛙 *Hyla gongshanensis*

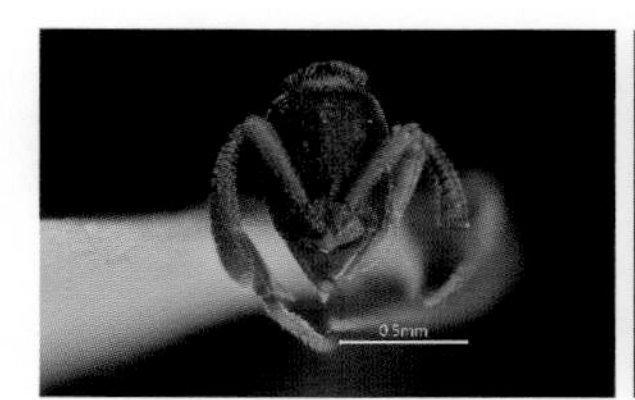

坝湾猛蚁 *Ponera bawana* Xu
工蚁照片

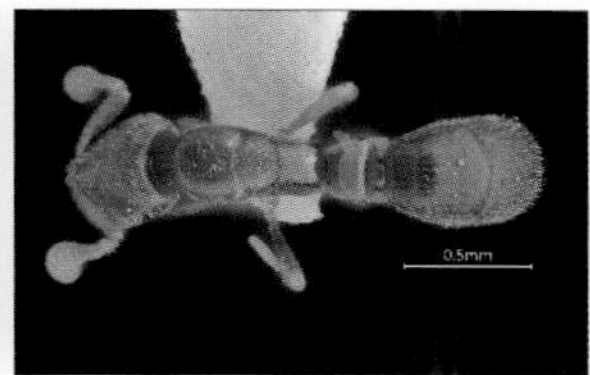

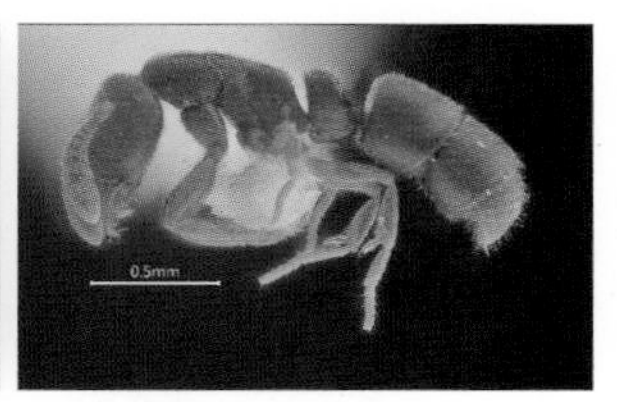

片马猛蚁 *Ponera pianmana* Xu
工蚁照片

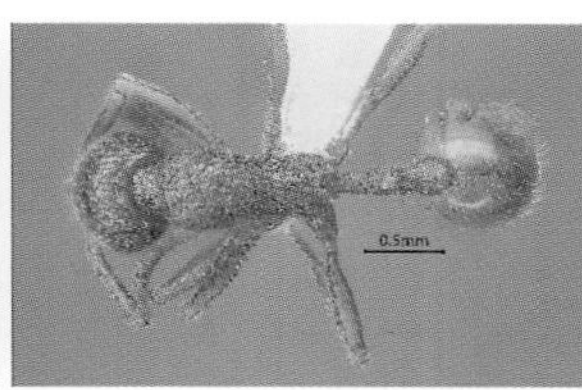

乌蒙窄结蚁 *Stenamma wumengense* Liu et Xu
工蚁照片

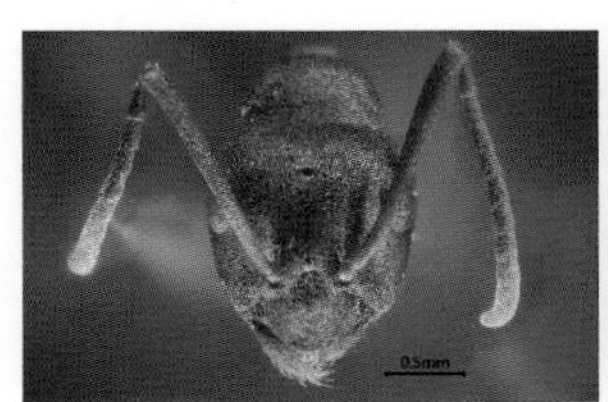

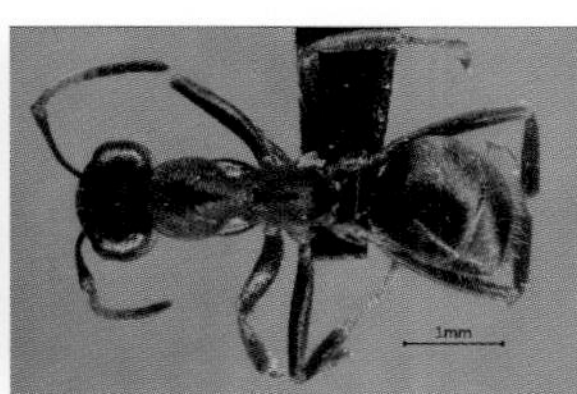

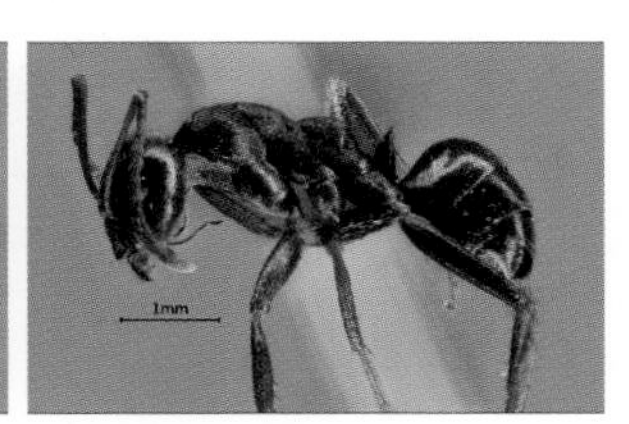

丝光蚁 *Formica fusca* Linnaeus
工蚁照片

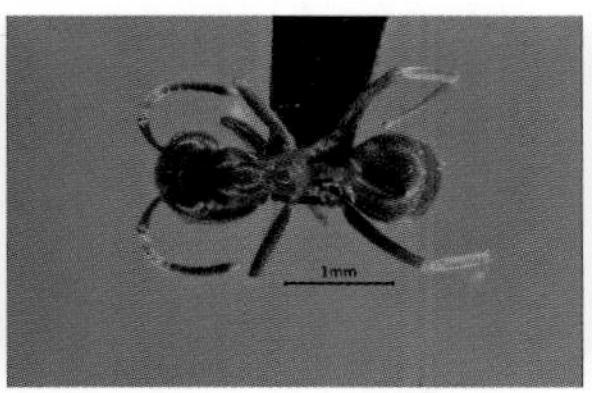

奇异毛蚁 *Lasius alienus*(Foerster)
工蚁照片

图一 云南乌蒙山国家级自然保护区土地利用图

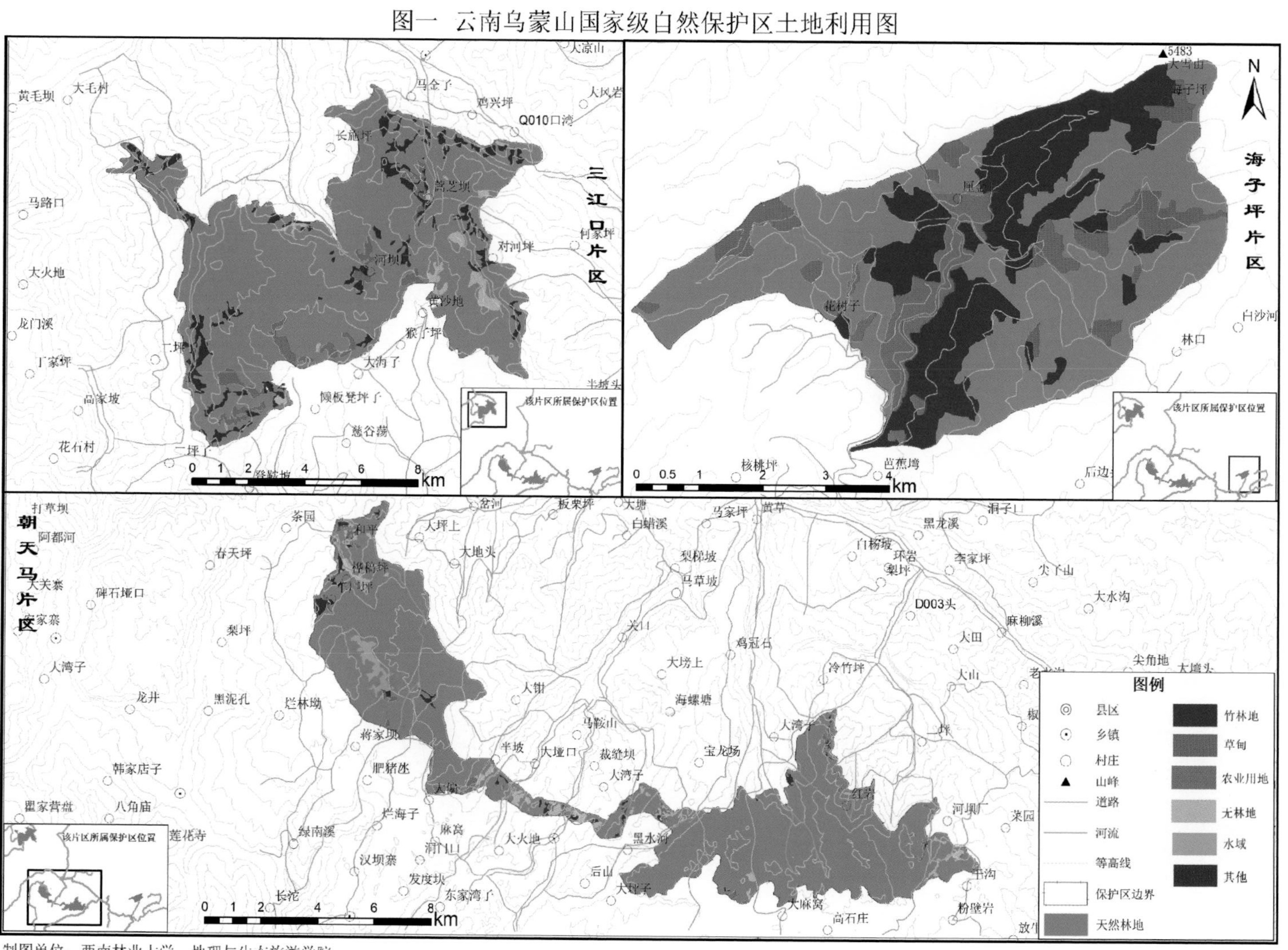

制图单位：西南林业大学 地理与生态旅游学院

图二 云南乌蒙山国家级自然保护区植被分布图

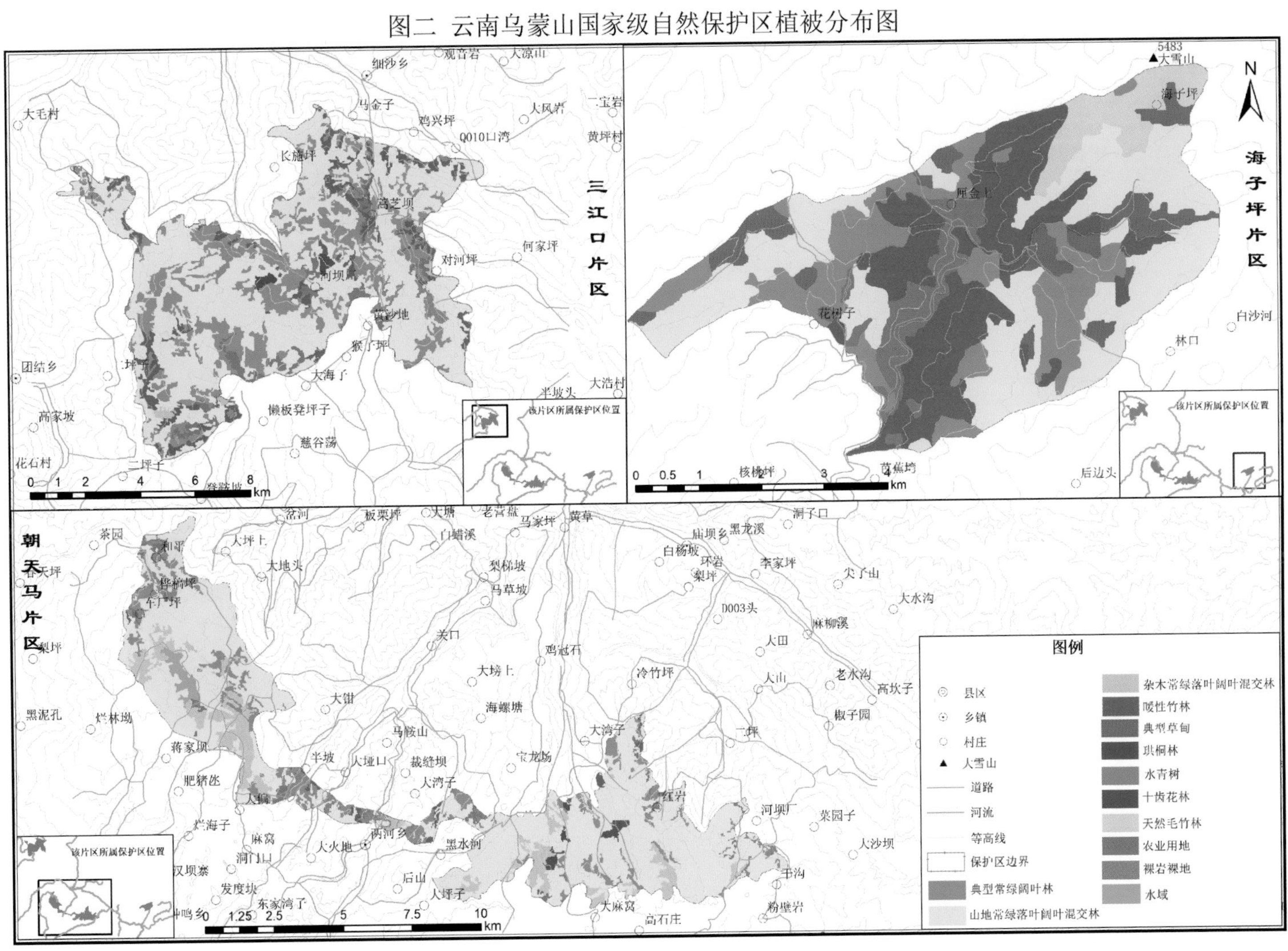

制图单位：西南林业大学 地理与生态旅游学院

图三 云南乌蒙山国家级自然保护区珍稀植物分布图

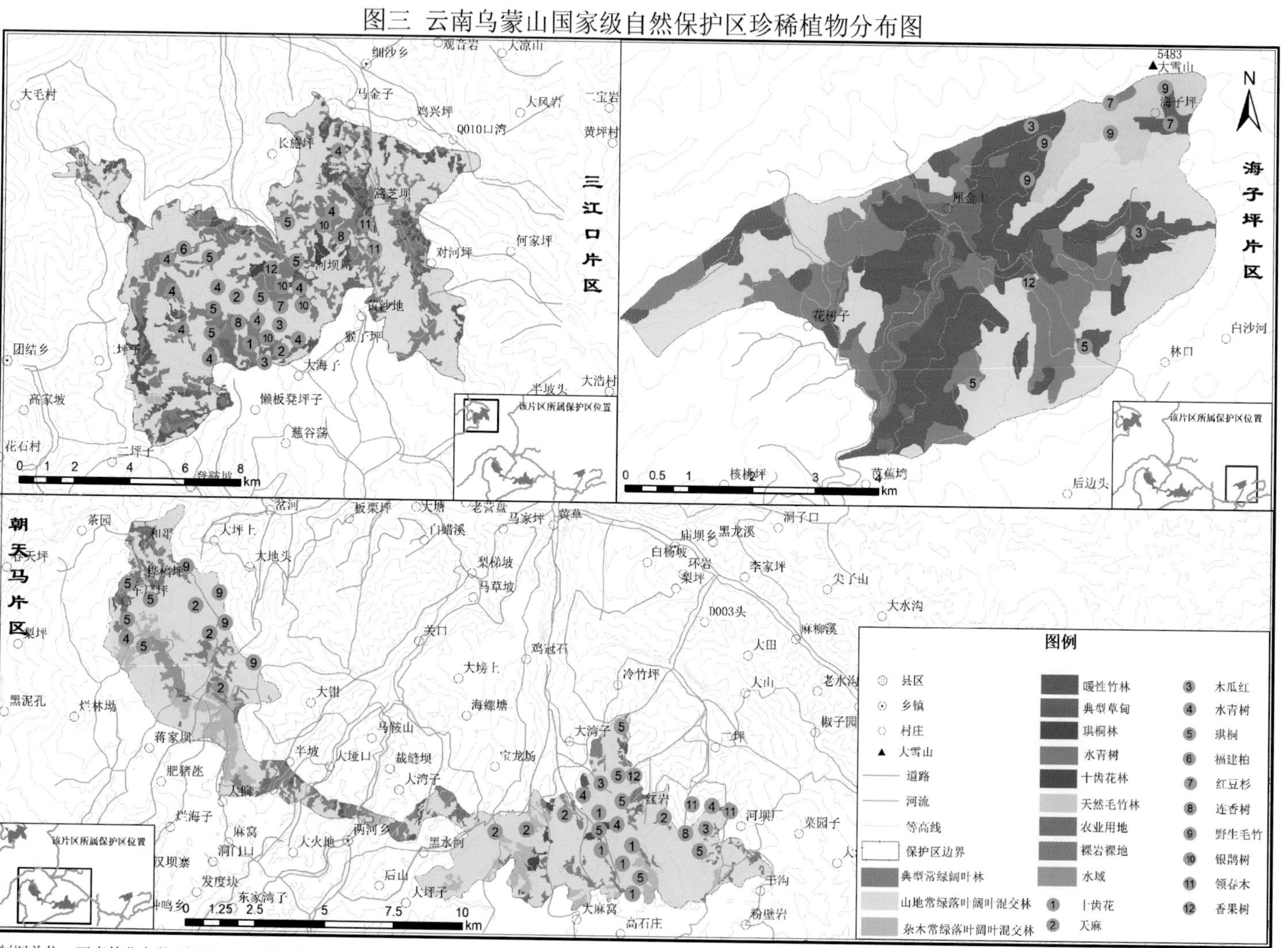

制图单位：西南林业大学 地理与生态旅游学院

图四 云南乌蒙山国家级自然保护区重点保护哺乳动物分布图

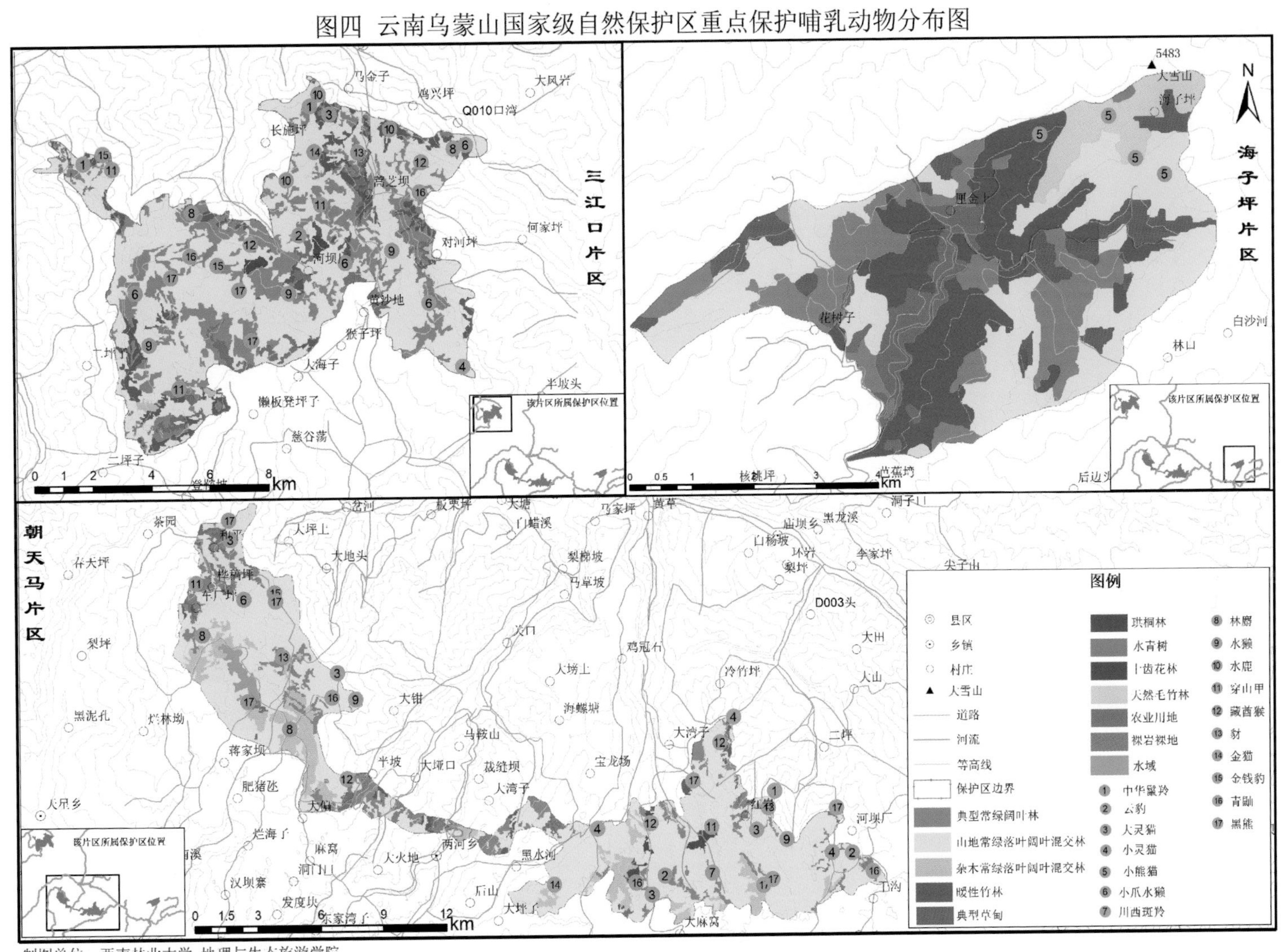

制图单位：西南林业大学 地理与生态旅游学院

图五 云南乌蒙山国家级自然保护区鸟类分布图

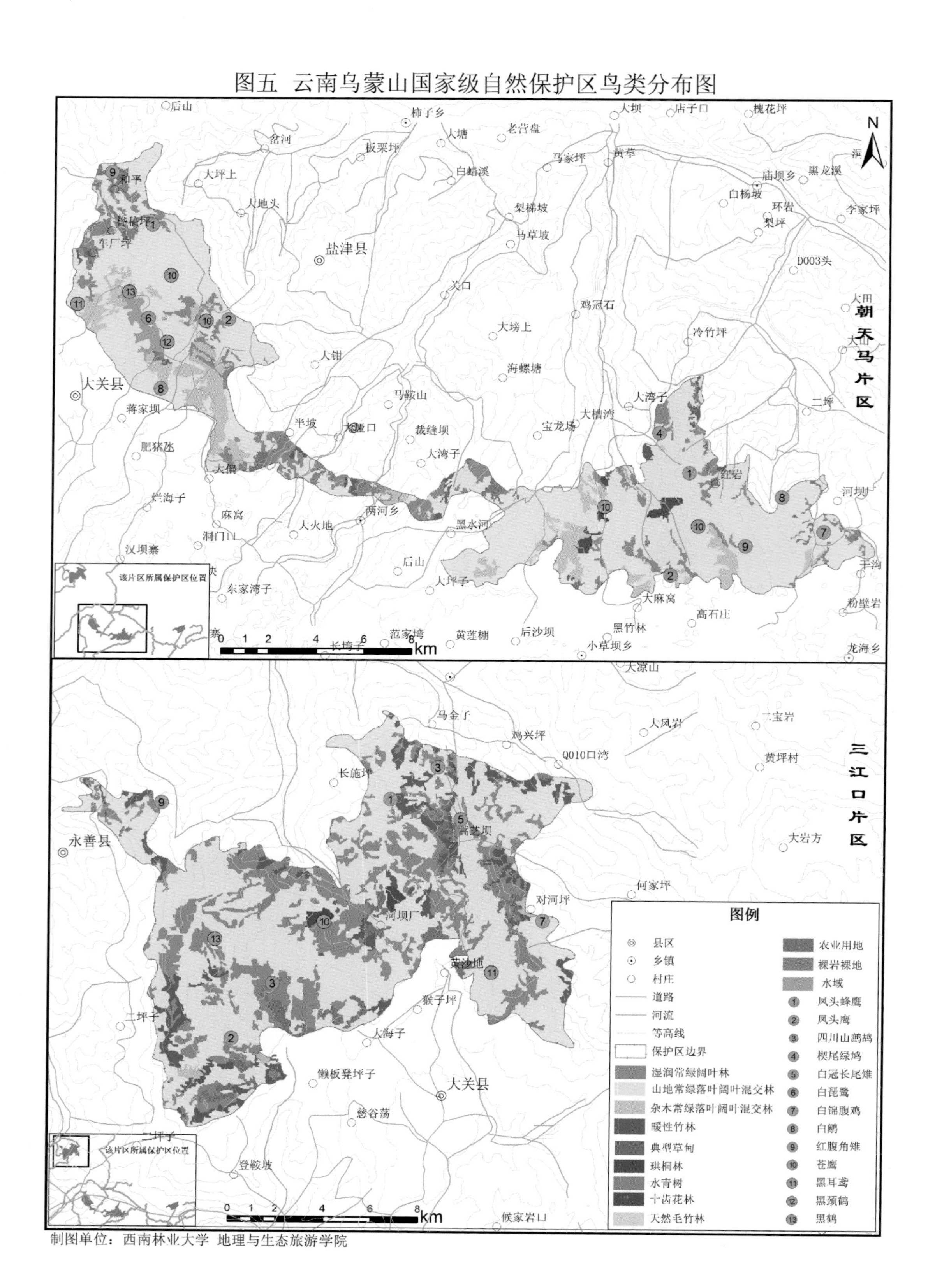

制图单位：西南林业大学 地理与生态旅游学院